国家科学技术学术著作出版基金资助出版

中国自然地理系列专著

中国历史自然地理

主　编　邹逸麟　张修桂

副主编　王守春

科 学 出 版 社

北 京

内 容 简 介

本书是《中国自然地理系列专著》之一，是在 1980 年出版的《中国自然地理·历史自然地理》一书的基础上重新编写而成的。根据 20 世纪 80 年代以来发掘的大量历史文献资料，吸收最新的资料和研究成果，包括考古研究以及现代化的科学技术方法，如孢粉分析、沉积物分析、树木年轮以及 ^{14}C 测定、遥感和卫星像片判读等，全面反映历史时期中国各自然地理要素的演变和发展的概貌。论述中国气候、植被、珍稀动物、主要河流、湖泊、海岸、沙漠等自然地理要素在历史时期的发展和演变过程，进一步探讨中国历史时期自然环境发展演变的规律。

本书可作为大专院校和研究机构中希望了解中国自然环境变迁的师生和广大科技人员及干部阅读参考。

审图号：GS(2013)1150 号

图书在版编目(CIP)数据

中国历史自然地理/邹逸麟，张修桂主编 . —北京：科学出版社，2013.10
（中国自然地理系列专著）

ISBN 978-7-03-038814-8

Ⅰ．①中… Ⅱ．①邹…②张… Ⅲ．①自然地理-中国 Ⅳ．①P942

中国版本图书馆 CIP 数据核字（2013）第 238690 号

责任编辑：朱海燕 李秋艳 韩 鹏 刘卓澄 王淑云/责任校对：张小霞
责任印制：赵 博/封面设计：黄华斌 陈 敬

科学出版社出版
北京东黄城根北街 16 号
邮政编码：100717
http://www.sciencep.com

三河市春园印刷有限公司印刷
科学出版社发行 各地新华书店经销

*

2013 年 10 月第 一 版 开本：787×1092 1/16
2025 年 2 月第十二次印刷 印张：45
字数：1060 000

定价：228.00 元

（如有印装质量问题，我社负责调换）

总　序

　　自然地理环境是由地貌、气候、水文、土壤和生存于其中的植物、动物等要素组成的复杂系统。在这个系统中，各组成要素相互影响、彼此制约，不断变化、发展，整个自然地理环境也在不断地变化和发展。

　　从20世纪50年代起，为了了解我国各地自然环境和自然资源的基本情况，中国科学院相继组织了一系列大规模的区域综合科学考察研究，中央和地方各有关部门也开展了许多相关的调查工作，为国家和地区有计划地建设，提供了可靠的科学依据。同时也为全面系统阐明我国自然地理环境的形成、分异和演化规律积累了丰富的资料。为了从理论上进一步总结，1972年中国科学院决定成立以竺可桢副院长为主任的《中国自然地理》编辑委员会，并组织有关单位和专家协作，组成各分册的编写组。自1979年至1988年先后编撰出版了《总论》、《地貌》、《气候》、《地表水》、《地下水》、《土壤地理》、《植物地理》（上、下册）、《动物地理》、《古地理》（上、下册）、《历史自然地理》和《海洋地理》共13个分册，在教学、科研和实践应用上发挥了重要作用。

　　近30年来，我国科学家对地表自然过程与格局的研究不断深化，气候、水文和生态系统定位观测研究取得了大量新数据和新资料，遥感与地理信息系统等新技术和新方法日益广泛地引入自然地理环境的研究中。区域自然地理环境的特征、类型、分布、过程及其动态变化研究方面取得了重大进展。部门自然地理学在地貌过程、气候变化、水量平衡、土壤系统分类、生物地理、古地理环境演变、历史时期气候变迁以及海洋地理等领域也取得许多进展。

　　20世纪80年代以来，全球环境变化和地球系统的研究蓬勃发展，我国在大气、海洋和陆地系统的研究方面也取得长足的进展，大大促进了我国部门自然地理学的深化和综合自然地理学的集成研究。我国对青藏高原、黄土高原、干旱区等区域在全球变化的区域响应方面的研究取得了突出的成就。第四纪以来的环境变化研究获得很大的发展，加深了对我国自然环境演化过程的认识。

　　90年代以来，可持续发展的理念被各国政府和社会公众所广泛接受。我国提出以人为本，全面、协调、可持续的科学发展观，重视区域之间的统筹，强调人与自然的和谐发展。无论是东、中、西三个地带的发展战略，城市化和工业化的规划，主体功能区的划分，还是各个区域的环境整治与自然保护区的建设，与大自然密切相关的工程建设规划和评估等，都更加重视对自然地理环境的认识，更加强调深入了解在全球变化背景下地表自然过程、格局的变动和发展趋势。

根据学科发展和社会需求，《中国自然地理系列专著》应运而生了。这一系列专著共包括 10 本专著：《中国自然地理总论》、《中国地貌》、《中国气候》、《中国水文地理》、《中国土壤地理》、《中国植物区系与植被地理》、《中国动物地理》、《中国古地理——中国自然环境的形成》、《中国历史自然地理》和《中国海洋地理》。各专著编写组成员既有学识渊博、经验丰富的老科学家，又有精力充沛，掌握新理论、技术与方法的中青年科学家，体现了老中青的结合，形成合理的梯队结构，保证了在继承基础上的创新，以不负时代赋予我们的任务。

《中国自然地理系列专著》将进一步揭示中国地表自然地理环境各要素的形成演化、基本特征、类型划分、分布格局和动态变化，阐明各要素之间的相互联系，探讨它们在全球变化背景下的变动和发展趋势，并结合新时期我国区域发展的特点，讨论有关环境整治、生态建设、资源管理以及自然保护等重大问题，为我国不同区域环境与发展的协调，人与自然的和谐发展提供科学依据。

中国科学院、国家自然科学基金委员会、中国地理学会以及各卷主编单位对该系列专著的编撰给予了大力支持。我们希望《中国自然地理系列专著》的出版有助于广大读者全面了解和认识中国的自然地理环境，并祈望得到读者和学术界的批评指正。

2009 年 7 月

前　言

　　历史自然地理顾名思义是一门研究历史时期地理环境结构及其发生发展变化规律的自然科学。所谓历史时期，是指人类社会进入新石器时代，开始有了原始农业以后的时期。因为从这个时期起，人类活动对地理环境的影响，在范围上和程度上与以往大不相同，而下限则止于当代自然地理环境的最后形成时期。一般地说，历史时期以前的地理环境，属古地理学研究的对象和范围，以后的则为当代自然地理学研究的内容。尽管它们在研究时间上也有所交叉，但历史自然地理学却是一门介于古地理学与当代自然地理学之间的独立的新兴学科，具有承前启后的地位和作用。

　　恩格斯在《自然辩证法》中指出："如果地球是形成的东西，那么它现在的地质的、地理的、气象的状况，它的植物和动物，也一定是形成的东西，它就不但有在空间中互相邻近的历史，而且一定有在时间中前后相随的历史。如果立即在这个方向下坚决地继续研究，那么自然科学现在就会进步得多。"历史自然地理学研究的任务，就是探究当代自然地理学各种要素生成、发展和变化的历史过程与规律，以便更深刻地揭示今天自然地理环境的发展趋势，为有效地保护、利用和改造自然提供服务。

　　本书主要反映我国全新世以来一万年自然环境的演变，包括气候、植被、动物、水系、海岸、沙漠等自然要素的变化，以及这种变化的自然和人文原因及其变化规律。

　　历史时期各自然地理要素的变化并不是孤立的，而是相互联系和不断运动发展的。气候是自然地理要素中最重要的要素。气候的变化直接或间接地影响着水文、地貌和生物的变化。就我国境内范围而言，历史时期气候的变化，直接影响到植被的变迁，珍稀动物生存范围的变化，河流的变迁以及沙漠、海岸的变迁。在历史时期，气候变化虽然取决于大气环流的变化，人类活动的影响极其微小，但如果人类活动时间持续很长，在程度上很强烈，同样也会对局部地区的气候产生深刻的影响。例如，天然植被持续和大规模地被破坏，便会造成区域内气候的变化，从而导致水土流失，加大河流的含沙量，造成河道淤浅、迁徙和湖泊的湮废，并直接影响海岸线的伸缩变化。又如，在干旱、半干旱的气候敏感地区，植被一旦遭到破坏，必然引起小气候的变化，从而导致干旱、半干旱地区沙化和沙漠化的扩大。同样，作为下垫面的历史时期华北大平原大量河流湖泊的消亡变化，也对华北地区的气候产生严重的影响，并造成海岸线的重大演变。河道的迁徙变化通常又和湖泊的兴衰变化紧密地联系在一起。总之，自然地理诸要素的变化，其间有着错综复杂的关系。因此，在探索诸自然地理要素的过程中，必须注意其间相互的辩证关系，才能得出比较科学的结论。

　　本书首先讨论历史时期气候的变化。历史事实证明，气候变化对其他自然地理要素的影响是极大的，有时甚至是决定性的。我国是具有悠久历史的文明古国，我们的祖先为我们留下了浩如烟海的文献资料，包括正史、类书、文集、档案、日记、方志等，其中就包括大量有关气候的资料。我国地域广阔，并且是灾害多发国家，因此历史文献里关于气候的记载，往往有"记异不记常"的特征。此外，历史文献记载的地域差异也比较明显，如多集中在首都附近和经济较发达地区，而关于周边其他地区的记载相对较为稀少。还有记载者，或因某种社会原因，或因个人感受等，所记与实际情况不完全一致。因此，资料的利用必须经过严密的辨析和考订。本书气候一篇对有关资料作了详细的考订和辨析，建立了我国东部近2000年的温度变化序列以及全新世以来我国气候干湿变化的概况；同时，还对我国历史上极端气候事件（干旱、雨涝、寒冷），作了个案研究；最后就气候变化对人类生产活动影响作了较全面的分析，使我们对今天的气候环境以及作物生产布局的形成有了较全面的历史认识。

我国地域辽阔，从东部沿海至西北内陆，随着降水的递减，植被形成森林、草原和荒漠的空间分布格局。这种在第四纪时期就已存在的分布格局，自末次冰期至全新世中期，气候进入全新世最适宜时期，森林、草原和荒漠的分布格局开始发生变化，主要的标志是荒漠与草原之间的界线和半干旱干旱草原南界的推移，以及若干种喜暖植物分布北界的变化，均与气候变化有关。历史时期主要自然地理区域原始植被特征的揭示，可以反映当时的生态环境，然而三四千年来，人类活动对原始森林植被的破坏，大大改变了人类的生态环境。这种变迁大致上是从人类活动最频繁的黄河中下游开始，黄土高原植被破坏最早，特别是在农牧交错地带植被的破坏，其次为下游黄淮海平原，然后波及长江下游，转而中游地区，至于岭南、云贵川、东北地区，大致上是在明清以至民国时期发生的。这种过程基本上是我国先民在地区开发轨迹上的反映。

珍稀动物是指对自然环境比较敏感的动物。例如，亚洲象和犀都是喜暖动物，历史时期分布北界的变化很大；大熊猫是我国特有的古老动物，有"活化石"之称，全新世中期以来的一段时间里，大熊猫分布很广，随着历史的演进，大熊猫分布地域一直在缩小；其他如鳄鱼、麋鹿、野马、野骆驼等珍稀动物，在古代分布的地域均较今日为广，如今其生存的地域不仅大为缩小，且有濒临灭绝的危险。珍稀动物变化原因十分复杂，既有自然环境变化的原因，也有人类活动的影响。

水系演变，包括河流和湖泊的演变，无疑是自然环境历史演变中最活跃、对人类生存环境影响最大的因素。因此，本书用较大的篇幅记述历史上主要河道和水系的演变。

在我国东部平原上的主要河流中，历史时期变化最大而又对周围环境影响最大的是黄河和海河。黄河以"善淤""善决""善徙"而闻名于世，原因是中游流经数十万平方千米的黄土高原，黄土疏松，极易侵蚀，而中游的降水往往以暴雨形式在短时间内倾泻下来，将大量泥沙冲入下游，造成河床淤高，决溢改道。据不完全统计，在近3000年里，曾发生过1500余次的决溢，较大的改道就有十余次，洪水波及范围，北遍冀、鲁，南及苏、皖，纵横达25万 km²。由于黄河的频繁决溢与改道，今黄淮海平原的水系受到严重的破坏和干扰，古代中原地区许多流量充沛、航运畅通的河流和星罗棋布的湖泊，大多因之而淤浅，或淤为平陆，或成为沙丘和沙岗。由于历史上黄河灾害频繁发生，黄淮海平原从历史早期的全国经济重心地位走向衰落，并曾一度处于贫困状态。

历史时期长江中下游河道变迁的幅度，虽然没有黄河这么大，但自宜昌以下至长江口的河道变迁十分频繁和复杂。河道的曲流活动频繁，江心沙洲消长，分汊河道和单一河道的更迭，使长江干流古今面貌有很大不同。此外，长江中下游湖泊的演变，直接影响到长江水系的变化，从云梦泽到洞庭湖，从九江、彭蠡到鄱阳湖，从震泽到太湖，长江中下游三大平原在历史时期的变迁完全改变了自然景观，对我们今天进行长江的治理和开发，具有重要的借鉴意义。

海河水系由北运河、永定河、大清河、子牙河、南运河五大支流水系以辐聚状形态汇集天津，由单一海河汇入渤海，因此造成历史上洪涝灾害频繁发生。然而，海河水系由单一海河入海的形态是在历史时期逐渐形成与扩大的，其后又发生过很大的演变。它的形成和演变的过程，是自然和人为因素交叉作用的反映。理清海河水系形成、变化过程及其发展特点，对我们今天治理海河水系和防灾工作，具有重要的意义。

珠江是我国长江以南最大的水系，由西江、北江、东江三大水系组成。三江中上游均蜿蜒于山地之中，两岸受峡谷约束，河道比较稳定。下游出峡谷，进入低丘、台地、平原后，河道出现分汊，形成各自的下游三角洲。其后，西、北两江在思贤滘汇合后，形成西北江联合三角洲，并与东江三角洲组成复合的珠江三角洲。珠江三角洲与黄河三角洲、长江三角洲不同，具有岛丘众多、多江汇聚、多口入海、水网纵横的特点。珠江水系演变的研究，直接关系到珠江三角洲的形成、发展和开发过程。

除了上述外流河诸水系以外，本书还专门记述了河西地区诸水系和新疆塔里木河等内流河水系的变迁，着重反映其变迁的特点。

此外，我国的运河之长、维持时间之久、工程之伟大和艰巨，在世界上是独一无二的。尤其是从 7 世纪的隋唐时代开始，形成了沟通海河、黄河、淮河、长江、钱塘江、珠江等东部地区六大水系的运河系统。其中，从北京至杭州的京杭大运河，全长2000km 余，为世界之最。故本书对我国历史上运河开凿过程的自然地理背景及其对自然环境的影响也作了一番较为全面的考察。

我国位于亚洲东南部，濒临西北太平洋，大陆海岸线北自鸭绿江口，南至北仑河口，长达 18 000km。杭州湾以北，除了山东半岛和辽东半岛部分为山地丘陵海岸外，其余大部分为平原海岸，包括环渤海海岸、江苏海岸、上海海岸，均属淤泥质海岸。杭州湾以南及台湾东海岸，绝大部分为山地丘陵海岸，除珠江三角洲海岸、韩江三角洲海岸和台湾西海岸之外，其间所镶嵌的小块河口平原，历史时期变化较小。故本书主要介绍历史时期变化较大的渤海海岸、江苏海岸、上海海岸以及珠江三角洲、韩江三角洲和台湾西部海岸的演变过程。

我国干旱和半干旱地区的沙漠化过程，是我国北方历史时期地貌变迁的重要特征。包括戈壁和半干旱地区的沙地在内，我国沙漠的总面积约有 130 万 km²，大都是第四纪特别是中更新世以来逐渐形成的。但在历史时期，人们在干旱和半干旱地区采取不合理的土地利用方式，破坏了脆弱的生态平衡，使原非沙质荒漠地区出现了以风沙活动为主要标志的土地退化过程，称为沙漠化。本书主要对历史时期草原及荒漠草原地带、荒漠地带的沙漠化过程，进行了详细的论述，论证了古代绿洲上古城址、耕地、灌溉渠道等如何因沙漠化而遭废弃的过程。沙漠化严重破坏了我国西北地区的生态与环境，这是我们今天开发西北地区应该特别重视并引以为戒的。

这里必须指出，历史时期地理环境的变迁，其过程并不是一种直线发展的简单形式，而是表现为反复交替、错综复杂的情况。而各地理要素之间也存在相互影响、相互制约的关系。同时还掺杂着种种人类活动的因素。因此，我们在研究中，必须透过错综复杂的现象，进行细致的探索和分析，才能获得比较科学的结论。

历史时期各自然要素变迁所依据的资料不同，需要借助历史文献、考古遗迹以及现代化的科学技术方法（如孢粉分析、沉积物分析、树木年轮以及 ^{14}C 测定、遥感和卫星像片资料）以及野外调查等方法，来探索历史时期各种自然地理要素变化、发展的轨迹。近 20 年来相关学科有了显著的发展，大量有关研究成果的问世，使得重写《中国历史自然地理》有了可能和必要。

本书是集体合作的成果，参与者都在历史地理学科领域里有多年研究的经历，并在撰写过程中，尽可能吸收最新发现的资料和有关的最新研究成果。然而，总的来说，历史自然地理毕竟还是一门很年轻的学科，不少领域还未曾开拓，已经开拓的领域研究的深度和广度还很不够，再加上我们水平有限，仍有不少地方不尽如人意。希望读者批评和指正。

本书的编写分工如下。

前言：邹逸麟（复旦大学历史地理研究中心），张修桂（复旦大学历史地理研究中心），王守春（中国科学院地理科学与资源研究所）。

第一篇：满志敏（复旦大学历史地理研究中心），郑景云（中国科学院地理科学与资源研究所），傅辉（中国科学院地理科学与资源研究所）。

第二篇：王守春。

第三篇、第四篇：邹逸麟（黄河、运河），张修桂（长江、海河），李平日（广州地理研究所）（珠江），王守春（塔里木河），李并成（西北师范大学敦煌研究院）（河西诸水）。

第五篇：张修桂（上海海岸、滦河三角洲海岸），张修桂、韩昭庆（复旦大学历史地理研究中心）（渤海湾西海岸），张忍顺（南京师范大学地理科学学院）（江苏海岸），李平日（珠江三角洲海岸、韩江三角洲海岸），赵焕庭（广州地理研究所）（华南海岸、台湾西海岸），邹逸麟（黄河三角洲海岸），王守春（莱州湾海岸），韩茂莉（北京大学历史地理研究中心）（辽东湾海岸）。

第六篇：李并成。

本书最后由邹逸麟、张修桂、王守春统稿、定稿。在定稿修改过程中，中国科学院地理科学与资源研究所李克让、杨勤业、张荣祖、尤联元和华南师范大学吴正等诸位先生，分别审阅了相关内容，提出了宝贵的意见；陈伟庆绘制书中大部分插图，丁玲玲绘制气候篇的插图，潘威绘制太湖平原地貌图，孙涛协助本书的部分插图编排工作，特此一并致谢。

作　者

2009 年 5 月

目　　录

第三篇　历史时期河流水系的演变（上）

第四篇　历史时期河流水系的演变（下）

第五篇 历史时期海岸的演变

第六篇　历史时期的沙漠化

第一篇　历史时期气候的演变

　　全球环境变化是由人类活动和自然过程相互影响所造成的一系列陆地、海洋与大气的生物物理变化。全球环境变化关系到人类生存的大问题，因此成为一个具有世界战略意义的问题。这一系列变化中最为活跃的一个因素就是气候变化。只要关注 2009 年的哥本哈根联合国气候变化大会会议，就不难理解此问题对全球人类生存的重要意义。"凝今者察之古，不知者视之往"（《管子·形势》）。今天的气候变暖是地球上温室气体增加的直接后果，这种后果又是叠加在气候系统本身特有的自然变化过程上的。为了知道今后气候的冷暖趋势，必然需要知道气候的自然变化过程，这个自然过程就是我们现在还不太了解的一个"往者"：它一方面帮助我们理解气候变化的一些异常特征，另一方面也是检查气候模型的重要资料。简而言之，正如墨子所说的"谋而不得，则以往知来，以见知隐"。本篇以中国古代文献记载中的信息，讨论历史上气候变化的一些特征。

第一章　中国历史时期气候变化资料

第一节　中国历史气候研究的文献资料

中国是历史悠久的文明古国，有着丰富的文化典籍，从浩瀚的文献中搜集出的大量气象记录，是我们从事气候变化的重要依据。文献气候记录主要有三个特点：第一，资料源远流长。从殷商时期甲骨文中的卜雨刻辞，到后世纸墨文书中的天气记录，前后延续达3000余年。第二，资料内容丰富。从天气到气候、从物候响应到灾害影响，现在天气和农业生产中涉及许多与气候有关的现象都能在文献中找到踪迹。第三，资料连续完整。至少从西汉起，与气候有关的旱涝记载不绝于书。这些与气候有关的代用信息所构成的连续资料序列，为2000年来中国气候状况的重建提供了基础。

根据文献所涉及的气候资料记载特点，中国气候代用资料大致上可分为四类：官私文献类、地方志类、档案类和日记类。

一、官私文献中的气候资料

（一）官私文献中气候资料的主要类型

官私文献是指现存传世文献中，除地方志、档案和日记以外的所有文献。官私文献中气候记载的种类很多。从内容来看，大致可分为灾害记载和物候记载两大类。其中最主要的是水、旱灾害记载，因为它是气候事件对社会的直接影响，且记载的内容通常与其所造成的社会影响程度有关。例如，水灾是各种记载中最多、最详细的。水灾不仅影响到农业的收成，更直接对社会财产和生命造成威胁，具有较大的破坏力。因此，官私文献中的气候资料大部分是由灾害记载构成，"记异不记常"也是这类气候资料的重要特征。

有关水灾的记载内容主要包括：①降水强度的记载。大雨、大暴雨、霖雨、淫雨、阴雨等是常见的内容，其中涉及降水的强度，并在一些文字上也透露了降水延续的时间。②异常河流径流及其危害。如大水、水灾等记载的内容。通常大水是与当地过量的降水有关，但需要注意的是，在一些特殊地貌环境下，水灾最严重的地区不一定降水特别多。③河流决溢和迁徙及造成的灾害后果。这类记载与大水的记载类似，但水灾地区和降水来源地区可能存在更大的分离现象。④海潮、海溢等沿海地区海水泛滥及其后果，通常与沿海地区的台风活动有关。⑤政府或社会对水灾的反应。如因水灾而上奏、下诏、蠲免、借贷、祈祷等活动的记载，虽有时并不直接涉及水灾，但从这些记载中可以估算水灾的程度和涉及的范围。

有关旱灾的记载内容主要包括：①数月不雨与旱灾的影响。主要表现了降水量的偏少，其中也包括与此有关的自然现象，如河流断流，泉、井干涸等。②黄河河清的记载。河清在史料中常被作为祥瑞的现象，但据研究，这是黄河中游产流区干旱在下游的表现，因此，这些记载能够说明中游地区的干旱情况[①]。③蝗灾及其影响。蝗灾是生物灾害，其出现大部分与干旱的生态背景有关，所以，史料中也常常把旱蝗并列记载。④竹子开花。竹子开花经常与大旱有关。⑤政府或社会对旱灾的反应。例如，因旱灾而歉收、下诏蠲免、遣使赈恤、祈雨、大雩等的记载，在一定程度上反映了旱灾的灾情和范围。

与气候寒冷有关的记载主要包括：①天气大寒及其后果。如一些有关大寒的直接描写，间接的记载有赈赐衣物、鬻薪炭等。②大雪的记载。文献中大雪记载描述的一般是超常的降雪，有时会记载降雪的厚度。③霜冻或冻害的记载。在我国的大部分地区冬季出现凝霜属正常的现象，而史料中的霜冻记载一般是指已对农作物造成的冻害现象，通过霜冻日期的比较，可以知道当时霜冻日期与现代的差异。同类的资料还有降雪的初、终日期等。④雨木冰和雪木冰的记载。这类现象通常与低温有关，是指过冷水汽或雨滴在树上凝结的现象。⑤淮河以南地区河湖的冻结现象。我国现代冬季河流冻结界线大体上在秦淮一线，淮河以南河流、湖泊冻结是冬季寒冷的表现。

与气候温暖有关的记载主要包括：①冬温、冬暖的直接记载。这些记载直接描述了冬季的温度状况。②冬季无冰、无雪的记载。秦淮一线以北地区冬季无冰、无雪，一般是气温偏高的结果。③冬季祈雪和亢阳的记载。冬季祈雪和亢阳通常与暖冬有一定的联系，这种现象大都出现在冬初。由于受寒潮的影响，冬季的情况会有多变，这些记载应与该年冬天出现的其他现象一并考虑。④淮河以北河流冬季不封冻的记载。我国兖州、太行山南麓、西安一线是河流稳定封冻的南界，此线以北的河流不封冻，预示着冬季的温暖，此线至秦淮一线的河流，一般年份会出现冰冻。

其他与气候有关的天气记载还有冰雹、尘暴（如雨土、雨沙、黄雾四塞）等内容。

此外，由于生物物候和动植物分布与温度有关，所以，它们也是研究历史时期气候冷暖变化的主要依据之一。生物物候指生物或相关自然现象随季节变化而发生变化的现象，如候鸟春来秋去，土壤解冻，植物的萌发、开花与结果，农作物的播种、扬花、收获等，这些季节性的现象随着温度的变化而变化，因而它们能够很好地指示温度的波动。动植物的分布常受温度（特别是最低气温）或相关因素的限制，如我国南方动植物的分布（如亚热带动植物分布界线）因对最低气温响应尤为敏感，这类记录可较好地指示由气候带波动而带来的温度地带性变化，也是气候变化研究中常被关注的记录。

（二）正史中的气候资料

在各种官私文献中，正史所载气候资料尤为集中。"天人合一"的哲学理念，一直是中国古代人地关系的主导思想，所谓"盖王者之有天下也，顺天地以治人，而取材于万物以足用。若政得其道，而取不过度，则天地顺成，万物茂盛，而民以安乐，谓之至治。若政失其道，用物伤夭，民被其害而愁苦，则天地之气沴，三光错行，阴阳寒暑失节。以为水旱、蝗螟、风雹、雷火、山崩、水溢、泉竭、雪霜不时、雨非其物，或发为

---

① 王星光、彭勇：《历史时期的"黄河清"现象初探》，《史学月刊》，2002 年第 9 期。

氛雾、虹蜺、光怪之类，此天地灾异之大者，皆生于乱政。而考其所发，验以人事，往往近其所失，而以类至"①，就是这种思想的反映。班固撰《汉书》，立《五行志》，记灾异并附应人事，就是希望通晓天人之间的关系。因此，国用是否有度、人政是否失道、灾异是否发生，通常作为检验政绩是否合乎天人合一观念的标准。正是在这种思想指导下，历代正史都辟有记录前代灾异状况的《五行志》以备警示。所以，二十五史中有十五部有《五行志》，其中，《宋书》和《南齐书》所载五行与符瑞（祥瑞）分立在两个志中，因两者内容相似，可以看做一个志。这些《五行志》中的灾异资料基本上能够首尾相接，甚至部分志间也有重叠的时期，如《宋书·五行志》就起于三国。如此便形成了中国两千年来连续的灾异记载。

正史中的灾害资料主要集中在《五行志》中。此外，在《本纪》中也占有一定的比例，尤其是那些无《五行志》的正史。《本纪》所载灾害内容的出发点与《五行志》并不完全一样，如果说《五行志》中的灾害记载意在晓天地而知人事，强调灾害内容记载的话，那么《本纪》中记载的灾害情况更侧重于灾害以后朝廷的赈灾措施和救济方案，以及灾害的奏报等情况。例如，《新唐书·五行志》载："贞元元年春，旱，无麦苗，至于八月，旱甚，瀍、浐将竭，井皆无水。"在《新唐书·德宗本纪》中，除了记载七月旱甚而瀍、浐二水竭的状况外，还记载了八月"甲子，以旱避正殿，减膳。……己卯，给复河中，同、绛二州一年"。由于两者所载灾情的目的不同，所以，同一个事件会同时出现在《本纪》和《五行志》中，相互参校两者的记载，对准确掌握灾害事件的实况将大有裨益。

除上述两部分有较多的灾害记载外，在正史中的传和其他志中，也有不少灾害事件和内容被记录下来。无论是灾害对社会的影响，还是朝廷对灾害的反应都与人的活动有关，而各级官吏又常是处理灾害事件的主体，他们的活动也会记载在相应的传中。此外，这些与气候灾害有关的内容，亦经常出现在劝谏政事朝臣或赈荒救民的官吏的相应传记中。一些与作物有关的物候记载，则会出现在《食货志》中，而与礼仪有关的物候资料又常见于《礼志》内。

（三）其他史类文献中的气候资料

除正史以外，史类的其他文献也是气候记载的重要资料源。例如，王钦若等所辑《册府元龟》分门顺序排列，引文多整章整节，保留了北宋以前历代原始资料的原貌，对唐朝的一些气候事件及其影响的记载比《唐书》更为详尽。李焘编撰的《续资治通鉴长编》广收博采实录、国史、会要、野史、家乘、行状、墓志等各类资料，以编年体叙述北宋九朝的事迹。其中许多有关气候事件的记载较《宋史》更加详细。此外，也有一些重要的记载，仅借此书得以保存。例如，屡见于《续资治通鉴长编》的皇帝初冬祈雪记载，就可能是当时气候偏暖，尤其是秋冬之际温度偏高所致。王应麟编撰的《玉海》分天文、地理、官制、食货等21门，征引各种史料，其中，出自《实录》和《国史日历》的资料，是后世史志所没有的。例如，其所记载有关当时皇帝观稼或观刈麦的日期

---

①　《新唐书》卷三八《五行志》。

是很有价值的物候资料,藉此可知当时主要农作物的收获日期,然而类似的记载在《宋史》中却仅存少数。清人徐松自《永乐大典》中辑出的《宋会要辑稿》尽管只有原书的1/5,但仍有许多《宋史》等其他史籍不载的内容。唐宋两朝的各种重要的诏令《唐大诏令集》和《宋大诏令集》中,亦不乏与气候事件影响及委遣长吏禳灾赈灾的诏令,由于保留的是完整的诏令内容,所载气候事件和灾情更为准确。

(四)私人笔记文集中的气候资料

私人笔记、文集中的气候资料虽然总量较少,但史料价值甚高。这是因为:首先,这些私人著作,没有理由为各种灾害及其后果粉饰,可靠性较高;其次,所载气候灾害大部分为作者亲身经历,灾情记述甚为详细,即便是转抄他人的记载,经手的次数较少,出错的概率也可能小一些;最后,史书中通常不会记载的一些细微的物候现象,在私人著作中也得以保存,如陆游诗句中有关南宋杭州一带收麦和插秧的时间、苏辙所载北宋后期开封一带冬天湖水不冰的诗句等,都是作者细心观察、记录下来的物候状况,可以作为估计当时气候冷暖的重要资料。

(五)官私文献中气候资料的问题

官私文献所载气候资料种类繁杂,尤其是那些经过众手编抄流传至今的,在编撰过程中很可能产生各种讹误。此外,其中涉及的社会、制度、政区与今天也不尽相同,在使用中也难免被误解。因此,在使用这些原始记载时,必须了解其可能存在的问题,以便运用适当的方法进行处理和校订。

我们所见到的历史文献,除了明清档案外,大都不是原始的文字形式,这些原始记录在流传中历经数次抄写和刻印后,文字脱落和误写现象在所难免,更何况历史上有些史家和商贾有任意篡改文字的弊习。尽管历史上考据学家曾做过大量的校订工作,但现在仍能见到历史记载中的这种传抄错误。例如,中华书局校点本《宋史·太宗本纪》记载,淳化二年(公元991年),"大名、河中、绛、濮、陕、曹、济、同、淄、单、德、徐、晋、辉、磁、博、汝、兖、虢、汾、郑、亳、庆、许、齐、滨、棣、沂、贝、卫、青、霸等州旱"。这条资料就至少存在三个问题:其一,这次大旱灾的年份存疑。在《宋会要辑稿》中有一条相似的记载①,列出的府州中除了个别州名不同外,余皆相同,并在最后说:这些府州"皆言岁旱无麦。诏遣使分路体量",但这条资料是关于淳化三年(公元992年)的。显然,其中必有一条资料的来源是错误的。然而,从淳化三年"(五月)己酉,上以久愆时雨,忧形于色"②及"以久旱分遣常参官乘传往诸路决狱"③可知,当年有过较严重的旱灾发生。相反,找不到淳化二年旱灾的旁证资料,可见大旱应该发生在淳化三年,而不是淳化二年。其二,《宋史·太宗本纪》中大旱的记载,脱

---

① 《宋会要辑稿》,食货七十。

② 《续资治通鉴长编》卷三三。

③ 《宋会要辑稿》,刑法五。

落了干旱涉及的月份，给确定旱情的严重程度带来困难，也需要从其他资料中再作补充；其三，辉州这个地名有误。辉州始置于金贞祐三年（1215 年），200 余年前的北宋根本没有这个地名，而耀州虽位于旱区之中，但却未见记载，故可认为"辉州"当为"耀州"之误。虽然多数记录未必存在这样的问题，但从这一典型例子，足见资料鉴别在历史气候研究中的重要性。

史实的流传虽多为原样照抄的，但也有大量的史籍是在对原始记载归纳、整理的基础上形成的，一旦归纳不当，就会使历史气候事件因歧变而失实。例如，《宋会要辑稿》载："天禧四年正月，令利州路转运司赈贷民，以旱故也。"显然，利州路干旱应当发生在天禧三年，因为上报灾情后得到旨令赈济需要有一定的时间。但在《宋史·五行志》中，这条资料则被记成"天禧四年春，利州路旱"。然而，经过编者简单的掐头去尾，利州路干旱发生的时间却被顺延到了次年，著者在处理资料时的粗糙程度由此可见一斑。这种现象在史料记载也是较为常见的。

干支日期既是物候资料中的重要信息，也是最容易出现问题的地方，因为这些日期很难从字面内容上看出问题，只有逐个推算才能发现是否正确。气候史料除时间记载上容易出现问题外，地点记载错误也是较为常见的。例如，《续资治通鉴长编》载："皇祐二年十一月丙午，诏河北东路秋稼大丰，其令三司广籴边储。"而《宋会要辑稿》同样一条资料则记为"河东路秋稼大丰"。北宋时，河北东路和河东路是两个不同的政区，前者相当于今河北东部，后者相当于今山西，由于两份资料的其他文字相同，因此，其中必有一个地名是错误的，准确的区域需要进一步考订和判断。

气候史料误载在所难免，为了避免气候研究中可能出现的史料问题，总体上需要考量史料选取的基本原则。其一，原始优先。部分气候史料的误载始于传抄过程，运用较原始的资料能直接回避这类错误。所以，一般应遵循事件当事人优先、当代人优先的次序，尽量使资料的作者与事件接近。其二，校勘优先。史籍在流传中，经过史学家一次或数次的校注，有些重要的典籍中的史实误载之处通常有校勘说明。近代以来，一些重要典籍的点校、排印本，也汲取了不少已有的研究成果，史料价值也明显较原书有所增加，但也不要太迷信点校本，如上面列举《宋史》中的错误例子就出自点校本。其三，价值优先。各种历史文献的史料价值并不相同，这里的价值是指它的记载可靠程度、详略程度与信息量的多少及细致程度等。决定文献史料价值的因素虽很多，其中最主要的大致包括：作者融会贯通各种原始记载和审定资料的水平；作者收集资料的能力（因为古代读书没有现代这样方便，因而只有收集丰富的资料，才能编写出好的史书）；作者的社会地位，古代重要或罕见的书籍往往深藏于宫廷中，不是一般的人士能见到的，能接触到这些秘籍的作者所修纂的文献价值通常要高一些。其四，互相参照。气候史料中存在的错误，除部分地名和时间讹误能够运用专业知识直接发现外，一般不容易查验正误。互相参照是利用同一年或前、后年的各种记载互相比较，理清气候事件的基本框架，查究气候灾害记载的错误所在的重要手段。

二、日记中的气候资料

日记中有大量的天气和气候资料，是研究高分辨率气候序列不可缺少的资料。中国的日记文学源远流长，至少到明朝时，文人撰写日记就已蔚然成风，金幼孜、宋濂、徐弘祖、冯梦龙等一些著名的人物均写有日记。在明朝日记的基础上，清朝的日记又有了长足的发展，尤其到了清朝的中后期，达到撰写日记的鼎盛时期[①]，出现了大量的长篇日记。其中，曾国藩的《求阙斋日记》、赵烈文的《能静居士日记》、李慈铭的《越缦堂日记》、翁同龢的《翁文恭公日记》、吴汝纶的《桐城吴先生日记》、王闿运的《湘绮楼日记》、孙宝瑄的《忘山庐日记》等均是日记巨作，少则数十万字，多则二百余万字。

日记中的气候资料有物候、天气、气候记述三大类，其中作者观察到的当时物候和气候事件是极为珍贵的。例如，南宋吕祖谦的《庚子辛丑日记》，不仅记载了金华一带逐日的天气情况，而且还记载当地24种动植物的物候现象，从花木开花到树枝落叶一应俱全。尽管记载时间不长，但通过物候记载，足以让我们了解当时的冷暖状况与今天的差别。类似的物候记载在其他日记中也有记载，只是多寡而已。日记中记到的一些特殊天气或气候事件同样有极高的价值。例如，姚廷遴在日记中记载了顺治十二年至康熙二十九年（1655～1690年）上海黄浦江的五次结冰现象[②]，其中，康熙五年（1666年）"（十一月）二十六日，天发大冷，河水连底冻结，经月不解。十二月十八日大雪，初下如粉之细，至天明，大地皆白，河水结冰，冰上积雪，两岸莫辨，路无寻处。十九日余往新场镇，两足不湿，其冷可知。"康熙十五年（1676年）"十一月冬至起，落大雪，以后九九落雪。十二月初一，大西北风，天寒甚。余出邑未走一里，须上结冰成块，及至周家渡，黄浦内冰排塞满，无渡舡，因而转至余秀官家过夜。初八日又大雪，平地有尺余。十七日又大雪，十九日蹋冰而归。路上积雪经月不消，人难行走。二十九夜又大雪。……自旧年十一月冬至冷起，直至（康熙十六年）二月中旬方可。"这些记载清楚地记述了上海寒冷冬天情况以及寒潮的影响次数。在其后的上海地方志中，尽管也提到了这五次大寒事件，但描述的细节与此日记相去甚远。日记中的另一类有价值的记载是有关天气的描述，尤其是清朝中后期的长篇日记，通常都有逐日的天气观察。例如，王文韶在同治六年（1867年）二月日记所载："二十七日（4月1日）。 晴，夜大风并雨……天气暴热，殊觉郁蒸，五更雷声甚烈……二十八日。 大风竟日……天气骤寒，可著重裘。"就是春季一次寒潮入侵的天气过程记录，地点在王文韶为官粮道的武汉。在冷锋来临之前气压下降，天气闷热，随后出现的大风表明冷锋已经到达武汉，接着气温大幅度下降。这些记载了当时天气状况及其过程的日记，对研究当时的一些重要的天气过程有着不可替代的价值，因为在一般的文献中很少有这样详细的天气和天气过程的描述。由于个人的兴趣不同，日记中的天气状况记载详略迥异，有的只记重要的天气，如大雨等，一般的天气不再着墨，也有的则记载得相当详细。例如，林则徐对天气的变化就有着浓厚的兴趣，他的日记中既有每天的天气状况记录，也有一天中的天气变化，如道光十八年四月"二十六日，丁卯。昨夕大雷雨，今晨开霁，西北风，午后又阴，晡时雷雨，至夜愈大"，这虽不是什么异常天气，但仍然能记载得很详细。特别是一些天气过程的特征，都可以从连续天气记录中找到答案。研究也都表明，这些资料的价值是其

---

① 陈佐高：《中国日记史略》，上海翻译出版公司，1990年。
② ［清］姚廷遴：《历年记》，《清代日记汇抄》，上海人民出版社，1982年。

他史料所不具备的[①]。

此外，日记中天气记录的精度与档案中的晴雨录等资料相当（详见三、档案中的气候资料），不过前者为个人观察，且记载地点随作者的游历而变化；而后者为官方的定点连续观察。从重建高分辨率气候序列的角度看，档案中的晴雨录和雨雪分寸资料无疑是最值得利用的，但其中也有残缺不全部分。因此，若能充分挖掘各种天气日记的潜力，那么可使用的气候史料将更为完备。

三、档案中的气候资料

（一）清代档案中的气候资料

清代档案中最重要的气候记载是各地上报的雨量观测。有关雨量的观测和记录我国开始的时间很早，从东汉的"自立春至立夏尽立秋，郡国上雨泽，若少，郡县各扫除社稷……"[②] 记载中可资证明。唐安史之乱后，"诸道各置知院官，每旬月，具州县雨雪丰歉之状白使司，丰则贵籴，歉则贱粜"[③]，观测与上报制度更为具体化和规范化，而且至少在千年之前，就已经形成了较系统的雨量观察和记录方法，较欧洲测量雨量的概念和方法早了约 600 年[④]。宋代，我国的雨量观测就已经比较成熟，如北宋宝元元年（1038 年）六月"诏天下诸州月上雨雪状"[⑤]；熙宁元年（1068 年）二月宋神宗赵顼再次"令诸路每季上雨雪"[⑥]，分别详细规定了上报雨雪的时间和记录的地域范围。南宋秦九韶在其《数书九章》一书中还记载了专门测量和计算雨量、雪量的方法，并提到"今州郡都有天池盆以测雨水"。由于年代久远，档案失传，当时"雨雪"的原始记载已荡然无存，其原貌亦不可知晓，但从保留到今天的南宋杭州风向记录看，这类记载当属较为详细的天气观测记录。明朝初年，朱元璋曾下令各州县进行雨量的观察和记录，据顾炎武《日知录》载："洪武中，令天下州长吏，月奏雨泽。[⑦]"永乐二十二年（1424年），当时通政司曾奏请把各地上报的雨泽奏章类送给事中统一收藏，明成祖对此很有意见，说："祖宗（指太祖朱元璋）所以令天下奏雨泽者，盖欲前知水旱，以施恤民之政，此良法美意。今州县雨泽奏章，乃积于通政司，上之人何由知。又欲送给事中收贮，是欲上之人终不知也。如此徒劳州县何为！自今四方所奏雨泽至，即封进朕亲阅。[⑧]"历代政府对天气气候、特别雨量观测的重视程度，由此可见一斑。然而，明朝档案至今也几乎亡佚殆尽，迄今为止，唯有清代的天气和雨雪等观察记录，尚被较系统

---

① 满志敏、李卓仑、杨煜达：《〈王文韶日记〉记载的 1867～1872 年武汉和长沙地区梅雨特征》，《古地理学报》，2007 年第 4 期；萧凌波、方修琦、张学珍：《〈湘绮楼日记〉记录的湖南长沙 1877～1878 年寒冬》，《古地理学报》，2006 年第 2 期。

② 《后汉书》卷一〇五《礼仪志》。

③ 《资治通鉴》卷二二六《唐纪》。

④ 龚高法、张丕远、吴祥定 等：《历史时期气候变化研究方法》，20～32，科学出版社，1983 年。

⑤ 《宋史》卷一〇《仁宗本纪》。

⑥ 《宋史》卷一四《神宗本纪》。

⑦ ［清］顾炎武：《日知录》卷一二。

⑧ 《明实录》卷三，永乐二十二年冬，戊申。

地保存了下来。

从记录内容看，清代档案的天气及雨雪等记载可分为三类：一是逐日的天气现象记载，称晴雨录；二是地方官吏在降水后所报告的雨水入土深度、积雪厚度及分时段的天气气候总结，称雨雪分寸；三是各地河道总督上奏的各重要河段志桩的水位观察记录。

晴雨录是天气晴明或雨雪状况的观测记录，内容为天气的晴、阴、雷、雨、雪、雾和风向①。最早开始于康熙十一年（1672 年），康熙二十四年（1685 年）十月起在全国推广，于是各州县始有晴雨观察，并将记录按月呈报朝廷。由于当时缺乏相应的处理这类资料的科学方法，管理这些庞大的资料甚为困难。因此，康熙二十五年（1686 年）三月起，原专用黄册奏报"晴雨录"改为"可乘奏事之便，写细字折子，附于疏内以闻"②。资料上报措施松弛的结果是大部分地区不再连续奏报和资料的散失。所以，国家第一历史档案馆收藏的晴雨录中，虽然也有福建九府一州、浙江三十四县、山西一百零八县和安徽五十九县的晴雨录，但记录基本连续、内容相对完整的仅余北京、杭州、苏州、南京四地③。

雨雪分寸观测始于康熙中期，止于清末，内容主要为各地向朝廷奏报的每次雨雪之后的雨水入土深度（如"入土二寸"、"得雨二寸"等）、降雪厚度（如"得雪三寸"）及分时段（通常为一个月左右）的天气气候总结（如"雨旸时若"等），同时也含有天气气候对农业生产及粮价等影响方面的内容。雨雪分寸通常是由总督和各省巡抚汇集地方上的各地降水情况后拟折上奏的，由于在上报降水情况时，通常还有一些奏折也将各地粮价同具折中，故这些折子也称为粮价雨水折。康熙三十二年七月，李煦进呈的《苏州得雨并报米价折》是迄今所见最早的雨雪分寸④。上奏粮价雨水折是地方长官的日常工作，如《李煦奏折》辑录的 413 份奏折中，有关雨雪粮价的报告有 1/10，单进晴雨录的奏折又占 1/7。观察、上报天气和雨泽是地方官极为重要的日常工作内容之一。王文韶任职湖南巡抚时，各月寄发的奏折中均包含前月的粮价雨水折；间或一些月份未能及时奏报，其后亦必有补报。例如，同治十年十一月初九，在"补发九月份月折"中，就包括九月份粮价雨水折⑤。

早期的粮价雨水折奏报格式因地因人而异，但自乾隆初年开始，逐渐形成了一套较统一的奏报内容要求和格式。为规范粮价雨水折，乾隆帝曾多次从奏折中选择规范者下发给各地官员作为参照，从乾隆四年浙江巡抚卢焯十月二十八日所上的奏折，也易知上至乾隆帝，下至朝廷及各地官员对规范粮价雨水上奏格式的重视。卢焯在该折中写道："八月三十日奉上谕：'前因湖广总督德沛所奏粮价清单甚为明晰，特抄寄各省督、抚，今照此式酌量缮写，以便观览'"③。

雨雪分寸一般以府（州、厅）为单位奏报，但多数省份在所奏报雨雪粮价状况中，也包含了隶属各县的内容，当然，各地奏报的详略程度也有一定的差异。一般情况下，直隶、山西、陕西、甘肃、河南、山东、江苏、浙江、江西、安徽、福建、湖南和湖北

---

① 龚高法、张丕远、吴祥定 等：《历史时期气候变化研究方法》，科学出版社，1983 年。
② 《清圣主实录》卷一二五，康熙二十五年三月，丁巳。
③ 张瑾瑢：《清代档案中的气象资料》，《历史档案》，1982 年第 2 期。
④ 故宫博物院清档案部：《李煦奏折》，中华书局，1976 年。
⑤ ［清］王文韶：《王文韶日记》，中华书局，1989 年。

等省的奏报较详细，而广东、广西、云南、贵州、四川、盛京等省的奏报就较为粗略。此外，其他各地奏报则很少。据统计，在乾隆朝六十年中，属于雨雪分寸的奏折约有二万四千余件，平均每年约四百件；嘉庆朝的二十五年间，有一万七千余件，平均每年约七百件；其后，各朝平均每年均为四五百件[①]。

虽然雨雪分寸所记录的雨水入土深度（如"入土二寸"、"得雨二寸"等）在不同地区在文字表述上是基本一致的，但其含义却因地区和季节的不同而略有差异。在北方或在干季，土壤相对干燥，雨水容易入渗，干湿土层容易区分，易于观察入土深度，雨雪分寸记录的定量数大多能真实地指示雨水的入土厚度；而在南方或在湿季，土壤相对湿润，干湿土层不易直接区分，其记录中有很大一部分是根据降雨的大小，按经验估计的。例如，林则徐在苏州的日记所载，道光十五年（1835年）六月十三日，"未刻雷雨一阵，约一寸余"，十四日"自是时（指申刻）至晚，黑云四合"；十五日，"丑初雨，至辰刻初约有三寸"[②]。由于是三日连续降水，前期的降水未必全部干透，所以，十五日的降水量并不是观察的实际入土深度，而是根据雨量大小凭经验估算的。尽管记录者一般有多年估算的经验，不会与真实的入土寸数有明显差异，但至少在把雨雪分寸转化为降水量时，区分区域和季节的记录含义是非常必要的。

水位记录是各地河道总督上奏的各主要河段志桩水位，比较著名的有黄河万锦滩水志、丰碦水志、徐城石工水志、外河老坝口水志、武涉沁河水志、南四湖地区的微山等八湖水志和洪泽湖高堰水志等。其中，南四湖地区的八湖水志是由河东河道总督奏报的（间由河南或山东巡抚奏报）。嘉庆十九年（1814年）以前，有关微山湖志桩的水位记录，只是在奏折中顺便提到，记录并不齐全；嘉庆十九年五月，改由奏折中所附清单专门奏报后，直至光绪二十八年六月，各河段、湖月内消长水量，以及与上年同月比较等都有了详细的记录。这些记录对区域水资源变化及相关气候问题的研究，都有重要的参考价值。

除这些系统的观察记录外，地方官吏在上奏灾情时，也常常会有一些较详细的雨情描述。例如，乾隆十四年（1749年）六月二十二日，山东巡抚准泰生在上奏的一个折子中，就对五月底至六月中旬山东地区的水灾这样记述道："兹复查通省各府属，自臣前奏之后，又于五月二十八日及六月初一、二、三、或初四、五、或初六、七以及初九、初十、十二、三，并十六、七等日，悉各连获透雨……其十二、十三两日则达旦连宵，滂沱大澍，各属皆然。"其内容与雨雪分寸甚为接近。

清代档案中另外一类庞大的气候资料是有关各地灾害的奏折，内容一般都包含了受灾地区、灾害过程和灾情等，且大部分是旱涝灾害。其中受灾的过程所记述的灾害发生时间、各地大雨区日期、流域洪峰日期等是重建当时气候异常特征的重要资料。例如，乾隆三十七年（1772年）陕西巡抚觉罗巴延三在七月初三的奏折中写道："本年五月下旬，归化城等处山水暴发，经臣委布政使朱珪亲往查勘。……据该司……勘明禀称，缘归化、绥远二城相距五里，大青山横亘于北，大黑河自东而西，诸川交汇。五月下旬连日大雨，大青山之水自北而下，直注归化厅之黑河、浑津二里，及萨拉齐厅属之善岱等

① 张瑾瑢：《清代档案中的气象资料》，《历史档案》，1982年第2期。
② ［清］林则徐：《林则徐日记》，中华书局，1962年。

里。加以黑河旁溢，一时无从宣泄，以致低洼处所庐舍田禾俱被淹浸，幸值白昼，人畜并无损伤。……勘得萨拉齐厅属善岱里之安民四村、西尔哈里之宁远等六村，正当黑河下游，地势低洼，田庐多被淹没，粮食亦有漂失，归化厅属之黑河、浑津二里房舍田禾亦多圮倒浸刷。口外早寒，每岁只有一收，今夏麦未经刈获，秋禾俱已被淹。现查涸出之处泥沙淤压，时已交秋，不能补种，实属已成秋灾。[①]"该奏折清楚地描述了当年归化一带水灾的降水原因、时间和造成水灾的地势特点，以及主要灾区灾情，为了解该年雨带在北方活动的情况，以及归化一带雨季的降水量估计提供了较详细的依据。20 世纪 80 年代初至 90 年代初，水利水电科学研究院分别按黄河、长江、淮河等七大流域整理、编排、出版的《清代江河洪涝档案史料丛书》，为利用清代档案中有关水灾的记载研究气候变化，提供了极大的方便[②]。

与气候影响有关的清代档案内容主要有各地粮价、收成分数、赈济情况和饥民人数等。前者是地方官吏奏报的当地粮价，是粮价雨水奏折类的另一项主要内容，利用这些资料可深入分析气候变化所造成的影响。收成分数和饥民人数随灾害勘察一并上奏，作为赈济地方的依据。各地灾情的大小，在某种程度上也反映了气候条件的空间差异，如光绪三年（1877 年）山西、直隶两省的各县受赈村庄数量就较好地反映了旱情的空间差异[③]。

关于地方官吏所奏天气及气候灾害的可靠性，即是否存在地方官吏为取得救济而肆意扩大灾情，或为标榜自己吏治有方而粉饰太平等，一直是研究者关注的。然而，研究发现无论是晴雨录、雨雪分寸，还是灾害的报告，总体上都比较符合客观实际情况[④]。因为当时已在制度上建立了确保上报内容可靠性的基本措施，尤其是皇帝对此极为关注，并时而亲自通过多渠道信息相互核对奏报内容的可信度，客观上保障了奏报的真实性。晴雨录、雨雪分寸的内容虽不是为了研究天气或气候问题而观察的，但却是帝皇及朝廷及时了解各地水旱灾害情况的主要依据，因而，皇帝会时常对晴雨录、雨雪分寸及灾后地方上勘察的灾情报告进行核查、比对，给弄虚作假者以震慑。例如，在乾隆元年八月二十四日山西巡抚觉罗石麟的奏折上，皇帝曾批注："八月初一始得雨，而谓禾稼勃然长发，吾谁欺乎？"就是乾隆帝在发现降雨时间与庄稼长势关系相互矛盾后，揭穿觉罗石麟粉饰太平的用词。在传统社会中，地方官吏通常也没有冒欺君之罪而瞒报天气、气候及灾情的必要，更何况奏报也并非只是总督、巡抚才有的职责，提督、总兵、学政等官员也会按规定随时奏报类似内容，一些高级官员在赴任、晋京、巡查或出差后，都会在报告行踪时顺便奏报沿途的天气、雨雪及灾情等。这些既从制度上对地方官吏可能肆意隐瞒灾情的动机产生威慑，也从总体上确保了上报资料的可靠性，有助于朝廷从多渠道了解信息真实性。

---

① 水利电力部水管科技司、水利水电科学研究院：《清代黄河流域洪涝档案史料》，中华书局，1993 年。

② 满志敏：《评〈清代江河洪涝档案史料丛书〉》，《历史地理》第 14 辑，上海人民出版社，1998 年。

③ 满志敏：《光绪三年北方大旱的气候背景》，《复旦学报》（社会科学版），2000 年第 6 期。

④ 张瑾瑢：《清代档案中的气象资料》，《历史档案》，1982 年第 2 期。

（二）民国档案中的气候史料

民国时期（1912～1949年）至今虽不遥远，但我们对这一时期气候状况的了解程度，却并不比1911年以前更清楚，其主要的原因是缺乏必要的研究资料。尽管这个时期已经建立了一些气象台站，且现代气象观察的手段也已引入中国，然站点数量有限，加之受社会动荡的影响，气象记录时断时续、残缺不全。不言而喻，仅靠这样的气候观测资料，研究这一时段的气候变化是远远不够的。而这一时期的地方志资料数量，纂修于1926年以前的约占30％，抗战十年间（1927～1937年）方志仅占了40％左右。1928年内政部颁布的《修志事例概要》，虽详细地规定了修志的内容和纲目等，且有关气候方面的内容也已具备了现代科学的色彩，但相当一部分方志却删除了灾害内容。以上海地区为例，在民国时期的两种方志中，共计只有5条有关灾害的记载[1]，是各时期中最少的。尽然地方志资料难以满足研究民国时期气候的需要，但在当时的档案中，特别是在中央政府各部门与地方政府的当年综合报告中，却存有大量的气候、灾害及其影响内容记载[2]。这些档案资料可为这一时期的气候研究，提供了重要的依据。

民国档案包括中央档案和地方档案两大类，前者保存在中国第二历史档案馆（南京），后者保存在各省、市、县的相应档案馆里。中央档案按各全宗档案类别所包含的气候资料比例大体上可分为主要类全宗、次要类全宗和其他类全宗三大类，其中所含的气候以及影响资料各占70％、20％和10％[3]。

主要类全宗主要包括北洋政府农商部、实业部及经济部、农林部、赈济委员会和行政院善后救济总署、世界红十字会中华总会、中国国际救济委员会、中国华洋义赈救灾总会等机构的全宗档案。北洋政府农商部档案涉及气候资料的主要档案包括各省农林畜牧调查报告和统计表、1913～1919年农作物的输入输出数字统计表、农商部和各省农林机关直辖的测候所和各海关测候所在1913～1920年的气象报告。由于民国的档案属国民政府的占绝大部分，而北洋政府时期的资料较少，因此，这个全宗内的资料是很有价值的。国民政府农业部档案涉及气候的资料主要包括土地、气候及作物产量的调查报告，以及各省呈报的兴修水利和水旱灾情的文件等。农林部档案中涉及气候的资料主要有各地关于农作物的受灾情况、各省粮食生产的调查与粮情专报、各省森林局林业生长调查情况的报告等，其中一年一度的农林报表、粮食增产报告和农作物灾情报告比较齐全。赈济委员会负责政府部门的救济工作，全国的各种灾情在该机构的档案中均有反映。涉及气候资料的内容主要包括各省市呈报的水、旱、蝗、雪、风等灾情和请求救济的文书，各省慈善团体对灾害的调查报告，以及该会及分支机构的年度工作报告。善后救济总署的年度工作报告中，对各地的灾情也有详细的记载。世界红十字会中华总会、中国国际救济委员会、中国华洋义赈救灾总会都参与当时的灾后赈济工作，所以，在其档案里都包括了相应的灾害调查内容。其中世界红十字会中华总会成立于1922年，至

---

① 中央气象局研究所等：《华东地区近五百年气候历史资料》，内部资料，1978年。
② 河南省政府秘书处统计室：《河南省政府年刊》（民国二十五年），民国二十六年（1937年）三月出版。
③ 简慰民、袁凤华、郑景云：《中国第二历史档案馆有关民国时期气候史料》，《历史档案》，1983年第2期。

1953 年才结束工作。该机构的档案年代跨度大，内容也比较齐全；特别是各省灾情的调查文书及根据相关资料编制的《各地水旱总概况》等，对这一时期的气候及灾害状况的研究具有重要的参考价值。

次要类全宗包括水利部、长江流域工程总局、淮河水利工程总局和粮食部等机构的全宗档案。水利部的前身是 1941 年成立的行政院水利委员会，它的全宗中涉及气候内容的材料包括各水利机构关于雨量、河道流量、含沙量等水文观察要素的测量记录，以及各地灾情文件和各省水灾损失统计表。长江流域工程总局的前身是 1922 年成立的扬子江水道讨论委员会，成立后几经改组，一直延续到 1949 年。该全宗中涉及气候的资料包括长江流域各水文站工作报告和调查记录、各种水文气象资料、长江流域各区的防汛报告以及湘鄂皖赣等省的水灾调查报告。淮河水利工程总局的前身是 1922 年成立的导淮委员会，1947 年更名为淮河水利工程总局。该机构的全宗中涉及气候资料的内容有淮河流域各水文测量站关于雨量、河流流量等记载，以及苏、鲁、皖、豫等省各县的水灾情况调查和视察报告。粮食部是在 1941 年 6 月由全国粮食管理局扩大改组而成立的。与气候影响有关的资料，是各省市的粮食生产统计情况、粮食调剂和灾荒缺粮的文件。除了上述四个机构的档案外，在其他一些机构，如社会部、全国经济委员会、农林部农业推广委员会、中央模范林区管理局、华北水利委员会等的全宗档案中，也含有类似的资料记载。

其他类全宗中的气候材料比较分散，因为涉及气候以及气候影响的材料，往往交织在不同机构的档案中。如有关灾荒赈济筹款的资料就分散在财政部和银行部门的档案里；有关气候对战争的影响可在军事系统的档案里找到；有关海洋气候、航海气象日记等资料归属于交通部门，而中央研究院的全宗档案里，还包括了许多有价值科学考察报告。此外，海关全宗里还有部分气象观察资料和航海气象日记。总之，这类档案中的资料虽然零乱，但内容却都相当重要。

除此之外，各地的档案馆中也有许多有价值的资料。例如，上海徐家汇天文台是我国早期的重要气象观察点，它的观察资料现存于上海档案馆。类似的资料，全国许多档案馆中都有。

四、地方志中的气候资料

（一）地方志中涉及气候的记载内容

地方志数量卷帙浩繁，据《中国地方志联合目录》统计，现存 1949 年以前的通志、府志、州志、县志、乡土志等共 8264 种，其中还不包括已经散失的地方志，如唐宋两代盛行的图经，现存者寥寥无几。此外，仅明朝就有 1875 种地方志已经散失，而现存只有 1017 种，仅占总数的 35%[①]。由此推算，中国历史上的地方志数量至少在 1 万种以上。

从地方志所涉气候内容看，明朝是一个大发展的时代。明以前地方志中少有气候或

---

① 黄苇、巴兆祥、孙平 等：《方志学》，复旦大学出版社，1993 年。

灾害内容记载，如著名的《吴郡志》就无专项灾害内容。自弘治年间始，地方志中开始新辟相关纲目，记载灾异。而嘉靖至万历年间，灾害普遍被添入地方志中，是地方志灾害记载的重要发展阶段。在编纂体例上，永乐十年颁布的二十四类《修志条例》中，尚无灾害内容，但在嘉靖至万历年间的各地方志中，却都明确地加入灾害内容或专栏。例如，嘉靖年间，湖广布政司左参政丁明颁布的《修志凡例》就规定灾祥是志书编纂的内容。尽管它是一个地区性的文件，但不可能与当时修志的实际动态相去甚远。此后，灾害成为地方志的常规类别。

清朝是地方志修纂的鼎盛时期，地方各级政府（省、府、州、厅、县、乡镇等）都曾设立志馆或志局，延请博学鸿儒纂修志书。清朝的地方志修纂有两个高潮，分别是康熙、雍正、乾隆三朝和同治至光绪年间。民国时期，尽管政局动荡，但地方志编修的传统仍未间断；在短短的 30 多年的时间里，共修地方志 1571 种，而其中 70% 左右又修纂于 1937 年。由于受西方自然科学和分类方法的影响，编修体例也有了较大的改进。尽管添加了地理、交通、邮电、党政等新内容，但灾异门类遭受了冲击，有相当一部分的地方志要么删除了灾异类别，要么将其归入大事记中。

与正史不同的是，地方志灾异门主要记录在当地发生的灾害及其他异常事件，其中主要是气象水文灾害，如水、旱、霜、雪、冰、寒、风等，而且对一些大灾记述甚为详细。例如，《嘉庆繁昌县志》所载乾隆十五年的一次大暴雨："六月蛟灾大水。初连阴累日，十一日暮，雨霏微势，从西北来。响夜如注，历寅卯辰三时。城内水深数尺，民露处。城崩，城啮西南隅长二三丈。县仓儒学多倾倒，冲塌民房百五十余间，墙垣无算。各山蛟起近四五百处。"这次局地大暴雨的历时、过程、影响等清晰的记述，能为我们深入了解这次暴雨提供大量的细节。旱灾的记载虽相对简单些（因为旱灾多由连续的天晴引起，缺少明显的过程特征），但对旱情的起讫时间及其影响也都有较具体的记述。例如，《康熙金华府志》所载，正德元年兰溪"夏五月不雨至于十二月，早晚禾、豆、粟者皆无收"就是一个较典型的"旱灾"示例。除了灾情外，灾异志中也不乏冬暖、夏冷、秋花等异常天气或气候事件。这些虽不一定会造成灾害，但却被作为异常事件而记录了下来的天气或自然现象，对了解当时气候的冷暖是很有参考价值的。又如《嘉庆义乌县志》载，康熙九年义乌"冬十一月梅李树各生花"。冬月出现的树木开花现象通常与暖冬相关联，能够在一定程度上指示暖冬的长期变化。

地方志中的灾异内容大都是对当时当地气候状况的直接反映，而地方志的普遍性，也为利用这些记录探讨气候事件（如旱涝）的空间分布特征提供了可能。毫无疑问，在清代档案无法涉及的时段内，地方志的内容是其他资料无可替代的。地方志灾异资料具有易查、空间分布广等特性，也是 20 世纪 70 年代末，《中国近五百年旱涝分布图集》编纂的基本资料依据。尽管地方志的灾害资料也存在一些缺陷（详见（二）地方志中气候资料的问题），但若舍弃这些资料，编制这样的图集将是很难实现的。

早期《图经》体例开辟的"物产"栏目，不仅在后世的方志纂修中得到了传承，而且也是气候变化研究的另一项重要资料。例如，《景定建康志》所载建康（今南京）一带"橘、橙、乳柑"等水果种植，是迄今所知的这一地区的第二次柑橘类种植记载。南京位于现代柑橘可种植的北界以外，历史时期柑橘能否在这一带种植，具有重要的气候指示意义。既然被作为一地物产载于方志，那么就应有一定的种植规模及其相应的气候环境。方志的编撰时间也明确了物产种植的大致时间，因此，其物产资料具有代表地点和时段可靠、气候指示意义准确等特点。诚然，方志也并非物产资料的唯一载体，物产也存在于农书中，然而，农书中的物产却又有相当一部分是辑自其他书籍，地点往往具有不确定性。所以，《景定建康志》所载柑橘，可作为推定景定年间（1260～1264年）南京气候状况的依据。

此外，地方志也是体例相对规范的地方性文献，空间分布的普遍性是它的一个重要特征。气候是农作物和其他植物生存的重要因素，无论是南稻北麦，还是东麦西粟，这种地理分布格局都是一定气候条件下的产物。而地方志中记载的物产资料有很好的空间覆盖范围，搜寻同时期不同地点的物产资料，可以探索当时物产的分布状况，这对研究历史气候也是极为重要的。尤其是明清时期，我国已经有了大量的地方志，覆盖面很广，对揭示一些重要作物的分布极其便利。例如，翻阅明中期长江口一带各地方志易知，该地区的柑橘类种植较为普遍，其分布特征是其他时期所不具有的，这表明当时这一地区的气候是相对温暖的。因此，研究具有气候指示意义的作物分布，是重建当时气候空间格局的重要途径，而地方志中物产记载，又恰恰提供了这样一个良好的资料。

（二）地方志中气候资料的问题

尽管地方志中的灾害资料有其独到的气候研究价值，但因其绝不仅仅是地方档案的汇编，来源非常复杂，也就毫无例外地存在着诸多讹误。例如，有相当一部分明清方志的灾害记录通常延伸到了明清以前，更有甚者追溯到了周幽王元年（公元前781年）。然而，当时这些地方的建制都不存在，修志时这些灾害记录又是怎么收集到的，也就难免令人疑惑了。因此，其史料的可靠性也自然较差，甚至可能无任何史料价值。此外，绝大部分灾害记载无明确的资料出处，也给资料的溯源、可靠性评价与科学利用带来了一定困难。所以，在历史气候研究中，对地方志中灾害资料及其资料源可靠性作总体评价或评估，就越发重要了。

方志所载灾害大体上来自官府案牍、采访记录、承袭前志和转抄其他文献等几部分。其中，前两项的资料原始性较好，是灾害发生期间或之后追忆的事件，这两项记录涉及的时间一般都不长。因为在没有很好的档案保护条件下，官府案牍很难长期保存，遇到天灾人祸易毁于一旦。记忆中的事件也不可能太久，最多两代人的时间，20～30年的时间尚有较清楚的印象，如果时间再长，恐怕要么是从老人那里听来的，要么纯粹是一种民间传闻。一些非常特殊的事件，或许有一些可信之处，至于一般事件就难免讹误百出了。地方志灾害部分的采访资料最长的有效时间不会超过60～80年。例如，民国《馆陶县志》的灾害记录均注明了资料来源，其中，档案内容的是属于民国二十年以后的，咸丰七年（1857年）至民国十八年则属采访内容，最早也只有80年左右。而民国二十四年刊定的《临朐县续志》已不载清光绪以前的灾害，最长的灾害记录尚不足60年。所以，60～80年应该是地方志中灾害记录最可靠部分的上限。

承袭前志是地方志灾害记载的一个普遍现象，通常也有明确的说明。例如，《宣统恩县志》中有关明朝的内容，凡是出于旧志的均有注明。相当部分的地方志虽无注明，但引用旧志资料的痕迹仍很明显。明清以来，定时修纂地方志已经成了一个传统，以前志书的灾害内容，也大都在纂修后志时被转载。后志在传承这些内容的同时，也因缺乏足够的资料鉴别力而保留了其中的一些瑕疵。例如，《民国馆陶县志》载："元至大元年，澶、曹、濮、高唐等州蝗，馆陶与焉。"并注明引自旧志。这条资料里有三个问题：其一，年份错了，蝗灾引自《元史·五行志》，实际上发生在至大二年，而不是元年；其二，元朝并无澶州，澶州早在金朝皇统四年（1144 年）已改名为开州。根据原记载澶州应为檀州，治今北京密云，与山东蝗灾没有任何关系；其三，当时馆陶县隶属濮州，且是濮州北面的一块飞地，与濮州主要辖地间隔有冠州，濮州有蝗灾，未必馆陶一带一定也有，"馆陶与焉"的字样是修志者杜撰的。显然，修志时，编纂者根本就没有认真地鉴定这些内容的可靠性，以至于将一条错误百出的记载照录不误。而这种现象又绝非《民国馆陶县志》所独有，不加考证地照抄前志，在地方志编纂中也甚为流行。

后志抄录前志，除抄录同一级政区的前志外，也有抄录不同政区前志的现象。府、州志抄录县志，编纂好的志书会在灾害记载前面加上某县等字样，但也有一些是没有任何注明的。例如，《天津府志》载有顺治五年"青县河决药王庙，大水。庆云县六月淫雨累旬，禾稼全没"。而同一年中，在《河间府志》中仅记载"大水"，不提何县大水。此外，更多的是后期县志抄录以前的府、州志，尽管有一些是比较合理的，但也有一些就存在着诸多问题。例如，《乾隆登州府志》载："崇祯十一年各县属春不雨，夏蝗"。而《光绪文登县志》虽记载了同样行文的一条资料，但却省去了"各县属"字样，虽然没有注明是抄自何处，依然能知道原文出自乾隆府志。府志中已经写明其下各属县都旱，《光绪文登县志》摘录此条作为本县的一次旱灾，自然无可非议，但《光绪泰兴县志》在抄录《乾隆直隶通州志》中崇祯十四年的大旱资料时就有了问题。因为明末时通州是散州，不管辖泰兴县，直到清雍正三年通州升为直隶州后，泰兴才隶属通州，显而易见，修志者并没有弄清政区隶属关系的变化，以为泰兴一直是通州的属县。实际上，这种资料抄录已经给部分地方志中灾害记录的可靠性，带来一定的存疑。

此外，后志在抄录前志时，还常有省略灾害描述的做法。例如，《万历上海县志》记载："正德己巳秋七月六日雨至于十一日，昼夜不止。……是冬极寒，竹柏多槁死，橙橘绝种，数年间市无鬻者。黄浦潮素汹涌，亦结冰厚二三尺，经月不解，骑马负担者行水上如平地。"但在《民国上海县志》中却被简化为"七月，雨六昼夜。冬，黄浦冰，经月不解，饥"。其资料的翔实程度已非原始记载可比。有些地方志甚至把一些灾害简化为"旱"、"水"等极为简单的记载，除了年份外，灾害发生的月份也省略了，凡此种种都大大降低了资料信息的准确度。

地方志灾害记录除上述三部分来源外，还有一部分是来自于其他文献。有的是根据地方人士的著述，有的则是直接抄录正史。例如，山东胶县最早的地方志是康熙年间纂修的《胶州志》，只记载康熙年间的灾害，并没有明末的大旱记载，而《民国胶志》却将灾害记载延伸到清朝以前，记载了崇祯十一至十四年的大旱。显然，这些资料并非传自前志。通过比对可以发现，这些记载全部来自《明史·五行志》，而《明史·五行志》记载又较简略，只说山东"大旱蝗"，根本没有提及胶州是否有同样的情况，这样的抄录也自然无太大的史料价值。特别是明清地方志中涉及明朝以前的灾害，绝大部分是来源于以前的文献，其中多以正史为主，这些灾害史料的价值是很小的。

从以上讨论知，地方志中灾害资料有多种来源，既有较可靠的部分，也有存疑较多的部分。显然,地方志灾害资料并不是一个地方灾害的真实的完整记载。由于原始记载的错误会给重建气候变化序列带来较大的影响,所以,在使用中需要鉴别和考订。有鉴于地方志中的灾害记载数量庞杂,要想厘清每条资料的来源和可靠性,至少在目前还做不到。因此,在利用这些资料时,应尽量遵循以下几个原则:其一,尽量利用修志前60~80年以内的灾害记载,这个时间段里的资料最为可靠。因为地方志中的灾害记载不同于现代的科学著作越后越好,而是距事件发生的年代越近越好[①];章学诚所说的"地近则宜核,时近则迹真",就是这个道理。其二,在前志已经亡佚的情况下,考虑到前志修纂的时间,并按这个时间估计此前60~80年的资料。在这些时段以外的灾害记载,尽量使用其他第一手资料,因为地方志中的这些灾害记载也是由此而来的,其中的很多灾害记录也都能从现存的明清文献中得到印证。其三,明前期以前的地方志灾害记载,除有可信的地方文献来源记录外,来源不明的记载尽量不再使用。如前所述,明朝中叶后,灾害的内容才开始作为一个类别载入地方志中,后世追随此前的记载绝大部分也是源于其他文献,因而使用这些记录时,亦应尽量寻找更原始的记述。

最后还需说明的是,在地方志的传抄、刻印中,灾害记载亦屡有错误发生。例如,《万历上海县志》所载明成化八年七月的一次台风,《民国上海县志》讹为成化七年。康熙二十九年太湖结冰,在《光绪乌程县志》中记为三十九年。而康熙二十二年上海黄浦江结冰事件,《民国上海县志》误为三十二年。这样错载的例子,即使在距修志年代很近的灾害记录中也能找到。例如,《民国吴县志》载:"光绪十九年,冬大雪严寒,太湖冰厚尺许。"但从周围其他地区相似的寒冷记载分析,这次大寒发生在光绪十八年冬,而不是十九年冬。因此,在利用地方志的灾害记载时,需要对资料的可靠程度有足够的认识。

第二节　历史文献中物候资料信息的判读

在研究历史气候的冷暖中,物候资料是较常用的和有效的证据。但在利用物候资料推论过去气候的冷暖状况时,仍需要辨析一些问题,即关于利用物候资料的基本原理有哪些? 各自表述的内容如何? 这虽是一个基本方法论,但以往的气候变化研究对此涉足甚少,可资参考的依据也不多,所以,这里特对其中的主要内容作一讨论。

一、物候信息判读的均一性条件

文献中的物候可以提供造就当时这些物候现象的气候信息,其基本方法是利用我们现代生活中的经验和对气候观察的科学认识,再根据历史文献资料所提供的过去气候的某些线索,推论过去气候事实的基本特征。这种推论的客观性和科学性的依据是什么? 为什么说根据某些记载中的气候现象,又可以知道当时的气候特征呢? 例如,唐人张说曾描写蒲津桥(位于山西永济市蒲州城西)下的黄河"每冬冻未合,春沍初解,流澌峥

① 邹逸麟、张修桂:《关于历史气候文献资料的收集利用和辨析问题》,《历史自然地理研究》,1995年第2期。

· 18 ·

嵘，塞川而下。"[①] 张说虽然描写的是黄河中的流冰现象，但文字间揭露的是黄河每年有稳定的河流封冻信息。而现代亚热带的冬季最冷月的平均温度≥0℃，具有一定流量的河流一般没有稳定的封冻现象。由此可以肯定当时关中地区的气候不是亚热带，而应属于温带气候，进而可以推论当时关中地区不可能有柑橘的经济种植，因为现代柑橘种植的最北界线是亚热带北界。显然，在上述的推论过程中，我们以当时的气候系统与现代基本一样，且柑橘的生物气候属性也与现代一样（即为喜暖的亚热带作物）为前提的。若缺少了这样的前提假设，是无法根据物候资料来研究历史气候状况的，这一前提条件称为"均一性"假设。

均一性假设是自然科学研究中普遍适用的一个原理，特别是在涉及历史上自然现象变化时，经常被作为一种基本方法论使用。例如，地质学中常用到的"将今论古"方法论，其基础也是均一性假设，即假设现代的地质过程在地质时期也是同样存在和发生的。根据自然证据研究古气候及历史气候亦是如此。又如，在树木年轮研究中假定过去树木生长的生物气候属性与现代相同；在冰芯研究中假定大气中氧同位素的循环过程与今一致。在历史时期气候研究中，通常也同样需要类似的假设。有了这样的假设，就可以根据现代的生物分布界线、生物物候期、寒暖事件频率等现象与气候之间的关系，建立起过去的气候状况。例如，现代柑橘和苎麻年收三次的种植地区在亚热带北界附近，因此，只要知道历史时期这两种作物的分布地区，利用这个关系就可以知道历史上该地区的气候类型。又如，根据现代物候现象，我们知道毛桃的盛花期在苏南地区是 4 月 1 日[②]，而决定毛桃盛花期早晚的原因是春天气温高低，这个关系就可被用于比较历史时期同一地区春天温度与现代的差异。

由此可见，均一性假设在历史气候研究中有着支柱性的作用。但需要注意的是在历史气候研究中，均一性假设的使用要前后保持一致，即利用生物物候现象与气候之间的关系推算历史气候所需的条件也必须保持一致。例如，上面提到的柑橘种植在亚热带地区、种植北界为北亚热带，这样的关系是建立在柑橘种植属经济种植（即有较大的种植规模且被种植在露天或人类较少干涉的气候环境中）这一基础上的，它不适用于柑橘作为一种观赏性植物的种植。因此，如果历史文献中记载的柑橘种植属于观赏类型，如种植在宫苑中仅为欣赏，上述的关系是不适用的。

二、物候资料的限制因子选择

生物在生长发育过程中虽然受各种环境因素的共同影响，但往往起关键作用的却只是其中的一个或数个因素，这些因素被称为限制因子。而确定影响生物物候期及其分布的限制性气候因子、选择史料中能够明晰指示气候限制因子的生物物候现象或生物分布界线，又是历史气候研究的关键。例如，长江中下游地区水稻的扬穗期受寒露风到达日期的影响，后季稻种植日期不能太晚。这就要求在种植水稻时，考虑扬穗期是否能赶在寒露风来临之前，否则水稻就不能正常孕穗，瘪谷大量增加，产生翘穗现象并严重减

---

① ［唐］张说：《蒲津桥赞》，《全唐文》卷二二六。
② 张福春、王德辉、丘宝剑：《中国农业物候图集》，科学出版社，1987 年。

产。一旦确定了这些地区的水稻扬穗期早晚主要受寒露风到达日期的限制，就可根据扬穗期推知寒露风到达的日期，以及相应时段的气温特征。然而，在岭南地区，后季稻受寒露风的影响较小，尤其在海南岛水稻可常年种植，所以，水稻种植不必考虑寒露风的影响，也就是说寒露风在此尚不能构成限制因子，寒露风日期也就不能作为这一地区历史气候研究的限制因子。例如，柑橘和茶树均属亚热带作物，目前一般分布在亚热带北界以南，限制其向北发展的主导因子是冬季的温度，因此，利用历史时期这些亚热带作物在其北界附近的分布位置变动，推算当时气候特征时，其所指示的气候因子是冬季气温。当然在具体研究中，也还需要对主导限制因子的意义加以仔细分辨，以保证推断结果的准确性。如按今天柑橘的可能种植区北界与气候之间的关系，一旦在历史时期柑橘的经济种植出现在这个北界以北，就可认为是气候影响的后果，因为气候的变暖是柑橘向北栽种的前提，有了这个前提，柑橘才有可能被种植。但如果在历史时期柑橘的经济种植出现在今北界以南，则需要分析这个种植地点是否确实代表了当时的北界，因为柑橘是经济作物，还受社会需要的影响，在气候条件允许的条件下，也可不种植到北界附近。可见，柑橘种植出现在可能种植区北界以南的原因，不能仅仅看成是气候问题，是同时受两个因子限制的，要么是气候条件，要么是社会需要，因而也不能简单地推断当时的气候一定较现代更为寒冷。

在利用生物分布界线推算气候条件时，一般遴选那些在我国有一条明显分布北界的生物。因为我国东部的冬季气温南北分异明显，而喜暖生物向北发展的主要限制条件又是冬季的气温，如柑橘、茶树、苎麻等均是这类典型的作物，较容易根据生物分布的界线与相应气候的特征找到其限制因子，而那些适应温度范围大、分布广泛的生物就很难找到合适的限制因子。由于人类活动对历史时期生物的分布影响很大，在寻找影响生物分布的气候限制因子时，还需认真考虑人类活动对生物的影响。除此之外，从文献记载的生物分布事实看，一般应使用那些分布在各种生物北界附近，且记载较多地区的记录，否则不易判读其所指示的气候意义。例如，椰子在我国的海南岛能正常开花结果，但北至广州椰子就不能结果。从限制因子条件看，椰子是可用于指示冷暖气候的理想生物种类，但由于在元代以前，广州及海南的文献记载很少。因此，尽管理论上椰子是一种理想的指示性植物，但在资料收集和运用上却不能实现，故不宜选取。而以往的研究中，经常运用北界在亚热带附近的生物，多数也是考虑了文献的实际记载状况后才选定的[①]。

三、气候冷暖及其影响的同步性条件

在一定时期一定地区，气候变化应具有同一性，与另一个时期（如基准时段）的气候相比，要么偏暖，要么偏冷，两者不能同时存在。所以，在气候的冷暖响应方面，各种记载所反映的现象也应是同步的。这就是气候冷暖及其影响同步性原理。

就一特殊气候冷暖事件而言，在气候的一定影响区域内，应该能找到反映这一事件的不同记载，据这些记载的性质判断的气候状况，不会存在矛盾现象。例如，研究表

---

① 竺可桢：《中国近五千年来气候变迁的初步研究》，《考古学报》，1972 年第 1 期。

明，1892～1893 年冬季是自 1700 年以来，中国东南沿海最寒冷的冬季①，除了太湖、黄浦江、钱塘江，苏北沿海海水有罕见的冻结外，江南至福建南部和两广地区也出现了大范围积雪，江浙至两广地区的各种越冬作物和亚热带果木也被大量冻死。此外，河鱼、家畜、鸟兽亦有受冻而死的记载。显然，严寒在大范围内都有不同形式的响应，这也说明，这些出自不同地区与不同文献的记载均是可信的。再如，北宋大观四年（1110 年）开封一带"涉冬以来率多阴晦，风、霾、雪、霰继作"②，表明这个冬季中原地区是寒冷的。而福州一带出现大霜，长乐有雨雪数寸，荔枝树冻死现象③。原先无雪的岭南地区则"庚寅岁忽有之，寒气太盛，虽岭南暖莫胜也"④。所以，1110 年的寒冷事件符合同步性原理，三个相互独立记载的真实性也得到了佐证。反之，一个气候事件如果在文献中不能符合同步性原理，那么其可靠性就存在疑问。例如，元人陆友仁所记政和元年（1111 年）冬太湖地区"河水尽冰"，洞庭山橘树全部冻死⑤，从现象的稀有程度来看，可视为特殊气候事件，但这一事件尚不能被目前掌握的资料佐证，即事件不符合同步性原理。倘若进一步推究，就不难发现该记载可能存在年份误记。因为记录人陆友仁非亲身经历者，其生活的年代与事件发生的时间远隔 200 多年，时间错误的可能性极大；而结合大观四年大多数地方出现的寒冬史实，可基本确定这一记录时间应为 1110 年冬。尽管也不能排除现存记录仅此一条的可能性，但如此重大的气候事件，在其他地区没有留下任何记载，显然是不合理的。

判断某一时段气候平均状况的指标，也同样应具备同步响应现象。例如，20 世纪初，中国东部气候偏暖不但可以从气温资料中发现，其影响也能在同一时期的文献记载得到证实。又如，11 世纪后期，尤其在 1084～1090 年，文献中多次提到开封一带河流冬季无冰冻现象⑥，生活在开封的苏辙在诗中所记"连岁金明不见冰"（这里"金明"指开封城西的金明池）亦证实当时连续暖冬的存在⑦。另外，开封一带寒露风到达的平均日期，也显示较现代推迟一个候。显然，北宋气候偏暖是一个不争的事实。

诚然，基于不同的气候资料和对资料的不同认识，历史气候研究也可能出现不同结论。例如，对魏晋南北朝时期的冷暖状况进行估算，并从寒冷事件的频度，以及寒冷事件的程度和性质分析，可以推断这个时期气候总体上是寒冷的⑧。然而，当时长江流域却又屡有野象成群出现的记录⑨，而通常认为，野象出现在长江流域代表气候温暖。显

① 龚高法、张丕远、张瑾瑢：《1892～1893 年的寒冬及其影响》，《地理集刊》第 18 号，科学出版社，1987 年。
② 《宋会要辑稿》，瑞异，一之一九。
③ 《淳熙三山志》卷四一；彭乘《墨客挥犀》卷六，按：原文作大元庚寅，误，当为大观庚寅。文渊阁四库本。
④ ［宋］袁文：《瓮牖闲评》卷八，文渊阁四库本。
⑤ ［元］陆友仁：《研北杂志》卷上，文渊阁四库本。
⑥ 《续资治通鉴长编》卷四八六，十二月条；卷三六三，十二月戊寅条；卷四五四，正月丁卯条；《宋史》卷十七《哲宗本纪》、《宋史》卷六一《五行志》。
⑦ ［宋］苏辙：《栾城后集》卷一《大雪三绝句》，按：据苏氏自序，此集作于元祐六年至崇宁元年，苏氏元祐六年官拜尚书右丞，九年落职出守汝州，而不在开封，故此诗当作于元祐六年至九年（1091～1094 年）的某一年。
⑧ 郑景云、满志敏、方修琦 等：《魏晋南北朝时期的中国东部温度变化》，《第四纪研究》，2005 年第 2 期。
⑨ 文焕然、何业恒、江应樑 等：《历史时期中国野象的初步研究》，《思想战线》，1979 年第 4 期。

然，两个结论是相互矛盾的，也不符合同步性原理。但深入分析不难发现，矛盾产生的主要原因在于对限制因子野象意义的解释上。

同步性原理是利用物候记载研究历史时期气候及其变化的一个基础。从众多零星繁杂的物候记录中，筛选合适的气候限制因子涉及许多领域的专业知识，所以，历史气候学者在分析研判其气候指示意义时，因考虑不周或失误而得出相互矛盾的结论，也是不可避免的。而同步性原理不仅可以更客观地解释这些矛盾结论，而且能对学科研究方法的发展有所裨益。此外，同步性原理也是校验历史记载是否可靠的工具之一。例如，陆友仁所记政和元年冬太湖地区的极寒事件，虽为今人广泛引用，但其可信度是值得商榷的。

四、人类活动影响的差异性

除记述植物和本草类的古籍外，文献所载生物现象很大程度上与人类活动有关，或是人类经济生活的一部分，通常罕见生物的自然分布资料，因此，利用生物资料研究历史气候具有一定的特殊性，需要考虑人类社会活动对资料形成的影响。此外，历史时期，我国区域社会经济发展不平衡，大部分地区经历了相当长的开发过程，生物的分布深受人类活动的干扰。例如，已有研究表明，历史时期我国的野象曾有过大幅度的南退，而导致野象南退的原因既有自然的，也有人为的，其中人类影响程度已超过了自然原因①。这个研究的普遍意义说明，即便是野生动物的活动范围变迁，也同样深受人类的影响。同时，人类对不同生物种类的影响方式也不相同，如作物种植和野象受到的人类活动的影响不能相提并论。因此，选择主要生物因子时，就必须考虑人类活动对生物分布的影响及其差异。

（一）探讨人类影响差异性的必要性

在探讨人类影响差异性之前，这里姑且先讨论一个典型的例子。北宋末年，京城开封的皇苑内不仅曾有荔枝种植，而且还一度结实。据文献载，从艮岳华阳门入，"夹道荔枝八十株……每召儒臣流览其间，则一珰执荔枝簿立石亭下，中使一人宣旨，人各赐若干。于是主者乃对簿按树以分赐"②。张邦基曰："荔枝……政和初，闽中贡连株者，移植禁中，次年结实不减土出。"③ 陆游也记道："宣和中，保和殿下种荔枝成实，徽庙手摘以赐王安中。"④ 顾文荐则在《负暄杂录》中说："然宣和殿前亦有荔枝四株，结实甚夥。"此外，明清时期也有类似的例子，如在苏南地区，"弘治壬戌，沈石田有白垞顾氏种荔枝成树诗云，常熟顾氏自闽中移荔枝数本，经岁遂活。石田使折枝验之，翠叶芄

① 龚高法、张丕远、张瑾瑢：《历史时期我国气候带的变迁及生物分布界限的推移》，《历史地理》第5辑，1987年。

② ［宋］蔡絛：《铁围山丛谈》卷六，文渊阁四库本。

③ ［宋］张邦基：《墨庄漫录》卷四，文渊阁四库本。

④ ［宋］陆游：《老学庵笔记》卷三，文渊阁四库本。

芄，然不敢信也。以示闽人，良是"①。高兆所著《荔社纪事》载，康熙三十年（1691年）"福州将军石公置驿进（荔枝）於朝（北京），得实七颗。明年复进百本，得实百颗有奇"。《居易录》亦载道："畅春苑荔支结实，颁赐内阁部院大臣。"② 这些记录大都为时人所记，尽管可靠性毋庸置疑，但能否用荔枝树生长所需的最低气温来解释文献中的荔枝分布特征，仍就有待商榷。现代荔枝在我国东南地区分布于福建以南，当温度在达到−4℃时，就会遭受冻害。若仅用这种关系诠释北宋开封、明朝苏南和清朝北京的冬季最低气温不小于−4℃，且与现代的福州的情况类似，显然是极不合理的。首先，这个推断与我们所知道的历史时期温度变化幅度的常识不符合。1万年以来最暖的全新世大暖期中，北亚热带的落叶和常绿阔叶混交林仅比现代北移2～3个纬度③，其他温暖时期气候带北移的幅度当然不会超过这个上限。而从福州至苏南地区就已有近6个纬度的差距了，更不用说开封和北京了。其次，据文献载，北宋末年，开封"地寒，冬月无蔬菜，上至宫禁，下至民间，一时收藏，以充一冬食用"④，说明当时开封存在蔬菜不能生长的"死冬"，而按现代蔬菜种植的区划，最冷月平均气温必定低于0℃，最低气温当然低于−4℃。而明清时期又正值气候寒冷期，众多的研究也证实了这个事实⑤。因此，这个推论不符合同步性原理。显然，造成这种奇特生物分布现象的限制因子不是温度，而应是另有其他原因。

事实上，如果仔细分析上述各地的荔枝种植情况，就不难发现它们都存在两个共同特征：其一，所种荔枝均非本地经济型作物。北宋开封和清代北京的荔枝都植于皇家园林，苏南常熟顾氏所种的荔枝也不是当地所产，仅移植几株而已，故沈石田初见时"不敢信也"。其二，种植规模甚小。尽管北宋和清朝时，一年种植可达百株之多，但北宋皇苑中的荔枝树是"以小株结实者置瓦器中，航海至阙下，移植宣和殿"⑥。而清朝时，"闽中荔枝入贡，植本於桶，至京始熟"⑦。显然，上述荔枝仅是一种观赏性植物，其种植与结实均与人类活动密切相关，种植地点的异常变化是由人工移植造成的，而不是由生物气候条件决定的。因此，以冬季气温作为限制因子来解析这种特殊现象是不合理的。类似的例子也甚为常见，唐朝长安和元朝时，济南、安阳、北京等地均有梅花栽培；北宋时，开封还有枇杷、柑橘、茉莉、瑞香、梅花等南方花果种植⑧。然而，这都是人为作用的结果，而非气候使然。

一般而言，气候史料中的生物分布现象大都与人类活动有关。从以往的研究来看，

---

① ［清］谈迁：《枣林杂俎》中集《荣植》，中华书局，2006年。

② ［清］王士祯：《居易录》卷二七，文渊阁四库本。

③ 施雅风、孔昭宸、王苏民 等：《中国全新世大暖期气候与环境的基本特征》，施雅风主编：《中国全新世大暖期气候与环境》，海洋出版社，1992年。

④ ［宋］孟元老：《东京梦华录》卷九，文渊阁四库本。

⑤ 竺可桢：《中国近五千年来气候变迁的初步研究》，《考古学报》，1972年第1期。

张德二、朱淑兰：《近五百年来我国南部冬季温度状况的初步分析》，《全国气候变化学术讨论会论文集》，科学出版社，1981年。

⑥ 《淳熙三山志》卷三九，文渊阁四库本。

⑦ ［清］沈初：《西清笔记》卷二，商务印书馆，1936年。

⑧ ［明］李濂：《汴京遗迹志》卷四；［宋］孟元老：《东京梦华录》卷七：琼林苑内"其花皆素馨、茉莉、山丹、瑞香、含笑、射香等闽广、二浙所进南花"；［宋］赵佶：《艮岳记》有："移枇杷、橙柚、桔柑、椰……，不以土之殊，风气之异，悉生长成。"同书卷四《华阳宫记》："土积而为山……植梅万本，曰梅岭。"

栽培作物、观赏植物受人类影响较为明显；即便是野生的生物，如野象，其活动范围也会不同程度地受到人类活动的干扰。所以，在用有关生物分布的气候史料，探讨历史时期气候冷暖问题前，分析人类活动对生物分布的影响是从原始记载中提取合理气候指示信息的必要前提。

（二）人类影响差异性的基本模式

讨论人类活动对生物分布影响的基本模式，需要作一些假设，以便排除一些次要因子的影响，使问题更趋于明朗。假定在一广袤的区域内，无地形起伏和土壤肥力差异，湿润度能满足生物的生态需要，也不对生物分布构成影响，气温由南向北递减，且冬季气温是制约南方型生物向北扩展的唯一因子。把不同的人类活动引入这个区域内，按照人类活动的方式和强度，生物分布将可能出现以下四种类型。

1. 自然分布型

如果在这个区域里没有人类活动，或人类活动对生物分布不构成影响，在适宜的气温条件下，南方型生物将有一定的生存范围，且能形成一个稳定的生物种群。由于气温由南向北递减，且冬季气温是限制生物向北扩展的唯一限制因子，只要这个限制因子的气温落在区域温度的阶梯范围内，就会存在一个相应的生物分布北界。只要区域气候恒定，这个生物分布北界就会稳定，那么，北界以南的区域即是自然分布区，这个北界即是自然分布北界。

2. 经济分布型

经济作物即可存在于自然分布区内，亦可生长于非自然状态下。在自然分布区域内，限制植物向北扩展的因子是冬季最低气温，具体而言，是某种作物的冻害频率。而人类活动具有的能动性，在一定程度上可以改变作物的冻害频率。当某种具有一定经济价值的作物遭到冻害后，受到其价值吸引，人们就会重新从其他地区引种，并对幼苗实施相应的保护措施，以达到维持其继续生长、分布复原所需的时间。这种人工复苏时间短于植物在自然条件下的复苏时间。另外，人工防寒措施也可以改变局地的温度条件，降低冻害频率，如宋朝时，为预防冻害发生，太湖洞庭山的橘园"每岁大寒，则于上风处焚粪壤以温之"[1]。尽管维持作物的分布需要付出一定的代价，但其代价可以从作物的经济利益中得到补偿，所以，经济型作物分布可以超出其自然北界。当然，尽管经济型作物北界比自然型偏北，但其北偏幅度也是有限的，因为人为作用也不可能无限地改变局部气温。

3. 观赏分布型

当生物的功能仅作为观赏、礼仪而用时，人为作用所施加的影响可更大，因为人为作用付出的代价不受生物的经济价值限制。例如，在冬天包裹防冻、设置挡风屏障甚至

---

① ［宋］叶梦得：《避暑录话》卷上，文渊阁四库本。

移入暖房过冬等都能大大降低这些观赏性生物遭受冻害的频率。显然，其观赏所在地的温度条件与生物原生地的温度不必完全等同。这是现在北方园林中（如北京）都有梅树种植而不能作为亚热带的标志的主要原因。此外，在历史资料中还可以见到另一种南方型生物出现在北方的情况，即每年从南方调运花木或动物，送入北方的都城，以供皇苑种植和朝廷礼仪之用。例如，北宋时，"广南岁进异花数千本"①，其目的是为了补偿皇苑里的南方花木，而当时开封琼林苑的茉莉、瑞香、射香等皆为闽广、二浙所进南花。最为典型的是前面所述的开封荔枝，这些荔枝都是植在瓦罐内，以盆栽的形式从福州运至开封，以供皇苑种植。所以，尽管在京城中出现了南方的花木，但这种观赏性质的花木并非产于本地，而是南方不断贡奉的结果，即其存在特征是以植株的形式不断更替而出现在北方的。尽管某些较耐寒的品种在偏暖的年份可以安全过冬，但如果缺乏人工管护和培植是无法在开封长期存活的。不仅北宋如此，南方贡奉花木的例子也见于其他朝代，如汉武帝时，"起扶荔宫，以植所得奇草异木……龙眼、荔枝、槟榔、橄榄、千岁子、柑橘皆百余本"②。隋炀帝曾"营显仁宫，苑囿连接……周围数百里。课天下诸州，各贡草木花果、奇禽异兽於其中"③。

文献中也不乏动物北迁，用作礼仪的例子。例如，在唐宋两朝岭南地区和南方诸国经常向朝廷贡奉驯象，以备礼仪之需。其中，唐永徽后，"文单国累献驯象凡三十有二，皆豢于禁中，颇有善舞者，以备元会充庭之饰"④。北宋还设立官衙养象所专门管理象群，每年四月送于宁陵县汴北陂放牧，九月复归开封，天禧五年（1021 年）前，玉津园养象所最多养象 46 头。象被驯服的只是它们的行为特征而非生理特征，其正常生活所需要的温度不可能与野象有很大的差别。驯象个体并不适应开封的气候，之所以在开封长期存在驯象是因为有南方以个体更替的形式，源源不断地贡奉，以维持宫廷的需要。例如，北宋天禧五年"玉津园养象所言：旧管象四十六，今止三头，望下交州取以足数"⑤。有研究认为唐代长安的驯象具有指示气候温暖的意义⑥，但来自清代的资料可证明这种假定是值得商榷的。清朝在今北京建有驯象所，"掌设朝象、仪象"以及驯象的日常管理，其中"朝象四，日以旭旦设于天安门外，朝会亦设之"，"仪象，凡宝象五，导象四，大驾、法驾卤簿皆设之"⑦。"如额象不敷，奏交云贵总督购备"，以满足北京宫廷的需要。这表明当时北京有驯象，在日常宫廷仪式上，驯象也已被普遍使用。显然，仅从驯象存在的地点，我们无法确定驯象的气候指示意义，如果承认唐代长安的驯象表征着气候的温暖，那么就无法解释清代北京驯象的气候意义，因为清代时适逢"小冰期"，且北京要比西安偏北 2 个纬度以上。生物可以指示气候的必要条件是要求物候现象具有明确的气候意义，而象是喜暖的动物，冬季温度是制约其在自然状况下向北分布的限制因子。但从上述的例子知道，驯象所处的环境与其原生地环境已有很大差别

---

① 《宋史》卷三〇三《黄震传》。
② 《三辅黄图》卷三，文渊阁四库本。
③ 《隋书》卷二四《食货志》。
④ ［宋］李坊：《太平御览》卷八九〇，文渊阁四库本。
⑤ 《宋会要辑稿》，职官，二三之三。
⑥ 吴宏岐、党安荣：《唐都长安的驯象及其反映的气候状况》，《中国历史地理论丛》，1994 年第 4 期。
⑦ 《大清会典》卷八三，銮仪卫。

（有关野象的气候意义将在第五章第三节详细讨论）。显然，唐代长安和清代北京出现的驯象是人工养护和象源地不断补给的结果，冬季温度不是驯象的限制因子，因此，驯象也就失去了气候指示的意义。

由此可见，尽管类观赏型生物的出现地点与原产地有相当大的纬度差，但这种分布与气候限制因子的关系很复杂，也可能没有任何关系，所以，对气候的指示意义不大甚至没有指示意义。在人为作用下，观赏型生物的分布可以较经济型更偏北。

4. 抑制分布型

当人为作用的方向表现在开垦农田或对生物以采集及狩猎的方式利用时，人类活动只要达到一定的强度，就会缩小生物存在的空间。例如，历史时期，中国的野象南迁达17个纬度，通过气候状况的比较，可辨认出其中的2/3是人类活动所致[①]，也就是说，现存于滇南地区的野象分布并非自然状态下的原貌，是受人类长期活动抑制的结果。现代气候条件下，如果不存在人类活动的影响，野象的分布北界要比现代更偏北。事实上，今天所见到的生物"自然"分布都或多或少地受到人类活动的抑制，其中，大型和利用价值高的生物的分布，表现得尤为显著。由此可见，较上述三种分布类型，抑制型生物分布偏小。由于历史时期我国土地开发总趋势是由北而南进行的，抑制型分布的北界应在自然型的南面。

综上所述，可以概括出上述四种生物分布型的分布区域和北界概念模型（图1.1）。从这概念模型知，即使没有气候变化，在不同的人为作用下，生物分布的北界也不同。

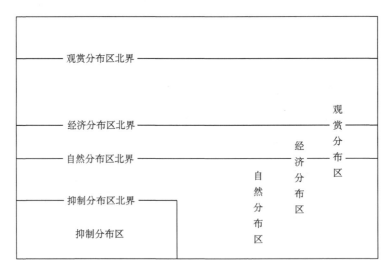

图 1.1　不同人为作用的生物分布区和北界模型

资料来源：满志敏：《用历史文献物候资料研究气候冷暖变化的几个基本原理》，

《历史地理》，第 12 辑，22～31，上海人民出版社，1995 年

---

① 龚高法、张丕远、张瑾瑢：《历史时期我国气候带的变迁及生物分布界限的推移》，《历史地理》第 5 辑，1987 年。

因此，在利用历史时期生物分布的界线推算气候时，需要区分文献中生物的分布类型。然而，由于迄今尚无成熟的区分生物分布类型的方法，也只能暂时从以下两个方面加以考虑。其一，是从记载本身判别。因为文献记载虽没有直接给出该生物分布所属类型的信息，但从文献记载的表述中，一般可以判读出其中的信息。例如，在本草类的书籍中，草药一般以自然型为主，农书中的记载大多为经济型，而记录宫廷或文人活动的文献中，则多为观赏型生物。其二，是运用旁证法。例如，唐长安曾有橘树种植，天宝十年（公元751年），唐朝玄宗在宫中柑橘结实答贺诏中说："今黄柑数株，丹实盈条。"①假定宫中的橘树是经济分布型，那么，当时长安的气候应类似于亚热带。据现代的气候区划，亚热带地区河流冬季无稳定冻结现象（亚热带划分的指标之一是最冷月平均温度≥0℃），但据前引唐代的记载，当时长安附近的蒲津桥下黄河冬天有稳定封冻的现象，显然，假设不成立。而结合该记载出于宫中，可推定当时长安的橘树是为观赏而移种的。至于抑制分布型的生物，如以现在生活在云南的西双版纳热带雨林中野象作为历史气候环境下野象分布的参考依据，就难免不让人疑窦丛生了。

---

① 《全唐文》卷三三《答中书门下贺宫内柑子结实诏》。

第二章　历史时期中国的冷暖变化

第一节　全新世以来中国气候冷暖变化概述

国际第四纪委员会认为，全新世的开始时间为距今 10 000±300 年，其标志是自晚更新世以来覆盖在地球陆地的大陆冰盖开始大面积的融化；特别是在以气候突然变冷为特征的新仙女木事件（Younger Dryas，一般认为该事件发生于 ^{14}C 年代距今 11 000～10 000 年，日历年界限为距今 12 900～11 500 年）之后，全球气候迅速变暖，距今最近的冰期结束，全新世开始，并一直延续至今。

北半球冰川活动是全新世气候基本变化阶段经典划分方案的主要依据，特别是根据全新世期间的冰川进退，可较明确地划分出全新世期间的寒冷期。据 Denton 等的研究结果[1]，全新世中有四次新冰期：新冰期第一期位于距今 8200～7000 年，寒冷期的高峰在距今 7800 年前后；新冰期第二期位于距今 5800～4900 年，寒冷期的高峰在距今 5300 年前后；新冰期的第三期位于距今 3300～2400 年，寒冷期的高峰在距今 2800 年前后；新冰期的第四期位于距今 500～80 年（1450～1870 年），寒冷期的高峰在距今 360～260 年（1590～1690 年）。由于冰川进退的主要证据来源于冰川前端的终碛位置，故依据冰川进退的划分方案不能完全指示出全新世中温暖期的气候特征，因此，常见的全新世气候的划分阶段也结合了地层方面的证据。根据全新世沉积的地层（即全新统）以及地层中所包含的孢粉和其他生物遗迹。目前通常将全新世划分为三段五个时期：前北方期位于距今 10 300～9500 年，北方期位于距今 9500～7500 年，这两个时期组成全新统下段；大西洋期位于距今 7500～5000 年，亚北方期位于距今 5000～2500 年，这两个时期组成全新统的中段；亚大西洋期位于距今 2500 年至现代，也是全新统的上段。其中前北方期的气候特征是温凉略湿，北方期温暖略干，大西洋期和亚北方期的特征是暖热潮湿，亚大西洋期温暖湿润。由于全新世的地层在各地有不同的组成和特征，在特定地区的划分方案和层数，以及各层的名称均有不同。例如，我国辽宁南部的普兰店组、大孤山组和庄河组[2]，分别代表全新世的早期、中期、晚期。北京地区也有长沟组、尹家河组、尹各庄组和刘斌屯组，分别代表全新世的不同时期[3]。

近年来，随着气候重建地不断深入，关于全新世气候阶段的划分，也出现了逐渐脱离地层而主要依据温度变化特征的划分方案。例如，Hafsten 根据冰期、间冰期气候旋

---

① Denton G H, Karlen W：Holocene climatic variations-their pattern and posible cause. Quarnary Research，1973，3：155～205.

② 中国科学院贵阳地球化学研究所第四纪孢粉组、^{14}C 组：《辽宁省南部一万年以来自然环境的演变》，《中国科学》，1977 年第 6 期。

③ 陈方吉：《北京地区全新世地层及自然环境的变化》，《中国科学》，1979 年第 9 期。

回，将晚更新世冰期后逐渐变暖的气候称为微温期（microthermal），并把全新世气候变化分为三个阶段：升温期（anathermal），位于距今 10 300～8200 年；大暖期（megathermal），起于北方期和大西洋期的过渡时期（约距今 8200 年），终于亚北方期的后段（距今 3300 年前后）；降温期，位于距今 3000 年前至今[①]，微温期与升温期之间为晚更新世与全新世的分界线。但这个划分方案在后来的使用中，也常常被不同的研究者和不断更新的资料所修订。

大西洋期是全新世中最暖的时期，也是目前各类研究关注的重点。特别是在近年出现全球变暖的趋势后，这一时段的全球气候特征更是成为目前研究注目的焦点。

我国近年的研究以距今 8500～3000 年作为我国大暖期的起讫时间，其主要划分依据是参考了敦德冰芯记录[②]。在这个记录中，距今 8500～8400 年和距今 3000～2900 年是全新世中的两次强高温事件。在这两次高温事件的前后都有鲜明的气候突变现象，前一个高温事件之前紧邻着一个强低温事件，时间为距今 8900～8700 年。按照现代中国西部氧同位素值与气候关系的推测，在距今 8700～8500 年，温度剧烈上升了 4.5℃，这是一个气候上的突变[③]。尽管据敦德冰芯与若干地点的孢粉记录显示，在距今 10 000 年时温度已经达到与现代相当的水平，且在距今 9000 年时温度还稍高于现代，但联系到距今 8900～8700 年的强低温事件（这个低温事件在昆仑山、阿尔卑斯山、安第斯山的冰川前进中均有反映），距今 9000 年左右的短期温暖仍只能作为全新世升温期的一部分。而距今 3000 年以后，各方面均指示出温度呈现出多次连续的降温现象，因而被作为大暖期结束的标志。这个划分方案中大暖期的起讫时间与 Hafsten 建议的划分时间相近，但也与依据地层等划分的结果存在较大的分歧，特别是大暖期的结束时间相差了 2000 年。

由于全新世大暖期延续的时间长达 5500 年，占整个全新世的一半以上，因此，其间也明显包含了相当多的气候与环境方面的波动。从现有的研究来看，它至少可以划分为以下四个阶段[④]。

第一阶段，距今 8500～7200 年。这个阶段气候并不稳定，且存在由暖变冷趋势。距今 8500 年前出现急剧的升温现象（如前所述，在不到 200 年的时间里温度上升了 4.5℃），无论是对自然界还是对人类社会均有很大影响。由于植被对气候响应的滞后性，我国植被并没有出现相应的变化，但降水已经随着气候格局的调整出现了变化。例如，西藏班公湖在距今 8500～8300 年曾出现过较现代高 30～35cm 的高湖面，这表明西南季风带来的降水随着温度的升高而激增；青海柴达木的察尔汗盐湖沉积中保存的淡化淤泥，说明当时湖水的含盐量曾一度明显下降；青海湖、内蒙古岱海、黄旗海，以及

① Hafsten U：A subdivision of the late Pleistocene period on a sychronous basis intended for global and universal usage. Paleogeography，Paleoclimatology and Paleoecology，1970，7，279～296.

② 施雅风、孔昭宸、王苏民 等：《中国全新世大暖期气候与环境的基本特征》，施雅风主编：《中国全新世大暖期气候与环境》，海洋出版社，1992 年。

③ Yao T D，Xie Z C，Wu X L：Climatic change since Little Ice Age recorded by Dupde Ice Cap，Science in China，1991，34（6）：760～767.

④ 施雅风、孔昭宸、王苏民 等：《中国全新世大暖期气候与环境的基本特征》，施雅风主编：《中国全新世大暖期气候与环境》，海洋出版社，1992 年。

蒙古国的一些湖泊在这一时期也均为高水位。这些现象表明，东亚季风的格局已经调整，季风降水的范围也大大地向北得到了扩张①。延至距今 8000 年左右，暖湿气候已使植被分布出现重大的变化，北方暖温带落叶阔叶林带向北推移了 3 个纬度。根据青海湖、黄土高原、内蒙古白苏海、河北省东部、辽宁省南部和四川螺髻山等地孢粉资料推断，当时这些地区的温度比现代高 2～4℃。在内蒙古赤峰兴隆洼遗址中发现有大量距今 8000 年左右的胡桃楸果核，而该地现代却处在温带草原的环境中。距今 8000 年左右，河北平原的植被面貌发生了显著的变化，其突出的特征是栎、榆、胡桃、臭椿、柳等暖温带落叶阔叶树种花粉的含量明显地增加，并出现枫香、山毛榉等亚热带落叶阔叶树种。同时在大陆泽、白洋淀、天津等地发现大量今天生活在亚热带水域的水蕨孢子。按这些水蕨可能是适应性较强的粗梗水蕨的生态习性来判断，当时的河北平原北部的年平均气温可比现代高 1～4℃，年降水量多 150～250mm②。此后不久即出现降温现象，在敦德冰芯中记录了距今 7800 年前后与距今 7300 年前后的两次降温事件，北京附近也发现原分布在山地的暗针叶林树种在距今 7700 年前后向平原的扩散，而这段时间里黄河流域有三四百年的文化层的变稀和缺失，可能也与此有关。江苏建湖剖面孢粉资料显示距今 8500～8000 年平均气温较今高 1.4～1.7℃，以后气温下降，到距今 7600 年时气温已经降至低于现代 0.1℃左右的水平。前面提到在新冰期的划分中，新冰期第一期的顶峰在距今 7800 年前后，此时不仅北半球的山地普遍存在冰川前进的现象，就连南半球的新西兰和南美热带山地也发现了距今 7300 年左右的冰川前进现象，以上说明这次降温现象是全球性的。

第二阶段，距今 7200～6000 年。这个阶段是大暖期中的稳定暖湿阶段，也是大暖期的鼎盛时期。除了个别地点如青海柴达木可能因高温蒸发旺盛而出现更为干燥的盐类沉积外，我国其他各地都出现暖湿的气候特征，植被生长空前繁茂。例如，现代为草原的青海湖一带出现了针叶阔叶混交林，从剖面中发现的紫果云杉残木分析，当时此地的降水量可达 600mm 左右，温度较现代高 3℃左右。在东北三江平原和长白山区形成了暖温带落叶阔叶林，而吉林辉南县孤山屯孢粉资料显示的温度比现代高 2～3℃。内蒙古、新疆、青海及西藏的许多内陆湖泊均呈现出高湖面。此时华北平原也正处在湖沼发展的极盛时期，存在大陆泽-宁晋泊、白洋淀-文安洼和七里海-黄庄洼三大湖沼群，这些湖沼群各自以辽阔的水面彼此断续相连，形成相对统一的大暖期古湖群③。北方干旱地区的沙漠则出现收缩，自河套地区以东到内蒙古的西部，现代的流动沙地大部分被植物固定起来。且现代气候条件较差的腾格里沙漠，在距今 6000～5500 年，有一个主要的成壤期，由此可以推测，当时腾格里沙漠的流沙至少大部分已经停止了活动。贺兰山以东的沙漠则几乎全部固定成壤④。长江中下游地区落叶常绿阔叶混交林地带在距今 6500～6000 年的温度比现代高出 2.7℃，是大暖期中的最温暖时期。良好的气候环境条

① 王苏民、王富葆：《全新世气候变化的湖泊记录》，施雅风主编：《中国全新世大暖期气候与环境》，海洋出版社，1992 年。

② 张丕远：《中国历史气候变化》，山东科学技术出版社，1996 年。

③ 王会昌：《河北平原的古代湖泊》，《地理集刊》第 18 号，科学出版社，1987 年。

④ 高尚玉、靳鹤龄、陈渭南 等：《全新世大暖期的中国沙漠》，施雅风主编：《中国全新世大暖期气候与环境》，海洋出版社，1992 年。

件使人类生产、人口和居住地迅速发展，形成了黄河流域的仰韶文化和长江下游地区的马家浜文化。

第三阶段，距今 6000～5000 年。这个阶段的气候波动剧烈，是环境较差的时期。一方面这一阶段的大部分地区承袭前一个阶段的暖湿特征，如山东郯城在距今 5200 年左右、江苏南京句容宝华山在距今 5100 年左右，都发现丰富的亚热带动植物，有水蕨和山龙眼等，表明当时的温度可能比现代高；另一方面却是气候变幅的增大，敦德冰芯记录显示其间存在 3 次明显的降温事件，表明温度升降已明显较其前期频繁剧烈。在距今 5000 年左右的数百年间，欧洲和北美东部一些喜温植物（如榆、常春藤）等也突然出现了衰减，其中榆树花粉的下降最为明显，因此这个事件也被称为榆下降（Ulmus decline），相当于 G. H. Denton 提出的新冰期第二期。此时在南北半球各山区均出现了冰川的前进，我国天山乌鲁木齐河也在距今 5380±150 年前后出现了冰进。从我国东部的植被类型来看，这个时期长白山区出现松、云杉、冷杉和桦等花粉的一次小高峰[①]。在西安半坡遗址的相应层位上，松属、云杉属和冷杉明显增加，达到全新世中期剖面中的最高值，而铁杉属及阔叶树种下降，水生植物香蒲则繁茂，这一组合正反映了寒冷偏湿的气候环境[②]。从孢粉资料分析，距今 5000 年前后，长江下游地区的平均温度已经比距今 6500～6000 年下降了 1℃[③]，而海南岛此时的孢粉也出现了栗、松花粉的增加，反映了气候的转冷。

第四阶段，距今 5000～3000 年。在大暖期后期的 2000 年间，前 1000 年的气候波动和缓，是个亚稳定的温暖期，气候环境较上个阶段有所改进。北方的龙山文化（以黑陶为特征）与长江下游的良渚文化蔚然兴起，古遗址的数量较以前有明显的增加。在现代半干旱草原地区的宁夏海原菜园子遗址中，距今 4635～4245 年的层位上出现了以温性松林占优势的孢粉组合；山西襄汾陶寺遗址（距今 4500～3900 年）出现了落叶阔叶和常绿针叶树种组成的混交林；在长白山区落叶阔叶林依然茂盛，转换为温度依然应比现代高 3℃ 左右。但这个时期在北纬 45°～50° 的地带，湖泊的水位已经下降，虽然内蒙古、青海和西藏的湖泊仍然维持着高湖面，但这可能正表明东亚季风影响的北缘已经南退。在距今 4000 年前后，敦德冰芯中出现宽浅的冷谷。李非等[④]对甘肃葫芦河流域的考古研究也表明，在距今 5100～4200 年，那里为仰韶文化晚期的后段、常山下层文化和齐家文化前半段，说明当时的农业北界达到了北纬 36.5° 左右，但到了齐家文化的后半段，即距今 4200～4000 年，农业界线南退到了北纬 35.5° 左右，说明那里的气温和降水量均出现了明显的下降[⑤]。但从孢粉证据来看，长白山区、江苏建湖、四川螺髻山等地暖湿植被的特征一直要延续到距今 3000 年左右才逐渐衰落。

全新世大暖期正是我国新石器文化快速发展的时期，多变的自然环境也对中华先民

① 刘金陵：《长白山区孤山屯沼泽地 13000 年以来的植被和气候的变化》，《古生物学报》，1989 年第 4 期。

② 柯曼红：《西安半坡遗址的古植被与古气候》，《考古》，1990 年第 1 期。

③ 唐领余、沈才良、韩辉友 等：《长江中下游地区 7.5～5ka BP 气候变化序列初步研究》，施雅风、王明星、张丕远等：《中国气候与海面变化研究进展（一）》，海洋出版社，1990 年。

④ 李非、李水城、水涛：《甘肃东部葫芦河流域的古文化与古环境研究》，施雅风主编：《中国气候与海面变化研究进展（二）》，海洋出版社，1996 年。

⑤ 张丕远：《中国历史气候变化》，山东科学技术出版社，1996 年。

的生存和活动肯定会带来一定的影响。基于我国丰富的考古资源，考古学界已经做了大量的遗址发掘、文化对比等工作，从而为解决上述问题提供了研究的基础，同时近年兴起考古 ^{14}C 年代学[1]，以及环境考古学[2]更为新石器文化的绝对年代对比和遗址环境条件的探求提供了手段。

关于新石器时代文化的绝对年代对比现在已经有了较明确的方案，表 2.1 给出各地区不同的文化类型、出现时间及其各种文化间的对应关系。

表 2.1　北方地区新石器时代各区域文化类型的时间对比

年代（距今）	中原地区	山东地区		甘青地区	内蒙古东部及东北地区
4000～3000 年	商代 二里头文化	岳石文化		齐家文化	夏家店文化
5000～4000 年	客省庄二期文化 中原龙山文化 庙底沟二期文化	山东龙山文化	三里河 东海峪	马厂文化 半山文化 马家窑文化	富河文化 红山文化
7000～5000 年	仰韶文化	大汶口文化	大河村 庙底沟 半坡 双庙 北甘岭 黑山岛　北庄 白石村　福山 王因　野店 大汶口	石岭下文化 仰韶文化	小珠山（下层） 新乐赵宝沟
		北辛文化			
8000～7000 年	白庙老官台 磁山-裴李岗文化			大地湾文化	兴隆洼文化

在仰韶文化之前，新石器文化又通称为前仰韶文化。前仰韶文化最重要的特点是农业的出现，并且得到很大的发展，这在大地湾一期、磁山和裴李岗的遗址中均有表现。此外，同时代的文化遗址在文化发展和空间的分布上均有一个迅速发展的过程。遗址分布的地貌部位多在一些山麓地带，而且多选择在黄河流域各支流的中游地区两岸的高地上[3]，这可能与当时有较充足的降水、河水水位较高有关。前仰韶文化的开始时间正是全新世大暖期的发端，气候条件开始转向温暖和湿润，联系到上述文化发展上的特点，很可能是气候条件转变的结果，因为原始农业是一种自然农业，它的兴衰在很大程度上与自然环境变化相关。王守春将渭河上游前仰韶文化所表现的农业特点与现代该地区不稳定的农业收成作了对比分析，结果认为当时的自然条件要优于现代[4]。

---

① 仇士华：《中国 ^{14}C 年代学研究》，科学出版社，1991 年。
② 周昆叔：《环境考古研究》第一辑，科学出版社，1991 年。
③ 王妙发：《黄河流域的史前聚落》，《历史地理》第 6 辑，1988 年。
④ 王守春：《黄河流域气候环境变化的考古文化与文字记录》，施雅风主编：《中国全新世大暖期气候与环境》，海洋出版社，1992 年。

仰韶文化所处的时期是黄河流域文化大发展的时期，主要表现在以下几个方面：①农业生产的水平进一步发展，在多处遗址中均发现了粮食作物的种壳和种子，粮食生产水平已较高，许多遗址中发现了较大储粮窖和窖藏粮食；②遗址的面积增大，从数万到数十万平方米的遗址并不少见，同时，遗址堆积的厚度也很厚，最厚的达 7m，这些信息表明当时的环境已经比较稳定，先民能在其居住地得以长期安居；③遗址的密度也很高，尤其在仰韶文化的中心区域，遗址的密度已经接近现代的村落，尽管它们可能是不同时期的遗存，但至少反映了当时人类活动的密度和人口的数量有了较大发展；④仰韶文化的涉及区域很广，除了关中、豫西、晋南的中心区域外，还北涉河套至张家口一带，西及甘青地区，反映了该文化的高度发展和辐射的能力。从黄河流域的前仰韶文化到仰韶文化是个飞跃的发展，达到了新石器时代的顶峰，而这个过程又与中国气候环境进入大暖期，并发展到鼎盛时期相一致，显然，气候条件给先民提供了一个很好的发展舞台。但仰韶文化长达 2000 年左右，其发展也不是直线的，据陕西古文化遗址 ^{14}C 测年频数统计（资料截至 1983 年），频数最高的发生在距今 7000～6000 年，而距今 6000～5000 年的频数下降了一半[①]，这可能与新冰期二期的气候变化有关。

仰韶文化以后黄河流域的古文化（距今 5000～4000 年，包括中原龙山文化）仍以农业为主要地位，石器工具有所进步，做工也更精细。但文化遗址的分布范围并未超过仰韶文化，其中最明显的是，关中地区遗址的密度低于仰韶时期。对此，一种解释是环境条件有所恶化[②]，但从其他证据来看，情况可能未必如此。因为这个时期聚落分布的地貌类型非常丰富，有不少遗址距近地表水较远，且附近无古河道遗迹[③]，这显然说明当时的水源条件不会比现代差。

第二节　中国东部近 2000 年温度阶段性

揭示过去 2000 年气候冷暖变化史，一直为国际学术界所重视。虽然 Mann 等基于树轮等资料重建的北半球过去 1000 年温度变化序列在国际学术界产生了重大影响[④]，但其结果也与多数基于区域气候变化研究所揭示气候变化事实相冲突[⑤]。为与北半球的温度变化进行对比，并定量揭示中国过去 2000 年冷暖变化的特征，葛全胜等根据近年来收集、整理的历史文献冷暖记载及其过去有关研究结果，对中国东部地区（北纬 25°～40°，东经 105° 以东）过去 2000 年冬半年的温度状况进行了定量推断，建立了中国东部地区过去 2000 年分辨率为 10～30 年的冬半年温度距平变化序列，并对冷暖变化

① 施少华：《中国全新世高温期化境与新时期时代古文化的发展》，施雅风主编：《中国全新世大暖期气候与环境》，海洋出版社，1992 年。

② 王守春：《黄河流域气候环境变化的考古文化与文字记录》，《中国全新世大暖期气候与环境》，海洋出版社，1992 年。

③ 王妙发：《黄河流域的史前聚落》，《历史地理》第 6 辑，1988 年。

④ Mann M E, Bradley R S, Hughes M K：Northern Hemisphere temperature during the past millennium：Inferences, uncertainties, and limitations. Geophysical Research Letters, 1999, 26 (6)：759～762.

⑤ Soon W, Baliunas S：Proxy climatic and environmental changes of the past 1000 years. Climate Research, 2003, 23 (2)：89～110.

阶段与冷暖变化幅度进行了分析①。这一序列（图 2.1）重建的基础资料为历史文献中的物候证据和相关研究成果。由于中国历史上冷暖记载在时空分布上的不均匀性，即使是在一个资料最好的地区，也难以获得连续的记录。因此，要建立具有固定分辨率的中国东部地区温度变化连续序列，必须根据不同地区、不同季节，对由不同类型或分散记载所重建的结果以适当方法进行转换和校准，使彼此之间可以相互对比。而利用现代观测资料，则恰好可以将某个地区（或站点）在某个时段的冷暖记载转换成该地区（或站点）的温度（或距平）值，然后分析不同地区和不同季节温度变化的一致性，计算不同站点、不同季节温度变化对整个地区温度变化贡献率，在此基础上，将该地区（或站点）在该季节的温度（或距平）值转换成整个区域的温度（或距平）值。由于受资料分辨率限制，过去 2000 年温度重建序列的时间分辨率仅及 30 年［图 2.1（c）］；961～1110 年［图 2.1（a）］、1501～1999 年［图 2.1（b）］两个时段因资料较为丰富，时间分辨率为 10 年。需要说明的是：图中的所有距平值都是基于过去 2000 年中国东部地区各种冷暖证据与 1951～1980 年对比后得到的，而 1951～1980 年中国东部冬半年平均温度为 8.4℃，是过去 2000 年中一个相对偏暖的时期。

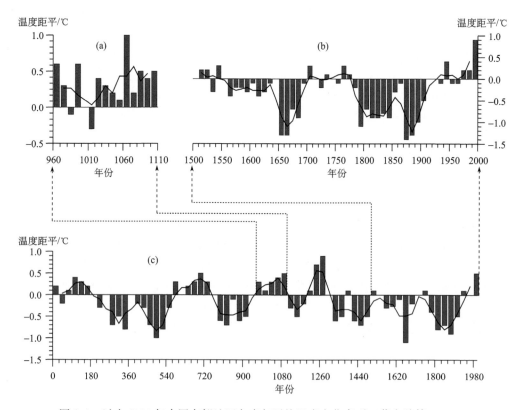

图 2.1 过去 2000 年中国东部地区冬半年平均温度变化序列（葛全胜等，2002）

（a）960 年代～1100 年代，分辨率 10 年；（b）1500 年代～1990 年代，分辨率 10 年；（c）0～1990 年代，
分辨率 30 年，其中最后一个点的资料为 1981～1999 年；图中折线为 3 点滑动平均

① 葛全胜、郑景云、方修琦 等：《过去 2000 年中国东部冬半年温度变化》，《第四纪研究》，2002 年第 2 期。

图 2.1 所揭示的温度变化虽仅是中国东部过去 2000 年的冬半年温度变化，但仍可从中看出过去 2000 年中国东部冷暖变化的总体趋势。其中温度高于 1951～1980 年的平均值且持续时间超过百年的暖期有 4 个：0～200 年代、570 年代～770 年代、930 年代～1310年代及 1920 年代以后；较 1951～1980 年低且持续时间超过百年的冷期有 3 个：210 年代～560 年代、780 年代～920 年代和 1320 年代～1910 年代。而且每个冷、暖期内也存在较明显的冷暖振动，特别是 930 年代～1310 年代暖期，还包含了一个比 1951～1980 年冷，且持续时间达 90 年的冷谷。各个时期的冷暖变化特点见表 2.2。

表 2.2 中国东部过去 2000 年冷暖变化的基本阶段性特征

冷暖期	起讫时间	较 1951～1980 年的距平平均值/℃	冷暖变化主要特点
暖期	0～200 年代	+0.14	相对温暖。但 30 年代～50 年代较 1951～1980 年略冷，冷暖振动幅度相对较小，最冷 30 年与最暖 30 年相差 0.6℃
冷期	210 年代～560 年代	−0.47	寒冷。含两个明显的冷谷：270 年代～350 年代和 450 年代～530 年代，但 370 年代前后有一相对暖峰；冷暖振动幅度相对较大，最冷 30 年与最暖 30 年相差 1.0℃
暖期	570 年代～770 年代	+0.23	温暖。冷暖振动幅度较小，最冷 30 年与最暖 30 年相差 0.5℃
冷期	780 年代～920 年代	−0.50	寒冷。含 780 年代～830 年代和 870 年代～920 年代两个冷谷，850 年代前后有短暂回暖；冷暖振动幅度相对较小，最冷 30 年与最暖 30 年相差 0.6℃
暖期	930 年代～1310 年代	+0.18	温暖。其中 1020 年代～1100 年代和 1230 年代～1280 年代为两个暖峰，1230 年代～1250 年代为过去 2000 年中最暖的 30 年（较 1951～1980 年高 0.9℃）；但也存在明显的冷谷，1110 年代～1190 年代的 3 个 30 年均较 1951～1980 年冷。冷暖振动幅度相对较大，最冷 30 年与最暖 30 年相差 1.4℃
冷期	1320 年代～1910 年代	−0.39	寒冷。含 1320 年代～1370 年代、1410 年代～1490 年代、1560 年代～1700 年代及 1770 年代～1910 年代 4 个冷谷，其中 1650 年代～1670 年代为过去 2000 年中最冷的 30 年（较 1951～1980 年低 1.1℃），但 1380 年代～1400 年代、1500 年代～1550 年代和 1710 年代～1760 年代相对偏暖。冷暖振动幅度相对较大，最冷 30 年与最暖 30 年相差 1.2℃
暖期	1920 年代～1990 年代	+0.20	温暖。气候在总体上呈波动上升趋势，其中 1920 年代～1940 年代和 1980 年代以后为暖峰

资料来源：葛全胜、郑景云、方修琦 等：《过去 2000 年中国东部冬半年温度变化》，《第四纪研究》，2002 年第 2 期

在过去 2000 年的冷期与暖期交替过程中，温度在短期内往往存在大幅度变化。以冬半年的温度变化计算，在气候由冷转暖或由暖转冷的过程中，升降温幅度一般都达 1℃左右。其中在 480 年代～500 年代至 570 年代～590 年代、870 年代～890 年代至 960 年代～980 年代和 1860 年代～1880 年代至 1920 年代～1940 年代的 3 次气候由冷变暖过程中，分别升温 1.3℃、0.9℃和 1.0℃；在 90 年代～110 年代至 210 年代～230 年代、690 年代～710 年代至 810 年代～830 年代和 1230 年代～1250 年代至 1320 年代～

1340 年代的 3 次由暖变冷过程中，也分别出现了 0.7℃、1.2℃和 1.5℃的降温。

此外，在相邻的两个 30 年中，增温幅度达 0.5℃以上的有 10 次，其中 1650 年代～1670 年代至 1680 年代～1700 年代的升温幅度最大，达 0.9℃；降温幅度达 0.5℃的有 9 次，其中 1620 年代～1640 年代至 1650 年代～1670 年代的降温幅度最大，达 1.0℃。而在目前所处的 20 世纪增暖过程中，也分别在 1890 年代～1910 年代至 1920 年代～1940 年代和 1951～1980 年至 1981～1999 年出现 0.6℃和 0.5℃的增温，其中，前者处于由冷期向暖期的转换过程中，而后者却处于暖期之内。对比过去 2000 年暖期中曾出现过的增暖幅度，最近 20 年的增暖已接近过去 2000 年中温暖时期升温的最高水平（仅 1200 年代～1220 年代至 1230 年代～1250 年代升温 0.8℃）。由此可见，虽然 20 世纪的增暖在过去 2000 年中并不是唯一的，但在温暖时期，如此大的升温幅度也是极为少见的。

第三节　宋元时期的温暖状况（900～1300 年）

大致在公元 900～1300 年，世界上许多地区的气候出现了仅次于全新世中期的温暖现象[①]。虽然研究证据表明这个温暖时期的温度极值在世界各地出现的时间颇不相同，温暖期延续的时间亦有差异，但就温暖期而言，其存在已基本为大家所接受。由于这个时期同欧洲历史通称的中世纪有关，因此这一气候温暖期被称为中世纪温暖期（medieval warm period，MWP）或气候小适宜期（little climatic optimum）。这一时段相当于我国的五代至元朝前期。已有研究证明，欧洲中世纪气候温暖时我国的气候也较为温暖，而且这一暖期在我国的起讫时间也与欧洲基本一致[②]。

一、宋元时期气候温暖的物候证据

（一）冬麦种植的北界

据《文献通考·田赋三》载，五代后唐天成四年（929 年），户部曾向朝廷奏请调整各行政区域夏税秋租征收管理条例。从其规定看，夏税征收分为四个区域，不同区域按照农业收获上的节候差异，设定了不同的征收期限。大体上，今河北中部以南、太行山以南和关中地区为一个区域，夏税起征时间在 5 月 15 日。河北北部、山东半岛、陕北地区（除延、麟二州）和山西西南部为一个区域，夏税起征的时间在 6 月 1 日。山西大部分地区为另一个区域，夏税起征时间最晚，在 6 月 20 日。由于此次调整时间的主要目的在于避免"预征"，因此，新实行的征收时间大体上与不同地区粮食作物的收获时间相吻合。

---

①　Lamb H H：《气候的变迁和展望》，汪奕琮等译，气象出版社，261～263，1987 年。

②　满志敏、张修桂：《中国东部十三世纪温暖期自然带的推移》，《复旦学报》（社会科学版），1990 年第 5 期；满志敏、张修桂：《中国东部中世纪温暖期的历史证据和基本特征的初步研究》，张兰生主编：《中国生存环境历史演变规律研究（一）》，95～103，海洋出版社，1993 年；张德二：《我国中世纪温暖期气候的初步研究》，《第四纪研究》，1993 年第 1 期；Zhang D E：Evidence for the existence of the Medieval Warm Period in China. Climatic Change，1994，(3)：289～297.

而依据我国历史时期北方地区大体上"夏田种麦，秋田种粟豆"的农业熟制可知，10世纪中叶，在延州（今陕西延安）、庆州（今甘肃庆阳）、振武军（今山西朔县）、大同军（今山西大同）和威塞军（今河北涿鹿）有夏田耕作，作物为越冬的麦类。

熙宁八年（1075年），北宋又取得"熙河"一带的控制（今甘肃临洮及以西一带）。为了解决西北前线的粮食供给问题，枢密院使吴充上言建议，令兵士屯田固守。当时这一带即为最北的冬麦产区。然而，就当时的麦类生长状况，庄绰指出，当时陕西北部，沿宋夏边地一带，"地苦寒，种麦周岁始熟，以故黏齿不可食"[①]。这里虽未直言所载麦类是否为冬麦，但从麦类生长期的长短，仍能作出相应判断。我国现代冬小麦北界以北以西地区种植春小麦，除了青藏高原外，春小麦全生育期天数为120～140天，而冬小麦在其分布北界附近全生育期天数为280天，以西以北则长达300～360天[②]，大麦的生长习性与此类似。可见，庄绰所云陕西沿边一带"周岁始熟"的麦作应是冬麦，因为春小麦的生育期长短还不到半年，谈不上"周岁始熟"。当时宋夏沿边一带是指今宁夏固原以北至延安以北地区。上述两个记载的资料可以证实，北宋后期黄土高原地区冬麦类已种植到临洮、固原北至延安以北一带。

金朝时，原先租赋征收时间是"夏税六月止八月，秋税十月止十二月"，但到泰和五年（1205年），金章宗将秋税初征时间改在十一月，并把中都、西京、北京、上京、辽东、临潢、陕西的夏税征收时间调整至七月初[③]。金朝租赋制度以粮食为主要征收对象。13世纪初征收时间变动可以说明两个事实：①当时的农作物生长期延长，秋获的时间可推迟。现代华北地区北部谷子的收获期大体在阳历10月，而当时夏历十月收获仍未结束，显然，秋收时间较现代要迟得多。②越冬的麦类生长地区比现代偏北。当时的西京治今大同，西京路的南缘在今山西朔县、应县、灵丘一带；临潢府治今内蒙古巴林左旗东南，临潢府路的南缘在翁牛特旗至库伦旗一带；上京治今哈尔滨东南，上京路的南缘在长春至抚松一带。尽管不知道上述几路征收夏税的确切地点，但至少说明这些路辖境的南部地区应有冬麦类的生长。正是由于这些地区"稼穑迟熟"，才把夏税限于七月初，可见这些地区都有冬麦类生长。

从上述记载可知，9世纪初至13世纪初，我国冬小麦种植的北界一度北移至临洮、固原北、延安北、大同、翁牛特旗和长春一线［图2.2（a）］。当然，这条界线未必完全等同于现代冬小麦安全越冬北界（80％的保证率），这主要是尚无法从史料记载考证出当时的安全越冬保证率。但按常理推测，保证率亦不会太低，至少应有三年两熟可保证，否则很难作为稳定的夏税征收地区。限制冬小麦分布北界的气候条件主要是冬季的最冷月温度，一般要求最低平均极端温度大于−22℃左右，温度过低便会受冻。比较这一带的现代冬小麦越冬条件与10世纪中叶至13世纪初的综合冬麦分布北界可知，冬小麦的位置在这一时段是向北推进的，其中东段尤为显著。这条界线的北移说明，当时北方地区的长城沿线至今辽宁省中部地区冬季平均极端低温比现代高，且由冬季平均极端气温与整个冬季平均气温的关系也可推知，当时的冬季气温也应较现代高。

① ［宋］庄绰：《鸡肋编》卷上。
② 张福春、王德辉、丘宝剑：《中国农业物候图集》，科学出版社，1987年。
③ 《金史》卷四七《食货志》。

（二）11世纪后期开封一带水稻安全齐穗日期

《续资治通鉴长编》载有6个北宋皇帝召辅臣观稻的年份，观稻的地点为东京开封。将这6年观稻的干支日期转换为阳历（表2.3），再订正为可与现代日期比较的格利高里历日期，计算得到当时观稻平均日期为10月31日；而现代开封一带一季水稻的收获日期在9月下旬，这说明当时的水稻收获时间明显较现代迟。

表2.3　北宋开封观稻日期

年号与日期	资料记载	格利高里历日期
熙宁七年九月庚子	召辅臣观稻于后苑	1074年10月4日
熙宁八年九月甲申	召辅臣观稻于后苑	1075年11月12日
元丰二年十月丁酉	召辅臣观稻于后苑	1079年11月4日
元丰六年十月甲戌	召辅臣观稻于后苑	1083年11月20日
元祐二年十月庚辰	观稻于后苑	1087年11月5日
元祐七年九月戊子	召辅臣观稻于后苑	1092年10月17日

水稻生长有几个对温度极为敏感的时期，其中安全齐穗期是距收获时间最近的一个。据现代水稻生态研究，米粒成熟阶段由灌浆期、蜡熟期、完熟期和枯熟期四部分构成。在完熟期中，稻谷呈金黄色，米粒转白，具有光泽，穗茎坚硬而不易折；在枯熟期中，稻谷呈暗黄色，枝梗干枯，顶端易于折断。因此，完熟期既是品相最适宜观赏的阶段，也是收割的适宜时期。北宋皇帝在后苑种稻始于皇祐元年（1049年），理由是"知稼穑事之不易"，皇帝召辅臣同观水稻收割或长势总带有炫耀的意味，礼部和皇帝本人肯定不会让大臣同观枯败零落的枯熟期水稻，以故，观稻的日期最迟相当于水稻的完熟期（当然，观稻也可能位于完熟期之前，这样导出的安全齐穗日期则更晚）。水稻从开花到成熟，不同的品种所需时间不同，一般为25～40天；且通常情况下，一季中稻比双季晚稻所需的时间更长些。为保守起见，这里假定当时皇苑中的水稻从开花到成熟需要40天。由此推知，当时开封的水稻应该在9月20日左右开花，安全齐穗日期亦应不早于此日。安全齐穗期对秋季低温寒害（常称"秋寒"或"寒露风"）极为敏感，因为在初秋水稻孕穗开花季节，一旦有冷空气南下带来低温阴雨的天气，就会造成水稻空壳，导致严重减产。所以，一般以连续3天的日平均气温≤20℃作为水稻发生秋季低温寒害的指标。在现代，9月20日左右出现这一寒害的位置已达徐州北至淮阳一线［图2.2(b)］，而在11世纪后期9月20日开封的水稻仍可安全齐穗，这说明，当时开封一带寒露风的平均到达日期至少在9月20日以后，亦即比现代至少迟5天，表明当时秋季的平均气温要比现代更高。

（三）糖用甘蔗的经济种植北界

北宋时，在江、浙、闽、广、湖南、蜀川等地都有甘蔗种植[①]，虽具体地点失载，

---

① ［宋］唐慎微：《重修政和经史证类备用本草》卷二三《甘蔗》。

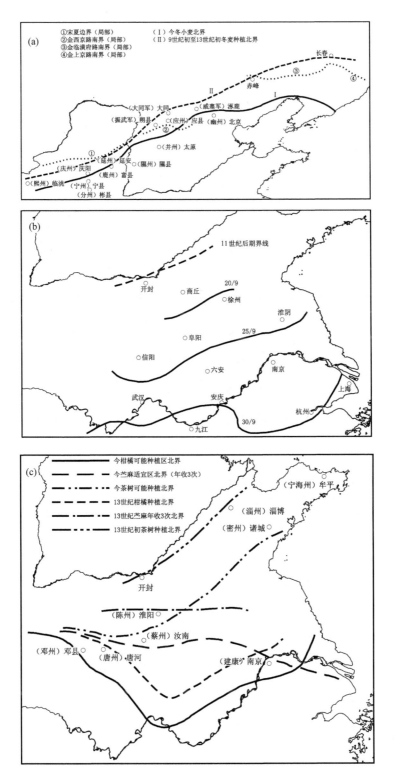

图 2.2 宋元时期气候温暖的主要物候证据

(a) 9～13世纪初中国冬小麦种植北界；(b) 11世纪后期开封一带水稻安全齐穗期与现代的比较；

(c) 五代至元前期茶树、橘树、苎麻种植北界

但按当时的行政区划，这些地方相当于今四川和长江以南地区。随着榨糖技术的成熟，甘蔗业在宋代已发展成一项独立的产业。北宋初，"甘蔗盛于吴中"[①]，吴中即指今太湖流域，显然，当时甘蔗的种植北界已近长江。南宋末年，杭州的"临平、小林（甘蔗）多有种之"[②]，且因质量上乘而被列入朝贡的土产项目[③]。13世纪末，到过杭州的旅行家马可波罗也在其游记中写道："应知此城（指今杭州）及其辖境制糖甚多，蛮子其他八部亦有制者。"[④] 除杭州的糖坊兴盛外，明州等附近城市也有。现代制糖用甘蔗经济种植区的北界在邵阳、长沙、景德镇、衢州、金华一线[⑤]，此线以北地区虽然也有部分种植，但由于热量资源的不足，甘蔗的甜度低、品质差，缺少榨糖的经济价值，仅能作水果食用。因此可知，宋初至元朝的前期，甘蔗的经济种植北界比现代偏北近两个纬度。

（四）金朝茶树种植北界

茶树是亚热带和热带的多年生常绿经济作物，目前我国主要分布在秦岭、淮河以南的各省（区、市）。在大巴山、长江以北，秦岭淮河以北以及云台山和沂河以东的丘陵山地区，包括江苏中北部、皖中、豫南、湖北大部、陕南、甘南以及山东临沂地区，主要属北亚热带，仅部分地区是暖温带，这些地区是目前茶树种植的最北地带。12世纪末13世纪初，南宋与金朝以淮河为界，分而治之。金人虽饮茶成俗，但淮河以北的金朝统治地区却不生产茶叶，所需茶叶除由南宋政府岁供之外，皆由金宋边界的榷场贸易和民间走私进入。然而，金地百姓也一直试图在当地种植茶树，如在输入金朝的货物中曾有茶叶、茶子和茶苗[⑥]。茶叶已是现成的备用品，而茶子和茶苗显然是用于在北方发展茶树的。当时贾铉也曾说："茶树随山皆有，一切护逻，已夺民利，因而以拣茶树执诬小民，嚇取货赂，官严禁止。"[⑦] 尽管这里提及的是有关官军与百姓的纠纷问题，但也证实了金朝辖境内的确有茶树的种植事实，且有相当的规模。又据《金史》载，当时开封府的土产中列有香茶，可见开封地区也是当时的茶叶产地。承安四年（1199年），官府在淄、密、宁海、蔡等四州各设作坊开始制造新茶，这四州分别治今山东淄博南、诸城、牟平和河南汝南。尽管因种种原因这些茶坊没有维持很久，但茶树依然存在。由此可见，12世纪末，我国东部的茶树种植北界曾到达今淄博南至开封一线，茶树可能种植地带较现代北移大约一个纬度 ［图2.2（c）］。

（五）13世纪橘树种植的北界

柑橘是典型的亚热带多年生果树，性喜温暖湿润，对温度的反应尤为敏感，冻害

① ［宋］陶谷：《清异录》卷二，文渊阁四库本。
② 《咸淳临安志》卷五八，文渊阁四库本。
③ 乾道《临安志》卷二《土贡》。
④ 《马可波罗行纪》，中册152页，冯承钧 译：中华书局，1954年。
⑤ 中国农林作物气候区划协作组：《中国农林作物气候区划》，气象出版社，1987年。
⑥ 漆侠：《宋代经济史》，上海人民出版社，1988年。
⑦ 《金史》卷九九《贾铉传》。

是我国柑橘生产的主要气象灾害。现代柑橘冻害研究发现，上海、宜兴、安庆、嘉鱼、宜城、郧县、石泉一线以北地区，柑橘冻害较严重，实现经济栽培比较困难；东台、南京、六安、房县向西北延伸一线以北地区，柑橘冻害严重而频繁，基本不宜栽培柑橘[①]。然而，无论是 13 世纪早期的方志记载还是中、后期的农书记载都显示，13 世纪柑橘明显偏北。例如，嘉定七年（1214 年）成书的《剡录》载，浙江嵊县"素无柑，近有种者，撷实来，风味不减黄岩"；"橘、橙、乳柑"也见于《景定建康志》，建康即今南京市，但现代柑橘类水果种植仅限于太湖一带，南京附近已无迹可寻。至元十年（1273 年）颁行的《农桑辑要》将橘、橙编排于"新添"条目下，并注曰："西川、唐、邓多有栽种成就，怀州亦有旧日橙树，北地不见此种。"显然，13 世纪中叶，柑橘的种植北界线能够到达河南的唐、邓和江苏的南京一带，甚至扩展到较高纬度的怀州（今河南沁阳），是冬季温度变暖的必然结果。因此，若将唐河一带视为 13 世纪我国可能的柑橘种植北界，当时的柑橘种植北界也至少较现代北移一个纬度左右［图 2.2（c）］。

（六）13 世纪苎麻的种植北界

至元十年（1273 年）颁定的官撰农书《农桑辑要》，不仅详细记载了当时苎麻的栽种技术，而且还说："苎麻本南方之物……近岁以来苎麻艺于河南，""今陈、蔡间，每斤价钞三百文。"其"每岁可割三镰……五月初一镰、六月半一镰、八月半一镰"。这里"陈、蔡"是指当时的陈州和蔡州，分治于今河南淮阳和汝南，显然，这一带为当时苎麻年收三次地区。苎麻为亚热带作物，对温度反应敏感，影响每年可割次数的气候条件是生长期的有效积温。如果有效积温高，苎麻生长就快，年内可收割三次，如果有效积温稍低，苎麻的生长较慢，在有效的生长期内就只能收割两次。现代苎麻年收三次的地区以长江流域为主，据苎麻的气候区划，现代年收麻三次的北界在南阳、驻马店、阜阳、蚌埠至南京一线[②]。此线以北的暖温带地区一年只能收割两次。13 世纪中叶的陈州和蔡州就位于这条界线以北，由于关于苎麻种植分布的历史记载简略，在"陈、蔡"之北是否有其他年收三次的地区不得而知，但至少当时苎麻年收三次种植界线比现代北移一个纬度左右［图 2.2（c）］。

（七）两广南部椰子结实的北界

椰子树是典型的热带果树，其花期对气温有严格的要求。现代两广地区虽然椰子树分布很广，但并非所有的椰树都能开花结果。据文献载，北宋初期，郁林州（今广西玉林，位于北纬 22.6°）有椰子种植，"椰子树似槟榔而高大……壳中有肉……内有浆汁

---

① 李世奎、侯光良、欧阳海 等：《中国农业气候资源和农业气候区划》，科学出版社，1986 年。
② 中国农林作物气候区划协作组：《中国农林作物气候区划》，气象出版社，1987 年。

甜如蜜"①，"土人多种之"②。13世纪初成书的《圣朝混一方舆胜览》亦云："今广西诸郡皆有之，惟州（郁林州）为最。③"椰子的主要经济价值是果实，尽管史料中没有记载广西的椰子是否都开花结果，但既然能被作为一种经济作物种植，自然能开花结果。另据1980年代初的调查，现代广东南部椰子结实的北界在电白、湛江一线，而广西境内的北界在玉林以南的防城一线，上述三个地点的纬度都在北纬21.2°～21.7°④。显然，宋元时，两广椰子的结实地点较现代大约北偏一个纬度。

（八）南宋后期杭州的春季物候

风俗中的物候现象通常以相当长的事实为基础，能够反映一种气候平均状况。"仲春十五为花朝节，浙间风俗以为春序正中，百花争放之时，最堪游赏……最是包家山桃开浑如绵障，极为可爱"⑤，是记述南宋末年杭州花朝节盛况的文字，其中也包含了杭州春季桃花盛开的时间。由此可知，1251～1280年仲春十五花朝节的平均日期相当于阳历的3月22日。虽然文中并未注明是何种桃花，但据现代物候推定，文中桃花应为毛桃花，且盛花期较现代提前了3天。因为现代杭州有山桃和毛桃两种，其平均盛花期分别在3月5日和3月25日，另有平均盛花期在3月21日的杏花⑥，所以，据宋人张约斋《赏心乐事》所记，杭州杏花庄赏杏花早于花院观桃花可知，包家山"百花争放之时"的桃花应是毛桃。

南宋时，杭州的端午节又好插花，五月"初一日，城内外家家供养，都插菖蒲、石榴、蜀葵花、栀子花之类……推重午不可无花供养。端午日仍前供养"⑦，"其日（端午节）正是葵榴斗艳、栀艾争香"⑧。可见，五月初一杭州的栀子花已经开放。因无法知晓当时栀子花是处于初花期，还是盛花期，这里姑且采用保守的估计将其视为始花期，以减少时间判断上的误差。将1221～1250年五月初一的阳历作平均校正后，日期是6月8日，今天杭州的栀子始花期在6月12日，相比之下，栀子花始花期至少比现代提前了4天。若文献记载中的栀子花正值盛花期，则始花期还要提前。因此，按生物气候规律推算，南宋后期，气候带相当于南移了一个纬度。

二、北宋开封一带冬季温度距平的估算

（一）北宋时期开封一带的暖冬和寒冬现象

公元960～1109年，记载开封一带的暖冬年份的有17年（表2.4），占北宋一朝的

---

① ［宋］乐史：《太平寰宇记》卷一七〇《交州·物产》，文渊阁四库本。

② 《钦定授时通考》卷六五，《农余·椰子》。

③ 《永乐大典》卷二三三九《梧州府·土产·郁林州》引《元一统志》。

④ 文焕然、文榕生：《中国历史时期冬半年气候冷暖变迁》，科学出版社，1996年。

⑤ ［宋］吴自牧：《梦粱录》卷一。

⑥ 张福春、王德辉、丘宝剑：《中国农业物候图集》，科学出版社，1987年。

⑦ ［宋］佚名：《西湖老人繁盛录》。

⑧ ［宋］吴自牧：《梦粱录》卷三。

11.3%，如此高的暖冬比例是历代绝无仅有的。北宋的暖冬记载不同于一般文献中的"冬无雪"，不仅明确地记载了当时冬季的温暖现象，而且有冬季"无冰"这类标志性的物候。现代冬季最冷月1月平均气温0℃的界线在秦岭淮河一线，开封地区在淮河以北，1月的平均气温已低于0℃，冬季结冰是比较常见的现象。因此，这17年的资料说明了这些年冬季的温度是较高的，无冰和温暖如春等物候现象表明这些年冬季最冷月的温度至少要比现代高2℃以上。

表 2.4　北宋时期开封一带的暖冬记载

年份	资料记载	资料出处
雍熙元年（984年）	今冬气和暖……若得三五寸雪，大佳	《续资治通鉴长编》卷二五
淳化二年（991年）	冬，京师无冰	《宋史·五行志》
大中祥符二年（1009年）	京师冬温无冰	《宋史·五行志》
景祐四年（1037年）	冬无积雪，寒燠之序未甚均协	《续资治通鉴长编》卷一二一
皇祐中（1049～1053年）	今冬令反燠	《宋史·吴奎传》
至和元年（1054年）	去冬（至和元年）多南风	《续资治通鉴长编》卷一七九
嘉祐六年（1061年）	冬，京师无冰	《宋史·五行志》
嘉祐七年（1062年）	是岁冬无冰	《宋史·五行志》
治平元年（1064年）	去夏（治平元年）霖雨……既而历冬无雪，暖气如春，草木早荣	《司马温公文集》卷六
元丰七年（1084年）	冬暖，洛水不冰	《续资治通鉴长编》卷四八六
元丰八年（1085年）	自冬以来雨雪不降，亢阳为厉……其效冬温而无冰	《续资治通鉴长编》卷三六三
元祐元年（1086年）	诏以冬温无雪，决系囚	《宋史·哲宗本纪》
元祐四年（1089年）	伏见前年（元祐四年）冬温无雪	《续资治通鉴长编》卷四五四
元祐五年（1090年）	无冰雪	《宋史·五行志》
绍圣元年（1094年）	以冬温无雪，决系囚	《宋史·哲宗本纪》
崇宁五年（1106年）	冬雪不拼块，温风搜麦根	《栾城后集》卷四
大观元年（1107年）	冬温未宜人	《栾城三集》卷一

此外，北宋资料中还记载了冬无雪和皇帝在冬季亲自或命辅臣祈雪的活动，这两种记载从气象的角度来看所反映的事物本质相差不大，都是指开封一带冬季缺雪。这里所谓"冬"是指夏历的十至十二月，相当于阳历的11月至次年1月，与现在我们所说的冬季12月至次年2月并不相同，提前了一个月，因此冬无雪不是现代意义上的整个冬季都没有降雪。从环流的角度来看，开封一带冬季缺少雪的现象可由两种环流形势造成，其一是冬季纬向型环流占优势，东亚大槽不发育，我国大部分地区因缺少强冷空气影响而形成无雪或少雪现象，以至于开封一带冬季温度偏高；其二是黄河流域冬季冷空气强大而稳定，南方暖湿气流不活跃，由于缺少两种不同温湿特征气团的交汇，开封一带寒冷而无雪或少雪。从北宋的史料来看，当时冬季缺雪和暖冬现象相提并论的例子很多，如表2.4中被确认为暖冬的记录中，至少有10年同时出现冬无雪或少雪的现象，显然，北宋时开封一带冬季缺雪与暖冬的匹配关系是比较好的。不过，两者的关系匹配得好并不等于冬季缺雪一定是暖冬，因为在有冬季缺雪记载的年份中，亦可出现寒冷事件。例如，雍熙二年（985年）十一月有祈雪记载，而南康军则报告说："大江冰合，

可胜重载"①，当然，类似的情况是比较少见的。因此，综合暖冬和缺雪记录，开封一带的冬季偏暖年份有 47 个，占 960～1109 年这 150 年的近 1/3，已是暖冬年数比例中较高的了。另外，北宋各种文献中，也记载了 47 个冬季寒冷现象，其主要内容为"大雨雪"、"大江冰合"、"苦寒"等，事件的意义较为简单明了，表达了冬季寒冷的信息。

（二）960～1109 年冷暖资料的数值化

这里将统计时段定为 960～1109 年，与北宋一朝的统治时间略有差异，因为北宋政权终结于 1126 年。如此选择主要是因为末期的资料有效性较差，为避免因资料不均匀带来的影响。寒暖指数的确定借鉴了王绍武所提出的方法。这个方法的主要依据是冷、暖气候事件的出现次数与温度距平相关。在 10 年尺度上冬季寒冷与温暖事件的多少会影响这 10 年的平均气温高低，20 世纪初冷暖事件次数与温度实测值的相关分析也证实这个关系显著②。当然，在利用寒暖指数处理北宋资料时，也根据北宋史料的特点，对冷暖时间指数定义作了适当订正（表 2.5）。因为王绍武所提出的寒暖指数方法是针对明清时期的，而明清时期的文献记载中没有像北宋一样有如此多的温暖记载。

表 2.5　960～1109 年冬季温度指数定义

指数值	文献描述类型	注释
−0.5	大雨雪	一般雨雪现象不作考虑
−1.0	大雪寒冬	
−2.0	大雪连月或冬季出现几次大寒事件	连续寒冷事件对冬季平均气温的贡献更大
−3.0	极端寒冷事件	南康军的大江冰合等不见于现代记录的现象
+2.0	冬无冰	冬无冰现象的温度上限无法确定
+1.0	冬无雪	
+0.5	冬少雪	皇帝祈雪类的记载

此外，在资料处理中，凡遇到一年中有多个不同程度的相似记载，均取其大者。例如，元丰七年先有祈雪，后有冬天"洛水不冰"记载，"洛水不冰"的温暖程度大，则将它作为指数定义的依据。在上述寒暖指数的定义中，一年中出现寒冷事件和温暖事件重合的也有 17 年，但这并不是资料记载的矛盾，而是所谓的寒冷事件和温暖事件大部分不是整个冬季的完整状况。例如，"祈雪"的气候意义是指祈祷日之前的情况，"大雪寒"通常与冬季一次或几次的寒潮有关，"冬无冰"或"冬温"说的是 11 月至次年 1 月的现象，随着季风环流的变化，冬季里先后出现不同的冷暖事件是完全正常的，如元祐五年"冬温"和元祐六年"春寒如冬"③就是这样一个典型的例子。因此在拟定寒暖事件的指数时，需要对不同性质的事件分别定义，然后对年内不同的寒暖指数作合计，以

① 《宋史》卷五《太宗本纪》。
② 王绍武、王日昇：《1470 年以来我国华东四季与年平均温度变化的研究》，《气象学报》，1990 年 48 卷第 1 期。
③ ［宋］綦崇礼：《北海集》卷三四《郑公行状》，文渊阁四库本。

反映这年冬季的平均冷暖状态。这样，可根据文献记载得到总共 79 年的冬季寒暖指数（表 2.6），占 960～1109 年的 53.7%。

表 2.6　960～1109 年开封地区冬季寒暖指数

年份	暖指数	寒指数	合计	年份	暖指数	寒指数	合计
962		−1.0	−1.0	1037	2.0	−0.5	1.5
963	0.5		0.5	1039		−1.0	−1.0
964	1.0	−0.5	0.5	1043		−2.0	−2.0
967			1.0	1046	0.5	−1.0	−0.5
967	1.0		1.0	1050	2.0*		2.0
968	1.0		1.0	1052	0.5		0.5
972	0.5	−1.0	−0.5	1053		−0.5	−0.5
973	0.5		0.5	1054	2.0		2.0
974	0.5		0.5	1055		−1.0	−1.0
982		−0.5	−0.5	1057	0.5		0.5
984	2.0		2.0	1058		−2.0	−2.0
985	0.5	−3.0	−2.5	1061	2.0		2.0
986	0.5	−0.5	0.0	1062	2.0		2.0
987	0.5	−0.5	0.0	1064	2.0		2.0
988		−1.0	−1.0	1065		−1.0	−1.0
989		−1.0	−1.0	1067	1.0		1.0
990	2.0		2.0	1068	0.5		0.5
991	2.0		2.0	1072		−0.5	−0.5
992		−2.0	−2.0	1073	0.5	−0.5	0.0
993		−0.5	−0.5	1074		−1.0	−1.0
994		−0.5	−0.5	1075	0.5	−1.0	−0.5
995	1.0		1.0	1077	1.0		1.0
996	1.0		1.0	1078	0.5		0.5
1000		−0.5	−0.5	1079	0.5		0.5
1002		−0.5	−0.5	1082	0.5	−1.0	−0.5
1003		−1.0	−1.0	1083	0.5	−1.0	−0.5
1004		−1.0	−1.0	1084	2.0		2.0
1007		−0.5	−0.5	1085	2.0	−1.0	1.0
1009	2.0	−0.5	1.5	1086	2.0		2.0
1011		−1.0	−1.0	1087		−2.0	−2.0
1012		−2.0	−2.0	1090	2.0	−1.0	1.0
1016	2.0	−0.5	1.5	1092	0.5	−1.0	−0.5
1017		−3.0	−3.0	1093		−0.5	0.5
1020		−1.0	−1.0	1094	2.0		2.0
1021	0.5		0.5	1099		−0.5	−0.5
1026	0.5		0.5	1101		−1.0	−1.0
1031	0.5		0.5	1106	2.0		2.0
1033	0.5	−0.5	0.0	1107	2.0		2.0
1034	0.5		0.5	1109		−1.0	−1.0
1035		−1.0	−1.0				

* 皇祐中的这次暖冬具体年份不详，这里暂作皇祐二年（1050 年），这对最后 10 年的指数统计无影响

（三）960～1109 年开封一带冬季气温距平的估算

有了冬季的寒暖指数，还需要把指数拟合成相应的气温。由于每年的指数不是直接与气温相关，同时也没有全部 150 年寒冷指数，因此不可能得到每年的气温距平值。但研究证明在 10 年的累积值上，寒暖指数与 10 年的平均气温距平显著相关[①]，因此指数的统计量需要整合成 10 年的累积值。为将 10 年的寒暖指数累计值转换成气温距平，这里按两个方案统计每 10 年的寒冷指数累计值，其中方案一直接根据表 2.6 的结果，统计每 10 年的寒冷指数累计值，结果列于表 2.7。

表 2.7　960～1109 年 10 年寒暖指数累计值（方案一）

年代	10 年指数累计值	年代	10 年指数累计值
960	3.0	1040	−0.5
970	0.5	1050	1.5
980	−3.0	1060	6.5
990	3.0	1070	0.0
1000	−2.0	1080	2.0
1010	−4.5	1090	1.5
1020	1.0	1100	2.0
1030	0.5		

表 2.7 给出的 10 年寒暖指数累计值指示这 150 年间开封地区每 10 年间冷暖的差异及其波动过程。但仅凭这些数据还不能得出当时的温度距平值。由于这 150 年与现代相距近千年，原序列没有任何部分与现代气候记录重叠，也没有其他数据可供延长，因而也无法用这些数据与现代该地区的冬季气温相拟合，故只能用间接的办法标定指数的气温意义。为解决这个问题，首先按王绍武在明清时期气温距平中定义极暖事件指数的方法[①]，把所有的文献记载的温暖事件中冬无雪和祈雪的资料去掉，并把表 2.4 中的记载看做是极暖事件，定义为指数 +1.5，寒冷事件定义指数方法不变，这样指数定义的方法与王绍武所用资料类型和方法是一致的，由此可得到另一批数据，同样累计成 10 年的值，作为方案二（表 2.8）。

表 2.8　960～1109 年 10 年寒暖指数累计值（方案二）

年代	10 年指数累计值	年代	10 年指数累计值
960	−1.5	1040	−3.0
970	−1.0	1050	−0.5
980	−5.0	1060	3.5
990	0.0	1070	−3.0
1000	−2.5	1080	−0.5
1010	−5.0	1090	0.0
1020	−1.0	1100	1.0
1030	−1.5		

①　王绍武、王日昇：《1470 年以来我国华东四季与年平均温度变化的研究》，《气象学报》，1990 年 48 卷第 1 期。

方案一和方案二的相关系数为 0.92，可见两组数据所指示温度变化过程是基本一致的。但由于所定的指数方案差异，两组指数的平均值不一样，前者平均值为 +0.8，而后者的平均值为 -1.3。但两种指数的标度可看作是相同的，因为定义指数值的划分标准是一样的。据研究，在明清时期，华北和华东的寒暖指数每相差 1.0，相当于 10 年平均气温相差 0.2℃，而冬季 -3.0 的寒暖指数值相当于温度距平 0℃（这里温度距平以 1880~1979 年的平均值为基准）。根据这个关系可以得到方案一的寒暖指数值为 -1.0 时的每 10 年平均温度距平为 0℃，并且寒冷指数每相差 1.0，温度相差 0.2℃。据此便可将方案一的寒暖指数换算为冬季平均气温距平（图 2.3）。从中可以看出在 960~1109 年的 15 个年代中，冬季气温最高的是 1060 年代，较 1880~1979 年均值高 1.5℃；最低的是 1010 年代，较 1880~1979 年均值低 0.7℃。

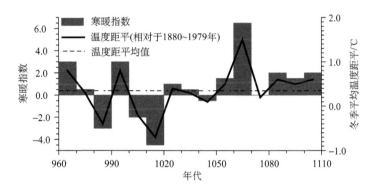

图 2.3　960 年代~1100 年代间开封一带每 10 年的寒暖指数和冬季平均温度距平

从图 2.3 中还可以看出：960~1109 年开封一带的冬季平均温度比 1880~1979 年的冬季平均气温高 0.4℃，其中 1050~1109 年的 60 年，更是偏高 0.6℃。在 20 世纪中，除去 1990 年代，无论是华北还是华东地区，均以 1940 年代最为温暖；但这个最暖的年代其冬季平均温度仅较 960~1109 年的冬季平均气温高 0.7℃左右[1]，与 1060 年代相比，仅及一半，只与 1050~1109 年的平均距平相似。此外，若以开封一带 960~1109 年冬季平均温度距平均值（图 2.3 中的虚线）为标准，可将 960~1109 年的冷暖分为两个主要阶段：其中 1000 年代为中心的时段相对寒冷，以 1070 年代为中心的时段相对温暖。

三、中世纪暖期气候的冷暖波动

上述中国东部地区气候证据讨论表明，900~1300 年，出现在欧洲及世界其他地区的暖期在我国也有类似的表现。但要指出的是，承认中国存在中世纪暖期，不等于说在这个温暖期中所有的时段都是温暖的，如在 1000 年代前后就存在一个相对寒冷的时段。因此，尽管总体上 900~1300 年的气候是温暖的，但其波动也是很明显的。

① 王绍武、王日昇：《1470 年以来我国华东四季与年平均温度变化的研究》，《气象学报》1990 年 48 卷第 1 期。

（一）900～1109 年的气候冷暖波动

后唐时，山西北部的大同一带有冬麦种植表明，公元 930 年左右，中国东部气候较其前期明显转暖，第一个暖峰已经出现；开封一带的每 10 年冬季温度距平则显示，960 年代气候处在偏暖阶段。《清异录》中所记太湖地区的甘蔗种植状况，也与这一暖峰相对应。1070 年代以后，中国东部气候开始转冷，并逐渐进入第一个冷谷。虽然此时开封一带仍有"冬温无冰"等记载，但寒冷事件似乎出现的更频繁，某些年的寒冷程度已超过了现代纪录。例如，雍熙二年，九江一带"大江冰合，可胜重载"。1010 年代以后，中国东部的气候又开始向温暖转化，并于 11 世纪后 50 年温度达到最高，出现第二个暖峰。该暖锋在秋冬两季表现得比较明显，所以，当时开封一带水稻的安全齐穗期较现代延迟。

除上述直接证据外，这一时期也出现了与气候偏暖有关的海平面变化。1030 年以后，至少在杭州湾以北地区出现了因海面相对上升而引起的水环境变化。该变化对海岸线的变迁、太湖流域水系格局的重组，都有着深远的影响，也是今天上海黄浦江水系形成的根本原因[①]。海平面上升对太湖流域的影响开始于 11 世纪 30 年代，距 1010 年代开始的气温上升不过 20～30 年；而对太湖流域影响最大的时期，也与 1050 年代以后的气温明显偏高相一致。显然，这一时期的气温升高，既是地区性的，也是全球性的，因为海平面的升高多是因气候增暖所造成极地和高山地区的冰雪融化而引起的，所以，海平面上升与中世纪全球气候变暖密切相关。

（二）1110～1196 年气候冷暖波动

1100 年代以后，中国东部气候转入寒冷阶段。1110～1135 年，东部地区相当集中地出现一系列寒冷事件。例如，1110 年中原地区"涉冬以来率多阴晦，风、霾、雪、霰继作"[②]。这一大寒潮还影响到福州一带，该年冬天福州出现大霜，荔枝"木皆冻死"[③]，据彭乘从冻死的大树树龄估计，这"是三百五十年间未有此寒也"[④]。1113 年，大寒潮再次影响黄淮海平原中部，开封一带"十一月大雨雪连十余日不止……"[⑤]。此时气候与 11 世纪后 50 年开封一带连续出现"冬温无冰"、"暖气如春"的情况相比已有很大的差别。此后 1126 年、1132 年、1135 年也都出现了现代记录中不见的寒冷事件，连续的冬季大寒表明，从 1110 年代开始中国东部的气候向寒冷方向转变。

从降雪南界的位置看，12 世纪上半叶是气候的最冷的时期，而且似乎对岭南地区影响更大。因为据范成大、周去非等的记录[⑥]，当时广西桂林"岁岁得雪"，降雪南界

---

① 满志敏：《黄浦江水系形成原因述要》，《复旦学报》（社会科学版），1997 年第 6 期。

② 《宋会要辑稿》，瑞异，一之一九。

③ 《淳熙三山志》卷四一，文渊阁四库本。

④ ［宋］彭乘：《墨客挥犀》卷六，文渊阁四库本。

⑤ 《宋史》卷六二《五行志》。

⑥ ［宋］范成大：《桂海虞衡志》；［宋］周去非：《岭外代答》卷四，文渊阁四库本。

已经南移至广西钦州一线，比现代至少南移一个纬度。而在长江下游地区，河港结冰甚为常见，如当时南宋政府为迎送金朝使者南来，官府曾专门设计、制作了河道破冰船只[1]，同时，河港结冰的记录也常见于诗文中[2]。

（三）1197～1300年的气候冷暖波动

12～13世纪之交，中国再次进入温暖期。除茶树种植北界和大同、东北等地的越冬小麦北界显示气候偏暖外，杭州的风向记录（表2.9），也表明气候明显转暖。从杭州不同节气南、北风年数统计知，相同日期在1162～1196年和1197～1224年两个时段中，北风和南风的比例有明显的差异。在元日、立春及春分3个日期中最为明显，其中元日的北风比例从95％锐减至17％，立春的北风比例从89％减至56％，春分的北风比例从65％减至25％。而从总的9个日期看，1197年以后南风的比例明显比1197年以前高，除了立秋以外，其他的8个节气都有相同的变化。从全年的北风和南风总和比例看，由67％减为41％，差不多减少了1/3。因此，可以得出这样的结论：①1162～1196年杭州地区的北风比例较高，气候相对寒冷。②1197～1224年杭州地区北风的比例减少，气候迅速转向温暖。正是由于气候有这样的变化，河南、山东等地茶树种植才获得成功。③西京、上京、辽东和临潢府等路，有冬小麦种植。④怀州有酸橙类的种植，浙江境内柑橘种植出现北移。显然，杭州风向比例变化有着更深刻的环流背景，并非局部现象。

表 2.9 1162～1196年和1197～1224年杭州北风和南风的比例

日期	1162～1196年		1197～1224年	
	比例（北风：南风）	相对比例	比例（北风：南风）	相对比例
元日	18：1	95％	5：24	17％
立春	16：2	89％	5：4	56％
春分	11：6	65％	1：3	25％
立夏	10：9	53％	5：8	39％
夏至	9：9	50％	2：4	33％
立秋	2：17	11％	7：12	37％
秋分	14：4	78％	5：3	63％
立冬	18：1	95％	12：5	71％
冬至	12：5	63％	5：4	56％
总和	110：54	67％	47：67	41％

12世纪末环流形势的转折，标志着中国东部气候的冷暖状况进入了一个新的阶段。13世纪初茶树、橘树等南方作物和冬麦种植区的北界越过现代气候条件下的位置表明，

---

① ［宋］赵彦卫：《云麓漫钞》卷一，中华书局，1998年。
② 满志敏、张修桂：《中国东部中世纪温暖期的历史证据和基本特征的初步研究》，张兰生主编：《中国生存环境历史演变规律研究（一）》，海洋出版社，95～103，1993年。

气候已跨入了中世纪暖期的第三个温暖阶段。从现有的资料来看，整个 13 世纪大部分时间都是处在温暖气候中。例如，《农桑辑要》中记载的柑橘类果树和苎麻年收三次的分布位置仍比现代北移一个纬度左右，据杭州春节物候记录推算出的温度也偏高。因此，可以认为，整个 13 世纪气候总体偏暖且较稳定，是目前可证实的过去 2000 年中最暖的时段。研究也表明，在这一温暖时段的暖峰（13 世纪中叶前后），河南淮阳年平均气温为 15.5℃，1 月的平均气温为 1.5℃，河南唐河的年平均气温在 16.0℃，1 月平均气温为 2.0℃，极端最低气温的多年平均值为 −7℃。中部地区年平均气温应比现代高 0.9～1.0℃，1 月平均气温高 0.6℃，极端最低气温多年平均至少高 3.5℃[1]。

第四节 明清时期（1300～1910 年）的寒冷状况

明代起于 1368 年，清代止于 1911 年。这一时段，中国气候与世界其他地区一样总体上以寒冷为主[2]。从中国与世界其他地区的冷暖阶段性波动看，明清时期所处的寒冷气候阶段约起于 14 世纪初，还包括了元朝后半段，止于 19 世纪末至 20 世纪初，属一个持续约 600 年的百年际尺度的寒冷阶段。

一、明清时期冷暖变化及其主要证据

14 世纪初，中国气候开始转寒。例如，大德六年（1302 年），江苏淮安和镇江两地见到毛桃花已盛开于清明（4 月 4～5 日）节前后[3]，而 1964～1982 年江苏镇江毛桃开花盛期为 4 月 1 日，1963～1982 年江苏扬州的毛桃开花盛期为 4 月 3 日，1966～1980 年江苏盐城的毛桃开花盛期为 4 月 8 日[4]。可见，当时春季的自然物候期与 1960 年代～1980 年代初基本相同。然而，至大元年（1308 年）闰十一月，元人郭界从无锡出发时，无锡附近运河已因酷寒而冰，他在日记中写道："闰十一月十九日（1309 年 1 月 1 日），早发无锡，舟过毗陵，东北风大作，极冷不可言。晚宿新开河口，三更，舟篷淅淅声，乃知雪作也；二十日（1309 年 1 月 2 日），苦寒，早发新开河，舟至奔牛堰下水，浅不可行，换船运米，至吕城东堰，方辨船上篙橹，皆剑冰也，舟人畏寒，强之使行，泊栅口；二十二日（1309 年 1 月 4 日），晴，冰厚舟不可行，滞留不发。"[5] 1330 年代起，气候急剧转冷。例如，1328 年、1329 年连续出现两个极为严重的寒冬，1330 年，再逢冷夏。因此，元人刘岳申记道："天历元年（1328 年）冬十二月，江西大雪，于是吾乡老者久不见三白，少者有生三十年未曾识者。明年（1329 年）大雪加冻，大江有绝流者，小江可步，又百岁老人所未曾见者。今年（至顺元年，即 1330 年）六月多雨恒寒。虽百岁老人未之闻也。吾乡有岁一至大兴、开平者，曰：'两年之雪，大兴所无；去年

① Zhang D E：Evidence for the existence of the Medieval Warm Period in China. Climatic Change，1994，（3）：289～297.

② 竺可桢：《中国近五千年来气候变迁的初步研究》，《考古学报》，1972 年第 1 期。

③ ［元］萨都拉：《雁门集》卷一，文渊阁四库本。

④ 宛敏渭：《中国自然历选编》，135，149，165 页，科学出版社，1986 年。

⑤ ［元］郭界：《云山日记》，《横山草堂丛书》，丛书集成本。

之冻，中州不啻过也。六月之寒则近开平矣。'有自五岭来者，皆云连岁多雪。"① 1329年的寒冷事件，还导致"太湖冰厚数尺，人履冰上如平地，洞庭山柑橘冻死几尽"②。至正九年（1349年）春，严寒再袭中国东部，浙江"温州大雪"③。至正十一年（1351年），元人遁贤有诗云："分监来时当十月，河冰塞川天雨雪。"显然，阳历11月前后，黄河河南段已经出现冰块，而20世纪中叶，黄河河南花园口段冰块出现的最早日期为12月9日④。此外，"地素无冰"的岭南广州附近，也常有"结冰"现象⑤，而今地处亚热带南缘的广州长夏无冬，偶有奇寒，如自有气象仪器观测记录以来，只有3年极端最低气温达到0℃（其中1934年为−0.3℃，1957年2月11日及1999年12月23日都为0℃）。上述这些事实表明，当时气候明显较20世纪冷。

14世纪中后期至15世纪前期，寒冷记载较少，尽管可能是因战乱所导致，但也至少能说明当时的极端寒冷事件有所减少；同时，中国北方地区（特别是农牧过渡带）初霜冻害，也明显减轻。明洪武初（1368年后），今山西北部和内蒙古和林格尔、集宁一带的大同都卫"屯田二千六百四十九顷，岁收粟豆九万九千二百四十余石"，平均亩产已达0.37石（约当今30kg），与当时河北平原的产量相近。中书省建议乘机将屯军月粮减去三斗，明帝不允，并说："大同苦寒、士卒艰苦，月粮且勿减，待次年丰熟，则依例减之。"⑥ 显然，这只是常年的产量，尚有进一步提高的可能，说明当时的气候已有明显的好转。但自1400年以后，长城以外地区的明守卫却纷纷南撤，究其原因主要是因为气候突然转冷而致⑦；直至15世纪中期，极端寒冷事件明显增多。

明景泰四年（1453年）冬十一月至次年孟春，"山东、河南、浙江、直隶淮、徐大雪数尺，淮东之海冰四十余里，人畜冻死万计。五年正月，江南诸府大雪连四旬，苏、常冻死者无算。是春，罗山大寒，竹树鱼蚌皆死。衡州雨雪连绵，伤人甚多，牛畜冻死三万六千蹄"⑧，显然，这是一个极为罕见的严冬，因为除苏北沿海的结冰、太湖封冻外，浙江北部杭州、嘉兴、湖州等地二麦也被冻死⑨，山东部分地区一直到"三月初冰犹不解"⑩。其后，罕见的严冬频频出现。例如，成化十二年（1476年）"十二月太湖冰，舟楫不通者逾月"⑪；成化十八年（1482年）冬，长沙一带"冬大雪，冰冻阅三月，坚硬数尺，路平无砥，无江河阻隔"⑫。弘治六年（1493年）冬，东中部地区数月笼罩于严寒之中，冻害异常严重。例如，安徽六安"秋九月十三日大雪，至次年三月二十七日止。深丈余……山畜枕藉而死"⑬。巡抚凤阳都御史张玮奏称："十月至十二月内凤阳

---

① ［元］刘岳申：《申斋集》卷二《送萧太玉教授循州序》，文渊阁四库本。
② ［元］陆友仁：《砚北杂志》卷上，文渊阁四库本。
③ 《元史》卷五一《五行志》。
④ 竺可桢：《中国近五千年来气候变迁的初步研究》，《考古学报》，1972年第1期。
⑤ 《元史》卷一九一《卜天璋传》载："岭南地素无冰，天璋至，始有冰，人谓天璋政化所致云。"
⑥ 《明洪武实录》卷九六，洪武八年正月丁丑。
⑦ 邹逸麟：《明清时期北部农牧过渡带的推移和气候寒暖变化》，《复旦学报》（社会科学版），1995年第1期。
⑧ 《明史》卷二八《五行志》。
⑨ 《明英宗实录》卷二四二，景泰五年六月。
⑩ 《明英宗实录》卷二四〇，景泰五年四月。
⑪ 中央气象局研究所：《华东地区近五百年气候历史资料》，内部资料，1978年。
⑫ 湖南省气象局气候资料室：《湖南气象灾害史料》，内部资料，1982年。
⑬ 《嘉靖六安州志》卷下《灾异》。

等府，滁、和、六安等州轰雷掣电，雨雪交作。"监察御史史瑾也说："安庆、太平等府自去岁（弘治六年）十一月初以来霪雨大雪，连月倾降，冰雪堆集，树木倒折……寒冷异常，民多冻死。"[①] 湖南长沙"大雪，冻几三月，冰坚厚数尺，如石路平坦，无复江河沟壑之阻"[②]，衡阳"十月内，大冰，岁终方解"[③]。江西的北部"交冬风雪连绵……菜麦牛羊冻死殆尽"[④]。此外，在河南各地的许多地方志中也都有该年冬天大雪连续三个月，厚达数尺以上的记载[⑤]。苏北沿海也有海水结冰，涟水一带"冬，大雪六十日，爨苇几绝，大寒凝海"[⑥]。之后，气候也曾有过一定程度的回暖，如正德四年（1509 年）"冬极寒，竹柏多槁死，橙橘绝种，数年间市无鬻者。黄浦中冰厚二三尺"[⑦]。《正德松江府志》云："有香柑一种，出新庄"；"有绿橘、金橘、蜜橘数种，皆出洞庭山。近岁大寒，橘死略尽"。尽管上述史料属严冬记录，但表明在正德四年之前上海一带存在一定规模的柑橘种植。正德八年（1513 年），"二月大寒，太湖冰，行人履冰往来"[⑧]，可能也是这一时期的最后一次寒冬。其后，气候又进入了一个相对温暖的时段，不但极端寒冷记载较少了，而且在嘉靖年间，长江三角洲地区的柑橘种植得到了较大的发展。例如，《嘉靖太仓州志》云："近年吾城人家多种橘，种类不一，惟衢橘为佳。"[⑨] 王世懋（1536～1588 年）所著《学圃杂疏》也说："柑橘产于洞庭，然终不如浙温之乳柑、闽漳之朱橘。有种红而大者，云传种自闽，而香味径庭矣。余家东海上，又不如洞庭之宜橘，乃土产蜕花甜、蜜橘二种，却不甚胜之。橘性畏寒，值冬霜雪稍盛，辄死。植地须北藩多竹，霜时以草裹之，又虞春枝不发。"[⑩] 王世懋是太仓人，"余家东海"即指王世懋的家乡太仓。而在长江沿岸的丹徒、通州、如皋等州县则以种植橙树为主[⑪]。至少到明末，长江三角洲地区柑橘种植未曾间断过，如《崇祯松江府志·物产》载："橘似柑而小，吾乡之种俱移自洞庭，有绿橘……有黄橘……有红橘……有波斯橘。"[⑫] 显然，自明朝中叶至明末，长江三角洲地区的柑橘种植应比较普遍；柑橘品种的多样性，也表明当时柑橘种植可能有较大规模；将防霜冻技术作为常规农业措施，则说明这一地区已是柑橘种植的北界，与 1950 年代～1980 年代我国的柑橘种植北界基本一致，需一定的防霜冻措施才能完全越冬则表明，虽然较前一阶段气候有一定回暖，但仍处于以寒冷为主的气候背景中。

由于农业生产对气候变化的响应存在一定的滞后，且对强度不大的事件不甚敏感，因此，长江三角洲地区的柑橘种植虽能一直持续到明末清初，但自明后期开始，严寒记载却

① 《明孝宗实录》卷八四，弘治七年正月。
② 《康熙长沙府志》卷八《祥异》。
③ 《嘉靖衡州府志》卷七《祥异》。
④ 《明孝宗实录》卷八五，弘治七年二月。
⑤ 《嘉靖永城县志》卷四《灾异》。
⑥ 《雍正安东县志》卷一五《祥异》。
⑦ 中央气象局研究所等：《华东地区近百年气候历史资料》，内部资料，1978 年。
⑧ ［清］金友理：《太湖备考》卷一四。
⑨ 《嘉靖太仓州志》卷五。
⑩ ［明］王世懋：《学圃杂疏》，上海文明书局，民国十一年。
⑪ 《万历丹徒县志》卷一，《嘉靖通州志》卷一，《嘉靖重修如皋县志》卷三。
⑫ 《崇祯松江府志》卷六。

逐渐增多。例如，嘉靖三十九年（1560年）冬至嘉靖四十年（1561年）春，江苏、安徽、浙江、江西等地就出现了较为严重的冰雪寒冷天气，并导致淮河的一些河段出现封冻（表2.10）；类似的寒冷天气在1565年冬至1566年春、1566年冬至1567年春、1577年冬至1578年春与1578年冬至1579年春又相继发生[①]。其中，以1578年冬至1579年春为最。因为这一次不但可见表2.10的寒冷记录，而且淮河下游的许多河段以及苏南和上海的小河流与小湖泊均因此而严重封冻，甚至连绍兴运河也出现严重封冻[②]。这种较为寒冷的气候可能一直持续至17世纪前期；1620年冬至1621年春，我国又出现了极为罕见的严冬，长江中下游地区及其以南的大范围冰雪天气持续长达40余日[③]，致使汉水及淮河下游与洞庭湖等大江和大湖也出现严重封冻，长江以南的大量河流和湖泊出现结冰，亚热带和热带果蔬及其他植物出现严重冻害[④]。直至明末，尽管各地仍有一些寒冷的记载，但缺少大范围的寒冷事件，仅1636年冬至1637年春出现过类似1578年冬至1579年春的严寒天气，因此，当时气候可能有一定程度的回暖，但仍未回到1510～1560年的温暖水平。因为据明末清初（1588～1648年）有关日记的物候记载，当时苏州与杭州等江南地区多数年份的春季物候期较1960年代～1980年代初的常年物候期晚（表2.11），各种植物春季物候期平均较1960年代～1980年代初迟3天以上。

表 2.10　嘉靖三十九年冬至嘉靖四十年（1560～1561年）春我国南方地区的寒冷记录

年份	地点	记载内容	资料出处
嘉靖三十九年冬	江苏南京等地	冬大雪，禽鸟戢翼冻死，木冰如花	《万历应天府志》卷三
	江苏六合	冬大雪	《万历六合县志》卷二
	江苏溧阳	冬大雪，木冰，禽鸟多冻死	《康熙溧阳县志》卷三
	安徽宣城	冬，树冰，竹木压折甚众	《康熙宁国府志》卷三
	安徽泗县	冬寒，淮冰合，车马易于通行	《万历帝乡纪略》卷六
	浙江开化	十二月雨雪，冻折巨木，民多饥死；次正，雨雪甚，又饥	《崇祯开化县志》卷六
	江西赣县	冬十二月大雪，树木结冰，弥月不解	《康熙赣县志》卷一
	江西上高	雨木冰	《崇祯瑞州府志》卷二四
嘉靖四十年春	江苏昆山	春阴，飞雪连绵不霁	《万历昆山县志》卷八
	上海宝山	春雨雪不止	《雍正增补康熙松江府志》卷五
	安徽合肥等	正月，雪后大霜	《康熙庐州府志》卷三
	安徽泗县	冬寒，淮冰合，车马易于通行	《万历帝乡纪略》卷六
	安徽五河	春大雪，自正月十八至二月终止；三月，又雪	《康熙二十二年五河县志》卷一

---

①　张德二：《中国三千年气象记录总集（二）》，江苏教育出版社，2004年。

②　《康熙绍兴府志》卷一三载：合郡大雪寒，运河冰合。

③　张德二：《中国三千年气象记录总集（二）》，江苏教育出版社，2004年。

④　Zheng J Y, Ge Q S, Fang X Q, et al.：Climate and extreme events in central-southern region of eastern China during 1620～1720. Advanced in Geosciences, 2：Solar Terrestrial. Singapore：World Scientific Co., 2006，341～350.

年份	地点	记载内容	资料出处
嘉靖四十年春	浙江桐乡	二月二日，大雪三日 春大雪三、四尺	《万历崇德县志》卷一一 《康熙桐乡县志》卷二
	江西南昌等地	春三月，大雨雪	《光绪江西通志》卷九八
	江西丰城	正月，雨木冰	嘉靖《丰乘》卷一
	湖北潜江	正月大雪，至于三月，民大饥	《康熙安陆府志》卷一
	湖北宜都	春雪，深三尺	《康熙宜都县志》卷一一
	湖北长阳	春雪，深三尺	《同治长阳县志》卷七

表 2.11 明末清初（1588～1650 年）苏、杭等地物候期与 1960 年代～1980 年代常年物候期比较

公历年份	年号	植物	物候	地点	出现时间/月-日	古今差/天**	记录出处
1588	万历十六年	荷花	盛花	杭州	7-28	13	
		梅花	盛花	杭州	3-9	9	
		牡丹	盛花	苏州	5-8	16	
1589	万历十七年	桃	始花	杭州	3-7	—13	
1590	万历十八年	梅花	盛花	杭州	3-6	6	
		桃	盛花	杭州	3-26	1	
			初雪*	杭州	12-15	—11	
1591	万历十九年	桃	盛花	杭州	3-27	8	
1594	万历二十二年	梅花	始花	南京	2-22	11	
		梅花	始花	杭州	3-9	27	
1595	万历二十三年	梅花	盛花	南京	3-18	18	
		桃	盛花	杭州	4-2	8	
		玉兰	盛花	杭州	3-31	9	
1596	万历二十四年	野菊花	盛花*	嘉兴	10-18	—2	冯梦祯：《快雪堂日记》
			初雪*	浙江三门	12-28	2	
1598	万历二十六年	西府海棠	盛花	吴江	4-6	4	
1601	万历二十九年	桃	盛花	杭州	3-16	—9	
1602	万历三十年	梅花	始花	嘉兴	3-5	23	
		桃	盛花	义乌	4-8	14	
		野菊花	盛花*	宁波	10-15	—2	
			初霜*	宁波	10-17	—33	
1603	万历三十一年	桃	始花	杭州	3-23	3	
1604	万历三十二年	梅花	盛花	苏州	2-17	—12	
1605	万历三十三年	梅花	始花	苏州	2-9	—2	
		梅花	盛花	扬州	2-24	—5	
		牡丹	盛花	杭州	4-23	6	
		桃	盛花	杭州	4-3	9	
1608	万历三十六年	腊梅	盛花	湖北公安	2-2	26	袁中道：《袁小修日记》
1609	万历三十七年	玉兰	花蕾出现	杭州	3-15	10	李日华：《味水轩日记》
1610	万历三十八年	桃	盛花	河南安阳	4-3	15	袁中道：《袁小修日记》

公历年份	年号	植物	物候	地点	出现时间/月-日	古今差/天**	记录出处
		西府海棠	始花	杭州	4-3	5	
1611	万历三十九年	玉兰	盛花	杭州	3-22	0	李日华：《味水轩日记》
1612	万历四十年	梅花	盛花	杭州	2-28	−1	
		桃	盛花	湖北沙市	4-7	13	袁中道：《袁小修日记》
1613	万历四十一年	梅花	盛花	湖北公安	2-19	−10	
		桃	盛花	湖南常德	3-24	2	
1614	万历四十二年	桃	盛花	湖北公安	4-5	11	
1617	万历四十五年	桃	末花	杭州	4-13	3	转引自 Hameed and Gong, GRL, 1994, 21 (24)：2694
1626	天启六年	桃	盛花	浙江常山	3-17	4	
1632	崇祯五年	西府海棠	盛花	北京	4-29	10	
1636	崇祯九年	桃	盛花	杭州	3-29	4	祁彪佳：《祁忠敏公日记》
1637	崇祯十年	桃	盛花	杭州	3-23	−2	
1638	崇祯十一年	梅花	始花	苏州	2-20	9	叶绍袁：《甲行日记》
		西府海棠	盛花	杭州	3-27	−6	
1639	崇祯十二年	桃	盛花	杭州	4-5	11	祁彪佳：《祁忠敏公日记》
1640	崇祯十三年	桃	盛花	杭州	3-25	0	
1641	崇祯十四年	桃	盛花	苏州	4-7	13	叶绍袁：《甲行日记》
		桃	盛花	杭州	4-5	11	
1642	崇祯十五年	桃	盛花	杭州	4-6	12	
1643	崇祯十六年	山桃	盛花	北京	4-5	8	
1644	顺治元年	牡丹	盛花	杭州	4-16	−1	祁彪佳：《祁忠敏公日记》
		桃	盛花	杭州	3-23	−2	
		西府海棠	盛花	杭州	4-9	7	
1645	顺治二年	梅花	始花	杭州	2-5	−6	
		牡丹	盛花	杭州	4-11	−6	
		桃	盛花	杭州	3-23	−2	
1646	顺治三年	桃	盛花	杭州	3-24	−1	
1647	顺治四年	桃	盛花	杭州	4-1	7	
		西府海棠	盛花	杭州	4-10	8	叶绍袁：《甲行日记》
1648	顺治五年	柳树	始叶	杭州	2-27	−8	
		梅花	盛花	杭州	2-27	−2	
		桃	盛花	杭州	4-1	7	
1649	顺治六年	西府海棠	始花	北京	4-26	7	刘正宗：《逋斋诗》
1650	顺治七年	牡丹	盛花	河南淇县	5-14	20	转引自 Hameed and Gong, GRL, 1994, 21 (24)：2694

　　* 指秋季物候，其气候意义与春季反之。 ** 正值表示当时物候较 1960 年代～1980 年代初的常年物候期（引自《中国自然历选编》、《中国自然历续编》）迟，负值则反之

　　17 世纪后半叶，极端严冬频繁出现（表 2.12），春季物候期既比 1960 年代～1980 年代的常年物候期晚，也明显较前期（1588～1650 年）春季物候期延迟。在这种寒冷

的气候下，河流冻结南界比 20 世纪中、后期约南移了 3 个纬度。因此，康熙帝说："天时地气，亦有转移。朕记康熙十年（1671 年）以前，四月初八日已有新麦。前幸江南时，三月十八日亦有新麦而食。今四月中旬，麦尚未收。……从前（指康熙十年），黑龙江地方冰冻有厚至八尺者，今却和暖，不似从前。又闻福建地方向来无雪，自本朝大兵到彼，然后有雪。"[①] 气候的转冷也给农业生产受到了深刻的影响。例如，《康熙上海县志》载："海邑浦东向出川珠早米，故有清明浸种，谷雨落秧之语，然晚稻亦与邻境同。自顺治五六年间，晚种之稻竟秀不实，西风一起，连阡累陌，一望如白荻。颗粒无收，后并早稻之下种略迟者亦然。遂有百日稻、六十日稻，今更有名五十日者矣，不知种从何来。地气变迁，种植之事，今昔大异。"[②] 顺治十一年（1654 年）冬和康熙十五年（1676 年）冬两次寒冷事件，更是导致柑橘冻害[③]，最终导致江西一带柑橘栽培的停止。

表 2.12　清代中国东部的严冬记载及其与 20 世纪后半叶严冬的对比

时段	年份	东海与江淮流域及其以南地区的结冰记载									长江及其以南地区连阴暴雪	亚热带及热带果蔬植物冻害
		东海	太湖	洞庭湖	鄱阳湖	汉水下游河段	淮河下游河段	黄浦江下游河段	长江中下游部分河段	长江以南支流与部分其他河流		
17世纪后半叶	1653~1654			F		F	F			SF	VS	VS
	1654~1655	F	SF					SF		SF	VS	VS
	1655~1656							F		SF	S	VS
	1660~1661			F		F				SF	VS	VS
	1665~1666		SF							SF	VS	VS
	1670~1671	F			F	SF	SF		F	SF	VS	VS
	1676~1677							F			VS	VS
	1683~1684		SF					SF		SF	VS	VS
	1689~1690									SF	VS	VS
	1690~1691		SF	F		SF	SF	SF		SF	VS	VS
	1694~1695									SF	VS	VS
18世纪前半叶	1700~1701									SF	VS	VS
	1714~1715						F			SF	VS	VS
	1720~1721						F			SF	VS	VS
	1740~1741									F	S	S
	1742~1743									F	S	S
18世纪后半叶	1761~1762			F				F		F	VS	S
	1794~1795										S	S
	1795~1796									F	VS	S
	1796~1797									F	VS	VS
	1799~1800									SF	VS	VS

① 《清圣祖实录》卷二七二，康熙五十六年，庚子。

② 《康熙上海县志》卷一《风俗》。

③ ［清］叶梦珠：《阅世编》卷七《种植》。

时段	年份	东海与江淮流域及其以南地区的结冰记载									长江及其以南地区连阴暴雪	亚热带及热带果蔬植物冻害
		东海	太湖	洞庭湖	鄱阳湖	汉水下游河段	淮河下游河段	黄浦江下游河段	长江中下游部分河段	长江以南支流与部分其他河流		
19世纪前半叶	1809~1810							F		F	VS	S
	1830~1831									F	VS	VS
	1831~1832						F			F	VS	VS
	1833~1834									F	VS	S
	1835~1836									F	S	S
	1838~1839									F	S	S
	1840~1841				F					SF	VS	VS
	1841~1842									SF	VS	VS
	1845~1846						SF			SF	VS	VS
19世纪后半叶至20世纪初	1855~1856									F	S	S
	1861~1862		SF	F				SF	F	SF	VS	VS
	1864~1865				F	F				SF	VS	S
	1871~1872		F							SF	VS	S
	1873~1874						F			F	S	S
	1877~1878		SF				F			SF	VS	VS
	1880~1881									F	S	VS
	1886~1887					F	F			SF	VS	S
	1887~1888									SF	VS	VS
	1892~1893	SF	SF			SF	SF	SF	SF	SF	VS	VS
	1899~1800					F				F	VS	S
	1904~1905									F	S	S
20世纪后半叶	1954~1955 (−1.6℃)*				F	F	F			F	S	VS
	1956~1957 (−1.8℃)										S	
	1963~1964 (−1.1℃)										S	
	1968~1969 (−0.9℃)				F					F	S	S
	1971~1972 (−1.1℃)										S	S
	1976~1977 (−1.1℃)				F					F	S	S

注：F＝结冰或封冻；SF＝结冰或封冻严重；S＝严重；VS＝非常严重．＊括号中的温度为该冬季（12月至次年2月）黄河与长江中下游地区的温度距平（相对于1951~1980年均值）；据 Zheng J Y, Ge Q S, Fang X Q, et al.：Climate and extreme events in central-southern region of eastern China during 1620~1720. Advanced in Geosciences，2：Solar Terrestrial. Singapore：World Scientific Co.，2006，341-350. 有增加

1700 年前后，极端寒冬记载频率减少，程度明显减弱（表 2.12），气候出现了一定程度的回暖迹象。因此，双季稻开始在江苏等地兴起。康熙五十二年（1713 年），康熙帝指派李英贵带着耐寒早熟稻种"御稻"到苏南试种双季稻，并取得了成功。康熙五十四年（1715 年）又命苏州织造李煦，并"喻知督抚"一起试种双季稻，但由于该年天气不佳，以及未能掌握好节气，后季稻因翘穗头严重而影响了收成。康熙五十五年（1716 年），李煦扩大试种双季稻，获得成功。康熙五十六年（1717 年）再次扩大试种的面积，此年年景较好，产量达到"十分"之数。此后，清廷不但在苏南的苏州、南京及苏北的扬州和里下河地区等地大量推广"御稻"，而且还在浙江、安徽、江西等省大面积推广双季御稻①，形成了较为稳定的双季稻种植区。这一种植区的北界与 20 世纪中后期的双季稻种植北界基本一致，说明当时气候已与 20 世纪中后期的温暖程度相仿。乾隆帝显然也观察到了这一回暖过程，并以"气候"为题作诗，形象地道出了他所经历的气候变暖现象。诗曰："气候自南北，其言将无然。予年十二三，仲秋必木兰。其时鹿已呦，皮衣冒雪寒。及卅一二际，依例往塞山。鹿期已觉早，高峰雪偶见。今五十三四，山庄驻跸便。哨鹿待季秋，否则弗鸣焉。大都廿年中，暖必以渐迁。"乾隆生于 1711 年，仲秋即夏历的八月，季秋是九月。从诗中可以知道在乾隆十二三岁时，即 1723 年前后的八月（古人一般计以虚岁，即出生后一过年就算 2 岁），木兰围场一带已经下雪，鹿也已鸣叫了，而到 1742 年前后的八月，只有高的山峰上偶可见雪，鹿的鸣叫也推迟了；1764 年前后，鹿鸣已延迟到九月了。另外，作于乾隆二十二年（1757 年）的《哨鹿》诗注亦云："二三十年前，鹿鸣以白露前后为候，今以秋分前后为候。"由此可见在 1720 年代～1760 年代的近 50 年中，木兰围场一带秋季鹿鸣约推迟了一个节气，表明当时的秋季气温是在逐渐升高的。大约在 1760 年代后，这一回暖期达到了顶峰。因为自 1790 年代起，我国的严寒天气记载又开始逐渐增多，春季物候期又开始明显推迟。

1794 年冬至 1797 年春，江淮及其以南地区又连续 3 年出现了大雪连阴的严寒天气；其中，1796 年冬至 1797 年春最为严重，这一年长江两岸的许多河湖都有结冰、可通行人等记载，宁绍平原一带数百年的樟树都被冻枯，但太湖、鄱阳湖、洞庭湖等却无封冻记载，因而其寒冷程度应大致与 1578 年冬至 1579 年春的严寒相似；与其前温暖时段相比，江南地区 18 世纪 90 年代的春季物候明显推迟，较 1960 年代～1980 年代的常年物候期也明显偏晚。此后，1799 年冬至 1800 年春与 1809 年冬至 1810 年春，严寒气候更甚，其中前者的河流冻结记录南界曾达江西抚州以南地区，而黄浦江冻结记载也在消失百余年后，在 1809 年冬至 1810 年春重新出现。

由于农业生产对气候变化的响应存在一定的时滞，因而从有关文献记载看，苏北里下河地区双季稻的栽种自康熙五十六年（1717 年）一直延续到嘉庆九年（1804 年）前后。道光九年（1829 年）《苏州知府批示》所载，"今常田夏始种稻，秋后种麦"，"吴民终岁树艺一麦、一稻，麦刈毕，田始除，秧于夏，季于秋，乃冬才获"②，也说明长期以来，稻麦复种是本地的一种普遍耕作方式。尽管道光十四年（1834 年），林则徐在

① 陈志一：《康熙皇帝与江苏双季稻》，《农史研究》第 5 辑，农业出版社，1985 年。
② 陈祖槼：《中国农业遗产·甲类第一种》，稻（上编），农业出版社，1963 年。

苏州试种推广双季稻时说："且如江北之下河诸邑……闻三十年前，则两种两刈也。" 1843 年，李彦章也说："有人言江北下河州县，前数十年稻两熟。"① 但由于气候始终维持在寒冷的水平上，因此，林则徐的这次双季稻推广并没有像李煦等那样获得成功。直至清末，清代农业生产与收成奏报档案中，再无苏北里下河地区双季稻种植，这可能意味着自 18 世纪末起的寒冷时段一直持续到清末②。

从 19 世纪严冬纪录（表 2.12）与北京及江南地区的春季物候变化看③，19 世纪寒冷期的冷暖变化也还存在一定程度的波动。例如，1820 年前后和 1850 年前后虽然可能相对温暖，但持续时间均较短；其他时段，特别是 19 世纪后期，不但严冬频繁，严寒程度同整个明清时期的最寒冷时段 17 世纪后半叶也很相似；个别寒冷年份，如 1892～1893 年的严冬记载，也是自有史料记载以来极为罕见的。因此，根据上述冷暖变化证据，结合重建的中国东部冬半年气温变化序列④，可以看到，明清寒冷期有 3 个冬半年气温均值明显低于 1951～1980 年均值的百年际寒冷时段。第一个寒冷时段出现在元朝后期至明朝前期（约 1320～1500 年），中国东部冬半年气温较 1951～1980 年均值低约 0.5℃，其间有两个冷谷，分别出现在 1350 年、1450 年前后。第二个时段出现在明朝后期至清朝前期（约 1560～1700 年），这一时段中国东部冬半年气温较 1951～1980 年均值低约 0.5℃，但与第一阶段不同的是，这一寒冷阶段的温度先呈阶梯式下降，其后再快速回暖；其中，前期（约 1560～1650 年）中国东部冬半年气温均值仅较 1951～1980 年均值低约 0.2℃，而后期（约 1650～1700 年）却较 1951～1980 年均值低约 0.9℃；特别是 1650 年以后，气温急剧下降，进入这一阶段的冷谷，这一冷谷持续了约 40 年，直至 1690 年以后气温才明显回升。第三个寒冷时段出现在清朝中后期（约 1780～1910 年），这一时段中国东部冬半年气温同样较 1951～1980 年均值低约 0.8℃，也存在两个冷谷，分别出现在 1810 年与 1880 年前后；此外，在上述这三个寒冷时段之间，有两个持续 50 年以上的相对温暖时段，分别出现在 1500～1560 年和 1700～1780 年；这两个时段中国东部冬半年气温均值与 1951～1980 年基本相当。

二、近 300 年部分地区年际温度变化的重建

清代档案记载丰富，且基本上都被完整地保留了下来，兼之有树木年轮、石笋等高分辨率自然代用证据，从而可以定量地重建气温（包括平均气温、最低气温、最高气温等）的年际变化。表 2.13 是至目前为止我国年际温度变化重建的主要成果，这些序列大致覆盖了东北南部、华北北部、陕西中南部、川西高原、青藏高原东南部、青藏高原东北部及新疆天山地区等，其中多数序列的重建时段主要集中在近 300 年。

---

① ［清］李彦章：《江南催耕课稻编》，续修四库全书。
② 葛全胜：《清代奏折汇编：农业·环境》，商务印书馆，2005 年。
③ 龚高法：《近四百年来我国物候之变迁》，科学出版社，1985 年。
④ 葛全胜、郑景云、满志敏 等：《过去 2000a 中国东部冬半年温度变化序列重建及初步分析》，《地学前缘》，2002 年 9 卷第 1 期。

表 2.13 我国年际温度变化重建的主要成果

重建地区（点）	今气候类型	代用资料类型	重建目标温度	序列开始年份	作者、发表时间及出处
北京	暖温带半湿润	历史文献/晴雨录	6～7月平均气温	1724	张德二、刘佳志，1986，《科学通报》①
北京	暖温带半湿润	历史文献/晴雨录	5～7月平均气温	1724	Wang W C et al.，1992，Climate Since A. D. 1500②
安徽合肥	北亚热带湿润	历史文献/雨雪分寸	冬季平均气温	1736	周清波等，1994，《地理学报》③
陕西西安、汉中两地	暖温带/北亚热带半湿润/湿润	历史文献/雨雪分寸	冬季平均气温	1736	郑景云等，2003，《地理研究》④
吉林长白山地区	中温带湿润	树轮宽度	1～4月平均气温	1655	邵雪梅、吴祥定，1997，《第四纪研究》⑤
四川川西高原	高原亚寒带湿润	树轮宽度	冬季平均气温	1650	邵雪梅、范金梅，1999，《第四纪研究》⑥
新疆天山乌鲁木齐河源地区	中温带干旱	树轮宽度	12月至次年3月平均气温	1543	袁玉江、李江风，1999，《冰川冻土》⑦
陕西秦岭地区	暖温带/北亚热带半湿润/湿润	树轮宽度	3～4月平均气温	1706	刘洪滨、邵雪梅，2003，《地理学报》⑧
青藏高原东南部	高原温带半湿润/湿润	树轮最大密度	8～9月平均气温	1600、1690、1780、1780	Brauning A，Mantwill B，2004，*Geophysical Research Letters*⑨
青海西顷山区、阿尼玛卿山	中温带半干旱、干旱	树轮宽度	冬半年（10月至次年4月）平均气温	1587、1300	勾晓华等，2007，《中国科学》（D辑）⑩

①张德二、刘传志：《北京1724～1903年夏季月温度序列的重建》，《科学通报》，1986年第8期，597～599。

②Wang W C，Portman D，Gong G，et al.：Beijing summer temperatures Since 1724. *In*：Bradley R S，Jones P D. Climate Since A. D. 1500. London and New York：Routledge，1992. 210～223.

③周清波、张丕远、王铮：《合肥地区1736～1991年冬季平均气温序列的重建》，《地理学报》，1994年49卷第4期：332～356。

④郑景云、葛全胜、郝志新 等：《1736～1999年西安与汉中地区年冬季平均气温序列重建》，《地理研究》，2003年22卷第3期：343～348。

⑤邵雪梅、吴祥定：《利用树轮资料重建长白山区过去气候变化》，《第四纪研究》，1997年第1期，76～85。

⑥邵雪梅、范金梅：《树轮宽资料所指示的川西过去气候变化》，《第四纪研究》，1999年第1期，81～89。

⑦袁玉江、李江风：《天山乌鲁木齐河源450a冬季温度序列的重建与分析》，《冰川冻土》，1999年21卷第1期，64～70。

⑧刘洪滨、邵雪梅：《利用树轮重建秦岭地区历史时期初春温度变化》，《地理学报》，2003年58卷第6期，879～884。

⑨Brauning A，Mantwill B：Summer temperature and summer monsoon history on the Tibetan plateau during the last 400 years recorded by tree rings. Geophysical Research Letters，2004，31，doi：10. 1029/2004GL020793.

⑩勾晓华、陈发虎、杨梅学 等：《青藏高原东北部树木年轮记录揭示的最高最低温的非对称变化》，《中国科学》（D辑），2007年37卷第11期，1480～1492。

重建地区（点）	今气候类型	代用资料类型	重建目标温度	序列开始年份	作者、发表时间及出处
四川九寨沟地区	高原亚寒带湿润	树轮宽度	11月至次年3月平均最低气温	1750	宋慧明等，2007，第四纪研究①
新疆阿勒泰西部地区	中温带半干旱	树轮宽度	5～9月平均最低气温	1639	张同文等，2008，干旱区研究②
甘肃崆峒山区	中温带半干旱	树轮宽度	夏季平均气温	1751	侯迎等，2007，气候变化研究进展③
青海祁连山中部	中温带干旱	树轮宽度，δ¹³C	12月至次年4月平均气温	1060	Liu et al.，2007，Arctic, Antarctic, and Alpine Research④
北京	暖温带半湿润	石花洞石笋	5～8月平均气温	公元前665	Tan et al.，2003，Geophysical Research Letters⑤

（一）基于文献证据的年际气温变化

北京1724年来夏季5～7月平均气温重建结果表明，过去300年北京夏季气温的年际最大变幅达4.0℃以上，且存在较为显著的准2.5年、3.2年、7.4年和18.9～21.3年的年际与年代际周期变化。其中1720年代～1780年代相对温暖，除偶有个别极端寒冷年份发生外，这一时段的气温变幅相对较小，之后气温变幅增大。1790年代起，气候进入一个以寒冷为主的阶段，直至1910年代才结束，其间有4个较为显著的年代际冷谷，分别出现在1800年前后、1845年前后、1890年前后和1910年前后；1835年前后和1870年前后则相对温暖；1920年代～1940年代中，气候温暖；此后直至1980年代前期，气候又进入一个相对寒冷时段；1980年代中期以后，气候迅速变暖。

安徽合肥1736年来的冬季气温序列显示，过去300年长江下游地区的年际气温最大变幅达4.0℃以上，其中1780年代之前的温暖程度与1950年代以后基本相似，气候相对温暖，且变幅较小，只有1.0℃左右；1780年代之后，气温快速下降约2.0℃，而后在一个较寒冷的水平波动，至1830年前后降至最低点；此后，气温在波动中小幅回暖，至1870年前后，又再次快速下降；1870～1910年是过去300年中最为寒冷的时

① 宋慧明、刘禹、倪万眉 等：《以树轮宽度重建九寨沟1750年以来冬半年平均最低温度》，《第四纪研究》，2007年27卷第4期，486～491。

② 张同文、袁玉江、喻树龙 等：《用树木年轮重建阿勒泰西部5～9月365年来的月平均气温序列》，《干旱区研究》，2008年25卷第2期，288～294。

③ 侯迎、王乃昂、李钢 等：《利用树轮资料重建1751～2005年崆峒山地区夏季温度变化》，《气候变化研究进展》，2007年3卷第3期，172～176。

④ Liu X H，Shao X M，Zhao L J，et al.：Dendroclimatic temperature record derived from tree-ring width and stable carbon isotope chronologies in the middle Qilian Mountains. China. Arctic，Antarctic，and Alpine Research，2007，39：651～657.

⑤ Tan M，Liu D S，Hou J Z，et al.：Cyclic rapid warming on centennial scale revealed by a 2650-year stalagmite record of warm season temperature. Geophysical Research Letters，2003，30，1617～1621.

段，这一时段合肥冬季平均气温较 1780 年代之前和 1950 年代以后的平均气温低 2.0℃以上；1910 年前后，合肥冬季气温快速回升，之后，在一个相对温暖的水平上小幅波动直至 20 世纪后期。

陕西西安与汉中 1736 年以来的冬季气温变化表明，过去 300 年这里的冬季气温年际变幅达 4.0℃左右，其中 18 世纪年际温差小，气候相对温暖；18 世纪末期，气候明显转冷，温度年际变幅也明显加大；此后，气候在 1870 年前后有短暂回暖，但 1875 年以后温度又快速下降，直至 20 世纪初，气候再次回暖直至 1945 年前后；1950 年代～1970 年代，气温虽又有下降，但降幅不大；1980 年代以后，气候再次增暖。

（二）基于树轮的年际气温变化

从 1655 年以来吉林长白山地区 1～4 月平均气温年际变化重建结果看，过去 300 年东北南部的气温年际最大变幅约 4.0℃，但考虑到该重建序列的解释方差为 57.4%，因而其实际最大变幅应达 7.0℃左右，且年代际变幅也很显著。其中 17 世纪后期至 18 世纪初温度年际与年代际变幅最大，严寒与极暖都有发生，但因严寒发生频率更高，因而时段平均温度在整个过去 300 余年中最低；1730 年代～1780 年代，温度年际与年代际变幅均较小，与其前相比气候相对温暖；1780 年代以后至 1940 年代温度的年际变幅相对较小，但年代际波动极为显著，其中最暖与最冷的年代之间温度变幅达 2.0℃以上；20 世纪中期以后温度的年际与年代际变幅又明显增大，其间 1951～1963 年及 1986 年以后明显温暖，而 1964～1985 年温度相对较低。

过去 300 年秦岭山地的 3～4 年春季平均气温变化与上述西安、汉中冬季气温长期变化趋势具有一定的相似性，即 18 世纪与 20 世纪温暖，19 世纪寒冷；且存在 50～60 年、7～8 年以及 2～3 年的准周期波动。其中 1715～1740 年、1773～1804 年和 1894～1958 年三个时段的初春温度相对较高，分别持续 26 年、32 年和 65 年；而 1741～1772 年、1805～1893 年、1959～1992 年三个时段的初春温度相对较低，分别持续 32 年、88 年和 34 年，同时，初春气温变化还具有升温快速、降温缓慢的特征。与其他地区或其他季节气温变化不同的是，这一地区在 20 世纪后期，特别是 1970 年代～1990 年代初，春季似乎并未出现增暖趋势，而且无论是在重建序列中，还是在气象仪器观测记录序列中均如此。只是在 1990 年代中期以后，气象仪器观测记录序列中才有较显著的增暖现象出现。

川西高原 1650 年以来的冬季平均最低气温重建结果显示，过去 300 多年这一地区的年际温度变幅约 3.5℃，且年代际变化异常显著，变幅达 1.5℃左右，但没有趋势变化，其中年际变化以准 2.5 年的周期最为显著；年代际变化以 50～70 年的周期最为明显。从气候变化过程看，1650 年前后气候较暖，而后最低气温在波动中下降，17 世纪后期至 18 世纪初（1672～1711 年）气候以寒冷为主要特征；1712～1734 年气候迅速回暖，此后气温又出现一定幅度的下降；1735～1802 年，气温在平均值附近上下振荡；1803～1833 年，气候又明显回暖；1834～1882 年，气温又出现一定程度下降；而 1883～1903 年与 1904～1923 年则分别是较为明显但持续较短的暖冬期与冷冬期；此后的 1924～1953 年，气候显著偏暖；而 1954～1979 年又显著偏冷；1980 年以后，气候又进入一个暖冬期。

青藏高原东北部的年际气温重建包括祁连山中部（东经 99°56′，北纬 38°26′附近）冬春（12 月至次年 4 月）平均气温、西顷山（东经 100°45′，北纬 34°46′附近）与阿尼玛卿山（东经 99°45′，北纬 34°45′附近）的夏半年（4~9 月）最高与冬半年（10 月至次年 4 月）最低气温等。结果表明，17 世纪的冬春平均气温是过去 1000 年中最低的，但自 18 世纪初开始，冬春气温则在波动趋势中上升，进入 20 世纪以后，这一波动上升趋势反而有所减缓。而夏半年最高与冬半年最低气温不但年际变化显著，且在过去 400 年中，其年代际变化呈降温和缓、升温快速的非对称特征，最高气温的变化位相落后最低气温的变化位相约 25 年。其中冬半年最低气温的第一个暖锋出现在 1575 年前后，于 1595 年左右降至第一个谷底，而夏半年的最高气温第一个暖锋出现在 1600 年前后，于 1620 年左右降至第一个谷底。之后，出现快速回升，其中最低气温于 1610 年前后升至封顶，而最高气温于 1650 年前后升至封顶；其后的 150 年又在波动中逐渐下降，其中最低气温于 1775 年前后降至谷底，而最高气温于 1800 年前后降至谷底；而后这一地区的最低气温与最高气温又快速上升，且分别于 1800 年前后和 1825 年回至封顶；继之，出现 150 年左右的波动下降，至 1940 年代后，冬半年最低气温快速上升；1970 年代后，夏半年最高气温也开始快速上升。

新疆天山乌鲁木齐河山区过去 450 年的冬季平均最低气温重建表明：1547 年、1549 年、1808 年与 1924 年等极端寒冷年份的冬季平均最低气温均较 1961~1990 年均值低 4.0℃ 以上；1562 年、1573 年、1644 年和 1840 年等极端温暖年份则均高约 4.0℃；1548~1558 年、1597~1629 年、1693~1720 年、1794~1832 年及 1903~1933 年等时段，冬季平均最低气温相对较低，气候严寒；而这些时段之间的年份及 1934 年以后，冬季平均最低气温相对较高，气候温暖。

综合比较上述区域年际温度变化序列可以看出，利用文献记载重建的序列，虽然不同地区（点）的年际温度变幅有一定差异，年际变化过程也不完全同步，但它们的低频（如年代至百年际）变化却极为相似：1730 年代~1780 年代气候相对温暖，气温变幅相对较小；1790 年代起气温下降，然后保持在一个寒冷的水平上波动直至 19 世纪末；20 世纪初，气温在波动中上升，进入 20 世纪暖期，这一气温变化过程与世界上气温观测记录最长 4 个站的平均气温波动形式极为相似［图 2.4（a）］。但根据树轮所重建的不同地区（点）气温年际、年代际至百年尺度变化之间的相似性却较差，这可能是因为根据树轮所反映的气温变化主要是山地的气温变化，而山地的气温变化又易受地形等局地因素的影响，从而造成不同地区的温度变化不同；也可能是由于树轮对气温变化的响应并不完全稳定而至；同时这也正反映了气候变化的复杂性和多样性。

第五节　历史时期中国三大自然区冷暖变化的比较

中国幅员辽阔，地理环境复杂，气候类型多样，特别是东部、西北内陆与青藏高原这三大自然区之间的主要气候特征明显不同，因而不同区域之间的气候变化在表现出相似特征的同时，也必然存在差异。从目前已有的千年以上温度或其代用指标重建结果看，中国东西的冷暖阶段性变化尽管具有一致性，但变化位相和变化幅度也存在着一定的差异。

一、过去2000年中国三大自然区温度阶段性变化的一致性

从中国东部的温度变化看，过去2000年中国东部温度变化有准200年和400～600年的百年际周期波动。其中0～200年代（东汉）、570年代～770年代（隋至盛唐）、930年代～1310年代（五代中至元中期）气候相对温暖，210年代～560年代（魏晋南北朝）、780年代～920年代（晚唐至五代初）、1320年代～1910年代（元后期至清末）气候相对寒冷，而20世纪初（1920年代～）气候又再次进入相对温暖阶段［图2.4（a），（b）］。中国东部的这种冷暖阶段变化也大致与全球性（或北半球）的冷暖阶段变化基本一致，如1320年代～1910年代和210年代～560年代的寒冷气候分别与"小冰期"及新冰期的第1号寒冷阶段对应，930年代～1310年代及20世纪初以来的温暖则分别与"中世纪暖期"和20世纪暖期对应。此外，在这种百年际的冷暖阶段中，还含有若干年代际至百年的气候波动。如在1320年代～1910年代的寒冷气候阶段中，就出现过3个持续数十年的相对温暖时段：分别在1400年前后、1500～1560年及1700～1780年；在210年代～560年代的寒冷气候阶段中，360年代～440年代相对温暖。而在930年代～1310年代的温暖气候阶段中，1110年代～1190年代却相对寒冷。

西北地区百年际冷暖变化的阶段性同样较为明显。青海苏干湖的$\delta^{13}C$记录［图2.4（c）］显示：公元初至2世纪末（约1～190年），气候温暖；190～580年，气候寒冷，但其间的320～450年相对温暖；580～1200年，气候温暖，但在800年前后有一次冷波动。岱海的Rb/Sr值和有机碳含量等也表明，860～1070年[1]，岱海地区的气候是过去2000年中最暖的[2]。青海湖岩芯也显示，1160～1250年前后是该地区过去1000年最显著的一个温暖期[3]。苏干湖的$\delta^{13}C$记录表明，约1200～1880年气候在突然转冷之后进入了一个显著的寒冷期，其中最冷的时段出现在1200年、1370年、1500年与1810年前后。结合祁连山中部的温度变化［图2.4（d）］可知，在这一寒冷阶段中，1210年、1290年、1480年为3个冷谷，但也存在3个较为显著的数十年温暖时段，分别出现在1250年、1385年和1540年前后；1580年之后，气候进入一个长达200余年的寒冷期，直至1840年前后；1880年以后，气候在波动中迅速增暖。

青藏高原的百年际冷暖阶段波动：公元初至2世纪末，气候温暖，公元300～550年，气候寒冷；公元550～650年，气候温暖；公元650～950年，气候寒冷，但公元750～900年存在一个较为显著的回暖时段；公元950年以后，除在1050～1150年期间曾出现冷波动外，这一阶段的气候从总体上看是温暖的，直至1450年前后，暖期结束，并进入寒冷阶段；1450～1850年，气候总体上寒冷，但1700～1800年有明显回暖；1850年以后，气候进入又一个温暖阶段［图2.4（e），（f）］。

综合上述，公元初至2世纪末、公元650年前后、1000年前后、1250年前后及20

---

① 原文的AMS-14C年龄为900～1200aBP，这里的日历年根据Stuiver等的14C年龄换算程序Radiocarbon Calibration program-CALIB REV4.4.2版本换算。

② 金章东、沈吉、王苏民 等：《岱海的"中世纪暖期"》，《湖泊科学》，2002年14卷第3期。

③ 沈吉、张恩楼、夏威岚：《青海湖近千年来气候环境的湖泊沉积记录》，《第四纪研究》，2001年21卷第6期。

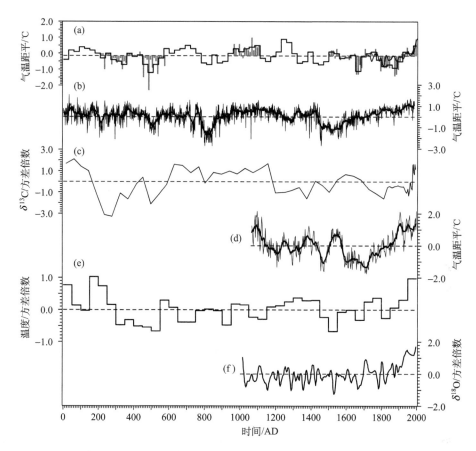

图 2.4 过去 2000 年中国三大自然区温度变化代用序列的对比

(a) 中国东部冬半年气温，灰柱：10 年平均；粗实线：30 年平均；细实线：世界上气温观测记录最长的 4 个站（Central England，De Bilt，Berlin，Uppsala）平均气温距平的 30 年滑动平均；资料来源：Ge Q S，Zheng J Y，Fang X Q，et al.：Winter half-year temperature reconstruction for the middle and lower reaches of the Yellow River and Yangtze River，China，during the past 2000 years. The Holocene，2003，13（6）：995～1002；郑景云、满志敏、方修琦 等：《魏晋南北朝时期的中国东部温度变化》，《第四纪研究》，2005 年 25 卷第 2 期：129～140；Jansen E，Overpeck J，Briffa K R，et al.：Palaeoclimate. In：Climate Change. The Physical Science Basis. The Fourth Assessment Report of the Intergovernmental Panel on Climate Change，Solomon S，Qin D，Manning M，et al.：Cambridge University Press，2007，433～497；

(b) 北京夏季气温，细线：年变化；粗线：30 年滑动平均；资料来源：Tan M，Liu T S，Hou J Z，et al.：Cyclic rapid warming on centennial-scale revealed by a 2650-year stalagmite record of warm season temperature. Geophysical Research Letters，2003，30（20）：1617，doi：10.1029/2003GL017352；

(c) 青海苏干湖沉积物 $\delta^{13}C$ 值；资料来源：强明瑞、陈发虎、张家武 等：《2ka 来苏干湖沉积碳酸盐岩稳定同位素记录的气候变化》，《科学通报》，2005 年 50 卷第 13 期：1385～1393；

(d) 祁连山中部山地气温，细线：3 年平均；粗线：30 年滑动平均；资料来源：Liu X H，Shao X M，Zhao L J，et al.：Dendroclimatic temperature record derived from tree-Ring width and stable carbon isotope chronologies in the Middle Qilian Mountains，China. Arctic，Antarctic，and Alpine Research，2007，39（4）：651～657；

(e) 青藏高原温度变化相对距平；资料来源：Yang B，Brauning A，Shi Y F：Late Holocene temperature fluctuations on the Tibetan Plateau. Quaternary Science Reviews，2003，22，2335～2344；

(f) 青藏高原 4 个冰芯（普若岗日、古里雅、达索普、敦德）的 $\delta^{18}O$ 标准化值；资料来源：姚檀栋、秦大河、徐柏青 等：《冰芯记录的过去 1000a 青藏高原温度变化》，《气候变化研究进展》，2006 年 2 卷第 3 期：99～103.

世纪初以来的温暖气候与 1390 年及 1540 年前后的气候回暖在三大区域都有表现，而 300～350 年、450～550 年、1450～1500 年、1600～1700 年及 1810 年前后的寒冷气候与 800 年前后、1150 年前后的降温同样具有很好的一致性。

二、过去 2000 年中国三大自然区温度变化的差异

过去 2000 年中国三大自然区的温度变化也存在一定的差异，主要表现在：①各区域冷暖阶段的起讫时间并不完全一致。②各冷暖阶段的冷暖程度及其次一级尺度的冷暖波动程度有较大的不同。例如，1～2 世纪的暖期，在东部和西北地区，这一暖期止于 2 世纪末至 3 世纪初，但在青藏高原却止于 3 世纪末，约比东部和西北地区迟 100 年。3～6 世纪的冷期，也与东部、西北地区的变化过程较为一致，均起于 3 世纪初，讫于 6 世纪后期，然而，青藏高原却于 6 世纪中期就结束了；在这一寒冷阶段中，中国东部和西北地区都存在一个约 100 年的回暖时段，但在青藏高原其持续时间和回暖程度却均不明显。起于 6 世纪后期的温暖气候阶段，在东部和西北地区持续了 200 年左右后，直至 8 世纪末才出现较为明显的冷波动，但在青藏高原，在 7 世纪中期就已出现了；其波动幅度和持续时间在东部和青藏高原均很明显，但在西北地区其持续时间与波动幅度则明显较短、较小。

10 世纪中期开始，全球气候进入暖期，尽管中国三大自然区的气候也同时出现了温暖气候，但这一温暖气候阶段在各地的持续时间和波动过程却不一致：在东部，虽然 1150 年前后曾出现过较明显的冷波动，但这一温暖阶段直至 13 世纪末才结束，13 世纪中后期的温暖程度极为明显，甚至超过了 20 世纪中后期；在西北地区，这一温暖阶段在 12 世纪末就可能已经结束了；在青藏高原，这一温暖阶段在持续至 15 世纪前期的同时，却在 1050 年与 1150 年前后曾出现过较显著的冷波动，且这一温暖阶段的温暖程度明显较 20 世纪中后期低。

随着全球气候进入"小冰期"，我国各地气候也相继转冷。其中西北地区自 13 世纪初开始就明显转冷，尽管 13 世纪中期气候曾出现回暖，但这一回暖期的持续时间较短，且程度也较低。而东部和青藏高原的气候明显转冷则分别起于 14 世纪初和 15 世纪中期。在这一寒冷阶段中，东部的冷谷分别出现在 1350 年前后、1450 年前后、17 世纪后期和 19 世纪，其中 17 世纪后期的冷谷最冷，19 世纪冷谷的持续时间最长；西北地区却出现在 15 世纪后期及 17 世纪，其中以 17 世纪的冷谷持续时间最长，寒冷程度最为明显；青藏高原的冷谷则出现在 16 世纪前期、17 世纪后期和 19 世纪前期，其中又以 16 世纪前期最为寒冷。此后，虽然气候回暖进入 20 世纪暖期，但在这一回暖过程中，西北地区和青藏高原比东部地区却明显要早 50 年左右。

第三章　历史时期中国干湿变化

第一节　全新世以来中国气候干湿变化概述

在第四纪气候变化史中，新仙女木事件结束之后，全球气候进入了以"暖湿"为主要特征的全新世。许多研究证实，在全新世"暖期"盛期（约距今 7200～6000 年），全球气候总体较今湿润，我国也不例外。因为那时我国东部地区各个森林带（主要指示湿润与半湿润气候）的位置不但较今明显偏北，而且也明显偏西；当时我国东西部植被过渡带（森林草原）与东部森林带的界线大致在满洲里东北、扎兰屯市、呼和浩特、贺兰山南、西宁一线，与今相比偏西 3～5 个经度；温带森林草原与典型草原的分界线也较今偏西 3～4 个经度；西部植被带因受大山系与盆地走向等影响，呈现出较为明显的东西向排列特征，草原与荒漠范围明显较小，而且高山与高原边缘的林线也明显较今低。这些现象表明我国当时的湿润与半湿润区范围明显较今要大；而且许多地区，特别是西北与华北地区降水较今明显要多，当时西北地区的大量湖泊湖面水位均较今明显要高，华北地区也有大面积的湖泊分布。例如，今内蒙古中东部当时的年降水量较今约多 100mm，鄂尔多斯地区的年降水量较今高 50～200mm，岱海（东经 112°45′，北纬 40°15′）周边的年降水量较今高 40%；青海湖周边地区年降水量较今高 70%左右；河北白洋淀（东经 116°，北纬 38°50′）周边的年降水量较今高 450mm[①]；而其原因可能主要是由于当时的亚洲季风较今更为强盛而致。当亚洲夏季风强时，西太平洋的副热带高压平均位置会北移西伸，因而我国的东北南部、华北、内蒙古直到青藏高原东部的降水量都会增多，而江淮一带及长江以南的一些地区的降水量可能会减少；然而这时赤道辐合带（ITCZ）也会北移，所以从西南到华南降水量也会增多。因而，从总体上看，亚洲夏季风强盛时，我国气候在总体上应更为湿润。上述大暖期时我国华北、西北东部与青藏高原东北部降水明显较今高的现象正好说明了这一点。

董哥洞（东经 108°5′，北纬 25°17′，海拔 680m）石笋重建的全新世亚洲季风强度变化表明，在距今 7000 年前后，亚洲季风最为强盛，此后在波动中存在持续减弱，直至距今 1500 年前后，亚洲季风强度降至过去 9000 年以来的最低水平；然后在谷底波动至公元 1500 年之后又开始逐渐增强，而最近数十年似乎又出现明显减弱。这表明自全新世"暖期"盛期以后至公元 500 年前后，我国气候总体可能在持续变干；公元 500～1500 年前后，气候在较干的水平上上下波动；1500 年以后，气候转向湿润；而 20 世纪后期，我国气候可能又开始转干。当然这只是根据亚洲季风强度变化对我国历史时期气候干湿变化的总体推测。由于干湿变化不但存在趋势变化，而且也存在各种时间尺度的准周期波动，同时其区域差异也很大，因此，我国历史时期的干湿变化史要远比这一情形复杂。

---

① 施雅风 主编：《中国全新世大暖期气候与环境》，海洋出版社，1992 年。

第二节　过去 2000 年干湿变化

一、东部季风区

我国东部季风区拥有大量的历史气候变化记载。据查阅，记录时间自汉武帝建元四年（公元前 137 年）至明成化五年（1469 年）的历史气候记载，仅在经、史、子、集 4 部 59 类 1531 种文献中就有近 30 000 条。明代以后，得益于各地方志的编纂，我国历史气候记载数量猛增。据不完全统计，1470～1949 年，仅地方志中的历史气候记载就不下 10 万条。清代以来，由于历史档案被较完整地保存了下来，其中历史气候记载更是不计其数。而在这些历史气候记载中，大部分记录又是关于雨水、干旱及其影响的，因此，这些记载也为研究我国降水的长期变化，提供了重要的资料基础。

为便于定量分析降水变化，通常使用等级法将历史气候变化中的水旱情况分为旱、偏旱、正常、偏涝和涝 5 个等级，其中旱和涝的频率各占 10% 左右，偏旱和偏涝各占 25% 左右，正常的占 25%～30%。旱涝等级的判定一般以文献所记述的水旱程度（包括持续时间和水旱灾强度）为依据；而在同一年份中，若先后分别出现旱和涝等相反情况时，则以夏季的记录为主，并参照不同季节的水旱程度做一定调整。依此方法，我国先后系统重建了全国 120 个站 1470 年以来的旱涝等级和东部季风区（包括西北东部的部分站点）63 个站公元前 137 年至公元 1469 年的旱涝等级序列。

（一）干湿变化的阶段性

由于早期的历史旱涝等级存在大量缺载，因而通常情况下不能直接使用各站早期旱涝等级序列来分析干湿变化状况。为避免因记载缺失对干湿变化分析结果的影响，在资料的选择与处理时，就应做到：①尽量选择记载相对丰富的站点；②重新构建干湿指标，以便用前后均相对一致的统计标准分析气候的长期变化。为此，特从华北、江淮和江南三个区域选择 48 个连续性较好的站点，依据现代干湿气候区划，利用区域干湿指数指示过去 1500 年的干湿变化[①]。其中干湿指数定义如下。

设第 i 年第 j 站的旱涝等级为 G_{ij}，令：

$$G_{ij} = \begin{cases} 0 & \text{（当该站点该年无旱涝等级记录时）} \\ k & \text{（当该站点该年旱涝等级为 k 时）} \end{cases}$$

另设：

$$F_{ij}^{k} = \begin{cases} 0 & \text{当 } G_{ij} \neq k \\ 1 & \text{当 } G_{ij} = k \end{cases}$$

$$F_{ij}^{T} = \begin{cases} 0 & \text{当 } G_{ij} \neq 0 \\ 1 & \text{当 } G_{ij} = 0 \end{cases}$$

---

① Zheng J Y, Wang W C, Ge Q S, et al.：Precipitation variability and extreme events in eastern China during the past 1500 years. Terrestrial，Atmospheric and Oceanic Sciences，2006，17（3），579～592.

式中：i，j，k 分别为年份、站点序号和该年该站旱涝等级；$k=1$，2，4，5，分别表示涝、偏涝、偏旱和旱；T 为旱涝等级（不包括正常）的集合，即 $T=\{1,2,4,5\}$。那么，可以确定自 s 年（这里以公元 500 年为起点年）起，长度为 t 年（这里取 10 年）的某一时段，该区域旱涝等级 k 占该区旱涝记录总数的频率为

$$P_{st}^{k} = \frac{\sum\limits_{i=s}^{s+t-1}\sum\limits_{j=1}^{J} F_{ij}^{k}}{\sum\limits_{i=s}^{s+t-1}\sum\limits_{j=1}^{J} F_{ij}^{T}}$$

式中：J 为研究区域的站点总数。定义：

$$Dw_{st} = 2P_{st}^{1} + P_{st}^{2} - P_{st}^{4} - 2P_{st}^{5}$$

式中：Dw_{st} 为区域干湿指数。从定义中可以清楚看出，当 $Dw_{st}>0$ 时，气候偏湿；当 $Dw_{st}<0$ 时，气候偏干；而且其绝对值 $|Dw_{st}|$ 的大小还指示气候干湿的程度，数值越大，气候偏干或偏湿的程度就越严重。

在剔除 1470 年以前资料趋势变化对干湿变化的影响后，得到华北、江淮和江南 3 个区域及中国东部 48 个站过去 1500 年的干湿指数变化的标准化序列（图 3.1）。通过各个区域干湿指数变化与器测降水及根据雨雪分寸重建的降水变化的对比（图 3.2）表明，这些序列对区域年降水量变化的方差解释量，华北地区为 44%，江淮地区为 70%，江南地区为 60%，说明这套序列能够较好地指示这些区域的降水长期变化。

自公元 500 年以来［图 3.1（a）～（d）］，中国东部经历了 500 年代～870 年代、1000 年代～1230 年代、1430 年代～1530 年代、1920 年代～1990 年代 4 个相对较干阶段和 880 年代～990 年代、1240 年代～1420 年代、1540 年代～1910 年代 3 个相对湿润阶段，百年际干湿轮回显著。其中，620 年代～710 年代、1120 年代～1210 年代、1430 年代～1520 年代是过去 1500 年中 3 个最干的百年，1330 年代～1420 年代、1700 年代～1790 年代及 1820 年代～1910 年代是 3 个最湿的百年。每个百年际又均包括若干个年代际干湿波动。例如，500 年代～870 年代总体偏干，而 500 年代～520 年代、580 年代～630 年代、710 年代～740 年代及 810 年代～830 年代却相对湿润。1540 年代～1910 年代总体偏湿，然年代际的干湿波动也极为明显，而且 1620 年代～1640 年代极为干旱，1634～1643 年更是过去 1500 年中最干旱的 10 年。1920 年代以后，东部虽然总体趋干，但年代际波动却极为显著，其中 1920 年代～1930 年代偏干，1940 年代～1970 年代偏湿，1980 年代以降再次转干。此外，不同区域的干时期起讫时间也有一定的差异。

在各种尺度上，东部不同区域之间干湿变化位相不同步［图 3.1（e）～（g）］，而且不同时段上周期波动信号也不相同，因而往往会导致在某一地区偏干时，另一个地区却偏湿。例如，从 200 年以上的低频信号看，公元 500～850 年，当华北地区处于较干气候状态时，江淮和江南地区则相对较为湿润；公元 850～1000 年，当华北和江淮地区转为相对偏湿，江南地区则处于相对偏干状态。而在 50～100 年尺度上，1450 年代～1700 年代及 1800 年代～1990 年代，江南地区和华北地区的变化基本上存在相反的趋势；然而，1450 年以前，这种反相变化则不甚明显；江南和江淮地区在 11～13 世纪与 18～20 世纪的多年代变化趋势，也以反相居多。这与过去 2000 年东部干湿分异格局曾发生过的明显变化有关。

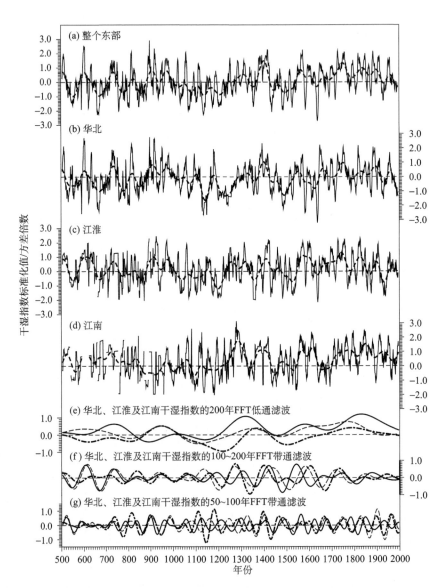

图 3.1　中国东部（约东经 105°以东，北纬 25°～40°）及华北、江淮和江南三个区域地区过去
1500 年的干湿变化

（a）～（d）细实线：干湿指数；粗虚线：30 点滑动；细横虚线：序列均值（e）～（g）华北：
粗点划线；江淮：细灰虚线；江南：细实线

资料来源：Zheng J Y, Wang W C, Ge Q S, et al.：Precipitation variability and extreme events
in eastern China during the past 1500 years. Terrestrial, Atmospheric and Oceanic
Sciences，2006，17（3）：579～592

（二）干湿格局与多雨带的百年际变化

　　干湿格局指干湿特征的空间分布，用某一时段内各站点干湿程度与中国东部所有站

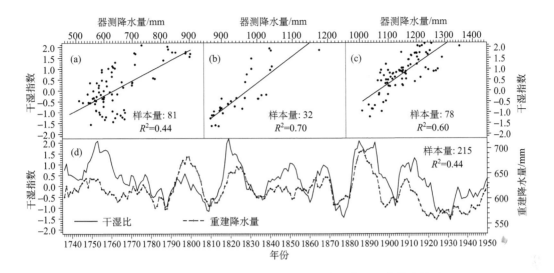

图 3.2　重建的区域干湿指数与器测降水及其他降水重建结果的对比

（a）华北地区干湿指数同北京器测年降水量（1870～1950 年）的对比；（b）江淮地区干湿指数同南京器测
年降水量（1905～1936 年）的对比；（c）江南地区干湿指数同上海器测年降水量（1873～1950 年）的对比；
（d）华北地区干湿指数同根据雨雪分寸重建的黄河中下游地区年降水量（1736～1950 年）变化的对比

资料来源：Zheng J Y，Wang W C，Ge Q S，et al.；Precipitation variability and extreme events in eastern
China during the past 1500 years. Terrestrial，Atmospheric and Oceanic Sciences，2006，17（3）：579～592

点平均干湿程度的比值来指示各站点的干湿情况。从 2～19 世纪每 200 年的干湿率空间
分布变化（图 3.3）看，其间我国东部干湿分异界线有东北-西南走向、南-北走向和
东-西走向三种，分别对应干湿格局的东南湿（干）-西北干（湿）、东湿（干）-西干
（湿）和南湿（干）-北干（湿）三种我国东部百年际的干湿格局。其中 2～3 世纪、
8～9 世纪及 10～11 世纪，干湿分界线主要呈南-北走向，干湿空间格局也较相似：
2～3 世纪的干湿格局为西北干，华北、长江中游与江南地区湿，另有江淮小块区域较
干；8～9 世纪西北干，华北与长江中游地区干，江淮地区与山东半岛又较干，而东南
沿海又有小块区域较湿；10～11 世纪西北干，华北和中原地区湿，山东半岛、江淮及
长江以南的大部分地区干，而江南南部又干。6～7 世纪，干湿分异界线在北方呈南-北
走向，但在长江及其以南地区呈东西向的椭圆状，因而其干湿格局与上述三个时段不同，
其中长江以北大致以河北张家口至湖北宜昌为界，其西偏干，其东湿润；长江及其以南以
鄱阳湖、洞庭湖为中心形成一个椭圆形偏干区，东部沿海和江南南部湿润；4～5 世纪干
湿分界线有南北两条，基本都呈东北-西南走向，因而黄河流域及华北北部干，黄河至长
江之间的大部分区域湿，江南大部分区域干。12～13 世纪和 14～15 世纪，干湿分异界线
为南-北与东-西走向并存，但干湿气候格局仍以东西分异为主，其中 12～13 世纪，西北
干，华北和华中地区湿，皖北、苏北及江南西北干，东南地区湿；14～15 世纪，大致以
东经 114°为界，西干东湿。16～17 世纪和 18～19 世纪，干湿分异界线呈东-西走向，干湿
气候格局呈南-北分异，其中 16～17 世纪，干湿气候大致以北纬 35°为界，其北气候偏干，
其南气候湿润；18～19 世纪，华北、西北东部及四川盆地偏干，但长城以北相对湿润；
淮河以南的大部分地区偏湿，但东南沿海的部分地区相对偏干。

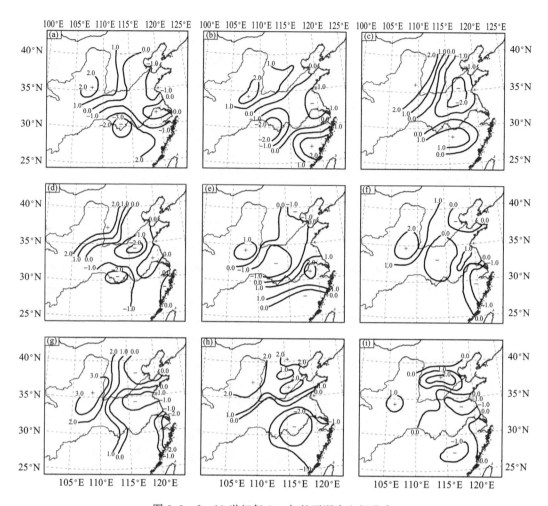

图 3.3　2～19 世纪每 200 年的干湿率空间分布

(a) 101～300 年；(b) 301～500 年；(c) 501～700 年；(d) 701～900 年；(e) 901～1100 年；

(f) 1101～1300 年；(g) 1301～1500 年；(h) 1501～1700 年；(i) 1701～1900 年

资料来源：郑景云、张丕远、葛全胜 等：《过去 2000a 中国东部干湿分异的百年际变化》，

《自然科学进展》，2001 年，11 卷第 1 期，65～69

　　从上述东部地区每 200 年的干湿格局变化可以看出：2～11 世纪，我国东部干湿气候格局主要以东西分异为主，西（西北）干-东（东南）湿；12～15 世纪，东西分异与南北分异并存，但仍以西干-东湿这一东西分异格局为主；而 16～19 世纪则转变为南北分异，北干南湿。其中在 2～11 世纪期间，我国以南北走向为主的干湿气候分界线曾出现过较大幅度的东（南）-西（北）向移动，其中这一分界线的最西位置达大同—太原—西安—汉中一线，最东位置达济南—菏泽—南阳一线；摆动最大幅度达 5 个经度以上。对比过去 2000 年东部地区的冷暖阶段性变化，大致可以看出，在温暖气候阶段，干湿分界线偏西；在相对较冷的时期，干湿分界线摆向东南；而在最冷的小冰期，东西分界线被南北分界线所取代。

此外，在过去 1000 年中，我国东部地区多雨带位置在长江中下游与黄淮地区之间也还存在此消彼长的关系，其中在相对温暖的 11 世纪、13～15 世纪和 20 世纪，多雨带位于长江中下游地区的频率相对较高；而在相对寒冷的 12 世纪和 16～19 世纪，多雨带位于黄淮地区的频率较高（表 3.1）。

表 3.1　过去 1000 年中国东部 4 类多雨带出现频率的世纪变化　　（单位：%）

多雨带位置	世纪										
	11	12	13	14	15	16	17	18	19	20	平均
江南	27	29	31	31	29	30	31	27	28	28	29.1
长江	32	25	32	33	33	22	21	18	16	33	26.5
黄淮	19	17	15	11	12	31	31	42	31	16	22.5
北方	22	29	22	25	26	17	17	13	25	23	21.9

资料来源：王绍武、黄建斌：《近千年中国东部夏季雨带位置的变化》，《气候变化研究进展》，2006 年 2 卷第 3 期，117～121

二、其他地区

由于历史文献记载主要分布在东部地区，因而其他地区干湿变化的代用资料主要源于树轮、湖泊沉积、冰芯及洞穴石笋等自然证据，其中，又以利用树轮重建的降水（特别是季节性降水序列）序列最多，且已基本覆盖了西部高海拔地区，但多数重建序列的时段较短，超过千年长度的序列较少。这里主要依据各地较长的树轮、湖泊沉积、冰芯及洞穴石笋等序列，来阐述相关地区（点）干湿与降水的长期变化特征。

（一）农牧交错带中西段的干湿变化

从现代自然地理环境看，农牧交错带位于我国气候从东部季风区向西北干旱区过渡的地带，也是半湿润气候向干旱气候过渡的区域，因而东亚季风变化对这一地区干湿变化有显著影响；而在自然植被上，这里是森林向草原过渡的地带，即森林草原带；在农业生产上，是农牧交错带，不但有农有牧，而且时农时牧，同时因受干旱与霜冻等气象灾害频繁的影响，农业生产很不稳定。因而这里的环境变化与位置移动常被认为是中国北方环境演变的"指示器"。近几十年，国内外学者对这一区域的研究甚多，这里主要采用利用文献记录重建的华北北部与西北东部湿润指数变化序列和以时间分辨率较高的岱海 99A 钻孔孢粉记录所反演的过去 1500 年降水量变化来阐述这一地区的干湿变化（图 3.4）。

从湿润指数看，自公元 250 年以来，农牧交错带地区的干湿变化趋势是：公元 250～400 年逐渐转干，公元 400～850 年逐渐转湿，公元 850～1200 年逐渐转干，1200～1500 年维持在一个相对较干的水平上波动，1500 年以后则又逐渐转湿。从整个 1800 年的干湿波动过程看，大致包括了两个近千年的完整干湿旋回。其中在第一个干湿千年旋回中，公元 250～650 年为干期，公元 650～1000 年为湿期，最干和最湿时段

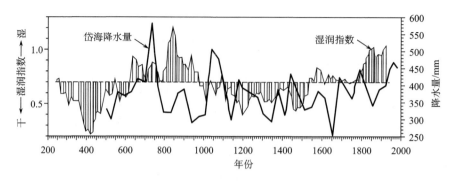

图 3.4　过去千年农牧交错带地区的降水与干湿变化

资料来源：龚高法、Hameed S：《近 2000 年来中国温度变化与湿润状况变化之间的关系》，《气候
变化及其影响》，气象出版社，70～77，1993 年；许清海、肖举乐、中村俊夫 等：《孢粉记录
的岱海盆地 1500 年以来气候变化》，《第四纪研究》，2004 年 24 卷第 3 期

分别出现在公元 400 年和公元 850 年前后。在第二个干湿千年波动中：1000～1550 年为干期，1550 年以后为湿期，最干时段分别在 1200 年和 1450 年，最湿时段出现于 19 世纪。当然，由于农牧交错带地区文献记载相对较少，这一序列所指示的气候变化，实质上是华北北部与西北东部干湿变化的总体特征。

而岱海年降水量变化显示，公元 500～700 年为 300～420mm，平均 371mm，较今少约 50mm，是一个相对较干的时期。公元 700～760 年，降水量明显增加，年降水量平均 495mm，较今约多 70mm，气候显著转湿。公元 760～1020 年，年降水量减至290～390mm，平均只有 332mm，较今约少 90mm，是一个较长的显著干期。1020～1120 年，年降水量达 400～510mm，平均 463mm，较今约多 40mm，是一个相对湿润期。1120～1650 年，年降水量平均减至 350mm 左右，较今少约 70mm，气候总体较干，但其间存在多次较大幅度的年代至百年际波动；其中 1180～1280 年、1380 年及 1440 年前后相对湿润，1340 年、1420 年前后及 1500～1560 年相对干旱，而 1640 年前后最为干旱。1660 年以后，年降水量为 340～470mm，其中 1680 年、1780 年及 1960 年前后降水较多，1760 年前后及 1830～1900 年降水较少，总趋势是在波动中逐渐增加，气候逐渐转湿。与湿润指数变化相比，岱海降水自 760 年出现明显减少后，维持在一个相对较干的水平上；而华北北部与西北东部在转干波动中仍维持着相对湿润的气候环境，这可能与指示岱海降水变化的代用指标还同时受其他环境变化因素的影响有关。但从二者所显示的年代到百年际波动过程看，在多数气候变化转折点上都具有一致性。

（二）青藏高原东北部的降水变化

生长在青藏高原东北部山地树龄达千年以上的祁连圆柏（*Sabina przewalskii* Kom.），以及尚未倒伏的死树、椁木、棺木、封土木等古木为这一地区的长期气候变化研究提供了很好的材料。这一地区的山地海拔一般超过 3000m，现为高原温带半干旱气候区，垂直地带性显著。在海拔 3000m 左右的地方，年均气温为 2～4℃；降水 150～200mm，且自东向西递减，但中山海拔达 3500～4000m 的区域，是山体最大的降水带，因此降水可达 400mm 以上，而祁连圆柏林地也通常呈带状分布在阳坡和半阴坡上。由于这里气候已接近树木生长的最低条件要求，所以，这里的树轮能很好地指示气候（特别是降水）变化。

迄今，这一地区最长的树轮年表已上溯到公元前 1580 年，年表长度达 3500 年以上。重建降水序列长度达 1000 年以上的有 4 条；其中有 2 条序列超过 2000 年，分别起自公元前 320 年和公元前 510 年之前，然而，由于用于序列早期（特别是 1200 年之前）重建的树轮样本较少，这 2 个序列在早期定年中都存在个别丢年。从柴达木盆地东北部 566～2002 年（共 1437 年）的降水变化（图 3.5）看：这一地区的降水存在明显的 150～250 年尺度的低频波动。其中公元 566～800 年，降水在波动中下降；公元 640～800 年是一个明显的干期；公元 800 年以后，降水增加；公元 800～1090 年，降水虽有一定程度波动，但总体较为湿润；此后，降水变率虽然明显增大，但仍呈现明显的百年际波动，每个周期约持续 200 年；直至 1800 年以后，降水又在波动中逐渐增加。从整个降水序列变化看，1429～1519 年、1634～1741 年降水显著偏少，是两个最为干旱的百年；1520～1633 年、1933～2002 年降水明显偏多，是两个最为湿润的百年。

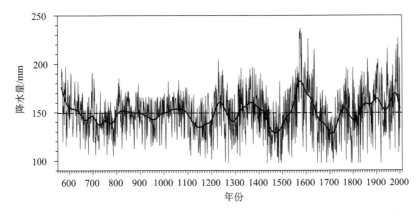

图 3.5　柴达木东部地区 566～2002 年的年降水量（7 月～次年 6 月）变化
细实线：年降水量；粗实线：年降水量的 30 年 FFT 平滑；虚线：序列均值
资料来源：邵雪梅、梁尔源、黄磊 等：《柴达木盆地东北部过去 1437a 的降水变化重建》，
《气候变化研究进展》，2006 年 2 卷第 3 期：122～126 页

此外，青海湖的沉积岩芯也显示：约 1050 年以来，青海湖周边地区共历经了 5 个干期和 5 个湿期，其中干期出现在 1950 年、1720 年、1580 年、1390 年和 1200 年前后，湿润期出现在 1100 年、1310 年、1530 年、1640 年和 1840 年前后[1]。考虑到湖泊沉积的定年误差，可以看出这一干湿变化与上述根据树轮重建的降水变化峰谷是基本对应的。

---

① 沈吉、张恩楼、夏威岚：《青海湖近千年来气候环境的湖泊沉积记录》，《第四纪研究》，2001 年第 6 期。

第三节　近 300 年降水变化

一、东部季风区

由于近 300 年的历史文献记载极为丰富，特别是清代雨雪档案资料被较完整地保存了下来，因此可以重建高分辨率的降水变化。清代雨雪档案包括晴雨录和雨雪分寸两种记载形式。其中晴雨录是逐日天气观测记录，含有阴晴状况、降水起讫时辰记录、降水类型及雨强（包括微雨、雨、大雨，微雪、雪和大雪）、风向（包括东、西、南、北、东南、西南、东北、西北八个方位）和其他天气现象等内容，但现存较完整的仅有北京、南京、苏州和杭州四地，其起讫年份分别为 1724～1904 年、1723～1798 年、1736～1806 年和1723～1773年。雨雪分寸记载最早起于康熙三十二年（1693 年），止于宣统三年（1911年），但至乾隆元年（1736 年）以后的记载才较连续；在空间上覆盖了清代内地 18 个行省及盛京将军（今辽宁）辖区的 273 个府（州、厅），其中有 120 个左右的府（州、厅）记录较为完整。雨雪分寸的记载内容包括：每次降雪之后的积雪厚度或每次降雨之后的雨水入土渗深度以及一些特定时段（如汛期或农事活动关键期）或月、季、年等降水状况的描述，因记录单位以分寸表示，故通常称为"雨雪分寸"；具有定量记载信息多和时空分辨率高（多数为日记录，一般可分辨到府）等两个明显的特点；堪称世界上最为完整的历史降水观测记录。目前，清代雨雪档案已被许多学者用于定量重建气候变化，特别是降水变化，表 3.2 列出了至今为止的主要成果。利用这些结果可以较为深入地认识各地的年到年代际降水变化。

表 3.2　利用清代档案重建近 300 年高分辨率降水变化的主要成果

重建地区（点）	今气候类型	历史代用资料类型	重建目标	起止时间	作者、发表时间及出处
北京	暖温带半湿润	晴雨录	年降水量、6～8月降水量	1724～2000 年	张德二、刘月巍，2002，《第四纪研究》
黄河中下游 17 站及其 4 个区	暖温带半湿润	雨雪分寸	年降水量	1736～2000 年	郑景云等，2005，《中国科学》（D 辑）
南京、苏州、杭州	亚热带湿润	晴雨录	年降水量、5～9月降水量	1723～1798 年（南京） 1736～1806 年（苏州） 1723～1773 年（杭州）	张德二等，2005，《第四纪研究》
长江中下游地区（上海、南京、安庆、杭州、武汉）	亚热带湿润	雨雪分寸	梅雨特征量	1736～2000 年	Ge et al.，2008，*Chinese Science Bulletin*
长江下游地区（南京、苏州、杭州）	亚热带湿润	晴雨录	梅雨特征量	1723～1800 年	王宝贯、张德二，1990，《中国科学》（B 辑）
云南	中亚热带湿润	雨雪档案、地方志等	雨季开始日期	1711～1982 年	杨煜达等，2006，《地理学报》
北京（保定、天津）	暖温带半湿润	雨雪分寸	雨季开始/结束日期	1736～1820 年、1875～2000 年	Wang et al.，2008，*Journal of Meteorological Society of Japan*

（一）北京的降水变化

利用晴雨录恢复北京降水的工作开展过多次[1]，其中最新的成果（图 3.6）是采用多因子回归复原方法重建的。结果显示，北京 1724 年以来的年降水量与夏季降水量均具有非常大的年到年代际变率，其中年降水量最多的年份达 1400mm 以上，而最少的年份则低于 200mm，多年平均约 600mm；夏季降水最多的年份达近 1200mm，最少的年份则低于 100mm，平均约 460mm；年际变化以准 2.5 年和准 3.5 年的周期最为显著，年代际变化则存在 20 年和 50～70 年的准周期。

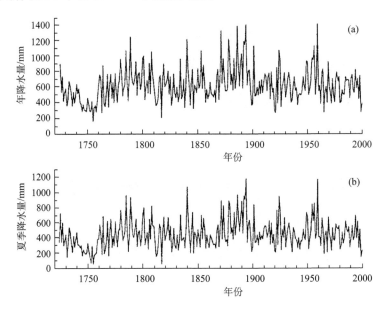

图 3.6　北京 1724～2000 年逐年的年降水量（a）和夏季（6～8 月）的降水量（b）变化
资料来源：张德二、刘月巍：《北京清代"晴雨录"降水记录的再研究——应用多因子回归方法重建
北京（1724～1904 年）降水量序列》，《第四纪研究》，2002 年 22 卷第 3 期

从降水量年代际波动看，1730 年代～1750 年代是北京降水最少的 30 年，年降水量时段平均不足 450mm。1760 年代～1800 年代为一相对多水期，其中 1760 年代～1780 年代，降水量在年际波动中逐步增加；1790 年代～1800 年代，降水又在波动中逐渐减少。1810 年代～1860 年代，降水基本围绕多年平均上下波动，年际变率明显，但年代际变化不大。1870 年代～1890 年代前期，是北京过去 300 年中降水最多的时段，年降水平均达 750mm 左右。1890 年代后期至 1940 年代末，从时段均值看，其与多年平均相差不大，然其间的年代际变化趋势较为显著，其中 1890 年代后期降水快速减少，至

---

① 中央气象局研究所：《北京 250 年降水》（内部资料），1～46，1975；张时煌、张丕远：《北京 250 年来降水量的重新恢复》，《气候变化及其影响》，气象出版社，35～42，1993 年；张德二、刘月巍：《北京清代"晴雨录"降水记录的再研究——应用多因子回归方法重建北京（1724～1904 年）降水量序列》，《第四纪研究》，2002 年 22 卷第 3 期

20世纪初又出现小幅回升，1920年代中期至1940年代末又出现小幅减少。1950年代是北京过去100年中降水最多的一个年代，年降水平均超过780mm，但自1950年代后期开始，北京降水便又在波动中出现了逐渐减少的趋势，至1990年代以后，这种减少趋势更为明显，其中1960年代～1980年代的平均降水与多年平均基本持平，而1990年代则明显低于多年平均值。

（二）黄河中下游地区的降水变化

黄河中下游地区的降水变化重建涉及河北（含石家庄、河间、太原和济南4站）、晋南（含安阳、临汾和长治3站）、渭河（含西安、延安、运城、洛阳与郑州5站）和山东（含商丘、菏泽、潍坊、泰安和临沂5站）4个区（图3.7），共17个站[①]。各站的

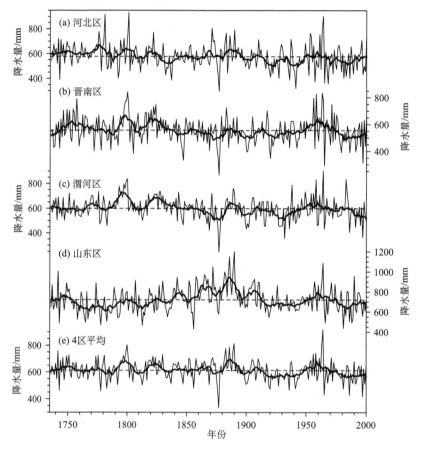

图 3.7　黄河中下游及其 4 个子区域的逐年降水序列

细线：逐年降水变化，粗线：10 年滑动平均，虚线：序列平均值

资料来源：郑景云、郝志新、葛全胜：《黄河中下游地区过去 300 年降水变化》，

《中国科学》（D 辑），2005 年第 8 期

---

① 郑景云、郝志新、葛全胜：《黄河中下游地区过去 300 年降水变化》，《中国科学》（D 辑），2005 年第 8 期。

降水变率均较大，降水最多的年份比降水最少的年份一般多 4~5 倍，即便是河北、晋南、渭河、山东 4 区也达 3 倍左右。虽然所有站点之间降水的年际变化并非完全同步（特别是山东具有一定的独特性）；但大部分明显多雨年与少雨年的出现时间基本一致，且多数站点降水年至年代际变化均存在 2.5~2.7 年、3.9~4.3 年、准 22 年及 70~80 年的准周期，它们与周期性太阳活动、厄尔尼诺与南方涛动（ENSO）及太平洋年代际振荡（PDO）有关。其中年际变化中，在厄尔尼诺事件发生的当年或第二年，黄河中下游地区的降水比常年少；而准 22 年的周期变化则与 PDO 的关系密切，特别是在近 100 多年，本地区降水与 PDO 之间的相关关系在逐渐加强，并于 1940 年代以后达到最大；在 70~80 年尺度上，本地区降水与太阳黑子相对数变化的准世纪周期基本对应：当太阳活动偏强时，本地区降水偏少，反之亦然；1830 年以后，由于太阳活动的准世纪周期演变为 80~100 年，因而本地区降水与其的对应关系也有所减弱。

从整个黄河中下游地区年降水量的年代际波动看，除 1791~1805 年、1816~1830 年及 1886~1895 年 3 个时段降水明显偏多，1916~1945 年及 1981~2000 年两个时段降水明显偏少外，其他时段的降水基本围绕多年平均上下波动。但在 1915 年前后，这里的降水存在一次由多变少的突变，且在突变之后，22~25 年的年代际周期信号逐渐减弱，至 1940 年代后期，这一周期信号完全消失，代之出现了较强的 30~40 年周期信号，说明这里降水变化的周期模态也并不稳定。

（三）长江中下游地区的梅雨变化

梅雨是长江中下游地区重要的气候现象，梅雨与否还关系我国整个东部季风区的雨带异常。从重建的 1736~2000 年长江中下游地区入、出梅日期，梅期长度及梅雨量变化（图 3.8）看，它们均存在较明显的年到年代际变化。其中入梅日期多年平均为 6 月 15 日，但最早的年份为 5 月 19 日，最晚的年份为 7 月 9 日；出梅日期多年平均为 7 月 9 日，但最早的年份为 6 月 14 日，最晚的年份为 8 月 5 日；梅期长度平均为 24 天，但最长的年份达 58 天，最短的年份仅有 6 天，另有 6 个年份空梅；梅期雨量平均为 226mm，但最多的年份达 695mm，最少的年份仅有 49mm（不包括空梅年份）；可见年际变率极为显著。

从更长的时间尺度变化看，1830 年以前入梅以偏早为主；1831~1920 年，存在 3 个明显的周期性波动，每个周期长约 30 年；1921~1970 年，以偏晚为主；而 1971 年以后，入梅又明显提前；出梅日期在 1820 年以前以偏早为主；1821~1890 年，年代际变幅增大，且有明显的 20~30 年周期性波动；1891~1940 年，年代际变幅减小；1941 年以后，年代际变幅又增大。梅期长度和梅雨量不但具有准 2.5 年、7~8 年、20~30 年及准 40 年的周期变化，而且也具有准百年波动信号。

（四）云南雨季的早晚变化

云南地处北半球低纬高原，处在亚洲两大季风子系统的结合部，雨季早晚既受西南

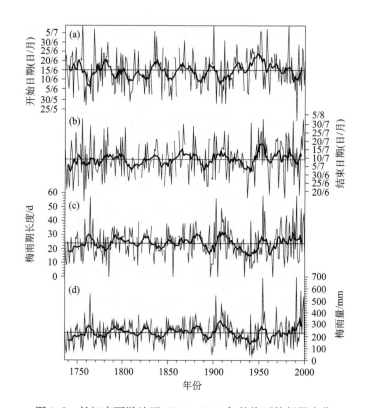

图 3.8　长江中下游地区 1736～2000 年的梅雨特征量变化
（a）入梅日期；（b）出梅日期；（c）梅期长度；（d）梅雨量；粗曲线：9 年滑动
平均值；直线：整个序列的平均值；灰色区域：95％置信区间
资料来源：葛全胜、郭熙凤、郑景云 等：《1736 年以来长江中下游梅雨变化》，
《科学通报》，2007 年第 23 期

季风支配，也受到东亚季风系统影响。清代（1711～1911 年）云南雨季的早晚（即开始日期）主要根据雨雪档案及地方志等资料复原，精确至候[①]；1912～1928 年的雨季复原除采用地方志等文献外，还参考了气象仪器观测的雨量与雨日记录；1929～1982 年则直接采用根据气象仪器观测记录所确定的结果。从重建结果看，云南雨季平均开始于 5 月第 5 候（即 5 月 21～25 日）；但最早的年份起于 4 月第 5 候（即 4 月 21～25 日），最晚的年份起于 7 月第 1 候（即 7 月 1～5 日），两者相差达 2 个月半；可见年际变率之大。从长期变化趋势看，1710 年代～1720 年代，云南雨季较多年平均偏晚一些，而后在波动中逐渐趋早直至 1750 年代；1760 年代～1770 年代，尽管雨季仍明显提早来临，但其趋势却是在趋晚，到 1780 年代，又较多年平均略晚一些。而 1790 年代，云南雨季再次显著提早来临，然后在波动中又逐渐趋晚，1810 年代～1830 年代，云南雨季较多年平均明显要晚。1840 年代～1870 年代，云南雨季围绕多年平均前后波动。1880 年代～1900年代，云南雨季再次明显偏晚；但 1910 年代～1920 年代又转向偏早。1930 年

　　① 杨煜达、满志敏、郑景云：《清代云南雨季早晚序列的重建与夏季风变迁》，《地理学报》，2006 年第 7 期。

代~1960 年代，雨季开始日期再次在多年平均附近前后波动。而 1970 年代起，则又明显转早。云南雨季早晚变化具有准 3 年和准 11 年的波动周期，这与上述北京、黄河中下游地区及长江中下游地区具有明显的不同。

二、西 部 地 区

中国西部大部分属半干旱、干旱与高寒气候，降水量低，但变率大，因而降水长期变化较东部季风区可能更为剧烈，而且地形复杂，降水变化区域差异也更大。这里虽然历史文献记载较少，但近年来树轮、冰芯等自然证据的采用为这一区域的降水变化研究提供了大量的基础代用资料。以这些代用资料（共包括 17 个站，其中 11 站为树轮，4 站为历史文献，2 站为冰芯）为基础，西部过去 400 年的降水变化得以重建[①]，表征指标为年代降水距平百分率（相对于 1880~1979 年的百年均值），时间分辨率为 10 年。但由于 1600 年代~1690 年代，有资料的站点不足研究区总站点的 70%，因而这里主要阐述过去 300 年西部降水时空变化的基本特征。

根据西部 17 个站平均而得的年代降水距平百分率序列可以看出 [图 3.9（a）]：18 世纪与 19 世纪前期，西部地区降水虽然有一定程度的波动，但气候总体偏干；其中 1700 年代~1710 年代较干，1720 年代~1730 年代稍湿，1740 年代~1750 年代处于平均水平，1760 年代~1770 年代较干，1780 年代较湿，而后的 1790 年代~1840 年代则是一个持续 60 年的干期。19 世纪后期的 50 年只有 1860 年代降水为负距平；因而气候总体湿润；20 世纪前的 50 年 1900 年代、1910 年代、1940 年代降水接近平均水平，但 1920 年代~1930 年代因而气候较干，其中是过去 300 年中降水最少的时段。20 世纪后期的 50 年只有 1960 年代降水为负距平，因而气候湿润，其中 20 世纪最后 30 年是显著的多雨期，特别是 1990 年代全区降水平均正距平达 10%，是过去 300 年中降水量最丰沛的年代。

从西部地区每 50 年平均降水距平百分率变化的空间分布看 [图 3.9（b）]，18 世纪前期河套南部、青藏高原东部、祁连山—天山山地及塔里木盆地等地相对湿润（其中三江源地区降水明显偏多），青藏高原西部及河套东北部—河西走廊—准格尔盆地以北地区干旱（其中河套东北部降水减少最为明显）。18 世纪后期西部的大部分地区降水均偏少，只有新疆的阿尔泰山地和内蒙古、甘肃西部及青海北部的部分地区降水偏多。19 世纪前期也是几乎整个西部地区降水均偏少，仅河套地区与内蒙古、甘肃西部及青海北部的部分地区降水偏多。19 世纪后期，西部降水变化表现出明显的东西分异特征，大致以东经 95°为界，以东地区降水偏多，以西地区降水偏少，但新疆西部的塔城及伊犁等地降水也偏多。20 世纪前期西部又是大部分地区降水偏少、气候偏干，仅大致在东经 90°两侧存在一条南北向的多雨带。20 世纪后期，仅藏东南、河套西部及天山地区降水偏少，除此之外的西部大多数地区降水均偏多，其中青藏高原西部偏多最为明显。

---

① 王绍武、蔡静宁、慕巧珍 等：《中国西部年降水量的气候变化》，《自然资源学报》，2002 年第 4 期。

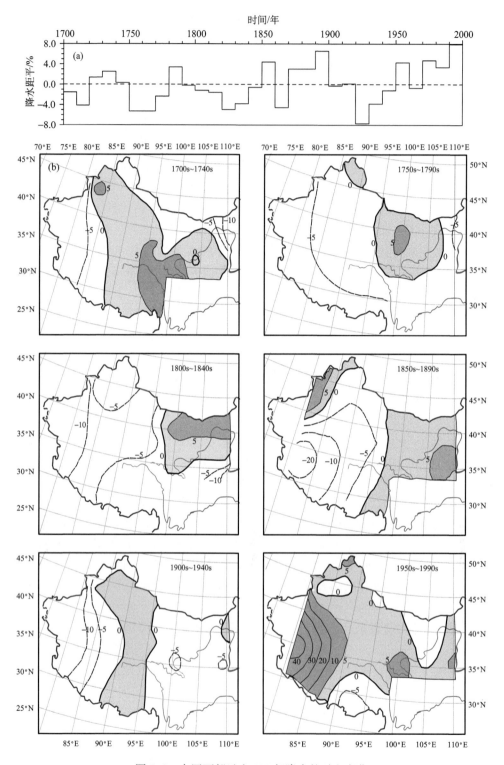

图 3.9　中国西部过去 300 年降水的时空变化

（a）全区年代降水距平百分率变化；（b）每 50 年平均降水距平百分率变化的空间分布

资料来源：王绍武、蔡静宁、慕巧珍 等：《中国西部年降水量的气候变化》，《自然资源学报》，2002 年第 4 期

第四章 极端气候事件

第一节 干 旱 事 件

历史上我国的旱灾记载数量仅次于洪涝灾害，是影响社会经济的重要灾害，由于黄河流域的大旱通常以连旱形式出现，在明清时期最著名的有明崇祯年间连续十年（1632～1641 年）的干旱，以及光绪元年至四年（1875～1878 年）的干旱。这两次连续干旱均造成了严重的社会后果。

一、明崇祯十年至清顺治三年（1637～1646 年）大旱

明朝末年，中国东部发生了大范围的连续干旱。当事人河内县令王汉在《河内县灾伤图序》中曾经记道："……臣以崇祯十二年六月初十日，自高平县调任河内，未数日水夺民稼，又数日蝗夺民稼。自去年六月雨，至今十一阅月不雨，水、旱、蝗，一岁之灾民者三。旱既太甚，民不得种麦，而蝗蝻乃已种子，亡虑万顷。冬无雪，蝻子即日而出。去年无秋，今年又无春，穷民食树皮尽，至食草根，甚至父子夫妻相食。人皆黄腮肿颊，眼如猪胆。饿尸累累，嗟乎嗟乎。"[①] 这仅仅是一个县的典型记载。

20 世纪 70 年代中国气象科学研究院曾组织各省（自治区、直辖市）气候工作者与有关单位整编了中国近 500 年的旱涝史料，并出版了《中国近五百年旱涝分布图集》[②]。该工作根据史料记载的全国 120 个区的有关旱涝情况，按大涝（1 级）、涝（2 级）、常年（3 级）、旱（4 级）、大旱（5 级）逐年分别定级，并绘制成图。张家诚等根据这份资料，将全国分为三个地区：A 区，黄河以北（北纬 35°以北）；B 区，江淮流域（北纬 27°～35°）；C 区，江南及以南（北纬 27°以南），分别计算历年平均区域旱涝等级[③]。按指数大于 3.45 为旱年，并挑选出 10 个极端干旱年份（均 50 年一遇），其中指数超过 4.00 的年份有 3 年：1528 年为 4.15、1640 年为 4.15、1641 年为 4.11。其中后两个年份均是明末大旱中的连续两年，从这个数据可以获知明末大旱在我国近 500 年中的地位。

明末大旱在延续时间上有不同描述，这与统计的区域大小有关。中国是季风气候，降水的变异性大，从历史记载来看，旱涝灾害每年都有发生。根据 500 年旱涝数据，可以统计明末至清初不同地区的旱灾延续时间，在这个时段连续发生 4 年以上的地区如表 4.1 所示。

---

① 《道光河内县志》卷二二。
② 中央气象科学研究院：《中国近五百年旱涝分布图集》，地图出版社，1981 年。
③ 张家诚、张先恭、许协江：《中国近五百年的旱涝》，《气象科学技术集刊（4）》，气象出版社，1983 年。

表 4.1   明末我国持续 4 年以上发生旱灾的地区

地区	干旱持续时间（年）	持续时间/年	地区	干旱持续时间（年）	持续时间/年
大同	1637～1641	5	太原	1637～1643	8
临汾	1633～1641	9	长治	1633～1640	8
银川	1636～1641	6	平凉	1636～1641	6
延安	1637～1641	5	西安	1637～1641	5
汉中	1635～1641	7	安康	1635～1641	7
郑州	1634～1641	8	洛阳	1634～1641	8
唐山	1639～1643	5	北京	1637～1643	7
天津	1636～1642	7	沧州	1636～1642	7
保定	1636～1643	8	石家庄	1633～1640	8
邯郸	1637～1644	8	德州	1637～1644	8
菏泽	1637～1644	8	济南	1638～1641	4
临沂	1638～1641	4	九江	1639～1644	6
长沙	1640～1646	7			

资料来源：国家防汛抗旱总指挥部办公室、南京水文水资源研究所：《中国水旱灾害》，水利水电出版社，1997 年

从表 4.1 中可见，除了九江和长沙两个地区外，持续性干旱主要发生在华北地区，该区域多数地区大致自 1635 年起出现严重干旱，以后几乎连年发生，直至 1644 年才结束。其中 1640 年和 1641 年的连续大旱几乎遍及全国。而受旱最重的黄淮海平原，1638～1641 年连续出现 4 个严重的干旱年份，其中包括 1 个特大干旱年和 3 个毁灭性干旱年，1640 年、1641 年的干旱范围均达到 94% 以上[①]。尽管文献中记载的干旱是农业意义上的干旱，但其成因则主要是因降水连年持续偏少而引起的。而根据旱涝指数反演的华北地区降水量和距平值显示（表 4.2），1640 年、1641 年降水量只及平均值的一半，是华北地区最干旱的年份。从文献中普遍使用的"夏大旱"、"旱蝗"等记载知，夏旱不仅使华北传统农业区秋稼无法播种，而且有严重的蝗灾发生，从而酿成了历史上罕见的饥荒。

表 4.2   1637～1643 年华北地区年降水和 5～9 月降水量估算表

年份	年降水量		5～9 月降水量	
	降水量/mm	距平/%	降水量/mm	距平/%
1637	350	−33	281	−37
1638	401	−25	321	−28
1639	368	−31	290	−35
1640	283	−47	210	−53
1641	294	−45	220	−51
1642	466	−13	382	−15
1643	479	−11	393	−12

资料来源：中央气象研究所：《我国华北及东北地区近年旱涝演变研究》，《气候变迁及超常预报文集》，北京：科学出版社，1977 年

---

① 邹逸麟：《黄淮海平原历史地理》，81，82 页，安徽教育出版社，1993 年。

二、光绪初（1877 年前后）的北方大旱

（一）大旱的起止时间及受旱范围

早在同治十一、十二年（1872～1873 年），黄河流域各地已经出现了大小不等的局部干旱，同治十三年（1874 年）山西、山东都有局部的春夏连旱发生，到光绪元、二年（1875～1876 年）旱区已经覆盖了华北和西北东部的大部分地区。光绪三年（1877 年），旱情发展到了极点，旱灾产生的社会影响也达到极点。其中，河南、山西、陕西、甘肃东部、河北中南部以及内蒙古的西部旱情最为严重，此外，除新疆地区因缺少资料无法确定是否发生干旱及东北北部略偏湿外，在江淮、四川、湖北的北部也都发生了不同程度的干旱[1]。

山西是光绪初年连旱的一个中心地区，光绪三年山西巡抚曾国荃在九月间做过这样的报告："晋省……去秋收成本欠，冬雪又稀。入春以后，雨泽愆期。……由春之夏未得透雨，麦收无望，省南荒旱尤甚。……因日久无雨，饬令改种荞麦杂粮，满拟雨泽沾渥，尚可稍资补救。无如自夏徂秋，天干地燥，补种之苗出土仍成黄萎，收成缺望。滋据阳曲等七十六厅县先后禀报，被旱成灾。……现在节临霜降，透雨未沾，宿麦难以播种。"[2] 从旱灾在山西涉及的地区来看，已经遍及全省，文中提到有"七十六厅县"旱灾，实际上在十月二十四日所颁上谕中，受灾赈济的厅州县总数上升到 82 个，北从归绥南部的四厅，南到晋南黄河边平陆和芮城，均列入灾区[3]，而且大部分州县的被灾分数达到了七至十分。从时间上来看，旱情是延续发展的，从上一年的秋天起就很少降水，本年雨泽稀少，直到次年的 4 月，山西才普遍降雨，缓减了旱情。由于连续的干旱对社会经济冲击的累积效应，山西出现了最严重的后果。1878 年的《申报》曾刊登过一张《山西饥民单》，其中详细罗列了各地饿死人的情况："灵石县三家村九十二家，（饿死）三百多人，全家饿死七十二家……太原府省内大约饿死者一半，太原城内饿死者两万有余。"[4]

河南的灾情与山西的情况相似，史志上通常将光绪大旱记为"晋豫大旱"。光绪三年七月十六日，上谕转述河南巡抚李庆翱的奏本云："本年春夏，河南省雨少晴多，开封等处被旱尤甚。"[5] 七月二十六日（9 月 3 日）李庆翱又在奏疏中说："豫省本年亢旱……本年春雨稀少，麦收仅及五分余。入夏后又复雨少晴多，连日炎风烈日，干燥异常，咸云河南向无此酷热。现已节过立秋，地土甚干，得雨较多之处收成尚可有望，无雨之处，则草禾多半黄萎，杂粮亦难补种，旱象已形。目前开封、河南、彰德、卫辉、怀庆五府情形较重。而怀庆府属之济源、原武，卫辉府属之汲县、淇县，沟渠俱涸，被旱尤甚。人心惶惶，粮价腾贵。所冀月内甘霖普沛，尚可挽回一二，倘再缺雨，晚秋无

---

① 中央气象局气象科学研究院：《中国近五百年旱涝分布图集》，地图出版社，1981 年。
② 《光绪山西通志》卷八二《荒政记》。
③ 《清德宗实录》卷六〇。
④ 《申报》，1878 年 4 月 11 日。
⑤ 《清德宗实录》卷五四，光绪三年七月，己巳。

望，竟成旱荒，失业穷黎饥饿立现。"① 显然，直至阳历九月初，河南仍降水很少，所以，李庆翱盼望本月能够有足够的降水，以缓减旱情。实际上，直到冬天，都无足够的降水。十一月，李庆翱也因"赈荒迟延"而被降三级调用，河南巡抚一职由东河河道总督兼署，并有刑部左侍郎袁保恒前往帮办赈务。袁抵豫省后，在所上的折奏中称："近日乡里来人，询悉旱荒景象更甚于前，如北路之彰、卫、怀，西路之河、陕、汝，至今尚无雨雪。"② 河南各地的旱情并非完全一样，与山西南部及关中一带相近的中北部是最为干旱的地区。

在直隶，直隶总督李鸿章说："直境旱灾较晋、豫稍轻，然亦数十年所未有"③，然而，所谓的"稍轻"仅是指灾害的影响和社会后果而已，若从干旱延续的事件来看，至少直隶南部的旱情也是相当严重的。例如，正定府晋州一带，"大旱，自三月底至十二月，惟六月十三日夜得雨一寸"④。因此，据基本常识"涝一线旱一片"可知，直隶中南部，尤其是河间一带和正定、顺德、广平、大名等邻近晋、豫的地区旱情甚为严重。其他地区虽有旱灾的记载，但旱情较轻。

在山东，山东巡抚文格在十月的奏报中称："东省本年自春徂夏尚属旸雨应时。乃交秋令，雨泽鲜沾，秋禾正当结实之时，缺雨滋培，颗粒率多瘪小，"⑤ 文格的另一件奏片上也说："……无如深秋以后，仍复日久恒旸，土脉干燥，二麦未经播种者其地甚多，而省之西北各州县为尤甚。"⑥ 从奏报上看，山东的旱灾似乎主要发生在交秋以后，灾情并不严重。但查阅地方志可以发现，文格的奏报淡化了山东旱情，事实上，不仅交秋后有较重的旱情，而且春夏也有不少地方有干旱发生。例如，德州一带"春旱至闰五月始雨"⑦。馆陶一带"亢旱两秋"，这里两秋指的是麦秋和大秋，代表夏秋两季。广饶一带"大旱无麦禾"，山东种植的是冬麦，收获的时间在五月，不管旱灾的大小，仅"无麦禾"的记载就足以证明山东在春夏间是有旱灾的，并非如文格所言的"自春徂夏尚属旸雨应时"。除了广饶以外，博兴、宁阳、寿张、巨野、郓城、邹县、济宁、滋阳等地也都有春旱、夏旱，或无麦记载，显然，春夏之间山东出现旱情的州县不在少数。

陕西也是严重的旱灾区。据光绪三年八月二十七日（1877 年 10 月 3 日）的《申报》报道："秦中自去年立夏节后，数月不雨，秋苗颗粒无收。至今岁五月，为收割夏粮之期，又仅十成之一。至六七月，又旱，赤野千里，几不知禾稼为何物矣。"这个报道与《光绪高陵县续志》所载"冬无宿麦，春夏赤地千里"相一致。九月二十九日的上谕也说，陕西被旱的厅州县有 49 个，北至榆林、府谷，南至潼关、临潼，在汉中地区仅记沔县、留坝、褒城，而《民国续修陕西通志稿》又载，白河、石泉、紫阳也都"旱

---

① 《申报》1877 年 9 月 13 日，转自李文海等著《近代中国灾荒纪年》，湖南教育出版社，1990 年。

② ［清］袁保恒：《文诚公集·奏议》，宣统三年清芬阁铅印本。

③ 《李鸿章致潘鼎新书扎》，见：沈云龙 主编《近代中国史料丛刊续编》，第 70 辑第 699 册，台北文海出版社。

④ 《民国晋县志》卷五《灾祥》。按：从地方志记载看，晋州一带的旱情非常严重，但据光绪三年十一月初五上谕引述李鸿章上报的直隶各县分数中却没有晋州的资料，而光绪四年正月初二上谕批准的救济条例中同样没有晋州（见中国第一历史档案馆《光绪宣统两朝上谕档》，广西师范大学出版社）。具体的原因待考。

⑤ 水利电力部水管司、水利水电科学研究院：《清代黄河流域洪涝档案史料》，中华书局，1993 年。

⑥ 据李文海等：《近代中国灾荒纪年》所引《朱批档》光绪三年十月文格片。

⑦ 中央气象局：《华北东北近五百年旱涝史料》，内部资料，1978 年。

甚"。因此，从这些记载来看，光绪三年陕西的旱灾几遍全省，旱情也是相当严重的。甘肃华亭一带"春夏大旱，斗麦市钱一十六千"[1]，镇原一带"大旱，斗麦市银一两五钱"[2]，至少甘肃东部地区的旱情与陕西类似。

光绪三年除了上述几省发生严重的旱灾外，该年的旱情也延至长江一线以北。据两江总督沈葆桢十一月的奏报，"江淮等属，光绪三年入夏以来，亢晴日久……迨后得雨已迟，补救不及，禾苗被旱受伤。又因夏秋之交淫雨连朝……间有被淹失收至处。"[3]奏折中开列有江北 27 厅州县被旱被淹的名单，由于是统计在一起，难以区分被旱的具体州县。不过，从 27 厅州县所处位置推断，可能在入夏的亢旱中大部分都受到过旱灾的影响，只是旱情持续不常。安徽北部在六月至八月间也有类似的旱情，安徽巡抚裕禄在七月、八月、九月的三次折奏中提到凤阳、颍州、泗州、六安一带，"六月……晴雨欠调，高冈田亩望雨滋润"，"七月……晴多雨少，高冈田禾被旱受伤"，"八月……晴多雨少……惟高冈未得透雨之处地土干燥，禾苗受伤"。另外，大部分江北地方志仅记载了一般的旱或蝗螟，情况并不严重。湖北的北部地区也有一些旱情发生，一般以单季的干旱出现，如《光绪潜江县志续》载潜江一带"夏大旱，河空，岁稔"。《清史稿》也载"应山、应城夏秋大旱"，然而，方志却记载"夏大旱，应山旱魃见"[4]，并没有提到夏秋大旱。

（二）光绪初年北方地区大旱的气候背景轮廓

光绪初年黄河流域连续大旱有全球性的气候异常背景。其中 1871 年是个中等强度的厄尔尼诺现象和南方涛动事件年份[5]；1873～1874 年，ENSO 事件中等偏强；1876～1878 年则为非常强的 ENSO 事件，并导致 1877 年东亚和南亚季风明显偏弱。这种全球性气候系统的异常，是诱发世界多个地区出现干旱的主要原因，如 1877 年，在澳大利亚及北非等都发生了严重干旱，埃及尼罗河甚至出现了严重的枯水[6]。

从文献记录看，1877 年我国长江一带出现了明显"夏旱"，前引沈葆桢的奏报称当年江淮一带"入夏以来，亢晴日久"，说明当年并没有出现明显的梅雨降水，"夏旱"是当年长江一带的普遍现象。例如，湖南石门"大旱七十二日，六月杪乃雨"，慈利"自四月至七月不雨"，沅陵"盛平乡五、六两月无雨"[7]。显然，光绪三年，由于没有形成江南地区雨带，所以，在江淮一带季风雨带的失常，没有明显的梅雨季节，这并非仅仅是季风雨带推进速度的问题。夏秋之交，季风雨带本应向华北推进，但当时雨带似乎才

---

① 《民国华亭县志》卷三《灾异》。

② 《民国重修镇原县志》卷一八。

③ 水利电力部水管司、水利水电科学研究院：《清代淮河流域洪涝档案史料》，中华书局，1988 年。

④ 湖北省武汉中心气象台：《湖北省近五百年气候历史资料》，内部资料，1978 年。

⑤ 厄尔尼诺和南方涛动事件（El Niño 和 Southern Oscillation，ENSO），前者指东太平洋赤道地区海水变暖的现象，后者指太平洋赤道地区的气压场反相。厄尔尼诺现象和南方涛动事件是全球规模年际气候变异的主要原因。

⑥ Quinn W. A study of Southern Oscillation-related climatic activity for A. D. 622-1900 Incorporating Nile River Flood Data. *In*：Diaz H F, Markgraf V. El Niño：Historical and Paleoclimatic Aspects of the Southern Oscillation, Cambridge：Cambridge University Press, 1992, 119～150.

⑦ 湖南省气象局气候资料室：《湖南气候灾害史料》，内部资料，1982 年。

到江淮地区，以至于江北"夏秋之交，淫雨连朝"，当年夏季风明显较常年偏晚。显然，当年东亚季风很弱，不仅北进力度不够，而且环流较弱，携带的水汽偏少，因此，在北进过程中降水甚少。

从相关记载可知，六月，夏季风已经进入黄河一带，黄河万锦滩与沁河在六月十六日（7月24日）同时出现了涨水，"一日之间两河共长水九尺九寸，奔腾下驶，势极浩瀚"①。沁河源流不长，降水的地区就在其中上游地区，山西沁源一带所谓的"六月雨，苗稼颇全"就是指的这次降水。黄河的涨水来自关中一带，据《光绪高陵县续志》记载，高陵一带"夏六月大水，平地水深三尺"，暴雨形成的大水冲入渭河，形成了黄河万锦滩的洪峰。由此形成的黄河与沁河洪峰尽管流量不是很大，但这次洪峰在光绪三年有特殊的意义，因为洪水所造成"埽堤蛰陷"，使直隶开州、东明、长垣三县 1067 个村庄受灾②，其中有近百村秋禾受灾达九分。这次降水东端约延伸至太行山以东，河北晋州一带在六月十三日夜"得雨一寸"。此外，山西和顺一带也"六月微雨"，再向北，直隶怀安"初伏始雨"。但雨带进入北方地区以后带来的降水却很少，记载中黄河万锦滩的洪峰仅一次，远少于常年。

（三）旱情的区域差异

尽管在大旱的形势下，整个北方地区都出现了严重的灾情，但实际上各地的灾情仍有一定程度的差别。由于农田干旱造成的失收在一定程度上与干旱持续的时间有关，因此，从直隶（表 4.3）和山西（表 4.4）两省各县的灾情，可以了解干旱分布细节上的差异。光绪三年十一月，直隶上奏的受灾县有 58 个，然而，第二年的正月初二在批复各县蠲免的上谕中，却是 67 个州县，多了唐县、武清、蓟州、大城、文安、深州、安肃、安州、高阳 9 个。而这些增加的县分布于顺天府的南部和保定府的东部，显然是后来增补的。早在光绪三年十月下旬，阎敬铭和曾国荃就有一个初步的勘察报告，共涉及 82 个州县厅，并开列了具体的名单③。但与十一月的奏报相比，删去了黎城、万泉等数县。

表 4.3　直隶光绪三年各县各类成灾分数村庄数

| | 成灾分数 | | | | | | 成灾分数 | | | | |
	七分	六分	五分	四分	三分		七分	六分	五分	四分	三分
清苑		35	86	30	47	任丘				50	125
完县		25	37		38	故城				18	55
交河	63	67	79	91		宁津				102	31
阜城	68	41	12	83	63	天津				30	27
肃宁		2	8	14	6	藁城				10	25

---

① 水利电力部水管司、水利水电科学研究院：《清代黄河流域洪涝档案史料》，中华书局，1993 年。

② 光绪三年十一月初五日上谕，中国第一历史档案馆编：《光绪宣统两朝上谕档》，广西师范大学出版社，1998 年。

③ 光绪三年十月二十四日上谕，中国第一历史档案馆编：《光绪宣统两朝上谕档》，广西师范大学出版社，1996 年。

	成灾分数							成灾分数				
	七分	六分	五分	四分	三分			七分	六分	五分	四分	三分
景州		320		30	293		邢台				32	34
东光	19	40		179	99		沙河				26	14
献县		164	100	90	20		唐山				18	74
行唐		58	67	133	27		平乡				133	36
元城		34		72	201		广宗				39	21
大名		18		122	328		巨鹿				33	43
枣强	155	130		62	232		任县				21	38
武邑		14	41	114	211		永年				86	47
定州		16	21	188	130		邯郸				14	39
曲阳		14		69	80		广平				8	26
满城			8	32	61		鸡泽				43	35
望都			24	97			磁州				94	57
吴桥			14	18	130		南乐				67	65
青县			30	44	52		清丰				70	123
静海			21	23	27		遵化				7	3
沧州			24	97	133		丰润				29	42
南皮			37	37	35		衡水				106	79
盐山			20	88	85		宁晋				13	29
庆云			18	38	142		饶阳				66	77
新乐			18	25	87		蠡县					27
武强			33	20	45		成安					39
安平			9	11	55		曲周					53
河间				355	157		新河					25
南和				26	14							

注：此外尚有长垣灾损的记录，但因与水灾的损失合并一起统计，故不能区分其到底有多大程度是因旱而致

资料来源：光绪三年十一月初五上谕档李鸿章奏报，见：中国第一历史档案馆编：《光绪宣统两朝上谕档》，广西师范大学出版社，1996年

表 4.4　山西光绪三年各县各类成灾分数村庄数

	成灾分数							成灾分数					
	十分	九分	八分	七分	六分	五分			十分	九分	八分	七分	六分	五分
徐沟	18	11	20	8	7			平陆			725			
临汾	91		8		224			和顺			78	60	82	
石楼	574							沁源				32	76	
永济	436	26		4				武乡			657			
临晋	271		4	3	1			寿阳			11		159	17
阳城	301	200						稷山			85			
解州	97							隰州			176	146		
芮城	339							大宁				32	23	
绛州	115			68				永和			73	24		
垣曲	54							蒲城				124		
绛县	144					2		交城				408		
河津	97							太平				188		

	成灾分数							成灾分数				
	十分	九分	八分	七分	六分	五分		十分	九分	八分	七分	六分	五分
霍州	131			67			宁县				212		
灵石	249			30	18		吉州				424		
赵城	198						长治				27	22	
太谷		104	182	48	21		潞城				24	24	22
洪洞		249			48		应州				26		
永宁		20	113				沁水				477		79
宁乡		254	227				荣河				159		
怀仁		3	27		5		猗氏				167		
山阴		8	13	4		5	辽州				38	59	12
榆社		142	53				沁州				388		
平定		78	66	18	1		盂县				1	2	8
夏县		69		48	202		清水河厅				181	3	
阳曲			42	72	109	44	太原					67	17
榆次			154	59			浮山					198	106
祁县			7	78	23	19	岳阳					202	89
文水			69	35	17	8	曲沃					218	
翼城			87	215			乡宁					252	222
襄陵			134				长子					20	26
汾西			260		272		襄垣					6	6
屯留			19	18	24		壶关					59	
汾阳			302	56			孝义					271	62
介休			34	120	30		陵川					583	
朔州			272		191		虞乡					96	32
右玉			191	188	34		代州					21	
平鲁			97	37			托克托城					9	35
凤台			402	424			临县						338
							和林格尔						70

注：隰州、大宁、永和、蒲县、绛县 5 州县仅记载受灾分数的田亩。霍州在受灾七分的 67 个村庄中共有 54 760 亩，平均每村约 800 亩。为统一表格的数据以便制图，上述 5 州县田亩按这个约数折算为村庄数，折算时四舍五入

资料来源：光绪三年十二月十六上谕档曾国荃奏报，中国第一历史档案馆编：《光绪宣统两朝上谕档》，广西师范大学出版社，1996 年

表 4.3 和表 4.4 虽然详细地给出了直隶和山西两省各地旱情的严重程度，但仍无法知晓其空间分异特征，因此，通过加权系数，可以将不同成灾分数的村庄整合成一个统一的干旱指数（SD），进而显示其空间分布特征。其中：

$$SD = F10 \times 1 + F9 \times 0.9 + F8 \times 0.8 + F7 \times 0.7 + F6 \times 0.6$$
$$+ F5 \times 0.5 + F4 \times 0.4 + F3 \times 0.3$$

式中，$F10$ 为成灾十分的村庄数；$F9$ 为成灾九分的村庄数；$F8$ 为成灾八分的村庄数；$F7$ 为成灾七分的村庄数；$F6$ 为成灾六分的村庄数；$F5$ 为成灾五分的村庄数；$F4$ 为成灾四分的村庄数；$F3$ 为成灾三分的村庄数。权数为成灾分数，分数越小权数越低。据此可得各州县干旱指数（表 4.5）。

表 4.5　山西直隶两省各县干旱指数

省	州县	干旱指数	省	州县	干旱指数	省	州县	干旱指数
山西	徐沟	54	山西	交城	286	直隶	望都	51
山西	临汾	232	山西	蒲县	131	直隶	雄县	6
山西	石楼	574	山西	吉州	297	直隶	吴桥	53
山西	永济	462	山西	长治	32	直隶	青县	48
山西	临晋	277	山西	潞城	42	直隶	静海	28
山西	阳城	481	山西	应州	18	直隶	沧州	91
山西	解州	97	山西	沁水	373	直隶	南皮	44
山西	芮城	339	山西	辽州	68	直隶	盐山	71
山西	绛州	142	山西	沁州	272	直隶	庆云	67
山西	垣曲	65	山西	盂县	6	直隶	曲周	16
山西	绛县	145	山西	太原	129	直隶	新河	8
山西	灵石	281	山西	浮山	49	直隶	蠡县	8
山西	赵城	189	山西	岳阳	166	直隶	成安	12
山西	太谷	285	山西	曲沃	131	直隶	满城	35
山西	洪洞	253	山西	长子	25	直隶	肃宁	13
山西	永宁州	108	山西	襄垣	7	直隶	安平	25
山西	宁乡	402	山西	壶关	35	直隶	武强	38
山西	怀仁	27	山西	孝义	194	直隶	河间	189
山西	山阴	23	山西	陵川	350	直隶	任丘	58
山西	榆社	170	山西	代州	13	直隶	故城	24
山西	平定州	136	山西	托克托城厅	23	直隶	宁津	50
山西	夏县	217	山西	和林格尔厅	35	直隶	天津	20
山西	阳曲	171	山西	临县	169	直隶	邢台	45
山西	榆次	165	山西	荣河	111	直隶	藁城	12
山西	祁县	84	山西	太平	132	直隶	沙河	23
山西	文水	94	山西	虞乡	74	直隶	南和	15
山西	翼城	220	山西	乡宁	262	直隶	唐山	29
山西	襄陵	107	山西	猗氏	117	直隶	平乡	64
山西	汾西	208	山西	清水河厅	129	直隶	广宗	22
山西	屯留	42	山西	河津	97	直隶	巨鹿	26
山西	汾阳	281	山西	霍州	178	直隶	任县	20
山西	介休	129	直隶	清苑	90	直隶	永年	49
山西	朔州	333	直隶	完县	34	直隶	邯郸	17
山西	右玉	305	直隶	交河	160	直隶	广平	11
山西	平鲁	104	直隶	阜城	130	直隶	鸡泽	28
山西	平陆	580	直隶	景州	292	直隶	磁州	55
山西	和顺	154	直隶	东光	139	直隶	南乐	46
山西	沁源	79	直隶	献县	190	直隶	清丰	65
山西	武乡	527	直隶	行唐	130	直隶	遵化州	4
山西	寿阳	113	直隶	元城	110	直隶	丰润	24
山西	凤台	618	直隶	大名	158	直隶	衡水	66
山西	隰州	401	直隶	枣强	281	直隶	饶阳	50
山西	大宁	78	直隶	武邑	138	直隶	宁晋	14
山西	永和	110	直隶	定州	134	直隶	新乐	45
山西	稷山	68	直隶	曲阳	60			

从表 4.5 中可见，山西、直隶两省的干旱严重程度在空间上有较大的差异，存在若干个干旱中心。山西南部有一个中心，包括泽州府、蒲州府和解州一带，这就是文献中提到的"省南荒旱尤甚"。中部有一个中心，主要包括太原府、汾州府和隰州。山西北部有一个中心，主要在朔平府一带。直隶的主要干旱中心在中部的河间府和冀州一带。这些中心为光绪三年最为干旱的区域。

三、道光十五年（1835 年）长江中下游地区大旱

长江中下游地区的干旱尽管不如黄河流域著名，但在历史时期同样仍有许多严重旱情发生。例如，在南宋淳熙年间，这里就发生过较严重的连旱。而近 300 年以来，长江中下游地区也出现过多次大旱，其中康熙十年（1671 年）、康熙十八年（1679 年）、乾隆四十三年（1778 年）、道光十五年（1835 年）、1966 年及 1978 年等年份的旱情极为严重。这里不妨以道光十五年的大旱为例，一窥历史时期这一地区的大旱情况。

（一）道光十五年长江中下游地区的大旱实况

发生在道光十五年春、夏两季的干旱，几乎波及整个长江中下游地区。据文献载，当年湖北全省有 40 多个州县有旱灾记录，旱情几遍全省，其中多数地方达"大旱"程度，如大冶"春夏大旱……井涸，道殣相望，山民食蕨根"，通城"五月旱至八月始雨"，蕲水"大旱、人食木皮、途多饿殍"。对于湖北旱情延续的时间有两个地方记载的较为详细，在黄梅一带"大旱，自五月初八至六月二十雨后，逾闰六月至七月中旬乃雨，秋七月飞蝗蔽天"[1]，这说明当年的伏旱持续时间至少近 2 个月，而宜都一带"大旱自三月不雨至于六月"，显然，其前的春旱延续了近 3 个月。虽然在五月、六月间（大致相当于梅雨季节），湖北各地陆续出现过一些降水，但并没有从根本上缓减旱情。

湖南全省从春季开始就很少下雨，七月全省普遍大旱，从南至北飞蝗蔽天，"早、中、晚稻俱枯槁啮尽无收"。例如，例如，石门"三月二十七得雨，禾皆移插。自后无雨，禾尽槁"[2]；湘乡"春正月不雨至于秋七月，民大饥"[3]；浏阳"五月不雨至于七月"[4]；新化"自四月不雨至七月"[5]；常宁"旱，自五月至七月十三日始雨"[6]；耒阳"夏旱九十余天"[7]。需要注意的是道光十五年有闰六月，五月至七月实际上间跨 4 个月。湖南北部洞庭湖周沿的州县历来易受水灾的影响，如澧州一带至少从道光十一年至

---

① 湖北省中心气象台：《湖北省近五百年气候历史资料》，内部资料，1978 年；湖北文史研究馆：《湖北省自然灾害历史资料》，内部资料，1955 年。

② 《同治石门县志》卷二〇《祥异》。

③ 《同治湘乡县志》卷五《祥异》。

④ 《同治浏阳县志》卷一四《祥异》。

⑤ 《道光宝庆府志》卷七《大政纪》。

⑥ 《同治常宁县志》卷一四《祥异》。

⑦ 《光绪耒阳县志》卷一《祥异》。

十四年连年被水淹，但在道光十五年中龙阳、安福、澧州、华容等地均出现了大旱。

江西的大旱主要发生在中北部地区，尤其是濒临鄱阳湖的一些州县，虽然这里通常已发涝灾，但道光十五年大旱却导致这里几乎颗粒无收。例如，星子"大旱，自五月至八月不雨，民大饥，百姓挖草根，剥树皮为食"①，瑞昌"夏四月至六月不雨，西上田禾多插，余乡禾尽槁"②，分宜"夏秋大旱，自五月至八月不雨，早晚禾俱槁"③。在上饶、贵溪、弋阳、鄱阳、余干、进贤等地的记载中均出现连续数月的大旱，旱情延续的时间尤以弋阳和鄱阳两地为最长，弋阳"里东流口地方自正月至十一月不雨"④，鄱阳"大旱，自五月不雨，至于秋八月"⑤。从上述记载来看江西最严重的旱情发生在江西的北部，南到吉安府一带的旱情相对较轻一些，文献中一般也只记载三月、四月，或四月、五月出现过干旱，说明南部的旱情延续时间相对短些。

安徽的大旱则主要出现在南部地区，旱情以夏秋连旱为主。例如，太湖"自夏至秋不雨"⑥，建德"大旱民饥，至食观音粉，死者亦徒"⑦，祁门"大旱，自夏至秋不雨"⑧。另据安徽巡抚的奏报，整个安徽在夏间均出现不同程度的干旱，宿州、盱眙、天长一带"夏间缺雨，高阜田禾受旱伤"，而颍上、霍邱、亳州等6州县"夏间亢旱日久"，旱情更加严重⑨。所不同的是在安徽沿江以北的地区在六月以后出现了较大的降水，减缓了旱情的发展和影响，但南部地区却因缺少降水而出现夏秋连旱。

江苏该年的旱灾与安徽类似，以夏旱为主，而在南部地区因夏秋连旱，旱情更为严重。据江苏巡抚林则徐的奏报，"江苏省本年入夏以来，亢旱日久，江南高阜田地车灌维艰。……扬州下河各处，先被旱，后又多雨。"可见夏旱是全省的普遍情况。然而，许多地方的夏旱极为严重，如南汇"夏旱，河港几涸"⑩，金坛"大旱，河塘皆涸"⑪。但苏南一带在六月中旬似有台风过境，带来的一定降水，中止了旱情的进一步发展，"沿海禾棉籍以滋灌"，这使得苏南在受干旱的影响略小一些。其中灌溉条件较好的滨湖吴江还在秋收中出现"大稔"。

此外，这一年在福建北部和浙江同样出现了大旱。浙江北部的旱情与苏南的情况类似，也是以夏季干旱为主，一些没有受到六月台风影响的地区，也出现了连续的夏秋干旱，如慈溪"四月大旱至八月无雨"⑫，兰溪"自四月不雨至次年二月、三月方雨，禾豆粟麦及杂粮俱无收"⑬，开化"自四月至七月不雨，大旱饥甚"⑭，龙游"大旱，自四

---

① 《同治星子县志》卷一四《祥异》。
② 《同治瑞昌县志》卷一〇《祥异》。
③ 《同治分宜县志》卷一〇《祥异》。
④ 《同治弋阳县志》卷一四《祥异》。
⑤ 《同治鄱阳县志》卷二一《祥异》。
⑥ 《同治太湖县志》卷四六《祥异》。
⑦ 《宣统建德县志》卷二〇《祥异》。
⑧ 《同治祁门县志》卷三六《祥异》。
⑨ 水利电力部水管司、水利水电科学研究院：《清代淮河流域洪涝档案史料》，中华书局，1988年。
⑩ 《光绪南汇县志》卷二二《祥异》。
⑪ 《民国金坛县志》卷一五《祥异》。
⑫ 《光绪慈溪县志》卷五五《祥异》。
⑬ 《光绪兰溪县志》卷八《祥异》。
⑭ 《光绪开化县志》卷一四《祥异》。

月初至于九月尽，凡一百八十日不雨，溪井俱涸"[1]，江山"夏大旱，自四不雨至八月乃雨"[2]。除了上述地区以外，在黄岩、丽水、缙云、庆元、云和、景宁等地也出现了相似的旱情。从上述记载的情况来看，浙江旱情也是非常严重的，不仅干旱遍及全省，而且中南部地区出现了夏秋连旱，极端的情况连旱月数达 10 个月之久。福建北部的旱情也很严重，尤其毗邻赣浙两省的一些地区，如崇安"夏旱，不雨者七旬"[3]，福安"夏大旱，四月不雨至于八月"[4]。

（二）道光十五年长江中下游地区大旱的气候背景

道光十五年长江中下游地区的大旱与梅雨带的异常有关。梅雨期以前，长江中下游地区降水虽然普遍偏少，但并未出现大面积的干旱。所以，方志中旱情记载有始自三月的，也有始自四月的，由此可以推断，春季降水偏少并不是长江中下游地区的普遍现象。四月以后，长江中下游地区开始普遍少雨，多数地区旱情崭露，至五月（5 月 27 日～6 月 25 日），旱情异常严重。由此看来，季风雨带迟迟没有进入长江流域是造成当年大旱的主要原因之一。尽管一些地方在五月也曾经得雨，如湖北黄梅，表明此时季风雨带已经进入长江一线，但这时的梅雨带并没有带来多少降水，且仅限于局部，也没有形成一条连续的雨带，因此，既有旱情延续到五月的，也有在五月以后继续发展的。而滴雨未得的地区，更是夏秋连旱，至少从赣北至浙中属此类情况。

此外，这一年的季风雨带北跳幅度很大，除完全略过赣北和浙中，直达长江一线外，在长江一线也停留得很短，随即跃至淮河以北。所以，河南巡抚桂良在奏报中说，河南从六月初二至初四（6 月 27～29 日）出现降水，至二十五日共有 7 个雨日，各地"先后得雨四五寸至深透不等"。河东河道总督栗毓美折奏中所附微山等 8 湖各月水尺记录也显示，3～5 月都有雨泽稀少、风日干燥水位下降记录，而 6 月却有受纳坡水，水位上升的情况[5]，这表明微山湖一带 6 月有较大的降水，显然，季风雨带在 6 月初已移至淮河以北。

从上述分析可知，道光十五年梅雨带的活动有以下三个特点：其一，直至 6 月下旬左右，雨带才到达长江一线，雨期较常年偏晚，之前长江中下游地区降水偏少，春旱已经较重。其二，雨带带来的降水较少，降水也未能普遍，以至于不少地方旱情由夏及秋，最终酿成了大旱。其三，雨带在长江一线停留时间过短，致使长江中下游地区又受伏旱影响。因此，总的来说，梅雨带的活动异常是道光十五年长江中下游地区出现大旱的根本原因。

第二节　雨涝事件

我国旱涝灾害素有"旱一片、涝一线"之说，意即干旱成片出现，雨涝则按流域呈

---

① 《民国龙游县志》卷一《通纪》。
② 《同治江山县志》卷一二《祥异》。
③ 《民国崇安新志》卷一《大事》。
④ 《光绪福安县志》卷三七《祥异》。
⑤ 水利电力部水管司、水利水电科学研究院：《清代淮河流域洪涝档案史料》，中华书局，1988 年。

带状分布。雨涝的带状分布与我国季风雨密切相关，由于年际降水变量大，则又是局地旱涝发生的主要原因，同时，受气候干湿波动影响，连涝事件也时有发生。因此，雨涝是文献记载最多的灾害事件之一。自公元 500 年以来，我国东部地区波及范围较广、强度较重的连涝事件（至少持续 3 年以上）共出现过 18 次（表 4.6），除此之外，还有许多年际事件，其中以黄、淮流域数量居多。这种分布格局，一方面与黄河善淤、善决、善徙有关，另一方面，是因宋代以前我国政治、经济中心主要集中在北方而淮河以南记载较少，这并不意味着黄河流域的雨涝多、南方地区的雨涝少。以下以清代两次雨涝为例，简述历史时期雨涝灾害的特征及其社会影响。

表 4.6　公元 500 年来我国东部地区波及范围较广、强度较重的连涝事件

连涝出现时间（年）	各年主要区域雨涝	连涝出现时间（年）	各年主要区域雨涝
507~517	507：黄淮地区、江汉地区 508：太湖流域 509：缺记 510：黄河中下游地区 511：淮河流域 512~513：黄河中下游地区 514：缺记 515~516：淮河流域 517：海河流域	1055~1061	1055：黄河中下游地区 1056：黄河中下游地区、海河流域、江汉平原 1057：淮河流域 1058：无明显大范围雨涝 1059：黄河下游地区 1060：淮河流域 1061：东部大多数地区
597~603	597：黄淮地区 598：黄淮地区 599~601：无明显大范围雨涝 602：黄河中下游地区 603：黄河下游地区	1409~1416	1409~1410：黄淮地区 1411：黄淮地区、东南沿海 1412：黄河以南长江以北地区 1413：无明显大范围雨涝 1414：黄淮地区 1415：无明显大范围雨涝 1416：黄河以南长江以北地区
813~818	813：渭河流域及黄河中游地区 814：江淮地区 815：无明显雨涝中心 816：渭河流域及黄河中游地区、太湖流域 817：东部大多数地区 818：海河流域	1422~1425	1422：东部大多数地区 1423：淮河流域 1424：江淮地区 1425：太湖流域、浙赣地区
888~891	888：淮河流域 889：无明显大范围雨涝 890：淮河流域 891：淮河流域	1566~1572	1566：江淮地区 1567：河南大部及江汉平原、海河流域 1568：河南大部及江汉平原 1569：黄淮海平原 1570：黄淮地区、江汉平原 1571：江淮地区 1572：淮河流域、汉水流域
900~902	900：海河流域 901~902：渭河流域、汾河流域	1725~1730	1725：黄淮海平原、东南沿海 1726：东部大多数地区 1727：江淮地区、海河流域 1728：黄淮地区 1729：黄河中游地区 1730：黄淮地区、太湖流域
924~926	924：渭河流域，黄淮地区 925：东部大多数地区 926：黄河中游地区		

连涝出现 时间（年）	各年主要区域雨涝	连涝出现 时间（年）	各年主要区域雨涝
1747~1757	1747：黄淮地区 1748~1749：黄河中下游地区、江汉平原 1750：淮河流域、东南沿海 1751：黄淮海平原 1752：无明显大范围雨涝 1753：渭河流域、汾河流域、淮河流域 1754：黄淮地区 1755：东部大多数地区 1756~1757：黄淮地区	1881~1890	1881：赣江流域 1882：东南沿海、太湖流域、海河流域、渭河流域 1883：黄淮海平原 1884：渭河流域 1885：海河流域、渭河流域、江南大多数地区 1886：东南沿海、太湖流域、海河流域 1887：太湖流域、渭河流域及河南南部 1888：黄淮地区 1889：东部大多数地区 1890：海河流域
1815~1823	1815~1816：黄淮地区 1817：无明显大范围雨涝 1818：黄河下游地区、东南沿海 1819：黄淮地区 1820：黄淮海平原 1821：黄河中下游地区 1822~1823：东部大多数地区	1908~1915	1908：江南及华南地区 1909：江淮平原、淮河流域、渭河流域 1910：淮河流域、渭河流域 1911：长江以南地区 1912：江汉平原、东南沿海 1913：湘赣地区、渭河流域、汾河流域 1914：黄淮流域、东南沿海 1915：长江以南地区、黄河下游
1831~1834	1831：东部大多数地区 1832：黄淮地区、长江中游地区 1833：东部大多数地区 1834：江南地区		
1848~1853	1848~1849：东部大多数地区 1850：东南沿海地区 1851：渭河流域、汾河流域、淮河流域 1852~1853：黄淮地区	1954~1956	1954：东部大多数地区 1955：黄河下游地区、海河流域 1956：太湖流域、黄河下游地区、海河流域

资料来源：Zheng J Y, Wang W C, Ge Q S, et al.：Precipitation variability and extreme events in eastern China during the past 1500 years. Terrestrial, Atmospheric and Oceanic Sciences，2006，17（3）

一、顺治五年（1648 年）黄淮海地区特大雨涝

清顺治五年是我国东部地区雨涝范围较大的年份之一。从旱涝等级的空间分布范围［图 4.1（a）］看，大雨涝区主要在黄河中下游及其两侧的海河和淮河流域；另外，江南也有一条"窄幅"雨涝带。不过，这一"窄幅"雨涝带主要出现在 6 月上旬至 7 月上旬，如广西西北部的昭平等县及湖南南部道州、桂阳等地虽然"夏五月（6 月 21 日至 7 月 19 日），大水"[①]，但无更大范围的雨涝出现，长江流域也没有"不雨"或"旱"的记载，此时的雨带也并没有跨过淮河以北，因而淮河以北地区，如安徽的阜阳、霍邱等

---

① 《乾隆昭平县志》卷四《祥异》；《嘉庆永安州志》卷四《祥异》；湖南省气象局气候资料室：《湖南气候灾害史料》，内部资料，1982 年。

地均无明显降水①，说明这一年的长江流域梅雨降水较为正常，雨涝只是局部较大降水引起的。7月中旬以后，随着夏季风雨带的北进，淮河以北地区强降水强度和频次增加，黄淮海平原雨涝显著。皖北、河南、山东、河北及陕西等地都有连旬强降水、"秋大水"等记载。雨带在各地停留时间也较常年长，至少超过 40 天。例如，河北内邱"大雨自五月二十九（7月19日）至七月初八（8月26日）乃止"②；山东庆云"六月，淫雨累旬"、博兴"霪雨六十余日"、临朐"夏六月至秋七月恒雨"、莒县"夏，大雨两月"③。因此，黄淮海地区雨涝成灾。

与此同时，东南沿海也因屡受台风的影响，多次有局地大雨涝发生。例如，江西鄱阳县"六月，大风拔木，凡六日……蛟水大作，漂没居民无算"④；浮梁县"六月初九日（7月28日），大水蛟出，舟行城上"⑤。而七月在浙江也同样受到另一次台风的影响，如温州"秋飓灾，饥馑"⑥；云和县"七月十七日（9月4日）大雨，三昼夜不止"⑦；常山县"七月十九日（9月6日）大水，漂没禾粟殆尽"⑧。这几次台风给东南地区所带来的雨涝也极为严重。

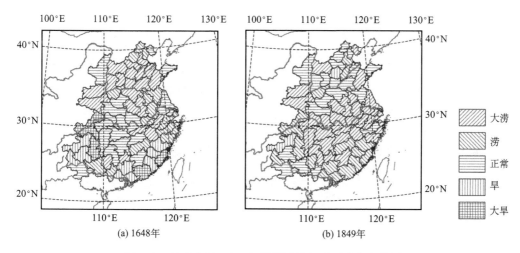

图 4.1　1648 年和 1849 年的旱涝等级及雨涝分布范围

二、道光二十九年（1849 年）中国东部特大雨涝

道光二十九年（1849 年）是 1840～1992 年，长江中下游地区和淮河流域同时遭遇

---

① 《康熙霍邱县志》卷一〇《祥异》；《顺治颍州志》卷一一《灾祥》。

② 《康熙内邱县志》卷三《祥异》。

③ 《康熙庆云县志》卷一一《祥异》；《康熙博兴县志》卷三《河患》；《光绪临朐县志》卷一〇《大事表》；《康熙莒州志》卷二《灾异》。

④ 江西省气象局资料室：《江西省气候史料》，内部资料，1978 年。

⑤ 《康熙浮梁县志》卷二《祥异》。

⑥ 《道光瓯乘补》卷九《灾详》。

⑦ 《康熙云和县志》卷三《灾祥》。

⑧ 《雍正常山县志》卷一二《灾祥》。

特大洪涝的三个年份之一（另外两个为1931年和1954年）。尽管这一年的主涝区发生在淮河以南的广大地区［图4.1（b）］，但渭河流域及华北地区的部分地区雨涝现象也很明显，是近现代又一雨涝灾害最为严重的年份。

1849年初春至6月初，江南地区雨水较多，江西、湖南、广东等涝象初现。另据雨雪奏报档案记载，5月下旬（大多为5月22～31日），长江中下游地区连降大雨，局地出现内涝，之后，有约一旬的晴霁。然而，自6月上旬开始，雨区几乎覆盖了淮河以南区域。此外，档案记录也显示，本年入梅时间为6月11日，较常年早，出梅日期为7月19日，较常年晚，梅雨期达37天，明显较常年偏长。由于这一时段正处于小冰期的最后一个寒冷时段，因而北方的冷平流系统总体呈较强，冷暖空气不断地在这一地区相遇形成准静止锋，形成了连续不断的强降水，致使淮河、长江干流荆江段、汉水、湘江、洞庭湖等河流与湖泊堤垸相继决溢，雨涝成灾。自7月下旬开始，雨带北移，长江中下游地区多雨天气暂时结束，天气转晴，但内涝并未消除。到8月中下旬至9月中旬，长江中下游地区，特别是沿海地区受台风影响，出现的局地强降水，再次引发潮水泛滥。

在淮河以北地区，随着梅雨的结束与雨带的北移，自7月下旬起，各地相继出现了多次降水过程，降水较常年偏多。黄河中下游地区的降水重建结果显示，该年整个黄河中下游地区的年降水比1971～2000年平均多11.5%；其中晋南地区降水偏多达23.3%，最为明显；河北平原偏多12.1%，渭河流域偏多8.5%。特别是7月下旬至8月上旬连续出现在渭河流域、华北北部与东北南部的数次强降水天气，致使局地雨涝异常严重。

清代农业收成奏报也显示，1849年全国夏收均在8成以下，其中江淮之间的夏收因受5月下旬强降水及入梅时间较早等"烂场雨"影响，大部分地区夏收收成在6成以下，陕南及川东大部分地区皆在5成以下。江淮流域秋收普遍都不足6成，其中湖北、安徽、江苏及江西的大多数地区不足5成，长江下游地区更是不足4成。而黄河以北地区因为春夏雨量偏多，没有出现明显旱情，多数地区秋收都达8成以上，仅晋南和黄河下游的局部地区收成在7成以下。

第三节　寒冷事件

寒冷事件对工农业生产、人民生活和社会秩序等都具有极为明显的影响。例如，2008年冬天是我国经历最近20年来最寒冷的冬天，不仅造成了1500多亿元的直接经济损失，而且也给多年生经济作物，如亚热带果木、茶树等带来了严重的打击，甚至在数年内都不能完全恢复。从文献记载看，一年四季均可能有冻害发生，其中，冬季主要表现为风雪冰冻灾害；在春、秋两季表现为霜冻；在夏季则称为冷夏。而秋、冬、春三季的寒冷一般因强寒潮活动引起，冷夏则多由长期低温而致。纵观我国历史记载，在寒冷事件中寒冬及春、秋异常霜冻记载较多，冷夏记载相对较少。因此，通过冬、夏寒冷事件，可以了解现代气象观测到极端寒冷程度是否超过历史记录。

一、光绪十八年（1892 年）寒冬

光绪十八年冬是 19 世纪我国最寒冷的冬季，此时的气候正值"小冰期"最后一个冷谷中。从文献所载的严寒程度看，它可能也是公元 1700 年以来，中国东南沿海地区最寒冷的冬季。这年冬季苏北沿海结有一望无际的海冰，冰坚足可行人；杭州钱塘江冰如平地。清代诗人王樾因此作《苦寒》诗云："阴凝届严冬，祁寒亦常耳。独有岁壬辰，纪月适在子。一风五日鸣，月晦犹未已。檐日蔽昏黄，斜景促短晷。围炉火无功，出户冷透髓。城郭市声稀，驿路断行李。大地气不温，重衾疑浸水。曾闻钱塘潮，冻结平如砥。又闻淮海滨，弥望坚冰履。古老多未经，我生乃值此。慨念无告民，半作沟壑委。请命代群生，速祝三阳起。"[①]"岁壬辰"指光绪十八年。

我国冬季寒冷与否同寒潮或较强冷空气活动密切相关。从大气环流背景看，我国冬季主要受北半球强大的西风环流系统控制，而在地面由于我国大部分地区处在蒙古冷高压的南部气流控制，同时又受到东面阿留申低压的影响，因此主要盛行西北风、北风和东北风；在高空的对流层中部（特别是 500hPa 高度上），我国的西侧为高压脊、东面为东亚大槽，所以，大部分地区被西北或偏西的气流控制。而影响我国的主要寒潮路径有东路、中路和西路三条。其中东路寒潮一般在北纬 35°以北入海，中路寒潮则多在北纬 25°～30°地区入海，西路寒潮也经常影响到华南地区。寒潮路径主要受东亚大槽的影响，如果槽的位置偏西且比较深，则盛行中路、西路寒潮；如果西风环流平直，槽的位置偏东，槽较浅，则盛行东路寒潮。由于在寒冷时期，东亚大槽位置一般相对偏西，而且槽较深，因此，中路、西路寒潮盛行，容易发生大范围的冷害。

光绪十八年，我国东部特别是长江中下游及其以南地区屡遭中路、西路寒潮的侵袭，其中强度最大的一次寒潮出现在光绪十八年十一月二十四至二十九日（1893 年 1 月 11～17 日），路径属于中偏西路。由清代雨雪档案和地方志复原的这次寒潮造成的降雪状况显示（图 4.2）[②]，1893 年 1 月 12 日寒潮前锋到达淮河流域，山东、河南等地下了大雪。13 日前锋到达长江以南，由于受到来自南方的暖湿空气的阻挡，冷空气南移速度明显减慢，并曾在北纬 30°附近有短暂滞留，因而在浙北有特大暴雪出现，积雪厚度普遍达 60～100cm，中心地区达 100cm 以上。此后，冷空气继续南下，由于受到台湾海峡动力作用的影响，势力又得到加强，同时，因东南沿海水汽充足，在福建、浙江、广东等地又造成大范围的大雪与暴雪，福建中北部积雪深度也普遍达 60～100cm，中心地区达 100cm 以上，广东大部分地区积雪 20～60cm，中心地区超过 60cm，南亚热带出现了较为罕见的积雪。

据有关文献特别是江淮与江南方志所记，该冬的冰冻灾害也较为罕见。时苏北沿海、太湖、黄浦江、钱塘江、汉水下游河段、淮河下游河段、长江中下游部分河段以及长江以南的许多河流，都出现了严重的封冻；长江以南的萧山、富阳、嘉善、德清、慈溪、余姚、临海等地的江河至少封冻十余日，花、果木俱被冻死，咳吐成冰；"太湖冰

---

① ［清］王樾：《双清书屋吟草》卷一，中国书店，1994 年影印本。
② 龚高法、张丕远、张瑾瑢：《1892～1893 年的寒冬及其影响》，《地理集刊》，第 18 辑，1987 年。

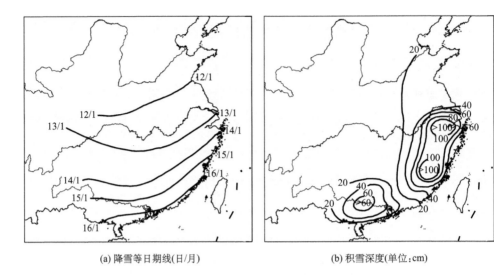

(a) 降雪等日期线(日/月)　　　　　　(b) 积雪深度(单位:cm)

图 4.2　1893 年 1 月 11～17 日的降雪状况

资料来源：龚高法，张丕远，张瑾瑢：《1892～1893 年的寒冬及其影响》，《地理集刊》，第 18 辑，1987 年

厚尺许，不能开船"[1]；上海地区"泖淀、吴淞江冻，经旬不解"；《光绪太平县续志》（今浙江温岭）称"咳吐成冰，河流尽冻，不能行舟，花木多萎，百岁老人所未见"；《民国临海县志稿》称"为南中所未有"；但至今为止没有发现资料记载洞庭湖和鄱阳湖该年出现封冻，这可能同上述最强的那次寒潮并不来自西路有关。此外，这次寒冬所造成的农作物及南亚热带果木等冻害也极为罕见。

　　当然，这样的寒冬也并非史无仅有。从第二章的表 2.12 中可知，仅清代就有 42 次较为严酷的寒冬，其中部分年份的寒冷程度可能远甚于这次。例如，以太湖结冰情况而论，有明确结冰厚度记载的是顺治十一年（1654 年），"太湖冰厚二尺，连二十日"。而其他一些年份虽然没有明确的结冰厚度记载，但从冰融所需时间推断，均较本年严重，如康熙四年（1665 年），"太湖冰断，不通舟楫者匝月"；康熙二十二年（1683 年），"太湖冰冻月余"；康熙二十九年（1690 年），"太湖冰，月余始解"；咸丰十一年（1861 年）的"十二月二十七日大雪，至除夕积深一丈，太湖冻。人行冰上，至次年元宵始解"，以及光绪三年（1877 年）的"太湖冰坚经月不解"等[2]。然而，这一年既是苏北沿海自康熙九年（1670 年）冬以来唯一一次大范围海冰，也是迄今所见钱塘江第三次记录。这一年，苏北"大雨电（雹）二十日不止，平地冰数寸，海水拥冰薄岸，望如冈阜，亘数十里"[3]，而钱塘江的其他两次结冰记录，一是发生在南宋绍兴年间，据《鸡肋编》载："绍兴二年（1132 年）冬，忽大寒，湖（太湖）水遂冰……二浙（相当于现在浙江北部和江苏太湖至沿海部分）旧少冰雪，是冬大寒，屡雪，冰厚数寸，北人（从北方迁居杭州的人）遂窖藏之……其后钱塘（江）无冰可收"[4]。另一次是康熙二十九年

---

①　中央气象局研究所等：《华东地区近五百年气候历史资料》，内部资料，1978 年。

②　同①。

③　《光绪赣榆县志》卷一七《祥异》。

④　［宋］庄绰：《鸡肋编》卷中。

（1690年）冬，时"地气北寒南燠，亦不然。庚午（1690年）冬，京师不甚寒，而江南自京口（南京）达杭州皆冻，扬州骤纲皆移苏杭，甚至扬子、钱塘、鄱阳、洞庭亦冻，江南柑橘皆枯死。其明年京师柑橘不至，惟福建橘间有至者，价数倍。齐鲁间竹多冻死。"[1] 此后，便无类似记载。因此，许多方志将光绪十八年冬记着"百岁老人所未见"或"百年所未有"的严冬。而对比20世纪后半叶的寒冬强度（表2.12）及上海、香港等站长气象观测记录中的逐年极端最低气温[2]，自19世纪末以来，这样的寒冬在我国东南沿海甚至整个南方地区都再没有出现过。

二、嘉庆二十一年（1816年）的冷夏

受1815年4月5日印度尼西亚Tambora（南纬8.3°，东经118.0°）强火山喷发的影响，全球大部分地区都在1816年出现了冷夏。这次火山喷发至少是自1400年以来最强大的，又因其位于赤道附近，火山灰通过大气经圈环流很快被传输到北半球（甚至全球）的中高纬度地区，致使全球夏季气温突降，因此1816年北半球平均夏季气温较1961～1990年的均值低0.51℃，创近200年北半球夏季温度的最低记录，居1400年以来冷夏的第二位，且低温至少持续了3年[3]，尤其是1816年夏季，北半球大多数中高纬度地区降温均极为显著，因而该年也被称为"无夏之年"（The year without a summer）[4]；我国自然也不能例外。

从文献记载看，这次火山对我国气温的影响可能始于1815年初秋。河北的一些地方志记载，地处北纬38°附近的获鹿和灵寿等县八月十四日（9月16日）就开始"霜杀禾"、"风霜损禾稼"[5]，而较其更北的易县和北京的现代物候观测得到的初霜平均日期，分别为10月20日和10月10日，极端最早年份分别为10月15日和9月25日，可见，当时河北中部的初霜日期较今平均提前了约1个月，较极端最早年也至少提前15天以上；位于云贵高原的云南在夏秋季也突然出现了显著的降温，致使当年水稻严重失收。例如，楚雄镇南州"嘉庆二十年秋八月，北风伤稻，岁大饥"；腾越"嘉庆二十年，田禾风瘪"；龙陵"嘉庆二十年，田禾风瘪"[6]。另据清档案记载，当年云南省的秋收普遍在4成以下，严重的地区甚至在3成以下，以至于许多地区有严重的饥馑发生。更有甚者，贵州的遵义在"立夏后"还出现了"大雪坏秧"天气[7]。而该年冬季，在我国的南亚热带地区也出现了少见的冰雪天气，如台湾的新竹、苗栗"冬十二月，雨雪，坚冰数

①　[清]王士禛：《居易录谈》卷中。

②　龚高法、张丕远、张瑾瑢：《1892～1893年的寒冬及其影响》，《地理集刊》，第18辑，1987年。

③　Briffa K R, Jones P D, Schweingruber F H, et al.：Influence of volcanic eruptions on Northern Hemisphere summer temperature over the past 600 years. Nature，1998，393：450～455.

④　Harington C R：The Year Without a Summer? Ottawa：Canadian Museum of Nature，1992.

⑤　《光绪获鹿县志》卷五；《同治灵寿县志》卷三。

⑥　《光绪镇南州志略》卷一；《光绪腾越厅志稿》卷一；《民国龙陵县志》卷一，"田禾风瘪"即指因夏秋低温冷害造成的稻谷空秕。

⑦　《道光遵义府志》卷二一。

存"，彰化"冬十二月，有冰"①；广东廉江"冬大雪"②；甚至连位于热带的海南澄迈"冬十一月"也"天降大雪"；安定、万宁"寒雨连旬"、"严寒"、"陨霜杀秧"、"椰椰伤枯"、"草木枯死其半"③。当然，这一年冬季我国严寒仅限低纬地区，而并无大范围的严重"寒冬"记载，这可能与 Tambora 火山位于南半球，首先会影响低纬地区，以及火山灰的"阳伞效应"通常不仅不会造成冬季中高纬度地区出现明显降温，反而还会导致小幅升温有关。

强火山喷发造成的降温，通常在第二年最为显著。从我国长江以北的各地方志记载看，1816 年河北、山西、山东、河南、江苏的许多地方都出现了较常年明显偏晚的霜冻与冰雪天气以及较严重的农业霜冻灾害。虽然多数地方志没有明确记载该年的终雪与终霜日期，但从江苏泰县、东台"三月十七日（4 月 14 日）大雪"④ 与河南武陟"清明节后多雪，麦叶黄，多不成实"⑤ 等记载看，淮河流域的终雪至少在 4 月 14 日之后，而现代苏北盐城的终雪日平均为 3 月 12 日，极端最晚终雪日 3 月 31 日，至少比现代极端终雪日晚半个月。山东胶县"春三月二十三日（4 月 20 日），大霜伤稼"⑥，较高出其 1 个纬度现代平均终霜日为 4 月 1 日的德州晚 19 天，与观测到的极端最晚终霜日 4 月 21 日几乎相当。另据清代雨雪奏报，该年长江以南晚春也普遍有多次冰雪降临。例如，江西巡抚阮元奏报，"兹查二月份南昌省城于（二月初）四、五、七等日（3 月 2 日、3 日、5 日等）雨后得雪，中旬、下旬（3 月 9～28 日）又共得雨雪四次"；据瑞州等十三府州属陆续奏报大略相同，"今岁节气较迟，二麦得此雪压雨滋，发生倍觉畅遂，如此后晴雨合宜，春收足占丰稔"⑦。江西、湖北及福建各地方志有"二月大雪"⑧、"菜麦受冻"记载，个别地方甚至还有"冻死耕牛及大樟树"⑨，其中有明确日期记载的，如江西安远"二月初八大雪，至初十（3 月 8 日）止"，福建光泽"二月七日，大雪，木冰"。显然，当年这些中亚热带南部的终雪日至少在 3 月 8 日之后，比现代江西赣县的平均终雪日 2 月 11 日和极端最晚终雪日 2 月 28 日分别晚近了 1 个月和 10 天。

1816 年冷夏虽然只在少数方志中记载，但从记载较详细的云南方志看，这一年的夏季低温极为严重。例如，剑川"七月雨雪，秋不熟"；蒙化"二十一年丙子秋，连月雨，大雾三日有冰，田禾尽坏。冬大饥"；姚州"风秕无收，斗米数千钱，民饿死者甚众"；盐丰"风秕无收，米升千钱，死者甚众"⑩；另有 20 余县有粮食歉收记载。另外，在清代农业收成档案中，当年整个云贵高原的秋收都在 5 成以下，云南的秋收更是普遍不足 3 成，由此招致的大饥荒还迫使民众争食"观音土"充饥。此外，甘肃、宁夏、陕

① 《同治淡水厅志》卷一四；《光绪苗栗县志》卷八；《道光彰化县志》卷一一。
② 《嘉庆石城县志》卷四。
③ 《嘉庆澄迈县志》卷一○；《光绪安定县志》卷一○；《道光万州志》卷七。
④ 《道光泰州志》卷一，《嘉庆东台县志》卷七。
⑤ 《道光武陟县志》卷一二。
⑥ 《道光重修胶州志》卷三五。
⑦ 江西巡抚阮元嘉庆二十一年三月十二日奏折，军机处录副。
⑧ 《同治德化县志》卷三五；《嘉庆湖口县志》卷一七；《同治九江府志》卷九；《同治都昌县志》卷一六；《道光上饶县志》卷二七；《同治崇阳县志》卷一二，《道光重纂光泽县志》卷一。
⑨ 《道光万载县志》卷二五。
⑩ 《道光云南通志》卷四；《民国蒙化县志稿》卷二；《光绪姚州志》卷一一；《民国盐丰县志》卷一二。

西、山西、河北北部和东北也因夏秋低温和早霜冻害，收成只有4～5成［图4.3
（a）］。收成的普遍锐减，也多次受到了嘉庆帝的关注。例如，嘉庆二十一年九月二十
日，嘉庆对吉林将军富俊等奏报双城堡（今黑龙江双城市）屯田因被夏霜灾而致屯丁逃
跑的事件的批示；十一月十一日批示中提到了金州（今大连市金州区）的旗人因风霜灾
歉收；稍后又提到了晋北的岚县、静乐等地被霜、秋禾欠薄等，凡此种种，足见当年霜
灾影响之重。

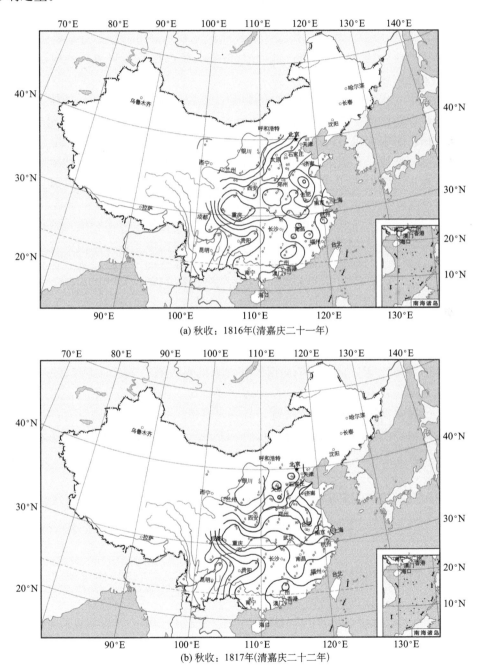

(a) 秋收：1816年(清嘉庆二十一年)

(b) 秋收：1817年(清嘉庆二十二年)

图4.3 嘉庆二十一、二十二年（1816～1817年）的秋季收成分布（据清代收成档案绘制）

类似的年景在嘉庆二十二年（1817年）也似乎并没有减轻。在云贵高原特别是云南低温仍然在继续，如剑川"饥，疫。六月落霜"，弥勒"八月飞霜，五谷不熟"，浪穹"夏雨雪"，洱源"夏雨雪，秋大旱，民复饥"[1]，"九月中旬，曲靖府属之马龙州北风忽起，天气阴寒。又丽江府属之鹤庆州及维西厅寒雨连朝，严霜叠降"[2]，致使秋粮失收，数十县饥荒。在河北中部，早霜、粮食失收和饥荒也相当严重，如清苑"八月，霜伤稼"，涿州"被旱，被霜，赈"，定兴"七月，阴霜害稼"，新城"大旱，八月霜，大饥，邑令义仓散粥以济平民"，望都"八月，霜。岁饥"。在长江流域，如安徽东流，"七月二日，雨雪，平地寸许"。而当年秋收，除长江流域和东部沿海地区外，其他地区基本为歉〔图4.3（b）〕，受灾严重的黄河以北地区和云贵高原收成普遍在6成以下，最为严重的云南大部分地区收成又不足3成。

寒冷天气已对水稻的生长及其社会的影响，也为一些文人所记录。例如，大理诗人沙琛为此作诗，诗序曰："丙子（1816年秋），太和淫雨雪霰，禾不实，外郡县灾涝，滇民旧不备储，冬春大饥，睟感十二律。"其二曰："渐看坟首遍牂羊，北斗南箕自挹扬。夜静哀鸿凄断续，月明幽蟋剧苍凉。繁霜不解芟茇茵。秋雪端然害稻粱。铜硐银坑人事拙，难将积贮问山乡。"其四又云："雷生迭送冬前雪，海气寒吹七月风。莫道边陬时节异，甘萌恶草报占同。"[3] 这些诗文清晰地记述了大理地区的夏秋低温状况、雨雪害禾稻的过程和社会饥馑景象。时寓昆明的宁州诗人刘大绅也有多首描写该年冷灾及其社会影响的诗句，如《书占亭北风行后》曰"市中米出田中禾，今年田中有禾未。……南风不断北风晚，一斗米直能几钱。北风夜夜胜冰雪，镰柳杵臼尽吹绝。社公社母无神灵，难拭老农泪中血"，《农家》云"比来风得意，晚种稻生愁。一夜成枯草，全家泣老牛"[4]。迤东道驻寻甸的广东博罗何南钰有诗注曰："丙子（1816年）余摄迤东监司。时连雨兼旬，将伤秋稻，七月八日（8月30日）诣城隍庙求晴，用东坡下山龙洞祷晴韵。"[5] 嘉庆二十二年丁丑，昆明诗人李于阳所作《米贵行》，则生动地描绘了一幅因连续二年（1816~1817年）低温害稻而招致的大饥荒惨状图[6]，诗曰："瑟瑟酸风冷逼体，携筐入市籴升米。升米价增三十钱，今日迥非昨日比。去岁八月看年丰，忽然天气寒如冬。多稼连云尽枯槁，家家蹙额忧飧饔。自春入夏米大贵，一人腹饱三人费。长官施粥还开仓，百姓犹倾卖儿泪。插秧祷雨尤欢声，方道今岁民聊生。岂识寒威复栗冽，谷精蚀尽余空茎。去岁无收今岁补，今岁十成不获五。"

虽然迄今，我国尚无年际分辨率的夏季温度序列用于判断这三个冷夏的寒冷程度，但从利用树轮重建的温度变化看〔图2.4（d）〕，1816~1818年的冷谷在其后再也没有出现过。

① 《道光云南通志》卷四；《光绪浪穹县志略》卷一。
② 清嘉庆二十二年云南巡抚李尧栋奏折，葛全胜：《清代奏折汇编》，商务印书馆，2005年。
③ ［清］沙琛：《点苍山人诗钞》卷六，云南丛书本。
④ ［清］刘大绅：《寄庵诗文续附》卷二。
⑤ ［清］何南钰：《燕滇雪迹集》卷五。
⑥ ［清］李于阳：《即园诗钞》卷八。

第五章 历史时期气候变化的若干重要影响

第一节 气候变化对北亚热带双季稻种植的影响

现代秦岭淮河一线为中国亚热带的北界，这一界线也是我国东部季风区最重要的农业界线。界线以南地区农耕业以水田为主，并在长期的历史演进中形成了一套以水田为主的农耕系统和相应的社会结构；界线以北则是以旱地为主的农耕业。据 1957 年的统计资料，在秦岭淮河一线以南地区，水田面积是全国总面积的 93.3%，产量占 95.0%。这个农业经济形态上界线南北的分异与气候条件有密切相关，邻近这条界线也是双季稻和其他典型亚热带作物（如柑橘、茶树、毛竹等）的分布北界。长江中下游地区正处在双季稻种植的北缘，从现代的气候条件来看，虽然可以种植双季稻，但由于生长季热量偏少，农时紧张，产量缺少稳定性，尤其在某些偏寒时段年份，后季稻的收成会受到明显影响。因此，历史时期气候的冷暖波动，也对这里的双季稻种植产生过重大的影响。

一、北亚热带地区双季稻种植的开始时间

历史时期北亚热带地区双季稻种植的起始时间有不同的说法，既有据左思的《吴都赋》"国税再熟之稻"，认为北亚热带地区的双季稻起源于三国东吴的；也有据山谦之的《南徐州记》所载"民种稻则溉热水，一年再熟"，认为最早记于南北朝时刘宋的。三国鼎立时，东吴虽都建业（今江苏南京），但《吴都赋》中提到的再熟稻未必一定是南京附近地区的情况，以此为据认为北亚热带地区开始于三国时期显得证据不足，因为东吴统治的地区包括长江中下游平原以南的大片地区，再熟稻的生产可以发生在其中的任何地方。但这条记载至少说明了两个问题：其一，当时长江以南地区已有双季稻种植；其二，再熟稻并不是偶尔见到的稀罕事，既然是征税的对象，就说明有再熟稻的地区已经积累了一定的生产经验，并形成了一类常年生产方式，否则，难以存在征税的可能。宋张敦颐在《六朝事迹编类》"半阳湖"条中引《南徐州记》云："江乘县南有半阳泉……民种稻则溉热水，一年再熟。"又说"今废"，"在城东北四十里，周围十五里"。江乘县，秦置，三国东吴废，西晋太康元年复置，故址在今南京东北江边。南徐州则是南朝刘宋永初二年（公元 421 年）置，治京口（今江苏镇江）。资料中提到的"城"应指刘宋的都城，因为从道里方位来看，无论是江乘或者南徐州，其东北方向皆越过长江，超出了辖境；再者，所谓的"热水"应是温泉水，一般出在山陵地区，而这一带长江以北则是一望无际的平原。因此，出"热水"的地点应在南京的汤山，今天此地仍有温泉存在。由于它是靠温泉水提供的热量条件完成的水稻复种，是特殊条件下的双季稻生产，所以，这一记载并没有区域上的意义。

史料中明确记载北亚热带地区有再熟稻的始于唐玄宗时期。开元十九年（公元 731

年）"是岁扬州稆稻生"①。《太平御览》引《旧唐书》说得更详细，"开元十九年，扬州奏稆生稻二百五十顷，再熟稻一千八百顷，其粒与常稻无异"②。北宋庆历八年（1048年），"是岁，庐州合肥县稻再实"③。《吴郡志》也载有再熟稻，并引蒋堂《登吴江亭诗注》云"是年有再熟之稻"，据范成大考订，此事当在北宋皇祐年间④。从记载的情况来看，"再熟稻"和"稻再实"是一个意思，指的是水稻在收割以后，其根部的分蘖继续生长而最终结实。"今田间丰岁已刈，而稻根复蒸苗，极宜长，旋复成实，可掠取，谓之再熟稻，恐古今所谓再熟稻即此"，这是范成大的看法。所谓"稆"是指"禾不因种而自生"，"稆与旅同，汉广武记：野稻旅生"⑤，显然，稆稻是在没有耕种的情况下自然生长的水稻，此时水田处在休闲或其他原因的搁置下，没有一年两获的意思，与双季稻没有关系。

依据上述资料，有人认为江苏可靠的双季稻种植史始于唐朝，且在公元731年前后，扬州也曾有过大面积种植⑥。但仔细辨析发现，将上述资料看做是双季稻记载甚为勉强，也难以称得上大面积种植。首先，现代双季稻有明确的水稻生长和收割的含义，是指早稻插秧及成熟收割后，再在同一地块中重复上述过程，经过两插两收程序，而再熟稻是一插两获过程。再熟稻是由于水稻的根部有很强的分蘖能力，在水稻收割时，稻茬下的分蘖并未受到影响，只要水田不被翻耕，这些分蘖还会继续生长，遇到秋季的气温偏高，寒露风迟到，残留的分蘖仍可以成熟。其次，双季稻还代表一种水田耕作技术方式。早稻收割后需及时犁地平整土地，以便再次插秧，这一环需要紧扣时间，现在所谓的"双抢"就是强调了后季稻栽插的时间迫切性。

双季稻特殊的栽培技术要求，也形成了一套相应的水田耕作制度。而再熟稻不是特定生产制度下的产物，并无这一特性，文献资料也无法证实当时北亚热带地区已经形成了这样的生产制度。再者，与双季稻相应的水田耕作制度有其形成过程和时间上的延续性，所谓大面积种植应该是生产技术和制度基本形成之后的事。从唐开元的记载来看，偶尔一次再熟稻自然是值得惊喜上奏的，然一旦常年的轮作制度形成后，史料中也就恐难再出现这样的记载了。因此，严格地说唐朝记载的再熟稻并不能称为双季稻，仅仅是一次再熟稻记载而已。从再熟稻形成的条件来看，只要满足秋季适宜的温暖天气，各地总会或多或少地有再熟稻出现，只是大部分地区没有留下记载而已。

刘诜的《秧老歌》因被收录在李彦章编撰的《江南催耕课稻编》中，近年来常被作为气候或双季稻种植的证据而被引用。诗曰："三月四月江南村，村村插秧无朝昏，红妆少妇荷饭出，白头老人驱犊奔。"这是一幅恬雅清秀的春插风俗图。《中国自然地理·历史自然地理》一书将此诗作为13世纪气候温暖的证据⑦，更有研究将其视为历史上

---

① 《新唐书》卷五《玄宗本纪》。
② ［宋］李昉：《太平御览》卷八三九。
③ 《宋史》卷一一《仁宗本纪》。
④ ［宋］范成大：《吴郡志》卷三〇。
⑤ ［明］彭大翼：《山堂肆考》卷二三六《补遗·稆米》，文渊阁四库本。
⑥ 陈志一：《江苏双季稻历史初探》，《中国农史》，1983年第1期。
⑦ 中国科学院《中国自然地理》编辑委员会：《中国自然地理·历史自然地理》，科学出版社，1982年，按：书中误为"三月四日江南村"。

苏南最早的清明插秧记载①，然而，这些引用在时间和地点上都存在问题。首先从时间来看，刘诜于"至正十年卒，年八十三"②，生于1267年，死于1350年，成年的大部分时间是在14世纪度过的。《秧老歌》确切写作年份不详，但在刘诜自己的《桂隐诗集》中，《秧老歌》后有《哭萧孚有七首》，其序曰："……孚有……至元三年丁丑七月二日病死。"可见此诗写于1337年或以后，诗的体裁和风格与《秧老歌》一致。因此，有理由相信，《秧老歌》似应出于晚年的刘诜之手。《桂隐诗集》是刘诜生前自己编定，并寄给在京为官的同乡欧阳元的③，因此在各诗篇的排列上大体依写作的前后次序，由此可以推测此诗与《哭萧孚有七首》的写作年份相似，可见《秧老歌》写的是14世纪的事，与13世纪的气候问题没有关系。至于将其视为苏南最早的插秧记载则是个错误，因为在一定时期和一定地点，插秧是相对固定的农事，通常在每年基本相同的节气开始。而夏历是个阴阳历，相对于节气而言，可以有一定幅度变化，因此，插秧可以出现在三月或四月，肯定不会出现在清明，因为清明节在阳历的4月5日，它从来没有出现在夏历四月。《中国自然地理·历史自然地理》一书认为平均插秧期在阳历的4月下旬是正确的。其次，从地点上来看，此诗与苏南没有任何关系。刘诜"吉安之庐陵人"（今江西吉安），一生未做官职，也没有在故乡外久居，诗集中提到的地名有洪州、宜春、新淦等，都在今江西范围内。此外《秧老歌》是组诗，一共五首，其中第五首写道："前年东家得早禾，去年西家粳稻多，我家近年定何从，努力耕作无奈何。"显然《秧老歌》写的是家乡的事。南宋时属江南西路，也是元代江南行御史台的辖地，可见诗中提到的"江南"与苏南没有关系。李彦章在编著《江南催耕课稻编》时不谙此中差别，此江南非彼江南，把这首地区上不相干的诗给辑录了，累得后人以此为据讨论江苏的气候或双季稻问题。

从以上讨论来看，在北亚热带地区，一直到元朝还没有文献能证实当时已经有了双季稻。证实双季稻这一种植制度的形成应该从品种、种植习惯等多方面来论证，显然，元代以前的文献记载还无法证明。北亚热带地区真正的双季稻要到明前期才出现，这是因为此时出现了与双季稻栽培所需要的品种及其相应的技术。据《正德姑苏志》载，乌口稻"再莳晚熟，下品稻也"。尽管记载很简单，但已经说明了两个问题：第一，作为后季稻已经有了专门的品种。在北亚热带地区种植双季稻，主要的问题是可供水稻种植两次的生长季有限，尤其是后季稻，常常因来不及成熟而遇寒冻失收，因此，需要有生长快和生长期短的适宜品种，才能有效地保证成熟，不是任何一个品种都可以充当后季稻。可供作后季的乌口稻的出现，至少表明在当时的苏州地区，已经培育出了适合当地条件的品种，可以肯定也有了相应的管理和栽培措施。第二，"再莳"即再次插秧，这表明此时是两插两获的双季稻，生产技术上已经与只插一次的水稻不同，也不是偶尔出现的一插两获的再熟稻。因此，双季稻与再熟稻之间最大的差别在于前者是人们根据当地条件精心安排的一种生产制度，而后者不是。

---

① 陈志一：《江苏双季稻历史初探》，《中国农史》，1983年第1期。
② 《元史》卷一九〇《刘诜传》。
③ ［元］刘诜：《桂隐文集原序》。

二、明清时期北亚热带地区双季稻种植与气候变化的关系

双季稻记载并不限于苏州地区，其他地区也有，如《正德松江府志》就提到了乌口稻这一品种，并有六十日稻和深水红等生长期短的稻种，前者是"三月种，五月禾熟"，后者"六月种，九月熟"①。显然，从双季稻种子记载情况看，至少在苏南地区已经开始了双季稻的栽种。稍后苏州人黄省曾编撰的《理生玉镜稻品》亦有记载，"其三月而种，六月而熟，谓之麦争场"，"其再莳而晚熟者，谓之乌口稻。在松江色黑而耐水与寒，又谓之冷水结，是为稻之下品。"更加清楚地介绍了适宜作为早稻和晚稻的不同品种。北亚热带地区的其他地方是否有双季稻的栽种，目前尚未见诸于文献。至于宋应星谈到的"凡秧分栽后，早者七十日即可收获（粳有救公喉、喉下急，糯有金包银之类，方语万千，不可殚述）。最迟者，历夏及冬，二百日方收获。……南方平原，田多一岁两栽两获者。其再栽秧，俗名晚秧，非粳类。六月初刈禾，耕治老菁田，插再生秧"②，虽表明明朝后期双季稻在南方的栽培已经很普遍，但文中"南方"的地域范围很大，不能由此断定在北亚热带地区必然有双季稻的栽种。像有些研究中所说的"明朝至迟17世纪初以前，江苏双季稻已遍及大江南北"，或"双季稻北界已经达到泰州、扬州、六合一线"，也自然是缺乏可靠史料依据的。

清康熙五十二年（1713年），玄烨指派李英贵带着耐寒早熟稻种"御稻米"到苏南试种双季稻，这个品种不但用于前季稻，也用于后季稻，并取得了成功；同时，总结出了以掌握"早晚节气"为核心的成套栽培技术。康熙五十四年（1715年）命苏州织造李煦，并"喻知督抚"一起试种双季稻，然这年一方面气候年景不佳，另一方面没有掌握好节气，后季稻因迟栽翘穗头而失收。康熙五十五年（1716年）扩大试种双季稻，并获得成功。李煦还奉旨在苏州做了双季稻和本地稻（单季稻）以及后季稻育秧移栽和再生稻的对比试验，证明"御稻米"做双季前作的亩产水平与本地单季稻相当，再生稻则远不及育秧移栽。康熙五十六年（1717年）李煦等再扩大试种的面积，该年年景较好，产量达到"十分"之数。因此，官方一面在苏南的苏州、南京等地，苏北的扬州和里下河地区推广，一面在浙江、安徽、江西等省试种"御稻米"③。

苏北里下河地区双季稻的栽种始自康熙五十六年，后延续了90余年，嘉庆九年（1804年）后不再有栽种记载。所以，道光十四年（1834年）林则徐说："且如江北之下河诸邑……闻三十年前，则两种两刈也。"李彦章也说："有人言江北下河州县，前数十年稻两熟。"此时苏州"葑门外二十四都六、七图闻尚有艺之者，昔不多耳"④。可见，自康熙推广双季稻始，约至嘉庆初年，江苏地区的双季稻日渐少见了。道光十二年至十五年，林则徐任江苏巡抚时，以康熙年间江苏曾成功推广过双季稻为依据，再次在苏州推广早稻和双季稻，并于"官廨前后，赁民田数亩，具糇锄被褛，举所闻树艺之

---

① 《正德松江府志》卷五。
② ［明］宋应星：《天工开物》卷上，商务印书馆，1933年。
③ 陈志一：《康熙皇帝与江苏双季稻》，《农史研究》第5辑，农业出版社，1985年。
④ ［清］李彦章：《江南催耕课稻编》，续修四库全书。

法，与谷种之可致者，咸以老农谋以试之，以示率作兴事之义"。而当时江苏按察使李彦章"其官粤西时，尝以是（指推广双季稻）课农，著有成效。因博征广采蔡釐成十条，以证余（指林则徐）说，题曰催耕课稻编"。他们两人的努力得到两江总督陶澍的支持，并"印发催耕课稻编，通饬各府州厅率属劝种早稻、再熟稻扎"，"务令各乡早耕早种"。至于当年成效如何，无直接文献记载，但18年后，奚诚在咸丰二年（1852年）总结林则徐、李彦章二位的双季稻推广成效时说："然而，或者疑犹未释，终以泽土阴寒，两熟稻非江南所宜，虽有一二成效，尚谓偶然得之。"[①] 显然，林则徐的推广活动并没有成功。至于奚诚总结的原因是否客观，仍需从这一时期的气候冷暖变化来证实。

从明清时期气候冷暖变化来看，永乐初年以后，进入第一个寒冷阶段，正德年间后气候转向温暖，一直到清初，气候再度转寒，进入第二次寒冷阶段，直到康熙末年，又开始转向温暖。此后经近百年的时间，在嘉庆初年，气候又进入第三个寒冷阶段。苏州等地双季稻的盛衰与气候变化相吻合，显然，气候变化是双季稻在苏南地区种植盈缩的主要原因。特别是18世纪初，在苏南试种双季稻成功并推广之时，正值我国气候从小冰期第二冷谷迅速回暖阶段。据《晴雨录》的记载，1720年代～1770年代杭州、苏州、南京3个地方春季终雪期分别较今提前13天、8天和7天[②]。而林则徐努力推广双季稻的时间又正好位于小冰期的第三个冷谷期间。例如，在其种稻的前一个冬天（道光十三年冬），"是时严霜苦雾、饕风虐雪之厉，岁所恒有"，至道光十四年二月"连雪不止，播麦不及，有播者弗苗"[③]，是一个少见的寒冷冬天。而十四年冬天又"严寒，泽腹皆坚"。据林则徐自己在日记中的记载，这年直到四月初五日（5月13日）才插秧，六月初二日早稻秀齐，但六月正遇一个凉夏，"天凉有著棉衣者"，所种的水稻"因日来遇凉，未能升浆，有成为瘪谷者"。六月十五日后早稻才灌浆，时间上太迟了，剩余的生长期无法满足晚稻的生长，试种的双季稻显然也不可能收获成功。

尽管双季稻种植与气候并非简单的线性关系，但气候变化会逐渐对种植成本、收益等产生影响，导致人们的价值取向发生变化。但无论如何，气候条件是否满足苏南地区双季稻种植的一个最为重要的要素。因此，奚诚对林则徐推广双季稻尝试失败的总结是客观的，正是气候原因，葬送了林则徐的双季稻推广计划。

第二节　柑橘种植北界与气候变化的关系

我国的柑橘栽培史至少有3000年。"橘逾淮而枳"始见于《考工记》，这表明春秋时人们已经有了栽培橘树的实践，并试图将其移栽至北方。柑橘是一种典型的亚热带果树，其现代种植北界可以到达北亚热带。限制柑橘向北分布的主要原因是冬季的最低气温，通常在极端最低气温低于-7℃时，柑橘即可遭到冻害；而当气温下降到-11℃以下时，便会导致植株冻枯（即毁灭性的冻害）。以武汉和上海为例，1951～1980年间6次最冷的最低气温平均值，武汉为-14.6℃，上海为-9.0℃，这一温度足以使柑橘遭

① ［清］奚诚：《畊心农话》。
② 张丕远：《中国历史气候变化》，山东科学技术出版社，1996年。
③ ［清］李彦章：《江南催耕课稻编》，续修四库全书。

受严重的冻害，因此，这里虽是我国现代柑橘种植的北界，但柑橘质量和产量也常因冻害而不稳定。例如，1977年，北亚热带地区遭受冻害的橘树达80%以上，当年几乎绝产。历史时期显著的冷暖变化，也使我国柑橘种植的北界产生过多次移动。

一、历史时期柑橘可能的种植北界

据文献记载，到西汉初，春秋时期的"橘逾淮而枳"认识就已发生明显变化。例如，《淮南子·原道训》曰："今夫徙树，失其阴阳之性，则莫不枯槁。故橘树之江北，则化为枳。"文中所说的"江"，在当时为专称，指今长江。同书《地形训》亦云："何为六水？曰：河水、赤水、辽水、黑水、江水、淮水。"很明显江、淮之分是清楚的，所谓"江北"应是指长江以北。《淮南子》一书是淮南王刘安及其门客所著，刘安曾封有淮南国，在今安徽寿县、合肥、滁县一带，因此书中提到的"橘树之江北，则化为枳"是讲家门口的事情，应该是当时的实际情况。可见在西汉初时，橘树的种植北界已由春秋时期的淮河一线南移至长江一线，这与当时淮河的经常冻结是相一致的。西汉时，江陵一带的柑橘种植是很著名的，据《史记·货殖列传》载："蜀、汉、江陵千树橘，其人与千户侯等。"《襄阳耆旧传》记载东汉末李衡曾在武陵龙阳泛洲上作宅，"种橘千株"。江陵和武陵皆治今地，显然，这一带是当时重要的柑橘产地。东汉张衡在《南都赋》中也曾提到"穰橙邓橘"，其中"穰"是指穰县，在今河南邓县，"邓"是当时的邓县，在今湖北襄阳附近。这个地区已经贴近现代柑橘分布的北界，尽管没有资料证明当时再往北是否有柑橘的种植，但至少此时的柑橘分布北界与现代是相差不大的。

南朝时，陈后主叔宝曾"梦黄衣人围城，后主恶之，绕城橘树，尽伐去之"[①]。这表明在6世纪的80年代，今南京一带有相当规模的橘树种植。再早一些，据《宋书·符瑞志》载，刘宋都城（今南京）的华林园中也曾种植橘树，这是5世纪中叶的事情，不过这是种植在皇苑中的果树，区域意义不大。由于冬季气温太低，冻害频率高，现代江苏的橘树仅植于太湖一带，其他地区没有种植。南京这个位置已经超过了现代柑橘可能种植的北界，这是史料中第一次记载柑橘实际种植地区超越现代可能种植北界的资料。

唐朝是我国果树栽培的大发展阶段，尤其是作为优良水果的柑橘，在各地的土贡物品中，列于其他果品之首。据《新唐书·地理志》记载，把柑橘列为贡品的多达二十几个州。《太平寰宇记》是北宋初太平兴国年间撰写的一部全国性总志，州目下也系有土产，其中不少州记载了产橘、柑及设置橘官的资料。《太平寰宇记》撰于北宋初，其资料当主要来自唐朝。土贡者，"任土作贡"，是一种较稳定的常年贡奉品。因此，上述二书中贡奉柑橘的州府代表了唐至宋初我国柑橘经济种植的主要分布地区。但比较现代柑橘种植可能的北界知，当时的柑橘分布并没有超过现代柑橘种植北界，其中文州、兴元府、金州、鄂州等地均为现代柑橘种植区划的次适宜种植区，严重冻害8年左右一遇，这说明当时的柑橘种植北界可能与现代极为接近。

南宋时，柑橘种植北移显著，如嘉定七年（1214年）成书的《郯录》所载"素无柑，近有种者，撷实来，风味不减黄岩"，就是典型例证。继而，"橘、橙、乳柑"也出

① 《隋书》卷二三《五行志》。

现在景定年间（1260～1264年）的南京方志中①。此后，经实地调查后，西川（四川）、唐（今河南唐河）、邓（今河南邓县）、怀（今河南沁阳）所产橘、橙，又被作为"新添"条目，出现在至元十年（1273年）颁行的官撰农书《农桑辑要》中②。其中，怀州橙树记载可追溯到泰和元年（1201年）以前，金章宗曾在该年十一月谕工部曰："比闻怀州有橙结实，官吏检视，已尝扰民，今复进柑，得无重扰民乎？"③柑橘、橙等种植能够在怀州种植，可能与太行山的屏障作用，当时冬季最低温度高于柑橘冻害临界温度有关。显然，13世纪我国中、东部柑橘北界较现代大幅偏北。

仰赖太湖湖水的冬季热源效应，洞庭东、西二山的橘树大都能免遭冻害而长盛不衰。所以，唐宋以降，虽常有橘树遭受冻害记载，但洞庭东、西二山的柑橘种植从未间断过。"南方柑橘虽多，然亦畏霜，每霜时亦不甚收。惟洞庭霜虽多，仍无所损。询彼人云：洞庭四面皆水也，水气上腾，尤能辟霜，所以洞庭柑橘长佳，岁收不耗，正为此尔"④，是北宋人对这种现象的基本认识。然而，明中、后期开始，受气候冷暖变化影响，除东、西洞山以外的长江三角洲地区柑橘栽培多有起伏。例如，正德四年（1509年），上海地区"冬大寒，竹柏多槁死，橙橘绝种，数年间市无鬻者"⑤，即是一例。不过，其后的地方文献也记录了上海地区柑橘种植恢复后的状况，如《嘉靖太仓州志》记载的"近年吾城人家多种橘，种类不一，惟衢橘为佳"⑥；《学圃杂疏》记述了太仓一带的柑橘质量变化和防冻技术；直至明末，上海地区柑橘种植从未中断⑦，当时的柑橘种植北界至少达到现代的位置。

清朝初年，长江三角洲地区屡遭严寒侵袭，柑橘冻害频率增加。例如，文献载："江西橘柚向为土产，不独山间广种以规利，即村落园圃家户种之以供宾客。自顺治十一年（1654年）冬，严寒大冻，至春，橘、柚、橙、柑之类尽槁，自是人家罕种，间有复种者，每遇冬寒，辄见枯萎。至康熙十五年（1676年）丙辰十二月朔，奇寒凛冽，境内秋果无有存者，而种植之家遂以为戒矣。"⑧其后，河、湖结冰间隔年份远短于柑橘恢复期⑨，因此，除东、西洞庭山外，明后期在上海一带种植的柑橘至乾隆年间，已无踪迹可觅⑩，即便在同治年间，也仅有一些耐寒的酸橙和香橼⑪。

二、气候冷暖变化与北亚热带地区柑橘种植的关系

从以上北亚热带地区柑橘种植的记载来看，超越或接近现代可能种植地区北界的时

---

① 《景定建康志》卷四二《土贡》。
② 《农桑辑要》卷五，文渊阁四库本。
③ 《金史》卷一一《章宗本纪》。
④ ［宋］庞元英：《文昌杂录》卷四，文渊阁四库本。
⑤ 中央气象局研究所等：《华东地区近百年气候历史资料》（内部资料），1978年。
⑥ 《嘉靖太仓州志》卷五。
⑦ 《崇祯松江府志》卷六《物产》。
⑧ ［清］叶梦珠：《阅世编》卷七《种植》。
⑨ 中央气象局研究所等：《华东地区近百年气候历史资料》（内部资料），1978年。
⑩ 《乾隆上海县志》卷五。
⑪ 《同治上海县志》卷八。

期主要有春秋时期、两汉、南北朝末期、唐至北宋初、南宋中期至元初以及明代的中、后期，但春秋、两汉及唐至北宋初三个时段，由于资料记载不够详细，因而不能给出其中的具体时段。对照历史时期气候冷暖分期知，这些时段大致都处在相对偏暖阶段，显然，这些时段内北亚热带地区自然条件适宜柑橘的发展。前面已经谈到，决定北亚热带地区柑橘栽培和生产的主要气候限制因素是冬季的最低气温，而这个温度的高低又决定了柑橘是否会遭受到冻害及冻害的严重程度。一般来说，冬季气温的振幅通常要超过其他各个季节，这个关系不仅在年际间存在，在其他时间尺度上也都存在。而影响柑橘在北亚热带地区发展的关键因素，恰恰是冬季的气温条件，因此，种植于北亚热带地区的柑橘对气候冷暖变化极其敏感。

柑橘种植北界南退的根本原因是冻害发生的频率，而不是一些极端寒冷事件。极端寒冷事件只能导致一次毁灭性柑橘冻害发生，而不会改变柑橘的分布。如果没有连续的冻害发生，人们依然可以通过移栽和相应养护手段，恢复柑橘生产，而在柑橘恢复期内，一旦气候出现阶段性转冷，冻害频率明显增加，就会造成柑橘分布地区南退。例如，前述长江三角洲地区，明朝的中、后期柑橘分布甚为普遍，尽管这一时期仍有正德四年（1509 年），"黄浦潮素汹涌亦结冰二、三尺，经月不解，橙、橘绝种数年"[①]；万历八年（1580 年）"冬大寒，太湖冰，自胥口至洞庭山、下埠至马迹山，人皆履冰而行"等冻害事件发生[②]，但相隔时间长，柑橘种植未曾中断。正是柑橘恢复期与冻害频率之间存在这种关系，江西柑橘经过顺治十一年（1654 年）的冻害后，仍"有复种者"。此外，在柑橘生产恢复期，移植和养护技术的进步，也起到了至关重要的作用，如合理安排柑橘种植坡向，添加人工防霜措施，改变橘园小气候，也一定程度上降低了灾害发生的可能性，"地必面南，为属级次第，使受日"，"每岁大寒，则于上风处焚粪壤以温之"[③]，就是南宋时洞庭山橘园中所采取的防冻措施。

图 5.1 给出长江中下游地区每十年柑橘冻害年数的分布，其中的记载来源除了明确记载柑橘冻害的年份外，还包括一些更耐寒的木本植物，如樟树、竹子、梅树等冻死的记载，以及大河、大湖、沿海海水等结冰的记载，因为出现上述自然现象的年份，冬季最低气温必然会造成柑橘的冻害。从统计资料看，1450～1979 年共出现了 79 个柑橘冻

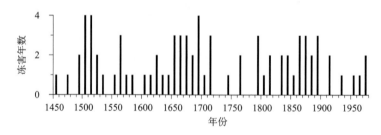

图 5.1　长江中下游地区每十年柑橘冻害年数的分布

资料来源：龚高法、张丕远：《历史时期柑橘的冻害》，《柑橘冻害》，农业出版社，1983

---

①　中央气象局研究所：《华东地区近百年气候历史资料》，内部资料，1978 年。
②　[清] 金友理：《太湖备考》卷一四。
③　[宋] 叶梦得：《避暑录话》卷四。

害年份，平均每十年有 1.5 个，冻害年份的长期变化与明清时期冷暖变化是一致的。在寒冷阶段每十年冻害的年份达 2.3～2.6 个（平均值），而在温暖阶段平均只有 1.0 个左右[1]。明朝中后期长江三角洲地区柑橘的发展阶段，也正是处于柑橘冻害低频时期。

在气候的寒冷阶段，柑橘的种植地区大幅度南退。明清时期我国河流冻结的南界已经南移至南岭的北麓至福州一线，而河流冻结的极端最低气温临界值为 −14～−11℃，即便以 −11℃ 为准，其值已经低于柑橘严重冻害的临界值（温州蜜橘为 −9℃）。

在文献中上述河流冻结南界的附近也有相应的柑橘等植物冻死的记载。例如，乾隆九年（1744 年）冬，湖南永兴"大雪，樟、橙、橘、桂无不凋枯"[2]；光绪二十五年（1899 年）冬，江西南康"大雪，橘树冻死"[3]。可见，无论从极端最低气温的临界值，还是文献中记载的实际位置看，明清时期柑橘冻死的南界与河流冻结的南界都很接近。关于柑橘冻死的南界，有研究认为界线东起浙江黄岩、衢州，江西南丰、安福，西至湖南衡阳一线[4]，但从文献记载看，这条界线还应更偏南一些，大致位于南岭北麓和福州一线，与今中亚热带的南界基本一致，即明清时期，我国柑橘冻死南界比今柑橘种植北界平均偏南达 3 个纬度以上。

第三节　中国野生亚洲象分布的变迁与气候变化的关系

从历史记载来看，野生亚洲象在我国的分布曾达到北纬 40° 左右，而在数千年的历史发展过程中，其分布区逐渐退缩，现仅残存于云南西双版纳一隅。由于目前亚洲象只生存在热带地区，以前有些研究把它看做是热带动物，并以现代亚洲象生存的环境推论历史时期亚洲象出现地区的气候状况。近年来，这种论点虽已少见，但仍然有过高估计亚洲象气候指示意义的文章出现。因此探讨亚洲象在历史时期退缩过程与气候变化的关系，以及野生亚洲象生存条件气候意义，是本节讨论的主要问题。有关历史时期野生亚洲象的分布变化，文焕然等已经作过详细的研究[5]，这里将以此为基础展开讨论。

一、全新世大暖期中亚洲象的分布与亚洲象的气候属性

中国全新世大暖期出现在距今 8500～3000 年，其中稳定暖湿的鼎盛阶段在距今 7200～6000 年，当时，年平均温度华南比现代高 1℃，长江流域比现代高 2℃，而华北、东北以及西北可能比现代高 3℃。这个时期内，野象的化石在考古发掘中多有发现。河南下王岗遗址中的象骨化石是属于仰韶文化的早期[6]，在安阳殷墟考古发现的动

①　龚高法、张丕远：《历史时期柑橘的冻害》，《柑橘冻害》，农业出版社，1983 年。
②　《嘉庆郴州总志》卷四一《事纪》。
③　中央气象局研究所：《华东地区近百年气候历史资料》，江西省分册，1978 年。
④　张福春、龚高法、张丕远 等：《近 500 年柑橘冻死南界即河流封冻南界》，《气候变迁和超长期预报文集》，科学出版社，1977 年。
⑤　文焕然：《中国历史时期植物与动物变迁研究》，重庆出版社，1995 年；文焕然、文榕生：《中国历史时期冬半年气候冷暖变化》，科学出版社，1986 年。
⑥　贾兰坡、张振标：《河南淅川下王岗遗址中的动物群》，《文物》，1977 年第 6 期。

物遗骨中也包含有象骨①，在华北地区发现野象遗存的最高纬度是在河北的阳原县②，此地已经属于燕山的南麓。除了上述华北地区的发现外，在长江中下游地区的许多地点也都有发现，如河姆渡遗址等。关于华北地区野生亚洲象的存在证据，最有说服力的是甲骨卜辞所记载的殷人猎象的经历，即当时殷人对猎象已很有经验，事先要察看大象的行踪，并知道猎取大象有一定风险，而在田猎区内大象是成群活动和经常出现，狩猎结束后，通常有数头大象被捕获。殷末恰逢全新世大暖期后期的一个亚温暖阶段结束之前，因此，殷墟附近田猎区活动的野象群可以代表全新世大暖期中华北地区野生亚洲象分布的基本情况。

上述全新世大暖期中野象的分布地区，除了河北阳原外，基本是以殷墟附近的太行山南麓为界，这大体可代表当时野象分布的北界。这样估计的依据，是参考了全新世大暖期时的气候和植被界线等其他环境要素。据研究，大暖期鼎盛阶段，华北地区中部的平均气温较现代偏高 2～3℃，北亚热带落叶和常绿阔叶混交林，是以山毛榉科为主，含有常绿阔叶树种、林下灌木和蕨类为特征，此时的北界向北迁移了 2～3 个纬度，达到西安、兖州一线③。该结论是集体研究的成果，综合了至 1990 年代前期的绝大部分研究进展，代表当前环境变迁学界的权威看法。以当时的气候和植被界线来看，野象活动在亚热带的北界附近，因此，野象的气候属性应该具有北亚热带动物的性质，换而言之，在没有任何其他人类活动干扰的情况下，野象是可以生活在北亚热带北界附近的。这里没有考虑河北阳原发现的野象遗存，如果把阳原看做是野象活动的北界，按上述比较推论的方法，只能得出野生亚洲象是暖温带的动物，这样的推论在资料上尚缺少有力的证据。阳原发现的野象遗存只是一个象齿，并不是完整的骨骼，尚不能完全排除异地带入的可能性。退一步说，肯定它的原生性，也不能排除在某些特殊的年份或时期，少数的野象活动到这个地区，因为野象具有短期内长途活动的能力。显然，阳原的野象遗存目前尚不能证实当时阳原是野生亚洲象稳定分布的北界。事实上，出现在华北的喜暖的生物成分也绝非仅野象一例，如北京、天津、白洋淀等地发现的水蕨孢子，以及滦河下游发现的柞木和杨梅的花粉，都是典型的亚热带地区植物。这些发现也都没有被认同为是当时亚热带北界位置的标志，而仅是一些特例。

当然，也有研究认为在全新世大暖期时，亚热带的北界比现代北移 5～6 个纬度，到达河北平原北部④，但这个推论并没有被学术界普遍接受。而实际上也可能确实存在这样的情况。因为目前学界关于全新世大暖期鼎盛时期的气候与植被界线是一条代表长达 800 年平均状况的界限，由于在这 800 年期间，气候仍有年至百年的波动，因而在一些偏暖的时段，一些容易迁移的动植物首先到达河北北部，但没有形成典型而完整的亚

---

① 德日进、杨钟健：《安阳殷墟之哺乳动物群》，《中国古生物杂志》丙种第十二号，第一册，1936 年；杨仲健、刘东生：《安阳殷墟之哺乳动物群补遗》，《中国考古学报》第四册，商务出版社，1949 年。

② 贾兰坡、卫奇：《桑干河阳原县丁家堡水库全新统中的动物化石》，《古脊椎动物与古人类》，1980 年第 4 期。

③ 施雅风、孔昭宸、王苏民 等：《中国全新世大暖期气候与环境的基本特征》，施雅风主编：《中国全新世大暖期气候与环境》，海洋出版社，1992 年。

④ 龚高法、张丕远、张瑾瑢：《历史时期我国气候带的变迁及生物分布界线的推移》，《历史地理》第 5 辑，上海人民出版社，1987 年。

热带动植物群。随后在气候转向相对偏冷的阶段时，中止了在河北北部地区的亚热带动植物群发育，因而在今河北北部仍能找到一些证据，但却没有典型的亚热带地区动植物群。当然，对这一假设还需要更详细的研究，而这里也仅提供一种可能性。然无论如何，这并不影响在全新世大暖期鼎盛时期，我国的北亚热带北界应在西安至兖州一线的结论。而当时，野生亚洲象的成群分布也在这一线附近，因此，亚洲象在气候属性上应属于北亚热带，即它的正常生存区域可北至亚热带的北界地区。正确认识这一点，对我们估计其他历史时期野象出现地点的气候条件是非常重要的。至于有研究认为历史时期野象的分布曾达到燕山南麓，表明当时的气温至少不低于现今广州气温[①]，显然这个结论仅是以现代亚洲象的适生环境来推论历史时期的情况，所得到的结论难于使人信服。

二、西周以后野生亚洲象的活动北界及其气候意义

全新世大暖期的温暖气候结束于西周初，从此中国气候进入了一个新的阶段，这个转折在 1 万年以来的气候变迁史中具有重要的意义。与野象有关的文献记载和考古发现表现在三个方面：①出现周武王驱逐野象等富有传奇色彩的记载；②模拟野象形态的艺术造型器物逐渐消失；③写实的文字"象"逐渐蜕变成抽象的"相似"含义。这些证据表明，随着气候的变冷，野象逐渐退出华北地区。此后，野象主要活动在长江流域及其以南地区。

从春秋战国至北宋初这段时期里，野象的活动北界大体在长江一线。从文献记载来看，野象的记载主要集中三个时期。《国语·楚语》记载，楚国王孙围聘与晋，晋定公飨之，王孙围在回答赵简子提问，谈到楚国的物产时说："又有薮曰云连徒（按原文应作"徒"）洲，金、木、竹、箭之所产也。龟、珠、齿、角、皮革，所以备赋用。"这些物产中提到的"齿"即象牙，"云连徒洲"即云梦泽及邻近地区，位于今江汉平原，是汉江下游与长江相会地带一大片天然堤间的湖沼地貌。战国时期楚国多犀象，"黄金珠玑犀象出於楚"，云梦泽一带是个主要的产区。长江下游的越国也产象，《竹书纪年》中记载，魏襄王七年（公元前 312 年），"越王使公师隅来献……犀角象牙"。因此，在春秋战国时期的长江一线仍大量的野生亚洲象群活动。两汉至十六国时期，文献中不见长江一线野象活动的记载。野象在长江一线活动的文献记载第二次集中在南北朝时期（表 5.1）。从中可见：这个时期的野象活动记载最早在元嘉六年（429 年），此后断续出现，一直到南北朝末，且主要集中在后期。第三个时期是在北宋的初年，不过出现的时间很短暂。建隆三年（公元 962 年），有野象隐匿在黄陂县（湖北黄陂县北）的山林中，又游移到安州（治今湖北安陆）、复州（治今湖北天门县）、襄州（治今湖北襄樊）、唐州（治今河南唐县），第二年（乾德元年）末在南阳被捕获。乾德二年（964 年）又有野象在湖南的澧阳（今澧县）、安乡、华容等地活动[②]，从记载上看，似乎有多头野象在活动。乾德二年以后，文献中不再有野象出没长江流域的记载。但北宋以后，野象离开长江一线并不像西周初南退一样，具

---

① 文焕然、文榕生：《中国历史时期冬半年气候冷暖变化》，科学出版社，1986 年。
② 《宋史》卷六六《五行志》。

有一定的气候意义。因为从前面的讨论已经知，野生亚洲象能够在亚热带北界附近正常生存，而西周至北宋初年，我国的亚热带北界一直围绕秦岭淮河一线作阶段性波动，其间，野生亚洲象活动的地区也绝大部分限于该线以南。因此，有关野象在长江一线活动的记载并不能证明当时的气候比现代更暖或更冷。

表 5.1 魏晋南北朝时期长江流域的野象活动记载

年份	记载	出处
元嘉六年（公元 429 年）	三月丁亥，白象见安成安复（治今江西安福西）	《宋书·符瑞志中》
昇明元年（公元 477 年）	象三头度蔡洲（今南京东长江中），暴稻谷及园野	《宋书·五行志二》
永明十一年（公元 493 年）	白象九头见武昌（治今湖北鄂城）	《南齐·书五行志》
天监六年（公元 507 年）	春三月，……是月，有三象入建邺（今南京）	《南史·本纪》
天平四年（公元 537 年）	八月，有巨象至于南兖州（今安徽砀山）	《魏书·灵征志》
承圣元年（公元 552 年）	十二月，淮南（治今安徽当涂）有野象数百	《南史·本纪》

三、人类活动在野生亚洲象分布南退中的作用

野象活动记载是我国历史时期动物分布资料中最具系统性的记录之一。从最早的甲骨文开始，一直到明清时期，绵绵不断的野象记载，构成一个相对连续的时空分布变化序列。由于野象目前仅生活在我国云南的西双版纳和东南亚的热带雨林中，分类中均被视为热带动物，所以，从理论上讲，野象的温度特性与连续分布的文献记录，无疑是用于探讨历史时期气候冷暖变迁的一类重要资料。然从前面的讨论来看，野生亚洲象在气候上应属于亚热带动物，可以活动在亚热带的北界附近。而在亚洲象南退的幅度方面，从黄河流域到今天的西双版纳，共有 10 多个纬度。但比较全新世大暖期与西周以后的气候带迁移幅度后知，能够造成野象南退的气候带仅仅南退了 2～3 个纬度，因此，在历史时期野象的大幅度南退主要是人类活动所造成的。

从现代野象的分布类型看，它是一种典型的抑制型分布，是人类不断地猎杀和侵占其生存空间后所造成的，其现在北界不是气候原因所造成的，也不具有气候上的指示意义。在野象的南退过程中，人类活动范围和强度起着重要作用，尤其在战国以后，随着南方地区开发程度的逐渐加强，最终迫使野象退缩至西南一隅。人类活动一方面压缩了野象的生存区域，另一方面改变了野象的气候适应性。现存的野象长期生活在暖湿地区，已习惯了现存地区的气候条件，也就是说现代野象的气候属性与历史时期的野象并不完全相同。因此，也就不难理解为什么现在动物园中的野象冬季尚需一定的御寒措施，而历史时期的野象又为何可以在北亚热带地区正常生活了。

第二篇 历史时期植被与珍稀动物分布的演变

　　植被与动物是地理环境中两个重要组成成分。历史时期植被地理与动物地理的变化密切相关。天然植被是野生动物生存的必要条件和依托的环境。天然植被的变化直接影响野生动物的地理分布，而野生动物的变化在很大程度上又反映了天然植被的变化。因此，将植被地理的变化与动物分布的演变放在同一篇中进行论述。

第六章 历史时期天然植被分布与变化

历史时期天然植被分布的变化主要表现在植被带的变化和区域天然植被在人类活动影响下的变化。本章通过充分吸收自 1970 年代以来我国学者在全新世植被研究方面所取得的成果，尤其是孢粉分析的成果以及对历史文献的充分发掘，着重阐述历史时期天然植被带在自然条件下的分布与变化。限于篇幅，人类影响下区域植被变化的论述从略。

本章天然植被研究的起始时间定为全新世中期。这是因为：首先，这一时期，全球气候处于大暖期阶段，森林植被达到全新世时期的最大面积，草原带向西北移动，荒漠带范围大为缩小；其次，全新世中期，中华民族的先民尚处在新石器时期，生产力低下影响力很小，天然植被基本保持原生态；再次，近半个世纪以来，新石器时期考古遗址大量出现，考古研究成果很丰富，为全新世中期植被研究提供了良好条件。

第一节 植被带及其界线的变化

全新世中期以来我国领土上的天然植被，虽然大的分布格局没有根本性变化，即森林、草原和荒漠三大植被带自东部向西部依次排列，这种分布格局与今天大致相似，但植被带的界线却有很大变化。历史时期植被带界线的变化，主要与气候变化有关。

一、植被带的空间分布格局

我国从东部沿海到西北内陆，随着降水的递减，植被形成森林、草原和荒漠的空间分布格局。这一格局，在第四纪更新世时期就已存在。末次冰期时期，森林带向南大幅度退缩，草原和荒漠带则向东南方向大幅度扩展。全新世中期，气候进入全新世最温暖湿润的适宜时期，森林带向西北大幅度扩展。草原和荒漠带不仅面积大大缩小，而且其位置也向西北方向有所移动。根据陈惠中等的研究[1]，全新世中期，荒漠与草原之间的界线（大致为 200mm 等雨量线）向西北推进到中蒙边界线中部-嘉峪关-柴达木盆地-青藏高原中北部一线，较现今 200mm 等雨量线向西北推进 4～5 个经度，400～500km。而半干旱干旱草原南界（大致为 400mm 等雨量线），大致向西北推到二连浩特-河套北部-西宁-拉萨一线（图 6.1）。

我国最早的地理文献《山海经》和《禹贡》也记载西北地区存在荒漠和草原带。

---

① 陈惠中、苏志珠、杨萍 等：《末次间冰期以来特征冷暖时期中沙漠、沙地空间分布格局的初步复原》，《中国科学》（D 辑），33 卷，增刊，2003 年。

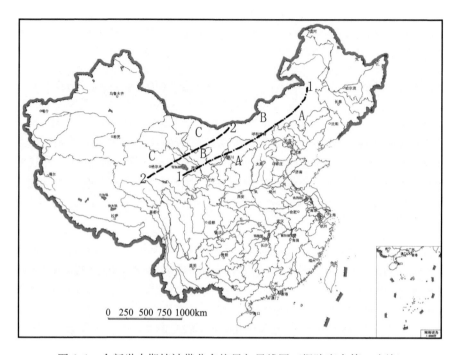

图 6.1　全新世中期植被带分布格局与界线图（据陈惠中等，改绘）

A. 森林带；B. 草原带；C. 荒漠带

1. 森林带与草原带界线；2. 草原带与荒漠带界线

资料来源：陈惠中、苏志珠、杨萍 等：《末次间冰期以来特征冷暖时期中沙漠、

沙地空间分布格局的初步复原》，《中国科学》（D辑），33 卷增刊，2003 年

　　《山海经》中记述西北地区的流沙有多处，如《西山经·西次三经》"长沙之山……无草木"，"泰器之山，观水出焉，西流注于流沙"，"西水行四百里，曰流沙，二百里至于赢母之山"。再如，《北山经·首经》的"灌题之山，其上多樗柘，其下多流沙"。"长沙之山"、"泰器之山"、"赢母之山"、"灌题之山"皆为西北地区山地，大致位于河西走廊西部，而"长沙之山"可能指由流动沙丘形成的沙漠。

　　《禹贡》也记载西北地区有沙漠："导弱水，至于合黎，余波入于流沙。"此"流沙"，可能指巴丹吉林大沙漠，位于内蒙古西部阿拉善盟地区。

　　《穆天子传》是记载周穆王西征的行记。其中记载周穆王西征回程中经历一片荒漠："天子乃遂东征，南绝沙衍。辛丑，天子渴于沙中，求饮未至。"他的下属刺马颈，"取其清血以饮天子"[①]。可见穆天子所经历的这片"沙衍"，显然是一片面积广阔的荒漠。这片荒漠，可能是指甘肃、内蒙古西部或新疆东部的荒漠。

　　上述诸文献所记述的西北地区的"流沙"、"沙衍"，就是荒漠带。

　　在历史早期，我国西北地区也存在广阔的草原带。《禹贡》"雍州"有"原隰底绩，至于猪野"一语，所描写的就是西北地区的广阔草原。猪野，古代大泽，位于今甘肃武威东北的民勤县境。关于"原隰"，历史上有两种解释，一种解释认为"原隰"是指特

---

①　顾实：《穆天子传西征讲疏》，中国书店，1990 年。

定的地方，指豳地，清代胡渭认为豳地在邠州和三水县，即今陕西泾河流域的彬县和旬邑县；另一种解释认为"原隰"是指黄土高原的一种地貌类型，"原"为广平地面，"隰"为下湿之地[①]。《禹贡》"原隰"，当指后一种解释，其意即草原带向西分布，越过贺兰山，其西界可能达猪野泽。而且《禹贡》对猪野泽以东地域的表述和对弱水下游景观的表述有明显不同，猪野泽以东地区称"原隰"，弱水下游地区称流沙，反映了这两个地区地理环境存在明显差异，暗示了那时猪野泽可能是两种自然地带的分界线，其东为草原，其西为荒漠带。

草原带之东为森林带。这一时期森林带与草原带之间的界线，详见后文。

二、植被带界线的变化

从全新世中期以后，气候逐渐转冷，中纬度地区降水减少，植被带发生明显变化，尤以草原与荒漠、草原与森林带之间界线的变化较明显。另外，在森林带内，若干亚热带植物分布北界也有明显变化。

（一）草原带与荒漠带界线的变化

根据对宁夏灵武水洞沟遗址的孢粉分析，中全新世早期至中期的植被先后为阔叶乔灌丛草原—针叶乔灌丛草原—阔叶疏林草原，晚期植被为疏林草原[②]。而今天这里大致处在草原带的西界[③]。这一研究表明，中全新世时期，草原带位置比今天大大向西移动，当时草原带东界也在水洞沟遗址以西，至于草原带西界，即草原带与荒漠带之间的界线，当在贺兰山以西很远处。上引《禹贡》"原隰底绩，至于猪野"一语意味着上古时期草原带西界可能向西移到猪野泽的位置。这一位置和陈惠中等的研究结论相近（图6.1），也与水洞沟遗址孢粉分析结果可相互印证。

根据上述对水洞沟遗址孢粉研究结果，晚全新世这里的植被为干草原，表明草原带的东界和西面荒漠带的界线都向东有较大距离的移动。

（二）历史时期草原带南界的变化

历史时期草原带南界，总趋势是向南和东南移动，可分为西南部、中部和东北部三部分。

1. 历史时期草原带西南段南界的变化

根据周昆叔对鄂尔多斯市鄂托克旗都思兔河河流阶地的全新世泥炭层进行的花粉分

① ［清］胡渭著，邹逸麟整理：《禹贡锥指》，上海古籍出版社，1998 年。
② 李秉成：《一万年以来灵武水洞沟遗址古气候的新认识》，《干旱区资源与环境》，2006 年第 4 期。
③ 周昆叔：《水洞沟遗址的环境与地层》，周昆叔：《花粉分析与环境考古》，学苑出版社，2002 年。

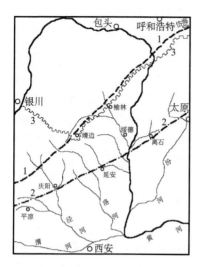

图 6.2　西周至战国时期黄土高原植被示意图

1. 西周至战国时期草原带南界；2. 西周至战国时期黄土高原疏林灌丛草原植被内部区域分异界线；3. 明长城

析，结论是全新世中期，栎属花粉出现，表明植被为稀树草原[1]。黄赐璇对毛乌素沙地南缘的靖边县海则滩全新世沉积地层进行的花粉分析得出了相同结果，即全新世中期，植被为森林草原[2]。由此，全新世中期草原带南界大致在鄂托克旗的都思兔河之南，宁夏灵武水洞沟遗址之北，毛乌素沙地的南部。

但上述水洞沟遗址和海则滩全新世晚期地层的孢粉分析结果中，木本植物花粉均消失，表明草原带向东南移动。《山海经》中的记载亦表明草原带已向东南移动。《西山经·西次四经》"白于之山"西北的"申首之山"，"无草木"，"申水出于其上，潜于其下"。"申水"为典型的内流河流，所对应的植被为草原带。"白于之山"即今陕北的白于山，"申首之山"可能相当于今天甘肃环县西北六盘山北端的山地。这一记载明确表明，从白于山向西北，气候变得干旱，植被为草原（图 6.2）。

北魏郦道元《水经注》记载鄂尔多斯南部奢延水北侧统万城附近有"沙溪"和"沙陵"，表明这里没有树木，植被为有沙漠化趋势的草原。奢延水即今红柳河。唐代后期和宋代时期，鄂尔多斯高原南部的毛乌素沙地自然环境恶化。如《旧唐书·五行志》记载，长庆二年十月，统万城遭受严重的沙尘暴，"飞沙高及城堞"。农业民族逐渐从榆林地区撤出，这里成为党项族的游牧地。

北宋淳化五年（公元 994 年），统万城被宋朝政府废弃，原因是该城"深在沙漠"中[3]。

北宋时横山以北、鄂尔多斯高原南部地区草原化乃至荒漠化的趋势更为明显。如北宋哲宗元符时期泾原路（管辖范围大致包括今固原和平凉地区）的一个名为曾布的将领对陕北陇东地区的北宋与西夏间边界军事地理形势的评论："朝廷出师常为西人所困者，以出界便沙漠之地，七八程乃至灵州，既无水草，又无人烟，未及见敌，我师已困矣。西人之来，虽已涉沙碛，乃在其境内，每于横山聚兵就粮，因以犯塞，稍入吾境，必有所获。此西人所以常获利。今天都、横山尽为我有，则遂以沙漠为界，彼无聚兵就粮之地，其欲犯塞难矣。"[4] 文中的"西人"是指以今银川为都城的西夏政权，"天都"为山地名，位于庆阳与环县之间。该文所阐述的是北宋与西夏在陕北横山、天都山以北和毛乌素沙地进行争夺的军事地理形势。这一段文字明显地表明，横山、天都山以北地区为荒漠景观。

---

① 周昆叔：《中国北方全新统花粉分析与古环境》，周昆叔：《花粉分析与环境考古》，学苑出版社，2002 年。
② 黄赐璇：《毛乌素沙地南缘全新世自然环境》，《地理研究》，1991 年第 2 期。
③ ［宋］李焘：《续资治通鉴长编》卷三五，淳化五年四月甲申。
④ ［宋］李焘：《续资治通鉴长编》卷五〇〇，哲宗元符元年秋七月甲子。

《宋史·郑文宝传》记载："文宝前后自环、庆部粮越旱海入灵武者十二次，晓达蕃情，习其语，经由部落，每宿酋长帐中……先是，诸羌部落树艺殊少，但用池盐与边民交易谷麦。文宝建议以为，银、夏之北，千里不毛，但以贩青盐为命尔，请禁之。"文中"环"即环州，今甘肃环县，庆为庆阳，灵武即今宁夏灵武县；"树艺"是指农业种植；"银"为唐、宋时期的银州，位于今榆林城东南的鱼河堡附近；"夏"是唐、宋时期的夏州，治统万城，因赫连勃勃在此建立夏国，后来北魏攻占统万城后，在此置夏州，唐、宋因之，故称"夏"。文中将环县和庆阳以北地区称为"旱海"，又将银、夏之北称为"千里不毛"，反映今榆林和统万城以北地区为草原和荒漠景观。

《宋史·郑文宝传》还记载了郑文宝驱使民众在清远（位于今环县西北约 100km）种植树木，然"清远在旱海中，去灵、环皆三、四百里，素无水泉。文宝发民负水数百里外，留屯数千人，又募民以榆、槐杂树及猫、狗、鸡、鸭至者，厚给其值。地舄卤，树皆立枯。西民甚苦其役"。最后以失败告终。此记载表明，庆阳和环县以北地区根本不宜生长树木，应属草原。

不仅庆阳、环县、榆林以北地区为草原和荒漠草原，《宋史·苏辙传》还记载有关北宋与西夏划界一事，表明草原带的位置可能南至绥州，"朝廷须与夏人议地界，用庆历旧例，以彼此见今住处当中为直，此理最简直。……依绥州例，以二十里为界，十里为堡铺，十里为草地。……又要夏界更留草地十里，夏人亦许"。绥州为今绥德。北宋与西夏在陕北地区长期对峙，双方为边界的划分长期争议。苏辙在这里建议按照庆历年间的旧例，把边界划在绥德北面二十里，可能与这里是一片草地有关。

北宋司马光对当时陕北地区形势的评论也反映了植被与生态环境特点。当时北宋个别将领从西夏手里夺取一些地盘，并在夺取的地方建立米脂、吴堡等堡寨。关于这一行动的利弊得失，司马光认为，夺取这些地盘毫无价值，只是边将为了贪功，曰"臣窃闻此数寨者皆孤僻单外，难于应援。田非肥良，不可以耕垦；地非险要，不足以守御。"[①] 他认为米脂、吴堡等地"田非肥良，不可以耕垦"，表明这里与其南面地区在自然地理与人文地理方面都存在着本质的差异，米脂和吴堡以北地区应属于草原带。

平凉、固原地区在唐代是为朝廷放牧马匹的重要地区。唐于此置原州，州治今固原。唐代在这里设监牧地，"东西约六百里，南北约四百里。天宝十二年（公元 753 年），诸监见在马总三十一万九千三百八十七匹"[②]。据此，平凉、固原以北地区也应属草原带（图 6.3）。

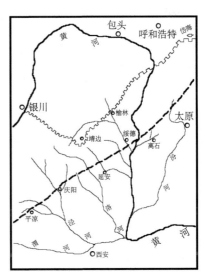

图 6.3　唐宋时期草原带西南段
南界位置示意图

①　王根林点校：《司马光奏议》卷三五《论西夏扎子》，山西人民出版社，1986 年。
②　［唐］李吉甫：《元和郡县图志·关内道三·原州》。

综上，唐宋时期草原带西南段的南界大致在绥德、庆阳、平凉、固原一线。

草原带南界虽然向南移动到绥德、庆阳、平凉、固原一线，但此线以北的个别沟谷和山地，还残存乔木和灌木。例如，宋代在神木西面的沟谷中，还有丛生的杉树和柏树，"其地（指神木）外则蹊径险狭，杉柏丛生，汉兵难入"[①]。直到明清时期，在神木与府谷之间，还有柏油堡、柏林山等地名，意味着有柏树存在。但这些只是局部残存的树木和灌木，不具有地带意义。

在鄂尔多斯高原东部，据对伊金霍洛旗杨家湾古土壤剖面的孢粉分析[②]，在距今4200～3500年的层位，孢粉组合以蒿属为主，还有少量乔木花粉，如松、冷杉、胡桃、榆、柳、槭、桦、杨和柏科。特别在距今约3780年的层位，乔木花粉含量达50％以上，花粉浓度也较高，表明这一时期在土壤水分较好的地方，有针阔混交林生长。该研究者还指出，大约距今4200～3550年炭屑含量最高。炭屑含量高，一是与火灾多有关，再就是与人类砍伐森林用于薪炭有关。但目前只是在鄂尔多斯最东部，年降水量达400～450mm的边缘地带，才有残存的针阔混交林乔木树种。杨家湾古土壤剖面位于毛乌素沙地东部，现代年降水量不足350mm，也就是说，与距今3780年相比，现在的森林线向东位移约120km。应当指出，该文作者以鄂尔多斯东部作为现代森林带与草原带的界线，与近年出版的《中国植被》所确定的森林带与草原带的界线位置相比，位置大大偏西。《中国植被》一书森林带边界大致沿陕北安塞、绥德，山西省岢岚、宁武、应县一线延伸[③]。故此，全新世中期鄂尔多斯东部草原带东界与今天草原带东界相比，移动距离远不止120km。该文还得出结论认为，该剖面在距今3550～2700年时期的地层，乔木花粉基本消失，仅见到个别的松、桦花粉，可以认定是远处搬运来的花粉，表明这一时期森林已远离该剖面附近，这里已是草原。

2. 历史时期草原带中段南界的变化

在内蒙古中部，据对土默特平原北部察素齐附近大青山南麓山前洪积扇扇缘沉积物进行的孢粉分析[④]，全新世中期植被曾是针阔叶混交林，以松、栎为主。在距今5000～4100年，植被为针阔叶混交林，仍以松、栎为主。在距今4100～2400年，花粉组合仍以乔木为主，但类型单调，松占绝对优势，阔叶树种消失。在距今2400～1850年，植被仍以森林为主，但组成发生变化。在距今2180～1850年，总体上植被为森林草原景观。这一阶段的结束，大致在东汉时期。据此，全新世中期，草原带与森林带的界线曾大幅度向北移到大青山以北。直到西汉时期，草原带南界仍在大青山之北。大青山以南地区仍属森林带。历史文献可为此推断提供证据。汉代前期，河套地区为匈奴所占据，阴山被称为匈奴的苑囿，表明那时大青山地区自然环境较好。

大青山南麓的孢粉研究还表明，距今约1850年之后，花粉沉积率大幅下降。其中松和蒿下降50％，植被为草原景观。此后，典型草原景观一直延续。应当指出，距今

① ［清］吴光成撰、费世骏 等校证：《西夏书事》卷一九，甘肃文化出版社，1995年。
② 许清海、孔昭宸、陈旭东 等：《鄂尔多斯东部4000余年来的环境与人地关系的初步探讨》，《第四纪研究》，2002年第2期。
③ 《中国植被》编辑委员会：《中国植被》，807页，科学出版社，1995年。
④ 王奉瑜、宋长青、孙湘君：《内蒙古土默特平原北部全新世古环境变迁》，《地理学报》，1997年第5期。

约 1850 年之时，正是东汉前期与后期转折之时。《后汉书》中《本纪》、《五行志》和《西羌传》等多处记载，东汉后期，北部地区发生严重持续干旱，可能是草原带南移的原因。

全新世晚期，据对岱海地区孢粉分析[①②]，这里的植被基本上是草原，则此时草原带南界应在岱海盆地之南。

3. 历史时期草原带东段南界的变化

根据对太仆寺旗土壤剖面（剖面位置为北纬 41°58′30″，东经 115°10′32″，海拔 1340m，距浑善达克沙地南缘约 70km）孢粉研究，在距今 7000～5000 年，孢粉和植硅体组合反映了植被为羊草-针茅草原，但孢粉组合中木本植物花粉种类多样，反映了研究区周围分布松林和温带落叶林；在距今 5000～3000 年，植硅体组合反映了草原植被退化。在距今 2170 年到现代，草原退化加剧[③]，表明全新世中期，草原与森林带界线应在太仆寺旗附近通过，从距今约 5000 年前，草原带开始向南移动。

在全新世中期，今内蒙古东部的达来诺尔和浑善达克沙地东部是草原带和森林带的分界。据研究，浑善达克沙地东端和达来诺尔周围地区，普遍发育了时代为距今约 8000～3000 年的古土壤。达来诺尔南部沙地的苏隆呼都格塔拉中，古土壤厚 0.5～0.8m，有机质含量较高，下层部位样品的 ^{14}C 测年为距今约 7260 年，孢粉分析结果显示，乔木花粉占 26.4%，主要包括榆、桦、桤木、栎、槭、椴等；草本占 56.9%，主要包括蒿属、藜科等；另含水龙骨科等蕨类。以上反映的植被为暖温带落叶阔叶森林草原，而达来诺尔湖之北全新世地层孢粉分析结果表明全新世中期为草原植被[④]。

另据调查，今天在浑善达克沙地东北边缘，达来诺尔南面，位置为北纬 43°12′，东经 116°25′处，发现残留油松群落，面积为 1670m²。这片残留油松林，表明古代这里曾有过松林分布。这里被认为是古代天然油松林在蒙古高原东南部的最北分布点，或者历史上可能是我国华北山地油松林分布的延续[⑤]。

西辽河流域，由于北面为大兴安岭的西南段，南面为冀北和辽西山地，中间为沙质冲积平原，植被的水平地带性规律受到一定干扰。但根据对巴林左旗南部全新世地层的孢粉分析，表明全新世中期这里的植被为草原[⑥]。即使在距今约 7300～4800 年气候最温暖湿润时期，西辽河流域暖温带落叶阔叶林景观带向北推移了 2～3 个纬度，流域北部山前丘陵平原区亦为暖温性-温性典型草原景观，此后在距今约 4800～4000 年，温度和降水较前期有所下降，流域南部低山丘陵区为暖温带落叶阔叶林，中部的科尔沁沙地

① 降廷梅：《内蒙古农牧交错带全新世孢粉组合及植被探讨》，周廷儒、张兰生等著：《中国北方农牧交错带全新世环境演变及预测》，地质出版社，1992 年。

② 乌云格日勒：《岱海游乐场孔孢粉分析及 2500 年来古气候演化》，《干旱区资源与环境》，1998 年第 12 期。

③ 黄翡、Lisa K、熊尚发 等：《内蒙古中东部全新世草原植被环境及人类活动》，《中国科学》（D 辑），2004 年第 11 期。

④ 杨志荣、索秀芬：《中国北方农牧交错带东南部环境考古研究》，周昆叔、宋豫秦主编：《环境考古研究（第二辑）》，科学出版社，2000 年。

⑤ 雍世鹏、刘书润：《内蒙古小腾格里沙地中的天然松林群落片断》，《内蒙古大学学报》（自然科学版），1982 年第 1 期。

⑥ 许清海、杨振京、崔之久：《赤峰地区孢粉分析与先人生活环境初探》，《地理科学》，2002 年第 4 期。

区为暖温性疏林草原景观,北部平原区为典型草原区①。

上述研究表明,全新世中期,草原带东段南界大致在大青山北侧经太仆寺旗穿过浑善达克沙地东南部,再经达来诺尔南部,穿过西辽河支流西拉木伦河北侧。

在最近千年以来的历史时期,草原带东段南界向南有明显移动。尤其浑善达克沙地东南部的滦河上游闪电河和西辽河上游地区表现明显。

元代在滦河上游闪电河之畔建上都(位于滦河上游北侧今正蓝旗境)。每年夏季,元朝帝王都要到上都避暑,陪同的文臣们对沿途多有诗文描述。

元代黄溍扈从皇帝从大都到上都,经居庸关、赤城,出独石口到上都,描写独石口以南为森林景观,独石口以北为草原景观。"自从始出关,数日走崖谷。迢迢度偏岭,险尽得平陆。坡陀皆土山,高下纷起伏。连天暗丰草,不复见林木。行人烟际来,牛羊雨中牧。飒然衣裳单,咫尺异寒燠。伫立方有怀,相逢仍问俗。畏途宜疾驱,更傍滦河宿。"②文中的"数日走崖谷,迢迢度偏岭",指的是经居庸关、八达岭和延庆盆地,又经燕山山地的大马群山等地,其间经赤城,于独石口出山。此记载表明燕山山地的大马群山北侧的独石口是一条自然地理界线,出山后是一片波浪般起伏的草原景观。

元代胡助在《上京纪行诗·题望都铺》中描写快到上都的景观,"坡陀散漫草茸茸,地接乌桓古塞风。仰止神京三十里,楼台缥缈碧云中"③。此处神京当指元上都。该诗描写的地点距离上都还有三十里。他所描写的也是波状起伏的典型草原。

元杨允孚《滦京杂咏》中说:"鸳鸯陂上是行宫,又喜临歧象驭通。芳草撩人香扑面,白翎随马叫晴空。注:由黑围至此,始合辙焉,即察罕脑儿;白翎,草地所产。"文中的"白翎"即百灵鸟,为草原地区的鸟类。鸳鸯陂,又称鸳鸯泺,为燕山山地之北和元上都之南的一个湖泊。《注》文为原作者所注。他的另一首诗描写元帝驻跸之处为草原景观。"铁番竿下草如茵,澹澹东风六月春。高柳岂堪供过客,好花留待踏青人"④。据该诗后面注"铁番竿"为斡儿朵,即元代皇帝驻跸之处;踏青人,指去上都避暑的宫人。"高柳"可能是指生长于沙地上的沙柳。

元代周伯琦在至正十二年(1352年)四月,扈从皇帝到上都,有扈从诗并序。他在《序》中记述了沿途景观,其中经过燕山山地的景观为"高峻曲折""皆深林复谷""尤多巨材",而出了燕山山地向北,"近沙岭,惟土山连亘,地皆白沙,深没马足。过此则朔漠平川如掌,天气陡凉,风物大不同矣。遂历黑嘴儿,至失八儿秃,地多泥淖,又名牛群头,其地有驿……驿路至此相合。北皆刍牧之地,无树木,遍生地椒、野茴香、葱韭,芳气袭人。草多异花五色,有名金莲花者,似荷而黄,至察罕脑儿,犹汉言白海也"。他又在《鸳鸯泺作》一诗中描写鸳鸯泺周围的景观为"山低露草深,天明云气薄。积水风嗖嗖,平沙烟漠漠"⑤。文中对燕山山地以北地区的描写,为典型草原景观。其中的"地椒",即百里香,为草原植物;"察罕脑儿",为位于元上都和燕山山地之间的湖泊。

---

① 胡金明、崔海亭、李宜垠:《西辽河流域全新世以来人地系统演变历史的重建》,《地理科学》,2002年第5期。

② 《元诗纪事》卷一三,王云五主编《万有文库》,商务印书馆,民国22年。

③ 《元诗纪事》卷一七。

④ 《元诗纪事》卷二〇。

⑤ 《元诗纪事》卷二〇。

上述诸多诗文表明，元代时期，草原带东段南界已移到燕山山地北侧。与全新世中期位置相比，草原带南界已向南移动了约 200km。

位于滦河上游和达里诺尔东面的西辽河流域，在五代时期和辽代的文献中，将契丹人居住的西辽河冲积平原称为辽泽，如"契丹者，古匈奴之种也。代居辽泽之中，潢水南岸"①。"契丹，本鲜卑之种也，居辽泽之中，横水之南……山川东西三千里。地多松柳，泽饶蒲苇"②。《辽史·地理志》亦有类似记载。"潢水""横水"都是指西拉木伦河。这些记载表明，那时自然环境相对较好。但西辽河流域植被总的特点还是草原，如宋代人写的《契丹风土歌》生动描绘了契丹人居住的草原环境特点："契丹家住云沙中，耆车如水马若龙。春来草色一万里，芍药牡丹相间红。大胡牵车小胡舞，弹胡琵琶调胡女，一春浪荡不归家。自有穹庐障风雨。平沙软草天鹅肥，胡儿千骑晓打围……"③诗歌反映了西辽河冲积平原为广阔平坦的草原景观。

北宋陈襄和沈括先后出使辽国，他们在西拉木伦河南北两侧都穿越了广大的流沙或荒原。陈襄《使辽语录》记载，由丰州（今翁牛特旗政府所在地乌丹镇）向北，"经沙陁六十里，宿会星馆，九日至咸熙毡馆，十日过黄河"④。"黄河"指今西拉木伦河，辽代称潢河、黄河。沈括出使辽国，也经会星馆，然后与陈襄所行路线有所不同，而是向西北，在西拉木伦河的南侧，穿越二十里的一片大碛，过西拉木伦河后在河之北，又经一大片沙漠⑤。这些记载也都反映西辽河流域为草原并出现沙漠化。

元代，元世祖时期松州知州仆散秃哥"前后射虎万计，赐号万虎将军"。元代松州州治位于今赤峰市西南。此记载表明元代西辽河流域南部山区仍为原始天然植被，森林在植被构成中占有重要地位。而位于滦河上游的围场县，清代还是帝王狩猎习武之地，有大片天然森林。因此，元明清时期，草原带南界应在西辽河冲积平原南缘，或辽西山地北侧，大致经岱海之南、独石口北、围场县之北和赤峰之北（图 6.4）。

（三）若干喜暖植物分布北界的变化

我国东部森林区在南北方向上，由于温度的差异，存在着热带森林、亚热带森林、暖温带森林和寒温带森林的地带性差异。历史时期它们的位置和界线也都发生变化。虽然迄今在森林带的各个地区，包括东北地区、华北地区、华中地区、东南地区和华南地区，都已作了许多孢粉分析，揭示了历史时期植被变化的复杂性，然而，现有的资料和研究成果尚不足以复原东部森林区内各个植被带在历史早期的位置和界线，及其后来在整个历史时期内的变化。但历史时期我国某些喜暖植物，如竹子、楠树和棕榈等由于其对人类有特别重要价值以及其分布广泛，在文献中有所记载，为复原其分布及其变化提供一定信息。

---

① 《旧五代史·契丹传》。

② 《五代会要·契丹》。

③ 《全辽文》卷一二。

④ ［北宋］陈襄：《使辽语录》，《辽海丛书》本，辽沈书社，1985 年。

⑤ ［北宋］沈括：《熙宁使辽图钞》，杭州大学宋史研究室：《沈括研究》，浙江人民出版社，1985 年。

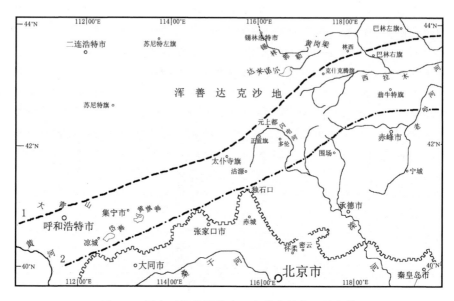

图 6.4　历史时期草原带中、东段南界位置的变化

1. 全新世中期草原带南界；2. 元代以后草原带南界

1. 历史时期竹林分布北界的变化

竹子是常绿植物，大面积连续的天然竹林的分布与一定的气候条件相适应。在黄河流域新石器时期考古遗址中，多处发现竹鼠的骨骼。其中有 6000 年前属仰韶文化的西安半坡遗址①和临潼姜寨遗址②，以及龙山文化的临汾陶寺遗址等③。特别是半坡遗址，在各考古地层中差不多都有竹鼠存在，是半坡出土兽骨数量较多的一种动物遗骸。竹鼠今天只在长江以南仍有广泛分布，生存在有大面积茂密竹林的环境中。古代竹鼠在黄河流域的分布，表明曾有大面积茂密竹林。

古代文献中，有关竹林的记载很多。

《诗经·卫谱·淇奥》"瞻彼淇奥，绿竹猗猗"，"瞻彼淇奥，绿竹青青"④。"淇奥"即淇水的河湾处。猗猗，形容竹子生长茂盛。淇河，在今河南新乡市。

《山海经》中记载有竹子的山地很多。《西次二经》第 4 山"高山"，"其木多棕，其草多竹。泾水出焉，东流注入渭"。此"高山"当为今宁夏固原地区隆德县东北、泾河发源的六盘山，纬度大致在北纬 35°50′。《北次三经》记载位于孟门之山东面的"京山"，"多漆木，多竹"。"京山"，一说为山西霍山，一说为翼城县北之浍山，今又称塔儿山，著名的陶寺遗址正位于该山西北侧，与陶寺遗址发现竹鼠遗骸可相印证。此处纬

---

① 西安半坡博物馆：《西安半坡》，文物出版社，1982 年。

② 巩启明、王社江：《姜寨遗址早期生态环境的研究》，周昆叔主编：《环境考古研究（第一辑）》，科学出版社，1991 年。

③ 中国社会科学院山西考古所山西队：《1978～1980 年山西襄汾陶寺墓地发掘简报》，《考古》，1983 年第 1 期。

④ 《十三经注疏》本。

度大致为北纬 35°50′。"京山"之东的"虫尾之山","其下多竹","丹水出焉，南流注入河"。丹水即今丹河，发源于晋东南高平县西北部山地，南流入沁。则"虫尾之山"当为高平县西北部山地，其纬度大致在北纬 36°。另外，《北次三经》又有"轩辕之山","其下多竹"。"轩辕之山"可能是今晋东南王屋山的一座山峰。王屋山的纬度在"京山"之南。《东山经·东山首经》第 12 山为"竹山"，顾名思义，当有产竹。《山海经》记载它位于泰山南三百里，谭其骧先生认为在今山东大汶河南岸①。今天大汶河南岸最主要山地为曲阜附近的徂徕山，则竹山很可能是该山。徂徕山的纬度大致为北纬 36°03′。《中山经·中山首经》第 3 山"渠猪之山""其上多竹"。"渠猪之山"位于今山西省芮城县境。

上引《诗经》和《山海经》中记载的竹子，应是大片竹林，在晋东南和豫北地区有广泛分布。其分布的最北纬度大致在北纬 35°50′～36°00′。这一纬度可以视为历史早期竹林分布的北界。其中尤以关中地区南侧有竹子分布的山地为多，关中渭河以北地区有竹子分布的山地较少，可能是陕西省渭河以北有大面积厚层黄土，不宜竹子生长。

《史记·货殖列传》记载"渭川千亩竹"。《汉书·地理志》记载关中地区"鄠、杜竹林"。这些记载表明，汉代时关中地区竹林分布仍很广。"鄠、杜"为位于汉代长安城南面的两个县。另外，据《汉书·沟洫志》记载，汉武帝伐淇园之竹堵塞黄河瓠子决口，则淇园之竹面积可能很大。淇园位于今新乡市西北的淇县。这些记载表明，西汉时期大面积竹林分布北界，在西部的关中地区，渭河应是其分布北界；在东部，淇县应是其分布北界。与战国时期以前竹林分布北界相比，汉代竹林分布北界向南有所移动。

晋代以后，在秦岭—淮河一线以北，虽还有竹林分布的记载，如关中地区直到北魏时期仍有很大面积的竹林，但与汉代相比，面积明显缩小。而在太行山东侧淇水流域自西周至汉代曾有大片竹林，可是到了北魏郦道元《水经·淇水注》却指出"今通望淇川，无复此物"。可见竹林的北界已明显南移。

19 世纪末 20 世纪初期，位于秦岭-淮河一线以北许多县志中，还记载有竹子的分布，如陕西周至县，河南陕县、许昌，山东临朐诸县的光绪和民国初期县志物产都记载有竹。今天在陕西关中的周至县和河南北部的博爱县还有竹林分布。但这些地方的竹子面积相对较小。有的竹林则是与一定地形条件和小气候有关。如河南省博爱县的竹林，位于太行山南麓，可能与太行山阻挡了冬季来自北方的寒冷气流，形成相对较好的小气候环境有关。因此，这里的竹林，不能代表竹林分布的地带性。

19 世纪末和 20 世纪早期方志记载表明，淮河以南和淮河以北，竹子的分布情况表现出明显差异。例如，民国二十五年（1936 年）《正阳县志》："按正阳植竹，只淮北一带，间有三五亩之密林。余则产地甚少，用竹尽购自信阳。"正阳县位于淮河之北，此记载表明该县竹子很少，其所产竹子，不能满足本县需求，还要到信阳购买，而信阳位于淮河之南，竹子很多，除供本县所用，还可供外销。两地的这一明显反差，表明淮河是竹子分布的重要分界线。今天，信阳地区淮河以南的山地中，野生竹林连片广泛分布。

19 世纪末 20 世纪早期，秦岭以南地区竹子广泛分布。秦岭南侧的佛坪县一直有大

---

① 谭其骧：《论五藏山经的地域范围》，载于《长水集续编》，人民出版社，1994 年。

熊猫分布，就是竹林广泛分布的有力证明。河南洛宁县，据民国《洛宁县志》"土产"赞美该县竹林之丰饶，"洛宁之竹洵美矣。绿荫满园，计利最饶"。洛宁县位于洛河上游。

综上，19世纪末和20世纪早期，竹子分布的北界应为秦岭—淮河一线（图6.5）。

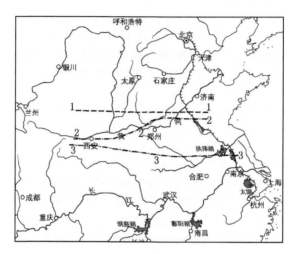

图6.5　历史时期竹林分布北界的变化
1.19世纪末和20世纪早期竹林分布的最北界；2.汉代时期竹林分布的北界；
3.19世纪末20世纪初期竹林分布的北界

2. 历史时期楠树分布北界的变化

楠树为常绿乔木，因材质坚硬不易腐烂，在古代就被视为贵重木材。楠树在古文中写为枏和柟，这两个字表示楠树的不同种，今则通称为楠。

《山海经》中记载有楠树的山地很多。《西山经·首经》第6山"石脆之山""其木多棕、楠"。"石脆之山"位于今陕西省华县西南。第15山"天帝之山""上多棕、楠"。"天帝之山"可能为天水地区秦岭山地中某山。第18山"翠山""其上多棕、楠"。"翠山"很可能是川北或川西北的某山。《西次二经》第12山"厎阳之山""其木多棕、楠、豫章"。"厎阳之山"可能位于秦岭山脉西端，四川北部，很可能是川西北的白龙山或龙门山。四川平武县著名的报恩寺，是由当地土司建于明正统五年（1440年）至天顺四年（1460年）间。该寺是目前保存完整的大型明代木结构建筑群，全寺木构件均以优质楠木制成。这些楠木应为当地所出，表明至少到明代，位于白龙山南侧的平武县还是楠树分布的北界[1]。据笔者实地调查，现在平武县城仍有楠树生长。这为"厎阳之山"可能就是白龙山提供一定参证。《东山经·东次二经》第5山，"余峨之山""其上多梓、楠"。据认为此山可能为今徐州附近山地。

综上，大致可确定战国时期以前，楠树分布北界大致在秦岭至徐州一线，大致与纬度平行延伸。

---

① 平武县县志编纂委员会：《平武县志》，四川科学技术出版社，1997年。

汉杜笃《论都赋》描写关中地区生长的树木中有楠树，"雍州本帝王所以育业，霸王所以衍功……滨据南山，带以泾渭，号曰陆海，蠢生万类，梗柟檀柘，蔬果成实"①。柟即楠，雍州指关中地区。东汉王符《潜夫论·浮侈篇》中记载汉代京师贵族的墓葬中所用木料有楠，"或至金缕玉匣，檽梓梗楠，多埋珍宝"。此二书所说的楠树，很可能是指秦岭山地中有楠树，因《山海经》在渭河以北山地中都未见有楠树的记载，《汉书·地理志》也未提到关中地区有楠树，故古代楠树在西部分布的最北面，当以秦岭为界。

东部的淮河以南地区有楠树存在。《汉书·地理志》云："寿春、合肥受南北湖皮革、鲍、木之输。"颜师古注认为其中的木包括枫、柟、豫章之属。寿春为今安徽寿县。据此记载，古代合肥与寿县以南地区可能也有楠树。汉桓宽《盐铁论》卷一的"陇蜀之丹漆，荆、扬之皮革骨象，江南之柟、梓、竹箭"表明楠树在江南地区有广泛分布。

综上，汉代时期楠树分布北界，西部为秦岭，东部可能以淮河为北界。

明代，为建造北京紫禁城，派专员到浙江、湖南、四川等省督采楠木，表明东部地区，楠树分布已退到长江以南。

19世纪和20世纪早期，在四川、湖北、湖南、贵州诸省以及汉中地区和浙江的许多方志在"物产"中记载有楠树。其位于最北的方志有以下一些。

在四川省，嘉庆《汉州志》"物产"："楠，有大叶小叶诸种。"汉州今广汉，其纬度大致为北纬31°00′。据笔者实地调查，今天位于绵阳东南的三台县有楠树生长。在川西山地，民国《荥经县志》和《汶川县志》都记有楠树分布。在四川东北部万源县，民国《万源县志·物产》："楠，有椒叶楠、牛矢楠二种，椒叶者作器最良。"该县北部和东北部为大巴山和米仓山，可能为楠树分布地。

在陕西南部，民国《续修南郑县志·物产》有楠。南郑县与四川接壤。又据该志所记，森林主要分布在该县南部川陕交界的米仓山，则楠树也是分布在米仓山，与上引《万源县志》所记相合。米仓山的纬度，最北在北纬32°45′。

在湖北省，楠树最北见于民国《南漳县志》，大致在北纬31°50′。位于南漳县南面的安陆县，据道光《安陆县志·物产》："邑旧产楠，今惟西山石门寺一株犹存。"安陆县楠树消失的原因，据光绪《德安府志》："郡西北多山，相传金元之际柟木成林，明代建藩，伐而用之，后民苦征贡，遂赭其山，锄其种。"可见楠树的消失是由于人为原因。这里的楠树被人为消除后，再也未恢复。清代德安府治位于安陆。

在安徽省，康熙《休宁县志》记载，"楠木，在白岳天门，今朽"。休宁县位于安徽省最南部的黄山之南。此记载表明该县以前有楠树分布，但此时已消失。乾隆《歙县志》"物产"将该县所产之楠称"傅溪之楠"。民国《歙县志·物产》指出，该县从前曾有楠树，到清代楠树已鲜见，"楠，即柟字，《靳志》辨：石楠之非楠，不云邑之有楠也。《张志》始称傅溪之楠。按《史记·货殖列传》，江南出柟梓，则邑之有楠亦土之宜也。其木黔蜀山中尤多，邑山中所见实鲜"。其中"靳志"指清初编纂的志书，指出该县出石楠，而非楠树。《张志》则指乾隆时期编撰的县志。但道光《续修桐城县志》物产中有楠。歙县和桐城县都位于安徽省南部。这些记载表明，清代在安徽省南部还有楠树分布，但数量已很少。

---

① ［汉］杜笃：《论都赋》，文渊阁《四库全书》本。

在江苏省，光绪《宜兴荆溪县志·物产》有楠树。浙江省有楠树记载的位于最北面的方志为明万历《钱塘县志》物产有楠。但清代及民国时期杭州地区乃至浙江省中北部地区的方志中都不见有楠树记载，表明在钱塘县北面的江苏宜兴县虽然清代光绪时代仍有楠树，但数量可能已极少。

综上，清代和民国时期楠树分布北界，可分为西段和东段。西段大致沿川西北的雅安、汶川、平武等地，经川陕边界的米仓山、大巴山，然后经湖北省南漳县。西段最北地点的纬度大致在北纬32°45′；东段经安徽省最南部至江苏宜兴一线，其最北点宜兴的纬度大致为北纬31°20′。在上述一线以南，如四川的川西、川中、川东，鄂西南，湖南，江西，浙江，福建诸地区，清代和民国时期记载有楠树的方志很多。

综上，历史时期楠树分布北界的变化，大致可分为三个阶段。战国以前的历史早期，楠树分布北界为秦岭-徐州一线。汉代时期，楠树北界可能为秦岭-淮河一线。清代时期，楠树北界，西面在四川平武、绵阳之北，向东经湖北省的北部，皖南地区和江苏宜兴地区甚至更南。显然，在西部地区，历史时期楠树北界向南移动的距离较小，而东部地区楠树北界向南移动的距离较大。这可能是与秦岭阻挡了冬季来自北方的寒冷气流有关（图6.6）。

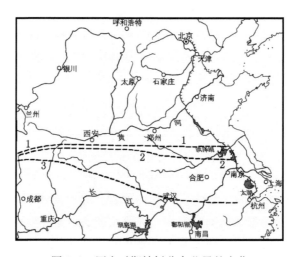

图6.6　历史时期楠树分布北界的变化

1. 战国时期以前楠树分布北界；2. 汉代以前楠树分布北界；3. 清代和20世纪初楠树分布北界

3. 历史时期棕榈分布北界的变化

棕榈（*Trachycarpus fortunei*）为常绿植物，古代称为栟、棕，又称为栟榈。

《山海经》中对棕榈的分布多有记载。《北山经·北次三经》第37山"高是之山""滋水出焉，而南流注于滹沱，其木多棕"。滋水今称磁河，在石家庄西北，故"高是之山"为石家庄西北磁河上游的太行山地，其纬度大致为北纬38°40′。《西山经·西次二经》第4山"高山""其木多棕，其草多竹"。高山为宁夏南部六盘山主峰。《西次二经》第12山"厎阳之山""其木多棕、楠、豫章"。"厎阳之山"可能为秦岭西端山地。《西次四经》第8山"号山""其木多漆、棕。"号山可能为榆林地区山地。

上述诸山地联线，为《山海经》撰写时代棕榈分布北界，西自秦岭西端，经六盘山主峰、陕北、河北省中部的太行山地，呈西南-东北方向延伸。

东汉张衡《南都赋》有"栟榈"，"南都"为今南阳市。晋左思《三都赋·吴都赋》"木则枫柙、豫章、栟榈……"吴都在今南京。这些记载表明，东汉时南阳地区和南京地区棕榈树分布广泛。

清与民国时期陕南、湖北、江苏等地区许多方志在物产中都记载有棕榈。其中分布最北的有以下诸方志：陕南的民国《华州乡土志》、民国《续修南郑县志》、民国《城固县乡土志》、光绪《孝义厅志》（今柞水）、道光《石泉县志》、光绪《镇安县乡土志》，湖北的乾隆《竹山县志》、同治《陨西县志》、同治《郧阳县志》、光绪《孝感县志》、民国《南漳县志》、同治《宜城县志》，江苏的嘉庆《高邮州志》、光绪《通州直隶州志》、嘉庆《重修扬州府志》、光绪《增修甘泉县志》、光绪《江阴县志》以及光绪《丹徒县志》，浙江的光绪《杭州府志》。

据上述记载，可确定清代和民国时期棕榈分布北界在秦岭—淮河一线。

根据现有资料，只能确定两个时期棕榈分布北界，即战国时期以前和清代及民国时期棕榈分布的北界。汉代至清代期间，文献有关棕榈的记载很少，故这一时期棕榈分布北界向南移动的过程，付之阙如（图6.7）。

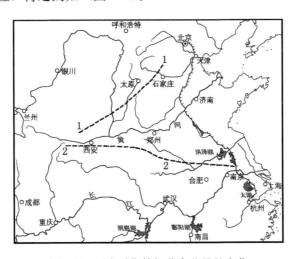

图 6.7　历史时期棕榈分布北界的变化
1. 战国时期以前棕榈分布北界；2. 清代与民国时期棕榈分布北界

第二节　主要自然地理区域的天然植被特征

我国植被分区，通常是首先分为三大区，即东部森林区、西北草原与荒漠区、青藏高原区。东部地区虽然属于森林区，但从南到北，地域辽阔，气温和降水都有很大变化，植被也相应有很大变化，根据纬度和地形的差异，又分为若干区域。西北草原与荒漠区和青藏高原区不再进一步划分。另外，黄土高原地区由于其独特的自然环境，将其作为一个单独区域划分出来。

一、东部森林区

（一）黄淮海平原及周边山地

全新世中期，黄淮海平原为森林植被。

据许清海等对河北平原的孢粉分析，从早全新世到中全新世，河北平原植被由森林草原发展为森林，乔木的构成发生变化，同时还有大量水生和湿生植被。"在早全新世，河北平原是以松、栎、榆、桦、藜、蒿为主的森林草原植被。全新世中期，河北平原栎、榆、胡桃、臭椿、李等暖温带落叶阔叶树种花粉含量明显增加，并出现了枫香、山毛榉等亚热带落叶阔叶树种。而且，在全新世中期，河北平原植物孢粉中有大量水生和湿生植物孢粉（如菱、香蒲、狐尾藻等），说明此时河北平原上分布较广的湖泊沼泽"。他们又根据在山前古河道和冲积扇发现大量古树，认为"河北平原山前冲洪积平原在全新世中期曾是森林景观"[①]。

又据黄润、朱诚等对安徽萧县全新世中期地层孢粉分析表明，距今 5300～4000 年，气候温暖偏干，植被为针阔混交林-草原植被，林地稀疏，草原广布，以蒿、藜为主；3400 年前，气候变冷，植被为含针叶林成分的落叶阔叶林，以栎、栗为优势种，夹有亚热带的珙桐、鹅耳枥等[②]。

历史文献记载亦表明，古代黄淮海平原乔木和草本植物都生长茂盛，可和上述孢粉分析结果相印证。例如，《禹贡》记载，"兖州……厥草惟繇，厥木惟條"，"海岱及淮惟徐州……厥土赤埴坟，草木渐苞。"反映了黄淮海平原在森林植被的背景下，南部的植被更为茂盛。

春秋战国以后，黄淮海平原上，有许多地名用耐干旱的木本植物如枣树、灌木酸枣等来命名，如棘津、枣强、酸枣等。这些地名似乎反映黄淮海平原在近 3000 年来耐干旱的植物有所增加。

此外，古代黄淮海平原还有众多被称为泽或薮的湖沼湿地。著名的有大陆泽（位于河北平原）、大野泽（位于鲁西南）、圃田泽（位于郑州与中牟之间）、雷泽（位于鲁西北）、雍奴薮（位于今天津地区）等。这些被称为泽或薮的古代湖沼和湿地，除了有广阔的水面，还有面积广大的湿生植被，以芦苇、蒲草等为主，类似今天的白洋淀，既有水面，也有面积广大的芦苇。秦末刘邦起兵之初，藏匿在位于今江苏、安徽、山东三省毗邻地带的莽莽大泽之中[③]。隋末窦建德起兵后藏匿在河北平原的大泽中[④]。这些大泽，应是以大面积芦苇植被为特征。

---

① 许清海、王子惠、孔昭宸 等：《河北平原全新世温暖期的证据和特征》，施雅风主编：《中国全新世大暖期气候与环境》，海洋出版社，1992 年。

② 黄润、朱诚、郑朝贵：《安徽淮河流域全新世环境演变对新石器遗址分布的影响》，《地理学报》，2006 年第 5 期。

③ 《史记·高祖本纪》。

④ 《新唐书·窦建德传》。

黄淮海平原周边山地，古代植被以森林为主。

鲁中山地和胶东丘陵山地，古代原始植被以乔木为主。齐乌云在鲁南沭河上游地区的大汶口文化、龙山文化和岳石文化的 9 个遗址中采取了 40 个样品进行了孢粉分析，认为这三个时期气候都较现代温暖湿润，花粉构成以乔木植物花粉为主。龙山文化时期的气候比大汶口文化时期可能更干和更冷些，植被为温凉偏湿气候条件下的以针叶树为主的针阔混交林，但比现代要温暖湿润，乔木有松、栎、榆、桑、漆等[①]。胶东地区，根据在青岛胶州湾地区的孢粉分析，距今 8500～5000 年，气候温暖湿润，植被为以阔叶树为主的针阔混交林，而距今 5000～2500 年，气候温和略干，植被以针叶树为主的针阔混交林的森林[②]。

古代文献记载与上述孢粉分析结果相吻合。

《禹贡》："岱"出五物，其中松是五物之一。"岱"即以泰山为中心的鲁中山地。

《山海经·东山首经》第 6 山"姑几之山""其上多漆，其下多桑、柘"。第 8 山"岳山""其上多桑，其下多樗"。《东次二经》第 2 山"曹夕之山""其下多榖"。这几座山，都位于鲁中山地。

《诗经·鲁颂·閟宫》："徂来之松，新甫之柏"。徂来山和新甫山，都是鲁国都城曲阜附近的山地。

《管子·地员篇》概括了黄河下游平原和山东半岛山地的不同地形和土壤上生长的植物，"五粟之土，若在陵、在山、在墳、在衍，其阴其阳，尽宜桐梓，莫不秀长；其榆其柳，其厬其桑，其柘其栎，其槐其杨，群木蕃滋数大，条直以长"。"五沃之土，若在丘在山，在陵在冈，若在陂陵之阳，其左其右，宜彼群木，桐柞枎櫄，及彼白梓，其梅其杏，其桃其李，其秀声茎起，其棘其棠，其槐其杨，其榆其桑，其杞其枋，群木数大。条直以长"。"五立之土，若在冈在陵，在墳在衍，在丘在山，皆宜竹箭，水甿栖檀。其山之浅，有芘与芹，群木安遂，條长数大。其桑其松，其杞其茸，橦木胥容，群药安生"。"其山之枭，多秸梗苻榆，其山之末，有箭与菀。……其林其麓，其槐其楝，其柞其榖，群木安遂，鸟兽安託"[③]。这些文字说明，在地形高起的丘、陵和山地，生长着桐、梓、榆、柳、桑、柘、栎、槐、杨、松、楝等树木以及竹子，这些植物都生长得茂密挺拔。

汉桓宽《盐铁论·本议》有"兖、豫之漆"[④]。兖、豫是指今鲁西和豫东地区。这一地区漆树很多。

太行山在古代巨木良材很多。曹操于建安十八年大建邺城，让主管工程的梁习"于上党取大材供邺宫室"[⑤]。上党即上党郡，郡治今晋东南的长治市。这里地处太行山南段。

① 齐乌云：《山东沭河上游史前自然环境变化对文化演进的影响》，《考古》，2006 年第 12 期。

② 齐乌云、袁靖、梁中合 等：《从胶东半岛贝丘遗址的孢粉分析看当时的人地关系》，《考古》，2002 年第 7 期。

③ 石一参：《管子今诠》，中国书店，1988 年。

④ ［汉］桓宽：《盐铁论》，文渊阁《四库全书》本。

⑤ 《三国志·魏书·梁习传》。

晋左思《魏都赋》描写邺城及周围地区"山林幽映，川泽迴缭"①，反映邺城西面太行山上的森林茂密。

历史上发源于太行山的河流曾多次发大洪水，将山中的巨树冲下来。一次是在十六国石勒后赵时期，滹沱河大洪水，冲下大量巨松大木，"大雨霖，中山、常山尤甚。滹沱泛溢，冲陷山谷。巨松僵拔，浮于滹沱。东至渤海，原隰之间，皆如山积"。石勒下令利用这些巨木良材在邺城建造殿宇，勒下令曰："去年水出巨材，所在山积，将皇天欲孤缮修宫宇也，其拟洛阳之太极起建德殿。"遣从事中郎任汪帅工匠五千采木以供之"。"勒将营邺都……时大雨霖，中山西北暴水，漂流巨木百余万根，集于堂阳"②。此次大洪水可能是在太兴二年（公元319年）之后。堂阳在今河北省新河县西北，位于漳水之南。

《水经·滱水注》记载十六国前秦时，唐河的一次洪水冲下来大量巨树大木，"秦氏建元中，唐水泛涨，高岸崩颓，（安熹）城角之下有积木交横，如梁柱焉。后燕之初，此木尚在，未知所从。余考记稽疑，盖城地当初山水奔荡，漂沦巨栿，阜积于斯。沙息壤加，渐以成地。板筑既兴，物固能久矣"。

位于黄淮海平原北面的燕山山地，古代也以森林植被为主。北宋沈括《熙宁使辽图抄》记载他经过"度云岭"时，"径路行于嵌岏荟翳之间"③。"度云岭"位于密云东北的燕山山地，"嵌岏荟翳"为地形崎岖，林木茂密之意。直到元代，文人笔下的燕山山地仍是一片茂盛的林木。例如，前引元代周伯琦在《扈从诗·序》中描写由今北京延庆向东北经赤城及独石口的燕山山地为"高峻曲折""皆深林复谷""尤多巨材"④。《元一统志》"松山，在富庶县西五十里，南北长二十里，东西广五里，地多松因名"。"梓木山，在和众县东南二十里，以山多梓木故名"⑤。富庶县位于今辽宁朝阳市西南，和众县为今凌源县。二县位于燕山山地东端与辽西山地接合部。

1689年法国神甫张诚（P. Jean-Francois Gerbillon）参加清朝与沙皇俄国签订《尼布楚条约》的划界谈判，在其日记中记载由古北口向北的山地，生长有松柏及橡树等树木⑥。清初高士奇在《松亭行纪》中记载喜峰口以北的燕山山地"出口则叠嶂层崖，山势陡峻，密箐丛枝，攀援无路……""过九狐岭，又越九宫岭，一径纡折高下相乘，细涧横流，浅深竞渡，中多枫树及楂、梨、榆、柳，余花新叶，纷映马前。左右高山蹲岩……其间多松。""车驾出达希喀布齐尔口……高山峻岭……策马可登，茂林青榛，参天匝地，猎骑纷驰，穿林带谷"。"甲辰，驻跸察汉城南，或云即会州城也。连日围所历类皆荒山丛林，人迹罕至之处"⑦。此记载表明，喜峰口以北的燕山山地，植被为以落叶阔叶树为主的茂密森林，林下灌木以榛为主。

① ［晋］左思：《三都赋》，文渊阁《四库全书》本。

② 《晋书·石勒载记下》。

③ 杨渭生：《沈括熙宁使辽图抄辑笺》，杭州大学宋史研究室：《沈括研究》，浙江人民出版社，1985年。

④ 《元诗纪事》卷二〇。

⑤ 转引乾隆《热河志》卷六六、六八，文渊阁《四库全书》本。

⑥ ［法］张诚著，陈霞飞译，陈泽宪校：《张诚日记》，商务印书馆，1973年。

⑦ ［清］高士奇：《松亭行纪》，文渊阁《四库全书》本。

（二）长江中下游地区

秦岭、淮河以南、南岭以北，川东的巴山以东的长江中下游广大地区，今天为北亚热带和中亚热带的范围。这一地区自全新世中期以来，植被也经历很大变化。

根据对上海地区全新世以来地层孢粉研究表明，从全新世中期以来，上海地区经历了多次常绿阔叶林和常绿阔叶与落叶阔叶混交林的交替演变。在全新世晚期，其中公元前900～公元200年，植被还是中亚热带的常绿阔叶林，栲属、青冈栎为植被主要成分，并杂有樟科、冬青、木荷、柃木等常绿植物，还有落叶阔叶的麻栎、栗、枫香、枫杨、榆以及针叶树的松、柏、杉，低洼湿地，还生长以芦苇、香蒲为主的芦苇沼泽。公元200～600年，植被为常绿-落叶阔叶混交林，落叶阔叶的麻栎、鹅耳栎、枫香、栗、榆成为林中主要成分，林中仍杂有常绿阔叶的青冈栎、栲、木荷等，针叶的松、柏、杉也有一定数量，湖沼低洼处仍有芦苇、香蒲、莎草科水生植物生长①。这一结果表明，在长江三角洲的平原地区，在全新世中期至晚期，植被经历了从常绿阔叶林到常绿-落叶阔叶混交林的变化。植被虽然都是以森林为主，但树木构成发生很大变化。从地带性规律而言，植被的这一变化特点对于处在相同纬度的长江中下游地区具有代表性。

历史文献对长江中下游地区的植被也多有记载。

《禹贡》记载"扬州"的植被，"篠荡既敷，厥草惟夭，厥木惟乔"，"厥贡……齿革羽毛惟木。（《注》：梗、梓、豫樟。《疏》梗、梓、豫樟此三者，扬州美木，故传举以言之。所贡之木不止于此。）""荆州"的植被"篠荡既敷，厥草惟夭，厥木惟乔"。其中"篠荡"为小竹和大竹。"扬州"和"荆州"为长江中下游地区。此记载表明古代长江中下游地区各种竹子广泛分布，草类茂盛，树木为以高大的常绿乔木为主。

《山海经》对长江中下游山地植被也多有记载。例如，《中山经·中次八经》第2山"荆山""其木多松、柏，其草多竹、多橘櫐"；第6山"纶山""其木多梓、楠。多桃枝，多柤、栗、橘、柚"；第7山"陆隄之山""其木多杻、橿"，"杻、橿"为糠椴和橿子树；第9山"岐山""其木多樗"；第10山"铜山""其木多榖、柞、柤、栗、橘、櫐"；第15山"衡山""上多寓木、榖、柞"；第21山"仁举之山""其木多榖、柞"；第22山"师每之山""其木多柏，多檀，多柘，其草多竹"；第23山"琴鼓之山""其木多榖、柞、椒、柘"。《中次九经》第6山"蛇山""其木多枸、豫樟"；第10山"勾檷之山""其木多栎、柘"；第12山"玉山""其木多豫樟、楢、杻"，楢，即春榆；第13山"熊山""其木多樗、柳"；第15山"葛山""其木多柤、栗、橘、櫐、楢、杻"。《中次十经》第6山"楮山""多寓木，多椒、椐，多柘"；第8山"涿山""其木多榖、柞、杻"。《中次十一经》第2山"朝歌之山""其上多梓、楠"；第6山"丰山""其下多榖、柞、杻、橿"；第8山"皮山""其木松、柏"；第9山"瑶碧之山""其木多梓、楠"；第12山"堇理之山""其上多松、柏、美梓"；第13山"依轳之山""其上多杻、橿"。

上述诸山，虽然难以确认为今某山，但它们位于长江中下游地区是没有疑义的。故

---

① 王开发、张玉兰、黄宣佩 等：《上海地区全新世植被演替与古人类活动相互关系研究》，《历史地理》，第十四辑，上海人民出版社，1998年。

表明在先秦时期，长江中下游山地的植被多松柏、楠树、樟树，还有梓树、栎、柞以及竹林等，以常绿阔叶树为主，还有针叶树和落叶阔叶树。

战国秦汉两晋时代，有关长江中下游的森林树木的记载很多。《墨子·公输》记载，"荆之地，方五千里……荆有长松、文梓、梗、枏、豫章。"①"长松、文梓、梗、枏、豫章"皆为高大树木。这一记载表明，楚国之地，不仅有多种高大树木，其中樟科的楠树和樟树在植被构成中占有重要地位。《史记·货殖列传》："合肥受南北潮，皮革、鲍、木输会也。……江南卑湿，丈夫早夭。多竹木。"《汉书·地理志》也有相似记载，"寿春、合肥受南北湖皮革、鲍、木之输"。师古曰："木，枫、枏、豫章之属。"寿春，今安徽寿县。《汉书·地理志》还记载，"楚有江汉川泽山林之饶"。其意为楚地有江汉平原的川泽之丰饶以及周边山地丰富的森林资源。汉桓宽《盐铁论·本议》篇中赞颂"江南之枏、梓、竹箭"。又在《通有》篇中写道："吴越之竹……不可胜用。"②

东汉张衡《南都赋》描写南都地区，即今豫、鄂交界的南阳地区的植被，"其木则柽松楔椶、槾柏杻橿、枫柙栌枥、帝女之桑、楈枒枇桐、栚柘檍檀，结根疎本，垂条婵媛……翁郁于谷底，森蓴蓴而刺天……其竹则钟笼"③。说明当时"南都"地区的松、柏、栎、枫、桑、棕榈、冬青、檀、榆等树木长得茂密高大，挺拔直上，盘根错节，繁枝交错，密阴遮蔽山谷，竹子生长得茂密葱茏。

晋左思《吴都赋》描写今南京地区的"吴都"的植被，"木则枫柙豫章、栟榈枸榔、緜杬杶栌、文欀桢橿、平仲君迁、松梓古度、楠榴之木……宗生高冈，族茂幽阜，擢本千寻，垂阴万亩。""其竹则篔簹箹筡……篆篜有丛""苞笋抽节，往往萦结，绿叶翠茎，冒霜停雪，橚矗森翠，翁茸萧瑟，檀栾婵娟"④。

《南都赋》和《吴都赋》虽然带有浓厚的文学色彩，其中有的树名已不能确指相当于今何种树，但反映了南阳地区、江汉平原和南京地区天然植被为茂密的森林，还反映出"南都"地区与"吴都"地区植被有所不同。"南都"地区针叶树和落叶阔叶树在植被构成中占有重要地位，还有常绿阔叶树，而"吴都"地区植被构成则以常绿阔叶树为主，其中樟树占有重要地位，还有楠树。桓宽的《盐铁论》则把楠树（枏）作为江南地区重要树木。竹林在两个地区都广泛分布。

直到唐代，樟树在江南地区植被构成中仍占有重要地位，如唐代敬括在《豫章赋》中描写"东南一方，淮海维扬，爰有乔木，是名豫章"⑤。说明两湖地区和太湖流域，樟树分布很普遍。唐段成式《酉阳杂俎》卷十八《木篇》亦记载江南地区多樟树，"樟木，江东人多取为船"。

关于福建地区的植被，《汉书·严助传》描写西汉时闽越的自然景观，"处谿谷之间，篁竹之中……""深林丛竹……林中多蝮蛇猛兽……"文中的"篁竹"为茂密高大竹林。西汉时的闽越，大致相当于今福建省。

湖北省西北部的房县、竹山、竹溪、兴山、保康诸县，直到清代中期，还有大片几

---

① 唐敬杲选注，《墨子》，王云五主编：《万有文库》，商务印书馆，民国二十二年。
② ［汉］桓宽：《盐铁论》，文渊阁《四库全书》本。
③ ［汉］张衡：《南都赋》，文渊阁《四库全书》本。
④ ［晋］左思：《三都赋》，文渊阁《四库全书》本。
⑤ ［唐］敬括：《豫章赋》，文渊阁《四库全书》本。

乎未经人类破坏的天然森林，被称为"巴山老林"。据清同治《房县志》："房止为鄂省一隅，界与巴蜀、秦陇毗连，万山嵯崟林深箐密，蔓延几及千里，昔时与二竹、兴、保统谓之巴山老林。"文中的"房"指房县，"二竹"指竹山和竹溪二县。又据该《房县志》"物产"有松、柏、杉、槐、楸、桐、榆、柞、枫、白杨、黄杨、红豆木、乌桕、冬青、檀、花梨、铁刚木、青刚木、白蜡木，还有众多的竹类，表明针叶树和落叶阔叶树在植被构成中占有主要地位，还有几种珍贵常绿阔叶树。

在长江三角洲地区，虽然很早就被深度开发，但直到清代，一些低山丘陵地区还有着茂密的林木。例如，光绪《常昭合志稿》："吾邑诸山虽乏层峦叠嶂，而气脉浑厚，故林木亦自翳然。兹记其材之良与花实之佳者。其以材著者曰松、柏、桧、梓、椐、桩、榆、槐、檀栌（二植皆坚木）、杨、柳、黄杨。其专以叶著者曰桑、椿、黄桩、枫、冬青、棕榈；其专以果著者曰枣、栗、红豆树。邑东芙蓉庄有红豆树，亦名红豆山庄。顾镇芙蓉庄红豆树歌有曰：此树移来自海南。植物中非草非木而森然秀山者竹而已矣。吾邑故无巨竹，然其大者径亦可三寸，围近尺，其种曰毛竹、圭竹、篾竹、斑竹、紫竹。"该志的地域大致为今常州市范围。

上述同治《房县志》和光绪《常昭合志稿》所记，反映了两地地带性植被特点，以针叶树和落叶阔叶树为主，并有多种常绿阔叶树和广泛分布的竹林为特点。

浙江会稽山地植被，据乾隆《绍兴府志》引《水经注》以及以往方志中有关记述，"《水经注》：剡山临江松岭森森。《万历志》：新松最多，无山不植。《名胜志》：萧山北干多松、柏。谢灵运《山居赋》：木则松柏檀栾。《会稽郡记》：会稽境多名山水，峰峙隆峻，吐纳云雾，松栝枫柏，枝擢干耸。"豫章，《十道志》：越城多生豫章树。案，豫章，即樟也，今越城内外尚多"。这些记载表明，会稽山地的植被构成以松、柏、枫、樟、檀等为主，为针叶、落叶阔叶树和常绿阔叶树混交林。

在湖南，《嘉庆重修一统志》对该省许多府的植被有所记载。《衡州府·山川》："灵山，在衡山县东一百二十里，山多楠木。环秀山，在常宁县北五里，一名樟木岭。栖霞山，在常宁县北二十里，多松柏。"《常德府·形势》："山林葱郁，湖水浚阔。"《永州府·形势》："南接九疑，北接衡岳（旧图经）。环以群山，延以林麓（唐柳宗元《游宴南池序》）。"这些记载表明，湖南省山地曾有茂密森林，植被构成既有针叶树，也有常绿阔叶树，有的山地，楠树在植被构成中占有主要地位。

湖南衡山是历史名山，植被一直得到较好保护。据对明清文献的发掘研究，其乔木主要有楠、樟、梓、桂、檀香、枫香、槠、栗、山矾、棕榈、梧桐、山柘木、柞、漆、乌桕、厚朴、杜仲、松、柏等[1]。常绿阔叶树是植被的主要构成。衡山历史天然植被构成对于相同纬度的江南地区具有代表性。

宋薛士隆《大榕赋》描写榕树在福州地区分布广泛[2]。宋李纲《榕木赋》亦有类似的描述，"闽广之间多榕木，其材大而无用。然枝叶扶疏，蔽阴数亩，清阴，人实赖之。该得不为斧斤之剪伐"[3]。

---

① 何业恒、文焕然：《湘江下游森林的变迁》，《历史地理》，第二辑，上海人民出版社，1982年。
② ［宋］薛士隆：《大榕赋》，文渊阁《四库全书》本。
③ ［宋］李纲：《榕木赋》，文渊阁《四库全书》本。

（三）岭 南 地 区

岭南地区包括广东、广西、台湾和海南及南中国海诸多岛屿。这是中国最温暖、降水最丰沛的地区，自古林木茂盛。例如，广西的大部分在西汉时被称为郁林郡，因森林茂密而得名。再如《嘉庆重修一统志》《广西统部·泗城府》"形势"："山明水秀，地僻林深。"表明直到清代，泗城府还有面积广大的天然森林。泗城府位于广西最西部，其西南与云南相接。

历史文献还对岭南地区树木的种类构成有所记载。《元和郡县图志》卷三十四《岭南道一·增城县》"泉山，在县西三十二里，其上多漆树"。新会县"利山，在县南一百七十里，上多沉香木"。《太平寰宇记》卷一六三"新兴县"："利山在新会县东一百七里。《南越志》云：此山多沉香木。"据刘纬毅，此《南越志》系南朝宋沈怀远所撰①。《嘉庆重修一统志》记载两广的一些府的物产，其中肇庆府土产："香木，《太平寰宇记》，新州山多香木，谓之蜜香；《明统志》，高要出枫香。"琼州府土产"《明统志》，各州县俱出土苏木、红豆木、黄杨木。又儋、万、崖三州花黎木，万州出乌木……崖州、万州及琼山、定安、临高等县出沉香，又出黄连香等"。梧州府土产桄榔木，浔州府土产铁力木。文中的"琼州府"和"儋、万、崖三州"皆为海南岛。清代文献记载台湾亦有许多珍贵树种。据康熙《台湾府志》物产木之属有多种珍贵树木，其中有樟、枫、厚栗、黄心木、百日青、桐、乌栽、楠树等。显然，南亚热带和热带的某些珍贵树种曾在岭南地区广泛分布，并在植被构成中占有重要地位。

此外，某些树种在一些地方还形成单一的群落，有桂树等。例如，《太平寰宇记》卷一六二"荔蒲县"下记"《荔溪地志》记云，荔溪原多桂，桂所生处不生杂木，樵采皆桂。方山对九疑山，高下皆类"。

广西桂林地区为石灰岩的岩溶地形，历史文献表明，乔木在这里的天然植被构成中也居于主要地位。例如，明代张明凤在《桂胜》卷一中引征许多文人的诗文。其中张洵仁诗云："桂林山水冠衡湘，蒙亭正在漓水旁。清流会洄眩波光，高崖古木争苍苍。"尚用之诗云："翠岫俯映青罗光，上有乔木摩穹苍。"李彦诗云："桂江缭绕通湖湘，佳山四插江之旁。岚光滴翠漾波光，岸头修木皆苍苍。"该书卷二记载"屏风山""上高下广，外属平野。野无杂树，弥望皆长松"，又记载七星山之苍翠"如涌松涛"。该书卷三记载"叠綵山"以多产桂树而著称，"漓山人曰：叠綵山者，一曰桂山，以山多产桂。……奈何今寥寥也"。卷四记载"尧山"，"山去桂城东北裁十里，积土盘桓亦略带石，长竟数百里，高亦为桂诸山之冠。……及山道多松，从松间上山"②。这些描述表明，桂林石灰岩地区的天然植被有以松树为主要构成的乔木林，也有以桂树为主要构成的灌木林。

---

① 刘纬毅：《汉唐方志辑佚》，北京图书馆出版社，1997年。
② ［明］张明凤：《桂胜》，文渊阁《四库全书》本。

（四）云贵川地区

云贵川地区多山地，古代森林植被茂盛，常绿乔木和竹林在植被构成中占有重要地位。

考古发现古代蜀国的多处墓葬为船棺葬。所谓船棺葬是将整根楠木劈成两半，中间掏空，死者放进去之后又将楠木合起来。2001年在成都商业街发现的战国时期蜀国船棺葬遗址，笔者当时曾到发掘现场参观。这里共有8个船棺，每个船棺都用长达8m的楠木，其中一个船棺，为直径粗达1.5m的粗大楠木剖制而成。这些楠木可能是产于成都西面的川西山地。

《汉书·地理志》记载，"巴、蜀、广汉……有江水沃野，山林竹木蔬食果实之饶"。汉杨雄《蜀都赋》描写成都平原及周围山地植被"丛俊干凑"，"野望茫茫菲菲"，竹子"俊茂丰芙"，"夹江缘山"，"若此者方乎数十百里"。汉桓宽《盐铁论·本议》篇中称颂"陇、蜀之丹漆"，又在《通有》篇称颂"蜀、汉之材，伐木而树谷，燔莱而播粟，火耕而水耨，地广而饶材"，"蜀陇有名材之林。"

晋左思《蜀都赋》描写蜀地"邛竹缘岭"，还记载植被存在垂直变化，针叶树主要分布在山体的顶部，而山谷和山坡及山前地区的树木则主要为常绿阔叶树。

晋常璩《华阳国志·蜀志》："其山林泽鱼园囿果瓜，靡不有焉。"该文中又提到李冰兴建水利工程利用岷山上的材木，"岷山多梓柏大竹，颓随水流，坐致材木，功省用饶"。"始皇克定六国，辄徙畎豪侠于蜀，资我丰土，家有盐铜之利，户专山川之材，居给人足"，该书《南中志》记载，"晋宁郡，本益州也"，"郡土大平敞，原田多长松。"

唐《元和郡县图志》记载，南州南川县"萝缘山"，"在县南十二里，山多楠木，堪为大船"。南川，即今重庆东南的南川县；该书又记载川西剑南道眉州洪雅县"客人暮山，在县西北三十九里，山多材木，公私资之"；茂州汶川县"湿坂，在县南一百三十七里，岭上树木森沉，常有水滴，未尝暂燥，故曰湿坂"。这些记载反映巴蜀地区山地有茂密的天然原始森林。

直到清代，四川省的许多地区还保存有较大面积的天然森林。

《嘉庆重修一统志》记载四川泸州土产楠木。民国《巴县志》物产："楠，宋郊《益部方物记略》，楠，蜀地最宜生。松，县西南诸山多有之，苍翠成林，弥望无际，有赤松、白松、马尾、凤尾诸名，大任栋梁，小供薪之用。"

《嘉庆重修一统志》贵州贵阳府"形势"："山广箐深，重岗叠岊。"石阡府"形势"："林峦环抱，水石清幽。"铜仁府"土产"："箭竹（府境及各司出）、楠木、黄杨木、杉木。"兴义府"形势"："云贵川广之交，山明水秀，地僻林深。"遵义府"形势"："重山复岭，陡涧深林。"又在"山川"一节中记载："松山，在正安州南，有二，山皆多松树。"又在"土产"一节中记载："楠木、杉木。"其中许多是转引自以前文献的记载，但表明历史上曾有茂密天然森林，楠、杉、黄杨木、竹等植物在植被构成中曾占有重要地位。

《嘉庆重修一统志》云南统部诸府在"山川"和"形势"等节中对植被多有描写。例如，大理府"山川"："点苍山，一名灵鹫山，林阻谷奥。"广南府"形势"："崇崖巨壑，峻坂深林（府志）。"武定直隶州土产"梭罗木（州境出）。"丽江府"山川"："月山，在鹤庆州东南二十里，又十里为龙华山，林壑深秀。"广南府主要包括今云南省最东南部的广南和富宁二县，武定直隶州包括今元谋、禄劝二县。

上述记载表明，历史上云贵川地区天然的森林植被覆盖率很高，植被构成有针叶树、落叶阔叶树和常绿阔叶树，多珍贵树种，竹林分布面积也很广。

云贵川地区多高山，山地垂直植被带发育。特别是川西和云南西部的横断山区，山地相对高度很大，山地植被垂直带尤为发育。全新世中期，山地植被垂直带的森林线上升，而近 2000 年来，由于气候趋于变冷，山地植被的森林线下降 ①。

（五）东 北 地 区

东北地区在历史早期的全新世中期，东部和西部地区的植被就存在差异。西部靠近西辽河冲积平原为沙质草原，东部和中部为森林。进入全新世晚期，随着全球气候变化和草原带向南和向东推移，西部地区更趋干旱化，东部和西部地区的差异更为突出。明代人已指出东北地区植被东西方向的差异。明《全辽志》收录的张升《医巫闾山赋》载，"医巫闾之为山，独岿然于沙窝，左环巨浸……"医巫闾山为辽西山地。"沙窝"指西辽河流域的科尔沁沙地，表明东北地区西部的西辽河流域已是一片植被稀少的沙地。李善《奏复辽东边事疏》指出开原以西以北的景观，"自广宁抵开原三百余里，先年烧荒……且沿边地多平漫，土脉碱卤"。广宁即今辽宁北镇。《全辽志·方物志》记载开原、铁岭的辽河以西地区为蒙古人游牧地区，"其地不毛，无所产，惟皮张鱼鲜而已"。这些记载表明，开原、铁岭以西地区为草原景观。

但东北地区的山地植被为森林。《全辽志·山川志》："按辽境内山，以医巫闾为灵秀之最，而千山次之，最东则为东山，层峦叠嶂，盘亘七八百里，材木铁冶，羽毛皮革之利不可胜穷。"卷一《广宁前屯卫》《万松山》："城西北一十五里，东西四百余里，连山海、永平界，山多松，故名。"广宁前屯卫以"松山"命名的山很多。广宁前屯卫即今辽宁北镇，位于沈阳和锦州之间；万松山及广宁前屯卫的其他诸山，都是医巫闾山的一部分；"永平"指永平府，范围包括今河北省秦皇岛市、卢龙县、抚宁县、迁安县、乐亭县、青龙县等。但广宁前屯卫境内的医巫闾山针叶树在植被构成中所占比例似乎更高。该志又在《方物志》记载"山之东南者宜材木"。此"山之东南者"是指辽宁东部山地。该志又在《外志》一节中记载抚顺东一百里直至长白山地区为女真人居住地区，为一片"深山稠林"；由开原东一百八十里向东的黑水靺鞨居住地区，也为一片山林；而生女真居住的松花江和黑龙江流域则为"山林江河"景观。这些地区位于吉林和黑龙江二省的东部。

康熙时人林佶撰《全辽备考》卷下还记载"桦木遍山皆是，类白杨"，"山多栎柞椴。"这里所描写的应是东北北部的吉林和黑龙江二省的植被。

吉林东部和黑龙江的森林，历史上又被称为"窝集"。此为满语的汉语译音。例如，《全辽备考》卷上："平地有树木者曰林，山间多树木者曰窝稽，亦曰阿机，《盛京志》作窝集，《实录》作兀集……如那木窝稽、色出窝稽、溯尔贺绰窝稽之类。""自船厂至

---

① 李旭等：《四川西昌螺髻山全新世植被与环境变化》，《地理学报》，1988 年第 1 期。

墨尔根设二十站，由席百部中行皆沙漠，无山水。自墨尔根至爱珲设六站，是由索伦部中行，窝稽居多矣。虎儿哈河即镜泊湖下流……源出色出窝稽"，"自混同江至宁古塔，窝稽凡二，曰那木窝稽，曰色出窝稽。那木窝稽四十里，色出窝稽六十里，各有岭界。其中万木参天，排比联络，间不容尺。近有好事者，伐山通道，乃漏天一线，而树根盘错，乱石坑牙，秋冬则冰雪凝结，不受马蹄；春夏，高处泥淖数尺，低处汇为波涛"。船厂即今吉林市，墨尔根即今嫩江县城，"席百部"即锡伯族居住地，混同江即松花江，虎儿哈河即牡丹江。此记载表明，在吉林东部的牡丹江流域及黑龙江省，有面积广大的树木茂密、遮天蔽日的"窝集"，低处在春夏为一片泥泞沼泽。在大兴安岭东南侧的锡伯族地区，有一片沙漠。这表明，清代时期吉林省和黑龙江省有面积广大的原始天然森林，同时东西部植被也存在差异，吉林省西部锡伯族居住地区为荒漠植被。

成书于19世纪后期的《黑龙江外记》卷一对"窝集"的特点和分布亦有记载，"窝集，山中林木荟蔚，水泽沮洳之区，号窝集。黑龙江境内著名窝集四，曰巴延窝集、库穆尔窝集、巴兰窝集、吞窝集。……宁古塔城东北六百五十里，混同江北，有巴兰窝集，稍东百余里，有吞窝集"。卷二载"黑龙江则深山密薮，寂无人踪也"。"平地多榆，近水多柳，榆无合抱者……山谷多桦木……松有果松、杉松、油松数种。柞木亦名凿子木，……栎亦柞类，结实名橡子"。

《吉林外记》卷一收录乾隆的《驻跸库勒讷窝集口占》诗对"窝集"特点有描述，"窝集夫何许，遥瞻已不凡。真堪称树海……"又收录他的《松子》一文记载松树的分布，"（松）诸山皆产，而辽东所产更胜。盖林多千年之松，高率数百尺，枝干既茂"。《吉林外记》卷二《疆域形胜》对"窝集"的分布记载尤详，"吉林乌拉……其境，南至讷秦窝集，七百三十里，至长白山，一千三百里，东至都岭河、宁古塔……"，"额穆赫索罗，旧窝集部地也。以额穆和湖得名"。"塞齐窝集穆鲁，在城东二百九十里，俗称张广才岭。国语塞齐，开辟也；窝集，密林也；穆鲁，山梁也。昔有民人张广才，在此开设旅店，行者遂以名岭。……自岭西至岭东八十里，丛林密树，南接英额岭，北通三姓诸山，东西石路崎岖，仅容一车。东出密林，至额穆赫索罗四十八里"。文中"城东"指吉林城东。该书卷八亦记载树种构成，与《黑龙江外纪》相同①。这些记载表明，吉林城南至长白山，东面包括张广才岭，为茂密的针阔叶树混交的森林。

黑龙江西部的嫩江流域和大兴安岭地区历史上也是茂密的森林，也被称为窝集。例如，民国初年的《布特哈志略》在《自序》中记载，"布特哈名称自清始，即满语，汉译打牲生活，故名其地。中跨嫩江流域，西北倚内兴安岭，与内蒙诸部接连。东南临呼兰河，与北满为邻。土人分索伦、达呼尔两部。……按满蒙汉语咨访土老之遗传……考诸历代之史书，如魏之勿吉，系窝集之转音，即满语森林。《黑龙江舆地图》：嫩江以东，黑龙江以西地方，山林尚以某某窝集。……唐之室韦，系锡窝之音转，即蒙语树丛。如嫩江左右蒙部地方山林树丛迄以某某室韦或锡窝注称"②。文中的内兴安岭，即大兴安岭。"布特哈"的地域范围，大致为嫩江以西的大兴安岭地区。文中的努敏即诺敏河，嫩江西侧支流。

---

① ［清］萨英额：《吉林外记》，商务印书馆，民国二十八年。
② 孟定恭：《布特哈志略》，《辽海丛书》本，辽沈书社，1985年。

以上记载表明,东北地区东部和北部,甚至到 19 世纪还广泛分布茂密的原始天然森林,为针叶树和落叶阔叶树的混交林,松、桦、椴、榆、柳、柞、栎等为植被的主要构成树种。

除森林植被,东北地区还曾有面积广大的沼泽。《魏书·勿吉国》载"国有大水,名速末水。其地下湿"。《魏书·豆莫娄国》载"在勿吉国北千里……在失韦之东,东至于海,方二千里。……多山陵广泽"。"勿吉国"位于黑龙江省东南部和吉林省东部,以牡丹江流域为核心。清朝曹廷杰也指出:"今辽地遇雨则多淖,盖天设之险矣。"[①]历史上辽河下游、嫩江下游和三江平原等地区都曾有过大面积的沼泽湿地,生长着水生和湿生植被。即使面积广大的被称为"窝集"的山地森林,也是森林与沼泽相间分布,如《黑龙江外纪》所记,"窝集,山中林木蓊蔚,水泽沮洳之区,号窝集"。

二、西北草原与荒漠区

这一地区包括大兴安岭以西,明长城以北的内蒙古、冀北、晋北、陕北,还有宁夏南部地区以及河西走廊和新疆。

在全新世中期,今天的西北草原荒漠区气候较今天湿润,森林带曾向西推进,因此,在全新世中期,西北草原荒漠地区的植被曾有森林、草原和荒漠三个植被带。进入全新世晚期,我国中纬度地区气候趋于冷干,森林带向东退出这一地区。

前已述及,在内蒙古中部土默特川,全新世中期植被以森林为主,甚至在晚全新世的战国时期,在今晋北和内蒙古土默特川地区居住的游牧民族称楼烦和林胡。其中林胡一名,一般认为是与这里有森林植被有关。但到了北朝时期,当时很流行的《敕勒歌》:"敕勒川,阴山下,天似穹庐,笼罩四野,天苍苍,野茫茫"所描写的是典型草原景观。"敕勒川,阴山下"一般认为是今土默特川。据沉积地层孢粉分析,全新世晚期岱海地区已是草原植被。

在今内蒙古东部地区,浑善达克沙地东端,达来诺尔湖以南,在全新世中期曾是森林植被。但在辽代时期,西辽河冲积平原草原化乃至沙漠化已表现非常明显。到元代,文献记载已明显为草原植被,草原带南界已移到燕山山地北侧。

西北荒漠地区,历史时期植被也存在一定变化。例如,根据对乌鲁木齐东道海子剖面的孢粉及其他结果综合分析认为,自距今 4500 年前以来,地带性植被虽然主要是以荒漠为主,但也存在一定变化。其中有三个阶段植被变得稍好,即公元前 1170~前 460 年、公元 250~640 年、公元 680~1645 年,出现过荒漠草原[②]。再如,根据对乌伦古湖东南角湖岸沉积地层花粉分析,末次盛冰期结束以来,该地区植被演替经历了多个阶段:距今 12 000~10 000 年为灌丛草原,距今 10 000~7000 年为荒漠,距今 7000~5000 年为草甸草原,距今 5000~3000 年为荒漠,距今 3000~1000 年为灌丛草原-荒漠

---

① [清]曹廷杰:《东北边防辑要》卷上,《辽海丛书》本,辽沈书社,1985 年。
② 阎顺、李上峰、孔昭宸 等:《乌鲁木齐东道海子剖面的孢粉分析及其反映的环境变化》,《第四纪研究》,2004 年第 4 期。

草原-灌丛草原①。历史时期西北荒漠地区植被的变化，应是与气候变化有关。

西北草原与荒漠区的山地和大河两侧，在历史时期有面积很广的森林植被。

北宋时期绘制的《契丹地理之图》，在长城外的许多山地画有树木，包括西拉木伦河上游地区今克什克腾旗、巴林左旗、巴林右旗诸山地，以及大同北面的山地，大致相当大青山、阴山、大兴安岭西南端和燕山山地等。该图又在云中郡（大致相当于今大同地区）北面标注"松林数千里"②。

《辽史》本纪中，记载辽代帝王秋季"捺钵"（"捺钵"为辽代帝王行围打猎的营帐驻地）在今巴林左旗（辽上京）西北面的松山、桦林山等诸山，树木茂密，野兽很多。据地名，辽代时期松树和桦树在这里的植被构成中占有主要地位。这里为大兴安岭西南端，据笔者 2003 年实地考察，今天这里林木仍然茂密，但为次生林，以杨、白桦等树种为主。

乾隆《塔子沟纪略》卷九《土产》"山树"有柏树、松树、杨树、柳树、榆树、桑树、椴树、苦梨树、杏树、桃树、山梨树等，"山花"有刺梅、丁香等，"山果"有山梨、山杏、山葡萄、郁李、桑葚、山樱桃。所谓"山树"、"山花"、"山果"是对野生的乔木、灌木和野生的结果树木的称谓。据此记载，其植被构成为针叶树和落叶阔叶树混交林。清代塔子沟在行政上属厅级建制，主要包括今内蒙古东南部的敖汉旗、奈曼旗、库伦旗，澄城位于该厅南部。该厅的地形为辽西山地和冀北山地的结合部及西辽河冲积平原的一部分。

河套平原北部的阴山山地，历史上也有森林植被。《元和郡县图志》卷四《关内道四》记载，"牟那山钳耳嘴，山中出好材木"。牟那山钳耳嘴大致为今乌拉特中旗境内的阴山山地。

祁连山在古代亦多树木。汉代设苍松县，在武威东南 120 里，其地域范围在祁连山东端。唐《元和郡县图志》卷四十甘州张掖县"雪山，在县南一百里，多材木箭竿"。删丹县"按焉支山，一名删丹山……水草茂美，与祁连山同"。《太平寰宇记》卷一五〇"删丹县"下则记载："焉支山，一名删丹山……亦有松柏五木，其水草美茂，宜畜牧，与祁连山同。"笔者实地考察，今天张掖市南部的祁连山在海拔 2000 多米以上的山地阴坡，生长着成片针叶林，焉支山在 2000 多米以上的阴坡也有成片茂密针叶林。可见，古代文献有关祁连山地多林木的记载是可信的。

新疆的山地，《汉书·西域传》记载乌孙多松樠。乌孙的核心地区在伊犁河谷地。今天从赛里木湖畔的天山阴坡直到果子沟，还有茂密的云杉林。

直到清代末年，天山北坡还有茂密的云杉林。成书于光绪十八年的肖雄《听园西疆杂述诗》卷四记载，"天山以岭脊分，南面寸木不生，北面山顶则遍生松树。余从巴里坤沿山之阴，西抵伊犁三千余里，所见皆是。大者围二三丈，高数十丈不等，其叶如针，其皮如鳞，无殊南产。惟干有不同，直上干霄，毫无微曲……曾游博克达山到峰顶，见稠密处，单骑不能入，枯倒腐积甚多，不知几朝代矣"。天山南坡因气候干旱，为荒漠植被，北坡水汽条件相对较好，生长茂盛的针叶林。

———————————

① 羊向东、王苏民：《一万多年来乌伦古湖地区花粉组合及其古环境》，《干旱区研究》，1994 年第 2 期。

② 曹婉如、郑锡煌、黄盛璋 等：《中国古代地图集》，文物出版社，1990 年。

清末《新疆图志》记载，"新疆南北天气地脉大殊，天山横亘其间，南麓多童，北麓则自奇台至伊犁二千余里，岗峦断续森然者皆松也，其沿驿大道，则榆柳白杨红柽桃杏沙枣也茶枸杞，而榆柳尤夥……南北高山深谷乔条杂出，灌莽丛生，实兼有炎寒三带之产。……镇西、哈密间南山之麓东起松树塘，西抵黑沟，山松阴蔚亘二百里。阜康博格达山松木尤盛，自南山口取道而入崇崖绝磴，枝叶交阴，越壑沿流，峰路回转，百余里，柯干柠杈，顶上如棚如盖，朽枝老干折仆于路者，厚积数尺。……奇台南山与阜康相似，孚远南山名曰松山，松杉弥望无隙。……自松树头至山麓六十里，遮崖蔽谷者皆松桦也"。此记载表明天山北坡的植被存在垂直差异，山地上部为针叶林带，下部为以桦树为主的落叶林。

历史上沿天山北麓，有胡杨林、芦苇等天然植被呈带状分布。例如，肖雄《听园西疆杂述诗》卷二《玛拉巴什》记载，"绥来县，即玛纳斯……自呼图壁过河而来，节节长林密树，雅秀可观。……再四十里，渡河而后，或值丛芦大泽，或经茂木深林，又各成景象焉。……从昌吉十里至三屯河，二十里至芦草沟，所过皆树林。十五里至榆树沟，四十五里至呼图壁，再经树林。十里过河，河滩广十里。西岸仍入树林，再二十五里，至乱山子，……四十里至绥来"。"自绥来至石河子，过河，河广数里……四十里至乌兰乌苏，皆草木深茂之区。四十里至三道河，五十里至安集海，两处沿路大半深林。……自安集海出树林，一带皆碱滩芦苇"。"东自库尔喀拉乌苏起程，经沙地七十里，至卜尔塔……二十里至四棵树，地皆芦苇，路旁有大树四株。七十里至固尔图，九十里至托多克，两处站口有河，杂树成林，水深草茂"。这些记载反映了天山北麓在19世纪末还未被大规模开发前，天然植被的分布及特点。

西北地区的大河两侧平原，历史上因河流自然泛滥和下渗，地下水位较浅，水分条件较好，沿河两岸形成大片天然森林，称荒漠河岸林。其乔木主要为胡杨，灌木有红柳、甘草、铃铛刺、骆驼刺等耐旱植物，以及还间杂生有芦苇等湿生植被。荒漠河岸林是塔里木盆地最重要的植被。古代位于塔里木盆地东部的楼兰，据《汉书·地理志》记载，"多柽柳、胡桐、白草"，柽柳即红柳，胡桐即胡杨。今天在楼兰遗址及附近，还可看到粗大的枯死胡杨树和用胡杨木制作的粗大的房梁木等，这些都说明古代楼兰地区胡杨树分布广泛。早在19世纪后期，塔里木河干流两侧还有大片胡杨林。例如，清代肖雄《听园西疆杂述诗》卷二《玛拉巴什》描写了塔里木河的几条支流在阿克苏南面相会处的阿拉尔，形成长达上百千米、宽达数十千米的茂密天然胡杨林带。

19世纪末，沙皇俄国的普尔热瓦尔斯基（Н. М. Пржевальский）和别夫措夫（М. В. Певцов）分别沿和田河和叶尔羌河考察，记录了塔里木河的支流叶尔羌河及和田河的两侧都有宽达数千米的胡杨林带。在这些河流两侧的胡杨林带中，栖息着老虎、马鹿、野骆驼、野猪等多种野生动物[1][2]。1870年代沙皇俄国的库罗帕特金从喀什到阿克苏，记载他所行大道沿喀什噶尔河，沿途为茂密的胡杨林，为了防备老虎伤人，沿道

---

① Пржевальский Н М：от Кяхты на истоки Жел-той Реки исследование северной окраины Тибеты и путь через Лоб Нор по Бассейну Тарима. Сан Петербург，1988. 《从恰克图到黄河源——在中亚的第四次旅行记》（俄文），1888，圣彼得堡。

② Певцов М В：Путеществие На Кашгарию и Куньлунь，Москва，1949. 《在喀什噶尔和昆仑的旅行》（俄文），1949年，莫斯科。

路两侧每隔一段距离在胡杨树上架起一个小木棚，供行人晚上栖身[1]。

此外，在且末河、克里雅河和尼雅河，以及准噶尔盆地的玛纳斯河、河西走廊黑河下游的额济纳河等河流，在19世纪末也多胡杨林。

三、青藏高原区

青藏高原区，气候环境差异较大。东南部的林芝地区，受印度洋暖湿气流的影响，今天仍有大片森林，但广大高原则为荒漠和草原植被。

但在气候温暖的全新世中期，森林植被从东面和东南面向高原扩展，在全新世晚期，森林植被向东和东南退缩。例如，藏南地区中全新世森林可能达到海拔4500m左右的高原面上，至晚全新世，木本成分从高原面逐渐消失[2]；高原东北部，据对青海湖沉积地层的花粉研究，距今7400～6700年，湖周边地区植被为森林，距今6700～5000年，植被为森林草原，距今5000～2100年，植被为疏林草原，距今2100年至今，植被为草原[3]。20世纪早期的地理学者张其昀在甘南夏河县调查，记载这里地带型植被为草原，在沟谷中生长茂盛的以云杉为主的针叶林："本县在植物上属草原带，草地树木绝稀，一望无涯。惟在河谷山坡，常绿针叶树甚为茂盛。以云杉为主，往往成为纯林"[4]。据笔者实地考察，今天在青海黄南州隆务河上游麦秀山区和尖扎县西部的坎布拉山区海拔2500m以上，还有针叶林分布。甘南夏河县与青海省黄南州，都地处青藏高原东北缘，是青藏高原与黄土高原交错地带。

在高原腹地的局部地方，历史上也曾有森林分布。例如，柴达木盆地西南缘的拖拉海地区，历史上有一片胡杨林，今天已濒临灭绝[5]。位于高原腹地的昆仑山，古代也有森林分布。青海省都兰县有吐蕃时期的古墓群，共200多座古墓，分布在昆仑山山麓洪积扇上，墓室用柏木构建，大墓中约有60根原木，小墓中约有20根原木，原木长达6m左右，直径最大达60cm，木材保存完好[6]。这些木材很可能是取自附近昆仑山上。据笔者在当地调查，今天在都兰附近的昆仑山上还有树木生长。但古代有直径达60cm的粗大柏木，表明那时昆仑山上树木生长状况较好。

在西藏高原西部的班公错地区，全新世中期，植被为荒漠草原或草原化，进入全新世晚期，植被表现为荒漠化趋势[7]。另外，全新世中期高原上还广泛分布泥炭沼泽，晚全新世泥炭发育较少[8]。这些都表明整个高原从全新世中期到晚期气候的干旱化对植被的影响。

---

① 库罗帕特金 A H：《喀什噶尔》，258～271，商务印书馆，1982年。
② 李炳元、潘保田：《青藏高原古地理环境研究》，《地理研究》，2002年第1期。
③ 刘兴起、沈吉、王苏民 等：《青海湖16ka以来的花粉记录及其古气候古环境演化》，《科学通报》，2002年第17期。
④ 张其昀：《夏河县志》，民国手抄本，成文出版社，1970年。
⑤ 阿成业、张雪亭：《柴达木的古胡杨林》，《大自然》，2003年第5期。
⑥ 王树芝：《青海都兰地区公元前515年以来树木年轮表的建立及应用》，《考古与文物》，2004年第6期。
⑦ Gasse F，Fontes J Ch，van Campo E，et al.：Holocene environmental changes in Bangong Co Basin (Western Tibet)，Paleogeography Paleoclimatology paleoecology，1996，120：79～92。
⑧ 潘保田、徐叔鹰：《青藏高原东部第四纪自然环境变化探讨》，《科学通报》，1989年第7期。

四、黄土高原区

明长城以南、渭河以北、吕梁山以西、六盘山以东的广大地区，为典型黄土高原区，由于有厚层黄土堆积，形成独特的自然地理区域。关于黄土高原植被的性质，长期来为学术界关注，并存在分歧。有的学者认为是森林植被，有的认为是草原植被，有的认为是森林草原。

黄土高原地区的地形可分为三大类，即黄土地貌、石质山地、河谷盆地。这几种地貌类型由于生态环境的差异，导致植被有很大不同。其中，黄土地貌所占面积比例最大，历史上最早被进行农业开垦，导致今天有关黄土高原植被认识产生分歧。因此，有关黄土高原的植被，应区分不同地形部位。

黄土地貌区原生天然植被早已不存在。但春秋战国时期以前，农业民族主要分布在渭河和汾河的河谷平原，而广大的黄土高原地区基本上是游牧民族。那时铁器尚未广泛使用，生产力的低下和生产方式落后的特点，使春秋战国时期以前人类活动对自然环境破坏很轻微，那时黄土地貌地区还有着较好的原生天然植被。那时的黄土塬上的天然植被有乔木、灌木和草地，但灌木和草地占有较大面积。

黄土塬的"塬"字，古代称为"原"。在西周时期的文献中，出现了若干用"原"命名的地名，如周原、大原等地名。我国最早的一部地理著作《禹贡》中则有"原湿底绩"一语。这些"原"都是专指黄土高原地区的黄土塬。据《尔雅·释地》的解释，"原"为广平之意，即广阔而平坦。这样的景观应当是草原景观。根据《诗经》对周原自然环境的描写，可以进一步认识古代黄土原的"原"字的含义以及"原"上自然景观的特点。《诗经·小雅·文王之什·绵》描写周原的自然环境为"周原膴膴，堇荼如饴"，其大意是"周原为一片开阔肥美的草原，到处生长着肥嫩的堇菜和苦菜。"诗中的"堇"即堇菜（*Viola*），多年生草本，属堇菜科；诗中的"荼"，即苦菜（*Ixeris chinensis*），又称苦买菜，属菊科。周原位于关中地区渭河北侧的扶风县。

《诗经》中还有许多篇或直接或间接描写了黄土高原的草原景观。例如，《诗经·小雅·鹿鸣》篇描写了成群的野鹿互相鸣叫着在广阔的草地上吃草的情景，"呦呦鹿鸣，食野之苹……呦呦鹿鸣，食野之蒿……呦呦鹿鸣，食野之芩"。诗中的呦呦，为拟声词，表示野鹿叫的声音；诗中的"苹"与"芩"，据《中华大字典》，为蒿的一种。总之，该诗篇中所描写的植物，以蒿属（*Artemisia*）为主。这和孢粉分析所得出的关于古代黄土高原塬面上及墚地上的花粉组合以蒿属占主要地位的结论相吻合[①]。以蒿属植物为主的花粉组成，代表的是草原环境。《诗经·大雅·生民》篇，也同样描写了黄土高原在未进行农业种植以前的原始自然植被是茂盛的草地。

《诗经》中还有许多篇章描写了周朝天子和诸侯在陕北和陇东地区的广大黄土塬上狩猎的情景。例如，《小雅·吉日》篇，生动地描写了周天子和群臣一起在漆、沮河流域的广阔草地上驾车围猎野鹿和各种动物的情景。

上述有关黄土高原多鹿的描写，也得到考古发现的证实。在关中地区西周遗址中，

---

① 刘东生 等：《黄土与环境》，科学出版社，1985年。

考古发掘出土了大量鹿骨和鹿角[1]，表明狩猎活动对于西周时期生活在黄土高原地区的先民来说具有重要意义，与《诗经》等古代文献所记载的狩猎活动互相印证。

古代黄土高原人文地理特点亦可为草地占有广大面积这一论点提供佐证。从商代后期至战国前期，庆阳、延安、离石一线以北，长期为游牧民族居住。游牧民族还曾南达关中地区甚至渭河之畔。例如，西周末年，游牧民族达到泾河下游。在庆阳、延安、离石一线以南，虽然为农业民族居住地区，但畜牧业则占有重要地位。西周时期，秦人的先祖以善养马而著称于史。《史记·秦本纪》记载秦人的先祖因善养马，周朝天子让其在今宝鸡的汧水和渭水之间放牧马匹，"马大蕃息"。位于今山西的晋国也以多马而著称于史。《左传·昭公四年》就记载晋国多马一事。而《左传·僖公二年》更记载了晋国的"屈"地所产之马为晋国的国宝。"屈"的位置，位于今山西省西南部吕梁山西侧吉县的东北部。而居住在关中地区的周人则牧放大群牛和羊。《诗经·小雅·鸿雁之什·无羊》篇赞美了周宣王时期牧业兴旺的景象。该诗称颂羊一群有 300 头之多，牛一群有 90 头之多。其羊群和牛群规模之大，完全可以和今天草原上游牧民族的羊群和牛群相比。

除了草地有广泛分布外，灌木林古代在黄土塬上也有广泛分布。《诗经》中有许多篇章描写了黄土高原的植物，提到最多的是一些灌木，主要有榛子（*Corylus heterphylla*）、酸枣（*Ziziphus jujuba*）、扁核木（*Prinsepia utilis*）、枸杞（*Lycium chinensis*）、荆条（*Vitex negundo*）等。这些灌木常常成片生长，形成灌木林[2]。

古代文献中记载了黄土高原的几种"林"。这些"林"曾被认为是森林。这是很大的误解。古代文献所提到的黄土高原的几种林，实际上都是灌木林，并非为高大树木形成的森林。例如，在古代文献中多次被提到的"棫林"，曾被认为是森林。"棫林"是一个地名。有关棫林一名在古代被多次提到。然而棫是一种灌木，并非乔木，属于蔷薇科，很可能就是扁核木。"棫林"应是大面积的由扁核木形成的灌木林。

此外，古代文献中还有"中林"和"平林"的词汇，也曾被认为是森林。实际上，"中林"和"平林"也是灌木林，并非森林。例如，《诗经·小雅·正月》中记载，"瞻彼中林，侯薪侯蒸"。其中的"薪、蒸"，被注释为"柴樵之名"、"小木"[3][4]。

综上，草地和灌木林在古代黄土高原的黄土塬上分布广泛，因此，作为黄土高原显域生境的黄土塬，它的主要植被类型应是草地和灌木林。但这并不是说古代黄土塬上就没有乔木生长。许多事实表明，古代黄土高原的黄土塬上也还是有乔木生长的。

首先，对近 3000～2000 年来的黄土塬上黄土地层中的花粉分析可为此提供证据。黄土研究者在黄土高原西北部三个地点全新世中晚期黄土地层的花粉分析表明，其中都或多或少地含有木本植物花粉。这三处地点和地层年代分别是：西峰北雷家岘黄土塬上（距今 2600 ± 140 年）黑垆土层木本花粉占化粉总量的 62.5%（桦木属 *Betula* sp. 25.0%；松属 *Pinus* sp. 37.5%）。此外，静宁牛站沟平缓分水岭上（距今 3162 ±

---

① 《文物》编辑委员会：《文物考古工作三十年》，文物出版社，1979 年。

② 王守春：《论古代黄土高原的植被》，《地理研究》，1990 年第 4 期。

③ 《十三经注疏》本，中华书局影印本。

④ 王守春：《古代黄土高原"林"的辨析兼论历史植被研究途径》，载于左大康《黄河流域环境演变与水沙运行规律研究文集（第一集）》，地质出版社，1991 年。

• 149 •

108 年）以及环县城东黄土塬上（距今 1935±130a）的黑垆土层中分别含有木本植物松属和桦木属花粉[1]。

但古代黄土塬上生长的树木，既不挺拔高大，也未形成茂密森林，长势不太好。例如，《诗经·大雅·文王之什·皇矣》篇描写了周文王率领人民开垦荒地，要除掉荒地上生长的柽柳、桑树、灵寿木、柘树等多种树木，这些树木大多都是小乔木和灌木，而且还描写有的树木枯死立在那里，有的枯死倒在地上，表明长势不好。

一些方志的记载也表明黄土高原地区乔木难以生长。例如，民国《甘泉县乡土志》"物产"中虽记载有松、柏、榆、槐、柳、楸等树木，但又写道："虽有此种名目，而成材者实少。"再如，《延长县志》卷五《风俗》"生计"记载，"地尽童山，宜种树，非谕严督不一植也。栽即种植，不甚照管，成株者少，似谓奉官者为之，于己无与也"[2]。说明当地百姓由于树木生长困难，对于植树很不关心。

实际上，20 世纪中后期以来，陕北黄土高原的许多地方在黄土地貌区栽种了苹果树等多种果树，已形成我国重要苹果产地，表明黄土地上是可以生长树木。但黄土高原的许多地区自 20 世纪中后期以来绿化的面积与成活树木面积相比，差异甚大，而且许多地区栽种的树木虽能成活，但不能长成高大乔木，许多地方种植了数十年的树木，还只是小矮树，百姓将这种树称为老头树。

根据上述草地和灌木在黄土塬上有广泛分布，还有矮化和长势不佳的树木呈稀疏分布的情况，可将黄土塬上植被特点概括为"稀树灌丛草原"[3]。这种植被特点是和黄土特性有关。

关于黄土塬上的植被应为疏林灌丛草原这一结论，和花粉分析结果基本吻合。上述黄土研究者们对黄土高原几个不同地点距今 3000～2000 年黄土地层的花粉分析结果表明，草本植物花粉占花粉总量的绝大部分，表明黄土塬上的植被具有草原化特点[4]。

黄土高原地区的山地植被和黄土塬上的植被有所不同。由于山地降水要比黄土塬相对多些，而且石质山地可使土壤水分不至于严重下渗，使山地植被和黄土塬上的植被有很大不同。山地植被以森林为主。今天陕北的黄龙山、子午岭等山地，仍有茂密的森林。在古代，黄土高原有更多的山地为茂密的林木覆盖。特别是《山海经·西次四经》不仅记载了黄龙山等山地植被为乔木，还记载了陕北榆林地区的诸多山地上多树木，其中如位于靖边县的白于山，"白於之山，上多松柏，下多栎檀"，位于今米脂与佳县之间的"诸次之山，多木无草"，位于今榆林东面的"号山……其木多漆"等。白于山今天已是灌丛草原植被，"诸次之山""号山"今天也都无林可言。

唐玄宗开元、天宝时期，长安宫殿的修造要从黄土高原北部的岚州、胜州采伐大木。此事见于唐德宗贞元八年与当时任户部侍郎的裴延龄的对话。当时欲在长安建造神龙寺，需五十尺长的松木木料，时任户部侍郎的裴延龄向德宗报告称，他在长安附近的同州查找到一山谷中有数千株皆高达八十尺的大树，但德宗对此感到疑惑，问道："人

① 刘东生 等：《黄土与环境》，科学出版社，1985 年，96～98。
② 《延长县志》，乾隆二十七年王崇礼原修，民国补抄本，《中国方志丛书》，成文出版社，1970 年。
③ 王守春：《论古代黄土高原的植被》，《地理研究》，1990 年第 4 期。
④ 刘东生 等：《黄土与环境》，科学出版社，1985 年。

言开元、天宝中侧近觅长五六十尺木，尚未易，需于岚、胜州采市，如今何为近处便有此木？"① 唐代岚州地域范围包括今山西省的岚县、岢岚、静乐、兴县诸县，胜州的地域范围大致包括今陕北的神木、府谷以及内蒙古鄂尔多斯市东部的伊金霍洛旗和准格尔旗。此事表明，古代黄土高原北部的一些山地也有高大的树木生长，这可和《山海经》有关陕北地区一些山地有林木的记载相印证。

甚至到了民国时期，据《神木乡土志·物产》所记，在陕北神木县的一些偏僻之处还有树木生长，"神木先年富于材木，惟松柏尤多，故城中旧屋檩梁椽柱无非松柏木者，斯非其明证矣。今虽童山濯濯，而偏僻之区凡凡者犹指不胜屈也"。

陇西天水地区的山地古代也多树木。《诗经·国风·小戎》赞颂秦襄公征讨居住在天水地区的西戎，其中提到西戎人居住的"板屋"。《汉书·地理志》有"西戎板屋"。西戎之人用木板建房，可见其树木较多。

但黄土高原山地的林木并不具有地带性意义，特别是不能因古代黄土高原北部和西部山地有林木而将其地带性植被划为森林带。历史文献还记载一些山地植被以荆条和牡丹为主，表明灌木在一些山地植被构成中占有重要地位。

黄土高原的河谷与低地，水分条件较好，据《诗经》等文献，古代原生状态的植被也以乔木占重要地位，另外还有藤本植物和湿生及水生植物。

历史时期，在全球气候变化和人类活动的影响下，黄土高原天然植被发生很大变化。黄土高原的北部地区由古代的森林带变为草原带，只是在个别山地和沟谷中还残存有若干林木。黄土高原南部地区，黄土塬和黄土丘陵已被开垦，天然植被已不复存在。

---

① 《旧唐书·裴延龄传》。

第七章　重要珍稀动物地理分布的变化

　　我国地域辽阔，有着多种多样的自然环境，特别是历史时期有面积广大的森林、草原和湿地，生存着种类多样的动物。由于自然环境本身的变化、人类活动导致生态环境的恶化，许多野生动物分布范围大大缩小，数量也大大减少，有的则甚至消失。历史时期我国珍稀野生动物地理分布的变迁研究，是中国历史自然地理领域最晚开拓的研究领域。该领域的开拓者文焕然先生和其合作者何业恒先生，先后研究了多种珍稀野生动物的地理分布变化，出版了多部相关著作。其后，文榕生继承其父文焕然的研究，又作了深入细致的研究。他们的研究成果①，进一步扩展、丰富了中国历史自然地理学的内容。本章即在此研究成果的基础上，选择几种具有重要意义的珍稀动物，论述对其地理分布的变化，并提出若干修正和新见解。

第一节　亚　洲　象

　　亚洲象与犀都是喜暖动物，这两种动物历史时期地理分布的变化，通常被作为研究历史时期气候变化的重要替代指标。

　　亚洲象（*Elaphas maximus*）在气候温暖湿润的全新世中期，曾有广泛分布。

　　在全新世中期多处新石器时代遗址中，发现亚洲象残骨。河北阳原县丁家堡水库的全新世中期地层中（距今约 6000～5000 年）发现亚洲象的骨骸，是我国已知亚洲象分布最北的记录。和亚洲象骨骸一起发现的还有两种软体动物遗骸：厚美带蚌和巴氏丽蚌。这两种蚌类的现生种主要分布在长江以南地区②。这些事实表明，丁家堡发现的象遗骸，是与那时的气候条件有关。此外，南方的广东、广西和福建诸省（自治区），还有位于长江三角洲地区的浙江余姚河姆渡遗址③、浙江省桐乡县落家角遗址④、上海崧泽遗址⑤，长江以北地区有河南淅川下王岗遗址⑥，以及淮河以北的苏北地区多处全新

---

　　①　文焕然、文榕生：《中国历史时期植物与动物变迁研究》，重庆出版社，1995 年；何业恒：《中国珍稀兽类的历史变迁》，湖南科学技术出版社，1993 年；何业恒：《中国珍稀爬行类两栖类和鱼类的历史变迁》，湖南师范大学出版社，1997 年；文榕生：《中国珍稀野生动物分布变迁》，山东科学技术出版社，2009 年。

　　②　贾兰坡、卫奇：《桑干河阳原丁家堡水库全新世中的动物化石》，《古脊椎动物与古人类》，1980 年第 4 期。

　　③　魏丰、吴维棠、张明华 等：《浙江余姚河姆渡新石器时代遗址动物群》，海洋出版社，1989 年。

　　④　罗家角考古队：《桐乡县罗家角遗址发掘报告》，《浙江省文物考古所学刊》，文物出版社，1981 年。

　　⑤　黄象洪、曹克清：《上海马桥、崧泽新石器时代遗址中的动物遗骸》，《古脊椎动物与古人类》，1978 年第 1 期。

　　⑥　贾兰坡、张振标：《河南淅川下王岗遗址中的动物群》，《文物》，1977 年第 6 期。

世中期的新石器时代遗址中发现象骨制品①，此外还有山东大汶口遗址亦发现象的残骨②。这些遗址，大致在距今 7000～6000 年前。上述考古发现表明，全新世中期，亚洲象在黄河下游地区广泛分布，其北界可能达到丁家堡的北纬 40°。

时代较晚的河南安阳殷墟遗址，不止一次发现象骨及埋象的坑，而且在甲骨刻辞中，也有捕象的记载。这都说明，在今豫北地区，3000 多年前是有野象生存的③。这也表明中全新世后期黄河下游地区仍有野象分布。安阳地区的纬度可大致作为距今 3000 多年前殷商时期野生亚洲象分布的北界。时代大致相当于商代时期的成都金沙遗址和广汉三星堆遗址，出土了大量象牙④。这些表明四川地区当时也有大量的野象分布。

中国历史早期的许多文献，关于野生亚洲象的记载很多。

《山海经·中山经·中次九经》：岷山和嵩山（大巴山），"多犀象。"与三星堆遗址和金沙遗址出土大量的象牙相印证，表明古代四川亚洲象分布很广泛，向北到岷山。岷山在秦岭的西面，与秦岭大致在相同的纬度。据此，历史早期亚洲象在西部地区的分布至少应以秦岭为北界。

亚洲象的象牙在中国古代被一些地方作为向中央政权进贡的珍贵物品。最早记载以象牙作为贡品的是《禹贡》。其中记载"扬州"所贡物品有"齿革羽毛"，"荆州"所贡物品有"羽毛齿革"。据东汉郑玄注，其中的齿被认为是象牙，革为犀牛之皮。表明长江中下游地区都有亚洲象的分布。《周礼·夏官·职方氏》荆州物产："其利丹银齿革。"

《诗经·鲁颂·泮水》："憬彼淮夷，来献其琛；元龟象齿，大赂南金。"淮夷位于今淮河下游地区。与上述《禹贡》的记载互相参证，淮河下游地区有亚洲象分布。

《国语·晋语》和《史记·晋世家》记载，楚国产象牙。春秋时楚国的范围，主要包括长江中游地区、汉水下游和淮河上游地区。

《国语·楚语上》有"巴浦之犀氂兕象其可尽乎"一语，说的是巴浦地区犀、象等很多。其中"巴浦"的地望，可解为巴水之滨⑤。据《水经·江水注》，巴水出川东宣汉县巴岭山，西南入江，则巴水应为今四川嘉陵江东支的渠江。巴水流经川东地区，故此可理解为大象在川东地区的分布。《左传·定公四年》，吴伐楚，楚国"使执燧象以奔吴师"。反映楚国野象很多。《竹书纪年》记载，魏襄王七年，越王献犀角象齿⑥。

上述诸多文献记载表明，在春秋时期以前，在四川地区、江汉平原和淮河下游地区，亚洲象广泛分布，数量很多。特别是楚国的核心的江汉地区，古代有面积广阔的云梦泽，为野生亚洲象提供了很好的生存环境。这一时期亚洲象分布北界，在东部地区应为淮河一线，在西部地区应为秦岭、岷山一线。

野生亚洲象分布北界从河南安阳一线，南退到淮河以南，可能是在西周初年。《吕

① 唐领余、李民昌、沈才明：《江苏淮北地区新石器时代人类文化与环境》，周昆叔主编：《环境考古研究》（第一辑），科学出版社，1991 年。

② 李有恒：《大汶口墓群的兽骨及其他动物骨骼》，《大汶口新石器时代墓葬发掘报告》，文物出版社，1974 年。

③ 中国社会科学院考古研究所：《殷墟的发现与研究》，科学出版社，1994 年。

④ 黄剑华：《金沙遗址——古蜀文化考古新发现》，四川人民出版社，2003 年。

⑤ ［清］董增龄：《国语正义》，巴蜀书社，1985 年。

⑥ 方诗铭、王修龄：《古本竹书纪年辑证》，上海古籍出版社，1981 年。

氏春秋·古乐》记载，"成王立，殷民反，王命周公践伐之。商人服象，为虐于东夷，周公遂以师逐之，至于江南，乃为三象，以嘉其德"。此记载可能反映了野象分布北界的变化，此时即相当于晚全新世的气候转冷之时。野象分布北界的这一变化，可能与气候变冷有一定关系。

西汉时期，长江中游的荆州和下游的扬州地区，仍有野象分布。汉代司马相如《子虚赋》描写云梦泽地区有"兕象野犀"[①]，汉代桓宽《盐铁论·本议》论及各地物产，提到"荆、扬之皮革骨象"。又在《崇礼》篇和《力耕》篇中提到岭南地区野象很多。杨雄《蜀都赋》中说到蜀地有犀、象。《汉书·地理志下》记载，"粤地……今之苍梧、郁林、合浦、交阯、九真、南海、日南，皆粤分也。……处近海，多犀、象、毒冒、珠玑……"上述记载表明，西汉时期湖北和淮河以南地区，特别是岭南地区，野生亚洲象分布很广。

晋代和南北朝时期，长江流域野生亚洲象仍频频见于记载。

晋左思《三都赋·蜀都赋》描写蜀地"犀、象竞驰"，又在《吴都赋》中描写吴地"林中有象"。左思《吴都赋》的地域包括今江苏、浙江、安徽、江西及湖南与湖北的部分地区。晋常璩《华阳国志·蜀志》记载，"其宝则有……犀、象……"这些记载表明，到晋代，四川盆地和长江中下游地区野象还很多，其分布北界可能仍为川北的岷山山地、秦岭和淮河一线。

稍晚，北魏郦道元在《水经注》中记载澜沧江在永昌县以下两侧地区犀牛和亚洲象很多，"兰仓水……水自永昌县而北迳其郡西，水左右甚饶犀象"。

南北朝时期，荆州和扬州江淮地区仍有野生亚洲象的分布。

《魏书·崔浩传》记载，南朝刘裕死后（刘裕死于公元420年），北魏皇帝欲趁机进攻南朝，大臣崔浩建议：不要武攻，以德化之，则荆州和扬州的象牙等南方珍宝，可不求而至。记载表明，荆州和扬州出产象牙。《南齐书·五行志》记载，南朝齐永明十一、十二年（公元492～493年）"有象至广陵"。《文献通考》卷三一《物异考》记载，南朝梁天监六年（公元507年）"有三象入建邺"。

《魏书·灵征志》记载，东魏天平四年（公元537年）八月"有巨象至南兖州砀郡"。砀郡大致为今安徽省砀山县。《魏书·孝静纪》记载，"元象元年（公元538年）春正月，有巨象自至砀郡陂中，南兖州获送于邺"。《魏书》两次所载当为同一头孤象，其在淮河以北的砀郡出现，并被抓获送都城，表明该象在砀郡的出现属偶然的异常现象，在淮河以北地区已属罕见之动物。因此，不能作为野生亚洲象分布之北界，但可说明，群居野生亚洲象的分布当在此之南不很远处。

特别值得指出的是，《南史》记载南朝梁承圣元年（公元553年）十二月"淮南有野象数百，坏人室庐"[②]。此条内容不见于《梁书》。然而，若结合前述有野象进到建邺城和广陵城的事件，则此淮南有数百头野象出现一事，似应可信。只不过此次象群之大超乎寻常，表明淮河之南和长江沿岸，野象应很多。

综上，南北朝时期淮河应是野生亚洲象分布的北界。

---

① 《汉书·司马相如传》。

② 《南史·梁本纪下·元帝》。

唐代野生亚洲象分布北界，可从唐德宗放生象一事进行参照。唐大历十四年（公元779年）闰五月，德宗刚即位，"放舞象三十有二于荆山之阳"①。宋人王谠的《唐语林》记载，"代宗时，外方进驯象三十二……德宗即位，悉令放荆山之南"②。荆山位于湖北省西北部，"荆山之阳"当指今江汉平原。这里古代属云梦泽地区。唐代之所以选择这里放生象，也是要考虑其生存的环境问题。唐代将象放生于荆山之南，意味着荆山应是唐代亚洲象在长江中游地区分布的最北界。其纬度大致在北纬 31°50′。

唐代四川盆地有象的记载。《太平广记》卷四四一《阆中莫徭》记载，"莫徭尝于江边刘芦，有大象奄至……""阆中"即相当于今四川阆中县。这里的纬度为 31°03′。

在长江下游地区，《太平广记》卷四四一《淮南猎者》记载唐代长江之北多象，"张景伯之为和州，淮南多象，州有猎者，常逐兽山中"。和州为今安徽省和县。猎者"常逐兽山中"，是指巢湖西南的大别山东南端和位于巢湖东北的张八岭山地。由于猎人的驱赶，这些山地成为淮南地区野生亚洲象的主要栖息地。淮河就位于这两处山地之北。由此，在长江下游地区，淮河可以作为野生亚洲象分布的北界，即使以位于淮河之南的大别山东侧和张八岭南端为野生亚洲象分布的北界，其纬度也在北纬 31°50′~32°00′。这一纬度和唐德宗时放生野象的"荆山之阳"的荆门——钟祥（北纬 31°50′）大致在同一纬度。这表明，德宗时放生野象地点的选择是很符合自然规律的。

综上，北纬 32°00′应作为唐代野生亚洲象分布的北界。在东部地区，应以淮河这条自然地理界线作为野生亚洲象的北界。

唐代晚期东部沿海地区野象分布北界似乎向南有很大退缩。后周时期的《吴越备史》卷四《后周广顺三年（公元 953 年）》记载浙江南部有象出现，"是岁，东阳有大象自南方来，陷陂湖而获之"③。东阳即今浙江南部东阳县。这一事件表明，东阳地区当时已没有野生亚洲象分布，野生亚洲象从南方来，被作为一种非常事件，人们才将其捕获。由此可进一步推测，到五代时期，东部的浙江地区野象已很难见到，此时野象分布北界可能已向南大大退缩。其北界可能在福建省北部的武夷山北端。唐代南方野象分布广泛，数量仍很多。《新唐书·南蛮传》和唐代樊绰《蛮书》记载云南多野象。

从西周初年亚洲象分布北界在秦岭淮河一线，与唐代后期亚洲象分布北界相比，在长达 1800 多年中，野象分布北界的变化在东部地区和西部有很大不同：西部四川地区野象分布北界从秦岭向南稍有移动，东部地区从唐代前期以淮河为界，到唐代后期，野象分布北界在东部地区大大向南退缩。

宋代有关野生亚洲象的记载较多。宋代野生亚洲象主要分布在两广、云南以及贵州、闽南地区。

《宋史·食货志上三·漕运》提到由广南地区运送到京城开封的物资有犀牛和大象，"广南金银、香药、犀象、百货，来运至虔州而后水运"。北宋时的"广南"包括今广西和广东两省。范成大《桂海虞衡志·志兽》记载象产于南方，"兽莫巨于象，莫有用于马，皆南土所宜"。"象出交趾山谷，惟雄者则两牙"。周去非在《岭外代答》卷五记载

① 《新唐书·德宗纪》。
② ［宋］王谠：《唐语林》卷三《赞誉》，文渊阁《四库全书》本。
③ ［宋］钱俨：《吴越备史》卷四《后周广顺三年》，文渊阁《四库全书》本。

邕州永平寨和钦州两处博易场有内地商人来进行交易，其交易的物品中有象牙、犀角等物品。宋代邕州大致相当于今南宁市。宋人撰写的《大观本草》记载不仅广东地区有野象，两湖地区山地中亦有野象，"（象）今多出交趾，潮、循州亦有之"①。

潮州地区在宋代仍以多象并对农作物造成灾害而备受关注。《宋史·五行志》记载，"乾道七年（1171 年），潮州野象数百食稼，农设阱田间，象不得食……"与潮州相近的闽南漳浦县也多象，"漳州漳浦县地连潮阳，素多象，往往十数为群，然不为害，惟独象遇之，逐人蹂践，至肉骨糜碎乃去"②。宋代在今福建省西南的武平县设立了象洞巡检寨，也说明闽南地区多野象③。

宋代在今贵州省与重庆市接壤地区，也有野生亚洲象分布。《太平寰宇记》卷一二二"南州"土产象牙，"西高州"土产象齿，"溱州"土产"象牙，入贡"。南州、西高州、溱州位于今贵州省和重庆市的接壤地带，包括重庆市的南川、綦江县和贵州省西北部的桐梓、正安、习水、道真诸县的部分地区。这一地区为一片山区，属于湘西山地和黔东山地，并与广西的山地连成一片。很可能，宋代时期，重庆市与贵州省接壤地区的野象通过这些山地与广西、云南的野象进行交流。这些地区最北面大致位于北纬 29°30′。

另外，《宋史·五行志》还记载野生亚洲象频繁出现在长江以北，"建隆三年（公元 962 年），有象至黄陂县匿林中，食民苗稼，又至安、复、襄、唐州践民田，遣使捕之；明年十二月，于南阳县获之，献其齿革。乾德二年（公元 964 年）五月，有象至澧阳、安乡等县。又有象涉江，入华容县，直过阛阓门。又有象至澧州澧阳城北"。"乾德五年（公元 967 年）有象自至京师"。文中的"京师"当指北宋京城开封。这些北窜过了长江的野生亚洲象，只是个别的异常现象，不能认为野生象分布的北界向北推移到长江以北。以往研究者皆将这种个别情况作为野生象分布北界向北推移，并进而将这几个个别情况作为气候变暖的依据。这一论点显然是论据不足。但这些北窜的野象，可能都是来自湘西山地，意味着湘西山地可能有较多野象。

在西部的川西地区，据《宋史·蛮夷四》记载，"黎州邛部川蛮……端拱二年……贡……犀角二、象牙二……""黎州邛部川蛮"居住在今西昌地区和大凉山的部分地区。这一地区最北部的纬度大致在北纬 28°30′，故宋代西南的川西地区野生象最北界可到北纬 28°30′。此线以北，为山体高耸的大相岭、小相岭和大雪山，气候相对较冷，不适宜野象生存。

另据范成大《桂海虞衡志·志器》记载，大理国的甲胄用象皮制造，其做工最为精良。这一记载与唐代樊绰《蛮书》所记吻合。樊绰所记野象"开南已南多有之"，开南即今景东，距大理国政治中心洱海盆地很近。

综上所述。宋代野生亚洲象分布北界，从西部的云南地区大理国所在的洱海盆地，向东北经川西地区，到达北纬 28°30′，向东经今重庆市与贵州省接壤地区的南州。南州北部的纬度为北纬 29°30′。在东部地区，野生亚洲象基本上是以南岭为其分布北界。

---

① ［宋］唐慎微原著，［宋］艾晟 刊订，尚志钧点校：《大观本草》，安徽科学技术出版社，2002 年。
② ［宋］彭乘：《墨客挥犀》卷三，文渊阁《四库全书》本。
③ ［宋］王象之：《舆地纪胜》卷一三二。

宋代与唐代相比，在中部的湖北，亚洲象分布的北界向南退缩达 2～3 个纬度。在东部沿海地区，向南退缩的距离更远。

元代有关野象的记载很少。

明代广西东部野象很多。《大明一统志·南宁府》"土产"记载，"象，近交趾界山谷间出"。清嘉庆《广西通志》卷九三《太平府》记载，"象，洪武十八年十万山象出害稼，命南通侯率兵二万驱捕，立驯象卫于郡"。文中"十万山"为广西东部的十万大山。明代在今南宁东面的横县设立了驯象卫，意味着这些山地可能都有野象分布。明朝政府派出二万士兵来驱捕野象，可见当时广西东部野象数量之多，以及危害程度之严重。

明代广东可能还有野象。明李时珍《本草纲目》记载，"时珍曰，象出交广云南及西域诸国，野象多至成群，番人皆畜以服重"。此记载也表明两广云南野象较多。明代方以智《物理小识》记载，"云南人家养象负重，潮州象牙小而红"①。此记载表明，潮州野象与云南野象有所不同，可能潮州野象不是亚洲象。但民国《东莞县志》引征宋代文献记载粤东的潮州地区野象很多，并指出元明以后野象已不见，意味着明代野象在广东分布范围大为缩小，可能仅分布于西部与广西毗邻山地中。

明末《徐霞客游记》记载云南地区象的分布，"盖鹤庆以北多牦牛，顺宁以南多象，南北各有一异兽，惟中隔大理一郡，西抵永昌腾越……"鹤庆即今鹤庆县，位于滇西北的洱海盆地北面。鹤庆以北为横断山脉北段，为高山峡谷区，地形陡峻，气候寒冷，只适合牦牛生存。顺宁即今凤庆，大致位于北纬 24°35′。凤庆也是处在地势转折之处。凤庆以南，横断山脉相对高度变低，河谷也变宽。则凤庆的纬度可以作为明代滇西地区亚洲象分布的北界。

明代云南野象分布北界比其东部的两广地区偏北，这可能是由于云南的西部有西藏高原和滇西北高原的屏蔽，较少受冬季寒冷气流的袭击，而东部地区则不具备此条件。另一原因可能是东部地区人口相对较稠密，人类对自然生态的破坏较西部地区严重。

清代前期文献记载表明，在广西东南部与广东毗邻地区有一片野象分布区。据清初编纂的《古今图书集成·职方典》1364 卷《廉州府·物产》记载，"象，间有"。所谓"间有"，意味着象的数量不是很多。清代廉州府的政治中心位于合浦，隶属广东省。廉州府境内有十万大山，很可能，野生象是栖息在十万大山。另外，《乾隆府厅州县志》卷四四《南宁府》土贡有象。南宁府与廉州毗邻。南宁府东面的横县，在明代设有"驯象卫"，横县东面位于两广接壤地带的六万大山，在清代也可能有野象分布。六万大山北端大致在北纬 23°00′，则北纬 23°00′大致可作为清代前期广西地区野生亚洲象分布北界。与明代相比，分布范围和分布北界变化不是很大。

清代野生亚洲象的另一片分布区位于云南西南部。《古今图书集成·职方典》1511 卷《永昌府·物产》有"象、象牙、象尾"。永昌府包括今保山、潞西、施甸、镇康、耿马诸地区。保山市的纬度大致为北纬 25°00′，前面提到明末徐霞客记载顺宁（今凤庆）以南多象，凤庆位于保山南面，故清代前期云南野生亚洲象分布北界和明末徐霞客所记变化不是很大。

---

① ［明］方以智：《物理小识》，文渊阁《四库全书》本。

《乾隆府厅州县志》卷三六《重庆府》记载，"土贡……象牙、犀角"。这里将象牙列为"土贡"，应是本地所出产。重庆市南面的南川县，在唐宋时期文献中都记载土贡有象牙。清代重庆府的野象，应分布在其南部的南川县和綦江县，这里与贵州省毗邻。这里的纬度为北纬29°30′。

据以上，清代前期与明代相比，无论广西还是云南，野生象分布北界变化都不是很大。故明代和清代前期，可以作为一个阶段。

清代后期，亚洲象分布范围迅速缩小。两广境内，只有道光十三年（1833年）《廉州府志》物产记载："象，间有。"两广其他地区的方志不再见有野象记载。此后，两广地区再无任何方志记载有野象。则野象在两广地区最后消失可能在19世纪中期。

清后期，云南野象分布范围也大为缩小，如光绪十一年（1885年）《永昌府志》记载该府已无野象。

据以上亚洲象分布情况，18世纪末至19世纪中期，亚洲象分布北界大致在沧源、普洱至广西钦州地区北部的灵山县一线。此线之南，野象可能呈不连续的片状分布：一片在云南的南部、东南部和西南部；一片在广西的钦州地区。钦州地区的野象分布范围可能很小。19世纪后期以后，广西地区再也未见有野象的记载。

从20世纪初，云南地区野生亚洲象分布地区又迅速缩小。例如，民国六年（1917年）《龙陵县志》物产记载："外夷所产：象、象牙、象尾、琥珀、水晶……诸物皆出于外地，有千余里者，有数千里者，贾人裹粮行数十日始至其处，至其处购买甚难。"龙陵县位于云南西南部。此记载表明，到20世纪早期，云南西南部的一些县已不见野生亚洲象分布。但云南南部和东南部边远地区直至1930年代～1940年代尚有野象分布：民国二十一年（1932年）《马关县志》物产记有野象；民国二十七年（1938年）《镇越县志》物产记载野兽有象、犀牛，还特别记载："象、虎、豹、野牛、犀牛等尤以接近边地，人烟稀少之处较多，瑶人猎户亦时见猎获。……象之牙鼻，虎豹之皮，鹿筋鹿胎熊之掌等均有所产。"民国三十八年《新纂云南通志》："象，沿边热地如腾冲（产南界猛碕各司地，今沧于英）思茅、车里、镇越等处产之，与印度象同类，鼻部长。"此记载表明，云南的野生象即为亚洲象。

但到20世纪中后期，云南的野象只分布在几个彼此隔离的小片地区，即西双版纳的勐腊县、景洪县，临沧地区的沧源县，以及思茅地区的江城县。1960年代～1970年代调查，野生亚洲象分布在西双版纳、思茅和临沧地区[①]。

综观历史时期野生亚洲象分布范围的变化（图7.1），在历史早期，虽然人类捕杀野象，如殷商时期就有猎象的记载，四川广汉三星堆遗址和成都金沙遗址都出土大量象牙，表明人类猎捕野象数量很大，但历史早期，有面积广大的原始天然植被，野象有较大生存空间，野象分布范围的变化主要表现为自北而南的退缩，意味着导致其分布范围变化的主要原因是气候变化。唐代后期，东部地区野象从长江流域向南退缩到南岭和武夷山之南，其分布北界向南退缩的距离相对较大。在西部的湘、川、黔毗邻地区，地形以山地为主，野象向南退缩和消失的相对较晚。唐代后期以后，野象在东部地区的向南退缩，可能既有气候变化原因，也有人类的影响，特别唐代安史之乱后，

---

① 云南省动物研究所兽类组：《云南野象的分布和自然保护》，《动物学杂志》，1976年第2期。

黄河流域大量人口迁移到长江流域及江南地区，无疑是导致野象分布北界大幅度向南退缩的一个很重要原因。明代到清初，野象从原先连续分布变成几个孤立的分布区。到19世纪中期，两广地区的野象完全消失，只剩下云南东南部、西南部和南部的几个小片分布区。

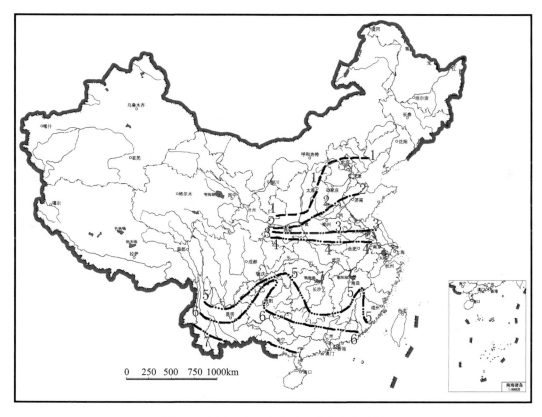

图 7.1　历史时期亚洲象地理分布变化略图

1. 全新世中期亚洲象分布北界；2. 距今约 3000 年前亚洲象分布北界；3. 战国至晋代亚洲象分布北界；4. 唐代亚洲象分布北界；5. 宋代亚洲象分布北界；6. 明代和清代前期亚洲象分布北界；7. 清代后期亚洲象分布北界

第二节　犀

　　中国古代将犀牛分为两种，一种称之为犀，一种称之为兕。《尔雅·释兽》："兕似牛；犀似豕。"晋代郭璞注："兕，一角，重千斤。犀，形似水牛，猪头，大腹，痹脚。脚有三蹄。黑色。三角，一在顶上，一在额上，一在鼻上。鼻上者，即食角焉。……"古代文献中的"兕"即印度犀（*Rhinoceros unicornis*），在《山海经》中又被称为"兕牛"。古代文献中的"犀"，又有几种，其中一种为爪哇犀（*Rhinoceros sondaicus*）[1]。由于根据历史文献记载，很难对犀进行进一步划分，故下文不分种。

---

　　① 郭郛、李约瑟、成庆泰：《中国古代动物学史》，科学出版社，1999 年。

犀在古代中国曾有广泛分布。迄今已在多处考古遗址中发现犀的残骨。其中在距今7000～6000年的浙江余姚河姆渡遗址，出土苏门犀（*Didermocerus sumatrensis* ）和爪哇犀残骨①，在距今6000多年前的河南淅川县下王岗遗址，也发现苏门犀残骨②。此外，还在汉江上游地区新石器时代遗址中发现犀的遗骸③。在距今3000多年前的河南安阳殷墟遗址亦发现犀牛残骨④。这些发现表明，在全新世中期，犀在长江流域和黄河流域都有广泛分布。

犀牛皮厚而坚硬，在中国古代被用来制作铠甲，胜于其他动物之皮。《周礼》中专门设有"函人"的官职，职掌用犀、兕之皮制造革甲。古代的革甲以犀之皮作为原料者居多，故古代文献中的"革"，多指犀之皮。例如，《禹贡》"扬州"所贡物品有"齿革羽毛"，"荆州"有"羽毛齿革"。其中的"革"被认为是犀牛之皮。《周礼·夏官·职方氏》记载荆州物产："其利丹银齿革，其畜宜鸟兽。"

《山海经》中记载有犀和兕的地方很多。《西山经·首经》的西汉水之源"磻冢之山"："兽多犀、兕。"该山位于今甘肃天水市西南。《西次二经》的"女床之山"："其兽多虎、豹、犀、兕。"该山可能为六盘山南端山地。在"女床之山"西面的"厎阳之山"："其兽多犀、兕、虎、豹。"此山很可能是位于秦岭西端的山地。"厎阳之山"西250里的"众兽之山"："其兽多犀、兕。"众兽之山可能是秦岭西端山地或川西地区山地。

《中山经·中次九经》"岷山"："其兽多犀、象。"第4山"崌山"："其兽多犀、兕。"崌山可能在川北。《中次九经》第7山"鬲山"："其兽犀、象。"鬲山位于今四川东北部，可能为四川东北部的米仓山或大巴山。

据上述《山海经》所记，犀分布的最北界，西部应在渭河以北，东部应在安阳的纬度。

《竹书纪年》："周昭王十六年，伐荆楚，涉汉，遇大兕。"⑤表明当时汉水流域有犀。《国语》中也多处记载春秋时期江汉地区以及吴越地区和川东地区多犀 ⑥。

《吕氏春秋》卷三《季春纪》，记载工匠在季春之时检查"五库"，查看诸种用品是否齐备，缺者予以制备。其中有"皮筋革"一项，即指犀牛之皮，属国家重要的必备物资。

西汉时期文献记载犀在长江流域和岭南地区都有广泛分布。

汉代司马相如《子虚赋》描写云梦泽地区有"兕、象、野犀"⑦。桓宽《盐铁论》提到"荆、扬之皮革骨象"⑧。杨雄《蜀都赋》，蜀地有犀、象⑨。

① 魏丰、吴维棠、张明华 等：《浙江余姚河姆渡新石器时代遗址动物群》，海洋出版社，1989年。
② 贾兰坡、张振标：《河南淅川县下王岗遗址中的动物群》，《文物》，1977年第6期。
③ 魏京武、王炜麟：《汉江上游地区新石器时代遗址的地理环境与人类的生存》，周昆叔主编：《环境考古研究》（第一辑），科学出版社，1992年。
④ 中国社会科学院考古研究所：《殷墟的发现与研究》，科学出版社，1994年；袁靖、唐际根：《河南安阳市洹北花园庄遗址出土动物骨骼研究报告》，《考古》，2000年第11期。
⑤ 方诗铭、王修龄：《古本竹书纪年辑证》，上海古籍出版社，1981年。
⑥ 《国语·正义》卷一〇、卷一七、卷一八、卷二一。
⑦ 《汉书·司马相如传》。
⑧ ［汉］桓宽：《盐铁论》卷一，文渊阁《四库全书》本。
⑨ ［汉］杨雄：《蜀都赋》，文渊阁《四库全书》本。

上述记载表明，西汉以前，犀的分布，西部可能以秦岭为北界，东部可能以淮河为北界。

晋左思《蜀都赋》描述蜀地"犀、象竞驰"。又在《吴都赋》中描写吴地的林中有犀兕[①]。该书的吴地包括今江苏、浙江、安徽、江西及湖南湖北的部分地区。晋常璩《华阳国志·巴志》记载川东地区的"巴郡"纳贡之物有"巨犀"。该书《蜀志》记载："其宝则有……犀、象……。"该书还记载会无县"时产犀牛"。该书《南中志》记载永昌郡有犀。

《水经注》卷三六记载澜沧江在永昌县以下两侧地区多犀象。

《隋书·食货志》记载岭南地区有犀象之饶。

《新唐书·地理志》记载有 12 个郡的贡赋中有犀角：澧州澧阳郡、朗州武陵郡、道州江华郡、邵州邵阳郡、黔州黔中郡、辰州卢溪郡、锦州卢阳郡、施州清化郡、叙州潭阳郡、奖州龙溪郡、夷州义泉郡、溪州灵溪郡。这些州郡主要分布在湘西、贵州、川东和鄂西南地区。这些州中，位置最北的州为施州，大致相当于今湖北省西南部的恩施地区。今恩施的纬度大致在北纬 30°20′。恩施北面是长江三峡，野生犀可能向北分布到长江三峡地区，三峡的巫峡和瞿塘峡的纬度大致在北纬 31°。这些州郡应当有数量稳定而且数量较多的野犀分布，作为贡赋才能稳定地、有保障地提供，因此，这些地区应是唐代野犀的主要分布地区。长江下游地区则不见有犀的记载，可能与长江下游地区人口密度较高，经济开发程度也较高，生态环境受人类破坏相对较严重有关。

在西部的四川省，纬度在 30°稍北还有野犀，见于唐裴庭裕《东观奏记》，四川渠州捉到犀牛送到长安后，宣宗命令将其放回渠州[②]。

这一记载传达了两个基本信息。其一，表明当时四川中部地区野犀数量较少。渠州地区之所以把捕到的野犀送到京城，献给皇帝，表明犀在这里是很少见的，犀牛在渠州的出现，是作为祥瑞之兆。其二，宣宗命令把犀放回到捕获的地方渠州，无疑是考虑野生犀在渠州能存活，而不是把犀牛放生到京城长安附近的秦岭山地中。若将犀放到长安附近的秦岭山地中，无疑可少走许多路，会省许多事。为什么没有将犀牛放生到秦岭山地中呢？很可能是考虑到在渠州以北放生，可能不能存活。另外，前面第一节已提到在四川中部与渠州临近的地区有捕到野象的记载，也都可以说明，四川中部地区在唐代也曾有野犀分布，但数量很少。因此，渠州的纬度可作为野犀在四川盆地分布的最北界。渠州的纬度约为北纬30°50′。这一纬度比湖北恩施的纬度稍偏北，和恩施北面的长江三峡的纬度（北纬 31°）大致相当。渠州即今渠县，位于四川东部，地属川东山地丘陵区，唐代经济开发程度相对较低。

唐代岭南地区多犀，见于刘恂《岭表录异》、唐李肇《唐国史补》卷上[③]、《新唐书·南蛮传》以及樊绰《蛮书》等文献。

唐李吉甫《元和郡县图志》卷三二《剑南道·松州》："贡、赋：开元贡：狐尾、当

① ［晋］左思：《三都赋》，文渊阁《四库全书》本。
② ［唐］裴庭裕：《东观奏记》，《说郛》卷四三上，文渊阁《四库全书》本。
③ ［唐］李肇：《唐国史补》，文渊阁《四库全书》本。

归、犀、牛酥。"以往研究者，都把此记载作为唐代在松州有犀牛分布的依据。笔者认为，此"犀"是误写，本应是"犛（li）"字，犛牛即牦牛。

宋代，岭南和云南是犀的主要分布区，川西地区也有犀分布。

宋代周去非《岭外代答》卷五记载邕州（今广西南宁地区）和钦州两个博易场有犀角贸易。宋王辟之《渑水燕谈录》卷九记载邕州出犀角①。

北宋时期川西山地有野犀，见于《宋史·蛮夷四》记载黎州山后两林蛮于太平兴国二年（公元 977 年）"贡犀二株"，黎州邛部蛮端拱二年（公元 989 年）进贡物品中有"犀角二"，又于大中祥符元年（1008 年）贡"犀角、象齿……""两林蛮"位于今四川西部石棉、越西、甘洛诸县，这里为大相岭、小相岭和大凉山诸山所在。"邛部蛮"位于"两林蛮"西南部的今西昌地区和大凉山部分地区，纬度偏南。"两林蛮"地区的最北部纬度大致为 29°15′。川西地区犀牛分布北界似乎比湘西地区要偏北，这可能是由于川西地区多高山峡谷，人口较少的缘故，但也可能与青藏高原屏蔽阻挡了来自北方冬季寒冷气流有关。

宋人撰写的《大观本草》记载犀角："陶隐居云：今出武陵、交州、宁州诸远山。《图经》曰：犀角，出永昌山谷及益州，今出南海者为上，黔、蜀者次之。"②

宋张世南《游宦纪闻》记载，其在成都药市了解到，在成都药市出售的犀角，有来自川西的雅安等地区，以及来自湘西地区③。

《太平寰宇记》记载有四个州的土产有犀角。这四州为位于今重庆市与贵州省接壤地带的夷州、费州、南州、西高州，地形以山地为主。其中"南州"是四州中位置最北的一个，其地域大致为今重庆市东南的綦江和南川二县，其最北面大致位于北纬29°00′。西高州位于南州东南面，包括今贵州省的道真县、正安县。夷州位于西高州的东南，包括今贵州省的绥阳、湄潭、凤岗诸县。费州位于夷州的东面，包括今贵州省的思南、德江县。

在上述四州之北，宋代文献中也见有犀的记载。例如，《宋史·五行志》记载雍熙四年（公元 987 年）："有犀自黔南入万州，民捕杀之，获其皮角。"野犀来到万州（今四川万县）被人们当作珍稀之物猎获，说明当时万州已没有犀。"黔南"，当为北宋黔州州治以南地区，北宋黔州州治位于今四川彭水，大致位于北纬 29°20′，可作为北宋早期野生犀分布最北界。

《元丰九域志》则记载衡州衡阳郡和邵州邵阳郡向朝廷各进贡犀角一支。此二郡位于湖南省南部。

《吴录地理志》云："武陵沅南县以南皆有犀。"④"武陵沅南县"位于湖南西南部。这些记载表明，湖南省南部和西南部有犀存在。

如果把宋代犀分布的最北界北纬 29°20′与唐代野生犀分布北界北纬 31°00′相比，则宋代野生犀分布北界至少向南退缩了一个半纬度。这一退缩过程可能发生在唐代末年。

---

① ［宋］王辟之：《渑水燕谈录》，文渊阁《四库全书》本。
② ［宋］唐慎微原著，［宋］艾晟 刊订，尚志钧点校：《大观本草》，安徽科学技术出版社，2002 年。
③ ［宋］张世南：《游宦纪闻》，文渊阁《四库全书》本。
④ 《尔雅注疏·释兽》，《十三经注疏》本。

宋代东部沿海地区已不见有犀的记载，可能与东部沿海地区唐宋以后北方人口大量移入、耕地的开辟和生态环境的破坏有关。而重庆与贵州接壤地区及湖南与贵州毗邻地区之所以有犀的分布，是因这里多山，人口密度相对较低，生态环境相对较好。

宋代时期今重庆东南、贵州、湖南西部的这一片犀牛分布区可能和两广地区及云南地区的犀形成连续分布。

元代有关犀的记载极少。

明代，据《大明一统志》记载，播州宣慰使司和梧州府的土产有犀角。其中播州宣慰司还注明在废绥阳县出。梧州府则注明在郁林州出。明代"播州宣慰使司"位于今贵州遵义地区，其北大致在北纬29°00′之北，唐、宋时期，这里都有犀的分布。梧州府郁林州位于今广西东南部，包括今玉林地区和钦州地区东部，境内有六万大山和位于两广交界地带的云开大山，可能是野犀的分布地。

明曹昭《格古要论》卷中《犀角》："出南蕃、西蕃，云南亦有。"[①]南蕃可能指岭南地区，西蕃可能指今川西地区。明代李时珍在《本草纲目》中亦记载："时珍曰：犀出西番、南番、滇南、交州诸处。有山犀、水犀、兕犀三种，又有毛犀，似之山犀，居山林，人多得之。水犀出入水中……"其中的西番和南番，当指非洲、南亚和东南亚地区。

上述明代文献记载有犀分布的地区，主要为岭南和云南，以及四川与贵州毗邻地区。

清初大学士陈元龙《格致镜原》卷三三《犀角》所记内容与上引明代曹昭所记相同。

清代全国性志书及许多方志中有关犀的记载。

《古今图书集成·职方典》记载广东的廉州府，广西梧州府、郁林州和贵州遵义府绥阳县有犀[②]。其中廉州府、梧州府、郁林州相毗邻，区域内有云开大山和六万大山。二山可能是野犀主要分布地。

《乾隆府厅州县志》记载土贡犀角的府和州：四川重庆府、酉阳州和贵州石阡府与遵义府。此四府州位于今重庆市域东南部和贵州省西北部，地域上为一毗邻的连续分布区。

《嘉庆重修一统志》记载四川统部的酉阳直隶州、贵州统部石阡府和遵义府三府土产有犀角。这些府州在地域上是连成一片的。

湖南省清代的许多方志在"物产"中记载有犀。康熙《郴州总志》物产记有"山牛"，嘉庆《郴州总志》物产中无山牛，而有犀，则康熙《郴州总志》的"山牛"应为犀牛。乾隆《衡州府志》"物产"亦有"山牛"，该志关于"山牛"的描述："山牛，一角，类牛，出衡山。"光绪《衡山县志》亦有类似记载："山牛，一角，类牛，鸣声苍然，如扣钟声。"此山牛也很可能是犀牛。嘉庆《桂东县志》物产有犀牛，同治《桂东

---

① ［明］曹昭：《格古要论》，文渊阁《四库全书》本。

② 《古今图书集成·职方典》卷三六四《廉州府物产》："兽属：山犀，间有之，"所辖包括今北海市、合浦、钦州、灵山、防城诸市县；卷四三四《梧州府物产》："犀牛，角在额上，鼻又有一角，俱郁林州出，"郁林州所辖大致包括今玉林市和博白县；卷六三九《遵义府物产》："……犀角，绥阳县出。"

县志》物产也记载有犀牛。道光《永州府志》："道州土贡犀角［唐书·地理志］。春陵营道间岩洞旧多有犀牛［见名胜志］，今无见者。九疑山有山牛，山人间有以皮售于外者，毛似水牛，言其声时鸣声锯然，若扣铜器［山志：山牛即山犀。］。"同治《临武县志》，物产"兕"。同治《绥宁县志》物产有"兕"。同治《续修永定县志》"物产"："犀，有山犀、水犀、兕犀三种。山犀居山林，人多得之。水犀居水，最为难得。兕犀似水牛，青色，皮坚厚，可为铠甲入药。……永但有兕犀，俗呼犀牛，然究不多见。"同治《桑植县志》物产有犀牛："犀牛，县东二十里有犀牛潭。"永定县和桑植县都位于湖南西北部，永定县后改大庸县，今称张家界市，桑植县亦属张家界市。除了永定县和桑植县位于湖南省西北部，郴州、衡山、桂东、永州、临武、绥宁诸州县，都位于湖南省的南部，地形以山地为主，属南岭山脉。

另外，康熙《零陵县志》、乾隆《清泉县志》、乾隆《桂阳县志》、同治《桂阳县志》、光绪《兴宁县志》、光绪《永兴县志》、民国《汝城县志》诸志"物产"也记载有"山牛"，但都无任何描述，故不能将这些"山牛"皆视为犀牛，尽管其中有的"山牛"也有可能是犀牛。

位于今重庆市东南部的酉阳县，《乾隆府厅州县志》和《嘉庆重修一统志》都记载有犀牛，但在同治三年《增修酉阳直隶州总志·物产志》记载："犀，山犀也，前代有之。"这一记载表明，清代晚期犀在这里似乎已不存在。然而，据民国十八年《桐梓县志·物产》记载："光绪戊寅年（1878年），马江坝渔人见出水洞口有如水牛，俯首摆尾，良久乃没；又丙申岁（1896年），在东里与绥阳接境处，出独角兽。"该志作者在此独角兽后写道，"其犀兕乎"，对其是不是犀牛不敢肯定，但很有可能是犀牛。桐梓县位于贵州省西北部，属遵义地区。此记载虽然表明19世纪后期这里可能还有犀牛，但已是残存的极少个体。

清代两广地区仍有犀牛分布。嘉庆五年《广西通志·物产》："犀牛，大约似牛形，而蹄脚似象，蹄有二甲；二角，一在额上，为兕犀。"道光十三年《廉州府志·物产》记载："山犀，间有。"清代廉州府包括今广西北海市和钦州市所辖地域，境内有十万大山。

据光绪五年（1889年）《广州府志》卷一五东莞县下记："犀，似水牛，猪首，大腹卑脚，有三蹄，黑色，舌上有刺，好食棘刺，皮上每一孔三毛，有一角、二角、三角者。"东莞县位于广州市之东。此记载是《广州府志》转引康熙时期编撰的《东莞县志》，因此，该记载并不表明到光绪五年时东莞县还有犀牛生存，但表明至少清代早期应有犀牛生存。

嘉庆时期撰修的《滇系》记载："野牛、犀牛、兕牛皆牛也，滇多有之。"但据乾隆《腾越州志》物产中已无犀，并特别记载："而今亦无此物，大抵今昔地气之盛衰不同也。"清代腾越州即今云南保山市腾冲县。故此，到嘉庆时虽然犀牛"滇多有之"，但并不是涵盖整个云南省，可能主要分布在西双版纳，以及思茅、临沧等南部和西南部地区。

上述清代文献记载表明，清代早中期，犀牛分布还较广，主要分布在湖南南部、两广的毗邻地区和云南省。此外，在湖南省的西北部和贵州省的西北部，还有个别地方残存有极少犀牛。但到19世纪晚期，犀牛分布的地域迅速缩小。

到 20 世纪，在云南省的几个县还有犀的记载。民国十一年（1922 年）《元江志稿》"特别产"："犀牛，产南乡山箐中，大如牛，鼻端有小角。"民国十四年（1925 年）《禄劝县志》记载："犀牛，在掌鸠河中，不能见，见辄不利，头戴三角，夜行如炬，照数百步，或时脱角，则藏于密处。"禄劝县位于云南省北部。此记载表明，该县的犀已很少见。民国二十七年（1938 年）《镇越县志》物产记载野兽有象、犀牛，还特别记载："象、虎、豹、野牛、犀牛等尤以接近边地，人烟稀少之处较多，瑶人猎户亦时见猎获。"元江县和镇越县位于云南省南部。据调查，在 20 世纪 30 年代和 40 年代分别在云南省西南部的勐腊县和勐海县还有野生犀牛被猎获[①]。据调查，在 1945 年还有人猎获到犀[②]，表明野生犀牛在云南存在到 1940 年代。此后，中国境内不再见有野生犀的报道。

历史时期野生犀与野生象的地理分布变化过程，大致相似，都是由北向南退缩（图7.2）。

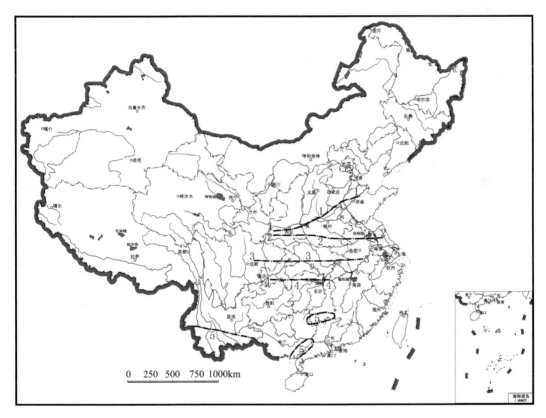

图 7.2　历史时期犀地理分布的变化

1. 战国时期以前犀分布北界；2. 西汉时期犀分布北界；3. 隋唐时期犀分布北界；

4. 宋代犀分布北界；5. 清代早中期犀分布范围

---

①　罗牷馥：《犀牛在我国的绝灭》，《大自然》，1988 年第 2 期。

②　蓝勇：《历史时期西南野生印度犀分布变迁研究》，《四川师范学院学报》（自然科学版），1992 年 2 期。

第三节　大　熊　猫

大熊猫（*Ailuropoda melanoleuca*）是中国特有动物，有"活化石"之称。大熊猫在第四纪期间在我国曾有广泛分布。但第四纪期间大熊猫在体质和习性等方面和现生种有诸多不同。现生种大熊猫出现时间，学术界有不同见解。但全新世中期，现生种应已出现。

在中国古代文献中，大熊猫有多种称谓："貘""貘豹""白豹""猛豹""貔"或"貔兽""玺""花熊"等诸多称谓。《尔雅·释兽》："貘，白豹。"晋郭璞注："似熊，小头，庳脚，黑白驳，能舐食铜铁及竹骨……皮辟湿，或曰豹白色者，别名貘。"宋邢昺疏："貘，白豹。释曰，貘，一名白豹。《字林》云：似熊而白黄，出蜀郡，一曰白豹。"另外，中国古代所说的奇兽"貔貅"，胡锦矗认为也是大熊猫[①]。但据文献对"貔貅"的描述，把"貔貅"作为大熊猫，尚存诸多疑点。

在全新世中期的许多新石器时代遗址中，发现大熊猫的遗骸。其中有河南淅川下王岗遗址[②]、湖北建始县花坪[③]和广西来宾县芭拉洞洞穴遗址[④]。这三处发现大熊猫遗骸的遗址所在地区，地形都是以山地为主。

在西安市南陵的西汉文帝之母薄太后墓葬发掘中，出土了大熊猫的头骨和牙齿[⑤]。司马相如在《上林赋》中提到的异兽中有"貘"。大熊猫以竹子为食。古代秦岭北侧，竹子的分布很广，在西安半坡遗址出土了竹鼠骨骼，就是很好的证据。据此，古代大熊猫在秦岭北坡生存是有可能的。

《山海经·西山经·西次首经》记载"南山"："兽多猛豹。"晋代郭璞注："猛豹似熊而小，毛浅，有光泽，能食蛇，食铜铁，出蜀中。"清代郝懿行注："猛豹即貘豹也，貘豹、猛豹声近而转。"[⑥]《山海经》中的"南山"，即位于西安南面的秦岭山地，古代又称终南山。与薄太后墓葬中出土大熊猫骨骼相印证，进一步表明在汉代，西安秦岭北坡有大熊猫生存。

由于大熊猫的栖息地为有着茂密竹林的海拔较高的山地上部，人迹罕至，大熊猫的活动范围又相对较小，人们难以见到，故有关大熊猫的称谓很多，并对其习性、外貌等产生误传，如所谓大熊猫"食铁""舐铁"等习性，古代文献中又称大熊猫为"食铁兽"，都属误传。但上述古代文献中对"貘""猛豹"的体貌特征的描述，应是大熊猫。

---

①　胡锦矗：《大熊猫研究》，上海科技教育出版社，2001年。

②　贾兰坡 等：《河南淅川下王岗遗址中的动物群》，《文物》，1977年第6期。

③　邱中郎、张玉萍、童永生：《湖北省清江地区洞穴中的哺育动物报道》，《古脊椎动物与古人类》，1961年第2期。

④　王将克：《关于大熊猫种的划分、地史分布及其演化历史的探讨》，《动物学报》，1974年第2期。

⑤　王学理：《汉南陵从葬坑的初步清理——兼谈大熊猫头骨及犀牛骨骼出土有关问题》，《文物》，1981年第11期。

⑥　袁珂校注：《山海经校注》，上海古籍出版社，1980年。

汉代杨雄《蜀都赋》描写蜀地有"貘"。《后汉书·南蛮西南夷列传》中记载永昌郡有"貊兽"。东汉永昌郡管辖今云南保山市、大理白族自治州和哀牢山以西的澜沧江和怒江两侧的广大地区，说明云南西部也曾有大熊猫分布。

前引晋代郭璞为《山海经》作注指出"猛豹""出蜀中"，表明晋代四川盆地及周边山地为大熊猫主要分布地区，秦岭北坡已无大熊猫分布。与《山海经》相比，晋代大熊猫分布范围有所缩小。

晋代常璩《华阳国志·南中志》亦记载永昌郡"有貊兽"。晋代永昌郡与东汉永昌郡所辖范围大致相同。晋代魏完在《南中志》记载："貊兽""毛黑白臆，似熊而小……出建宁郡也。"①晋代建宁郡以今昆明和滇池为中心，其东北部包括今曲靖、宣威等，其西南部包括今新平，东南部包括今路西、弥勒、泸西，西北部包括今禄丰等，其西南为哀牢山，其西南部与晋永昌郡相接。

唐代《图经本草》记载："黔、蜀中有貊，土人山居，鼎、釜多为所食。"②

明代记载四川西部山地和川东地区及川黔接壤地带有大熊猫分布。《大明一统志·天全六番招讨使司》"土产"有"氍"。李时珍《本草纲目》卷五一记载："今黔、蜀及峨眉山中时有貘。"

清代，记载有大熊猫的方志较多。

雍正十一年《广西通志》卷三一"物产"：桂阳府，"按旧志载白貘、庞降诸物产，只以传疑，今不敢传会。"其中的白貘，为大熊猫。"旧志"可能为清初方志。这一记载表明，广西桂阳地区也曾有过大熊猫，只不过到雍正时已经消失，故对旧志中的记载表示疑问。

湖南省西北部地区有大熊猫分布。同治《直隶澧州志》物产有"貊"。嘉庆《永定县志》物产"貊多力好食竹，皮大毛粗，黄黑色，可为寝之。有警则毛竖，邑多有之"。同治《续修永定县志》物产有"貊"。清代湖南省永定县即今张家界市。

四川省在清代记载有大熊猫的方志很多。道光《略阳县志》卷一《舆地部》："白熊山，《雍胜略》：在县东八十里，昔有白熊出此。"《雍胜略》可能为清初以前编写的方志，表明清初以前这里可能还有大熊猫，道光时已不存在。乾隆《酉阳州志》物产有"貘"，但同治《增修酉阳直隶州总志》记载："貘，食铁兽也，国初州北小坝等地有之。"表明到19世纪后期这里已无大熊猫。

道光《遵义府志》物产有"貘"。

清代前期湖北省西部曾有大熊猫分布。乾隆《竹山县志》物产有"貘"，同治《竹山县志》物产有"貘"，同治《长阳县志》物产有"貘"。

上述记载表明，湘、鄂、川、黔接壤地带，直到19世纪中后期，是大熊猫的重要分布区。在19世纪末、20世纪初以后，这些地区不再见到有关大熊猫的记载。

清末和民国时期四川省记载有大熊猫的县志有：光绪《重修彭县志·物产》："花熊，食铁，出牛圈沟。"此"花熊"应为大熊猫。彭县位于成都西北部，位于它的北面的汶川县，在20世纪末还有大熊猫，并在此建有大熊猫自然保护区，故彭县的"花熊"

① 刘纬毅：《汉唐方志辑佚》，北京图书馆出版社，1997年。
② 转引自［清］陈元龙：《格致镜原》，文渊阁《四库全书》本。

应为大熊猫。而且，彭县的位置紧邻成都平原，说明在 19 世纪，在紧邻人口较稠密的成都平原的川西山地，亦有大熊猫分布。光绪《雷波厅志》物产有"貘"。民国《汶川县志·物产》："白熊，亦为熊猫。"民国《西昌县志》："貘，体形似羊，毛尾俱短，鼻长，前后肢相等，草食性，黄木、西锦川两乡常见之。以其无大用处，猎之者少。"民国《康定县图志·鸟兽》有"白熊"。但 20 世纪初川西的一些方志记载大熊猫已无，如民国《汉源县志·物产》："貊貊，……今无。"民国《夹江县志·祥异》："光绪丁酉年，县西北山多猛豹，白昼伤人，行者必众乃可避免。"后经"驱逐并焚香饬山神制止，始匿迹"。

又据调查，20 世纪初在川西康定地区多次捕获到大熊猫[①]。

位于西昌地区和康定地区北部的川西大小相岭，到 1970 年代，经调查仍有大熊猫分布，但其分布范围已大大缩小，栖息地呈两个隔离的地区，即大相岭的洼山和小相岭北部的宝山，分别隶属洪雅、峨眉、峨边、荥经、汉源五县和越西、石棉、冕宁、九龙四县。到 1990 年代，其分布范围又进一步退缩[②]。

上述记载表明，清代在四川省南部、北部和川西山地都有大熊猫分布。其中尤以川西地区大熊猫分布范围最广，在地域上可能为连续分布。

云南西部地区，汉代、晋代文献都记载有大熊猫分布。直到 20 世纪初期，仍有大熊猫分布。光绪三十四年（1908 年）《云南地志》："貊、猩猩，出永昌。"再后来，民国十八年（1929 年）《续云南备征志》："貊，永昌有之。"清代和民国时期的永昌府，包括今云南西南部的保山地区及临沧地区的西部。

上述记载表明，从川西北的汶川、彭县向西南，经邛崃山地、峨眉山、汉源地区、大小相岭，大凉山到安宁河谷两侧的西昌地区和向西到康定地区，乃至到云南西部，历史上都曾有大熊猫分布，而且曾为大熊猫连续分布区。

据调查，1960 年代初期，康定地区再没有发现过大熊猫[③]，西昌地区和云南西部地区也未见有大熊猫的报道。

另外，甘肃南部的文县、迭部和舟曲，据 1970 年代的调查，还有大熊猫分布[④]。这一调查结果意味着，这里的大熊猫以前曾和四川西部地区大熊猫是相连的。历史上秦岭地区分布着大熊猫（今天在秦岭南侧的佛坪县仍有大熊猫分布），通过甘南地区与川西地区相沟通。

综上，历史时期大熊猫地理分布的变化总的趋势是逐渐缩小（图 7.3）。在历史早期的全新世中期，大熊猫分布很广泛，其地域范围大致包括今广西、贵州、湖南、湖北的很大部分，以及河南省西部、秦岭山脉以南的陕南和甘南地区（秦岭北侧也可能有大熊猫分布）、整个四川（包括今重庆市域），以及云南的很大部分地区。进入历史时期，大熊猫分布地域逐渐缩小。大熊猫在河南省的消失可能也很早。到 18 世纪的清代雍正时期，广西已无大熊猫生存。直到 19 世纪中期以前，大熊猫还有几个大的分布区。第

① 高耀亭：《中国动物志·兽纲》，科学出版社，1987 年。
② 杨旭煜：《大小相岭的大熊猫》，《大自然》，1991 年第 2 期。
③ 高耀亭：《中国动物志·兽纲》第八卷《食肉目》，科学出版社，1987 年。
④ 甘肃省珍贵动物资源调查队：《甘肃的大熊猫》，《兰州大学学报》（自然科学版），1977 年第 3 期。

一个地区是川西山地和滇西山地，可能是连续分布。第二个大的分布区是秦岭和岷山山地。第三个大的分布区就是川东、川东南、鄂西南、黔北和湘西北地区，这也是一个连续分布区。最后一分布区在19世纪末以后不再见有大熊猫的记载。到20世纪，滇西地区不再见有大熊猫的记载。

到20世纪中期，大熊猫分布范围进一步缩小。据统计，自1950年代至20世纪末，大熊猫的栖息地丧失了4/5，仅存1万km² 余，分布于四川、陕西和甘肃的34个县境内，分成20个孤立的分布区[1]。这些孤立的分布区主要位于川西山地，此外，在陕南秦岭南坡的佛坪及邻近县尚有大熊猫残存。据1990年代调查，甘肃南部地区文县境内的白水川畔有大熊猫踪迹[2]。自1970年代以来，在国家主管部门主持下，进行三次全国性大熊猫普查。其中1985~1988年的第二次普查结果表明有大熊猫1100多头，1999~2003年的第三次全国性普查表明，大熊猫种群数量比第二次全国性普查时有所增加[3]。

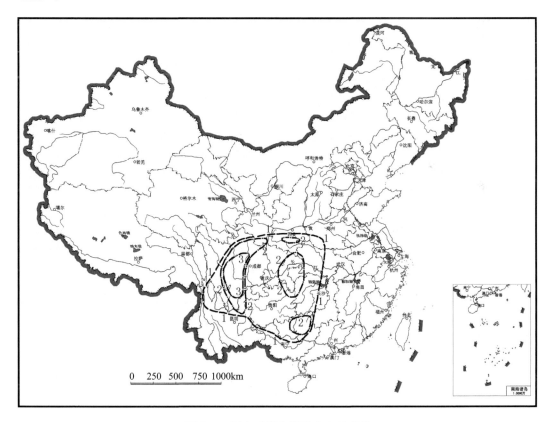

图7.3 历史时期大熊猫分布的变化

1. 全新世中期大熊猫最大分布范围；2. 清代初期（17世纪末以前）大熊猫的主要分布范围；
3. 20世纪初大熊猫的主要分布区

①　严旬：《中国大熊猫保护区的现状、困扰和发展》，《野生动物》，1990年第6期。
②　黄华梨：《甘肃大熊猫及其食物现状》，《野生动物》，1990年第4期。
③　国家林业局：《全国第三次大熊猫调查报告》，科学出版社，2006年。

第四节　鳄　　鱼

历史文献记载有两种鳄鱼：一是扬子鳄，一是马来鳄。这两种鳄鱼在中国古代分别有不同的称谓：扬子鳄被称为鼍，马来鳄被称为鳄或鳄鱼，表明中国古代已认识到这两种鳄鱼之间的差别。本节主要论述扬子鳄分布范围在历史时期的变化。分布在两广地区的马来鳄，仅以附图示其历史上最大的分布范围（图7.4）。

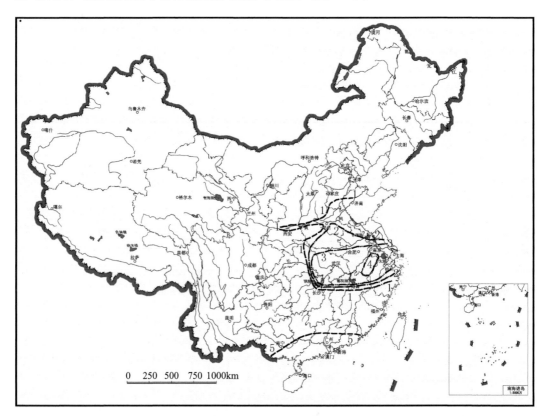

图 7.4　历史时期鳄鱼地理分布变化图
1. 历史早期扬子鳄最大分布范围；2. 北宋以前扬子鳄分布范围；3. 明代至清代后期（14～19世纪中期）
扬子鳄分布范围；4. 19世纪末20世纪前期扬子鳄分布范围；5. 唐宋时期马来鳄分布界线

扬子鳄（*Alligator sinensis*）古代在中国东部中纬度地区曾有广泛分布。扬子鳄的残骨在黄河下游地区新石器时代的多处遗址中发现。其中有距今约8000年前的河南舞阳贾湖遗址①、山东大汶口遗址②和属于北辛文化和大汶口文化早期的山东兖州王因遗

---

　　① 张居中、孔昭宸、陈报章：《试论贾湖先民生存环境》，周昆叔、宋豫秦主编：《环境考古研究》（第二辑），科学出版社，2000年。
　　② 山东省文物管理处、济南市博物馆：《大汶口——新石器时代墓葬发掘报告》，文物出版社，1974年。

址①。在长江三角洲地区桐乡县全新世遗址的考古发掘中，也出土了扬子鳄的遗骸②。

《诗经·大雅·灵台》："於论鼓钟，於乐辟廱。鼍鼓逢逢，矇瞍奏公。"“鼍鼓逢逢”的意思是用扬子鳄皮做成的鼓，发出“逢逢”的声音。古代的辟雍是进行祭祀先祖的建筑物，鼍鼓则是祭祀时用的鼓。此记载表明，周代时期，黄河流域，甚至包括关中地区，还有扬子鳄分布。

《月令》："季夏之月，天子居明堂……命渔师伐蛟、取鼍。"③《吕氏春秋》卷六《季夏纪》也有相似的记载。这些记载表明捕鼍成为常制。《吕氏春秋》卷一三《谕大》："山大则有虎豹熊螇蛆，水大则有蛟龙鼋鼍鳣鲔。"这些记载表明，至少黄河下游水体中有扬子鳄。

《山海经》中的《中次九经》记载："岷山，江水出焉……其中多良龟、多鼍。"

但到秦始皇时，据李斯在上秦皇书中，称秦国已无鼍："今陛下致昆山之玉，有随、和之宝，垂明月之珠……建翠凤之旗，树灵鼍之鼓。此数宝者，秦不生一焉，而陛下说之。"④其大意是，此数宝秦国虽然都不出产，但秦始皇却能拥有。表明战国末期，秦国地域已没有扬子鳄分布了。战国末期秦国的地域包括关中地区和四川盆地。

长江中下游地区扬子鳄曾广泛分布。

《竹书纪年》："穆王三十七年，大起九师，东至于九江，架鼋鼍以为梁。遂伐越，至于纡。"⑤此记载表明长江下游地区多扬子鳄。

《墨子·公输》记载墨子到楚国劝说楚王不要攻打宋国，说到楚国物产丰富："荆之地方五千里……江汉之鱼、鳖、鼋、鼍为天下富……"⑥表明长江中游的江汉平原多扬子鳄。

东汉张衡《南都赋》描写“水虫”有“鼍”⑦。南都为河南南阳地区。

宋陆佃《埤雅》卷二《鼍》："今江淮之间谓鼍鸣为鼍鼓，亦或谓之鼍更。更则以其声逢逢然如鼓，而又善夜鸣，其数应更故也。今鼍象龙形，一名鳣，夜鸣应更。吴越谓之鳣更。盖如初更辄一鸣而止，二即再鸣也。"⑧这一记载表明，江淮之间和吴越地区都有扬子鳄分布。

北宋江少虞在《事实类苑》中记载开封有鼍："至道二年夏秋间，京师鬻鹑者积于市。……是时雨水绝，无鼍声。"⑨“京师”指北宋京城开封。文中的鼍，可能为栖息在河湖等天然水体中的野生扬子鳄，因干旱，河湖等天然水体有的干涸，有的面积大大缩小，鼍也销声匿迹。另据南宋朱翌《猗觉寮杂记》记载："宣和己亥，都城北小

① 周本雄：《山东兖州王因新石器时代遗址中的扬子鳄遗骸》，《考古学报》，1982年第2期；中国社会科学院考古研究所：《山东王因——新石器时代遗址发掘报告》科学出版社，2000年。

② 罗家角考古队：《桐乡县罗家角遗址发掘报告》，《浙江省文物考古所学刊》，文物出版社，1981年。

③ 《礼记正义》，《十三经注疏》本。

④ 《史记·李斯列传》。

⑤ 方诗铭、王修龄：《古本竹书纪年辑证》，上海古籍出版社，1981年。

⑥ 唐敬杲选注：《墨子》，王云五主编：《万有文库》，商务印书馆，民国二十二年。

⑦ ［东汉］张衡：《南都赋》，文渊阁《四库全书》本。

⑧ ［宋］陆佃：《埤雅》，文渊阁《四库全书》本。

⑨ ［宋］江少虞：《事实类苑》卷六三《风俗杂志·鼍变为鹑》，文渊阁《四库全书》本。

民家，晨起见一物，如龙，伏床下，大惊，都人竞往观之，禁中取验之，乃鼍也。"①
此记载表明，当时开封地区的扬子鳄基本上已绝灭，人们不识其为何物，进入平民家中
的扬子鳄，为个别残存的。宣和距至道已有100多年，说明此时扬子鳄在黄河流域基本
消失。

上述考古发现和文献记载表明，在战国时期以前，黄河流域和长江中下游，西面包
括汉水流域和四川盆地，扬子鳄有广泛分布。到北宋前期，黄河下游的开封地区仍有扬
子鳄分布，但到北宋后期，黄河下游地区扬子鳄已基本消失。

明代扬子鳄在今武汉以西的江汉平原上还有广泛分布。明嘉靖《沔阳州志》"物产"
有鼍。

清代湖北省还有扬子鳄。同治《监利县志》物产有鼍。光绪《黄州府志》记载：
"鼍，水陆俱有之。江畔苦其攻岸，俗呼猪婆龙，顺索而出，破芦为篾，击之，即不动，
肉味鲜美。"光绪《武昌县志》《物产·鳞之属》记载有龙："龙，山泽中多石洞，龙藏
其中，天雨则出，雨后即归，洪水溢出，土人常视其洞旁之草，如龙归，则草皆内偃
也。"乾隆《钟祥县志》《物产·鳞之属》也记载有龙："龙，东西深山龙蛰其中。"此两
则记载的龙，很可能就是扬子鳄。这些记载表明，清代后期扬子鳄在湖北东部和江汉平
原广泛分布。

同治《石门县志》："鼍，皮可冒鼓，力能攻岸，夜鸣应更。鼍与鼋石门亦不常见。"
石门县位于湖南省西北部澧水下游。此记载表明，至19世纪后半期这里扬子鳄已少见。

清代江西省有扬子鳄分布。同治《余干县志》物产有鼍。余干县位于江西省鄱阳湖
东南面，表明鄱阳湖周围有扬子鳄生存。

清代安徽省记载有扬子鳄的府志和县志很多：康熙《安庆府志》、乾隆《望江县
志》、乾隆《铜陵县志》、嘉庆《庐州府志》、嘉庆《无为州志》、嘉庆《黟县志》、道光
《续修桐城县志》、光绪《贵池县志》、光绪《续修庐州府志》、光绪《广德州志》。这些
州县大多位于长江两侧，表明清代扬子鳄在安徽省长江两岸地区广泛分布，而且，从长
江向两侧远离长江很远的地方都有扬子鳄的分布。在长江北侧，到桐城地区，向南侧，
到安徽省的最南部和东南部的广大地区都有扬子鳄的分布。

清代江苏省记载有扬子鳄的方志有：乾隆《太湖备考》、嘉庆《扬州府志》和嘉庆
《东台县志》、道光《重修仪征县志》、光绪《增修甘泉县志》。但值得指出，民国十年
（1921年）《甘泉县续志》"附录"中称："鼋鼍，江海产，前志误列，今削之。"表明此
时扬子鳄在该地已消失，该志编写者竟不知以前扬州地区曾有过扬子鳄，故称前志"误
列"。甘泉县属扬州府。这一情况表明，到19世纪末或20世纪初，扬州地区扬子鳄已
经消失。光绪《丹徒县志·物产》记载清道光时期该县焦山曾有鼍，太平天国时期之后
则消失。

以上事实表明，19世纪后期和20世纪初，扬子鳄分布范围迅速缩小。

民国二十二年《吴县志》物产有鼍，表明1930年代太湖地区有扬子鳄分布。

1950年代，朱承琯经实地调查，报道扬子鳄分布于长江以南、天目山以北和太湖
以西地区，包括安徽南部青弋江沿岸的南陵、泾县、宣城、宁国，江苏的高淳、宜兴及

————————
① ［南宋］朱翌：《猗觉寮杂记》，文渊阁《四库全书》本。

浙江的吴兴、长兴等地①。陈壁辉在1970年代调查，了解到19世纪末和20世纪初，在皖南的青弋江和水阳江流域以及在清水镇会流地区，扬子鳄数量很多，此后在1930年代～1950年代对该地河滩地的开垦，导致这里扬子鳄数量大减，分布范围迅速缩小。1950年代浙江湖州长兴县农民在野外抓获11条扬子鳄②，并将其保护。20世纪末，在安徽宣城建立国家级扬子鳄自然保护区。

综上，历史时期扬子鳄地理分布变化的大致趋势如下：战国时期以前，扬子鳄在黄河流域有广泛分布，其西面可能到关中地区，北面可到晋南，南面可到浙江北部；北宋时期，扬子鳄最北面可能到开封地区，长江流域，古代西面到四川盆地和汉中地区亦有扬子鳄分布；明代扬子鳄在长江中下游地区还有广泛分布；19世纪中期，扬子鳄在江汉平原、湖北东部、江西北部的鄱阳湖平原、皖南和皖北地区以及江苏扬州地区、泰州地区和太湖地区和浙北地区有分布；19世纪末和20世纪初，扬子鳄分布范围迅速缩小，仅分布于皖南和太湖地区。

第五节　麋　鹿

麋鹿（*Elaphurus davidianus*）是中国特有动物，又名四不像或四不像鹿，是鹿科动物中体型较大的。麋鹿有宽大的肉蹄，栖息在沼泽湿地中，以水草为食物。麋鹿曾在中国境内分布很广。

从1930年代在河南安阳殷墟遗址中发现众多的兽骨中就有麋鹿的遗骨并给以科学定名③。此后，麋鹿遗骸在中国境内新石器时代考古遗址中和全新世中期地层中也不断被发现，共有上百处之多，主要分布于黄淮海平原和长江下游、杭嘉湖平原与宁绍平原。

在许多遗址中，麋鹿残骨数量比在该遗址中出土的其他任一种动物残骨都多，如位于淮河之北的苏北的万北遗址④和安阳殷墟遗址⑤。这说明古代麋鹿数量很多，同时也说明麋鹿在古代是人类猎捕的重要对象。

在中国古代文献记载中，黄河下游地区麋鹿很多，有时对农作物造成灾害。

《春秋》庄公十七年："冬，多麋。"《注》："麋多则害五稼，故以灾书。"《疏》："《正义》曰：麋是泽兽，鲁所常有，是年暴多，多则害五稼，故言多以灾书也。"春秋时期的鲁国位于山东省的西南部。《春秋左传·宣公十二年》楚军伐郑："及荥泽，见六麋，射一麋。"⑥荥泽位于今郑州西。

《孟子·梁惠王》："孟子见梁惠王，王立于沼上，顾鸣雁麋鹿……"⑦战国时期梁国

① 朱承琯：《扬子鳄》，《生物学通报》，1954年第9期。
② 徐惠林：《扬子鳄和它的"保护神"》，《大自然》，2000年第3期。
③ 德日进、杨钟健：《安阳殷墟之哺育动物群》，载于《中国古生物志》丙种第12号第1册，1936年。
④ 唐领余、李民昌、沈才明：《江苏淮北地区新石器时代人类文化与环境》，周昆叔主编：《环境考古研究》（第一辑），科学出版社，1991年。
⑤ 中国社会科学院考古研究所：《殷墟的发现与研究》，科学出版社，1994年。
⑥ 《春秋左传集解》，《十三经注疏》本。
⑦ 《孟子注疏》，《十三经注疏》本。

位于今河南省中部,其都城位于今开封。此记载表明,战国时期,今河南省中部地区麋鹿很多。

《墨子·公输》:"荆有云梦,犀、兕、麋、鹿满之。"① 1990年代,湖北江陵九店东周墓出土了麋鹿骨骸②。这一发现和《墨子·公输》的记载相印证,表明古代云梦泽地区是麋鹿栖息地。

《山海经》中记载有麋鹿的地方很多。其中《西山经》《东山经》《中山经》记载的地区有甘肃境内的秦岭西端,山东省境内的鲁南山地,山西南境的王屋山,湖北荆山、长江三峡地区的巫山,南阳市方城县与舞阳县接壤处山地,以及湘赣边界地带北段山地。《山海经》中记载的这些有麋鹿分布的山地,麋鹿不只局限于这些山地本身,也应包括山地周围地区。

汉代傅毅《洛都赋》,描写帝王在洛阳北山狩猎,猎捕的动物主要有麋鹿③。杨雄《蜀都赋》记载今四川有"野麋"④。《续汉书·郡国志三》记载今扬州地区多麋。

晋张华《博物志》记载今江苏泰州地区麋鹿"千百成群"⑤。《华阳国志·蜀志》载,今四川省中江县南部、三台县大部及射洪县西北部"出麋"。

《本草纲目》:"别录云:麋生南山山谷及淮海边,十月取之。弘景曰:今海陵间最多,千百为群,多牝少牡。博物志云:南方麋千百为群,食泽草。"文中"别录"为唐代医学文献《医宗别录》;"南山"为西安南面的终南山;"弘景"为南朝时期大医学家陶弘景(公元452~536年),《博物志》可能为晋代张华《博物志》。

唐《元和郡县图志》记载江南道明州属下的翁洲:"其洲周环五百里,有良田湖水,多麋鹿。"翁洲即今舟山群岛。卷三九陇右道廓州化城县"扶延山,在县东北七十里,多麋鹿"。扶延山位于青海省西宁市东南,今化隆县境。但从生态环境看,地处干旱地区的扶延山,缺少麋鹿生存的水体环境,此麋鹿可能并非麋鹿,很可能是马鹿之类。

宋《太平寰宇记》卷一六二记载,今广西东北部桂林、荔浦、龙胜等市县出麋皮。宋代罗愿《尔雅翼·释兽》记苏北濒海地区多麋⑥。沈括《梦溪笔谈》卷二六《药议》记载,北方戎狄中有麋;欧阳修在《使辽录》中记载,北人"四五月打麋鹿"⑦;北宋陈襄使辽,回程中辽国官员赠送他麋角和松籽⑧;陆佃《埤雅》记载,"又北方戎狄中有麋鹿、驼鹿……"⑨宋辽时代,西辽河冲积平原被称为"辽泽",有很多湖泊和沼泽,适合麋鹿的生存。沈括、欧阳修、陆佃等的记载表明,西辽河流域应有麋鹿分布。

明代记载麋鹿分布的地域很广。

北方有河北平原和晋西南地区诸多县地;在长江流域,西至湖北的秭归,东至长江三角洲的长江两侧河湖地带,苏北沿海地区、杭州湾沿岸乃至腹地的众多县地;南方的

① 唐敬杲选注:《墨子》,王云五主编:《万有文库》,商务印书馆,民国二十二年。
② 丁玉华、曹克清:《中国麋鹿历史纪事》,《野生动物》,1998年第2期。
③ 〔汉〕傅毅:《洛都赋》,文渊阁《四库全书》本。
④ 〔汉〕杨雄:《蜀都赋》,文渊阁《四库全书》本。
⑤ 〔晋〕张华:《博物志》,《丛书集成》本,商务印书馆,民国二十五年。
⑥ 〔宋〕罗愿:《尔雅翼》,文渊阁《四库全书》本。
⑦ 〔宋〕欧阳修:《使辽录》,《说郛》卷三,文渊阁《四库全书》本。
⑧ 〔宋〕陈襄:《使辽语录》,《辽海丛书》本,辽沈书社,1985年。
⑨ 〔宋〕陆佃:《埤雅》,文渊阁《四库全书》本。

珠江三角洲等地区的大量方志也都记载有麋鹿分布。另外，明代胶东半岛麋鹿之多还造成灾害。例如，明嘉靖《青州府志》卷五《灾祥》记载正德九年（1514年）"诸城县东北境多麋，人捕食之不绝。麋之害苗甚于蝗、蝼"。

清代麋鹿的分布范围仍然很广。

在东北地区、河北、山西、陕西关中和甘肃陇东地区，四川盆地和贵州、两广，江苏、浙江、福建诸省以及台湾和海南岛仍有广泛分布。单是《古今图书集成》记载有麋鹿的府州，就有保定府、汝宁府、平凉府、临洮府、和州、杭州府、金华府、严州府、襄阳府、德安府、韶州府、惠州府、泗城府、威宁府等。

东北地区：康熙《铁岭县志》和《盖平县志》载有麋鹿。铁岭地区位于辽河中游，这里地势平坦，多沼泽；盖平县则位于辽河口附近和滨海地带。乾隆《盛京通志》"物产"有麋。《嘉庆重修一统志》奉天府和吉林物产有麋鹿。嘉庆十五年的《黑龙江外纪》卷五记载呈进贡物有四不像[①]。松嫩平原有面积广大的湖沼湿地，有麋鹿生存是很有可能的。乾隆三十八年《塔子沟纪略》卷九《土产》有麋。清代塔子沟厅包括今天内蒙古东南部敖汉、奈曼、库伦诸旗。这里为辽西山地和冀北山地结合部及西辽河冲积平原的一部分。宣统《长白汇徵录》："麋，鹿属也。……按日本调查，谓满洲出麋。"民国《呼兰府志》："麋，似鹿，色青黑，亦有角，仲冬解，则所谓麋茸也。"

上述东北地区及西辽河流域在清代有麋鹿分布，与宋代沈括、欧阳修、陆佃等有关西辽河流域和东北地区有麋鹿分布的记载可互相印证。

清代早期河北省承德地区围场县曾有麋鹿。康熙皇帝在此多次猎到麋鹿，见于光绪《围场厅志》卷一四康熙五十八年八月对御前侍卫言。但乾隆钦定《热河志》卷九五《物产》"麋"："围场内多鹿狍而少麋，迤南始有之。"表明清代中期，围场地区及以北的西辽河流域麋鹿已减少，围场以南地区仍有麋鹿。

在陕西省、山西省：乾隆四十四年（1779年）《西安府志·物产》有"鹿、麋、獐"，乾隆《直隶商州志》《镇安县志》物产有麋；康熙《永宁州志》物产有麋，乾隆《稷山县志》和《临汾县志》物产有麋。

长江下游的苏北地区，历史上一直是多麋鹿的地方。清代记载这一地区有麋鹿的方志也很多。康熙《重修赣榆志》、雍正《泰州志》、乾隆《云台山志》、乾隆《直隶通州志》、嘉庆《重修扬州府志》和光绪《通州直隶州志》、光绪《安东县志》物产都有麋。苏南地区，康熙《江宁县志》和光绪《宜兴荆溪县新志》都记载："麋……鹿角皆以夏至解，冬至解角者乃麋属之，麈也。"古代文献中又将麋鹿称为麈。20世纪末，上海崇明岛出土未石化的麋鹿骨骸，经^{14}C测年，只有235±70年[②]，表明18世纪上海附近的崇明岛也有麋鹿。上述事实表明，苏北和苏南地区，包括长江三角洲，到17世纪末还有麋鹿分布。其中，苏北地区的东阳、泰州、南通诸地的麋鹿，很可能是连续分布，而苏南地区由于人口稠密，仅分布于江宁县和宜兴荆溪县的局部地域。

清代浙江也有麋鹿。康熙《上虞县志》、康熙《仁和县志》、康熙《钱塘县志》、雍正《宁波府志》、雍正《慈溪县志》、乾隆《象山县志》、道光《东阳县志》、同治《嵊县

① ［清］西清：《黑龙江外记》，《丛书集成》本，商务印书馆，民国二十五年。
② 曹克清：《麋鹿研究》，上海科技教育出版社，2005年。

志》、光绪《缙云县志》物产都有麋。

安徽省，康熙《怀宁县志》、康熙《太湖县志》、光绪《广德州志》物产有麋。这些记载表明，到 19 世纪末在皖南地区还有麋鹿。

江西省到 19 世纪后期还有若干方志记载有麋鹿：同治《新建县志》、《义宁州志》、《武宁县志》、光绪《吉水县志》在物产中都记载有麋鹿。

湖南省，乾隆《衡阳县志》、《清泉县志》、同治《石门县志》、《直隶澧州志》、《续修永定县志》、《桑植县志》、《益阳县志》，光绪《邵阳县乡土志》、《靖州乡土志》等都记载物产有麋。《兴宁县志》物产则记："麋，少。"这些记载表明，到 19 世纪末，湖南省还有许多地区有麋鹿分布。但到 19 世纪末，湖南省一些地区麋鹿或已少见，或已消失。有的县在清代前期县志的物产中记载有麋鹿，到 19 世纪后期的县志，物产中就没有麋鹿。

湖北省，乾隆《枣阳县志》物产有麋。《嘉庆重修一统志》湖北安陆府"其产饶麋鹿"。19 世纪，湖北省仍有不少方志记载有麋鹿。同治《谷城县志》、《竹山县志》、《巴东县志》、《重修嘉鱼县志》、《通城县志》、光绪《孝感县志》物产都有麋。但光绪《长乐县志》物产则记："麋、鹿，土司时多，今无。"表明清代晚期的 19 世纪末，麋鹿在湖北省分布范围已有所缩小。所谓"土司时多"应指乾隆时期以前麋鹿很多。

长江上游的四川地区，清代记载有麋鹿的方志有嘉庆《邛州直隶州志》、同治《重修涪州志》、《高县志》、光绪《巫山县志》、《续修梁山县志》。这些方志的记载表明，到 19 世纪后期，巴蜀地区麋鹿还广泛分布。

贵州省，《嘉庆重修一统志》记载贵州大定府土产有麋。另外，光绪《普安直隶厅志》则记载："麋鹿，鹿之类，今无。"此记载意味着该直隶厅以前曾有过麋鹿，到清代后期已无。此后贵州省不见麋鹿记载。

福建省，康熙《寿宁县志》、康熙《南平县志》、雍正《永安县志》、乾隆《福宁府志》、乾隆《将乐县志》、乾隆《延平府志》、嘉庆《福鼎县志》、同治《宁化县志》、光绪《长汀县志》、《重纂邵武府志》都记载有麋鹿。这些府和县，分布于福建省的东西南北中，表明福建省在清代麋鹿曾分布很广泛。

台湾历史上也曾有麋鹿分布。康熙年间编撰的两部《台湾府志》"土产"都有麋。乾隆《福建通志·物产》记载台湾府有麋和鹿。

广东省，康熙《乳源县志》、《乐昌县志》、《连州志》、《新修曲江县志》、《从化县志》、雍正《连平州志》、乾隆《河源县志》、光绪《香山县志》、《广州府志》物产都有麋。这些州县位于粤北、粤中和珠江三角洲地区。

广西壮族自治区，清代同治《梧州府志》、光绪《藤县志》物产有麋。

海南省历史上有麋鹿。清代道光《琼州府志》："麈，即麋，午月解角，前汉书云，儋耳珠崖郡山多麈。"清代琼州府即海南省。另外，1869 年，R. Swinhoe 在海南岛搜集到两张鹿皮，收藏于大英博物馆，1965 年由 L. J. Dobroruka 研究鉴定为麋鹿[1]，表明海南省不仅有麋鹿，而且可能一直存在到 19 世纪末。

20 世纪早期的许多方志还记载有麋鹿分布，并非如以前普遍认为自从 1900 年八国

---

[1] 丁玉华、曹克清：《中国麋鹿历史纪事》，《野生动物》，1998 年第 2 期。

联军攻打北京，掠走北京南郊南海子皇家麋鹿，中国领土上再无麋鹿。

山西省，民国七年（1918 年）《闻喜县志》物产中记载："麋，民国三年获一头。"表明麋鹿在晋西南地区至少存在到 20 世纪初。

四川省，民国《灌县志》、《重修什邡县志》和《重修广元县志稿》、《汶川县志》物产中仍都有麋鹿的记载。

湖北省，民国《枣阳县志》："麋，泽兽。"

浙江省，民国《嵊县志》、《象山县志》亦记载有麋。民国《遂安县志》物产中称虎豹麋鹿"殊不概见"，表明以前该县有麋鹿，但在 20 世纪初已无麋。

福建省，民国《南平县志》、《霞浦县志》、《屏南县志》、《沙县志》、《宁化县志》均有麋的记载。民国《诏安县志》则记载："然麋、鹿实二物……但此二物诏产不恒有，即在深山中，亦罕见耳。"表明福建省 20 世纪早期可能还有少数几个县残存麋鹿。

广东省，民国《四会县志》、《阳山县志》、《始兴县志》、《乐昌县志》记载有麋。民国《东莞县志》："鹿是山兽，麋是泽兽。按邑近并无有。"意味着东莞县以前曾有麋鹿，麋鹿在该县消失的时间可能不久。

广西壮族自治区，民国《怀集县志》、《灵川县志》、《榴江县志》都记载有麋。民国《来宾县志》则记载："麋鹿当清同治、光绪间东山及长顺团山中最多，近日渐少。"表明到 20 世纪早期麋鹿分布范围已缩小，仅有少数几个县残存麋鹿。

另外，1930 年代～1940 年代，索尔比曾在上海附近获得过麋鹿标本[1]。

综观历史时期麋鹿地理分布的变化，麋鹿分布范围的缩小主要是从清代乾隆时期，即 18 世纪以后。1900 年八国联军掠走北京南苑麋鹿，并不是我国麋鹿最后消失。此后，麋鹿在若干省份还有残存。可能在 1940 年代野生麋鹿才最后消失。

第六节　野马与野骆驼

野马与野骆驼都是草原与荒漠地区的食草动物。历史时期这两种动物地理分布的变化有相似之处，即都是逐渐退缩到自然环境极为严酷的西北荒漠中，只不过二者退缩的地域不同。

一、野　　马

在历史早期，中国北方草原和西北荒漠地区以及东北西部的森林草原地区都有野马广泛分布。在河北省阳原丁家堡水库的全新世地层中发现野马的骸骨[2]。在约 6000 年前的西安半坡遗址中，发现马的右下第二前臼齿和门齿各一枚，据认为和中国北方的野马牙齿相近[3]。古代黄土高原的广阔的原面上，是以草地植被为主的疏林灌丛草地，也是适合野马等大型草食类动物生存的，故此野马在历史早期分布的最南界可能到了关中盆地。

---

① 车驾明：《麋鹿野外放养在盐城大丰自然保护区初获成功》，《野生动物》，2000 年第 3 期。
② 贾兰坡、卫奇：《桑干河阳原丁家堡水库全新统中的动物化石》，《古脊椎动物与古人类》，1980 年第 4 期。
③ 中国科学院考古研究所、陕西省西安半坡博物馆：《西安半坡》，文物出版社，1963 年。

我国古代文献很早就对野马有记载。有的学者认为，野马和野驴不容易区分，尤其野马和野驴都是很容易受惊吓，而且奔跑极快，人们很难能近距离仔细观察到野马和野驴，因此，历史文献记载的野马有的可能是指野驴。但在许多记载野马的历史文献中，大多并列记载有野马和野驴，特别是北方和西北的草原地区，牧民对马和驴的区分是很清楚的，即使在远处奔跑的野马或野驴，牧民们一眼看去，便能判断是野马还是野驴。

历史文献记载的野马分布于北方和西北草原与荒漠地区。

先秦时期。《尔雅》"野马"，《注》云："如马而小，出塞外。"《山海经·北山经·北山首经》记载"罴差之山"、"北鲜之山"和"隄山""多马"。这些山地当位于北方的今内蒙古地区。《穆天子传》记载"春山"有野马野牛，记载"鄄韩之人"献"野马三百"以及"智氏之所处……劳用野马野牛四十……"其中"春山"是今新疆地区的山地，"鄄韩之人"和"智氏"都是西北地区的民族。上述记载表明，在春秋战国时期以前的历史早期，北方和西北地区的广阔的草原和荒漠地带，野马都有广泛分布，其分布南界应大致和草原带南界一致。

汉魏北朝时期。《汉书·武帝纪》记载，元鼎四年，在敦煌西南的渥洼池猎获过野马。《汉书·武帝纪》元狩二年夏，在朔方北也有野马。《后汉书·鲜卑传》记载，西辽河流域向北到大兴安岭地区，包括呼伦贝尔草原，都有野马分布。《三国志·魏书·乌丸鲜卑东夷传》记载，东至大兴安岭和辽河，西至今天新疆的广大地区都有野马。据《魏书·太宗纪》、《魏书·世祖纪》，大青山北面的蒙古高原和大青山南面的河套地区都有野马分布。但在大青山以北地区更多。

唐代时期。《元和郡县图志·关内道》记载灵州、丰州、兰州、凉州、甘州、肃州、沙州的贡赋有野马皮。《新唐书·地理志》还记载会州、单于大都护府、安北大都护府、瓜州土贡"野马革"或"野马胯革"。相当于今宁夏，甘肃省中西部，内蒙古和新疆阿尔泰山地南侧地区都有野马。

宋辽时期。《太平寰宇记》记载凉州、甘州、肃州、瓜州土产有野马皮。据程大昌《演繁露》卷一《徐吕皮》记述，西辽河流域人口相对较稠密，野马很少，这一时期的野马，主要分布在回纥地区，包括蒙古高原和今新疆的准噶尔盆地。

元明时期。据乾隆《口北三厅志》收录的元代文人耶律楚材《扈从冬狩》诗和郝经《沙陀行》诗分析，元代野马在张家口以北的塞外地区出现较频繁。明李时珍《本草纲目》记载野马"今西夏、甘肃及辽东山中亦有之。"《明实录》永乐十九年记载，滦河上游地区亦有野马。《大明一统志》记载陕西《宁夏中卫》、《靖虏卫》和《陕西行都司》土产有野马。《宁夏新志》"物产"有野马。正统八年（1443 年）的《辽东志》卷一载有野马。

清时期。《古今图书集成》一六八卷《盛京总部物产下》载，西辽河流域和吉林省西部的草原地区有野马。该书还记载庆阳府物产有野马。康熙《辽阳州志》、《锦州府志》、《锦县志》、《广宁县志》、《宁远州志》物产都有野马。这些地区大致包括今天辽宁省阜新、朝阳、北票等地区，与内蒙古东南部的西辽河流域相毗邻。这些方志记载有野马，至少可以表明，西辽河流域在清代早期是有野马分布的。乾隆《口北三厅志》物产有"野马、野骡"。《热河志》卷九五物产四"野马"条下考证，认为热河地区（今承德地区）出产野马。

清代早期和中期，野马在中国西部，包括甘肃河西走廊南北两侧、青海、新疆、内蒙古西部甚至西藏也有广泛分布。《乾隆府厅州县志》卷二五和卷二六记载凉州府、甘州府、西宁府、安西府土贡有野马或野马皮。乾隆元年（1736年）《甘肃通志》物产记载凉州府、西宁府、肃州有野马。乾隆《玉门县志》、《西宁府新志》物产有野马。

《嘉庆重修一统志》记载宁夏府、甘州府、凉州府、西宁府、肃州诸府土产或有野马，或野马皮。又记载《蒙古统部》有野马。"蒙古统部"包括今天内蒙古全部，以及位于吉林西部和黑龙江西南部的杜尔伯特旗、郭尔罗斯前旗和后旗，还有位于青海北部的青海厄鲁特等部。嘉庆《宁夏府志》及《灵州志》物产中都有野马。嘉庆《青海志》"物产"有野牛皮。道光《敦煌县志》、《山丹县志》和《靖远县志》"物产"有野马。康熙《西藏志》记载拉萨与羊八井之间地区有野马分布。这些记载表明，19世纪中期，不仅西北的甘肃河西走廊和内蒙古阿拉善盟有野马，甚至位于黄河以东黄土高原的靖远县也有野马。

上述记载表明，到19世纪中期的清代中后期，整个内蒙古地区、吉林和黑龙江两省西部、青海、西藏东北部地区以及新疆东北部等都有野马分布。

值得指出的是，青藏高原多野驴，而且青藏高原野驴的躯体较大，容易被误认为是野马，《青海志》与《西藏志》所记载的野马，是否有可能把野驴当作野马呢？但游牧民族对马和驴的区分应是很明确的，所以，这里所记载的野马，不会是指驴为马，而应是真正的野马。

1884年俄国人普尔热瓦尔斯基（Н. М. Пржевальский）在准噶尔盆地捕到野马并报道于西方，这种野马后来被称为普氏野马，拉丁名为 *Equus przewalskii*，此事曾被认为是新疆有野马的最后记载，也被认为是中国有野马的最后记载。实际上，关于新疆地区的野马，在普氏之前和之后还有较多记载。道光《哈密志》物产有野马。成书于光绪十八年（1892年）的肖雄《听园西疆杂述诗》记载："哈密大戈壁中，马莲井子多野马，常百十为群，觅水草于滩。"俞浩《西域考古录》在镇西府辟展县下记载吐鲁番盆地东南面的荒漠有野马："高昌……东南一带沙山，绝无草木，……其东有达木沁池，一小回村也，水极清澈。其南即荒漠，野马百十成群。"成书于宣统三年的《新疆图志》在《山脉二·天山二》记载"额布图岭"多野马。额布图岭为东天山的一段。光绪三十三年（1907年）《蒙古志·物产》记载有"野马、野驴"，还记载"野马所在成群，伊克阿拉克泊南为最多，以其山中饶牧草也。体较驯马略大，毛色多土黄，土人豢养小驹，终身不受束缚，骑之亦不能随人意。"伊克阿拉克泊位于今蒙古人民共和国西南部的科布多地区，与新疆准噶尔盆地东北部青河县毗邻。据此记载，准噶尔盆地东北部地区在当时是蒙古高原和新疆野马最多之地。

民国时期。民国三年编撰的《新疆地理志》物产有野马。谢彬于1916年经河西走廊赴新疆考察，记载敦煌地区阳关南道野马泉多野马[①]。民国八年《大通县志·物产》有野马。大通县位于青海省东部。民国十年（1921年）《高台县志·物产》记载："山中有野马、野骡、野驴。"高台县位于河西走廊，南部为祁连山脉，北部为合黎山，又称北山，其所称的"山中"当指这两处山地。

---

① ［民国］谢彬：《新疆游记》，上海中华书局，民国十二年。

在内蒙古自治区，19世纪末在居延海附近还有关于野马的报道①。民国《朔方道志》物产"野马，今亦不多见"。朔方道管辖今宁夏回族自治区大部分，还包括内蒙古阿拉善盟。民国《民勤县志·物产》："野马，产之很少，其肉可食。"该志中最晚年号为民国十五年。这两部方志的记载表明，到20世纪早期，宁夏和内蒙古西部地区还有野马出现，但数量很少。

民国初年《西藏志》记载："野马，石渠产。"石渠县位于四川甘孜藏族自治州最西北部，与青海省东南部的玉树地区毗邻。民国《玉树调查记》记载野畜有野马，又在"特别输出产"项记载输出的野牲皮有野马皮②。民国《松潘县志》物产有野马。

综上，直到19世纪末20世纪初期，整个内蒙古地区、河西走廊、新疆准噶尔盆地、青海省东南部和川西北高原诸多地区都有野马分布（图7.5）。

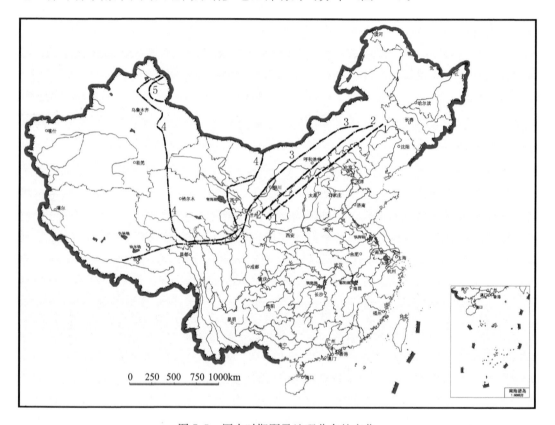

图7.5　历史时期野马地理分布的变化

A. 6000年前西安半坡遗址发现野马残骨；B. 山西阳原全新世地层发现野马残骨

1. 春秋战国时期以前野马分布南界；2. 北魏至北宋时期野马分布南界；3. 清代前期野马分布南界；

4. 19世纪末20世纪初野马分布界线；5. 20世纪中期野马分布界线

以往认为，在20世纪中期野马已在我国消失，也从地球上消失了。但据报道，

---

①　李铁生：《内蒙古珍稀濒危动物图谱》，中国农业科技出版社，1991年。

②　［民国］周希武：《玉树调查记》，民国间抄本，《中国方志丛书》，成文出版社，1966年。

1970 年代在准噶尔盆地东部有野马被观察到①，但 1980 年由相关科学家组成的科考队进行了广泛深入调查，未发现野马踪迹，表明野马已是极为罕见或已灭绝。

二、野　骆　驼

历史上中国境内的野骆驼为双峰驼（*Camelus bactrianus*）。野骆驼具有耐干旱的本领，能适应极端干旱自然条件，历史上在我国西北和北方的草原和荒漠草原地区曾有广泛分布（图 7.6）。

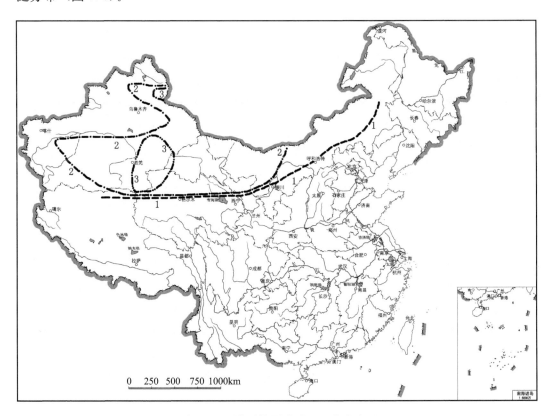

图 7.6　历史时期野骆驼地理分布变迁
1. 历史早期野骆驼分布南界；2.19 世纪末 20 世纪初野骆驼分布范围；3.20 世纪末野骆驼分布范围

《山海经·五藏山经·北山首经》"虢山"和《北次三经》的"饶山"都记载"其兽多橐驼（驼橐）"。此"橐驼"应是野骆驼。"虢山"可能位于今内蒙古南部和山西毗邻的山地，"饶山"大致位于今内蒙古中部的阴山山地，反映至少在战国时期以前河套地区和阴山山地以及其北面的内蒙古草原有野骆驼。

据元代柳贯的《滦水秋风词》②、白珽《续演雅十诗》③ 和柳贯的《滦水秋风词》①，

　① 谢联辉：《中国原野上有野马吗》，《野生动物》，1985 年第 1 期。
　② ［元］柳贯：《上京纪行诗》，文渊阁《四库全书》本。
　③ ［元］白珽：《湛渊诗稿》，文渊阁《四库全书》本。

内蒙古直到元代还记载有野骆驼。

明代李时珍《本草纲目》引《马志》："马志曰，野驼、家驼生塞北河西。"

《嘉庆重修一统志·蒙古统部》土产引《明一统志》有"野驼"。"野驼"应为野骆驼。清代有关内蒙古东部地区的文献中，都未提到有野骆驼，则清代前期内蒙古地区野骆驼可能只分布在中西部的荒漠和荒漠草原地区。乾隆《玉门县志·物产》有野骆驼。

19世纪有关新疆的一些文献中记载有野骆驼。例如，椿园《回疆风土记》记载天山南路野骆驼很多。陶保廉的《辛卯侍行记》[①]则记载吐鲁番盆地东南面的库鲁克塔格山地多野骆驼。特别是19世纪末20世纪初，有不少西方旅行家和地理学家对新疆地区的野骆驼有大量记载和报道。1886年俄国人普尔热瓦尔斯基[②]沿和田河穿越塔克拉玛干沙漠，记载沿途经常见到野骆驼。1889年俄国人别夫措夫（M. B. Певцов）记载在叶尔羌河和且末河两侧见到很多野骆驼[③]。对新疆野骆驼记载较详细的是瑞典人斯文·赫定。他记载克里雅河下游和尼雅河下游的塔克拉玛干沙漠腹地地区、塔里木河中游和下游地区以及位于罗布泊北部地区的库鲁克塔格山地、罗布泊南面的阿尔金山，以及敦煌以西的戈壁荒漠与沙漠地区，也有很多野骆驼分布[④]。

到1980年代，在新疆东部的吐鲁番、哈密、鄯善以南，罗布泊以东，东起星星峡，西至库米什，东西长约250km，南北宽约100km范围内，有野骆驼约1000头。这一片地区是中国野骆驼的主要分布区。此外，处在该主要分布区外围地区的塔里木盆地腹地的塔克拉玛干沙漠和敦煌西北部的喀顺戈壁，以及在河西走廊西段北侧的马鬃山和阿尔泰山地，也有野骆驼分布[⑤]。20世纪末，建立了罗布泊和阿尔金山野骆驼自然保护区。1996年，国家环境保护局与联合国环境规划署共同组织野骆驼科考队，经过4年的科学考察确定，野生双峰驼现主要残存于我国新疆罗布泊及周边地区的阿尔金山和塔克拉玛干沙漠地区，另外在新疆与蒙古人民共和国接壤的中蒙边界一带亦有分布[⑥]。

迄今残存的野骆驼，有学者认为也可能由家养骆驼逃跑后经野化。但据19世纪末和20世纪初期中外考察者的记载和描述，当时在塔克拉玛干沙漠中和罗布泊地区生存着数量很多的野骆驼，故今天罗布泊及周边地区残存的野骆驼，由家养骆驼再经野化的可能性很少。

① ［清］陶保廉著，刘满点校：《辛卯侍行记·吐鲁番歧路》，甘肃人民出版社，2002年。

② Пржевальский H M：《从恰可图到黄河源——在中亚的第四次旅行记》（俄文），1888年，圣彼得堡。

③ Певцов M B：《在喀什噶尔和昆仑的旅行》（俄文），1949年，莫斯科。

④ Sven Hedin：Scientific results in a journey of central Asia 1899～1902，1905，Ⅰ，328～402；斯文·赫定著：《我的探险生涯》，潘岳、雷格译，南海出版公司，2002年。

⑤ 赵子允：《新疆的野骆驼》，《野生动物》，1985年第3期。

⑥ 王裕台：《勇闯罗布泊，寻找野骆驼》，《大自然》，2001年第2期。

第三篇　历史时期河流水系的演变（上）

　　我国幅员辽阔，河湖众多。按照河川径流循环形式，我国河流可分为注入海洋的外流河和不与海洋沟通的内流河两大部分，此外还有历史悠久的、遍布中国东部的人工运河。关于河流水系在历史时期的演变过程，本篇主要选取历史文献记载较为丰富的黄河、长江、海河、珠江以及塔里木河、河西走廊诸水和运河，分为上下两篇进行论述。中国主要湖泊的演变，则附在相关河流的章节之内予以论证。淮河虽然也是一条千里大河，但其在历史上的重大演变，完全受制于黄河的演变过程，故也附在黄河演变的章节中一并论述。

第八章　历史时期黄河的演变

　　黄河是我国第二大河,它发源于青海省巴颜喀拉山北麓约古宗列盆地,流经川、甘、宁、蒙、陕、晋、豫、鲁8省区,在山东垦利县注入渤海。全长5464km。流域面积75.24万km²。自内蒙古自治区托克托县河口镇以上为上游,流域面积38.6万km²,河长3472km;从河口镇至河南省郑州市附近桃花峪为中游,流域面积34.38万km²,河长1200km余;桃花峪以下为下游,流域面积2万km²余,河长780km余。

　　历史上黄河以"善淤、善决、善徙"著称于世。据文献资料记载,在新中国成立前约3000年间,黄河下游决口泛滥有1500余次,较大的改道有二三十次,其中有6次重大的改道[①];洪水遍及范围,北抵海河,南达淮河,有时还逾淮而南波及苏北地区,纵横25万km²。我国东部的黄淮海平原上到处都受过黄河水沙的灌注和淤淀,对历史时期黄河下游冲积平原地理面貌的变迁产生过巨大的影响。

　　历史上黄河下游之所以有如此频繁的决口和改道,这由它本身特性所决定。黄河的主要特性是:①水量小而变率大。黄河虽仅次于长江为我国第二大河,但由于流经地区的大部分属于干旱、半干旱的大陆性季风气候,年雨量为400~600mm,且蒸发量大,径流量极为贫乏。据现代实测,其径流量仅为长江的1/20,西江的1/5,甚至比流域面积仅为黄河1/13的闽江还小。多年平均水资源总量仅占中国水资源总量的2.5%,居全国七大江河中第五位。人均水资源总量不到全国人均总量的30%。黄河水量虽小,但季节和年际变化很大。黄河下游洪水主要来自中游干支流地区,这些地区雨量季节分布极不均匀,大都集中在7~10月,且多系暴雨,往往在几天之内将一年内一半以上的雨量倾泻下来,夏秋汛期的水量可占全年的60%~70%,大部分洪水具有猛涨猛落的特点。黄河流量的年际变化也很大。例如,据陕县站观测,多年平均流量不过1546m³/s。而历史上曾出现过36 000m³/s(1843年)、22 000m³/s(1933年)和22 300m³/s(1958年)的特大洪水和大洪水。在大洪水和特大洪水年份,黄河就易决口和改道。②含沙量高。黄河的含沙量在世界河流中占第一位。与洪水一样,黄河泥沙主要来自中游面积约30万km²的黄土高原。由于黄土深厚,质地疏松,易受冲刷侵蚀。尤其是晋陕甘地区,地面被覆不良,沟壑纵横,严重水土流失面积约27万km²。每遇暴雨即将大量泥沙随着水流带入黄河。据陕县站多年观测,平均年输沙量为16亿t,最高时为33.6亿t,其中1/4堆积在山东利津以上的河道上,1/2堆积在利津以下河口三角洲和滨海地区,其余1/4输送入海。日积月累,河床淤高,必须依靠堤防加以约束,最后成了悬河。因而当伏秋大汛时,防守不力就容易造成决溢改道。

---

　　① 1959年黄河水利委员会编:《人民黄河》一书中确定,历史上黄河较大的改道为26次。所谓"较大的改道",研究者看法不一,很难取得一致意见。本章不以"较大的改道"作为黄河下游河道变迁分期的标准,而以黄河下游河道变迁特点为分期标准,因而只突出叙述在研究者中已取得共识的6次重大的改道。

但自 1970 年代以来，由于全球气候转暖，黄河流域降水减少，加之中上游灌溉用水的拦截，下游径流逐年减少。有资料显示，1972～1998 年的 27 年中，有 21 个年份黄河下游出现断流。1997 年黄河断流 226 天，断流 704km。到 2010 年黄河流域缺水将达到 40 亿 m³。这是古今黄河流域水环境的重大变化。

　　我国历史上也曾有过黄河下游干旱乏流现象。历史文献上有所谓"黄河清"的记载，古人有"俟河之清，人寿几何"之叹，其将河清视为祥瑞。500 年前明朝人万恭就指出："'黄河清，圣人生'，此史臣之言也。……而今拘儒每以黄河清为上瑞，误哉！夫黄河，浊者，常也；清者，变也，欲其常浊而不清。彼浊者尽沙泥，水急则滚，沙泥昼夜不得停息而入于海，而后黄河常深、常通而不决。清者水澄，水泥不复行，不能入海，徒积垫河身，与岸平耳。夫身与岸平，河乃益弱，欲冲泥沙，则势不得去，欲入于海，则积滞不得疏，饱闷偪迫，然后择下地一决以快其势。此岂待上智而知哉！夫河决矣，饷道败矣，犹贺曰上瑞，非迂则愚。故河清，则治河者当被发缨冠而救之，不尔，忧方在耳。故曰黄河清，变也，非常也；灾也，非瑞也。"[1] 我们不得不佩服，万恭的识见。今有人作《历代黄河澄清简表》，历史上有"黄河清"的记载 67 条。据研究，实质上"黄河清"主要是黄河中上游地区长期持续干旱无雨，地表难以形成径流，没有或仅有少量泥沙进入河道，同时由于黄河水量大幅度减少，使大量泥沙沉积下来河水由浊变清。历史时期有超过一半的黄河澄清是由于干旱造成的[2]。因此，"黄河清"其实并不是好的现象。

　　今天黄河流域水资源缺乏的问题也十分严重。据统计，我国黄河流域仅包有全国 2.5% 的水量，却要保证 12% 人口和 15% 耕地的用水，以及沿岸 50 座城市和 420 个城镇的生活用水、工业用水，黄河流域水资源的可利用量为 403 亿 m³，人口为 1.1 亿，实际人均水资源为 647m³，这个数字不到世界人均水量的 1/4，比世界上最缺水的国家索马里人均水量还少 200m³，特别是近年来，受国家黄河水量分配方案的限制，黄河沿岸不少地区河道地表径流利用已接近用水指标，为发展经济，不得不转向地下取水，超采地下水现象严重，导致黄河流域形成大范围的地下降水漏斗。

　　与此同时，黄河流域水污染日趋严重，黄河流域水环境监测管理中心的《黄河流域十年水质状况及变化趋势》的报告显示，近十年来，随着黄河流域社会经济的快速发展，流域废污水排放量急剧增加，加之天然来水偏少，黄河流域水质污染日益严重。

　　据专家介绍，1994 年黄河干流污染超标河长占 57.4%，至 1990 年代末超标河长基本上维持在 60% 左右。2000 年后水质急剧下降，至 2003 年超标河长达 78.1%，与 1994 年相比超标河长上升幅度已达 20.7%。黄河水利委员会负责同志指出，初步估计，到 2010 年，全流域年均废污排放量将超过 65 亿 m³。如果不采取措施，黄河流域干支流大中城市所在河段水质可能全部劣于五类水质标准。同时，黄河沿岸 300 多个县中，尚有 2/3 是国家级或省区级贫困县。因此，积极改善黄河流域水环境问题，是当前刻不容缓的任务。

　　由此可见，古今黄河流域水环境变化竟如此之大，不能不让我们引起高度的重视。

---

　　① ［明］万恭：《治水筌蹄》卷一《黄河》。
　　② 王星光、彭勇：《历史时期"黄河清"现象初探》，《史学月刊》，2002 年第 9 期。

黄河流域是中华文明的发祥地，至今仍是我国人口最多、政治、经济和文化的重地。黄河流域水环境问题，应该引起全国人民的高度关注。本章即是从两三千年长时段来考察黄河的变迁，并从中窥视黄河流域水系的变化，以冀能对今后改善和保护黄河流域的水环境有一定借鉴意义。

第一节　历史时期黄河的洪水和泥沙

众所周知，造成历史上黄河下游不断成灾的根本原因是洪水和泥沙。整部黄河变迁的历史基本上表现为洪水和泥沙矛盾发展变化的历史。在水沙这一对矛盾中，泥沙又是矛盾的主要方面，是造成黄河变迁的主要因素。历史时期黄河水沙条件的变化十分复杂，历史资料又极为分散，记录时常缺乏近代科学的含义，过去又没有作过较全面的分析研究工作。因而在此仅是根据现已掌握的资料，作一些基本概貌的叙述。

一、黄河中游的侵蚀

黄河下游的泥沙主要来自中游面积约 30 万 km^2 的黄土高原。黄土疏松，极易侵蚀，而黄土高原的降水又有暴雨的特点，剧烈的暴雨降于地面，通过面蚀和沟蚀将大量泥沙冲入黄河各条支流，又汇集于干流，带入下游平原。历史上面蚀情况难以知晓。我们只能通过沟蚀的情况，大致了解黄河中游侵蚀的概貌。

今天黄河中游支流的泾河、渭河、洛河的上游，塬峁破碎，沟壑纵横，水土流失十分严重。但在人类活动的早期并不就是如此，它经历了一个长期变化的过程。黄土高原的侵蚀自地质时期即已开始，进入人类历史时期以后，随着人类活动的频繁，尤其是农耕的开发，逐渐加剧。过早的不说，两周时期在陕西中部的所谓的"塬"很多，并且还连绵相望。大抵说来，可由泾渭两河下游，逶迤至于猪野。猪野，在今甘肃河西地区的民勤县境。这就是说，在今陕、甘、宁、青各省区只要在黄河流域之内，就无处不是塬了。就以个别的塬来说，其面积也都是相当广大的。譬如周王朝据以兴起的周原，就有今陕西省凤翔、岐山、扶风、武功 4 个县的大部分，兼有宝鸡、眉县、乾县、永寿 4 个县的小部分。东西延袤 70km 余，南北宽达 20km 余。现在周原名称犹存，然已被沟壑切割成南北向的长条块，最宽的塬面不过 13km，实无由与当时相比了[①]。今甘肃庆阳县北董志塬，唐时名为彭原，南北长 80 里，东西宽 60 里[②]。现在南北长度大致如旧，东西最宽处仅 18km，最窄处才 0.5km。董志塬位于马连河和蒲河之间，由于这两条河流的支流和沟壑连续不绝，遂使塬面缩小竟至于此[③]。陕西神木县东北的杨家城，为唐宋麟州城故地。明代长城绕城西侧趋向东北。麟州城西城墙就被利用为长城的一段。现在已有 6 条沟破长城而入，其最长的一条已伸延了 3km。

两周时期黄河中游已有的连绵相望的诸塬，在黄土高原降水具有暴雨特点的背景

---

① 史念海：《黄土高原历史地理研究》第一编黄土侵蚀篇，2 页，黄河水利出版社，2001 年。

② 《元和郡县志》卷三宁州。

③ 史念海：《黄土高原历史地理研究》第一编黄土侵蚀编，3 页，黄河水利出版社，2001 年。

下，地表径流很容易将疏松的黄土塬面冲刷成沟壑，初尚浅表，接着下切、侧蚀、溯源侵蚀同时进行，将大量泥沙由各河流带至下游，而在高原上留下支离破碎的黄土沟壑地貌。西周时期塬面虽已有切割，但河谷尚未深邃。周人很重视原隰的区别。隰为塬下的低地，但并不包括河水侧旁的漫滩地。今周原附近渭河岸上，不仅有头二道塬，还有三道塬。然在两周时代，这样的三道塬尚未形成或即为河漫滩地。可见当时渭河河床下切不深。当时黄河中游的许多山体上，覆盖着森林植被，山下平川原野，植物被覆良好，对防止和延缓侵蚀的进度都有一定的作用[①]。

两周以后人类活动影响加剧，特别是农耕业的开发，侵蚀越来越严重，黄土高原面蚀和沟蚀加剧。黄河支流的下切，可从关中三条古渠渠口的变迁寻找到确凿的证据。公元前 3 世纪末，秦国开凿郑国渠，引泾河水东流灌田，其渠首在今陕西泾阳县西北张家山下，原来的渠口现高出泾河水面 14m[②]。公元前 2 世纪末，西汉王朝开凿龙首渠，引洛河灌溉，其渠首在今陕西澄城县洑头村，由于经过商颜山（今铁镰山），当时曾凿洞引水。今洛惠渠五号隧洞恰在汉代隧洞之下 20m 余处，则洛河河谷下切也应有这样的数字。7 世纪初，隋王朝也在长安城东开凿了一条龙首渠，渠首在今西安市东南马登空村。迄今村中半崖间犹显露当时的渠口，可是现在浐河已经低于渠口 11m 了[③]。

黄河干支流在下切作用之外，还有侧蚀作用。黄河中游干流大半都在峡谷中流经。峡谷中断断续续出现若干小块滩地，正是黄河侧蚀的具体表现。龙门以下，比降减弱，两侧又为土岸，河流在此作大幅度左右摆动，形成宽展的河谷，最宽处将近 20km。汾河口入黄河处，原有一条名为汾阴脽（今山西万荣县荣河镇西南庙前村北）的高岗与黄河相隔[④]。后由黄河和汾河两面侧蚀，高岗终于消失，汾河口就曾由今万荣县境北移至河津县境[⑤]。后来黄河向西摆动，露出滩地，汾河口又向南移。这样的侧蚀以河滨的古长城作证，更为明显。明长城在今山西河曲县境，南北数十里，原来皆濒于黄河岸边。可是到现在已有不少段落为黄河侧蚀所毁，魏国的西长城在今陕西韩城县境，一段在东少梁原上，一段在城南村北。其东端皆在黄河旁的高岸上。黄河流经其下，长城随着河岸的被侧蚀而逐渐有所崩塌，其残迹犹十分明显。城南村魏长城东端的坠入河中的部分长达一千米有半[⑥]。

黄河支流的侧蚀还有典型的例子。位于今陕西咸阳市东渭河北岸的秦咸阳故城，据近年考古发掘，其临渭的一边，大约有 4km 宽的一段已为渭河所侧蚀，崩塌陷入河中了。春秋时晋国曾迁都于新田，其遗址犹在今山西侯马市，故城濒于汾河，北城墙已有 300m 为汾河所蚀。

由于黄河干支流的不断下切和侧蚀，影响到原面的缩小，同时也使次一级的支流和沟壑不断溯源延伸，将原面切割成许多小塬。大沟又有许多支沟，支沟的沟头同样也向上延伸，结果使原面越来越破碎。以上所述只是黄土高原侵蚀的个别例子，仅此可略窥

---

① 史念海：《论两周时期黄河流域的地理特征》，《陕西师范大学学报》，1978 年第 3、4 期。
② 秦中行：《秦郑国渠渠首遗址调查记》，《文物》，1974 年第 7 期。
③ 以上所述多据史念海：《黄土高原历史地理研究》一书。
④ 《水经·汾水注》。
⑤ 光绪《山西通志》卷四〇山川。
⑥ 史念海：《黄河在山陕之间》，《陕西师范大学学报》，1976 年第 2 期。

历史时期黄河中游水土流失之一斑。随着中游地区人口的增加，战争的频仍，这种侵蚀日益加深，而下游河道的泥沙则有增无减。

二、黄河下游的泥沙

黄河自来就是一条多泥沙河流。广大的华北大平原就是它长期堆积的产物。但在远古时代中游侵蚀的速度与后代相对比较而言是缓慢的。自两周以降，人类活动频繁，侵蚀就渐趋加剧，而黄河的含沙量也日益增高。

我们祖先对黄河下游含沙量很高的现象认识很早。公元前 4 世纪已有称黄河下游为"浊河"的记载①，这说明人们已经观察到黄河河性的本质。公元 1 世纪初有"河水重浊，号为一石而六斗泥"②的说法。对黄河含沙的比例开始有了量的观念。到了唐代，"黄河"由古代大河的偶然称谓变成了固定名称③。宋时欧阳修就说："河本泥沙，无不淤之理。"④任伯雨说："河流混浊，泥沙相半。"⑤宋代著名周围数百里的梁山泊，由于河水多次决入，至金时"淤填已高"，垦作屯田⑥。元代黄河所决之处，"使陂泺悉为陆地"⑦。明时河水平时"沙居其六"，伏汛时"则水居其二"⑧。总之，自古以来，黄河就是一条多泥沙河流，西汉时代向中游黄土高原地区大量移民，农田扩大，植被破坏，水土流失有所加剧，下游含沙量有显著增加。东汉以后大量游牧民族入居中游地区，改农为牧，植被逐渐恢复，下游河道含沙量相对减弱⑨。唐代中叶以后中游水土流失又开始加剧，含沙量又渐增加，随着封建社会的渐趋没落，不合理的垦殖制度而引起滥垦、滥伐现象日益严重，下游含沙量也有增无减。

虽然含沙量的程度如上所述，但下游河道淤高的速度历史时期有所不同。在战国中期黄河下游河道全面筑堤以前，河道呈多股分流的状态，互相迭为主流，泥沙分散，河床淤高缓慢（详下）。战国中期黄河下游河道全面筑堤后，泥沙不再旁泄，淤高速度有所加速，但与后世相比，仍然不能算很快。例如，战国中期以来至西汉末年的下游河道，已有了约 500 年历史，除了有的河段已形成悬河外，总的说来河床淤高还不很严重。公元初大河改走新道以后，残存的西汉大河故道，在唐宋时代还曾被利用作为排水渠道⑩。7 世纪初隋炀帝开永济渠，其中流经今山东、河北界上的一段（约今卫河），就

---

① 《战国策·燕策》：苏代说燕王，"齐有清济、浊河，可以为固"。

② 《汉书》卷二九《沟洫志》张戎言。

③ 《汉书》卷一六《高惠高后文武功臣表》："使黄河如带。"《三国志·魏志·袁绍传》裴松之注引《献帝传》："悠悠黄河。"此时"黄河"尚未为固定专称，一般皆称"大河"或"河水"，如《水经注》等书。至唐代有贾耽著《吐蕃黄河录》四卷（见《新唐书·艺文志二》），另外在《元和郡县志》中已全称"黄河"了。

④ 《宋史》卷九一《河渠志一·黄河上》

⑤ 《宋史》卷九三《河渠志三·黄河下》。

⑥ 《金史》卷二七《河渠志·黄河》。

⑦ 《元史》卷六五《河渠志二·黄河》。

⑧ 《河防一览》卷二《河议辩惑》。

⑨ 谭其骧：《何以黄河在东汉以后会出现一个长期安流的局面》，《学术月刊》，1962 年第 2 期。

⑩ 《旧唐书》卷一四一《田悦传》：建中三年（782 年）六月二十八日，"是夜，王武俊决河水入王莽故河，欲隔官军，水已深三尺，粮饷路绝"。《宋史》卷九一《河渠志一·黄河上》太平兴国八年（983 年）有人建议在滑州一带大河上开分洪道，"北入王莽河以通海"。

是利用西汉大河的岔流屯氏河故道①。1060年决出的宋代大河东流，中间流经一段就是西汉大河故道。据1970年代末的实地考察，今河北大名县境卫河以东有西汉黄河的残迹存在，今卫河的东堤即西汉大河的西堤。故道有的低于地面，有的高于地面，形成起伏的沙丘，低于地面的洼地，现在还可以挖作排水渠道②。既然古代黄河含沙量已经很高，为什么经过几百年的泥沙堆积其淤高的速度不如唐宋以后呢？根据历史情况来推测其原因：①黄河下游全面筑堤大致始于战国中叶，筑堤之初，两岸堤距较宽，据文献记载，宽达25km（详下），滩地广阔，大量泥沙落淤在广阔的滩地上，上升速度相对减缓。②古代黄河下游河道沿岸存在着许多分流、汊道和湖泊，成为天然的分洪道和沉沙池，堆积在干流上的泥沙比后代相对减少。

宋代以后上述条件已经消失，如平原人口增多，土地紧张，下游河道堤距束狭；加之下游分流、湖泊都已淤平，兼之含沙量又增高，所以河道淤高就十分惊人。宋代黄河下游所谓京东故道、横陇河、北流、东流（二股河）流行不久，很快都成了悬河，河水改流之后故道都成了"已弃之高地"。1108年（北宋大观二年）黄河北流一次决口，洪水过后，泥沙把整个巨鹿城给埋了。金元时代黄河在豫东、鲁西南地区来回摆动，又经常出现几股河道同时并存，变迁极为紊乱，改道之处留下大片沙地，长期风力作用，形成连续不断的沙丘。今河南省封丘、原阳、延津县境内尚存大片东西向连绵沙丘，就开始形成于金元时代。

明代以后的治河方针主要是高筑堤防，固定河道。因为河南省境内故道交叠，多系沙土，"岸外之沙有延至数十里者，各工段有系纯沙堤防"，洪水一涨，都冲入河道③。又加之上游来沙增多，所以有时一次洪峰过后带来的泥沙可达惊人的程度。例如，1533年（明嘉靖十二年）疏浚了荥泽孙家渡口南入颍河的河道120里，次年夏，"水大涨，一淤而平"④。1552年（嘉靖三十一年）时疏浚了徐、邳之间的黄河，讫工之后，"一夕水涌复淤"⑤。又如，开封城自元朝以来曾7次被黄河所淹。最严重的是1642年（崇祯十五年）明王朝人为扒开河堤水淹李自成起义军的一次，洪水灌入开封府城，事后午朝门的一对石狮子整个被沙埋没。铁塔原筑在夷山上，这次连塔基莲花盆以下都被沙埋。元代建筑延庆观门在今地下约1.5m处。近年来在开封城内地下3～4m处挖出明代房顶⑥。又据近年探测，北宋文化层在地下10m处⑦。这些还是漫流而成的淤沙层，其含沙量之高可以想见。

据清代记载，当时一般洪水年，一次漫滩，滩地淤高"数寸至尺余不等"⑧。特大洪水年如1819年（嘉庆二十四年）九月一次洪水，兰阳一带决口，"正河水势陡落，上游随溜，泥沙不能下注，尽行壅积，遂至滩与堤平，并有滩面高于堤顶一二尺者"⑨。

———————————

① 《元和郡县志》卷二〇贝州永济县。
② 1977年笔者曾随谭其骧先生作黄河故道实地考察。
③ 《豫河续志》卷二〇附录。
④ ［明］刘天和：《问水集》卷一《治河之要》、《治河始末》。
⑤ 《明史》卷八三《河渠志一·黄河上》。
⑥ 据开封市博物馆同志面告及实地考察。
⑦ 程遂营：《唐宋开封生态环境研究》，中国社会科学出版社，2002年。
⑧ 《续行水金鉴》卷一五引《南河成案》乾隆三十年三月高晋奏。
⑨ 《续行水金鉴》卷四三引《南河成案》嘉庆二十四年十月李鸿滨、琦善奏。

有的地方甚至滩面与堤顶相平。滩上柳树大半淤没，仅露枝干[1]。1825 年豫境内黄河滩地高出堤外平地 3～4 丈，而 1805 年前，高差不过丈许，可见 20 年内滩地淤高 2～3 丈，平均每年淤高尺余。其中 1819 年、1822 年（道光二年）二次特大洪水影响最大。1825 年时修筑的河堤都是新筑的，此前旧堤都已埋入滩底[2]。

当干流决口后，水流旁泄，决口以下干流主槽反成排沙支渠。如 1677 年（康熙十六年）7 月宿迁杨家庄决口，自杨家庄以下至清江浦 170 余里河床从原深丈余淤为深仅 2～6 尺，从宽为百丈余淤为宽仅丈余至二三十丈[3]，决出堤外的泥沙也将地面普遍淤高。1696 年（康熙三十五年）安东（今涟水）童家营溃堤，黄水南灌山阳、盐城一带，民间坟墓被埋入地面以下一丈[4]。1721～1722 年（康熙六十至六十一年）二次在武陟马营坝决口，正溜决入原武县城内，次年（雍正元年）决口堵塞，水去沙停，城内民屋半截被沙淹没[5]。山东大清河自 1855 年被黄河夺流以后，滩地部分每年平均淤高 6～8cm[6]。1938 年花园口决，黄泛区沉积也很厚。河南西华、扶沟道上，路旁墓碑只见顶部。尉氏县南门一带，黄泛沉积在 2m 以上，城门被淤塞[7]。据 1955 年江苏省水利厅对清江市以下老滩河身的锥探资料来看，自黄河夺淮六七百年间，清江市上以下淮河河底计淤高 10～12m 之多[8]。

新中国成立以后，由于黄河流域上中下游综合治理，下游河道淤积情况有所改善。从东坝头至陶城铺河段，从 1875 年筑堤后，至 1985 年，共淤高 4～5m，平均每年淤高 0.03～0.04m；陶城铺以下窄河段，1855～1891 年，平均每年淤高 0.2～0.3m[9]。但自 1970 年代以后，由于黄河断流，水流细微，河道淤高迅速。1984～1993 年近 10 年内，山东河道淤积泥沙 3.07 亿 m^3，主要淤在主槽，河槽平均抬高 0.77m，其中艾山至利津淤积 1.69 亿 m^3，河槽抬高 1.01m[10]。这些都是值得我们重视的问题。

历史时期黄河下游含沙量长期以来一直是很高的。但在不同的具体历史时期，由于中游水土保持的条件和暴雨情况不同，下游含沙量相对而言也曾出现过起伏。唐、宋以后，中游水土流失严重，下游河道淤积速度也越来越快，决溢改道频繁。另外，每次洪水含沙量的大小，主要取决于洪水的来源。例如，洪水主要来自三门峡以上北干流和泾渭洛地区，含沙量就很高。如洪水主要来自伊洛沁河流域，还有一定的稀释作用。例如，1819 年的洪水主要来自三门峡以上，一次洪水滩地淤高数尺至丈余。而 1761 年洪水主要自三（门峡）花（园口）间和伊洛沁河流域，下游河道有普遍被冲刷的记载。

①　徐福龄：《黄河一八一九年洪水在下游的表现》，刊《河防笔谈》，河南人民出版社，1993 年。
②　《再续行水金鉴》卷六二引《南河成案续编》。
③　《行水金鉴》卷四八引《靳文襄公经理八疏摘钞》。
④　《河防志》卷四。
⑤　《续行水金鉴》卷五引《原武县志》。
⑥　钱宁：《黄河下游河床演变》，130 页，科学出版社，1965 年。
⑦　黄孝夔 等：《黄泛区土壤地理》，《地理学报》，1954 年 20 卷第 3 期。
⑧　徐福龄：《黄河下游明清河道和现行河道演变的对比研究》，刊《河防笔谈》河南人民出版社，1993 年。
⑨　黄委会黄河志总编委会：《黄河防洪志》，29，30 页，河南人民出版社，1991 年。
⑩　徐福龄：《对黄河下游引水断流的思考》，刊《续河防笔谈》黄河水利出版社，2003 年。

三、黄河下游的洪水

要对历史时期黄河下游出现过的每次洪水的来水条件、流量大小作出科学分析和定量估算，目前尚有困难，因而此处只对历史上黄河下游洪水的一般特征和几次见于文献记载的大洪水作一概述。

黄河下游洪水主要来自中游河（口镇）龙（门口）间、龙三（门峡）间、三花（园口）间 3 个地区，一般都以暴雨形式降水，为时短，涨落迅猛，历时一般 1～2 天，连续洪水可达 5～7 天，具有暴涨暴落的特点，在历史文献中早有反映，汉朝就有"一日之间，昼减夜增"的说法[①]。元朝人说："大抵黄河伏槽之时，水势似缓，观之不足为害，一遇霖潦，湍浪汛猛。自孟津以东，土性疏薄，兼带沙卤，又失导泄之方，崩溃决溢，可翘足而待。"[②] 明朝人也指出，河水"伏秋异常之水，始出岸而及堤，然或三日，或五日，或七日，或旬日，即复落归于槽"[③]。当洪水猛涨超过河道所能容量时，就造成漫溢或溃决。

西汉一代是河患比较严重的时期，自公元前 168 年（文帝十二年）河决酸枣（今河南延津县西南），东溃金堤开始，洪水决溢时有发生。根据文献记载中成灾情况，大约有下列 3 次较大洪水。①公元前 132 年（武帝元光三年）春，河决顿丘，同年夏，又决瓠子口，洪水决向东南，灌入巨野泽，向北溢出淹及吾山（今鱼山），大溜由泗水入淮，泛滥了 16 个郡，大致相当于今豫东、淮北、鲁北和鲁西南地区。②公元前 29 年（建始四年）在馆陶及东郡金堤一带决口，泛滥所及 4 郡 32 县地，洪水面积达 15 万余顷，积水深处达 3 丈。③公元前 17 年（鸿嘉四年）勃海、清河、信都诸郡河水泛滥，"灌县邑三十一，败官亭民舍四万余所"。这次虽为泛滥而非决口，但其破坏程度超过公元前 29 年那次[④]。

据文献记载，公元前 161 年至公元 20 年黄河中游曾多次发生大雨[⑤]。可惜因记载不全，还不能弄清这几次洪水的来水条件和最后成灾情况。

从三国曹魏至五代时期下游洪水来水条件有的已有明确记载。例如，①公元 223 年（魏文帝黄初四年），《三国志·魏志·文帝记》、《水经·伊水注》、曹植的《赠白马王彪》诗序中都有记载。《水经·伊水注》："（伊）阙左壁有石铭云：黄初四年六月廿四日辛巳大出水，举高 4 丈 5 尺，齐此已下。"六月廿四日（8 月 8 日）是洪峰出现的时间，4 丈 5 尺合今制 10.9m，今人考证，认为这次洪峰流量为 20 000m³/s[⑥]。这次洪水历时也较长。曹植在夏历七月初离开洛阳时，仍有"伊洛广且深，欲济无川梁。泛舟越洪涛，怨彼东路长"的记载。说明这次洪水持续时间有 10 天左右，伊水有这样大的洪量

---

① 《汉书》卷二九《沟洫志》李寻、解光语。

② 《元史》卷六五《河渠志二·黄河》。

③ ［明］潘季驯：《河防一览》卷二《河议辩惑》。

④ 以上皆见《汉书·沟洫志》。据该书记载，河平三年（公元前 26 年）河决平原，"所坏败者半建始时"。而鸿嘉四年"河溢之害，数倍于前决平原时"。

⑤ 陕西省气象局：《陕西省自然灾害史料》，65 页，引《汉书》、《通志》、《资治通鉴》等书资料。

⑥ 史辅成、易元俊、高定治：《黄河流域暴雨与洪水》，236 页，黄河水利出版社，1997 年。

是很少见的。这是历史上黄河下游洪水来自伊洛河流域比较典型的一次。②公元 925 年（五代后唐同光三年），中游地区自夏历七月三日至九月十八日连续大雨，陕县河水上涨 2 丈 2 尺，溢入城内，河阳（今孟县南）黄河上涨 1 丈 5 尺，泽（治今山西晋城）、潞（治今山西长治市）二州自七月一日至十九日大雨不止，下游滑州河决，分流汴河泛涨①。这次洪水主要来自陕县以上，渭河上中游凤翔等地大雨 75 日②，沁水流域也有持续大雨。黄沁同时涨水，所以造成下游决口。

宋、元时代黄河洪水的次数更多，有两次记载比较明确的大洪水。一次是 1077 年（北宋熙宁十年）河决澶州曹村，分南北清河入海。走南清河一股决入徐州城，水深 28 尺，淹没民屋。苏轼有"岁寒霜重水归壑，但见屋瓦留沙痕"诗句③，可见这次洪水是很大的。另一次是 1344 年（元至正四年）夏历五月，下游连续 20 余天大雨，先决曹县白茅堤，平地水深 2 丈余。六月又决金堤，洪水波及今废黄河以北、运河以西以及北清河沿岸广大地区④。这两次决口灾情严重，都是历史上比较少见的洪水。

明、清以后文献记载比较详细，下游洪水的具体来源和洪峰的最高水位，有时可以有一个确切的概念。今以明和清初几次洪水为例。

1482 年（明成化十八年）夏历六月以来，由于连续暴雨，沁河发生一次异常大洪水，1950 年代曾在阳城县河头村沁河渡口、上伏村、瓜底村、九女台发现洪水碑记和摩崖石刻四处，有该年洪水至此的刻度。据考证，洪峰流量估计为 14 000m³/s⑤。结果该年怀庆等府、宣武等卫所坍塌城垣共 1188 丈，漂流军卫有司衙门、坛庙、居民房屋共 314 254 间，淹死军民男妇 11 857，漂流马骡等牲畜 185 469 头。其成灾之严重可见⑥。

1632 年（明崇祯五年），晋西南地区出现持续大雨，陕州霪雨 40 日，霎雨（大雨）二昼夜，民屋倾倒大半。黄河涨溢至上河头街（原陕县太阳渡），河神庙淹没⑦。上河头街高程为 307m。这次洪水将建在上河头街的河神庙淹没，洪峰最高水位应高于 307m。据黄河水利委员会调查，这次洪水虽小于 1843 年（36 000m³/s），但在历史上也是罕见的。

1662 年（清康熙元年）是多次发生大洪水的一年。该年夏天以来甘、陕、晋三省黄河各条支流连续大雨暴雨。据康熙《陕西通志》卷三〇记载，陕西省夏历六月以后连续大雨 60 日，泾、渭、洛诸水并涨，"诸谷皆溢，淹山走陆"。山西省境内的汾河和涑水河流域也发生连续大雨。据大量文献记载，尤其是夏历八月中秋前后在江南大旱，南海有强台风接连三次登陆的条件下，黄河中下游产生了"昼夜不绝"的 17 天"如注"大雨。雨带东西向分布，并逐渐向东移动⑧。当黄河干流特大洪水到达河南境内，开

①《旧五代史》卷三三《唐庄宗记》。

②陕西省气象局：《陕西省自然灾害史料》，70 页，引历史研究所中国历代自然灾害大事记。

③苏轼：《东坡七集》卷八《河复诗并序》。

④《元史》卷六六《河渠志三·黄河》。

⑤史辅成、易元俊、高定治：《黄河流域暴雨与洪水》，236 页，黄河水利出版社，1997 年。

⑥《明宪宗实录》卷二三〇成化十八年秋八月乙卯。

⑦徐近之：《黄河中游历史上的大水和大旱》，《地理学资料》，第 1 期，1957 年。

⑧据黄河水利委员会资料及雍正《猗氏县志》卷六、康熙《介州志》卷一二、光绪《荣河县志》卷一四、雍正《临汾县志》卷五、光绪《永济县志》卷二六、道光《阳曲县志》卷一六、光绪《徐沟县志》卷一、乾隆《富平县志》卷八、咸丰《澄城县志》卷五等。

封、归德、怀庆等府及鲁西地区又逢大雨。[①]自夏历五月至七月间，在曹县石香炉、中牟黄练集、武陟大村、睢宁孟家湾、宿迁、清河和高家堰等处先后决口，八月又在兰阳高家堂和曹县牛市屯发生新的决口，灾情十分严重[②]。这是一次中下游同时暴雨形成的洪水，持续时间又长，历史上非常罕见。

清代从乾隆年间（1766年）开始，在黄河干流上的青铜峡、万锦滩（陕州北门外）、伊洛河口、沁河口等地，每年汛期设有水尺观测水位涨落，以资报汛。其中资料比较完整的是万锦滩[③]。从这些资料中，可以知道有1761年、1780年、1785年、1793年、1794年、1800年、1801年、1802年、1806年、1819年、1822年、1834年、1839年、1841年、1842年、1843年、1849年、1850年、1851年、1855年、1871年、1892年、1896年、1898年等涨水记载较多，洪水可能较大。大洪水年往往有连续性，如1841～1843年、1849～1851年。

1761年（乾隆二十六年）黄河下游三花间发生一次特大洪水，从发现的碑记来看，伊洛河、沁河同时涨水[④]。洪水发生在8月中旬，洪峰出现时间为8月17日。三门峡、花园口之间的嵩县、渑池、新安、偃师、巩县、陕县、垣曲、济源、孟县、博爱、武陟、修武、沁阳13个县的县志都有暴雨记载，降雨范围广，雨带为南北向分布，三（门峡）花（园口）间为暴雨中心。降雨连续约10天，其中暴雨约5天，为历史上三花间出现的罕见特大洪水，推算花园口洪峰流量为32 000m³/s。下游漫口计27处，中牟杨桥以上5处，以下22处。杨桥口门扩至500余丈，正流由贾鲁河夺颍河入淮；分流由惠济河夺涡、沱河入淮。杨桥决口于当年夏历十一月初一合龙。这次洪灾豫、鲁、皖三省受灾30余州县，仅河南一省被淹村庄5418个，淹死1055人[⑤]。

1801年（嘉庆六年）夏历六月二十、二十二三日，万锦滩黄水陡涨三尺，沁河长水五尺五寸，洛河于七月初四陡长三尺，三股涨水汇注下游，徐州城外黄水同时骤涨，志椿连底水共存一丈八尺二寸，下游各厅陆续报涨。幸好去年秋汛所涨之水，消落殆尽，故河道尚可容纳，未成大灾。然该年秋汛，黄沁并涨，"较乾隆五十九年最大之年，复加长三尺余寸"，"数十年从未上水之高滩，无不普漫，江境两岸大堤，计长一千余里，处处盈堤拍岸，危于呼吸"。后经日夜抢险，终未决堤[⑥]。1819年（嘉庆二十四年）是目前所知进入19世纪后第一个大洪水年。据陕州万锦滩测报，自夏历六月二十二日至七月八日共涨水7次，七月十八日已积涨水8丈8尺1寸。二十三日下游又适逢西北风大作，骤雨倾盆，遂于祥符、兰阳、陈留、中牟等处漫口夺溜[⑦]。据估计，该年洪水在花园口水文站最大洪峰量为25 000m³/s，祥符、兰阳、考城、仪封、中牟、陈留、武陟等地均有漫决，主流经原武、封丘东流穿运夺大清河分两路入海[⑧]。

---

① 同治《河南通志》卷五、康熙《朝城县志》卷一〇。
② 《清史稿》卷一二六《河渠志一·黄河》。
③ 这些资料大部分保存于故宫博物院中，一部分已编入《再续行水金鉴》。
④ 史辅成、易元俊、高定治：《黄河流域暴雨与洪水》，237页，黄河水利出版社，1997年。
⑤ 徐福龄：《一七六一年及一八四三年洪水黄河下游河患纪略》，《河防笔谈》，河南人民出版社，1993年。
⑥ 《续行水金鉴》卷三〇《南河成案续编》。
⑦ 《续行水金鉴》卷四三引《南河册稿》。
⑧ 徐福龄：《黄河一八一九年洪水在下游的表现》，徐福龄《河防笔谈》，河南人民出版社，1993年。

1822 年（道光二年）洪水也很大。该年陕州万锦滩、武陟沁河口、巩县洛河口测报，从夏历四至五月，黄河涨水多次，共达 10 丈有余[1]，下游沿河各厅水志测录都比 1819 年还大 2～4 尺[2]。由于 1820 年曾大修了一次下游河堤，所以并未造成决口。

1841～1843 年连续三年黄河下游发生大洪水和特大洪水。据有关方面分析，1843 年（道光二十三年）的洪水是近一二百年最大的一次。历史记载这一年汛期沁河口以上连续年涨水达 9 丈 6 尺余，陕州万锦滩 44 小时内涨水 20.8 尺之多，洪水漫三门顶而过，溢出堤岸淹了垣曲城南垣，又淹了平水时距水面 2 丈余的万锦滩[3]。当地有民谣："道光二十三，黄河涨上天，冲了太阳渡，捎了万锦滩。"下游在中牟九堡决口，口门冲宽至 360 余丈，中泓水深约 2 丈 9 尺，由颍、涡等水入淮[4]。这次洪灾波及豫、皖二省 27 个县，九堡口门至道光二十四年十一月初一才堵合[5]。新中国成立后曾实地调查当年洪水痕迹，三门峡上游史家滩附近洪水位高程为 302.46m，陕州北关村洪水位高程为 309.3m，平陆太阳渡洪水位高程为 306.5m，初步估计这一年经过陕县最高洪峰流量为 36 000m³/s[6]，为新中国成立前 1933 年最大流量的 1.6 倍。1843 年洪水来源据清宫《雨雪粮价》奏报（存故宫博物院）及黄河水利委员会调查，以龙门以上黄河北干流为主，泾河、北洛河也较大。1841 年、1842 年的洪水也很大。1841 年夏历六月十一日陕州万锦滩 14 小时内涨水 9.6 尺，迅猛过于 1843 年[7]。

1855 年夏历六月十八日以前，沁河口以上累计涨水仅 2 丈 8 尺，来势"尚不过旺"，恰遇下游大雨一昼夜，上游各支流来水同时汇流，兰阳铜瓦厢三堡以下塌岸，六月二十日全溜决夺，以后上游干流和伊洛沁河又连续涨水，下游又连续大雨，洪水泛滥，一片汪洋，远近村落仅露树梢和屋脊[8]。

1933 年 8 月 6～10 日，黄河中游托克托至三门峡区间，包括泾、渭、洛河流域、托克托至龙门区间的晋陕地区、汾河流域等 30 万 km² 余内发生了大面积大暴雨，致使 8 月 10 日 1 时陕县水文站出现了 22 000m³/s 洪峰流量，是 20 世纪上半叶最大洪水年[9]。是年河套一带 3 天内下雨 205mm，陕西境内一昼夜下雨 300mm。7 月 26 日太原大雨，山洪冲毁公路桥梁，泾渭洛汾同时涨水[10]。这次洪水主要来自泾渭二河和北干流，因来势迅猛，河床不及宣泄，下游决口 50 余处，仅陕西、河南、河北、山东、江苏等省受灾面积达 8000km² 余，灾情惨重[11]。

---

① 历史文献中只记某地自某日至某日共涨水几次，几丈尺寸，因其中有洪峰涨落问题，故难以算出最高水位，现以累计数字，推测洪水的大小。

② 《再续行水金鉴》卷五八引《清宣宗实录》。

③ 《再续行水金鉴》卷八五引《中牟大工奏稿》。

④ 《再续行水金鉴》卷八五、八六引《中牟大工奏稿》。

⑤ 徐福龄：《一七六一年及一八四三年洪水黄河下游河患纪略》，徐福龄《河防笔谈》，河南人民出版社，1993 年。

⑥ 张昌龄：《黄河最大洪水初步调查》、陈本善：《黄河潼陕以下的洪水调查》，《新黄河》，1953 年第 4 期。

⑦ 《再续行水金鉴》卷八〇引《云荫堂奏稿》。

⑧ 《再续行水金鉴》卷九二引《黄运两河修防章程》、《山东河工成案》。

⑨ 史辅成、易元俊、高定治：《黄河流域暴雨与洪水》，295 页，黄河水利出版社，1997 年。

⑩ 吴君勉纂辑：《古今治河图说》，64 页，1942 年水利委员会刊印。

⑪ 史辅成、易元俊、高定治：《黄河流域暴雨与洪水》，295 页，黄河水利出版社，1997 年；张含英：《治河论丛》，134 页，商务印书馆，1936 年。

归纳历史时期黄河洪水的情况，可以有下列几点认识。

（1）黄河流域因受东亚季风的影响，降水多以暴雨形式，兼之中游被覆不良，水土流失严重，因此黄河的径流量虽少，但历史时期洪水仍然频繁出现。而有些暴雨强度和面积都很大，所以能够产生大洪水和特大洪水，并且多数有暴涨暴落的特点。

（2）因为黄河流域气候波动变化较大，洪水的出现往往呈现周期性和连续性。一个时期洪水较多，一个时期较少，有时连续几年出现洪水。1841～1851年10年中两头各出现连续三年的洪水，就是19世纪的一个例子。

（3）黄河下游有三种不同来源的大洪水。第一种是来自三门峡以上，如1843年、1933年；第二种是来自三门峡以下，如1761年、1958年；第三种是三门峡上下都有暴雨形式的洪水，如1662年。如逢三门峡以上及以下沁、伊、洛河同时涨水，则下游河道多容纳不下，往往决堤成灾。据清代以来300多年的历史记载，这些不同类型的大洪水都曾出现过。

（4）大洪水的出现容易造成下游河道决溢，但其关系并不是绝对的，如果下游堤防坚固，防御及时，决溢也是可以避免的。例如，1819年黄河决口以后，1820年对下游堤防进行了一次大规模的整修，1822年再次出现大洪水时，并未造成决口。

第二节　黄河干流河道的演变

一、黄河上中游河道的演变

（一）银川平原河段河道的演变

黄河上游从宁夏青铜峡至石嘴山，沿岸为狭长的银川平原，是贺兰山和鄂尔多斯高原之间的凹陷带，地势自西南向东北倾斜，坡度平坦，黄河至此，分汊众多，流速顿减，泥沙易于沉淀。汉代以前，当地人民已在这片平原上开凿沟渠，引河水溉田①。后代又不断地兴修改筑，形成了渠道交错的局面。这些河渠的两岸土质疏松，坍塌现象严重，每至汛期，洪水暴至，奔放入渠，即泛滥成灾，两岸土地日被冲刷，屡屡崩塌，久而扩大侵及沿河村庄，大片土地，沦为泽国，"甚至河道变迁，为害愈烈"②。历史上这一段河段渠道分汊众多的原因，主要是干流东西摆动的缘故。北魏时薄骨律镇和灵州都在今灵武县西南12里。据《水经·河水注》记载，这个故城在"河渚上"，《元和郡县志》卷四灵州说："以州在河渚之中，随水上下，未尝陷没，故号灵州。"可见古灵州在黄河中沙渚上，古黄河道应在今道之东、灵武县西南十二里处流过。到了唐代，灵州附郭迴乐县"枕黄河"③，可见此时沙洲已与东岸相并。进入明代，黄河河道东西摆动益甚，明初灵州城（今灵武县城）因河道东侵而三徙。洪武十七年（1384年）间，灵州圮于河，移筑新城于旧城北七里；宣德元年（1426年）又为河所冲，三年以河患，徙

---

① 《汉书·地理志》安定郡眴卷县下："河水别出为河沟，东至富平北入河。"《水经·河水注》：河水枝津"受大河东北迳富平城，所在分裂，以溉田圃，北流入河"。
② 《宁夏全省民国二十四五年黄河工程之总说》，宁夏省建设厅编：《宁夏省水利专刊》，3页，1936年11月。
③ 《元和郡县志》卷四灵州。

灵州千户所于城东，即今灵武县治①。明末黄河又西徙经灵武县（时为灵州所）西十数里②。清初黄河在灵州城西北一里③。以后灵州城又被水冲啮，后河势逐渐趋西④。但在康熙《内府舆图》中，黄河河道紧逼城下，乾隆《内府舆图》中则已西徙去州二三十里，略同于今图。今银川市东黄河段也有变化，明代黄河在宁夏镇（今银川市）东四十里⑤。清嘉庆初，黄河在宁夏府（今银川市）东三十里⑥。与今日基本相同。说明明清之际，黄河河道有西摆的趋势，后因当地灌溉需要，各支渠皆筑有堤，故此后变动不大。

（二）河套平原河段的演变

黄河出磴口后又进入地势平坦的河套平原。这一段黄河正流在历史上有过显著变化。据考古调查，古代临戎县故址在今黄河西岸磴口北约 20km，在这个古城西 30km 范围内，发现有古废河道三条，相距最近的一条南北向的河形还相当完整。这些遗迹反映了古黄河在历史时期不断地向东徙移。就是现在的黄河河道，仍在继续向东移动中，每年洪水季节，黄河东岸不断伸展⑦。

据《水经·河水注》记载，古黄河（在今河道之西）经古临戎县西后，又北流以过由河向西北决溢潴聚而成的一个大湖泊，古代称为屠申泽，东西宽 120 里，河水又折而东流，至河目县故城（今乌梁素海东北）西，折而南流。这一段河道相当于今乌加河。《水经》即以此段为河水正流，《郦注》或称为"河水"，或称为"北河"，用以区别于"南河"。南河大致相当于今黄河干流，其时为黄河支流。此后，河道虽有摆动，唯以北河为干流、南河为支流的基本情况长期不变。秦汉以来的所谓"河南地"，到明代的所谓"河套"，均包括今后套在内。清初河势渐变，见于康熙《内府舆图》的，已不再是南北二河，而是初分为东西二派：东派为主流，东北流先后分二支东流，又东北与西派会而东流；西派北流西溢为腾格里池，即古屠申泽，池周百余里，又自池东北出东北流潴为库库池，又折而东流与东派合而东流；自此以下，为南中北三派，不分主次，东流至乌拉特前旗之西，北中二派复合而南流与南派合。到了乾隆《内府舆图》里分支如旧，独将南派加粗，可见主流南趋之势已渐显著。乾隆以后，南派遂独占黄河之名，其余各派和腾格里池、库库池悉归淤废。道光咸丰以来，随着蒙旗的逐步开垦，开挖了许多渠道，这些渠道都顺地势作西南东北走向，首受黄河，而以北派故道为尾闾，从此中派故道全归湮没，而北派则承诸渠余水，改称乌加河。但近代乌加河并不等于是古黄河

---

① 《明宣宗实录》卷三三，宣德二年十一月庚戌。同书卷三六，宣德三年二月甲子。
② 嘉庆《灵州志》卷四《艺文志》明巡抚张九德《灵州河堤记》："洪武甲子（十七年）迄今，城凡三徙，皆以河故，而河亦益徙而东，自不佞来受事，不一载，去城数十武矣。……功甫成而河西徙，复由故道，视先所受，啮地淤为滩，可耕可艺，去城已十数里矣。"
③ 《读史方舆纪要》卷一二五《川渎异同二·大河上》、《嘉庆重修大清一统志》卷二六四《宁夏府一·山川》黄河。
④ 宁夏省建设厅：《宁夏省水利专刊·各渠考述·天水渠》，143 页，1936 年 11 月。
⑤ 《读史方舆纪要》卷六二宁夏镇黄河条。
⑥ 嘉庆《宁夏府志》卷三《山川》。
⑦ 侯仁之：《乌兰布和沙漠北部的汉代垦区》，《治沙研究》，1965 年第 11 期。

即北河故道的复原或由宽变狭。据光绪末实测，故道的西段（康熙《内府舆图》中的西派）仅首尾各一小段有水，中间约有 200 里沙山横亘，故道无法辨认，自永济渠以东约500 里，则或通或塞，东至乌梁素海因河身淤平 10 余里，河势宽泛，故有乌梁素海之称，乌加河至此为止[①]。后 20 年又经实测一次，乌加河河尾已湮断，拟从乌加河河尾湮断处开一退水渠，沿乌梁素海子西至西山咀入黄河[②]。1933 年大水，乌梁素海骤然扩展至 700km[²]，向南溢出经西山咀入黄河[③]（图 8.1）。

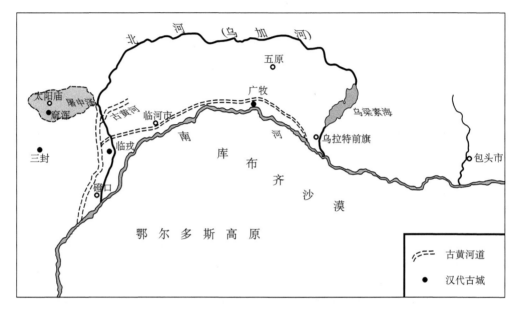

图 8.1　河套地区黄河古河道变迁示意图

资料来源：侯仁之、俞伟超：《乌兰布和沙漠的考古发现和地理环境的变迁》，《考古》，1973 年第 2 期

乌加河至西山咀之间的今黄河，也不等于就是南河的由狭变宽。古代南河流经广牧县北，而广牧县故城在今五原县南 30km 西土城子，在今黄河北岸上的河槽中，绝大部分已被黄河吞没，仅剩下一小部分北城墙，可知古代南河河道在今黄河河道之北。

黄河正流和乌加河合流于西山咀后，东南流，北岸又有三呼河岔分东出，与河并行流 200 余里至三岔口合于河。据《水经·河水注》和清末地图核对，旧时大河实为今三呼河，近几十年改走南面的今道[④]。另外，据近几十年内调查，三岔口上游不远处有淤河一道，自黄河南岸上分出，东流 90 余里至包头市南南海子稍东与黄河合，当地人称为大河，相传为黄河故道[⑤]，证明旧时达拉特旗与乌拉特旗以此河而不以今河为界，可见迟至明嘉靖年间（1522～1566 年）划分旗界时，此河犹为当时黄河正流，以后不知

①　张鼎彝：《绥乘》卷一一《水利略》，亦见卷一《贻将军派员测量五加河图》，上海泰国东图书局，1921 年
②　督办运河工程总局编辑处：《调查河套报告书》，69 页，京华印书局，1923 年。
③　李华庭：《乌梁素海纪实》，《旅行家》，1957 年第 2 期。
④　侯仁之：《乌兰布和沙漠北部的汉代垦区》，《治沙研究》，1965 年第 11 期。
⑤　督办运河工程总局编辑处：《调查河套报告书》，45 页，京华印书局，1923 年。

何时黄河改走今道，清初故道已淤废①。

（三）从禹门口至潼关山陕间河段河道的演变

黄河过河口镇后，直趋南下，在出禹门口前，经过一段 700km 余的山陕峡谷区，河床宽仅 200～400m，两岸峭壁陡立，其间在山西吉县与陕西宜川县之间有壶口，河水在这里由 25m 高处狭窄河槽中倾泻而下，形成著名壶口瀑布。此处河道在峡谷谷间，只有溯源侵蚀作用，而没有河道摆动。

黄河一出禹门口，两岸上地势突然开阔，河床扩充至数千米，自此直抵潼关，历史上河床经常出现东西大幅度摆动的现象，这是因为潼关是个卡口，洪水来时起壅水作用，东边滩地淤高，主溜就滚向西边，西边淤高了又滚向东边。从禹门口至潼关沿河的县城，如永济、万荣、河津、朝邑、芝川镇、平民镇等城皆曾迁移。大庆关时在河东，时在河西，洛水时而入渭，时而入河。故当地人有"三十年河东，三十年河西"之说，就是形容这一河段东西摆动的特点。

《汉书·地理志》左冯翊襄德县："洛水东南入渭。"北地郡归德县："洛水出北蛮夷中，入河。"同一洛水，一说入渭，一说入河，应该是班固杂采不同时期的记载之故。可见西汉或西汉以前，蒲州、潼关间黄河河道已发生过左右摆动的事实。《汉书·沟洫志》记载，汉武帝时，全国性大兴水利，穿渠引汾、引河，想把今河津永济间河边滩地改造成用黄河水、汾水灌溉的渠田，兴工数年，由于"河徙移，渠不利"而罢。这正是西汉时期关于汾河口一段黄河河道迁移的记载，明代开始这一段河道移动的记载十分频繁。

原来汾河下游与黄河之间有一条高冈，谓之汾阴脽，由于河、汾向两岸侵蚀，高冈终于消失，于是汾河入河口，就开始南北移动。旧荣河县（今万荣县西南旧荣河）原在河东五里，入明河道渐徙而东，正德二年（1507 年）遂至城下，去县治仅 70 步②。隆庆四年（1570 年）河道又东徙，东去河津县治仅 10 里。汾河旧在旧荣河县北入河，至此改在河津县西南 20 里葫芦滩入河③。清嘉庆以前河复西移，去河津县十五里④。清末因葫芦滩不断淤增，河身西缩，使汾河又在荣河县西北夹甸渡入河⑤。民初，汾河又在荣河县庙前镇北约 5 里入河⑥。1933 年前后，汾河又恢复在葫芦滩入河⑦。新中国成立后，汾河入河口约在旧荣河县西庙前镇北和河津县之间摆动，主要是黄河河道上沙洲变

① 禾子：《北河》，刊《长水集》下册，333 页，人民出版社，1987 年。

② 《嘉庆重修大清一统志》卷一四〇《蒲州府一山川》黄河条引《荣河县志》。

③ 《明史》卷四一《地理志二》蒲州河津县、光绪《山西通志》。光绪《荣河县志》卷一山川："汾河……《元和郡县志》：汾水在宝鼎县北二十五里。《荣河志》云：汾水在县北后土祠旁西流入黄河。《水经注》所为河南出龙门口，汾水从西来注之者也。明隆庆四年河既改道，同时汾亦东徙，由河津县葫芦滩入河。今年内在县者为枯渎。""秋风楼在后土庙前，藏汉武帝秋风石刻。因署曰秋风楼。今沧于河"。卷二坛庙："国朝顺治十一年黄河水决，古后土祠为所沧荡，秋风楼及门殿存焉。"

④ 《嘉庆重修大清一统志》卷一五五《绛州直隶州一山川》。

⑤ 光绪《山西通志》卷四〇《山川考十》。

⑥ 民国舆图。

⑦ 1933 年申报馆《中华民国新地图》。

迁引起的。当沙洲东移，沙洲与东岸之间的黄河河道就成了汾河下游河道，如沙洲西移，沙洲以东的河道变成黄河河道，汾河下游即在河津县入河。例如，1973年《山西省地图集》汾河在河津县西南入河，2001年《山西省地图册》汾河又在万荣县西岜门口入河①。历史上汾河河口移动主要受黄河河道及其沙洲东西摆动的影响。

蒲州、潼关段黄河河道摆动较上段更为明显。古蒲津关在今朝邑县东30里黄河西岸，隔岸与蒲州相对。但是古蒲津关原在河东②。宋大中祥符中改名大庆关。明洪武初，因河水东徙，关隔在河西，改属陕西同州府朝邑县③。明中叶以后，开始有显著变化。成化（1465～1487年）中，黄河向西摆动，洛河原在华阴县入渭，至此改由朝邑县赵渡镇径入于河，不复入渭④。正德年间，大庆关在朝邑县东30里，"关东即黄河西岸"⑤。嘉靖间黄河继续西移，隆庆三年（1569年）直逼朝邑县东门⑥。次年忽而东移，一度泛滥至蒲州府城西门，忽而又西徙至朝邑县⑦。从大庆关至朝邑县治30里内一片汪洋⑧。万历六年（1578年）黄河淹没了赵渡镇东南太阳诸聚落⑨。八年河水又东徙至蒲州城下，居民筑石堤为障，渐徙而西，去城十余里⑩。十二年又西移至朝邑县东南30里三河口⑪。清康熙三十四年（1695年）黄河又东徙至蒲州城西5里⑫。

明万历二十六年（1598年）时因大河西徙，大庆关已隔在河东。故又在朝邑县东7里置新大庆关⑬。于由黄河在朝邑县境内，左右摆动，遂使朝邑县境，沙地、盐碱遍地。万历年间"里人曰：朝邑幅员不及三百里，而充牣其中者……前之沙阜绵亘三十里，后之舄卤无虑百余顷"，"自隆庆庚午河决而西"⑭。清康熙年间大河又东侵，旧大庆关一带沿河南北十四五里，东西六七里，一望淼漫⑮。雍正时河水南径朝邑县东新大庆关，又南径赵渡镇，与洛水会合，至望仙观与渭水合⑯。嘉庆年间河道东西摆动频繁，嘉庆五年（1800年）七月河水陡涨，河水先东摆侵及永济县西境滩地全被淹没，

---

① 1973年《山西省地图集》河津县、2001年《山西省地图册》万荣县。均为山西省测绘局编。

② 《水经·河水注》："河水又南径陶城西，……南对蒲津关。汲冢《竹书纪年》：魏襄王七年秦王来见蒲坂关。"杨守敬《水经注疏》："守敬按：……《元和志》，蒲坂关，一名蒲津关，在河东县西四里。《新唐书》，河中府蒲津关。《续通典》宋大中祥符四年改为大庆关。今曰新大庆关，在朝邑县东北。"上册，300页，江苏古籍出版社，1989年。

③ 《明史》卷四二《地理志三》：陕西岸州朝邑县"东北有临晋关，一名大庆关，即蒲津关也，旧属蒲州，洪武九年八月来属。"当因河水东徙，关隔在河西，故属朝邑县。

④ 《明史》卷四二《地理志三》同州朝邑县。

⑤ 正德《朝邑县志》卷一。

⑥ 万历《续朝邑县志》卷一《地形志》。

⑦ 光绪《山西通志》、万历《朝邑县志》。

⑧ 万历《续朝邑县志》卷八《纪事志》。

⑨ 万历《续朝邑县志》卷一《地形志》、卷四《食货志》。

⑩ 《嘉庆重修大清一统志》卷一四〇《蒲州府一山川》黄河条引《蒲州志》。

⑪ 万历《续朝邑县志》卷一《地形志》。康熙五十一年《朝邑县后志》卷一关津："大庆关，在县东三十里。"

⑫ 《嘉庆重修大清一统志》卷一四〇《蒲州府一山川》黄河条引《蒲州志》。

⑬ 康熙五十一年《朝邑县后志》卷一《关津》。

⑭ 万历《续朝邑县志》卷一《地形志》。

⑮ 康熙《朝邑县后志》卷八《灾祥》。

⑯ 雍正《陕西通志》卷八《大川考》："河水又南径朝邑县东七里之大庆关，其东二十里有旧大庆关，为黄河故道，接永济县界。又南径赵渡镇东与洛水会。洛水旧入渭，今改入河。别见图考。又南径望仙观东，与渭水会，入华阴潼关界。"

接着又西侵，朝邑县城被洪水冲入，"致将各官衙署、仓廒、监狱、养济院，并知县署内马号等处房屋，被水淹浸冲塌"①。道光年间曾在东岸挑空引河，企图改变流向，但都是"随挑随淤"，未获成功，而西岸不断坍塌。沿岸村镇皆沦于河②。光绪年间，"黄水愈复西啮洛水，适又东徙，沿河村镇，半圯于河，居民纷纷迁徙，田子村全被冲塌，黄河逼近处，仅隔数丈及丈许不等，测量水面，黄高于洛三尺有余，势甚危险"③。延至清末民初不已④。1927 年黄河仍自旧大庆关西流径赵渡镇与洛水会。1928 年起渐东移，至 1932 年一夜之间改道经大庆关东直下潼关，洛水不再入河，改为入渭⑤。1932 年后，至 1960 年代蒲州以下河段又曾多次摆动⑥。民国二十一年（1932 年）《平民县志》附图，黄河河道又摆到赵渡镇东，平民县治隔在黄河之东。旧大庆关（1929 年置平民县，今为平民镇）和新大庆关已为决流所荡灭，以致反映在 1960 年代后期所绘的地图上，从蒲州黄河对岸西至朝邑县治 30 里内，除了几个部队农场外，一片空白，绝无村落（图 8.2）。

图 8.2　龙门以下山陕间黄河河道变迁示意图

① 水利水电科学研究院：《清代黄河流域洪涝档案史料》，387 页，中华书局，1993 年。
② 民国《续修陕西通志稿》卷五六《水利二》。
③ 《再续行水金鉴》卷一二八《京报》光绪十六年四月。
④ 刘炳涛：《环境变迁与村民应对：基于明清黄河小北干流西岸地区的研究》，《中国农史》，2008 年第 4 期。
⑤ 通信调查。
⑥ 夏开儒、李昭淑：《渭河下游冲积形态的研究》，《地理学报》，1963 年 29 卷第 3 期。

（四）从孟县至郑州桃花峪河段河道的演变

黄河从孟县到郑州桃花峪一段，北岸虽已出山，距岸一二十里内仍横有一条低冈，南岸仍耸峙着邙山与广武山脉，这一段河道历史上曾有过游荡性摆动。据近人研究，南岸孟津东北的铁谢镇、巩县西北的马峪沟、荥阳西北的孤柏嘴和东北的桃花峪四处，是这一段游荡性河道有控制性的节点。铁谢镇是黄河由峡谷进入宽槽的起点，桃花峪以下北岸有沁水注入，南岸山地折向东南，从此黄河南北两岸即漫无约束了。马峪沟是铁谢镇与洛河口之间的一个控制点，若马峪沟以上的河道靠北岸，以下的流线就偏南，则洛河在巩县穿越邙山后即直入河；如大河靠近南岸马峪沟，则马峪沟以下南岸滩地展宽，洛河出山谷后即在滩地上向东延伸至巩县下游甚至更东会汜水再入河。孤柏嘴则是洛口至武陟县南的一个岬角，当孤柏嘴以西的河道奔流在谷地南侧时，大溜经孤柏嘴一挑，即引向北岸温县一带塌滩，反之，当孤柏嘴以西河道濒临北岸时，大河转向南岸的桃花峪，再折向北岸顶冲沁河口上下滩岸着险。历史时期这一段河道的左右摆动，反映在孟县以南河岸与沙洲的变迁和洛口的移动上[1]。

今孟县南偏西约18里处的花园渡，大致相当古代著名的黄河渡口孟津。自周武王在此大会诸侯渡河伐纣起，历汉晋北朝至隋唐五代，有关这个渡口的攻战防守，史不绝书。西晋初年开始在这里造舟为梁，架设了河桥。北魏在这里筑城戍守，由北中郎将领队，号北中城。东魏又筑中潬城于中渚（沙洲）上，筑南城于南岸，置河阳镇，史称为"河阳三城"。隋移河阳县于北中城，置河阳宫于城内。唐初设关置镇于此。安史之乱后，特置河阳三城节度使于此，号称天下重镇。三城形势："北城南临大河，长桥架木，古称设险；南城三面临河，屹立水滨；中潬城表里二城，南北相望。"[2] 由此可见，唐以前黄河这一河段河势比较稳定，河面较狭，两岸之间又有屹立于河中的洲渚，在洛阳附近一带，这里最便于渡河，因此形成了历史上兵家必争之地。

从唐初至北宋中叶，虽有一些河溢坏河阳县、河阳桥、中潬城和孟州（治河阳县）河堤的记载[3]，但两桥维系三城的建置不变，可见南北两城逼临河滨，黄河分两股流经两岸与河中洲渚间的基本形势亦未变。可是到了北宋末年，初则"北河淤淀，水不通行，止于南河修系一桥，因此河项窄狭，水势冲激，每遇涨水，多致损坏"。北宋朝廷特于政和七年（1117年）兴工开浚北河，意欲恢复南北两河分流局面，不料北河一经开通，第二年北河"河势湍猛，侵啮民田，迫近州城止二三里"，又不得不在北岸采取防护措施[4]。这说明过去2000多年来这一段河道的稳定性，至此已难以维持了。

到了金大定（1161～1189年），河阳城竟为河水所冲毁，只得远离河岸18里在今孟县治另筑新城，移州治于此，称上孟州，旧城称下孟州，兴定（1217～1222年）一

---

① 郑威 等：《伊洛双子河》，《地理学资料》，1958年第2期。

② 《水经·河水注》、《元和郡县志》卷五河南府河阳县、《读史方舆纪要》卷四六河南重险。

③ 《两唐书·五行志》：贞观十一年、永淳二年、如意元年。《宋史·五行、河渠志》，建隆元年、乾德三年、太平兴国二年、九年、淳化元年、大中祥符四年。

④ 《宋史》卷九三《河渠志三·黄河下》。

度迁还下孟州，元初又迁回上孟州，直至今为孟县治①。金元以来，孟县以南的河床又不知几经摆动，从孟津以至河阳三城的古迹，已荡然无存。清末光绪年间，黄河北岸孟县小金堤因黄河大溜北趋，"岸滩塌尽，溃及堤身，距城切近"，据考察，"始悉河势变迁之由，盖缘孟县黄河南岸，即系孟津县之铁谢镇汉陵石坝所挑，河流侧注，日向北趋，铁谢之对岸为孟县西乡紫金山之麓，其地土石坚固，未致刷动，而迤东下游，自义井村至曹坡村、大王庙地势愈下愈洼，土性松浮，遂致塌成大湾，十里之间，形如弓背，已成入袖之势"②。最近几十年来，这一河段又向南摆动，因此孟县城南有一片宽达10余里的河滩，没有村落，只有新设的农场。

黄河南岸的洛河口，据《山海经·海内东经》记载，在成皋（汜水西）西，《汉书·地理志》、《水经注》、《元和郡县志》都在巩县境，这反映了西汉初年以前，曾有一个时期自马峪沟至孤柏嘴一段黄河河道注泓偏北，自汉至唐则以偏南为常。北宋元丰二年（1079年）曾在黄河南岸滩地上开河50里经广武山麓引洛水入汴，则此前黄河溜势当已北移，黄河南岸涨出大片滩地，洛口东移去汜水口不远，因为从巩县北的旧洛河口东去汴渠是远远不止50里的。明前期洛口在巩县北，嘉靖后洛水下游移至汜水镇入河。这是由于"嘉靖后大河北徙，去洛口远，故洛水以东流乃入大河"。清乾隆时马峪沟以东的黄河"复南徙，洛水入河处在巩县东北界"③。近几十年内，洛口又常东西摆动，如1890年、1923年马峪沟以西河道偏北、以东河道偏南流时，洛河即在巩县北入河，1934年、1953年因为黄河偏北流，洛河又在孤柏嘴或孤柏嘴以西，沿着谷地低槽注入大河④。由此可见，历史时期这一段黄河河道游荡性活动十分频繁。

二、黄河下游河道的演变

黄河下游河道在历史时期究竟有多少次决溢改道，由于文献记载的不全，难以确定。国民政府时期沈怡曾作《黄河年表》，1950年代岑仲勉先生著《黄河变迁史》以及后来中国水利电力出版社出版的《中国水利史稿》、《黄河水利史述要》都有黄河决溢年表的制作，这些年表互有补充，基本上将历史文献上有关记载都包括进去了，完全可以满足对黄河变迁历史的研究。因此历史上黄河下游究竟决溢过多少次的具体数字，实在并不重要。1959年黄河水利委员会编的《人民黄河》提出黄河下游决溢1500余次，以后大家也都认同和利用这个数字。

关于历史上黄河下游大改道问题，自来有多种说法。清人胡渭在《禹贡锥指》里首创五大徙说，即周定五年、王莽始建国三年、北宋庆历八年、金明昌五年、元至元二十六年。后人研究黄河者多循此说。1959年黄河水利委员会编的《人民黄河》一书提出较大的改道有26次。近年徐福龄先生提出五次大改道说，即周定王五年、王莽始建国三年、北宋庆历八年、南宋建炎二年、清咸丰五年。他认为下列情况不能算大改道：

① 《读史方舆纪要》卷四九怀庆府孟县、《嘉庆重修大清一统志》卷二〇三《怀庆府二·古迹》北中城。
② 《再续行水金鉴》卷一三〇《豫河志》光绪十七年五月。
③ 乾隆《巩县志·山川》。
④ 郑威 等：《伊洛双子河》，《地理学资料》，1958年第2期。

①决口改道后，经过堵口又回复原道者；②决中后分出一道支河，下游又归正河者；③决出一分流，与原正河并行入海者①。笔者认为上述诸说均有一定根据，如果从研究黄河变迁史而言，以大改道作为分期研究当然是可行的。但如果从历史地理学角度研究黄河变迁，则应以黄河河道变迁在不同时期的特点来分期，似乎更为科学。因此本节中所谓重大改道的标准是：①河道有较大幅度的改流，并有一条或数条固定的河床；②改道后的河道稳定了一段比较长的时间；③改道后，河道淤变迁的具体特点与原河道有所不同。

在新中国成立前的3000年里，黄河下游河道变迁的总趋势是决溢改道越来越趋频繁，但并非直线上升，其间也出现过相对稳定的时期。一般说来，黄河下游自然决口、选择新道后，河道的演变有一个从量变到质变的过程。这个过程长短，是由整个流域的自然环境和社会因素以及下游河道具体条件所决定的。其中最直接的因素是下游河道具体条件的变化。因此，本节即以历史时期下游河道不同具体条件和变迁特点为根据，分成几个时期来叙述，并试图摸索其变迁的趋势和规律。

（一）战国筑堤以前（公元前4世纪前）

黄河从进入历史时期起，直到战国时代开始在下游两岸修筑堤防的长达数千年的岁月里，其基本流向大致都是流经河北平原（包括豫北、冀南、冀中、鲁西北），在渤海西岸入海。由于没有堤防，每遇汛期，免不了要漫溢泛滥，每隔一个时期，免不了要改道，情况颇似近代不筑堤的河口三角洲地区。因而不论是新石器时代或是商周以至春秋时代，河北平原的中部都存在着一片极为宽阔的、空无聚落的地区。在这一大片土地上，既没有这些时期的文化遗址，也没有任何见于可信的历史记载的城邑或聚落。新石器时代的遗址在太行山东麓大致以今京广铁路线为限，山东丘陵西北大致以今徒骇河为限。商周时代的遗址和见于历史记载的城邑聚落多位于太行山东麓东至于今雄县、广宗、曲周一线，山东丘陵西北仍限于徒骇河一线。春秋时代邯郸以南太行山以东平原西部和泰山以西平原东部的城邑已相去不过七八十千米，但自邯郸以北则平原东西部城邑的分布，仍然不超过商周时代的范围。这种现象充分说明了在这些时期里，黄河在平原中部的广大地区内决溢泛滥的经常性和改道的频数性，以致人类不可能在这里长期定居下来。据地貌学家吴忱等学者研究，认为"中全新世的华北平原是以落叶阔叶林为主的森林-草原景观，气候温暖湿润，海平面高于今海平面。当时的太行山前是晚更新世晚期黄土状物质堆积的洪积扇形平原，其前缘大致在新乡、安阳、邯郸、邢台、宁晋、藁城、定州、保定一线，该线以东直至海滨是湖泊沼泽平原"②。正是古代大河下游平原地貌的实况写照。

战国筑堤以前黄河下游河道见于古代文献记载的有《山海经·山经》、《尚书·禹贡》、《汉书·地理志》的三条。

---

① 徐福龄：《黄河下游河道的历史变迁》，刊《河防笔谈》，河南人民出版社，1993年。
② 吴忱 等：《黄河下游河道变迁的古河道证据及河道整治研究》，《历史地理》第17辑，5页，上海人民出版社，2001年

《山经》里并没有关于河水下游经流的具体叙述。但在《北山经·北次三经》一篇里，包含着很丰富的有关黄河下游河道的资料，谭其骧先生把这一篇里所载注入河水的水道汇集排比起来，用《汉书·地理志》、《水经》以至《水经注》时代的河北水道予以印证，就相当具体地把这条黄河故道在地图上显示出来。

《山经》大河自今河南荥阳广武山北麓起，东北流至今浚县西南古宿胥口，同《汉书·地理志》、《水经·河水》；宿胥口以下北流走《汉书·地理志》邺东故大河，中间有一段即《汉书·地理志》清河水；自今曲周县东北以下北流走《汉书·地理志》漳水；至今巨鹿县东北流经一小段《汉书·地理志》无水地段，接走《汉书·地理志》信都故漳河即寰水；自今深州以下北流至蠡县南一段《汉书·地理志》无水；自此以下东北走《汉书·地理志》滱水至今天津市东北入海，下半段也就是《水经》的巨马河[1]。

《禹贡·导水》一节关于河水下游的叙述是"东过洛汭，至于大伾；北过降水，至于大陆；又北播为九河，同为逆河入于海"这么几句话，尽管很简单，同样也可以用《汉志》《水经》等记载推定其具体经流如下。

今深州市以上，同《山经》河水，洛汭，即洛水入河处。大伾，山名，在今河南浚县东郊（一说在今河南荥阳县西北汜水镇北）；但古代所谓大伾应包括城西南今浮丘山。古河水自宿胥口北流经其西麓。降水，即漳水；"北过降水"，即在今曲周县东南会合漳水。"至于大陆"，即到达了曲周以北一片极为辽阔的平陆。自今深州市南起，自《山经》河水别出，折东循《山经》漳水入海；于《汉书·地理志》为走"故漳河"至今武邑县北，走滹池河至今青县西南，又东北走滹池别河至今天津市东南入海。这是《禹贡》河水的干流，"又北播为九河"，是说河水自进入大陆后北流分为九条岔流。"九"也有可能只是泛指多数，不是实数。九河也未必同时形成，未必同时有水，很可能是由于"大陆"以下的河水在一段时期内来回摆动而先后出现的。"同为逆河入于海"，是说九河的河口段都受到渤海潮汐的倒灌，以"逆河"的形象入于海[2]。

《汉书·地理志》里的河水是西汉时见在的河道，却也是一条春秋战国以来早已形成了的河道。这条河道根据《汉书·地理志》、《沟洫志》和《水经·河水注》所载，具体经流应为：宿胥口以上同《山经》、《禹贡》大河；自宿胥口东北流至今濮阳县西南长寿津，即《水经注》里见在的河水；自长寿津折而北流至今馆陶县东北，折东经高唐县南，折北至东光县西会合漳水，即《水经·河水注》里的"大河故渎"，此下折而东北流经汉章武县南，至今黄骅县东入海（图8.3）。

吴忱根据1∶5万顺直地形图上反映的古堤和沙质古河道，大体上恢复了西汉大河的流经[3]（图8.4）。

但是《禹贡》里有两次提到"九河"，除了上述"导河"一节外，在"兖州"亦云："济、河惟兖州，九河既导。"这是怎么回事呢？据张修桂研究，认为在先秦时代黄河下游在河北平原上分为两大分流：一为东北支分流，干流为《汉志》河，其下游以高唐为顶

① 谭其骧：《山经河水下游及其支流考》，载《中华文史论丛》第七辑，1978年。
② 谭其骧：《西汉以前的黄河下游河道》，载《历史地理》第1辑，1981年。
③ 吴忱 等：《黄河下游河道变迁的古河道证据及河道整治研究》，《历史地理》第17辑，9页，上海人民出版社，2001年。

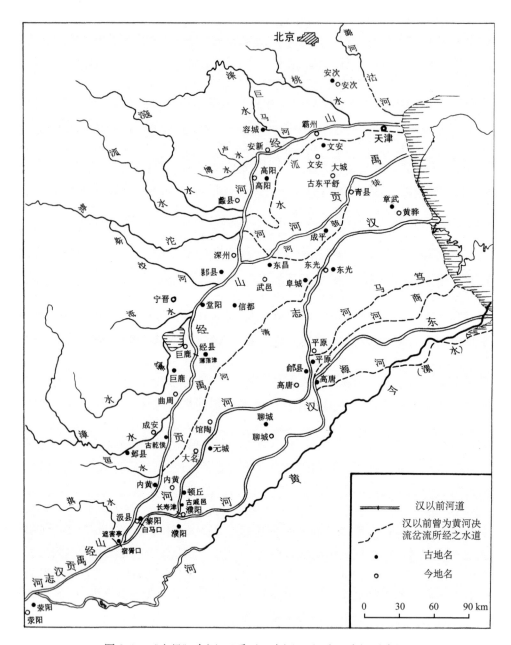

图 8.3 《山经》大河、《禹贡》大河、《汉志》大河示意图

点，分成多派（九河），即《禹贡》兖州"九河"系统，徒骇河当为九河的最北界，其南
界大致在今利津入海；一为北支分流，干流为《禹贡》河，其下游以深州市为顶点，分成
多派（九河），徒骇河当为最南的一派，其西界和北界，大致为《山经》大河所经，在今
天津入海。以后随着《禹贡》、《山经》河下游古白洋淀的消亡，至西周、春秋时期黄河北
支分流逐渐淤断湮灭，而《汉志》河独专澎湃，于是成为战国以后黄河的干道①。

---

① 张修桂：《中国历史地貌与古地图研究》，368，378 页，社会科学文献出版社，2006 年。

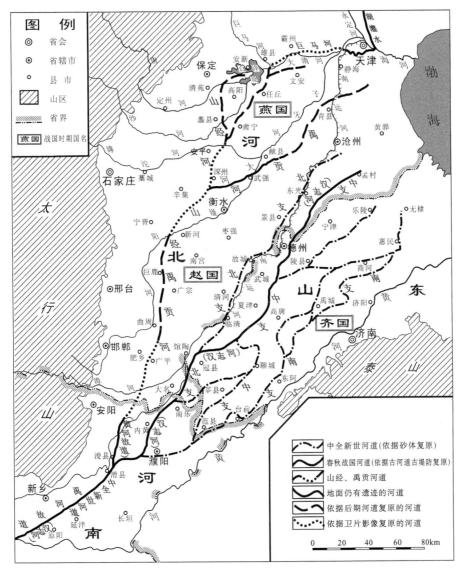

图 8.4　西汉以前黄河下游河道复原图

资料来源:《历史地理》第 17 辑附图

　　吴忱等根据 1∶5 万顺直地形图反映的地面古河道和遥感影像资料,证明这三条古黄河河道的存在。同时指出"因为山经、禹贡河位于太行山前洪积扇前缘,所以,它经常受到晚全新世以来太行山前河流的冲蚀与加积。特别是战国以来的又一次冲蚀与加积,使《山经》、《禹贡》河经常断流而改走《汉志》河道,或者二河道并存,直至距今 2400 年左右的战国中期,终因抵挡不住自然发展规律,在漳河、滹沱河、永定河晚全新世冲积扇地区首先被埋没断流,全部流入了《汉志》河"①。

---

　　① 　吴忱 等:《黄河下游河道变迁的古河道证据及河道整治研究》,《历史地理》第 17 辑,7 页,上海人民出版社,2001 年。

除了见于《山经》《禹贡》《汉志》的这三条河水故道外，河北平原还有一些水道在《汉书·地理志》或《水经》里被称为某某河。"河"本是黄河的专称，这些水道之所以也被称为"河"，应该是由于它们都曾经为黄河或黄河的岔流所夺，做过黄河下游故道的一部分，后来黄河虽已离它而去，"河"的称呼却被沿用到汉代。

《汉书·地理志》里除黄河以外，河北平原称"河"之水计有11条。

清河水（见魏郡内黄）、屯氏河（见魏郡馆陶）、鸣犊河（见清河郡灵县）、屯氏别河（见清河郡信成）、张甲河（见清河郡信成）、笃马河（见平原郡平原）、故漳河（见信都国信都）、虖池河（见代郡卤城）、虖池河民曰徒骇河（见勃海郡成平）、虖池别河（见河间国弓高）、瓠河（见代郡卤城）[①]。

又有滱水，有时不称水称河（见中山望都博水条、北平卢水条、代郡广昌涞水条、涿郡涿县桃水条）。

《水经》里称"河"之水计有7条[②]：巨马河（专篇）、沽河（专篇）、瓠子河（专篇）、滹沱河（即虖池河，本有专篇，今本佚）、商河（见河水篇）、清河（见淇水篇）、潞河（见沽河篇）。

在这十多条被称为"河"的水道中，屯氏河、鸣犊河、瓠子河是在西汉黄河决口时所形成的，见《汉书·沟洫志》；屯氏别河出自屯氏河，张甲河又出自屯氏别河，见《汉书·地理志》，其形成自当在屯氏河之后。除这5条以外，其余诸河都应该曾经是春秋战国时代黄河干流或其岔流的故道。

黄河经行上述这些河道（包括《山经》《禹贡》《汉书·地理志》三条河水故道和《汉书·地理志》《水经》里的某某河）的具体年代，已无可确考。这是因为这里在战国筑堤以前原是一片人烟极为稀少的地区，黄河的决溢改道，对当时的人民生活影响不大，所以就为记载所不及。后世能看到的讲到先秦黄河改道的资料，只有《汉书·沟洫志》所载西汉时王横所引用的《周谱》里"周定王五年河徙"一句话。但《周谱》一书为司马迁所熟习，为什么《史记》没有载及此事？所以有人认为王横此语未必可信。即便《周谱》中确有此语，这句话也并没有说明这一次在公元前602年的改道，决口的地点在哪里，是从哪一条道徙向哪一条道；也看不出来这是历史时期的第几次改道。近代讲黄河史的著作一般都沿用清初胡渭在其所著《禹贡锥指》一书中的说法，认为这是大禹治水以后黄河的第一次改道，也就是先秦的唯一一次改道，决口地点在宿胥口，此前黄河都走禹河（即《禹贡》河）故道，此后即改走《汉书·地理志》里的河道。实际上这只是一种毫无根据的臆断，极不可信。

先秦史事记载中涉及"河"的资料虽然不少，但足以证实其时下游河道经流位置的资料极少。想凭这么一点资料判断黄河什么年代走哪一条道，什么年代又改走哪一条道，那是不可能的。比较有把握可以指出的有下列几点。

1）从春秋前期到战国后期，一直存在着一条《汉书·地理志》里记载的"河"。《国语·齐语》载桓公时齐地"北至于河"，公元前559和前493年都提到在今濮阳县北

---

① "瓠"，今本《汉书·地理志》误作"从"，据杨守敬《晦明轩稿·汉志从河为瓠河之误说》改。

② 此外又有叶榆河篇，叶榆河即今云南洱海。这个"河"字不是汉语，是采用了当地少数民族的语言，意即湖泽，与黄河无关。

的戚是河上之邑，《水经·河水注》引《竹书纪年》载公元前359年河经宿胥口以东的白马口；《战国策·燕策》载公元前279年齐地"北至河"和《秦策》载公元前273年时河经白马口都足以证明这一点。

2）但春秋战国时有些记载中的"河"却又不同于《汉志》河水而符合于《山经》《禹贡》河水。据《左传》，公元前511年在今成安县东南的乾侯邑濒临河水；据《史记·魏世家》和《河渠书》，公元前5世纪末魏文侯"任西门豹守邺，而河内称治"。可见这两条记载中的"河"，应该是《汉志》的邺东故大河，亦即《山经》《禹贡》里的河水。又，《礼记·王制》："自东河至于西河，千里而近。"西河指今山陕间黄河，东河应指宿胥口以北的《山经》《禹贡》河，才符合"千里而近"，若指长寿津北的《汉志》河，那就超过千里了。《王制》篇出自汉初儒生之手，所依据的应为春秋战国时的资料。

3）春秋战国时的记载中为什么会出现两条不同的大河河道？有两种可能：一是在这四五百年中，黄河以经流《汉书·地理志》河水为常，但曾经不止一次决而改走《山经》、《禹贡》河。一是有一个相当长的时期自宿胥口以下同时存在着一股东流如《汉书·地理志》河，一股北流如《山经》、《禹贡》河。若确是后一种情况，那么当然又有可能时而以东股为干流，时而以北股为干流。常态应该是以东股为主，故见于记载者较多，但却并没有一种先秦记载把它的具体经流记载下来而只见于《汉书·地理志》和《水经注》。北股为主是变态，故见于记载者较少，可是《山经》、《禹贡》作者所根据的却正好是这种资料。这也正好证明为什么《禹贡》导水和兖州两处都有"九河"的原因。

《山经》河与《禹贡》河自今深州市以上相同，以下不同。上引两条记载所经行的地点是二者相同部分，所以无法判断此时河水自今深州市以下走的是二者中的哪一条河道。

4）《韩非子·有度》篇：燕昭①王"以河为境"。按燕昭王时燕南有葛（今安新西南安州镇）、高阳（今县东）、平舒（今大城）皆在境内，武垣（今河间西南）② 在界上，则在昭王末年即公元前279年以前，应有一段时期黄河下游走的是《禹贡》河水，其河口段就是《汉书·地理志》成平以下的滹池河与滹池别河。河南岸则为赵之河间。

5）现在还找不到一条先秦史事记载中的"河"是符合今深州市以下的《山经》河水的。根据《山经》所载河水所受支流极为详确，和这段河道在汉代实际已是滱水下游，而在《汉书·地理志》博水、卢水、涞水、桃水条下竟还被称为"河"这两点看来，则这一河段虽不知其始，理应在去汉不远的战国后期还是一条见在的河道。

6）先秦黄河经行《汉书·地理志》河水时，时或在平原高唐一带决口，便走《汉书·地理志》笃马河于《水经》商河东流入海。又据《水经·河水注》，漯水于高唐城南"上承于河，亦谓之源河"，也应该是黄河走《汉书·地理志》河水时的决流或岔流。齐地本北至于河，见上引《齐语》、《燕策》，则河北无齐地。但《燕策》苏代说燕王哙（公元前320年～前315年）又说其时燕与齐之河北接壤，则其时黄河河口段应改走笃

---

① "昭"，今本误作"襄"，据顾广圻校本改。

② 据《史记·赵世家》孝成王十九年。高阳今本作武阳，按武阳乃燕之下都，不得以与赵，当为高阳之误，即《赵策》"燕封宋人荣蚠高阳君"之高阳。平舒，《集解》引徐广曰"在代郡"，按代地未尝属燕，此平舒当为汉勃海郡之东平舒。

马河或商河、源河，因而高唐平原以北遂被隔在河北。

7）走《山经》、《禹贡》河道的那一股黄河，时或在内黄以北决出东北流，便形成《水经》里的清河；下游东光以下仍循《汉志》河水入海。清河屡见战国记载（《赵策》苏秦说肃侯、张仪说武灵王、《齐策》苏秦说宣王），约公元前4世纪后期。黄河流经此道自当在这一时期之前，因河已改走《汉志》河水，这一河道不再为黄河水所灌注，水源仅限于内黄以南的洹、荡等水，浊流变成了清流，因而被称为清河。

8）黄河全流东出《汉志》河水时，《山经》《禹贡》河水故道自宿胥口北出一段断流，这就是《水经·淇水注》提到的"宿胥故渎"。稍北一段有黎阳诸山之水循河水故道北流至内黄会合洹水，这就是《汉志》出内黄县南的清河水。内黄洹口以北至今曲周南会漳一段故道断流，《汉志》魏郡邺"故大河在东"指此。

9）《汉书·地理志》寖水下游原先是漳水的一段，《山经》、《禹贡》时代曾为河水所夺，因而在《汉书·地理志》信都国下又有"故漳河"之称。《汉书·地理志》虖池河（《水经》滱沱河）和虖池别河的下游都曾经是《禹贡》河水下游的一段。《汉志》滱河下游和《水经》巨马河下游，就是《山经》河水下游的一部分。《山经》河水东决曾走过泒河下游，北决曾走过沽河下游。

过去研究黄河史的学者都认为先有《禹贡》河，后有《汉书·地理志》河。何时改道各家说法不同，通常都采用胡渭的周定王五年即公元前602年的说法。也有人认为先秦根本没有改过道，《汉志》河水是到汉代才出现的。再者，他们都不知道在《禹贡》河、《汉书·地理志》河之外先秦还另有一条载录于《山经》的河。根据上面所论证，可见实际情况并不如此。现在可以对战国中期以前的黄河下游河道得出下列几点结论。

1）《汉书·地理志》河水下游是见于记载的最早一条黄河下游河道，并且是春秋战国时代长期存在着的河道。

2）《禹贡》之外，在先秦文献中，《山经》里也记录着一条河道，自今深州市以上同《禹贡》河，深州市以下不同。

3）《山经》《禹贡》两河，见于历史记载较晚于《汉书·地理志》河，也比较不常见。

4）并不是自大禹以后到战国只改过一次道或根本没有改过道，而是相反，战国以前决溢改道极为频数，黄河曾经往返更迭多次走过《汉书·地理志》《山经》《禹贡》三条道，或同时存在着二三条道；此外，汉代的笃马河、泒河、沽河、清河、商河等，也应为先秦黄河决流所走过。但是所有决溢改道的确年，无一可以指实。

总之，上古黄河下游的流路是极不稳定的，要到两岸修筑堤防以后，才出现长期稳定的局面。

小段的保护一些居民点的河堤起源应甚早。《汉书·沟洫志》载西汉末年著《治河三策》的贾让，讲到"堤防之作，近起战国"，那是指的绵亘数百里的长堤，但他没有说清楚起于战国的什么时候。根据《水经·河水注》讲到公元前358年时，河水有一条决流从汉白马县（故城今河南滑县东南）南通濮、济、黄沟，后来"金堤既建，故渠水断"，则公元前358年时尚无河堤；又据《史记·赵世家》公元前332年齐魏伐赵，赵决河水灌之，齐魏因而罢兵，则其时当已有堤，可见较大规模的堤防之作，约当起于战国中叶，即公元前 4 世纪 40 年代左右。

当时所筑的堤防就在春秋以来长期为黄河主流所经行的《汉志》河的两岸，自此以后，其他诸道渐归消失，这条道便成了黄河下游唯一的固定河道。

堤防既作，约半个世纪后，即进入前 3 世纪后，河北平原中部春秋以前极为宽广的空无城邑的地区，在历史记载上才陆续出现了高阳（今县东）、安平（今县）、昌城（今冀县西北）以东，武城（今县西）、平原（今县南）、麦丘（今商河西北）以北，鄚（今任丘北）、狸（今任丘东北）以南，东至于平舒（今大城）、饶安（今盐山西南）十多个城邑①。虽然密度还比较稀，却已不是空无人烟了。

（二）战国中期筑堤以后至西汉末年（公元前 4 世纪至公元初年）

战国中期下游大规模修筑堤防后，固定下来的河道就是《汉书·地理志》里的大河。从此结束了长期以来多股分流、改道频数的局面，我们姑作为黄河第一次重大的改道。

据今人实地考察，武陟至馆陶段西汉黄河故道，堤距最宽处有 23km，一般为 8～10km，最狭隘处为浚滑处，仅 3km②。

河道经堤防固定以后，泥沙堆积加速，至西汉前期即公元前 2 世纪中叶，开始出现频繁决溢的记载。据公元前 1 世纪末的记载，当时下游河道已经出现多处险段。例如，①从今河南浚县西南古淇水口至浚县东北古黎阳县的 70 余里（汉制。以下所提到度量衡数字皆以当时记载为准）河段内，河堤修得很高。淇水口附近河堤高出地面 1 丈，其东 18 里的遮害亭附近地势低下，河堤高出地面四五丈。由于河床抬高了，所以河堤也随之加高。当时就有人指出"河水高于平地"，这里很可能已形成了地上河。有一次洪水，黎阳附近河面水涨 1 丈 7 尺，距堤顶约 2 尺，水面高出堤外民屋；淇水口一段水面高出地面 5 尺，"适至堤半"③。这是因为河道经今浚、滑二县治以东的一段，是下游河道的窄段，东岸有滑县的天台山、白马山，西岸有浚县的大伾诸山，在两岸山地夹峙下，上游来水至此形成壅水，加速了以上河道的淤积，形成地上河也最早。②河道经古黎阳后，地势渐趋平缓，流速减弱，成为宽槽河段。战国时黄河下游东岸的齐和西岸的赵魏所修筑的堤防，一般都距离河槽 25 里，远的甚至数十里，大溜得以在堤内"有所游荡"。河槽两旁淤出大片肥沃的滩地，日久滩上被垦殖，形成聚落，当地人民逐渐在堤内修了很多民埝来保护田园，远的距水数里，近的仅数百步。在东郡白马（今滑县南旧滑城）一带大堤内和从黎阳至魏郡东北界（今馆陶县东北）一段大河堤内，这样的民埝有数重，相互起挑水作用，形成河弯。例如，从黎阳（今浚县）至魏郡昭阳（今濮阳附近）一段，为当时魏郡和东郡接壤地带，因民埝而成河弯，"百余里间，河再西三东地"③。河水"一折即一冲，冲即成险"④。所以这一河段成了黄河的险工段。③当时清

---

① 以上主要参阅谭其骧：《西汉以前黄河下游河道》，刊《长水集》下册，人民出版社，1987 年。

② 徐福龄：《考察武陟至馆陶黄河故道的简况》，刊《河防笔谈》，河南人民出版社，1993 年。

③ 《汉书》卷二九《沟洫志》。

④ ［清］靳辅：《治河方略》卷二《论贾让治河奏》。

河郡与东郡、平原郡接壤的河段，地势较低，"城郭所居尤卑下，土壤轻脆易伤"，是最易决口的地方。今临清市南古贝丘县境内，河水"北曲三所"，正溜侵啮着贝丘城一带堤岸。地节（公元前 69～前 66 年）中曾截弯取直，"不令北曲"。过了 30 年又形成河曲，继续威胁着贝丘县大堤①。

由于上述险段的存在，西汉一代有记载的决溢共 11 次，10 次发生在上述的魏郡、清河、平原、东郡境内，也就是当时河堤最薄弱的地区②。最著名的是公元前 132 年（汉武帝元光三年）河水在东郡濮阳瓠子口（今濮阳西南）决，洪水东南泻入巨野泽，由泗水经淮水入海。这是历史上记载黄河东南夺淮入海的第一次。当时由于丞相田蚡的阻挠（他的封邑在河北岸的鄃，河决而南，对他有利），洪水泛滥遍及 16 个郡，历时 20 余年，直至公元前 109 年（元封二年）才将决口堵住。不久又在魏郡馆陶境内北决，冲出一条汉道屯氏河，"广深与大河等"，下流至勃海郡境才与大河干流汇合③。因屯氏河比降较大，有利于分杀水势，大河下游水流畅通，河南兖州以南六郡水患稍息④。以后又在屯氏河上分出屯氏别河、张甲河等岔道⑤。公元前 39 年（永光五年）河水在清河郡灵县（今山东高唐县南）又决出一条名为鸣犊河的汉道，分洪 70 年的屯氏河却从此断流。但鸣犊口所处地势低下，排水不畅，分洪作用不大，"不能为魏郡清河减损水害"⑥。所以大河在以后的三四十年内仍不断在东郡、魏郡以及其下诸郡境内决溢，造成多次严重灾害。⑦ 直至公元 11 年发生新的改道。

自春秋战国至西汉末的大河故道在以后相当长的历史时期内，仍保持着一定的河形，历史上称为"大河故渎"，又因改道发生在王莽执政时，被称为"王莽河"或"王莽故渎"。

（三）东汉至北宋前期（公元 11～1047 年）

公元 11 年（王莽始建国三年）黄河在魏郡元城（今河北大名东）以上决口，河水一直泛滥至清河郡以东数郡。当时执政的王莽因为河决东流，可使他在元城的祖坟不受威胁，就不主张堵口⑧。听任水灾延续了近 60 年，直至公元 69（东汉明帝永平十二年）～70 年才动员了数十万人工，在王景领导下对下游河道进行治理后，固定了一条新的河道，是为黄河历史上第二次重大的改道。王景治河时根据公元 11 年决口后几十年来冲成的大河的趋势，随着地形的高低，勘测了一条从荥阳至千乘（今山东高青县东北）海口的新河道。通过疏浚壅塞、截弯取直、修筑堤防等措施，对新河道进行了比较

---

① 《汉书》卷二九《沟洫志》。
② 《汉书》卷二九《沟洫志》：王莽时，长水校尉平陵关并言："河决率常于平原、东郡左右"。
③ 《汉书·地理志》魏郡馆陶："河水别出为屯氏河，东北至章武入海。"《汉书·沟洫志》："自塞宣房后，河复北决于馆陶，分为屯氏河，东北经魏郡、清河、信都、勃海入海。广深与大河等。"据《汉书·地理志》，西汉大河在章武入海。《水经·河水注》，屯氏河故渎下游注入西汉大河故渎。则汉时人因屯氏河"广深与大河等"，对屯氏河和大河正流不复分别主次，同作入海。并非屯氏河单独在章武入海。
④ 同①。
⑤ 《汉书·地理志》清河郡信成。
⑥ 同①。
⑦ 同①。
⑧ 《汉书》卷九九中《王莽传》。

全面的整治，并有"十里立一水门，令更相洄注"的设施①。这一设施的具体内容因记载过于简略，尚不清楚。大致上是在某些险工地段的堤防上置减水口门，汛期洪水可由上一水门泄出，洪峰过后，经过在堤外沉淀的清水，由下一水门归槽。这样就起着减水、滞洪、放淤和清水冲刷的作用，减缓了河床淤积的速度，提高了防洪标准。从东汉开始至唐代中期有好几百年内河患大大减少，下游河道比较稳定，主要原因是河水含沙量相对有所减弱，但王景的治河也不容否认是治黄史上一次突出的成就，对河道的稳定起了重要的作用。

王景治河后固定的河道，根据文献记载，是从长寿津（今濮阳县西旺宾一带）自西汉大河故道别出，循古漯水河道，经今范县南，在今阳谷县西与古漯水分流，经今黄河和马颊河之间，至今利津入海②。吴忱根据大比例尺地图和1950～1960年代成像的1：25万至1：4万华北平原航空像片图，考察了地面古河道遗迹，证实了东汉大河河道自濮阳县西约10km处从《汉志》河右岸分出，向东北经山东省范县城南，再往东北分出多股汊流，但主道折北经阳谷西，北行，至聊城南折而东，经东阿北约10km再折而东北，经往平东约12km再折而北，经禹城西约15km折而东北，至临邑北面8km处折而东，过商河以东约15km处折而北，行10km又折而东，在惠民南5km处继续向东，约行25km又折而东北，过沾化西北，在沾化东北10km处古河道消失。其消失点距北部海岸线约15km，说明东汉至唐代的海岸线高于今海岸线。同时在东汉河道沿线的南乐至莘县、聊城，台前至聊城，台前经东阿至往平，聊城至禹城，禹城至商河，临邑至无棣和惠民以南，都存在多条汊道，可能是东汉以前黄河乱流时的故道。并认为以往以文献资料恢复的东汉大河故道，"除局部有差错外，基本上是正确的"③（图8.5）。最近，满志敏根据美国航天局提供的SRTM数据重建黄淮海平原上黄河河道高程影像，再结合文献资料，判读出北宋前期的京东故道与仅据文献记载所绘制的东汉至北宋前期的黄河下游河道的流路（谭其骧主编《中国历史地图集》第六册），略有不同④，但基本流向是一致的。

东汉永平十二年形成的黄河下游新道比较顺直，距海里程比西汉大河短，所以在形成以后的近六百年时间内，河道比较稳定。关于东汉王景治河以后，出现一个长期稳定的局面，似乎已成定论。但是为什么会出现这样一个长期稳定的局面，研究者看法不一。有的认为是东汉以后黄河中游黄土高原上大批游牧民族入居，土地利用方式由农变

① 《后汉书》卷七六《王景传》：永平十二年"夏，发卒数十万，遣景与王吴修渠筑堤，自荥阳东至千乘海口千余里，景乃商度地势，凿山阜，破砥碛，直截沟涧，防遏冲要，疏决壅积，十里立一水门，令更相洄注，无复溃漏之患"对"十里立一水门"的解释，目前说法不一，尚无定论，魏源《魏源集筹河篇下》认为是在黄河河道上每十里立一水门，黄河水涨时开上水门，让水溢出入内堤（缕堤）漾之大堤（遥堤），再通过下水门进入河槽，"故言更相洄注"。李仪祉在《后汉王景理水之探讨》（《李仪祉水利论著选集》，水利电力出版社，1988年）认为是在汴渠上十里立一水门。武同举《古今治河图说》认为黄汴分流处立两水门相距十里，"递互启闭，以防意外"。《中国水利史稿》（上册）认为在汴口上下立若干处水门。《黄河水利史述要》认为：从《水经河水注、济水注》记载，武说较近似。赵炜《关于'十里立一水门'探讨》（《黄河史资料》2002年第2期）亦同意此说。

② 《水经·河水注》、《元和郡县志》、《太平寰宇记》。

③ 吴忱 等：《黄河下游河道变迁的古河道证据及河道整治研究》，《历史地理》第17辑，14～16，上海人民出版社，2001年。

④ 满志敏：《北宋京东故道流路问题研究》，《历史地理》第21辑，上海人民出版社，2006年。

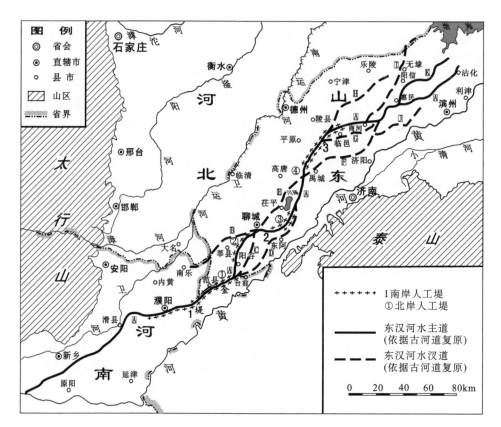

图 8.5　东汉河水下游河道复原图
资料来源:《历史地理》第 17 辑附图

牧,草原植被有所恢复,水土流失减缓,所以下游河道出现长期安流的局面①。有的则认为,植被恢复与其蓄水减沙效益的显现,并非是同步的。并非植被一有恢复,土壤侵蚀便立即减弱,土水流失也便立即减轻。那种认为黄土高原一经由农变牧,水土流失大为减轻的观点,对实际估计未免过高。不少学者认为,这是与东汉后期至唐前期,黄河流域气候干冷,降水减少有关。同时由于气候干冷,黄土高原上森林面积减缩和草原边界南移,游牧民族的入居,可能使草原有所恢复,然其改善于程度有限②。这个问题目前尚难下结论,还可以作进一步研究。

3~6 世纪的魏晋南北朝时期,历史文献上确有不少华北平原水患的记载,但没有一条明确记载是黄河下游河道决溢所造成的③。虽然不能肯定这个时期黄河没有决溢,但至少可以说明这个时期因黄河决溢所造成的灾害是不突出的。7 世纪中叶以后,下游决溢就逐渐增多④,并随着时间下移,越来越趋频繁。从此 7 世纪中叶至 10 世纪中叶

---

①　谭其骧:《何以黄河在东汉以后会出现一个长期安流的局面》,载《长水集(下)》,人民出版社,1987 年。

②　杨国顺:《东汉永平后黄河有关问题的再研究》,刊《水利史研究论文集》第一辑(姚汉源先生八十华诞纪念),河海大学出版社,1994 年。

③　水利部黄河水利委员会:《黄河水利史述要》,99~100,水利出版社,1981 年。

④　唐代河患始见于永徽六年(公元 655 年),见《新唐书》卷三《高宗纪》。

的 300 年里，有文献记载发生在黄河下游河道的决溢共 34 次（包括人为决河）[1]，平均约 9 年一次，决溢的地点，比较集中在浚、滑以及河口段的惠民、滨州市两个地段。从 10 世纪初至 1040 年代的 140 年中，决溢共 95 次，主要集中在今浚、滑至濮阳、清丰的河段上，即当时的滑、澶二州之地[2]。

唐代前期，由于国力比较强盛，社会相对安定，对黄河下游河道曾全面修筑了堤防，对稳定河道起过一定的作用。但也由于堤防修筑，加速了河床的淤高[3]。从唐朝中后期开始，河口段逐渐淤高，在今山东商河、惠民、滨州市一带的古棣州境内经常发生决溢。从决口地点集中的先后演变来看，反映了这样一个基本规律"淤常先下流，下流淤高，水行渐壅，乃决上流之低处"[4]。例如，长寿二年（公元 693 年）棣州（治厌次县，今山东惠民县东南）河溢，毁坏居民 2000 余家[5]。乾元年间（公元 758～760 年）黄河下游在棣州境内发生局部改道，原先棣州在黄河北，改道后在黄河南[6]。太和二年（公元 828 年）河决，坏棣州城[7]。公元 893 年（唐景福二年）河口段棣州、滨州境内发生近百里的改道[8]。五代晋开远三年（公元 946 年）黄河在观城（今河南清丰县南）、临黄（范县南）间，又有局部河道改流北移[9]。最终于 10 世纪中（五代后周显德元年，公元 954 年）又在东平的杨刘（今山东东阿县东北）北向决出一条赤河，经莘、聊城、高唐、平原，又东北至庆云入海。是为黄河下游支津[10]。1011～1012 年（宋大中祥符四一五年）间，棣州境内"河势高民屋殆逾丈"，一再决口[11]。这说明下游河道的下段，淤塞已经十分严重了。

宋代初年就十分重视黄河下游河道堤防修筑和防护。乾德五年（公元 967 年）对黄河下游十七府州的河道进行全面修缮，并规定沿河各州长史兼本州河堤使，"盖以谨力役而重水患也"。"自后岁为常，皆以正月首事，季春而毕"。开宝四年（公元 971 年）因澶州河决，"守官不时上言，通判、司封郎中姚恕弃市，知州杜审肇坐免"。五年规定

---

① 周魁一：《隋唐五代时期黄河的一些情况》，谭其骧主编：《黄河史论丛》，复旦大学出版社，1986 年。

② 资料根据：《新旧唐书·本纪、五行志》、《新旧五代史·本纪、五行志》、《宋史·本纪、五行志、河渠志》。

③ 周魁一：《隋唐五代时期黄河的一些情况》，谭其骧主编：《黄河史论丛》，复旦大学出版社，1986 年。

④ 《宋史》卷九一《河渠志一·黄河上》。

⑤ 《新唐书》卷三六《五行志三》。

⑥ 周魁一：《隋唐五代时期黄河的一些情况》引权德舆：《魏国公贞元十道录序》："乐安，自乾元后河流改故道，宜隶河南。"谭其骧主编：《黄河史论丛》，复旦大学出版社，1986 年。

⑦ 《新唐书》卷三六《五行志三》。

⑧ 《太平寰宇记》卷六四滨州渤海县。今人据地面调查和卫影像图分析出山东垦利至河北海兴间古黄河尾闾河道分布图，显示惠民之南、由滨州市与北镇之间向东的一条河道，约《水经注》记载东汉至唐前期的河道，由惠民向北至今无棣东南向东至今沾化县北境的一条，大体即景福二年以前由厌次向北径渤海县西北六十里下注海的河道。景福二年则更北徙于无棣北。见杨国顺：《东汉永平后黄河有关问题的再研究》，刊《水利史研究论文集》第一辑（姚汉源先生八十华诞纪念），河海大学出版社，1994 年。吴忱根据地面古河道遗迹，认为惠民以东的一条古河道，可能是唐景福二年改流的河道。吴忱等：《黄河下游河道变迁的古河道证据及河道整治研究》，《历史地理》第 17 辑，15 页，上海人民出版社，2001 年。

⑨ 周魁一：《隋唐五代时期黄河的一些情况》引《册府元龟·邦计部·河渠二》载广顺三年（953 年）澶州奏报，刊谭其骧主编：《黄河史论丛》，复旦大学出版社，1986 年。

⑩ 《宋史》卷九一《河渠志一·黄河上》。参阅李孝聪：《赤河考》，《历史地理》第 4 辑，上海人民出版社，1986 年。

⑪ 《宋史》卷九一《河渠志一·黄河上》。

在黄、汴、清、御河等州县在河道沿岸种植"榆柳等土地所宜之木"。自开封以下十七州府，"各置河堤判官一员，以本州通判充，如通判缺员，即以本州判官充"⑥。可见宋初对黄河的防治不可谓不严。但入宋以后下游河道决溢却连年不断。先是继唐末五代以来，在河口段棣州的决溢，如建隆元年（公元 960 年）棣州即发生河决，坏厌次、商河二县民庐、田畴。① 但宋代前期（公元 960～1046 年）河患最集中的还是滑州（治今河南滑县旧滑城）、澶州（治今河南濮阳市南）地段。当时黄河下游自孟津以下全有堤防，"唯滑与澶最为狭隘"，滑浚河段是下游河道的窄段。据宋代记载，两岸堤距 700m 左右②。且滑州两岸土质疏松，河岸善溃，所谓"滑州土脉疏，岸善隤"③。"故汉以来河决多在澶滑"④。唐末五代时这一段河床已渐淤高，又兼军阀混战，曾在本河段内人为扒堤，以水代兵⑤，造成这一段河堤残破，一遇洪水，即易溃堤成灾。在北宋前期（公元 960～1047 年），滑、澶二州为河决最频繁之处，如宋初乾德四年（公元 966 年）滑州就发生河决，以后太平兴国三年（公元 978 年）、八年（公元 983 年）、九年（公元 984 年）、天禧三年（1019 年）、四年、康定元年（1040 年）滑州皆发生河决。其次是澶州，开宝四年（公元 971 年）河决澶州濮阳澶渊（今濮阳），以后开宝五年、淳化四年（公元 993 年）、景德元年（1004 年）、四年、大中祥符四年（1011 年）、七年（1014 年）、天圣六年（1028 年）、景祐元年（1034 年）均在澶州发生河决③。据图 8.6 所示，从 10 世纪初至 1120 年代，本河段的决溢次数几乎占整个下游决溢的 1/3 强，决口后所造成的灾情也十分严重。例如，五代后晋开运元年（例如，944 年）黄河在滑州决口，淹没了曹、单、濮、郓等州，洪水又积聚在梁山周围，将原来的巨野泽扩大为著名的梁山泊⑥。北宋天禧三年（1019 年）夏历六月在滑州城西北天台山旁决口，旋又溃决于城西南岸，决口阔七百步，河水经澶、濮、曹、郓等州注入梁山泊，东南注入泗、淮，受灾面积达 32 个州县。因河床临背悬差很大，虽经堵口，次年复决，"害如三年而益甚"⑦。唐宋两代为了减缓滑州河段的险情，曾先后三次［唐元和八年（公元 813 年）、宋淳化四年（公元 993 年）、大中祥符八年（公元 1015 年）］在滑州城一带的北岸开分洪支渠，"以泄壅溢"，多因人工渠道浅狭，正溜又趋南岸而未能奏效⑧。

① 《宋史》卷六一《五行志一上》。
② 《宋会要辑稿》第 192 册《方域一三之二三》："元丰七年七月二十二日，滑州言：齐贾下埽河水涨，坏浮桥。诏范子渊相度以闻。后范子渊言：相度滑州浮桥移次州西，两岸相距四百六十一步。"一步相当五尺，461 步，约 700m。
③ 《宋史》卷九一《河渠志一·黄河上》。
④ 《宋史》卷三二六《郭谘传》。
⑤ 《旧五代史》卷一《梁太祖纪一》："乾宁三年……四月辛酉，河东泛涨，帝令决堤岸以分其势为二河，夹滑城而东，为害滋甚。"《旧五代史》卷二八《唐庄宗纪二》："天祐十五年……二月，梁将谢彦章帅众数万来追刘鄩，筑垒以自固，又决河水，潋漫数里，以限帝军。"
⑥ 《旧五代史》卷八二《晋少帝纪二》："开运元年……六月，滑州河决，浸汴、曹、单、濮、郓五州之境，环梁山，合于汶。诏大发数道丁夫塞之。既塞，帝欲刻碑纪其事。"《资治通鉴》卷二八四同。按：《旧五代史》卷一《梁太祖纪》："乾宁二年……八月，帝领亲军伐郓，至大仇，遣前军挑战，设伏于梁山以待之。"证明其时梁山周围尚无水体。
⑦ 《宋史·河渠志一·黄河上》载，天禧四年二月决口堵塞后，有人指出："今决处漕底坑深，旧渠逆上，若塞之，复坏。"同年六月果复决。
⑧ 《新唐书》卷七《宪宗纪》、《新唐书·地理志》、《宋史》卷九一《河渠志一·黄河上》。

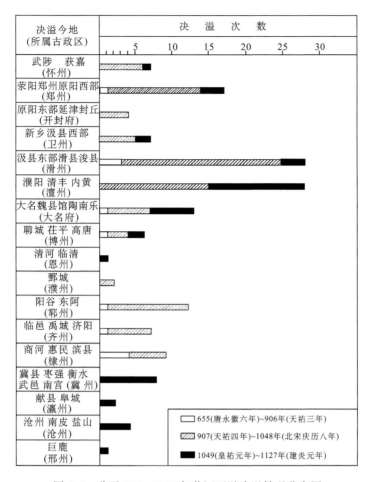

图 8.6　公元 655～1127 年黄河下游决溢情况分布图

　　滑州天台山决口不久，接着 1028 年（天圣六年）决澶州王楚埽（今濮阳西王助）。1034 年（景祐元年）又在澶州横陇埽（今濮阳东）决口，形成一条横陇河。原来的河道因流经当时的京东西路，故称为京东故道①。

　　黄河下游流经横陇河道仅 14 年，因记载缺乏，具体流经不得详知。今据零星资料，大致可知从濮阳东北流经今聊城、临清一带，下游经京东故道之北，贯冀鲁交界地区，在今惠民、滨州市以北入海②。今马颊河南有与之平行的由砂壤质轻壤土沉积物所组成的显著平缓岗地③，可能就是横陇故道的遗迹。

　　横陇河所经是西汉大河、屯氏别河、京东故道以及马颊、笃马诸河的堤间洼地，地势低下。河道形成之初，"水流就下，所以十余年间，河未为患"。不久河口段开始淤浅，1043～1044 年（庆历三、四年）间自河口以上 140 余里先淤，接着下游几条岔流

---

　　①　《宋史》卷九一《河渠志一·黄河上》。

　　②　《宋会要辑稿》第 192 册《方域十四之一七》。并参阅邹逸麟：《宋代黄河下游横陇北流诸道考》，《文史》第 12 辑，中华书局，1982 年。

　　③　中国科学院土壤及水土保持研究所：《华北平原土壤》，28 页，科学出版社，1961 年。

赤金游三河相次淤塞，"下流既梗"，于是有 1048 年（庆历八年）的商胡决口改道，横陇河道遂成为"河水已弃之高地"了①。

本时期黄河下游河道变迁的特点：下游河道滑澶段河道狭窄，淤高迅速，为河工最险要处，经常在此决口，虽多次开分洪支渠，结果均未获预期效果；入海段河道也淤高为悬河，水流排泄不畅，多次向北决出支津，分流入海的局面成为常态，如赤河、横陇河等。但仍不能使河道稍有安宁。总之，东汉以来黄河下游的格局已经维持不下去了。

（四）北宋后期（1048～1127 年）

1048 年（庆历八年）农历六月河决澶州商胡埽（今河南濮阳市东昌湖集），决河北流经清丰、南乐东，河北大名东，馆陶、冠县间，临清西、武城东，枣强、冀县东，经武邑东合胡卢河（今滏阳河），又经献县南，东北流至青县经御河（今南运河）、界河（今海河）至今天津入海，是为宋代黄河的北派②。这是宋代黄河北流由渤海湾西岸入海的开始，也是黄河历史上第三次重大的改道。1060 年（嘉祐五年）黄河又在大名府魏县第六埽（今河南南乐西）决出一条分流，东北流经一段西汉大河故道，下循汉代的笃马河（今马颊河）入海，大致东北经山东冠县东、高唐与夏津间，平原、陵县间，至乐陵以东入海，又称二股河，是为宋代黄河的东派③。

黄河分为北、东两派以后，北宋统治阶级内部在维持北派，还是回河东流（包括京东故道、横陇故道）问题上长期争论不休。原因是在此时及其以后，北宋朝廷中正经历了庆历新政、熙宁变法、元祐更化、绍圣绍述、建中初政、崇宁党禁一系列政治反复动荡时期，新旧党派及其内部各集团之间，在治政问题上，相互攻讦，均反其道而行之。而在黄河维持东流还是北流问题，也成为党争的议题之一。一派主张东流，一派主张北流。主东流一派执政，则塞北流，决而东流；主北流一派执政，则塞东流，决而北流。全非真正着眼于治河，而是夹杂着党争之私。其中虽有有识之士对治河曾提出真知灼见，均因未获朝廷的支持不得申其志，直至北宋亡国争论未休④。在这 80 年间，黄河时而北流（49 年）、时而东流（16 年）、时而两派并行（15 年）⑤。有时东决入梁山泊分南北清河入海，如 1077 年（熙宁十年）黄河在澶州曹村决口，北流断绝，河水南徙，东汇入梁山、张添泊，分为两派：一派合南清河入淮，一派合北清河入海⑥。黄河下游开始进入一个变迁紊乱的时代。

河决北流在 1048～1127 年发生过三次：1048 年（庆历八年）决商胡埽、1081 年（元丰四年）决小吴埽、1099 年（元符二年）决内黄口。三次北决的河道流向大致相同：在今濮阳县西或东决而北流，经清丰、内黄、大名、馆陶、清河、南宫、枣强、冀

① 《宋史》卷九一《河渠志一·黄河上》、《续资治通鉴长编》卷一八二。

② 邹逸麟：《宋代黄河下游横陇北流诸道考》，《文史》第 12 辑，中华书局，1982 年。

③ 《宋史》卷九一《河渠志一·黄河上》。

④ 邹逸麟：《北宋黄河东北流之争与朋党政治》，饶宗颐主编：《华学》第九、十辑（四），上海古籍出版社，2008 年。

⑤ 据《宋史·河渠志》记载，黄河单行北派的时间为 1048～1059 年、1081～1088 年、1099～1127 年，单行东流的时间为：1070～1080 年、1094～1098 年，两派并行时间为：1060～1069 年、1089～1093 年。

⑥ 《宋史》卷九二《河渠志二·黄河中》、《宋会要辑稿》第 192 册《方域一四之二五》。

县、衡水、武邑等县，以下或在东光或下经武强、献县在青县合御河（南运河）、界河（海河）至天津以东入海。河道一度西摆至平乡、巨鹿、新河一带，东北折入滏阳河，下合御河入海①。由于西汉以来一千多年黄河长期流经和泛滥于冀鲁交界地区，地面淤高，而南运河以西地区，"地形最下，故河水自择其处决而北流"②。所以当河道在北岸低洼处决口后，就向北冲成新道。这是黄河决而北流的地理上的原因（图8.7）。

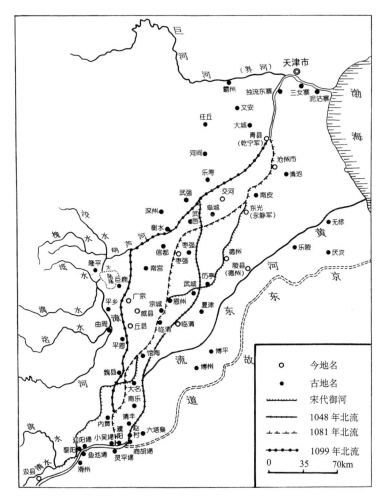

图 8.7　北宋后期黄河北流、东流示意图

　　北流新道形成之后，由于决口上下河床比降增大，下泄量增加，濮阳以上河道出现相对稳定的现象，濮阳以下河道向北形成一个急剧的大湾，在凹岸的堤防薄弱处，就成了险工地段。所以 1048 年以后，决口集中地点已由原先的浚、滑移向澶州、大名一带。在今濮阳、清丰之间的河湾上有灵平（曹村）、大吴、小吴、商胡、迎阳等埽，大名以南东岸还有孙村埽，都是当时险工，汛期往往在此决口③。

① 《宋史》卷九二《河渠志二·黄河中》、卷九三《河渠志三·黄河下》。
② ［北宋］苏辙：《栾城集》卷四六《论黄河东流剳子》。
③ 《宋史》卷九二《河渠志二·黄河中》。

黄河北流过了大名府境进入冀中平原，河道呈现典型游荡性活动，在东西高、中间低的滏阳河和南运河之间平原上来回摆动。正如苏辙所说当时河道摆动情况，"东行至泰山之麓，则决而西；西行至西山之麓，则决而东"①，"涨淤于邢、洺、深、冀之间，流行于瘠卤低下之地"②。1108年（大观二年）在最西摆的河道上丘县南决口，北流淹没了整个巨鹿县城③。正因为下游河道具有游荡性的特点，所以当时的治水者顺着这种河性，宽立堤防，堤距宽处"相去数十里许"④。这种遥堤很宽，"北京南乐、馆陶、宗城、魏县、浅口、永济、延安镇、瀛州景城镇在大河两堤之间"⑤。河道坡度平缓，来沙又多，造成溜势分散，堤内"行流散漫，河内殊无紧流，旋生滩碛"⑤，主槽极不稳定，泥沙淤淀也快。1048年决出的北流，经32年，至1080年（元丰三年）时"填淤渐高，堤防岁增，未免泛滥"⑤。1081年决出的北流，20年后，"河底渐淤积，则河行地上"⑥。同时还得承受西面太行山来的河流的灌注。所以在北流期间，除了决口集中的澶州、大名两地外，冀县、枣强、衡水、南宫、武邑一带决溢也不少见。

北流会合御河后，又汇入界河由天津入海。界河原是一条比较窄深的河道。改道之初，河床受到黄河的强烈冲刷，迅速加深加宽⑦。例如，1081年第二次北流，"冲入界河，行流势如倾建"，经过8年的冲刷，"两岸日渐开阔，连底成空，趋海之势甚迅"。据1089年（元祐四年）实测报告，沿界河至海口未经黄河侵夺以前，阔50～150步，深10～15尺；黄河侵夺界河以后，展阔至200～540步，深20～35尺。虽遇元丰七年、八年、元祐元年几次非常大水，大吴埽以上河道并未出事，可见由于下游畅通之故⑦。

所谓东流，不仅指1060年以后的二股河，也包括京东故道和横陇故道。1048年河决北流，回河派多主张恢复东流。然而京东故道河床淤高，"屡复屡决"。横陇故道在1044年前下游已淤。这两条河都成了"河水已弃之高地"⑧。嘉祐元年（1056年）夏历四月壬子朔，回河派强行堵闭北流，在今濮阳东北赵征村（今名赵村）遏水入六塔河，由六塔河注入横陇故道。但分水处北流阔200步，而六塔河仅40余步，只能分河水3/10，容纳不了全部黄流，在塞北流的当夜复决⑨。1060年决出的二股河，原先宽仅200尺，深不及6尺，以后拓宽至包括嫩滩1100步，汛期尚可容水⑨。以后逐渐淤浅束

---

① ［北宋］苏辙：《栾城集》卷四六《论黄河东流劄子》。

② 《宋会要辑稿》第193册《方域十五之二一》。

③ 《宋史》卷九三《河渠志三·黄河下》。

④ 《宋会要辑稿》第193册《方域十五之二〇》。

⑤ 《宋史》卷九二《河渠志二·黄河中》。

⑥ 《宋会要辑稿》第193册《方域十五之二一》；《宋史》卷六一《五行志一上》："大观二年黄河决，陷邢州钜鹿县。"

⑦ 《宋史》卷九一《河渠志一·黄河上》熙宁元年提举河渠王亚等谓："黄御河带北行入独流东砦，经乾宁军、沧州等八砦边界，直入大海，其近海口阔六七百步，深八九丈，三女砦以西阔三四百步，深五六丈。其势愈深，其流愈猛。"

⑧ 《宋史》卷九一《河渠志一·黄河上》。

⑨ 《续资治通鉴长编》卷一八二。

狭，至元祐（1086～1093 年）末阔止百余步，"冬月河流断绝。"① 东派二股河优点是河道顺直，距海里程短。但沿河地理条件上有很大缺陷。首先，因下游一段河道是西汉大河故道，"地形已高，水行不快"，至元祐末，河床"高仰出于屋之上"②。其次，东派南北两岸堤防在熙宁（1068～1077 年）初"未全"②。至绍圣（1094～1097 年）初虽已修筑，"然是时东流堤防未及缮固"①。堤防残缺，水流旁泄，冲刷减弱，故淤积更速。再次，东北两派分流处地势东高西下，水势倾向北流，虽人工挽河东流，如逢洪水，则"水势西合入北流，则东流遂绝"②。

　　总之，从 1048 年以后北宋的黄河北流、东流两派，以河道条件而言，"东流高仰，北流顺下"③，北流相对来说较东流为优。虽屡次强行闭断北流，挽河东流，终于未能维持较长时期，最后还是决而北流，直至北宋亡国。

（五）金代（1128 年至 13 世纪中叶）

　　1128 年（南宋建炎二年）冬，宋王朝为了阻止南下的金兵，人为决河，使大河"由泗入淮"④。决口地点大约在滑县以上的李固渡（今滑县西南沙店集南三里许）以西，新道东流经李固渡，又经滑县南，濮阳、东明之间，再经鄄城、巨野、嘉祥、金乡一带汇入泗水，由泗入淮⑤。从此，大河离开了《山经》、《禹贡》以来流经今浚县和滑县南旧滑城之间的故道，不再东北流向渤海，改为以东南流入泗、淮为常。这是黄河历史上第四次重大的改道。

　　北宋靖康元年（1126 年）金兵占有河北地后，迫宋和议，以河为界。以后占有河南地，建立刘豫伪齐政权。1128 年杜充决河后，绍兴九年（1139 年）宋金和议，以杜充决河为界。绍兴十一年（1141 年）金廷又迫宋和议，划淮为界。于黄河下游全入金境。

　　金朝对黄河下游的防治也颇重视。"设官置属，以主其事。"沿河置二十五埽，六在河南，十九在河北。沿河各州县均设巡河官，统领沿河二十五埽兵万二千人。但是从大定六年（1166 年）开始，河患连年不断，实"以河道淤积，不能受故也。"所以"数十年间，或决或塞，迁徙无定"⑥。

　　上面已述，黄河下游浚、滑之间是下游河道的窄段，两岸有浚县大伾山和滑县天台山的控制，是这一段河道的节点，以下河道决口后摆动的范围，基本上限制在太行山以东、山东丘陵以北的河北平原范围内。当黄河下游河道离开了这一控制点后，下游河道折向东或东南，即摆动于豫东北至鲁西南地区。金代有记载的 12 次决口中，决后河道摆动在该地区的占 10 次。而这个地区地势由西北向东南倾斜，最后流入淮河。

---

　　① 《宋史》卷九三《河渠志三·黄河下》。
　　② 《宋史》卷九一《河渠志一·黄河上》。
　　③ 《宋史》卷九二《河渠志二·黄河中》。
　　④ 《宋史》卷二五《高宗纪》："是冬杜充决黄河，自泗入淮，以阻金兵。"
　　⑤ ［宋］楼钥：《北行日录》（见《攻媿集》卷一一一）载，乾道五年（1169 年）北使入金即于李固渡渡黄河，则北宋末决口应在李固渡以上。决口后黄河流经地点是根据金大定八年（1168 年）以前几处决口地点来推断的。
　　⑥ 《金史》卷二七《河渠志·黄河》。

本时期河道变迁的趋势，可以归纳为两点。

1）河道"势益南行"[①]，干流摆动逐渐趋向东南，决口地点渐向上（西）移。决口开始在今山东巨野、寿张、郓城、曹县一带（1150年、1166年、1167年、1168年），河道时东北决入梁山泊，分南北清河入海。以后决口渐西移至汲县、阳武（今原阳东部）、延津一带（1171年、1177年、1180年、1186年）[②]。从1171年（金大定十一年）和1177年、1178年等决口和筑堤的地点来看，河道已流入开封府境。1180年（大定二十年）在卫州（治汲县）延津决口，洪水流至归德府境，东南由泗入淮[③]。据实地考察，今延津县境太行堤以南存在大片东西向由沙丘、沙冈和洼地组成的古河道带，就是这次决口后开始经元明两代逐渐形成的。1194年（明昌五年）夏历八月，河决阳武，灌封丘而东，"水势趋南"[④]。这次决河后，自阳武至曹县的河道逐渐向南移动，由胙城、长垣以北，改经两县之南[⑤]。1217年（兴定元年）前，大河又由楚丘（今曹县东南）北改经县南[⑥]。以后楚丘以下河道继续南摆，原属河南归德府的虞城、砀山两县城先后为河水所荡没，两县建制撤销。元初复置后，又改隶河北之济宁路[⑦]，大河已改经两县之南，东经萧县致徐州入泗。可见自12世纪中叶至13世纪上半叶，黄河下游河道不断向南摆动。

2）大河除干流外，还有几股岔流同时存在，这几股河道迭为主次，汇淮入海。例如，1168年（大定八年），大河在李固渡决口，淹没了曹州城（今曹县西北60里），夺溜3/5，流入今单县一带，经砀山、萧县，于徐州入泗，旧河仅占水流2/5，当时未使"二水复合为一"，遂开始出现"两河分流"的局面[⑧]。1187年（大定二十七年）金王朝曾规定黄河下游沿河的4府16州44县的地方官都兼管河防事[⑨]。从这44县的分布，可以知道大定末年黄河下游分成三股：干流一股自李固渡经延津、胙城、长垣、东明（今东明集）之北，定陶、单县之南，虞城、砀山之北，经萧县至徐州入泗；北面一股大致即宋建炎二年形成的河道；南面一股约在今延津县分出，经封丘、开封、睢县、宁陵、商丘等地。三股都注入泗水，由泗入淮（图8.8）。

本时期内河道变迁的原因是：①河道初进入豫东北和鲁西南地区，都是平地漫流而

① 《金史》卷二七《河渠志·黄河》大定二十年南京副留守石抹辉者言。

② 《金史》卷二五《地理志中》山东西路济州："旧治巨野，天德二年徙治任城县，分巨野之民隶嘉祥、郓城、金乡三县。"按：巨野，汉县，唐宋来即为济州治。天德二年（1150年）州治迁徙，县撤废，必因河患所至。济州郓城县："大定六年（1166年）五月徙治盘沟村以避河决。"东平府寿张县："大定七年（1167年）河水坏城，迁于竹口镇。十九年复旧治。"曹州（治济阴）："大定八年（1168年）城为河所没，迁州治于古乘氏县。"东明县："初隶南京，后避河患，徙河北冤句故地。"卫州治汲县："大定二十六年（1186年）八月以避河患，徙于共城。二十八年复旧治。"有关各县和《金史》卷二七《河渠志·黄河》："大定八年河决李因渡，水溃曹州城，分流于单州之境。""（大定）十一年（1171年）河决王村，南京孟、卫州界多被其害。"

③ 《金史》卷二七《河渠志·黄河》。

④ 《金史》卷二七《河渠志·黄河》明昌五年八月河决后，尚书省言。

⑤ 《金史·地理志》卫州胙城县："本隶南京，海陵时割隶滑州，泰和七年（1207）复隶南京，八年以限河来属"。开州长垣县："本隶南京，泰和八年以限河不便来属。"据此知二县本隶河南的开封府，后因在大河之北，统隶不便，改隶河北之卫州（治今汲县）和开州（治今濮阳）。

⑥ 《金史·地理志》归德府楚丘县："国初隶曹州，海陵后来属，兴定元年以限河不便，改隶单州。"按归德府在河南，单州治单县在河北。

⑦ 《元史·地理志》济宁路。

⑧ 《金史》卷二七《河渠志·黄河》、《金史》卷八九《梁肃传》。

⑨ 同③。

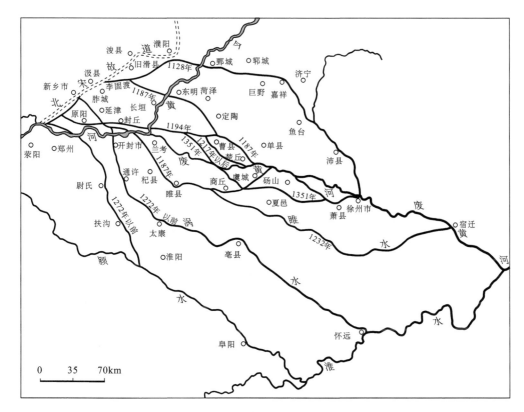

图 8.8　金元时期黄河南泛河道示意图

成，河床宽浅，"宽易无定"①。虽有堤防，多为砂土所筑，易受洪水冲溃，汛期往往决成数股并流。②河道主要活动在接近南宋疆域的地区。金朝政府害怕"骤兴大役，人心动摇，恐宋人乘间构为边患"②。对决河不敢大规模筑堤堵口。同时金朝开始南侵时，宋靖康时曾一度同意以黄河为与金人分界线。河道不断南摆，金人占领区越大，对金朝越有利③，故不致力于河道的固定，只采取那里决口分流，即在那里筑堤堙水的消极防御，遂使多股分流的局面长期保留下来。

（六）元代至明初（13 世纪中叶至 1390 年）

金元之际黄河有两次人为的夺流。一次是 1232 年（窝阔台四年）蒙古军围攻金朝的归德府城（今河南商丘），人为决河于归德凤池口（今商丘西北 22 里），河水夺濉入泗④。这是黄河历史上第一次走濉河。1234 年宋军入汴（今开封），蒙古引军南下，决汴城北 20

---

① 《金史》卷二七《河渠志·黄河》。

② 《金史》卷七一《宗叙传》。

③ 《三朝北盟会编》绍兴九年七月，金人挞懒说："我初与中国（按指宋朝）议，以河为界。尔今新河且非我决（按指建炎二年杜充决河），彼人自决之以与我也。……今以新河为界，则外御敌国，内扼叛亡，多有利吾国矣。"

④ 《金史》卷一一六《石盏女鲁欢传》。

余里黄河寸金淀水，以灌宋军①。河水由此南决，夺涡水入淮。这是黄河历史上第一次走涡河。此后40年内缺乏记载，黄河变迁详情不明。直至1272年（元至元九年）黄河在新乡决口②，流经也不清楚。1286年（至元二十三年）10月，黄河在原武、阳武、中牟、延津、开封、祥符、杞县、睢州、陈留、通许、太康、尉氏、洧川、鄢陵、扶沟15处决口③，从决口的地点来推断，当时的黄河在原武或阳武境内分成三股：一股经陈留、杞县、睢县等地走金末以来大河，由徐州入泗，大致即古汴水所经，称为汴道；一股在中牟境内折而南流，经尉氏、洧川，扶沟，鄢陵等地，由颍水入淮；一股在开封境内折而南流，经通许、太康等地，由涡入淮。至此，黄河下游已自太行山东麓至黄淮平原西缘的整个华北大平原上绕了一圈。这可以说是黄河历史上第五次重大的改道。

黄河下游河道夺颍河入淮，到达了黄淮海扇形平原的最西南极限，这与下游河道沿岸条件有关。黄河下游河道北岸出山以后，南岸还有今郑州市西北邙山的控制。邙山古称广武山，是嵩山从伊洛河口沿黄河南岸向东延伸的部分④。在古代原作西南-东北向。黄河下游河道由于广武山在南岸的控制，下游河道出山后南摆基本上不超过古汴河（即郑州、开封、商丘、虞城、砀山、徐州）一线。广武山北麓尚有大片滩地，说明大河主溜卧北，汉唐时济、汴即在此分河水东流⑤。唐代还在广武山北麓滩地上设置河阴县和河阴仓⑥，可见当时滩地十分广阔。以后滩地可能有所坍塌，但宋代前期黄河主泓偏北，广武山北麓仍有高阔的滩7里⑦。1079年（元丰二年）曾在滩地上开凿一条长51里的人工渠道，自巩县境内引洛水东流入汴，作为汴河的水源，因水源较清，称为"清汴"⑦。自元祐（1086～1093年）以来，黄河正溜"稍稍卧南"⑦，"北岸生滩，水趋南岸"，主溜冲刷南岸使广武埽危急，"刷塌堤身二千余步处"⑧。金代以后，位于广武山东北麓滩地上的唐宋河阴县也塌入河中，元时河阴县治迁至广武山北一里⑨。1355年（元至正十五年）一次河决，河阴县"官署民居尽废，遂成中流"⑩。明时河阴县迁至广武山南的旧广武（今广武公社）。广武山北滩地至此冲塌殆尽，大河正溜直逼山根，黄河吞并了汴河口的一段河道，使"河汴合一"⑪。以后河水又不断淘挖山根，使山崖也大片崩塌。今邙山临黄一面，削壁陡立，由于黄河正溜不断吞啮广武山的缘故，使原来东北向变成东南向，遂使黄河有可能在郑州一带决向东南，沿着今贾鲁河一线，夺颍入淮。这是13世纪以后下游河道变迁的一个特点。

元一代黄河下游河道变迁特点，大致有下列几个方面：

　　①　《读史方舆纪要》卷四七，开封府祥符县。
　　②　《元史》卷六五《河渠志二·黄河》。
　　③　《元史》卷一一四《世祖纪》。
　　④　中国科学院地理研究所黄河地貌小组：《黄河下游孟津小浪底至郑州花园口的河谷地貌与河道演变初步研究》，《地理集刊》，第10号，科学出版社，1977年。
　　⑤　《水经·河水注、济水注》。
　　⑥　《新唐书·地理志》孟州河阴县。《元和郡县志》卷五河南府河阴县。
　　⑦　《宋史》卷九四《河渠志四·汴河下》。
　　⑧　《宋史》卷九三《河渠志三·黄河下》元祐八年七月辛丑、八月丙子。
　　⑨　《大元一统志》卷三，赵万里辑本。
　　⑩　《元史》卷五一《五行志二》。
　　⑪　武同举《淮系年表水道编》。

1）决溢十分频繁。从至元九年（1272年）河决新乡算起，到至正二十八年（1363年）也就是元朝统治中原的90年内，决溢有六七十次之多，平均每1.4年一次。决口的处所有二三百处。这仅是个约略的数字。例如，至元九年至二十三年（1286年）的14年间，记载只有至元二十年（1283年）河决原武一次，河道却由新乡决口而转为东南由汴、涡、颍入淮①。胡渭《禹贡锥指》（卷一三下）云："元至元九年，河决新乡县广盈仓岸，时河犹在新乡、阳武间也，不知何年，徙出阳武县南，而新乡之流遂绝。据史，至元二十三年河决二十二所，冲突河南郡县凡十五处。二十五年，汴梁路阳武等县河决二十二所，水道一变，盖在此时矣。"可见其间必有河决改道而被史书所阙载的。因此元代河患当较文献资料中反映更为严重。

2）决溢地点分布而言，在元初所形成的三股河道上，历年多有决溢。大致可以泰定年间（1324～1328年），分成前后两期：前期决溢地点主要集中在汴梁路范围内，相当于今河南省以开封地区为中心，西至荥阳氾水镇，北至封丘、延津，东至民权、柘城，南至漯河市、项城。决溢的地点经常是封丘、原武、阳武、开封、杞、太康、通许、睢州（今睢县）、睢阳（今商丘）等，即汴、涡、颍三股分流上。后期则向北决口较多，濮阳、汲县（今卫光年）、长垣、东明、济阴（今菏泽）、成武、定陶先后成为决口和筑堤的地点，以曹州境内为最多。当时会通河已开，北决常冲毁运河，故元一代漕粮仍以海运为主。至大年间有人预言黄河有北决"复巨野、梁山之意"。泰定以后，突破常态，正式出现了"复巨野、梁山"的局面。至顺元年（1330年）曹州成武、定陶县境分筑魏家道口河堤，就是为了防御河水的北决②。

3）长期存在汴、涡、颍三股分流，而以汴道为正流。然黄河汴道自元初以来沿岸堤防已破残不堪。例如，自陈留至睢州（今睢县）百余里间，南岸旧有缺口11处之多，决口也以汴道上的阳武、封丘、开封、祥符、睢阳、杞县、襄邑、宁陵为最多。大德二年（1298年）河决杞县蒲口，决口有千余步，同时决口的有96所③。其时亦有向南决入涡、颍二水，如大德元年（1297年）三月，归德徐州、邳州宿迁、睢宁、鹿邑三县，河南许州临颍、郾城等县，睢州襄邑、太康、扶沟、陈留、开封、杞等县，河水大溢，漂没田庐，沿岸的陈（治今淮阳）、颍（治今阜阳）二州受灾尤为严重④。

据粗略统计，自蒙古灭金至元亡的近110余年内，决溢地点有明确记载的有50余处，有时几十处同时决口。例如，1288年（至元二十五年）阳武县等地"河决二十二所"②。1297年（大德元年）杞县蒲口河决以后，走汴道的一股大河堤岸上，仅南岸就有旧缺口11处。这股大河南北岸地势高低悬差很大，"大概南高于北约八、九尺"⑤，河多北决，因而南岸的缺口不塞，听其分水。其后时而北决，时而南决，"南至归德诸

___

① 《元史》卷六五《河渠志二·黄河》："（至元九年）七月，卫辉路新乡县广盈仓河北岸决五十余步。八月，又崩一百八十三步，其势未已，去仓止三十步。"《元史》卷14《世祖纪》："（至元二十三年）冬十月……河决开封、祥符、陈留、杞、太康、通许、鄢陵、扶沟、洧川、尉氏、阳武、延津、中牟、原武、睢州十五处，调南京民夫二十万四千三百二十三人，分筑堤防。"以上十五处决口，说明当时黄河分汴、涡、颍三道。

② 《元史》卷六五《河渠志二·黄河》。

③ 《元史》卷五〇《五行志一》、《元史》卷一七〇《尚文传》。

④ 《元史》卷五〇《五行志一》。

⑤ 《元史》卷一七〇《尚文传》。

处，北至济宁地分"，连年为害①。

1344 年（至正四年）黄河在曹县白茅堤北决，豫东、鲁西南地区各州县皆遭水患，洪水沿着会通河、北清河，泛滥于两河沿岸的河间、济南等路地域。1351 年（至正十一年），在贾鲁主持下开展了治河工程。贾鲁治河时坚决主张筑塞北流，挽河东南走由泗入淮的故道。他治河的策略是"疏塞并举"，先后疏浚了河道 280 余里，新道自白茅堤黄陵冈（今兰考县东）至归德府哈只口（今商丘县东）归入故道，凡 182 里许，另外自凹里村至杨青村（属曹县）开渠 98 里许，接入故道为减水河。在哈只口至徐州的 300 里故道内修补大河堤缺 107 处，形成了历史上著名的贾鲁河。河道的深广、堤岸的高低宽狭都有一定的规格。还根据水情设计了不同的堤埽，如堤岸有刺水堤、截河堤、护岸堤、缕水堤、石船堤；埽工有岸埽、水埽、龙尾埽、拦头埽、马头埽等，工程措施十分完备。在堵口时先用了 27 只大船同时凿沉截流，最后堵口合龙，使"决河绝流，故道复通"②。这条河道大体上经原武（今原阳县西南原武）黑洋山，阳武（今原阳）、封丘荆隆口、中滦镇，至开封陈桥镇，经仪封黄陵冈，以下经曹县新集，商丘丁家道口，虞城马牧集，夏邑韩家道口、司家道口，经萧县赵家圈、石将军庙、两河口，出徐州小浮桥入运河（即泗水），由运入淮③。因由贾鲁主持治河，明清两代都称之贾鲁河，以治河者来命名黄河下游河道，在黄河史上仅此一例。又因为河道较顺直，明代前期大部分时间黄河走此道，被誉为"铜帮铁底"④（图 8.9）。

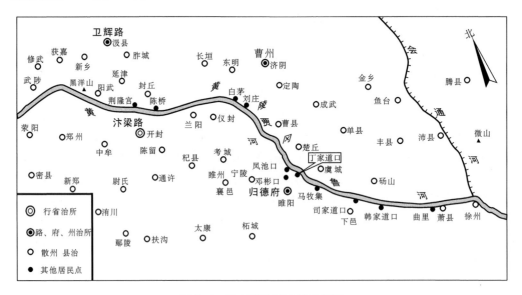

图 8.9　元末贾鲁河流经示意图

　① 《元史》卷六五《河渠志二·黄河》。
　② 《元史》卷六六《河渠志三·黄河》。
　③ 邹逸麟：《元代河患与贾鲁治河》，谭其骧主编：《黄河史论丛》，复旦大学出版社，1986 年。
　④ 《河防一览》卷八《黄河来流艰阻疏》。

从元末至明初，农民战争烽火遍地，河政不修。黄河下游在豫东、鲁西南地区内不断地南北摆动，起先是经常北决，今山东金乡、鱼台、任城（今济宁市）、范县、寿张、须城（今东平）、东阿、平阴一带皆罹河患①。1366年（至正二十六年）后，干流又向北徙，"上自东明、曹、濮，下及济宁，皆被其害"②。明洪武元年（1368年）河决曹州双河口（约今山东菏泽东北双河集），东流入鱼台县境，朱元璋大将徐达正方北征，即利用黄河的决流引入泗水，即元开的会通河，作为向北运输军需的水源③。说明那时黄河仍走元末徙入山东境内的一股。自洪武八年（1375年）至二十四年（1391年），决口地点有20余处，大多数在荥泽、原武、阳武、中牟、祥符、封丘、陈留、兰阳、仪封、归德一线上，也有在此线以南的杞县、睢州、宁陵、西华、项城等地④。可见黄河干流又向南摆，恢复了贾鲁河故道，并不时南决走颍、涡等水入淮。

（七）明洪武二十四年至嘉靖二十五年（1391～1546年）

1391年（明洪武二十四年）黄河在原武黑洋山（今原阳县西北）决口，折而东南流，经开封城北五里，折南经陈州（今淮阳）循颍河入淮，称为"大黄河"，原贾鲁河因水流微弱，称为"小黄河"。另有元末明初流至曹濮的一股，东北漫流入安山（今梁山县北）地区，淤塞了会通河⑤。这是黄河干流第一次走颍河。从此以后至16世纪中叶（明嘉靖中期）河道演变的特点仍然是作频繁的南北摆动，同时多股并存，迭为干流，变迁极为紊乱。这一点与上一时期有相同之处。另外，本时期的后期由于人为的因素，河道逐渐向单股入淮的趋势过渡。

本时期河道变迁大体可分为两个阶段。第一阶段为1391（洪武二十四年）～1488年（弘治元年）；第二阶段为1489（弘治二年）～1546年（嘉靖二十五年）。

1. 1391～1488年

在近百年时间内，下游河道的变迁表现了两个特点：①元末以来白茅堤以上河堤长期不修，入明以后决溢地点集中在原武（今原阳西南旧原武）至开封的河段上。据不完全统计，在此期间黄河下游决溢共80余次分布于今豫东、鲁西南、皖北、苏北约31县境内，开封、阳武（今原阳县东部）、原武（原阳西部）三地最集中，约30余次，占全部决溢口次的2/5⑥。②由于决口集中在下游河道的上段，决口后河道往往向东北或东南方向辐射，或东北冲向张秋（今山东阳谷县东南）运河。例如，1438年（正统三年）及后数年多决阳武、封丘荆隆口，1445年（正统十年）河决金龙口（即荆隆口）、阳谷

---

① 《元史》卷四六《顺帝纪》、《元史》卷五一《五行志二》、《元史》卷一九八《史彦卫传》。
② 《元史》卷五一《五行志二》。
③ 《明史》卷八三《河渠志一·黄河上》："明洪武元年，决曹州双河口，入鱼台。徐达军北征，乃开塌场口，引河入泗以济运，而徙曹州治于安陵。塌场口者，济宁以西、耐牢坡以南直抵鱼台南阳道也。"
④ 《明史》卷八三《河渠志一·黄河上》。
⑤ 《明史》卷三八《河渠志一·黄河上》。
⑥ 据《明史·五行志》、《明史·河渠志·黄河》及《行水金鉴》卷一八、一九中关于黄河决溢资料统计。

堤，东北入运①；或南夺涡、颖入淮，如1397年（洪武三十年）、1410年（永乐八年）、1416年（永乐十四年）开封城三次被河水决坏，河水夺涡入淮；1448年（正统十三年）黄河在新乡八柳树决口，下游分成南北二股：北股从新乡八柳树决口，经延津、封丘，冲入张秋运河，溃沙湾（今阳谷县东南张秋镇南12里）运堤，合大清河入海，临清以南，运道艰阻。这一股成为黄河的干流，流经六七州县，民皆荡析离居，造成极大灾害；南股决自荥泽孙家渡口（今郑州市古荥公社孙庄，是黄河南岸最西一个决口），南夺颖入淮，分流由开封城南流由涡入淮②；原东南向徐州一股贾鲁河，因水流较浅，"岸高水低，随浚随塞"，被称为"小黄河"，北决张秋的一股，因破坏运道，屡经筑塞。因而当时就有人指出，河南地方累有河患，都由于下游不畅，水流壅塞的缘故③。

这里必须指出，明代在永乐以后，治河有两个原则：一是保证南北大运河的畅通；二是保护皇陵（在今凤阳）和祖陵（在古泗州，今泗洪县境，已沦入洪泽湖内）的安全。徐州至淮阴540里的黄河就是当时运河的一段④。所谓"茶城（按：在徐州城北，即会通河入黄河入口）以北，当防黄河之决而入；茶城以南，当防黄河之决而出"⑤。如徐州以上黄河南决夺涡、颖入淮，徐、淮间运河就出现短缺水源的情况，同时引起淮水因来水骤增下泄不畅而决溢，威胁到二陵的安全。例如，黄河北决沙湾，挟汶水由大清河入海，大清河以北以汶水为水源的会通河北段即有涸绝之患。当时最理想的河道是由金乡、鱼台一带汇入运河，既接济了缺水的山东运河南段，又保证了徐州以下河道的流量。所以明人治河"必约之使由徐、邳，以救五百四十里饷道之缺"，"今以五百四十里治运河，即所以治黄河，治黄河，即所以治运河"⑥。1411年（永乐九年）曾人工恢复洪武元年（1368年）因军事需要在鱼台塌场口（今鱼台县北）引自曹州双河口决出的黄河水入泗的河道，遂使"漕道大通"，"而河南水患亦稍息"⑤。以后也曾多次想恢复这条故道。正统十三年（1448年）河决后，景泰二年（1451年）朝廷即派人筑堤沙湾，三年五月堤成，六月大雨沙湾北岸又决。四年四月又塞决口，五月复决沙湾北岸，洪水挟运河水夺盐河（大清河）入海，漕舟尽阻。这说明黄河北冲沙湾夺运河趋海的河势强大。所以当1453年（景泰四年）徐有贞治河时，即根据黄河经常北决张秋运河的趋势，因势利导，开了一条起自张秋运河西南经范、濮、濮阳、滑等州县，西接河沁交会处的广济渠（东段大致即今豫鲁交界的金堤河），分段置闸，控制黄河水流来接济运河⑦。其目的主要在于济运，对黄河并未采取什么有效措施。所以以后天顺（1457～1464年）、成化（1465～1487年）年间开封一带决口仍然很多，最后酿成1489年（弘治二年）的开封和封丘荆隆口的大决口。

---

① 《明史》卷八三《河渠志一·黄河上》。《明英宗实录》卷一三三，正统十年九月庚子。
② 《明史》卷三八《河渠志一·黄河上》。
③ 《明宪宗实录》卷一八四，成化十四年十一月癸亥巡抚河南右副都御史李衍奏。
④ ［明］万恭：《治水筌蹄》卷上《黄河》："黄河自清河迄茶城五百四十里，全河经徐、邳则二洪平，舟以不坏。"
⑤ 《明史》卷八三《河渠志一·黄河上》。
⑥ ［明］万恭：《治水筌蹄》卷上《黄河》。
⑦ 《明史》卷八三《河渠志一·黄河上》记广济河条。

2. 1489～1546 年

1489 年黄河下游在阳武至开封南北多处决口，大河分成南北数股：南决占 3/10，自中牟至开封县界分成二股：一股经尉氏等县，由颍水入淮；一股经通许等县，由涡水入淮；另外一支东出今商丘县南流至亳州也注入涡河；北决占全河流量的 7/10，正流东经今原阳、封丘、开封、兰考等地，分两支：一支原走汴道至徐州合泗，一支东北趋曹州决入张秋运河。同年冬决向张秋的一支因金龙口水消沙积而淤塞，合为一支至徐州合泗[①]。从 1490 年（弘治三年）开始黄河下游形成了比较固定的汴、涡、颍三道，以汴道为干流。

此后，对下游河道变迁较有影响的是白昂和刘大夏的两次治河。

1）户部侍郎白昂于 1490 年（弘治三年）主持治河。工程的要点：①在黄河北岸从阳武经封丘、祥符、兰阳、仪封至曹县筑一条长堤，以防河水北决入张秋运河，即现今黄河北岸大堤的前身。可见今兰考东坝头以上河道在 15 世纪末已经形成。②筑塞决口 36 处，并疏浚入滩、入颍、入运诸道以分洪。③在山东河北境内大运河上修复古堤，增开减水支渠。这是一次以疏浚为主而与修防、筑塞、分洪相结合的综合治理，功成后"水患稍宁"[②]。但不久兰阳、封丘金龙口等地仍有决口。弘治五年（1492 年）秋七月，黄河又在荆隆口决口，溃黄陵冈决口，冲下张秋运河，漕运阻绝[③]。所以弘治年间成书的《漕河图志》记黄河谓："黄河势趋东北，自河南开封府祥符县金龙口，流经兰阳、仪封，过黄陵冈，又经曹县、巨野、曹州、郓城、寿张、东平地界，凡七百余里，至阳谷县南入漕河。若河势趋东南，则东北通漕之道淤塞。"[④] 说明当时以东北冲入漕运的一道为黄河正流。

2）弘治六年（1493 年，一作七年）黄河又在张秋戴家庙决口，掣漕河东夺盐河（即大清河）入于海[⑤]。弘治七年（1494 年）由副都御史刘大夏主持治河。当时的河患仍然是经常北决，阻塞漕运。所以他的治河方针基本上和白昂一样，立足于确保漕运的畅通。刘大夏的治河工程，开始即先在张秋被河水冲溃口的西南开越河三里许，使粮船可通，接着疏浚干流汴道和入涡、入颍、入滩各分流，分减了黄河的水势，然后堵住张秋溃口，暂时确保了运河的畅通。次年塞黄陵冈、金龙口（荆隆口）等决口 7 处，最后在黄河干流北岸从河南武陟至江南砀、沛，筑堤一千余里。一说自大名府起，从胙城历滑县、长垣、东明、曹州（治今菏泽）、曹县，抵虞城县界，筑一道长堤，凡 360 里，因其屹然如山，故称为太行堤。此"太行堤离缕水堤约十里，始时未有拦水坝，恐缕堤不足恃，故又筑此"[⑥]。在太行堤之南，又从于家店（今封丘荆隆口西于店）经荆隆口、

---

① 《明史》卷八三《河渠志一·黄河上》。

② 《明史》卷八三《河渠志一·黄河上》、《行水金鉴》卷二〇引吴宽撰刑部尚书《康敏白公传》。

③ 《明史纪事本末》卷三四《河决之患》。

④ ［明］王琼：《漕河图志》卷一《诸河源委》，姚汉源、谭徐明校点本，11 页，水利电力出版社，1990 年。按：明成化年间吏部尚书王恕理河漕，著《漕河通志》，书已佚。弘治九年（1496 年）管理河道工部郎中王琼删改压缩为《漕河图志》八卷。

⑤ 《明史》卷八三《河渠志一黄河上》；［明］王琼：《漕河图志》卷一《诸河源委》，姚汉源、谭徐明校点本，109 页，水利电力出版社，1990 年。

⑥ 《续行水金鉴》卷四六《曹河厅志》。

铜瓦厢、陈桥抵小宋集（今兰考东北宋集）筑一道 160 里内堤，前后两堤相辅，成为黄河北岸的两条防线[①]（图 8.10）。

图 8.10　明刘天和《黄河图说》

① 关于太行堤的起讫记载有不同。《明史·河渠志一·黄河上》。《行水金鉴》卷二一引《明孝宗实录》弘治八年二月已卯条谓从胙城至虞城。《明史纪事本末》卷三四、嘉靖《长垣县志》卷九引刘健《黄陵冈塞河功完碑记》，皆谓太行堤直抵徐州。《河防一览》卷三《河防险要》谓"自武陟县詹家店起，直抵砀沛一千余里，名曰太行堤。"据刘天和《黄河图说》当以起武陟至沛说为是。

经过这两次大规模治河工程以后，下游河道呈现下列演变。

1）黄河险工段由开封上下移至黄陵冈至曹单一带，特别是曹县境内。当时下游河道上宽下窄，河南境内堤距宽达一二十里至四五十里，进入曹县境后，骤然收束，故常决口[①]。弘治十三年（1500年）时归德丁家道口上下河堤决口有12处，正河淤断30余里[②]。过了曹县河床更窄，"单丰之间河窄水溢"[③]，所以正德（1506～1521年）年间决口多在黄陵冈和曹县一带（1509年、1510年、1513年），"曹单间被害日甚"[④]。

2）北决是当时河道变迁的主要倾向，具体表现为入运口的不断北移[⑤]。当时为了避免运河受阻，就不断分疏黄河由濉、涡、颍、浍等水入淮，结果造成下游徐、淮间的运河流量过少，不能载舟。以后凡南流诸道淤塞的就不再疏浚，听其断流，全河由汴道入运。结果又引起入运口的向北移动[⑥]。到嘉靖十四年（1535年）刘天和在单、丰、沛县境内筑御水堤，以御黄河北决[⑦]。河水又转而南徙，从兰阳赵皮寨、睢州野鸡冈等处决走涡、濉、浍等河入淮[⑦]。但是南流数道入淮口狭隘，出涡河口一支广八十余丈，出濉河小河口一支广二十余丈，出徐州小浮桥口一支亦广二十余丈，三支不满一里[⑧]。由于下泄不畅，于是在嘉靖前期不断在兰阳、考城、曹、濮一带东北决入沛县庙道口、飞云桥，分多股入漕河、昭阳湖，使漕运受阻。最多时分为六股入运[⑨]。由此造成的南北交替决口周期性恶性循环，成为本阶段河患的主要特点（图8.10）。

本时期治河的方针在分流，目的一是分泄洪水，二是接济运河。"从洪武初至嘉靖中的170余年中，较大的分流实践共有25次，其中济运为目的的13次，以分流泄洪为目的的8次，二者目的兼有的4次"。而这个时期分流，"大致划分为两个时期，以弘治初年为界，弘治前主要往北引黄济运，弘治后变为分黄保运"[⑩]。前期主要措施是引黄济运，后期主要措施是北堤南分。但是黄河的洪水泥沙的变化非当时人力所能控制的，于是就出现上面所述，形成时而北决、多股入运，时而南决、多股入淮的纷乱局面。

（八）明嘉靖二十六年至清咸丰四年（1547～1854年）

黄河下游分成多支的局面至1546年（嘉靖二十五年）以后基本结束，"南流故道始

---

① ［明］刘天和：《问水集》（嘉靖十五年）卷一《统论黄河迁徙不常之由》。

② 《明史》卷八三《河渠志一·黄河上》龚弘言。

③ 《问水集》卷一《治河之要》。

④ 《明史》卷八三《河渠志一·黄河上》正德八年六月。

⑤ 《明史》卷八三《河渠志一·黄河上》载，弘治十八年（1505年）黄河由宿迁小河口入运；正德三年（1508年）由徐州小浮桥入运；正德四年又由沛县飞云桥入运。

⑥ 据《明史》卷八三《河渠志一·黄河上》、《天下郡国利病书》卷四〇引《夏镇漕运志》记载，嘉靖六年（1527年）黄河在曹州至徐州间多处决口，洪水从沛县庙道口、鸡鸣台一带截运河浸入昭阳湖，八年沛县河水又北移至谷亭（今鱼台县）入运。

⑦ 《明史》卷八三《河渠志一·黄河上》。

⑧ ［明］刘天和：《问水集》（嘉靖十五年）卷一《治河之要》。

⑨ ［明］刘天和：《问水集》（嘉靖十五年）卷二《治河始末》。［明］万恭：《治水筌蹄》卷上《黄河》："嘉靖六年以前，黄河分为六道，其两道由河南、凤、泗入淮，其四道由小浮桥、飞云桥、大、小溜沟入河。"

⑩ 郭涛：《明代黄河下游的河患及前期的分流》，《黄河水利史论丛》，82、87页，陕西科学技术出版社，1987年。

尽塞"，"全河尽出徐、邳，夺泗入濉"①。这是河势一大变化。后经潘季驯的治理，河道基本上被固定下来，即今地图中的淤黄河。虽时有决徙，但不久即复故道。

由于河道固定，经泥沙的长期堆积，干流的大部分河段已成"悬河"。现根据沿河的自然条件和演变特点不同，大体可将下游河道分成三个河段。

1. 河南山东河段

明、清两代由于建都北京，治河的目的在于保运。因而对本河段的治理主要着眼于固定河道，防止河水北决，当时治河方针是确保不北决冲运，"若南攻，不过溺民田一季耳。是逼之南决之祸小，而北决之患深"②。由此以确保徐州以下河段有足够的水源。自刘大夏筑太行堤后，历朝都曾随时增修添筑。但是河决之患仍然没有消除。一是堤防久筑，水不旁泄，泥沙堆积迅速。故而嘉靖年间河南省开封境内黄河河床淤高严重，冬春水深仅丈余，夏秋亦不过二丈余，河床高于堤外平地，"自堤下视城中，如井然"③。河南省城开封"河面高于地面丈余。一城之命，悬于护城一堤"④。如此悬河，难保不决。二是因"地鲜老土，堤皆浮沙，而河流迁改靡常，多有滨河难守者"⑤。堤土疏松，冲即溃堤。好在河南境内堤距较宽，"盖孟津而下，夏秋水涨，河流甚广，荥泽漫浸二三十里，封丘、祥符亦几十里许"⑥。虽有强烈游荡性活动，但河道基本上固定在大堤内，所谓"宽立堤防，约拦水势，使不至大段漫流尔"⑦。时有决口，影响也不大。1578~1579 年（万历六至七年）潘季驯把治河的重点放在徐州至淮阴河段上，"河南一带地方，修防疏懈，堤岸卑薄"之处⑧，决口有所增多。例如，在开封张家楼（今开封市东北）、祥符刘兽医口（今开封市北）、兰阳铜瓦厢、李景高口（今兰考西北十里）、封丘荆隆口、商丘蒙墙寺（今商丘北）等处，或北决入运，或南决入濉、浍等河入淮⑨。但大多数不久即塞。故万历十七年（1589 年）潘季驯在北岸自武陟詹家店抵砀山、沛县，重修了一次弘治年间所筑的太行堤；南岸自荥泽至虞城，也有旧堤一道，年久卑薄，重加高厚，两堤延亘 1500 余里⑩，是保护河南的屏障。此后河患最严重的是明末的一次人为决河。1642 年（崇祯十五年）明政府人为扒开开封城北的河堤，企图淹灌围城的李自成起义军，结果水淹开封城，洪水由涡入淮，造成极大的灾难。

清初顺治元年（1644 年）堵塞决口，河复故道。同年开始在原武、兰阳、封丘、祥符、考城、陈留一带决溢仍多。1644~1660 年的顺治 17 个年头里，有 9 个年头黄河发生决溢，其中 7 个年头在河南境内。但从 17 世纪中叶起河南境内河段曾有过一段相对稳定时期。据粗略统计，从 1662 年（康熙元年）至 1722 年（康熙六十一年）的 61

① 《明神宗实录》卷三〇八，万历二十五年三月戊午条。
② ［明］万恭：《治水筌蹄》卷上《黄河》。
③ ［明］刘天和：《问水集》（嘉靖十五年）卷一《统论黄河迁徙不常之由》。
④ 《河防一览》卷二《河议辩惑》。
⑤ 《河防一览》卷一一《申明河南修守疏》。
⑥ ［明］刘天和《问水集》（嘉靖十五年）卷一《治河之要》。
⑦ ［明］刘天和：《问水集》（嘉靖十五年）卷一《古今治河同异》。
⑧ 《明神宗实录》卷一九一，万历十五年十月乙亥条。
⑨ 《明史》卷八四《河渠志二·黄河下》。
⑩ 《河防一览》卷三《河防险要》。

年内河南只发生过 6 次决口,但都不久即塞[1]。1723 年(雍正元年)至 1794 年(乾隆五十九年)的 72 年内河南境内亦仅发生过 6 次决口[2]。这反映了从 17 世纪中叶至 18 世纪中叶河南境内黄河出现过一个安宁的时期[3](图 8.11)。

这种安宁局面的产生可能与康熙年间自靳辅治河开始,在黄河两岸大兴筑堤、修筑挑水坝有关[4];同时在堤内凸滩上开凿引河,截弯取直,令汛期将河道冲宽[5]。例如,1739 年(乾隆四年)时曾大规模开凿引河,同时利用放淤加固堤岸。以上措施的采取,势必加强河道冲刷能力,产生自我调整作用。1724 年(雍正二年)大修了一次大堤和险工后[6],在 1726~1727 年,河南境内河道有很大程度的刷深[7]。

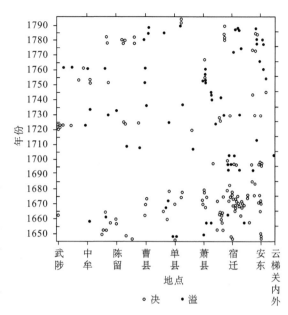

图 8.11 1644~1795 年黄河下游决溢地点分布图

自乾隆中期开始,河南境内河道又逐渐淤高。黄河决口频率加高。乾隆二十六年(1761 年)下游遇上一次特大洪水,武陟、荥泽、阳武、祥符、兰阳等地同时决 15 口,中牟阳桥决数百丈,大溜直趋贾鲁、惠济二河下注,夺涡、颍等河入淮。徐州以下正河断流。年末决口堵住,阳桥漫口合龙,黄河河复故道[8]。四十五年(1780 年)六月黄沁并涨,下游河道多处漫滩,考城、曹县多处漫溢[9]。四十六年(1781 年)黄河在兰阳北岸青龙冈决口,洪水冲入运河,四十八年才堵塞口。以后四十九年、五十一年、五十四年、五十九年,黄河在兰阳以下多有决口[10]。嘉庆八年(1803 年),黄河决封丘衡家楼,大溜奔注,东北由范县达张秋,穿运河东趋盐河,经利津入海[10]。二十四年(1819 年)黄河在武陟马营坝决口,夺溜东趋,穿运河,夺大清河入海。据当时记载,原来原武、阳武一带堤滩高差 1 丈 8 尺。这次决口后,以下河段普遍淤滩,堤滩高差仅八九尺[10]。有的地方如"其仪封三堡至睢州上汛九堡以上河身五十余里,因彼时三堡口门掣溜甚猛,正河水势陡落,泥沙不能下注,尽行壅积,遂

① 黄河水利委员会:《黄河水利史述要》,304~306,水利出版社,1982 年。
② 黄河水利委员会:《黄河水利史述要》,309~311,水利出版社,1982 年。
③ 统计数字根据《清史稿·河渠志》、《行水金鉴》、《续行水金鉴》、《淮系年表》、《黄河年表》等书。
④ 《行水金鉴》卷五六—五八。
⑤ 《续行水金鉴》卷一〇《河南开归道册》。
⑥ [清]康基田:《河渠纪闻》卷一八。
⑦ 据雍正四年六月记载,武陟至荥泽段河道刷深 5~6 尺,原武至封丘段刷深 4~10 尺,祥符至仪封段 2~9 尺,考城至虞城段 2~7 尺。雍正五年记载,郑州至中牟段刷深 5~15 尺,较前一年加深 2~12 尺,祥符至仪封 8~14 尺,较前一年加深 3~6 尺,考城至虞城 14~20 尺。较前一年加深 6~14 尺,其最深处竟达 20~40 余尺。见《续行水金鉴》卷六、七引《朱批谕旨》。
⑧ 水利水电科学研究院:《清代黄河流域洪涝档案史料》,249,250 页,中华书局,1993 年。
⑨ 水利水电科学研究院:《清代黄河流域洪涝档案史料》,323~326,中华书局,1993 年。
⑩ 《清史稿》卷一二六《河渠志一·黄河》。

至滩与堤平，并有滩面高于堤顶一二尺者"①。次年（1820年）三月马营坝决口塞。是月仪封先是漫滩，后又堤塌，宽至130余丈，掣动大溜，夺涡入淮，"亳州最为当冲，其下游蒙城、怀远、凤台、盱眙、五河等处，亦俱黄水经行之路"。同年十二月决口才合龙②。

滩槽普遍淤高的情况，进入19世纪以后更为严重，河堤又长期不修，南北决口更为频繁。例如，1843年（道光二十三年）一次在中牟九堡决口，口门宽360余丈，相当1200m，正溜走今贾鲁河入颍，旁溜夺涡入淮，豫东南、皖北大片土地被灾，这是近代史上黄河最大一次水患③。

山东河段变化更大。河南境内的宽河进入曹（县）、单（县），河道逐渐束狭，曹、单河段是豫、鲁、苏三省交会处，是上下河道枢纽段。此处"河北决，必害鱼台、济宁、东平、临清以及郓、濮、恩、德，南决必害丰、沛、萧、砀、徐、邳、以及亳、泗、归、颍，其受决之处，必曰曹、单，其次则鱼台、城武、沛县差多，而亦必连曹、单。是南北之间，三省之会，曹、单为之枢的也"④。"曹、单河身二百丈，深二三丈，尚不免于横流，徐邳河身阔不满百丈，深不过丈余。徐州以西深者六七尺，浅者二三尺"⑤。康熙初年河南荥泽以下河道宽4～10里，虞城以下至徐州仅0.5～2里⑥。上游来水至此壅塞，所以自1547年后的四五十年内本河段的变迁主要表现为曹县以下黄运交会口的不断移动，又时分成散流冲入运河。1558年（嘉靖三十七年）黄河在曹县新集（今河南商丘县北30里）决口，决出的大河至单县段家口分成秦沟、浊河等六股在沛县至徐州之间决入运河；另一股在砀山县东分成五支至徐州入运，原新集以下由曹县循夏邑、丁家道口、司家道口，出萧县蓟门，由小浮桥至徐州入运的250余里干流，即原先的贾鲁河普遍淤浅，万历年间考察时，"委有河形，淤平者四分之一，地势高亢，南趋便利，用锥钻探河底，俱系浮沙"⑦。决出的北面分六股，另又从丰县决出分五小股，共十一支分流决入运河和昭阳湖地区⑧。1565年（嘉靖四十四年）全河南绕沛县戚山，入秦沟，北绕丰县华山，漫入秦沟，趋入运河。1566年（嘉靖四十五年）在秦沟北筑堤，使大河专走秦沟，称为秦沟大河。1577年（万历五年）在秦沟以上崔家口（今安徽砀山县东北）决徙，走今天地图上废黄河至徐州入运。"秦沟遂为平陆"⑨。以后虽仍有河患，但自清康熙年间在砀山县毛城铺、徐州大谷山等处修了减水坝后，河患有所减轻。总之，河南、山东河段，在明清两代北岸决口为其趋势。乾隆十八年（1753年）吏部尚书孙嘉淦言，自宋代以来，"河用全力争之，必欲北入海；人用全力以堵之，必使南入淮。及于我朝，运道河流，皆沿旧制。顺治、康熙年间，河之决塞，有案可稽。大约决北岸者十之九，决南岸是十之一。北岸决后，溃运道半，不溃者半。凡溃运

① 《续行水金鉴》卷四三引《南河册稿》嘉庆二十四年十月吴璥、李鸿宾、琦善奏。
② 水利水电科学研究院编：清代黄河流域洪涝档案史料》512，515，516页，中华书局，1993年。
③ 《再续行水金鉴》卷八六引《中牟大工奏稿》。
④ 《嘉庆重修大清一统志》卷一八一《曹州府一山川》引《全河备考》。
⑤ 《明神宗实录》卷三一四，万历二十五年九月丁巳总河杨一魁言。
⑥ ［清］靳辅《治河方略》卷四《河道考》。
⑦ 《河防一览》卷八《黄河来流艰阻疏》。
⑧ 《河防一览》卷五《历代河决考》、《明史》卷八三《河渠志一·黄河上》。
⑨ 《行水金鉴》卷二九引《明会典》、《河防一览》卷二《河议辩惑》。

道者，则皆由大清河入海者也"①。这是黄河沿岸地势南高北低所决定的，故咸丰五年（1855年）黄河在铜瓦厢决口是势所必然的事。

2. 徐州至淮阴河段

本河段在1695年（康熙三十四年）开中河以前，是南北大运河中"咽喉命脉所关，最为紧要"的一段。因为当时"黄河从东注，下徐邳会淮入海。则运道通，河从北决，徐淮之流浅阻，则运道塞"②。自15世纪以来百余年间，决溢不过数次。变化较大的仅1523年（嘉靖二年）一次，黄河入淮口由大清河经清河县（今淮安市西南、淤黄河北岸）北入淮，改由小清河经县南入淮③。嘉靖以后下游决口多集中在本河段。隆庆至万历任总河的万恭《治水筌蹄》说："今开、归、沛诸流俱堙，全河悉经徐州一道，则开、归、沛之患舒，而徐、邳之患博。其不两利亦不能两害者，势也。"例如，隆庆四年（1570年）河决邳州，决口以下自睢宁白浪浅至宿迁小河口的180里河道全部淤塞。隆庆五年自灵璧双沟以下北决三口，南决八口④。到万历初年桃源（今泗阳）上下有崔镇等大小决口29处⑤。隆庆四年高家堰大溃，洪水合高宝诸湖水，决黄浦、八浅，山阳（今淮安）、高邮、宝应、兴化、盐城诸邑，一片汪洋⑥。所谓"桃清之间，仅存沟水，淮扬两郡，一望成湖"⑦。可见已到极为严重的地步。所以隆庆时（1567～1572年）河工重点已"不在山东、河南、丰、沛，而专在徐、邳"④。1578～1579年（万历六、七年），潘季驯第三次"总理河漕"时，即以本河段作为治河的重点。他的治河主旨是"塞决筑堤，束水攻沙"⑥。就是利用加大流速、增强水流挟沙能力的原理，通过人为力量以达到冲蚀河床的目的，具体措施即在本河段内大筑遥堤、缕堤，"自徐州抵淮六百余里，两堤相望，基址既远，且皆真土胶泥，夯杵坚实，绝无往岁杂沙虚之弊，蜿蟺绵亘，始如长山夹峙，而河流其中，即使异常泛涨，缕堤不支，而溢至遥堤，势力浅缓，容蓄宽舒，必复归槽，不能溃出"。又在宿迁、桃源一线南岸筑归仁堤一道，以防洪水南决侵泗州祖陵。在桃源至清江浦间黄河北岸崔镇、徐昇、季太、三义等镇处筑减水坝4座，"以节渲盈溢之水"。又增筑高家堰60里，堵塞决口33处，以抬高洪泽湖水位以冲刷黄流⑧。在砀山、丰县界上建邵家口大坝，"以断秦沟旧路"，"最为吃紧"，使大河专走崔家口以下新河⑨。这次被固定下来的下游河道，就是今图上的淤黄河（图8.12）。

潘季驯治河工程对徐州以下河道变迁影响是很大的。他的治理为以后近300年下游河道防洪奠定了基础；"束水攻沙"的治河原则为后来治河者奉为圭臬，在防洪和调整河道方面起过重要作用；许多具体的工程设施，例如，在各河段上历筑的缕堤、遥堤、月堤、格堤、减水坝等，都为后代所袭用。这反映了400年前我国劳动人民对黄河下游

---

① 《续行水金鉴》卷一三引《皇清奏议》。
② 《明神宗实录》卷一九一，万历十五年十月乙亥申时行言。
③ 《明史》卷八四《河渠志二·黄河下》记作嘉靖初。《淮系年表》九据《天下郡国利病书》列于二年。
④ 《明史》卷八三《河渠志一·黄河上》。
⑤ 《河防一览》卷七《两河经略疏》。
⑥ 《河防一览》卷二《河议辩惑》。
⑦ 《河防一览》卷九《河工告成疏》。
⑧ 《河防一览》卷八《河工告成疏》。
⑨ 《河防一览》卷九《覆议善后疏》。

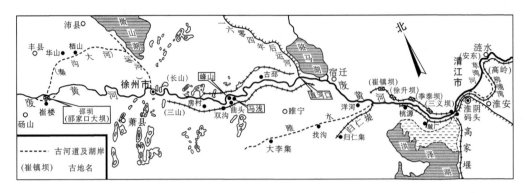

图 8.12　明万历潘季驯治河部分工程图

河道变迁的规律已有很深刻的认识。但由于时代的局限性，他的治河理论和实践存在不少缺陷。姑且不论只注意下游河道的治理，没有考虑到整个流域的整治，即使在下游河道治理方面，他完全否定除了筑堤以外其他如疏浚河道和必要时分水等措施，也是有其片面性的。万历以后以至清代的河臣一味只知加高河堤与此不无关系，遂使河床越来越高。潘季驯治河时，徐、邳、泗三州和宿迁、桃源（今泗阳）、清河三县境内河床都已高于地面①。以后徐州城外河堤几与城齐，水面与堤相平②。徐州治城"卑如釜底"③。据清康熙时靳辅实地勘察，从徐州至宿迁小河口的 280 里河段，堤外田地低于堤顶 9～12 尺，堤内滩地低于堤顶 3～7 尺，有的相去仅尺余④。明时宿迁北岸原有马陵山及仓基、侍郎等湖作为天然的遥堤和分洪池。时隔不及百年，黄河河底和堤顶较万历时高出数丈，马陵山已不起遥堤作用，两湖已淤为平陆⑤。清代嘉庆年间，徐州一带"正河日渐淤垫，势成高仰，黄水不能畅流下注，频年屡遭溃溢"。尤其是自徐城"三山头至邵家坝止，共 170 余里，河身淤成平陆，并无河槽，较量旧河身竟高出水面丈许，水性就下，岂能激之上行？"⑥清嘉庆年间实地勘察，当时河南境内黄河"滩面宽广，自十数里至二十余里不等，而徐州城外河面祇有八十余丈，南则城垣，北则山根，限于地势，无可拓展，自明以前形势即已如此。大河至此一束，上游诚不无壅滞之虑。是以前河臣靳辅于徐城迤上，设天然闸、毛城铺石滚坝、苏家山石闸，徐城迤下，设峰山四闸，以备盛涨分减之路。近年来，徐属一带倍形险要之故，由河滩普面淤高，南北两岸数百里堤工，日益卑薄，实难抵御，而毛城铺、三坝集、天然闸、苏家山、峰山等各闸坝，旧制亦多残坏。昔年内地高于河滩，今则河滩高于内地，以致情形危险"⑦。河床淤高如此，汛期就十分容易在这里决溢成灾。

① 《河防一览》卷二《河上易惑浮言疏》。
② 《行水金鉴》卷三七引《通漕类编》。
③ 《行水金鉴》卷五八引《河防杂说》。
④ 《行水金鉴》卷四八《靳文襄公经理八疏摘钞》。
⑤ 《治河方略》卷二《中河》。
⑥ 《续行水金鉴》卷二九《南河成案续编》。
⑦ 《续行水金鉴》卷三○《南河成案续编》。

3. 淮阴至河口段

今淮安市西为当时黄淮运交会口，又称清口。金元以后黄河在此与淮河交汇入海，淮南运河的北口也在这里与黄淮相接，是黄淮运水利的关键地点。由于黄河泥沙的长期堆积，16世纪前期开始已发生淤塞现象。1567年全河入淮后，泥沙量大增，清口淤塞加剧。明万历时河口段汊港岁久淤塞，仅存云梯关一道入海[①]。又遭海潮顶托，河口形成积沙[②]。

由于下游排水不畅，上游又是"黄强淮弱"，所以清口一带在汛期到来时黄河水往往倒灌入洪泽湖，决破高家堰，泻入里下河地区。潘季驯治河时大修高家堰，企图抬高洪泽湖水位，逼淮注黄，以清刷浊。但毕竟敌不过黄水，不时倒灌，决破高家堰。16世纪以后，里下河地区已成了常年受灾区。1595年（万历二十三年）开始大事"分黄导淮"工程，在桃源县（今泗阳）黄家嘴开黄坝新河300余里至灌口（今灌河口）入海，分泄黄流，又在高家堰开武家墩、高良闸、周家桥三分水闸，分洪泽湖水经里下河地区的湖、河入海。又分疏高宝湖群水由芒稻河排入长江，里下河地区一度水患稍息[③]。

在清代顺治、康熙、雍正、乾隆四朝150年中下游河道决溢约200次，发生在萧县以下至河口段约120次，占3/5，萧县以下河段，也有决溢重点地段逐渐下移的趋势（图8.11）。明万历时自黄淮交汇的清口至安东县（今涟水县）河面宽2～3里，自安东至河口河面宽7～10余里，深各3～4丈[④]。清初顺治年间，清口以下河身尚深2～6丈，宽200～700丈，到康熙时深仅2～6尺，宽仅12～19丈，23年时间内，河深只剩下原来的1/10，宽度仅剩下1/30[⑤]，可见其淤积速度之惊人。清口一带河床淤高，致使"淮安城堞卑于河底"[⑥]。所以1677年（康熙十六年）靳辅出任河道总督时，即将治河的重点放在清口以下河段。他先疏浚了清口至河口的300余里河身，堵塞了20余处决口，又在北岸自清河县至云梯关、南岸自宿迁白洋河口至云梯关各修了一道缕堤。云梯关至河口原无堤防，这次在云梯关外至海口，挑挖引河，并于北岸筑堤至六套，南岸筑堤陆家社，刷深河槽，宽达一二百丈，深二三丈，海口大辟[⑦]。再大修高家堰，在砀山以下窄河道内修筑10余处分洪闸坝，以防盛涨，并将南岸分洪后，经过沿途落淤的清水汇入洪泽湖，助淮刷黄。另外，在河道弯曲处开凿引河截弯取直。经过这次治理，大量泥沙排出河口。但由于海潮顶托，泥沙堆积，河口不断向海中延伸。1700年（康熙三十九年）河口在十套以东约30里的八滩之外[⑧]。雍正时河口又移至八滩以外的王家港，1756年（乾隆二十一年）河口外移至十套[⑨]。1776年（乾隆四十一年）江南河道总督作了一次安东县以下黄河河口段实地勘察，实测自安东云梯关以下，河道计长300余里，纡回曲折，中泓水深九尺至一丈四五尺及二丈不等，自二泓至南北海口30余里，

---

① 《明神宗实录》卷四七，万历四年二月癸未漕运总督吴桂芳言。

② 《河防一览》卷七《两河经略疏》；《明史》卷八四《河渠志二·黄河下》万历二年给事中郑岳言。

③ 《行水金鉴》卷三六—三九、《明史·河渠志二·黄河下》。

④ 《河防一览》卷七《两河经略疏》。

⑤ 《行水金鉴》卷四八引《靳文襄公经理八疏摘钞》。

⑥ 《清史稿》卷一二六《河渠志一·黄河》。

⑦ 《行水金鉴》卷六〇引《河防杂说》。

⑧ 《行水金鉴》卷五三引《张文端公治河书》、《淮系年表》历史分图四三。

⑨ 《续行水金鉴》卷一三引《皇清奏议》大学士陈世倌奏。

水中淤有暗滩，与两岸滩坡相连，系属硬沙。潮退水平时，自西向东至海水与黄水相接处，渐次高昂，形成拦门沙。自雍正年间以来，河口两岸又涨出淤滩40余里。就当时"下海口形势而论，河底既已高仰，河唇又复渐远"①。随着河口不断伸展而带来的坡降变化，加速河口以上河身的淤积。与此同时，河口拦门沙久积未退。康熙八、九年因海口积沙横亘，相传为拦门沙。"此后七八十年横沙仍在，河患亦未能免"。乾隆四十一年勘查海口，"海口水中淤有暗滩，与两岸滩坡相连，潮退时水深八九尺至四五尺不等，河底既有高仰，河唇又复渐远，即淤沙之明证"②。18世纪以后徐州以下河道不断决溢，正说明了这种情况。

清嘉庆、道光以来，黄河下游河道已经淤废不堪，滩槽高差极小，一般洪水年普遍漫滩，防御不慎，就发生决口。决口以后，河水旁泄，加速干流口门以下河道的堆积。尤其清江浦以下河道，在乾隆年间洪泽湖水面还高于黄河七八尺或丈余，尚可起蓄清刷黄的作用。1796年（嘉庆元年）因黄河迅速淤高，湖水反低于黄河丈余。1824年（道光四年）洪泽湖蓄水1丈7尺尚低于黄河尺余。1870年（同治九年）时实测，始知黄河底高于洪泽湖底1丈至1丈6尺不等③。而当时河口段，嘉庆八年（1803年）自云梯关以下测量，"自云梯关至新淤尖以上，河宽一百数十丈至二三百丈不等，深八九尺至一丈二三尺不等。至新淤尖发下即系海口，汪洋无际"，"口门南首有滩约宽四五百丈，名为南尖；北首有滩约宽七八百丈，名为北尖。自南尖至北尖约宽一千五六百丈，即黄水出海口门，水底有暗滩与南北两滩相连，即所谓拦门沙也"②。河口拦门沙久不消除，上淤壅水下泄不畅，遂使嘉庆、道光年间的不断决口成为河道淤废的必然结果。嘉庆十年（1805年）江南河道总督徐端的奏稿，典型反映本段河道在黄河下游的状况，其云："南河地处下游，为众水汇归之区，清口乃漕运要道，海口乃全河尾闾，通塞皆关全局。现在全河之病，首在海口不畅，河底垫高。盖自乾隆四十三年迄今，历二十八年其间漫溢频仍，得保安澜者，仅止八年。黄河之性，上溃则下淤，下淤则上易溃而下益淤。查云梯关以下两岸，旧有束水堤工，久经废弃，海口淤沙渐积，较康熙年间远出二百余里，致河留归海，不能畅利，无力刷沙，此全河积久受病之原也"④。于是在嘉庆十一年（1806年），在王家营（今淮安县治）筑减水坝，掣溜由六塘河入北潮河归海，分泄一部分河水。据当时查勘，"自六塘河一带归海，分溜至六七分，形势极为畅达"。至该年六月，六塘河分流已达八分有余，正河日形淤浅，渐露嫩滩，新海口浩瀚奔腾，毫无停滞。云梯关虽属依旧流行，溜势甚为平缓。而据实测，"新海口地势实低于旧海口一丈四尺，势若建瓴，流行通畅，是全河一大转机"，原想由此河口改道。然而六塘河下游硕项湖一带河湖一片，"宽约四五十里，茫无涯涘"，无处筑堤。不筑堤无法使河道刷深。结果还是疏浚旧河，由云梯关入海⑤。道光五年（1825年）河东河道总督张井奏报中，对当时黄河河道情况，讲得最清楚，其云："臣历次周履各工，见堤外河滩高出堤内平地至三四丈之多。年老弁兵云，嘉庆十年月以前，内外高下不过丈许。闻自江南海

---

① 《河渠纪闻》卷二七。
② 《续行水金鉴》卷三二《南河成案续编》。
③ 《清史稿》卷一二八《河渠志三·淮河》。
④ 《续行水金鉴》卷三三《南河成案续编》。
⑤ 《续行水金鉴》卷三四《南河成案续编》。

口不畅，节年盛涨，逐渐淤高。又经二十四年非常异涨，水高于堤，溃决多处，遂使两岸堤身几成平陆。现在修守之堤，皆道光元、二、三、四等年续经培筑，其旧堤早已淤与滩平，甚或埋入滩底。""盖河底日高，则流不畅，萦迴纡曲，到处皆成险工"。"至现在两岸，则惟赖一线单堤，高下过于悬殊，一经溃决，建瓴之势，断难回下就高，虽有数重退守之堤，亦必逐层递溃。是此时全河受病情形，较康熙年间不啻十倍。……现在河高堤险，处处可虞"①。

由此可见，嘉庆、道光年间河道淤废，河床抬高，出水不畅，而险工迭出，一次新的大改道已是不可避免的了。

（九）清咸丰五年至新中国成立前夕（1855～1949年）

咸丰五年（1855年）6月黄河在兰阳铜瓦厢（今兰考县西北东坝头）决口后，河水"全行夺溜，刷宽口门至七八十丈，迤下正河业已断流"②。洪水先向西北淹及封丘、祥符各县村庄，又东漫流于兰仪、考城、长垣等县后，分为两股：一股出曹州东赵王河至张秋穿运；一股经长垣县流至东明县雷家庄又分两支，皆东北流至张秋镇，三支会合穿张秋运河，经小盐河流入大清河，由利津牡蛎口入海③。东出曹州的一股在咸丰八、九年即淤，另一股遂成为黄河的正流。黄河下游结束了700多年由淮入海的历史，又由渤海湾入海。这是黄河历史第六次重大改道。

决口发生后，在维持新道还是河复故道的问题上，朝内大臣议论纷纷，"多存畛域之见，罔顾大局"。双方争执不下，又适逢太平天国起义烽火正席卷长江流域，清政府正值"军务未平，饷糈不继，一时断难兴筑……所有兰阳漫口，即可暂行缓堵"④。山东地区蒙受极大的灾难。

咸丰九年（1859年）时任河东河道总督黄赞汤经查勘，认为"现在黄流直趋东海，尾闾通畅，计自东阿县鱼山起，至利津县牡蛎口，约长九百余里，河面宽广，刷槽亦深，已成自然之势"。"必须因势利导，不能挽黄再令南趋"。当时最强烈要求河复故道的是豫、直、东三省交界地区受灾最重地区的人民，"莫不引领而望兴堵口门，冀复旧业。即东境被水绅富，亦有情愿捐资助堵口门者"⑤。但是黄赞汤认为当时"军务不靖，需饷浩繁，未能集资兴堵。迄今已历五载之久，若再挽黄南趋，不独堵筑口门，挑挖引河需费甚巨，其兰阳以东，直至江南干河各厅堤埽俱已残废，补堤还埽，所费亦属不少，何能有此巨款？自不得不因势利导，就黄水现行之路，东流入海。况由大清河归海，本系黄河故道，并非改弦更张"⑥。由于同治年间，黄河又多在河南境内决口，如同治七年（1868年）在荥泽决口，下注颍河入洪泽湖。于是又有人提出河复东南入淮故道。当时以直督曾国藩为首，鄂督李瀚章、江督马新贻、漕督张之万，以及河督、江

① 水利水电科学研究院：《清代黄河流域洪涝档案史料》，553页，中华书局，1993年。
② 《清文宗实录》卷一七〇，咸丰五年六月丙辰。
③ 《再续行水金鉴》卷九二《黄运两河修防章程》、卷九三《绳其武斋自纂年谱》。
④ 徐振声：《历代治黄史》卷五，同治十三年，1926年版。
⑤ 《再续行水金鉴》卷九三《绳其武斋自纂年谱》。
⑥ 《再续行水金鉴》卷九四《黄赞汤东河奏稿》。

苏、河南、山东、安徽巡抚均以为河不能骤复旧道。到了同治十一年（1872年）山东巡抚丁宝桢还以河决张秋，漕运受阻为由，认为"仍以堵合铜瓦厢使复淮、徐故道为正办"[①]。李鸿章则认为当时"由兰仪以下抵徐淮之旧河，河身高于平地约三四丈，风沙成堆，老淤坚结，年来避水之民移住其中，村落渐多，禾苗无际"，根本不可能再复活旧道。至于漕运问题，"当今沿海数千里，洋舶骈集，为千古以来创局，已不能闭关自治，正不妨借海道转输之便，逐渐推广，以扩商路，而实军储"[②]。于是复旧道之议遂罢。

铜瓦厢决口后20年内，水流在以铜瓦厢为顶点，北至今黄河稍北的北金堤，南至今曹县、砀山一线，东至运河的三角冲积扇上自由漫流，从冲积扇的一侧摆向另一侧，水势散漫，正溜无定，洪水陡涨，就在兰阳、郓城、东明等地到处决口，鲁西南地区受灾最重[③]。1875年（光绪元年）开始创修东平以上至兰考南岸的大堤，1876年（光绪二年，一说三年）菏泽贾庄工程告成后，全河均由大清河入海，今天黄河下游河道才基本形成[④]。

新道形成以后，根据其演变特点，大体可分为三个河段。

1. 武陟至铜瓦厢（今东坝头）

铜瓦厢初决时，临背悬差达2～3m[⑤]。决口以后在口门附近水面有局部跌落，铜瓦厢以上自沁河口至曹岗（今封丘县东南、黄河北岸）逾100km内，滩槽高差迅速增加，下切部分宽度小于原来游荡的宽度，河道外形变窄深[⑥]。1875～1905年东坝头以下两岸修筑了堤防，东坝头至沁河口段出现溯源淤积，河槽一般淤高1～2m，1905～1985年河槽淤高2～3m，东坝头附近现行河道滩面仍低于1855年老河道滩面2.5～3m，相应河槽也低于其2.5～3m[⑦]。所以今开封一带自1855年露出的高滩，经历几次特大洪水都不上滩。以后随着河床淤高，洪水来到，仍有决溢之虞。光绪十三年（1887年）八月，黄河秋汛猛涨，郑州十堡先是洪水漫过堤顶，后又决口，口门三百余丈，大溜奔腾，分为两股：一股入中牟，历朱仙镇，由贾鲁河，夺颍入淮；一股夺涡入淮[⑧]。郑州以下河道"逐渐涸出。东省逢曹州至利津海口，千里长河，节节停淤。测量新淤四五尺至八九尺不等。连旧淤通计，大清河身淤高已不下三丈以外"[⑨]。次年十二月才将口门堵住，河复故道。然此时故道已淤高不堪。

1855～1938年黄河下游共决口124次，其中冲决11次、溃决26次、漫决49次、原因不详38次，大多集中在铜瓦厢以下，尤其是艾山以下河段。由此可见，由于决口后上游河道冲刷下切，决口地点向下移动。1938年花园口决口，上游河床又普遍下切，

① 《清史稿》卷一二六《河渠志一·黄河》。
② 《再续行水金鉴》卷一〇一《李文忠公全书》。
③ 徐振声：《历代治黄史》卷五，1926年版。
④ 《山东通志·河防志九》。
⑤ 《清史稿》卷一二六《河渠志一·黄河》李鸿章奏疏。
⑥ 钱宁、周文浩：《黄河下游河床演变》，科学出版社，1965年。
⑦ 黄河水利委员会《黄河志》总编室：《黄河志》卷七《黄河防洪志》，29页，河南人民出版社，1991年。
⑧ 水利水电科学研究院：《清代黄河流域洪涝档案史料》，759页，中华书局，1993年。
⑨ 水利水电科学研究院：《清代黄河流域洪涝档案史料》，768页，中华书局，1993年。

秦厂附近刷深 2m，出现大片滩地，河道外形比较规则，主槽无显著摆动。1947 年堵口后河槽又开始摆动[①]。

2. 铜瓦厢至陶城埠（今阳谷县西北陶城镇）

1855～1876 年的 20 年内，水流在以铜瓦厢（即现今东坝头）为顶点的三角形冲积扇上漫流摆动，北岸有北金堤作屏障，南岸无堤，洪水泛滥宽逾 100km，地面上形成许多交错的水网。光绪二年后修筑了新堤，这些残水断流成了黄河大堤内的串沟和堤河。例如，东明县境内"二百丈中，有刷成串沟五六道大小不等，水深五六尺及丈余，且大溜逼近口门，势甚汹涌"[②]，一遇洪水，便引水顶冲大堤，形成险工。再则，当时本段河堤，质量较差，从东阿、阳谷、寿张、范县、濮州各境和直隶开州接界河堤，"堤根临溜及距水切近之处甚多，察看堤身卑薄，沙土松浮，并有坍卸段落及丈尺不符者"[③]。故自 20 世纪以来黄河险工多在铜瓦厢至陶城埠一段，如 1912～1945 年的 34 年中有 17 年发生决溢，决口达 100 余处，决口多集中在本河段的濮阳、长垣、濮县、东明、鄄城一带[④]，故本河段有"豆腐腰"之称。

3. 陶城埠至利津海口

陶城埠以下黄河河道，原系小盐河和大清河（从鱼山至海口）。大清河在铜瓦厢决口以前，原是一条运盐河，河床窄深多曲，从东阿鱼山至利津海口，宽不及一里，深至四五丈[⑤]。当铜瓦厢决口后，洪水注入，河身不能容纳，沿河多有冲决[⑥]。因为当时黄河下游尚未筑堤，泥沙大部分沉积在河南境内，流入大清河的含沙量不高，河道淤积不严重，反而因不断冲刷加宽了河床[⑦]。同治年间开始，山东境内黄河两岸修筑民埝。同治六年（1867 年）修筑完竣。北岸张秋至利津民埝长 850 余里，南岸自齐东至利津民埝长 300 余里。光绪年间河南境内修了大堤，河道约束，蓄洪拦沙作用减弱，输入下游大清河的泥沙有所增加，使河床迅速抬高。1875 年（光绪元年）时，河岸高出水面 1丈 4 尺至 2 丈不等，到 1883 年（光绪九年）两岸离水面高者不过 4 尺，低者仅 2～3尺，前后还不及 10 年。于是从光绪九年开始，山东境内黄河两岸筑堤，十年培修完竣。南岸东阿、平阴、肥城依傍山麓，地势较高，无需修筑，由长清下至利津共长 330 里；北岸上接金堤，自东阿至利津共长 498 里，利津以下改筑两岸民埝共长 160 余里。同年接修两岸民埝共长 1080 余里[⑧]。这次是铜瓦厢决口后 30 年来首次大规模修堤，耗银二

① 钱宁、周文浩：《黄河下游河床演变》，科学出版社，1965 年。
② 《再续行水金鉴》卷一〇八《山东河工成案》。
③ 《再续行水金鉴》卷一〇六《清德宗实录》光绪四年四月十二日文恪奏。
④ 徐振声：《历代治黄史》卷六，1926 年版。吴君勉：《古今治河图说》，54，55 页，水利委员会印，1942 年。
⑤ 徐振声：《历代治黄史》卷五，光绪二十二年十月李秉衡奏，1926 年版。
⑥ 《再续行水金鉴》卷九三《山东河工成案》咸丰八年三月崇恩奏。
⑦ 《再续行水金鉴》卷九七，同治六年苏廷魁奏：东阿境内"大清河宽深倍于从前，下至平阴、肥城、长清、齐河，均属畅流无滞"。
⑧ 《再续行水金鉴》卷一一三《陈侍郎奏稿》光绪十一年九月二十八日陈士杰奏。

百万两，完成了山东黄河两岸的堤防工程①。修堤以后，河道淤积迅速。光绪十一年（1885 年）黄河大清河段，"河身已与地平，甚有高于平地一二尺者"②。至 1891 年（光绪十七年）大堤临河滩面已较背河地面高出 1～2m，平均每年淤高 0.2～0.3m③。由地中河变成了地上河，决口漫溢之灾，与日俱增。当时人指出，山东河段的特点是曲、淤、窄④。"宽不过里许，狭处仅只半里，加以节节坐湾，年年淤淀，河身高仰。既苦水不能容，海口阻滞，又患水不能泄，而堤岸之低卑处，又几若田陇，稍遇汛涨，即便出槽，以致漫决"⑤。故在伏秋大汛，最易出事。同时在自长清至利津河段民埝和大堤之间有数百村落，民埝逼近湍流，河唇淤高，埝外地如釜底，形成悬河中之悬河⑥。而且此处还有凌汛问题，因"山东黄河自南而北，上下游气候不齐，下游海风凛冽，解冻稍迟，而上游坚冰先开，蔽河直下，如遇坐湾窄曲处所，堆磊山积，壅遏水流，易致陡生奇险"⑦。所以光绪年间，决口大多集中在大清河新道上⑧。尤以章丘以下至利津河段为最多⑨。据光绪十二年（1886 年）山东巡抚陈士杰奏："黄流东徙以来，三十二年中，南决入小清河者四次，北决入徒骇河者三十余次"⑩。晚清时期黄河山东段的河患频繁，使老百姓流离失所，民不聊生。据光绪十二年十一月十一日山东巡抚张曜奏，山东沿河被灾情况，"滨河地方，连年被淹村庄，计有十六万余家，至今浸于水中者，尚有三万余家，迁徙无地，赈抚为难"⑪。当时还曾引进法国机器挖泥船，疏浚山东河段，旋因黄河"沙淤靡定，无论立桩不稳，机无所施"而罢⑫。于是朝廷中对治理山东段黄河议论纷纷，有人提出，"开通故道，引河南行，诚足救山东河患之急"。有的建议分三分黄流入徐淮故道。有的建议分流小清河、徒骇河⑬。然而旧河所经的"淮、徐、海三州旧河共长九百余里，黄流北徙三十余年，杨庄以上沙碛淤填，高低不一，除屯田而外，间有穷民耕种，兼有积潦之区，旧设志桩无存，无以考证。然淤垫已久，无复河形"。重新疏浚、筑堤，所费太大，根本不可能实行。而欲分流小清河和徒骇河也有难处，因"徒骇河以数十丈之河面，断难容纳黄流"⑭。且也有分水减缓水力，有加速淤积之弊，故均未实行。据 1899 年（光绪二十五年）实地调查后报告，山东河段堤外平地低于滩地 1～8 尺⑮。同年李鸿章报奏，也称山东河段"二十五年以来，已决二十三次"⑯。由

---

① 黄委会山东河务局：《山东黄河志》，166 页，1988 年。

② 《再续行水金鉴》卷一一七《陈侍郎奏稿》光绪十二年三月二十八日陈士杰奏。

③ 黄河水利委员会《黄河志》总编室：《黄河志》卷七《黄河防洪志》，29 页，河南人民出版社，1991 年。

④ 《再续行水金鉴》卷一三五《谕摺汇存》光绪二十二年三月任道镕奏。

⑤ 《再续行水金鉴》卷一三五《李忠节公奏议》光绪二十二年四月二十三日李秉衡奏。

⑥ 《清史稿》卷一二六《河渠志一·黄河》。

⑦ 《再续行水金鉴》卷一四一《京报》光绪二十六年正月二十七日袁世凯奏。

⑧ 吴君勉：《古今治河图说》，53～54。1942 年水利委员会编。

⑨ 《再续行水金鉴》卷一三八《谕摺汇存》光绪二十四年九月十八日世铎奏："案查山东黄河形势……光绪十一年以来，决口漫口以下游为最多。"

⑩ 《再续行水金鉴》卷一一九《陈侍郎奏稿》。

⑪ 《再续行水金鉴》卷一二〇《谕摺汇存》。

⑫ 《再续行水金鉴》卷一三八《谕摺汇存》光绪二十四年八月初九张汝梅奏。

⑬ 《再续行水金鉴》卷一一九《谕摺汇存》。

⑭ 《再续行水金鉴》卷一二〇《山东河工成案》光绪十二年十月二十日游百川奏。

⑮ 徐振声：《历代治黄史》卷五，光绪二十五年附勘河情形原稿。1926 年。

⑯ 《清史稿》卷一二六《河渠志一·黄河》。

此足见当时因河患严重，治河者都有病急乱投医的心态。

由大清河入海的黄河尾闾段变化也很大，一直处于淤积、延伸、摆动、改道的循环变化过程中。1855 年改道后，黄河夺大清河经铁门关至肖神庙之东牡砺咀入海，称铁门关故道。1890～1897 年逐渐向南摆动至丝网口入海。1904～1925 年逐渐由铁门关故道向北摆动，分别由老鸹咀、面条沟、大洋铺、混水汪、滔二河入海。到 1926 年又返回到铁门关故道入海，在 72 年内完成了一次河口三角洲南北循环摆动。1929 年开始又向南摆动，由宋春荣沟和甜水沟入海①。据粗略统计，1855～1938 年尾闾段较大的摆动改道就有 11 次②。1949 年后，又由甜水沟改趋中经神仙沟独流入海。1964 年在罗家屋子破堤转向北部入海。1976 年改由南部清水沟入海①。在河口三角洲作南北循环摆动。三角洲不断向海中延伸，自 1855 年以来河口造陆已达两万多平方千米（图 8.13）。

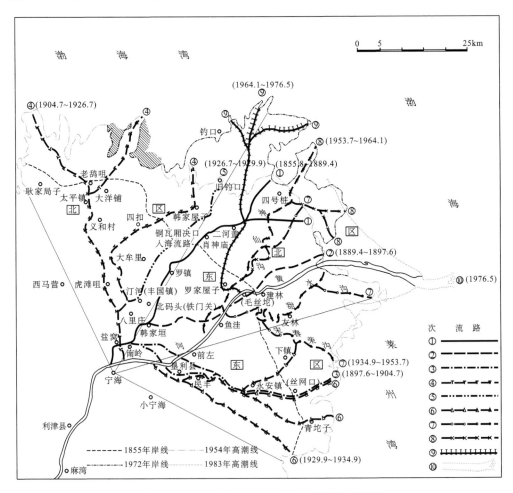

图 8.13　1855 年后黄河河口三角洲河道变迁图

---

① 徐福龄：《黄河下游明清河道和现行河道演变的对比研究》，刊《河防笔谈》，河南人民出版社，1993 年。
② 吴君勉：《古今治河图说》，53，55 页。1942 年水利委员会编印。

以上是本时期内黄河下游河道的基本情况。其间最大决徙有两次：一次是1933年遇到特大洪水，上游的磴口、中游的永济都有决口，下游从温县至长垣二百多千米内决口有52处，造成极大灾难[①]。另一次是1938年国民党不积极抗日，企图利用洪水来阻止日本帝国主义侵略军的西进，于该年6月初，扒开花园口大堤，全黄河向东南泛滥于贾鲁河、颍河和涡河之间地带，洪水沿淮泻入洪泽湖、高宝诸湖，汇入长江。受灾面积达54 000km²，死亡失踪89万人，历时9年半，所造成灾害之严重为史所罕见。

1945年日寇投降后，国民党企图以"黄河归故"为名，阴谋"以水代兵"来淹没解放区。中国共产党为了顾全大局，照顾黄泛区人民的利益，说服故道河床内40万居民进行迁移，并自1946年4月起与国民党先后签订了一系列协议，在"先行复堤，迁移河床居民，然后再堵合龙"的条件下，同意河归故道。可是国民党背信弃义，企图在猝不及防的情况下，水淹解放区，以配合其军事行动。1947年3月违约在花园口堵口，黄河复归故道。不久黄河下游地区随着解放战争的胜利全部属于人民，黄河的历史才开始了新的篇章。

（十）小　结

根据二三千年来黄河下游河道频繁的决口和改道的史实，从中有可以总结出几点规律性的信息。

1）总结历史上黄河决口所经的各条故道，择其主要而言，大致可分为北流的滱水、滹沱、御河、清漳，东流的漯水、马颊、济清，南流的泗水、汴水、濉水、涡水、颍水等12条泛道。

北流中的滱水泛道，即《山经》大河下游，在今天津市区入海，是历史上最北的一条泛道。滹沱泛道是《禹贡》大河的下游、汉代滹沱河的正流。清漳水泛道是《山经》、《禹贡》大河下游的上段，西汉大河的下游。御河泛道即隋代的永济渠和宋代的御河，北宋时期曾三次为黄河所夺。

东流中漯水泛道，原是古大河下游的一条分流。春秋时代以来，长寿津（今河南濮阳西南）以上为黄河所夺，东汉以后，东武阳（今山东莘县南）以上又为黄河所经，自此而下，河、漯二水几乎平行入海。今姑将东汉大河称为漯水泛道。马颊泛道为西汉大河的减水河，唐代大河北支。济清泛道指古济水下游（又称北清河、大清河），唐宋以前黄河南决巨野泽、元明以后黄河北决梁山泊或张秋，都走济清泛道入海。清咸丰以后，又是黄河下游正流，延续至今。

南流中泗水泛道，即黄河东南决入今济宁、徐州间的古泗水（发源于今山东泗水县，南流入淮，又称南清河），由泗入淮。汴水泛道的流路大致近似今天地图上淤黄河。睢水泛道是黄河在开封、商丘间分出走古濉水至宿迁入泗水。颍、涡二条泛道，是元明以后黄河在郑州、开封间南决的主要泛道，也是12条泛道中最南的二条。

历史上这12条泛道的更迭演变，基本上表现为先自西向东，后自东向南，作扇面形状的展开。扇面的两侧，正是华北大平原的南北两端，北面即太行山东麓，南面即豫

---

① 吴君勉：《古今治河图说》，49、55页。1942年水利委员会编印。

西山地东麓。到了13世纪，黄河下游已从华北大平原的北端到南端扫射了一遍。元明时代下游河道经常北决的事实，说明河道又有向北摆动的趋势，由于人为的因素才制止了这种摆动。自有文献记载以来，12世纪以前黄河都由渤海湾入海，12世纪以后改东南注入黄海，经700多年，19世纪中叶又回到由渤海湾入海。

2）从12条泛道的行水时间来看，以清漳泛道、漯水泛道和汴水泛道行水时间最长，与其他泛道关系也最为密切。清漳泛道也就是西汉大河，自春秋、战国至汉末王莽时，大致也经历了千年以上。东汉开始形成的漯水泛道至北宋庆历八年（1048年）改道北流，行约有10个世纪。五代末年的赤河、宋代的横陇河都是从漯水泛道分出来的。汴水泛道开始形成于12世纪的金大定年间，以后演变为元贾鲁河、明代后期的黄河干流（即今淤黄河）。元明时代虽不断南北决口、分支繁多，大部分时间还是以汴道为正流。因此，可以说1855年铜瓦厢改道之前，黄河下游各条泛道中以漯水和汴水两条泛道为主干。这是因为黄河下游华北大平原被山东地垒分成两个部分，使黄河具有或东北流入渤海，或东南流入黄海的两种可能性。黄河按着水流就下的规律，必然寻求坡面最陡和距海最近的河道，而漯水泛道和汴水泛道正具备了这两种条件，因而就成了各条泛道的主干[①]（图8.14）。

3）历史上黄河决溢地点的变化也有一定的规律性。在古代已经有人注意过这种变化的规律。宋代欧阳修曾说："河本泥沙，无不淤之理。淤常先下流，下流淤高，水行断壅，乃决上流之低处，此势之常也"[②]。有关研究对宋代京东故道（即北宋前期大河）在61年（960～1020年）中决溢地点变化的情况作了分析，认为决口地点变化的趋势是：开始决溢常在河口段，以后逐渐向上移动，然后再自下而上循环。这种循环周期越来越短，河道逐渐淤高，每逢汛期就可能在堤防不固处溃决，造成新的改道[①]。这种演变的规律和泥沙沉积、河流运动的规律是相符合的。

另外，决口的地点和泛道也有一定的联系。例如，以漯水泛道为例，黄河在河南滑县、濮阳一带南岸决口，河水多注入巨野泽分南北清河入海，在濮阳至大名一带决口，南决往往经山东境内泛道入海，北决往往合御河入海。北宋前期决口多集中在滑县、濮阳一带南岸，决口后泛道以东流为主，后期决口多集中在濮阳、大名一带北岸，决口后泛道以北流为主。金、元以后黄河以汴道干流大体上以今武陟至兰考一线为脊轴，决口后多向东北、东南辐射。在原阳、封丘一带决口，多北冲张秋运道，挟大清河入海；在郑州、开封一带决口，多南夺涡、颍入淮。总之，历史上黄河的决溢地点和各条泛道之间有着必然的联系。这种联系主要是地势所决定的。

4）历史上黄河下游河道所流经的地貌条件，对黄河决溢发生的地点有很大关系。例如，上游河道宽广，突然进入有山体束狭的河段，由于壅水，常易决口。例如，汉唐时期黄河常在澶、滑一带决口；金元以后常在曹、单一带决口；清咸丰后，常在大清河段决口，都是由宽广的河道骤然进入束狭河道所引起的。不同时代河工的重点，亦常由此决定。

5）历史上黄河变迁总的趋势是决口改道越来越频繁，但以某一特定的历史时期而

① 黄河水利委员会：《人民黄河》，59～63，水利电力出版社，1959年。
② 《宋史》卷九一《河渠志一·黄河上》。

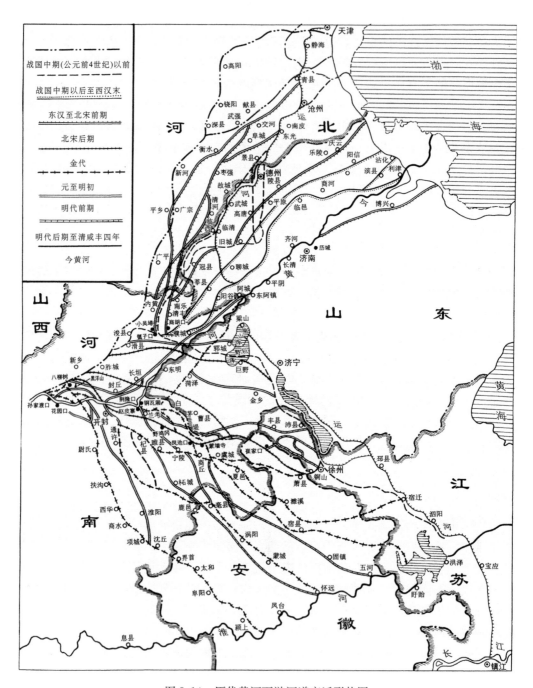

图 8.14　历代黄河下游河道变迁形势图

言，河床抬高并不是直线上升的，河道也出现过相对稳定的时期，这是受到自然和人为两种因素的影响。自然因素方面，每当一次决口以后，口门以上的河道因比降突然增大出现导致的溯源冲刷现象，如 1855 年、1938 年，对减少决口以上河道的淤积和降低临背悬差有一定的作用。一次新改道后，由于水流就下的自然选择，新河道开始时比降较大，冲刷大于沉积，能将大量泥沙输入海中，在一段时间内河道比较稳定，如东汉大河。另外，洪水能带来大量泥沙，也能冲走大量泥沙，刷深河床，所以当堤防修筑坚固，防守有方，而来源的含沙量又不高时，河道也能发生一定的冲刷。例如，清雍正四、五年间河南境内河道出现大幅度刷深的事实，就是很典型的例子。人为因素是通过河流水力作用的内因而起作用的。人们开始修筑堤防仅是作为一种消极防御洪水的措施，东汉王景治河时，已把筑堤从消极转为一种积极的措施，故其成效较著。宋代以后直至元、明，人们在不断与黄河斗争实践中，丰富和完备了治河的理论和措施。明、清时代，"筑堤束水，以水攻沙"的治河方针已被肯定下来，各式堤工（遥、缕、格、月）、埽工、减水坝闸、放淤固堤、截弯取直等工程措施，基本上已与今日相同。这些都对历史时期河道的调整和稳定起过积极的作用。但在封建的社会制度下，人为因素还不能取得主导的地位，所以总的说来还不能改变河患愈演愈烈的趋势。新中国成立以后，黄河安然度过了50余个伏秋大汛，说明了在社会主义制度下，人为因素必然随着科学技术的现代化，在对黄河的制约中越来越取得主导的地位。黄河将由一条长期以来桀骜不驯的河流变成为黄河流域人民造福的河流。

第三节 黄河下游河道变迁对平原地理环境的影响

一、黄河下游两岸分流和汊道的演变

根据文献记载，历史时期黄河下游在一个很长时期内存在着许多流经很长、水量丰沛的分流和汊道①，这些分流和分汊道北入渤海，南达淮河，将黄淮海连成一片。这些分流中的大多数是中原地区理想的天然航道，其中有几条是经过人为加工的重点运河。这些分流和汊道的水源主要来自黄河，因而在一定的历史时期内曾经是黄河泥沙和洪水的天然分泄道，以后由于大量泥沙的长期排入、黄河的决入和灌淤以及其他的人为因素，两岸分流和汊道逐渐趋于消失，最后形成了黄河两岸无分流和汊道的状态。

这种历史演变的过程，大体上可以分为以下几个时期。

（一）先秦西汉时期

据《汉书·地理志》记载，黄河下游自武陟、荥阳以下：南岸的分流有漯水、济水、浪汤渠、汳水（蒗荡渠、获水）、睢水、涡水、鲁渠水、濮渠水、漯水、笃马河等；北岸主要是汊道，有屯氏河、屯氏别河、张甲河、鸣犊河等；另外还有流入黄河的支流漳水、洹水和淇水。这些分流或东北入渤海湾，或南流入淮河，自北而南遍及整个扇形的华北大平原上。北岸的分流和汊道大多由决口后洪水冲刷而成，起着分泄洪水和泥沙的作用。南岸的分流有的是早期黄河下游的分流（如漯水、笃马河），大多是原来并不直接与黄河沟通的天然河流，大约在战国魏惠王（公元前370～前362年）时代，在以大梁（今开封市）为中心地区开凿了鸿沟以后，将黄河和淮河之间的济、汝、淮、泗诸

---

① 本章中所谓分流是指由黄河下游干流分出独自入海或注入其他河流的河道；汊道是指由黄河干流中分出流经一较长的里程后，又汇入干流的河道。

水接通^①，黄河南岸才形成了一个以黄河为主要水源，以鸿沟为主干的水系网^②。

　　北岸冲决而成的汉道在一定时间内起过较好的分洪分沙作用，如汉武帝元封年间冲决而成的屯氏河"广深与大河等，故因其自然，不堤塞也。此开通后，馆陶东北四五郡虽时小被害，而兖州以南六郡无水忧"。屯氏河和大河干流分流达70年之久。在这70年中，以黄河为分界的清河郡和东郡，所以"无大害，以屯氏河通，两川分流"的缘故^③。其他从屯氏河分出的屯氏别河、张甲河虽然没有明确的记载，但按理推论应当也有同样的分洪分沙作用（图8.15）。

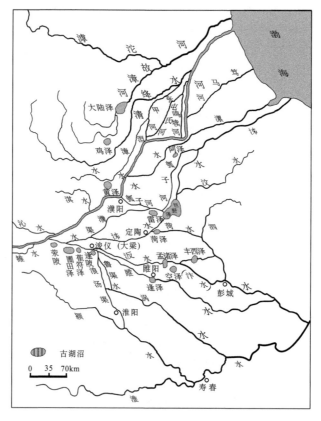

图 8.15　西汉时期黄河下游分流、汉道和湖泊分布图

　　南岸的分流形成条件有些不同。这些分流中一部分原来是淮河的天然支流，河道条件较好，当经过人为加工与黄河相连后，开始时尚能够起着良好的分洪作用。从这些河流在与黄河相沟通以后水运交通十分发达的事实，也反映了这些河道流量丰沛、水流畅通的情况。

　　南岸分流中济水流经最长，在古代与河、淮、江合称四渎。它自今荥阳分河水东流至今山东定陶附近分为两支：一支东北流穿过巨野泽，又东北流至今山东垦利县南入

　　① 《史记·河渠书》。

　　② 参阅本书运河一章。

　　③ 《汉书·沟洫志》。

海；一支出菏泽走菏水（大致即今万福河），至今鱼台县附近注入泗水，由泗水可以沟通江、淮①。因此自战国时代以来济水就成为中原地区连接东西部的重要航道。济水北面的漯水原来也是黄河下游的一条分流，《禹贡》里记载到它是中原地区一条水运航道。鸿沟又名浪荡渠，自济水分出，南流入颍水，是战国时代南北水运交通的干线。秦末楚汉相争曾以此水为界。其余如从济水和浪荡渠分出来的濮渠水、汳水、睢水、涡水、鲁渠水等，流量都很丰沛，史载这些河流"皆可行舟，有余则用溉浸"②。

这些分流有航运灌溉之利，对沿线各地的农业生产、经济交流和都市发展起了积极作用。例如，济泗交汇的定陶（今定陶县西北），濮渠水沿岸的濮阳（今濮阳南），获水沿岸的睢阳（今商丘），获泗交汇的彭城（今徐州），浪荡渠沿岸的大梁（今河南开封），浪荡渠和颍水交汇的陈（今淮阳），颍淮交汇的下蔡（今安徽凤台）、寿春（今寿县），都因为水运交通的关系，成为当时重要经济都会。

总之，先秦、西汉时代黄河下游两岸的分流和汊道是不少的，仅见于记载的就有十余条。从当时分洪和航运的情况看来，这些分流和汊道形成的初期，对减轻黄河干流洪水和泥沙负担方面起过积极的作用。

（二）东汉魏晋南北朝时期

本时期黄河下游的分流和汊道发生逐渐淤浅和减少的变化。西汉末年王莽时黄河决口改道后，原来的大河干流断流③，河水南决泛滥于济、汴（即汳水）之间达 60 年之久。"汴流东侵，日月益甚，水门故处，皆在河中，漭漾广溢，莫测圻岸"④。鸿沟水系遭到严重破坏。东汉王景治河以后，黄河改走新道。原来由西汉大河分出的屯氏河、屯氏别河、张甲河、鸣犊河等皆成枯渎⑤。新大河干流因新筑堤防，北岸基本上已无分流和汊道。南岸自王景治河后，由于水运的需要，仍保持不少分流，"河、汴分流，复其旧迹"④，又恢复了原来的面貌。这时南岸分流除了漯水外，主要分流仍然是鸿沟水系。公元前 132 年汉武帝时决出的瓠子河，公元前 109 年决口筑塞后断流，西汉末年王莽时决口又通流，王景筑堤后，"瓠子之水，绝而不通"⑥。

魏晋以后，鸿沟水系有了新的变化。

曹操统一北方后，为了征吴的需要，在颍、涡、睢诸水间修凿了不少人工渠道，例如，睢阳渠、贾侯渠、讨虏渠、广漕渠、淮阳渠、百尺渠等⑦。《晋书》卷二六《食货志》记载，邓艾开淮阳、百尺渠时，"上引河流，下通淮颍，大治诸陂于颍南、颍北，穿渠三百里，溉田二万顷，淮南、淮北皆相连接"。鸿沟水系中原来就没有受到黄河泛

---

① 谭其骧：《汉书地理志选释》，《中国古代地理名著选读》第一辑，科学出版社，1959 年。

② 《史记·河渠书》。

③ 《水经·河水注》记载，西汉大河故渎"王莽时空"。

④ 《后汉书》卷二《明帝纪》。

⑤ 《水经·河水注》载，西汉成帝时，"河决馆陶及东郡金堤"，修筑堤防后，屯氏河"是水亦断"。屯氏河水断后，从其分出的屯氏别河、张甲河当亦缺乏水源。同书记载屯氏别河支津下游"散绝，无复津径"，屯氏别河南北渎支津下游皆称水流"遂绝"。可以为证。

⑥ 《水经·瓠子河注》。

⑦ 《三国志》卷一《魏武帝纪》、卷二八《邓艾传》、《晋书》卷二六《食货志》。

决影响的渠（浪汤渠）、涡、颍一派，经过整治、疏浚和广开支渠以后，水网更密，灌溉与航运作用都有所增强。曹魏时代几次东南伐吴，水师都由渠、涡、颍等水入淮[1]，说明河道情况良好。

鸿沟水系中济、汴一派情况有所不同。这些河流自西汉中叶以后，经常受到黄河决口的漫淤，河道已受影响。东汉以来不免有所淤浅。原来从浪汤渠分出东南流至徐州注入泗水的汳水（获水），东汉以后又称汴水，逐渐代替济水成为重要航道。但汴、济的分河水口控制流量的水门，自东汉以后经常受到河水的冲坍。河口经常淤塞[2]。魏晋之际，邓艾开石门、傅祗造沉莱堰都是治理汴口的工程[3]。南北朝分裂时期汴口工程常年缺乏整治，河口淤废，河道经常淤塞不通。济水在三国晋初之际又分出一支称为别济，在干流之北，后来演变成为《水经注》中的北济，干流称南济[4]。很可能因为是平地冲刷而成，河道较浅又不稳定，作为别流的北济，《水经注》以后就不见记载了。南济大约在 4 世纪时开始淤塞。公元 369 年（太和四年）东晋桓温北伐时，因济、菏运道不通，才新开凿了从金乡到巨野泽 300 里的运河，史称"桓公沟"[5]。六朝末年时，定陶县南的济水已完全淤废，"唯有济堤及枯河而已，皆无水"[5]。战国时代靠济水交通繁荣起来的"天下之中"定陶，到公元 627 年（唐贞观元年）已衰落得失去了作为一个县的地位，而被废入济阴县[6]。巨野泽以下的济水实际上变成汶水的下游了。

（三）隋唐北宋时期

唐代大河的北岸出现两条分流：一条名马颊河，又称新河，在今山东境内，是公元 700 年（唐久视元年）为分洪而修浚的[7]。因分洪作用较大，历史上称其为唐大河北支。一条是公元 954 年在今东阿境决出的赤河，11 世纪中淤塞[8]。

南岸的分流主要是隋炀帝时代（公元 605 年）所开的通济渠（后又称汴河），自荥阳分河水，东南流经开封、商丘、宿州至今盱眙县北入淮。通济渠的水源主要取给于黄河。唐宋二代在汴口设置水门，按季节调剂流量[9]。因为黄河流量不均，暴涨暴落，含沙量又高。汴河就经常遭到淤塞而泛决。唐末一度溃决后因长期未加疏浚，至五代时下游宿州埇桥（今宿州市治）以下，河道"悉为污泽"。经后周时两次疏浚，才勉强恢复通航[10]。宋代起初规定对汴河每三五年疏浚一次，以后又规定每年一浚。但事实未能按制执行，河床迅速淤高。据沈括记载，当时的汴河从开封东水门至襄邑（今睢县）一

---

① 《三国志》卷一《魏武帝纪》、卷二《魏文帝纪》。
② 《水经·济水注》记载："垒石为门，以通渠口，谓之石门"。可能是一种保护渠口、控制流量的设施。
③ 《晋书》卷四七《傅祗传》。
④ 《水经·济水篇》中记载济水只有一条，《郦道元注》分济水为南北二支。
⑤ 《水经·济水注》、《晋书》卷八九《桓温传》。
⑥ 《新唐书·地理志》曹州济阴县。
⑦ 《新唐书·地理志》德州平原县。
⑧ 《宋史》卷九一《河渠志一·黄河上》。
⑨ 《宋史》卷九三《河渠志三·汴河上》。
⑩ 《资治通鉴》卷二九二后周显德二年十一月、卷二九四后周显德五年三月。

段，"河底皆高出堤外平地一丈二尺余，自汴堤下瞰民居，如在深谷"①。汴河河床中积沙几与开封城中相国寺屋檐相平②。汴河和黄河一样成了悬河，其分洪能力可想而知。从汴河分出的古代著名的浪汤渠（魏晋以后称蔡水），在唐德宗时代（公元780～804年），也"填淤不通"③。五代时经过整理，一度恢复航运，但为时很短④。原来在陈留县境内分浪汤渠水流出的有睢水和涣水，在唐代睢水只始于雍丘（今杞县）、涣水只始于襄邑（今睢县）都已不与蔡水相通⑤。宋代睢水又通称白沟，当时明确记载是一条无源之水，只靠降雨补给流量，"逾月不雨即竭"⑥。它在开封城东的一段上源，河床无水，积沙有三丈之厚⑦。

加速黄河南岸诸分流淤塞的原因大体有二：①唐、宋时代的汴河是政府的主要漕运航道，南北交通的大动脉。为了保证汴河的畅通，对汴河中分出的其他河流的水量必然进行严格控制，有的甚至堵死分水口，造成这些河流的淤浅和断流，如睢水就是因为开通济渠后淤废枯涸的⑧。其他如济水、浪汤渠（蔡水）、涣水等河流上源断缺都与此有关。唯有东通泗水的古汴水，因为汴泗交汇的彭城（今江苏徐州市）在政治、军事上地位的重要性，仍保持一定的流量以便航行，但仍有"古汴向日乾，扁舟久不解"⑨之患。②黄河的泥沙加速分流的淤塞。自唐末五代以至北宋黄河含沙量逐渐增高。黄河又经常在今河南滑县、浚县、濮阳一带南决，今废黄河一线以北地区经常受到泥沙的灌淤，这一带河流淤废就很快。例如，公元689年（唐载初元年）在开封北修一条湛渠，引汴河水东注为白沟，以通曹、兖租赋⑩。不久以后即不再见于记载，可能很快就淤废了。汴河也因主要引用黄河水，随着黄河含沙量增大，很快成为悬河。五代后周时引汴河入五丈河，后因泥沙过多，河道淤浅，"不利行舟"，宋初改用金水河为源⑪。宋初重浚蔡河时，也不利用汴河水而是改引许昌西北的洧水（今双洎河）、溟水（今清潩河）为源⑫。即使是一贯以河水为源的汴河，也在1079（宋元丰二年）～1090年（元祐五年）因来水不稳定，含沙量又高，曾一度避开黄河，而在黄河滩地开凿一条长50余里的人工渠道引洛河为源，因水流较清，史称"清汴"⑬。可见由于河水含沙量高，原来以河水为源的河流，都避开黄河另觅水源了。所以北宋中期以后，大河分成东、北两派，两岸除了汴河外，不存在其他固定的分流。

---

① ［宋］沈括：《梦溪笔谈》卷二五，杂志二。
② 《续资治通鉴长编》卷二四八熙宁六年十一月壬寅王安石言。
③ 《新唐书》卷五三《食货志三》。
④ 《册府元龟》卷四九七邦计部河渠二
⑤ 《元和郡县志》卷八宋州襄邑县宁陵县。
⑥ 《宋史》卷九四《河渠志四·白沟河》。
⑦ 《梦溪笔谈》卷二五："于京城东数里白渠中穿井至三丈方见旧底。"按白渠当即白沟，也就是睢水。在河床中心穿井，说明已枯涸。
⑧ 《太平寰宇记》卷一开封府陈留县。
⑨ ［宋］苏辙：《栾城集》卷七《初发彭城有感寄子瞻》。
⑩ 《新唐书·地理志》汴州开封县。
⑪ 《宋史》卷九四《河渠志四·广济河》。
⑫ 《宋史》卷九四《河渠志四·蔡河》。
⑬ 《宋史》卷九四《河渠志四·汴河下》。

（四）金、元以后

南宋建炎二年黄河南徙，东南流夺泗、淮入海。开始时多股分流，河道迁徙无定，淮北平原上河流多受其干扰，河道因黄河泥沙的灌淤，普遍淤高，大多无航运之利，且在洪水季节，常泛滥成灾。南岸主要分流，如唐宋时代沟通南北的大运河汴河，因宋金南北分裂，长期得不到疏浚，以至完全淤废为平陆[1]。元和明代前期为了避免黄河北决，冲溃会通河，经常保持入颍、入涡、入睢数支分泄洪水，遂使颍、涡、浍、濉诸河河道渐趋淤浅。例如，睢河，在明代以前，自宿州灵璧以下至宿迁小河口入黄河。"自天启二年、崇祯二年黄河冲决，淤为平陆，故道遂湮"。"于是睢水漫溢于灵、虹、睢、宿之境，然其下游，仍由小河口白洋河而入黄也。迨至归仁堤决而睢水南，睢水南而黄水入宿境，河沟悉为淤垫，睢水不得不常借道于归仁以趋洪泽矣"[2]。又如，浍河，在"明万历年间河决单县之黄堌口，历久不塞，复决其上流萧家口，全河奔溃南下，由浍河趋固镇入淮。今浍河两岸高滩中，有沙洲数处，皆黄水经过所致，父老犹有知其故者，每岁夏秋水发，淮涨于下，则浍涨于上，固镇桥面水深三四尺，河湾洼地被淹，下流顺河集一带，渐进五河口，淮水倒灌，受害尤甚"[2]。又淮河入海河段因黄河淤高，使诸水下游排泄不畅，汛期上游来水与下游宣泄能力相差悬殊，不仅经常决溢，且在入淮处壅塞成湖，并使洪泽湖水位不断抬高。明代后期治河以"束水攻沙"为原则，两岸高筑堤防，历代又都加遵奉，黄河下游无任何分流存在。黄河河道淤高后，成为淮北平原一道分水岭，从而使豫、鲁、皖、苏的完整的淮河水系一分为二，将沂、沭、泗河流域与淮河流域隔开，使之成为一独立水系。原属于淮河水系的沂、沭、泗等水，因入淮无路，或壅塞成湖，或折东乱流入海。而泗水变为运河河道。

1855年黄河北决由山东入海后，从此结束了700年黄河夺淮的历史。但是淮河水系受到黄河干扰的后果并未消除。淮河支流因河道淤塞，出海无路，入江受阻，洪涝旱碱灾害交相侵袭，淮河成了一条闻名于世的害河。淮河中下游河床出现反常的比降倒置现象。例如，干流自寿县至五河三四百里之间，河床"几无倾斜"，比降几乎为零，自五河至盱眙，河床非但没有下降，反而升高了五尺许。盱眙至洪泽湖，河床再次抬高二尺许。淮阴一带，河底高于海平面10m。据1955年江苏省水利厅对清江市以下老滩河身的锥探资料来看，在黄河夺淮六七百年间，清江市上以下淮河河底计淤高10～12m之多[3]。

由于淮河干流河床的抬高，注入淮河的各支流，如颍河、涡河、濉河等均河床淤高，河道迁曲，水浅沙深，不用说通航，汛期排水亦多有困难。

1938年花园口决，黄河又一次南泛，至1947年河复山东故道。在此9年内，颍、涡之间的黄泛区，深受其害。据统计，约有100亿t泥沙倾泻在淮河流域，它不仅覆盖

---

① ［宋］楼钥：《北行日录》，见《攻瑰集》卷一一一。

② 《续行水金鉴》卷五一《灵璧县志》。

③ 徐福龄：《黄河下游明清河道和现行河道演变的对比研究》，刊《河防笔谈》，河南人民出版社，1993年。

农田、城市和乡镇，而且导致淮河支流的和湖泊的严重淤塞[1]。

综上所述，可以看出历史上黄河下游河道的长期变迁，严重地改变了冲积平原上水系的面貌。这种变化的总趋势对黄河本身来说，是由下游存在多股分流和汊道的河型，演变成单股高亢于地面的悬河，不仅没有分流，反而成为南北的分水岭。对这些分流来说，原来是源流远长，水量丰沛的河道，由于黄河的变迁，有的被淤浅渐至平陆，至今大多被埋在地下；有的上游淤废，河身变成短浅。以至今天很难想象这些河道在历史上曾为中原地区重要的水运航道。

另外，这些演变也很能说明黄河河性的变化。早期黄河下游进入平原以前就存在不少分流，当时无堤防约束，自由漫流和改道，泥沙并不固定在一条干流上。修筑堤防以后，初期干分流都保持一定的比降，估计堆积速度不是很快，所以这些分流存在，既有分洪作用，又有航运之利。以后由决口冲刷而成的汊道和分流，形成初期都很畅通，对黄河干流也还是有一定的积极作用。以后黄河改道，一些汊道和分流自然绝流；另一部分河道则受河水长期灌淤，逐渐淤浅，分洪作用大为减弱。唐、宋以后黄河含沙量有显著增加，加上人为因素，下游的分流明显减少，而剩下的几条也因长期输入大量泥沙，修筑堤防，日久与黄河一样成了悬河。这样条件下的分流，势必既削弱了黄河干流的挟沙能力，也加速了分流河道的淤高。所以到了宋代，除了政府漕运所必不可少的汴河外，基本上已不存在其他固定的分流河道。仅此，对宋代的黄河和汴河双方还都带来了不少麻烦。金元时代，政治中心迁移，已无必要在黄河下游人工保持供漕运的分流河道，因而在大部分时间内，黄河下游不存在分流河道。明代前期为了保护会通河的漕运，防止黄河北决，曾多次分疏河水由颍、涡、睢、浍诸河入运入淮。但因黄河河床淤高、比降亦小，分流后挟沙能力大减，有弊无利，结果造成干流河床淤高速度日益加剧。潘季驯看到了这种情况，提出了"束水攻沙"的治河原则，才结束了历史上黄河下游长期存在分流河道的局面。

二、黄河下游湖沼的演变

本节所谓湖沼，包括湖泊和沼泽两种地貌类型。由于文献记载较为简略，很难判断哪些是湖泊、哪些是在不断沉降过程中形成的凹陷和洼地；黄河下游在古代所谓"九河"区域，尚无堤防约束，河道决溢频繁，迁徙游荡无定，摆动于太行山脉以东，泰山山脉以西的冲积平原沼泽；湖泊中哪些是天然湖泊，哪些是人工围堤而成，亦难辨清，故总称之湖沼。笔者在叙述过程中，尽可能加以区分。

华北平原自古近纪以来，其遗留下来的废河床、牛轭湖以及在自然堤之间的河间洼地，这些凹陷和洼地后来都形成了湖沼。近年来有关学者利用钻井资料和地表浅层古河道资料，都证明河北平原中、东部，在古代存在大面积的湖泊和沼泽洼地[2]。数千年来，由于黄河下游河道不断的泛、溢、决、徙，大量泥沙的输入和沉淀，历史上为数众

① 邹逸麟主编：《黄淮海平原历史地理》，114～118，安徽教育出版社，1997年。
② 王会昌：《河北平原的古代湖泊》，载《地理集刊》第18号，科学出版社，1987年；吴忱等：《黄河下游河道变迁的古河道证据及河道整治研究》，《历史地理》第17辑，9页，上海人民出版社，2001年。

多的湖沼先后在地面上消失。同时由于历史时期黄河水沙分配条件的变化以及某种社会条件的需要，在平原上又出现不少新的湖泊。以后由于产生这些湖泊的社会条件发生了变化，湖泊又有逐渐充填消亡的趋势。总之，历史时期黄河下游河道的频繁变迁，对黄淮海平原湖沼地貌产生过巨大影响，因此，对其演变过程的阐述和分析，可以加深对今日黄河下游平原地理环境变迁的理解。

（一）先秦汉唐时期黄河下游平原上湖沼

根据目前存留的文献资料，先秦时代黄河下游平原上大致有大小湖沼 40 个。但实际上远不止此，一则是因为文献资料流传至今多有散佚，必有不少遗漏；二则在当时人烟稀少的地方即有湖沼也不可能见于记载。所以本小节所述的湖沼分布也只能反映一个基本的概貌。

据先秦文献资料，在古代黄河下游平原上存在 3 条湖沼带，集中在 3 个不同的地貌单元。

1）在今河南修武、郑州、许昌一线黄河古冲积扇顶部的湖沼带，著名的有荥泽（今河南荥阳东）[1]、圃田泽（今郑州、中牟之间）[2]、萑苻泽（今中牟东）[3] 以及修武、获嘉间的河南大陆泽[4]。这是黄河进入下游，摆脱两岸丘陵的约束，首先在山前洼地和河间洼地停聚而形成的。

2）在今豫东、鲁西地区的濮阳、商丘、菏泽、定陶、巨野一线的湖沼带，著名的有逢泽（今开封市南）[5]、孟诸泽（今商丘市东北）[6]、蒙泽（今商丘市东北）[7]、空泽（今虞城东北）[8]、菏泽（今山东定陶东）[9]、雷夏泽（今菏泽、鄄城交界处）[10]、大野泽（今巨野北）[11]、阿泽（今阳谷县东）[12] 等。这是在全新世以来，黄河冲积扇迅速向东、东北、东南方向扩展，其前缘与东部山东丘陵山地西麓相接处洼地基础上形成的。

3）古黄河流经太行山东麓，在其西侧自然堤与太行山冲积扇之间的扇前洼地，湖沼尤为发育。根据历史文献记载，汉代以前在今华北平原上黄河下游沿岸的著名湖沼

---

① 《尚书·禹贡》豫州"荥波既潴"。

② 《尔雅·释地》："郑有圃田"，为十薮之一。"周礼·职方"豫州："其泽薮曰圃田。"《汉书·地理志》河南郡中牟县："圃田泽在西，豫州薮。"

③ 《左传》昭公二十年："萑苻之泽。"

④ 《左传》定公元年："而田于大陆。"

⑤ 《汉书·地理志》河南郡开封县："逢池在东北，或曰宋之逢泽也。"按此逢池，即战国时魏之"逢陂"，称"逢泽"。宋之逢泽见《左传》哀公十四年，在今商丘附近，即《水经·睢水注》，睢阳（今商丘）城南之"逢洪陂"，详见汉书地理志选释，中国古代地理名著选读，第一辑，科学出版社，1959 年。

⑥ 《尚书·禹贡》豫州："被孟诸。"《尔雅·释地》"宋有孟诸"，为十薮之一。一作望诸泽，见《周礼·职方》。

⑦ 《左传》庄公十二年："秋，宋万弑闵公于蒙泽。"

⑧ 《左传》哀公二十六年："冬，十月，公游于空泽"，《水经·获水注》作"空桐泽"。

⑨ 《尚书·禹贡》豫州："导菏泽。"

⑩ 《尚书·禹贡》兖州："雷夏既泽"。

⑪ 《尚书·禹贡》徐州："大野既潴。"《尔雅·释地》"鲁有大野"，为十薮之一。《周礼·职方》兖州"其泽薮曰大野"。一作巨野泽，见《汉书·沟洫志》。

⑫ 《左传》襄公二十四年"败公徒于阿泽"。杜注："济北东阿县西南有大泽。"

有：黄泽（今河南内黄西）①、鸡泽（今河北永年东）②、大陆泽（今任县迤北一带）③、泒泽（今宁晋东南）④、海泽（今曲周县北境）⑤、皋泽（今宁晋东南）⑥ 等（图 8.16）。

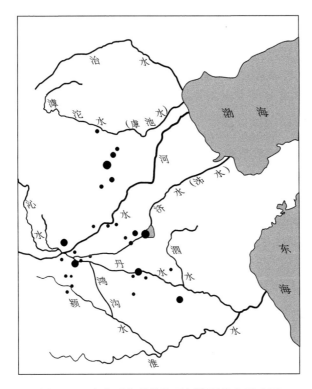

图 8.16　先秦时期黄淮海平原湖沼分布示意图

到了公元 6 世纪，《水经注》里对黄河下游湖泊的记载更为详尽，粗略统计，黄河下游平原上名为湖、泽、薮、陂、塘、渚、渊、池、潭等的，大小有 190 多个，大的周围数百里，小的方圆几里。

这些湖沼中除了部分人工的陂塘外，绝大部分在先秦时期已经存在，不过不见于记载罢了。同时这些湖沼在 9 世纪的唐代《元和郡县志》和 10 世纪的宋初《太平寰宇记》里大部分仍见记载，说明黄河下游平原上这种湖沼分布格局，在历史上大致维持了 1000 多年。

我们根据《水经注》记载的 190 多个湖沼分布地点，可以看出其有明显的分布特点。

---

①　《汉书·沟洫志》贾让言："又内黄界中有泽方数十里，环之有堤。"《后汉书·郡国志》魏郡内黄县"有黄泽"。

②　《左传》襄公三十年："鸡泽之会。"

③　《尚书·禹贡》冀州"大陆既作"。《尔雅·释地》"晋大陆"，为十薮之一。《山海经·北山经》作"泰陆水"。

④　《山海经·北山经》："槐水出焉，而东流注入泒泽。"

⑤　《山海经·北山经》："景水出焉，东南流注于海泽。"

⑥　《山海经·北山经》："肥水出焉，而东南流注于皋泽。"

1）滹沱河以北河北平原北部地区的湖沼。该地区有大小湖沼 20 个，其中天然湖沼占 3/4，人工陂塘占 1/4，按其地理位置，无疑是《山经》大河北岸与太行山东麓冲积扇前缘之间的河间洼地发育形成的，虽然全部未见于先秦文献记载，但其形成于先秦时期是不成问题的。其中最著名的就是位于今北京市西南的督亢陂，战国末年荆轲刺秦王就是带了督亢陂地图作为进献物的，可见其在先秦时代已经存在了。此外，还有夏谦泽、阳城泽、天井泽等都是在鲍丘水、沟水、潞河之间河间洼地上发育而成的。

2）滹沱河以南河北平原中南部的湖沼。本区内湖沼主要集中在滹沱河以南、古清河以北地区，约有大小湖沼 20 个，自西南向东北展布，著名的有大陆泽、泜泽、鸡泽，还有大浦淀、狐狸淀以及武邑、武强间诸湖等，都是由太行山东麓与《山经》、《禹贡》大河西侧堤坝间洼地和汉唐时期滹沱河、漳水、清河间河间洼地发育而成。而清河以南与今黄河之间，却少有湖沼，这与古代黄河下游河道变迁有关，详见下述。

3）古浪汤渠（亦称鸿沟）、汴水以北的豫东北、鲁西南地区的湖沼。本区湖沼主要集中在东汉大河、济水、汴水（大致相当于今废黄河）之间，有大小湖沼近 20 个，都是由河、济、汴、濮诸水的河间洼地发育而成。著名的有大陆泽（吴泽）、巨野泽、孟诸泽、雷泽、菏泽等。巨野泽是本区最大的湖泊，《水经注》记载，"湖泽广大，南通洙泗，北连清济，旧县（巨野）城故正在泽中。"《元和郡县志》记载，泽面东西达 100 里，南北 300 里。

4）古浪汤渠以西、豫西山地东麓的湖沼带。本区内湖沼主要是源出豫西山地各河流，如洧水、溱水等河流下游因古浪汤渠即鸿沟自然堤的阻挡，壅塞成大小湖沼 30 余个，其中不少是人工改造过的灌溉陂塘，著名的有圃田泽、荥泽、洧渊等。其中以圃田泽（今郑州、中牟间）为最大，战国时魏国开鸿沟运河即以此为水源，《水经注》时代其东西 40 余里，南北 20 余里，湖中沙洲密布，分解为 20 多个小湖沼，由上下 24 浦相互沟通；《元和郡县志》时代东西仍有 50 里，南北 26 里。

5）古浪汤渠以东、汴、颍水之间淮河中上游地区湖沼。本区北界大致相当于今废黄河一线，南界包括淮河以南的洪积、冲积平原地区。区内的睢水、涣水、涡水、沙水等，都是从鸿沟分出，东南流入淮河。诸水之间分支众多，互相沟通，其间自然堤、洼地密布相间，于是发育成大小湖沼泽 30 余个，其中不少经人工改造的灌溉陂塘。例如，最大的有汉武帝时代开凿的鸿却陂（今正阳、息县间），引淮水注入洼地形成的人工陂塘，以灌溉附近农田。王莽时大旱，即有人主张修复。东汉时重建，起塘 400 余里，是一个大型人工湖泊。以后由于泥沙的长期充填，至《水经注》时代统一湖沼已解体，分离为多个小陂塘。还有葛陂（今平舆东北）方圆数十里，也是很大的陂塘。这一地区湖沼特别发育的另一原因是其中不少人工陂塘是西晋时邓艾在淮河南北屯田因堤间洼地而修筑的。

6）从渤海湾北岸至苏北沿海的湖沼带。本区的湖沼主要是全新世以来原先浅海区域因沙洲封闭而形成的潟湖，著名的有今天津、宝坻间的雍奴薮，《水经注》记载："其泽野有九十九淀，枝流条分，往往径通"。在莱州湾沿岸有潦水下游河口海湾形成的马常坈（今利津南）；淄水、时水和浊水下游河口海湾形成的巨淀湖（今广饶东）、皮丘坈（今广饶东北）等，都是由于海岸向外推进，沙洲封嘴，最后形成的潟湖。古代苏北海岸线大致即今范公堤一线，《水经注》记载的苏北沿岸湖沼都在此线以内的里下河地区，著名的有射阳湖、博芝湖、白马湖等，都是属潟湖性质。春秋吴王夫差开邗沟，即利用这些湖泊以通航。废黄河以北最大的湖沼则是今沭阳以东、涟水以北、连云港以南的硕濩湖。在《元和郡县志》里有记载，按地理条件，此湖应已存在（图 8.17）。

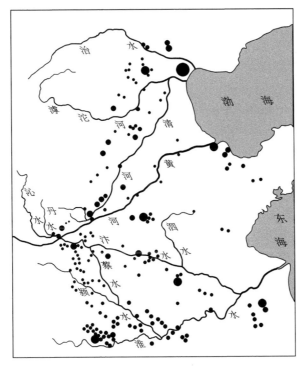

图 8.17　《水经注》时代黄淮海平原湖沼分布示意图

（二）先秦汉唐时期黄河下游平原上湖沼长期稳定的原因分析

据上面可知，从先秦时期至唐代 1000 多年里，黄河下游平原湖沼分布不仅长期稳定，并在数量上有明显的发展趋势，其原因何在？

1）黄河下游平原湖沼的变迁，很大程度上决定黄河下游河道的泛、溢、决、改所带来水沙的再分配。据谭其骧先生研究[①]，先秦时期黄河中游的黄土高原是游牧民族活动场所，畜牧和狩猎为其主要生产方式，原始植被未遭到严重破坏，虽然由于黄土高原环境所决定，水土流失在所难免，故黄河早有"浊河"之称，时长日久，黄河泥沙将《禹贡》大河下游九河逐渐填没，这个过程估计很长，有数百年或千年之久。但当时黄河的含沙量与后代水土流失的严重程度相比，还算是轻微的。故而先秦时期黄河下游平原上见于文献记载的 3 个湖沼带，大多存于后代。秦汉时代北逐匈奴，将黄土高原收入版图，在此移民戍守，屯田开垦，生产方式由畜牧、狩猎转为农耕，并且是数十百万移

---

① 谭其骧：《何以黄河在东汉以后会出现一个长期安流的局面》，《学术月刊》，1962 年第 2 期，收入《长水集》下卷，人民出版社，1987 年。

民的进入,其开垦的程度可以想见。由于水土流失程度明显加剧,故西汉一代河患特为严重。东汉以后,黄土高原长期为游牧民族所居,以农耕为主的汉民族退出,使高原的土地利用方式由农耕地为主转为畜牧为主,水土流失有所改善。从北魏至唐初,由于农耕地域的扩大,黄土高原生产方式由农牧兼营向单一农耕转化,但是这种转化是缓慢的。因此,先秦以来黄河下游平原上的大量湖沼基本上还仍然存在。

2)战国中期黄河下游河道全面筑堤,两岸堤距50里,有足够的宽度可以让泥沙落淤在河滩地,直至西汉末年个别河段才出现地上河现象。在此期间黄河下游曾决出不少分流和汊流,如屯氏河、屯氏别河、张甲河、鸣犊河等,从上游决出,又于下游流入黄河,说明整个河道并未全面成为悬河。这些分流、汊道可以分泄和落淤洪水时泥沙,不至于大量决出堤外,填淤沿河湖沼。东汉王景治河,新道行水顺通,故有800年的安流,当然更不会对平原湖沼有所影响。从《水经注》、《元和郡县志》等文献考察,东汉以后至唐代前期,黄河河道基本稳定,平原湖沼分布格局也是同样基本稳定的。

3)古代人们对水资源是十分重视的。《管子·地员篇》:"地者,万物之本源,诸生之根菀也;水者,地之血气,如经脉之通流者也"。同时认为水是"集于天地,而藏于万物,产于金石,集于诸生,故曰水神。"将水资源提高到"神"的崇高地位。而"泽,水所钟也"。"陂塘汙庳,以钟其美"。[1] 西汉《盐铁论·刺权》:"今夫越之具区,楚之云梦,宋之巨野,齐之孟诸,有国之富而霸王之资也。人君统而守之则强,不禁则亡。"具区(今太湖)、云梦、巨野、孟诸都是当时黄河、长江中下游平原上的大湖泊,而古人竟将湖沼与国家富强兴亡联系在一起,可见对其价值的重视。《周礼·地官·大司徒》有专门管理湖沼的"泽虞"之官,"掌国泽之政令"。《汉书·沟洫志》记载,西汉末年贾让治河三策中提到:"古者立国居民,疆理土地,必遗川泽之分,度水势所不及,大川无防,小川得入,陂障卑下,以为汙泽,使秋水多,得有所休息,左右游波,宽缓而不迫。"认为地表湖沼的存在,有利于调节洪水的蓄泄。以上都说明古代人们在观念上十分重视湖沼的环境效应和经济效应[2]。

4)秦汉以来,黄河下游平原是人口最集中、农业最发达的地区。为了农田水利,西汉以降,不仅利用原有的湖沼进行灌溉,还新修建了不少陂塘以行灌溉,汉成帝时汝淮之间筑堤而成的鸿却陂,就是典型的例子。东汉时期更是在黄淮平原上大兴水利,种植水稻。徐县(今江苏泗洪县南)的蒲阳陂,取虑(今睢宁县西南)的蒲姑陂,"水广二十里",新息、襃信间的青陂,济阴的太寿陂,三国曹魏时期邓艾在颍河南北大兴屯田。"大治诸陂"。文帝时在萧县、相县间兴修郑陂,这些河淮之间人工陂塘,都是这个时期为了发展灌溉农业而兴修的[3]。

以上种种,不仅使先秦以来黄河下游平原的湖沼大部分存留到唐代,并且有逐渐增多的趋势。这就是先秦以来千余年黄河下游平原湖沼景观的基本概貌。

---

① 《国语·周语下》。

② 邹逸麟:《我国古代的环境意识与环境行为》,载《庆祝杨向奎先生教研六十年论文集》,河北教育出版社,1998年。

③ 邹逸麟主编:《黄淮海平原历史地理》,263~265,安徽教育出版社,1997年。

（三）唐宋以后黄河下游湖沼的演变

唐代后期开始黄河中游水土流失加剧，在其后的1000多年里，黄河在华北大平原上不断决溢改道，带来了大量泥沙，引起平原地貌的重大变化。其中湖泊的变迁也是黄河变迁的一个重要侧面。

本节所述的湖沼变迁，主要针对历史上由于黄河下游河道变迁而影响到的湖沼变迁，其区域范围限于大清河、海河以南与黄河下游河道变迁有直接关系的黄淮海平原。这一地区湖沼在唐宋以后变迁的过程比较复杂，择要而言，大体上有三种类型：一是淤填消亡型；二是移动消亡型；三是潴水新生型。

（1）淤填消亡型

这一类型的湖沼主要是因黄河泥沙的填淤，由深变浅，由大变小，加之人工围垦，逐渐埋为平陆。可以豫东南地区的湖沼为代表，因地处黄河下游的上段，历史上为黄河决口多发地段，决后泥沙首先在这一带停滞，所以淤填消亡速度较快。

古代黄河进入下游后，最先出现的湖沼是荥泽，在今荥阳县境。古人说荥泽是由济水溢注而成①。古代河、济相通，荥泽当亦受河水的灌注。济水从河水分出的一部分泥沙，首先在这里停滞，所以淤浅较早。《汉书·地理志》已不记载有荥泽。东汉以后，济、汴一带作了堤防，注入荥泽的水源减少，很快就变成了浅平的洼地②，今已无遗迹可寻。离荥泽不远的圃田泽，在今郑州、中牟间，是古代中原地区著名的浅水湖沼③。战国时梁惠王十年（公元前360年）引河水入圃田泽，又引圃田泽水东流为鸿沟（浪汤渠）以后④，圃田泽成为黄河下游和鸿沟水系之间调节流量的水库。《水经注》时代圃田泽跨中牟、阳武二县，东西40余里，南北20余里，湖中长满了水生植物，中间还有不少沙洲，将湖分隔成20多个浅狭湖沼，各有自己的名称，其间各有津渠相通，总名称为圃田。圃田泽与自河水分流的（即浪汤渠）相互灌注，其积水面积随着河水的消长而消长。唐时圃田泽周围东西50里，南北26里⑤，变化不是很大。宋代圃田泽旧址已分为大小不一的积水陂塘，当时称为"房家、黄家、孟家三陂及三十六陂"，曾作为汴河的水柜（水库），起着调节流量的作用⑥。金代以后汴河淤废，黄河两岸堤防高筑，已成为悬河，古圃田一带的陂塘也逐渐淤浅。元代开始黄河夺颍入淮，郑州、中牟之间低洼地区经常受到黄水的倾注，又积成大片浅水洼地。明万历年间在原圃田泽地区低洼的陂塘竟有150余处，大的周围20里，小的一二里，秋汛时一望无际⑦。以后较高的

---

① 《尚书·禹贡》，"导沇水，东流为济，入于河，溢为荥"。
② 《尚书正义》引郑玄注："今塞为平地。"而《水经·济水注》中仍有荥泽的记载。
③ 《诗·小雅·车攻》"东有甫草，驾言行狩"。郑玄注："甫草者甫田之草也。郑有甫田。"《水经·渠水注》载圃田泽为"郑隰之渊薮"。
④ 《水经·渠水注》引《竹书纪年》。
⑤ 《元和郡县志》卷八郑州中牟县。
⑥ 《宋史》卷九四《河渠志四·汴河下》。
⑦ 同治《中牟县志》卷九艺文上引明陈幼学《阿工甲文节略》。

滩地被垦为田，较低处仍蓄为沼泽。清乾隆分为东西二泽，周围尚有不少小型陂塘①。以后垦田发展，逐渐成为平陆。

商丘县东北接虞城县的孟诸泽，也是古代黄河下游重要浅水湖沼。《左传》有所谓"孟诸之麋"②，杜预说"水草之交曰麋"，说明湖沼中长满了水生植物。唐时周围有 50 里③。宋代以后正当黄河冲决漫流所经，所以很快就淤废了。孟诸泽附近还有一个蒙泽，也是宋代以后淤平的。山东定陶附近的菏泽，原为济水所汇，唐前期还有记载④。以后济水断流，菏水又为黄河泛道，菏泽也为泥沙淤平而消失。雷夏泽在北魏时东西 20 余里，南北 15 里⑤。宋以后黄河经常决于曹濮一带，雷夏泽也随之淤平。其他河淮之间还有许多浅水湖沼，都是由于黄河长期南泛，先后被淤为平陆。例如，开封城自元明以来曾 7 次被河水所没，据开封市博物馆探测，宋代开封地面在今开封市下 10m，其泥沙量之大可以想见。故开封附近的逢泽、好草陂、雾贾陂、西贾陂，以及睢水上游的白羊陂（今河南杞县东）、下游的澤湖（今安徽宿州市东北）⑥，获水下游的丰西泽（今江苏丰县附近）⑦ 等，大多只存在到唐宋时代，宋以后黄河长期南泛，所过之处，"使陂泺悉为陆地"⑧。这些湖沼都在地面上消失了。

苏北滨海平原上的硕濩湖、射阳湖，原是海湾封闭后的潟湖。金元以后，黄河长期夺淮，输入河口地区的泥沙与日俱增，淮河下游河口地带的湖沼，由逐渐沼泽化而至于消亡。

(2) 移动消亡型

这一类型湖沼先是受黄河泥沙充填而淤高，但由于来水条件未变，水体向下游相对低洼处移动，后因来水短缺，又经人为垦殖，最终变为农田。由于黄河的变迁而使平原湖沼从上游向下游移动比较典型的是河南的巨野泽和河北的大陆泽。

1) 巨野泽，又名大野泽，是宋代以前与黄河变迁关系最密切的一个湖沼，地处今山东巨野县西北，山东地垒西侧的低洼地带。古时为济、濮二水所汇。先秦时期已经存在。西汉武帝元光三年河决瓠子口（今河南濮阳市西南），洪水决入巨野泽，元封二年汉武帝亲临河干堵塞瓠子决口，作歌云："吾山平兮巨野溢"，吾山，即今鱼山，在今山东东阿县南黄河北岸。说明这次洪水波及的地域广大，北面淹过了今东平湖，一直到今黄河北岸的鱼山。洪水退后，巨野泽有所缩小。南北朝时，巨野泽南面受济、濮二水注入，北面有汶水注入，湖面仍十分辽阔。但北面岸线在今梁山南⑨。唐朝时，巨野泽南

---

① 乾隆《郑州志》卷二《舆地志》。
② 《左传》僖公二十八年。
③ 《元和郡县志》卷七宋州虞城县。
④ 《史记·夏本纪》正义引《括地志》。
⑤ 《水经·瓠子河注》。
⑥ 《水经·睢水注》。
⑦ 《水经·获水注》。
⑧ 《元史》卷六五《河渠志二·黄河二》：武宗至大三年十一月河北河南廉访司言。
⑨ 《水经·济水注》："何承天曰：巨野湖泽广大，北连济清，南通洙泗，旧县故城正在泽中。"

北 300 里，东西百余里①。公元 944 年（后晋开运元年）黄河在滑州决口，东流侵汴、曹、濮、单、郓五州之境，洪水环梁山合于汶水。梁山原在巨野泽的北岸，因巨野泽南部湖底淤高，洪水遂向相对低洼的梁山周围地区移动，最后环梁山而蓄汇于此，形成了著名的梁山泊②。1019 年（宋天禧三年）、1077 年（熙宁十年）两次河决，都从澶、滑东注梁山泊③，湖面又不断扩大，"绵亘数百里"④。俗称"八百里梁山泊"正是当时湖面巨顷浩渺的反映。南宋建炎二年（1128 年）东京留守司杜充为阻金兵南进，在河南滑县西南人为扒开河堤，使黄河东南决入泗水，由泗入淮。到了金代，梁山泊因来水短缺，逐渐枯涸，露出滩地，为官民所垦⑤。金明昌年间，黄河又多次北决，曾经想将梁山泊作为滞洪区，结果因梁山泊内已有屯田军户，且滩地淤高而罢⑥。元代黄河又多次北决入梁山泊地区，水域有所扩大。元末黄河一次北决，水域北包安山（今山东梁山县北小安山镇），这时梁山泊湖底淤高，洪水向其北安山推移，形成了元代的安山湖⑦。明代前期梁山泊还是一大片浅水洼地，可作黄河北决的泄洪池⑧。以后黄河长期由淮入海，北岸多筑堤防，不使北决，梁山泊来水短缺，渐为沿湖居民垦为农田。清康熙初年，梁山周围全成平陆，"村落比密，塍畴交错。居人以桔槔灌禾，一溪一泉不可得，其险无可恃者"⑨。

安山湖位于东平州西南，北临漕河，原系元末梁山泊湖水下移至安山以洼地形成的，明永乐初复治会通河后定为水柜，开始不过是一片天然洼地，并未采取任何措施。直至正统三年（1438 年）才开始建闸蓄水。初未经实勘，泛称"萦回百余里"，至弘治十三年（1500 年）踏勘四界，周围实 80 里余，才立界碑，裁植柳株⑩。以后由于黄河的多次决入，大量泥沙进入湖区，湖边出更大片滩地，地方官吏为了增加赋税，竟然"许民佃种"，于是没有多久，"百里湖地尽成麦田"⑪。嘉靖六年（1527 年）在湖中心水域周围筑堤，仅 10 余里⑫。隆庆以后，湖区日益缩小。至万历三年（1575 年）再次丈量时，安山湖区 2/3 已被垦为农田，"满湖成田，禾黍相望"⑪。崇祯时安山湖已"尽为平陆"⑬。清顺治年间河决荆隆口，东北泛张秋，安山湖又被淤上了一层河泥⑭。雍正年间曾想复安山湖为水柜，因测得湖底低于运河，不再可能放水入运，又无泉源灌注，遂

① 《元和郡县志》：郓州，"寿张县……梁山在县南三十五里。""巨野县，……大野泽，一名巨野，在县东五里，南北三百里，东西百余里"。

② 《旧五代史》卷八二《晋少常纪二》、《行水金鉴》卷九引《谷山笔麈》。

③ 《宋史》卷九一《河渠志一·黄河上》。

④ 《宋史》卷一六八《宦者杨戬传》。

⑤ 《金史》卷四七《食货志二》大定二十一年八月尚书省奏。

⑥ 《金史》卷二七《河渠志·黄河》。

⑦ 《元史》卷六五《河渠志二·黄河》："今水势趋下，有复巨野、梁山之意。"

⑧ 《明史》卷八三《河渠志一·黄河上》景泰四年徐有贞上治河三策："其外有八十里梁山泊可恃以为泄。""八十里"，《明经世文编》卷三七徐有贞《言沙湾治河三策疏》作"八百里"。

⑨ 康熙《寿张县志》艺文志：曹玉珂《过梁山记》。

⑩ ［明］刘天和：《问水集》卷二《闸河诸湖》安山湖条。

⑪ 《河防一览》卷一四常居敬《请复湖地疏》。

⑫ 《问水集》卷二《闸河诸湖》。

⑬ 《行水金鉴》卷一三二《崇祯长编》崇祯十四年。

⑭ 《行水金鉴》卷一四五《山东全河备考》。

于乾隆十四年（1749年）定认垦科，"湖内遂无隙地矣"①。

从历史变迁过程来看，从巨野泽到梁山泊再到安山湖，是一脉相承发展过来的，都是鲁西南地区积水，因黄河决流及人为开垦所造成水体不断北移。最后因人为垦殖，淤为平陆。

2）大陆泽，原为河北平原西部太行山冲积扇和黄河故道之间的一片洼地。先秦时期为《禹贡》大河所汇潴，其范围相当广大，大致有今北起深州市、南至巨鹿县间数县的境域。以后由于滹沱河冲积扇前缘的推进，被分隔成东北和西南两部分②。《禹贡》大河断流后，西南部在《汉书·地理志》里为漳北、泜南诸水所汇，范围限于今任县、平乡、隆尧、巨鹿之间。《水经注》以后，漳水改经泽西，自太行山流下来诸水都被漳水挟而北去，不再流入大陆泽。到了唐代后期，因来水短缺，西南部分面积仅"东西二十里，南北三十里，葭芦、菱莲、鱼蟹之类充仞其中"③，成为处于日渐干涸的浅沼。东北部分尚存，亦名大陆泽④。1108年（宋大观二年）黄河北流于邢州决口，洪水陷没了巨鹿县城，并波及隆平县（今隆尧县）⑤。处于两县之间的大陆泽当然也受河水的灌注。1919年在今巨鹿县地下7m多处发现了宋代巨鹿古城⑥，说明这次洪水含沙量很高。大陆泽也必受其影响，湖底抬高，洪水顺着葫芦河（今滏阳河）逐渐向下游相对低洼处排泄，形成今宁晋东南的宁晋泊。而东北部的大陆泽当因滹沱河冲积扇的推移而消失。

在大陆泽下游，今宁晋县东南，原有泜泽和皋泽两个湖泊，为《山经》中自太行山东来的肥水（今洨河）、槐水、泜水所注，因大河西岸天然堤阻塞而成。《水经·浊漳水注》作"泜湖"。北宋末年以后又为大陆泽水下移停潴之所。到明代又为滹沱河南徙的洪水所注，因下游排水不畅，遂扩大成宁晋泊⑦。

明、清时代洪水季节宁晋泊和大陆泽连成一片，合称大陆泽，枯水季节分成两部分，宁晋泊称为北泊，大陆泽称为南泊。清代治理这一带水患的方针是将南泊的水排入北泊，北泊的水走滏阳河、滹沱河，由子牙河入东淀⑧。所以北泊逐渐大于南泊。清雍正年间在正定、顺德、广平三府广开稻田，将原来流入大陆泽诸水引流灌溉，大陆泽来水减弱⑨。道光年间大陆泽在任县不过一泓宛在。宁晋泊受滹沱河南决的灌淤也不免淤高⑩。两泊的积水都不断排入东淀，使历史上著名的大陆泽渐趋消亡。

（3）潴水新生型

这一类型湖沼原为低洼地，后受来水灌注，因下游宣泄不畅，壅塞成新的湖沼。这

---

① 俞正燮：《会通河水道记》，载《小方壶斋舆地丛钞》第4帙。
② 张修桂：《中国历史地貌与古地图研究》，404页，社会科学文献出版社，2006年。
③ 《元和郡县志》卷一五《河东道四》邢州巨鹿县。
④ 《元和郡县志》卷一七《河北道二》深州陆泽（今深州市）："此县南三里即大陆之泽"。鹿城（今辛集市）："大陆泽在县南十里"。
⑤ 《宋史》卷九三《河渠志三·黄河下》。
⑥ 梁启超："中国历史研究法"第四章。
⑦ 《嘉庆重修大清一统志》赵州直隶州山川，胡卢河。
⑧ ［清］陈仪：《直隶河渠书》，载《畿辅河道水利丛书》。
⑨ 《水利营田图说》，载《畿辅河道水利丛书》。
⑩ ［清］吴邦庆：《畿辅河道管见》，载《畿辅河道水利丛书》。

可以鲁北的东平湖、鲁南苏北南四湖和洪泽湖、高宝诸湖以及沿淮诸湖为代表。

1) 东平湖。今东平湖水源主要来自大汶河（上中游）、大清河（下游）。大汶河在明清时是山东运河（会通河）的主要水源，在汶上县境内用工程，遏汶水西南流入会通河，以济运河。一部分水流按原道西北流，下游为大清河，在山东利津入海。1855 年黄河在铜瓦厢决口，东北夺大清河在山东利津入海，运河冲断被毁，大汶河恢复故道西北流入黄河（即原大清河道）。以后黄河河道淤高，大清河不能进入黄河，逐在黄河堤南壅塞东平洼地。1958 年将湖区向南扩展，修建了东平湖水库，以备黄河泄洪之用。新老湖区共占地 600km²，以"有洪蓄洪，无洪生产"为原则。今为山东省第二大淡水湖泊和渔业基地。

2) 鲁南苏北南四湖。南四湖北起济宁市南小口门，南至徐州市以北的蔺家坝，南北约 110km。原来为古代的泗水河道，是明中叶以后逐渐离开故道演变而成的。古泗水是沿着山东地垒西缘和黄河冲积扇东缘之间低洼地带南流入淮。自西汉开始，泗水曾多次为黄河所夺，长期泥沙的淤积致使下游河道有所壅塞，所以在隋代兖州城（今山东兖州市）南曾出现过大泽①。这就是大运河在济宁以南南阳、独山、昭阳、微山四湖的滥觞。金、元以后，黄河长期夺泗入淮，泗水河床日益抬高，出现一系列背河洼地，西面受黄河的漫决，东面承接鲁中丘陵的山水，南面山地丘陵的阻挡，于是济宁、徐州之间的南四湖逐渐形成。

南四湖中昭阳湖出现最早，元时称为山阳湖或刁阳湖。明初重开会通河后，济宁以南只有昭阳湖，在运河的东岸，是运河四大水柜之一。成化年间开永通河，将南旺西湖的水引往东南流，至鱼台县东北南阳闸北入运，积水成为南阳湖。开始时湖面并不大，以后由于泗水下游三角洲的延伸，南阳湖水不能顺利排入昭阳湖，遂使湖面不断扩大。隆庆元年（1567 年）开南阳新河成，运道改经南阳湖东出，经昭阳湖东岸南下，于是在南阳湖以东运河东岸的独山坡下的低洼处，阻截了来自东面的诸山水而形成了独山湖。嘉靖初开始黄河不断决入沛县、鱼台一带，黄水漫过运河灌入昭阳湖，使湖底淤高，湖面扩大。隆庆元年开南阳新河后，运河改经昭阳湖东②，地势又高于昭阳湖，于是昭阳湖即失去济运水柜的作用③。当时因为鲁中丘陵山水具有夏秋暴涨、春冬干涸的特点，故而将运东地势较高的各湖，设作水柜，"柜以蓄泉"，将运西地势较低的各湖，立为"水壑"，备以泄涨④。因此当运河改流经昭阳湖东以后，昭阳湖既是东面运河的"水壑"，又是西面黄河决流的"散衍之区"。结果使昭阳湖湖面不断扩大。清乾隆年间周围扩展至 180 里⑤。

微山湖形成较晚，约在明代隆庆万历年间，黄河东决，漫运而东，在运东和山东丘陵之间的背河洼地中形成一连串小湖泊，有郗山、赤山、微山、吕孟、张庄等名。1604年（万历三十二年）伽河修成后，运河再度东移于微山之东，这些小湖泊遂隔在新运河之西。沿运西岸设立很多闸门，运东山洪暴发，即将洪水宣泄于运西洼地，而西面又常

---

① 《隋书》卷五六《薛胄传》。
② 《明史》卷八五《河渠志三·运河上》。
③ 邹逸麟：《山东运河历史地理问题初探》，《历史地理》创刊号，1982 年。
④ 《明穆宗实录》卷三一，隆庆三年四月丁丑翁大立言。
⑤ 《山东运河备览》卷四昭阳湖。

有黄河东决，洪水都停潴于此，北面有南阳、昭阳等湖水的下泄，三股水源汇集于此，于是原称连串的一系列小湖泊就连成一片，北接昭阳湖，南以徐州东北至韩庄间丘陵地带为限，总称为微山湖；由于黄河又不断决入，尾闾宣泄不畅，湖区迅速扩展。清时微山湖周围百余连里，鲁西南地区各州县之水都汇入微山湖，为"兖徐间一巨浸"[①]，与北面昭阳湖之间无明确界线。清季黄河改流由山东入海，昭阳、微山等湖因地势低洼，仍为茫茫巨浸。微山湖水位抬高后，影响到南阳、独山、昭阳等湖的下泄，于是南四湖水位普遍抬高。民国初年，南阳湖低水位时面积 54km²，独山湖 190km²，昭阳湖 165km²，微山湖 480km²。总计约 890km²。由于泥沙的沉积，湖水一般很浅。低水位时平均深度在 1m 上下，洪水时平均深度在 2m 上下[②]。故洪水时常易漫溢，为近代洪涝灾害最严重地区之一。1938 年花园口改道后，微山湖面积曾有缩小，1947 年河归山东后，湖面恢复原状，可见湖水还受到黄河地下水的补给。

3）洪泽湖。洪泽湖原为一凹陷盆地，全新世以来一直处于沉降中。三国曹魏以来存在着一些小陂塘，如白水陂、破釜塘等，为三国时邓艾所修以溉屯田[③]。唐代曾在白水塘开置屯田[④]。宋代在今洪泽湖东北部的洪泽镇，是南北交通的水陆驿站，置有巡检[⑤]。当时曾在淮河南岸的淮阴和盱眙龟山之间开凿了洪泽运河和龟山运河，以避长淮之险[⑥]。可见淮水与南岸诸湖尚未连成一片。金元以后，黄河南侵，淮河下游入海段为黄河所夺，河床抬高，河淮交汇的清口淤塞，下流不畅，积水即在洪泽一带将原来的零星湖沼洼地连成一片。但元代湖面还不是很大，还经常在洪泽进行屯田，引水灌田[⑦]。明初"白水塘不修，水无所制，汇成洪泽湖，民田尽付汪洋。又自元迄明，黄河往往溃决入淮，久之遂成巨浸。于是会万家湖、湖泥墩湖、富陵湖总为一湖，几与云梦、震泽相埒"[⑧]。明永乐年间在洪泽湖东岸筑高家堰，以捍御淮水东侵，自后洪泽湖逐渐向北和西扩展，不仅湖淮之间不存在陆地，并逾淮侵及北岸。万历年间潘季驯曾修筑高家堰，改为石砌堤堰，抬高洪泽湖水位，蓄清刷黄，遂使淮河上中游水流都蓄积在这里，湖面迅速扩大。清康熙前期靳辅治河时，湖周围 300 余里，湖面高于黄河水面，经常保持 5～6 尺[⑨]。乾隆年间汛期往往为 10～14 尺[⑩]，水势涨落起伏很大。

洪泽湖因东面有高家堰，西南有老子山等丘陵的限制，所以湖面主要向西北两个方向扩展。向西扩展最突出的就是 1680 年（康熙十九年）泗州城的沦没[⑪]。原来泗州城和盱眙县隔淮相对，至此盱眙对岸成了一片汪洋。向北扩展的结果使原来泗水、汴水、潼河入淮的一些古河道淹没为溧河、安河、成子三大洼地，与洪泽湖连成一

---

① 《治河方略》卷四《湖考》。
② 武同举：《两轩賸语·会勘江北运河日记》，民国十六年印。
③ 《太平寰宇记》卷一二四楚州宝应县。
④ 《新唐书·地理志》楚州。
⑤ ［宋］欧阳修：《于役志》，载《欧阳文忠公集》卷一二五。
⑥ 《宋史》卷九六《河渠志六·东南诸水上》。
⑦ 《元史》各本纪。
⑧ 《续行水金鉴》卷五一《山阳县志》。
⑨ 《治河方略》卷二高家堰。
⑩ 《河渠纪闻》卷二六，乾隆三十四年五月条。
⑪ 《嘉庆重修大清一统志》卷一三四《泗州直隶州·山川》淮水条。

片。明、清时由于黄河长期倒灌入湖，兼之淮水下泄不畅，泥沙淤积使湖底抬高，湖面也随之抬高，就在高家堰上开口门将湖水排入江淮之间。洪泽湖的东北部，即清口西南河水倒灌入湖时泥沙首先停滞的湖面先淤出平地，湖线内缩，北面三洼因地势较高又渐涸露①。"洪泽湖底渐成平陆"②。清末洪泽湖北部湖面淤成陆地，水线内缩30余里③。全湖之水由蒋坝镇三河口入里下河地区。洪泽湖平水位时湖面高于海面10m，高水位时可达14m多，而里下河地区海拔仅2m左右，靠高家堰一线为障，对里下河地区威胁极大。

据《水经·淮水注》记载，江淮之间运河两岸原已存在不少湖泊，有武广、陆阳、樊梁、博芝、射阳、白马、津湖等。当时运河多贯湖而过，湖河不分。南宋时曾在湖东筑堤，"以为潴泄"④，这是湖河分隔之始。金元以后，黄河南泛，倒灌入洪泽湖，湖水屡次决破高家堰泻入运西诸湖，大大增加了运西诸湖的积水面积。例如，1575年（明万历三年）黄河暴涨，倒灌洪泽湖，又决入山阳、高宝之间，"向来湖水不逾五尺，堤仅七尺，今堤加丈二，而水更过之"⑤。自后因清口淤塞，黄河经常由运西诸湖排入长江或大海，遂使江淮之间湖泊面积日益扩大。

另外，洪泽湖基准面抬高后，淮水干流上游坡降减弱，各支流排入淮河的水流在汛期往往因去水不畅出现倒灌，溢于两岸。长久不退，田地淹没，逐渐形成湖泊，如清代浍河"两岸高滩中，有沙洲数处，皆黄水经过所致。父老犹有知其故者，每岁夏秋水发，淮涨于下，则浍涨于上，固镇桥面水深三四尺，河湾洼地被淹，下流顺河集一带，渐进五河口，淮水倒灌，受害尤甚"⑥。这就是今天淮河两岸支流的下游多有湖泊的原因，在南岸有霍邱县东汲河下游壅塞而成的城东湖，霍邱县西沣河下游壅塞而成的城西湖，寿县以东肥水下游壅塞而成瓦埠湖，北岸的茨河、北淝河、浍河、沱河下游的一些湖泊，如花园湖、天井湖、沱湖、香涧湖等，历史上都不见记载，均为明清两代先后生成。清康熙年间为沿淮湖沼生成最活跃时代，以后因来水缺乏，或人工垦殖而埋废或缩小，前后变化很大（图8.18）。

综上所述，对历史时期黄河下游河道变迁而引起的湖沼演变的过程，大体可归纳下列几点：①主要水源虽非来自黄河，但历史时期经常受到黄河的灌淤，大量泥沙首先在湖泊的上部淤高，迫使水体向相对低洼的地区推移，加上人为的排泄，于是产生湖区下移的现象，河北平原上大陆泽和鲁西的巨野泽大体即是此种情况。②主要水源来自黄河或黄河的分流（包括黄河或分流地下的补给），历史时期连续受到黄河的侵夺，或长期承受河水的排入，沉积了大量泥沙，以后黄河筑堤或改道，水源显著减弱或甚至断绝，原已长满水草十分淤浅的湖沼，由于自然葑淤和人为垦殖的双重作用，完全变为平地。黄淮平原上的许多湖沼的演变大体是这种类型。③原来是河流、积水所汇集的沼泽洼地和湖泊，受到黄河的决灌以后，水体不断扩展。以后黄河虽已改道，但原来的来水条件

① 《续行水金鉴》卷六引《硃批谕旨》。

② 《清史稿·河渠志一·黄河》。

③ 《淮系年表·全淮水道编》。

④ 《宋史》卷九七《·河渠志七·东南诸水下》淮南诸水条。

⑤ 《明史》卷八四《河渠志二·黄河下》。

⑥ 《续行水金鉴》卷五一淮水引《灵璧县志》。

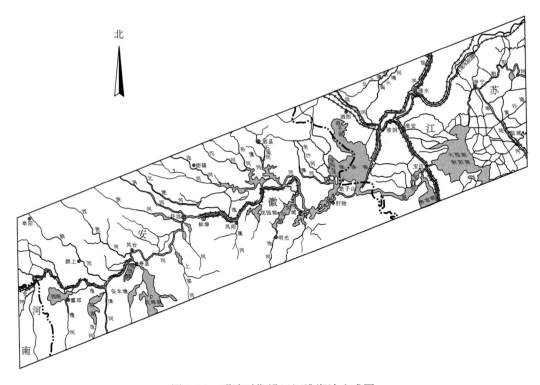

图 8.18　明清时期沿运河淮湖泊生成图

未变，而尾闾因受黄河泥沙的淤高，下泄不畅，湖区的缩小就十分缓慢。鲁西南四湖和淮河下游的洪泽湖，就是这种类型。④原为淮河支流的下游入淮河段，由于淮河下游受黄河阻塞而排泄不畅，河床淤高，各支流入淮河口亦因壅水而泛滥于两岸低地成湖。淮河长期淤高，这些湖沼也久不消除。

三、黄河下游平原的环境灾害

历史时期黄河下游河道长期决口、泛滥和改道，对下游平原地区的地理面貌和社会经济生活产生过巨大影响。每次决口、改道所造成为洪涝灾害，自不待言。洪水过后，在平原上沉积了大量泥沙，也造成极为严重的后果。它扰乱了平原上的自然水系，如填平了天然湖泊，淤浅了自然的河流，同时又使原先洼地因积水难排而淤塞为湖泊（上面已述）。由此种种，加重了平原地貌的复杂化，造成排水不良，以至于引起土壤的盐碱化。总之，完全打乱了平原地区原先的生态环境，对社会经济生活产生过严重恶劣的影响。

（一）洪涝灾害

历史上黄河每次决口洪水淹没了大片土地，吞噬了无数的城镇和田园，夺取了千百万人民的生命，在黄河流域的历史上制造了无数的悲剧。西汉武帝时河决瓠子，洪水泛滥所及达 16 个郡，相当于今豫东、鲁西南、淮北、苏北等广大地区，历时 20 余年，"城郭坏沮，稸积飘流，百姓木栖，千里无庐"①。成帝时黄河在馆陶和东郡一带决口，洪水泛滥四郡 32 县，受灾面积达 15 万余顷，平地水深至 3 尺，"坏官亭室庐四万所"②。西汉末年王莽时黄河决口，河南的济、汴之间，洪水泛滥达 60 余年，西汉以来所修的河堤、水门，"皆在水中"，全遭破坏③。平原地区长期为洪水泛滥游荡，遂使"水行地上，湊润上彻，民则病湿气，木皆立枯，卤不生谷"④。河汴之间土地大片盐碱化，直到 60 年后王景治河，理顺了河道，排水条件改善后，才有可能逐渐脱碱，这对淮北平原的农业生产带来很大损失。

北宋一代河患特多，如天禧三年（1019 年）黄河在滑州城西北天台山旁水溢，接着又于城西南决口，洪水波及澶、濮、郓、济、单等地至徐州与清河合，相当于今豫东、鲁西南地区，受灾达 32 州县，沿水城市都受水"浸城壁，不没者四板"。次年六月复决天台山旁，"害如三年而益甚"⑤。庆历八年（1048 年）后，北宋朝廷内长期有北流、东流之争，河流反复在河北平原上来回滚动达 80 年之久，生灵涂炭。其中熙宁十年（1077 年）黄河在澶州曹村决口，分南北清河入海，"凡坏郡县五十五，官亭、民舍数万，田三万余顷"⑥；正溜夺南清河（即泗水）入淮，流经徐州城下，水深达二丈八尺。当时徐州刺史苏轼有诗云："岁严霜重水归壑，但见屋瓦留沙痕。"⑦ 可见洪水没入城内，而且全城被淹。大观二年（1108 年）秋，黄河北决，整个巨鹿县被淹，成了东方庞贝城⑥。

金元时期河患频繁，且极混乱，长期多股分流，主要发生在河淮间，淮北平原生态环境恶化，实始于此时。最严重的是至正四年（1344 年）一次，河决曹县白茅堤，今鲁西北、淮北地区以及会通河、北清河沿线州县全遭水患。当时有人写下了反映这次灾情的诗句，其中有"季来河流失故道，垫溺村墟决城堡，人家坟墓无处寻，千里放船行树杪"⑧，可见灾情之严重。

明代河患更甚。景泰三年（1452 年）六月河水北决，冲溃沙湾，会通河受阻，排水不畅，从徐州至济宁间，平地水高一丈，沿河民居皆圯。天顺五年（1461 年）七月黄河决破开封土城，于是筑砖城以御之。越三日，砖城亦溃，洪水入城，水深丈余。周王府后宫及官民乘筏以避。城中死者无算⑨。崇祯十五年（1642 年）李自成起义军围攻开封城，明河南巡抚高名衡扒开城北河堤，企图水淹起义军，结果洪水没入开封城，城内 37.8 万多居民，被淹死者达 34 万人。

进入清代，黄河决口后造成的洪涝灾害，有增无减。水利水电科学研究院根据国家第一历史档案馆所藏 1736～1911 年（乾隆元年至宣统三年）间部分"宫中"、"朱批"

---

① ［汉］桓谭《盐铁论·申韩》。
② 《汉书》卷二九《沟洫志》。
③ 《水经》卷五《河水注》。
④ 《汉书》卷二九《沟洫志》贾让言。
⑤ 《宋史》卷九一《河渠志一黄河》、《宋史》卷六一《五行志一上》。
⑥ 《宋史》卷六一《五行志一上》。
⑦ ［宋］苏轼：《河复诗并序》，《东坡七集》卷八。
⑧ ［元］廼贤：《新堤谣》，见《诵芬室丛刊·金台集二》。
⑨ 《明史》卷二八《五行志一》。

及"军机处录副"整编的《清代黄河流域洪涝档案史料》①，所反映的清代 176 年在黄河流域发生的洪涝灾害总计有 3407 县次（其中上游区 738 县次，中游区 1398 县次，下游区 1271 县次）。在下游地区发生的 1271 次洪涝灾害，绝大部分是由黄河决溢所造成的，即便不是直接由黄河决溢所成，也是因为黄河的决溢改迁，造成平原水系的紊乱、淤废，遇地区降水过多，积水难排而引起的。例如，乾隆三十一年（1766 年）河南巡抚阿思哈奏云："夏邑古称下邑，地势最洼。康熙四年（1665 年）河决城圮，大堤以内皆成汪洋，城中半为水占，其外高内低之形势过于仪封、考城。询之土人云：康熙三十五年（1696 年）、六十一年（1722 年）消落两次，皆不数月而汪洋如旧。乾隆二十三年（1758 年）前令观音保于堤外开浚水沟，拨夫车戽，欲挽积水引入毛河，救治月余，仅消尺许，无效而止。总因下游河道势高不能宣泄，以上三县城垣多被浸泡倾颓不堪"②。乾隆二十六年（1761 年）夏，黄河中游洪水频发，下游河道宣泄不及，多处决口（上文已提及），山东境内曹州府之曹县、城武、定陶、菏泽、巨野、单县、金乡、鱼台、济宁等州县，均被水灾③。七月十九日（8 月 18 日）洪水"水势直趋曹县城下"，二十日"黄水奔腾灌注，将西门冲开，城内水陡涨丈余，衙署民房半皆坍塌，四乡亦有淹没"。④河南境内受灾最重，开封、兰阳、封丘等城均为洪水所围，兰阳城于十九日午时，"城垣坍塌，水能入城，衙署、仓库、监狱以及城乡、庐舍俱被淹没浸倒塌，人口亦多伤损，田禾淹没"。事后统计，这次受灾达 35 州县之多⑤。嘉庆十六年（1811 年）黄河在萧南厅属段漫溢，洪水淹及河南虞城、夏邑、永城三县，三县附近各村庄"平地水深四五寸及八九寸、尺余不等，田禾被水淹没"。其中永城县受灾最重，7/10 土地被淹。洪水顺着涡、灉等河入淮，沿线"横流四溢"，成灾严重⑥。道光二十一年（1841 年）夏历六月十六日，开封地区张湾地方黄河大堤被洪水冲决，开封城被洪水所围，先是堵闭五门，后因南门未能堵好，洪水冲入城内，"人民倒毙过半，房屋倒坏无数，省城墙垣坍塌一半"⑦。"城内积水，各街已深四、五、六尺不等，衙门及臬司、府、县署，俱皆被淹，惟藩司、粮道衙门未经淹及"⑧。道光二十三年（1843 年）黄河决口，造成我国近代史上最大一次黄灾，据当时统计，"其受水最重者，豫省之中牟、祥符、尉氏、通许、陈留、淮宁、扶沟、西华、太康，皖省之太和。其次重者，豫省之杞县、鹿邑，皖省之阜阳、颍上、凤台。其较轻者，豫省之沈丘、皖省之霍邱、亳州。其波及旋涡勘不成灾者，豫省之郑州、商水、项城，皖省之蒙城、凤阳、寿州、灵璧。其本受淮水侵占，黄水因以波及者，怀远、五河、盱眙"⑨。

　　明清时期南决，下游排水不畅，积潦难泄，使整个淮河流域城市都有水涝之灾。典型的是康熙十九年整个泗州城被淮河洪水淹没的事件，使千年的泗州城永远淹于水下。

　　① 水利水电科学院：《清代淮河流域洪涝档案史料》，15 页，中华书局，1993 年。
　　② 水利水电科学院：《清代淮河流域洪涝档案史料》，309 页，中华书局，1988 年。
　　③ 水利水电科学院：《清代黄河流域洪涝档案史料》，242 页，中华书局，1993 年。
　　④ 水利水电科学院：《清代黄河流域洪涝档案史料》，232 页，中华书局，1993 年。
　　⑤ 水利水电科学院：《清代黄河流域洪涝档案史料》，236～238，中华书局，1993 年。
　　⑥ 水利水电科学院：《清代淮河流域洪涝档案史料》，479～483，中华书局，1988 年。
　　⑦ 水利水电科学院：《清代黄河流域洪涝档案史料》，627 页，中华书局，1993 年。
　　⑧ 水利水电科学院：《清代淮河流域洪涝档案史料》，621 页，中华书局，1988 年。
　　⑨ 水利水电科学院：《清代黄河流域洪涝档案史料》，630 页，中华书局，1993 年。

又如怀远县，"涡河则绕其北，经县东入淮，谓之涡口。此水之大者也。其小者则有天河、洛河、泥河、清沟河、洱河、芡河、塌河诸小河，周旋萦迴，其地洼下，淮涨则城内水深数尺，水退则城内井汲为艰"[1]。

1855 年河南兰阳铜瓦厢决口，洪水先向西北斜注淹及封丘、祥符两县村庄，以后再折向东北漫注兰仪、考城以及直隶长垣等县各村庄，行至长垣县属之兰通集，分为三股：一股由赵王河走山东曹州府迤南下注，其余两股由直隶东明县南北二门外分注，经山东濮州、范县境内，均至张秋镇汇流穿运，总归大清河入海[2]。洪水在山东"菏泽、濮州以下，寿张、东阿以上，尽被淹没，他如东平等十数州县，亦均被波及，遍野哀鸿"[3]。当时由于朝廷内对维持新道还是河复故道意见不一，再加太平军起义，朝廷无暇顾及治河，任洪水在豫东、鲁西南地区泛滥达 20 余年之久，民生之苦，可以想见。以后下游河道全面筑堤，河南境内仍不免有决口之患，光绪十三年（1887 年）黄河在郑州决口，洪水夺溜经涡、颍入淮，又漫入洪泽湖，从扬州府东台县入海，洪水所过，尽为鱼鳖。"三省（豫、皖、苏）地面约二三十州县，尽在洪流巨浸之中，田庐人口漂没无算。而里下河一带富庶之区，适当其冲，行见粮盐俱坏……财赋之地沦为泽国"[4]。进入山东境内的黄河，虽因两岸有丘陵山冈夹峙，没有发生重大改道，然因河道狭窄，泥沙淤高，洪水季节常泛滥于两岸，经久不退。例如，光绪十八年（1892 年）十一月初七福润奏报，时"黄河下游青城、滨州、蒲台、利津及上游历城、章丘、济阳等州县，夹河以内村庄终年浸于黄流，民情困苦"。是因该年"伏秋大汛，黄水涨发，夹河以内，一片汪洋"。结果"迁出历城、章丘、济阳、齐东、青城、滨州、蒲台、利津八州县灾民三万三千二百九十七户，计三百五十村庄"[5]。可见受灾之严重。

进入民国，军阀混战，河政不修，河患不息。1933 年 8 月初，黄河在河南省境内决口达 104 处，温县、武陟、封丘、长垣、兰考、东明数县罹灾，受灾最严重为长垣县，受灾地区占全县 9/10，延续时间 8 个多月，灾民多至 320 万[6]。

1938 年国民党为了阻挡日军西进，人为炸开郑州北花园口河堤，造成全河夺溜，泛滥于豫、皖、苏三省部分地区约 5.4 万 km² 的土地，达 9 年之久。

当时扒口先后在中牟县赵口和郑县花园口两地进行。赵口决堤未成，花园口扒堤成功，黄河主溜自花园口穿堤而出，直泻东南，洪水大部沿贾鲁河经中牟、尉氏、鄢陵、扶沟，以下经西华、淮阳，至安徽阜阳顺颍河至正阳关入淮；一部分自中牟顺涡河经通许、太康、亳县至怀远入淮。还有一小部分自西华向南至周口注入颍河。黄水与淮水至安徽怀远以下，横溢洪泽湖，而后分注江、海。洪水所至，庐舍荡然，千里之间，顿时一片汪洋。黄、淮之间出现了一场惨绝人寰的水灾[7]（图 8.19）。

1855～1938 年，山东河段也频发灾害。开始时山东河段即原大清河基本趋势是冲

① 康熙二十四年《凤阳府志》卷八水利。
② 《再续行水金鉴》卷九二《黄运两河章程》。
③ 《再续行水金鉴》卷九二《山东河工成案》。
④ 水利水电科学院：《清代淮河流域洪涝档案史料》，915 页，中华书局，1988 年。
⑤ 《再续行水金黄色鉴》卷一三一《谕摺汇存》。
⑥ 黄河水利委员会：《河南黄河志》，88 页，1986 年。
⑦ 黄河水利委员会：《河南黄河志》，90 页，1986 年。

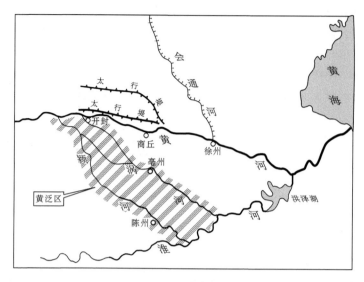

图 8.19　1938 年黄泛区示意图

刷。光绪以后河南河段近河民埝修筑，溜势逐渐归一，输入大清河的泥沙增加，河槽逐渐由冲刷变为淤积，"河身愈垫愈高，堤内村落形如釜底"，形成地上河。光绪年间，山东段黄河河患严重，如光绪十年（1884 年）河溢，"南则小清河、坝河，北则徒骇河支河，凡黄流溃决漫溢所波及者，纵横约各数百里，被水各庄树木、屋庐倾倒，衣物粮食淹没。其顶冲当溜之村，值洪流奔腾之候，人口逃救不及，多有随波漂没，全村数十家、数百家悉被漂流冲塌，无一存者。……自历城、长清、肥城、平阴、东阿至张秋镇遥堤近处，见野树稀疏，村聚为墟，遍地皆水，惟一堤可通。……凡两岸遥堤内外，清黄泛滥数百里，小民荡析离居，呼饥号寒，无所栖止，昏垫之惨，不堪触目"[1]。又由于山东河段纬度较河南高，冬季凌汛决溢灾害严重。据统计，1855～1983 年，山东黄河有 57 年发生决溢，其中凌汛决口为 24 年，占决溢年的 42%[2]。

（二）土壤沙化和盐碱化

黄河每次决口后，将大量泥沙带出堤外，水退沙留，在地面上覆盖了大片深厚不一的沙土沉积物。这些沉积物在一定时间内对土壤有一定的增肥作用，但如沙质过粗，尤其是长期排水不良而引起的盐渍化，则给农业带来很大的损害。清道光二年（1822 年）河南巡抚姚祖同在黄河大灾后的奏折里说："臣督同藩司留心体察，从前被灾过重之区，十室九空，盖藏本皆磬尽，其地亩屡遭淹浸，涸复之后，土性寒凝，种植稀疏，长发不能茂盛。此外，灾轻之处亦多有积水及沙压地亩，不能照常耕种。"[3] 道光二十三年（1843 年）黄河决口后，所经陈留、通许、尉氏、中牟、兰仪、考城、淮宁、西华、扶

① 水利水电科学研究院：《清代黄河流域洪涝档案史料》，730 页，中华书局，1993 年。
② 黄河水利委员会山东河务局：《山东黄河志》，12 页，1988 年。
③ 水利水电科学研究院：《清代黄河流域洪涝档案史料》，533 页，中华书局，1993 年。

沟等十县，因"叠被黄水冲淹，地多沙丘"①。此外，河流改道以后，留下了许多枯河床和自然堤、人工堤上沙质沉积物，在长期风力作用下，形成了许多断续的沙丘、沙堤，吞噬了大片农田、房屋，破坏了城市、交通道路，撩下了沙荒。

今郑州黄河大铁桥以东的黄河下游扇形冲积平原上的各时期的黄河故道，大致以郑州、兰考间黄河河床为脊轴，向东北、东、东南方向辐射，残留了许多沙滩地、槽形或碟形洼地，使平原地貌复杂化。

华北平原的河流中，影响沉积物最大的是黄河。黄河曾大小改道决口达一千五百多次，其中几次大改道，对华北平原沉积物的影响最为明显。各次的改道，均在华北平原形成微度高起的岗地（自然堤）。平行于岗地间有明显的槽状洼地以及附近大面积的沙丘堆积。这种不同时期所形成的古河道，在华北平原中经常可以遇到，当地群众称之为黄河故道、废黄河等②。

豫东北新乡地区的原（武）、延（津）、封（丘）三县是元明以来河决最多的地区之一。1970 年代前，境内沙岗起伏，盐碱遍地，易旱易涝。封丘县城自金代至清顺治年间（1644～1661 年）曾 6 次被河水所毁（金大定中、元初、元至正间、明弘治二年、万历十五年、清顺治九年）③。顺治九年河决封丘县，四乡皆被淹，仅留县西南一隅干地 1040 余顷，原来 4000 余顷的赋税征收如故，逼得人民大量逃亡。明洪武年间（1368～1398 年）封丘县有 5578 户，万历年间增至 14 159 户，至清顺治十六年统计实在户仅 2267 户④，不仅人口散亡，县境土地大片被沙淹没。全县土地土居其四，沙居其六⑤。康熙年间（1662～1722 年）县境内"飞沙不毛，永不堪种"的田地有两千余顷⑥。笔者在 1977 年实地考察发现今天延津县北境残留着自战国以来至北宋的黄河故道，沙丘连绵，有的高出平地达 20m，如同一道沙墙，大风到来，飞沙蔽天。清康熙时记载，全县土地"尽为沙碱"，"四野多属不毛之地"⑦。延津县北部古为胙城县地，如今是连绵不断的沙丘、沙岗，人口稀少，道路湮没。但是在古代这里是南北陆路交通要道，从河南去北京，多通过这里渡河北上，沿着太行山东麓陆路，进入燕山山麓平原。今胙城乡西南有个吴起城，原名宜村渡，是古代黄河南岸的一个渡口。金末设在今卫辉市的卫州为蒙古兵所占，金人即迁卫州治此，说明此地之重要。今日吴起城已全为沙埋，遍地尽是残瓦断砖，宋瓷残片俯拾皆是。今胙城乡以北数里为原胙城县城所在地，清顺治年间，胙城县治已是"飞沙四集，濠堑不明，居人仅数百家，备极萧条之甚"。城外村落稀疏，寥如晨星。全县土地荒芜者占十之七，"斥卤满目，土皆不毛"。种植的耐旱作物，亩产不过二三斗而已⑧。康熙年间，自沙门镇至胙城县一带，"积沙绵延数十里，皆飞碟走砾之区，胙之土田无几。"自胙城西北，"一派沙地，并无树木村庄，飞

① 水利水电科学研究院：《清代淮河流域洪涝档案史料》，741 页，中华书局，1988 年。
② 《华北平原土壤》，26 页，科学出版社，1961 年。
③ 康熙三十六年《封丘县续志》卷二《建置》。
④ 顺治十六年《封丘县志》卷三《户口》。
⑤ 顺治十六年《封丘县志》卷八《艺文》：边之靖《风俗利弊图说》。
⑥ 康熙十九年《封丘县续志》卷一《封域》。
⑦ 康熙四十一年《延津县志》卷一《舆地》、卷七《灾祥》。
⑧ 顺治十六年《胙城县志》卷上、下。

沙成堆，衰草零落"①。到雍正五年胙城县终于撤废，土地并入延津县。今县址已成沙荒，仅露断垣残壁，无道路可以通达。原阳武县境内，民国时仍有大量"沙压地"和"碱不成碱，盐不成盐，俗名白不咸地六百四十顷一十九亩"②。

安阳地区的浚、滑、濮阳一带，唐宋时为澶、滑二州之地，是东汉至宋代黄河决口最频繁之地。滑州（治今滑县东旧滑城）州治濒临黄河，在宋代天禧年间（1017～1021年）发生过连续两次河决，"市肆寂寥，地土沙薄"。而土地差科频数，熙宁新政时将滑州撤废，领县改属开封府③。民国时期，滑县境内的黄河故道，"全系沙碛，其上荆棘满目，或栽柳科，为沙荒草地"。"白沙岭在城南五十里广惠区，白沙堆积高如山，故名白沙岭……绵亘二十余里，远望之如白蛇腾空"④。

河南豫东开封地区所属各县，在明清时期几乎全被河水淹没过。其中以开封城破坏最为惨烈。据文献记载，从元初至清末，开封城曾7次［元太宗六年（1234年），明洪武二十年（1387年），建文元年（1399年），永乐八年（1410年），天顺五年（1561年），崇祯十五年（1642年），道光二十一年（1841年）］被河水淹没。灾情最严重的是崇祯十五年一次。该年四月十三日李自成起义军围开封城，九月十五日河南巡抚高名衡扒开河堤，企图水淹起义军，结果洪水自北门决入城内，满城皆水，仅露钟鼓楼及相国寺顶、周王府紫金城⑤。全城37.8万余人，幸存者仅3.8万余人。今开封城内地面上明以前建筑仅铁塔、繁台、延庆观3处。宋代铁塔原在一座名为夷山的土山上，今连塔基也被埋在地下。元代建筑延庆观一半被埋在地下。近年来在开封市某中学内挖防空洞时，在地下三四米处发现明代房屋房顶。清道光二十一年河水再度决入城内，今地下二三米处始见清代地地基。今开封城为道光二十三年后所筑。今人估计，宋代地面在今地下10m处。而开封外城即沙丘成堆，给农业生产和积水排潦，造成很大困难。

开封以东的考城地区，沙碱之灾也十分严重。民国十三年《考城县志》卷六《田赋志》："考城居豫东偏，土田与他县率分山冈平三等，而考城一望平原，飞沙无际，黄流中贯，大溢则决，小溢则漫，不溢则潴，时以沙土疏脆为忧。且疲于赋役，民不聊生，非朝夕矣。"

虞城县也是明清黄河所经之地，河患频发，奔溃不测，变迁无常，惟有筑堤为防，"故境内多废堤"。这些废堤，阻碍了积水的排泄，"每遇积雨，西北之水俱会于此，村庄如釜形"⑥。洪水过后，沙碱丛生，农业无法进行，全县灾民只得以草根树皮、鬻儿卖女，以求生存⑦。豫东地区顺着明清河道再往东，到了安徽鹿邑，同样受黄河灾害之苦。康熙《鹿邑县志》卷三《田赋》："鹿邑地滨大河，为沮洳淖湿之区，无稻香鱼肥之利，雨则荡然漂沉，旱则土坚莫治。实难则壤，而田数税额，则有不可缓者，且急公奉上，固小民分敢后乎？"

① ［清］傅泽洪：《行水金鉴》卷一六二，周洽《看河纪程》。
② 民国二十五年《阳武县志》卷二《田粮》。
③ 《续资治通鉴长编》卷二三七，熙宁五年八月辛巳。
④ 民国二十一年《重修滑县县志》卷三《山川》。
⑤ ［明］李光壂：《守汴日志》。
⑥ 光绪二十一年《虞城县志》卷二《堤沟》。
⑦ 光绪二十一年《虞城县志》卷九《艺文》。

笔者曾于 1977 年在豫东、皖北地区实地考察，发现不少县城城外地面高于城内，出城需爬高坡，原来明清时为防黄河洪水，各县城外筑护城堤，洪水到来紧闭城门，洪水不能进城，然洪水退后，泥沙留在城外，遂使城外地面高于城内，如逢霖潦之年，或有洪水溢入城，城内积水难排，造成恶劣环境。如清代道光三年奏报，"砀山县滨临黄河，城垣之外周围有护城堤一道，迤北相距大堤八里，最关紧要。嘉庆年间邵工、唐家湾、李家楼三次黄水漫溢，逼近城垣，幸赖护城堤御，得以保全，现在堤外四面地俱淤高，城垣形同釜底，堤根刷有河形，宣泄本境及河南虞城县夏秋雨水，堤内有城河一道，因地势低洼，积水经年不消"①。此处仅举一例，这是豫东、皖北地区普遍情况。

据今人考察，明清两代黄河频繁决口，沿河两岸计有 30 个州县，每个州县都曾有决口，有的县决口有数次之多。由于黄河多次决口，大量泥沙排泄于河道两岸，土壤皆被泥沙所覆盖。例如，徐州市内新中国成立后建筑部门挖地基时，在地下 4.5m 处发现老街和房基；涟水县在城外挖深 3.5m 才发现老地面。据了解，淮河会黄后两岸地面普遍淤高2～5m②。

今天黄河沿岸盐碱地，主要分布在鲁西北黄泛平原，相当于地面大沽高程 13m 以上地区的背河洼地，因地下水浅，矿化度高，排水不畅，致使土地盐碱化。据菏泽、聊城、惠民、济南 5 地市区统计，1949 年原有盐碱地 554.4 万亩，1962 年因灌溉管理不善，盐碱地发展为 1191.2 万亩③。

总结两三千年来，黄河决溢、改道给黄淮海平原带来的灾害是深远的。黄淮海平原在历史上曾长期是我国的政治、经济和文化的重要地区，因此，这种长期的灾害影响了宋代以后黄河流域的经济发展，从而影响我国整个历史的进程。今天我国各地经济建设有了很大的改观，但黄淮海平原的环境还比较差，经济在全国还是比较落后的地区，还有一定数量的贫困县。这些都与历史上黄河变迁有着密切的关系。

---

① 《再续行水金鉴》卷五九《南河成案续编》。

② 徐福龄：《黄河下游明清河道和现行河道演变的对比研究》，刊《河防笔谈》，河南人民出版社，1993 年。

③ 黄河水利委员山东河务局：《山东黄河志》，30 页，1988 年。

第九章　历史时期长江中下游的演变

长江发源于唐古拉山脉主峰各拉丹冬雪山西南侧，从世界屋脊青藏高原奔流而下，穿过山高谷深的横断山脉，劈开重峦叠嶂的云贵高原，流经丘陵起伏的四川盆地，切穿雄伟壮丽的三峡之后，一泻千里，驰骋在开阔平坦的中下游平原之上，浩浩荡荡地在我国最大的城市——上海市汇注东海，全长逾 6300km，是我国第一大河，为世界三大河流之一。

长江干流横贯青海、西藏、四川、云南、重庆、湖北、湖南、江西、安徽、江苏和上海 11 个省（市、自治区），沿途汇集众多的支流、湖泊。自金沙江以下，北侧支流主要有岷江、沱江、嘉陵江、沮漳河、汉江和巢湖水系；南侧支流有乌江、清江、洞庭湖水系、鄱阳湖水系、水阳江和太湖水系。长江支流水系还流经甘肃、陕西、河南、贵州、广东、广西、浙江、福建等省（自治区）的部分地区，使长江流域面积达 180 万 km^2，占全国总面积的 1/5。

长江流域地处温暖湿润的北温带，雨量丰沛，长江水量丰富，多年平均入海年径流量为 9600 亿 m^3，占全国江河年径流量的 1/3 以上。长江水量约 46% 来自宜昌以上的上游，其次 18% 来自洞庭湖水系，15% 来自鄱阳湖水系。干支流水量年内分配明显存在汛期与非汛期。干流汛期（5～10 月）水量占年径流量，上游为 79%～82%，中下游为 71%～79%。

长江输移的泥沙主要为悬移质，推移质所占比例不大。长江的泥沙主要也来自上游，宜昌站多年平均输沙量为 5.01 亿 t，主要来自上游的金沙江和嘉陵江，二者合计输沙量约占宜昌的 72%。中下游输沙量有所减少，大通站降为 4.33 亿 t。长江干流的年输沙量，85%～96% 集中于汛期，并有 57%～79% 集中在 7～9 月。

长江流域之内土壤黏重，植被覆盖一般较好，有些山区虽容易发生不同程度的水土流失，但因侵蚀物质颗粒较粗，大多停积在山前或沟谷之中，故流域河流的泥沙输移比（输沙量与地面侵蚀量之比）远远小于 1，据典型调查其值为 0.15～0.51，说明干支流的泥沙保持着较为稳定的水沙关系。

长江中下游沿江两岸，湖泊星罗棋布，总面积达 1.58 万 km^2，我国三大淡水湖泊——鄱阳湖、洞庭湖、太湖，均位于长江南岸，江湖关系十分密切[①]。

人类活动于长江流域有着悠久的历史。早在旧石器时代，我们的祖先就在长江流域劳动、生息、繁殖。新中国成立后，在云南元谋、湖北长阳、四川资阳等地，都发现过人类化石，其中元谋猿人距今有 170 万年左右的历史，是迄今为止我国发现最早的属于"猿人"阶段的人类化石。在新石器时代的遗址中，考古工作者先后发现的大量稻谷或稻谷痕迹，以及家畜骨骼、房屋遗迹、各种陶器、生产工具和良渚古城，充分说明在

---

① 以上有关数据，见余文畴：《长江河道演变与整治》，中国水利水电出版社，2005 年。

5000 多年前，我们的祖先已经在这里定居，过着以农业为主的生活了。最近新发现的江西清江吴城和湖北黄陂盘龙城两处商代遗址，又证实了至少在 3000 年以前，这里已经发展了与黄河流域的中原地区基本相同的文化。因此可以这样认为，长江流域同黄河流域一样是我国古代文化的发祥地之一。其后，随着人类利用自然、改造自然能力的不断提高，长江流域自南宋开始已成为全国经济的重心了。

长江源远流长，自湖北宜昌以上称为上游，宜昌至江西湖口称为中游，湖口以下则为下游。长江上游河段，流经山陵谷地之间，历史时期河床平面摆幅极小。宜昌以下长江进入中下游平原地区，摆幅增大。特别是江汉、洞庭地区，九江、鄱阳湖地区和镇江、扬州以下的河口地区，地势平坦开阔，历史时期长江水系变化频繁、复杂；在此三者之间，平原相对缩狭，滨江矶头很多，河床演变主要表现为江心洲的形成、发展，单一河型与分汊河型的相互转化。

我国历史文献记载中蕴藏着大量有关河湖演变的资料。有关长江流域的资料尽管不及黄河流域那么丰富，若能全面、系统地予以搜集整理分析，同样也是可以发现并说明许多河流湖泊的历史演变过程。在这里，我们以文献资料的整理分析判断为主，并参考地理工作者、考古工作者以及长江水利委员会的相关研究成果，仅对变化较大的长江中下游河流湖泊的演变过程作概略的分析。

第一节　长江中游河床的演变

长江中游地跨湖北、湖南、江西、安徽 4 省，在河流形态上不同河段迥然不同。宜昌至枝城河段为长江出三峡进入平原的过渡性河段。枝城至城陵矶的荆江河段，特别是下荆江河段属蜿蜒性河型。城陵矶以下河段基本属于分汊性河型。这种河型上的差异，是由它们所处地段的地质地貌条件所决定的，它们在历史时期的演变模式也有重大区别。以下分为宜昌—枝城段、枝城—城陵矶段、城陵矶—湖口段 3 个河段进行论述[①]。

一、长江宜昌—枝城河段的演变

该河段属长江出三峡进入中下游平原的过渡性河段。长江出三峡进入这一河段，地势急剧下降，河谷虽然较前拓宽，但两岸低山、丘陵仍然濒临江边、制约河床，而且宜昌站的 5 亿 t 悬移质泥沙大多属于冲泻质，基本不参与河床冲淤演变过程，仅在高滩或河宽较大的回流区淤积，所以河势稳定少动。目前由南津关至临江坪的分汊河道、临江坪至云池的顺直单一河道、云池至枝城的弯曲单一河道三部分组成。

（一）南津关至临江坪分汊河道

本河段由两个分汊河道组成：上段为葛洲坝分汊河道，下段为胭脂坝分汊河道。

———————————

①　张修桂：《中国历史地貌与古地图研究》，社会科学文献出版社，2006 年。

1. 葛洲坝分汊河道

长江在南津关出三峡，江面骤然展宽，水流扩散，夹沙力下降，泥沙沉积为江心洲，导致分汊河道的形成。在葛洲坝分汊河段内，主要有葛洲坝和西坝两个江心洲，它们将长江分为大江、二江和三江 3 条汊道，主流在右岸的大江，枯水期二江、三江断流，葛洲坝已在兴建葛洲坝水利枢纽的过程中挖除。

据史书记载和实地考察，葛洲坝分汊河道在史前即已形成，在历史时期内属稳定型分汊河道。

《水经·江水注》："江水出峡，东南流径故城洲，洲附北岸。洲头曰郭洲，长二里、广一里，上有步阐故城。""故城洲上，城周一里，吴西陵督步骘所筑"。《水经注》又云，"江水又东径故城北，所谓陆抗城也。城即山为墉，四面天险"，"北对夷陵县之故城。城南临大江，秦令白起伐楚，三战而烧夷陵者也。"

秦汉至南朝的夷陵故城，在今宜昌市区东南，南临大江，已如《水经注》所说。其在江南对岸的所谓陆抗城，即在今宜昌市长江南岸的磨鸡山上，因雄踞江边磨鸡山绝顶，故"四面天险"。由此可见，在夷陵城与陆抗城之间长江上游方向的故城洲，无疑应即今之西坝洲，而作为故城洲头的郭洲，显然就是今天的葛洲坝，"郭"、"葛"音近，而且所处位置形势皆合。郭洲上的步阐故城和故城洲上的步骘故城，已分别于 1958 年和 1968 年在葛洲坝和西坝上发现，同时发现的还有战国、西汉的不少墓葬。

郭洲被《水经注》视为故城洲头，一方面说明故城洲是该分汊河段的主体沙洲，其面积自然比郭洲大得多；另一方面，洲头的郭洲，其长度与宽度尚可度量，说明它基本上还是一个独立的江心洲。其与故城洲之间显然存在着汊道，但在枯水期就与下方的故城洲相连，因此才被视为故城洲的洲头。郭洲与故城洲之间的这种关系，完全符合今天葛洲坝与西坝之间的相互关系。因此，郭洲与故城洲之间枯水期断流的汊道，自然就是今天的二江河道。

而故城洲"洲附北岸"，则说明此洲是以依附北岸为主，但还存在暂时性的分洪道，因此才仍然被作为"洲"的形态记载下来。其与北岸之间所形成的分洪汊道，就是今天西坝与宜昌市之间的三江河道。

清同治《宜昌府志》卷二明确记载："郭洲坝在（东湖）县西北八里，滨大江，内连西塞；西塞坝一云西塞洲，（东湖）县西北城外隔一溪，水落可陆行径达。"府志又载："大江出三峡，至夷陵始划然开豁，二江上接大江之水，流经郭洲坝，一里出口仍会于大江，三江上接大江之水，流经西塞坝，三里出口仍会于大江。"清东湖县即今宜昌市，可见两千年来，宜昌附近三江分流形态相当稳定。分汊河床属这一河段内的稳定河型。

但应指出，葛洲坝在南朝时期的长度为 2 里、宽度为 1 里，即长宽比为 2：1。而据 1956 年的航测图量算，葛洲坝长 2100m、宽 300m，长宽比为 7：1。则一千五百年来，葛洲坝是在延长中缩窄，估计延长的数量将近原来的沙洲长度；宽度缩窄数量虽不如长度显著，但也已达 150m 左右。历史时期葛洲坝长宽比的变化，显然与大江主泓道的继续拓宽侧蚀、泥沙搬运下移堆积有关。证以上引同治《宜昌府志》，可知清同治年间二江长度为一里，三江长度为三里，而今二江长度已达 1500m，三江长度则为

3300m，古今长度相比，相差悬殊，说明二江和三江均在延长之中，葛洲坝和西坝在顺流增长应是不可否认的事实。

2. 胭脂坝分汊河道

胭脂坝未见汉唐史书记载。但据地质地貌调查分析，胭脂坝在长江河道早期发育过程中即已形成，如此则胭脂坝分汊河道也当早已存在。而详载今宜昌附近长江河道形态和沙洲分布情况的《水经注》，何以对这早已存在的胭脂坝实体不置一语？很可能是胭脂坝在汉唐时期均以心滩形态存在，并没有发育成江心洲。因此，尽管它的面积不小，却尚不能开发利用，洲上没有聚落形成，《水经注》因此没有记载，也就是很自然的事了。

清同治《宜昌府志》卷二记载："烟收坝在（东湖）县东南二十里，滨江南岸，土人讹呼胭脂坝。"同治三年（1864年）的《东湖县志》，记载更为详细："烟收坝在五龙山之东大江中，居民百余家，林木甚茂，今沦于江。"

这两条史料说明：①清代后期胭脂坝分汊河道的分汊形态与今相同，左汊为分汊主流，右汊为支汊，100多年来分汊河势稳定。②胭脂坝至迟在明清之际即已从心滩演变成江心洲，这可以从"林木甚茂"及洲上有石板路遗址得到证实。③胭脂坝洲面大部砾石层裸露，厚5～7m，林木绝迹，长江中水位即可淹没，沙洲恢复成为心滩形态。证以同治《东湖县志》，胭脂坝再次演变成心滩，当是同治初年之前特大洪水洗滩所造成的。

总之，长江南津关至临江坪河段，历史时期的演变特点是：分汊河势相对稳定，江心洲在动态平衡下有缓慢的延伸下移趋势。

（二）临江坪至云池的顺直单一河道

本河段穿行于荆门山、虎牙山与红花套、古老背之间，河道狭窄、水流湍急，未见江心洲或心滩的历史记载。

荆门、虎牙两山之间的长江河段，河势十分险要，史称"西塞"。《水经·江水注》："江水东历荆门、虎牙之间。荆门在南……虎牙在北……并以物像受名此二山，楚之西塞也，水势急峻，故郭景纯《江赋》曰：'虎牙桀竖以屹崒，荆门阙竦而磐礴；圆渊九回以悬腾，溢流雷响而电激'者也。"陆游在《入蜀记》中也说："过荆门十二碚，皆高崖绝壁，崭岩突兀，则峡中之险可知矣。"正因为高崖绝壁突兀江边，长江荆门、虎牙河段在历史时期极其稳定；又由于水势急峻，心滩与江心洲均无法形成。

红花套与古老背之间的长江河段，河势稍有不同。这里两岸临江处，均有新石器时代及战国、汉的重叠墓葬，遗址埋藏深度在0.5～2.6m，文化层底标高为48.94m，则在近代红花套平均最高水位51.29m之下。红花套遗址可说明3个问题：①遗址所在地的江边，早在先秦时期即已成陆并稳定下来；②先秦水位较今偏低，其后水位逐渐上升，遗址因此被后期的冲积物所覆盖；③遗址所在处为一级冲积阶地，岩性松软，已有部分遗址崩入江中，尤以右岸红花套一带为甚，说明该河段在基本稳定的情况下，河床尚有左右摆动形成侧蚀冲刷的现象。

（三）云池至枝城的弯曲单一河道

本河段由宜都弯道和白洋弯道两部分所组成。

1. 宜都弯道

宜都弯道的凹岸为清江所汇。清江入江口西北的清江嘴，长约 4km，形成历史已相当久远。《水经·夷水注》："夷水即佷山清江也……又东北径夷道县北而东注，……又径宜都北，东入大江。"宜都，郡名，在夷道县东 400 步。宜都郡治和夷道县治，故址均在今宜都县治之内。则今宜都县西北的清江嘴，远在南朝时期以前就已形成。但从《水经注》记载分析，当时的清江嘴应较今向下游方向延伸至宜都的东北，这可以从古清江在宜都东北入江得到证实。其后，当在弯道环流的作用下，凹岸继续遭到冲刷后退，处于凹岸的清江嘴则因此不断被蚀后退。在清代的地图上，清江嘴前缘已退至宜都县西北，原在宜都县东北注入长江的清江，也因此改在宜都西北入注长江。与此同时，宜都弯道的凸岸，边滩、沙洲则较为发育。清代在凸岸处就出现过两个小型江心洲，使单一河道演变为分汊河道，后来因凸岸边滩向前推进，江心沙洲靠岸成为凸岸的沙洲边滩的组成部分，分汊河道又再次恢复成为单一河型。

2. 白洋弯道

白洋弯道的演变形式，表现为凸岸的堆积与凹岸的侵蚀。比较古今地图可以发现，清代在白洋凹岸的江边，尚有连绵滩地自白洋向东南方延伸，滩地上还散布着一些村庄聚落，如青龙垱、丁家沟、善溪口和梅子溪市等，说明滩地的形成也已有相当的历史。但在今测地形图上，白洋凹岸的边滩已被冲刷殆尽，岸线紧逼丘陵脚下，古代的村落均已坍塌入江，较大的如梅子溪市即后撤至丘陵坡地上。反之，在凸岸的太保湖村一带，凸岸的推进发展过程中所遗留下来的鬌岗地形，有规律的呈北西-南东弧形走向，岗间的残留洼地，至今尚积水成湖，如太保湖等。

二、长江枝城—城陵矶河段（荆江）的演变

长江自枝城至城陵矶河段又称为荆江。荆江分为上下两段，自枝城至藕池口为上荆江，藕池口至城陵矶为下荆江。中全新世以来，长江出三峡过枝城进入江汉、洞庭地区，河道形态在这数千年内，有过重大的演变。其演变过程的特点，表现在荆江及其分流与两岸湖泊的相互依存、相互制约，在统一体中同时经过复杂的演变，最后塑造成目前的荆江河道形态和江汉、洞庭地区的地貌景观。

（一）枝城—藕池口河段（上荆江）的演变

上荆江又以沙市为分界，沙市以上属上荆江上段，沙市以下为上荆江下段。枝城至沙市的上荆江上段，由枝城至罗家港的关洲弯曲分汊河道、罗家港至涴市的百里洲分流

分汊河道、涴市至沙市的顺直分流分汊河道 3 部分组成。在地貌上，本河段处于丘陵与平原的交接地带，河床自上游向下游继续展宽，摆幅也随之增大。历史时期河势变迁频繁、复杂。沙市至藕池口河段的上荆江下段，由沙市至公安的突起洲弯曲分汊河道、公安至藕池口的南五洲弯曲河道两部分组成。历史时期，本河段的发展过程，与云梦泽演变为江汉平原有着密切关系。在河型上，从以分流为主要形态演变为分汊河型；而在分汊河型的发展过程中，因江心洲滩消长变化迅速，河道形态也在迅速变化之中。

1. 枝城至罗家港的关洲弯曲分汊河道

本河段以弯道顶点洋溪为中心，构成正弦式的弯曲河型，河床形态具有上下窄、中间宽的特点。在河床的右岸，因丘陵阶地紧逼江边，历史上河势稳定少动，左岸的核心部分也为丘陵阶地所构成，唯凸岸边滩较为发育。据清代地图分析，今凸岸边滩上的礁岩子、吴家港、罗家港等沿江聚落，在清代咸丰年间之前已经形成，说明凸岸河势也已趋向稳定。

关洲河段河床演变的特点，在于江心洲的消长、移动所引起的主汊河床的变化。在明代，关洲河段已有一系列串状沿江分布的大型江心洲，长江于此因之形成分汊河型。由于长江主泓道是紧逼南侧的凹岸，所以明代枝江县（治所即在今枝城）城附近的河道形势是：大江在洲南，汊道在洲北，构成所谓的"南江北沱"形态。当时江中的这些沙洲，在《读史方舆纪要》荆州府条中有明确的记载。"涧洲在（枝江）县东二里江中，其下为漳洲，皆广十余里，民耕其上。漳洲之下曰关洲，约广三十里，利种植，多民居"。根据所载沙洲的广度和开发程度分析，这些沙洲的形成显然已有悠久的历史。

至清代前期，据乾隆、嘉庆时期的有关志书记载，当时在枝城之西至白水港之间又有江心洲出现，名为清夹洲。此洲即成为枝江县境江沱分汊的为首沙洲。此时，涧洲已下移至枝江县东 5 里江中，漳洲则在县东 9 里之处，关洲也明确记载在县东 15 里江中。清初，涧洲、漳洲和关洲，因风景优美而被视为枝江县的旅游胜地，合称为"三洲浪烟"。

从明代至清初，尽管由于江流的不断冲击，江心洲有下移的明确趋势，但分汊河势仍然比较稳定。

在清后期的咸丰年间，关洲河段河势有着较大的变动。此时，枝江县西的清夹洲，已靠向北岸成为石岗子一带的凸岸边滩，致使原来就较为狭窄的枝城附近江面继续收缩。因此，在咸丰十年（1860 年）大水时，枝城下游的涧洲和漳洲，因之被冲洗殆尽，不遗痕迹，今枝城大桥上下的长江河床，遂由分汊河型演变成单一河型。当时，距枝城 15 里远的关洲，也遭厄运，"水洗殆尽"。只是由于关洲处在弯顶江面开阔河段，下游又有罗家港一带江面收缩的顶托壅水，所以"水洗殆尽"的关洲，在咸丰、同治年间尚残留有心滩痕迹，这在当时出版的地图上，均有明确表示，心滩在主泓道北侧。由于关洲心滩的继续存在，所以这次大水洗洲并没有能彻底改变该河段的分汊河道形态，它仍然维持"南江北沱"的河床分汊形态直至于今。

2. 罗家港至涴市的百里洲分汊分流河道

荆江自罗家港至涴市的百里洲分汊河段，长约 50km，宽达 17km，其间的百里洲是荆江河段最大的江心洲。长江出三峡至该河段西端，河谷两岸开始摆脱丘陵阶地制约，进入冲积平原地区。由于河谷骤然展宽，水流夹沙力迅速下降，从而在此河段内，形成一系列的心滩与江心洲，河床因此被支分成为分汊形态。百里洲分汊河床的形成，历史非常悠久。它绝不是近人所说的于明嘉靖年间（1522～1566年）因水流切滩才形成的，而是早在先秦两汉时期，即已由于江心洲的存在，河床自然支分而形成的分汊河道。

根据历史记载分析，百里洲分汊河床的历史演变，大致经历如下3个阶段：复式分汊河型阶段，南江北沱分汊河型阶段，北江南沱分汊分流河型阶段。

（1）复式分汊河型阶段

从先秦时期至南朝时期，荆江百里洲河段，沙洲纷杂棋布，长江被支分为众多的汊道，河床形态属于复式分汊类型。

《汉书·地理志》南郡枝江县："江沱出西，东入江。"所谓"江沱"，即指自江分出复入于江的长江分汊河道。汉代枝江县，治所即在今枝江市上百里洲上。《汉书·地理志》体例严谨，"东入江"不言至某郡某县，即指在该县之内。汉代枝江县东境，与南郡江陵县的交界线，约在今沅市之北。据此可知，汉代的长江进入枝江县治的西境，即分汊成为江与沱，江、沱又在县东的今沅市附近以西会合。这就是今天我们所知道的百里洲分汊河道的最早最明确的记载。战国时代的《尚书·禹贡》，虽有"岷山导江，东别为沱，又东至于澧"的记载，可是因为具体位置比较模糊，长期存在争论，我们姑置《尚书·禹贡》之"沱"不论。

汉代南郡所设枝江县，何以取名"枝江"？《水经·江水注》明确指出："江水又东径上明城（今老松滋西一里）北……其地夷敞，北据大江，江沱枝分，东入大江，县治洲上，故以枝江为称。"因此，从枝江县的设置与得名，也可知枝江县境内的分汊河道，在汉代即已存在。西汉初期设置枝江县时，因治所所在地百里洲枝分长江为分汊河道而得名，东汉时治所迁于县东北的沮漳河边，东晋时避苻坚之难，县治复迁入百里洲上。

但应指出，《汉书·地理志》枝江县下所载之江、沱支分，仅能说明枝江县境的长江河段存在分汊道这一不容否认的事实。但这种分汊，究竟属于分汊河道的哪一种类型，《汉书·地理志》并未言明。

南朝刘宋时代的盛弘之，在其《荆州记》一书中指出："枝江县西至上明，东及江津（今荆州市荆州区南），其中有九十九洲。"又云："（枝江）县左右，有数十洲，盘布江中，其百里洲最为大也，中有桑田甘果，映江依洲。"

盛弘之在宋元嘉九年（公元432年）至元嘉十六年（公元439年），曾随荆州刺史刘义庆在荆州任事。《荆州记》一书，即是他在任事期间实地调查访问之后所作，史料最为可靠。据其所记载资料分析，南朝初期枝江县境内的长江河段，数十个沙洲纷杂棋布江中，百里洲仅是其中最大的一个为首沙洲。因此，长江在此所形成的分汊河道，不可能是双汊式的普通分汊，而应是多汊式的复式分汊类型。百里洲既然在南朝初期即已是盘布江中数十洲中最大的沙洲，它就不可能是迟至明嘉靖年间才切滩造成的。同理，百里洲分汊河型的出现，也绝非始于明嘉靖年间。

关于南朝时期枝江县境内的沙洲情况，梁元帝萧绎在《荆南地志》一书中有更明确的记载，他说："枝江县界内，洲大小凡三十七，其十九有人居，十八无人。"

沙洲数量似与南朝初期基本一致，则至萧梁时代，长江枝江河段沙洲依然以群体形式存在，河道形态仍属复式分汊类型。但从半数以上的沙洲已经开垦有人居住的情况分析，沙洲群体大部分均已处在平均洪水位之上；而尚无人居住的近半数沙洲，其高程当尚在平均洪水位之下，或者说正处在心滩向江心洲演变的过渡阶段。

如上所述，南朝时期的百里洲长江河段，河床形态已属复式分汊类型。先秦汉晋时期，堤防未筑，长江水面更为开阔，沙洲的大量堆积与涌现也是历史之必然。因此，该河段的复式分汊河势，由来已久。百里洲在汉初即具设县条件，其出水成洲与开发利用，自然可以上溯至先秦时期，今在百里洲上发现有西周时期的文物，即可为证。如果把这一历史事实，与《尚书·禹贡》所载的荆江之沱结合分析，则该河段在先秦时代已属分汊河型的论断，显然更无疑义。

在不同类型的分汊河道中有一个共同的特性，即各汊道分流量不可能均等。所以在分汊河道的各种类型中，都应有一支主干及若干支汊。但从《汉书·地理志》、《荆州记》和《水经注》的记载中，我们很难确切地指出，百里洲复式分汊河道中，哪一支为长江的主干道，哪些属于分汊之沱。幸好在南朝时期的《荆州图副》一书中，为我们提供了重要的信息。《荆州图副》指出，"枝江县百里洲，其上宽广，土沃人丰，陂潭所产，足穰俭岁，又特宜五谷"，大江在百里洲的"洲首派别，南为外江，北为内江"。据此不难得出结论，百里洲北的"内江"，当为枝江县境内的夹江，具有长江汊沱的性质；而百里洲南的"外江"，属洲上枝江县与其南方松滋县之间的界河，大江大河通常为政区的自然分界线，故此"外江"与"内江"相对应，具有长江主干道的性质。由此可见，南朝以前长江出三峡东流至今老松滋之北，首先在百里洲首形成普通的双汊式分汊，主干道在洲南；由于东进流路沙洲棋布，双汊继续被支分为复汊。所以复式分汊当主要集中在当时百里洲东部至沅市的河段之内，境内数十个心滩与江心洲，大部分集中在这里，其中著名的有枝江县东北10余里处长10余里的迤洲和县东南20里处的富城洲。

(2) 南江北沱分汊河型阶段

此阶段上起隋唐时期，下迄清代道光十年（1830年），历时1200余年。由于众沙洲合并的结果，巨型的百里洲以原先的百里洲为基础兼并而成。在百里洲南北，江、沱分汊流路清晰明朗，长江主干道走洲南，汊沱在洲北，河床分汊属"南江北沱"形态。

《太平寰宇记》荆州条记载："蜀江在枝江县南九里，松滋县北一里。"

北宋枝江县治在百里洲首的岑头，松滋即今老松滋。由此可见，当时长江干道在百里洲南的枝江、松滋两县间已是明确无疑。陆游《入蜀记》记载其在乾道六年（1170年）的行程："（九月）二十八日泊方城。……二十九日阻风。十月一日，过瓜洲坝仓头百里洲，泊沱澨。……沱，江别名。……澨，则《尔雅》所谓春夏秋有水，冬无水，曰澨也。二日泊桂林湾。……三日……泊灌子口，盖松滋、枝江两邑之间……一名松滋渡。"

陆游所说的方城，据《读史方舆纪要》即今江陵县西北之方城，灌子口在松滋老城西一里。从陆游的航程分析，当时百里洲的下尾已迫近方城西侧一带，这是巨型的百里洲已经形成的明证。陆游避开洲南的长江干道，走的是洲北的汉道。因此，"南江北沱"的河势已极为明朗。

在这一时期，南江干道中还有沙洲在继续合并，最典型的是，渐洲与湟洲合并成为仅次于百里洲的渐湟洲，范围达到 50 余里。所以南宋嘉熙元年（1237 年），枝江县治曾从百里洲首的岑头，迁于渐湟洲之上，至咸淳六年（1270 年）始复迁出。

在江中沙洲继续扩展合并、分汊河道不断淤塞阻断的情况下，枝江、松滋一带的长江泄洪量随之降低，加以荆江水位自宋代开始急剧抬升，从而导致南宋时代松滋东境采穴分流的形成，使该河段分汊河型首次演变成为分汊分流形态。采穴分流出现在渐湟洲下游的大江南岸，它自穴口分流 60 里至沙河，继而南注洞庭湖。很显然，采穴分流在大江水位抬升、河床泄洪量降低的情况下，起着削弱江陵以西长江洪峰流量的作用。但为时不久，采穴分流在元代即已淤废，百里洲河段又恢复为分汊形态。

入明之后，百里洲南的长江干道上，又有不少新的沙洲堆积形成，有名可考的自西向东为苦草洲、南渚洲、芦洲和泮洲，泮洲之东即为渐湟洲。大量的新老沙洲，充斥长江干道，阻碍江流，加以下游河段穴口堵塞，从而导致如下 4 个方面的结果：

1）造成两岸溃决不时。

2）降低百里洲南长江干道的进流量、促进洲北汉沱分流量激增。

3）迫使洲南干道再次支分为三派，所以明代方志说："大江至松滋县北，分为三派，下游三十里复合为一。"

4）造成百里洲头以上长江壅水滞溜积沙，自西向东又有漏洲、坝洲和羊角洲出水成洲，百里洲河段分汊河势遂向上游方向推进。

明代百里洲之北汉沱分流量激增，使得奔逸震荡的滔滔江水给江陵西境的万城堤带来巨大压力，堤岸溃决不时，尤以嘉靖年间为甚。例如，嘉靖十一年（1532 年），江水决万城堤，直冲江陵城，城不浸者三版；嘉靖二十九年（1550 年），江水复决万城堤，赖李家埠堤为障蔽，江陵城始幸免于难。而对于河床形态影响最为明显的，莫过于嘉靖年间，北沱之激流在今江口镇向东南冲断巨型的百里洲，使之分成上、下两个百里洲。其后，上、下百里洲间的新水道逐渐发展成为北沱的下游河段，而下百里洲与万城堤之间的故汉道则逐渐萎缩衰亡。

（3）北江南沱分流分汊河型阶段

此阶段开始于清代后期的道光年间，即 1830 年代初期。百里洲之南长江干流中沙洲继续淤积扩展，以及百里洲头向上游方向延伸，从而导致南江北沱向北江南沱转化的完成以及松滋分流的形成。

同治五年（1866 年）《枝江县志》地理志中明确记载："外江为江，内江为沱，故王晦叔谓百里洲夹江沱二水之间。江之洪流，常属外江，道光十年（1830 年）以前尚如故。其后外江积年淀淤，又沙洲棋布，壅塞江中，洪流徙行内江，而沱胜于江矣，是数千余年江流一大变局也。"

道光十年之后江流的这一大变局，除了外江沙洲淤塞之外，与百里洲上游沙洲的发展也有密切的关系。

清代后期，百里洲上游的漏洲、坝洲和羊角洲，在江流的推动下，已顺流下移而与百里洲头的岑头洲相连接，从而使百里洲头向上游方向延伸。例如，以刘宋《荆州记》时代的百里洲头在老松滋之北计算，则从刘宋至清代前期，百里洲头向上游延伸已达6km之多。问题的关键还在于，由漏洲、坝洲和羊角洲所构成的新的百里洲头，呈条带状延伸并靠近南岸的松滋一侧，因此分流嘴所造成的分流量，北汊就比南汊大，乾隆年间所筑的坝洲堤，在道光七年，其北岸洲堤即因此被增强中的北汊分流所刷坍，加以南汊沙洲壅塞，终于导致道光十年之后，洪流徙行内江，"南江北沱"遂演变为"北江南沱"（图9.1）。

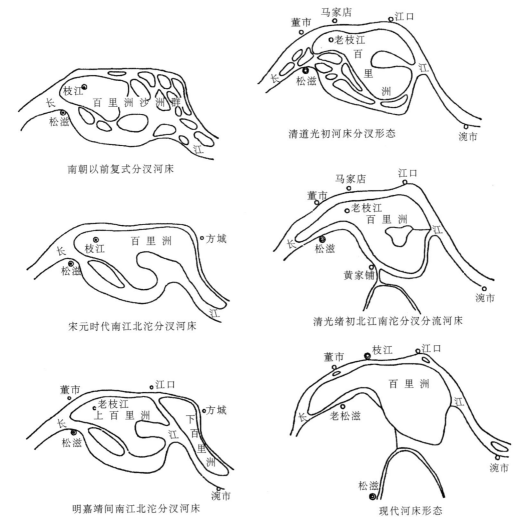

图 9.1 长江百里洲河段变迁示意图

在百里洲江、沱南北倒转的同时，洲南沱江中的苦草洲、泮洲、渐湟洲等老沙洲均已靠向松滋一侧成为南岸边滩，致使南沱自老松滋至黄家埠河段向北推移；而在南沱全线江中，又有上莱洲、罗公洲、磨盘洲和芦花洲等的形成与发展。它一方面再次削弱进入南沱的流量，而更重要的是从南沱下游段阻遏江流，造成南沱上游段洪水宣泄不畅，从而导致老松滋东南黄家埠堤溃决不治、松滋分流的形成。光绪六年（1880年）《荆州府志》卷十九："按松滋采穴，本为分江故道，筑堤之后，江水至虎渡始得分泄。同治癸酉（1873年），黄家埠堤筑而复溃，自采穴以上夺溜南趋，愈刷愈宽，至今未能堵塞。"黄家埠堤溃决的大口，即成为今之松滋分流口，百里洲分汊河型从此演变成为分汊分流河型。

松滋分流形成之后，松滋口以下的南沱下游段，流量大减，河床迅速缩窄，芦花洲等遂靠向北岸成为百里洲的南边滩。为此，还曾引起一场芦花洲的归属纠纷。光绪《荆州府志·堤防志》载，芦花洲原在采穴埠西的沱江中，"与枝江连界，松滋居十分之四，自黄家埠决口后，江在枝境者渐次淤平，枝民遂思并而有之。光绪四年躬往履勘，划江为界，丈量立册，仍以枝六松四均分，将来续有淤长，以此次丈量为准，各归各县升科。"

近百年来，南沱下游段因松滋分流的存在，江面继续收缩，今已成为涓涓细流，其自然消亡趋势已是十分明显。而在南沱上游段，上、下莱洲也已扩展合并为戥盘洲，并且又有新的心滩在发育。

道光十年后新扩展起来的北江干流，也造成局部地方的冲刷以及新的沙洲的形成，如董市洲、江口洲、火箭洲等，但总的说来，河势相当稳定。

3. 涴市至沙市的顺直分汊分流河道

该河段之北的江陵城，目前南距荆江北岸已有3km之遥。但它却曾是楚之船官地，春秋之渚宫。《左传》载，文公十年，"楚子西沿汉溯江，将入郢，王在渚宫下见之"。孔颖达疏曰："渚宫当郢都之南。"故地在今江陵城内西北隅。秦于此置南郡，治所即为江陵。汉高帝、景帝年间南郡曾二度改名为临江郡。说明春秋战国至秦汉时代，今江陵城应是濒临江边的，长江在此，河床可能相当开阔，河势较今偏北。

在这一开阔的河段内，由于沙洲众多，长江分汊仍然相当复杂。《荆州记》所说的"西至上明，东至江津，其中有九十九洲"，即包括这一河段内的沙洲群体。所谓的"九十九"，属虚数，意为数量极多、不可胜数的意思。《荆州记》的这条材料，尽管数量含糊，但却清楚地说明了这一河段也是属于分汊河型，这是绝对没有疑义的。至于具体如何分汊，在分析《水经注》的有关记载之后，也就可以得到明确的答案。

据《水经·江水注》记载，"江水又东会沮口"之后，即进入江陵县境，"县江有洲，号曰枚回洲。江水自此两分而为南北江也。北江有故乡洲，元兴之末，桓玄西奔，毛祐之与参军费恬射玄于此洲。……下有龙洲，洲东有宠洲……其下谓之邴里洲。……江水又东径燕尾洲北，合灵溪水。……江水东得马牧口。江水断洲通会。江水又东径江陵县故城南……城南有马牧城……此洲始自枚回下迄于此，长七十余里。洲上有奉城……亦曰江津戍也，戍南对马头岸……北对大岸谓之江津口，故洲亦取名焉，江大自此始也。……江水又东径郢城南。……江水又东得豫章口，夏水所通也"。

《水经注》的这段文字，记述了距今1500年前长江自今涴市至沙市的河势，内容非常丰富，说明了许多问题（图9.2）。

首先，说明了该河段存在复式分汊、普通分汊和单一顺直三种河床形态。

长江过沮口之后，即遇长达70余里的枚回洲，江水因之分汊为南北江；而北江又

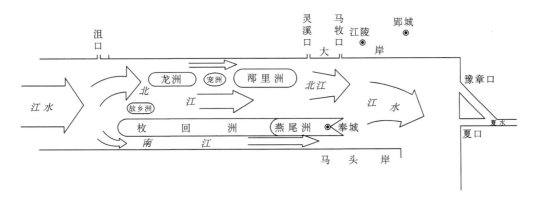

图 9.2　南朝长江浣市至沙市河段河势示意图

因为有故乡洲、龙洲、宠洲和邴里洲沿程分布，亦被分为南北二汊。从而构成了该河段的复式分汊河床形态。

《水经注》自南北江支分之后，详细记述北江江中的沙洲及其典故，以及北江北岸的一系列景物，而对南江的河床形态只字未及，仅在燕尾洲后，用"断洲通会"一语承上南北江支分之文，据此应可推断，当时枚回洲之南的南江，并非长江的主干道，应是长江分汊之"沱"；枚回洲之北的北江，才是长江的主干道所在，熊会贞在《水经注疏·江水篇》中已有此推论，应当说是正确的。如此，则当时为枚回洲所支分的南北江属"北江南沱"的分汊形态。

然北江再次支分，也有江、沱之别。究竟何支为江，何汊属沱？则尚需作详细的分析，才能判定。

《水经·江水注》谓桓玄奔故乡洲，"毛祐之射玄于此洲"，"冯迁斩玄于此洲"。但《晋书·桓玄传》却谓射玄与斩玄均在枚回洲；《晋书·安帝纪》则谓斩玄于貊盘洲。斩玄之处，三说各异，可作如下解释：晋安帝时期，故乡洲与貊盘洲合并并紧靠在枚回洲的北侧，稍后，故乡洲分离入北江，成为北江中的为首江心洲，故三说虽异，但均无误，《桓玄传》系大处立言，《水经注》及《安帝纪》则详细记述。以三洲紧靠而言，当时故乡洲与枚回洲之间即便有江流存在，也当属支汊道；长江的北江主干道当在故乡洲与北岸之间通过，这是没有异议的。

北江下游的邴里洲，据《吴志》"魏将夏侯尚围南郡"作浮桥度邴里洲的记载分析，邴里洲与北岸南郡间可作浮桥的河道只能是北江的支汊；北江的主干道应在邴里洲之南、枚回洲之北，这也是可以肯定的。

至于北江中游龙洲、宠洲一带的分汊河势，从何无忌等攻桓蔚于龙洲、荆州刺史王澄袭巴蜀流人于宠洲，以及龙、宠二洲之间水下有石牛等史实推断，龙洲与宠洲当比较靠近北岸，即北江分汊河道的主干道是在龙洲与宠洲之南，二洲之北的河道属北江支汊道。

如上分析，可知北江分汊之后，主干道通过故乡洲之北，即向东转入龙洲、宠洲、邴里洲三洲之南，而在此三洲之北的河道即为支汊道。故北江的分汊河势，大体上属于"南江北沱"形态。由于枚回洲之南的南江也属于支汊道，所以该河段复式分汊自北而

· 285 ·

南为"沱—江—沱"的三汊形态。

但需指出,北江支分的"南江北沱",过邴里洲后即又复合为单一的北江河道。此北江在"东径燕尾洲北"时,再次与洲南的南江组成"北江南沱"的普通分汊形态;而当它们过燕尾洲之后,因江中不复有沙洲存在,南、北江终于"断洲通会",普通分汊河床遂演变为顺直单一的河床形态。所以该河段河床自西向东的形态为三汊复式分汊形态、二汊普通分汊形态以及单一顺直河床形态。

该河段三种河床形态的分界点,决定于邴里洲尾和燕尾洲首尾的位置。《渚宫故事》谓邴里洲在江陵城西(南)20里,《大清一统志》谓燕尾洲在城西南15里,是即邴里洲尾当在江陵城西南十七八里处,此处即为该河段复式分汊与普通分汊的分界点。而据《水经·江水注》"江水断洲通会,江水又东径江陵故城南"一语分析,燕尾洲洲尾不得超越江陵城城南,即普通分汊河床的复合点当在江陵城南稍西一带,城南沙洲终断,河床已属单一顺直形态。

其次,说明了枚回洲与燕尾洲的相互关系以及江津戍和江津口的所在位置。

《水经·江水注》在记述江水过燕尾洲、南北江断洲通会后说:"此洲始自枚回下迄于此,长七十余里。"这里所说的上、下两个"此"字,皆指燕尾洲。因此,它说明燕尾洲是枚回洲的一个组成部分,是巨型的枚回洲的末端沙洲。枚回洲的洲头,据《太平寰宇记》的记载,应在江陵城西南60里稍西一带江中;而作为枚回洲尾的燕尾洲,已伸展至接近江陵城南。正是由于枚回洲长距离的东西向延伸于江陵县的大段江道中,江陵县境的江水"两分而为南北江"才如此划然。但是从燕尾洲有独立的名称以及《太平寰宇记》引《荆州记》"大洲有三,首曰枚回、中曰景(邴)里、下曰燕尾"的记载分析,南朝以前,燕尾洲当属荆州大江中的独立沙洲,它以洲形似燕尾形态而得名。其后,由于枚回洲的下移并并,燕尾洲才成为枚回洲的洲尾组成部分。

至于江津戍与江津口的所在位置,历来有争议。它涉及江陵一带河势演变和沙市的发展史,有必要据《水经注》等书予以论证。

《读史方舆纪要》谓江津戍在荆州"府东南二十里,亦曰江津口戍"。因其所载方位道里相当于今沙市,故今人大多以为沙市即古之江津戍。《大清一统志》则曰:"江津戍在江陵县南",与《纪要》所载相悖,不为世人所崇。江津戍究在何处?先期著作明确指出是在燕尾洲上。《水经·江水注》:"(燕尾)洲上有奉城,故江津长所治,旧主度州郡贡于洛阳,因谓之奉城,亦曰江津戍也。"《太平寰宇记》也说故奉城在燕尾洲上。而燕尾洲的所在位置,上已分析是在江陵城南稍西的大江中,江陵城南以东江面上没有沙洲存在,河道属单一河型。齐永明八年(公元490年),胡谐之、尹略等至江津,筑城燕尾洲,欲捉荆州刺史萧子响,子响分兵于城西九里西渡灵溪,自率百余人操万钧弩宿江堤上,兵合发弩射之,尹略死,谐之等单艇逃去的史实,也可作为燕尾洲在江陵城南稍西江中的佐证。据此,则燕尾洲上的江津戍,自当在江陵城南稍西的江中,它不得在江陵之东南,更与今沙市无涉,这是显而易见的。

江津口又当何解?明清以来,多数学者以为它是长江在今沙市一带的一个分流水口。《荆州方舆书》:"江水又径御路口东,播于沙市津巷口,即古江津口。"上引《读史方舆纪要》之文也有此意。其实这种说法也是错误的。南朝时期的江津口,实际系指江陵城正南方的北江口,它既不是长江的分流口,更非远在今沙市一带。

《水经·江水注》载，燕尾洲上的江津"戍，南对马头岸，昔陆抗屯此，与羊祜相对，大宏信义。……北对大岸谓之江津口，故洲亦取名焉。江大自此始也"。陆抗所屯的马头，《通典》指出在公安县西北，其北正与羊祜所守的江陵城相对。"南对马头"，"北对大岸谓之江津口"，则江津口无疑应在马头与江陵城之间，它与此二地呈南北对应关系，故《荆州记》说"马头戍对江津口"。其实单凭燕尾洲与江津戍在江陵城南稍西定位，其北的江津口也绝不应超越江陵城南一线。所以江津口绝无在沙市之理。问题的关键在于对"江津口"如何理解？可以肯定，《水经注》所载的江津口，绝不是长江的分流水口，分析《水经注》的记载，从江陵至沙市一带的长江北岸，绝无江津分流存在的迹象，更无江津支流入汇长江的水口。江津口实际上是燕尾洲上的江津戍与北边江陵大岸间的一个长江分汊水口。据上述可知，燕尾洲北的北江汊道，在江陵城南稍西与南江汊道断洲通会。其通会前的北江口，正处在江津戍的北侧及其北所对的大岸之间，故北江口又"谓之江津口"。北江出江津口与南江通会后所形成的大江，古代又被称为"江津"。《水经·夏水》的"夏水出江津于江陵县东南"、《晋书·刘毅传》的"王宏等率军至豫章口，于江津燔舟而进"以及《资治通鉴》齐武帝永明八年（公元 490 年）"谐之至江津，筑城燕尾洲"等的记载，均可为之佐证。江津河段，西起江津戍，东抵夏水口，长约十余里。其西入北江之口门，则为江津口，但必须指出，"江津"一词也可用作地名江津戍的简称，如《荆州记》："江津东十余里有中夏洲，洲之首，江之泛也，"这里的江津，是作为定位的基准点，实指燕尾洲上的江津戍。

再次，说明了江津河段江面异常宽阔，并存在分流水道。

自南北江断洲通会后，长江进入江津河段，因江中无沙洲，江面开阔风浪陡增，所以《水经·江水注》曰："江大自此始也。《家语》曰：江水至江津，非方舟避风不可涉也，故郭景纯云：'济江津以起涨'，言其深广也。"《初学记》卷六引《荆州记》则具体指出："江至楚都，遂广十里。"十里开阔的江津水面，浩浩荡荡，濒临江陵城南；加以其上游的北江河道，沙洲众多，阻滞严重；江陵城地又属东南倾，所以江陵城的洪水威胁，相当严重。故东晋荆州刺史桓温令陈遵创筑金堤，西起城西的灵溪，沿大江北岸依地势高下东筑，以策荆州城之安全。此金堤，便成为今荆江大堤建筑史上的第一堤。金堤筑成之后，"缘城堤边，悉植细柳，绿条散风，清阴交陌"，荆州城外，景色更加秀美。

至于该河段所在的分流河道，《水经·江水注》已明确指出，分流河道形成于江津河段的东端，相当于今沙市一带，由豫章口和中夏口二个分流口分流会合，形成著名的夏水分流河道东入汉水。《荆州记》所说的中夏洲，即指此二分流会合处西至江津之间的洲地。江津之水于此洲头分出为夏水，"夏水出江津于江陵县东南"及"洲之首江之泛"，皆即指此。据《水经·夏水》及《荆州记》所载定位，中夏洲即古之沙市地，今沙市是在古代中夏洲的基础上发展起来的。但应指出，南朝时期的中夏洲，已不是长江干流中的江心洲，而是豫章、中夏二股分流间的洲地。从长江的演变史分析，沙市所在地的中夏洲，此时已属长江的靠岸沙洲。

江津河段除北岸夏水分流之外，南岸未见分流河道形成于南朝之前的任何记载。但自明清以来，一些学者据《水经·江水注》江水自枚回洲"两分而为南北江"之文，便断定今南岸虎渡河分流即为南朝时期的南江分流，并进而推断此南江虎渡河分流为古代长江的主干道，今长江干道则被说成是当时的支汉分流道。今天有些人则又据此进一步把所谓的南江分流的形成时期向前推至东汉甚至更早。其实，所谓的南江虎渡河分流，杨守敬在《水经注疏·江水篇》中，早已很正确地予以彻底的否定。我们在前面也已证明，枚回洲支分的南北江，在过燕尾洲之后即又"断洲通会"，南北江在江陵城南便已复合为单一的江津河道。因此，所谓的南江分流，在南朝甚至东汉根本是不存在的，既然是子虚乌有的事，又何必去附会其形成年代！

综上所述，南朝时期浣市至沙市的长江河段，河床形态复杂、类型众多，江面开阔，与今形势大不相同。

唐宋时期，本河段沙洲逐渐靠岸，江面宽度因之收缩，加上河床的自然淤升，洪水过程日益显著，江陵地区水患频率增大，于是两岸堤防迅速发展。先是五代时在"培修金堤"的同时，创筑寸金堤于江陵城西南以捍蜀江之激水。由于"堤迁于外，江势改徙"之故，北江衰退，南江迅速发展，江陵东南的沙市一带，适"当蜀江下流，每遇涨潦奔冲，沙水相荡，摧圮动辄数十丈"，于是又有北宋熙宁中沙市一带的"始筑长堤捍水"。此时，古豫章口与古中夏口，均已被淤塞或阻断，夏水也已不复为江津河段的分流水道，这是该段河态的一次重大变化。在北岸南移、堤防沿江东筑伸延和分流穴口塞断的情况下，主泓逼近的南岸，洪泛随之严重，虎渡里一带因之遂有虎渡堤的修筑。

进入南宋初期，应该说主要是由于穴口塞断，江流分泄不畅，建炎间曾人为开决沙市长堤黄潭段以杀水势，致使江津荆北分流再度形成。但由于分流水道"夏潦涨溢，荆南、复州千余里，皆被其害"，故在绍兴二十七年（1157年）终因民诉而复塞之。所以黄潭决堤所形成的分流，前后仅存30年。

在两岸筑堤、分流复塞的情况下，洪峰难平，终于导致乾道四年（1168年）的寸金堤溃决，江水冲啮江陵城不退。为拯救江陵，帅臣方滋使人乘夜开决南岸虎渡堤，以杀水势、削平洪峰、著名的南岸虎渡河分流，即是在这种严峻的形势下人为开决而成。虎渡河分流形成后的河势，有利于荆江分洪，其下游又有浩森的洞庭湖可以接纳，不致造成类似黄潭决口分流所带来的巨大灾难，所以在分流形成3年后的乾道七年，为使漫流归槽，虽曾复修虎渡堤，但其分流口并没有因此次重修而阻断，所以《舆地纪胜》说，决口"自此遂不复筑"。虎渡河分流的形成，是该河段形态的又一大变局，而从北岸分流入荆北江汉平原一改而为南岸分流入荆南洞庭湖地区。

终明一代，江陵西南的南江继续扩展，早期北江江中的故乡洲、龙洲和宠洲，此时已先后靠向北岸成为边滩。由于北岸向南推进，原先南北江之间的枚回洲、燕尾洲以及邴里洲，遭受强烈冲刷而消失，明清荆州志书虽均列有它们的条目，但其资料全为抄录前代的史文，洲已成为古迹。至此，江陵河段历史上的复式分汉、普通分汉河型，均已转变为单一型河道。

明末清初，江陵单一型的荆江河道，由于其下游沙市一带河势急剧转折、江面收缩，沙市以西荆江回流壅水继续积沙成洲，窖金洲于是在江陵的荆江南岸形成并不断扩大。其位置处在西来大江的南岸，它在迫使荆江于江陵之南继续维持分汉并向南分流入虎渡河的同时，对其上游单一型河段具有明显的挑流顶托作用，其结果是阻遏江流，造成洪水决堤泛溢，并逼溜渐次北趋，以致清乾隆四十四年（1779年）、四十六年、五十三年，江陵濒江堤岸多被冲塌，尤以五十三年为甚，不但万城大堤溃决，江水竟冲入江陵城内，造成近 2000 人死亡，4 万多间房屋坍塌。灾后曾于江陵城南江堤之外筑杨林嘴石矶，希望挑江流而南以冲没窖金洲。可是经过 30 年的挑流顶冲，窖金洲非但没有冲没，反而继续扩大，故嘉庆末年，阮元在《窖金洲考》一文中叹曰："此洲自古有之，人力不能攻也，岂近今所生可以攻而去之者"。其实，窖金洲并非"自古有之"而不能攻，而是因为它适应该河段的分汊河势，所以即使老的窖金洲被冲没，新的窖金洲仍将重新淤积出水成洲。近代在古窖金洲不断被冲蚀并向南岸靠拢的同时，洲北江中又有新的窖金洲形成，就是这个原因。

《窖金洲考》云："昔江流至此分为二，一行洲南，一行洲北，今大派去北者十之七八，洲南夏秋尚通舟，冬竟涸焉。"说明窖金洲在杨林矶的挑流作用下，还是有渐次南靠的趋势，只是速度极为缓慢。清代后期所测绘的地图，窖金洲的河势与此基本相同。在清后期窖金洲南靠的同时，北江中又有江捍洲、学堂洲、杨林洲等的形成并靠向北岸成为边滩。近代该河段在沙洲纷纷南北靠岸之际，沙市之西的江心又有巨型的心滩形成，它仍将使该河段继续维持分汊分流的河床形态。

4. 沙市至公安的突起洲弯曲分汊河道

先秦时代以沙市为顶点的荆江三角洲分流，在南向掀斜构造运动与科氏力的作用下，主泓道已右偏南折至今河道一带。据《水经·江水注》记载，今沙市附近古"有豫章冈，（豫章口）盖因冈而得名"。此冈地正当荆江前进流路，无疑对荆江起着遏流、挑流的作用。因此，荆江在沙市呈近于直角南折，除现代构造运动与科氏力的因素外，与沙市豫章冈地的存在当也有密切关系。

在南折的本河段内，先秦时期于豫章冈东南形成 3 个分流口，即豫章口、中夏口和涌口。前两口水合为夏水，它与涌水一起东注云梦泽。至南朝时期，《水经·江水注》记载："江水左迤为中夏水，右则中郎浦出焉。江浦右迤，南派屈西，极水曲之势，世谓之江曲者也。……（江水）又东，右会油口，又东径公安县北。"可见本河段自沙市南折之后所形成的反"S"形河道形态，在南朝时期就已初具规模，此时涌口分流已经消失，其下游故道已被南向偏移的夏水分流所夺。

唐宋时期，本河段反 S 形河道在增大曲率的同时已向下游方向发展至公安油口一带。陆游《入蜀记》云："公安，古所谓油口也，汉昭烈驻军，始更今名。……周令说，县本在近，北枕江（按原书作汉）水，沙虚岸摧，渐徙而南。今江流，乃昔市邑也。"由于弯道发展下移，处于凹岸冲刷地带的公安城，不断遭受冲刷而节节后退，早先的公安城，在南宋初年已全部坍入江流，宋代为避公安重蹈覆辙沦入江流之灾，沿江已有堤防修筑防护，但在弯道水流的不断冲击之下，公安城仍岌岌可危。所以南宋乾道年间的公安县令叹曰："堤防数坏，岁岁增筑不止。"60 年后的端平三年（1236 年），为确保凹岸上公安城的安全，在城附近又筑五堤以捍江水之冲击：城东三里者曰赵公堤，城南半里者曰斗湖堤，城西三里者曰油河堤，城东北二里者曰仓堤，城北者曰横堤。

明清时期，本河段的弯曲分汊河型已见于记载。其以观音寺为界，上段为江心洲弯道，下段为突起洲汊道。

江心洲弯道系由江心洲汊道演变而成。乾隆二十二年（1757 年）修的《荆州府志》记载："上姜洲距（江陵）县四十里，江南岸，相连又有下姜洲；永安洲距县五十里，江南岸。"这说明明末清初沙市至观音寺的荆江河段已属分汊河道。主泓位于左汊道，右汊道为支汊，上、下姜洲及永安洲均为弯道凸岸沙滩。在道光后期至光绪三年（1877年）之前，据《中国江海险要图志》及《江陵县志》，凸岸旁的上、下姜洲之间又有龙山官洲出水；左汊主泓道上的江心洲也已出现在窑弯西南。龙山官洲之东的荆江南岸，窑弯与沙市之间的北岸则有下马坊洲形成。故此期本河段沙洲众多，汊道纷杂，主泓道东移至江心洲与下马坊洲之间，说明右侧凸岸在继续向东发展。在光绪后期编制的《湖北全省分图》，上、下姜洲，永安洲及龙山官洲均已靠向右岸成为凸岸边滩，并以围垦家族的姓氏更名为朱家洲、雷家洲、鄢家洲及魏家洲。此时江心洲继续扩大为该河段唯一的沙洲，荆江东西支分，分汊河型明晰，主泓道仍在东支的左汊，下马坊洲则因东汊主泓扩展而消失。其后因弯道环流继续冲刷左汊凹岸，凸岸右汊淤塞，致使江心洲又靠向右岸成为今凸岸江心洲边滩，该河段的弯曲分汊河型遂演变成弯曲单一河型。

观音寺至公安城之间的分汊河道，历史相当悠久，早期可称之为二圣洲分汊河道。明成化六年（1470年）《公安县志》载《二圣洲题咏》，其一，"大江心拥一沙洲，上有丛林分外幽。古木阴阴巢白鹭，蒹葭密密沸渔舟。波涛汹涌浑无盖，鼋负潜芷已见收。不是神功伴禹迹，安能千古峙中流。"其二，"楚江浩浩下东流，二水中分有一洲，巨浪掀腾浑莫洗，丛林突兀更多幽。芦花明月迷归雁，沙渚轻风漾去舟。二圣悠悠千载后，于今腾筑独留名。"据此不难判断，二圣洲是一个古木阴阴、丛林突兀、久峙中流的古老的江心洲。陆游次公安，曾两度游二圣寺。二圣洲以公安城外二圣寺得名。从沙洲隶属公安及得名两方面分析，二圣洲形成之初可能靠近二圣寺的公安城一侧，其后因右汊扩展，导致二圣洲的左移。据嘉靖二十二年（1543年）《重修公安县志》附图，其时二圣洲已靠近左岸，当时主泓道已在公安一侧的右汊道。稍后的隆庆元年（1567年），江水清洗公安二圣寺，显然与此河势有密切关系。

明末清初，二圣洲靠向左岸成为凸岸边滩。据乾隆《荆州府志》记载，在边滩的前缘又有青安洲和塌泊洲的形成，使自文村至马家寨的凸岸边滩继续向西南推进。其结果之一是迫使主泓逼向右岸，造成公安一带坍江。故乾隆《荆州府志》引《县志》云：公安城东三里的赵公堤和城北布政分司后的横堤，均被冲溃入江。结果之二是公安附近江面因此收缩，从而导致上游观音寺至文村间的开阔河段内涌沙成洲，史称文村洲又名突起洲，长约10里。至此，本河段二圣洲分汊河道遂被突起洲分汊河道所取代。

清同治年间的《长江图说》和《江海险要图志》，对突起洲分汊河道形态，均有十分清晰的描绘。当时主泓均在右汊道；左侧支汊被《长江图说》称为蚊虫夹，《江海险要图志》则注明为小船水道。两图比较，突起洲有明显的下移趋势。至光绪年间，由于突起洲继续下移，凸岸青安洲之北的塌泊洲被冲刷殆尽。

5. 公安至藕池口的南五洲弯曲河道

本河段早期属分流河型。左岸的鹤（郝）穴分流，至宋代江汉地区屯垦大兴时，穴口已被淤塞。元明两代曾数度重开、复塞，左岸分流遂告消失。右岸于南朝时代，在公安油口之下有景口、沦口会合而成的沦水分流，至唐宋时代已不见于记载，估计穴口也当在此阶段淤塞。南宋初年虎渡河分流形成，沦水南下故道遂为所夺，本河段两岸穴口先后关闭，分流河型就演变为分汊河型。

终明一代，分汊河道的左岸，基本稳定在郝穴上下，马家寨、郝穴、蛟子渊一线的沿江大堤，即为岸线的所在地。右岸岸线则稳定在公安、积善铺、沙堤铺一线。《读史方舆纪要》记载，明初沿此线修筑荆南大堤，"西北接江陵上灌洋，东南抵石首新开堤，凡百二十余里，中间最切者凡十余处，而摇头铺、艾家堰、竹林寺、狭堤渊、沙堤铺诸堤，尤为要害"。沙堤故址在今蛟子渊西北 6km 处。其为堤防险工地段，江流当紧逼于此。至明成化、嘉靖年间，本河段的分汊河型，在当时的《公安县志》附图上已有明确表示。

据清嘉庆九年（1804 年）的《湖北通志》所示，本河段左右两岸位置仍然与明代相同，即岸线本身变化不大。但在此前，由于江中沙洲大量涌现，分汊河势却是变化复杂。

雍正《湖广通志》山川条："彩石洲，（公安）旧县东北十里，涌出江心，长六七里，洲皆五色石子，或洁白如玉或红黄如玛瑙……近益增长。"彩石洲简称石洲。从记载分析，当是清初始涌出江心至雍正时仍在增长的新的江心洲，其位置约在公安城东的马家寨之南。乾隆二十二年（1757 年）施廷枢《荆州府志》于公安新县条载，"彩石洲距县八十里江中，申梓洲距县八十里江南岸，平滩洲距县九十里江南岸，沅陵洲距县百里江南岸"；于江陵县条载，"白沙洲距县 110 里大江中，相连又为新淤洲，新泥洲距县 120 里，相连又为白脚洲，郝穴对岸"。根据以上史实分析，清初雍正、乾隆年间，本河段显然属于复式分汊河型。从沙洲的隶属关系可以推知，当时分汊主泓应在彩石洲北、马家寨南，然后通过江陵县所属的白洋洲、新淤洲、新泥洲、白脚洲沙洲带的右侧，也即公安县所属的申梓洲、平滩洲、沅陵洲沙洲带的左侧南下。在白沙洲沙带左侧和申梓洲沙带右侧，均为分汊河道的支汊道。

其后，彩石洲继续增长下移，并和白沙洲沙带靠拢，主泓道遂趋向白沙洲沙带左侧的荆北大堤旁，致使彩石洲对岸马家寨"昔年江面宽平淤沙无多，前系报部平顺，近因南岸石洲渐长，逼流北趋，水势汹涌激冲，旋于乾隆五十五年（1790 年）报部改险隘"。但与此同时，由于本河段左汊扩展为主泓，郝穴下游的"吴秀湾，昔年淤沙成洲，江面窄狭，系报部平顺"。

当左汊扩展为主泓道时，右汊则处于衰亡状态，致使申梓洲、平滩洲首先靠向右岸成为凸岸边滩，而江陵县境内的白沙洲沙带则在弯道水流作用下，逐渐向公安的右岸靠拢，它们成串珠状上接彩石洲，下连沅陵洲。原先的复式汊道因此演变成一般分汊河道。这一过程，在清嘉庆九年（1804 年）之前即已完成，当时的《湖北通志》附图，对此分汊河道已有清晰的描绘。在光绪三年（1877 年）的《江陵县志》附图上，所表示的河床形态与嘉庆《湖北通志》附图并无二致。县志并于山川条下详载各洲具体位置："石洲，距县九十里，江南岸；白沙洲，连石洲尾，在周家坑对岸；新淤洲，连白沙洲尾，在潭子湖对岸；新泥洲，连新淤洲，在龙二洲对岸；白脚洲，连新泥洲，在鹤穴对岸。"也就是说，南五洲首尾已完全相连地处在大江南岸，其末端止于郝穴对岸，自此以下至蛟子渊对岸的洲地均为沅陵洲。清末南五洲右汊已成涓涓细流，本河段遂由分汊河型转变为正弦式弯道。

（二）藕池口—城陵矶河段（下荆江）的演变

长江藕池口至城陵矶的下荆江河段，地处荆江河曲平原，历史时期河床形态、江湖关系变化巨大、错综复杂。河型从南朝时期的分流分汊型，发展至今成为"九曲回肠"的蜿蜒河型。

1. 下荆江河型的转化

由于流量和河道边界条件在不同历史时期有不同的变化，下荆江河道形态的演变过程，大致可分为三个阶段。

（1）分流分汊河型阶段

下荆江分流分汊河道形态，开始形成于魏晋，结束于隋唐之际，由下荆江早期的边界条件和水流所决定（图 9.3）。

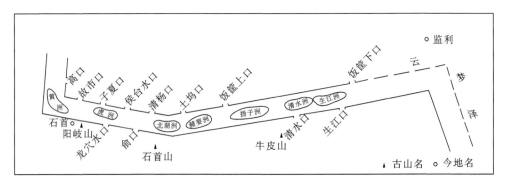

图 9.3　南朝下荆江分流分汊河势示意图

下荆江河道是在江汉平原古云梦泽的消亡过程中逐渐发育形成的。魏晋以前，下荆江基本不受河谷地形控制，主要以漫流形式通过今下荆江地区。由于当时坡降比目前河床坡降大 3 倍[①]，自上游带来的悬浮物质被水流迅速冲往下游和距主泓道较远的地区，而颗粒较大的沙及亚沙则在下荆江地区沉积下来，组成目前下荆江二元结构的下部沙层。所以在下荆江河道开始形成的魏晋南朝时期，下荆江河道边界主要由沙层、亚沙层组成。由于它们具有松散、抗冲性弱的特点，在水流作用下河岸极易冲刷，河床迅速展宽，使流速相对降低，导致水流挟沙能力下降，大量泥沙沉积在河床中，但因河岸极易变形，堆积下来的泥沙不易附聚在河岸形成边滩，大多以江心洲的形式堆积下来，江心洲形成之后，又将水流逼向两岸，冲开由松散沙层组成的河岸，形成穴口分流。北魏郦道元《水经·江水注》所载的下荆江大量沙洲、穴口分流，就是这种边界条件的产物。由于穴口分流众多，沙洲又大量发育，所以当时下荆江属于分流分汊河道类型。它的水文特征是：河道水位变幅小，流量比较均匀，洪水过程极不显著。史书记载"唐宋以前

① 林承坤、陈钦峦：《荆江河曲的成因与演变》，《南京大学学报》（自然科学版），1965 年第 1 期。

无大水患",就是这个原因。

（2）单一顺直河型阶段

唐宋时期，云梦泽消亡，下荆江完全摆脱漫流状态，统一的河道塑造完成。从此以后，洪水过程日益显著，筑堤工程随之迅速兴起，河滩迅速堆积的结果，形成河漫滩相的黏土层，使河道边界组成与结构发生根本变化，原来主要由沙层组成的河道边界，逐渐地改变为沙层与黏土层组成的具有二元结构的河道边界。显然，下荆江的二元结构不是同期异相的沉积物，这和一般受河谷地形控制，在河道不同地貌单元所形成的同期异相的二元结构不同。分析历史上人们在河漫滩上筑堤围垸的高度，也很容易认识下荆江二元结构不是属于同期异相的沉积物。下荆江地区围垸河滩地面发育有这样的规律：年代越老的垸子，高程越低，黏土、亚黏土越薄；反之，年代越新的垸子，高程越高，黏土、亚黏土越厚。例如，民国年间围的垸子，黏土层一般超过9m；清道光年间围的垸子，黏土层厚7.5m；明中叶的垸子黏土层厚度为6m；元大德年间的垸子，黏土层厚度仅有4.5m；而宋代的老垸，黏土层厚度只有1m左右。可见唐宋以前，河道边界主要由沙层组成，黏土层还很不发育，这就是说，从魏晋时期开始下荆江统一河道的塑造，虽然已有河漫滩相黏土层沉积，但大量的河漫滩相沉积无疑是在下荆江统一河道塑造完成的唐宋以后。

随着二元结构河道边界条件的逐渐形成，河岸稳定性日趋增强，穴口分流逐渐走向消亡，江心洲不断靠岸或消失，分流分汊河型就演变成单一顺直河型，这是下荆江河道形态的一次重大变迁。《水经·江水注》所记载的石首境内下荆江的众多穴口分流和大量沙洲，至唐宋时期已完全淤塞、消失，不见史书记载。随着人为因素的加强，为削减日益增大的洪峰，保护庐舍耕亩，代之而起的通常为人工穴口分流，如元大德七年（1303年）重开的小岳、宋、调弦、赤剥四穴，但终因河岸日趋稳定，人工穴口难以长期维持，不久即自然淤废。明隆庆中，议复诸穴未成，仅浚石首县东大江北岸调弦一口，江水溢则由此泄入监利县境，汇于潜沔。在这一阶段，下荆江也绝少见有江中沙洲记载，可见分流分汊河型已经和具有二元结构的下荆江河道不相适应，单一顺直河型是下荆江河道演变至一定阶段的必然产物。这种河型的特点是：水位变幅和流量不均匀系数增大，洪水过程极显著，堤防溃决殆无虚岁。

（3）分流蜿蜒河型阶段

元明之际，下荆江二元结构边界条件已经全线发育形成，河道日趋缩窄，心滩靠岸成边滩，迫使水流弯曲，侵蚀彼岸，又由于下荆江横向摆动几乎不受坚硬岩石的控制，因此，在弯道环流的作用下，河弯不断发展，终于导致下荆江蜿蜒河型的形成。

在下荆江河道日趋缩窄的过程中，河床也因泥沙不断淤积而使高程不断增加，洪水过程日益显著。在明代，为了确保荆北地区的安全，荆北荆江大堤全线兴筑完毕，大量洪水涌向洞庭地区（除调弦口之外），从而导致清代荆江南岸分流的形成。结果使下荆江河道形态从唐宋时期的顺直单一河型演变至明清时期分流蜿蜒河型。其转化过程至清同治年间已基本定型。

2. 下荆江蜿蜒河型的发育过程

由于促使河型转化的动力条件在历史上有过明显的交替，下荆江蜿蜒河型的发育有着如下的过程：早期由于壅水和洞庭湖顶托的关系，下荆江蜿蜒河型在监利以东南地区首先发育形成；然后有着自下游往上游的石首境内推移的明显趋势；最后由于藕池强分流的出现，下荆江蜿蜒河型得以全线发展[①]。

(1) 蜿蜒河型的发生阶段

元明之际，单一顺直的下荆江受洞庭湖顶托壅水，泥沙沉积，心滩演变成边滩，蜿蜒河型就已开始在监利东南出现。至明中叶，监利东南典型的河曲弯道已经发育形成，如东港湖弯道和老河弯道。目前的东港湖是明末被自然截弯的牛轭湖遗址。目前在该湖西岸的固城垸，是明中叶在东港湖河弯凸岸围起来的垸子。当时在东港湖弯道与老河弯道之间的瓦子湾，由于曲流发展迅速，河岸所遭受的侵蚀极为严重。

由于河曲发展迅速，到明末清初，据《水道提纲》江水篇记载，下荆江"自监利至巴陵凡八曲折始合洞庭而东北"。《乾隆十三排图》对此有着十分清晰的描绘，可见蜿蜒河型的发生，与洞庭出水顶托存在着密切关系（图 9.4）。

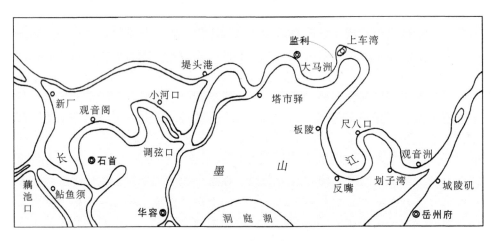

图 9.4　清初下荆江河曲图

同样是明代，石首境内的下荆江河段，典型河曲则尚未形成。河道形态仅由顺直型演变成微弯单一河型。当时下荆江流路自石首县县北沿止澜堤北侧至列货山（又称烈火山），然后以东南微弯方向通过调弦镇南的胜湖、三陵湖、北湖至塔市入监利县境，河道平面形态、位置与今大不相同。

这里需要加以说明的是，调弦至塔市间的下荆江流路问题。据《入蜀记》记载，南宋乾道六年（1170 年），陆游自塔子矶溯江西南行，途经山嘴纵横，水体深广，古尝潜军伺敌的潜军港，泊于三江口（约当今调关三岔口附近）。次日由三江口过石首县泊藕池。根据陆游的航向和潜军港的地理形势，不难推断：当时下荆江在今调关—槎港山一

① 张修桂：《云梦泽的演变与下荆江河曲的形成》，《复旦学报》（社会科学版），1980 年第 2 期。

线以南，紧靠墨山丘陵北麓的胜湖、三陵湖一线通过。至明代后期，河道位置仍属如此。《读史方舆纪要》荆州府石首县条记载："调弦口镇，县东六十里江北岸，江水溢则由此泄入监利县境，汇于潜沔，隆庆中复开浚深广以防水患。"很明显，隆庆年间，荆江仍从调关以南的湖群中通过，调关以北为江水泄洪通道。下荆江调关附近的这条故道何时废弃而改徙于调关—槎港山之北，史无明文记载。但从清乾隆年间的奏议及《水道提纲》记载分析，当在隆庆、万历年间以后的明代后期，由于三江口附近泥沙长期淤积，水浅江流不畅，原来调关北侧的分洪道遂扩展成为大江正流，经槎港山北侧至塔市入监利县境。调关、槎港山则演变为荆江南岸要地。

（2）蜿蜒河型上溯发展阶段

清代道光以前，下荆江蜿蜒河型已上溯发展至石首县境内，最明显的一个河曲弯道形成于调关之北。据《嘉庆重修一统志》所载，在1820年之前，石首至塔市间的下荆江曲率已达2.5。说明随着时间的推移，下荆江蜿蜒河型已在石首境内全面形成。但同时，监利境内的下荆江曲率却降为1.44，这可能与弯道发展至最后阶段的自然截弯有关。

（3）蜿蜒河型全线形成阶段

清后期自1860年藕池决口分流以来，下荆江在特定条件下，蜿蜒河型得到全线发展。其主要原因在于藕池决口后，下荆江流量减少和洪枯流量变幅减少。因为河流的弯曲半径与河宽成正比，在冲积平原河流中，河流的宽深比值又与流量大小成正比。因此，当流量减少，河流的宽度和弯曲半径也相应缩小，河曲因此形成。此外，在正常发展的弯道中，水流顶冲位置具有随流量变化而上下移动的特性。高水顶冲位置一般在弯顶以下，低水顶冲位置一般在弯顶附近或稍上，而洪枯流量变幅小，水流顶冲位置趋于固定，容易出现弯曲半径较小的弯道，河道也就更加蜿蜒曲折（图9.5）。

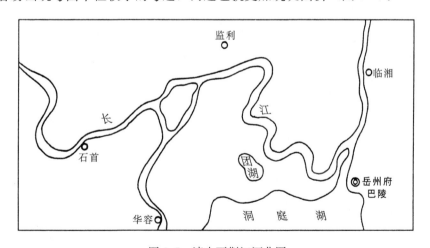

图9.5　清末下荆江河曲图

（三）荆江河床发育过程及其地貌后果

长江自枝城至城陵矶的荆江河段，它流经两个不同的地貌单元，即沙市以西的山前冲积扇平原和沙市以下的江汉云梦湖沼区。荆江在这两个性质迥异的地貌单元之内，其发育过程存在着极大的差异。

1. 沙市以西荆江河床的发育

沙市以西的荆江河床，发育于山前冲积扇之上，河床始终以分汊形式出现，随着江心洲的变动，河床演变以主、汊交替为其主要形式，近千年来，由于荆南地势的变化，分汊河床遂发育成为分汊-分流形态。

先秦两汉时代，长江出三峡进入枝城—沙市河段的山前冲积扇地区，由于河床在扇面上剧烈下蚀，荆江河段在冲积扇的中轴线上发育成为单一的干流形态。冲积扇上扇状分流水系的普通模式因此未能形成。

在单一干道的发育过程中，由于长江水量巨大，冲刷剧烈，河床发育非常开阔，江中沙洲随之大量涌现。据史书记载，在南朝之前，该河段江中已有近百个沙洲纷杂棋布，河床形态的发育以复式分汊为其主要特征。

其后，由于沙洲的不断合并、消失和靠岸的结果，复式分汊逐渐发育成为普通分汊形态。例如，百里洲河段，因大量沙洲合并，复式分汊演变成为"南江北沱"的分汊形态，其后又演变成为"北江南沱"形态；江陵河段，因沙洲消失或靠岸，河床发育逐渐缩窄，复式分汊最后也演变成为普通分汊形态。所以沙市以西荆江河床的发育与演变，在很大程度上取决于江中沙洲的变化，从而引起江与沱的主、汊南北变动。

在沙市以西荆江河道主、汊交替演变的同时，分汊河道已逐渐向分汊-分流河道形态演变。尤其是从东晋筑金堤开始，至唐宋时代，荆南公安一带地势已基本改观，加以荆江水位的不断提高和人为因素影响的加剧，江陵的荆江河段，于南宋乾道（1165～1173 年）初年，开始形成虎渡分流，从而改变了沙市以西荆江单一的分汊河道形态。清后期的同治年间（1862～1874 年），荆江水位提高并向上游方向发展，同时百里洲南侧的长江汊道壅塞水流不畅，终于导致黄家埠堤溃决形成松滋河分流。至此，沙市以西荆江分汊-分流河势大致塑造完成。

2. 沙市以下荆江河道塑造过程

沙市以下荆江河道的塑造，大致经历三个阶段。

（1）荆江漫流阶段

由于江汉地区现代构造运动继承第四纪新构造运动的特性继续沉降，著名的云梦泽在全新世初期湖沼程度极高。有史记载以前，长江出江陵进入范围广阔的云梦泽地区，荆江河槽通常被淹没于湖沼之中，河道形态不甚显著，大量水体以漫流形式向东汇注，表现在沉积物上为湖沼相沉积与河流相沉积交替、重叠。但因该地区现代构造运动具有向南掀斜的特性，以及科氏力的长期作用，沙市以东的漫流有逐渐向南推移、汇集的趋势。

（2）荆江三角洲分流阶段

至周秦两汉时期，由于长江泥沙长期在云梦泽沉积的结果，以沙市为顶点的荆江三角洲早已在云梦泽的西部首先形成。荆江在云梦泽西部的这一陆上三角洲上呈扇状分流水系向东扩散。荆江主泓道受南向掀斜构造运动的制约，偏在三角洲的西南边缘。这时下荆江地区大部尚处在高度湖沼阶段，洪水季节荆江主泓横穿湖沼区至城陵矶和洞庭四水。在陆上三角洲中部汇注云梦泽的荆江分流有著名的夏水和涌水。它们可能分别为漫流阶段的荆江主泓道，由于南向掀斜运动的影响，主泓道南移而演变成为分流水道。荆江三角洲西北边缘的分流，很早已废弃而不著名，春秋后期，楚利用它东北流的形势，凿通汉水使成运河，其后始有扬水或夏水之目。

（3）荆江统一河道与右岸分流形成阶段

魏晋时期，由于荆江鹤穴分流的出现，荆江三角洲在向东发展的同时，向南迅速扩展，迫使古华容县南境的云梦泽主体向下游方向推移，今天石首境内的下荆江河段，已经摆脱湖沼区的漫流状态，塑造自身的河道，从而使江陵以南的荆江河道继续向东延伸发展。这时监利境内的荆江河段，大部依旧通过云梦湖沼区，地面的独立河道尚不明显，仅有东南方向的大体流路。至南北朝时期，荆江主河床仍然如此，故《水经·江水注》记载，石首境内下荆江河床形态已极为清晰，两岸不但有众多的穴口分流，而且还有较高爽的自然堤供人类定居，江中还有不少沙洲分布。而监利境内的下荆江河段，几乎不见任何记载，不但没有城邑村落，连穴口分流和沙洲也不见记载。这绝不是郦道元的疏忽或者当时资料的限制，而是监利境内下荆江河段横穿云梦泽边缘，尚处于漫流为主要形态的科学反映。结合当时云梦泽在监利、惠怀一线以东"萦连江沔"的记载，问题就可以看得更清楚了。这时江陵以下的上荆江河段，开始于公安附近形成河曲，荆江三角洲上的涌水分流，则因荆江西移而断流。夏水分流在南向掀斜运动的支配下，向南摆动劫夺涌水的下游河段。与此同时，公安稍下的荆江右岸，开始形成景口和沧口所汇合而成的沧水分流，流注洞庭地区，从而改变了过去荆江单纯地向左岸分流汇注云梦泽的局面。此时，石首境内的下荆江右岸，虽然也存在一些穴口，但均不构成分流局面，即使是位置约在今调关附近的生江水，由于当时洞庭地区地势尚较高，荆江也只有在洪水期才能通过生江水排入洞庭地区，平枯水位生江水仍是赤沙湖的尾闾。

唐宋时期，江汉平原的云梦泽已完全解体，成为古迹。由于地势的普遍抬高，"萦连江沔"数百里的云梦泽已为星罗棋布的江汉湖群所取代。监利境内云梦泽消失使得沙市以下荆江统一河道最后塑造完成。

沙市以下荆江沿岸县治设置的先后，也反映了荆江河道这一塑造过程。公安县始见于三国时代。石首县设于西晋。石首县东调关附近的建宁县设于北宋。而监利县至南宋端平年间才从夏涌水自然堤上迁至下荆江自然堤上重建今所。县治自上游向下游增设的时间，与沙市以下的荆江河道塑造完成的时间也是一致的。

南宋初期上荆江虎渡河溃决形成，并劫夺油水下游自古沧水流路流注洞庭湖，公安附近的景口、沧口所形成的沧水即告消失，沙市以下荆江右岸分流遂下移至调弦口。清后期咸丰年间（1851～1861年），藕池河溃决形成，沙市以下荆江右岸分流始成定局。

3. 荆江两岸分流的地貌后果

历史时期荆江两岸分流的时空变化，对江汉洞庭地区地貌建造影响巨大。

荆江横贯江汉洞庭地区，其分流所夹带的巨量水沙，在历史时期是江汉洞庭地区地貌演变的决定性因素。荆江分流潴汇的洼地，分流来水使洼地演变为湖泊；分流来沙使洼地同步地淤浅淤平，由洼地演变成冲积-湖积平原。

从新石器时代至先秦时期，江汉洞庭地区的地貌形态继承全新世初期的特征：洞庭地区表现为河网交错的平原地貌景观，人类生产活动的痕迹比比皆是，尤其是现在湖区的中心部分；而江汉地区则表现为以湖沼为主体形态的云梦泽景观，尽管也已有人类的活动痕迹，但主要分布在湖沼东西两端的陆上三角洲或自然堤之上。这时，整个江汉洞庭地区，大体以华容隆起地带为分界，地势表现为南高北低。因此，当时长江出三峡过山前冲积扇之后，其主流和分流即注入地势低洼的江汉地区的云梦湖沼区；而南部的洞庭平原则因地势相对较高，未受长江来水来沙的干扰。荆江分流的这一形势，大体一直维持到汉晋时代。

江汉地区的云梦泽，由于荆江及其分流和汉江分流长期潴汇，泥沙大量淤积，造成江汉陆上三角洲不断扩大，江汉洼地的地面高程普遍抬高，汉晋时代云梦泽已显著萎缩，至唐宋时期江汉地区的云梦泽则已完全解体。随着江汉地区地面高程的抬高，荆江左岸分流大多自然淤塞消亡，加以荆江沿岸，尤其是左岸人工堤防的兴筑，荆江的活动范围也受到自然的和人为的制约，河床因此逐渐淤高，洪水过程日益显著。从而又导致荆江右岸分流的形成和荆江对洞庭地区地貌形态的严重干扰。洞庭地区属现代构造沉降带。新石器时代河网交错的平原景观至秦汉时期虽然仍基本维持，但已明显因气温渐暖，水位上升而向沼泽化方向发展，所以尽管新石器时代人类活动频繁，在秦汉时期却未能进一步发展。由于江汉地区地面高程淤高，洞庭地区高程相对降低，东晋南朝之际荆江所形成的右岸沧水分流大量潴汇于洞庭沼泽平原地区，从而使沼泽平原迅速演变为湖沼景观，并自东洞庭地区逐渐向西洞庭地区扩展，湖面也因此由南朝时期的五百余里扩展至唐宋时期的七八百里。江汉洞庭地区的地势，遂演变为北高南低的基本状态。

明清时期，荆江大堤不断续筑、完善，荆江左岸穴口分流几乎全部堵塞，江汉地区在常年情况下已得不到荆江来沙的补给，在现代下沉构造运动的影响下，特别是气温又一次变暖，水位有所上升，致使河网交错的平原转向湖沼洼地发展，云梦泽瓦解以后所形成的江汉湖群，这时期又有明显的扩展趋势。与此同时，荆江的大量水沙继续通过右岸新的穴口分流排入地势低下的洞庭地区，尤其是清代后期藕池、松滋二穴分流的形成，使洞庭湖水面继续扩展，形成八九百里范围的 $6000km^2$ 水域。但就在这一过程中，因荆江右岸四口分流夹带大量泥沙的排入淤积，洞庭湖的容积也在迅速缩小，湖底高程迅速抬高，终于又导致目前荆南地势已高出荆北地势达 5～7m 的状况。可以想见，如果不是荆江大堤的制约，江汉洞庭地区的地貌形态将再次出现南陆北湖的景观。

总之，荆江分流产生的地貌变化，犹如跷跷板式的升降运动，其以荆江为轴心，以江汉、洞庭为跷跷板两端，当洞庭地区跷起成陆，江汉地区则下降为湖；当江汉地区跷起成陆，洞庭地区则下降为湖；目前的趋势是洞庭地区又在跷起，江汉地区处于相对下降趋势。其变动的根本原因在于长江来水来沙随荆江分流的南北变化而变化。因此,确保荆江大堤成为江汉地区防洪的当务之急。

三、长江城陵矶—湖口河段的演变

长江城陵矶至武汉段,受北东向的洪湖-金口大断裂控制而沿南西-北东向流动;武汉至湖口段,受南淮阳深断裂影响折向东南,使长江城陵矶—湖口段成为一个大致以阳逻附近为顶点的向北突出的大弧形。由于第四纪新构造运动继承老构造运动的特征,本河段在晚更新世以前主要表现为间歇性升降;晚更新世以后,特别是近 5000 年来则以下沉运动占主导地位,但因两侧构造单元不同,各段有所差异,表现在两岸之间一般是左岸下沉,右岸上升或相对上升。例如,长江城陵矶至鄂城段,近期普遍有少量下沉,但左岸下沉量大于右岸,所以新构造运动有着向左岸掀斜的性质;鄂城至武穴段,第四纪以来为普遍的间歇性上升,近期右岸继续上升,左岸则趋于下沉,同样也具有向左岸掀斜的性质。新构造运动的这种特点,直接控制着本河段两侧的地貌形态以及历史时期河道演变的总趋势。右岸河漫滩平原比较狭窄,不少地段石质山地直接濒临江边或伸出江中成为矶头,控制着分汊河道的具体位置和演变形式;而左岸除鄂城—田家镇段表现为山地丘陵外,其余地区主要是大片冲积低平原。因此本河段绝大多数的河湾和弯曲分汊河段的弯曲方向都倒向左岸。同时由于断层交会地带,基岩破碎,第四纪疏松沉积物发育,有利于河床横向摆动,当它超过稳定河宽时,泥沙落淤就可形成边滩、江心洲和分汊道。有史记载以来,河道演变遵循这一趋势,表现为边滩的形成与江心洲的消长。

本河段总的河床形态为分汊性河型,但从较短的范围看,河床几何形态仍有差异。粗略地可分为顺直分汊河型和弯曲分汊河型两种。它们有不同的河床边界条件和河床演变形式。

城陵矶至石码头,沙帽山至武汉市,西塞山至武穴的 3 个河段大体上属顺直分汊河型。这类河型的河床两侧,往往有较多的矶头濒临江边,甚至成对称地锁住江道,约束河床自由摆动。因此,这类河型的河床在历史时期变幅很小,河道长期以来比较稳定。

石码头至沙帽山,武汉市至西塞山,武穴至湖口的 3 个河段属弯曲分汊河型。这类河型两侧的地貌形态有显著差异,右岸丘陵山地濒临江边,矶头较多;左岸大多为开阔的泛滥平原,矶头较少且间距大,利于弯曲分汊河道的发展。在新构造运动向左岸掀斜的支配下,分汊河道的弯曲方向大多向左岸发展。因此这类河段在历史时期变化较大。

(一)城陵矶—武汉河段

1. 城陵矶—石码头河段

该河段除城陵矶外,尚有 3 组天然矶头对称夹江分布,即道人矶和白螺矶、彭城矶和杨林矶、鸭栏矶和螺山矶。据《水经·江水注》记载分析,公元 6 世纪以前,上述上下矶头间的江道较今偏右,紧逼东部丘陵,鸭栏矶尚处在大江之中。特别是螺山矶以下河段,江水受螺山矶迫溜,古河道偏在今河道以东,至今在航空相片上尚具有长条形废河道痕迹:自鸭栏矶开始,经郭家棚、晓洲、李家、横河堤至黄盖山西侧挑流北上直抵乌林。在李家附近，废道河槽至今还相当开阔。当时在河床中已有沙洲见于记载，如彭城矶附近有可供驻军的彭城洲等①。

由于江道紧迫右岸丘陵，夏季洪水泛溢于左岸冲积平原，形成完整的自然堤，阻隔云梦泽与江水的交汇，因此《水经注》在该河段左岸没有留下任何支流的记载；而右岸则有众多的季节性溪流注入长江的记载，如黄金浦、良父浦、鸭兰浦、冶浦等，说明右岸尚无自然堤阻隔或自然堤极不完整，今天右岸的一系列小湖泊，在公元6世纪以前尚未形成。

六朝以后，云梦泽消失，荆江统一河床形成，原来排入云梦泽的大量泥沙，通过下荆江泄入城陵矶以下的长江河道。它们在上下矶头间的扩张河段形成江心洲的同时，在左右两岸加高或堆积自然堤，其后随着江道主流轴线的缓慢左偏，江心洲（如蓑洲）②逐渐向右岸靠拢，迫使整个河段向左岸摆动。螺山矶以北河段，地势开阔，摆动幅度最大，可达5km之多。六朝以前右岸入江溪流则由于沙洲靠岸、自然堤形成而潴汇成一系列湖泊，如野湖、松阳湖等。

近百年来，该河段新堤镇附近江心洲发展较快，江岸略有变动。1860年新堤镇江中已有4个心滩形成，沿江顺流排列（同治《长江图说》）。1907年江心洲合并成长7km、宽0.5km的条带状心滩（光绪《湖北全省分图》嘉鱼幅），1934年心滩出水成洲，至1956年江心洲面积已达5.49km²。随着江心洲的扩展，江面相应拓宽，但左岸自明中叶起修建有坚固的堤防，不易冲刷，右岸则为新靠岸的蓑洲，可动性大，崩岸较为严重，近百年来江面拓宽将近2km。目前江流主泓走右汊，江心洲不断向左岸靠拢，致使左汊日趋淤浅成为夹江。

2. 石码头—沙帽山河段

该河段由陆溪口鹅颈式弯道、嘉鱼微弯分汊河道和城陵矶以下长江中下游唯一典型的簰洲弯河曲3部分组成，近两千年来河床平面形态变化显著。

公元6世纪以前，该河段属微弯分汊河型。

根据《水经·江水注》记载，当时江水受黄盖山逼溜北上，直趋周瑜败曹操处的乌林，又被黄蓬山挑流折向东流经蒲圻山北（今嘉鱼县西南狮子山、五家岭一带丘陵），又东北经嘉鱼县城、归粮洲、燕子窝，穿过簰洲弯颈部，又东北至周瑜初败曹操处的赤壁（今武昌西南赤矶山）西、沙帽山东。刘宋盛弘之《荆州记》："蒲圻县沿江一百里南岸名赤壁，周瑜、黄盖（于）此乘大舰上破魏武兵于乌林。乌林、赤壁其东西一百六十里。"今乌林、赤矶山之间长江长度在130km以上，可见六朝以前江道远较今天顺直，陆溪口弯道特别是簰洲曲流尚非主泓所经，如果长江裁去这两个弯道，从乌林至赤壁的直距与"一百六十里"基本吻合（图9.6）。

六朝以前江中沙洲较多，总数约为今沙洲的两倍以上，且多为久经开发的大型沙洲。陆溪口对岸有练洲，光绪《湖北舆地图记》卷二："龙口西北有良洲，即《水经注》之练洲也，练、龙、良一声之转耳。"今龙口西北之粮洲，当即练洲残留部分，已靠岸成

---

　　① 《资治通鉴》卷一二〇，宋元嘉三年。

　　② 嘉庆《大清一统志》《武昌府》山川条。

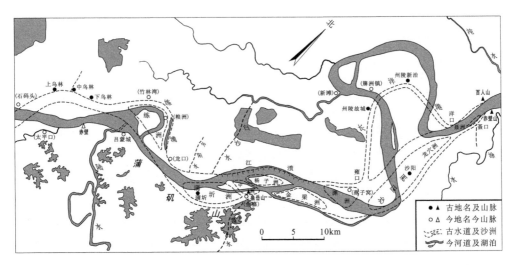

图9.6　《水经·江水注》长江石码头至沙帽山河段河势图

陆；在蒲圻山北有由南洲（一名擎洲）和白面洲合并的大沙洲，晋太康元年（公元280年）于洲头置蒲圻县，统称为蒲圻洲。《读史方舆纪要》武昌府嘉鱼县条："白面山在县南十里，山前有白面洲。邑志云：旧蒲圻县置此，或谓之蒲圻山。"白面山即今狮子山，蒲圻洲当即今赵家洲、石矶头一带靠岸沙洲。光绪《湖北舆地图记》卷二："石矶头即当时之（蒲圻）洲头也，所置蒲圻县治当在此。"嘉鱼县城所在地六朝为江中之中洲，鱼岳山孤峙中洲之上。《读史方舆纪要》武昌府嘉鱼县条载，"大江，县西北七里"，"鱼岳山在县西北二里，一名江岛山"。说明六朝至明代，嘉鱼一带江道逐渐北移，中洲靠向右岸，原来江中的鱼岳山明代距江已有五里之遥；六朝鱼岳山北江中还有扬子洲，其东北为金梁洲和渊洲。今嘉鱼东北大江右岸有归粮洲与左岸的铁粮洲相对，因此归粮洲当是金粮洲、金梁洲的音变，而归粮洲东北大江左岸的"燕子窝"，当是"渊洲"的同音变形文字，渊洲当在今燕子窝附近一带；渊洲以下江中，六朝以前还有一个由沙阳洲和龙穴洲合并形成的大沙洲，晋太康中于此置沙阳县，从《荆州记》所载乌林至赤壁道里和渊洲的位置判断，沙阳洲的具体位置当在今簰洲弯颈部一带，以游仕边阶地为核心组成，县置其上；最后一个沙洲称为聂洲，形成于沙帽山、赤矶山这一对矶头的上方。

陆溪口弯道和簰洲弯曲流，在六朝以前已具雏形，属长江支浦。

《水经·江水注》载，江水过乌林，"又东，左得子练口，北通练浦，又东合练口，江浦也，江之右岸……即陆口也"。今航空像片上练浦影像清晰：自余家湾经竹林湾、吕蒙口、老洲、堤街至龙口入江。上已提及，龙口即练口之音转。练浦当为陆溪口弯道的前身。

《水经·江水注》又载，江水过渊洲，"江之左岸有雍口，亦谓之港口，东北流为长洋港，又东北径石子冈，冈上有故城，即州陵县之故城也……又东径州陵新治南……港水东南流注于江，谓之洋口，南对龙穴洲，沙阳洲之下尾也"。城陵矶至武汉河段，郦道元根据古地图资料均误作西东流向，实际为西南东北流向。渊洲至赤壁则接近于南北流向。因此，根据《水经注》所载，长洋港的实际流向应是自雍口分流西北至石子冈州陵故城南，折向正北至州陵新治东，然后又东北至洋口入江。长洋港的这一流向和具体位置与今簰洲弯道基本一致，长洋港为簰洲曲流的雏形已无可怀疑，在航空像片上，从燕子窝经调元洲、嵩洲、古江湖至新滩口尚有残留槽地痕迹。石子冈州陵城当在今新滩口附近。但从长洋港西北-北-东北的流向分析，入口（雍口）与出口（洋口）两地间距远大于弯曲顶部州陵故治至新治的距离，可见六朝长洋港尚不具曲流形态，又非主泓所经，仅属长江汉道的小"沱"。

公元6～12世纪，是江汉地区云梦泽消失、荆江统一河床形成的江湖重大演变时期，本河段受其严重影响，河床平面形态变化显著，陆溪口弯道和簰洲弯河曲均在这一时期形成。

《元和郡县志》鄂州蒲圻县："赤壁山在县西一百二十里，北临大江，其北岸即乌林。乌林与赤壁相对，即周瑜用黄盖策，焚曹公舟船败走处。"此所谓赤壁山，即指今赤壁市赤壁山（原名石头口）。自李吉甫首创此说，后人也多误指今石头口为"赤壁之战"的赤壁。其实刘宋盛弘之在元嘉九年至十六年（公元432～439年）曾随荆州刺史刘义庆至荆州，在他所作的《荆州记》早已明确指出："乌林、赤壁其东西一百六十里。"郦道元更根据大江的流程，明确指出乌林、赤壁的具体地点相距甚远，并非隔江相对。因此，李吉甫"乌林与赤壁相对"一语显然是错误的。而且六朝以前大江河道在乌林、黄蓬山一侧，所谓的赤壁山，估计距江尚有二三千米之遥。但《元和郡县志》赤壁山东临大江的记载，倒是指出了六朝以后江道演变的趋势。六朝以前，大江经黄盖山迫溜北上直趋乌林、黄蓬，其后当是上游河段来沙增多，黄盖山西侧江中沙洲形成，主流线逐渐左移，在流体惯性作用下，黄盖山以下河床相应变化，唐代江水过黄盖山后，主汉改向东流，经太平口、沉子洲北上至石头口，由于石头口壁立濒江，对岸即为乌林，遂被误认为周瑜败曹操的赤壁山。大江主流至石头口后，受矶头挑流北上，沿《水经注》练浦至龙口与汉道汇合，陆溪口早期弯道就在这种水流动力条件下形成。

簰洲弯曲流在南宋以前也已形成。王象之在《舆地纪胜》汉阳军景物上，正确地考定"赤壁之战"的赤壁即武昌西南的赤矶山后，作出结论说："据此则赤壁、乌林相去二百余里。"可见从刘宋至南宋，乌林至赤壁的长江河道延长50多千米。隋唐形成的陆溪口弯道，仅使江道延长6km；这一阶段嘉鱼上下均属微弯分汊河段，未见大型河曲产生，在大幅度延长河道上不起作用；因此长江河道的大幅度延伸，充分证明原来长江小沱的长洋港已演变成大江的主流所经，使江道从"一百六十里"发展到"二百余里"。簰洲弯曲流在公元6～12世纪逐渐发展形成。

簰洲弯曲流的形成，除长江水文泥沙影响之外，局部地区的新构造运动起着明显的促进作用。据研究[①]，簰洲弯从颈部至弯顶正处在一个近东西向的小隆起之上，由于近期上升活动的影响，促使河道不断外移，长江主泓被迫绕过小隆起，六朝以后，沿长洋港作大幅度转弯，而原来横穿颈部的长江主泓道则因构造抬升而断流。其后长洋港长江河道在弯道水流的不断作用下，逐渐向河曲方向发展。目前的簰洲弯曲流在南宋乾道以前已经形成。《入蜀记》卷三记载，陆游于乾道六年（1170年）九月一日入沌（今沌口），沿今长河西南行，过新潭遇百里荒，无挽路，至入夜才行四五十里，泊丛苇中。据道里形势推断，陆游这一天的停泊点当在今张家嘴一带。"二日东岸苇稍薄缺，时见

---

① 中国科学院地理所：《长江城陵矶—江阴河床边界条件及其与河床演变的关系》，1977年3月。

大江渺弥，盖巴陵路也"。往巴陵（今岳阳）的长江航道在长河上时可望及，说明当时簸洲弯顶部位置距长河已经很近，形势与今略同，则簸洲弯在乾道以前已为大江主泓所经。宋代江行小舟，从鄂州（今武汉市武昌）至巴陵尚须绕簸洲弯作近百里的大回旋，可见当时簸洲弯颈部的长江原有主泓道已完全淤断不通舟楫，演变之快，与局部隆起当有密切的关系。

元明以后簸洲弯曲流和陆溪口弯道仍在不断发展演变之中。

簸洲弯右岸的簸洲镇，元《经世大典》在湖广等处行中书省所辖的 173 处水陆站赤中作"阁簸洲站"，《读史方舆纪要》武昌府嘉鱼县下明确记载："簸洲镇，其地回复，舟行风色不常，俗名拗簸洲。"由于曲流顶部不断扩展，簸洲镇以西北凸岸沙洲不断形成，如复元洲、三洲、明良洲、长兴洲、付阳洲、傍兴洲等。它们在 19 世纪 50 年代以前均已靠向右岸[①]，使簸洲曲流顶部不断向北推移，这一趋势目前仍在进行中。作为清代后期形成的大兴洲、团洲向右岸靠拢的结果，新滩口附近江岸也在向西南方向发展，簸洲镇则处于局部凹岸地带，冲刷严重，老簸洲街道在 1959 年以前即被冲入江中。

陆溪口弯道后期演变也很复杂。前已指出，六朝以前的练浦（今余家湾—竹林湾—龙口一线）在唐宋时期为长江主流所经，陆溪口弯道已经形成。据《嘉靖沔阳志》江水流经竹林湾的记载，长江的这一流向至明不改，练洲仍应在大江中。入清以来，陆溪口弯道江岸、沙洲演变有明显的规律性：随着老洲上方新沙洲的形成、下移，老洲不断被蚀、靠岸，正弦式弯道逐渐为鹅颈式弯道所取代。据《长江图说》，清同治年间，新的宝塔洲已完全取代老的练洲，后者靠岸成陆，原有弯道演变为夹江，在新老沙洲之间形成新的弯道；同治以后宝塔洲上方中洲形成、下移，据《湖北舆地图》，宝塔洲在光绪年间靠岸，宝塔洲和中洲之间形成鹅颈式弯道；光绪以后，中洲上方又出现新洲，中洲又在沿上述演变方式被蚀后退。

3. 沙帽山—武汉市河段

该河段自南向北有五组矶头夹江分布：沙帽山和赤矶山、大军山和龙船矶、小军山和杨泗矶、虾蟆矶和梅家山，以及龟山和蛇山，它们制约着河床的横向摆动。从《水经注》至明清地方志的记载分析可知，历史时期江岸少动，河床基本稳定，特别是前四组矶头之间间距很小，河床相当稳定。

略有变动的河段在虾蟆矶、梅家山以北，龟、蛇两山以南古代江面相对拓宽的河段，表现为江心洲的形成、靠岸或消失。

江水过虾蟆矶、梅家山这一对节点后，河床逐渐放宽，水流开始分散，流速变小，挟沙力降低，有利于沙洲的形成；同时由于下游龟、蛇锁江，造成对上游方面壅水，减小水面比降，更促使上游宽河段内泥沙沉积成长为江心洲。《水经·江水注》："江水又东径叹父山（今武汉市汉阳沟南附近），南对叹洲。……江之右岸当鹦鹉洲。"又说："江之右岸有船官浦，历黄鹄矶（蛇山头）西而南矣，直鹦鹉洲之下尾，江水漾洄沅浦，是曰黄军浦，昔吴将黄盖军师所屯，故浦得其名，亦商舟之所会矣。"说明该河段在 6 世纪以前，江中已有两个沙洲形成。叹洲不见以后史书记载，可能靠岸或冲没；鹦鹉洲

---

① 同治《长江图说》卷六；光绪《湖北舆地图》武昌幅。

具有 1500 年以上的历史，可见该河段分汊河床基本稳定。

据《水经·江水注》和《舆地纪胜》鄂州条记载分析，6 世纪以前鹦鹉洲主体在蛇山正南，北端洲尾不过黄鹄矶。分汊河道左支为大江主流；右支船官浦为汉道夹江，宜于伏兵袭击和商舟之会[①]。6 世纪以后，汉阳城南江中又有心滩形成，北宋元祐八年（1093 年）出水成洲，《舆地纪胜·鄂州》谓之刘公洲。由于心滩成洲，主流过水断面缩小，鹦鹉洲右侧船官浦汉道径流量随之相应加大，迫使鹦鹉洲向左侧江心推移。唐宋时期，据《元和郡县志》鄂州条、《太平寰宇记》鄂州条记载，鹦鹉洲已逼近江心，西临主泓，东距武昌江岸已有二里之遥，船官浦已失去夹江性质。元明时期，刘公洲继续扩展，康熙《汉阳府志》山川条记载，刘公洲"自汉阳三里坡直抵南纪门，跨府城东南，捍江涛而聚贾泊，为利甚溥"。刘公洲的扩展，加速主流过水断面缩小，流速增大，对鹦鹉洲的存在造成重大威胁。

明代后期是长江流域的一个大洪水期[②]，它对于开阔河段心滩出水成洲起着积极推动作用，但在狭窄河段它只能使流速加大，不但不利于沙洲形成，反而会使原有沙洲荡没。鹦鹉洲和刘公洲就是在这种情况下消失的，具体时间在明末崇祯年间[③]。今汉阳城南的鹦鹉洲是清乾隆年间逐渐形成的新沙洲，初名补课洲，据光绪《汉阳县志》山川条记载，嘉庆年间为存古迹，始复鹦鹉洲旧名。

（二）武汉—湖口河段

1. 武汉市—西塞山河段

该河段所处地区南北向局部断裂与北西向南淮阳深断裂错综交会，破碎带错断位移，使河道在北西-南东的总流向下曲折多变，形成许多直角状拐弯；同时由于基岩破碎，疏松沉积物发育，当它超过稳定河宽时，泥沙落淤就可形成边滩、江心洲和分汊道。目前该河段天兴洲弯曲分汊河道、双柳镇单一弯曲河道、团风鹅颈式汉道、黄冈弯曲分汊河道、戴家洲弯曲汉道和散花洲单一弯曲河道 6 个组成部分，都是在这种情况下发育形成的。有史记载以来，河道演变遵循这一趋势，表现为边滩的形成与江心洲的消长。

据《水经·江水注》记载，公元 6 世纪以前，江中沙洲较今为多，河道是典型的弯曲分汊形态，自上至下计有东城洲、武洲、峥嵘洲、举洲、芦洲、五洲和三洲等。分析这些沙洲的演变过程，该河段的历史变迁大势也就一目了然。

东城洲和武洲是目前天兴洲弯曲分汊河道中的两个老沙洲，位于今武汉市青山镇东西两侧古代大江中。公元 6 世纪以前，江水过龟蛇两山之后，江面骤然展宽，水流挟沙能力下降，在夏口城（今武汉市武昌）东北江中形成沙洲，使长江成为分汊河道。《水经·江水注》记载，江水过夏口城，"江之右岸频得二夏浦，北对东城洲"。这两条夏浦

① 《太平寰宇记》卷一二〇《鄂州》。

② 林承坤：《长江中下游河谷、河床的形成与演变》，《1960 年全国地理学术会议论文选集·地貌》，科学出版社，1962 年。

③ 胡凤丹：《鹦鹉洲小志》。

的确切位置已不可考。但从其相关位置分析，当出自今东湖地区西北注入东城洲分汊河道的右支。东城洲右支汊道，从地图上分析，大体沿今沙湖、白杨湖至青山镇西北与左支相汇，因此东城洲应即今武昌与青山镇之间的靠岸沙洲。它处在夏口城之东，故有东城洲之名。公元6世纪以后，东城洲继续向上游延伸并和夏口城相连，使东城洲右汊终于断流，成为长江废弃河段。据《入蜀记》卷三记载，南宋陆游自阳逻过青山矶后，即进入东城洲右汊故道南行至白杨夹，距鄂州（今武汉武昌）"陆行止十余里"，但因汊口已经淤断，只得从白杨夹横穿东城洲入江，绕道三十里始至鄂州。可见东城洲在南宋以前已基本靠岸。

《水经·江水注》又载，东城洲分汊河道左支（当为主流）向北直趋滠口合滠水。据《读史方舆纪要》黄州府黄陂县记载，滠口在黄陂县南四十里，古为濒江军事要冲，建有滠口城，即今滠口镇。陈太建五年（公元573年），郢州刺史李综克齐之滠口城①；唐天复三年（公元903年），李神福围鄂州，杜洪求救于朱全忠，全忠遣兵万人屯滠口，为洪声援②，均指此地。唐代以后，滠口以南边滩外涨，滠口城地处腹内，遂失去江防要冲作用。南宋咸淳末，元将巴延曾避开宋严防的大江，利用滠口边滩上的河湖，从沱河（今府河）口穿湖中奇袭江边的沙芜口取得成功，又自汉口开坝引船入沦河，转沙芜口以达江③。据此估计当时边滩已有四五千米之宽，与今形势略同。

六朝以前，大江主流过滠口受观音山等丘陵迫溜折向东南，经青山北之后，江面再次展宽，形成江心洲和分汊河道。《水经·江水注》："江之左有武口，水上通安陆之延头……南至武城俱入大江，南直武洲，洲南对杨桂水口，江水南出也，通金女、大文、桃班三冶。"当时分汊河道右汊为主流，至今在航空像片上故道痕迹显示仍很清楚，由青山镇北，东南经武钢东侧、北湖，然后与左汊相汇。主汊故道右岸是黄土覆盖的基座阶地，从青山至北湖之间的阶地走向线非常平直，北湖即老河槽的残迹，今北湖以北的靠岸沙洲当即六朝时代的江心洲——武洲所在地。武洲北对武口，也为古代军事要地④，洲南对杨桂水口，即今严西湖经杨家村入北湖的水道，其周围有铁⑤，晋宋之时依山置冶⑥，故郦道元谓杨桂水通三冶。六朝以后，随着滠口边滩外涨，大江主泓改走武洲汊道左支，右支上口逐渐淤塞，再经江水泛滥充填，武洲右汊消失，仅余牛轭湖性质的北湖。从宋代范成大《吴船录》、陆游《入蜀记》舟行路线分析，右汊早在两宋时代已经淤断不通航。

东城洲、武洲靠岸成陆，青山镇东西两侧分汊道消失，长江青山镇河段由弯曲分汊河型演变为弯曲单一河型，这是两宋以前，青山镇河段的一次重大演变，其结果使长江横断面大幅度缩狭。

南宋后期，青山镇北江中又有心滩见于记载，在严冬枯水季节出露成洲。宋末，元军巴延奇袭沙芜口后，欲取阳逻堡渡江被阻，遂于咸淳十年（1274年）冬十二月遣阿

① 《资治通鉴》卷一七一。
② 《资治通鉴》卷二六四。
③ 《续资治通鉴》卷一八〇。
④ 《资治通鉴》卷一六二。
⑤ 《隋书·地理志》江夏郡。
⑥ 《太平寰宇记》卷一一二《鄂州》。

珠溯流西上十四里至青山矶北岸，阿珠遥见南岸青山矶多露沙洲，指示诸将令径渡，阿珠引兵继之，大战中流，宋军退却，阿珠遂登沙洲，攀崖步斗，追至鄂东门，巴延乘机挥军急取阳逻堡渡江与阿珠合军①。说明宋末枯水期出露的心滩迫近南岸青山矶，大战中流的分汊主泓在心滩北侧。必须指出，从公元13世纪中叶至公元19世纪中叶，青山矶心滩极为稳定，发展极为缓慢。明末清初的史书，如《读史方舆纪要》、《水道提纲》、《清一统志》等均不见青山矶北江中有沙洲记载，直至清同治年间的《长江图说》上始有反映，但它仍然是一个洪水期可被淹没的心滩。公元19世纪后期以后，心滩发展较快，出水成洲，称为天兴洲。《光绪湖北舆地记》卷一："青山之北有沙洲横亘江中，曰天兴洲，东西约十里，分江流为二，南为青山夹，水落巨舰阻滞，均由洲北行。"弯曲分汊河道已再次形成。从1894年至今，沙洲长度又增长一倍多，从原来的东西5km发展至目前的12km。

　　峥嵘洲是双柳镇弯曲单一河道的一个靠岸古沙洲。未靠岸前，双柳镇河段属分汊河型。《晋书·安帝纪》载，晋安帝隆安三年（公元399年）五月，桓玄逼帝沿江西上，刘毅与桓玄战于峥嵘洲。说明峥嵘洲早在东晋时代就已经是大江中的一个老沙洲。据《水经·江水注》记载，其位置在今白浒矶（白虎矶）和白鹿矶（贝矶）之北。当时峥嵘洲汊道右支为主流所经，右岸白虎矶、贝矶"侧临江濆"；汊道左支则为夹江，《水经注》所载大江左岸的广武口和秋口，当是夹江的上下口。今天沿龙口经殷店、双柳镇至魏家坦的左岸，自然堤十分宽广，相对高度较大，居民点密集，甚至还发育着与自然堤垂直的流水沟谷，说明长江在此河段内长期稳定，沙洲少动。至南宋时期，分汊河道形势仍然未变。陆游从戚矶至阳逻洑，即避开峥嵘洲南侧主流，从北侧支汊的双柳夹西上阳逻。

　　其后可能是由于青山镇河段演变为单一河型，过水断面缩小，引起阳逻镇以下长江河道水动力改变，使峥嵘洲在南侧不断被蚀的情况下逐渐靠向北岸，成为双柳镇边滩。马征麟在《长江图说》中正确地指出这一边滩为"古峥嵘洲"。清初《水道提纲》已不见该河段有沙洲记载，峥嵘洲靠岸、分汊河段演变成单一弯道的过程，当在明末以前完成。

　　但在河道一侧存在易冲疏松沉积物的边界条件下，单一河道如果不加人工控制，任其水流切滩，扩展过水断面，在超过稳定河宽时，仍然会演变成分汊河道。清代中叶以后，双柳镇单一弯道顶部开阔的江面上，又有心滩出水成洲，嘉庆《大清一统志》和同治《长江图说》分别称之为木鹅洲和叶家洲，分汊河道再次形成。叶家洲在木鹅洲之北，它在同治以前即和古峥嵘洲相连成为边滩的最新部分。因此，自同治之后，本河段江中唯有木鹅一洲，其位置和东晋南朝的峥嵘洲相仿，杨守敬《水经注疏》等遂误指此为刘毅战桓玄的古峥嵘洲。公元20世纪初期以来，叶家洲边滩的南部和西部又有新的边滩形成发展，长江过水断面逐渐缩小，流速加大，木鹅洲遭受严重冲刷，最后沦没消失，使该河段成为目前的单一弯曲河型。

　　举洲和芦洲分别为团风鹅颈式分汊河道和黄冈弯曲分汊河道的两个古沙洲。《水经·江水注》载，"江水右径黎矶（今泥矶）北……又东径七碛（今七溃）北……北岸

---

　　① 《续资治通鉴》卷一八〇。

烽火洲即举洲也，北对举口"；"（举水）历赤亭下……又分为二水，右水南流注于江，谓之举口，南对举洲……左水东南流入于江，江浒曰文方口。"光绪《湖北舆地图》举水自柳子港分为左右二水南流，形势与《水经注》所载基本相符，但左水已成举水正流，右水下游则已沉溺为白湖、马驿湖。可见公元6世纪以前，举水正流当在今举水口以西的上余家湾，南对七溃。举洲即在此二者之间的江中，河道属弯曲分汊型，鹅颈式河型尚未形成，河床形态与今迥然不同。由于举洲迫近北岸，汊道右支为主流，在流水惯性作用下，主汊道直趋东南，至黄冈东北故邾城①一带受丘陵迫溜折向西南，经赤鼻山西侧至樊口与来自举洲左汊道在文方口折南流的支汊相会。两汊之间形成芦洲，其位置在邾城西、南至樊口二十里②，相当于今新河村一带地方。

南宋时期，黄冈西北的三江口已见于记载。《舆地纪胜》卷四十九黄州条："三江口去黄冈县三十里，在团风镇之下，有江三路而下，至此会合为一。"《入蜀记》卷三载，乾道六年八月二十日晓，陆游离黄州，挽船自赤壁矶（即赤鼻矶）下过，"行十四五里江面始稍狭"，复出大江，过三江口，"极望无际，泊戚矶港"。三江口的出现，说明宋代三江口以上江中已有两个较大沙洲存在，江流被分为三汊。从陆游"极望无际"等语分析，这两个沙洲的位置当偏在北岸的举水口一带。南宋以前三江口以上新沙洲的出现，河床形态发生改变，使三江口以下公元6世纪以前的支汊扩展为主汊，原有主汊则淤狭为支汊，陆游离黄州即从支汊经赤鼻矶至三江口南进入主汊。

明代中后期，团风鹅颈式汊道雏形已见记载。《读史方舆纪要》黄州府黄冈县："团风镇，府西北五十里，亦曰团风口，滨江要地也。正德中，刘六等倡乱于阳逻驿及团风镇。"明代团风镇滨江，说明原有弯道曲率增大，随着弯道最大侵蚀点下移，鹅颈式弯道也在逐渐形成之中。但据清初《水道提纲》卷十三下条记载的"江水至团风驿西，举水注之，江口有洲。江至举水口折正南流"的形势分析，明末清初团风鹅颈式汊道仅属雏形。这时赤鼻山依然濒江，说明赤鼻矶支汊仍然存在。至清代中后期，团风鹅颈式汊道已经成型。赤鼻矶支汊则变成牛轭湖，同治《长江图说》已有明晰反映，鹅颈顶部沙洲由牛王洲和新洲组成，主流在牛王洲左侧，自举水口东经团风、罗家沟口转西南至西河铺与右汊相会。在右汊支流中也有搭帽洲和无名洲把支汊一分为二。这时赤鼻矶距江已有数里，原先侧临的支汊演变成的牛轭湖称为鸡窝湖和王家湖。在黄冈支汊淤断成湖的同时，主汊向西南扩展，使黄冈西侧江面拓宽，泥沙落淤，江心洲再次形成，称为得胜洲和新淤洲。据光绪《湖北舆地图》，清末光绪年间，团风鹅颈弯道顶部沙洲形态已和今天相似，总称为鸭蛋洲。主汊仍在洲的东侧，西侧支汊中的搭帽洲、无名洲，这时已被李家洲、罗霍洲组成的大型沙洲所代替。在黄冈西侧的沙洲则由于新淤洲的扩展而使得胜洲靠向樊口的右岸。

公元20世纪以来，鸭蛋洲左汊主流逐渐淤浅堵塞，右汊支流水量增强，罗霍洲遂下移和鸭蛋洲合并，在李家洲西汊中又有人民洲的形成靠岸。因此，主航道从李家洲和鸭蛋洲之间通过。这时在黄冈西侧，由于边滩的向外扩展，新淤洲有缩小、靠岸的趋势。

---

① 据光绪《湖北舆地图》，故邾城在今黄冈东北钟家湾附近。
② 《文选》卷二七鲍明远《还都道中作一首》诗注引庾仲雍《江图》。

五洲和三洲分别为戴家洲弯曲分汊河道和散花洲单一弯曲河道的两组古江心洲。

　　《宋书》卷六："孝武帝刘骏在元嘉末为江州刺史，时缘江蛮为寇，太祖使之总统众军伐之，刘骏出次西阳之五洲。"《水经·江水注》："江水左则巴水注之……谓之巴口。又东径轪县故城南（今浠水县西约20km）……南对五洲也，江中有五洲相接，故以五洲为名。……东会希水口。"说明公元6世纪以前，江水受浠水顶托，在浠水口以上江中形成5个串联沙洲，具体位置当在今浠水县五洲村及其以南江中一带。六朝以后，可能由于右汊扩展的结果，五洲在遭受强烈冲刷的同时靠向北岸，成为今日五洲村一带长江边滩。由于江中沙洲沦没靠岸，江面展宽成为单一宽河道，故陆游在《入蜀记》中说"自兰溪（浠水口）而西，江面尤广，山阜平远"，并引张耒《巴河道中》诗云："东南地缺天连水，春夏风高浪卷山。"直至明末清初，戴家洲河段尚不见沙洲形成记载，弯曲单一河道保持近千年之久。目前江心的戴家洲形成于清中叶后期，《水道提纲》和《大清一统志》尚无此洲记载，但《长江图说》在回风矶西的弹指夹上方至浠水口，已载有戴家洲、笔架洲和新淤洲。其成因显然是由于回风矶对岸边滩增长，长江过水断面缩小，出现弹指夹，造成上游河段壅水、泥沙沉积。光绪以来，戴家洲北形成的赵家洲下移和戴家洲相连，笔架洲沦没，新淤洲靠岸成边滩，清代中后期的多汊性河道演变成目前的双汊弯曲河型。

　　三洲位于回风矶至西塞山的古江道中，相传周瑜败曹操于赤壁，吴王迎之至此，散花劳军，故又名散花洲①。《水经·江水注》："江水又东径南阳山南……亦曰南阳矶（即今回风矶）……水势迅急，江水又东迳西陵县故城（今散花洲北）南，江之右岸有黄石山……即黄石矶也……有西陵县也。县北则三洲也。"可见公元6世纪以前，江水过回风矶后，形成散花洲分汊河道于今黄石市北。其后分汊河道逐渐向单一河道发展。两宋时期散花洲左汊已淤为夹江。张耒云："已逢妩媚散花峡，不泊艰危道士矶（指今西塞山）。"②陆游西行过西塞，因右汊江流湍险难上，即抛江走左汊的散花夹③。入明以后，散花洲左汊完全淤死，散花洲成为边滩，单一弯曲河型已经出现，故《读史方舆纪要》武昌府大冶县条说"散花洲亦名散花滩"。

2. 西塞山—武穴河段

　　本河段自第四纪以来有较大的上升，近期左岸虽有沉降趋势，但丘陵山地仍然紧临河床两侧，使河道发育成峡谷型的单一河段，河床十分稳定，仅在个别河段有分汊河道形成。

　　据《水经·江水注》记载分析，公元6世纪以前，该河段横断面较今略宽。当时大江自西塞山东下，主泓紧迫右岸山地，黄公九矶（西塞东南）和苇山濒临江边，今右岸之牯牛洲、李家洲当时尚未形成。江水过苇山进入蕲水河口平原，六朝以前在主泓的北侧即有石穴洲形成，刘宋时期徙蕲阳县治洲上，故又称蕲阳洲，这是该河段当时唯一的一个沙洲。

---

① 《舆地纪胜》卷三三《兴国军》。
② 张耒：《柯山集》卷一七《二三日即事》。
③ 陆游：《入蜀记》卷三。

六朝以后，江心陆续又有沙洲形成。南宋陆游《入蜀记》记载，自蕲口镇（今蕲春蕲州镇）西行，"过新野夹，地属兴国军大冶县"，说明大冶县江中已有沙洲形成，由于左岸有沉降趋势，江道主泓左偏而使沙洲靠向右岸的大冶县，汉道淤浅而成新野夹。《水道提纲》卷十江水载，"苇源口江中有洲"，"蕲州城西南有数洲"，"蕲水至蕲州城西北入江，其口正对沙洲"。同治年间，苇源口沙洲靠岸成为牯牛洲边滩，蕲州附近的沙洲靠岸成李家洲边滩。从六朝以来，苇源口附近长江过水断面缩小将近1/2。

3. 武穴—湖口河段

该河段发育于九江冲积扇，由龙坪鹅颈式汉道、单家洲顺直汉道和张家洲弯曲汉道三部分组成。先秦时期，长江出武穴在九江冲积扇上形成扇状分流水系东注彭蠡古泽，因分流河道众多，《禹贡》谓之"九江"。由于冲积扇处于下扬子准地槽新构造南向掀斜下陷带，九江水系趋于向南汇集，至东汉班固著《汉书·地理志》时，寻阳县（今黄梅县西南）南的"禹贡九江皆东合为大江"。根据航空像片故道遗迹和地形图分析，其汇合口当在九江市对岸小池口一带。古时龙坪以下长江汉道曲流已发育较好，至今尚有两条曲流汉道的蔡岗排列非常密集，流势十分清晰（图9.7）。

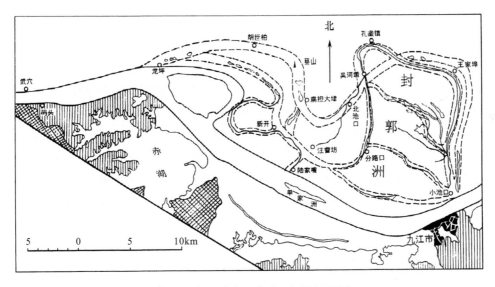

图 9.7　长江武穴至小池口河段河势图

第一条自龙坪经胡世柏、蔡山、扁担大堰、北池口、吴河墩、王家埠至小池口。这一汉道至唐代仍然是长江的一条重要航道，蔡山为当时江心孤山，形势险要。山上有李白题"江心古寺"石碑，至今尚存。唐建中四年（公元783年），江西节度使曹王皋曾沿江顺流东下击败李希烈于蔡山[①]。

第二条自龙坪经吴刘垮、新开、汪曹坊、分路口、孔垄镇、王家埠至小池口。它的痕迹更为清楚，位置较前偏南，且在吴河墩一带深切第一条故道，说明第二条汉道时代

---

① 《新唐书》卷八〇《太宗诸子传》。

较新，有明显的向南汇集趋势，显然是唐代以后的产物。

光绪《黄梅县志》卷五："大江旧绕蔡山，故蔡山有古江心寺，后长鸿脑洲，大江流过洲外，蔡山之江渐淤。"可见蔡山汊道淤断是由鸿脑洲靠岸造成的，时间在唐—明之际，因明代为第二条汊道所流经的新开镇已成滨江要地，设有巡司戍守①。今天从分路口经孔垄镇、王家埠至小池口的断续河湖就是第二条长江汊道遗弃河段的残迹，其间的大洲史称"封郭洲"，因它处于长江分汊河道的南侧，明时期在政区隶属关系上划归江西管辖②。

其后，新开以下汊道继续南移，从陆家嘴注入大江，分路口上下汊道断流。至19世纪中叶，龙坪鹅颈式汊道已经形成③，当时江中有两个沙洲即江家洲和团洲。19世纪末期，团洲靠岸，江中仅存江家洲，鹅颈汊道缩小，形态与今略同④。

目前九江市东北张家洲汊道的前身是桑落洲汊道，其历史演变过程也十分复杂。汉代以后，"九江"水系在小池口汇合东流至湖口，受赣江顶托于江心形成桑落洲。它是东晋南朝江州的重要门户、长江中下游之间的战略要地。晋元兴三年（公元404年）何无忌败何澹之于此⑤；义熙六年（公元410年）刘毅讨卢循也战于桑落洲⑥；宋泰始初，晋安王子勋建牙于桑尾⑦，即桑落洲之尾。洲之西曰白茅湾⑧，梁承圣元年（公元552年）陈霸先帅甲士三万，舟舰二千，发豫章次桑落洲，会王僧辩于白茅湾⑨。

直至唐宋元时期，桑落洲尚在江中。《通典》江州有桑落洲记载，《太平寰宇记》舒州宿松县："桑落洲在县西南一百九十四里，江水始自鄂陵分派为九，于此合流谓之九江口。……按：此洲与江州浔阳县分中流为界。"胡三省注《通鉴》（梁元帝承圣元年）也明确指出："桑落洲在溢城（今九江市）东北大江中。"从乐史按语分析，这时桑落洲分汊河道的南支当为主流，北汊可能已在淤废之中。因此曾横渡湖口的朱熹在《朱文公文集·九江彭蠡辩》一文中说："湖口之东，今但见其为一江，而不见其分流。"陆游《入蜀记》云，自小孤"泛彭蠡口，四望无际"，充分说明当时南支主流已经异常宽阔，它意味着北支弯曲汊道已发展至后期阶段。桑落洲动荡不定，有靠向北岸的明显趋势，演变十分剧烈。同治《德化县志》卷七古迹引唐代胡份《桑落洲》诗云，"莫问桑田事，但看桑落洲，数家新住处，昔日大江流，古岸崩欲尽，平沙长未休"，便是这一剧烈变化的概括。

元明之际是桑落洲坍江靠岸时期。据《明一统志》九江府条记载，明初桑落洲已在九江府东北五十里的大江北岸。但其坍塌仍然十分严重，同治《德化县志·祥异》引府志载，明天启三年（1623年）以前，"桑落洲岸崩十余里，坏民居无数，迁徙不定，民苦之"；又说，"桑落洲于明季年间坍塌入江"。今宿松县程营一带滩地，据同治《德化

① 《读史方舆纪要》卷七六黄州府黄梅县。
② 《读史方舆纪要》卷八五九江府德化县。
③ 同治《长江图说》卷六。
④ 光绪《湖北舆地图》黄州府图。
⑤ 《资治通鉴》卷一一三。
⑥ 《资治通鉴》卷一一五。
⑦ 《资治通鉴》卷一三○。
⑧ 《资治通鉴》卷一六四，梁元帝承圣元年胡注。
⑨ 《陈书》卷一《高祖纪上》。

县志》卷二疆域记载，即明初桑落洲坍江后的残余靠岸部分。

在明季桑落洲坍江靠岸的同时，九江府东北开阔江面上的张家洲在永乐年间出水，长江九江河段再次形成分汊河道。清雍正时期，张家洲下游又有新的沙洲沉积发展并和张家洲相连，构成目前张家洲的中部和尾部，其间的长套、莲套就是当时沙洲之间的夹江遗迹。从明永乐至清雍正时期，张家洲呈长条形态，把大江分成南北两条顺直汊道。随着沙洲向下游移动到鄱阳湖口，受强劲的湖水顶托而停止，南北两条汊道开始向弯曲汊道发展。乾隆时，南汊沉积同兴洲；嘉庆时北汊沉积长洲、柳洲。但由于南汊的发展受南岸低丘和土质坚硬阶地的阻挡，河弯发展逐渐停止，南汊转入淤塞阶段，这时沉积于南汊江中的扁担洲，即属于河道淤塞时期的江心洲。北汊北岸为新靠岸的桑落洲，土质松散利于流水侵蚀，在弯道水流的作用下，河道迅速向弯曲河型发展，并渐渐成为该河段的主流，光绪二年（1876年）沉积的蔡家洲，即属弯道发展过程的河湾沙洲。其后随着北汊弯道的发展，1912年沉积团洲，出水以后河弯形式从正弦式开始发展到鹅颈式，这时弯道发展趋向于停滞阶段。1931年北汊开始沉积龟洲和邓家洲，标志着北汊日益淤积。反之，南汊扁担洲在光绪末被冲断，说明在北汊淤积的同时，南汊迅速发展，同兴洲因此遭受强烈冲刷。江道展宽加深使得，光绪末只能通行小舟的南汊，新中国成立后大轮已可通过[1]。

第二节　长江下游河床的演变

长江自江西湖口至江苏徐六泾河段为下游河段，地跨江西、安徽、江苏三省，河床形态属于分汊河型。它发育于长江下游扬子准地台的挤压断裂破碎带，安庆以东的长江流路几乎和断裂带完全一致。由于破碎带由一系列断裂组成，宽度可达 10～40km，第四纪疏松沉积物广泛发育，极有利于河床横向摆动和分汊河道的形成。第四纪新构造运动以来，左岸受淮阳地盾较强烈掀斜影响，远离长江地区表现为掀斜上升，靠近长江的地区绝大部分则表现为掀斜下降，近期以来，下降尤为普遍和强烈。右岸受江南古陆影响，主要表现为间歇性升降运动，除大渡口—马当和芜湖—马鞍山段略有上升外，大部地区也表现为下沉，但下沉量远小于左岸。因此，该河段新构造运动具有向左岸掀斜下降的性质，河道发育受其影响，绝大多数分汊河段的弯曲方向均指向左岸，这是长江中下游分汊河型的共性。但因地貌形态存在差异，中游顺直分汊河段与弯曲分汊河段明显地交替出现，下游河段因河谷开阔，顺直与弯曲河段相间不甚显著，但河床的演变比城陵矶—湖口河段较为频繁，幅度也较大。

其中，镇江金山至常熟徐六泾河段，历史时期曾为长江喇叭形河口上段，其演变的特点是：随着时间的推移，河口沙洲大量涌现、合并与靠向北岸的结果，开阔的河口逐渐缩狭，长江河口不断向东南延伸，镇江—徐六泾之间河道逐步形成，成为目前长江下游的延伸河段。该河段的形成过程，实质上是苏北南部海岸和长江河口的形成与发育过程，为避免重复，镇江金山至常熟徐六泾河段，将在苏北海岸演变和长江口沙洲演变模

---

① 林承坤：《长江中下游河谷、河床的形成与演变》，《1960年全国地理学术会议论文选集》（地貌），第72页，科学出版社，1962年。

式的章节中讨论。本节仅论述长江湖口至镇江河段演变过程，下面以大通为界，分为两段进行论述①。

一、长江湖口—大通河段的演变

（一）湖口—吉阳河段

该河段河床两侧地貌形态迥然不同：右岸丘陵山地濒临江边，矶头密布，如著名的柘矶、彭郎矶、烽火矶、马当矶、牛矶、白石矶、吉阳矶等，这些矶头见于两宋以来史书记载，均为濒江矶头，说明历史时期右侧江岸相当稳定；左岸河漫滩冲积平原相当开阔，是全新世以来江道演变的产物，结构疏松，易遭冲刷，有利于江道向左侧发展。历史时期江心沙洲形成，引起分汊河道的发展，其弯曲方向也均指向左岸。

以彭郎矶和白石矶为界，该河段可分为三号洲顺直分汊河段，搁排洲弯曲分汊河段和棉花洲顺直分汊河段三个部分。下面分别论述这三个河段因江心洲、汊道的消长所引起的江岸变迁。

1. 三号洲顺直分汊河段

从湖口至彭郎矶为三号洲顺直分汊河段，由于鄱阳湖清流直接影响，江中沙洲较小，顺直江岸变形不甚显著。

本河段下口彭郎矶与小孤山夹江对峙，"江流经此，湍急如沸"②。在其上游雍水河段内的彭泽县西，早在元代已有沙洲形成并见于记载，明太祖征陈友谅首捷于此，故称得胜洲③；成化间洪水涌沙又成新洲，自得胜洲尾相接绕于彭泽县前④，顺直分汊河道早已存在。新洲下尾贴近彭泽县治，并属彭泽县管辖，分汊河道当以北支为主流。正德、嘉靖时期，主流河道上沉积张家洲、韩家洲⑤，使南支汊道得到发展，得胜洲、新洲即在此时被冲没。其后，南汊扩展为主流，北汊逐渐淤塞，张、韩二洲在清代前期靠向北岸，分汊河道演变成为顺直单一河道，当时南岸丘陵濒江，边滩尚未形成；北岸较今偏南，复兴镇一带以南尚有五里洲滩⑥。

清咸丰以前，江中又沉积了叶家洲、泰字洲、张家洲三个沿流分布的长形沙洲⑦，汊道再次形成。由于左岸抗冲强度弱，左汊迅速拓宽成主流，并在光绪初沉积了上、下两个三号洲，主流再被分为两汊，左岸复兴镇边滩遭受强烈冲刷，原先的右汊则逐渐淤塞为夹江，叶家洲、泰字洲、张家洲逐渐靠向南岸。20世纪前半期，三号洲扩大2/3，

---

① 张修桂：《中国历史地貌与古地图研究》，社会科学文献出版社，2006年。

② 《读史方舆纪要》卷二六《安庆府》宿松县。

③ 《读史方舆纪要》卷八五《九江府》彭泽县。

④ 天启《武备志》江防图。

⑤ 嘉靖《郑开阳杂著》江防图。

⑥ 道光《皖江武备考略》皖江汛防全图。

⑦ 林承坤：《长江中下游河谷、河床的形成与演变》，《1960年全国地理学术会议论文选集》（地貌），第72页，科学出版社，1962年。

叶家等三洲完全靠岸。目前，上、下三号洲之间的东北横水道为主泓。

2. 搁排洲弯曲分汊河段

该河段位于彭郎矶与白石矶之间，江中的搁排洲是长江最大的江心洲之一。它的形成与小孤山、彭郎矶这一对矶头，特别是彭郎矶的单向挑流密切相关。

唐宋以来，彭郎矶始终临江，小孤山则有明显变化。两宋时期小孤山峙江北岸[①]，明成化二十年（1484年），江水忽分流于山北，流量日增，自是屹立中流，大江澎湃环于四面[②]。有清一代，小孤山依然孤峙江中[③]，民国年间，汊道淤塞，小孤山再次登陆濒江。

长江过彭郎矶、小孤山这对矶头后，流速骤缓，泥沙沉积成洲，历史相当悠久。两宋时期，该河段江中激背洲、峨眉洲已见于记载[④]。前者在马当矶西，后者在马当矶东。其后，在峨眉洲南有磨盘洲、激背洲，北有毛湖洲形成[⑤]。明正德至嘉靖年间，洪水涌沙又形成许多沙洲，如蒋家洲、叶家洲、余家洲、白沙洲等[⑥]。因此从毛湖洲至华阳镇一带，洲渚纵横，夹江纷杂。当时北汊河道受彭郎矶挑流，从小孤山东经杨湾、吉水至华阳与南汊相会，弯曲分汊的河道形态已经形成。

成化二十年（1484年），小孤山北侧汊流形成，其后流量不断增强，小孤山以东南汊中的激背洲首当其冲，在嘉靖年间即被冲没消失，使南汊发展成主流，北汊则处于逐渐淤塞的过程中。明末清初，峨眉洲、磨盘洲、余家洲、毛湖洲等均有靠岸趋势[⑦]。至清道光以前，北汊完全淤死，峨眉、磨盘等洲靠向北岸成为边滩[⑧]，弯曲河型因此向微弯河型转化。与此同时，从烽火矶至马当矶的河床中搁排洲出水，河道依然属分汊河型。但由于小孤山北汊已经处于淤塞过程中，彭郎矶挑流再次增强，使搁排洲北汊迅速扩展，余家洲受挑流顶冲，首先坍入江心。清同治年间，搁排洲在向下游延伸越过马当矶的同时，沙洲北缘边滩也得到迅速发展，北汊河道已成分汊主流[⑨]。光绪以后至民国年间，小孤山北汊完全淤死，彭郎矶单向挑流更加显著，该河段北汊继续向北扩展成河弯，江中沉积的年字洲、庄兴洲、德复洲和双新洲与搁排洲合并，搁排洲弯曲河段的形态已经基本形成。

3. 棉花洲顺直分汊河段

该河段从白石矶至吉阳矶，河道顺直，历史时期主要表现为心滩出水、老洲靠岸所引起的江岸演变。

吉阳矶和沟口这对锁江矶头是该河段壅水成洲的关键。明中叶以前，江中已有莲花、宝定、永宁、阁牌4个沙洲形成，受多汊顺直江道控制，均呈柳条形态。其中莲花

① 《太平寰宇记》卷一一一《江州彭泽县》；《舆地纪胜》卷四六《安庆府》。
② 《读史方舆纪要》卷二六《安庆府宿松县》。
③ 《大清一统志》卷三一八《九江府》；道光《皖江武备考略》皖江汛防全图；同治《长江图说》卷六。
④ ［宋］范成大：《吴船录》卷下；《舆地纪胜》卷三〇《江州》。
⑤ 《读史方舆纪要》卷八五《九江府》彭泽县。
⑥ 康熙《彭泽县志》山川条。
⑦ 乾隆《江南通志》江防图。
⑧ 道光《皖江武备考略》皖江汛防全图。
⑨ 同治《长江图说》卷六。

洲为最长，洲头越过稠林矶，洲尾接近吉阳矶，长约 16km，上多村落，显然是一个老洲①。它可能即是唐五代时期跨江州彭泽县与池州秋浦县的杨叶洲②。

清乾隆年间，莲花洲与阁牌洲间的汉道发展成主流，两侧沙洲有明显靠岸趋势③。清中叶以前，该河段东岸紧迫丘陵阶地，西岸即今桃树、雷港、花屋一线，河床较今开阔，最宽处可达 7.5km。道光年间，江心莲花、宝定、永宁诸洲因西汊淤塞而与西岸相连；阁牌洲也因其东侧汉道断流而靠向东岸。江中沙洲消失，顺直多汉性河型遂演变成顺直单一河型，江面骤然缩狭，最狭处在吉阳矶南的阁牌洲边滩西侧，宽度不足 2km。这时西岸线从华阳、桃树滩经雷港东 2.5km、洲头西堤东 4km、花屋大堤东 5km 至沟口④。清末民国以来，阁牌边滩西侧的狭窄河段造成上游壅水，形成棉花、带洲、天生诸沙洲，单一河型再次演变成分汉性河型。受沙洲扩展和矶头挑流的影响，雷港至湖东之间的靠岸边滩遭受强烈冲刷，岸线后退；东岸阁牌洲边滩也受挑流冲刷殆尽，因此吉阳矶以南江面略有拓宽，江沙再次沉积，形成共和洲。这就是目前江道形势的历史演变过程。

（二）吉阳—大通河段

该河段受纵横交错的断裂构造线影响，河道曲折多变，连续出现 4 个直角拐弯，在拐弯顶部基岩破碎，第四纪疏松沉积物发育，有利于河流横向摆动，形成江心洲和分汉河道，历史时期河道演变也较为复杂。根据历史演变过程和目前河道形态，该河段可分为官洲鹅颈式分汉河段、江心洲弯曲分汉河段、铁板洲鹅颈式分汉河段和凤凰洲顺直分汉河段四个组成部分。以下分别论述各河段的演变过程。

1. 官洲鹅颈式分汉河段

该河段位于吉阳—安庆之间。左岸有较宽的冲积低平原，易遭冲刷变形；右岸丘陵、矶头濒江，控制着河势的发展，特别是吉阳矶，其挑流方向的改变，对该河段沙洲、江岸的变迁影响重大。

元、明以前，吉阳矶、黄石矶已成滨江戍守要地⑤。当时吉阳矶以南的东岸有阁牌洲存在，吉阳矶挑流作用不甚明显，大江过吉阳矶后即向北直趋皖口，折向东流经今安庆市南。皖口又称山口，东距安庆 7.5km⑥。孙吴嘉禾六年（公元 237 年），诸葛恪屯皖口；陈永定三年（公元 559 年），徐度城南皖口、王蒨置城栅于皖口；唐天复三年（公元 903 年），李神福击败王坛于吉阳矶，又败之于皖口；宋开宝八年（公元 975 年），刘遇败南唐援兵于皖口；元末陈友谅自小孤山追伯彦至山口镇。这些史实充分说明：皖口从三国至元末的 1000 多年里均为滨江战略要地，可见该河段江岸有过长久稳定时期；

---

① 嘉靖《郑开阳杂著》江防图。
② 《太平寰宇记》卷一一一《江州彭泽县》。
③ 乾隆《江南通志》江防图。
④ 道光《皖江武备考略》皖江汛防全图。
⑤ 《读史方舆纪要》卷二七《池州府东流县》。
⑥ 《读史方舆纪要》卷二六《安庆府怀宁县》。

目前山口距江6km，显然是明初以来江岸演变的结果。

明中叶以前，该河段以皖口为顶点形成一个大河弯，在弯道凸岸已有磨盘洲、新洲形成[①]。以后，吉阳矶挑流增强，江流直射西北折向东北直趋安庆，弯顶皖口附近处于缓流地段，形成沙帽洲、光洲于皖口江边。明末沙帽洲、光洲靠岸，皖水入江口为沙渚壅塞，排水不畅。清康熙中于沙帽洲内浚新河以泄之[②]。其后新河遂成皖口以下皖水的延续部分，皖口从此失去滨江冲要地位，"十五里始入江"[③]。

清代乾嘉时期，该河段弯顶南移至江家店一带，江岸、沙洲的演变进入又一个旋回。当时，光洲以南至老湖滩的主泓左侧，沉积有宝定洲、育婴洲、铁定洲、姚家洲；主泓右侧则有小团洲、白沙洲形成[④]。道光年间白沙洲靠岸，宝定洲坍入江心，育婴、铁定、姚家诸洲合并成长条形沙洲，河床演变成微弯分汊河型，主泓道在育婴洲东侧[⑤]。

咸丰、同治之际，原主泓道上清节洲出水，江流阻塞，主泓道改走保婴洲（又称官洲，即合并后的育婴洲）西侧，老湖滩东侧遭受江溜强烈冲刷，保婴洲在洲头严重坍江的情况下后退。与此同时，保婴洲北培文洲出水[⑥]，该河段官洲鹅颈式分汊河道这时已经形成。

清末以来，吉阳矶单向挑流增强，主流直射马家店、老湖滩即折向东北，官洲东汊演变成主流，原来西汊主流则逐渐淤狭为支汊，培文洲和官洲在此时合并。与此同时，官洲南缘遭受主流强烈冲刷北退；反之，清节洲则向西北逐渐扩展增大，河型有向复式鹅颈式汊道演变的趋势。

2. 江心洲弯曲分汊河段

该河段从安庆至拦江矶，以黄溢为顶点形成直角拐弯形态。唐五代时期，拦江矶一带江面相当狭窄，"涛翻烟雨昏，峡束雷霆斗，瞿唐及滟滪，重险复兹遭"[⑦]，舟覆事件不断。五代南唐发运使周湛，为解决航运安全，曾自安庆作新河抵枞阳，以避拦江矶急流之险[⑧]。由于下游拦江矶约束，造成上游壅水，泥沙沉积，致使唐代以前即有沙洲形成于弯曲河道的凸岸，这就是历史上有名的长风沙。李白《长干行》所言"相迎不道远，直至长风沙"即指此。

宋代长风沙分汊河道南支为主流，北支逐渐淤狭称长风夹，长风沙已有靠向凸岸成为边滩的趋势。《吴船录》卷下记范成大过皖口，"至长风沙下口宿"，走的应当是长风夹。今天航空像片上从丁家村至长枫镇的长风夹故道残迹尚十分清晰。估计长风沙的靠岸和长风夹的最后淤塞可能在元代后期。

---

① 嘉靖《郑开阳杂著》江防图。
② 乾隆《江南通志》江防图；民国《怀宁县志》卷二《山川》。
③ 乾隆《安徽通志》怀宁县山川；道光《皖江武备考略》皖江汛防全图。
④ 乾隆《江南通志》江防图。
⑤ 道光《皖江武备考略》皖江汛防全图。
⑥ 光绪《怀宁县志》山川条。
⑦ 光绪《怀宁县志》山川条引江景纶《拦江矶》诗。
⑧ 《宋史》卷三〇〇《周湛传》。

入明以后，弯道顶部进入又一个沉积旋回。明中叶以前，在弯顶右侧黄溢至牛头矶之间沉积了新洲①，河道再次分汊。

清中叶以前，新洲上游又有官洲、鲫鱼洲出水②，当时分汊主泓在这些沙洲之北，因此已靠岸的长风沙南缘遭受强烈冲刷后退。咸丰、同治年间，北岸西起安庆，东经任家店、马家窝、前江口至鸭儿沟，岸线大体与今相同，唯岸线外侧尚有较宽的低河漫滩存在；南岸黄溢一带较今平直，黄溢距江尚有6km之遥。

清末以来，在鲫鱼洲坍江的同时，新洲不断扩大并向下游方向延伸③。由于江心洲的扩展，北岸外侧低河漫滩遭强烈冲刷殆尽，南岸也急剧后退，目前黄溢距江已不足2km，长江横断面显著拓宽。

3. 铁板洲鹅颈式分汊河段

该河段从拦江矶至龙窝，江水受拦江矶一带丘陵挑流直趋西北至枞阳东折，又为下枞阳姆山挑流南转，鹅颈式汊道早已形成，弯顶枞阳成为历代濒江要地。

明中叶以前，鹅颈部分江中有罗塘、铁板两洲，罗塘洲较大，从新河口延伸至龙窝，铁板洲在罗塘东南，大江因此被分为三汊，至龙窝汇合，故龙窝以南江面有三江口之称①。清乾隆年间，南江已成主流，罗塘、铁板两洲的西南部分遭受冲刷后退，铁板洲的下尾则又有铜板洲出水④。同治年间，罗塘洲靠岸，枞阳始不濒江，原来罗塘、铁板两洲之间的中江则演变成鹅颈弯道。铜板洲也在这时与铁板洲合并⑤。民国年间，铜板洲东南心滩出水成为玉板洲，目前河床形态最终形成。

4. 凤凰洲顺直分汊河段

该河段自龙窝至大通，历史时期江岸、沙洲演变频繁，故道残迹密布。清末当地民谣"五百年前富裕洲，五百年后满江游；若要留得陈洲在，除非铁链套山头"⑥，反映了这一演变特点。

在航空像片上，左岸自龙湾至老洲头存在三期长江汊道演变残迹。晚期汊道自白沙包经源子港、老洲湾至老洲头；中期汊道由龙湾经汤沟镇至源子港；早期汊道从左大圩经鲍家圩至老洲湾。后期汊道均切穿前期汊道，而且逐次南移，说明该河段长江河床有数次南北摆动，江面有日渐缩狭的趋势。

北宋时期，池州城距江岸十余里，"北至大江中流二十里与桐城分界"⑦，整个河势较今偏北。航空像片反映的早期汊道，有可能是这一时期北汊河道的残迹。

明中叶以前，大江过三江口后，在该河段内已有估价洲（一称古夹）、乌落、新洲和武梁四洲形成并载于嘉靖《池州府志》山川条，受顺直河床控制，沙洲均呈长条状形

① 嘉靖《郑开阳杂著》江防图。
② 道光《皖江武备考略》皖江汛防全图。
③ 光绪《江南安徽全图》。
④ 乾隆《江南通志》江防图。
⑤ 同治《长江图说》卷六。
⑥ 华东师范大学历史系：《长江及杭州湾历史自然地理论文集》。
⑦ 《吴船录》卷下；《太平寰宇记》卷一〇五《池州》。

态。估价洲西起黄家矶，东过汪家铺，其南侧汊道已成夹江，称为乌沙夹。乌落洲在估价洲之北，其下尾延伸至池口之北，东西长约 15km。因此，长江过三江口后，又被分为三汊至池口复合。池口以下，大江南侧有新洲，北侧有武梁洲，大江再次分为三江至老洲头复合。当时江面较今开阔，从池口至汤家沟的最宽部分达 15km。北岸自七里矶、新开沟经马船沟、汤家沟、源子港至老洲头；南岸从乌沙镇经汪家村、池口、流波矶至梅埂①。后者在航空像片上也有故道残迹显现。

明末清初，乌落洲北汊主流继续发展，乌落洲在洲头被冲坍的同时，逐渐向南岸池口方向靠拢，并和估价洲、新洲（此时已分裂成裕生洲、泥洲两部分）成一字形顺流排列，池口以西的三汊河道演变成二汊河型。这时在马船沟与源子港之间的微弯河段内又沉积了新洲即陈洲②，上述航空像片从龙湾经汤家沟至源子港的中期汊道应该是这时期形成的。

清道光时期，江流形势又有重大改变。陈洲靠向左岸，上述中期汊道成为残迹，自龙湾至源子港的岸线显著地向外推移。陈洲与池口之间的江面上又形成 3 个条形沙洲，自北向南为崇文洲、汆水洲和凤凰洲，池口河段演变为多汊性河型③。主汊河道逼临陈洲南侧，陈洲遭受强烈冲刷坍塌。

清代后期至民国年间的 100 年内，古夹洲、乌落洲等靠岸，其南侧的乌沙夹淤塞④；北岸武梁洲靠岸，原有洲北汊道即成航空像片上的晚期故道残迹。与此同时，崇文洲和合并了的凤凰、汆水洲仍在扩大；凤凰洲南并有碗船洲出水，致使池口北侧靠岸的乌落洲等遭受强烈冲坍，池口再次濒江而形成目前的河床形态。

二、长江大通—镇江河段的演变

（一）大通—芜湖河段

该河段受断裂构造控制，形成几个直角拐弯，弯顶基岩破碎，复式鹅颈式多汊性河道充分发育，历史时期江岸、沙洲演变十分频繁、复杂。下面以荻港为界，分张家洲复式鹅颈式河段和黑沙洲鹅颈式河段两部分进行叙述。

1. 张家洲复式鹅颈式分汊河段

该河段上起大通下至荻港，是长江下游河势最复杂的河段。右岸羊山、鹊头山（又名十里长山）和荻港丘陵等，很早以来即已濒江；左岸有较开阔的冲积平原，历史时期江道演变主要表现在这一侧。

宋代以前，从鹊头山至荻港附近的江中已有大型沙洲形成，称为鹊洲⑤。宋代易名

---

① 嘉靖《郑开阳杂著》江防图。
② 乾隆《江南通志》江防图。
③ 道光《皖江武备考略》皖江汛防全图。
④ 道光《皖江武备考略》皖江汛防全图；同治《长江图说》卷六。
⑤ 《通典》卷一八一《州郡典十一》宣州南陵县；《宋书》卷八〇《晋安王子勋传》。

丁家洲①，周三百里，其上绿树成荫，圩堤坚固，匏瓠上屋，渔樵相倚②，是一个早经开发的岛洲。因此，该河段早在1000多年前即属分汊河型。它的形成与羊山矶、土桥矶的挑流有密切关系。早期长江过大通受羊山矶挑流，主流折射西北至王家嘴，又东北受土桥矶挑流折向正东与来自鹊头山的南北向汊流交汇，在交汇处的上方形成曹韩洲③，交汇处的下方就形成著名的鹊洲。两宋时期，可能随着大通口沙洲（明初称为荷叶洲，即今和悦洲）的形成，羊山矶和土桥矶的挑流减弱，丁家洲有明显靠岸趋势，它与右岸之间的汊道已成夹江，称为丁家夹。今航空像片上从丁家洲经朱家嘴、钟仓至洪家村的故道残迹十分清楚，它应当就是杨万里"从丁家洲避风行小港出荻港大江"的丁家夹。

明代中叶以前，丁家夹淤死，丁家洲已经完全靠岸成凸岸洲滩，因此南岸岸线以丁家洲老鹊嘴（后讹为老鹳嘴现在称老观嘴）为顶点向西北略微突出。这时，羊山矶至铜陵县的江面很开阔，东西可达15km④，说明羊山矶挑流作用再次增强。这股挑流从王家嘴东北行，在土桥一带受逼溜以东北东的方向经胥坝⑤南又东至荻港，可见北岸岸线尚稳定在土桥、胥坝、泥汊一线之南。在老鹊嘴东西两侧江中又有小福洲（即小湖洲）和荷叶洲出水，当时江道尚较平直，属微弯分汊河型。

明中叶至清中叶的200多年间，是该河段江流形势的重大演变时期，鹅颈型分汊河道即形成于这一阶段。其根本原因在于大通口除荷叶洲之外又有新洲、雁落洲出水，羊山矶挑流作用大为减弱，从羊山矶至铜陵县大江西岸的沙洲（得胜洲）靠岸，边滩迅速向外扩展，如土桥以南的灰河（村）去江面已达4km⑥。因此，长江过大通后，从南向正东直冲土桥以下江岸，使土桥—胥坝间的岸线急速向北坍退。自正德至万历的100多年内，岸线后退约4km，即从胥坝后退至安定街以东一带。这期间3次退建的堤坝均被冲坍入江⑦。万历以后岸线继续北退，退缩中所建的五坝、六坝、七坝、八坝，至清中叶也均被冲坍，幅度可达5km之多。清咸丰、同治年间，土桥以下的北岸已退至今刘家渡—凤凰颈—姚家沟一线⑧。200多年的时间里，北岸后退幅度总计达10km之多，微弯河道演变成曲率达1.80的弯曲河道。与此相反，南岸老鹊嘴凸岸一带缓流区，江中沙洲大量涌现，如明末清初涌现的有张家洲、抚宁洲、紫沙洲、神登洲、成得洲、万兴洲、新生洲、下鸡心洲等，其中前4个沙洲在乾隆年间已合并成大洲⑨。清代中叶在其北部又有卫生洲、太阳洲和大兴洲出水⑩。复式鹅颈式多汊性河道至此已经发育形成。

明末清初，在鹊头山西侧江中也有一些小洲涌现，如铜陵洲、鸡心洲、白沙洲、杨林洲等⑨。铜陵洲在乾隆年间和早期形成的曹韩洲、信府洲合并。至清代中叶，鹊头山

---

① 乾隆《池州府志》卷一〇《铜陵山川》。
② 杨万里《诚斋集》卷三三"从丁家洲避风行小港出荻港大江"。
③ 嘉靖《池州府志》卷一《古迹》引唐代罗隐云："曹韩沙洲元，铜陵出状元。"
④ 嘉靖《郑开阳杂著》卷三《江防图注》："此处江面阔三十里。"
⑤ 嘉庆《无为州志》卷六《水利志·捍卫》：胥坝魏明正德年间修建，位于大江北岸。
⑥ 嘉靖《郑开阳杂著》卷三《江防图注》。
⑦ 嘉庆《无为州志》卷六《水利志·江坝》；光绪《安徽通志》卷六一《河渠志·江》。
⑧ 同治《长江图说》卷四。
⑨ 乾隆《江南通志》江防图。
⑩ 道光《皖江武备考略》皖江汛防全图。

西侧江中绝大部分沙洲合并成一个大型的长条形沙洲，上起铜陵河口，下至土桥矶，长约11km。

清咸丰、同治年间，大江过铜陵河口被曹韩长洲分为东西两直汊，西汊为主流，至土桥与东汊相会。土桥以下，大江汊道纷杂，主要有三汊：北汊为鹅颈顶部的主流，自土桥经刘家渡、凤凰颈至姚家沟折向东南；其次为南汊，位于张家洲、紫家洲与丁家洲之间，称为胭脂夹，受老鹊嘴制约，河道显著地向西北突出成次一级的鹅颈弯道；中汊最小称为黄柏夹，位于太阳洲（此时由卫生、大兴、太阳三洲并成）和张家、紫家二洲之间，略具弯曲形态[①]。

清末至民国年间，安定街一带挑流增强，中汊黄柏夹迅速冲开发展成主泓道，太阳洲逐渐北移；20世纪30年代初期，从刘家渡至凤凰颈一带又有太白洲形成，原有北汊主流因此缩狭为小夹江，形成目前该河段的河床形态。

2. 黑沙洲鹅颈式分汊河段

该河段自获港至芜湖，目前由黑沙洲鹅颈汊河和白卯洲顺直汊河两部分组成。左岸为开阔的冲积平原；右岸则有获港、板子矶、回龙矶、黄石矶、矶头山、三山和螃蟹矶等。历史时期江道在上述矶头以北有过较大幅度的摆动变形。

两宋时期，获港、新港（唐宋时为繁昌县治）、三山[②] 均为濒江要地。当时大江沿流已有3个沙洲存在：第一个在新港对岸，周必大至繁昌曾泊舟于此[③]，后称黑沙洲；第二个在新港与三山之间，长约20km，南北朝时期称为虎槛洲，明清时称为养虎洲或锦卫洲[④]；第三个为三山至潴港间的无名洲[⑤]。该河段在距今1000年左右，由上、中、下3个分汊河段组成。据周必大记载，分汊南支已成夹江，北汊为主流。三山是第二、第三两个汊道的交汇点，"怒潮若山"，常有覆舟之险[⑥]。

明代前期，在黑沙、锦卫二洲之北的主泓中又有白马洲（一名白卯洲）形成[⑦]，左岸因此迅速向北崩退；而三山以东的无名洲则在此前消失。河床形态有所改变：三山以西为多汊性河型；三山以东为单一河型。

清代中叶，白马洲继续扩大，大江北岸后退至今张村、莲花套，从汤沟镇折向东南直趋三山以东一带，致使清初以前濒江的螃蟹矶陷入江中[⑧]；反之，清初以前独立江中的蟒矶则在此时上陆[⑨]。在高安桥一带，江面拓宽达12km。因此，明末清初在无为县东南三五十里的板桥镇、栅港镇、栅港等均在此时坍入江中[⑩]。

① 道光《皖江武备考略》皖江汛防全图；同治《长江图说》；光绪《江南安徽全图》。
② ［宋］陆游：《入蜀记》卷二；康熙《繁昌县志》卷四《城池》；《周益国文忠公集·泛舟游山录》。
③ 《周益国文忠公集·奏事录》。
④ 《资治通鉴》卷一三一宋泰始二年；卷一六八陈天嘉元年；嘉靖《郑开阳杂著》卷三《江防图注》；同治《长江图说》卷四；光绪《续修庐州府志》卷二无为州图。
⑤ 《周益国文忠公集·奏事录》。
⑥ 《舆地纪胜》卷一八《太平府》景物条。
⑦ 嘉靖《郑开阳杂著》卷三《江防图注》；同治《长江图说》卷四。
⑧ 嘉靖《郑开阳杂著》卷三《江防图注》；康熙《太平府志》舆图；同治《长江图说》卷四。
⑨ ［宋］陆游：《入蜀记》卷二；《读史方舆纪要》卷二六《庐州府》无为州。
⑩ 乾隆《无为州志》卷四；嘉庆《无为州志》卷二。

清代后期，白马洲靠向北岸，黑沙洲继续扩展并和其北部的大新洲、小新洲合并，使该河段河床以黑沙洲、锦卫洲为中心形成两个并排正三角形，主流沿三角形腰顶呈波浪形前进，两个三角形底部则为汊流夹江[①]。

民国以来，在黑沙洲弯道顶冲点下移演变成鹅颈式汊道的同时，黑沙洲南部汊流扩展成主流并直趋东北方向，使锦卫洲以东北江道节节后退，北岸大幅度坍江；南岸迅速淤涨成七八个叫凸子的边滩，高安桥以东河段演变成目前的顺直分汊形态。

（二）芜湖—南京河段

该河段右岸紧靠丘陵山地，沿江分布着许多矶头，著名的有四褐山、东梁山、采石矶、马鞍山、烈山和下三山等；左岸除西梁山、石跋山和骚狗山外，大多为较开阔的冲积平原，岸线相当平直。整个河段属顺直分汊河型。当涂江心洲、南京梅子洲是长江中较大的江心洲，其弯曲方向指向右岸，与中下游其他大型沙洲指向左岸不同，这是该河段沙洲的显著特点。下面以东、西梁山，石跋、慈姥山，三山、骚狗山三对矶头为界，分四个顺直分汊河段进行叙述。

1. 陈桥洲顺直分汊河段

该河段下口东、西梁山锁江似门，古代合称天门山[②]，在其上游壅水河段内，早有江心洲形成，《郑开阳杂著》江防图称之为陈家洲，即今陈桥洲。明中期，在陈家洲上游的裕溪口又有沙洲形成，最初称为新洲，明末清初已有曹府洲之名[③]。可见这两个沙洲均有四五百年以上的历史，长久稳定少动。近100年来，沙洲左缘略有外涨，右侧冲刷，使右汊扩展、左汊缩狭。

芜湖至东梁山的右岸，有一系列矶头濒江，江岸稳定，洲滩也很不发育；左岸张家湾有商周汉代遗址分布，壅家镇为东晋至南朝的雍丘县治，说明左岸平原在先秦汉晋时代已经形成。明清时期左岸岸线与今略同，唯100年来因江心沙洲西移，裕溪口以北岸线后退近1km；裕溪口以南则由于大拐凸岸不断扩展，使清中叶以前独立江中的蛟矶靠岸登陆，芜湖以西江面显著缩狭。

2. 江心洲顺直分汊河段

从天门山至慈姥山的江心洲顺直分汊河段，演变较为复杂。右岸东梁山至采石矶的河漫滩上有南朝以来的大量文物发现，宋代姑熟溪口"距（当涂县）城五里"[④]，古岸线当在今岸之西；采石矶至慈姥山，濒江矶头密布，岸线较为稳定。左岸开阔平原上的和县，秦汉为历阳县治，至今城内尚存汉至六朝时代的古城遗址；和裕公路以西的姥桥镇等地，分布有新石器及商周遗址；公路以东至江堤一带的河漫滩上，则有汉唐至明清

① 光绪《江南安徽全图》。
② 《太平寰宇记》卷一○五《太平州当涂县》。
③ 乾隆《当涂县志》卷四《疆域》附江防。
④ 陆游：《入蜀记》卷一。

的遗物。这就说明今左岸以西地区，早经开发，滩地历史悠久。元代以前，左岸显著向东突出形成大凸岸，采石矶江面极为狭窄，两岸樵声相闻，可辨人眉目[1]，估计采石矶江面最大宽度不得超过 1km，是南北往来的重要渡口、战略要地。今日的江心洲当时已经形成，西汉主泓道当时也为主流。河势古今大体相同。

元明以来，随着江心沙洲的大量涌现与合并，江面不断拓宽。至明代初期，今日江心洲的形态已经出现，称为成洲[2]。其后在其周围又有大量沙洲涌现，如连生洲、接生洲、南生洲、青草洲、尚宝洲、鲫鱼洲、沟金洲等，其合并后称为鲫鱼洲，清末光绪年间已有江心洲之名[3]。由于江心洲的扩大，分汉河道向两岸发展，江岸不断后退。右岸明万历间在距江较远的金村修建的金柱塔，至清乾隆年间因江潮冲岸，坍塌严重，塔基甚危几不可保[4]；左岸突出部分至清末已被分汉左支冲洗殆尽，弯曲河岸演变成顺直河岸。民国以来左岸坍江量最大的地段在姥下河至杜姬庙一带可达 2～3km。

采石矶至慈姥山之间，明末清初江中也有神龙、慈姥等沙洲，至清代中叶，因大黄洲出水而靠向东岸，致使原来濒江的人头矶、马鞍山、慈姥山等均有约 1km 的洲滩形成。清末民国年间，大黄洲在洲头不断坍塌、靠岸的同时，其上游又有小黄洲出水，形成目前河床形态。

3. 新济洲顺直分汉河段

该河段处于石跋山和慈姥山、骚狗山和仙人矶这两对矶头之间，河势一放一束，江中早有沙洲形成，唐宋时代称之为烈洲[5]，洲上残丘称为烈山，分汉西支为主泓，江面辽阔。明代在西汉驻马河口又有徐府洲形成，当时西岸大致与今岸相同；东岸较今岸偏东，铜井为明代江防墩堡[2]。

清乾嘉时代，徐府洲靠向左岸，使左岸外延 1km 多，江面因此相对缩狭，烈洲冲刷殆尽，烈山成为中流砥柱，在其上游滞流区内则有济漕洲出水，洲头在慈姥山西，洲尾接近烈山，长约 5km[6]。

道光以来，东岸铜井一带边滩不断发展，济漕洲被迫沿烈山西侧主泓道下移。同治年间，济漕洲尾已越过烈山[7]。其后在洲头不断被冲蚀的情况下继续下移至今日位置，和原来济漕洲位置相比，已经完全不同，故称新济洲。在此洲下移的同时，左岸驻马河口一带遭受冲刷，最大坍江量在 1km 以上。目前，新济洲上游的新生洲形成于 1954 年以后。

4. 梅子洲顺直分汉河段

该河段从仙人矶至下关，先秦时代江面辽阔：右岸过三山后沿凤凰山麓转而北流，

---

① 陆游：《入蜀记》卷一。
② 嘉靖《郑开阳杂著》卷三《江防图》。
③ 乾隆《当涂县志》卷四《疆域》附江防；光绪《江南安徽全图》。
④ 乾隆《当涂县志》卷二七。
⑤ 《太平寰宇记》卷九○《江宁县》；《入蜀记》卷二。
⑥ 道光《皖江武备考略》皖江汛防全图。
⑦ 同治《长江图说》卷四。

经石头城至卢龙山下；左岸也沿江浦县一带山麓北上，直至今浦口东门镇的平山。左右两岸相距可达 10～15km①。

先秦以后，江中沙洲不断涌现、靠岸，江面逐渐缩狭。其缩狭的总趋势是自西南向东北发展。大胜关一带在唐宋以前即已成陆，宋置巡检寨及烽火台于今大胜关②；而在其东北的石头城及宣化镇（浦口镇），在唐宋时期仍为濒江要地。

唐宋时期，南京西南江中沙洲棋布，著名的有白鹭洲、蔡洲、张公洲、加子洲、长命洲、迷子洲等③，其中有的历史相当悠久，如蔡洲早在魏晋时期即已见于记载④。

元明时期，白鹭洲靠岸成陆，航空像片上从棉花堤、上新河至三渡河口的槽形凹地，就是原有夹江的残迹。

有清一代，大江主泓以东的迷子洲和一些小沙洲合并成风林洲；蔡洲等合并成绶带洲；张公洲等合成永定洲。清道光、同治年间，西岸于明代形成的梅子洲东移与风林、绶带、永定三洲合并成江心洲（又名梅子洲），东岸线基本形成。西岸也在沙洲不断涨坍中向外扩展。至同治年间自南向北有响水洲、大胜洲、庄家洲、九澓洲等，其后也靠向左岸成陆，使左岸向东伸延、原有夹江消失，如唐宋时期濒江的浦口镇，至光绪年间因沙洲靠岸、边滩外涨距江已达十余里⑤，致使长江过水断面显著缩小。

（三）南京—镇江河段

该河段在历史时期为紧连河口的河段，河面开阔，沙洲众多，演变较为复杂，特点是沙洲不断形成、合并、靠岸，新沙洲再次形成，河宽不断束窄。下面以龙潭为界，分为两段论述。

1. 八卦洲鹅颈式分汊河段

右岸自下关至龙潭，历史上江岸紧靠丘陵山地，形势与今略同，变化很小；左岸自有史记载至明代后期，岸线始终稳定在浦子口—瓜埠山—青山一线⑥。因此江面极其开阔，如瓜埠至青山这段江道，古称"黄天荡，江面阔极，两岸相去四十里"⑦。

在此开阔的河段内，江中早有沙洲形成。唐宋时期，著名的有马昂洲、上新洲、下新洲、阖庐洲、长芦洲、概洲等⑧。至明代前期，七里洲、八卦洲的雏形已在今长江大桥一带出水，它们和右岸的夹江已有草鞋夹之名；瓜埠山以西的凹岸附近有长条形的新洲存在；在黄天荡的江中，有由许多沙洲组合成的太子洲，其洲尾延伸至青山、龙潭一

① 中国科学院地理所地貌室：《长江九江—河口河道历史变迁的初步分析》；华东师范大学历史系：《长江及杭州湾历史自然地理论文集》。
② 嘉庆《大清一统志》卷七四《江宁府》。
③ 《太平寰宇记》卷一〇五《升州江宁县》。
④ 《晋书》卷六七《温峤传》。
⑤ 光绪《六合县志》卷一《地理志》山川。
⑥ 《太平寰宇记》卷一二三《扬州六合县》；嘉靖《郑开阳杂著》卷三《江防图》；《大清一统志》《扬州府》。
⑦ 嘉靖《郑开阳杂著》卷三《江防图》。
⑧ 景定《建康志》卷一九；《大清一统志》《江宁府》。

线①。明代后期，在老的沙洲不断下移的同时，又有许多新的沙洲涌现，如瓜埠东南的拦江洲、上部洲、官洲、柳州、赵家洲、扁担洲等。清代前期，燕子矶北面江中又有护国洲、道士洲、草鞋洲等形成；黄天荡的太子洲逐渐缩小并向南岸龙潭一带靠拢②。

清代后期，七里洲、八卦洲和草鞋洲等在下移过程中逐渐合并，称为八卦洲；浦口一带有边滩外涨；瓜埠西南边滩坍江。八卦洲河床发育成鹅颈式分汊河道，主泓在洲的左侧通过。这时，瓜埠镇东南的众沙洲则合并为玉带洲和龙袍洲并逐渐靠向左岸，太子洲则完全与右岸相连成边滩，目前的河床形态基本上形成③。1949年前后，八卦洲右汊即草鞋夹发展扩大，致使主泓改走右汊，左汊不断缩狭。近年来左右汊分流比稳定在1：4，鹅颈左汊变化不大。

2. 世业洲顺直分汊河段

自龙潭至镇江金山为世业洲顺直分汊河段。隋以前，该河段右岸紧靠宁镇山脉北麓，即自今龙潭经下蜀、高资至镇江，岸线相当平直；左岸自青山东北行至今仪征东北5km的欧阳戌④，折向东南至今扬州西南20km余的古江都县南侧⑤，然后又转向东北经扬子桥而东⑥，岸线凹凸不平。仪征以南江面非常宽阔；高资以北江面相对缩狭；镇扬之间则为喇叭形的海湾，有涌潮可供观赏。当时江中已有不少沙洲见于记载，如白沙洲、贵洲、新洲、嘉子洲、中洲和瓜洲等⑦。白沙洲在今仪征县治一带，瓜洲在今镇江市北靠近南岸，其余沙洲则在此两者之间。

隋唐时期，江流形势改变，白沙洲靠向北岸；江都故城一带的凸岸边滩遭受强烈冲刷后退，江都城沦江；瓜洲则在逐渐扩大中向北岸移动并于唐后期与北岸相连，使原来宽达20km的镇扬江面缩狭仅余不足15km⑧。这一阶段，右岸仍较稳定，金山尚耸立在江中。

两宋时期，在靠岸的白沙洲上设立的真州距江岸仅有0.5km⑨；这时镇扬之间，由于北岸瓜洲继续向南发展，江面再次缩狭。五代北宋时期江阔尚有9km⑩，但至南宋陆游时代，镇江江面已相当狭窄，在瓜洲南望金山尤近，可辨人眉目，可闻寺庙钟声⑪，估计金山江面最大宽度不超过3km。

由于金山江面缩狭，造成上游河段壅水，沙洲大量形成。明代中后期，金山上游有北新洲、礼祀洲、世业洲、定业洲、蒲业洲、黄泥洲等，在仪征一带则因珠金沙靠岸，使江岸向南推移4km之多。

---

① 嘉靖《郑开阳杂著》卷三《江防图》。
② 乾隆《江南通志》江防图。
③ 同治《长江图说》卷四。
④ 《大清一统志》卷九七《扬州府》古迹。
⑤ 《太平寰宇记》卷一二三《扬州》。
⑥ 《大清一统志》卷九七《扬州府》津梁。
⑦ 华东师范大学历史系：《长江及杭州湾历史自然地理论文集》。
⑧ 《读史方舆纪要》卷二三《扬州府》。
⑨ 《太平寰宇记》卷一三〇《建安军》。
⑩ 《太平寰宇记》卷一二三《扬州江都县》。
⑪ ［宋］陆游：《入蜀记》卷一。

有清一代，北新洲下移与礼祀洲、世业洲合并，形成世业洲分汊河型。长江主泓自世业洲南侧折向东北，造成北岸瓜洲一带遭受强烈冲刷，岸线节节北退，至清末光绪年间，瓜洲已被冲刷殆尽，南宋修建的瓜洲城完全坍入江中；右岸则因处于泥沙淤积区，边滩不断向北延伸扩展，金山则因此在清末光绪年间登陆。

第三节　长江河口的演变

历史时期，长江河口顶点长期滞留在镇、扬之间，随着时间推移，河口沙洲大量涌现、合并与靠岸的结果，开阔的河口逐渐缩狭形成长江下游的新河段，长江河口顶点随之不断东移，目前的顶点已下移至江苏徐六泾附近，左岸自西向东为江苏通州市、海门市、启东市，右岸为常熟市、太仓市和上海市，江中崇明、长兴、横沙三岛属上海市崇明县[①]。

一、长江口的演变模式

（一）全新世中期河口形态

自距今六七千年前的全新世高海面鼎盛阶段，长江河口一直在镇江、扬州一带，由于来沙量较少，直至距今 3000 年前，河口仍然稳定在镇扬附近。当时的长江南岸在过江阴之后，稳定在上海地区的 4～10km 宽的岗身地带，南至杭州湾王盘山；北岸岸线则由泰兴北部经如皋石庄，直达如东掘港，河口呈现喇叭形海湾形态，南北两嘴之间宽约 180km。在这 4000 年间，长江泥沙随落潮流入海，但在科氏力和强劲东北风的作用下，径流夹带的泥沙随落潮流偏向南岸，主要淤积、铺垫于上海岗身以东的浅海地区，为其后三角洲的扩展，特别是上海地区的迅速成陆和长江南岸岸线向东延伸，打下坚实的物质基础。

（二）全新世后期河口演变

其后，特别是汉晋以后，长江流域普遍开发，长江泥沙来量增大，长江三角洲向外扩展速度加快。

南岸在前 4000 年泥沙铺垫的基础上，岗身以东的边滩迅速外延，陆地逐步扩展，东晋时期，岸线已稳定在下沙沙带一线，其后岸线继续向东发展，人为的海塘工程随之先后修建，如北宋修建的吴及海塘等，它们成为岸线不断向东推移的标志。北岸的演变，则是以沙洲并岸的模式向外延伸。早在汉代，长江喇叭形河口，不但边滩发育，而且早有沙洲形成，如东布洲、南布洲等。长江河口沙洲的发育，主要决定于科氏力所影响的涨、落潮流流路的分歧，使长江河口落潮流主泓偏向南岸，涨潮流主泓则向北偏离，而在涨、落潮流之间的缓流区，水流夹带的泥沙得以沉积，并从暗沙逐渐发展成为

---

① 张修桂：《中国历史地貌与古地图研究》，社会科学文献出版社，2006 年。

· 324 ·

沙洲。其后，在科氏力的继续不断作用下，落潮流偏向于沙洲南侧河道，沙洲北侧河道则属于涨潮流性质。在涨潮流占优势的北汊河道中，其泥沙搬运通常是净进的，上溯的泥沙大多不能被落潮流带入大海，从而导致沙洲北侧河道继续淤积新沙洲，新老沙洲在北汊河道中不断发展、合并，一旦北汊上口淤塞，沙洲则在冲淤变化中与北岸相连。与此同时，在早期沙洲逐渐并向北岸的过程中，南汊河道新的沙洲又在孕育中，并沿上述模式发展，从而形成新一轮的并岸旋回。从隋唐至明清的 1000 多年间，长江河口就出现 5 次沙洲并向北岸的自然过程[①]。正因为长江河口沙洲的这一发育模式——南岸边滩向东推进、河口沙洲总体向北并岸、河口宽度不断束狭、口门以上逐步向江心洲分汊河道转化，促使长江河口在缩狭过程中不断向东南方向延伸。经过长期演变，现在长江口的顶点已下移至徐六泾，河宽 5.7km，河口启东嘴至南汇嘴宽达 90km，长江河口平面形态呈喇叭形分汊型河口。

（三）当代河口发育趋势

目前长江河口段存在崇明、长兴、横沙 3 个大型沙洲。长江河口段因崇明岛而分为北支和南支，南支又被清后期形成的长兴、横沙岛分成北港和南港，南港再因九段沙的存在分为北槽和南槽。从而使长江河口段形成三级分汊、四口分流入海的局面。而崇明岛以北的长江北支，上口淤积业已相当严重，长江径流经北支下泄的流量极少，它正在按长江河口的历史发育模式演变，不久的将来，北支行将消亡，崇明岛并向北岸海门、启东地区，已是历史发展的必然趋势。在崇明岛并岸过程的同时，长兴、横沙岛必将扩展、合并，并取代崇明岛的地位，成为长江河口新一轮旋回的河口巨型沙洲。

二、长江口沙洲的演变——以崇明岛为例

崇明岛的范围，东西长 80km、南北宽 13～18km，面积 1225km²，是我国仅次于台湾岛、海南岛的第三大岛，也是世界上最大的河口冲积岛之一。它是由众多沙洲经过 1000 多年来复杂的坍涨合并过程，最后发育形成的长江河口巨型沙洲（图 9.8）。

关于崇明岛的变迁，研究者作过细致的研究[②]，史料收集齐全、应用到位。但由于江口开阔，沙洲众多，坍涨无常，方位难定，所以在关键沙洲的定位上，容易出现偏差，导致相关沙洲定位失误。崇明岛的研究，存在较大的难度，不可能对文献记载的沙洲一一定位。本节选择几个代表性的、相对稳定的大型沙洲为纲，根据方志、古地图，尤其是海岸带调查新发现的古代滨岸沙带，对关键性沙洲进行准确定位，然后据此分析若干大型沙洲的相关位置和变迁，进而概略分析崇明岛形成的历史过程。

---

① 陈吉余 等：《两千年来长江河口发育的模式》，《海洋学报》1979 年 1 卷第 1 期。
② 魏嵩山：《崇明岛的形成、演变及其开发的历史过程》，《学术月刊》，1983 年第 4 期；褚绍唐：《崇明岛的变迁》，《地理研究》，1987 年第 3 期。

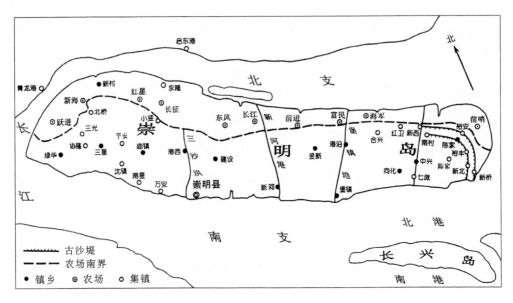

图 9.8　崇明岛形势图

（一）崇明岛形成的雏形阶段

唐代以前，长江口北嘴在如东，南嘴在南汇，两嘴相距 150km，河口仍属开放的喇叭形。当时河口的巨型沙洲称为胡逗洲，位置在今南通市、通州市地区。现在如东南部和海门、启东、崇明地区，当时均属波涛汹涌的河口区。从唐初开始，崇明岛开始发育于这一开阔的河口区的南侧。

崇明岛的雏形，始见于唐代初期武德年间（公元 618～626 年），由东沙和西沙两个沙洲构成。洪武《苏州府志·沿革·崇明县》："崇明在东海间。……旧志云，唐武德间，海中涌出两洲，今东、西二沙是也。"万历《崇明县志》沿革："盖崇起于唐武德中也……名东、西两沙，渐积渐阜，而利渔樵者土著焉。"《读史方舆纪要》苏州府崇明县崇明旧城条："唐武德间，吴郡城东三百余里忽涌二洲，谓之东、西二沙。渐积高广，渔樵者依之，遂成田庐。杨吴因置崇明镇于西沙。"

武德年间，东西沙在今苏州城东 300 余里的长江口形成，其后渐积高广，各种志书记载没有异议。但在没有基准点可依据的辽阔的长江口，只依据现存的文献记载，其具体位置，可以说是难以捉摸的。难怪研究者所定东西沙的位置各不相同。正德《崇明县志》沿革条记载，西沙在"东沙之西，隔水七十余里"，附图虽然也绘出西沙在"宝山"西北的长江口，则东沙当指"宝山"东北长江口所绘的沙洲（图 9.9）。但河口本身没有基准点，仍然无法为东西沙准确定位。更何况河口沙洲通常是动荡不定的，坍涨变化是其基本规律，东西沙形成之后如何变动，仍是一个谜。因此，有的志书甚至认为东西沙早在北宋后期就已经坍没。若果真如此，则崇明岛形成的研究将更加扑朔迷离。所以，探讨东西沙存在的历史，确定东西沙的位置，便成为研究崇明岛发育史的关键。

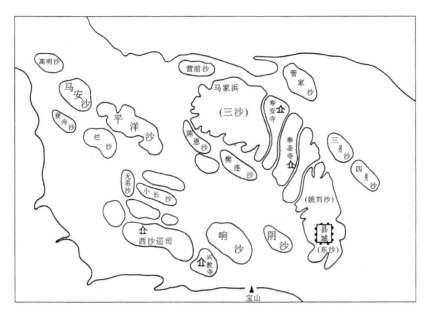

图 9.9　明正德《崇明县志》附图

　　1980 年代，上海市展开大规模的海岸带资源综合调查发现[①]，在"崇明岛东部分布着几条断续的沙带，其中以南村—裕丰—新北沙带和新西—裕安—新桥沙带发育较好，沙带长达 10km 余，宽 200～300m，沙层厚 1m，横剖面呈透镜状。组成物质为分选良好的细砂。沙层中间夹兰蛤、河蚬等半咸水种底栖生物壳片。其下伏层为黏土质粉砂，含毕克卷转虫（变种）等有孔虫和芦根等植物根系，指示了滨海沼泽环境。据此，可以认为这些沙带是一种发育于湿地之上的滨岸堤，可称之为湿地滩脊。[14]C 测年表明，这两条沙带分别形成于距今 1152 ±50 年和距今 1040±65 年"。

　　对长江口来说，这两条沙带的发现意义重大。根据沙带的位置、走向和年龄，可以肯定它们是唐武德年间的东沙，在其后的两个发育稳定时期所形成的两条滨岸沙带。东沙发育的两次停顿，留下这两条宝贵的沙带，便成为我们研究崇明岛形成过程的基准点。

　　沙带的位置，在明永乐年间所筑"宝山"的东北，符合正德《崇明县志》记载的方位，也表明县志记载的正确，更说明东沙至明正德年间基本尚存，不存在北宋已经完全坍没的问题。沙带的年龄，南村—裕丰—新北沙带距今 1152 ±50 年，相当于唐大和（公元 827～835 年）前后，新西—裕安—新桥沙带距今 1040±65 年，相当于五代南唐保大（公元 943～956 年）前后。说明东沙在唐武德年间出水之后，经过 200 余年的发育，沙洲东部于大和年间稳定在南村—裕丰—新北一线，形成第一条沙带；其后再经过100 余年缓慢东扩约 2km，至五代南唐保大年间又稳定在新西—裕安—新桥一线，导致第二条沙带的形成。两条沙带的走向呈弧形向东突出，年龄向东递减，表明东沙的具体位置在沙带的西部。可以肯定，它当以老陈家镇为核心，包括今向化、中兴、陈家三镇

---

　　① 　陈吉余主编：《上海市海岸带和海涂资源综合调查报告》第六章第一节，上海科学技术出版社，1988 年。

的中南部地区和其南的部分江面。在正德《崇明县志》附图上，东沙即指县城四郊及其以南地区。

东沙的具体位置既已确定，西沙在东沙之西 70 里，则西沙当在今城桥镇地区及其以南江中，并自此向西延伸。五代杨吴时期，杨溥（公元 921~926 年）设崇明镇于西沙（又称顾俊沙）[①]，说明西沙的开发应比东沙更早，地位比东沙更重要，唐五代时期西沙的范围甚至比东沙还大。

（二）崇明岛形成的扩展阶段

据上海成陆过程研究[②]和上引两条沙带的内涵可知，当时东沙的东部已处在江海交接地带，并与长江河口的南北两嘴完全对应。在南北两嘴尚未明显向东延伸的时段内，新的河口沙洲的形成，基本上只能在东沙以西的长江河口段出现。宋元时期崇明岛的发育，以东沙为基础，逐渐向西北方向扩展，就是这个原理。

史书记载[③]，这一阶段首先出水成洲的，是北宋天圣三年（1025 年）的姚刘沙，它从西北向东南延伸，与东沙接壤，成为东沙西扩的第一个合并沙洲。于是"前二沙（按：指东、西沙）之民，徙居于此，大成村落"，因多姚、刘二姓，故名姚刘沙。或云"宋建炎年间（1127~1130 年），有升州句容县姚、刘姓者，因避兵于沙上，其后稍有人居焉，遂称姚刘沙"。其位置以东沙滨岸沙带为基点并结合正德《崇明县志》附图定位，姚刘沙的西北部当在今红卫、合兴、海军农场、富民农场一带及其以北江中，然后向东南延伸至陈家镇与东沙连接。此后经过 75 年至建中靖国元年（1101 年），在距姚刘沙西北 50 里的江中，又涌现一个被称为三沙的大型沙洲。志书一说它因 3 次叠涨，一说朱、陈、张三姓先居于此，故名三沙。实际当是由 3 个沙洲合并而得名。又因三沙属西沙崇明镇管辖，故亦有崇明沙之称。以姚刘沙及今三沙洪北口定位，三沙的位置当在今长征农场、永隆沙一带及其以北江中。

有宋一代，姚刘沙-东沙、三沙和西沙，鼎立江心，地位重要，所产鱼盐丰盛，淮、浙之民乐此定居。其中，位处东部的东沙，是当时江海交汇的前哨，通州入海的必经之地，秦桧曾指出[④]："通州入海，当由料角及东沙汲域。"而姚刘沙经过 100 年时间的熟化，至迟在宋建炎年间已有人居住。至宋开禧三年（1207 年）以前，姚刘沙上人丁兴旺，已形成韩允胄、张循王、刘婕妤三个村庄。由于它和东沙合并，范围扩大，盐业发展迅速，宋嘉定十五年（1222 年），便置天赐盐场于姚刘沙-东沙，属淮东制置司。元至元十四年（南宋景炎二年，1277 年），又因其"民物阜繁"，地处江口，形势冲要，为长江门户，遂于天赐盐场署置崇明州，属扬州路，成为"东南要害"[⑤]。三沙在建炎

---

① 《舆地纪胜》卷四一《通州》；《读史方舆纪要》卷二四《苏州府崇明县》崇明旧城。

② 张修桂：《上海地区成陆过程概述》，《复旦学报》（社会科学版），1997 年第 1 期。

③ 《元史》卷五八《地理志》扬州路崇明州；洪武《苏州府志》卷一《沿革》；正德《崇明县志》卷一《沿革》；《读史方舆纪要》卷二四《苏州府崇明县》。

④ 《舆地纪胜》卷四一《通州》。

⑤ 《元史》卷五八《扬州路崇明州》；洪武《苏州府志》卷一《沿革》；雍正《崇明县志》卷二〇引元涨士坚《崇明州志初编序》。

年间也已开发，绍兴初年（1131 年），曾为邵青党羽盘踞，欲犯江阴，后被刘光世派兵平定①。所以在至元十四年姚刘沙-东沙设崇明州的同时，便在三沙建立三沙镇。而西沙从杨吴置崇明镇之后，以盐业为主，带动其他商品经济的发展，至北宋年间，已成为通州海门县唯一的一个兴盛的大镇，因之被载入《元丰九域志》。由于地理位置特殊，北宋初年它也曾成为重犯、死囚的流放地②。

南宋后期，从姚刘沙-东沙置天赐盐场到升为崇明州说明，姚刘沙-东沙的政治经济地位已经超过西沙崇明镇。所以当天赐盐场升为崇明州时，则降崇明镇为西沙，置巡检司，从属于崇明州。姚刘沙-东沙地位的提升，一方面说明其位置重要、经济发展较快，另一方面也表明沙洲范围在继续扩大。洪武《苏州府志》所绘《宋平江府境图》、《元平江路境图》、《本朝苏州府境图》3 幅地图，将其崇明岛部分从宋至明初的扩大过程，绘制十分清晰。在《宋图》上，姚刘沙包括东沙，并取代东沙之名，天赐盐场司署置于原东沙上，三沙尚未合并。而在《元图》上，三沙已和姚刘沙-东沙合并，崇明州成为一个从"属扬州路管"的大型沙洲。在《本朝苏州府境图》上，崇明州虽降为县，但三沙-姚刘沙-东沙明显继续扩大。宋元两图还说明，三沙与姚刘沙-东沙合并的时间，当在宋末元初时段之内，具体时间当可断在崇明岛置州的至元十四年（1277 年）稍前不久（图 9.10）。

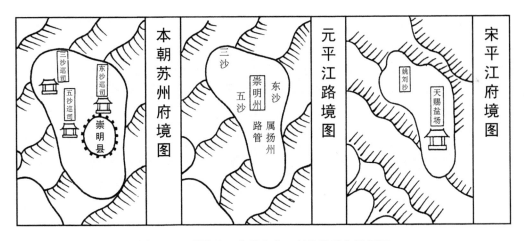

图 9.10　明洪武《苏州府志》所绘崇明岛扩展图

根据以上三沙、姚刘沙、东沙的定位可知，合并后的崇明岛大沙洲，东南起自新桥，西北直抵长征农场，长度已近 50km，说明今日崇明岛的基本框架，在宋末元初已经奠定。正德《崇明县志》卷二"沙状"，也明确指出"东沙即县治四郊也，与三沙连脉，共袤百里，广约十里"。应当指出，诸沙合并以前，长江口沙洲分布较为零乱，长江河口段支分形势难定。宋末元初长度 100 里的崇明岛既已合并形成，则今日长江河口段的南北两支分流，也应当正式形成于这一时段。

当时，长江南北支在科氏力的作用下，北支属涨潮流，泥沙输入为净进，暗沙、沙

①　《建炎以来系年要录》卷四七，绍兴元年九月。
②　《元丰九域志》卷五《通州海门》；《文献通考》卷一六八《刑考》。

洲易于形成和扩展。据记载①，宋元时期北支江中暗沙密布，"一失水道，则舟必沦溺，必得沙上水手，方能转棹"，而且"沙脉坍涨不常，潮小则委蛇曲折，水落可见，潮水大则一概漫没，非熟于往来舟师未易及此"。根据北支泥沙沉积情况和姚刘沙-东沙-三沙所处位置分析，尽管当时北支水域异常开阔，但仍属分流所经；南支虽然相对狭窄，但在科氏力作用下，却是长江主流河道的流路。《元平江路境图》崇明州也说明，合并后的大型沙洲，西北部宽广、东南部狭窄，表明后续新沙洲通过北支涨潮流，仍在西北部形成并与三沙、姚刘沙合并；而狭窄的东南部原属东沙，从残存东沙滨岸沙带的走向分析，应是东沙的西南部分，遭受落潮流和长江主泓的严重冲刷而坍没。再者，姚刘沙与东沙合并之后，姚刘沙之名逐渐取代东沙，也说明原先东沙部分在被姚刘沙吞并过程中缩小，位处西北的姚刘沙主体则在稳定中继续扩大。

此时的西沙，据洪武《苏州府志》中的《崇明县界图》（图9.11），处在县南的长江南支之中，其政治经济地位虽然下降，但仍不失为是当时长江河口的第二大沙洲、军事防卫要冲。由于它原属河口最大沙洲，具有较大长度，所以当宋末元初长江南北支分流形成时，它即将南支支分为南港和北港，这对以后南支江中沙洲的发育，影响甚大。

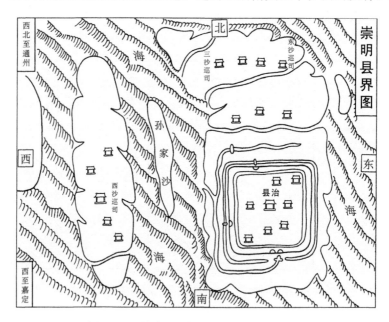

图9.11　明洪武《苏州府志》崇明县界图

（三）崇明岛形成的合并阶段

长江河口沙洲形成的泥沙来源，基本恒定的当然是长江的来沙，但黄河来沙的变动，对长江河口沙洲的形成也有着不可估量的影响。南宋建炎二年（1128年）以前，黄河基本上是北流输送泥沙入渤海，它对长江河口影响甚微。这一长时段，长江河口沙

---

① 《建炎以来系年要录》卷五四，绍兴二年五月。

洲的形成，靠的几乎全是长江输出的泥沙，因此长江河口非常开阔，沙洲发育相对缓慢、稳定。建炎二年之后，黄河因人为改道由泗入淮，经苏北入注黄海，尤其是入明之后，黄河干流较长时段稳定在今废黄河一线上①，大量泥沙可以直接排入黄海，其中部分入海泥沙由南下的黄海沿岸流夹带至长江口，在涨潮流的推动下，进入长江河口段参与沙洲的建造过程，从而促使长江河口沙洲数量骤增。

初期，黄河来沙的作用是为长江河口沙洲出水作铺垫，如前所述，是为潜洲、暗沙的发育阶段，所以南宋和元代仅见暗沙形成、少见江口大型新沙洲的记载。明清时期大量沙洲的涌现，史书记载不绝，则是黄河泥沙源源不断输入、暗沙出水成洲的必然结果。

据正德《崇明县志》附图及相关记载可知，在明代前期的长江河口段，已涌现出大量新的沙洲。它们和老沙洲一起共同组成3个群体：第一群体是长达50km的三沙-姚刘沙-东沙，其周边有营前沙、管家沙、三爿沙、四爿沙、樊连沙、陈恩沙等众多沙洲环绕，构成长江河口沙洲的主体。第二群体由西沙及其北部的9个沙洲组成，处在第一群体之南的河口南支水道之中，并继续分南支水道为南、北港，小长沙、响沙、阴沙等沙洲则处在北港之中。第三群体是元末明初涌现的新沙洲，在第一群体的西南部、第二群体的西北部，由平洋沙、马安沙、登舟沙等5个沙洲组成。其中最大的沙洲是平洋沙。《读史方舆纪要》卷二十四崇明县平洋沙条云："旧名半洋沙，其相近者曰马腰沙。宏（弘）治十五年（1502年），土豪施天泰、纽东山作乱，据二沙为梗。事平，改半洋为平洋，马腰为马安。嘉靖三十二年（1553年），移建县城于此。明年，倭登平洋沙焚劫，攻新城东门，不能陷乃却。"说明明代中期，平洋沙在三个沙洲群中，已成为最稳定的巨型沙洲。正德《崇明县志》卷一说平洋沙"在三沙西南，隔水三十里"。明张寰《崇明县迁城平洋沙记》载，平洋沙"袤六十里，广二十里"。则平洋沙的主体位置，当在今崇明岛西部的三星镇地区，并包括今跃进农场和绿华镇地区及其以西地区，属于第一群体的上游延伸部分。

元末明初，平洋沙群体的形成原因，可作如下分析，黄海沿岸流夹带南下的泥沙，在涨潮流推动下进入长江河口北支。除部分泥沙在北支沿程沉积，促使暗沙出水形成营前沙、管家沙、三爿沙、四爿沙之外，大量泥沙在涨潮流推动下，经姚刘沙-三沙之北继续上溯、西进，终于在三沙以西的涨、落潮流缓流区内，与长江来沙共同淤积形成以平洋沙为主体的沙洲群。

明代后期，据《读史方舆纪要》崇明县南沙、长沙条记载，长江口南支异常活跃，沙洲重组、合并，岸线崩塌极为显著。原先在西沙之北的北港中、东沙之西隔海60里的小长沙，此时已并连享（响）沙、吴家沙等沙洲，扩展成为最大的大沙洲，并已靠向左岸和残留的三沙-姚刘沙-东沙连为一体，成为万历中崇明新县治的依托沙洲，具体位置即在今港西镇、建设镇、城桥镇至新河镇一带。与此同时，西沙合并其北部的烂沙、小团沙、孙家沙、县前沙，并在动荡中下移至县南江中，改称南洲，最后又合并其东端的、形成于成化年间的竺箔沙（又名竹薄）②，长度增至80里，广十余里，而与长沙-

①　邹逸麟：《黄河下游河道变迁以及影响》，《复旦学报》（社会科学版），1980年增刊，历史地理专辑。
②　雍正《崇明县志》卷一〇《沙镇》。

享沙-吴家沙合并为一。应当指出的是,在众沙合并为一的过程中,原先的东沙、姚刘沙、三沙遭受严重冲刷,大部坍没,或被新沙洲所覆盖,名称均已湮灭,而被新的沙洲名称所取代。这在《天下郡国利病书》崇明县图和乾隆《崇明县志》沙图上,反映极为清楚。因此,现存的东沙沙堤,是崇明岛最古老的自然遗迹,意义重大,今后在崇明岛开发过程中,应当注意加以保护(图9.12)。

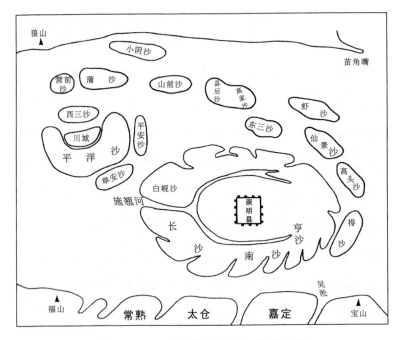

图9.12 《天下郡国利病书》崇明县图

与此同时,北支涨潮流继续输送大量泥沙,自东向西沿程又有高头沙、仙景沙、虾沙、东三沙、高家沙、县后沙、山前沙、蒲沙等的出水成洲。而平洋沙群体在动荡中,除西部的马安沙、登舟沙等被冲没之外,主体平洋沙则和新形成的平安沙、阜安沙、西三沙等,共同组成当时崇明岛西部最大的新的平洋沙独立沙洲群。《天下郡国利病书》崇明岛地图,对此有清晰描绘,表明直至清康熙元年(1662年)平洋沙群体尚未与崇明岛合并。

明末清初是崇明岛大型沙洲合并完成的最后阶段。在乾隆《崇明县志》卷首"沙图"和"河渠图·镇附"两图上,阜安沙、平安沙、平洋沙早已和崇明本岛完全合并。《读史方舆纪要》卷二四云,众沙"涨合为一,南北长百四十余里,其东南阔四十余里"。众沙已基本接近目前崇明岛的长度,说明此长度已包括平洋沙群体。则平洋沙群体与崇明本岛合并的具体时间,当在清初的康熙年间(图9.13)。

应当指出的是,平洋沙和崇明岛的合并过程,并非新平洋沙群体下移所致,而是原先沙洲之间的水道,因泥沙沉积成洲,导致两侧沙洲合并的结果。在"河渠图·镇附"上,乾隆时期平安沙上已设置平安镇,至今尚存;西端平洋沙上也置有合洪镇,相当于今协隆镇。说明平洋沙的位置,属今三星镇范围,这与正德《崇明县志》所载平洋沙相符,位置基本不变,仅是北部、西部的相当于今跃进农场和绿华镇地区被冲刷,岛域变

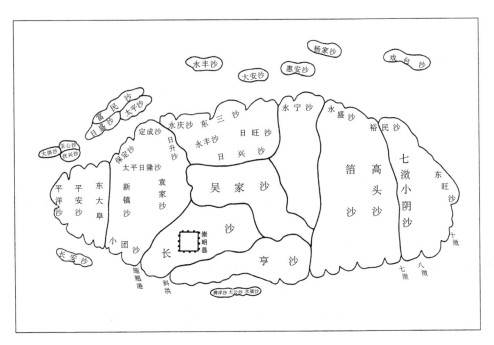

图 9.13 清乾隆《崇明县志》沙洲河渠综合示意图

小而已。由此可知，"沙图"上的新镇沙，便是平洋沙群体和崇明本岛合并的中间纽带沙洲。正是因新镇沙的出水成洲，才使平洋沙在原地与崇明岛合并。

"沙图"和"河渠图·镇附"还显示，崇明岛东部的南流河道，从六、七、八溴直至十溴，十溴之北为崇明岛东端的东旺沙。核以今天崇明县地图七、八溴位置，则十溴和东旺沙在今崇明岛东端的陈家镇东部地区。据此，清初崇明岛东起陈家镇新桥，西至三星镇老协隆镇，除西端的今绿华镇地区和跃进农场属民国以来成陆地区之外，崇明岛的东西范围已经建造完成。

清咸丰五年（1855 年），黄河铜瓦厢决口，挟大清河入渤海，结束了 700 多年直接参与长江河口沙洲建造的历史。此后，长江河口沙洲的建造，因泥沙来源骤减，速度开始有所放慢；沙洲的发育趋于稳定，并以靠岸为其主要变动形式；但在风暴潮作用下，原先北支河口沉积的黄河泥沙，经淘蚀卷扬又可进入北支形成新的沙洲，从而加速北支河口的消亡过程。

（四）崇明岛形成过程中的冲淤变化

崇明岛从唐初雏形的东、西沙开始，经宋、元时期的扩展，有明一代的合并，至明末清初建造完成，整整经历 1000 年时间。在这 1000 年之中，崇明岛的冲淤变化始终与沙洲的坍涨合并同步进行。在大型沙洲合并完成之后的清初以来，崇明岛所经受的冲淤变化，仍然相当剧烈。

夏秋之际，长江发生的大洪水和暴风造成的风暴潮，是崇明岛冲淤变化的两个决定因素。历史上虽然没有这方面的实测纪录，但志书所记载的崇明县水灾和潮灾，基本反映这两个因素（尤其是风暴潮）对崇明岛的重大影响。例如，元大德五年七月，"江水暴风大溢，高四五丈，连崇明、通、泰、真州定江之地，漂没庐舍，被灾者三万四千八百余户"，"溺死者十八"。明"正德十一年六月，潮暴涌丈余，人畜、庐舍漂没无算"。清康熙三十五年"六月初一日，飓风骤雨，潮水泛溢……崇明一县各沙田荡散处海中，……实被水浧……田荡六千五百六十四顷八亩零"。毫无疑问，高达丈余、数丈的潮水对岸线的冲淤变化必将带来严重的影响。

崇明岛的冲淤变化，唐宋以来从未间断。历史上崇明城的 5 次迁徙，是崇明岛冲淤变化最典型的表现。

综合正德《崇明县志》沿革、《万历崇明县志》沿革、《读史方舆纪要》崇明县条记载，崇明城的 5 次迁徙如下：元至元十四年（1277 年），以天赐盐场提举司署置崇明州，属扬州路。越 75 年，于至正十二年（1352 年），州治之南遭受潮水冲刷，崇明首次北徙 15 里。洪武二年（1369 年）崇明州降为县，八年改属苏州府。永乐十八年（1420 年），城南又坍，再北迁十里以秦家村为县治。弘治十年（1497 年）改隶太仓州。正德十二年（1517 年），城南又开始坍塌，嘉靖八年（1529 年），县治第 3 次被迫向西北再迁于三沙马家浜西南。嘉靖二十九年，海潮又冲啮县城东北隅，县治第 4 次迁移至西南方向的平洋沙洲上。万历十一年（1583 年），县城东北又复圮水，终于在万历十四年，县城从平洋沙向东南方的长沙上移建，是为五迁，此即今崇明县治所在。

崇明城前 3 次的迁徙方向，自南向北转西北，和当时的三沙—姚刘沙—东沙走向西北-东南-南完全一致。表明崇明岛的冲淤趋势是，南岸冲刷、北岸淤积。也就是说，1352~1529 年，三沙-姚刘沙-东沙的南部、西南部，先后遭受严重冲刷而坍没。以现存东沙滨岸沙堤分析，最早的崇明州城，当在今七滧以南江中。1529 年三迁于三沙的县城，当在今小竖以北的长征农场、永隆沙地区。1550~1586 年的将近 40 年间，崇明北岸西部冲刷加剧，处于沙洲北部的县城一迁再迁。四迁平洋沙的县城，根据平洋沙的并岸方式，故址当在今三光北部地区。而此时南支北港变动也相当剧烈，港中沙洲淤积加剧，小长沙、吴家沙等在冲淤变化中合并扩大为大型的长沙，1586 年县城终于自西北迁向东南长沙上，稍后西沙下移与长沙合并成为南沙，自然地对新县城起拱卫作用。

崇明城的五次迁徙，上引《正德志》、《万历志》和《方舆纪要》，均谓当年冲刷坍江所致，实则坍江有其历史过程，并非一朝一夕所能完成；县城也非全在江边岸上，通常距江均有一定之遥，并非一年半载可以全部坍没。通常在县城坍江的前 10 年之内，均发生数次的风暴潮对岸线进行严重的冲刷侵蚀，迫使岸线节节后退，县城坍江威胁因之日益严重。在堤防不坚固的时代，如"当年"再发生直接威胁县城的坍江事故，县城只有被迫迁移，以策安全。崇明城的五迁是崇明岛冲淤变化的必然结果。需要指出的是，由潮灾引起的冲淤变化是永远不会停息的。除风暴潮造成潮灾之外，南黄海地震和全球性气候变暖，均可诱发崇明岛的潮灾，今后仍应密切注意防范。

此后的明末清初，崇明岛的冲淤变化仍然相当显著，但其在南北支两侧的表现存在较大差异。

岛南的南支在科氏力作用下，右岸冲刷严重。在今宝山区石洞口之北的宋代黄姚镇，以及浦东新区明永乐年间所筑的宝山，均因岸线南移而被冲刷入江；江中西沙演变为南沙并靠向左岸与长沙合并，导致南支南北港消失，江面因之显著展宽，此为南支

400 年间的一大变局。与此同时，南支左岸虽有若干小沙洲淤积出水，如崇明岛西南部的长安沙，南部的满洋沙、大公沙、永福沙，但它们均贴近本岛，不构成南支再支分为南北港的问题。

岛北的冲淤变化更为剧烈。比较图 9.12 和图 9.13 可知，除前述平洋沙因新镇沙淤积而并岸之外，三沙已被冲刷殆尽，姚刘沙也大部被冲没。原先北支江中的保定沙、永庆沙、东三沙、永盛沙、裕民沙等，则在冲淤变化中靠向南岸，成为崇明岛北部边滩，使崇明岛保持北涨趋势。而北支在涨潮流的作用下，江中继续淤积大量沙洲，如西部的大洪沙-伏兴沙-玉心沙群体，中部的日盛沙-太平沙-半洋沙-富民沙群体，东部的永丰沙、大安沙、惠安沙、杨家沙、戏台沙等分散沙洲。

经过明末清初的冲淤变化，崇明本岛的范围，以长沙、吴家沙为核心，包括享沙、南沙、孙家沙、小团沙、烂沙、平洋沙、阜安沙、平安沙、东旺沙、日旺沙、永安沙、新镇沙、保定沙、日升沙、东三沙、裕民沙、永盛沙等以及蚀余残存的姚刘沙和东沙等数十个沙洲。据《乾隆崇明县志·疆域》记载，"形如焦叶，广长衰隘。旧志（指《雍正志》）载，东至高头沙，西至平洋沙，南至斜洪，北至蒲沙（潋），悉滨于海，南坍北涨，道里远近不等。今考现在疆域，自城中起算，东至东旺沙，西至小团沙，南至斜洪，北至东三沙，较旧地略异"。核以乾隆《崇明县志》沙、镇图，乾隆时期崇明岛西界在今北桥、三光、协隆一带；东端相当于今新西、裕安、新桥一线；"南至斜洪"的南岸，据卷一沙镇所载，黄寅状在县城南 4 里，黄张福状在城南 8 里，则南岸当在今县治城桥镇之南 8 里或稍外；崇明岛北端的东三沙，即今小竖河镇地区，北岸岸线大致相当于今崇明岛北部诸农场的南界。

清初以来，崇明岛的冲淤变化是：南坍北涨，北涨大于南坍；东西缓慢扩展，西扩大于东展。

南坍主要表现在城桥镇以南及东南一带。清初县南岸边的满洋沙、大公沙、永福沙，以及黄寅状、黄张福状、顾旺状、顾春状、东南 35 里的朱旰状等，在清后期均已沦江[①]。有清一代，崇明岛南岸遭受冲刷后退可达 5km 之多。光绪前期，冲刷崩岸已严重威胁县城。光绪二十年（1894 年）、二十三年、二十四年，遂在县南续筑坚固的石坝，自南门港向东经青龙港口至寿安寺，向西直至施翘河口[②]。从此，南岸坍势基本遏制。原先西南部岸外的长安沙，则在蚀退过程中并岸成为今天万安、南星、沈镇的滨江地带。

北涨以北岸中西段表现最为显著。除早期并岸的大洪沙-伏兴沙-玉心沙群体和日盛沙-太平沙-半洋沙-富民沙群体之外，主要是近期又有合隆沙、东平沙、聚兴沙、八爿沙、永隆沙等靠岸，促使岸线大幅度北移，经围垦成为今日崇明岛北部红星、长征、东风、长江、前进、富民诸农场。推算北涨最大宽度可达 8km 之遥。而清初北支东部的永丰沙、惠安沙、杨家沙等，则在光绪年间至 20 世纪初期，逐渐并向北岸海门地区，构成今天启东县的南部境域，如县治汇龙镇地区，即属杨家沙，东部惠安、清河地区原

① 民国《崇明县志》卷三《地理志》。
② 民国《崇明县志》卷六《海塘》。

为惠安沙，西部新港、圩角、民主等地便是靠岸的永丰沙等[①]。由于北支东部沙洲北靠成陆，北支河口因此从光绪年间的约 30km，大幅度缩窄成目前的不足 12km。

崇明岛西部从 20 世纪 30 年代以来，又有老鼠沙、开沙、新安沙、新沙等沙洲形成靠岸，新中国成立以来经围垦构成今红星、新海、跃进农场和新村、绿华地区。平均西扩约 6km。目前，崇明岛西部距苏北海门青龙港仅 2km，如果以此速度推算，北支的自然消亡，当是半个世纪之内的事。崇明岛东部则是以边滩淤涨的形式缓慢扩展。其中，陈家镇东北、清初即已存在的东旺沙，经 1960 年代、1970 年代围垦，才成为今崇明岛东端的前哨农场。以围垦海塘为标准，不计崇明东滩的范围，则有清以来，崇明岛向东扩展范围不足 3km。

第四节　长江中下游湖泊的演变

长江中下游地区，历史时期湖泊众多，演变异常剧烈。其演变过程大多与长江的来水来沙、长江河道的演变过程以及河口地区的地貌演变有着密切的关系。本节选取其中演变最为剧烈的、规模最大的、历史上最为著名的云梦泽、洞庭湖、鄱阳湖和太湖，依次进行论述[②]。

一、云梦泽演变的历史过程

云梦泽是长江中游江汉平原地区一个已经消亡的巨型的吞吐型湖泊。它的形成、演变和消亡，与江陵以下荆江河段河床的演变密切相关。可以这样说，云梦泽的演变过程既是长江来水来沙在长江中游原始洼地建造江汉平原的地貌过程，也是长江江陵以下荆江河段的发育、形成与演变过程。

（一）先秦时期的云梦大泽

在有关先秦汉晋的历史文献中，通常出现"云梦"与"云梦泽"两个词汇。以往的研究者总认为它们是同一词汇，不知其中的差异。根据史书记载分析[③]，它们是两个既相关又不同的概念："云梦"泛指春秋战国时期楚王狩猎区，包括山地、丘陵、平原和湖沼等多种地貌形态，范围相当广阔，几乎包括今湖北东南部大半个省，但并不包括江南的洞庭湖地区。"云梦泽"只是"云梦"的一个组成部分，专指这个狩猎区内的湖沼地貌部分，范围局限在今江汉平原之内，当然也不包括江南的洞庭湖地区。

江汉平原在构造上属第四纪强烈下沉的陆凹地，云梦泽就是在此基础上发育形成的。由于长江和汉水夹带泥沙长期充填，至先秦时期，云梦泽已经演变成平原-湖沼形

---

① 光绪《江苏全省舆图》崇明县；民国《崇明平民常识》附图。
② 张修桂：《中国历史地貌与古地图研究》，社会科学文献出版社，2006 年。
③ 谭其骧："云梦与云梦泽"，《复旦学报》（社会科学版）历史地理专辑，1980 年；张修桂：《云梦泽的演变与下荆江河曲的形成》，《复旦学报》（社会科学版），1980 年第 2 期。

· 336 ·

态的地貌景观。司马相如所说的"平原广泽"①就是这个意思。

　　根据考古发掘和聚落城邑的历史记载分析，先秦时期的平原有两大片，分布在江汉地区云梦泽的东西两端。西部平原即江陵以东的荆江三角洲；东部为城陵矶至武汉的长江西侧的泛滥平原。在这两块平原上，早有邑居和聚落，如见于《左传》楚昭公七年（公元前535年）的章华台，故址即在荆江三角洲江陵以东百里的汉晋华容城内②，今潜江市龙湾镇马场湖村③。见于《左传》桓公十一年（公元前709年）和《战国策·楚策》的州国故城，在长江泛滥平原今洪湖县新滩口附近④。此外，在柳关、乌林、沙湖还发现新石器时代遗址；在瞿家湾的洪湖中还发现西周时代的墓葬⑤。说明远在四五千年前，长江城陵矶—武汉河段西侧早已形成了可供人类定居的泛滥平原。今天浩渺的洪湖，在当时并不存在，而是此后的地貌变迁逐步形成的。

　　因此，先秦时期著名的云梦泽，仅仅局限在这东西两大平原之间，南北与长江、汉水相沟通，西部接纳荆江三角洲上的长江分流夏水和涌水，范围约900里。

（二）秦汉时期云梦泽的分割

　　秦汉时期，长江在江陵以东继续通过夏水和涌水分流分沙，使荆江三角洲不断向东发展，并和来自今潜江一带向东南发展的汉江三角洲合并，形成江汉陆上三角洲。因此，汉代在荆江三角洲夏水北岸自然堤章华台附近，首先设置了华容县。县治的设立，是三角洲扩展、经济上升的必然结果。这时江汉地区的云梦泽，大体被分割成西北和东南两部分。《汉书·地理志》南郡华容县记载，"云梦泽在南，荆州薮"，云梦泽是秦汉时代云梦泽的主体，由于江汉陆上三角洲扩展，而被排挤在当时南郡华容县的南境。其东、北虽属云梦泽，但均以沼泽形态为其主体。东汉末，曹操赤壁战败至乌林，引军从华容道步归，行至云梦大泽中，道路泥泞，又遇大雾，险些迷失方向⑥。说明从乌林至华容的云梦泽，甚至还存在着可供"步归"的华容道。

　　在华容县西北，即荆江三角洲北侧的云梦泽，先秦时期楚国曾利用其沼泽平原地貌，自西向东北"通渠汉水云梦之野"⑦。两汉时期，据《汉书·地理志》南郡临沮县下记载，又有阳水接纳漳水，通过该地区东北与汉水相沟通（图9.14）。

（三）魏晋南朝时期云梦泽的萎缩

　　由于江汉地区新构造运动有自北向南掀斜下降的性质，荆江分流分沙量均有逐渐南移、汇集的趋势。魏晋南朝时期，江汉陆上三角洲和云梦泽都有较大的变化。

---

①　《史记》卷一一七《司马相如传》。
②　《左传》昭公七年杜预注；《水经·夏水注》；《括地志辑校》荆州。
③　据湖北省潜江市博物馆考古发掘，2000年被评为中国十大考古发现之一。
④　据《水经·江水注》定位。
⑤　湖北省博物馆和洪湖市文化馆提供。
⑥　《三国志》裴注引乐资《山阳公载记》；《太平御览》卷一五一引王粲《英雄记》。
⑦　《史记》卷二九《河渠书》。

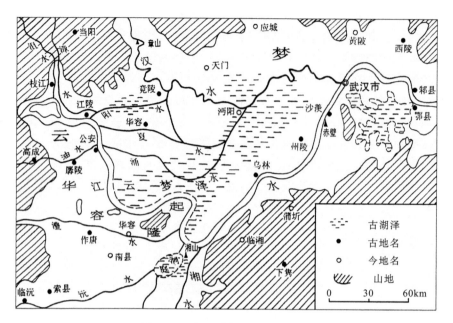

图 9.14 秦汉时期云梦泽示意图

约自东汉以后，涌水分流分沙量激增，与其北侧的夏水不相上下。涌水以南的长江左岸，据《宋书·五行志》记载，又有鹤穴分流的形成。所以荆江三角洲在向东延伸的同时，迅速向南扩展，从而迫使原来华容县南的云梦泽主体，向下游方向的东部转移。至《水经》时代，云梦泽的主体已在华容县东。原来华容县南的云梦泽，则为新扩展的三角洲平原所代替。随着荆江三角洲扩展、开发，西晋时分华容县东南境，于涌水自然堤上增设监利县（今县北）。所以，刘宋盛弘之根据前代资料，在《荆州记》中说："夏、涌二水之间，谓之夏州，首尾七百里，华容、监利二县在其中矣。"此"夏州"当指荆江三角洲，"首尾七百里"虽属夸大之数，但说明当时荆江三角洲范围相当广阔，却是无可怀疑的。东晋时期又在今沔阳城关西北和城关附近分别增设云杜县和惠怀县[1]，也可说明这一点。

随着荆江三角洲夏、涌二水分流顶点高程的增加，平水期荆江水流归槽，致使夏、涌水逐渐变成冬竭夏流的季节性分洪道。并自魏晋之后，夏、涌分流口之间的长江中，开始出现了沙洲（北魏郦道元误指此洲为夏洲），迫使大江主泓的"南派，屈西极水曲之势，世谓之江曲"[2]，这是荆江河床中最早见于记载的河曲。其后江曲继续向西发展，曲率逐渐增大，但受江曲西岸古油水口上公安故城的制约，折射东南，形成江陵以南荆江反"S"形河床形态。夏水分流口以下大江曲流的形成和西移，使涌水源头逐渐枯竭，至郦道元时代，涌水上游已完全断流，下游则为向南偏移的夏水所取代。鹤穴分流也已不见于《水经注》记载。

当时云梦泽主体的位置，据《水经·沔水注》记载分析，在云杜、惠怀、监利一线

---

① 《宋书》卷三七《州郡志》；《大清一统志》卷三三八《汉阳府》表。
② 《水经·江水注》。

以东，由大浐、马骨诸湖组成，"周三四百里，及其夏水来同，渺若沧海，洪潭巨浪，萦连江沔"。此外，在大浐湖东北，汉水通过沌水口分流，在今汉江分洪区潴汇成太白湖。另据《元和郡县志》复州条记载分析，马骨湖位置相当于今洪湖及其附近地区。可见南朝时期，随着江汉陆上三角洲的东南向扩展，云梦泽主体不断被迫东移，城陵矶至武汉的长江西侧泛滥平原，大部沦为湖泽。当时该地区唯一的州陵县的撤销，可能与此有关。必须指出，本阶段的云梦泽，大非昔比，范围不及先秦之半，深度也当较为平浅。

荆江三角洲北侧的云梦沼泽区，由于东晋时期江陵金堤的兴筑，荆门一带水流在此汇聚，沼泽逐渐演变成一连串的湖泊，据《水经·沔水注》记载，有赤湖、离湖、船官湖、女观湖等（图 9.15）。

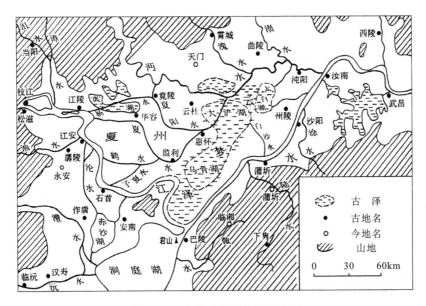

图 9.15　南朝时期云梦泽示意图

（四）唐宋时期云梦泽的瓦解

南朝以后，随着江汉三角洲的进一步扩展，原已平浅的云梦泽主体，在唐宋时期基本上已填淤成平陆。唐宋志书已不见大浐湖的记载，马骨湖仅余周回 15 里的小湖沼[①]，根本无法与先秦的"方九百里"相比，也远远比不上魏晋周三四百里的云梦泽。因此洪湖地区再次退湖为田。北宋初期，为了开垦和管理新成陆区的农业生产，在今监利县东北 60 里的洪湖地区设置玉沙县。据洪湖文化馆提供的资料，考古工作者还在今洪湖中发现不少宋代遗址和墓葬。至此，历史上著名的云梦泽基本上消失，大面积的湖泊水体已为星罗棋布的湖沼所代替（图 9.16）。

---

① 《元和郡县志》卷二三《复州》。

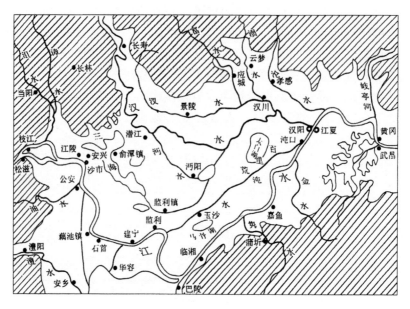

图 9.16　唐宋时期江汉地区水系图

（五）明清时期江汉湖群的演变

明清时期，江汉平原湖沼演变中，最引人关注的是太白湖的淤填消失和洪湖的形成与扩展。

前已提及，太白湖在北魏时期，系由汉水的沌水分流潴汇所成。唐宋时期，湖泊周围沼泽化极其严重，葭苇弥望，有"百里荒"之称[1]。随着江汉平原大量水沙在此汇集、排入长江，湖底高程不断增大，洪水湖面则逐渐扩展。明末清初，据《读史方舆纪要》湖北省汉阳府条载，太白湖已成江汉平原上最大的浅水湖泊，周达 200 余里。但由于泥沙长期淤填，宽浅的太白湖至清末光绪年间，在《湖北全省分图》已基本消失，成为低洼的沼泽区。新中国成立后则辟为汉江分洪区。

在太白湖淤填消失的同时，洪湖地区则因江汉平原排水不畅，逐渐潴汇成湖。前已指出：洪湖地区在新石器时代至秦汉时期，属云梦泽东部的长江泛滥平原；魏晋南朝时沦为马骨湖；唐宋时期又退湖为田，陆游、范成大舟行经此，均不见浩渺洪湖的存在。

至明代，据《读史方舆纪要》沔阳州条引《水利考》的记载，江汉平原的湖泊，北以李老为大，西以西湖为大，南则黄蓬为大，东则太白为大，诸湖皆逶迤入太白湖，尚不见大面积的洪湖记载。清乾隆二十七年（1762 年）曾分沔阳南境置文城县，据洪湖文化馆提供的资料，治所就在今洪湖中。可见直到清初，洪湖大面积的水体尚未形成。

洪湖名称虽然始见于明嘉靖《沔阳州志》，但据清嘉庆《大清一统志》汉阳府的记载，东通黄蓬的上、下洪湖，其面积尚不及今洪湖的 1/5。

---

① ［宋］陆游：《入蜀记》卷三；范成大：《吴船录》卷下。

洪湖的迅速扩展，是 19 世纪后期的事情。明代茅江口（今新堤镇）因修筑新堤而堵塞，江汉平原的地表径流，大部分汇集太白湖入江，清代中后期太白湖逐渐淤塞，江汉平原排水不畅，洪湖就在这种情况下迅速扩展。至光绪年间，在《湖北全省分图》上，浩渺的洪湖水面已经形成。

二、洞庭湖演变的历史过程

洞庭湖位于湖南省北部、长江中游下荆江的南岸，面积 2623km²，是我国第二大淡水湖泊。它接纳湖南的湘、资、沅、澧四水和长江的松滋、太平、藕池、调弦四口分流（调弦口已于 1958 年冬堵塞）的来水来沙，由岳阳城陵矶泄入长江，多年平均（1981～1995 年）出湖水量 2634 亿 m³，是长江流域最重要的集水、蓄洪湖盆；多年平均（1981～1995 年）入湖总沙量 11 819 万 t，出湖沙量仅 3031 万 t，湖区淤积量达 8788 万 t，泥沙在湖区内的大量淤积，是洞庭湖面积不断萎缩的根本原因，但比较 1955～1966 年的湖区淤积量 16 549 万 t 和 1967～1980 年的 11 532 万 t，湖区泥沙淤积量已有明显减少趋势。洞庭湖的泥沙主要来自荆江，据 1956～1995 年统计，荆江三口平均入湖泥沙量占入湖泥沙总量的 81.3％[①]，随着三峡大坝建成，三口入湖泥沙必然大量减少，这对延缓洞庭湖的萎缩趋势，将起着十分显著的作用。

整个洞庭湖区，以赤山—南山一线为界，可分为东西两大部分。东部湖区由东洞庭湖（包括大通湖、漉湖）和南洞庭湖组成；西部湖区目前已为星罗棋布的小湖群所取代，目平湖是西部残存的最大湖泊。

全新世，特别是有史以来，由于内外营力相互作用、相互制约的结果，洞庭湖经历着一个由小到大、又由大到小的演变过程，即由河网交错的平原地貌景观，沉沦为"周极八百里，凝眸望则劳"[②] 的浩渺无涯的湖沼景观，最后又淤塞为目前的陆上三角洲占主体的平原-湖沼地貌景观。

下面根据历史文献资料，结合湖区地质、地貌、水文、考古调查和卫星遥感像片，对洞庭湖演变的全过程，特别是历史过程和今后发展趋势进行论述。

（一）河网交错的洞庭平原（全新世初至公元 3 世纪）

洞庭湖是燕山运动时期所形成的地堑型盆地，后经古近纪末的褶皱抬升，新近纪的剥蚀夷平，湖盆形态基本消失。随着新构造运动的来临，夷平面在第四纪之初的继承性断块差异运动中迅速解体：湖区外围东、南、西三部分沿复活断裂带崛起成高山；北部自古近纪即已存在的华容隆起发生比较普遍的微弱沉降；湖区中部则因强烈拗陷成湖，重新开始接受沉积。卫星像片湖区东西两侧的北东向大断裂和南北两侧的北西向大断裂清晰的反映这一构造特点（图 9.17）。

湖区钻井资料表明，第四纪洞庭湖地区的沉降幅度已达 220（西）～270（东）m，

① 以上数据见余文畴主编：《长江河道演变与治理》，中国水利水电出版社，2005 年。
② 《全唐诗》卷八四九《赋洞庭》。

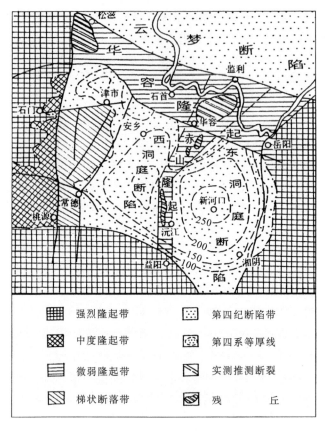

图 9.17 洞庭地区新构造图（黄第藩等）

东洞庭湖中部新河口钻井的剖面，最具代表性，兹抄录如下[①]。

洞庭组（Q₄）：

    12，深灰、灰褐色粉沙质淤泥 ·· 3m

    11，深灰、黄灰色含粉沙淤泥（在其他他钻井中，本层一般为沙层）·············· 5.4m

    ··· 假整合 ·······························

下蜀组（Q₃）：

    缺失，地表所见为下蜀黄土或黄红色半棱角状古河床冲积砾石层

    ··· 假整合 ·······························

白砂井组（Q₂）：

    10，灰绿带黄褐色、蓝灰色沙质淤泥，含植物碎屑

    （在地表与其他某些钻井中，为网纹红土）····································· 9.6m

    9，细—粗沙层·· 10.2m

    8，沙砾层·· 54m

    ··· 假整合 ·······························

汨罗组（Q₂）：

---

    ① 黄第藩、杨世倬、刘中庆 等：《长江下游三大淡水湖的湖泊地质及其形成与发展》，《海洋与湖泊》，第 7 卷 4 期，1965 年。

7，灰绿、蓝灰、黄绿色黏土，底部变为沙质黏土 ·· 54.76m

6，浅黄色松散沙砾层，顶部夹一层厚20cm的泥炭 ······························ 20.6m

5，深灰、灰绿色沙质或含沙黏土，含植物碎屑 ································· 10m

4，蓝灰、黄褐色黏土 ··· 51.07m

3，蓝灰、深灰色粉沙-细沙层 ·· 11.16m

2，灰褐、黄褐、蓝灰色黏土层 ··· 24.79m

1，底砾层（有的钻井中厚达数十米） ·· 0.2m

（总厚 254.78m）

·· 不整合 ··

古近系（E）

从第四纪沉积物的旋回性以及发生于各组地层之间的四次沉积间断，证明洞庭湖区的新构造运动具有间歇性升降的特征。下更新世中期和中更新世中期的后半段时间，是洞庭湖的两个全盛时期，范围很大，但湖水不深，属断陷式的平浅型湖泊。由于赤山自下更新世末即开始伴随断裂作用发生隆起，洞庭湖逐渐被明显地分为拗陷强度不等的东西两部分，其最大的沉降中心偏于东部地区。上更新世洞庭湖区的新构造运动，带有普遍陆升的特征，在沉积物上，仅形成下蜀黄土与河流泛溢层，一般湖相沉积消失，盆地呈现一片河网交错的平原地貌景观。这时，赤山更明显地隆起，基本上具备现今的形态；华容隆起也有轻微抬升，成为洞庭拗陷与云梦拗陷的天然分界，并形成两级高度低于湖区周围的阶地。

全新世开始至三四千年前的新石器时代，湖区形态继承上更新世河网交错的平原地貌性质，为新石器时代人类的生产活动提供了极其广阔的场所。今天湖区范围内各县，特别是湖区中心的安乡、沅江、南县和大通湖、漉湖、钱粮湖地区，普遍发现新石器时代遗址[①]，就是最好的证据。大通湖农场的各个分场，在地表以下5～7m，均有遗物发现，石器甚多。其埋藏深度与新河口 32 号钻井全新世沉积物厚度基本一致，这就说明：上更新世进入全新世新石器时代，洞庭湖区仍然处于微弱上升阶段，沉积物缺失。因此，新石器时代的地面，基本上即上更新世河网交错的洞庭平原；而全新世 7～8m 厚的沉积物，更当属于新石器时代以后的近期沉降、堆积的产物。

新石器时代以后至 3 世纪的先秦汉晋时期，洞庭平原和华容隆起均有明显的沉降趋势，形成华容地区的埋藏阶地和平原上的一些局部性小湖泊；但整个河网交错的洞庭平原景观仍较显著，这在丰富的历史文献资料中有着极其明确的记载。

《庄子·天运》载，"帝张咸池之乐于洞庭之野"，又《至乐》，"咸池九韶之乐，张之洞庭之野"。野即平野，《庄子》两次提及，可见战国时代洞庭地区为平原景色。

《山海经·中山经·中次十二经》："又东南一百二十里曰洞庭之山……帝之二女居之，是常游于江渊，澧沅之风，交潇湘之渊。"说明洞庭平原上，湘、沅、澧在洞庭山（今君山）附近与长江交汇，战国时代洞庭地区河网交错的平原景观，已经清楚反映出来。

《汉书·地理志》记载更为明确，湘水北至下隽（县治在今湖北通城县西北）入江；

---

① 据湖南省博物馆和湖南师范大学何业恒教授提供的资料表述。

沅水至益阳（县治在今县东北 80 里）入江；资水东北至益阳入沅；澧水东至下隽入沅[①]。只见湘、资、沅、澧在东洞庭平原上交汇分别流注长江，不见浩渺的洞庭湖面，一幅河网纵横交错的平原景观图，清楚地呈现在我们面前（图 9.18）。

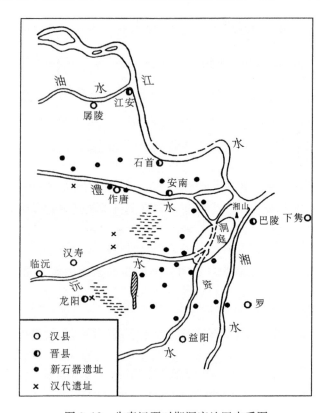

图 9.18　先秦汉晋时期洞庭地区水系图

　　1957 年出土于安徽寿县的战国楚怀王六年（前公元 323 年）所制"鄂君启节"，其中舟节西南水路铭文为"自鄂（今湖北鄂城）往，上江，入湘，入资、沅、澧、油"。舟节铭文水流交汇不及入湖[②]，与《庄子》、《山海经》、《汉书·地理志》所载一致，互为佐证，则先秦两汉时代的洞庭平原景观，客观存在，无可怀疑。

　　东汉三国时代的《水经》记载，湘水又北过下隽西，又北至巴丘山入江；澧水又东过作唐县（治所在今安乡县北安全附近）北，又东至下隽县西北，东入江；沅水又东至下隽县西北入江；资水又东与沅水合于湖中，东北入江[③]。《水经》与《汉志》所载大体相同，洞庭四水基本上还是在洞庭平原上直接流注长江，平原景观未变。所不同者有二。

　　第一，《水经》明确记载澧水独流入江，和"鄂君启节"铭文一致，也和《尚书·禹贡》"岷山导江，东别为沱，又东至于澧"的说法相符。古代澧水津市以下河段，是沿华容隆起南侧断裂带发育的东西向河道，即自今津市经安乡安全北，又东至华容县东

---

①　《汉书·地理志》零陵郡、牂柯郡、武陵郡。
②　谭其骧：《鄂君启节铭文释地》，《中华文史论丛》1962 年第 2 辑。
③　《水经》湘水、资水、沅水、澧水篇。

注入长江。在华容以东、墨山南侧的澧水冲积扇上，估计存在扇状分流水系。主泓道因时而异：西汉时代走东南入沅的汉道；先秦和东汉三国时期，主泓道走偏北的入江汉道，东晋初年尚属如此。郭璞注《山海经》明确指出："江、湘、沅水皆共会巴陵头，故号为三江之口，澧又去之七、八十里而入江。"[1] 以道里计，东晋初澧水入江口当在今岳阳（即古巴陵）西北广兴洲一带。

先秦汉晋时代，存在由津市经安全至华容东入长江的澧水河道说明，处于缓慢沉降中的华容隆起，在当时仍为云梦拗陷和洞庭拗陷的自然分水岭，荆江尚无分流干扰洞庭水系，因此也就不存在先秦两汉时期长江主泓自今虎渡河南注洞庭的问题[2]。

第二，明确记载洞庭平原之内存在湖泊于君山西南的资、沅水交汇处。应当指出，这是新石器时代以来，随着洞庭地区下沉而首先在沉降幅度最大的东洞庭形成的平浅型湖泊。《水经》可能因湖泊范围太小而不著其名称。但战国时代被放逐于洞庭地区的屈原，在《楚辞·九歌·湘夫人》中已有"袅袅兮秋风，洞庭波兮木叶下"的描述。此"洞庭"应即《水经》所指的无名湖。秦汉之际，君山西南的这个"洞庭"，其洪水湖面当可扩及今湘水岳阳河段，故《山海经》中，汉初江南人的作品《海内东经》谓，"沅水出象郡镡城西……入下隽西，合洞庭中"，"湘水出舜葬东南陬，西环之，入洞庭下，一曰东南西泽"。下隽之西的洞庭及湘水所入的洞庭，当指这一部分。但总的说来，先秦汉晋时期的洞庭，尚属地区性小湖泊，只有在当地居民或者是南方人，才知其存在。正因如此，当时详载全国各大湖泽的《周礼·职方》、《吕氏春秋》、《淮南子·地形》以及《尚书·禹贡》、《汉书·地理志》和《说文》等，均不予以收录，这是最能说明问题的。所以晋郭璞注《山海经》时，不但明确指出湘、沅、澧流经洞庭平原后直接与长江相会，而且干脆称《山海经》的这个"洞庭"为洞庭陂，而不称它为洞庭湖。其实，屈原的"洞庭波兮木叶下"，清人顾栋高在《春秋大事表·楚辞地理考》中也早已指出是"微波浅濑，可供爱玩，无今日之浩渺大观"的形象描绘。

总之，先秦汉晋时期，洞庭地区属河网交错的平原地貌景观，虽有局部性小湖泊存在，但大范围的浩渺水面却尚未形成。因此，1000多年来广为流传的所谓先秦汉晋时代，方圆900里的云梦泽包括江南洞庭地区的说法，是不能成立的。当时的云梦泽与洞庭平原，不但在形态上属于两种不同的地貌类型，而且在地理位置上也毫无牵涉，各有其所。两者之间又以华容隆起为界，界线分明，根本不能、也不应该混为一谈。

（二）沉降扩展中的洞庭湖（公元 4 世纪至公元 19 世纪中叶）

新石器时代以来，洞庭平原和华容隆起均处于缓慢沉降之中。这种沉降趋势，已为现代重复水准测量资料所完全证实。1923～1926 年扬子江水利委员会施测的水准点，1951 年长江水利委员会重复精密施测，结果发现新旧高程有明显变化；1958 年和 1972 年广州地质大队在洞庭湖南岸常德—宁乡一线重复施测的水准资料也反映了同样问题（图 9.19）。

---

① 《山海经·中山经》洞庭之山条郭璞注。
② 《禹贡锥指》卷七《荆州》、卷十四《导江》。

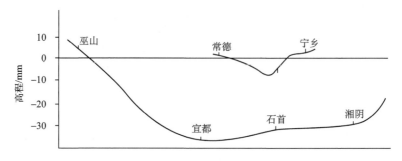

图 9.19　洞庭地区重复水准测量差值图

从图 9.19 可见，整个华容隆起地带，尤其是石首以西部分具有较大的沉降幅度，这就导致该地区埋藏阶地以及下荆江南移入侵现象的产生；而在洞庭平原地区，由于长期沉降，至秦汉时代，估计平原景观开始向沼泽化方向发展，不宜人类居住和从事生产劳动。所以湖区之内，尽管新石器时代有人类频繁活动的痕迹，但秦汉时期地区经济并没有进一步发展，因而也就未能在此基础上设立郡县，尤其是现在湖区的中心部分，这很显然是受了沼泽化的自然条件所限制。

东晋、南朝之际，随着人为因素的不断加强，荆江江陵河段金堤的兴筑，以及荆江三角洲的扩展和云梦泽的萎缩，在公安油口以下的荆江南岸，开始出现景口、沦口两股长江分流汇合而成的强盛沦水，穿越沉降中的华容隆起的最大沉降地带，进入拗陷下沉中的洞庭沼泽平原，开始干扰洞庭水系，使洞庭地区的地表形态产生重大变化：由沼泽平原景观迅速演变为众所周知的汪洋浩渺的大湖景观。

洞庭湖水面的扩展，首先反映在东洞庭拗陷的北半部地区。《文选》江赋注引晋张勃《吴录》载，"巴陵县有青草湖"。谓之"青草湖"，说明它是由水草丰美的沼泽平原沉沦潴汇所形成的平浅型湖泊。但从郭璞所说：江、湘、沅水共会巴陵头以及澧水独流入江分析，《吴录》所载青草湖的范围肯定还不大。至刘宋时期，盛弘之在《荆州记》中说："巴陵县南有青草湖，周回数百里，日月出没其中。"[①] 可见东晋、南朝之际，荆江沦水分流汇注洞庭地区，平浅型的青草湖，水域范围迅速扩展。郦道元在《水经·湘水注》中明确指出，洞庭湖广圆五百余里，湘、资、沅、澧四水分别流注湖中。历史时期四水入湖的局面这时已经奠定。扩展的青草湖、洪水湖面包括原在北边的洞庭湖水面，故青草、洞庭两名通称。统一湖面具有重湖性质，这是地体沉降、流水入侵在湖盆形态上的反映。

根据《水经注》湘、资、沅、澧、江诸水记载，当时湘水北流经今汨罗县西合汨水，又北分为两支，主泓经磊石山西，又北合东支注入青草湖，谓之青草湖口。资水经今益阳县，又东北流 80 里至古益阳县北，分为两支：东支东北流至磊石山北注入湘水，谓之清水口；西支主泓又北至益阳江口注入洞庭湖。沅水自今汉寿县北又东北流，至赤山北麓东往洞庭湖，谓之横房口。在赤山西南、汉寿东南，当时有一片小湖沼。湖水北往沅水，称为寿溪；东通资水的交口称大溪口。湖区西北部自荆江景、沦两口南下的沦

---

① 《初学记》卷七、《太平御览》卷六六引。

水，穿越华容隆起的最大沉降带，在今华容县西横断澧水故道，于南山—明山一线以西的今南县附近低洼沼泽区潴汇成湖，因属长江分流潴汇，水中含沙量较丰富，故称为赤沙湖。湖水东北通过生江口与荆江沟通；南面由沙口注澧共汇洞庭湖。澧水直接受荆江沦水分流的严重干扰，主泓道明显地以津市为顶点，自正东的华容流路折向东南，经今安乡、安全之间东南流。原来安全北的澧水主泓变成汉道，称为澹水，受南下沦水制约折向东南于今安乡县东注入澧水。澧水合澹水后又东流分为三支：东支汉道流注赤沙湖；南支汉道注入沅水；东南支主泓则在明山以南汇往洞庭湖，谓之澧江口（图 9.20）。

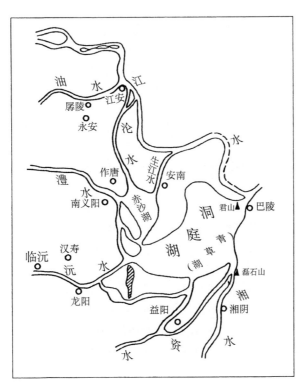

图 9.20　南朝时期洞庭湖水系图

　　由此可见，南朝时期洞庭湖的主体范围在今赤山—磊石山一线以北；赤山—南山一线以东的东洞庭地区。君山矗立在湖中东北部，东南与鯿山遥相呼应，成为洞庭湖出口处的两座岛山。

　　今日之南洞庭地区，当时的洞庭湖面虽然尚未扩，在地貌上属湘资联合三角洲的前缘部分，但河湖港汊却很发育。据《水经·资水注》记载，古益阳县左右，"处处有深潭，渔者咸轻舟委浪，谣咏相和"。三角洲上的这些水体，除了纳入资水外，据《水经·湘水注》记载，它还通过近 10 条泄水道，在磊石山附近汇注湘水，归于洞庭。在西洞庭地区，当时除了存在于今南县附近的赤沙湖外，在赤山以西、沅水以南也存在不少零星湖泊于沅水三角洲上。说明先秦两汉以后，东、西洞庭地区均处于下沉状态。从湖泊范围的大小以及扩展方向分析，东洞庭地区的北半部，下沉趋势尤为严重，一旦荆江分流南注，低洼水面立即扩展成湖。联系到东洞庭地区第四纪沉积物厚度大于西洞庭地区，即东部沉降幅度大于西部，说明东、西洞庭的现代构造运动的差异性，具有明显的继承性特点。

唐宋时期，洞庭湖水面进一步向西扩展。形容湖区水域汪洋浩渺的"八百里洞庭"一词，开始出现于这一时期的诗文之中。例如，《全唐诗》卷八四九唐僧可明的《赋洞庭》云，"周极八百里，凝眸望则劳，水涵天影阔，山拔地形高"；《舆地纪胜》卷六十九岳州条引宋梅尧臣诗云，"风帆满目八百里，人从岳阳楼上看"；还有"洞庭八百里，幕阜三千寻"等。

但《元和郡县志》卷二十七岳州巴陵县载，"洞庭湖在县西南一里五十步，周回二百六十里"；"青草湖在县南七十九里，周回二百六十五里"。

洞庭、青草两湖合计，周回仅 500 余里，与《水经注》所载，"广圆五百余里"一致，并无变化。因此，诗文中的"八百里洞庭"，当包括当时华容县境内的赤沙湖（此时亦称赤亭湖）在内。估计唐代东洞庭水面已开始向西洞庭扩展，赤沙湖有纳入洞庭湖的趋势（图 9.21）。

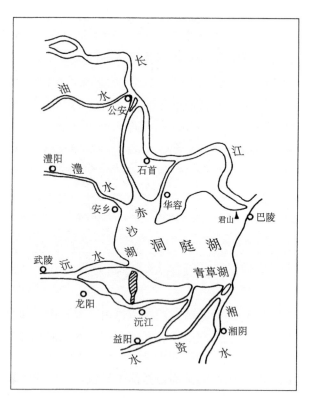

图 9.21　唐宋时期洞庭湖水系图

宋代文献中，洞庭湖向西扩展的趋势已有明确记载。《舆地纪胜》卷六十九岳州条引《皇朝郡县志》，"洞庭湖在巴陵县西，西连青草亘赤沙，七八百里"；《巴陵志》记载更为明确："洞庭湖在巴丘西，西吞赤沙，南连青草，横亘七八百里。"[①] 可见随着湖区

---

① 《资治通鉴》卷一六四，大宝二年胡僧祐兵至赤沙亭，胡注引。

的继续沉降，水面扩展，赤沙为洞庭吞并，唐宋时代洞庭、青草、赤沙三湖已连成一片汪洋水域。赤沙为洞庭吞并后，原来两湖之间的华容南境，地皆面湖，民多以舟为居处，随水上下，"渔舟为业者十之四五，所至为市，谓之潭户"①。

在湖区向西扩展的同时，东部岳阳一带湖岸，因荆江日漱而南，湘江日漱而东，湖面100里之内又常行西南风，沿湖岸线侵蚀倾颓颇为严重。《岳阳风土记》载，"郡城西数百步，屡年湖水漱啮，今去城数十步即江岸……北津旧去城角数百步，今逼近石嘴"。这时荆江口南移至岳阳城北5里，水深一二百尺，夏秋暴涨入于湖中，倒灌洞庭，南及青草，潇湘洞庭清流顿皆混浊。

这一阶段，荆江进入洞庭湖区的泥沙增加不太剧烈，洞庭四水来沙更少。《元和郡县志》卷二十七岳州湘阴县条记载，"湘水至清，虽深五六丈，了了见底"；《舆地纪胜》卷六十八常德府条："沅江清悠悠。"因此，随着湖区的继续下沉，洞庭湖深度增至历史上最大值。《岳阳风土记》云："夏秋水涨，深可数十尺。"高数丈的千人楼船可以在湖中便利行驶②，成为历史时期洞庭湖发展至最深的阶段。

自东晋南朝至唐宋时期，随着我国经济重心的南移，长江流域经济迅速发展，地区开发加剧，原始植被遭受大量破坏，水土流失日趋严重，长江含沙量不断增大，首当其冲的江汉地区云梦泽逐渐淤填消亡，荆江统一河床形成。至元明清初时期，从上游带来的大量泥沙，继续淤高荆江河床，江患急剧增多。从明嘉靖、隆庆开始，为确保荆北地区安全，荆江北岸穴口基本堵塞，长江大量水沙涌向荆南，排入洞庭湖区。因此，在泥沙沉积量大于湖盆下沉量的情况下，洞庭湖底不断淤高；在来水有增无减、湖底淤高的情况下，洪水湖面范围则继续扩展，西洞庭湖和南洞庭湖就在这种情况下逐渐形成、扩大。

嘉靖《常德府志》卷五山川条："洞庭湖，每岁夏秋之交，湖水泛滥，方八九百里，龙阳（今汉寿）、沅江则西南之一隅耳。"龙阳成为洞庭湖的西南隅，说明洞庭西吞赤沙之后，又向西南发展，把原在赤山西侧的《水经注》时期的无名湖也吞并进去，因此，洞庭湖水面空前扩展。《读史方舆纪要》记载的洞庭湖，南北之间湖阔200里，东西湖阔250里，周回达到八九百里。清雍正九年（1731年）修建舵杆洲石台的奏书中也说得很具体："洞庭一湖，绵亘八百余里，自岳州出湖，一望杳渺，横无际涯。而舵杆洲居西湖之中，去湖之四岸或百余里，或二百余里，舟行至此，倘风涛陡作，无地停泊，亦无从拯救，多有倾覆之患。"③可见洞庭湖水面汪洋浩渺，较前有增无减，从南朝时期的五百余里，唐宋时期的七八百里，发展至本阶段的八九百里，成为历史时期洞庭湖扩展的全盛时代。

据道光《洞庭湖志》卷二记载，"洞庭湖东北属巴陵，西北跨华容、石首、安乡，西连武陵（今常德）、龙阳、沅江，南带益阳而寰湘阴，凡四府一州九邑，横亘八九百里，日月皆出没其中"。这里，洞庭湖西北侵入石首境内，西连常德，西带益阳而寰湘阴，是水面汪洋浩渺的明证。据其附图计算，全盛时期洞庭湖的面积可达6000km²，约

---

① ［宋］范致明：《岳阳风土记》。
② 《皇宋十朝纲要》卷一三引李龟年记杨么本末。
③ 道光《洞庭湖志》卷一《皇言》。

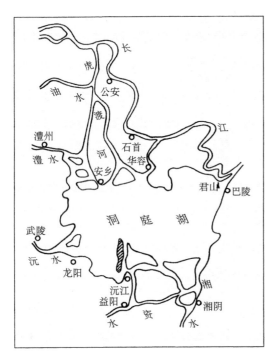

图 9.22　明末清初时期洞庭湖水系图

为现在湖面积的两倍以上。湖区华容、安乡、汉寿、沅江、湘阴、岳阳等县县城均矗立湖旁；层山、寄山、凤山、明山、君山、扁山、磊石山、赤山等均成为湖中岛山，甚至澧县东 30 里的嘉山，也濒临湖岸。湖区群众传说的"八百里洞庭入嘉山"可为这一全盛时期湖区扩展的生动概括（图 9.22）。

但由于湖底高程不断增加，明至清中叶时期全盛的洞庭湖，其湖水深度却远远不如唐宋时期。这时统一湖面在平水期则瓦解为若干区域性的湖群。除了洞庭、青草、赤沙三湖之外，汉寿县有天心湖、太白湖、安乐湖、太沧湖；沅江县有石溪湖、鹤湖、龙池湖；湘阴县有新塘湖、白塘湖、漉湖、羹脍湖；华容县有紫港湖、渐城湖、杜家潭湖、褚塘湖；安乡县有大通湖、大鲸湖、江西湖、安南湖等。在冬春枯水时期，整个洞庭湖地区洲渚全露，唯一衣带水而已；岳阳西南的青草湖，唯见青草弥望；周回 170 里的赤沙湖，几乎全部干涸，赤沙遍地[①]。

明清之际，湖区西北部由虎渡、调弦两口夹带南下的泥沙所组成的水下三角洲已高度发育，前缘到达汉寿东北、沅江西北的赤山北侧，这是造成洞庭湖地区高程增大、湖区深度变浅的根本原因。在枯水季节，湖区水面退缩，三角洲出露，其前缘与赤山南北对峙，构成湖夹形态，《读史方舆纪要》卷七十五洞庭湖条称之为"洞庭夹"。它分洞庭湖为东西两大部分，又是沟通东西洞庭的重要孔道。

湖盆北部水下三角洲的发育与扩展，造成大量北水南侵，是沉降中的南洞庭湖逐步形成与扩大的主要原因。据嘉庆《沅江县志》卷三《沿革》记载："按旧志载，萧梁普通三年（公元 522 年），于洞庭正南建县，今县东八十里泗湖山、子母城等处，阡陌、城址犹存，其地近岳州，今之县治乃其西南陲也。相传沅始有十一都，迄明中叶，仅以五里称。盖以襄汉一带，多筑堤垸，水势渐南，沅邑桑麻之地，多弃为鱼鳖场。"又载："沅邑在昔，幅员颇广，自胜国荆江筑堤，西水南射，膏腴尽化为鱼游，田产既没，生养遂耗。"说明嘉靖之后，由于东洞庭南部水面的形成和扩大，沅江县东北一带低田均遭淹没，沦为泽国。

（三）淤塞萎缩中的洞庭湖（公元 19 世纪中叶至现在）

从 19 世纪 50 年代至现在，是洞庭湖在整个历史时期演变最为剧烈、最为迅速的一

---

① 《读史方舆纪要》卷七五《（湖广）山川险要》洞庭湖条。

个阶段。汪洋浩渺的 6000km² 的洞庭湖,萎缩成今日之不足 3000km² 的湖面;在 800 里洞庭中,淤出 800 万亩良田,主要就是这 100 多年来演变的结果。其根本原因在于藕池、松滋两口的形成,使由荆江排入洞庭的泥沙急剧成倍增长;人为因素也在相当程度上加速了这一萎缩进程。

1. 藕池、松滋口形成导致入湖泥沙剧增

清咸丰二年(1852 年),荆江马林工在小水年溃决,形成藕池口,因民力拮据未修,至咸丰十年,长江发大水,在原溃口之下冲成藕池河。同治九年(1870 年),荆江黄家铺堤溃于长江大水,事后堵塞不坚,至同治十二年,复溃不塞,形成松滋口及其分流松滋河[①]。

藕池、松滋两口形成之后,从此包括太平(虎渡)、调弦两口的荆江四口分流局面形成,荆江泥沙约 45%(表 9.1)通过四口排入洞庭地区。

表 9.1 荆江四口历年分沙统计表

站　　名	松滋口	太平口	藕池口	调弦口	合　　计
全年分沙占枝江测站的比例/%	11.6	4.5	26.8	2.1	45

而藕池、松滋两口的形成,使荆江涌入洞庭湖的泥沙急剧成倍增长。根据 1934～1936 年及 1951～1964 年共 16 年水文实测资料统计:四水、四口多年平均入湖泥沙总量为 1.613 亿 m³,其中四水为 0.219 亿 m³,仅占入湖总量的 13.6%,四口为 1.394 亿 m³,占入湖总量的 86.4%。而藕池、松滋两口来沙为 1.206 亿 m³,占四口分沙量的 86.6%,占入湖泥沙总量的 74.76%(表 9.2)。由此可见,1850 年代以后形成的藕池、松滋两口,使涌入洞庭湖的泥沙急剧增加 3 倍之多。而在 1.613 亿 m³ 的入湖泥沙总量中,由岳阳出口的泥沙仅为 0.372 亿 m³,占入湖泥沙总量的 23.1%,湖内沉积 1.241 亿 m³,占入湖总量的 76.9%,这就是最近 100 多年来洞庭湖迅速萎缩的关键所在。据湖南省水电设计院计算,1956～1962 年全湖年平均淤积厚度达 3.49cm。可见湖区沉积量远远超过湖盆构造下沉量,湖泊的自然蓊淤消亡趋势甚为明显。

表 9.2 洞庭湖区各控制站历年平均输沙量统计表

名　　称	藕池	松滋	太平	调弦	湘水	资水	沅水	澧水	入湖总量	岳阳出口	湖内沉积
年入湖沙量/10⁶m³	80.8	39.8	15.0	3.8	7.54	2.84	8.18	3.31	161.3	37.2	124.1
占入湖总输沙量的比例/%	74.76				25.24				100	23.1	76.9
	86.4					13.6			100		

注:统计数字主要根据湖南省水利电力科学研究所编:《洞庭湖变迁史》

由于泥沙成倍增长来自湖区西北部,因此湖盆西北部的水下三角洲首先迅速加积,出露水面,成为陆上三角洲。它位于华容、安乡之南,当地群众称之为"南洲"。当洲

---

① 湖南省水利电力科学研究所根据记载结合实地调查访问所得,见该所编:《洞庭湖变迁史》(内部发行)。

土一旦出水，人为筑堤围垸工程随之兴起。至 1894 年，三角洲东北部的堤垸范围已达注滋口一带，南部堤垸已发展至今武圣宫地区。原在湖中的明山、古楼山等均已上岸，团山、寄山也已处在高洲之中。由于三角洲筑堤围垸开垦的结果，1894 年始设南洲厅于乌嘴，1897 年迁今南县治，1912 年改厅为县（图 9.23）。

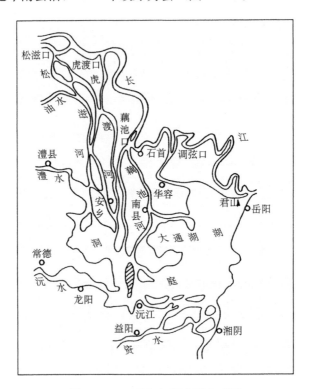

图 9.23　20 世纪初洞庭湖水系图

在 19 世纪后期，由于陆上三角洲自北向南发展，整个洞庭湖被明显地分为东西两大部分。西部湖区首先承受藕池、太平、松滋三口大量来沙，湖面大半被壅塞。东部湖区水面也显著缩小，而且新的水下三角洲又在形成发育之中。在东部湖区的南部，因北水大量南侵，沅江、湘阴两县境的堤垸不断溃废，弃田为湖，原有小湖群不断扩展合并为大湖，南洞庭湖在进一步扩展之中。

20 世纪初期以来，四口大量泥沙继续南注洞庭，湖区西北部的陆上三角洲在向东南发展的过程中，受水流交汇关系的影响，转向正东后又折向东北。随着三角洲的不断延伸，人工堤垸迅速增筑，洞庭湖终于被明显地分割为东、西、南三个部分（图 9.24）。卫星像片（本节所用卫星像片系美国二号陆地卫星 1976 年 4 月 30 日获取的图像）十分清晰地反映洞庭湖陆上三角洲的这一形成、发展和今后继续延伸的趋势（图 9.25）。

西洞庭湖地区。在藕池河、虎渡河、松滋河和澧水、沅水泥沙的继续充填下，四口三角洲向南推进、沅澧三角洲迅速合围向东南发展。卫星像片显示，西洞庭湖已经基本淤积成陆。澧县东南的七里湖，在卫星像片上已经被芦苇滩地所取代；1911 年汉寿大

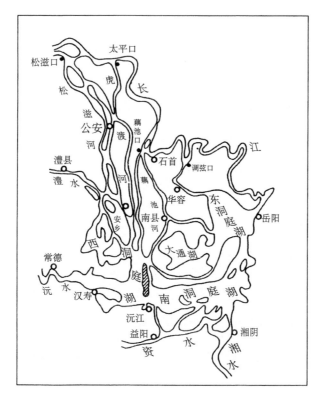

图 9.24　20 世纪 30 年代洞庭湖水系图

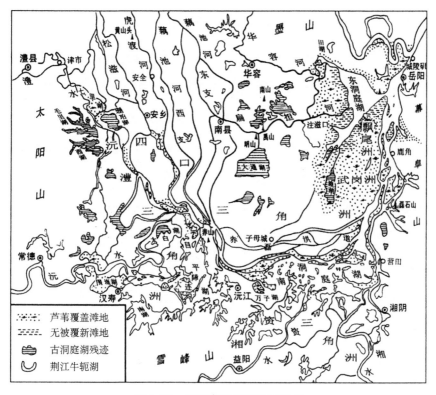

芦苇覆盖滩地
无被覆新滩地
古洞庭湖残迹
荆江牛轭湖

图 9.25　洞庭湖卫星像片解释图

围堤溃决形成的围堤湖，在像片上也已基本消亡。像片上黑色的小湖泊，如珊瑚湖、毛里湖、冲天湖、太白湖、鳝鱼湖等，均是三角洲合围后的西洞庭湖的残迹。现存较大水面的目平湖，是北水南侵溃垸潴水扩展所成。1926年溃废成目平湖西南部分的大连障，其形态在像片上仍然清晰可见。现在目平湖的东、南两侧，受山地、丘陵制约，不能再下移后退，随着沅澧三角洲继续向东南延伸，目平湖的最后消亡已不可避免。目平湖近年来淤积甚为严重，1952～1976年，湖底淤高0.5～2.0m，其中大连废障和老汪湖最为严重，淤高达0.8～2.4m。据长办汉口水文总站统计[1]，1963～1978年进入西洞庭湖的泥沙每年平均0.915亿t，由南嘴和小河嘴出口为0.52亿t，湖内沉积为0.395亿t，即每平方千米淤积8.1万t，相当于每年淤积5.4cm的厚度。目前西洞庭湖（目平湖）平均高程28.1m（黄海），如果以此淤积速度继续下去，不久的将来，西洞庭湖除保留一定航道外，终将最后淤平。

东洞庭湖地区。东洞庭是众水所汇、泥沙大量排入的场所，因此它的萎缩进程相当迅速。卫星像片显示，四口陆上三角洲向东南延伸后折向东北，与藕池东支的扁担河三角洲合围，使大通湖和漉湖从东洞庭湖中分离出来；东湖也是华容河三角洲与扁担河三角洲合围的产物；大面积萎缩后残存的东洞庭湖，则处在上述三个三角洲的合围之中。卫星像片还显示，四口三角洲前缘的武岗洲、上下飘尾洲以及扁担河三角洲尚在迅速发展。其中白色部分为芦苇覆盖的稍老滩地；灰色部分为新近形成的在枯水期出露的无植被覆盖湖滩，它们的延伸方向表明今后东洞庭湖消亡的形式和过程。像片上下飘尾洲的末端已接近君山，形成君山湖夹，显著地把东洞庭湖封锁起来；而藕池东支的扁担河三角洲，则在湖区西部迅速向东推进。从1952年和1976年实测地形图比较，扁担河三角洲向东洞庭湖中推进13.5km，淤宽15km，淤高2.5～5.0m。在卫星像片上，扁担河三角洲继续向东推进而形成的水下三角洲隐约可见；湖中泥沙流受君山湖夹制约，排回湖内。东洞庭湖的自然消亡趋势十分明显。现在东洞庭湖湖面，东西宽不过十余千米，如果不是修建三峡大坝控制长江来沙，按上述扁担河三角洲推进速度计算，东洞庭湖的最后消亡估计也只需要数十年时间。

南洞庭湖地区。20世纪初期以来，南洞庭湖演变的特点是自北向南扩展，其原因在于四口陆上三角洲继续向东南延伸，造成大量北水南侵，使古老的湘资联合三角洲的前缘不断淹溺，堤垸溃废，弃田为湖，以及三角洲上的小湖合并为大湖。卫星像片显示，南洞庭湖溃垸残迹十分清晰，比比皆是，这和东洞庭湖的湖盆形态迥然不同，表明南洞庭湖是近期潴汇所成。早期沦湖的堤垸有嘉禾垸、三里垸、嘉兴垸、徐家垸、永兴垸等；后期沦湖的有发苑围、时生垸等。卫星像片还表明，由于入汇南洞庭湖的水沙来自西北一带，因此南洞庭湖北岸洲土尚在继续发育、迅速扩展中。南大垸、共华垸、双华垸、茶盘洲农场等都是近几十年来在新淤洲及原淹没的泗湖山、子母城等老垸上挽筑而成的；高程较低、未经围垸的湖滩，即在卫星像片上表现为白色的芦苇滩地，具有明显的向东南延伸发展的趋势。此外，比较卫星像片上的四口陆上新三角洲、沅澧陆上三角洲和湘资联合的古老三角洲不难发现，色泽最深的湘资联合三角洲的沉溺形态最为显著。因此，在四口三角洲继续向南进

---

① 长江流域规划办公室汉口水文总站：《洞庭湖区湖泊淤积分析》，内部发行，1979年9月。

逼的情况下，南洞庭湖仍有继续向南后退的趋势，南岸仍有沦湖的危险。所以在南洞庭湖南岸围湖造田尤其不合适。但从1952年和1976年实测地形图比较，南洞庭湖的淤积也在趋向严重，这是西洞庭湖基本淤塞的必然结果。新中国成立以来，南洞庭湖平均淤高2m，湖区北部淤高2～3m。目前南洞庭湖湖底平均高程（黄海）26.7m，湖泊水深一般为1.5m，如果今后湖区西北部来沙保持不变或有所增加（在目平湖"水库"消亡的情况下），而东北出水口又保持畅通无阻，南洞庭湖也会在不久的将来被来沙充填而导致消亡。但从卫星像片分析，当今天的目平湖、东洞庭湖和南洞庭湖消亡之后，洞庭地区仅存各水通道和零星小湖，蓄洪能力将基本丧失。在非常时期，当荆江大量分洪南下，按其自然发展，目前地势低下的湘资联合三角洲地区，很有可能发展成新的洞庭湖。明清以来南洞庭湖历史发展趋势清楚证明这种可能性的存在，值得警惕。

综上可知，洞庭湖在最近100多年的演变过程，就是不断淤塞萎缩，逐步走向消亡的过程（表9.3）。表9.3还说明，洞庭湖的萎缩进程与日俱增。19世纪的后70年，面积萎缩600km²；20世纪的前50年，萎缩1050km²；新中国成立后不足30年，面积萎缩竟达1610km²。尤其值得注意的是，新中国成立后将近30年的萎缩速度恰好与新中国成立前100多年的淤积速度相等；它又是在四口入湖泥沙总量不但没有增加反而日趋减少（表9.4）的情况下产生的。

表9.3　洞庭湖一百多年来萎缩进程表

统计年份	湖泊面积/km²	湖泊容积/亿 m³	相距时间/年	缩小面积/km²	面积缩小率/(km²/a)	缩小容积/亿 m³	容积缩小率/(亿 m³/a)
1825	6000						
			71	600	8.45		
1896	5400						
			36	700	19.44		
1932	4700						
			17	350	20.59		
1949	4350	293					
			5	435	87.00	25	5
1954	3915	268					
			4	774	193.50	58	14.5
1958	3141	210					
			16	321	20.06	22	1.37
1974	2820	188					
			3	80	26.66	10	3.33
1977	2740	178					

资料来源：湖南省水电局：《认识洞庭湖改造洞庭湖》（1979年2月）

洞庭湖淤积萎缩进程不断加快的原因，关键在于四口泥沙长期充填湖中，使整个洞庭湖的湖底高程普遍提高，随着时间的推移，水下三角洲大面积出露水面成陆的速度必然加快，这是洞庭湖演至现阶段的自然趋势。

表 9.4　四口年输沙量及占长江分沙比统计表

统计年代		四口年分沙量/(10^2 万 t)				四口年分沙量及其占长江年分沙量的比例		
		松滋	太平	藕池	调弦	四口总计 /(10^2 万 t)	宜昌+清江 /(10^2 万 t)	分沙比例 /%
20 世纪 50 年代	前期	61.66	21.60	143.38	9.52	236.16	498.00	47.42
	后期	49.50	22.18	114.60	12.50	199.28	530.14	37.59
20 世纪 60 年代	前期	56.24	24.50	140.16	0	220.90	565.56	39.05
	后期	58.65	25.26	103.36	0	187.27	572.62	32.70
20 世纪 70 年代		45.13	19.18	45.03	0	109.34	503.54	21.71

资料来源：长江流域规划办公室汉口水文总站；《洞庭湖区湖泊淤积分析》1979 年 9 月

2. 人工围湖造田加速洞庭湖淤积萎缩

新中国成立前，豪绅在湖区竞相挽垸，使堤垸竟达 993 个，堤线长达 6406km，湖泊面积缩小速率成倍增长，水系极度紊乱，水利工程失修，洪涝灾害达到空前烈度。新中国成立后，湖区进行大规模整治，开挖渠道 12 000km，新建排灌涵闸 3323 处，修建电力排灌站 5031 处，进行大量园田化建设，堤垸合并为 245 个，耕地扩大到 828 万亩，防洪堤线缩短为 3742km，大大提高防洪抗灾能力，洞庭湖地区面貌焕然一新，取得巨大成就。

由于水利事业的发展，湖区围垦速度也显著加快，1950 年代湖区新围垦的面积竟达 1432.70km²（表 9.5），除去同时期废垸还湖的 309.14km²，纯增垸田 1123.56km²。这一方面扩大了粮食生产，为血防工作创造了有利条件；另一方面却加速了天然湖面的萎缩进程，削弱了洞庭湖的蓄洪能力。1950 年代洞庭湖萎缩 1209km²，与纯增垸田相当；面积缩小率则由新中国成立前的每年 20km² 上升至 1954 年的 87km²、1958 年的 193.5km²，可见人工围垦对自然消亡中的洞庭湖起着加速的作用。1958 年后，围垦停止，洞庭湖面积缩小率直线下降，湖面萎缩趋向缓和，同样清楚地证明这一点（图 9.26）。

表 9.5　洞庭湖区新中国成立初期围垦面积表　　　　　　　（单位：km²）

垸　名	新中国成立初期新围垦		新中国成立 以前围垦面积	新中国成立 前后围垦总和
	围垦时间	围垦面积		
大通湖	1949 年冬	313.4	108.4	421.8
杨林赛	1952 年冬	30.0	0	30.0
民主阳城垦区	1954 年冬	143.9	207.6	351.5
冲天湖蓄洪垦区	1954 年冬	145.1	118.4	263.5
八官障蓄洪垦区	1954 年冬	36.0	229.5	265.5
西洞庭湖蓄洪垦区	1954 年冬	148.77	286.53	435.3
建新农场	1955 年冬	48.67	0	48.67
南湖洋淘湖垦区	1957 年冬	115.0	0	115.0

垸 名	新中国成立初期新围垦		新中国成立以前围垦面积	新中国成立前后围垦总和
	围垦时间	围垦面积		
钱粮湖农场	1958 年冬	168.3	45.0	213.3
屈原农场	1958 年冬	109.19	24.11	133.3
君山农场	1958 年冬	80.30	8.5	88.8
茶盘洲农场	1958 年冬	52.57	0	52.57
北洲子农场	1958 年冬	41.5	0	41.5
合计		1432.7	1028.04	2460.74

注：统计数字主要根据湖南省水利电力科学研究所：《洞庭湖变迁史》。（1967 年 1 月）

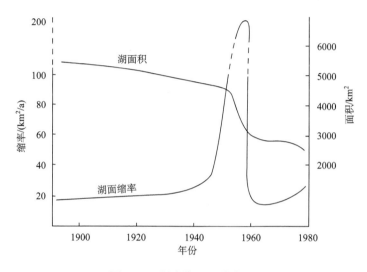

图 9.26 洞庭湖面积缩率图

3. 植被破坏、水土流失致使入湖沙量增长

以四水为例：澧水流域荒山面积由 1957 年的 367 万亩增加至 1976 年的 793 万亩，森林资源急剧减少和植被严重破坏，使澧水含沙量显著增加，成为四水中含沙量最高的河流。和 1963 年相比，在径流量相同的情况下，1969 年澧水年输沙量由 942 万 t 增加到 1380 万 t，每立方米水含沙量由 0.54kg 增加到 0.78kg，增长 44.4%；湘水也因上游水源林的严重破坏，使含沙量不断增加，与 1969 年相比，在径流量相同的情况下，1974 年含沙量由每立方米水含沙 0.722kg 增至 1.03kg，增长 43%，如果与 1940 年代比较，含沙量猛增 5 倍；沅水含沙量 1970 年代也比 1950 年代增长 42.4%[1]。

总之，洞庭湖地区在内外力相互作用下，产生一系列演变过程。新构造下沉运动提供广阔的演变舞台；长江来水来沙在这舞台上相互争斗，扮演着主要角色。长江来水扩

---

[1] 湖南省林业厅科教处：《我省部分水土流失调查情况》，内部发行，1980 年 5 月。

大了洞庭湖；长江来沙淤浅缩小了洞庭湖，如任其继续自然发展，最后将有可能淤亡洞庭湖。

当前洞庭湖地区存在不少问题：湖泊淤塞严重，湖面迅速缩小，蓄洪能力下降；防洪堤线太长，荆江洪水威胁仍然相当严重；河湖大量淤积，不少堤垸"垸老田低"，溃灾连年不断；河道淤塞，航运不畅，排涝也十分困难。因此，彻底整治洞庭湖已成当务之急。

洞庭湖的彻底整治，必须根据洞庭湖演变的客观规律，因势利导，湖南、湖北统筹兼顾，抓住主要矛盾，正确处理长江来水来沙问题。

数百年来长江大量泥沙充填洞庭地区，使目前荆南地势较荆北高 6～7m，为延缓洞庭湖萎缩进程，确保江汉平原和武汉市安全，考虑荆北放淤加固荆江大堤，从长远来说是可取的；目前为了扩大荆江泄量，降低上荆江水位，减少江汉洞庭地区洪涝威胁，继续在下荆江进行系统截弯工程，仍然很有必要；而三峡大坝的兴建，则是控制长江来水来沙，解除江汉洞庭地区洪涝灾害的根本途径。

但即使如此，在非常时期荆江仍有分洪洞庭地区的必要。因此，目前在湖区范围内，采取适当措施延缓洞庭湖的消亡进程，使洞庭地区保留一定湖面（或分洪区），也是客观需要。其措施除口门（如藕池口或松滋口）建闸拦沙之外，还可利用湖区垸老田低的实际情况，进行有计划的人工放淤，减少入湖泥沙总量，延长残存湖泊寿命，此措施又可提升老垸高程，降低溃灾面积，而对于滨湖区妨碍泄洪的垸田，应当彻底退田还湖。此外，堵支并流，塞支强干，不但可以刷深河道，提高泄洪能力，缩短防洪堤线，而且对于改善湖区航运条件也有积极意义。最后，加强水土保持工作，在流域地区封山育林，严禁乱砍滥伐森林植被资源，迅速改变个别地区刀耕火种的生产方式，这些措施应当马上着手进行。

三、鄱阳湖演变的历史过程

鄱阳湖位于江西省北部、长江中下游交界处的南岸，洪水期面积 3841km²，是目前我国最大的淡水湖泊。鄱阳湖是长江流域的一个重要集水湖盆，自西向东接纳修水、赣江、抚河、信江和鄱江等水，由湖口注入长江。多年平均入湖水、沙量分别为1682亿 m³ 和2104万 t，出湖水、沙量分别为1494亿 m³ 和1052万 t，属典型的吞吐型湖泊[①]。

根据湖盆地貌形态和历史演变情况，以老爷岭、杨家山之间的婴子口为界，鄱阳湖可分为鄱阳北湖和鄱阳南湖两部分（图 9.27）。从历史文献、考古遗址、卫星像片和新构造运动情况的综合分析，历史时期的鄱阳湖，曾经历沧桑巨变。

（一）河网交错的郏阳平原

鄱阳湖的演变和洞庭湖的演变相比较，无论是在更新世或全新世，都具有明显的同步性质。

---

① 余文畴：《长江河道演变与治理》，181 页，中国水利水电出版社，2005 年。

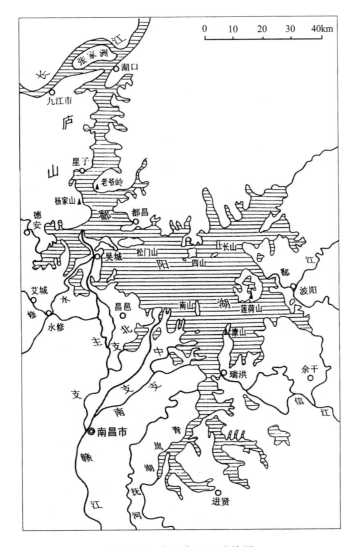

图 9.27　鄱阳湖地区形势图

鄱阳湖地区在上更新世也因普遍陆升而呈现一片河网交错的平原地貌景观。在沉积物上仅形成下蜀黄土沉积与河流泛溢层，没有大面积连续性的湖相沉积层发现[①]。全新世以来，湖区地貌形态继承上更新世河网平原景观的特点，因此为湖区的生产活动提供了广阔的历史舞台。

到封建社会早期，由于劳动人民辛勤开发的结果，河网交错的平原地区，经济发展已具相当规模，所以早在西汉时期就在平原中部、今鄱阳湖中心地区设置鄡阳县，属豫章郡管辖。

确定鄡阳县城的具体位置，分析鄡阳县的辖境，对于认识全新世以来特别是历史时期鄱阳地区仍然继承上更新世河网交错的平原地貌，是很有意义的。

《汉书·地理志》豫章郡辖有鄡阳县。《太平寰宇记》饶州鄱阳县载："废鄡阳县在

---

① 黄第藩 等：《长江下游三大淡水湖的湖泊地质及其形成与发展》，《海洋与湖泊》，1965，第 7 卷 4 期。

西北一百二十里。按《鄱阳记》云，汉高帝六年（公元前201年）置，宋永初二年（公元421年）废"。清同治《都昌县志》古迹："古枭阳城在周溪司前湖中四望山，至今城址犹存"。1960年江西省博物馆在鄱阳湖中的四山（即四望山）发现汉代古城址及汉墓群，其位置与史书记载完全吻合，此古城无疑即汉代枭阳县城。值得注意的是：偌大的一个县城，在今浩渺无涯的鄱阳湖中孤岛上发现，并且在每年洪水季节来临时，古城即被淹于波涛之中。显然，在交通工具尚不发达的封建社会早期，县治一般是不可能设在这样一个环境之中的。这就很清楚地说明，在420年代枭阳县撤销以前，今天鄱阳湖的广大水体尚未形成。

枭阳设县前后，在其周围有彭泽、鄱阳、海昏三县。海昏初治昌邑城，故址在今鄱阳南湖西南岸游塘村[①]，后徙今永修西北艾城，可见海昏东部辖境，至少可达今鄱阳南湖西南岸一线。汉鄱阳县治在今县东北古县渡。《汉书·地理志》豫章郡载，鄱阳县的"武阳乡右十余里有黄金采"。据《水经·赣水注》、《史记·东越列传》索隐记载，武阳乡、黄金采当分别在今康山东西两侧的鄱阳湖中。因此，汉代鄱阳县的西境，无疑已越过康山与今波阳县西界相当，大致以矶山—长山一线为界。汉彭泽县治在今湖口县东15km。《汉书·地理志》豫章郡艾县条："修水东北至彭泽入湖汉（今赣江）。"根据婴子口以南的地貌形态和河流的水文特性分析，赣、修的汇合口不可能越过婴子口，只能在今都昌县治以西一带相会。因此，汉代彭泽县南界可达今都昌县治一带。《元和郡县志》江州都昌县下说，"本汉彭泽县地"，也可以证明这一点。

如此，设立在四山的枭阳县，其辖境恰好局限在今矶山—长山一线以西的鄱阳南湖中。如果当时枭阳境内，不是田园阡陌的沃野，而是像今天那样一片汪洋巨浸，那就失去了设县的意义。无疑，枭阳设县前后，今日浩渺的鄱阳南湖尚未形成，当时的地貌形态应当属赣江下游水系的冲积平原。虽然枭阳县的辖境和豫章郡所辖各县的辖境相比，实在显得太小，但因它的地势平坦，冲积土壤肥沃，随着农业经济的发展，在这富饶的平原中部设县，还是完全可以理解的。在枭阳设县二百年后的王莽时代，当改豫章郡名为九江时，把枭阳更名曰豫章，以郡名县，就显示枭阳在豫章郡中地位的重要。因此，我们称此平原为枭阳平原（图9.28）。

此外，史书关于枭阳平原上河网交错的地貌景观的详细记述，也为论证枭阳平原的客观存在提供了充分证据。

综合《汉书·地理志》和《水经注》等史籍的记载，汉魏六朝时期，枭阳平原上河网交错的地貌景观很是典型。当时，赣江在南昌县南汇合盱水（今抚河）和蜀水（今锦江）之后，东北经昌邑城东合缭水主流（今冯水）[②] 即进入枭阳县境内；余水（今信

---

① 伯泉：《江西新建昌邑古城调查记》，《考古》，1960年第7期。
② 《水经·赣水注》谓，赣水合鄱水之后、修水之前，"又有缭水入焉，其水导源建昌县"，又经海昏县，分为二水：缭水"东北迳昌邑城，而东出豫章大江（即赣水），谓之慨口"；"一枝分流别注，入于修水"。《续汉书·郡国志》豫章郡注引《豫章记》曰："昌邑城东十三里江边名慨口，出豫章大江之口也。"据此，汉魏六朝时代，缭水主流当在昌邑城东即已注入赣水。此所谓"又有缭水入焉"，乃是缭水"一枝注于修水"之后，再从修水分出的汊流，照理应称"修水支津"，不该叫"缭水"。道元在这里是采用"入而复出"的观念来叙述缭水支津的，故称之为"缭水"。又因称"缭水"不称"缭水支津"，这就造成喧宾夺主、给人以缭水主流入赣在余水、鄱水之后而不是在其前的假象。

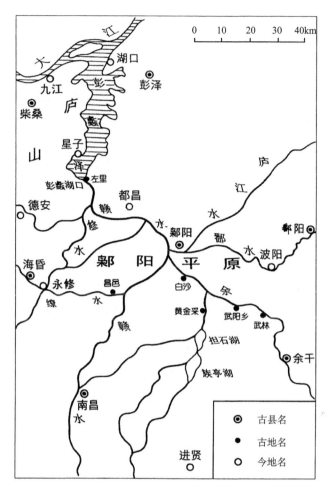

图 9.28 汉唐鄡阳平原水系图

江）经余干县又西北至鄡阳县城附近入赣江；鄱水（今鄱江）经鄱阳县南、武阳乡北，又西注赣江[①]；缭水支流复自修水分出，东北流至鄡阳西北入赣江。赣江在鄡阳县城附近汇合余水、鄱水和缭水支流之后，又西北出松门，至今都昌城西合修水。至此，赣江"总纳十川，同湊一渎"，北出婴子口，始注入当时的彭蠡泽、今天的鄱阳北湖。5 世纪以前鄱阳南湖尚未形成，鄡阳县城才能成为河网交汇的中心。

　　顺便指出，赣江下游和抚河下游从史前进入封建社会早期，其主泓道在赣、抚联合冲积平原上具有明显的变迁。位于康山附近的武阳乡黄金采，是秦汉之际采淘沙金的场所。金沙当来源于大庾岭、武夷山的古老花岗岩，经风化由赣江、抚河搬运堆积而成。又据《史记·东越列传》，汉武帝平东越前，汉与东越边界上尚有白沙、武林两个防守要隘。《索隐》谓："今豫章（南昌）北二百里接鄱阳界，地名白沙……东南八十里有武

---

　　① 《汉书·地理志》豫章郡鄱阳"鄱水西入湖汉。"《汉志》鄱水虽不作西至鄡阳入湖汉，但余干下既明言余水至鄡阳入湖汉，即余口在鄡阳。鄱水在余水之北，自东向西入湖汉，鄱口更在余口之北，自应在更近县城的鄡阳境内。

阳亭，亭东南三十里地名武林。此白沙、武林，今当闽越入京道。"《太平寰宇记》饶州鄱阳县："白沙在县西，水路一百二十里，沙白如雪，因以为名。"据此，白沙当在今鄱阳湖中南山以北一带，白沙的来源也应当是赣、抚两河搬运石英砂在平原地区沉积的产物。由此可见，史前赣江和抚河下游的主泓道，当流经康山至南山，而后才从四山出松门。其后，赣、抚下游均向西摆动。至秦汉时代，赣江下游已远离康山，从南昌经昌邑出鄡阳；而抚河主泓则改道南昌之南入赣江，原先抚河下游变为汊道，但因它流经汉代鄱阳县的武阳乡，所以后来抚河下游的这一河段又有武阳水之称[1]。

综上所述，今天汪洋浩渺的鄱阳南湖，在 5 世纪以前，是一片河网交错、田园阡陌、水路交通发达的平原地貌景观，不存在大面积的湖泊水体。所以《汉书·地理志》豫章郡的彭蠡泽，不载于鄡阳县下，道理是很清楚的，也是完全正确的。

（二）九江潴汇的彭蠡古泽

过去人们总认为，今天的鄱阳湖就是古代的彭蠡泽。根据上面的分析，这一传统概念显然是很不确切的。今天的鄱阳湖，在历史时期有一个从无到有、从小到大的演变过程。早期的彭蠡古泽，无论其地理位置和形成原因，都和今天的鄱阳湖没有任何关系；后期的彭蠡新泽，虽然与今天的鄱阳湖有关联，但也是逐步由小到大发展演变而成的。

彭蠡古泽的形成与古长江在九江盆地的变迁有密切关系。更新世中期，长江出武穴之后，主泓流经太白湖、龙感湖、下仓铺至望江汇合从武穴南流入九江盆地南缘的长江汊道。更新世后期，长江主泓南移到目前长江河道上[2]。由于长江南移，在江北遗留下一系列遗弃的古长江河段。这些河段，如果是按照自然演变趋势，早应消亡。但由于该地区处在下扬子准地槽新构造掀斜下陷带，特别是全新世以来，掀斜下陷更为显著，长江遗弃河段随之扩展成湖，并和九江盆地南缘的宽阔的长江水面相合并，形成一个空前规模的大湖泊，这就是我国最早的地理著作《尚书·禹贡》所记载的彭蠡泽（图 9.29）。

当时，长江出武穴之后，摆脱两岸山地约束，形成了一个以武穴为顶点，北至黄梅城关，南至九江市的巨大冲积扇，至中全新世，冲积扇的前缘，根据黄梅境内龙感湖中新石器遗址的分布情况判断，当在今鄂皖交界一线。在先秦时期，江汉合流出武穴后，滔滔江水在冲积扇上以分流水系形式，东流至扇前洼地潴汇而成彭蠡泽，由于扇状水系分流众多，《尚书·禹贡》概谓之"九江"。传说禹疏九江，当是在分流河道上加以疏导整治，使之通畅地汇注彭蠡泽，而不致在冲积扇上泛滥成灾。根据《尚书·禹贡》导江"过九江，至于东陵，东迆北会于汇"之文，当时九江分流水系的主泓自冲积扇南缘流至今九江市后，以"东迆北"的方向汇注彭蠡泽，结合目前该地区的地貌形态分析，彭蠡泽的位置无疑在大江之北[3]，其具体范围当包有今宿松、望江间的长江河段及其以北

① 《舆地纪胜》卷二六《隆兴府》。
② 林承坤：《第四纪古长江与沙山地貌》，《南京大学学报》（自然科学版），1957 年第 2 期。
③ 顾颉刚：《禹贡注释》，《中国古代地理明著选读》第一辑，科学出版社，1959 年；谭其骧：《鄂君启节铭文释地》，《中华文史论丛》第二辑，1962 年。

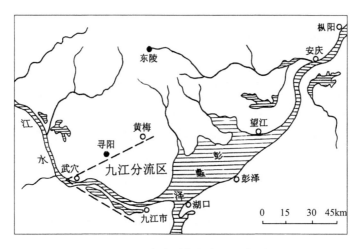

图 9.29　先秦时期彭蠡泽示意图

的龙感湖、大官湖和泊湖等湖沼地区。

江北彭蠡古泽，曾经是古代长江中下游水上交通的必经之地，出土文物和史书均有明确的记载。安徽寿县出土的战国"鄂君启节"，其中舟行水程之节铭文有"逾江，庚彭澎"。据谭其骧先生考释：彭澎即彭泽，邑聚名，故址疑即今安徽望江县，系因濒临江北彭蠡泽而得名。汉武帝时，司马迁作《史记》，在《封禅书》中更明确的记载，公元前106年，武帝"浮江，自寻阳出枞阳，过彭蠡"。寻阳和枞阳，分别在今大江之北的湖北黄梅县西南和安徽枞阳县治。因此，武帝所"过彭蠡"，无疑还是战国时期的江北彭蠡泽。司马迁在《史记·河渠书》中说，他自己曾"南登庐山，观禹疏九江"，他所记载的武帝的这一条舟行路线应该是可信的。但因彭蠡古泽是九江在长江遗弃河段上潴汇而成的，具有河流的条带状形态，既可称为湖泽，但也可以认为是长江的加宽河段。正因如此，先秦和汉初的许多典籍，记载到全国的著名泽薮，除《禹贡》外，其余如《周礼·职方》、《吕览·有始》、《尔雅·释地》、《淮南·地形》等篇，都没有提到这个彭蠡泽，显然这些典籍是把彭蠡泽作为长江拓宽河段来处理的。

但由于彭蠡古泽是长江新老河段在下沉中受九江潴汇而成的湖泊，因此水下的新老河段之间脊线分明。当九江主泓在今九江市折向东北汇注彭蠡泽时，受赣江水流的顶托，其所挟带的泥沙就在主泓北侧的脊线上沉积下来，经过不断加积并和九江分流河道带来的泥沙相汇合，最后出露水面成自然堤，就把彭蠡泽南缘的九江主泓道和彭蠡泽分离开来。在东汉班固根据西汉后期资料写成的《汉书·地理志》庐江郡寻阳县下，原来在《禹贡》里东迤北会为彭蠡泽的九江水系，此时已"皆东合为大江"。估计古彭蠡水域最后完成江湖分离的时间，当在汉武帝、司马迁时代之后不过数十年，距今约2000年。其后，每年汛期长江泛滥，在自然堤外继续沉积河漫滩相物质，从而促使彭蠡古泽进一步萎缩，最后只剩下若干不大的陂池和水流通道，江北彭蠡泽之名湮没，代之而起的是著称于六朝时代的雷池和雷水。今天的龙感湖、大官湖等就是在雷池和雷水的基础上发育形成的。

（三）鄱阳湖的形成与发展

现代鄱阳湖地貌的显著特征是：水体入侵河谷、阶地的现象十分普遍。在条带状的鄱阳北湖，水面开阔，超过该地长江水面一倍以上，显系古赣江断陷河谷近期沉溺而成；在其两侧存在的许多沉溺支谷也可引以为证。在形似倒三角形的鄱阳南湖，其东北部、西北部，特别是南部，也有许多因水体入侵河谷阶地之间而形成的狭长的岗间湖泊，这些湖泊的床底都是由网纹红土组成，其上只是在湖槽底部才有一层极薄的近代湖积物①。水体入侵河谷阶地的事实证明，鄱阳湖地区近期构造运动，具有强烈的下沉趋势，这就为历史时期鄱阳湖的形成与发展奠定了基础。

1. 鄱阳北湖的形成

在西汉后期，九江水系已"皆东合为大江"，原先九江水系所潴汇的江北彭蠡泽已和九江主泓道分离，面积日渐萎缩，蓄洪能力显著下降，长江洪水过程随之增大，湖口断陷的古赣江即在这种水文条件下逐步扩展成较大水域。其时《禹贡》彭蠡泽当已面目全非、无可认指，所以在《汉书·地理志》里，班固遂指豫章郡彭泽县西的湖口断陷水域为"禹贡彭蠡泽"。

显然，湖口断陷水域，不但不符合《禹贡》所载彭蠡泽的位置，也与汉武帝所"过彭蠡"的方位不合。班固此说实为附会《禹贡》彭蠡之说。然而这种附会又是易被后人接受的，因为彭蠡古泽既已消失，而湖口断陷水域北连大江与江水潴汇有关，是这一带唯一较大的水体。又由于汉以后学者一向崇信《汉书》，视之为权威著作，从此，江北彭蠡泽之名遂被迁用于江南的湖口断陷水域，成为后来人所共知的新的彭蠡泽。

前已述及，汉代修水至今都昌城西、婴子口以南一带始注入湖汉水（赣江）。因此，当时彭蠡新泽的南界，显然不得超过婴子口一线，湖区范围与今天的鄱阳北湖大体相当。江南的这个彭蠡新泽，从形成以后至隋唐时期，历时1000年以上，范围相当稳定，始终局限在今鄱阳北湖地区，未见向南扩展至鄱阳平原的任何记载。《水经·庐江水注》引晋孙放《庐山赋》曰："寻阳郡（治所在今九江市西南20里）南有庐山，九江之镇也，临彭蠡之泽，接平敞之原。"此"彭蠡之泽"指鄱阳北湖当无可非议。晋释慧远《庐山纪略》载，庐山"左挟彭蠡，右傍通川"可资佐证。所谓"接平敞之原"，按孙放之意，又当在庐山之南，应指当时存在的鄱阳平原的西北部，甚至整个鄱阳平原。这里平原辽阔，一望无际，堪称"平敞之原"。杨守敬《水经注疏》以为当指"庐山北至江一带平地"，其方位显然与孙放之意不合，而且庐山北至江边一带，地势是低丘起伏不断，丘间平地狭窄，绝无"平敞之原"可言。至隋唐时期，《元和郡县志》在江州下三次提及彭蠡湖，并明确指出江州辖下的都昌（治所在今县东北衙门村）与浔阳（今九江市）两县分湖为界，而在洪州（治今南昌市）与饶州（治今波阳县）之下，均不见彭蠡湖的记载（《通典》同），再从白沙、武林和武阳亭在唐代仍作为闽越入京要道分析，鄱阳平原至隋唐时代仍然存在。这些材料说明，六朝隋唐时期彭蠡湖的范围仍然局限在鄱

---

① 黄第藩 等：《长江下游三大淡水湖的湖泊地质及其形成与发展》，《海洋与湖泊》，第7卷4期，1965年。

阳北湖地区，今日鄱阳南湖在当时尚未形成。

由于婴子口在唐代以前，是彭蠡泽与郲阳平原的自然分界线，赣江在郲阳平原上汇合诸水后在此注入彭蠡泽，因此婴子口在古代也被称为彭蠡湖口。位于婴子口东侧的左里，因地居险要，是古代战争的防守要地。据《资治通鉴》卷一百十五记载，晋义熙六年（公元410年）卢循欲退豫章，曾利用左里附近两山挟束，江湖交汇其中的有利地势，于水立栅，阻止刘裕的进攻。杜佑在《通典》江州浔阳县下也明确指出："宋武帝（刘裕）大破卢循于左里，即彭蠡湖口也。"

关于隋唐以前鄱阳北湖地区彭蠡泽的水文地貌特征，可从《汉书·地理志》和《水经注》的记载略作分析。

在《汉书·地理志》豫章郡下，班固一方面认指彭泽县西的水域为彭蠡泽，但又在雩都和赣县下明确指出，湖汉水和豫章水至彭泽县入江而不是入彭蠡泽。据此分析，当时这个彭蠡泽的水文特征，应当是洪、枯水位变率大，属洪水一大片、枯水一条线的吞吐型湖泊。

《水经·赣水注》载，赣水"总纳十川，同溙一渎，俱注于彭蠡也"，"东西四十里，清泽远涨，绿波凝净，而会注于江川"。《水经·庐江水注》载，庐山"南岭即彭蠡泽西天子鄣也，峰嶂险峻，人迹罕及"，"山下又有神庙，号曰宫亭庙，故彭湖亦有宫亭之称焉"。又云，"湖中有落星石，周回百余步，高五丈，上生竹木，传曰有星坠此，因以名焉；又有孤石，介立大湖中，周回一里，竦立百丈，蟸然高峻，特为瑰异，上生林木"。可见南朝时期，鄱阳北湖的洪水湖面不但较今开阔，而且由于周围林木丛生，水土保持良好，湖水含沙量甚微，水色清绿喜人。相比之下，今日赣江诸水均先注鄱阳南湖，泥沙经适量沉淀之后始注鄱阳北湖，照理鄱阳北湖的含沙量应当更少，但因自封建社会后期以来，森林植被遭人为破坏，江西境内水土流失严重，鄱阳北湖的水色，现在根本谈不上清绿，而是相当混浊。又郦道元所谓介立湖中的孤石，即今大孤山又名鞋山，今仍蟸立鄱阳湖北湖中；南岭即指今庐山主峰——汉阳峰，其下宫亭湖中的落星石，在今星子县南，由于泥沙淤积、湖面萎缩而已靠岸上陆。

鄱阳湖在历史时期有彭蠡泽、彭蠡湖、彭泽、彭湖等称谓。在星子县附近又有宫亭湖之称，有的文献也以它泛称整个彭蠡泽。至于鄱阳湖名称的起始由来，显然应当与彭蠡湖水面侵入鄱阳（今波阳）境内有关。前文业已证明，隋唐以前彭蠡泽仅局限在鄱阳北湖地区，它与鄱阳辖境无接壤关系，所以隋唐及其以前的历史文献，均未见鄱阳湖之名，这无疑是符合当时的客观现实的。鄱阳湖的得名，是唐以后彭蠡泽越过婴子口，向郲阳平原扩展进入波阳辖境的结果。可是明清不少志书却认为隋炀帝时即已有鄱阳湖之目，这不仅缺乏根据，而且也与鄱阳湖发展的历史事实不相符合。例如，《清一统志》饶州府山川载："鄱阳湖即禹贡彭蠡，隋时始曰鄱阳，以接鄱阳山而名也。"但在鄱阳山条目下却又说："初名力士山，亦名石印山，唐改今名。"既然唐始有鄱阳山之名，则"隋以接鄱阳山而名"也就不能成立，因为是没有根据的误传，记载就容易自相矛盾。

2. 鄱阳南湖的发展

下面着重分析彭蠡泽向东南扩展、郲阳平原沉沦为鄱阳南湖的原因和历史过程。

位于鄱阳南湖地区的古代郲阳平原，从汉高帝在此设立郲阳县、王莽改县名曰豫章以及淘金业的发展等情况分析：两汉时期可能是该平原地区经济最发达的时期。但因自全新世开始以来，鄱阳湖地区的新构造运动具有强烈下沉的性质，鄱阳平原河网交错的地貌景观经长期沉降，逐步向沼泽化方向演变。至南朝隋唐时期，平原沼泽化可能已经相当严重，大部分地区不宜人们居住和从事农业生产，刘宋永初二年（公元421年）鄡阳县的撤销，与此演化过程当有密切关系。

据竺可桢先生研究[①]，隋唐五代至北宋时期，我国气候变得和暖。在长安不但梅树生长良好，而且柑橘还能结果实。竺老指出：柑橘只能抵抗－8℃的最低温度，梅树只能抵抗－14℃的最低温度。1931～1950年，西安的年绝对最低温度每年都降到－8℃以下，其中1936年、1947年和1948年降到－14℃以下，不但柑橘难以存活，就是梅树也生长不好。所以隋至北宋时期，是我国的一个高温气候期。这时长江中下游的湖泊都有显著地发展扩大，如洞庭湖从东洞庭湖区向西洞庭湖区扩展，范围由南朝时期的500余里发展至唐宋时期的周极800里；太湖流域在唐宋时期也先后形成了澄湖、马腾湖、玳瑁湖、来苏湖、淀山湖等一系列新湖泊[②]。

具有全流域性的湖泊扩展，除地势低洼、河道阻塞、客水入侵等局部性因素外，全流域地表径流量的增大是最重要的因素。说明在隋唐北宋时期，与我国高温气候相伴生，在长江流域出现了一个多雨期。地处长江中下游之间的鄱阳湖地区，在隋唐以后湖泊迅速扩展，与此高温多雨期无疑有着密切的关系。

在高温多雨的隋唐北宋时期，长江径流量相应增大，尤其是洪水季节。但是原先可以充分调蓄洪水的江汉平原地区的云梦泽，在隋唐时期已经基本消失；江北的彭蠡古泽，也早被陂池大小的雷池所取代，长江流域蓄洪能力显著下降，导致长江干流径流量急增，水位上升，除了部分分洪于洞庭之外，大部分倾泻东下。它在湖口一带又造成两种结果：一是分洪倒灌入彭蠡泽；二是顶托彭蠡泽出水。这两种结果的结合，也是造成彭蠡泽扩展的重要因素。

因此，在唐末五代至北宋初期，彭蠡泽空前迅速的越过婴子口向东南方的鄡阳平原扩展，大体上奠定了今天鄱阳湖的范围和形态。

《太平寰宇记》洪州南昌县条："松门山在县北，水路二百一十五里……北临……彭蠡湖。"在饶州鄱阳县下又载："故鄡阳县……在彭蠡湖东、鄱水之北"；"莲荷山在县西四十里彭蠡湖中，望如荷叶浮水面。"

说明北宋初期，彭蠡湖溢出婴子口过松门之后，不但已进入鄱阳县境，而且距鄱阳县城很近。所以《太平寰宇记》在饶州余干县下明确指出："康郎山在县西北八十里鄱阳湖中。"这是鄱阳湖之名首次见于史籍的记载。但从名称关系上看，当时尚以彭蠡湖为主称，鄱阳湖属别名，这也说明鄱阳湖刚形成不久，习惯上仍以古名相称。至南宋，《舆地纪胜》饶州条下已立鄱阳湖之目，并谓："湖中有鄱阳山，故名鄱阳湖，其湖绵亘数百里，亦名彭蠡湖。"则是以鄱阳湖为主称，彭蠡湖为别名，这是随着时间的推移，鄱阳湖逐渐取代彭蠡湖的必然结果。

根据《太平寰宇记》并参照《舆地纪胜》的记载，宋代鄱阳南湖的范围大致如下：

---

① 竺可桢：《中国近五千年来气候变迁的初步研究》，《考古学报》，1972年第1期。
② 参见本章第四节。

鄱阳山即今波阳县西北鄱阳湖中的长山（又名强山）①在宋代已处在湖中的事实证明，当时鄱阳南湖的北界与今大体相同。鄱阳湖的东界，在今莲荷山与波阳县城之间，史书记载明确。汉代的武林，宋时已成鄱阳湖的东南涯，《太平寰宇记》饶州余干县条："武陵山在县东北三十里，临大湖，汉书作武林"，大湖即指莲荷山以南、康山以东的鄱阳湖大湾水面。宋代康山已在湖中，湖区南界当在康山以南。《舆地纪胜》隆兴府条载，"彭蠡湖在进贤县（东北）一百二十里，接南康、饶州及本府三州之境，弥茫浩渺，与天无际"；又曰："邬子寨在进贤县东北一百二十里。徐师川尝有《邬子值风雨》诗云：重湖浪正起，支川舟不行，急雨夜卧听，颠风昼夜惊。"②说明邬子寨是宋代鄱阳湖的南极。与邬子寨隔江（余干江下游的分流）相望的瑞洪镇，因此成为"闽越百货所经"③的重要港口。宋代鄱阳南湖的西端在松门山，从它"北临彭蠡湖"的形势分析，松门山以西一带平原在当时尚未沦湖。因此，湖区西南界当在松门山东端至瑞洪镇一线上。

至此，位于鄱阳南湖地区的古代鄡阳平原，几乎沦没殆尽，鄡阳县城被弥茫浩渺与天无际的湖水包围在荒丘孤岛上，唐代闽越入京道上的白沙、武阳亭则相继陷入湖中，波光粼粼的大湖景观终于取代了河网交错的鄡阳平原景色（图9.30）。

明清时期，鄱阳湖演变的最大特点是汊湖的形成和扩展，特别是鄱阳湖的南部地区，尤为显著。在进贤县北境，宋时仅有族亭湖和日月湖两个湖泊见于记载。《太平寰宇记》饶州余干县条："族亭湖在县西水路八十里，湖中流分当县及南昌二县界。"此湖相当于今瑞洪至北山的金溪湖，它是宋初鄱阳湖扩展后的南部汊湖。《舆地纪胜》隆兴府条载，"日月湖在进贤北十五里"，即今军山湖南部的小湖汊。后经元明两代，随着鄱阳湖地区的继续沉降，族亭湖被鄱阳湖吞并，进贤北境的北山，成为鄱阳湖的最南端。与此同时，日月湖泄入鄱阳湖的水道也扩展成鄱阳湖南部条带状的汊湖——军山湖，遂使军山、日月两湖成为进贤境内最大的湖泊。《读史方舆纪要》南昌府进贤县条载，"军山湖在县北四十里。志云：县境之水，二湖（军山、日月）最大，而总归于鄱阳湖。鄱阳湖盖浸北山之趾。"又说："三阳水，县北六十里，上源在县西，曰南阳、洞阳、武阳，合流经此，故曰三阳，又东北入鄱阳湖。"说明当时进贤西北的青岚湖尚未形成。至明末清初，原来流经进贤西北的清溪、南阳、洞阳三水的中下游地带，也因沉溺而扩展成仅次于军山湖的大汊湖——青岚湖（或称清南湖、洞阳湖）。《大清一统志》南昌府山川条已列青岚湖之目。至今，军山湖和青岚湖的沉溺河谷形态还极为清晰，更重要的是，现在湖底的槽部仍只有少量的淤泥覆盖于网纹红土之上，这是近期强烈沉降的充分证明，和史书记载完全一致。

前已叙及，宋代鄱阳南湖的西南岸在松门山东端至瑞洪一线上，距今湖岸尚有一定距离，这是与古赣江东北流向所造成的赣江三角洲的形态相吻合的。矾山应在当时赣江三角洲的前缘。唐以后赣江下游主泓西移至吴城附近，《太平寰宇记》洪州南昌县条：

---

① 道光《鄱阳志·艺文志》鄱阳山辨。
② 重湖指湖中湖，即在枯水期鄱阳湖水退时仍然存在的湖面。这里的重湖，指的是邬子寨北鄱阳湖中的担石湖，见《太平寰宇记》卷一〇七《饶州》余干县邬子港条。
③ 《太平寰宇记》卷一〇七《饶州》余干县。

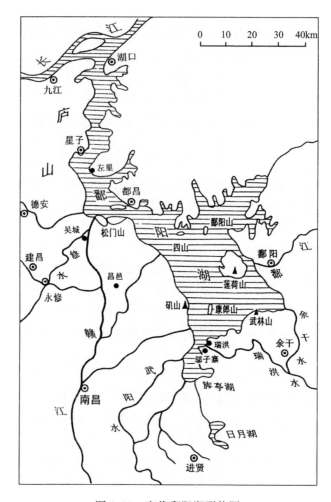

图 9.30　宋代鄱阳湖形势图

"吴城山在治东北一百八十里临大江",大江即赣江。因此赣江大量泥沙直接由鄱阳北湖输送入长江,南昌东北方向的赣江三角洲则因此发展滞缓,鄱阳南湖就逐渐向西南方扩展。至明代,据《读史方舆纪要》的记载,三角洲前缘的矶山已"屹立鄱阳湖中"。在清初,松门山以南的陆地也相继沦湖,致使原来只有"北临彭蠡湖"的松门山及吉州山,也变成湖中岛山[①]。由于鄱阳南湖的西南岸是近期扩展形成的,所以在湖岸左右,遭淹没的农田至今仍然清晰可见。

　　吴城附近的赣江口,自唐末以来三角洲逐渐发育。《读史方舆纪要》南康府星子县下记载,赣江口已有火烧洲、绵条洲和大洲等河口沙洲的形成。清后期以来,吴城赣江鸟足状三角洲发育已相当良好,吉州山和松门山因此呈足状又与陆地相连。而火烧洲和绵条洲继续以足状三角洲向北发展,于是吴城西北一带因排水不畅先后发展成蚌湖、牛鸭湖等湖汊。这时鄱阳湖南部地区,因为信江下游分洪量大部汇集在瑞洪附近入湖,同

————————————
　　① 嘉庆《大清一统志》卷三一六《南康府》山川条;同治《江西全省舆图·南昌府属》。

时赣江下游南支分流量增大，康山（康郎山）一带入湖泥沙大量沉积，已使康山成为突出湖中的陆连岛形态。

最后必须指出，彭蠡湖虽然自唐末五代迅速向东南方扩展成"弥漫浩渺与天无际"的鄱阳湖，但它和唐以前位于鄱阳北湖地区的彭蠡泽一样，也是一个吞吐型的时令湖。《读史方舆纪要》江西鄱阳湖条记载，每年枯水季节，"湖面萎缩，水束如带，黄茅白苇，旷如平野"，仅余重湖性质的"鹰泊小湖"。即使在洪水季节，湖水深度一般也不大。《续资治通鉴》卷二〇七记载，元末朱元璋大战陈友谅于康郎山一带，是农历七月的高水位时期，但"湖水浅"、"水路狭隘"、"相随渡浅"却屡见于记载。正因为新扩展的鄱阳南湖具有时令湖性质，所以《太平寰宇记》在饶州条下，一方面详细记载入侵饶州境内的鄱阳湖的具体范围和地点，另一方面又说鄱水"经郡城（指今波阳县治）南又过都昌县入彭蠡湖"。这就是因季节不同，河湖交汇形势相应改变在史书上的反映。

3. 鄱阳湖演变趋势

关于今后鄱阳湖的演变趋势，可根据洪枯水位时期所摄卫星像片及入湖泥沙的情况进行分析。

枯水期卫星像片表明，鄱阳北湖湖面萎缩、干涸，水束如带；鄱阳南湖除军山、青岚二汊湖基本不变外，完整的湖面则被由赣江南支、抚河和信江西大河汇合形成的南东-北西向湖底河床及其自然堤分隔成东北、西南二个萎缩湖面。说明现在鄱阳南湖比北湖水深，这和宋明时期北深南浅的情况完全相反。深浅倒置的原因是：赣江主流近千年来直接由吴城经北湖入长江以及长江倒灌、顶托等因素造成大量泥沙在鄱阳北湖沉积。

洪水期是河流泥沙搬运、堆积的关键时期。据江西省水利厅计算，每年五河（修、赣、抚、信、鄱）挟带泥沙，在鄱阳湖内沉积1120万t。洪水期卫星像片显示，入湖泥沙绝大部分来自赣江流域，其他流域来沙甚微。由于自吴城北上的赣江主支的泄洪量远小于南支和中支，所以赣江来沙大部汇集在鄱阳南湖，致使卫星像片上南湖水色混浊，沙浪滚滚（汊湖除外），而北湖则水色清蓝，未见泥沙流。汇集在鄱阳南湖的泥沙，受狭窄的松门峡出口的制约，被迫徘徊在南湖的西南部沉积，这对整个赣江三角洲的向东北推进，以及鄱阳南湖西南部的萎缩，无疑是很关键的（图9.31）。

它的作用在枯水期卫星像片上已有清晰的反映。这就是占赣江分流量首位的赣江南支和抚河、信江两大河联合形成的三角洲正在由南向北推进；泄洪量占赣江第二位的赣江中支，其在河口所形成的三角洲也在向东北方向扩展。根据康山成陆情况分析，目前的泥沙沉积量已超过构造下沉量，所以今后鄱阳湖有着自南向北继续萎缩的明显趋势。1954年鄱阳湖洪水湖面（21m水位）是5050km²，1957年为4900km²，1976年洪水湖面仅为3841km²，只不过22年时间，洪水湖面就萎缩了逾1200km²，速度之快，不能不引起人们的关切和重视。

根据鄱阳湖演变的历史过程和今后发展的趋势，应当采取果断的措施，控制赣江南支、中支及北支的流量，加大赣江主支的泄洪量，把赣江来沙直接送入长江，同时严格控制高滩围田，严禁围湖造田，以便最大限度地延缓鄱阳湖的萎缩进程。

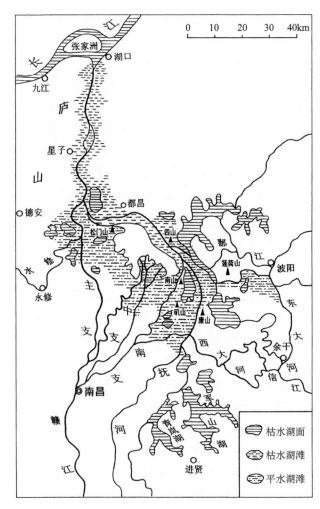

图 9.31　鄱阳湖萎缩趋势图

图例：
枯水湖面
枯水湖滩
平水湖滩

四、太湖演变的历史过程

太湖位于长江三角洲南翼碟形洼地中心，湖岸西南部呈半圆形、东北部曲折多岬湾，面积 2428km² ，是我国第三大淡水湖泊。除局部地区存在古河道和洼地之外，湖底平浅，平均水深 1.89m ，最大水深也仅 2.6m ， 72.3% 的湖底水深 1.5～2.5m ，是典型的浅水型湖泊。它接纳苏南茅山山脉荆溪诸水和浙北天目山山脉苕溪诸水，主要由黄浦江泄入长江河口段。

根据太湖地区地层剖面、地貌形态、考古遗址和历史资料，并结合相关学者的研究成果综合分析，太湖及其附近地区自晚更新世末期以来，由于内外营力共同作用的结果，经历着一个由沟谷切割的滨海平原景观，演变为碟形洼地的潟湖地貌形态，其后由于出入口通道的变化，潟湖演变为太湖，并经历面积大小的伸缩演变过程[1]（图 9.32）。

---

① 张修桂：《太湖演变的历史过程》，《中国历史地理论丛》，2009 年第 1 期。

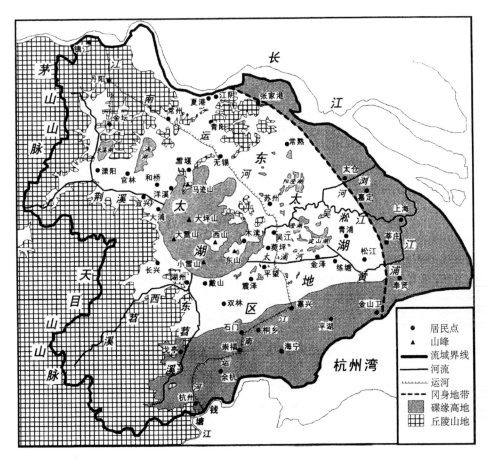

图 9.32　太湖平原地貌图

（一）沟谷切割的滨海平原

晚更新世玉木冰期的全球性海退，距今 15 000 年海岸线退至东海大陆架边缘水深 155m 处。此后随着气候转暖，冰川消融，海平面迅速回升。至距今 10 000 年前，海面已上升至目前海面下 30～40m。当时长江三角洲覆盖着一层晚更新世末期陆相褐黄色硬黏土层，此硬层构成自西向东倾斜的太湖平原全新世原始地面，其高程在茅山以东、金坛一带构成 3～5m 高地，奔牛一带出露地表，常州、无锡一带为 −1～−2m，太湖东部、苏州、吴江等地在 −2～−5m，昆山在 −5m 以下，上海东部地区为 −25m 左右。其时，滨海平原北部的长江谷地下切深达 50～60m，南部的钱塘江也达 40～50m，两岸的大小支谷随之深切，致使长江三角洲南翼成为沟谷切割的滨海台状平原。

当时，太湖地区属台状平原的内缘延续部分。东太湖大部和西太湖部分地表为晚更新世末期 2～6m 厚的陆相硬土层所覆盖，地势较为平坦。但在太湖西部的南、北，各有一条支各与钱塘江、长江沟通。沟通钱塘江的谷地，从太湖中的大雷山、小雷山之间，向西北延伸过平台山西北、北抵马圩，西出大埔，又西经宜兴、溧阳之北，折北由长荡湖至金坛；向南经吴兴、荻港、东林、戈亭至杭州与乔司之间和钱塘江交汇，深度达 15～25m，太湖西部诸水大多经此钱塘江支谷，南流注入钱塘江。北部的谷地从马圩向北经雪堰、前洲、青阳、芙蓉、至江阴申港、澄江间的夏港入长江，太湖西北地区的部分地表径流，经此长江支谷流注长江，深度较浅[①]。

早全新世初期的距今 9000～8000 年时，海平面继续上升达到 -25～-10m，海侵到达长江三角洲顶部的镇江一带，海潮通过太湖西部南、北两条支谷入侵西太湖地区。特别是西南部的钱塘江深切支谷，因之演变成为从钱塘江口侵入太湖西部的大海湾，称为"太湖海湾"。在此海湾北部的马圩，成为海水从南、北两谷地入侵西太湖的交汇点。马圩钻孔揭示，在距今 8700 年的海相地层中，发现毕克卷转虫变种-光滑九字虫组合，证明全新世初期海水已沿太湖西部南北两个海湾侵入到太湖西北部的马迹山附近，太湖西部的潟湖雏形在这一时段已经出现。此后至 7500 年前后，海面继续上升到 -7m 左右，西部潟湖继续向西扩展，金坛至溧阳的茅山东麓洼地、溧阳至宜兴北侧的谷地，也已处在潟湖环境之中，因此在金坛、前指、官林、和桥等地均发现有这一时段的海侵沉积层；而常州圩墩遗址在地表以下 0.40～1.50m，有四个文化层，其最下的第四层属马家浜文化，此层下伏之生土层为灰色分砂质黏土，经微古分析属滨海潟湖-潮平沉积，说明圩墩在马家浜文化形成之前，环境也属于海侵潟湖的边缘地区[②]。

但需指出，早全新世的海侵，仅拓宽太湖西部的沟谷地带形成局部的潟湖，太湖大部以及东太湖地区在这一时段，则仍为晚更新世末期陆相硬土层所构成的陆地。据吴江西南新淤地的菀平钻孔，其上层沉积物含有淡水螺壳、芦苇根茎，属于近代湖相沉积，此层之下即为褐黄色硬土层，其高程和太湖底的硬土层相当，属晚更新世末期陆相地层；苏州东山、渡村，钻孔揭示的湖底上部硬土层与此相同。说明距今 10 000～7000 年的早全新世，太湖大部地区仍继承晚更新世末期的滨海平原地貌形态。至于菀平、东山、渡村钻孔中，晚更新世末期硬土层之下的海相地层，新近进行的测年结果为距今 30 000 年左右，显然属于晚更新世玉木亚间冰期海侵沉积，因此不可把它作为全新世早期海侵的潟湖相沉积进行论证[③]。

（二）碟缘高地的塑造与潟湖地貌的发育

中全新世早期的距今 7000～6000 年，气候更加湿热，海面继续上升至接近现代海面高程，海侵达到最大范围，并沿沟谷大举入侵太湖地区，导致太湖及其周边地区，遭受海水浸淹；同时由于环太湖平原的江阴、常熟、太仓、嘉定、金山一线滨岸滩脊（沙冈）的塑造[④]，从而形成从东部包围太湖平原的碟缘高地，奠定了太湖地区碟形洼地中

---

① 洪雪晴：《太湖的形成和演变过程》，《海洋地质与第四纪地质》，1991 年第 4 期；陶强、严钦尚：《长江三角洲南部洮滆湖地区全新世海侵和沉积环境》，严钦尚 等：《长江三角洲现代沉积研究》，华东师范大学出版社，1987 年。

② 陶强、严钦尚：《长江三角洲南部洮滆湖地区全新世海侵和沉积环境》；严钦尚 等：《长江三角洲现代沉积研究》，华东师范大学出版社，1987 年。

③ 洪雪晴：《太湖的形成和演变过程》，《海洋地质与第四纪地质》，1991 年第 4 期；蒋炳兴：《太湖的演变史》，《海洋湖沼通讯》，1989 年第 1 期。

④ 刘苍字 等：《长江三角洲南部古沙堤（冈身）的沉积特征、成因及其年代》，《海洋科学》，1985 年第 1 期；张修桂：《上海地区成陆过程概述》，《复旦学报》（社会科学版），1997 年第 1 期。

的潟湖地貌形态的基础。

当时，太湖西北部马圩-夏港间的长江支谷，通道口已被长江滩脊所封堵，入侵太湖地区的海水，主要来自东、南两个通道：南部通道是在"太湖海湾"的基础上，因海面上升而展宽，水深潮急，大量海水经此开阔的海湾北侵，由小雷山进入太湖，淹没西太湖大部地区，因之形成位于海湾北部两侧的洋溪、马圩 4m 厚的同期潟湖相沉积；东部通道大致沿今练塘、金泽、芦墟、黎里、平望一带的太浦河流域，经震泽侵入太湖东部地区，导致太湖东部和东太湖地区演变成为浅水潟湖，湖内牡蛎丛生，发育良好，形成的牡蛎层厚达 0.8m，渔民在东太湖底也多次拉到牡蛎壳。此时，太湖东南岸的双林、戴山等滨湖地区也同时沦为潟湖的南延部分，南岸的九里桥地区则发育成为浅水海湾①。

在太湖东、西两侧大部沦为潟湖的中全新世早期，太湖周边除湖沼洼地之外，在较为高爽的地区，已有先民在此活动，发展史前的马家浜文化（距今 7100～5900 年）②。太湖平原南部的嘉兴、桐乡、石门、崇福一带，属于地势高爽的台状平原形态，可供先民定居。因此在罗家角、马家浜、谭家湾、彭城等地，均有形成于这时段的马家浜文化遗址发现；此外在一些墩台、小丘上，如无锡的仙蠡墩、庵基墩、庙墩、施墩，苏州的草鞋山、张陵山、龙灯山，昆山的绰墩、黄泥山以及上海冈身内侧的菘泽、福泉山、查山等，也都有马家浜文化遗址分布③。据统计，太湖地区发现的马家浜文化遗址有 30余处，说明在太湖地区潟湖扩展期内，并非整个太湖平原都沦为潟湖。而常州圩墩马家浜文化遗址的发现，则说明太湖西北通道封堵之后，其附近的潟湖经泥沙淤填已转变为陆地，适合先民居住。

中全新世中期的距今 6000～5000 年，太湖平原东部紧邻沙冈的东侧，又有滨岸滩脊（紫冈）的形成④，它在加宽、加厚碟缘高地、进一步塑造太湖碟形洼地的同时，封堵了先前的一些通道，阻遏了海潮涌入西部的潟湖地区，加以距今 5400 年左右，气候一度转凉，海面略有下降⑤，碟形洼地中的潟湖，面积显著缩小，湖底大部出露成陆，周边地区则排水不畅演化为星罗棋布的淡水湖沼群，特别是先前的太浦河流域通道，因受冈身阻断，海水难以入侵，太湖东部及东太湖地区受其影响最为严重，地势低下的平望、震泽一带，因之演变成为湖群密集的中心，水深达 2～5m，湖内水草植物繁茂，堆积了 1～2m 厚的草本泥炭，据测定，震泽埋深 5m 的泥炭为距今 5960 年，黎里埋深 3m的泥炭为距今 5845 年，八都埋深 2.5m 的泥炭为距今 5600 年，梅堰 5.7m 深处泥炭为距今 5530 年，钱山漾深 1.8m 泥炭为距今 5260 年。说明这一时段东太湖地区潟湖已转化为淡水沼泽。此外，湖区中北部的马迹山、拖山之间，竹山、棒山之间也都有湖沼发育。这时，西部的太湖海湾虽然继续存在，但也已逐渐萎缩、演变为半封闭的海湾，其

　① 洪雪晴：《太湖的形成和演变过程》，《海洋地质与第四纪地质》，1991 年第 4 期。
　② 上海文物博物馆志编委会：《上海文物博物馆志·古文化遗址》，上海社会科学出版社，1997 年。
　③ 尹焕章、张正祥：《对江苏太湖地区新石器文化的一些新认识》，《考古》，1962 年第 3 期。
　④ 刘苍字 等：《长江三角洲南部古沙堤（冈身）的沉积特征、成因及其年代》，《海洋科学》，1985 年第 1 期；张修桂：《上海地区成陆过程概述》，《复旦学报·社会科学版》，1997 年第 1 期。
　⑤ 洪雪晴：《全新世低温事件及海面波动》，杨子赓、林和茂主编：《中国近海及沿海地区第四纪进程与事件》，海洋出版社，1989 年。

两侧的潟湖则演变为半咸水的潟湖[①]。原先太湖北部通道和侵入茅山东麓的潟湖支汊，大多也被泥沙充填成为可供先民定居的陆地，因此在这些地区以及无锡、江阴、常州间的古芙蓉湖底和常州、宜兴间的涡湖底，均有新石器时代遗址发现[②]。

这一时段，潟湖面积显著缩小，并开始演化为淡水湖沼，陆地面积随之进一步扩大。因此，形成于这一时段的崧泽文化（距今 5900～5100 年）[③] 遗址，不但分布范围较马家浜文化遗址广阔，数量也显著增多，达 70 余处。除上述马家浜文化遗址的上层大多有崧泽文化层堆积外，又如上海冈身以西的寺前村、金山坟、汤庙村、姚家圈、平原村，苏州越城、夷陵山、梅堰、大三墩，常州圩墩、淹城、潘家塘，寺墩、社渚墩，湖州邱城等地方，都有崧泽文化遗址的发现。

中全新世晚期的距今 5000～4000 年，长江携带的泥沙，不断在太湖平原东部的冈身外侧加积，在塑造新的水下边滩的同时，并形成紧邻于沙冈、紫冈东侧的竹冈[④]，太湖地区碟缘高地的冈身海岸大致建造完成。它在阻遏海潮入侵太湖地区的同时，并向东南推进，逐步形成喇叭形的杭州湾，迫使东海潮流传入湾内引起急剧变形，潮差增大，潮流变急，湍急的潮流在西部的太湖海湾口遭遇半山、大官山的阻滞，泥沙淤积成沙嘴，从而封堵了太湖海湾南部出口，太湖西部的苕溪诸水因之改流注入太湖。太湖平原中的潟湖，因东、南、北诸口封堵，海潮难以入侵，咸水潟湖基本消亡，平原上再次出现较多的淡水湖沼群，于是形成新一轮的泥炭层淤积，如吴兴南塘，地表下 1m 泥炭测定为距今 4750 年；常州圩墩 1.2m 泥炭为距今 4770 年；江阴祝塘 0.95m 泥炭为距今 4660 年。同期的湖沼泥炭层在吴江麻漾、长漾，无锡安镇、坊桥、荡口、杨亭，昆山周墅等地也都有发现[①]。

应当指出的是，太湖平原碟形地貌形成之后，海平面即使是幅度不大的波动变化，都会通过地表水和地下水，控制太湖及其周边地区水位升降和湖泊盛衰变化。中全新世晚期的后半段，即距今 4400 年左右以后，气候再度转凉，海平面至少比现在低 0.8m，太湖周边大量湖沼因之趋于萎缩、成陆，太湖陆地继续扩大。因此，形成于这一时期的良渚文化（距今 5100～4200 年）[③] 130 多处遗址，广泛分布于东太湖、东北太湖、吴江、青浦、昆山以及苏锡常、杭嘉湖平原上。近年来太湖周边渔民，在太湖中作业时，也常打捞到穿孔石斧、石钵、三足陶器等良渚遗物。同时由于地下水位相应下降，人们不得不挖井汲水，仅澄湖一处村落，便发现 150 多口古井，其中有的即属于良渚古井。与此同时，原湖中平台山西北残留的太湖海湾，也演变为新月形淡水湖泊[①]。

但自中全新世太湖平原东部碟缘高地的冈身地带肇始之后，长江和海洋带来的丰富泥沙，继续在冈身地带以东地区堆积，造成碟形地貌向海滨方向逐渐抬升的地形。相反，在冈身以西的太湖地区，因受冈身阻挡，得不到长江和海洋来沙补给，仅有少量的

① 洪雪晴：《太湖的形成和演变过程》，《海洋地质与第四纪地质》，1991 年第 4 期。

② 尹焕章、张正祥：《对江苏太湖地区新石器文化的一些新认识》，《考古》，1962 年第 3 期；魏嵩山：《太湖流域开发探源》，江西教育出版社，1993 年。

③ 上海文物博物馆志编委会：《上海文物博物馆志·古文化遗址》，上海社会科学出版社，1997 年。

④ 刘苍字 等：《长江三角洲南部古沙堤（冈身）的沉积特征、成因及其年代》《海洋科学》，1985 年第 1 期；张修桂：《上海地区成陆过程概述》，《复旦学报·社会科学版》，1997 年第 1 期。

湖沼和河流沉积，地势相对降低。又由于太湖平原以 0.5mm/a[①]的沉降速率在下降，经历数千年，太湖湖滨高程仅为 2.5～3.5m，而冈身地带高程则达 4～6.5m，二者高程相差达 2～3m，其结果导致太湖地区碟形洼地的最终形成，洼地的中心则成为天然的积水湖盆。

（三）太湖的形成与历史演变

距今 3885～3585 年时，气候再度变得温暖湿润，太湖地区年平均气温比目前高 1～2℃，年降水比目前多 200～300mm[②]，据苏北、河北、天津等地同期牡蛎层测年推断，其时海面上升略高于现在海面[③]。当时太湖流域所形成的丰富地表径流，大量汇集于沉降中的碟形洼地中部，由于遭受东部冈身的阻遏和上升海面的顶托，又由于南部原本可以大量倾泻碟形洼地洪水入海的太湖海湾，也已被钱塘江沙嘴彻底封堵，这诸多内、外营力长期共同作用，终于导致碟形洼地中部低浅的湖盆积水壅溢而演变为太湖，并因此造成严重的洪涝灾害，淹没了大量的新石器文化遗址，特别是良渚文化遗址。

传说中的大禹治水，可能即与这一太湖形成、扩大，并由此造成的洪涝灾害事件有关。太湖古称震泽。《禹贡》曰："三江既入，震泽底定"。北宋郏亶在其《水利书》中，对《禹贡》的这一记载做出合乎历史情景的解释："昔禹之时，震泽为患，东有堰阜，以隔截其流，禹乃凿断堰阜，流为三江，东入于海，而震泽始定。"[④]可以肯定，大禹之前，太湖已经形成并在迅速扩展之中，导致大禹时期太湖地区严重的洪涝灾害，因此先民利用原始地势开凿三江，以便尽可能地减轻太湖的洪涝威胁；但在海面上升的大禹时代，海水直逼冈身东侧，每遇天文大潮或特大潮汛时，汹涌的海水又可沿此三江通道涌入太湖地区，形成东太湖湖床上牡蛎壳的残留；并沿通道两侧侵入地势低下的洼地，导致局部地区潟湖的再度形成，出现新的牡蛎堆积，如吴江黎里地层，牡蛎顶板高程 0.3m，地下 3.5m 牡蛎测年则为距今 3585 年，显属这一时段的潟湖相沉积物[③]。

距今 3000 年前，碟缘高地竹冈东部新形成的横泾冈[⑤]，进一步封堵太湖水体的外排，尤其是进入春秋时期的吴王阖闾时代（公元前 514～前 496 年），吴国为了讨伐楚国，开凿了荆溪上游的胥溪运河，西通长江，东连太湖。由于水位和地势关系，洪水期长江自今芜湖漫流经胥溪运河，又东至宜兴直接灌注太湖[⑥]，加以春秋战国时期气候温暖湿润、雨水较多[⑦]，除使太湖面积继续扩大之外，其周边地势较为低洼的地区也相应积水成湖，如常熟东南的昆、承湖，常州、江阴、无锡间的芙蓉湖，以及太湖西部的长

① 景存义：《太湖地区全新世以来古地理环境的演变》，《地理科学》，1998 年第 3 期。
② 王开发：《江苏唯亭草鞋山遗址孢粉组合及其古地理》，《第四纪孢粉分析与古环境》，科学出版社，1984 年。
③ 洪雪晴：《太湖的形成和演变过程》，《海洋地质与第四纪地质》，1991 年第 4 期。
④ ［明］归有光《三吴水利录》卷一《郏亶书二篇》。
⑤ 刘苍字 等：《长江三角洲南部古沙堤（冈身）的沉积特征、成因及其年代》，《海洋科学》，1985 年第 1 期；张修桂：《上海地区成陆过程研究中的几个关键问题》，《历史地理》14 辑，上海人民出版社，1998 年。
⑥ 褚绍唐：《历史时期太湖流域主要水系的变迁》，《复旦学报》（社会科学版）增刊，1980 年。
⑦ 竺可桢：《中国近五千年来气候变迁的初步研究》，《竺可桢文集》，科学出版社，1979 年。

荡湖、涠湖等，在这一时段的前后也宣告形成，并将所在地的新石器遗址淹没①。

但这时扩展中的太湖，由于三江的客观存在，正常情况下太湖洪水仍可通过三江，顺畅泄入大海。因此在有史记载的初期，太湖湖面仅局限在碟形洼地的中心部位，面积远较今日为小。据成书于战国-东汉时代的《越绝书》记载，"太湖周三万六千顷"，约合 1680km²，即历史早期太湖的面积，仅为今太湖的 3/5。东太湖和太湖东北岬湾诸湖荡，在当时大多仍属陆地。据考古发现推测，当时今宜兴丁蜀、常州雪堰、无锡南泉、苏州胥口等地的太湖沿岸以外二三十里的湖区，均为可供先人居住的底质坚硬的陆地②。至今太湖湖底晚更新世末期硬土层之上，大多仅覆有 2～20cm 厚的浮泥③，说明全新世开始以后，太湖在大多时间内基本为陆地，即使是潟湖形成期或是太湖成湖期内，太湖的水面和水深也都不是太大。

距今 2000 多年来，由于太湖地区持续沉降，平浅的太湖，水面因此不断扩大，更重要的是，由于长江和杭州湾边滩的加积，促使碟缘高地高程增高，以及冈身以东地区快速成陆，导致三江在缩窄中不断淤塞，太湖排水不畅，积水加剧，太湖以及东太湖地区，水域因之显著扩大。

太湖扩展的最重要标志是湖区东北五个岬湾湖面的形成。太湖在先秦汉魏时代，早有五湖之称谓，尽管解释各有不同，但当以湖区东北存在五个岬湾形态为是。魏晋南朝时段，由于太湖水面拓宽，水体入侵五个岬湾地区，湾内水面随之扩大并纳入太湖，从而奠定了今日太湖的基本形态。顾夷在《吴地记》中明确指出："五湖者，菱湖、游湖、莫湖、贡湖、胥湖，皆太湖东岸五湾，为五湖。盖古时应别，今并相连。菱湖在莫里山东，周回三十余里……西与莫里湖连。莫里湖在莫里山西及北，北与胥湖连。胥湖在山西南，与莫里湖连。各周回五六十里，西连太湖。游湖在北二十里……周回五六十里。贡湖在长山西……西北……连老岸湖，周回一百九十里以上，湖身向东北，湖身向东北，长七十余里。两湖西亦连太湖。"④ 顾夷所指的五湖，即今太湖的五个岬湾水面，"今并相连"，说明魏晋南朝时段，今日太湖的形态已经基本塑造完成。

此后太湖的演变，特别是东太湖地区湖群的形成，除与地面沉降有关之外，更与三江的淤废，存在着密切的关系。

《禹贡》"三江既入，震泽底定"，古者解释甚多，然当以大禹开凿三江，震泽洪水始得通畅排入江海，不致泛溢成灾，震泽周边，因之得以安定的解释为是。据此，依当时地势，则《禹贡》三江必出自太湖之东岸，而后分别泄入江海。然古今变迁，《禹贡》三江之具体流路，已不可考。顾夷《吴地记》云："松江东北行七十里，得三江口。东北入海为娄江；东南入海为东江；并松江为三江是也。"《史记正义》对此有较详细地说明：三江者，在苏州东南 30 里，名三江口。一江西南上 70 里至太湖，名松江，古笠泽江；一江东南上 70 里白蚬湖，名曰上江，亦曰东江；一江东北下 300 余里入海，名曰

① 尹焕章、张正祥：《对江苏太湖地区新石器文化的一些新认识》，《考古》，1962 年第 3 期；魏嵩山：《太湖水系变迁》，中国科学院《中国自然地理》编辑委员会：《中国自然地理·历史自然地理》146 页，1982 年。

② 魏嵩山：《太湖水系变迁》，中国科学院《中国自然地理》编辑委员会：《中国自然地理·历史自然地理》146 页，1982 年。

③ 洪雪晴：《太湖的形成和演变过程》，《海洋地质与第四纪地质》，1991 年第 4 期。

④ 《吴郡志》卷四八《考证》。

下江，亦曰娄江。于其分处号曰三江口①。松江相当于今吴淞江，下游至今上海注入东海；娄江大致即今浏河，东北入长江；东江则自今澄湖经淀山湖，东南入杭州湾。应当说，顾夷所言之三江，主要代表的是魏晋南朝时段，三江的分流形态和流路方向。然此呈扇状分流的三江，基本符合《禹贡》时代东太湖地区的地势。因此，顾夷之三江，有可能是在《禹贡》三江的基础上，经水系自动调整、发育形成的新的排水系统，特别是作为三江主干道的松江，依地势排水东下入海，可能性更大。

然经两千余年的地貌演变，顾夷之三江，毕竟不可能是《禹贡》三江之原貌。以松江为例，《禹贡》"松江"之入海口，仅在上海冈身东侧，顾夷松江的入海口，则因冈身以东大幅度成陆而延伸至今浦东下沙沙带附近；《禹贡》"松江"必然极其宽阔，"震泽"才能"厎定"，顾夷松江则因河道延长，泥沙淤积，"壅噎不利、处处涌溢，浸渍成灾"②；再者，顾夷的三江，实质是松江出自太湖70里之后，始分派所形成的三江扇状分流河道，其与大禹疏导震泽所形成的三江，似当有所区别。此外，由于长江和杭州湾边滩的加积，地势抬高，顾夷的娄江和东江，排水已是严重不畅，因此南朝宋、梁时代，已有沿东江开槽以泄洪水由浙江入海的建议③，它们远不能和《禹贡》时代通畅的河势相比。总之，东晋南朝时代，顾夷的三江业已处在淤塞、萎缩之中，其所造成的泛滥，导致太湖地区六朝文化遗址遗物的大量缺失。

自从江南运河的开凿，特别是唐元和五年（公元810年），苏州至平望数十里长"吴江塘路"的兴筑④，塘路以东、冈身以西的东太湖地区，成为一个对水体极其敏感的低洼平原地域。唐宋时期，东江、娄江先后湮废，太湖仅靠延长、束狭、淤塞中的松江泄水，导致太湖水面再度扩展；更因为松江之水不能径趋于海，太湖下泄之水，大量溢入南北两翼的原东江、娄江流域低地，从而促使东太湖地区湖群的大量涌现，因此有的记载甚至认为东太湖湖群总面积超过太湖。北宋郏乔就说："震泽之大，才三万六千顷，而平江五县积水几十万顷。"⑤

关于太湖的扩展，北宋单锷在《吴中水利书》云，锷于"熙宁八年（1075年），岁遇大旱，窃观震泽水退数里，清泉乡（属今宜兴市）湖干数里，而其地皆有昔日丘墓、街井、枯木之根在数里之间，信知昔为民田，今为太湖也。太湖即震泽也，以是推之，太湖宽广，逾于昔时"。根据单锷的实地调查，至少说明西太湖和太湖东南部，在北宋年间湖面又有所扩展，因此淹没了此前滨湖地带上的前人聚居点。据浅平的湖底推测，太湖东北五个岬湾的水面，这一时段也当有数里之扩展。

东太湖地区大量湖群的涌现，记载甚多。单锷在《吴中水利书》中说："锷又尝游下乡，窃见陂渰之间，亦多丘墓，皆为鱼鳖之宅。且古之葬者，不即高山，则于平原陆野之间，岂即水穴以危亡魂耶？尝得唐埋铭于水穴之中，今犹存焉，信夫昔为高原，今为污泽。今之水不泄如故也。"单锷所游的"下乡"，即今东太湖地区。郏乔在《水利书》中具体指出，东太湖地区的常熟、昆山、吴江、吴县、长洲五县，共有湖泊三十余

---

① 《吴郡志》卷四八《考证》。

② 《宋书》卷九九《始兴王濬传》。

③ 《宋书》卷九九《始兴王濬传》；《梁书》卷八《昭明太子传》。

④ ［清］金友理：《太湖备考》卷三《水治》。

⑤ ［明］归有光：《三吴水利录》卷一《郏覃书二篇》、《郏乔书一篇》。

所，分为湖、瀼、陂、淹四种类型："湖则有淀山湖、练湖、阳城湖、昆湖、承湖、尚湖、石湖、沙湖；瀼则有大泗瀼、斜塘瀼、江家瀼、柏家瀼、鳗鲡瀼；荡则有龙墩荡、任周荡、傀儡荡、白坊荡、黄天荡、雁长荡；淹则有光福淹、尹山淹、施墟淹、赭墩淹、金泾淹、明杜淹"等。根据湖内发现的唐铭、宋井判断，这些湖泊大多当形成于北宋时段。

东太湖地区的湖泊，以松江为界，又可分为原东江流域和娄江流域南北两个湖区。

东太湖松江以北的常熟、昆山、长洲地区，基本上属于娄江流域。郏亶《水利书》对这一地区大片土地淹没成湖的记载最为详细："今苏州除太湖外，有常熟昆、承二湖，昆山阳城湖，长洲沙湖，是四湖自有定名，而其阔各不过十余里。其余若昆山之邪塘、大泗、黄渎、夷亭、高墟、巴城、雉城、武城、夔家、江家、柏家、鳗鲡诸瀼，及常熟之市宅、碧宅、五衢、练塘诸村，长洲之长荡、黄天荡之类，皆积水不耕之田也，水深不过五尺，浅者可二三尺，其周尚有古岸稳见水中，俗谓之老岸，或有古之民家阶甃之遗址在焉，故其地或以城、或以家、或以宅为名，尝求其契券以验，云皆全税之田也，是皆古之良田，今废之矣"。近几十年，人们在阳城湖、武城湖、沙湖、巴城湖、黄天荡等湖中，尚可发现新石器时代遗址、春秋吴国古城、汉代古井、唐代开元通宝以及宋井等各类遗址遗物[1]，说明东太湖北部大量湖荡的形成，显然与唐宋时段娄江湮废、水体壅溢有着密切的关系。

东太湖松江以南地区，据新石器时代以来的遗址埋藏深度分析，震泽—澄湖—淀山湖范围内的水网地区，可能是东太湖地区的沉降中心[2]。在松江淤塞、东江淤废的唐宋时代，因内、外力因素共同作用结果，区内洼地积水为湖、小湖扩展为大湖的现象甚为显著。现以淀山湖、澄湖这两个区内最大的湖泊为例加以说明。东江在淤废之前，因江水壅溢，沿程地势低洼处已有小湖（今白蚬湖）、谷湖（今入淀山湖）[3]存在。在东江淤废之后，东江故道上除白蚬湖、谷湖之外，又有马腾、玳瑁、锜湖、来苏、唳鹤、永兴等湖泊，见于北宋初期的《吴郡图经》记载，说明东江杭州湾出口堵塞之后，沿程的低洼谷地，因排水不畅，又形成不少新的湖泊。至北宋后期松江淤塞严重，谷湖和马腾、玳瑁诸湖又因之扩展合并，发展成为淀山湖，又名薛淀湖，"周回几二百里，茫然一壑，不知孰为马腾湖、孰为谷湖"[4]的局面已经出现。近来在淀山湖的西岑、商榻、金泽一带湖底，发现新石器、战国铜镞、开元通宝以及北宋崇宁遗物，证明淀山湖的扩展成湖期当在唐五代北宋年间。澄湖是东太湖地区仅次于淀山湖的又一大湖，原属东江分流的河源段，至今湖底仍可见故道遗迹[5]。据载此湖为唐天宝年间，因陆地下陷而成，故又名沉湖、陈湖[6]。然北宋后期，郏亶、郏乔、单谔等论太湖水利专著中尚不见此湖记载，说明它尚属与水利无关大局的小湖。但在《宋会要辑稿》和《宋史·河渠志》中，澄湖已被列为南宋乾道年间秀州四大湖泊之一，说明其成湖至迟当不晚于北宋末期。近

① 魏嵩山：《太湖流域开发探源》，江西教育出版社，1993年。
② 尹焕章、张正祥：《对江苏太湖地区新石器文化的一些新认识》，《考古》1962年第3期。
③ 《越绝书·吴地传》；《水经·沔水注》。
④ 杨潜：绍熙《云间志》卷中《水》。
⑤ 谭其骧：《太湖以东及东太湖地区历史地理调查考察简报》，《长水集》下，人民出版社，1987年。
⑥ 光绪《周庄镇志》卷一《水道》。

年在澄湖围垦区的湖底，发现新石器时代至北宋的文化遗址，以及湖底古河道中发现的宋井，可为之佐证。此外，如九里湖、太史荡等也都有类似的发现，说明当属同期泛溢形成的湖荡。

北宋时期，太湖的扩展，东太湖大量湖群的涌现，除与地体下沉，三江淤废、淤塞有关之外，两宋时期海平面上升[①]显然也是一个关键因素。

从宋代大规模整治三江开始，经历元明清三朝的继续改造，太湖地区的排水系统基本理顺。其过程大致如下：原来淤废的娄江故道，在北宋至和年间改造成为至和塘，至明永乐初已拓宽为"水阔二三里"[②]的浏河，成为明前期对外的贸易大港，但自"万历以后，港为潮沙壅积，仅存一线矣"[③]；松江（吴淞江）经过北宋后期的系列截弯以及元大德、泰定间的整治，但终因淤塞严重，至元代后期，下游几乎淤成平陆。于是从明初开始，吴淞江又有一系列的整治，在天顺、正德两朝，整治的关键是另辟新道，终于在嘉靖元年（1522 年）形成今吴淞江新道（苏州河）；原本东江因出口受堵淤废之后，上游故道发展成为陈湖、白蚬湖、淀山湖等一系列淀泖，初期主要通过千墩浦、赵屯浦、顾会浦向北泄入吴淞江上游，后因吴淞江淤塞，杭州湾北岸堤防加筑，淀泖之水以及浙北平原诸水改向东流，逐渐改由黄浦入注吴淞江下游，成为吴淞江下游南岸的支流水系系统。但至明代初期，由于吴淞江下游淤塞严重，导致黄浦"下游壅塞，难即浚治"，于是在永乐初，另辟入海新道范家浜，引黄浦淀泖之水径达于海[④]，其后由于潮流冲刷和继续疏浚，黄浦江日益壮大，嘉靖元年（1522 年）定型的吴淞江新道，则反成为其支流，在今外白渡桥注入黄浦江，今日黄浦江水系的格局终于奠定。入清以来，随着浏河日益缩狭淤浅，黄浦江则继续扩展，独专澎湃，最终演变成为太湖下游通畅的唯一的大河。

在这一时段，由于排水系统逐步理顺，太湖地区因洪水泛滥形成新湖的现象基本解除。但随之而来的是湖区开发、围湖造田速度的加快，导致湖泊面积不断缩小，大湖分解为小湖，甚而至于消亡。最典型的如芙蓉湖，《越绝书》谓其"周围一万五千顷"，可能是先秦汉晋时代太湖地区的第二大湖，《太平寰宇记》常州下尚记载其在"晋陵、江阴、无锡三县界"，但自"宋元祐中，往往堰河为田，于是湖流暂塞"[⑤]，其后再经不断围垦，面积继续缩小，至明中叶终于最后消亡，演变为农田[⑥]。又如淀山湖，北宋扩展成湖时，东西 36 里，南北 18 里，周 250 里，湖中有山有寺，山在水中心。从南宋淳熙、绍熙年间开始，湖区北部筑成大堤，围占成田，又由于潮沙淤淀，淀山湖已处在萎缩之中。元初至元年间，湖中山寺便已沦入田中。明初淀山湖湮塞益甚，淀山虽入平陆，但距湖仅五六里，至景泰中距湖已达十余里之遥，数十里宽的淀山湖，至此时"亦不过一二十里"[⑦]而已。此外，北宋年间在东江故道上发育形成的来苏、唉鹤、永兴等

---

① 满志敏：《两宋时期海平面上升及其环境影响》，《灾害学》，1988 年第 2 期。

② ［明］弘治《太仓州志》卷 10 上。

③ 《读史方舆纪要》卷二四·苏州府太仓州。

④ 《天下郡国利病书》卷一五。

⑤ 《读史方舆纪要》卷二五·常州府。

⑥ 光绪《无锡金匮县志》卷三《水利》。

⑦ 《读史方舆纪要》卷二四·松江府。

湖泊，在南宋绍熙年间便已"不详所在"[1]。昆山境内的江家、大泗、柏家、鳗鲡诸瀼，在南宋后期也已被围垦成农田[2]。至于太湖本身的萎缩，主要表现在马迹山、东山两个湖岬的发育，导致清乾隆年间尚悬于湖中马迹山、东山[3]，在清后期以来登陆成为陆连岛。东山陆连岛形成前后，今吴江市西侧的太湖湾岸线，以每年 200m 的速度萎缩[4]，湾内水域迅速演化为陆地和沼泽，乾隆年间尚存的石湖、白洋湾、菱湖等水面，因之相继消失或瓦解。

① 杨潜：绍熙《云间志》卷中《水》。
② 南宋《淳祐玉峰志·水》；《咸淳玉峰续志·山川》。
③ 乾隆《太湖备考》卷首《太湖全图》。
④ 中国科学院南京地理所：《太湖综合调查初步报告》，科学出版社，1965 年。

第四篇　历史时期河流水系的演变（下）

第十章　历史时期海河水系的形成和演变

海河流域东临渤海，南界黄河，西靠云中山、太岳山，北倚蒙古高原；横跨高原、山地、平原三大地貌单元；行政区划包括北京、天津两市，河北大部，山西东部，山东、河南北部，内蒙古东南部和辽宁西南小部分地区。

海河流域平原北部有东西走向的燕山山脉，西部有东北-西南走向的太行山脉，两道山脉在地形上构成"厂"字形的天然屏障。夏秋之际，来自太平洋的暖湿气流，受山脉阻挡抬升，在山前地带形成暴雨区。由于山区河流坡度陡，山洪来势凶猛，一旦进入平原地区，河流坡度迅速减缓，洪流宣泄不畅，容易造成决溢改徙。流域区内多年平均降水量 400～500mm，其中 70%～80% 集中在 7 月、8 月两月的几次暴雨中。降水的年际分配也极不均匀，丰水年降水量可达枯水年的 3～4 倍。因此，春旱、秋涝、旱年、涝年总是交替出现，严重影响流域河川径流量的稳定。

海河流域平原水系，由滦河水系、蓟运河水系、海河水系以及徒骇河、马颊河共同构成，它们分别从流域的北部、西部和西南部向渤海湾汇集，形成典型的辐聚状水系系统。其中，海河水系是海河流域平原最大的水系系统，上游支流水系繁多，下游干流单一集中。因此，洪水容易集中、互相顶托，尾闾更是宣泄不畅，上下游的泄洪能力，高者可达低者的数十倍至一二百倍。平原内的行洪主干道，一般都是地上河，两河之间则是河间洼地。每到汛期，干道只能行洪不能排涝，造成涝灾淹死庄稼；行洪之后又参与积存沥水，抬高地下水位，导致碱地、重碱地的形成。

目前的海河水系，包括北运河、永定河、大清河、子牙河和南运河五大支流水系。

南运河水系：南运河水系是海河水系中最长的一个支流水系。它的干流由漳河和南运河构成。漳河正源出自山西榆社县人头山南麓，东南流至河北磁县岳城进入河北平原，东北至馆陶万仓会卫河。卫河是南运河最长的支流，上游大沙河源出山西陵川县，南流至河南焦作进入平原地区，过获嘉称卫河，又东北会淇河、安阳河，至馆陶与漳河会，又东北至临清入南运河，北至天津入海河。

子牙河水系：上游滹沱河，源出山西繁峙县泰戏山，东南至河北黄壁庄进入河北平原，又东至献县纳滏阳河后称为子牙河，东北至独流镇与大清河会合，向东至天津入海河。滏阳河是子牙河水系南部大支流，源出邯郸鼓山西麓，东北至献县入子牙河。石家庄与邯郸之间源出太行山东麓诸水，在古大陆泽一带汇集成北澧河，于宁晋县东南注入滏阳河。

大清河水系：上游潴龙河，源出山西灵丘县太白山南麓，称为大沙河，东南至河北曲阳县进入河北平原，在安国县明宫店会磁河后始称潴龙河，又东北经白洋淀会合唐、漕、瀑诸河后名曰赵王新河，至文安苏桥合白沟河后称为大清河，又东与子牙河汇合。大清河的支流，大多是发源于太行山东麓的源短流急的小河，最大支流白沟河，上游巨马河源出涞源县凤凰山，自张坊进入平原后分南北二支注白沟河，至苏桥入赵王新河。

永定河水系：上游桑干河，源出山西宁武县管涔山东麓，东北过怀来称为永定河，在石景山进入河北平原，于武清双沟镇与北运河会合。永定河的支流几乎全部集中在山西境内，浑河是永定河最大的支流，在怀来与桑干河会合。

北运河水系：上游温榆河，源出军都山南麓，过通州内河桥以下为北运河，至天津入海河，为海河最小的一个支流水系。源出张北高原的潮白河，以前在通州牛牧屯注入北运河，成为北运河的上游河段。自从牛牧屯修浚潮白新河之后，潮白河沿新河至宁车沽与永定新河会合，致使北运河水系的流域面积和长度显著缩小。

海河水系在历史时期的形成与演变过程，基本涵盖了海河平原诸水系的历史演变过程。因此，本章的论述，以海河水系演变的历史过程为纲，其余诸水系的演变，根据文献记载的情况，依附在海河水系演变的相应时段之内。下面从黄河分流的海河水系雏形阶段、独立形成的海河水系初期阶段、发展变化的海河水系中期阶段、稳定改造的海河水系近期阶段四个时期，讨论海河流域平原水系演变的历史过程[①]。

第一节　黄河分流的海河水系雏形阶段（战国中期以前）

关于海河水系的形成，谭其骧先生早在 1957 年即以《海河水系的形成与发展》为题，在复旦大学校庆学术报告讨论会上，提出了海河水系形成于东汉末建安年间的著名论断。至 1984 年，他才根据当时的报告提纲，严定旧作时间断限，不增加任何新的内容，按原题改写成白话文发表于《历史地理》第四辑。此前的 1978 年，黄盛璋先生因参加撰写《中国自然地理·历史自然地理》海河一节的需要，参考谭先生报告提纲的意见，再次肯定海河水系形成的"下限在曹操遏淇水"的东汉末建安年间，只是把形成的可能上限，稍向前推至西汉末期。

应当说明，谭、黄两位先生所论证的海河水系的形成年代，是以今海河五大支流水系首次共汇天津经海河干流入海为前提的。从这个意义上说，谭先生的论断无疑是非常正确的，因此学界普遍接受。但应认识到，海河水系的形成，是以天津以东海河干流的客观存在为前提的。从这个意义上说，海河水系在历史时期的演变过程，经历着一个从无到有，从小到大的形成与发展过程，这与黄河、长江、淮河在历史时期演变的性质完全不同。目前，海河五大支流水系，以辐聚状形式在天津共注海河干流的水系形态，仅仅是海河水系在历史时期不断演变发展的一个阶段性特征。因此，讨论海河水系的历史演变，除了分析目前五大支流水系合流的年代及其后的变化之外，还应研究海河水系是如何从无到有、从小到大的各不同阶段的形成过程，才有可能全面了解海河水系在整个历史时期的演变过程以及这一过程所涉及的海河流域平原的各个水系系统，包括黄河在内。

一、雏形阶段的形成过程

所谓"雏形阶段"，是指以海河干流为入海通道的原始的海河水系已属客观存在，

---

① 张修桂：《中国历史地貌与古地图研究》，社会科学文献出版社，2006 年。

但尚未形成海河流域的独立的水系系统，而是依附于黄河、作为黄河下游的一支分流水系而存在，在水系隶属关系上，属黄河水系的一个基本组成部分。

（一）雏形阶段以前海河流域平原地貌特征

据谭其骧先生《西汉以前的黄河下游河道》的研究，在战国中期以前，海河流域平原存在黄河下游的两条分流河道：东支分流的流路，《汉书·地理志》所载最详，故称为《汉志》河；北支分流流路，《山海经·山经》和《尚书·禹贡》记载最详，故称为《山经》河或《禹贡》河。但《禹贡》河过今深州之后即播为"九河"；而《山经》河仍继续北流东折于今天津以东入海，这是《山经》河与《禹贡》河的差异之处[①]。最近的研究成果表明[②]，黄河下游《汉志》河分流的基本流路，在中全新世已经形成。其在孟村所塑造的黄河古三角洲，有着与黄土高原、黄河现代河床、黄河现代三角洲相似的物源矿物；而建造孟村三角洲的河流相沙体，自孟村向西南，经德州、夏津、冠县、内黄、浚县、武陟与黄河相连；三角洲的面积约 1500km²，孟村、盐山、海兴、黄骅等县城位于其上，孟村为三角洲的顶点。经 ^{14}C 测定，孟村黄河古三角洲埋深 18m 处距今7000 年，埋深 12m 处距今 5000 年，埋深 5m 处距今 3000 年，说明三角洲发育的时间是距今 7000～3000 年的中全新世。由此可见，黄河下游《汉志》河分流形成的历史相当久远（图 10.1）。

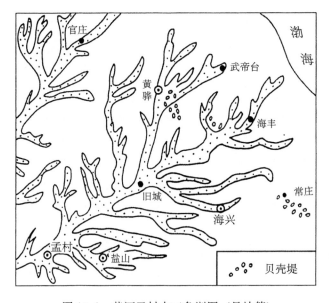

图 10.1　黄河孟村古三角洲图（吴忱等）

---

①　谭其骧：《西汉以前的黄河下游河道》，《历史地理》创刊号，上海人民出版社，1981 年；《〈山经〉河水下游及其支流考》，《中华文史论丛》第 7 辑，1978 年 6 月。

②　吴忱 等：《黄河古三角洲的发现及其与水系变迁的关系》，吴忱 等著：《华北平原古河道研究论文集》，中国科学技术出版社，1991 年。

在中全新世，《汉志》河长期塑造的自然堤自西南向东北横亘于海河流域平原的东南部地区，因此在距今 6000 年左右的高温、多雨、高海面时期，黄河下游《汉志》河以西北地区，即海河流域平原的中部和南部，湖沼极度扩展，大陆泽—宁晋泊、白洋淀—文安洼、七里海—黄庄洼三大相对集中的湖沼带，遂以辽阔的水域彼此断续相连，形成一条自西南向东北展布的广阔的湖沼带①。当时，黄河《山经》、《禹贡》河分流尚未形成，太行山东流诸水，皆汇于这一扩展的湖沼带，然后依地势自南向东北汇聚于地势最为低下的白洋淀—文安洼一带，并通过其东部汇入渤海高海面。

由于高海面时期，天津附近的海岸线在天津以西的霸县、文安一带②，天津以东的海河干流当时尚未形成，所以也就不存在以海河干流为入海通道的海河水系问题。

（二）雏形阶段的形成过程

进入中全新世后期和晚全新世早期，由于气候转冷变干，植被减少，水土流失相对加剧，河流含沙量增加，黄河下游《汉志》河因此决溢改道日趋频繁。《汉书·沟洫志》大司空掾王横论治河时，引《周谱》所载"定王五年河徙"，仅是其中一次被记载下来的黄河改道。但此次"河徙"何处？因没有确切可靠佐证资料，所以至今研究者众说纷纭，甚至连"定王五年"究竟是哪一个定王的五年，也都有不同的理解。关于此次河徙，从海河流域平原古地貌分析，当属客观存在毋庸置疑；但据先秦文献有关黄河的资料分析，似不可能是黄河下游的一次大范围的改道，很有可能只是黄河在《汉志》河范围内的一次迁徙，因不影响黄河下游的基本流路，不为多数人所注视，因此除《周谱》之外，各种史书均无言及。

这一时期，《汉志》河的重大变迁，见诸文献记载的，是《禹贡》、《山经》河自《汉志》河上游的大邳以下河段分出，东北经大陆泽—宁晋泊和白洋淀—文安洼诸湖群地带，又东经天津以东以南一带入渤海。《禹贡》、《山经》河的形成，奠定了海河水系形成的雏形阶段。

《史记·河渠书》："然河菑衍溢，害中国也尤甚。惟是为务。故道河自积石历龙门，南到华阴，东下砥柱，及孟津、雒汭，至于大邳。于是禹以为河所从来者高，水湍悍，难以行平地，数为败，乃厮二渠以引其河。"（《汉书·沟洫志》作："酾二渠"，同为分其流、泄其怒之意）

在传说中的夏代，因为黄河下游单一的《汉志》河河床已经严重淤塞，经常性的决溢泛滥灾害，危害中国尤甚，虽经屡次疏导，皆以失败告终，难以使湍悍的河水安全行洪。为确保黄河下游的安全，根据当时黄河下游平原的地貌特点，最好的办法是引流分洪，所以夏禹自大邳以下，"乃厮二渠以引其河"。从而形成了见于《尚书·禹贡》记载的黄河下游《禹贡》河分流河道。《汉书·沟洫志》引大司空掾王横言："禹之行河水，本随西山下东北去。""西山"即指海河流域平原西部的太行山，"东北去"的流路便是

---

① 王会昌：《河北平原的古代湖泊》，《地理研究》，1983 年第 3 期。

② 赵希涛：《渤海湾西岸全新世海岸线变迁》，载于赵希涛《中国海岸变迁研究》，福建科学技术出版社，1984 年。

太行山东麓、海河流域平原中南部的湖沼洼地。应当说明，夏禹所厮的《禹贡》河分流的形成，即黄河下游由单一的《汉志》河，演变成《汉志》河与《禹贡》河二渠并存的分流局面，在当时已是自然发展的必然趋势。《汉志》河流路经历数千年的自然淤积，河床已明显抬升不利行洪；而海河流域平原内的《禹贡》河流路，原先就是低洼的湖沼地带，依地势分洪北流，已是势在必然，夏禹只需截断大邳以下《汉志》河北岸的自然堤高地，"厮二渠以引其河"便可水到渠成。否则，在生产力水平极端低下的夏代，是绝对没有能力大规模另凿新渠、另辟新河道的。

　　《禹贡》河分流的具体流路，《禹贡·导水》记载："北过降水，至于大陆，又北播为九河，同为逆河，入于海。""降水"即漳水。据《汉书·地理志》、《水经·浊漳水注》记载，降水在今河北曲周县南部注入《禹贡》河。"大陆"即《禹贡·冀州》"恒、卫既从，大陆既作"的大陆泽。先前它是一个范围广阔的大泽，据钻孔资料分析，其范围在今任县、隆尧、宁晋、辛集、深州、冀州、南宫、巨鹿诸县市之间，呈西南-东北向，长约 60km，最大宽度在 30km 左右[1]。

　　中全新世高海面时期，大陆泽曾与其北部的白洋淀—文安洼湖沼断续相连，夏禹时代，这个广阔的大陆泽，已演变成为平原-湖沼地貌形态。"九河"之九，乃是多数之代词，并非实数。"逆河"当为潮汐河口海水倒灌所及的尾闾河段。九河尾闾所在之地，先前即为白洋淀—文安洼湖沼区，夏禹时代，已成《禹贡》河分流的尾闾三角洲分流区。《禹贡》河所入之海，《史记·河渠书》、《汉书·沟洫志》谓之"勃海"，即今渤海湾。

　　总之，《禹贡》河在今浚县大伾山的古宿胥口与《汉志》河分道扬镳之后，沿太行山东麓冲积扇前缘洼地北上，在今曲周县南纳漳水后，又北流通过今任县—深州之间的平原-湖沼地带，至深县附近分散成许多潮汐型分流，通过先前的白洋淀—文安洼湖沼区，然后依地势东北流注渤海湾。

　　《禹贡》河这条流路，在《山海经·山经》的记载中，蕴涵更丰富的具体资料，故又称为《山经》河。《山经》河是谭其骧先生在《〈山经〉河水下游及其支流考》中，根据《山海经·北山经·北次三经》所载入河诸水，用《汉志》、《水经》、《水经注》所载河北水道考证出来的一条过去鲜为人知的黄河下游分流河道。《山经》河与《禹贡》河，在古宿胥口至今深州以南河段，流路完全一致，说明《山经》所载黄河，实质上即为《禹贡》河。但自深州以东，《禹贡》河即播为九河，主干道在何处，《禹贡》所载不甚明确；而《山经》所载《山经》河主干道流路却甚为清晰。它自深州北流，汇合滹沱河之后，又北流至今蠡县之南合滱水，再北至今清苑县东折而东流，经今新安、霸县之南的白洋淀—文安洼地区，又东流至今天津市区入渤海。

　　在中全新世后期至晚全新世早期，天津以东海河两岸的海岸线，已从张贵庄—巨葛庄一线（距今 3800 年）向东推进至军粮城—泥沽一线（距今 2500 年）[2]。因此，《山经》河下游天津尾闾河段，实际已纳入今天津至张贵庄的海河河段，甚至于是天津至军粮城的海河河段，即今天津海河干流的雏形，在《禹贡》、《山经》河形成的时代，便已

　　① 吴忱：《华北平原古河道研究论文集》，中国科学技术出版社，1991 年。
　　② 赵希涛：《渤海湾西岸的贝壳堤》，载于赵希涛《中国海岸变迁研究》，福建科学技术出版社，1984 年。

形成而客观存在。

由于当时纳入海河的水系，是黄河下游北支分流（也可称为西支分流或西渠）的《禹贡》、《山经》河分流水系，海河水系尚未形成海河流域之内的独立的地方水系，所以从形成过程分析，可称此阶段的海河水系为形成过程中的雏形阶段，从属于黄河的分流水系系统。

（三）雏形阶段的时限

时限问题，包括海河水系雏形阶段形成开始的下限，和雏形阶段结束转入独立的地方水系的上限两个问题。

关于雏形阶段结束的上限，据谭其骧先生《西汉以前的黄河下游河道》一文的结论"约在前四世纪四十年代左右，齐与赵魏各在当时的河道即《汉志》河的东西两岸修筑了绵亘数百里的堤防，此后《禹贡》、《山经》河即断流，专走《汉志》河，一直沿袭到汉代"[①] 应断在战国中期。此时，《禹贡》河、《山经》河因《汉志》河大堤阻隔，脱离黄河水系的源流系统，但其中下游河道，仍一如既往地承接海河流域之内的地表径流，逐渐演变成海河流域的独立的地方水系。

至于雏形阶段开始形成的下限，当据《尚书·禹贡》、《史记·河渠书》、《汉书·沟洫志》，断在夏代大禹厮引《禹贡》河分流北上的稍后时期。在此之前，黄河下游为单一的《汉志》河，经德州至孟村入海；而天津以东地区尚未成陆，海河干流尚未形成，海河水系的雏形也就不可能存在。在此之后，黄河下游《禹贡》河九河分流以及《山经》河尾闾，在天津以东塑造陆地，《山经》河尾闾依地势自天津向东自然延伸，从而形成原始的海河干流河段，作为黄河分流的海河水系雏形，便宣告形成。

问题在于，大禹治水多属传说；《尚书·禹贡》一般又认为是战国时代的作品，那么《禹贡》河究竟是不是形成于大禹治水的夏代，还需要进一步的论证。

《禹贡》河因位于《汉志》河以西的河北平原西部，故又有"西河"之称。《墨子·兼爱》："古者禹治天下，西为西河渔窦，以泄渠孙皇之水。"据史载，西河在商代已经存在。《吕氏春秋·音初》记"殷整甲徙宅西河"、《文心雕龙》记"殷整思于西河"即其证。更重要的是，西河在殷商之前的夏代已经成流。当时，以殷之先祖王亥为首的商人部落，曾沿黄河下游的西河分流北下到易水流域，和有易氏族发生冲突。《山海经·大荒东经》："王亥托于有易、河伯仆牛。有易杀王亥，取仆牛。河伯念有易，有易潜出，为国于兽，方食之，名曰摇民。"郭璞注引《竹书纪年》云："殷王子亥宾于有易而淫焉，有易之君绵臣杀而放之，是故殷上甲微假师于河伯以伐有易，灭之，遂杀其君绵臣也。"注又云："言有易本与河伯友善，上甲微殷之贤王，假师以义伐罪，故河伯不得不助灭之。既而哀念有易，使得潜化而出，化为摇民国。"《楚辞·天问》："该（即王亥）秉季德，厥父是臧，胡终弊于有扈，牧夫牛羊。"记载的同为王亥故事。据王国维《观堂集林》考证，有扈即有易，地点在易水流域。河伯是大河之神。河伯与有易发生关系，王亥与河伯、有易联系在一起，是黄河北流到易水流域的反映。这件事发生在先

---

① 谭其骧：《西汉以前的黄河下游河道》，《历史地理》创刊号，上海人民出版社，1981 年。

商之世的夏代，而被认为属夏文化的二里头文化，[14]C 测定在距今 3470～3245 年[①]，与天津第三道贝壳堤的年代（距今 3800～3400 年）上限接近。说明黄河下游"西河"的《禹贡》河，在夏代当已形成[②]。

二、雏形阶段海河流域平原的水系系统

在海河水系发育的雏形阶段，海河流域平原的水系，大致分属三个系统：《汉志》河分流系统、《禹贡》河分流系统、其他独流入海的水系系统（图10.2）。

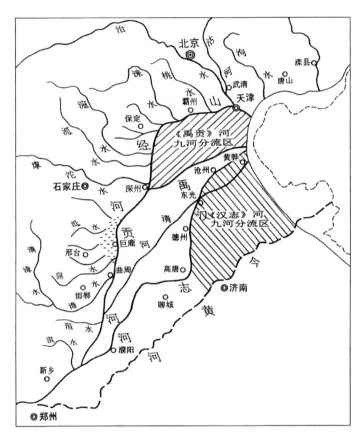

图 10.2　海河水系雏形阶段海河流域水系图

（一）《汉志》河分流系统

《汉志》河自武涉经濮阳、德州至孟村入海的流路，历时数千年，虽有局部变迁，但总体流路方向基本保持不变。从夏禹在宿胥口的《汉志》河北岸，斯引出黄河北分流

---

①　夏鼐：《碳14测定年代和中国史前考古》，《考古》，1977年第4期。
②　韩嘉谷：《论第一次到天津入海的古黄河》，《中国史研究》，1982年第3期。

的《禹贡》河之后，《汉志》河流量虽然骤减，但并未断流，仍是黄河下游的两大分流（二渠）之一。

《禹贡》两次提及"九河"：一是"济、河惟兖州：九河既道"；二是导河"至于大陆；又北播为九河，同为逆河入于海"。据研究①，《禹贡》两次提及之"九河"，乃是《汉志》河和《禹贡》河，分别在其下游的尾闾地区所形成的两个扇状分流系统。《禹贡》既有兖州的"九河既道"，又有冀州的"北播为九河"之说，证明《禹贡》作者对先秦时期黄河下游同时存在两大分流，也是十分清楚和肯定的。只因作者所反映的夏禹时代的黄河下游以北支分流为主干道，所以导河一章专述北分流即《禹贡》河的流路，而未及东北支弱分流的《汉志》河。《汉志》河在夏禹时代之所以成为弱分流，显然与尾闾九河分流壅塞、黄河流量大部分汇集于禹所厮成的《禹贡》河有关。正因如此，兖州《汉志》河的九河分流，才需要夏禹去进行疏导，"九河既道"即为此意。它与"同为逆河"的冀州九河分流在河势上的差异是十分明显的。

《汉志》河九河分流系统及其地域范围，可作如下分析。

根据谭其骧先生《西汉以前的黄河下游河道》的论断，唐宋以前，"河"是黄河的专称、正称。因此，在《汉书·地理志》、《水经》、《水经注》中，出现除黄河之外的水道被称为"河"的，都可以认为这些水道或其一部分，曾经是黄河或其分流的一部分。据此，《汉志》河九河系统的分流，有据可查的即有笃马河（《汉志·平原郡平原》）、商河（《水经·河水》）、源河（《水经·河水注》之漯水）三条东流入海的分流，它们也都有可能是《汉志》河东决以后的主干道。

此外，《尔雅·释水》提出的徒骇、太史、马颊、覆釜、胡苏、简、絜、钩盘、鬲津九河，实际上也是《汉志》河九河分流系统在不同时期的分流河道。《汉书·沟洫志》载，成帝时，许商以为，"古说九河之名，有徒骇、胡苏、鬲津，今见在成平、东光、鬲界中。自鬲以北至徒骇间，相去二百余里"，余者"既灭难明"。胡渭在《禹贡锥指》卷三进一步推论："许商上言三河，下言三县，则徒骇在成平（今交河东北），胡苏在东光（今县东），鬲津在鬲县（今德州东南），其余不复知也。《尔雅》九河之次，从北而南，既知三河之处，则其余六者，太史、马颊、覆釜在东光之北、成平之南，简、絜、钩盘在东光之南、鬲县之北也。"可见除徒骇之外，《尔雅》九河，范围在《汉志》河高唐至黄骅一线以东。因此，《汉志》河九河分流的地域范围，当以高唐为分流顶点，以流经东光、黄骅的《汉志》河干流为西界和北界，南界源河即相当于黄河下游河口段，其中之九河，则在今黄骅至利津一线入海。

（二）《禹贡》河分流系统及其入汇支流

《禹贡》河的分流系统，主要表现在其北流过深州以后所播的九河系统。深州是《禹贡》河九河分流区的顶点。其所播的九河分流，大多已被后世源出太行山东麓诸水所湮灭而不可考。但据《尔雅》九河，我们完全可以把最靠近《汉志》河的先秦徒骇河定为《禹贡》河九河分流的最南派。它自今深州别河东北流，经过今武强、交河之北，

---

① 张叔萍、张修桂：《〈禹贡〉九河地域范围新证》，《地理学报》，1989年第1期。

又东北流至今黄骅北界入注渤海。徒骇河分流在战国秦汉尚见于记载，可以认为它是《禹贡》河后期九河分流的主干道。徒骇河之南即为《汉志》河九河分流地域，故《禹贡》河九河分流的南界，当以徒骇河为界，《禹贡》河九河的其余分流均应播流在徒骇河一线以北地区，即今白洋淀—文安洼及其以东地区。

《禹贡》河九河分流的北界，当以白洋淀—文安洼这条东西走向的构造凹陷带的北界为限，因为此界线以北，即为永定河、潮白河联合冲积扇的前缘，地势自北向南倾斜。白洋淀—文安洼凹陷带是海河南北各水系变迁的极限，早期黄河北流，同样也不能超越。前面提及的《山经》河下游河段，在深州与《禹贡》河分道扬镳之后的流路，正是沿着太行山东麓冲积扇与永定河冲积扇的前缘洼地白洋淀—文安洼地东流至天津入海。据此，我们可以作出如下推论：深州以北的《山经》河，也是以深州为顶点的《禹贡》河所播的九河分流之一，据其流经地点分析，它应是《禹贡》河九河分流的西界和北界，其故道虽早已湮没，但经考证之后仍可清楚地判明其流踪，说明它甚至还可能曾经是《禹贡》河下游的主干道，只因后期流量集中徒骇河分流，其河床又为其他河流所夺，《山经》河下游遂湮没鲜为人知。

综上所述，《禹贡》河九河分流的地域范围，以深州为顶点，以徒骇河为南界，以《山经》河下游为其西界和北界，其中之九河分流即在今天津军粮城至黄骅北界一线入注渤海。《山经》河下游及其在天津的海河尾闾河段，则可视为《禹贡》河九河分流的最北一支分流河道。海河水系雏形阶段的形成，即决定于这一分流的客观存在。

《禹贡》河除下游存在九河分流之外，其在上游今内黄境内也存在一条分流，沿《水经》里的清河流路，东北至东光注入《汉志》河。清河之所以称为"河"，无疑是黄河自内黄决出东北流的一条分流。清河之名，屡见战国史籍记载（《赵策》、《齐策》等），说明此《禹贡》河的分流河道，在战国以前就已形成。战国中期以后，《禹贡》河断流，清河分流河道不再为黄水所灌注，水源限于内黄以南的洹、荡诸水，含沙量大减，浊流变清流，因而被称为清河[①]。

由于《禹贡》河是沿太行山东麓冲积扇前缘洼地，北流东折至天津军粮城附近入海的，所以出自太行山诸水，均汇入《禹贡》河，成为其入汇支流而无一例外，自南向北包括今安阳河、漳河、滏阳河上游诸水、滹沱河上游以及整个大清河水系。至于永定河和北运河水系，究竟是不是海河水系雏形阶段的入汇支流，问题比较复杂，目前研究者基本上持否定态度，其实这个问题还是可以进行讨论。

北运河水系（包括白河），《山海经》谓之湖灌水，《汉志》、《说文》谓之沽水，《水经》则称它为沽河。《山海经·北山经·北次二经》湖灌之山："湖灌之水出焉，而东流注于海。"据此，今北运河水系在《山海经》所反映的时代似应是单独入注渤海的，与当时雏形阶段的海河水系并没有主支流的交汇关系。但《水经》既称之为沽河，河乃黄河干流或汊流的专称，而在《水经》著作的东汉三国时代，黄河下游已经南迁，不但离开了《山经》、《禹贡》河，而且也离开了《汉志》河，则《水经》沽河之称应与战国中叶以前黄河下游《山经》河天津以东尾闾河段有密切的关系。

前已说明，《山经》河的北流极限是白洋淀—文安洼—天津一线，此线以北是永定

① 谭其骧：《西汉以前的黄河下游河道》，《历史地理》创刊号，上海人民出版社，1981年。

河—北运河联合冲积扇，地势北高南低，《山经》河尾闾不可能形成北向分流。因此，沽河之所以称为"河"，便不可能是《山经》河下游的一条北向分流的缘故；同样，它也不可能是《山经》河北决经过沽河河道而得名。既称为河，则其与黄河的关系，在时间上、空间上应有一定的稳定性。事实上，沽河自北南注的河势即已否定了它作为黄河分流的可能性。因此，沽河与《山经》河的关系，只能是沽河的下游河段，曾经也是《山经》河的下游尾闾河段，这个共有的河段，即天津以东的原始的海河干流河段，以后虽然《山经》河断流了，但沽河因下游曾为黄河尾闾而河名不灭，以至于被《水经》作者所觅到。应当说，这种可能性是存在的。

《汉书·地理志》沽水"东南至泉州入海"；《水经》沽河"又东南至泉州县，与清河合，东入于海"。这两条史料所反映的两汉时代的沽河下游河势，在下节讨论。这里借用这两条史料，是想证明上述问题的可能性。

两汉泉州故城，在今武清县西南永定河南岸的城上村，东南距天津市区不足25km。《水经》所载沽河的流路，基本上即今北运河至天津入海的流路。而《水经》既称沽河为河，则战国中叶以前，沽河基本上应沿《水经》沽河流路，经由后来的泉州城，然后依自然流势，东南经由天津入海。《山海经》湖灌水入海，应当这样理解。由于天津以东的沽河入海河段，又是黄河的《山经》河分流的入海尾闾河段，因此沽河才有黄河之"河"的专有名称。反之，如果战国中叶以前，沽河不经由今北运河至天津入海，而是在泉州故城之北折东入海，《山经》河的下游尾闾，无论是干流或分流，都不可能在时空上与沽河有任何稳定的联系，沽河便不可能兼有黄河之"河"的专称。

永定河水系，《山海经》称之浴水，《汉志》、《说文》作治水。浴、治形近，当为今本《山海经》传抄致讹，《水经》名之曰灅水。治水在沽河之西，沽河既属《山经》河海河雏形水系系统，其西之治水必然同属海河雏形水系，无须论证。但治水未曾称河，按其早期流路，当流入沽河，由沽注入《山经》河，成为《山经》河的一条二级支流。

（三）其他独流入海水系

根据文献所载，海河水系形成雏形阶段的海河流域平原水系系统，自今天津以西、黄河下游以北地区，河流全部归入《禹贡》河分流与《汉志》河分流两个水系系统，其他独流入海的水系，所剩无几。见于记载的仅有今蓟运河前身的沟河，无须赘述。滦河独流入海，虽属客观存在，但尚未见于记载。

第二节　海河水系形成的初期阶段（战国中期—西汉前期）

一、海河水系形成的标志

海河水系是海河流域平原以海河为入海通道的独立的水系系统。因此，它的形成决定于天津以东海河干流的客观存在以及上游地区独立的属于海河流域地区的水系在天津注入海河干流这两个条件。

（一）海河干流客观存在

海河干流的客观存在是判断海河水系形成的先决条件。历史早期，海河干流虽然未见史书明确记载，但从天津上游地区是否有水系在天津市区或近郊入海以及当时的海岸线是否在天津市区以东这两方面进行分析，则可判断海河干流是否客观存在。

如前所述，夏商周时代《山经》河尾闾在天津市区入海，毋庸置疑；当时天津海岸在今张贵庄—巨葛庄一线至军粮城—泥沽一线，已有 ^{14}C 的测年证明。因此，《山经》河至天津市区之后，又东至军粮城—泥沽海岸入海的尾闾河段，必然就是今天海河干流的原始雏形。

当然，天津以东的海河干流也可认为是黄河分流的雏形海河水系的尾闾。而水系的入海尾闾是会经常发生迁徙变化的。例如，近代的黄河三角洲尾闾，其在利津以下的尾闾迁徙不定，但无论如何迁徙，利津以下的任何新徙河道仍然是黄河的不可分割的入海尾闾部分。同样道理，天津以东的海河干流河段一旦成为海河水系的尾闾，无论它在历史时期之内如何变迁，只要不脱离天津市区或近郊或为海侵所浸没，就仍然是海河水系的关键组成部分。

（二）独立水系注入海河

从现代海河水系的概念出发，注入海河的水系必须是海河流域之内的独立水系。所以尽管先秦时代，黄河通过天津海河入海塑造了海河干流河段，但仍然不能认为海河水系在当时已经形成，而只能认为是海河形成的雏形阶段属黄河水系系统，尚未形成独立的地方水系。

海河流域地区的水系在天津注入海河，现在是有五大水系构成庞大的海河水系系统。但从海河水系的形成、发展以及其自身的概念等综合考虑，可以认为，海河流域地区只要有一个以上的水系在天津注入海河干流便可认为海河水系在当时即已形成，而不必强调五大水系同时注入海河干流才能确认海河水系的存在。因为后者仅是海河水系发展的阶段性产物，更何况在历史长河中，五大水系同注海河的形势仍有分合之变。

战国中叶，《汉志》河东西两岸修筑绵亘的堤防导致《山经》河、《禹贡》河断流，是海河流域独立的海河水系开始形成的标志。此后，以海河为入海通道的海河水系脱离了黄河下游水系系统，开始了其独立的地方性水系演变过程（北宋中期1048年至南宋初期1128年的80年间，黄河北分流由天津海河入海除外）。

二、海河水系形成初期的水系系统

《禹贡》河、《山经》河断流之后，独立的海河水系宣告形成。但初期的海河水系规模较小，仅限于今大清河、永定河和北运河三个水系（图10.3）。

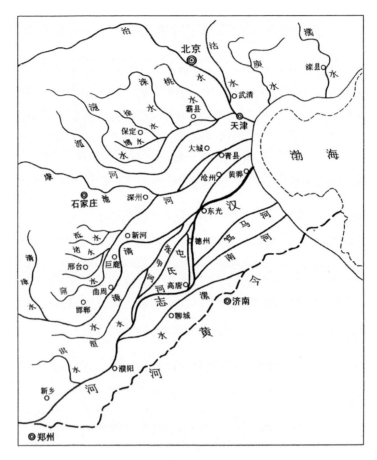

图 10.3　海河水系形成阶段海河流域水系图

（一）初期水系分析

　　春秋战国时期，海岸线既在天津以东的军粮城—泥沽一线，海河作为《山经》河的入海尾闾，其基本形态已经塑造完成。战国中叶，《山经》河断流之后，海河径流量虽然相应减少，但作为地方水系的入海尾闾河段，海河是绝不会因为《山经》河断流而淤亡的。当时它所承接的上游地方水系，可据《汉书·地理志》所载渤海湾西岸的水道形势加以分析。

　　金城郡河关："河水行塞外，东北入塞内，至章武入海。"河水即《汉志》河及其上中游，章武故城即今黄骅附近的伏漪城。

　　代郡卤城："虖池河东至参合入虖池别河。"河间国弓高："虖池别河首受虖池河，东至平舒入海。"虖池河即今滹沱河，虖池别河为虖池河下游入海分流河道。"参合"系"参户"之误①，故城在今青县西南木门店；平舒即东平舒，故城即今大城县治。

───────────
　　① 谭其骧：《历史时期渤海湾西岸的大海侵》，《人民日报》1965 年 10 月 8 日。

代郡卤城："从河东至文安入海。""从河"系"狐河"之误[①]，即今沙河。文安故城在今文安县东北柳河镇。

代郡灵丘："滱河东至文安入大河。"滱河即今唐河。"入大河"为"入海"之误[①]。

雁门郡阴馆："累头山，治水所出，东至泉州入海。"治水即今桑干河及其下游永定河前身；泉州故城在今武清西南城上村。

渔阳郡渔阳："沽水出塞外，东南至泉州入海。"沽水即《水经》之沽河，今为北运河及上游白河。

右北平郡无终："浭水西至雍奴入海。"浭水一作庚水，即今蓟运河上游州河；西汉雍奴故城，即今宝坻县南秦城遗址。

以上《汉志》所载当时渤海湾西岸七大川各自独流入海的形势，所反映的是西汉中叶以后，渤海湾西岸发生大海侵、海岸线大范围内撤的情况[①]。但自春秋战国至西汉中叶，渤海湾西岸并没有发生海陆变迁的异常现象，由于河流泥沙的堆积，春秋战国至西汉前期，天津地区的海岸线应基本维持在军粮城—泥沽一线并略向外海推进。因此，上述七大河川，当如谭其骧先生在《历史时期渤海湾西岸的大海侵》所分析："除大河（按指《汉志》河）比较偏南、浭水比较偏东外，其余五条水在流经今大城、文安、武清县境后，不可能不在现今天津市境内会合为一，各自独流入海是为地势所不许的。"而在"天津境内会合为一"的河道，无疑只能是今海河的前身。据此可以作出推断，从战国中叶《山经》河断流至西汉前期，是海河水系独立形成的初期阶段。

至于这一时期海河水系入汇支流的数量与形态，则可据《汉志》所载有关河道进行具体分析。

《汉志》："虖池河民曰徒骇河。"如前所述，徒骇河乃《禹贡》河下游九河分流的最南一派，在《禹贡》河断流之前，曾为九河分流之干流，它未曾至天津市区入海，是为学者所公认。其入海之处，据《汉志》虖池河入虖池别河至东平舒入海，当断在今大城县以东、天津南郊的北大港一带。如此则今滹沱河在海河水系形成初期，尚未纳入海河水系系统。由于虖池河流路自西向东横亘于海河流域中部，它既未纳入海河水系，则其南部的海河流域诸水系也不得进入初期的海河水系流域地区，与海河初期水系也就没有任何关系。

（二）初期水系系统

除此之外，虖池河以北的狐河、滱河、治水和沽水等四条大河，大致皆依《山经》河时期的下游流路，至今天津入海河干流，构成海河水系的初期形态。《汉志》沽水至泉州入海，其具体流路当如《水经》沽河，由笥沟（今北运河下游的前身）至天津经海河干流入海；治水至泉州入海，当如《水经》灅水入笥沟，由笥沟经海河入海；滱河至文安入海的流路，走的便是《山经》河断流以后的下游故道，东至天津海河入海，其下游即为《水经》巨马河的流路；狐河在滱河与虖池河之间，从其下游至文安入海分析，

① 谭其骧：《历史时期渤海湾西岸的大海侵》，《人民日报》1965 年 10 月 8 日。

它显然不汇入虖池河，而是沿着以前《禹贡》河所播的九河分流之一，在今天津以西一带与滱河汇合，成为海河水系初期形态最南端的一条入汇支流水系。

在滱河与治水之间，《汉志》记载，博水"东至高阳（治今县东）入河"；卢水"亦至高阳入河"；涞水"东南至容城（今治北）入河"；桃水"东至安次（今治西）入河"。这几条志文中的"河"，实际上是早期的《山经》河和汉代的滱河。因此，这四水在《山经》、《禹贡》河断流、海河水系形成初期，皆为滱河的入汇支流、海河初期水系的二级支流，是今天大清河水系的原始水系形态。

总之，今白河—北运河水系、永定河水系和大清河水系共同构成的水系形态，即为海河水系形成初期的水系形态。

三、海河水系形成阶段的其他独流入海水系

在海河水系形成初期阶段，海河流域平原的水系系统，除海河水系之外，尚有《汉志》河水系、虖池河水系和浭水、濡水四个独流入海的水系系统。

（一）《汉志》河水系

战国中叶，《禹贡》河、《山经》河断流之后，《汉志》河独专澎湃，再次成为黄河下游的单一主干道，其流路仍基本维持春秋战国时期的形态，东北至今黄骅附近入海。《尔雅》所释的九河，仍可视为战国后期至西汉初期今海河流域之内的《汉志》河下游分流系统。

这一时期，漳水水系成为《汉志》河最大的支流水系。《汉书·地理志》上党郡沾："清漳水所出，东北至阜城（今县东）入大河。"漳水中游河段，基本上即原来《禹贡》河自今曲周至新河的流路；其上游接纳浊漳水及邯郸以南的白渠水和滏水；下游流经今南宫之北、枣强之南、阜城之东，至东光入《汉志》河。

除分流与支流之外，当时《汉志》河尚有屯氏河、屯氏别河、张甲河和鸣犊河四条汉流，先后形成于中游河段，起着分泄洪流的作用。尤其是屯氏河，"广深与大河等"，下流至勃海郡境才汇入《汉志》河，其分杀大河水势尤为显著。

（二）虖池河水系

在海河水系形成的初期阶段，虖池河横亘于海河流域平原中部，沿着原先《禹贡》河九河分流的最南派徒骇河流路，至今大城以东、天津南郊的北大港独流入海。它阻断了平原南部水系注入形成初期的海河水系。

当时，虖池河下游，在今武强县东分出南北两条汉流，即虖池别河与虖池别水，它们在今青县附近纳入干流，东注渤海。

《禹贡》河断流后，今石家庄以南、邯郸以北的太行山东麓诸水：寝水、�水、㴲水、渚水、泜水、洺水、洨水等，全部汇入故漳河，沿《禹贡》河流路至今深州以东注入虖池河，成为虖池河的最大支流水系。

（三）浭水、濡水水系

浭水水系，《汉书·地理志》右北平郡载，"浭水西至雍奴入海"，"灅水南至无终（今蓟县治）东入庚"。庚即浭水，今为州河，其入海口大致在今宝坻东南一带。浭水水系的下游，虽靠近海河水系的尾闾，但此时尚无交汇关系。浭水水系与先秦的沟河水系，共同组成一个独流入海的水系系统，即今蓟运河水系的原始水系。

濡水即今滦河。据《汉书·地理志》记载，其独流入海之口，当在今滦南与乐亭之间。

第三节　海河水系发展的中期阶段（西汉后期—隋代末期）

一、渤海湾海侵对海河水系发展的影响

（一）西汉中期渤海湾西岸海侵

《汉书·沟洫志》："王莽时，征能治河者。……大司空掾王横言：河入勃海……往者，天尝连雨，东北风，海水溢，西南出，浸数百里，九河之地，已为海所渐矣。"据研究，王横所言之事，乃发生在西汉中期渤海湾西岸的一次大海侵[1]。

这次大海侵的范围，大致在今渤海湾西岸海拔 4m 的等高线附近，相当于今天津、宁河、宝坻、武清、静海、黄骅六市县的部分或大部分地区。这里正是《禹贡》九河之地，周围数百里，与王横所言基本符合。

西汉海侵导致渤海湾西岸岸线大幅度内撤。因此，不但先秦时期沿海地带的一些遗址被掩埋在海相沉积层之下，而且也造成自西汉后期至南北朝时期该地区文化遗存在年代上的断裂现象。从海河水系的形成过程分析，它导致了战国中期至西汉初期所形成的早期的海河水系的瓦解。

（二）初期海河水系瓦解

由于海侵入侵至 4m 等高线一带，天津以东的海河干流全线为海域所浸，海河干流不再存在，海河水系的前提条件消失，西汉中期以前形成的海河水系便因此而瓦解，各入汇支流水系，便在 4m 等高线附近分别注入渤海高海面。前面引述的《汉书·地理志》所载渤海湾西岸七条独流入海的水系，所反映的即为西汉后期渤海湾西岸海侵时期的基本河势，尤其是中间的五条水系所反映的情况更具代表性。这是海河水系形成之后的一次大变局。

与此同时，黄河下游在两汉之际，也发生了重大变迁，离开了运行数千年之久的《汉志》河故道，从濮阳附近改道东流，至今山东利津附近入海。黄河下游的这次重大变迁，为现代海河五大水系共汇天津海河的局面，奠定了重要基础。从此，海河流域水

---

① 谭其骧：《历史时期渤海湾西岸的大海侵》，《人民日报》1965 年 10 月 8 日。

系，基本上脱离黄河水系系统，进入了海河流域地方水系的新时代。

关于西汉渤海湾西岸海侵的问题，有的研究者认为是风暴潮引起的海水内侵，并非海面上升所引起的大海侵现象[1]。相信随着今后研究的深入，关于西汉海侵问题将会得出更为可信的结论。

二、海河五大支流水系汇合局面的形成

（一）五大支流汇合的根据

西汉中期所发生的渤海湾西岸的大海侵，大约至东汉中期已逐渐后退。到了东汉末年，海陆形势已基本上恢复到海侵以前的局面。这时，海河水系不但恢复到战国—西汉初期的基本形态，而且今天海河的五大支流水系汇合天津，共注海河入海的局面已经基本形成。这在《水经》一书中，有着极其明确的记载。

《水经》一书，各篇所反映的情况，有先有后，大不相同。

《浊漳水篇》：浊漳水合清漳水，"东北过平舒县南，东入海"。

《滱水篇》：滱水"又东过博陵县南，又东北入于易"。

《易水篇》：易水"又东过泉州县南，东入于海"。

《巨马水篇》：巨马水"又东过勃海东平舒县北，东入于海"。

《圣水篇》：圣水"又东过安次县南，东入于海"。

以上《水经》所载诸水，反映的仍是西汉后期至东汉前期，渤海湾西岸海侵、诸水分流入海时的河流形势。

但是，《水经》淇水、沽河两篇，所反映的河势与时代，却与上引诸篇迥然不同。

《淇水篇》：淇水过内黄为白沟，过广宗为清河，清河"又东北过漂榆邑，入于海"。

《沽河篇》：沽河"又东南至雍奴县西为笥沟，又东南至泉州县与清河合，东入于海。清河者，泒河尾也"。

清河即今南运河的前身，沽河即今白河及其下游北运河的前身。清河自西南向东北流，沽河自西北向东南流，它们在泉州县境内汇合，由泒河尾东流入海。其汇合处，正在今天津市区；汇合后的泒河尾，正是今之海河干流。清河与沽河的汇合河势，决定了夹在两河之西的漯水（永定河水系）、泒水（大清河水系）、滹沱水（子牙河水系），最后必然皆东流尽归泒河尾的今海河干流入海。由此可见，《水经·沽河篇》宣告海河五大支流水系汇合局面的形成。郦道元在《沽河注》中，对这一汇合局面的注释十分精确。他说："清、淇、漳、洹、滱、易、涞、濡、沽、滹沱，同归于海。故《经》曰泒河尾也。"

（二）五大支流汇合的年代

海河五大支流水系汇合局面的形成年代，必然是在海侵之后、海陆形势基本恢复到

---

① 吕先进、徐宏均、翟乾祥：《天津滨海平原的形成暨贝壳堤的分布》，载于崔士光主编：《天津七十二沽与渤海西岸减灾》，天津市人民政府农业办公室编印，1998年。

海侵以前的东汉后期。其具体年代，可从《三国志》的记载加以分析。

《魏志·武帝纪》：建安九年（公元204年）正月，"遏淇水入白沟，以通粮道"。十一年，将北征三郡乌丸，"凿渠自呼沲入泒水，名平虏渠"。

《水经·淇水篇》已载淇水入白沟和清河，则《淇水篇》所载内容，肯定是在曹操遏淇水入白沟的公元204年之后。又曹操所凿的平虏渠，盖以平虏城而得名。平虏城即西汉参户县治、东汉参户亭，今青县西南的木门店，这里正是两汉滹沱河流经之地。由此所凿的平虏渠北入泒河，谭其骧先生在《海河水系的形成与发展》文中，便已指出是今天南运河青县至天津河段。正是由于平虏渠的开凿，才使清河能至漂榆邑（约当今泥沽一带）入海，也才使沽河能"与清河合，东入于海"。由此可以作出推断，今天海河五大支流水系合流天津经海河入海的局面，当形成于东汉末期的建安十一年即公元206年（图10.4）。

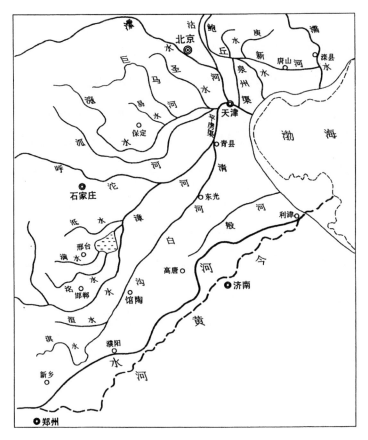

图10.4　海河水系发展阶段（东汉末期）海河流域水系图

顺便提及，今天津海河干流河段，在《山经》河未来之前，当为沽水过天津至张贵庄一带的河段；自《山经》河分流至天津入海之后，沽水的这一河段便成为《山经》河的尾闾，因此沽水才有沽河之称。当《山经》河断流之后，初期的海河水系形成，泒河带动今大清河水系在天津与沽河合流，由于泒盛于沽，合流后的海河河段被称为泒河尾。当平虏渠开通之后，清河携带今南运河水系、滏阳河水系、滹沱河水系在天津与沽河汇合，清河水量不但盛于沽河，而且也盛于泒河，因此合流后的海河又被《沽河篇》的作者改称为清河。此后，海河又有漳河（唐）、界河（辽金元）、卫河（明）之称，入清以后，兼有海河之目。

三、海河水系在冀东北的扩展与变化

（一）冀东北海河水系的扩展

在海河五大支流水系合流天津入海的同时，海河水系在冀东北地区，也已扩展至今蓟运河流域和滦河流域。

《魏志·武帝纪》建安十一年凿平虏渠的同时并凿泉州渠："从泃河口凿入潞河，名泉州渠，以通海。"据《水经·淇水注》和《鲍丘水注》，泉州渠南起泉州县境清、沽（即潞河）合口下游不远处，北流至雍奴县东泃河口以东泉州口入鲍丘水。鲍丘水即今潮河。《水经·鲍丘水篇》："鲍丘水从塞外来，南过渔阳县东，又南过潞县西，又南至雍奴县北，屈东入于海。"它与泃河、浭水等共同构成当时的蓟运河水系。《水经》沽河只及与灅余水（今温余河）、清河合，而不说与鲍丘水合，鲍丘水条也不说与沽河合，可见汉代沽河与鲍丘水本各自入海。自曹操凿通平虏渠的同时开凿了泉州渠之后，鲍丘水及其所接纳的泃河、浭水，皆同时加入了海河水系，从而使海河水系向冀东北扩展至蓟运河水系。

海河水系之所以能扩展至今滦河流域，也是曹操为征乌丸的统一目的开凿新河之后所形成的水系格局。

新河，《魏志·武帝纪》失载。但《水经·濡水注》却明确指出，新河是"魏太祖征蹋顿，与泃河俱导也"，其河上承雍奴县东鲍丘水于盐关口，东北绝庚水、巨梁水、封大水等，至海阳县"东会于濡"。濡水即今滦河，下游在汉辽西郡境内，正是曹操用兵三郡乌丸的前线，所以郦道元说新河"与泃河俱导"是可信的。导泃河即指凿泉州渠。平虏渠、泉州渠、新河三渠皆为征蹋顿而凿，时间都在建安十一年，因此可以说是"俱导"。泉州渠的开凿使鲍丘水系的今蓟运河水系纳入海河水系；又由于新河的开凿，濡水水系的今滦河水系通过鲍丘水系而纳入海河水系，从而使东汉末年的海河水系自西南的淇水水系向东北扩展至今滦河流域地区，成为历史上海河水系的最大的水系格局形式。

（二）冀东北海河水系的萎缩

但此后不久，冀东北和冀北的海河水系便发生重大变化。不但滦河水系、蓟运河水系退出海河水系系统，连沽河（北运河水系）和灅水（永定河水系）也纷纷退出海河水系系统。

濡水纳入海河水系，依靠的是新河引水工程。而新河横截燕山南流诸水极易被洪流夹带的泥沙所填没，全靠人工维护。一旦其原有的作用消失，新河便不再受到经常性的疏浚维护，便将被泥沙所填没。《水经·濡水注》已称新河为"故渎"，可见新河最迟在郦道元时代便已断流。新河淤断，濡水即今滦河水系便自然地退出海河水系系统。

鲍丘水水系纳入海河水系，全仗泉州渠的南北沟通。泉州渠主体开凿于雍奴薮中，维护艰难，渠道本身也不稳定。当其历史使命完成之后，渠道也就不必再加维护，听其自然。所以至《水经注》时代，泉州渠同样成为"无水"的"故渎"。泉州渠既然断流，作为鲍丘水系的今蓟运河便也退出海河水系系统。

沽河与㶟水（治水），不但是战国至西汉海河水系形成初期的两条主要入汇水系，而且也是东汉末期海河五大支流水系合流天津的关键性河道。但至郦道元时代，沽河与㶟水却同时退出海河水系，结果使海河水系严重萎缩。

这个重大变化的根本原因是沽河下游河段的"笥沟水断"。据《水经·沽河注》，雍奴、泉州间的笥沟"今无水"；《水经·鲍丘水注》鲍丘水上游自渔阳"西南历狐奴城（今顺义东北）东，又西南流，注于沽河"，合流至雍奴县西北，鲍丘水"旧分笥沟水东（东作东南解，或为南之误）出，今笥沟水断，众川东注，混同一渎，东径其县北"归海。这就是说，由于南流的笥沟水断流，沽河与鲍丘水合流东注，混同一渎，由今蓟运河入海。沽河不能再至泉州之南与清河汇合，便退出了海河水系。

《汉志》的治水，于《水经》、《水经注》为㶟水，为今永定河之前身。治水在西汉中期以前，即以沽河的支流形式加入海河水系。在西汉中期以后的海侵年代，治水仍由泉州之南的沽河下游入海，因入汇之后的归海河段受海侵影响显得相当短小，故《汉志》直书治水"东至泉州入海"。《水经》㶟水已改在雍奴县西入笥沟。故东汉末海河五大支流水系汇合时，㶟水还是以沽河的支流形式加入海河水系。至郦道元时代，因笥沟水断，㶟水与沽河、鲍丘水混同一渎，改流东注入海，退出了海河水系。

总之，在郦道元的北魏时代，由于濡水、鲍丘水、沽河与㶟水的退出，海河水系有着极大的萎缩。当时，海河水系的最北界仅以流经今房山、固安、永清一线的圣水为限。萎缩时代的海河水系，仅包括今大清河水系、子牙河水系、南运河水系。

（三）冀北海河水系的再扩展

北魏以后，㶟水、沽河水系，再次恢复成为海河水系组成部分的关键，据《隋书·炀帝纪》记载，在于隋炀帝开永济渠"北通涿郡"的水利工程的实施。

永济渠是开渠引沁水入白沟，循清河东北至天津，由天津北达涿郡（今北京西南）。从天津至北京的永济渠，开通的是以前的笥沟并利用了当时㶟水的下游河段[①]。

《资治通鉴》大业八年，炀帝在涿郡城南桑乾水上举行"宜社"礼。《太平寰宇记》幽州蓟县，桑干水流经城西城南，引《隋图经》云："㶟水即桑干河也……至雍奴入笥沟，俗谓之合口。"据此推断，永济渠在雍奴"合口"以南至今天津的河段，应为当时疏浚的笥沟，即今北运河下游河段；从"合口"西至涿郡城南的永济渠，应为当时的桑干水，其故道在今永定河北，大致自今石景山出山后，东流经涿郡故城南，又东自今南苑以下约当今之凤河，东南至武清旧县城东，东注北运河。由此可知，隋炀帝开凿永济渠，沽河已恢复了《汉志》、《水经》时代自雍奴南下泉州的笥沟故道，不复东合今蓟运

---

① 谭其骧：《海河水系的形成与发展》，《历史地理》第四辑，上海人民出版社，1986 年。

河入海。其时，鲍丘水上游和桑干水都是沽河的支流。沽河下游一经恢复南注清河的笥沟故道，海河水系的北界也就包括了潮白河（北运河水系）流域和桑干河（永定河水系）流域。

四、海河水系在西南方向的扩展与变化

（一）海河水系西南方的扩展

东汉末年，不但初期形成的海河水系已全面恢复，而且已发展成为五大支流水系汇合天津海河的局面。但当时它的西南方向仅止于淇水流域。淇水以西今卫河上游即当时的清水，尚未纳入海河水系。《水经·清水篇》载，"清水出河内修武县之北黑山，东北过获嘉县北，又东过汲县北，又东入于河"，即为明证。王粲《英雄记》[①] 和司马彪《九州春秋》[②] 中关于清水口的记载，更无可怀疑地证明：清水确是在朝歌县境入注黄河，尚与海河水系的西南源流淇水没有交汇关系。

但郦道元在《水经·清水注》和《淇水注》中却明确指出，清水已自朝歌东北流，与淇水汇合于黎阳西南的枋头城下，又东北注入白沟，从而成为海河水系的一个组成部分。据谭其骧先生在《海河水系的形成与发展》中的论证，清水改流与淇水汇合，是十六国后赵时期，即4世纪30～40年代的事。从此以后，这条发源于辉县西北太行山，南流东折经新乡、汲县，与淇水汇合于淇县、浚县界上的清水，便代替淇水成为白沟—清河的河源，这是海河五大支流水系于天津合流后在西南方向源流区的第一次扩展。

另据《水经·沁水注》和《清水注》，大约在清水加入海河水系的前后，清水以西的丹水，已有分流通过光沟水、界沟水、长明沟水和八光沟，即相当于今博爱经修武至获嘉的卫河南源，东注清水。因此，在郦道元之前，丹水即已通过其分流加入海河水系，从而奠定了今海河水系的西南界。

海河水系西南扩展得最远时期是在隋炀帝年间。《隋书·炀帝纪》大业四年（公元608年）正月，"诏发河北诸郡男女百余万，开永济渠，引沁水南达于河，北通涿郡"。《大业杂记》作"三年六月，敕开永济渠，引汾水入河，又自汾水东北开渠，合渠水至于涿郡二千余里，通龙舟"（《大业杂记》汾水为沁水之误）。

沁水本来就是南流入黄河的。所以"引沁水入河"不过是对沁水下游河口段加以疏浚而已。此役的关键工程，当如《大业杂记》所载，是在沁水下游东北岸开渠，引沁水东北流，会清水入白沟，从而使由河南北来的船舶，达于河后能溯沁水至渠口，顺流而下抵今天津，再由天津沿笥沟溯流而上转入桑干河达涿郡城。由于永济渠的开凿，沁水被引为水源而成为海河水系西南界，这是海河水系历史上扩展得最远的一个时期。

---

① 《后汉书》卷一百四《袁绍传》注引。
② 《三国志》卷六《魏书·袁绍传》注引。

（二）海河水系西南方的萎缩

据谭其骧先生《海河水系的形成与发展》，沁水作为永济渠的源流，只限于渠成之初不到十年的时间之内。原因是：卫小沁大，其势难容；卫清沁浊，其流必淤。所以唐以后，历史上找不到自沁口北上进入河北平原的航运记载；在各地理志、河渠志和传世的几种总志中，也都仅以清水、淇水为永济渠水源。唐宋金元的御河、明清以来的卫河皆属如此而不及沁水。当然，自隋以后的沁水下游，由于地势相对较高，每遇决溢，便会向获嘉、新乡漫流汇入卫河，但此已不属海河水系范畴。

第四节　海河水系改造的后期阶段（唐代以后）

一、海河水系的稳定与改造

（一）海河水系的稳定阶段

自从隋炀帝开凿永济渠之后，由五大支流水系所构成的海河水系的格局基本上恢复了东汉末年海河水系的汇流形态，而且从此之后进入了长期的稳定阶段。目前的海河水系，除沁水之外，基本上是隋炀帝时代的水系格局。当然，北宋黄河曾三次（1048 年、1081 年、1099 年）北流，经今河北青县至天津由海河入海，海河水系再次被纳入黄河水系，而且像战国中期以前一样，这时的海河水系也成为黄河北分流的水系系统。但应指出，北宋黄河三次北流历时共计只有 63 年，和炀帝以来的一千三百余年相比，海河水系仍属长期稳定。因此，可以说自唐代以来，海河水系基本上是一个稳定的统一水系系统（图 10.5）。

（二）海河水系的改造

但是，由五大支流水系汇合所构成的海河水系，由于上游河网庞大，下游尾闾狭窄单一，每当夏秋汛期水涨，洪水容易集中、相互顶托，尾闾海河更是积重难返宣泄不畅，往往酿成水患。为解除洪水威胁，提高海河水系的宣泄能力，自唐代开始，即已着手对海河水系进行一些必要的改造。

唐代沧州境内地势积卑，为解除海河水系南半部洪水对它所造成的威胁，即从永济渠（御河）的东岸新开或重开无棣河、阳通河、毛氏河、浮河，以分泄永济渠、漳河诸洪水，东入于海。

明代为减轻南运河的洪水威胁，先后开凿了德州四女寺减河（1411 年）、哨马营减河（1412 年）、沧州捷地减河（1490 年）和兴济减河（1490 年）。

清代又续开了宣惠河（1740 年）及马厂减河（1881 年）以加大泄洪量，并于北运河青龙湾开王家务引河至七里海（1729 年），又开筐儿港引河（1700 年）至北塘入海。

民国元年（1912 年）潮白河曾夺箭杆河由蓟运河入海，至十四年修建了挽回工程，

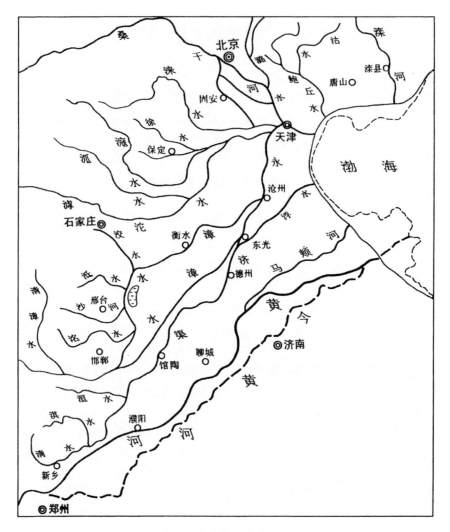

图 10.5 海河水系稳定阶段（唐代）海河流域水系图

潮白河才又重归北运河。

新中国成立以后，为解决海河流域平原的洪涝灾害，又改造了危害严重的几条河系，开挖了一些减河。尤其是1963年海河流域平原发生特大洪水以后，在未破坏原有海河水系格局的情况下，陆续开挖、整修、扩挖了许多直接排洪入海的新河道。从此，在海河流域平原上，出现了统一入海的海河水系与分流入海的分流水系并存的水网格局。

统一入海的海河水系仍由海河干流及其支流北运河、永定河、大清河、子牙河、南运河水系组成。分流入海的分流水系则存在于五大支流水系之中。每个支流水系通过其减河直接入海，从而构成独流入海的水系系统。

北运河水系主要通过青龙湾河分流入潮白新河至北塘入海。

永定河水系自屈家店由永定新河分流至车沽入潮白新河归海。

大清河水系的主要分流河道是独流减河，起自独流镇北，东南至北大港东北入海。

子牙河水系的分流入海河道是子牙新河，它西起献县，东至歧口入海。

南运河水系的排水入海分流河道是漳卫新河，西起四女寺，东北至海丰入海。

永定新河、独流减河、子牙新河等独流入海的分流水道，在通过南北运河时，均有垂直交叉工程；而潮白新河、青龙湾河、漳卫新河与南北运河交接处均有分水工程。因此，从20世纪60年代以来，海河水系既有原来的统一水系系统，又有后来的分流入海水系系统。两个系统互不干扰，可以各自独立；同时又可以相互调控，互通有无，形成了统一入海水系与分流入海水系并存的局面，从而极大地减少了海河流域平原的洪涝灾害。

二、后期阶段其他独流入海的河流

在海河水系趋于稳定的唐代以来，海河流域的滦河、蓟运河、马颊河、徒骇河皆属独流入海的河流。此外，唐代的黄河以及北宋黄河的东支分流也属海河流域之内的独流入海的河流。

（一）黄　　河

唐代黄河下游流路基本上仍循东汉以来的黄河流路，东北至今利津独流入海。北宋黄河改道北流并分为北派和东派：北派黄河至天津由海河入海，海河水系再次归属黄河系统，并如战国中期以前，成为黄河北支分流的组成部分；东派黄河流路，介于北派与汉唐黄河之间，在今无棣东北独流入海。南宋初年，黄河南徙，从此脱离海河流域地区。

（二）滦　　河

滦河下游在历史时期的演变，见于汉唐记载的资料较少，《水经·濡水注》虽说明滦河在今乐亭之北分为南北两支分流，但具体在何处入海，并不清楚。元代开始，滦河下游迁徙改道的记载增多，其演变趋势相当明朗[①]。

元代滦河干流，由今马城、徐家店、毛庄、胡家坨至孟庄附近入海，即循今乐亭以东的老滦河流路。其在马城东北有青河分流南下，并于马城之南分为东西两支：青河西支自今暖泉沿小青河上游南下至泽坨，又南经陶庄、大杨各庄，折西南经公案桥穿越小青河至坨里、薛各庄，转南经曹岭至今柳赞西侧入海；青河东支南下至今汀流河，又西南流经杜林、刘海庄至古河入海（图10.6）。

明景泰三年（1452年）滦河大水，干流自沙铺改徙于汀流河南下，名曰定流河，沿元代青河东支流路至刘海庄，改折东南由今大清河尾闾至马头营以南入海。原乐亭以东的滦河干流，因水量枯竭被称为干滦河，又名葫芦河。

清乾隆十七年（1752年），滦河决于大杨庄，分为东西两支入海：西支自大杨庄经三合庄，沿今小河子流经芦河至新开口以南入海；东支自大杨庄经苑庄，东南至王滩沿

---

① 吴忱：《海河志·水系的形成与演变》，吴忱：《海河志》，河北省地理研究所，1987年。

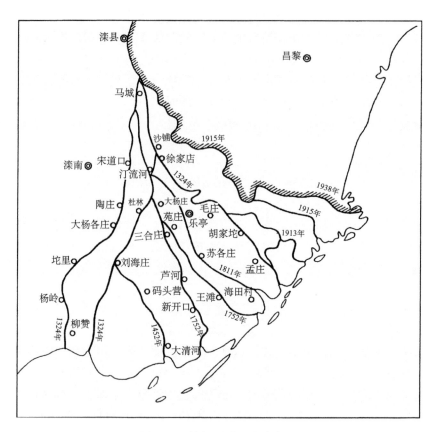

图 10.6 滦河下游历史演变图

今湖林河入海。嘉庆十六年（1811 年），滦河决于汀流河，东南流经乐亭西关，沿今长河流路经苏各庄至海田村附近入海。嘉庆十八年滦河大水，干流自汀流河之北沙窝铺决出，循元代滦河故道，从今乐亭以东的老滦河东南流，尾闾分为老米河与浪窝沟两支入海。

1915 年，滦河决于昌黎史家口，全流东迁，由今滦河下游东流入海。最初入海口在甜水沟，1938 年以后改流今道入海。

（三）蓟 运 河

蓟运河的上游，由州河与沟河两个水系组成。沟河先秦时称为沟水，州河《汉志》名曰庚水。东汉末年，沟水与庚水通过曹操开凿的新河、泉州渠纳入海河水系。北魏笥沟水断，鲍丘水合沽河、灅水改流东注，沟河、庚水成为鲍丘水的支流水系，大致由今蓟运河至宁河入海。

隋唐以后，鲍丘水入北运河，蓟运河纳沟水、庚水成为独流入海水系。明天顺二年（1458 年）已有蓟运河之称。明代前期，鲍丘水仍有一部分余水循今窝头河、箭杆河入蓟运河，嘉靖三十四年（1555 年）为了北运河漕运，遏鲍丘水上游潮河于密云城南合于白河，鲍丘水全部入注北运河，从此至清末，蓟运河又成为完全独流入海的水系。民国初，潮白河曾一度夺蓟运河入海，1925 年重归北运河，蓟运河仍为独立水系。

（四）徒骇河、马颊河

徒骇、马颊两河，是今黄河以北、鲁北平原上的独流入海河流。它们与滦河水系、冀东沿海诸独流入海河流一起，划归海河水利委员会统一管理，因此成为海河流域水系系统的一个组成部分。徒骇河发源于山东莘县观城南，与黄河几乎平行地东北流到沾化之北入渤海；马颊河源出河南濮阳西，东北至莘县入山东境，大致与徒骇河平行东北流至无棣东北入渤海。

徒骇、马颊两河之名，最早见于西汉初年的《尔雅·释水》，但当时的徒骇河，属滹沱河入海的尾闾河段，《汉书·地理志》渤海郡成平："虖池河民曰徒骇河"。其在《禹贡》时代，则属《禹贡》河九河分流的最南派与主干道；马颊河则属于先秦西汉时期《汉志》河的下游分流入海河道，流域范围在今河北东光以东北地区。所以《尔雅》之徒骇、马颊河，与今山东境内的徒骇、马颊河完全没有直接关系。汉唐之际，有关此两河的注释，也属如此。

但从成因上分析，今徒骇、马颊河也是早期黄河下游的分流入海河道，其后经自然演变与人工疏浚始成目前的流路形态。《汉书·地理志》平原郡平原："有笃马河，东北入海。"其流路盖自《汉志》河分流而出，大致沿今马颊河入海，所以嘉庆《大清一统志》引《舆地志》曰："笃马河即马颊河也。"北宋黄河下流东支分流，其流路基本上也是循马颊河入海的。汉唐之间，黄河南迁于今黄河之北，其下游流路即在今徒骇河左右，有的河段甚至完全重合。由此可见，今马颊、徒骇河的成因，应归咎于黄河下游及其分流。

元代初，京杭大运河全线修筑，会通河拦截了上游水源，又由于黄河南迁入淮，致使徒骇、马颊河水源枯竭，河道逐渐淤废。

现在的徒骇、马颊河主要是明清以来利用故道经过多次疏浚而形成的。

徒骇河《明史·地理志》谓之土河，其后经过多次疏浚，至清代初期已有徒骇河之名，其在运河以东与今流路基本一致。1931 年再次挑挖徒骇河，运河以西的金线河大概即于此时与运东徒骇河连为一体。新中国成立后，为统一规划治理，运西、运东统称为徒骇河。

现代的马颊河虽见于《元和郡县志》的记载，但当时流路略偏在今河之南。其后水源被截，河道或堙或断。明清两代，数次重新疏浚，运东、运西河道已纳入今道。1933年再次挑挖，使马颊河又延伸至濮阳境，成为现在的马颊河流路形态。

第五节　海河水系演变原因分析

历史时期海河水系演变的总趋势是：原始的黄河下游分流水系，独立形成的早期海河水系，发展变化的中期海河水系与稳定改造中的近期海河水系。海河水系演变的这一总趋势，虽然有自然方面的客观原因，但更重要的是人为因素促成的。

一、人为因素在海河水系发展中的主导作用

在历史时期，由于人们的生活与水系、河流至关密切，人类为了有效地控制和最大限度地利用自然水系与河流，对其进行必要的改造，使其演变不能完全按自然趋势发展，而是朝着人们所期望的方向转化，服务于人类。海河水系的形成与发展，就是水系演变中人与自然综合影响、人为因素起着主导作用的典型。

人为因素在海河水系演变中所起的主导作用，归纳起来有两个方面：一是沿河筑堤，制约河床的自由摆荡；二是凿改河道，使之按人们的需要发展。

（一）沿 河 筑 堤

沿河筑堤是早期海河水系初步形成的关键。战国中期黄河下游《汉志》河分流，经历数千年的运行，河床淤高，决溢泛滥日趋频繁，为制约河床的自由摆荡与泛滥，开始沿河筑堤，稳定《汉志》河流路，并因此切断《禹贡》河、《山经》河分流的水源补给，导致其断流，从而使原注入《山经》河尾闾的今北运河、永定河、大清河水系的下游河段，沿《山经》河尾闾流路于今天津汇合，东注渤海，形成初期的海河水系。近代永定河的河床，由"无定"渐趋"永定"，主要是由于1698年沿河筑堤及其后的五次改筑新堤。近代南北运河比较稳定，河床变化较小，海河水系因此而相对稳定，其原因也是运河两岸筑堤固河所致。

（二）凿 改 河 道

凿改河道，是海河水系发展的主导因素，尤其是曹操为了统一北方与发展漕运的需要，大规模地开凿新河、改造旧道，影响最大：一是凿平房渠，从而使清河、滹沱河即今海河水系南半部的南运河、子牙河水系加入了初期的海河水系，奠定了今五大水系汇合天津的海河水系格局；二是凿泉州渠开新河，从而使河北平原东北部的几乎所有河流、水系，都加入了海河水系系统；三是遏淇水入白沟，从而奠定了今南运河上游卫河河段的初步规模；四是凿利漕渠引漳水入白沟，增加白沟和清河的流量，后代在此基础上不断发展，最后才形成现在的南运河及其上游漳河水系。当然，凿改河道对海河水系发展的影响，还可以往前推至先秦时期的夏禹时代。传说禹"厮二渠以引其河"，即通过新开凿的引河，分《汉志》河为二渠，从而形成《禹贡》河，流贯于海河平原的南部与中部，为后代的海河水系的形成奠定了原始的流路基础。

而现代海河水系规模的稳定，在相当程度上，又取决于隋炀帝开凿永济渠，以及元明清以来为了维持大运河先后开凿的一系列减河。永济渠的开凿最终奠定了今海河水系的规模与格局；一系列减河的开凿，稳定了南北运河的河床，维系了海河水系的局面，并最终导致统一的海河水系与五大支流水系独自入海两种局面并存的现象。

二、自然因素是海河水系发展的基础

（一）地 貌 形 态

黄河下游《汉志》河，自中全新世至先秦西汉时代，始终横亘于海河流域平原的东南部地区，其数千年泛滥沉积所形成的自然堤，从西南向东北延伸，制约了太行山南段水系东流入海的自然趋势，它们被迫依照《汉志》河的流势、并在其后所形成的《禹贡》河的引导下，沿《汉志》河西北侧的堤外洼地东北流，并趋向天津地区汇集，从而为南半部海河水系在天津汇合奠定了河流地貌基础。

（二）地 质 构 造

海河水系南北两大支流水系，之所以能以大清河一线为界汇集，则是由白洋淀—文安洼这一条东西向带状延伸的现代构造沉降洼地客观存在所决定的。海河流域北半部水系南下与南半部水系北上皆以此带状洼地为极限，南北双方均不能逾越。而汇合后的水体却只能依照洼地的自然延伸方向向东排入渤海，这就又决定了天津以东海河干流以排水尾闾的形式逐渐形成，一旦海岸线东移至天津汇流点以东，原始的海河干流也就自然形成。海河干流形成之日便是海河水系宣告形成之时。因此，从广义上说，当《山经》河在天津以东入海之时，海河水系便已形成，尽管它在当时只能作为黄河下游北分流的形式存在。而从狭义上看，即限定海河水系必须是地方性的独立水系而言，海河水系的形成也应当断在《山经》、《禹贡》河断流的战国中期，当时北半部的三个水系已汇集天津由海河归海。数千年来，白洋淀、海河一线始终能够成为海河南北两大支流水系的汇流地带，显然是与该地带的现代沉降构造有关，否则数千年来的黄河泥沙以及海河水系泥沙的长期充填，该地带早应自然淤高而消亡，海河水系也就不可能始终在此汇集，从而也就不可能形成今日的辐聚状形态。

第十一章 历史时期珠江水系的演变

珠江之名，始见于宋代。宋·方信儒《南海百咏》载：一位波斯商人遗珠于广州江中，化为巨石，称海珠石，自此人们把流经广州市区的河道称为珠江。

珠江源远流长，干支流总长 3.6 万多千米，流域范围跨越我国的云南、贵州、广西、广东、湖南、江西 6 个省（自治区）及越南东北的一小部分，流域面积453 690km²。集水面积超过 1 万 km² 的河流有 8 条，1000km² 以上的河流 49 条。以广州为中心，位于西者称西江，位于北者称北江，位于东者称东江。以西江为主干，长2214km，北江长 468km，东江长 520km[①]。

西江、北江和东江的上、中游均蜿蜒于山地中，受山谷约束，河道比较稳定。下游则进入台地、平原，历史上河道多有变迁。

珠江属热带亚热带河流，径流量大，多年平均达 3360 亿 m³。含沙少，多年平均仅为 0.249kg/m³。西、北、东江多年平均输沙总量为 8872 万 t。西、北、东江下游现代均受潮水作用，流态复杂，分汉较多。研究表明，珠江下游和珠江三角洲自中更新世以来，经历了多次海陆进退[②]。西、北、东江下游河道的变迁，是洪潮交互作用的结果。

珠江流域开发较迟，唐宋以前属"蛮夷瘴疠之地"，"谪宦贬戍之所"，史料稀缺，历史文献不多。目前仅能述其梗概，并用第四纪地质学及地貌学方法补其不足。

第一节 西江下游河道的演变

西江古称郁水[③]。马王堆三号汉墓出土的地形图已显示西江和北江穿越南岭山地后流入南海。西江下游段习以三榕峡以下为开始，与北江于思贤滘会合为结束。这段河道，现代枯水期潮流可以到达。历史时期，咸潮能上溯至三榕峡东口。大湾的钻孔有咸淡水种贝壳。笔者曾在肇庆中学埋深 2m 处发现牡蛎壳，[14]C 年代为距今 1520±80 年[④]；20 世纪 80年代，曾在肇庆七星岩石舫附近钻探，埋深 2m 有咸淡水生活的蓝蚬贝壳。1915 年，瑞典学者柯维廉在《督办广东治河事宜报告书》也报道过在羚羊峡东口发现牡蛎壳。

西江出三榕峡后两岸地貌为低丘、台地和平原，河流容易分汉和变迁。除现仍为西江干流河道的穿大鼎峡、经肇庆、穿羚羊峡、过青岐与北江会合自思贤滘折向南流的西江主干外，历史时期曾有至少 4 条汉道。

出三榕峡后，西江的一股循北岭山南麓平原东流，经棠美（塘尾）—星湖—水矶—

---

① 珠江水利委员会：《珠江水利简史》。水利电力出版社，1990 年。
② 李平日 等：《华南中更新世海进的发现及初步研究》，《科学通报》，1991 年第 13 期。
③ 《汉书·地理志》："郁水东至四会入海"。
④ 本章[14]C 年代，除注明者外，均为广州地理研究所测定。

水坑—莲塘—罗坖—大坖—潭村—大旺—白沙入北江。这条古汉道称"旱峡",以别于穿羚羊峡的西江主干之"水峡"。当地现仍称"水峡"和"旱峡"为"双洋峡"(《肇庆市地名志》)。这条古汉道至今仍保存大量长条状低洼湿地。地名也显示历史上为积水地,如大鼎峡北口自西而东有"棠(塘)下"、"塘尾"、"迪塘"、"塘园"、"水矶"、"水坑"、"潭仔"、"西旺(汪)"、"南塘"、"莲塘"、"塘贤(沿)"、"潭村"、"大旺(汪)"、"白沙"等。

《汉书·地理志》说:"郁水东至四会入海。"四会为汉武帝元鼎六年(公元前 111 年)置县,属南海郡,辖地较广。西汉时西江于"四会入海",应为当时四会的南部,并非现代四会境内。《水经》说,"浪水东至高要为大水",应指西江干流。《南越笔记》说:"古时肇庆称两水夹州(指肇庆,古称端州),盖两江之水,一从城南出羚羊峡,一从七星岩出后沥水。""旱峡"现仍称"后沥"(《肇庆地名志》)。1980 年代~1990 年代,于"后沥"西口钻探,在埋深 3m 处见具水平层理的黑色淤泥,含咸淡水生活的蛤蜊贝壳,表明潮水曾经进入。可见在中—晚全新世,"后沥"与羚羊峡西江主干相通。近年钻探揭示,在西江主干北岸数千米范围内,沿鼎湖山南麓地下数米常见咸淡水生活的贝壳碎片,如广利镇的龙塘、广利糖厂、新围,永安镇的大塌、上塘、丹竹塌、大坖,四会市的大沙、大旺等。大沙孔曾作 ^{14}C 年代测定为距今 3420±100 年,表明中全新世后期"旱峡"仍为西江一汉道,与"水峡"并存。西江干道旁,曾发现地下埋藏牡蛎壳,表明中全新世仍有海潮到达。近数十年,沿"旱峡"发现大量地下埋藏古树,树种以水松为主,群众称之为"地下森林",^{14}C 年代分别为距今 3000 年、距今 2000 年和距今 500 年前后[①]。水松喜生于沼泽地,沿"旱峡"大量古代水松的发现,足为曾有古河道的佐证。

肇庆平原北部北岭山下有晋墓,似可反映"旱峡"晋代已淤断。肇庆七星岩有唐宝历元年(公元 825 年)的石刻《游石室记》,出现"零羊峡(即今羚羊峡)"的字句;唐·李邕的《端州石室记》称七星岩和星湖的地理形势为"绮田砥平,锦嶂壁立",即肇庆附近已成为良田,七星岩已耸立于田野和湖水之上了。可见唐代中叶"旱峡"河道已干涸。

西江干流东至羚羊峡西口南侧有古宋隆水(今高要市金渡镇至金利镇间的双金河),为西江下游南岸一汉道。从地貌看,羚羊峡之烂柯山高达 904m,西江干流深切烂柯山成狭窄峡谷(宽仅 360m),水最深处低于河面 83m[②]。西江于烂柯山受阻后,一部分河水南流入金渡平原,过东门坳,分为两汉。东门坳为低平的鞍状地形,海拔仅 10~12m,向南、北两侧降低,分水坳形态十分明显。南汉南下沿今之双金河北段经白土低地,至水口村的鸬鹚峡折向东流,经明城、双涌、三洲、海口复汇入西江干流。

宋隆水汇入西江干流处,南朝为宋隆郡治所平兴县所在地。唐代平兴县仍设有盐官[③],表明宋隆水曾作为运盐水道长期繁荣。近年钻探发现,沿宋隆水古河道地下 2~4m 即见贝壳,局部见地下埋藏古水松。在鸬鹚峡西侧高明新圩的古水松 ^{14}C 年代为距

---

① 李平日 等:《广东地下埋藏古树反映的气候与环境变化》,中国地理学会地貌与第四纪专业委员会编《地貌·环境·发展》,中国环境科学出版社,2004 年。

② 西江航道图。1983 年。

③ 曾昭璇、黄少敏:《珠江三角洲历史地貌学研究》。广东高等教育出版社,1987 年。

今 2030±60 年，表明汉代还是河滩湿地。

自东门坳东流的蚬岗汉道，沿烂柯山与将军顶（海拔 309m）之间谷地蜿蜒，沿途迄今仍有大片湿地和长塘，经大坑、蚬岗、大塌、小塌、茅岗、金利注入南北向的西江干流。古汉道所经的蚬岗、富佛、茅岗地下数米有咸淡水种贝壳，蚬岗为新石器晚期贝丘，金利茅岗的秦汉遗址，有水上木结构建筑（干栏式建筑）遗存①，表明古人曾在河滩湿地构屋居住。显示迟至汉代蚬岗汉道仍为西江重要的东南向汉道。至今此地仍有双金河（西起金渡镇，东至金利镇）汇入西江干流。

西江干流在三榕峡以下历史上是比较稳定的。一是出三榕峡后在北岸分出了后沥汉道，水势减弱；二是到羚羊峡又在南岸分出了宋隆水汉道及再分汊为高明河汉道及蚬岗汉道，水势进一步减弱。近年在肇庆市区距西江江岸约 200m 处发现汉墓、晋墓。表明西江虽然流量丰沛（2220 亿 m²）、暴涨暴落（高要站涨落幅达 14m 多），但有数条汉道分流最迟在汉代起已基本依循现代河道向东流。否则汉人、晋人不会选在洪潦之地修筑先人茔墓。

西江干流比较稳定的另一些证据是：①笔者 1986 年曾参加高要广利蚬壳洲贝丘发掘，发现新石器中、晚期墓 21 座，人骨 ^{14}C 年龄为距今 5130±100 年。有彩陶和石器、骨器出土，葬式为越人的屈肢葬。其贝壳皆为现生种，大部分为淡水种，约 1/4 为咸水和咸淡水种。表明距今 5000 年前此地已接近河口，而且河道比较稳定，故古越人以此地为公共墓地。②笔者于西江下游近思贤滘的青岐钻孔深 3.7m 以下中全新世晚期的灰黑色粉细砂作 ^{14}C 年代测定为距今 5100±100 年，孔深 3.7m 以上的沉积物为土黄色粉砂黏土，表示距今 5100 年以后，西江下游干流河道已基本稳定。③唐《元和郡县志》称："青岐镇在（高要）县东三十五里。"该镇一直留存至现代，可见唐代以来，西江下游河道无大变化。

汉道情况则各不相同。一些接受山溪暴流的汉道，暴雨期间洪潦频发，极易侧向摆动。例如，后沥汉道，北侧为相对高度达 700 多米的北岭山和逾千米的鼎湖山，山溪长仅数千米至十余千米，暴流急泻直下，极易冲决天然堤而侧向摆动。尤其是进入宋代，北方战乱频仍，南方相对安定，人口大量南迁。唐代珠江三角洲人口仅 22 万②，到北宋中期增为超过 22 万户③。人口的大增，耕地的急速拓展，导致山林被砍伐，水土流失，洪灾增加。仅北宋早期的太平兴国七年（公元 982 年）到至道二年（公元 996 年）的 15 年间，西江便发生了 5 次较大洪灾，尤其以至道二年的暴雨洪水为害明显④。故北宋太宗至道二年西江下游开始在汉道的山溪小河旁修建堤围，抗御洪水⑤。据清·康熙年间修撰的《高要县志》记载，当时在北汉旱峡沿长利堤东岸和横槎涌西岸筑长利堤与赤顶堤，又在南汉道建金西围、腰古围、泰和围等。当时西、北二三角洲河口在现今的小榄—黄圃—潭洲一线⑥，离今天的西江河口磨刀门北约 50km，即修堤地区距离当时的西江口尚不远，与今日的地理形势很不相同。当时的西江属河口段至河流近口段，受潮流影响大，河流水

① 杨豪：《广东高要茅岗水上木结构建筑遗址》，《文物》，1983 年第 12 期。
② 任美锷 等：《中国的三大三角洲》，高等教育出版社，1994 年。
③ ［宋］王存：《元丰九域志》。
④ 《宋史·五行志》卷六一。
⑤ 《宋史·太宗纪》："至道二年，丙申秋，闰七月，大雨水，始筑堤。"
⑥ 李平日 等：《珠江三角洲一万年来环境演变》，海洋出版社，1991 年。

位变幅小。而且在一千多年前的宋代，人们修建沿西江干流大堤还缺乏技术与组织力量。故当时仅为当地乡民各在其所在的小河修筑防御山洪的较小堤围。

另一些蜿蜒于低丘、台地间的汉道，因无山洪暴流，自然状态相对比较稳定。例如，西江南岸的宋隆水及其南支高明河和东支蚬岗河，自汉代以后河道走向无大变化，仅有淤浅之弊。又如，宋隆水，汉、唐仍有盐运和航运，宋代才逐渐淤浅，但仍保持小河形态，可以泄洪。特大洪水时，西江主流有部分从宋隆水入高明河。清道光六年（1826年）《高要县志》载，"两水相泛已久"。1915年西江特大洪水，曾由宋隆水经水口村出高明河。

西江下游自北宋开始修筑堤围，元、明、清继续修建和加高加固，既固定了河道，也捍卫了大片农田，促进了粮食生产。除前述北宋初筑的几条堤围外，南宋乾道二年（1166年）又修横桐围（周1600余丈，捍田800余顷）。元代至元二年（1336年）在羚羊峡东口北岸筑鸭塘围（堤长4128.8丈，捍田539顷），至正十五年（1355年）在宋代长利围东修院主围（堤长1119丈，捍田44.58顷），至正年间还在高明河修了秀丽围（2500多丈，捍田360顷）、三洲围（约3000丈，捍田约三百顷）、南岸围（3580丈，捍田193顷）。明代修堤更多，洪武元年（1368年）在羚羊峡以西的西江干流北岸修景福围（堤长40200丈，捍田超过700顷），在西江干流南岸修大湾围（长1750丈，捍田610顷），洪武十九年（1386年）在羚羊峡以东的西江干流南岸修头溪围（堤长992

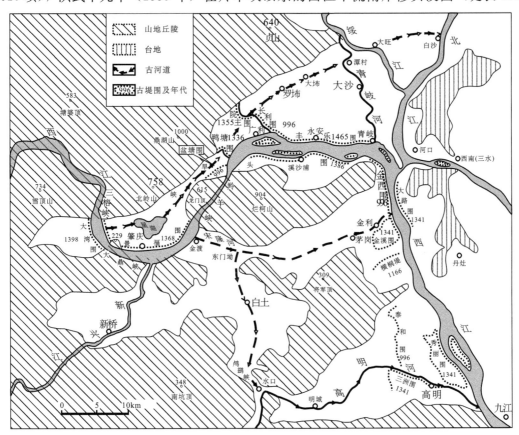

图 11.1　西江下游河道演变

丈）、新江围（堤长 3396.5 丈，捍田 500 顷），成化年间（1465～1487 年）在西江干流北岸修丰乐围（堤长 6224 丈，捍田 370 顷）。明代在西江干流南、北岸修筑了大堤后，主流河道已完全被约束，从此基本稳定。万历年间（1573～1620 年）在汉道宋隆水西岸筑大榄围（2287 丈）、思霖围（1213 丈），东岸筑宋隆围[①]。自此汉道也基本被堤围约束，趋于稳定（图 11.1）。

第二节　北江下游河道的演变

北江古称溱水（秦—初唐）、浈水（唐—元）、胥江（元—清）。习以飞来峡以下为下游，至思贤滘与西江汇合后始进入三角洲。飞来峡属遗传河（亦称先成河），乃北江切割罗平山脉而成[②]。飞来峡又名中宿峡，"中宿"为汉代南海郡的一个县[③]。宋·乐史撰的《太平寰宇记》说，东汉时"二月、五月、八月有海潮上二禺峡，逐浪返五羊，一宿而至，故曰中宿峡"。宋·方信孺在《南海百咏》引述："海艘乘潮，一夕而至。"据曾昭璇[④]和韦惺[⑤]研究，全新世海侵时，广州为溺谷湾，古北江出飞来峡后，未循今之大塘—芦苞—河口—西南（现三水城区）入广州溺谷湾，而是走近路，从石角—白坭—石门至广州溺谷湾出虎门。据笔者研究，汉代的西、北江三角洲岸线在广州黄埔白沙市—番禺沙湾—顺德大良—南海九江一带。珠江八大口门以虎门（广州溺谷湾的通海口）的潮流最强，现代虎门的涨潮量占八大口门的 60.82％，最大潮差达 3.36m，现代潮流界北江达三水的黄塘。汉代西、北江三角洲海岸线比现今偏北约 120km。当时潮水能达清远飞来峡，是符合潮流界随河口变迁而进退的常理的。据在 1：20 万地形图量度，由清远飞来峡西口至广州，若经白坭河南下，其水路距离比经三水河口—佛山近约 40km，即近了约 1/3。据梁国昭研究[⑥]，汉初，武帝派大夫陆贾出使南越劝赵佗归汉，就是越五岭经北江进广州西北部之石门，在驷马涌附近的红岩台地筑泥城等候南越王赵佗接见的。晋初，吴隐之赴刺史任进广州时，也是循古北江水道从石门登岸，并题诗于石门曰："古人云此水，一歃怀千金，试使夷齐饮，终当不易心。"诗碑尚存广州博物馆。可见，汉晋时，潮流曾至飞来峡南口；古北江下游不经三水河口今河道，而是经石角—白坭—石门的捷径流入广州溺谷湾的。

古北江切过飞来峡后，进入开阔平坦的清远盆地。现代的北江水道，原为西江的一条支流，与西江另一支流绥江自北汇入西江。古北江出飞来峡后，水流分散，河道分汊多沙洲。据曾昭璇等调查[⑦]，在清远盆地，分为 6 条汉道：①白家朗汉道。在飞来峡西口不远处循山地边缘分汊，经村头围、小罗塘、白家塯、岭塘，鱼笱湾入青榄水。现仍见古河道残留的河沙层、蚬壳层，当地现仍称之为"上堤围"。清光绪六年（1880 年）

---

①　清·道光《广东通志·山川略》。
②　吴尚时：《北江飞来峡之生成》，《中山大学校报》，1936 年 5 月 21 日。
③　《汉书·地理志》。
④　曾昭璇：《广州溺谷湾地貌发育》，《华南师范学院学报》，1979 年第 2 期。
⑤　韦惺：《广州溺谷湾形成演变的数值模拟和动力地貌分析》，中山大学硕士学位论文，2007 年 6 月。
⑥　梁国昭：《广州港从石门到虎门》，《热带地理》，2008 年第 3 期。
⑦　曾昭璇、黄少敏：《珠江三角洲历史地貌学研究》，广东省教育出版社，1987 年。

撰的《清远县志》说的"上堤围在城东二十里靖定乡……正德元年（1506 年）修筑"，即是白家塝汊道，明正德年间因筑堤始断流。②青榄水汊道。经竹围仔、六步湾、沙头，汇入龙塘河。明代弘治八年（1495 年）知县苏奎建沙塘基始断流。③涟水汊道。古河道现已淤断成长条状水塘。沿古河道见河沙层、蚬壳层堆积。长条水塘和洼地呈串珠状分布。长塘水深达 4m，显非人工挖成。北江岸边仍有"涟水口"地名，并有涟水村。经独石、莲塘、大石围、江仔入大燕水—龙塘河。④隔岭水汊道。古河道在大木洲宽达 50m，深 5m 许，底部有沙层和蚌蚬壳堆积。⑤海仔水汊道。现仍是弯曲河道形态，河宽达 100m，1970 年代中期仍可行小舟。⑥沙塘水汊道。由沙塘村经全福岗、黄坭塘、岗仔入大燕水—龙塘河。大燕水是滃江在飞来峡山地东侧的汊道，清末仍通航，船只为避飞来峡水流湍急常从滃江口入大燕水，最后经龙塘河至石角入北江干流。

古北江曾在东岸石角发育一条大汊道，它的上游称落排河，下游称白坭河。据徐俊鸣研究①，汉代能"逐浪返五羊，一夜而至"，是走白坭河水道。白坭河坡度大，斜切多条北东走向的山地，属遗传河。这条汉代古河道现仍遗留宽阔的河谷形态，沉积物厚达 24～30m。基底为红色砂岩。沉积物自下而上为卵石、砂砾、中沙、细沙、黏土。沿古河谷现仍见断断续续的长塘，地名也保留有不少反映古河道的"塘头（在石角镇旁)"、"塘基"（石角镇西南 5km)、"龙塘"、"荷塘"、"鸭湖"、"九潭"等，一些至今仍维持深水的甚至被称为"海"，如南村的长塘叫"南村海"，水深达 8m，宽 50～70m。据曾昭璇研究，白坭河晋代已淤塞。落排河（白坭河上游）明代已建堤围垦（石角围为 1500 年前后建成)，但仍为北江的行洪水道，著名的乙卯年（1915 年）特大洪水，北江洪水冲崩石角围水淹广州七天，就是经石角—白坭河直下广州的。

白坭河淤塞后，在右偏力的作用下②，古北江在石角下游的芦苞镇附近发育芦苞涌。晋代，芦苞涌经官窑、石门入广州。官窑在晋、唐、宋各代是北江水道交通的要地。官窑附近的芦苞涌江心洲上的灵洲山曾是晋、唐、宋登高远眺的名胜。《南越志》云："肃连山西有灵洲焉，其山平原弥望，层延极目，晋郭璞谓南海之间，有衣冠之气者，斯其地也。"当地现仍有西晋"望气楼"古迹传说。唐僖宗年间（公元 874～888 年）偏帅刘氏已从浙江迁官窑定居。唐末五代南汉刘氏王朝在官窑文头岭设陶窑，至今官窑镇文史博物馆尚存刻有"官窑内造"的陶碟。北宋元符三年（1100 年）苏轼南谪惠州时曾路过官窑，夜宿灵洲山下，写下"灵峰山上宝陀寺，白发东坡今又来"。直至清代，屈大均《广东新语》卷三灵洲山条引文说："岭南英气钟于会城，而秀发于灵洲。"嘉庆年间，官窑仍是"南来北往仕宦往来宾饯之所"③，可见官窑涌水道之繁盛，曾经作为北江通向广州的重要航道。但至明代后期，芦苞涌逐渐淤塞。清康熙《三水县志》记载，"嘉隆年间（1522～1572 年）晋江贸易鳞集，比西南有加，而芦苞冬涸，客艘直出西南"。明嘉靖《广东通志》载，"芦苞水，其水秋涸，夏始溢"。可见明代后期，芦苞涌已日渐淤浅，夏季洪水期仍能维持较大水量，秋冬则涸，难以通航。水路运输逐渐下移至西南涌。

① 徐俊鸣：《广州市区的水陆变迁初探》，《中山大学学报》，1978 年第 1 期。
② 叶汇：《北江下游河道的变迁》，《地理学报》，1957 年第 2 期。
③ 清·嘉庆《三水县志》。

韦惺认为[1]，古代西江下游曾在今之高要的广利、永安，三水的青岐，四会的大沙、大旺一带有一广阔水域"丰乐湾"（即今丰乐围一带），地势低平（不少地方高程为0m上下），涡（巨型洼地）、塥（较小的涡）众多（如三水的三十六涡），是海侵盛期西江、北江、绥江在此交汇成的河口湾。芦苞涌淤塞后，西江曾经通过三水的西南涌入广州溺谷湾。西南涌曾称"西南潭"，可见水深和宽阔。西江水在思贤滘未淤积成狭窄形态之前，曾直冲向西南涌入广州溺谷湾。芦苞涌淤塞后，北江受右偏力影响，水道再度下移至西南涌走捷径，经石门到广州。明嘉靖《三水县志》序称："东距清海，沂石门，转折而西而南，会于邑，是为三水。两藩、镇巡、监司、命使，暨诸郡县百官，岛夷贡献，皆取道出此，舟车罔昼夜。"可见西南镇直至明代中后期仍为北江水道中心，西南涌"节使邮传……往返殆无虚日"、"商船多泊于此"。促成西南镇"商贾辐凑，帆樯云集"，"台监使者风樯往还如织"。西南涌有西江水流入，而且往广州溺谷湾的比降大，具一定的冲刷力，河道不易淤积。明代，思贤滘附近多处陆续兴建堤围。明嘉靖四十三年（1564年）编纂的《广东通志》载："三水县圩岸（即堤围——笔者注）有三江、高丰……等十九处，南海县圩岸有白石、大榄……等四十五处"。据曾昭璇研究[2]，绥江三角洲的隆伏围建于元至正二十八年至明洪武三十一年（1368～1398年）、高路围建于明永乐十一年（1413年）、湖桐堤建于明景泰元年至八年（1450～1457年）、大沙围建于明万历三十一年（1603年）。思贤滘北江部分的王公围、茶岗围、灶岗围亦于明弘治十五年（1502年）建成。竹洲沙、灶岗沙、三水沙、琴沙和老鸦沙被称为"明代五沙"，形成纷立局面。竹洲沙、灶岗沙和三水沙为西江与北江间的沙脊。琴沙位于西江近北江处，为明代浮升，它受青岐河泥沙影响。青岐河是绥江下游的主要支流，属多沙河流。青岐河及绥江干流的泥沙，淤积在思贤滘，使滘区逐渐缩窄。滘区附近明代修筑堤围之后，北江、西江、绥江的泥沙更集中在滘内淤积。明代中后期，西南涌仍保持较宽的河道和较大的水深。但至明末清初，屈大均的《广东新语》（1678年）说："西南潭二支之派……今则沙淤水涸。"表明西南涌虽仍称"西南潭"，但已"沙淤水涸"。百余年间，已变化甚大。北江河床淤高，思贤滘宽只余不足200m。清代思贤滘南的角尾围成围，沙滩向南扩展，成凸岸弯道淤积区，沙洲并岸。思贤滘的淤狭，使西江、北江洪水过滘时流速增大，在西滘口（西江口）和北滘口（北江口）间出现水漩，成为清末的航行险段。现在角尾村仍保存"江心险处"大石碑，并用另一石碑刻下警示来往船只注意：水急、沉船、溺人常有发生，不准在滘内停泊船艇，为"光绪十九年（1893年）四月十一日立"。清末，思贤滘余宽百米（图11.2）。

明代中后期曾"风樯往还如织"、"商船多泊于此"的西南涌，因本身的逐渐淤浅和思贤滘的淤狭而于清初"沙淤水涸"。清道光十五年编纂的《南海县志》更说："自北江赴省治，旧惟取石门，今则多行庄步，西南潭淤塞故也"。明清时期，西南潭水深十丈，1927年已淤浅了2/3。1950年代，为防止北江洪水冲击广州，于西南涌口设闸，西南涌成干涌死水。近年，从改善水环境考虑，又恢复西南涌引北江水的功能。

---

① 韦惺：《广州溺谷湾形成演变的数值模拟和动力地貌分析》，中山大学硕士学位论文，2007年6月。
② 曾昭璇、黄少敏：《珠江三角洲历史地貌学研究》，广东省高等教育出版社，1987年。

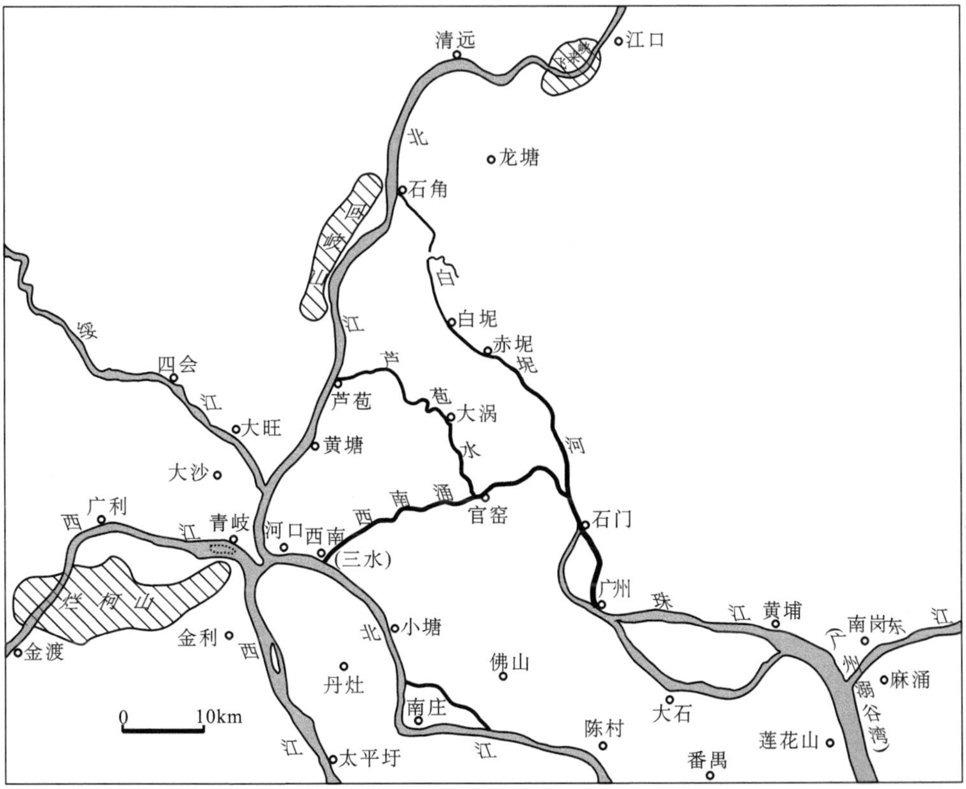

图 11.2　北江下游河道变迁

第三节　东江下游河道的演变

东江古称湟水（晋—南北朝）、循江（隋—唐）、龙川江（宋），元代始称东江。东江下游习以田螺峡西口为起始，止于石龙东江三角洲分汊。田螺峡对于东江来说，相似于西江的三榕峡和北江的飞来峡。东江出田螺峡后，进入博罗盆地。再下游为赤岭峡。

东江下游已发现多处贝丘遗址，这些贝丘为新石器时代晚期先民于河中拾取贝类作食物遗存下来的贝壳堆积。据研究①，有咸淡水生活贝类的贝丘仅分布到赤岭峡，田螺峡西口附近的贝丘只见淡水类贝壳。马嘶、礼村、东岸等村则可见咸水或咸淡水生活的泥蚶或牡蛎，东莞园洲贝丘含牡蛎壳的贝丘^{14}C 年代为距今 3455±150 年。表明新石器时代晚期海水入侵时，亦止于赤岭峡以下。历史时期的潮流一般只到园洲附近。东江下游社会发展较西江、北江迟。博罗虽为秦置县，但县治在今博罗县城东约 50km 的台地上（今惠东县梁化镇），说明东江下游秦汉时田地不多。三国魏黄初七年（公元 226 年）始置司盐都尉管理河口三角洲地区的盐田。南北朝东江下游已有大片田地淤成及开垦，博罗县城始西迁至今址。

东江下游河道变迁以江心洲发育、沙洲并岸因而不断产生汊道为特征。可按北岸、

---

① 李平日 等：《东江三角洲地貌特征》，《地理研究》，1991 年第 2 期。

南岸分述。

北岸：东江过博罗盆地后，一汊沿东西向的笔架山、太平山（海拔 489.4m）山麓向西至龙溪，与从北面的罗浮山（海拔 1281.5m）南流的沙河相汇，形成龙溪—泊头一带大片湿地。宋代淳祐年间（1241～1252 年）修苏村堤、礼村堤、随龙堤（总称"苏礼龙围"）①，阻隔东江向北岸发展。围内现仍存众多深湖、长塘，皆为古汊河遗迹。围内地势极低，至今仍多积水地。既有原始地形低洼之故，也因建围后泥沙再不能堆积②。这种情况在西、北、东江下游及珠江三角洲也颇为普遍。苏礼龙围"延袤可六十里，内护肥田四千余顷"③，对东江下游的稳定河道和保护农田，曾经起过很大作用。围内许多地名仍反映古汊道痕迹，如"长塘园"、"长湖沥"、"深湖"、"夏潦"、"泊头"、"白莲湖"等。

南岸：东江形成多处曲流凹岸，把河曲迫向南岸，南岸不能不筑堤抵御。宋元祐二年（1087 年）从司马至京山已筑东江堤。清宣统《东莞县志》载，"昔东潦为患，水自潼湖来，横溢九江水，被其害者九十三乡，而司马乡当其冲。宋邑令李岩筑堤御水，自三丫岭起。今木茶湖有坝长数里，迄石水口村，即堤首段"。说明东江洪水主要从东面的潼湖冲至石水口，在司马、九江水一带泛滥，故以司马、石水口为东江堤之首，但东江对南岸的泛溢仍相当普遍，故东江堤从司马筑至三角洲分汊的京山，长"万有余丈"，"护田九千八百余顷"。东江洪水分别从凹岸永平—桥头、企石、石排、（南）泊头四条汊道进入。永平—桥头汊道除了因东江在北岸呈大凸岸迫使水流南冲外，还与潼湖水西流有密切关系。潼湖是广东最大湖泊，东、北、南面皆为山地丘陵、属山洪汇聚之尾闾地。尤其是南面山地比较高大，白云嶂 1003.5m，黄巢嶂 671.5m，双飞髻 791.3m，山体连绵 30 多千米，其北麓众多短促的山溪水汇聚潼湖低地；水面大而甚浅（一般只 2～3m）。东江水自北凸岸冲来，山地河流石马河从南面急流直下，潼湖水由东流至永平—桥头一带成汇聚诸水之潴汇地。此汊道经石水口、横沥、牛食埔、茶山出峡口汇入东江南干流。东江堤建成后，南岸诸汊道被截断，但古汊道遗迹仍存，遗留很多长条状积水地。常平、横沥—茶山—峡口的河道称寒溪水，至今仍是一条较大河流。许多地名也反映古汊道形态，如"石涌"、"芦边"、"小塘"、"水边"、"周塘"等。1970 年代曾在茶山发现地下埋藏的水松，^{14}C 年代为距今 2220±90 年，可见汉代茶山已为沼泽地，已有河道。这条汊道造就了茶山在南北朝时已成繁盛的聚邑，在较长历史时期茶山比东莞县城繁荣。为保障东江水不淹茶山，宋淳祐三年（1243 年）筑西湖堤 180 丈④。（南）泊头因东江淤积成江心洲——王屋洲，江水南冲，曾淹 63 乡，故于南宋宝祐年间（1253～1258 年）筑牛过蓢堤，阻隔洪水。又筑龙头堤，分隔叶塘、牛食埔洪水。

东江下游河道从宋代筑堤后，水流归槽，侧向侵蚀加强，到元代已显现曲流发育趋势，故东江堤于元代至元十七年至至正十四年期间（1280～1354 年）重修。

明代东江三角洲已发育较成熟，三角洲分汊河道已固定在石龙南、北两干道。东江下游河道被南、北岸堤固定后向曲流演化。北侧主要支流增江的汊道建了张家围（约

① 佛山地区革命委员会珠江三角洲农业志编写组：《珠江三角洲农业志（二）》，1976 年。
② 李平日：《从地理学角度看珠江三角洲堤围的利与弊》，《桑园围暨珠江三角洲水利史讨论会论文集》，广东科技出版社，1992 年。
③ ［清］光绪《惠州府志》引明伦文叙《重修苏村诸坍记》。
④ ［清］嘉庆《东莞县志》："西湖村堤，宋淳祐三年，邑令赵公周部筑"。

2000丈），把增江下游汊道固定下来。

　　清代的东江下游曲流进一步发育。凸岸淤积更甚，苏礼龙围在凸岸处淤出新土地，在深湖一带淤生"新围"。礼村对岸淤出"江边埔"、"泊下围"。水流迫向礼村。与沙河交汇处淤出新的江心洲——中心洲。河道南弯，企石江岸被冲蚀。东江曲流继续南弯，中心洲北的汊道淤积并岸，形成龙叫-桔头大片新滩地。东江北岸兴建土瓜十四约围，总长11 500丈。江之南，宋代修筑的东江堤之北的"东江游衍之地"清代淤积出泊下一带新土地，并围成"五村大围"，长5400丈。再往下游，东江之南的西湖堤外，又淤成黄家山围，长3300丈。由于人工围筑及曲流演进，东江下游至清末已基本稳定，河道变窄。随着东江三角洲的发展，滨线逐渐下移，东江下游河道日趋稳定（图11.3）。

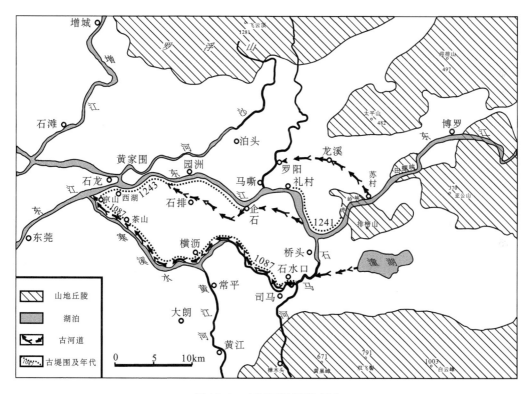

图11.3　东江下游河道变迁

第四节　广州市区珠江岸线的演变

　　广州市区近数十年已发现多处中全新世海平面上升时潮水深入至市区北部的证据。例如，在东风中路广东省人民政府大院内的工地及广东科学馆挖掘出牡蛎壳，在建设二马路的工地发现日本镜蛤等[①]。笔者于1988年在中山五路与北京路交界的新大新百货公司工地深8m（海拔-3m）处取样作^{14}C年代测定及生物分析，淤泥的^{14}C年代为距今

---

　　① 李建生：《广州地区古海岸线的变迁》，《海洋科学》，1984年4期。

6340±130 年，泥沙中含牡蛎壳及半咸水种化石硅藻，表明 6000 年前中全新世海进曾在中山五路沉积。省政府、科学馆及建设二马路的海进沉积物虽未作^{14}C 年代测定，但可推测亦为中全新世最大海侵时的遗物。即 6000 年前，广州市区珠江岸北岸至少抵达中山五路，甚至到达越秀山南麓的东风中路一带。

1980 年代，考古人员曾在西北郊增埗人民水泥厂工地发现新石器时代晚期的葵涌贝丘，有咸淡水生活的蚶、螺等贝壳，虽未作^{14}C 年代测定，但考古学家根据出土器物推断为距今 4000 年左右。咸淡水贝类的出土，证明距今 4000 年前后潮水曾达广州西北部新市一带，应为当时珠江江岸附近，但距今 4000 年前后的地点仅此一处，且偏西北，无法勾画当时珠江的岸线。

随着全新世海平面的波动性升降和珠江的泥沙淤积，广州市区珠江江岸逐渐缩窄。历史时期的广州市区珠江江岸经历了如下的演变过程。

一、汉代江岸

广州市区大南路的 1 号钻孔在埋藏深度 5m 处发现含牡蛎壳的淤层，海拔高度为－0.35m，属海平面附近的沉积物。淤泥的^{14}C 年代为距今 2320±85 年。2000 年广州市文物考古研究所在上述大南路 1 号钻孔之北约百米的惠福东路光明广场工地发现地下木结构遗址，经国家文物局组织中国社会科学院考古研究所原所长徐苹芳等专家现场考察，认为属西汉初南越国的南城门水关（水闸）。笔者在水关的泥土中找到一些完整的贝壳，经中国科学院南海海洋研究所生物研究室谢玉坎研究员鉴定，主要为河蚬和铜锈环棱螺（*Bellamya aeruginosa*），均属淡水种类。在水关稍南的泥土中，发现另一种贝壳，经谢玉坎鉴定为一种肺螺属的贝类：*Cassidula angulifera* Petit（未有中文名），是生活于热带太平洋的咸淡水交界处的贝类，其生态环境与牡蛎近似。光明广场现已在中庭留空 700m²，于负一层用厚玻璃盖着南越国水关遗址，让古迹与现代建筑共存。人们可以从上、从旁观看到距今两千多年的南越国水关木结构遗存。此水关之南，大南路 1 号钻孔之北，就是汉代广州珠江江岸所在。

至于前人说的番山脚下或中山四路所谓"秦汉古船台"附近，经近数十年的研究特别是南越国水关的新发现，已遭否定。因为"番山"只能说明南越国的"越城"内有"番山"、"禺山"，但不能据此推论为当时珠江江岸。"番山"经曾昭璇考证为现今文德路第十三中学内红色砂岩小丘。"秦汉古船台"所依据的木头^{14}C 年代为距今 2190±90 年[①]，仅是该古树的死亡年代（即与外界的碳同位素^{14}C 停止交换的年代），不是木结构的建造年代。木结构应比古树的死亡年代晚。笔者近年在广东发现距今 13 200 年的大树[②]，仅表明此古树在 1.32 万年前死亡，倘若有人用此万年古树建造房屋（此万年古树现极坚实完整完全可作建材），不能说此屋为万年古屋。并且建筑界、造船界、地学界均已否定中山四路遗址为造船遗址，而认为是南越国宫的建筑基础[③]。笔者从宏观环境认为该地不是珠江

---

① 广州市文物管理处等：《广州秦汉船台遗址试掘》，《文物》，1977 年 4 期。

② 李平日 等：《广东全新世埋藏树木研究》，《热带地理》，2001 年 3 期。

③ 李照醇、罗雨林主编：《'广东秦代造船遗址'学术争鸣集》，中国建筑工业出版社，2002 年。

江畔，珠江不适宜作制船工场，而且南越国王也不会把宫殿与造船工场布置在同一地。

珠江南岸汉代岸线资料为新港西路之北的下渡头村东约一巷"杨孚井"，杨孚为东汉章帝（公元76～88年）、和帝（公元89～105年）时的侍郎，晚年归隐故里，村人相传此井为杨孚故宅后花园的水井，至今犹有"汉代杨孚古井"标识[①]。

二、晋 代 江 岸

晋代江岸的证据有：①坡山古渡。今惠福西路坡山巷五仙观为晋代的坡山古渡口，由白垩系红色砂岩构成，有河流淘蚀的两个瓯穴，俗称"仙人脚印"，经曾昭璇教授详细研究和考证，为最终形成于晋代的河岸[②]。②王仁寺。今诗书路南端（在大德路北）有晋代泰康二年（公元281年）建的王仁寺遗址。当时江岸在寺之南。③西来初地。梁代普通七年（公元526年）达摩从西天竺浮海至此，建西来庵（后改称华林寺）。即在今下九路北之"西来初地"。十八甫南钻孔深3.3m的泥沙含咸水蚬。淤泥的^{14}C年代为距今1610±60年，此钻孔与"西来初地"邻近。④扬仁里。《隋故太原王夫人墓志铭》载："夫人以大业三年（公元607年）于南海扬仁坊之私第。"可知今扬仁里（光复南路西侧）隋已在珠江岸北，曾昭璇认为"近江岸"。这四处的连线，可大体反映晋代珠江北岸。晋代珠江南岸未见记载，现暂以比汉代江岸淤涨100m计，则晋代珠江宽约1700m（坡山古渡至宝岗之北200m）。海珠南路市桥街埋深5.3m的含贝壳淤泥^{14}C年代为距今1550±70年，该处在坡山古渡南约300m。两钻孔当时沉积环境为河滩，与上述推断不谋而合，可以作为晋代岸线基本合理的佐证。

三、唐 代 江 岸

已知唐代江岸的有下列地点：①郑公堤。荔湾涌口的郑公堤为纪念唐代节度使郑愚而得名[1)]。既为堤围，当在江边。②星泉。今下九路星泉里唐代有"星泉"。《新唐书·地理志》记载："（南海县城）山峻水深，民不井汲。都督刘巨麟始凿井四以便民。"《舆地纪胜》云："星井在城西六里金肃门外绣衣坊。"大新路与海珠路交叉处曾钻获咸水蚬，其淤泥^{14}C年代为距今1100±60年。据此，从荔湾涌口郑公堤、星泉、大新路之南（高程4.7m）等连线作为唐代珠江北岸线。南岸无明确记述，暂以匀速淤积计算，结合现今地面高程及地形起伏，假设同福路南武中学为唐代珠江南岸线（同福路现高程为5m上下）。江宽约1400m（文明路至同福路）。

四、宋 代 江 岸

宋初的珠江北岸以宋三城为界。元《南海志》云："三城南临海，旧无濠，海飓风至，则害舟楫。"据徐俊鸣、曾昭璇教授考证，北宋三城南为玉带濠。2007年在清水濠

① 陈泽泓：《广东历史名人传略》，广东人民出版社，1998年。
② 曾昭璇：《广东历史地理》，广东人民出版社，1998年。

街发现宋代古河堤，认为是宋代引白云山水至甘溪，清水濠小学一带应为珠江宋代江岸。据曾昭璇研究，与清水濠街东西平行的素波巷、木排头、水母湾等皆为宋代珠江边的地名，宋代珠江江岸应在东横街、西横街一带。即东起今文德路清水濠，西至濠畔街西口（高程约 3.4m）。西关一带，有宋代绍兴建南海西庙（今下九路广州酒家）。隋代建的南海东庙在黄埔。南海西庙的建立为适应船民内迁广州西关，故在城西建南海西庙，当时应在江边，以便船民朝拜。至今在南海西庙旧址仍有"海傍街"地名。从桂里（今丛桂路）为宋代街名，当已成陆。南岸仍以大体匀速淤积计算，约在同福路北盐仓巷附近（高程约 3.4m）。若如此，则珠江宽约 1100m（濠畔街至盐仓巷）。

五、明代江岸

明代江岸，在西关有蓬莱基、黎基、陈基、冼基和曹基等明代堤围地名。怀远驿为明初接待外商的驿馆，当时位于江岸附近。沙面在明代仍为沙洲，当时称"中流沙"，即与珠江北岸还有一定距离。桨栏路为明代专售船上用品的街道，可知在江岸。太平沙有明代陈恭尹题"太平通浒"四字，为明代才并岸的沙洲。泰康路有"沙洲巷"。清道光《广东通志》载，"沙洲桥……嘉靖三十六年（1557 年）募修"，说明嘉靖年间太平沙仍为珠江北岸沙洲，需桥交通。故以太平沙北（即今泰康路一带）为北岸。仁秀里、元运街、前鉴通津、启明街（今东华路附近）为明初河傍街道，故其南当为江岸。即明代珠江北岸大概为西起今蓬莱街，中经和平路——德路—泰康路，东至东华路一线。这一带的地形比宋代岸线约低 1m（高程约 3.5m 上下），符合河流地貌的发育规律。在河南，江岸在今海幢寺北门外，因海幢寺前身为明代富商郭龙岳的花园，其北门在珠江边（高程约 3m）。以一德路至海幢寺计，明代珠江宽约 650m，比宋代缩窄了约 450m，缩窄率约为 0.6。这与广东宋代以后人口剧增，到处筑堤，使原来淤积在洪泛平原的泥沙，直接淤积在堤内河道上有关。

六、清代江岸

清初江岸西为十三行（建于 1777 年），中有一德路南的盐亭街、靖海路的同庆通津、北京南路的太平沙、珠光路，镇龙上街为顺治四年（1647 年）江岸。现海珠广场西侧为明末清初五羊驿，《白云、粤秀二山合志》谓其"前临大江"，当距江岸不远。靖海路龙王庙在 1661 年为河岸。海印石在清初（1674 年）仍是江中炮台。海珠石在明末距珠江北岸 250m。故清代北岸线大约在十三行路、仁济西路、盐亭街、同庆通津、太平沙、珠光路、镇龙上街和新河浦一线。南岸已知大基头为 1850 年江边，江岸今已北移约 150m。江北岸线的高程约为 3m，南华路亦为 2.8～3m，故可推断现今南华路为清代江岸。以海珠广场西侧五羊驿至南华中路计，清代珠江宽约 500m。现今海珠桥处珠江仅宽 180m，比 300～400 年前缩窄了约 2/3，缩窄率为 0.36，比过去各个时期的缩窄都显著。如以汉代珠江宽 2000m 计，则汉代以来珠江几乎每年缩窄了约 0.83m。现今的珠江，仅及汉代珠江宽度的 1/10，故东汉末年（建安十六年，公元 211 年）交州刺史步骘说广州"负山（越秀山）带海（珠江），博敞渺目……睹巨海之浩茫，观原薮之殷阜"。步骘时珠江宽近 2km，故他说

"巨海之浩茫"，并非夸大其词。直至宋代，杨万里犹称黄埔波罗庙（南海神庙）前面的珠江为"大海"，南海西庙（今广州酒家）前面的珠江为"小海"。因北宋时珠江仍宽达1.1km，比现今宽6倍，说是"小海"，并不过分（图11.4）。

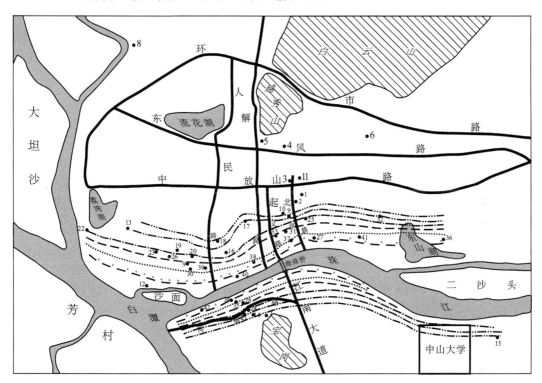

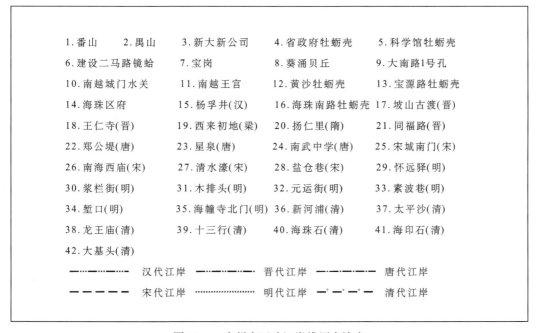

1. 番山　　2. 禺山　　　　3. 新大新公司　　4. 省政府牡蛎壳　　5. 科学馆牡蛎壳

6. 建设二马路镜蛤　　7. 宝岗　　　　8. 葵涌贝丘　　　　9. 大南路1号孔

10. 南越城门水关　　11. 南越王宫　　12. 黄沙牡蛎壳　　13. 宝源路牡蛎壳

14. 海珠区府　　　　15. 杨孚井(汉)　　16. 海珠南路牡蛎壳　17. 坡山古渡(晋)

18. 王仁寺(晋)　　　19. 西来初地(梁)　　20. 扬仁里(隋)　　21. 同福路(晋)

22. 郑公堤(唐)　　　23. 星泉(唐)　　　24. 南武中学(唐)　　25. 宋城南门(宋)

26. 南海西庙(宋)　　27. 清水濠(宋)　　28. 盐仓巷(宋)　　　29. 怀远驿(明)

30. 浆栏街(明)　　　31. 木排头(明)　　32. 元运街(明)　　　33. 素波巷(明)

34. 埑口(明)　　　　35. 海幢寺北门(明)　36. 新河浦(清)　　　37. 太平沙(清)

38. 龙王庙(清)　　　39. 十三行(清)　　40. 海珠石(清)　　　41. 海印石(清)

42. 大基头(清)

———————　汉代江岸　———·———　晋代江岸　—— —— ——　唐代江岸

— — — — —　宋代江岸　·············　明代江岸　— ·· — ·· —　清代江岸

图11.4　广州市区珠江岸线历史演变

第十二章 历史时期内流河水系的演变

第一节 塔里木河与终端湖的演变

一、塔里木河的演变

塔里木河为中国最长的一条内流河。塔里木盆地为一个封闭的盆地。它的南面为地质历史上新近隆起的青藏高原，昆仑山脉和阿尔金山耸起在高原的北缘，盆地的西面为帕米尔高原，北面为天山山脉，东北面为天山山脉的支脉库鲁克塔格。盆地的最东端为阿奇克谷地，形成盆地的唯一开口。阿奇克谷地为一构造谷地，不是塔里木盆地地表径流外泄通道。

由于青藏高原在第四纪期间强烈隆起，盆地南缘的昆仑山脉北侧的冲积扇远较盆地北缘的天山山脉南侧发育，形成盆地南部高北部低的地势。例如，盆地南缘的和田海拔为1200～1400m，而盆地北缘，位于塔里木河上游诸河流汇流点的阿拉尔市海拔1012m，位于塔里木河和渭干河冲积平原的沙雅县海拔为950～1020m。轮台县塔里木河冲积平原区海拔940～905m，尉犁县塔里木河—孔雀河冲积平原海拔为940～800m。这种地势使得塔里木河干流历史上一直沿盆地北缘流动，并导致其支流呈不对称性。

盆地内部为面积广大的塔克拉玛干沙漠。沙漠腹地有一组西北-东南方向延伸的低山丘陵，即乔喀塔格、麻扎塔格和北民丰隆起。塔克拉玛干沙漠中还有一类重要地貌类型，即有一系列大致为南北方向延伸的高大沙垄，相对高度达数十米乃至上百米。

这些低山丘陵和南北向的大沙垄，控制着由昆仑山脉流出的克里雅河、尼雅河等河的大的流向。

盆地北部，塔克拉玛干沙漠与天山之间为一宽阔的冲积平原，平原北部沿天山南侧有一不宽的冲积扇带，是库车、轮台、库尔勒诸绿洲所在。历史时期塔里木河干流即在此山前冲积扇带和塔克拉玛干沙漠之间的冲积平原上南北迁徙摆动。卫星图像上显示出在这一地带存在密如蛛网的古河道，表明历史时期塔里木河干流在此冲积平原上迁徙摆动之频繁。

盆地东部的塔克拉玛干沙漠以东地区为地势平坦的罗布荒原。罗布荒原最东部的罗布洼地为盆地地势最低处，最低海拔为780m。

塔里木河的支流，分别从昆仑山脉、天山和帕米尔高原流出。这些山地受寒冻风化作用影响强烈，形成大量碎屑物质；从山地流出的河流，比降很大；这些河流的补给主要靠夏季高山的融雪和夏季山地降水，因此，一年中水量变化很大，夏季洪水奔流，携带大量泥沙。这些因素导致塔里木河诸支流在流出山地进入盆地后，河道极不稳定，改道频繁。

今天的塔里木河水系，是由叶尔羌河、阿克苏河及和田河汇流而成。三河在阿克苏东南的阿拉尔附近汇流，自此汇流点以下称为塔里木河。自阿拉尔至尉犁南面的群克为塔里木河中游，群克以下为下游。阿拉尔以上诸河流中，流量和长度都以叶尔羌河为最，故叶尔羌河应是塔里木河正源，其他河流则为塔里木河支流。历史时期塔里木河各部分的变迁表现出不同的特点。

历史时期塔里木河水系的变迁主要表现在支流的变迁和干流的变迁。若干支流断流并脱离塔里木河，历史早期流入塔里木河的河流除了上述的叶尔羌河、阿克苏河及和田河外，还有喀什噶尔河、克里雅河、渭干河、孔雀河、且末河及尼雅河等，而未断流的支流也有变化，表现在河道的摆动。塔里木河干流在中游段和下游段的变迁亦各有特点。中游段河道，其变迁主要表现为南北分流与合流及迁徙摆动；下游河道的变迁主要表现为以群克为顶点，在下游的扇状平原上呈放射状摆动；还包括塔里木河终端湖空间位置的变化和最后消失。

（一）塔里木河支流的断流与演变

古代塔里木河有众多支流，今天只有三条支流有水流到塔里木河干流中。这一变化过程，既有气候变化的影响，也有人类活动的影响。在历史早期，气候变化是主要影响因素，而在晚期，人类活动则起着主要作用。

最早脱离塔里木河的支流是尼雅河。古代尼雅河流入塔里木河。《汉书·西域传》记载精绝国与都护府之间存在直接的通道。如果那时尼雅河不流到塔里木河，这条通道是不可能存在的。汉代精绝国即位于尼雅遗址，在塔里木盆地南缘民丰县北面的塔克拉玛干沙漠中。在尼雅遗址出土的佉卢文书中有一文书记载，龟兹国为该国一对男女跑到精绝国而进行交涉。古龟兹国国都位于今库车。佉卢文书的年代大致为魏晋时期，表明此时尼雅河可能与塔里木河还沟通。尼雅河的彻底断流可能在尼雅遗址废弃之时或更早时间。

古代克里雅河亦流入塔里木河。《汉书·西域传》记载贰师将军李广利征伐大宛后回程经杅（扜）弥国："贰师将军李广利击大宛，还过杅弥，杅弥遣太子赖丹为质于龟兹。"杅弥即今天称为喀拉墩遗址群，位于克里雅河下游的古河道之旁。这一记载表明，古代杅（扜）弥与塔克拉玛干沙漠北侧的龟兹联系很密切，克里雅河是沟通塔克拉玛干沙漠南缘和北缘之间的重要通道。

西晋末年法显经塔里木盆地到印度取经，穿越塔克拉玛干沙漠，从大沙漠的北缘到沙漠南缘的和田。虽然他所经行的具体路线没有记述，但很可能是沿克里雅河。因为克里雅河下游有曾经是杅弥国王城的喀拉墩遗址，在该遗址周围和沿克里雅河，还有许多遗址。法显穿越塔克拉玛干沙漠意味着克里雅河还有水流到塔里木河中去。后来记载克里雅河流入塔里木河的文献，有米尔扎·马赫麻·海答尔于16世纪著的《中亚蒙兀儿史》[①]和嘉庆十八年徐松的《西域水道记》。在接近塔里木河冲积平原的克里雅河下游平原区的野外考察中发现有大片枯死的幼小胡杨林（平均胸径5cm），用 ^{14}C 测年获得死

————————————

① 新疆社会科学院民族研究所译：《中亚蒙兀儿史——拉什德史》，新疆人民出版社，1983年。该书第二篇89章374页记载"所有从图伯特群山流向东方和北方的河流，如鸭尔看河、阿克哈什河、哈拉哈什河、克里雅河、卡墙河等，都注入前述沙漠地带的大湖。"

亡年代为距今 350～300 年①，说明在距今 350～300 年前，即 17 世纪的后期或 18 世纪初期，克里雅河仍然有水不定期通往塔里木河。瑞典地理学家斯文·赫定 19 世纪末考察绘制的地图上，克里雅河尾端在喀拉墩遗址以北（图 12.1）。在斯坦因 1913 年实测地图上，克里雅河还流到喀拉墩遗址东北约 50km 处②，1992 年笔者亲自考察克里雅河和喀拉墩遗址，其时克里雅河只是在特大洪水时才能流到位于喀拉墩遗址以南数十千米的克里雅乡。在不到百年的时间里，克里雅河的尾端退缩了数十千米。

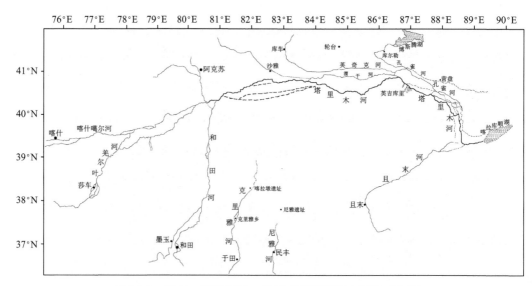

图 12.1　斯文·赫定 1899～1901 年实测塔里木河图（改绘）

　　喀什噶尔河在斯文·赫定 1899～1901 年的实测地图上还是一条流入塔里木河的常流水河流③。编于宣统三年（1911 年）的《新疆图志》，则记载"断流已久矣"。在斯坦因 1913～1915 年的实测地图上，喀什噶尔河在巴楚以东的河段，是一条干河道②，与《新疆图志》的记载相印证，则喀什噶尔河大致在 20 世纪初已与塔里木河断流。

　　从库车向南流的渭干河，在《水经注》中被称为龟兹川水。在库车以南，因地势极为平坦，河道迁徙摆动频繁。渭干河下游，据乾隆时期编撰的《钦定皇舆西域图志》（简称《西域图志》），称为额尔沟郭勒，在嘉庆十八年（1813 年）的徐松《西域水道记》中被称为渭干河。在斯文·赫定的实测地图上，在渭干河之北，又分出一条新河，称英奇克河，同时，该图上所表示的沙雅以下的渭干河，是一条季节性河流，并流入到塔里木河，而在斯坦因 1913 年的实测地图上，则为常流水河流，也一直流到塔里木河。这可能是反映了气候的变化，因该河流量相对较小，对气候变化（降水量变化）的反映比较敏感。

　　从博斯腾湖流出的孔雀河，在《山海经》中称为"敦薨之水"，在《水经注》中，

　　① 崔卫国、穆桂金：《塔里木河流域环境问题及其治理途径的探讨》，《干旱区资源与环境》，2003 年第 4 期。
　　② Stein A：InnermostAsia，Oxford，1928.
　　③ Swen Hedin：Scientific Results of a journey in Central Asia 1809～1902，vol. Ⅱ Lop Nor，Stockholm，1905，p. 341.

与"北河"会流后，经楼兰遗址南入蒲昌海。在 1970 年代，下游被渠道化，不再流入塔里木河。

且末河也曾是塔里木河的支流。《水经注》中将且末河称为阿耨达大水，并记载与"南河"汇流。1921 年塔里木河在尉犁县的群克改道东流，且末河与塔里木河脱离关系。

和田河下游尾段，在历史时期变化很大。斯文·赫定绘制的地图上，和田河尾段向东北流。斯坦因的实测图上，和田河尾段出现了一条向西北的分汊，并标注为 1913 年的新河，该新河尚未流到塔里木河，而在东面的河流仍是和田河的主流（图 12.2）。1929 年黄文弼沿和田河横穿塔克拉玛干沙漠进行考察。他记述和田河尾段东侧有几条干河道，一条称子里河，一条称英尔对雅，即新河。其中英尔对雅虽已断流，但断流时间不久。子里河，即斯文·赫定所绘的和田河下游段河道。在黄文弼考察时，在断流不久的新河河道西面形成一条更新的和田河。另外，黄文弼在子里河道东面约 10 里发现一干河道，"河宽约 200m，两岸树林排比成行，中露洼地一线，由南向北偏东伸展，没于沙窝之中。但在东北约十余里地，又见有树林一线，边大沙窝而行，必同为一河时隐时现耳"。黄文弼认为，古时和田河应为北偏东流，"后逐渐向西移耳"。他认为这条老河道可能为唐代后断流[①]。在卫星图像上，在今和田河下游尾段东侧，有许多条古河道痕迹与黄文弼的记载相印证。

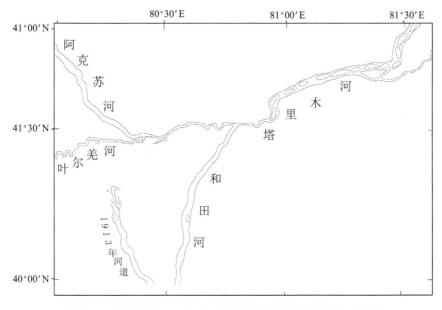

图 12.2　斯坦因 1913~1915 年实测和田河下游河道图（改绘）

和田河下游在历史时期总的趋势是向西北摆动，但其最尾端在近 200 多年来则呈钟摆式小幅度来回摆动。

---

①　黄文弼：《塔里木盆地考古记》，科学出版社，1958 年。

（二）塔里木河中游河道的演变

塔里木河中游为地势极为平坦的冲积平原，又因河流含沙量很高，故河道迁徙摆动很频繁，或干流河道的迁徙摆动，或形成分支流。中游段古河道遗迹很多，在卫星图像上呈现辫状结构，为中游段河道在历史时期迁徙的频繁性以及河道变迁的特点提供了很好的说明。

1. 汉至唐代中游河道

现存最早对塔里木河水系作整体描述的是《汉书·西域传》："（西域）南北有大山，中央有河，东西六千里，南北千余里。""其河有两原（源）：一出葱岭山，一出于阗。于阗在南山下，其河北流，与葱岭河合，东注蒲昌海，一名盐泽者也，去玉门、阳关三百余里，广袤三百里。其水亭居，冬夏不增减。"葱岭即帕米尔高原。发源于帕米尔高原的大河主要为叶尔羌河和喀什噶尔河。因叶尔羌河比喀什噶尔河流量大，流程长，一般把叶尔羌河视为塔里木河上游，故《汉书·西域传》中的葱岭河应为叶尔羌河。出自于阗的河即今和田河。古代把叶尔羌河与和田河作为塔里木河的两个源流。两河会流后，向东流，注入蒲昌海。蒲昌海即后来的罗布泊。

北魏郦道元的《水经·河水注》，是最早对塔里木河水系进行较详细的记述。该记载塔里木河分为"南河"和"北河"：

"河水又东与于阗河合，南源导于阗南山……又西北流，注于河，即经所谓北注葱岭河也。南河又东迳于阗国北，《释氏西域记》曰：河水东流三千里，至于阗，屈东北流者也。《汉书西域传》曰：于阗已东，水皆东流。南河又东北迳扜弥国北……南河又东迳精绝国北，……南河又东迳且末国北，又东，右会阿耨达大水。"《释氏西域记》曰：阿耨达山西北有大水，北流注牢兰海者也。其水北流径且末南山，又北流迳且末城西……且末河东北流迳且末北，又流而左会南河，会流东迳，通为注宾河。注宾河又东迳鄯善国北……其水东注泽。泽在楼兰国北扜泥城，其俗谓之东故城。……故彼俗谓是泽为牢兰海也"。"《释氏西域记》曰，南河自于阗东於北三千里，至鄯善入牢兰海者也。""北河自崎沙东分南河，即《释氏西域记》所谓二支北流，迳屈茨、乌夷、禅善，入牢兰海者也。北河又东北流，分为二水，枝流出焉。北河自疏勒迳流南河之北，……暨于温宿之南，左合枝水。枝水上承北河于疏勒之东……北河又东迳姑墨国南，姑墨川水注之。……又东，左合龟兹川水……大河又东右会敦薨之水……河水又东迳墨山国南……河水又东注宾城南，又东迳楼兰城南而东注"。

关于《水经注》中记载的"南河"，以往的研究者或认为是古代沿昆仑山和阿尔金山北麓存在一条大河，"南河"即指此河而言[①]；也有的研究者，如斯坦因等认为古代存在一条自西向东横穿塔克拉玛干大沙漠腹地的大河，南河即是此河[②]。实际上，根据塔克拉玛干沙漠的沙垄走向以及沙漠腹地存在一组西北-东南方向延伸的低山，不可能

---

① 袁大化：《新疆图志》（宣统三年）。
② Stein A：Innermost Asia，Oxford，1928.

有自西而东穿越塔克拉玛干沙漠腹地的河流。自昆仑山流出的河流，只能向北穿越塔克拉玛干沙漠，在大沙漠以北，然后再向东流。

关于塔里木盆地"南河"与"北河"的称谓，在清代文献中亦有出现。《西域图志》卷四、《西域水道记》卷一将叶尔羌河称为"葱岭南河"，将喀什噶尔河称为"葱岭北河"。成书于光绪十八年（1892年）的肖雄《听园西疆杂述诗》[①]，在卷二《玛拉巴什》中，将流经巴楚附近的叶尔羌河和喀什噶尔河分别称为"葱岭南河"和"葱岭北河"。记载表明，"南河"、"北河"之称谓，一直沿用到清代末年。之所以在巴楚地区将叶尔羌河与喀什噶尔河称为南河与北河，是因为此两河在巴楚地区大致平行地自西而东流动很长距离，然后会流。

关于"南河"与"北河"的踪迹，从卫星图像上看，在库车南面的现代塔里木河之南和塔克拉玛干沙漠之北的地带，有几条古河道痕迹。在斯文·赫定和斯坦因的实测地图上，在当时行水的塔里木河之南也都绘有两条古河道。

上述两条古河道，在黄文弼《塔里木盆地考古记》中亦有记述，北面的干河道，经六和吉格得地方，"宽四十余米，岸高约六米左右，为塔里木支河。自上游莫湖尔草湖中艾克里克分出，东流至罗布淖尔入海。河名阿克对雅。河中有积水，并有一井，水甜"。另一条干河道在阿克对雅南面："自阿克对雅往南偏东行，过一小沟，沙丘碱地相间杂，经三小时，旅行约二十余里，抵一大干河。河床宽约360米，半为流沙所掩，河床高出地面约一米左右，河床由西南向东北伸展。据说沿此河西去可达和田河，往东直至罗布淖尔，如此干河为旧时塔里木河故道，则现塔里木河已北移百余里矣。"[②]

黄文弼又由此大干河向南考察，发现许多唐代遗物，认为此大干河在唐代应为有水之河，应属《水经注》所称的"南河"。此大干河道也应是斯坦因图上所绘的最南面的古河道。据此，《水经注》"南河"和"北河"的位置及塔里木盆地水系如图12.3所示。

唐代以后，《水经注》所记述的龟兹南的"南河"向北移动，与"北河"合流，"南河"河道遂废弃。

宋、元、明时期，有关塔里木河的史料极少。这一时期的塔里木河很可能是沿袭"北河"的河道。

2. 清代和民国时期中游河道

据《西域图志》，此时塔里木河上游四大支流，即叶尔羌河、喀什噶尔河、和田河、阿克苏河同汇一处。汇流后只有一条干流，库车以西的干流称塔里木河库车以东的干流称额尔勾河。

但据《西域图志》卷二七所引《肃州新志》：塔里木河与额尔勾河乃为两条河，"罗布淖尔在火州之南，由土尔番往南约五百余里，有大泽一区，方圆数百里，塔里木河自西南来，额尔勾河自正西来，海都河自西北来，咸会于此"。据《肃州新志》的记载，塔里木河在额尔勾河之南，额尔勾河之北还有一条海都河。海都河即今天所称的孔雀河。则《西域图志》所记表明，在库车以东的塔里木河已向北迁徙，经由额尔沟河东

---

① 《丛书集成》本，商务印书馆，1935年。
② 王守春：《〈水经注〉塔里木盆地"南河"考辨》，《地理研究》，1987年第4期。

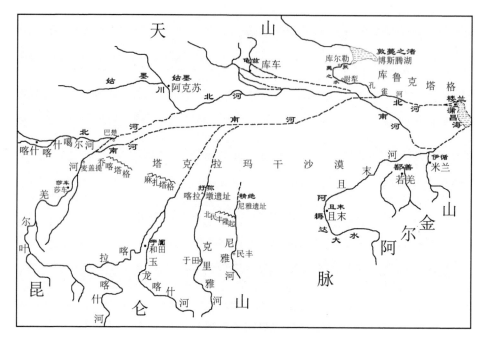

图 12.3　《水经注》塔里木盆地水系
图中实线为现代河流,虚线为古代河道,隶书字为古代地名,宋体字为现代地名

流。从斯文·赫定实测塔里木河图(图 12.1)上可以看出,在库车的东南有几条河道,其中最南的一条河道当是塔里木河道,中间的一条,图上标注为渭干河的那条,应是清朝初期的额尔勾河。

关于额尔勾河即渭干河的这一推断,可以从《西域图志》的"额尔勾郭勒"注释文字中得到证明:"额尔勾郭勒,在库车东南,西承乌恰特达里雅、额什克巴什郭勒,合而东流为额尔勾郭勒,又东流六百余里,北会海都郭勒,又东二百二十里入罗布淖尔。"其中的乌恰特达里雅即渭干河的上流,又称库车西川,位于库车之西;额什克巴什郭勒又称库车东川,流经库车之东,两河会流后称额尔勾郭勒,即斯文·赫定实测塔里木河图上的渭干河。清代前期,库车东川是流入额尔沟河,即后来的渭干河。

据上述分析,到《西域图志》撰写时,位于南面的塔里木河道被废弃,干流流经其北面的额尔勾河道,故《西域图志》中称塔里木上游的四条支流会流后,"合而东流六百余里,统名塔里木郭勒。又东入额尔勾郭勒,又东入罗布淖尔"。

徐松《西域水道记》记载表明,当时塔里木河、渭干河两河在轮台以西合流为一条河,经行渭干河河道。与《西域图志》所记相合。

斯文·赫定的塔里木河水系图(图 12.1)表明,塔里木河中游河道又发生变化。到 19 世纪末,塔里木河在库车以东的河道又与渭干河(即《西域图志》中的额尔沟河)分开,沿《肃州新志》所记的额尔沟河南面的原塔里木河道运行。另外,在渭干河北侧出现一条新河道,即库车河下游在渭干河北侧独自有一条河道,称英奇克河。"英奇克"维吾尔语为"新"的意思,此英奇克河应是一条新形成的河道。这样,在轮台之南,塔里木河中游,除了塔里木干流河道外,在它的北面还有渭干河和英奇克河两条河道。后两条河道在库尔勒东南合流，然后分出两支，一支流入塔里木河，另一支流入孔雀河。

总之，塔里木河中游是一片极为平坦的冲积平原，塔里木河干流以及从天山流出来的诸多河流，在进入冲积平原后，或形成分汊河道，或发生摆动迁徙，塔里木干流与各条支流或呈各自分别流动，呈几条河流，或合为一条河流。

（三）塔里木河下游河道演变

现代塔里木河下游河段是一个由北向南、经铁干里克西面向南、至若羌北面的台特马湖。河道穿过塔克拉玛干沙漠东部形成"绿色走廊"。

群克是塔里木河中游和下游的分割点。自群克以下的塔里木河下游以及孔雀河的下游，历史时期在罗布荒原上频繁迁徙摆动，形成呈放射状或扇状散开的古河道系统，在地貌上为一冲积扇。扇形区的北侧为库鲁克塔格山地的南缘，扇形区的西南缘为塔克拉玛干沙漠，扇形区的南缘为阿尔金山山麓。

1. 唐代以前下游河道

塔里木河下游冲积扇上的古河道，有的图像很清晰，有的图像清晰程度较差，反映了这些古河道的行水时代有所不同。其中有的古河道时代可能很早，在全新世中期以前甚至更早的更新世时期，有的则是在最近几千年的历史时期。一百多年来的考古调查，在塔里木河下游扇形地区已发现许多古遗址，这些古遗址都是沿古河道分布，表明这些古遗址的存废与古河道有密切关系。这些古遗址的存废时代和空间分布，为确定古河道的走向和存废时代提供重要依据。1900 年斯文·赫定发现楼兰遗址并将其公之于世后，1906～1908 年和 1913～1915 年斯坦因两次在塔里木河下游地区考察，发现更多遗址，并将斯文·赫定和他自己发现的遗址编号依次称为 LA、LB、LC、LD、LE、LK、LL、LM、LR。这些遗址属汉晋时代，其废弃的时代大致在 4 世纪初[①]。1930 年瑞典考古学家 Folke Bergman 在楼兰西面的"小河"发现若干遗址，称为小河遗址[②]。Folke Bergman 认为小河遗址和 LA、LB 等遗址废弃的时代相同，也是在 4 世纪初。故流经小河遗址的河道，其行水时代也是汉晋时期（图 12.4）。

2. 清末和 20 世纪下游河道

19 世纪后期，外国考察者对塔里木盆地的地理和考古进行了大量考察，其中有的还绘制了塔里木下游河道地图。

最早绘出塔里木河下游地图的是俄国地理学家普尔热瓦尔斯基（Н. М. Пржевальский）。他所绘的塔里木河下游河道，是由尉犁转向东南，再经铁干里克西面向东南，流到阿尔金山北侧若羌东北的喀拉库顺湖，又称罗布淖尔。此后别夫措夫（М. В. Певцов）亦绘制了相似地图。斯文·赫定于 1899～1901 年的中亚科学考察中绘制的塔里木河下游地图，是 19 世纪和 20 世纪初绘制的有关塔里木河下游河流的最详细

① Stein A.：Innermost Asia，Oxford，1928，Vol. I.

② Folke Bergman：Archaeological research in Sinkiang，Stockholm，1936.

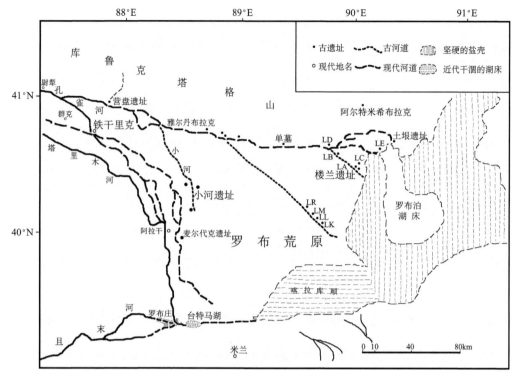

图 12.4　根据古遗址分布重建塔里木河下游地区古河道图

(据 Bergman《Archaeological Research in Sinking》1936，163 页图改绘)

点线为魏晋以前河道，虚线为 1950 年代废弃的河道，实线为现在尚行水的河道

地图（图 12.5）。该图表明，塔里木河下游河道，除了有一主干流外，还有若干分支流，与孔雀河形成网状系统，同时在下游还形成若干小的湖沼。

1921 年，尉犁县乡绅在群克附近铁门堡处挖开塔里木河，导致塔里木河改道沿着库鲁克塔格山南侧的古老河道向东流去，经楼兰古城遗址的北侧注入罗布泊湖床[①]。1952 年，为了灌溉铁干里克地区的农田，在营盘西面将塔里木河截断南流，重新流向若羌之北的台特马湖。

二、塔里木河终端湖的演变

（一）唐代以前塔里木河终端湖

塔里木盆地东端的罗布洼地是盆地地势最低处。地质历史上和人类历史时期塔里木河都以此处为终端。但塔里木盆地东部地势相对平坦，塔里木河下游容易发生改道，导致其终端湖的位置发生变化。

---

① 陈宗器：《罗布淖尔与罗布荒原》，《地理学报》，1936 年第 1 期。

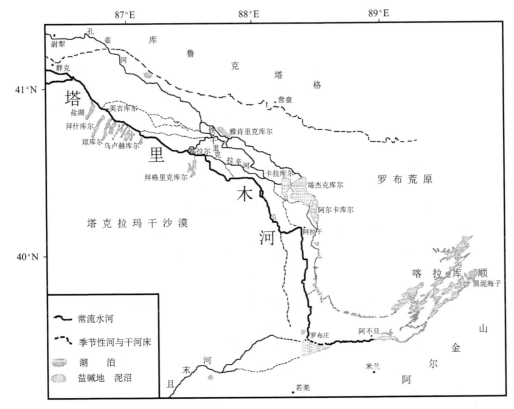

图12.5　斯文·赫定1899～1901年实测塔里木河下游河湖水系图（改绘）

最早记载塔里木河终端湖的是《山海经》："不周之山东望泑泽，河水所潜也。其源浑浑泡泡。"

《史记·大宛列传》："于阗之西则水皆西流，注西海；其东水流注盐泽。盐泽潜行地下，其南则河源出焉。而楼兰、姑师邑有城郭，临盐泽。"

《汉书·西域传》："蒲昌海，一名盐泽者也，去玉门、阳关三百余里，广袤三百里。其水亭居，冬夏不增减。"

《水经·河水注》：河水"又东迳楼兰城南而东注。……河水又东注于泑泽，即《经》所谓蒲昌海也。水积鄯善之东北，龙城之西南。……广轮四百里，其水澄渟，冬夏不减"。

上述文献记载的终端湖，塔里木河沿库鲁克塔格山南侧向东流，并经楼兰古城，故湖的位置位于楼兰古城东侧，见图12.4。

《括地志》沙州·寿昌县："蒲昌海，一名泑泽，盐泽，亦名辅日海，亦名牢兰，亦名临海，在沙州西南。"

唐僖宗光启元年（公元885年）《沙州伊州地志》："蒲昌海，在石城镇东北三百里，其海围广四百里。"

后晋时期（公元936～946年）《寿昌县地境》："蒲昌海，在石城镇东北三百二十里。其海圆广四百里。"①

《新唐书·地理志》附《贾耽入四夷道里记》记载的丝路南道自沙州（敦煌）向西的路径："又一路自沙州寿昌县西至阳关故城，又西至蒲昌海南岸千里。自蒲昌海南岸，西经七屯城，汉伊脩城也。又西八十里至石城，汉楼兰国也，亦名鄯善，在蒲昌海南三百里，康艳典镇使以通西域者。"

上述地志中的石城或石城镇，即今塔里木盆地东南部的若羌，汉代鄯善国国都所在，故又称鄯善，又称扜泥城；七屯城或伊循城位于今若羌东北的米兰，《汉书·西域传》记为伊循城。从地图上量得喀拉库顺湖的位置距离若羌的直线距离约150km，与唐代文献所记距离相近，则唐代塔里木河终端湖蒲昌海应是在喀拉库顺湖的位置。若唐代终端湖位于楼兰古城东侧的位置，该湖南缘与若羌的直线距离约200km，远远大于唐代文献所记的距离。《新唐书·地理志》所记的丝路南道是沿蒲昌海南岸向西，亦表明蒲昌海位于阿尔金山北侧，说明此时塔里木河终端湖已在南部。《括地志》所称的蒲昌海位于沙州西南，也表明蒲昌海位于喀拉库顺湖的位置。

（二）清代和民国时期塔里木河终端湖

清代罗布泊的位置由于德国地理学家李希霍芬（Von Lichthofen）和俄国地理学家普尔热瓦尔斯基的争论成为19世纪末和20世纪初的一大地理学问题。普尔热瓦尔斯基于1876年经伊犁翻越天山到塔里木河下游和罗布泊地区考察，并将考察结果报道于世，其中包括有关罗布泊的位置及相关地理情况②。他所报道的罗布泊的位置，在阿尔金山北侧、若羌的东北，即后来被称为喀拉库顺湖的湖泊。他的报道发表后，立即遭到德国地理学家李希霍芬的异议。李氏自认为对中国历史文献非常熟悉，他根据《大清一统舆图》，指出罗布泊的位置应在普氏所说的罗布泊偏北一个纬度。后来俄国地理学家别夫措夫于1889～1891年考察了塔里木盆地，对塔里木河下游河湖水系进行了详细考察，确认普氏所说的罗布泊的位置没有错，即喀拉库顺湖③。再后来，斯文·赫定对塔里木河下游进行了详细考察，再次确认喀拉库顺湖就是罗布泊。

实际上，《大清一统舆图》中新疆部分，是根据《西域图志》编制的。该志绘制了新疆地图（图12.6），并绘出了罗布淖尔的位置在博斯腾淖尔正南二百里，这一地理位置是很清楚的，即位于库尔勒东南的尉犁县境。今天，尉犁县城之南，铁干里克之北，为一片面积广大非常广阔平坦的盐渍化平地，很可能就是《西域图志》所记述的罗布淖尔的位置。但该志把清代的罗布淖尔与汉代的蒲昌海视为同一个湖是错误的。

早在《西域图志》之前的《肃州新志》有关罗布淖尔的记载亦证明在库尔勒东南曾存在一个大的湖泊："罗布淖尔在火州之南，由土尔番往南约五百余里，有大泽一区，方圆数百里，塔里木河自西南来，额尔勾河自正西来，海都河自西北来，咸会于此。"表明罗

① 王仲荦、郑宜秀：《敦煌石室地志残卷考释》，上海古籍出版社，1993年。
② Prjewalsky N：From Kulja across the Tian shan to Lop Nor：including notices of the lakes of Central Asia，London，1879.
③ 别夫措夫：《在喀什噶尔和昆仑的旅行记》（俄文），莫斯科，1949年。

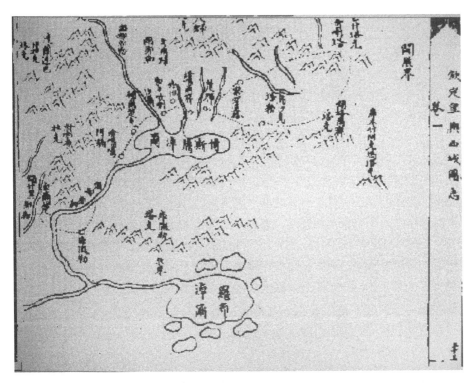

图 12.6　《钦定皇舆西域图志》所绘罗布泊图（翻拍自文渊阁《四库全书》本）

布淖尔就是在库尔勒的东南的尉犁县，而不是指位于阿尔金山北侧的喀拉库顺湖。

徐松的《西域水道记》卷二对罗布淖尔也有较详细的记述："罗布淖尔东西二百余里，南北百余里，冬夏不盈不缩，极四十度三十分至四十五分，西二十八度十分至二十九度十分，其受水之口，今惟一处……大淖尔之旁有小淖尔环之，北则圆淖尔三，无名。南则方椭淖尔四，一曰鄂尔沟海图，一曰巴哈噶逊，一曰塔里木池，一无名。地当哈喇沙尔城东南五百里，吐鲁番镇城西南九百余里。"

肖雄的《听园西疆杂述诗》卷二专题记述罗布泊："罗布淖儿，在吐鲁番正南五百里。西北至喀拉沙尔亦五百余里。海之南荒洲之外，复多水眼，大小方圆，不知其数，周或三四里，或七八里，势如棋布，散为小海。"

上述三部著作的记载大致相同，表明清代前期，在库尔勒东南，库鲁克塔格的南侧有一个很大的湖泊。

成书于光绪十七年（1891年）的陶保廉《辛卯侍行记》的记载也证明了在库尔勒东南曾存在一个很大的湖泊："出峡，营盘海子，周约三十余里，海西十里有废垒。西南平沙宽广，相传此处本在泽中，为浣溪河淤沙所湮。疑古时此海与蒲昌海合也。"[①]文中的"出峡"，是指由吐鲁番向南，出库鲁克塔格山地中的峡谷到营盘。但陶氏认为此干涸的湖泊是汉代的蒲昌海，则是错误的。他所记载的这个干涸的湖泊，位于库尔勒的东南、铁干里克之北、营盘的西南，和前三部著作记述的位置相吻合。该行记并非陶

---

① 陶保廉著，刘满点校：《辛卯侍行记》，甘肃人民出版社，2002年。

保廉亲自考察的行记，而是将咸丰时期的几位官员对丝路南道和丝路中道考察记录整理汇总而成，因此其内容反映咸丰时期塔里木河下游地区的地理。他所记述的干涸的湖泊也应是在咸丰以前就早已干涸的。

应当指出，清代初期虽然在库尔勒东南、铁干里克之北有一大湖被称为罗布淖尔，但该湖不是塔里木河的终端湖。塔里木河终端湖仍是位于若羌北面的喀拉库顺湖。《辛卯侍行记》明确指出了喀拉库顺湖的存在，并且是一个很大的湖泊，只是已分解为黑泥海子、芦花海子和罗布淖尔等几部分，仍总称其为"罗布淖尔"。文中提到的阿不旦为塔里木河流入喀拉库顺湖的入口处的罗布人村落。别夫措夫对阿不旦庄的罗布人的调查，他们祖祖辈辈一直居住在这里[①]。这一事实表明，喀拉库顺湖存在历史很久，早在清代初期就已存在，不是在铁干里克北面大湖消失后才出现的。只不过在清代前期，因在库尔勒东南存在一个面积很大的湖泊，塔里木河的很大部分水量流入到北面的大湖中，而流入到喀拉库顺湖中的水很少，故北面的大湖就成为人们关注的主要对象，被称为罗布淖尔。根据斯文·赫定绘制的地图，喀拉库顺湖为塔里木河的终端湖（图12.5）。

值得指出的是，《辛卯侍行记》和别夫措夫的考察记都提到在喀拉库顺湖周围有面积广大的盐壳，在斯文·赫定绘制的地图上和陈宗器绘制的地图上（图12.7）都显示了在喀拉库顺湖周围存在面积广大的盐壳。这一情况表明，喀拉库顺湖曾经是一个面积很大的湖泊，后来逐渐缩小。

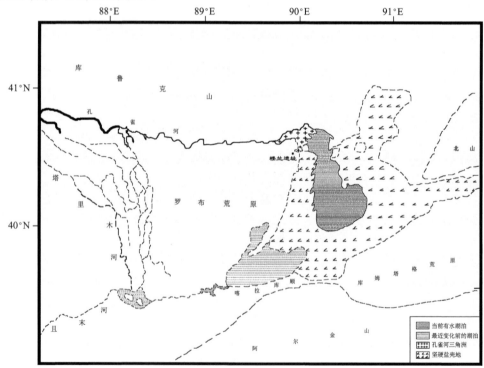

图 12.7 1921 年塔里木河下游改道后的终端湖
（据陈宗器《罗布诺尔与罗布荒原》，《地理学报》1936 年 1 期，图改绘）

---

① 别夫措夫：《在喀什噶尔和昆仑的旅行》（俄文），莫斯科，1949 年。

1921 年塔里木河在尉犁县群克附近的铁门堡处改道向东，沿库鲁克塔格山地南侧"干河"或"沙河"河道继续向东流，并在楼兰古城遗址（LA）东面喀拉库顺湖东北部的干湖床形成新的湖泊。此次事件发生之后对新罗布泊进行详细考察并绘图的第一人是陈宗器先生。他在《罗布淖尔与罗布荒原》中所附的《孔雀河和罗布淖尔地区地图》是塔里木河下游改道后最早正式发表的罗布泊地图，该图对于研究塔里木河终端湖的变迁是一幅非常重要的地图。陈宗器还对罗布泊的轮廓形状作了记述："罗布泊面积九千五百方里，略作葫芦形，南北纵长一百七十里，东西宽度，北部较窄约 40 里，南部向东膨胀处有九十里，其位置之南岸为北纬 39°58′。"

陈宗器的地图与斯文·赫定的地图表示的塔里木河终端湖的位置，明显有变化。斯文·赫定地图表示的塔里木河终端湖为喀拉库顺湖，该湖位置大致为北纬 39°30′～40°00′、东经 89°00′～89°40′的范围。而陈宗器先生所绘地图上塔里木河终端湖的位置大致在北纬 40°00′～40°40′、东经 90°00′～90°40′的范围[①]。

1960 年代末和 1970 年代初，在塔里木河下游铁干里克附近建造一座人工水库，称大西海子水库，截断了塔里木河。在 1972 年美国卫星遥感地图上，罗布泊已经干涸。干涸的罗布泊湖床的轮廓形状和陈宗器先生绘制的罗布泊完全一致。

第二节　河西走廊河湖水系的演变

河西走廊的水资源，主要源于其南部的祁连山脉。由祁连山脉流入区境的共有 57 条河流，皆属内陆河，它们由东向西分属于石羊河、黑河、疏勒河三大水系。在河西绿洲长期的土地开发中，人类的经济活动强烈地干预了自然绿洲的水文循环过程，引起了一系列水文效应和生态环境的变化，造成许多湖泊的逐渐萎缩乃至干涸和一些河流的改道迁徙，导致了水量、水情以及水盐运动状况的改变；而人们盲目开垦、无通盘计划地大量引灌等对水资源不合理的、掠夺式的开发利用，又使得河西有限的水资源益感奇缺，水土利用方面的矛盾不断加剧。这种因人为活动促进水系演变的因素越趋晚近，越占重要地位。

一、猪野泽及石羊河水系的演变

猪野泽又名潴野泽，或名都野泽，为发源于河西走廊东段石羊河的古终间湖泊，历史上曾一度颇有名气。早在《尚书·禹贡》中就有"原隰底绩，至于潴野"的记载，传说当年大禹治水曾西至于此。学界历来认为《禹贡》的"潴野"即指石羊河下游之终间湖。《汉书·地理志》云："休屠泽，在（武威县）东北，古文以为猪野泽。"汉武威县位于今民勤县泉山镇西北约 10km 之连城遗址，其东北数十公里之外正是石羊河古终间湖区的所在[②]。北魏郦道元《水经注》卷四十亦云："都野泽在武威县东北……古文以

①　陈宗器：《罗布淖尔与罗布荒原》，《地理学报》，1936 年第 1 期。
②　李并成：《残存在民勤县西沙窝中的古代遗址》，《中国沙漠》，1990 年第 2 期。

为猪野也"。对于古猪野泽的范围及其历史变迁，冯绳武曾撰文考证[①]，李并成在前人工作的基础上，运用一些新的现代科学手法，对其作了进一步的探讨[②]。

（一）西汉大规模开发前猪野泽范围之复原

西汉大规模开发前，河西绿洲水系较少受人类活动的干预，亦即冯绳武所谓自然水系时代。此时期猪野泽范围之复原可采用下列一些方法。

1. 卫星影像判析

古猪野泽湖区今虽已干涸，且部分地表已被沙层覆盖，但因地势低下，地下水埋藏较浅，荒漠植被较周围沙区生长良好，因而在卫星影像上表现为浅蓝灰色底带黄色影斑（沙丘），并有晕状粉乳色（荒漠植被）和白色块（积盐处）构成的特征，与周围以黄灰色为主的沙丘分布区影像有较明显的区别。上述特征影像有东西两大块。东块：东北处有一面积约 35km^2 的黑色杏仁状图形，为当时白碱湖水面，其外围带灰绿、赭红色花斑分布区，应系沼泽化草甸和盐积草甸，植被状况良好，面积 105km^2。东块东西两端有几处较大的白色图斑，中部亦见较细长的白色条带，皆为盐碱聚积处。东块近似不规则哑铃形，东西长约 35km，南北宽 2.5～15km，面积约 405km^2。西块：略呈斧形，北端亦有一呈菱形的积盐白斑，南端邻近绿洲，面积 125km^2。

东、西两块之间为灰黄色调的区域相隔，这里系西红山、黄毛井山、驴尾巴梁、大马岗、黑马岗组成的一片剥蚀残山，高出湖区 15～70m 不等。东西湖区总面积共约 530km^2。

2. 水量均衡概算

石羊河流域为一独立的封闭性内陆河系，因而可以就流域内部通过水资源总量的收支均衡来概算其终闾湖的面积，并可在大比例尺地形图上根据等高线的分布将这一面积落入图中，从而勾勒出终闾湖的区域。

流入石羊河绿洲的水资源各补给项有：各条山水河径流补给（$Q_{河补}$）、沿山小河沟（共 21 条）径流补给（$Q_{小河入}$）、山区地下水向平原区的侧向径流（$Q_{山前入}$，包括山区基岩地下水未入河泄出部分在与平原交界处向平原区的流动量、山区沟谷潜流和出山大小河谷底流）、绿洲边缘包括沙漠地区流入绿洲中的侧向地下径流（$Q_{侧入}$）、绿洲地区降水对于地下水的有益渗入量（$Q_{降入}$）、绿洲地区大气凝结水量（含融冻水，$Q_{凝}$）。由绿洲地区散逸的水资源各支出项有：绿洲水面蒸发量（F）、绿洲地面潜水蒸发和植物蒸腾水量（$Q_{蒸}$）、绿洲排出区外的地下径流（受地势制约，仅向西流至昌宁湖盆地，$Q_{侧出}$。地表径流无流出区外者）。

考虑到水量平衡的各个因子，拟定下列均衡公式：

$$S = (Q_{河补} + Q_{小河入} + Q_{山前入} + Q_{侧入}$$
$$+ Q_{降入} + Q_{凝入} - Q_{蒸} - Q_{侧出})/(F - P)$$

---

① 冯绳武：《民勤绿洲的水系演变》，《地理学报》，1963 年第 3 期。
② 李并成：《猪野泽及其历史变迁考》，《地理学报》，1993 年第 1 期。

式中：S 为绿洲水面面积；P 绿洲降水量（mm）；$F-P$ 表示绿洲水面实际蒸发损耗量。由于自然水系时代较少受人类活动干扰，故绿洲地表水补给绿洲地下水的总量应与地下水的自然总溢出量相等，因而地表水与地下水的转化量可不计入公式。

暂将今天的气候水文有关数据代入公式计算，其中 F 和 P 值取武威、民勤二县平原区平均值，计算结果为：$S \approx 597.3 \mathrm{km}^2$。这一结果是就现在的气候水文条件下，在绿洲水系未受人类活动显著干扰情况时所算得的流域绿洲应保持的总的水面面积，即是说只有达到这一水面面积区内水资源的消耗和补给才能达到动态平衡。诚然，今天这里的气候条件与历史时期的气候条件是有差异的，但就干湿状况来看今天的数据仍可用于自然水系时代参考。

上述计算结果如扣除流域绿洲内其他泉、湖水面和河面面积即为终闾湖面积。绿洲内虽泉湖较多，但除终闾湖外其他泉湖面积均很小，如史籍上一再提到的武始大泽（今海藏寺湖），实测其湖盆面积仅 $1 \mathrm{km}^2$ 左右，其他一些"小泽"当面积更小。至于河面面积亦较有限，区内天然河道大小共 55 条（今多被改造成人工引灌的干支渠道），计长 728km，若均以平均河面宽 80m 计，则河面面积约为 $50 \sim 60 \mathrm{km}^2$，其数不大。因而在以上所考 $597.3 \mathrm{km}^2$ 的总水面中，终闾湖的面积应占大部分，当不会小于 $500 \mathrm{km}^2$。这一结果可与上述卫星影像解译的湖盆面积相比照。

3. 地形和沉积物剖面分析

由地形和在湖区所做沉积层剖面来看，中渠乡八卦庙村北沿为古湖区南部边缘，此处海拔为 1309m，于是自然水系时代古湖面海拔应在 1309m 左右。按这一高程于地形图上圈之，得西湖区面积 $125 \mathrm{km}^2$，东湖区面积 $415 \mathrm{km}^2$，古终闾湖总面积 $540 \mathrm{km}^2$。其结果与卫星影像解译和水量均衡匡算结果大体相符，且其图形与卫星解译图像吻合。综上可见自然水系时代古猪野泽（含东、西两湖）面积约在 $540 \mathrm{km}^2$ 左右（图 12.8）。

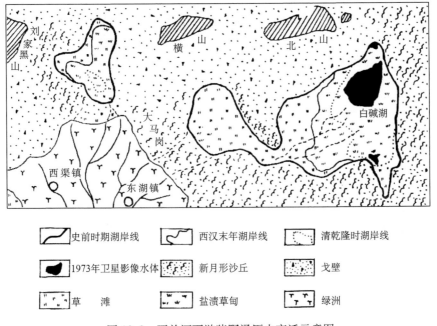

图 12.8　石羊河下游猪野泽历史变迁示意图

今天东西两湖均已干涸，但这里如白碱湖、东平湖、西硝池、东硝池、野马湖、硝坑井湖、马王庙湖等名称依然保留了下来。实际上依据这些名称的所在位置亦可粗略勾勒出古终闾湖的范围。

（二）猪野泽的演变

自西汉大规模开发石羊河流域以来，在人类活动的强烈干预下，打破了流域水系自然平衡状态，古猪野泽遂经历了巨大的变化。

随着两汉大规模农业开发的展开，区内移民大量涌入，大片绿洲原野被辟为耕地，地表径流被大量用于农田灌溉，由此破坏了石羊河与终闾湖泊天然的水量平衡关系，入湖流量必然大为减少，从而导致湖区面积萎缩。《水经注》卷四十："《地理志》曰，谷水出姑臧（今武威市）南山，北至武威入海。届此水流两分，一水北入休屠泽，俗谓之为西海。一水又东经百五十里，入猪野，世谓之东海，通谓之都野矣。"郦氏此段《注》文，乃指两汉以及魏晋南北朝时期都野泽的情形。谷水即今石羊河水系，东西两海即东西两大湖区，其面积虽然未载，但由其所言里数可以勾出东海湖沿。东汉和曹魏的 150 里合今约 65km（尺长合今 24cm，每里 1800 尺），由武威县（连城遗址）向东 65km 为今梭梭门子的地方（东经 104°），于是这里可看做东海的西缘所在，据其湖缘高程（约 1302m）可画出此时期东海的轮廓，其面积约 240km^2，较自然水系时代减少了 44%，东经 104°以西的古东海地势较高的一些地方，如大红沙滩、北沙窝道、梧桐井（皆今名）一带当已干涸。西海的萎缩情形无以确知，但对照当时东海的湖面高程推测，其西部较高的今白沙窝一带滩地亦当干涸。

汉代以后本区的土地开发经历了多次的农牧交替，在以农业为主的时期终闾湖面积缩小，当牧业经营为主的时期终闾湖又趋扩大，湖泊面积的大小随人类土地利用方式的差异和开发规模的大小而变迁。明清时期，本区进入又一次大规模农业开发时期，人为活动对水系的影响更是空前显著，农田需水大增，入湖水量显著减少。明代西海仍保持一定水面。《陕西行都司志》曰："白亭海，一名小阔端海子，五涧谷水流入此海。"五涧谷水即今石羊河。清乾隆时西海始称青土湖，这显然是因湖水大减、湖底黑色淤泥层大面积出露而得名。不仅湖面蹙缩，而且西海还变成了间歇性湖泊，湖中大片地面成了刍牧之所并有屯田开辟。东海此时水面尚较大。成书于乾隆二十六年（1761 年）的齐召南《水道提纲》卷五称东海为大池，记其周长"六十余里"。这一周长落在地形图上，相当于 1295m 等高线匡定的范围，则其面积约 140km^2，较汉代又减少了约 100km^2。降至清末，由于区内人口流亡和部分耕地抛荒，加上风沙患起壅阻河道，失陷决堤之水往往经西河故道流入湖区，又使青土湖一度水量复增。

青土湖自 1924 年以来再无洪水注入，但直到新中国成立初仍有部分积水，1953 年完全干涸。东海约在 20 世纪末完全干涸，湖区腹地许多地段已为新月形沙丘侵入，绿洲的北部边缘已直接暴露在风沙威胁的前沿。

除猪野泽外，石羊河洪积冲积扇扇缘泉水出露带上众多的泉泽和绿洲内部的牛轭湖、河道湖等亦经历了显著的历史变迁。它们随着人类开发活动的加剧不断趋于退缩，湖地大多被辟为农田，或因地下水位的下降而趋向干涸，兹不一一具细。

（三）石羊河道的演变

在长期的历史开发中，随着绿洲地表径流被人们大量引灌，石羊河水系的自然河道多被人工渠道所代替；随着不同时期绿洲农牧业土地利用方式的交替，本区许多渠道又经历了多次兴衰变迁；而由于历史上沙漠化过程的发生发展，下游绿洲的河流又曾发生过较大的改道迁徙。

汉代石羊河（谷水）下游绿洲主要分布在今民勤西沙窝一带，无疑其主要灌溉渠道亦应贯穿西沙窝之地，由南而北，约在汉武威县（连城遗址）附近分为两支，分别注入终闾湖的东、西两海，这一径流走势一直延续到盛唐。

唐代前期石羊河下游绿洲仅设武威一县，且该县仅仅设立了 27 年，于武后证圣元年（公元 695 年）即已废弃。此后偌大的下游绿洲竟空无一县，标志着整个下游绿洲沙漠化过程已很明显，灌渠、河道亦遭受强烈的风蚀和沙埋，以至随着绿洲的毁弃而荒废。

到了明代重向下游绿洲开垦，其开垦的范围遍及整个坝区绿洲（今民勤南部），清代更是扩大到了湖区绿洲（民勤北部）。但令人注意的是明代以后的绿洲并未继承原有汉唐老绿洲之域，而是在其东部另行辟地发展，遂形成了今天的民勤绿洲。因知明代重开下游绿洲时，其河道的主要流路遂向东偏移，始移至今天干流的位置。

二、古居延海的复原及其演变

居延海，原为黑河（弱水）下游的终闾湖，今虽早已荡然无存，但历史上曾颇有名气。《尚书·禹贡》："道弱水，至于合黎，余波入于流沙。"所入的流沙即指今巴丹吉林沙漠北部内蒙古额济纳旗东南一带，居延海古湖盆洼地正位于这里，今天这一带的京斯图海子、额日央川吉音淖尔两处小湖是其残迹。《山海经》、《淮南子》、《汉书·地理志》、《水经注》、《元和郡县图志》等古籍亦对古居延海有记载。

对于古居延泽遗迹的考察，早已受到学界的重视。1930 年 4 月中国瑞典西北科学考察团来这里踏勘，并发现汉简万余枚。中方团员陈宗器测得古居延泽遗迹大部分位于东经 $101°30'\sim102°$、北纬 $41°30'\sim42°$，其平面形状像肺叶形。1982 年朱震达、刘恕等对古居延泽考察，根据地面遗迹和卫星像片的判读分析，弱水下游的东支经黑城、双城子附近呈扇状水系分 5 支流入居延洼地，居延洼地的中心即古居延泽。该泽由东海、西海、北海 3 部分组成，目前三角洲上的干河床和呈环状平行分布的湖岸堤非常明显地标志着当时水系的分布轮廓和古居延泽范围。分布于京斯图海子北岸的环湖风蚀残丘沉积物剖面，具有明显的湖相沉积层结构特征，并夹有大量淡水螺及不少锈斑。在风蚀残丘以北砂砾质戈壁地面上还分布有 6 条略呈平行环状的湖岸堤，堤高 $1\sim1.5m$，堤间距为 20m、30m、50m 以至 200m 不等。湖堤组成物资为粗沙、细砾相间，其夹层内亦含有大量淡水螺残体，[14]C 测定年龄为距今 2976 ± 66 年。上述情况表明历史时期（3000 年前）湖面至少高出现在湖面 3m 左右，水域广阔。同时据航空像片分析，其东西湖岸线达 $10\sim14$ 条之多，按此范围推算历史上最大水域面积可达 $800km^2$ 左右。目前东、西、北 3 个海子已为沙丘分隔，互不相连。东海已全部干涸，北海尚有间歇性洪水及地下水补给，在低洼处形成京斯图海子，海子以南的盐沼泽和洼地即西海遗迹，除北部局部地区在洪水时尚有间歇性流水注入形成小湖（面积为 8km²）外，余皆为盐滩地。可见历史时期弱水东支进入居延海由水量丰沛的长流水逐渐变为季节性间歇水流，最后干涸。特别是其迎风侧（西及西北）在风沙流的作用下沙丘前移入侵，致使干湖盆地表上出现新月形沙丘及沙丘链的景观（图 12.9）①。

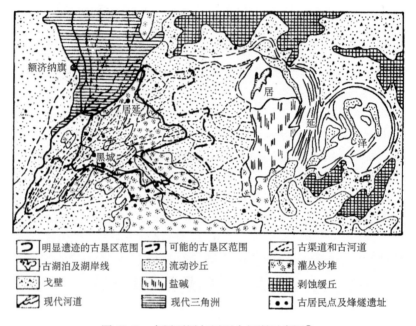

图 12.9　古居延泽与居延古绿洲示意图①

景爱考察所见，K710 城东北约 7.5km 的京斯图淖尔，面积约 4km²，平均水深约1.5m，四周灌草丛生，额济纳河东支（东河）有一支流与该海子相通，其湖水即源于此。在其东 10 余千米之外为天鹅湖（即朱震达等所云西海），其平面略作斜向长方形，面积约 11km²，平均水深 1.5m，为天鹅等水禽栖息的场所。湖滨牧草繁盛，为牧民夏营地。根据现存湖泊残迹和下湿地的位置，并参照卫星图像，景爱将古居延泽范围大体确定为：京斯图淖尔和天鹅湖以北海拔 920m 以上的山丘为古湖泊北岸；其西端不会超过京斯图淖尔一带；其南岸约在绿城以东，即北纬 41°40′左右。京斯图淖尔、天鹅湖及其东南的下湿地构成了古居延泽的西半部，而其东半部略作圆形，哈敦胡舒一带的山岭适在古居延泽的中间偏北，将古居延泽北部分隔成左右两部分，作肺叶形。古居延泽的南部则合而为一。古居延泽面积为 726km²，略小于朱震达等所测面积②。

李并成在古居延泽考察，见额日央川吉音淖尔（即天鹅湖）亦已干涸，湖底裸露，地表多为发深灰色的沙和细砾覆盖，并夹杂不少淡水螺壳。湖岸北部为一道隆起的残丘，相对高度约 20m，底部有明显的湖水冲刷的发白色的痕迹。残丘北侧额济纳旗通往阿拉善左旗的公路 S217 线穿过。由此向南缓倾 80m 许为第 2 道湖岸线，再向南 70m 为

---

①　朱震达 等：《内蒙古西部古居延—黑城地区历史时期环境的变化与沙漠化过程》，《中国沙漠》，1983 年第 2 期。
②　景爱：《额济纳河下游环境变迁的考察》，《中国历史地理论丛》，1994 年第 1 期。

第 3 道岸线，此处 GPS 测得位置北纬 42°00′55.1″、东经 101°32′52.6″，海拔 885m。再向南每隔 30～70m 不等又分布着第 4～10 道湖岸线。每道湖岸线高约 0.4～1.3m，多由较粗的砂砾组成。在第 1～6 道湖岸线内侧，均有磨光较好、较大的砾卵石（砾径20～50cm）分布，这些砾卵石当为昔日湖水的涌浪推至而来。在第 8 道湖岸线以内接近湖盆腹地，地表组成物质发生明显变化，已少见砂砾，而代之以青灰色黏土沉积，黏土厚度超过 3.5m，说明其经过较长时期的稳定沉积。测得次黏土层顶部海拔 872.5m，较第 1 道岸线湖面低约 15m。这层黏土亦遭受强烈风蚀，呈雅丹状，风蚀垄槽比高超过3m。可见自湖水干涸以来其风蚀速度之快、程度之猛。接近湖心处，因其地下水埋藏较浅，分布柽柳、沙拐枣、沙打旺等旱生植物，还零星分布若干牧驼点[1]。

古居延泽绿洲的彻底废弃沙漠化约在明代初年，与之同时河流干涸断流，古居延泽亦逐渐失去河水补给，面积逐渐收缩。但其仍有一些地下径流补给，湖面仍应维持一段时期，而随着古绿洲水文状况的不断恶化遂逐渐干涸。至于京斯图淖尔和天鹅湖两处古泽残迹，在古居延泽干涸后还可得到东河部分河水补给。近些年由于东河水量减少，注入两湖的河水自然不能保证，两湖亦趋干涸。

三、冥水（籍端水）、冥泽及其演变

《汉书·地理志》敦煌郡冥安县条："冥安，南籍端水出南羌中，西北入其泽，溉民田。"唐李吉甫《元和郡县图志》卷四十瓜州晋昌县条："冥水，自吐谷浑界流入大泽，东西二百六十里，南北六十里。丰水草，宜畜牧。"冥水（籍端水）是今天的什么水？长达 260 里、宽 60 里的大泽（冥泽）又在哪里？这一问题关乎西北干旱地区古今水系变迁、环境演变之重大事项，引起不少学者关注。

《大清一统志》以及清代一些学者的著作（如齐召南《水道提纲》、陈沣《汉书地理志水道图说》、徐松《西域水道记》、吴承志《汉书地理志水道图说补正》等）都认为今疏勒河即古籍端水，亦即冥水；至于冥水所入的大泽（冥泽），则大体有两种看法，一即敦煌西北的哈拉池，一即玉门县（今玉门市）西北以迄其东的青山湖、布鲁湖、花海子一带。

李并成认为将籍端水（冥水）比定为今疏勒河（其上游名昌马河）大体上是正确的，而将哈拉池比定为冥泽（大泽），则显然欠妥，因为哈拉池为党河与疏勒河汇流处西部一大型洼地，历史上曾为疏勒河下游的河道湖，并非其所"入"的终闾湖，且按其湖岸线范围计之，面积不及《元和郡县图志》所记冥泽的 1%，据敦煌写卷《沙州都督府图经》，该池应为唐时的兴胡泊；将清代的青山湖、布鲁湖、花海子诸湖比作冥泽也是欠妥的，这几处湖泊均位于疏勒河洪积冲积扇前缘泉水出露带上，历史上确曾泉流萦绕，积水成泊，然而其地在汉时并非敦煌郡冥安县属地，古冥泽，起码是古冥泽的主体不可能位于冥安县境之外。因而这些湖泊与古冥泽非同一事。

那么，冥泽究竟在哪里？偌大的千年古泽何处才能寻觅？由于冥水、冥泽皆因冥安县得名，古籍中明确地记为冥水、冥泽是在汉冥安县、唐晋昌县界内，因而要考知它们

---

① 李并成：《河西走廊历史时期沙漠化研究》，科学出版社，2003 年。

的所在，应在冥安县、晋昌县境内寻求。李并成考得汉敦煌郡冥安县城即今瓜州县城东南约45km（鸟道）的南岔大坑古城，唐瓜州治所晋昌县城即今瓜州县城东南48km（鸟道）、南岔大坑古城西南4.5km处的锁阳城，冥水和冥泽无疑应位于这一带。今天这一带为面积约500km²的一片古绿洲，沿疏勒河洪积冲积扇西缘分布，古绿洲上灌溉渠道遗迹十分清晰，密如蛛网，纵横贯穿，并有明显的大河母（干渠）、子渠、斗渠之分，这即是汉唐时期的古冥水。从锁阳城东北面穿过的一条干渠规模尤为壮观，渠底低于现在风蚀弃耕地面2m，渠口阔约200m。南岔大坑古城下的一条干渠规模亦较大，两侧渠堤以砂石垒砌，残高0.8~1.1m，残宽14~20m，渠口阔约40m。今锁阳城东南8~10km，还分别残存长约1500m和400m的古拦水坝址各一道。

由于冥水注入冥泽，故冥泽肯定位于冥水的下尾。考之冥水下尾一带地方，即今锁阳城、南岔大坑古城、转台庄子、半个城等古城址以北，也就是疏勒河洪积冲积扇西缘泉水出露带洼地以北之处。在这片略呈半环状的泉水出露带洼地之北，横亘着一道平地拔起的山丘，名为截山子，唐代叫作常乐南山。该山为祁连山前块断隆起的丘陵状剥蚀残山，相对高度不足200m，宽约3~4km，东起于今疏勒河南岸、双塔水库西端，向南西西方向延伸，一直可与敦煌的三危山相连，全长约150km。正是由于这道山体的拦截阻滞，致使古冥水尾闾的下泄之水，来自扇面其他诸多较小沟道的地表径流、扇面潜流至扇缘洼地露头的众多泉水、锁阳城、南岔大坑古城等一带古绿洲上的灌溉回归水以及丰富的地下径流大量汇聚于此，皆被拦滞于截山子南麓山前一带，遂形成了位于扇缘与截山子之间的宽广的湖沼地带。湖沼的主体正位处汉冥安县、唐晋昌县境内，这即是古冥泽（图12.10）[1]。

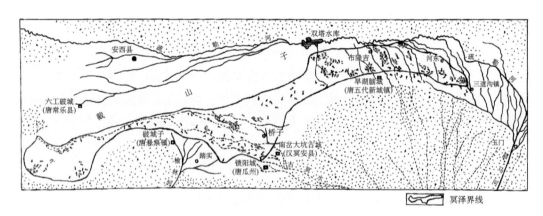

图12.10　汉唐冥泽示意图

今天于古冥泽中所见，虽然疏勒河水早已退去，地表径流补给早已断绝，湖沼水体萎缩，然而地下涌出的泉流仍有一定流量，地下水位仍然较高，仍可看到星罗棋布的片片小池小沼和盐渍草甸，即使在已干涸的湖沼滩地上仍然生长着茂密的芨芨、红柳、罗布麻、芦苇等植物。在湖地北部靠近截山子山根一带，地下水位更高，甚至还分布着大片的胡杨林，面积足有40km²，这里遂有大树窝、东树窝等名称。昔日浩渺湖沼大泽的

①　李并成：《汉唐冥水（籍端水）冥泽及其变迁考》，《历史地理》第17辑，2001年。

遗迹处处可见。

　　李并成实地查得，古冥泽约东起于今瓜州县三道沟镇西侧的西湖滩，沿疏勒河洪积冲积扇北缘泉水出露向西延伸，又沿截山子南麓泉水汇聚带向西南延伸，而西止于乱石子山（截山子西段南麓一处支脉）东坡，其东西斜长 130km，南北宽 4～30km，与《元和郡县图志》所记冥泽范围基本相符。

　　古冥泽虽然甚为阔袤，但泽内"丰水草，宜畜牧"，还可放牧牲畜，说明当时整个大泽并非完整的连片水体，并非真正意义上的水湖，它实际上是由一大群分散的较小的湖泊和沼泽性积水草甸所组成，为一片范围广大的湖泊沼泽地带。泽中不仅可以牧放马牛羊驼牲畜，而且还有若干泉水河流贯穿，如《沙州都督府图经》所记载唐代的苦水（今黄水沟）即在泽中蜿蜒流淌。

　　随着整个疏勒河洪积冲积扇西缘古绿洲的废弃沙漠化，偌大的冥泽趋于萎缩、消退，以至演变成了今天这样的景观。

第十三章　历史时期运河的演变

　　我国是世界上少数几个开发运河最早的国家之一，但是我国的运河之长、维持时间之久、工程之伟大和艰巨，在世界上则是独一无二的。

　　以运河的长度而言，在公元前2世纪的秦代，当时的运河已经沟通了黄、淮、江、钱塘、珠五大水系。3世纪的曹魏时代，运河的北端已向北延伸至今河北省北部的滦河下游，也就是我国东部地区地理条件决定运河可能开凿的最北端。到了7世纪的隋唐时代，沟通海、黄、淮、江、钱塘、珠等东部地区的六大水系的运河系统形成，当时北抵北京，西达西安，南至杭州的南北大运河全长约2300km。到了元明清时代形成的京杭大运河，从北京至杭州，全长2000余千米，为世界之最。

　　以运河维持时间之久而言，公元前5世纪开凿的邗沟运河，直至今天仍然是江淮之间的水运干道。秦始皇时代开凿的沟通湘、漓二水的灵渠，至今仍有航运、灌溉之利。今天镇江至杭州的江南运河，最早形成于秦代，更是当今长江三角洲地区重要水运航路。较晚的形成于13世纪的山东运河，在今天济宁以南的鲁南运河段，仍然担负着苏、鲁之间重要水运任务。历史上开凿的航运功能维持如此之久的人工运河，在世界范围内是绝无仅有的。

　　以运河工程之伟大和艰巨而言，自秦汉以来，历代王朝为了修建各段运河曾动员数以千万计的劳力，在自然条件极不理想的条件下进行设计和施工，仅以京杭大运河中山东运河段为例，堪称世界运河工程之最，从山东临清至江苏徐州的山东运河，全长约300km。因地处山东地垒西缘，运河所经的地势是中间高，南北低，沿运需要分段建闸节水，才能通流，全线最多时建50余闸；又因水源缺乏，将沿运地区数百眼泉水，开挖明渠输送入运，并建四大水库以供蓄泄。其工程之浩大、艰巨是世界上任何一条运河所无法比拟的。

　　如此宏大规模和悠久历史的运河工程充分体现了我国古代劳动人民的聪明与才智。同时，这一系列运河的开凿，在我国悠久的历史长河里，曾经为维护和巩固多民族国家的统一和发展地区之间经济和文化交流方面发挥过重大作用。运河沿线集中了大量的人口，从而带动了商品经济发展，使沿线的城镇由此繁荣兴盛；与此同时，运河每年的修筑、维护以及其他为保证通运的种种措施，也是历代王朝最重视的国家行为。这类加工于自然界的种种措施，对我国沿运河地区的自然环境产生过巨大影响，而在不同时期、不同地区运河的淤废通塞，也反映了沿运地区自然环境的变化。本章即对我国历史上运河开凿过程的自然地理背景及其对自然环境的影响作一番全面的考察。

第一节　运河开凿的历史和地理背景

　　我国长江以北的天然河流大多发源于西部山区，向东流入大海。自然界赋予我们以东西水运交通之便，而南北水运则缺乏可以利用的天然河流，往往需要先顺天然河流入海，再绕道海上而行，既不方便，又有风涛之险。历史上黄淮海平原上的运河大多数是为了弥补这种天然的不足而开凿的，其结果大大改变了平原上的水系面貌。

早在春秋战国时期，周天子的权威已失，诸侯国林立，各国间为了政治和经济交往的需要，开始有了发展水运、开凿运河的举措。公元前 2 世纪秦始皇统一六国，形成了多民族的统一国家，开始了我国历史上第一个统一王朝。此后，两汉、西晋、隋、唐、宋、元、明和清所建立的统一王朝占了我国历史上大部分时间。在这漫长的历史时期内，作为全国政治中心的首都，除了明初的二十几年外，大都建立在黄河流域。当时王朝的国防边境又在北部蒙古高原的南缘。而唐代以前，我国的经济重心地区在黄河中下游地区，宋代以后，转移到了长江中下游地区。而统一王朝的政治中心和国防前线所需要的包括粮食在内的各种物资，都需用从经济重心地区缴纳、输送。因此，作为运送各种物资供应京师和边防的漕运制度，成为我国历史上特有的国家基本制度。而漕运最理想的运送方法是水运，因此，开凿人工运河和维护其正常运行成为历代王朝最关注的水利工程。

随着历史发展过程中自然与社会的种种原因，历代开凿的运河发生过很大的兴衰变迁，这种变迁不仅反映了我国政治、经济形势的变化，同时也反映了我国自然环境的变化。下面先就运河开发的历史变迁的过程及其特点，分为几个时期来叙述。

一、沟通江、淮、河、济运河网络的形成（先秦时期）

我国在春秋战国时代，诸侯国林立，互相攻伐，又有互相交往，由于军事征伐和政治、经济交流的需要，为了弥补天然河流的限制，于是就出现了人工运河。

据可靠的资料表明，我国最早开凿运河的地区在今江淮流域。据文献记载，在春秋时代，地处淮河下游的徐国（今江苏泗洪县境），为了与中原各国交往，"通沟陈、蔡之间"[①]。陈国国都即今河南淮阳市，蔡国国都即今河南上蔡县。陈国濒临沙水，上蔡濒临汝水，两水皆南入淮河。陈、蔡之间需要沟通，必得先下入淮河，然后通过淮河再绕入道北上，十分不便。"通沟陈、蔡之间"，就是在沙水、汝水之间开凿运河直接通航，不必绕道淮河。这条运河具体流经，已不可考。大致上可能是今河南漯河市和周口市之间沟通汝、颍的河道的前身。

地处长江中游的楚国也是很早开发运河的国家。楚都郢（今湖北荆州市北纪南城），南濒长江，东有汉水，江、汉两水为其对外交通的主要航道。当时江、汉之间河流纵横，湖沼密布。江、汉之间通航需要绕道而行。楚灵王（公元前 540～前 529 年）时，在纪南城与今潜江县西北的汉水之间利用天然河流扬水加工而为运河，目的是避开今荆州市与汉口之间一段江汉曲流，由汉水下游可以直达郢都[②]（图 13.1）。

---

① 《水经·济水注》："刘成国《徐州地理志》：（徐）偃王治国，仁义著闻，欲舟行上国，乃通沟陈蔡之间。"

② 《水经·沔水注》："江陵西北有纪南城，楚文王自丹阳徙此，平王城之，班固言：楚之郢都也。……城西南有赤坂冈，冈下有渎水，东北流入城，名曰子胥渎，盖吴师入郢都所开也。谓之西赤湖，又东出城西南，注于龙陂。……陂水又迳郢城南，东北流谓之扬水。……扬水入华容县……又有子胥渎，盖入郢所开也。水东入离湖……湖侧有章华台……言此渎，灵王立台之日，漕运所由也。"《史记·河渠书》："通渠汉水、云梦之野。"当即指此。

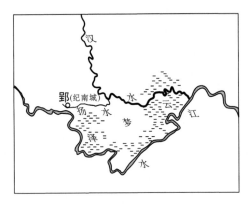

图 13.1 扬水运河示意图

长江下游太湖流域亦记载有吴国早期开凿的运河。一条是从今长江南岸由芜湖东经固城、石臼等湖，东入太湖的荆溪，史称胥溪，相传为伍子胥所开（图 13.2）。一条是《越绝书·吴地传》里记载："吴古故水道，出平门，上郭池，入渎，出巢湖，上历地，过梅亭，入杨湖，出渔浦，入大江，奏广陵。"据后人考证，认为这是从苏州至江阴、常州一段江南运河的前身[①]。

春秋后期，东南的吴国强盛，雄心勃勃，有争霸中原之意。吴国擅长水军，为了解决北上争霸的水运问题，于公元前 486 年（吴王夫差十年）在今扬州市西北蜀冈上沿江筑邗城，在城下开沟引江水，北流入淮水，沟通江淮，史称邗沟。关于邗沟最初的经行路线，《汉书·地理志》江都县："有江水祠，渠水首受江，北至射阳入湖。"《左传》杜预注，吴"于邗江筑城，穿沟东北通射阳湖，西北至末口入淮，通粮道也，今广陵邗江是"[②]。《水经·淮水注》云："中渎水，首受江于广陵郡之江都县……自广陵北出武广湖东、陆阳湖西，二湖相直五里，水出其间，下注樊梁湖。旧道东北出，至博芝、射阳二湖，西北出夹耶，乃至山阳矣。"所谓旧道是指吴王夫差开凿的运道。

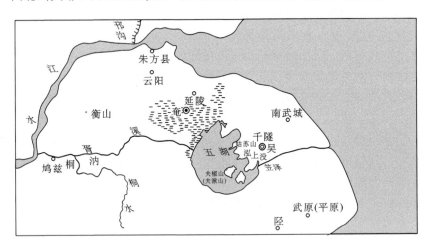

图 13.2　胥溪运河示意图

据考古发掘和文献记载，春秋时的邗城在今扬州市北 5 里蜀岗上，邗沟在蜀岗下，当时这条运河的流径大致从邗城西南角起引江水，屈曲从城东南角东流，约在今铁佛寺前屈曲向东至今螺丝桥，再由湾头北上[③]，然后穿越武广（又作武安湖，今邵伯湖）、

　　① 水利水电科学研究院、武汉水利电力学院《中国水利史稿》编写组．《中国水利史稿》上册，88 页。水利电力出版社，1979 年。
　　② 《左传》哀公九年及杜预注。
　　③ 朱江：《邗城遗址与邗沟流经区域文化遗址的发现》，《文物》，1973 年第 12 期。

陆阳（又作渌洋湖，今江都市北境尚有遗迹）两湖之间，注入樊梁湖（今高邮湖）；出湖折向东北，流经博芝、射阳湖（约在今宝应县东，与淮安、建湖、兴化三市县交界处）后复折向西北，由山阳县末口（今淮安新城北辰坊）入淮①。邗沟是利用江淮间天然湖泊连缀而成的，其缺点为：一是所经天然湖泊，湖面开阔，风紧浪骇，易遭覆舟之危；二是运道由湖而行，故而向东北绕了一个大弯，路线较远。所以次年吴国伐齐，并没有利用这条运道，而是"自海入齐"②。但无论如何，它是第一次将江淮两大水系连接在一起，在改造江淮下游地区自然环境方面迈出了第一步（图 13.3）。

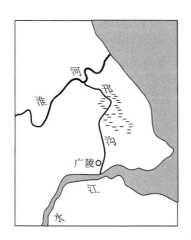

图 13.3　邗沟运河示意图

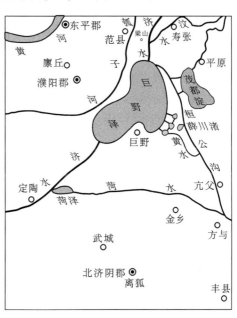

图 13.4　菏水运河示意图

公元前 484 年吴国大败齐国后，为了与晋国争霸，会晋公午于黄池（今河南封丘县南），即在商（指今河南商丘一带）、鲁（指今山东曲阜一带）之间开凿了沟通济水和泗水的运河③。济水是古代黄河下游的一条分流，自今河南荥阳北分河水东流，经今原阳县南、封丘县、兰考县北，东流至今山东定陶县汇为菏泽，再东北注入巨野泽，出泽后受汶水，又东北流约循今黄河至济南市，以下大致走今小清河入海。泗水则发源于泰山山脉，南流大致走今山东南四湖区经徐州入淮。吴国这条运河就是疏导菏泽水东流至鱼台入泗水，后世称为菏水。这条运河开凿以后，吴国的水师可由淮入泗，由泗入菏，由菏入济，由济入河，到达黄河中游任何一地。这条菏水便成为中原地区东西往来的主要航道，而位于两水交汇处的定陶成为"天下之中"④ 的重要都会（图 13.4）。

南方的越国也有运河的开凿。东汉袁康、吴平《越绝书》卷八载："山阴故水道，出东郭，从郡阳春亭，去县五十里"，是目前所见浙东运河的最早记载。"阳春亭"位于

①　《水经·淮水注》。
②　《左传》哀公十年。
③　《国语·吴语》。
④　《史记·货殖列传》。

今绍兴城东五云门外，东去可达曹娥江。足见这是一条由郡城山阴县（今绍兴）向东至曹娥江的航运干道。作者称"故水道"，可能春秋战国时已形成①。

到了战国初年，七雄中魏国变法较早，强盛一时。魏惠王时从安邑（今山西夏县西北）迁都至黄淮平原上的大梁（今开封市）。大梁川原平旷，河流众多，正是发展水运交通的好地方。为了开发南北水运，魏惠王十年（公元前 360 年）开始兴建以大梁为中心的水运网。先是从今河南原阳县北引河水横穿济水，南流入郑州、中牟间的圃田泽，称为大泽。魏惠王三十一年（公元前 339 年）又引圃田泽水东流至大梁城北，然后绕过城东，折而南流，利用沙水河道南流经陈（今河南淮阳）东，在今沈丘县北注入颍水②。从大梁至颍水一段，战国时又称鸿沟。苏秦说魏王云"大王之地，南有鸿沟"③，即此。秦末楚汉相争之际，刘邦、项羽以鸿沟为界中分天下。以后自河水引入圃田泽的一段大沟河道淤废，从荥阳分河水的济水便成了鸿沟的水源。西汉时鸿沟又名狼（一作浪）汤渠。《汉书·地理志》记河南郡荥阳县有狼汤渠"首受沛（即济），东南至陈入颍"。

鸿沟的开凿连接了河、淮之间的许多天然河流，如颍、涡、濉、获、泗等。《史记·河渠书》载："自是以后，荥阳下引河，东南为鸿沟，以通宋、郑、陈、蔡、曹、卫，与济、汝、淮、泗会。"从此中原地区形成了以鸿沟为干渠的水运交通网，可以称之为鸿沟水系（图 13.5）。

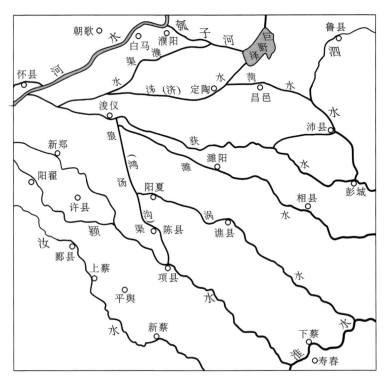

图 13.5　鸿沟水系示意图

---

　　① 陈述：《杭州运河历史研究》，12 页，杭州出版社，2006 年。
　　② 《水经·渠水注》。
　　③ 《战国策·魏策》。

鸿沟水系的形成大大改变了黄淮平原上的水系面貌。原先黄淮间天然河流大多发源于豫西山地，东南平行流入淮河，互不相通。流域面积不大，且多为季节性河流，不利于灌溉和通航。自开凿鸿沟以后，这些河流均因鸿沟而相互沟通，并且作为黄河下游的分支，分泄着黄河的洪水，扩大了黄河下游流域的面积，为后来稳定黄河下游河道起过一定的作用。

鸿沟水系的形成也大大改变了中原地区的水运和灌溉条件。自大梁而南，通过鸿沟连接的颍、涡、濉、获等水，分别进入淮、泗，再由江淮间的邗沟可达长江下游和太湖流域，自大梁而东，顺济水而下，向东可达齐国都城临淄；东沿菏水由泗水可达鲁国旧境，再南下入江淮地域。自大梁而西，逆济水而上，溯河而西，可达关中地区。战国两汉时代的重要都会有许多分布于鸿沟水系沿线。同时这些河流不仅可以通航，"有余则用溉浸，百姓飨其利。至于所过，往往引其水益用溉田畴之渠"[①]。

本时期是我国运河开创时期，反映了如下几个特点。

（1）我国运河的开凿，最早发轫于江淮地区。一方面是因为江淮地区水系比较发达，早期的运河大多是加工天然河流而成，并非平地开挖，江淮地区具备了这种条件；另一方面是因江淮地区是我国南北自然和人文的过渡带，古代南北的政治、经济和文化的交流需要通道，而水运是理想的交通方式。

（2）春秋战国是诸侯国群立的分裂时期，运河的开凿大多都是临时为某一政治或军事行动所需而开，既无统一的规划，也没有长期的考虑。因此，工程设施比较简陋粗糙，事后也没有经常的维护，故而其在当时交通方面所起的作用并不显著。

（3）在上述运河中，以鸿沟运河和邗沟运河作用最大。这两条运河将我国河、济、江、淮四大主要水系沟通起来，大大缩小了南北交流的空间，改变了黄淮地区水系的布局。同时为后代全国性运河的开凿奠定了规模。

（4）这一时期所开凿的一系列运河，虽然仅为地区性运河，然而最终改变了中原地区的水系面貌，同时也为秦帝国的统一奠定了交通方面的基础。

二、运河网络的扩大（秦汉时期漕渠和灵渠的开凿）

秦汉时代继承了战国后期形成的运河网络，又有进一步的发展。

秦朝虽然国运短暂，但在运河开凿方面却有重大的突破，秦始皇二十六年（公元前221年）至三十三年（公元前214年）间，为了平定南越，分五路大军翻越五岭，进攻南越，为了及时提供军需物资，监禄"以卒凿渠而通粮道"[②]。这就是著名的沟通湘、漓两水的灵渠。灵渠的开凿将长江与珠江两大水系连接起来（图13.6）。

西汉初年定都长安，原以"河渭漕輓天下，西给京师"，就是利用渭水作为漕运的水运航路[③]。汉初国用简省，每年从关东运至京师的漕粮不过数十万石[④]。到了汉武帝

① 《史记》卷二九《河渠书》。
② 《淮南子》卷一八《人间训》。
③ 《史记》卷五五《留侯世家》。
④ 《史记》卷三十《平准书》。

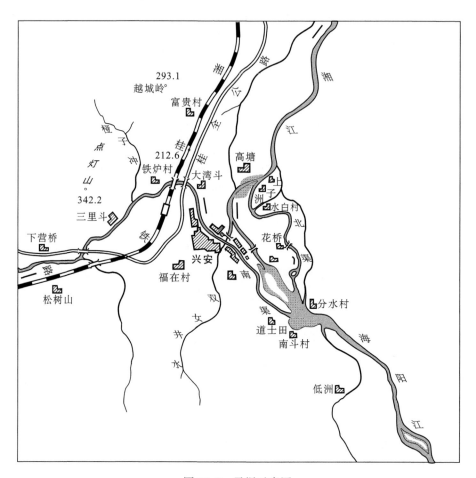

图 13.6　灵渠示意图

时代，开疆拓土，国用骤增，漕运需要量大增，而渭河多曲，航行不便，于是在元光六年（公元前 129 年）开凿了一条由长安城西北引渭水，沿着渭水南岸，与渭水并行，东流至渭口与黄河会合的人工运河，史称漕渠。于是漕运量大增，武帝时已达 400 万石，最高时达 600 万石（图 13.7）。

秦代灵渠和汉代漕渠的开凿使运河网络向西延伸至关中平原的西端，向南延伸至珠江流域。

秦汉时期在东部黄淮海平原主要沿用战国以来的运河系统，没有开凿较大的运河。主要工程有东汉明帝时王景为治理黄河，同时也对鸿沟水系进行了一番整理，水系面貌又有所改变。

有两点需要说明的：①关中漕渠由于渭河水量不足，而含沙量又高，大约在西汉末年已经淤废不用。东汉初年关中漕运仍然利用渭水河道。杜笃《论都赋》载，"造舟于渭，北航泾流"；"鸿渭之流，径入大河，大船万艘，转漕相过"[1]。6 世纪郦道元《水经注》里亦明言漕渠"今无水"。②在《汉书·地理志》河南郡荥阳县下记有一条下水

---

① 《后汉书》卷八十上《杜笃传》。

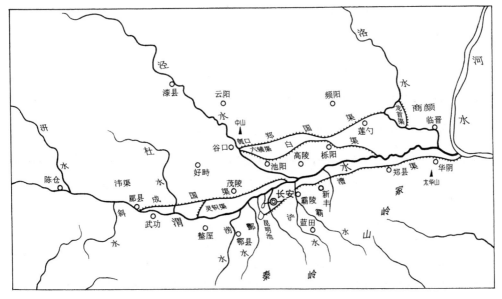

图 13.7　关中漕渠示意图

（即今荥阳县西南的索水），北流入狼汤渠。《后汉书·明帝纪、王景传》有所谓"汴渠"，就是即指卞（汴）水注入荥阳县北的一段狼汤渠。因在荥阳县境，西汉末贾让称之为"荥阳漕渠"①。西汉末年王莽时黄河决口，河水在兖、豫两州境内（主要为今黄淮平原）泛滥达 60 年之久。河、济之间诸水都遭到洪水漂没。汴渠的"水门故处，皆在河中，漭瀁广溢，莫测圻岸"②。东汉明帝永平十二年（公元 69 年）王景治河，不仅疏通了新的黄河河道，并且"筑堤理渠，绝立水门，河汴分流，复其旧迹"。对鸿沟水系作了一番治理。此后，南北水运干渠，由自荥阳漕渠东下至开封折而南流的狼汤渠（即鸿沟）的地位，为自开封东南循汳水、获水至今徐州注入泗水的运道替代，成为中原地区通往东南的主要干渠，这条河道魏晋以后称之为汴水。原来的鸿沟（狼汤渠）称之为蔡水。这是东汉时鸿沟水系的一大变化。

本时期虽然没有大规模开凿新的运河，但有其本身的特点。

1）在战国以来地区运河基础上，发展成全国性的水运网络，对秦汉大一统帝国的巩固和发展，起了重要的作用。

2）从理论上讲，在公元前 2 世纪时，我国从黄河中游的关中地区，可以通过水路直抵珠江三角洲。这在世界航运史也是十分罕见的。

三、海、河、淮、江、钱塘、珠六大水系运河网络的形成（魏晋南北朝时期）

魏晋南北朝时期，我国历史上出现了历时三百多年分裂局面。由于政局分裂，战争

---

① 《汉书·沟洫志》。
② 《后汉书》卷二《明帝纪》。

频繁，于是为了运输军队和军需物资，临时开凿的运河特多，是我国运河史上非常特殊的时期。

三国以前所开的运河，除了关中漕渠外，主要分布在黄淮平原及其以南地区。黄河以北的河北平原上尚未有人工运河出现。东汉末建安年间，河北平原上战争频繁，曹操为了统一北方，进一步消灭东北边境的乌桓和袁氏兄弟的残余势力，在河北平原上开凿了一系列的人工运河以解决军事物资的运输问题，从而也改变了海河平原上的水系面貌。

河北平原西北靠太行山、燕山山脉，东临渤海，平原中部地势平衍，向渤海作微度倾斜，平原上的河流大多发源于西部或北部山区，向东、东北、东南流入渤海。但这些河流都互不沟通，如果要解决平原南部和北部的水运交通问题，则必须以人工运河加以弥补。

建安九年（公元204年）曹操为进攻袁尚运输军用物资的需要，在今河南浚县西南淇水入黄河处下大枋木（称为枋头）建成堰，遏淇水东流入白沟，以通漕运①。古枋头堰大约在今河南浚县西南淇门镇南附近，今尚有前、后枋头城等地名。白沟本是一条小水，上承淇水部分水源菀水，下游利用古宿须故渎河道流入内黄。曹操筑枋头堰后，遏全部淇水入白沟，加强了白沟的流量，东北流下接内黄以下的清河，此后白沟及其下游清河便成为河北平原的主要水运通道②。

建安十一年（公元206年）曹操为征伐三郡乌桓，在滹沱河和泒水之间开凿一条名为平虏渠的人工运渠。据谭其骧先生考证，这条平虏渠，即今青县至静海县之间的一段南运河②。同年曹操又开凿了一条泉州渠，渠因南起泉州县（在今天津市武清县西南）境而得名，上承潞河（今天津市区海河），下注入今宝坻县境鲍丘水（古鲍丘水下游大致当今蓟运河）③。接着又开凿了一条新河，起自今宝坻县境鲍丘水东出，经今丰润、唐山一带，约在今滦县、乐亭之间注入濡水（今滦河），直抵用兵乌桓的前线④。

至此，曹操在河北平原上完成了一个庞大的水运系统工程，从豫东北的淇水由白沟、顺着清河、平虏渠，跨过泒水、潞水，通过泉州渠、新河直抵濡水，纵贯了整个河北平原。如果与黄河以南鸿沟水系相联系，那就是说整个黄淮海平原从南端至北端都有运河可以通达，成了我国运河史上一大壮举。

建安十八年（公元213年）曹操都邺（今河北临漳县西南），为了发展邺都水运，在今河北曲周县东南引漳水，东流至今大名西北注入白沟，取名利漕渠。邺都濒漳水，这样白沟的船只可以通过利漕渠、漳水直达邺下。太和年间又开凿了白马渠，上承滹沱河于饶阳县（今饶阳县东北）西南，东流经县南，至下博县（今深州市东南）界入衡漳⑤。景初

---

① 《三国志》卷一《魏书·武帝纪》。
② 谭其骧：《海河水系的形成与发展》，《历史地理》第四辑。
③ 《三国志》卷一《魏书·武帝纪》、《水经·鲍丘水注》。
④ 《水经·濡水注》。
⑤ 《太平寰宇记》卷六三深州饶阳县引《水经·滹沱水注》及李公绪《赵纪》。

年间又开凿了鲁口渠，在今饶阳县境内沟通滹沱河和泒水①。于是河北平原西南部又多了一条南北向水运航道，即从平原西南部的邺都出发，由利漕渠、漳水、白马渠、滹沱河、鲁口渠、泒水也可到达今天津地区。河北平原上水系漕运得到空前发展（图13.8）。

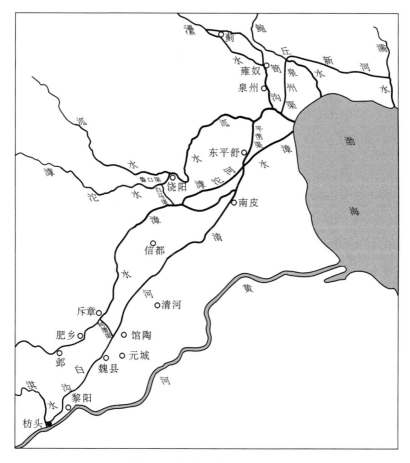

图 13.8　曹魏时期运河示意图

在黄淮平原上，本时期的运河开发也有显著成就。曹魏政权为伐吴大开运渠。建安七年（公元 202 年）修凿睢阳渠。黄初六年（公元 225 年）开讨虏渠。贾逵为豫州刺史，在今淮阳附近开贾侯渠。邓艾开广漕渠，以及淮阳、百尺二渠等。这些渠道起讫地点均不清楚，大体都在汴、睢、涡、颍、汝、淮之间，相互沟通，使黄淮之间的水运条件大为改善。据《三国志·魏书·文帝纪》记载，黄初五、六年曹丕曾率领大批水师，皆由颍、涡等水入淮以伐吴。可见当时黄淮之间水运十分畅通。

但这个时期运河有的河段发生了变化。

（1）河淮之间济水水系始有逐渐淤废之势。济水原是黄河南岸的一大分支，春秋战国以来一直是中原地区交通的主要水运干道。西汉时黄河多次南决，曾淹及济水流域。

---

① 《元和郡县志》卷一七深州饶阳县："州理城，晋鲁口城也。公孙泉（渊）叛，司马宣王征之，凿滹沱入泒水以运粮，因此筑城。盖滹沱有鲁沱之名。因号鲁口。"

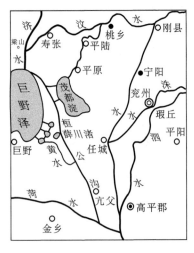

图 13.9 桓公沟示意图

尤其是西汉末王莽时黄河大决，济汴流域全受漂没，虽经东汉王景治理，河汴分流，济水也复其旧貌，但其时济水已遭严重淤浅，东西水运之任已为汴水所替代。大约到公元 4 世纪左右，巨野泽以上的河南之济，已不能通航。公元 369 年东晋桓温北伐，军次湖陆（今山东鱼台县东南），原想由菏济运道西趋入河，后因菏济不通，"乃凿巨野三百余里以通舟运，自清水入河……遂至枋头"①。这条渠道南起金乡以东的菏水，北至巨野泽以下的济水（亦称清水），历史上称之为桓公沟。这时定陶以南的济水，"唯有济堤及枯河而已，皆无水"②。以后义熙十三年（公元 417 年）刘裕北伐、元嘉七年（公元 430 年）到彦之北伐都走这条桓公沟，可见 4～5 世纪时黄河南岸的济水已经完全淤断了（图 13.9）。

（2）江淮之间的邗沟，原先由樊梁湖绕道博芝、射阳等湖，运路迂曲，且在湖中航行多风浪之险。到东汉末年，广陵太守陈登因邗沟水路迂曲，于是开凿马濑（即白马湖），由马濑趋津湖（今界首湖）与樊良湖相接的渠道，不必再绕道博支湖，航程有所缩短③。西晋永宁中，"患湖道多风"④，广陵相陈敏遂于樊良湖北口开渠 12 里，与津湖相接。东晋哀帝兴宁中，"复以津湖多风"，又自湖之南口，沿东岸穿渠 20 里入北口，"自后行者不复由湖"⑤，用人工运渠替代湖泊中航行，但是从白马湖以下仍然要走射阳湖的。谢灵运《西征赋》云："发津潭而回迈，逗白马以憩舲，贯射阳而望邗沟，济通淮而薄角城"⑥ 可以为证。江淮运河的开凿也反映当时江淮之间地势是南高北低，运河的水源是引用的长江水，经过江淮之间众多湖泊群，最后注入淮河（图 13.10）。

在南方，孙吴政权也进行了运河的开凿。孙吴建都建业（今南京市），而其主要经济区在太湖流域。从太湖流域运送物资至建业需要绕道长江江面最阔的扬州、镇江间河段，多有风涛之险。于是在赤乌八年（公元 245 年）孙吴政权派屯田士兵 3 万人，开凿句容中道，自小其（今句容县东南），穿过山冈，越镇江南境，至今丹阳境内的云阳西城（在今丹阳市南延陵镇南），与江南运河相接。其西与淮水（今秦淮河）相接。句容中道是茅山北麓的一条山道，沿途冈峦起伏，工程巨大，因名这条运河为破冈渎⑦。于是太湖流域的物资可以通过江南运河西转破冈渎，入淮水，进入建业城内。然因河身陡峭，需要筑埭蓄水通航，遂在方山（今句容县东南）以东立十四埭，上七埭在延陵县

① 《晋书》卷九八《桓温传》。
② 《太平寰宇记》卷一三濠州济阴县下引《国都城记》。
③ 《扬州水道记》卷一。
④ 《水经·淮水注》作"永和中"，据郭黎安考证乃"永宁"之误，见郭黎安：《里下河变迁的历史过程》，《历史地理》第五辑，1987 年，上海人民出版社。
⑤ 《水经·淮水注》。
⑥ 《宋书》卷六七《谢灵运传》。
⑦ 《三国志》卷四七《吴志吴主传》。

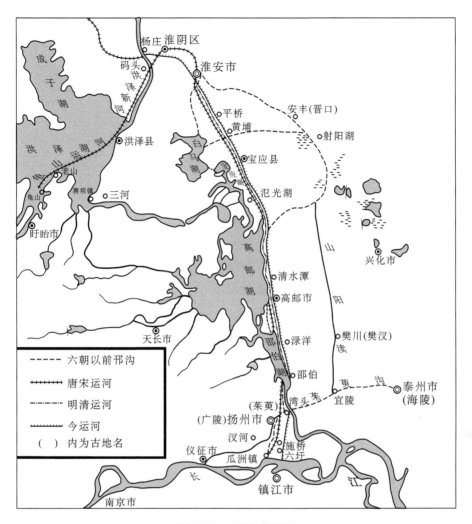

图 13.10　邗沟变迁图

（今丹阳市延陵镇），下七埭在江宁县（今南京市）。但是如逢重载需借助人力或畜力牵引盘埭，一埭受阻，全线不通，航行十分艰难①。不久即被废弃。梁朝时在其南另开上容渎，运河从句容东南五里山岗上分流，所谓"顶上分流"，一支东南流，长三十里，沿途筑十六埭，均在延陵县境内；一支西南流，长二十五里，沿途筑五埭，均在句容县境内。东端与运河相接，西端与淮水相接②。不久，至陈朝上容渎亦湮，转而复用破岗渎。隋文帝平陈，毁建康城，二渎也就湮废了。此外，六朝时建康（三国吴称建业，西晋改称建康）附近还有运渎、潮沟、青溪等，都是与秦淮水相通的运河，不再详述（图 13.11）。

---

①《太平御览》卷七三。
②《建康实录》卷二。

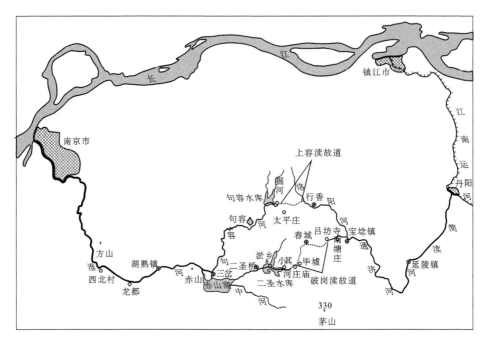

图 13.11　破岗渎和上容渎示意图（采自魏嵩山著《太湖流域开发探源》）

西晋永康元年（公元 300 年）前后，会稽内史贺循主持开凿了一条与鉴湖湖堤平行，由西陵（今钱塘江东岸西兴）钱塘江边向东，经萧山、钱清、柯桥至会稽郡城的漕渠。漕渠东出郡城筑都赐堰，又可循鉴湖直至曹娥江边。今曹娥江以东梁湖江坎头向东至姚江通明坝的"四十里河"，据说也是贺循所开。从此形成了沟通钱塘江与曹娥江及浙东地区的浙东运河[①]（图 13.12）。

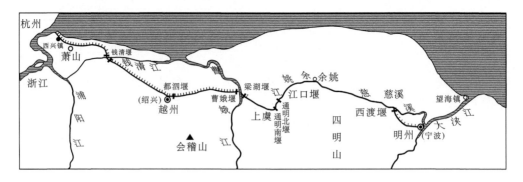

图 13.12　浙东运河图

本时期运河虽然极为分散，然为数众多，联系的地域甚广，其特点有以下几个方面。

1) 虽然本时期所开凿的运河，大多为军事行动目的开凿的地区性运河，但其对自

---

① 嘉泰《会稽志》卷一〇引《旧经》。陈述主编：《杭州运河历史研究》12 页，杭州出版社，2006 年。

然条件的作用已经发挥到极致。就是说到了公元 3 世纪时，我国东部地区凡是可以通行水运的河流全被利用了，从岭南的珠江口，可以通过水路，直达河北东北部的滦河下游。这不能不是令人惊叹的壮举。

2）虽然有些运河因军事行动仓促开凿，事后不久即告湮废。但是对后代隋唐大运河的开发有重要的启示作用。隋代永济渠无疑是在曹魏白沟启示下开凿的。

3）反映了当时人们对我国东部水资源的情况十分了解，构思也是十分精密，充分利用了当时平原上河流资源，将运河的开发达到了地理上可能的极限。

四、南北大运河的形成与淤废（隋唐两宋时期）

从隋唐统一帝国建立以后，我国运河的发展进入了一个新的阶段。①由于长江中下游地区经济的发展，在全国的地位日益重要，最终成为全国的经济重心所在。但中国的政治中心始终在黄河流域，而边防重镇又往往在北边。因而加强这三者之间的联系，成为每个政权的当务之急。水运是最廉价的运输方法，于是在黄淮海平原上修凿纵贯南北大运河成为本时期运河发展的重要特点。②本时期的运河往往是在统一政权条件下开凿的，因此都经过统一的规划，精心的设计，运河的路线、渠道的宽窄深浅都有一定的标准。在平原上的布局是比较合理的。③由于运河的路线都有明确的要求，因此不能完全利用天然河流，人工开凿的部分较上一时期为多，水利工程的技术水平有较大的发展。

隋文帝统一南北后，建都大兴城（即长安），为了关东地区的粮食和物资输往京师，需要有水运航路。西汉武帝所开关中漕渠，至东汉已经淤废，不得不利用渭水通运。然而"渭水多沙，流有深浅，漕者苦之"。于是在开皇四年（公元 584 年）命宇文恺率水工凿渠，自大兴城西引渭水，东至潼关，三百余里，名曰广通渠。"转运通利，关内赖之"[①]。广通渠是在汉代关中漕渠基础上开凿的，它的完成又将运河系统的西端延伸到了关中平原。

大业元年（公元 605 年）隋炀帝即位后，营建东都（今洛阳市）。将政治中心从大兴（今西安市）迁到洛阳。于是修凿以洛阳为中心的南北大运河成为当时的首要任务。同年即开通济渠，自洛阳城西苑引谷、洛水，绕洛阳城，东流至偃师入洛。这是通济渠的西段，解决了洛阳城下至黄河的水运路线。再自板渚（今河南荥阳县西北汜水镇东北）引黄河水循汴水东流，至浚仪（今开封市）别古汴水而出，折而东南流经今杞县、睢县、宁陵至商丘东南行蕲水河道，又经夏邑、永城、安徽宿县、灵璧、泗县、江苏泗洪至盱眙县对岸入淮[②③]。全长 600km，是通济渠东段。这东西两段连接起来沟通洛阳和江淮之间的通济渠，是隋炀帝所开运河中最重要的一段。

隋代以前中原地区通往东南地区的水运通道都是利用沟通河、泗的古汴水。隋炀帝时为什么不利用古汴水，而要另开一条通济渠呢？其原因有二：一是古汴水先至徐州入

① 《隋书》卷二四《食货志》。
② 邹逸麟：《隋唐汴河新考》，光明日报，1962 年 7 月 4 日。
③ 涂相乾：《宋代汴河行径试考》，水利史研究会成立大会论文集，水利电力出版社，1984 年。

泗，再由泗入淮，航线迂曲，所谓"汴水迂曲，迴复稍难"①。而通济渠下游利用蕲水河道直接入淮，航线顺直。二是今徐州以下的泗水河道经过丘陵地带有徐州洪、吕梁洪之险。徐州洪在今徐州市区，吕梁洪在今铜山县上洪村、下洪村之间，古时河中有巨石耸立，"悬涛崩湃，实为泗险"②，给漕船带来极大危险。所以隋炀帝时避开古汴水，另辟通济渠新道。

大业四年（公元608年）为了用兵辽东，在黄河北岸开凿了永济渠，"引沁水南达于河，北通涿郡"③。据《大业杂记》记载，是"引沁水入河，于沁水东北开渠，合渠水至于涿郡"。实际上即疏浚沁水下达的河道，再在沁水下游东北岸开渠，引沁水东北流会清淇水入白沟，循白沟故道顺流而下至天津，折入瀁水（今永定河前身），再溯流而上至北边军事重镇涿郡的治所蓟县（今北京城区西南部）。

在通济渠以南江淮间的古邗沟道上，隋文帝时也有修凿。开皇七年（公元587年）为了伐陈的军事需要，开凿江淮之间的山阳渎，它的流经路线与古邗沟不同，是流经今江淮间运河以东的山洋（阳）河，经宜陵、樊川至高邮县境，再北入射阳湖故道。炀帝大业元年"发淮南民十余万开邗沟，自山阳至扬子入江。渠广四十步，渠旁皆筑御道，树以柳，自长安至江都，置离宫四十余所"④。这条邗沟经过整治，基本上恢复了东汉末年建安旧道。大业六年（610年）又开江南河，自京口（今镇江）至余杭（今杭州）800余里⑤。于是，至大业六年，北达涿郡，南至余杭（今杭州市），总长2000km左右的南北大运河全线畅通。炀帝在大业七年（公元611年）坐龙船从江都（今扬州市）北上，经邗沟入淮，逾淮入通济渠，渡黄河入永济渠，直达涿郡行宫。自大业七年至十年，屡征天下兵集于涿郡，百万大军的粮秣军需，都由南北大运河运到涿郡，实为黄淮海平原水运史上的壮举（图13.13）。

唐代在隋代南北大运河的基础上有所发展。一是对关中平原上的运河大有改建和扩展。唐初武德年间在渭水北岸，筑五节堰，引陇水（今汧河）以通漕，主要是运输陇山木材。后废。在此基础上，咸亨三年（公元672年）在长安西北、渭河北岸，引渭水向西延伸至宝鸡一带接陇水，名昇原渠，以运陇右木材⑥。而隋代所开的广通渠，至隋末已经淤废，唐高宗时关中漕运仍利用渭水。到了天宝元年（公元742年）又根据隋代关中漕渠的遗迹，在渭水南面开凿了一条漕渠，东流横截灞、浐二水，东流至华阴永丰仓附近与渭水会合；又将漕渠水引入长安城内、望春楼下开凿广运潭，以展览江南各地运来的物资。天宝三年（公元744年）时"岁漕山东粟四百万石"至京师，可见当时漕渠的通畅⑦。在黄淮海平原上运河的规模依隋之旧，并无多大扩建，只是在维护和疏浚方面做了不少工作，对维持隋代南北大运河的继续通航起了很重要的作用。武则天时代曾

---

① 《太平寰宇记》卷一。
② 《水经》卷二五《泗水注》。
③ 《隋书》卷三《炀帝纪》。
④ 《资治通鉴》卷一八〇。
⑤ 《隋书》卷三《炀帝纪》。按：这时江南河与今河道稍有不同，其时运河不过塘栖而走上塘河，自杭州向北过临平，至长安镇翻闸，入崇德县界（今桐乡县崇福镇）然后北上嘉兴。
⑥ 《新唐书》卷三七《地理志一》。
⑦ 《新唐书》卷三七《地理志一》华州华阴县、卷一三四《韦坚传》。

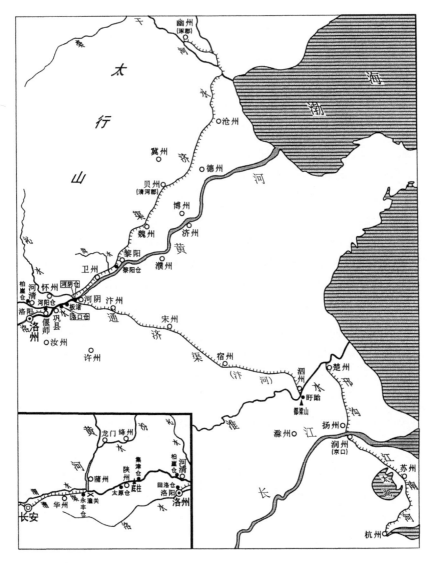

图 13.13　隋唐大运河图

企图恢复古代济水的漕运，在开封县北开湛渠，分汴水注白沟，"以通曹、兖租赋"①。
这条白沟疑即古代济水故道，但不久即告淤废。直到五代末年又开五丈河才重新恢复古
济水的故道。

　　通济渠唐宋时亦称汴河，是唐宋王朝的生命线。唐代安史之乱后，黄河流域经济遭
到严重破坏，河北地区又长期为藩镇所割据，租赋不入中央。唐王朝的经济来源全依靠
东南地区，江淮流域成为全国的经济重心。政府的"赋取所资，漕挽所出，军国大计，
仰于江淮"②。汴河成为沟通唐王朝政治中心与东南地区经济重心之间的大动脉。

　　① 《新唐书》卷三八《地理志二》汴州开封县。
　　② ［唐］权德舆：《权载之文集》卷四七《论江淮水灾上疏》。

在唐代对永济渠、江淮间运河和江南运河在增加水源与整修河道方面都有过改建。特别应该提到的是沟通湘、漓二水的灵渠，因为二水地势水位的高差很大，故"遂凿渠绕山曲，凡行六十里"①，到秦末可能已经难以通航了。唐朝宝历年间李渤首先在灵渠上筑斗门，分级通流。咸通九年（公元868年）刺史鱼孟威又增至十八重斗门，更便于灵渠的航行②。据敦煌发现的唐代《水部式》残卷记载，桂、广二府和岭南诸州的租庸调都先运至扬州，当是通过灵渠到达长江下游的。以后到宋代斗门增至36座，大大方便了灵渠的航运③。

唐代后期中原长期陷于战乱，汴河得不到及时的疏浚，逐渐淤废。到了唐末下游淤塞不堪，水流不畅，"自埇桥（按在今宿县南汴河上）以东，汇为汙泽"④。直至五代后周显德年间多次疏浚汴河，才得以恢复通航。

北宋政权建立后，黄淮海平原上运河的布局有了新的变化。

北宋建都开封，史称汴京。为了防止重蹈唐末以来地方势力割据的覆辙，采取了"强干弱枝"的政策，在首都建立了庞大的中央集权的官僚机构和驻扎大量的军队，这就必须从各地输送大批的粮食和物资以供应京城的日常需要。所以北宋建国之初就大力发展以汴京为中心的水运交通。

汴河在唐末以后，下游已渐淤废。五代后周显德年间曾几次疏浚河道，修筑堤防，自汴口至淮，舟楫始通。北宋建隆二年（公元961年）"导索水，会旃然与须水合入于汴"⑤，这是加强汴河水源的工程。汴河水源主要来自黄河，然自9世纪以来河患加剧，水源不稳定，所以将郑州以西旃然、索、须等水（今郑州市西注入汴河的支流）导入，以为补给。同年又开闵河，自新郑导洧、溱二水为源，开渠经新郑、尉氏，入开封城与蔡河相接，作为蔡河的上源。开宝六年（公元973年）改称闵河为惠民河，东南段称蔡河。后因惠民河与蔡河实为一条河流的两个河段，故有时称惠民河也包括蔡河河段⑥。

五代后周显德年间在济水故道上开凿过五丈河，河道自开封城西分汴水东北流，经东明、定陶，至巨野西北60里的济州合蔡镇注入梁山泊，出梁山泊沿着北清河，"以通青、郓之漕"。北宋建隆二年二月也疏浚了五丈河，以通东方之漕。同年三月因五丈河以汴河为源，泥沙淤淀，不利行舟，遂自荥阳县境内凿渠引京、索二水，东流过中牟县，凡百余里，名金水河，至开封城西架槽横截汴河，并设斗门，引入城濠，汇入五丈河⑦。开宝六年改名广济河。

上述四条运河经宋初疏浚和开凿后，形成了以东京开封府为中心的水运交通网。《宋史·河渠志》载，汴都"有惠民、金水、五丈、汴水等四渠，派引脉分，咸会天邑，赡给公私，所以无匮乏"。史称漕运四渠。其中以汴河最为重要，所谓"漕引江湖，利

① ［宋］周去非：《岭外代答》卷一《地理门》。
② 唐兆民：《灵渠文献粹编》149页，中华书局，1982年。
③ 唐兆民：《灵渠文献粹编》164页，引宋李师中《重修灵渠记》，中华书局，1982年。
④ 《资治通鉴》卷二九二后周显德二年。
⑤ 《宋史》卷九三《河渠志三·汴河上》。
⑥ 邹逸麟：《宋代惠民河考》，《开封师院学报》，1978年第5期。
⑦ 《宋史》卷九四《河渠志四·金水河》。

尽南海，半天下之财赋，并山泽之百货，悉由此路而进"①（图 13.14）。

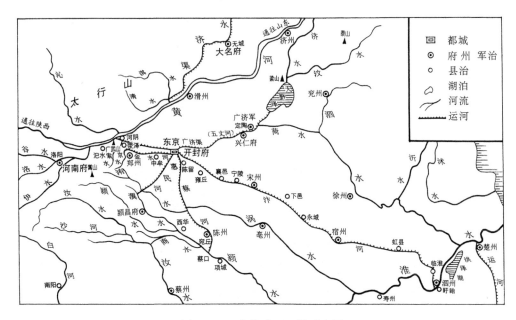

图 13.14　宋代漕运四渠示意图

　　两宋时期在淮河以南诸运河有所改建和扩建。淮南的淮扬运河在宋代又称楚州运河、扬州运河，原先漕船由运河北端的末口入淮，西趋泗州的汴口，需要上溯大约有30 里淮河的一段河弯，因在山阳县（今淮安）北，故称山阳湾。这段河湾"水势湍悍，运舟多罹覆溺"。北宋雍熙年间（公元 984～987 年），淮南转运使乔维岳开了一条名为沙河的运河，自末口至淮阴县磨盘口入淮，长 40 里，并置堰蓄水通航，避开 30 里湍急的山阳湾②。然而，从磨盘口到泗州南岸的盱眙县还有 100 里左右的淮河，仍有风浪之险。于是庆历年间（1041～1048 年）在淮河南岸又开凿了一条从磨盘口至洪泽镇（今已沦入湖中）入淮的人工运河，名新河，不久淤废。熙宁四年（1071 年）重加疏浚，次年竣工，恢复航行。元丰六年（1083 年）又从盱眙龟山引淮水开渠，在南岸与淮河并行东流，至洪泽镇与新河相接，名龟山运河，全长 57 里。此后漕船通过沙河、新河、龟山运河，即可与淮北的汴口相接，大大缩短了在淮河中的航程（图 13.15）。

　　自宋代起，江淮运河大部分河段开始筑堤。原来在江淮之间的运河两岸存在着一系列湖泊，宋以前运河贯湖而过，湖河不分。但邵伯以北地势西高东低，夏秋季节，高宝诸湖承天长以东各河洪水，泛滥东溢；冬春枯水季节又因水量不足而断航。为防止水流下泄，危及湖东农田及提高航道水位，保证枯水期航运，唐代李吉甫曾筑平津堰；宋景德中，李溥任制置江准等路发运使，因高邮新开湖水散漫，多风涛，便下令回空的漕船在还过泗州时，装载石块输入新开湖中，积为长堤③。天圣中，张纶"又筑漕河堤二百

　　① 《宋史》卷九三《河渠志三·汴河上》。
　　② 《宋史》卷三〇七《乔维岳传》。
　　③ 《宋史》卷二九九《李溥传》。

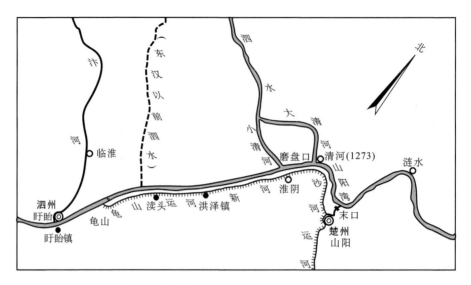

图 13.15　宋代沙河、龟山运河示意图

里于高邮北，旁锢钜石为砒，以泄横流"①，至此，江淮运河的西堤大部分完成。

南宋时，高邮、楚州之间已是"陂湖渺漫，菼葑弥满"。淮东提举陈损之于绍熙五年（1194 年）建言：兴筑自扬州江都县至楚州淮阴县的运河堤三百六十里，"堤岸傍开一新河，以通舟船，仍存旧堤，以捍风浪"②。从此江淮运河始与运西诸湖分隔，位置也较古邗沟稍有东移，这条运道大致上就是今天的里运河②。

南宋时建都临安，浙西运河（即江南运河）和临安运河（即浙东运河）的地位更为重要，其云："国家驻跸钱塘，纲运粮饷，仰给诸道，所系不轻。水运之程，自大江而下至镇江则入闸，经行运河，如覆平地，川、广巨舰，直抵都城，盖甚便也。"浙东运河在上虞、余姚境内多次疏浚，"通便纲运，民旅皆利"③。

与两宋对峙的辽金，在北京平原上也有过运河的开凿。辽朝以今天的北京为南京，又称燕京。辽朝在南京设有南京转运使司，是职掌水陆转运粮食、盐铁以及其他货物的机构。今由通县张家湾西至京城广渠门外，有一条河，名曰"萧太后河"，元代称为文明河，为粮储运道，可能沿用了辽代所开人工运河。但文献无确证④。金代建今北京为中都，为了漕运需要，于大定十二年（1172 年）在金口（今石景山北麓）凿渠，引卢沟水（今永定河）东流至通州（今通县）入潞水，名金口河。元代开通惠河曾以此渠为参照（图 13.16）。

隋唐宋时代形成的南北大运河，在我国运河史上有划时代的意义。①虽然在魏晋南北朝时期，东部平原上运河的开发已达到地理条件上的极限。但是当时的运河网络并非全线同时可以通航的。例如，曹操为了征伐乌桓军事行动而开凿的泉州渠、新河，事后不久即告淤废。因为以后西晋末年十六国时前燕慕容皝帅军征辽东，走今盘锦湾海滨

---

①　《宋史》卷四二六《张纶传》。
②　《宋史》卷九六《河渠志六·东南诸水上》。
③　《宋史》卷九七《河渠志七·东南诸水下》。
④　侯仁之、唐晓峰：《北京城市历史地理》402 页，北京燕山出版社，2000 年。

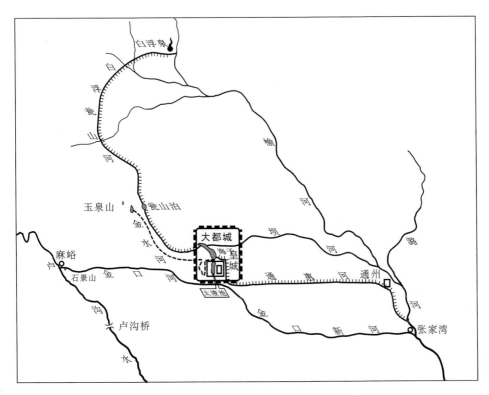

图 13.16　金元时期金口河、通惠河示意图

"践冰而进"①，可见当时泉州渠已废弃，北魏郦道元《水经·鲍丘水注》也说：泉州渠"今无水"。其他淮河南北的一些运河，大都为一时军事需要疏通运行，事后大多自然淤废。而隋唐时代的南北大运河却在这六百多年内，始终同时可以连贯通航的。②从隋文帝杨坚开广通渠开始，到炀帝大业年间南北大运河全线完成，前后只用了二十多年时间，而且都经过精心设计、规划的，所以经唐宋两代沿用不废，历时 600 余年。可见工程设计完全符合自然水系条件。③与魏晋时期不同，本期运河均由中央政府统一规划、开凿，并在事后有定期的维护，如筑堤、植树固堤、定期疏浚等制度、措施，为元明清时代京杭大运河的开凿和维护提供了借鉴。

五、京杭大运河的形成及其影响（元明清时期）

元明清三代都建都今北京，原先唐宋时代的洛阳或开封为中心的南北大运河已经不适用了，需要在东部平原开凿一条直达的运道。这就是京杭大运河产生的历史地理背景。

元代在平宋之初，开始的漕运路线是由江淮溯黄河西上（当时黄河东南至徐州夺泗入淮），至河南封丘县中滦镇上岸，陆运 180 里至淇门镇，再装船由御河（今卫河）、白河（今北运河）至直沽（今天津市），再溯白河（今北运河）北上，至通州改陆运至大

---

① 《资治通鉴》卷九五《晋纪》十七，成帝咸康元年（335）春正月壬午。

都（今北京）。这是一条水陆联运的路线，绕道远，货物上下卸运，既费时间，又费劳力，甚为不便。为了弥补这个缺陷，需要开凿两条运河，一条是沟通黄河和卫河之间的运河，一条是从通州到北京的运河。这两条运河正是京杭大运河中花费人工最多、维护航运最困难的两段。

至元十三年（1276 年）开始修凿济州河，至元二十年（1283 年）完成。济州河的工程是先在今山东宁阳县东北古刚县附近的汶河上筑堰城坝，遏汶水南流走洸河故道至济州城（今济宁市）下，再向北挖渠道 150 里，北接安山附近的济水，因起于济州城下，故名济州河。后因水源不足，又于至元二十一年（1284 年）在兖州城（今曲阜市）东门外五里泗水上筑堰，遏泗水走府河至济州城下会洸水入济州河，水源于是充足。济宁以南即利用泗水作为运河，于是济宁以北的泗水变成了运河的支流①。

济州河开凿后，漕船北上有两条路线，一是走水路由济州河接济水（即大清河）下流至利津入海，再由海路抵直沽（今天津）；二是在济水北东阿上岸，改旱路陆运 200 里至临清入卫河，再由卫河至直沽②。前一条要冒海上风涛之险；后一条陆运途经茌平县一段，地势低洼，遇夏秋霖潦，牛车跋涉其间，艰难万状③。于是在至元二十六年（1289 年）又增开了一条人工运河，南起自安山西南的济州河，北经寿张、东昌（今聊城）至临清入卫河，全长 250 里，功成后，赐名会通河，大致即今临清至安山的运河。从此，江淮漕船可以通过水路直达直沽。

济州河、会通河解决了黄、卫之间的水运问题，但漕船到了通州后，还需陆运 50 里至京都。这 50 里车载驴驮，十分艰辛。至元二十八年（1291 年）都水监郭守敬建议，自昌平县白浮瓮山泉引水，西折转南流过双塔、榆河、一亩、玉泉诸水，至西水门入都城，南汇为积水潭（今什刹海），东南出文明门，东至通州高丽庄（今通州区东南）入白河，工程始于至元二十九年春，至元三十年（1293 年）秋告竣。引渠总长 160 里 140 步。渠成，元世祖过积水潭，见"舳舻蔽水，大悦"，赐名"通惠河"④。至此，京杭大运河全线告成。当时有谓："东南贡赋，凡百上供之物，岁亿万计，绝江淮河而至，道会通河以达。商货懋迁，与夫民生日用之所须，不可悉数。贰河沂沿南北，物货或入或出，偏天下者，犹不在此数。又自昆仑西南水入海者，绕出南诏之后，历交趾、阇婆、真腊、占城、百粤之国，东南过流求、日本，东至叁韩，远人之名琛异宝，神马奇产，航海而至，或逾年之程，皆由漕河以至阙下。斯又古今载籍之所未有者也。"⑤

元代南北大运河形成后，漕船可以从杭州直抵大都，然而由于山东境内运河存在两大问题没有解决，未能充分发挥作用。一是水源不足。济州河、会通河的水源汶、泗二水流量很不稳定。全年总流量很小，年内季节变化很大，夏秋多洪水，运河宣泄不及，便泛滥成灾。而逢每年春季漕船起运时间，又常感水量不足。二是从临清至徐州的运河沿线的地势是中间隆起而南北倾斜。其间南旺地势最高，元代引汶泗二水在济州城下分水南北，南旺在济州之北，显然是"北高而南下，故水往南也易，而往北也难"，于是

---

① 邹逸麟：《山东运河历史地理问题初探》，《历史地理》创刊号，1982 年。
② 《元史·食货志·海运》。
③ 《行水金鉴》卷一〇一元杨文郁《会通河功成之碑》。
④ 《元史》卷六四《河渠志一》白浮瓮山、通惠河条。[明] 王琼《漕河图志》卷二。
⑤ [元] 欧阳玄：《中书右丞领都水监政绩碑》，《通惠河志》卷下《碑记》。

"北运每虞浅阻"①。由此种种，故元代大运河每岁之运，不过数十万石，远不及海运二三百万余石之多，"终元之世，海运不罢"②（图 13.17）。

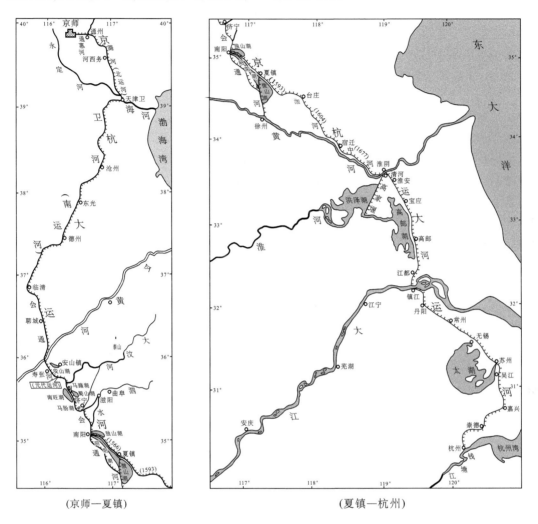

(京师—夏镇)   (夏镇—杭州)

图 13.17　元明清京杭大运河

　　明洪武初，建都南京，未对元末以来已趋淤废的会通河进行修治。故永乐初年仍沿袭元以来的海运，两浙漕船从浙江入海，三吴地区从吴淞江入海，湖广、江西漕船，由长江入海，淮北、河南则由河、淮入海，山东各地由滨海各州县入海，皆会于直沽；而河南怀庆、卫辉等府的漕粮则顺着卫河至天津，然后转至北京。但是海运险阻，"舟溺亡算"。以后又令江南之漕，走元代初年水陆联运的路线，由江淮运河达黄河，溯黄河西上，至卫辉府（今河南汲县）改陆运 170 里入卫河，由卫河顺流至直沽，"而车费亡算"。这两条漕运路线都给运输带来很大不便。但那时元代的会通河"自汶上至临清五

　　① 《居济一得》卷一，运河总论。
　　② 《元史·食货志·海运》。

百里，悉为平沙"①，根本无法利用。所以永乐四、五年（1406～1407 年）开始，对京杭大运河中两段困难最多的河段进行了改建。

1）对元代通惠河进行改建。元代的通惠河，在元末明初时已淤废。永乐初年重新修治通惠河上各闸，但"未几，闸俱堙，不复通舟"。成化以后又重新疏浚通惠河，并重新筑坝置闸。因为永乐十四年（1416 年）重修北京城时将元代皇城东墙外的一段圈入城内，此时通惠河不能进城，止于城外大通桥，故名为大通河②。

2）对元代的山东运河进行改建。永乐九年（1411 年）在工部尚书宋礼的主持下，开始了重修会通河的工程。工程大致分为 3 个方面：①解决水源问题。宋礼总结了元代在水源和分水地点方面的缺陷，在元代堽城坝的下游，东平州的戴村筑坝，遏汶水西南流至南旺地区分水。南旺地势最高，号称"水脊"，汶水自此作南北分流，七分往北至临清，三分往南至徐州③。这是因为南旺以北全靠汶水济运，而南旺以南还有泗、沂等河流给以补充。永乐十三年（1415 年）停罢海运，漕船全由"里河转运"④。同时为解决汶泗水量不稳定的矛盾，永乐十七年（1419 年）开始陆续将汶泗中上游三府 18 个县境内的泉源，通过地表明渠导入汶、泗、沂等水，汇入运河⑤。因地下水比较稳定，可以保证运河有一定的流量。②疏浚河道。全面疏浚自济宁至临清的河道，深一丈三尺，广三丈二尺。又自袁家口起开新河北出安山之东，折西北至寿张沙湾接旧河，较旧河为顺直⑥。③设置水柜。即在运河沿线设置南旺、安山、马场、昭阳 4 大水柜，围湖筑堤，设斗门，以备蓄泄。按地势将运东较高的部分湖区作为水柜，"柜以蓄泉"，将运西部分地势低洼的湖区作为"水壑"，即滞洪区，以备涨泄⑥。经过这次治理，山东运河的通航条件大有改善，漕运又恢复走京杭大运河，海运始罢。

但是永乐以后，黄河不断泛决，会通河屡屡受到黄河的冲溃，漕运时经常受阻。弘治年间刘大夏筑太行堤后（参阅《黄河篇》），防河北决，张秋一带运河威胁稍减。但正德年间黄河又反复决徙于沛县至徐州一段运河，嘉靖年间鲁桥镇（今济宁市东南）以下运河全被河泥所淤，公私船只都取道运东昭阳湖⑦，给漕运带来很大不便。于是从明嘉靖年间开始直至清代前期不断地开凿新的运河河道，目的都是避开黄河的侵扰。

从嘉靖初年开始，朝廷里就有大臣建议在"昭阳湖左（东）别开一河"，以避开黄河的侵扰。嘉靖七年（1528 年）正式动工开新河，后因主持工程的总河都御史盛应期罢官而役停。嘉靖四十四年（1565 年）黄河大决沛县，浸漫昭阳湖，运道淤塞百余里。于是督理河漕尚书朱衡依据盛应期所开旧迹，重新开凿。隆庆元年（1567 年）新河完成，因起于南阳镇，故又称南阳新河。新道起自鱼台县南阳镇南至沛县留城接旧河，全长 140 余里⑧。新河在旧河之东 30 里，地势较高，又在昭阳湖东，黄河东决至昭阳湖止，

① ［明］万恭：《治水筌蹄》卷二《运河》。
② 《明史》卷八六《河渠志四·运河下》。
③ 《泉河史》卷三《泉源志》坎河口条。
④ ［明］王琼《漕河图志》卷一："（永乐）十三年，户部会官议奏：停罢海运，悉由里河转运。里河者，江船厂不入海而入河，故曰里也。里河自通州而至仪真、瓜洲，水源不一，总谓之漕河，又谓之运河。"
⑤ 《泉河史》卷七引《东泉志》。
⑥ 《明史》卷八五《河渠志·运河上》。
⑦ 《明史》卷八三《河渠志一·黄河上》。
⑧ 《明史》卷八五《河渠志三·运河上》。

不能复东淹及新河，保证了漕运的畅通。但新河自沛县留城以下仍走旧道至徐州城北茶城口与黄河交会。因黄强运弱，每逢 7 月、8 月、9 月黄运交涨，黄水往往倒灌入运，水退沙留，淤塞运口。明廷仍想将漕运改线避开这一段作为运道的黄河，遂于万历二十一年（1593 年）至万历三十二年（1604 年）先后多次施工，完成了伽河工程，新河自沛县夏镇（今微山县治）李家口引水，合彭、京、武、沂等水，至邳州（今江苏睢宁县北古邳镇）直河口入运，全长 260 里①，历史上称为伽河。新道避开了黄河 360 里险段，既缩短了航程也避免了在黄河航行的麻烦。万历三十三年（1605 年）通过伽河的粮船有 8000 余艘②。

伽河开凿以后，从邳州直河口至清河县（今江苏淮安市西南马头镇）的运道走的仍然是黄河。这一段黄河险段也不少。例如，邳州至宿迁有所谓"十三大溜"险处。天启三年（1623 年）在伽河下游直河上开渠道通过骆马湖，由陈沟口、董沟口入黄河，全长 57 里，名通济新河（崇祯后改名为顺济河），目的是避开邳、宿之间黄河刘口、磨儿庄等 70 里险段③。

清初顺治、康熙年间董沟口又屡次淤塞，康熙年间由靳辅主持在黄河北岸堤北先后开凿了皂河、张庄运河、中河。终于在康熙二十七年（1688 年）使运河全部脱离黄河，运河于仲庄运口入河，与黄河以南的南运口只相差 7 里的距离。④ 从明隆庆至清康熙中期，前后约 120 多年，先后开凿了 600 多里人工运河，避开了 600 里的黄河，黄河和运河才正式分了家。这在我国运河史上是一个极其重要的时期（图 13.18）。

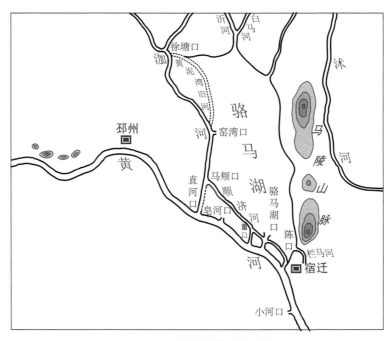

图 13.18　明代顺济河示意图

① 《明史》卷八七《河渠志五·伽河》。
② 《行水金鉴》卷一二九《明神宗实录》万历三十四年八月辛酉河道总督曹时聘言。
③ 《明史》卷八五《河渠志三·运河上》。
④ 《治河方略》卷二皂河、中河。

明清时代，江淮间运河称淮扬运河，南来漕舟由淮扬运河抵达山阳（今淮安市）后，必须在山阳新城盘坝过淮河，然后由大清口入河北上。新城附近建有五坝，"仁、义二坝在东门外东北，礼、智、信三坝在西门外西北。皆自城南引水抵坝口，其外即淮河"①。但是，盘坝入淮，不但挽输劳苦，而且船只和货物都容易损坏。为了避免盘坝，督运陈瑄采纳当地人士建议，于永乐十三年（1415年）开凿清江浦河。清江浦河借助北宋所开的沙河为渠，在山阳城西马家嘴引管家湖水，西北流至鸭陈口入淮，总长20里，并缘管家湖筑堤10里以引舟。淮口置移风、清江、福兴、新庄四闸，以时启闭①。此后，淮南运河山阳段由城东移到城西，运口也由末口移到新庄闸（图13.19）。

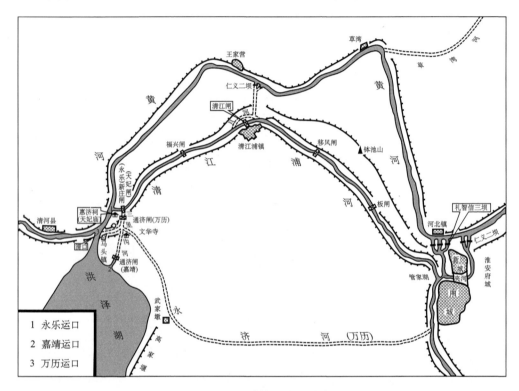

图 13.19　明代清江浦河示意图

　　开凿月河是淮南运河运道变化的一个显著特点。由于元代不重视运河的治理，加上元末战争的破坏，明初淮南运河及其堤岸大部分已遭毁坏，船只只得行走于运西诸湖中。而运西诸湖自黄河夺淮以来，因河水经常倒灌入洪泽湖，又决破高家堰，泻入高宝地区，潴水面积日益扩大，山阳到江都之间，"诸湖延袤，上下相接"，船只行走湖中十分危险。为了确保漕运安全，明初即着手对运河的整治。从洪武至成化年间，先后在高邮、宝应境内修筑湖堤，易土为石，并在高邮、邵伯、宝应、白马四湖之东筑重堤，积水行舟以避风浪。其后又在险恶湖段建造月河。弘治二年（1489年），户部侍郎白昂首先在高邮甓社湖东开康济月河，弘治七年（1494年）河成，南起高邮城北杭家嘴，北

---

① 《明史》卷八五《河渠志三·运河上》。

至张家闸，长 40 余里①。月河离湖数里，中为土堤（月河西堤），东为石堤，首尾建闸，引湖水入内以通航。

宝应县南的氾光湖，南接津期，西南连洒火湖，广 120 余里，素有淮南运道重险之称。漕舟经此，常遭颠覆。自正德以来，一些官吏多次建议加高老堤、开凿月河②，都没有得到应有的重视，遂致"万历十年，一日而毙者千人，十二年，粮艘溺者数十"③。万历十三年（1585 年），总漕都御史李世达再次上奏，阐述开凿宝应月河的重要性。后由总河王廷瞻主持开月河 1776 丈，北起宝应城南门，南至新镇，取名弘济河④。

此外，万历十年（1582 年）在清江浦南 10 里开永济月河，天启三年（1623 年）重新挑浚以通回空船只，后因正河疏浚畅通，月河复闭③。万历二十七年（1599 年）开界首月河、鄂伯月河⑤。清康熙十七年（1678 年）开清水潭永安月河⑥。有清一代，淮南运河几乎全以月河行舟，运道又因此东移。新中国成立后，为了满足苏北地区水上运输量增加的需要，1958 年再次东向拓宽河道，切除中埂，即为今日之里运河。

南宋末年，西湖大旱，江南运河原从杭州北上的上塘河段淤塞不通，淳祐七年（1247 年）开奉口河自德清县南奉口镇接引东苕溪东南达于北新桥，漕舟北上改奉口河和下塘河⑦。元末至正年间（1341～1368 年），对下塘河重新进行整治，"自五林港口开浚至北新桥，又直江涨桥，广二十余丈，遂成大河"⑧。自后江南运河南段杭州以北改道经塘栖至崇福镇，再经石门抵嘉兴，与今日同。

这里要介绍一条元明清三代连续不断开凿，而最终未能通运的胶莱运河。胶莱运河位于山东省鲁中丘陵山地与胶东丘陵之间的胶莱平原上，干流全长 130km，因沟通胶莱两州而名。元代以前，胶莱运河尚未形成，发源于胶莱丘陵的南北两条河：一名胶河，源出今山东胶南县境，北流经高密市东，又东北至平度市南，折而北流经今平度市、高密市、昌邑市、莱州市界，北入莱州湾；一名沽河，有两源，正源为大沽河，源出自今山东招远市东蹲犬山，南流经莱西市，另一源名小沽河，源自莱州市东南流入莱西市，又自南墅镇南流为平度市、莱西市界合大沽河，合流后称沽河又南经平度市、即墨市交界，下流入胶州市，于营海镇东入胶州湾（图 13.20）。

在胶河和沽河之间有一片长约 20 余 km 的高冈地为两水分水岭。元明清三代都曾想在这片高冈地开凿渠道，沟通胶、沽两水，使海运漕船可由麻湾口（今胶州湾）进入沽河，由沽河通过人工渠道进入胶河，再由胶河出莱州大洋（今莱州湾），直趋直沽。这样既可以缩短航程，又可以避开山东半岛东端成山角的风涛之险。元明清三代为了开凿这条人工运河付出很的代价，包括人力与财力，但终久未能成功。这在我国运河史上是一个特例。

---

① 《明孝宗实录》弘治七年六月乙丑、《明史》卷八五《河渠志三》运河上、《读史方舆纪要》，卷二三。
② 《明史》卷八五《河渠志三》运河上。
③ 《明神宗实录》万历十三年六月壬子。
④ 《明神宗实录》万历十三年六月壬子；《明史》卷二二一《王廷瞻传》；［清］刘宝楠《道光宝应图经》卷三。
⑤ 《明史》卷二二三《刘东星传》。
⑥ 《清史稿》卷一二七《河渠志二》运河。
⑦ 《咸淳临安志》卷三四、三五《山川》。
⑧ 光绪《杭州府志》卷五三《水利》。

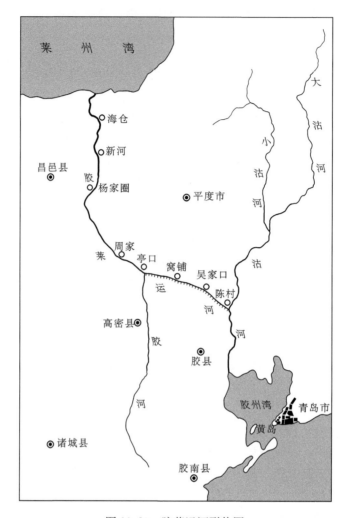

图 13.20 胶莱运河形势图

　　元朝建都大都（今北京），每年需要从江淮地区输送数百万石漕粮至京师。初试海运，元代海运航路虽有过几次改变，但都要绕过山东半岛东端的成山角，这里风浪最大，漕船多有倾覆之患。于是有开胶莱运河之举。

　　元至元十七年（1280 年）秋七月，采纳莱州人姚演的建议，"开胶东河"①。这次工程用费浩大，但工程的具体内容，元代没有记载，从后来明清人记载中知道当时的工程分为以下三部分。①开挖了今地图上胶莱运河从胶州市东北闸子口至平度市南的亭口镇的一段运道，以沟通胶河与沽河。并疏浚了从麻湾口至胶河口的 300 里河道②。②因为运道中间越过分水岭，地势是中间高，两端低，于是沿运建 9 闸，蓄水通流。这 9 闸

　　① 《元史》卷一一《世祖纪八》："至元十七年……秋七月……戊午，用姚演言：开胶东河及收集逃民屯田涟、海。"

　　② 乾隆《莱州府志》卷一《山川》引"胶莱河停工考"。今地图地胶莱运河的闸子口（属今胶州市）至亭口镇（属平度市）之间的胶莱运河，是当时人工开挖运道。

是：距麻湾口 20 里为陈村闸，又北 30 里为吴家口闸，又 30 里为窝铺闸，吴家口、窝铺之间地势最高，名分水岭，为南北分流之脊。窝铺闸以北 25 里为亭口闸，又 30 里为周家闸，又 30 里为玉皇闸，又 30 里为杨家圈闸，又 30 里为新河闸，又 30 里为海仓闸，又 27 里至海口①。③开凿今青岛市黄岛区薛家岛西与黄岛之间有一段较狭窄的石沟，南北约 5 里，名曰马邺濠。结果因遇坚硬的岩石，未能成功而罢②。

于是在至元二十二年（1285 年）二月丙辰，诏罢胶莱河的开凿。以军万人隶江浙行省习水战，万人载江淮米泛海由利津达于京师。新开的胶莱运道就此罢废③。

明永乐年间重开会通河后，漕运有明显改善。但是由于会通河本身存在着种种不利因素，如黄河的干扰、水源不稳、运道艰难等因素，重开胶莱河之议又起。在明代曾九次（正统六年、嘉靖十一年、嘉靖十七年、嘉靖十九年、嘉靖三十一年、隆庆五年、万历三年、崇祯十四年、崇祯十六年）提出重开胶莱河的倡议并进行部分施工。后或因工程失败而罢，或因耗费太大而未行，或因舆论压力而罢，最后均未成功。到了清雍正三年（1725 年）又有人再度奏请开山东胶河运道。内阁学士何国宗就指出："通运之议，创自元人，乃开之数年而即罢。明时屡试而终不行。良亦职此"。雍正皇帝认为历史上屡试不行，决定"似可无庸再议"。持续了几个世纪的胶莱新河之动议，终告平息④。

明清两代京杭大运河始终是沟通南北的大动脉，由于水源、地势、泥沙等条件，需要经常加以疏浚、整治和加固堤防，才能保证其畅通。每年政府花在这上面的人力、财力不计其数。然而自清代嘉庆、道光以后，国力衰败，河政废弛，运道阻塞，漕运往往不能如期抵达。清廷无奈，只能雇用商船进行海运。道光五年（1825 年）因清江浦一带运河受阻，清廷准苏、松、常、镇、太四府一州漕粮试行海运，次年海运商船 1562 艘从上海出发，沿海北上，航程 2000 多千米，共运粮 160 多万石，仅 20 余天即达天津，所耗费用不到河运的 2/3。后因朝臣反对，海运试行一年即停。道光二十七年（1847 年）清廷为加漕粮食运额，充实京师仓库，革除河运种种弊端，再次下令进行海运。江南苏、松、太二府一州 100 多万石应征由上海沙船直达天津。咸丰二年（1852 年）浙江漕粮也改海运，由宁波雇船承运。这时江苏运粮食局以沙船厂为主，浙江运粮以宁波船为主。每年往返两次即可将漕粮全部运完⑤。

咸丰五年（1855 年）黄河在河南兰阳铜瓦厢决口，洪水由直隶东明、长垣、开州、山东濮州、范县，至张秋镇汇流，穿过运河夺大清河入海。大清河沿线和会通河沿河"各州县均被波及"⑥。张秋至安山的运河阻断，当时军事旁午，未能顾及运河的治理。清廷漕粮只得改走海运，运河废弛十有余年。同治四年（1865 年）"始复试行河运，筹修运道"，但多次修筑都被决河冲溃。"漕船经过山东境界计一千数百里，中多阻滞，以

① 乾隆《莱州府志》卷一《山川》。
② 《明史》卷八七《河渠志五》。
③ 《元史》卷一三《世祖纪十》。
④ 陈桥驿：《中国运河开发史》第三章山东运河开发史研究附录：胶莱运河的历史研究，中华书局，2008 年。
⑤ 李文治、江太新：《清代漕运》第十二章《道光后漕运改制政策（下）——招商海运》，中华书局，1995 年。
⑥ 民国《山东通志》卷一二二《河防志第九·黄河考中上》。

致挽运艰难"①。同治十一年（1872年）李鸿章主办招商局购得三艘火轮船，开始承运江浙漕粮，火轮船每艘载米三千多石，往返天津、上海仅需十余天，每月可装运两次，十分方便，于是由火轮船和沙船运输漕粮遂成定例②。咸丰以后，海运逐渐取代河运，成为清代后期漕粮的主要运输方式，南北物资交流的渠道，也开始由运河漕运向海路转移。至光绪二十六年（1900年）内河漕运悉行停止，清政府不再对会通河进行全面疏浚，只是为了地方上运输，对部分河段进行过疏浚，如光绪三十二年（1906年）对黄河以北的运河河段挑浚过一次，仅东昌至临清90里，其他几成平陆①。济宁以南尚可通舟，且多为地方性短途运输，其年货运量尚不及清前期的1/20③。光绪三十一年（1905年）裁漕运总督，三十四年（1908年）裁督粮道。宣统《山东通志》总结云："自咸丰五年运道梗塞，停止河运者十数年。同治四年、五年暨九年至十三年，江北雇用民船，均经循办，但为数不过十万石，较之起运全漕仅四十分之一，较之近年江浙海运新漕仅十分之一。虽运米无多而相沿不改者，所以备外海或有不虞，犹可恃此一线，以为内地转输之路也。惟运道浅阻，日甚一日。光绪三十三年、三十四年虽将南北运河分段修浚，然北运河仅挑东昌至临清一段，东昌以南百余里，依然淤塞不通。今则专行海运，卫帮久歇，督粮道既撤，运艘运费全裁。因时制宜，古今异势。"②

　　清末漕粮改为折色（折成现银），漕运废止。运河不再整治，没几年就淤废，特别是山东河段内安山以北至临清一段，因无水源补给，未几即成平陆了。济宁以南鲁南运河因有微山湖充足的水源，故仍有航运之利。淮河以南的江淮运河的长江以南的江南运河，因水资源条件优越，至今仍是淮河以南和长江三角洲地区的重要水运航道，对地区间经济发展起着重要作用。

第二节　运河开凿的自然条件

　　历史上运河的开凿是为了弥补天然河流的不足，然而数十万年形成的天然河流水系的布局是有其地理条件上的必然性，而且这些天然河流都有各自的特性。现在要开凿人工运河，并且要使其为运输服务，必然也会干扰或改变原有的天然河流水系的布局，影响原有天然河流的自然特性，于是必然会遇到种种的困难。本章即对历史上人工运河所遭遇到的自然条件问题，作一概貌介绍。

一、水　源　问　题

　　历史上开凿运河，首要问题是水源。因为开凿运河的目的是为了运送以粮食为主的各种物资，运送的船只都有一定的载负量，对运河的深度、宽度以及水量都有一定的要求，因而需要有足够的水源，以供船只运行。同时，运河的水源一般都引取于天然河流

---

① 宣统《山东通志》卷一二六《河防志第九·运河考》。

② 李文治、江太新：《清代漕运》第十二章《道光后漕运改制政策（下）——招商海运》，中华书局，1995年。

③ 张照东：《清代漕运与南北物资交流》，《清史研究》，1992年第3期。

· 474 ·

或湖泊，其自身不可能有独立的水源。一般而言，我国水资源还是比较丰富的，尤其是在古代，我国自然环境较今日为优。能够大量开凿长距离的运河，说明有丰富的水源可以利用。但是，还有问题的另一方面。一是以自然条件而言，黄河流域的天然河流大多东西流向，南北水运需要以人工运河来补充，所以历史上重要的运河大都分布在黄河流域。二是以社会条件而言，在两三千年传统社会里，黄河流域一直是我国政治、经济、文化的中心地区，历代统一王朝的政治中心——都城绝大部分时间建立在黄河流域，而都城需要从全国各地提供以粮食为主的各种物资，于是每年按时向都城输送各类物资的漕运制度，成为秦汉以来各王朝的基本国策和主要制度。同时在历史上分裂时期，黄河流域发生的战争最多，运送军需也是水运的一大任务。因此，历史上黄河流域的人工运河最为发达。但是黄河流域地处东亚季风区，降水在年际和年内不同季节变化很大，年际变化有枯水年、丰水年之别，年内变化降水多在夏秋季节，春冬往往出现水枯季节。而每年输送漕粮多在春季二三月份，正是枯水季节；再加上随着历史的发展，黄河流域的人口的不断增加，中上游森林面积缩小，下游平原和湖滩渐次开发，农业用量增加，于是产生农业和漕运争夺水源的矛盾，运河的水源不足问题也就逐渐显露出来。同时黄河流域的天然河流大多发源于西部黄土地带，含沙量都很高。引以为源，也引来泥沙，同时给运河带来淤浅之弊。

现将历史上几个重要运河水系的水源问题进行讨论，以视我国历史上运河水源问题的概貌。

（一）北京平原上的运河水源问题

北京平原上的人工运河，较早有明确记载的是辽代的萧太后运粮河，不过这条运河的水源问题不是很清楚，无法讨论。金代的金口河是明确以卢沟河（今永定河）为源，可是卢沟河是一条含沙高的河流，元代又名"小黄河"、"浑河"，"以流浊故也"[①]。所以金代的金口河以含沙量很高的卢沟河为源后，结果因"地势高峻，水性浑浊。峻则奔流漩洄，啮岸善崩，浊则泥淖淤塞，积滓成浅，不能胜舟"。金口河失败后，又"为闸以节高良河、白莲潭诸水，以通山东、河北之粟"[②]。高良河即今西直门外高梁河，白莲潭即今什刹海、北海、中海等天然湖泊。高梁河水注入白莲潭中，在白莲潭的东岸、南岸、西岸分别修闸引水，南入金中都北护城河和金口河，然后东流至通州潞河。从中都东至潞水50里的通粟渠道，谓之闸河[③]。但这两条人工运河，都因"或通或塞"，结果从金中都（今北京市）至通州，"但以车辁矣"[④]。看来引卢沟河水为源是行不通的。元代的通惠河改引昌平白浮泉水，沿线又有双塔、榆河、一亩、玉泉诸水的补充，水源应该比较稳定，但是从昌平至北京城"地势高下，冲击为患"[⑤]，"水势陡峻，直达艰

① 《元史》卷六四《河渠志一》卢沟河条。
② 《金史》卷二七《河渠志》卢沟河条。
③ 侯仁之、唐晓峰：《北京城市历史地理》，404 页，北京燕山出版社，2000 年。
④ 《金史》卷二七《河渠志》漕渠条。
⑤ ［明］汪一中：《通惠河志叙》，刊明吴仲：《通惠河志》。

难"①。所以元代建成后，建闸 24 座以节水通流，十分不便②；以后重开金口河，又引浑河为源，结果还是"因流湍势急，沙泥壅塞，船不可行"③，故"元时亦多陆运"④。明初通惠河已废。永乐年间曾重开通惠河，但是当时昌平黄土山（改名天寿山）为皇帝陵寝地后，原白浮泉一带不允许再动土引水，上源只限于玉泉、瓮山泊（今昆明湖）为源，水源大为减少。明代成化年间重开时，深感水源不足，当时即有人提出："大抵此河天旱则淤壅浅涩，雨潦则散漫冲突，徒劳人力，率难成功，决不可开。况元人开此河，会用金口之水，其势汹涌，冲没民舍，船不能行，卒为废河，此乃不可行之明验也"⑤。不久因"河道淤塞"，"闸俱废，不复通舟"⑥。以后虽经多次疏浚，才勉强通航。清代前期曾沿袭明代规模多次疏浚，但嘉庆以后已多淤塞，当时从通州至北京多以陆运为主。可见在北京建都的金元明清四代都想解决从北京至通州的水运问题，但最终都因为水源没能解决好，难以如愿。

（二）河淮地区运河的水源问题

河淮之间最早的运河是战国时代的鸿沟水系，其水源主要来自黄河。黄河是我国淮河以北最大的河流，当时在河淮间开凿运河，很自然地以黄河为水源。但引黄河水为源，面临着两大难题：一是黄河自古就是一条含沙量很高的河流，引河水为源不免同时引入泥沙，而泥沙日久即会淤浅运河；二是黄河虽为大河，总流量不算小，但其年际和年内季节性变化很大。春冬水枯，夏秋水大，对每年春运带来很多不便，在整个历史时期对运河的通运造成很大影响。

河淮地区规模最大的运河是战国时代的鸿沟运河。鸿沟运河的水源是从今河南原阳县北引河水横穿济水，南流入郑州、中牟间的圃田泽，称为大泽，作为蓄水池。然后引圃田泽水东流至大梁城北，然后绕过城东，折而南流，利用沙水河道南流经今淮阳市东，在沈丘县北注入颍水。以后自河水引入圃田泽的一段大沟河道为黄河泥沙而淤废，从荥阳分河水的济水便成了鸿沟的水源。鸿沟的开凿连接了河淮之间的许多天然河流。从此中原地区形成了以鸿沟为干渠的水运交通网，可以称之为鸿沟水系。从战国开凿鸿沟运河后，经两汉魏晋时期，运河畅通，但是到了东晋南北朝时，河淮之间济水水系却有逐渐淤废之势。济水原是黄河南岸的一大分支，从荥阳西北分河水东流，分为两支，一支与菏水交汇，东流入泗，一支入巨野泽，再出泽东流入海。春秋战国以来一直是中原地区交通的主要水运干道。西汉时黄河多次南决，曾淹及济水流域。尤其是西汉末王莽时黄河大决，济汴流域全受漂没，虽经王景治理，河汴分流，济水也复其旧貌，但已遭严重淤浅。大约到公元 4 世纪左右，巨野泽以上的河南之济，已不能通航。公元 369 年东晋桓温北伐，因济水断流，不能通航而开了桓公沟。济水断流的原因，除了泥沙淤塞

---

① ［明］吴仲：《通惠河志》卷上《通惠河考略》。
② 《元史》卷六四《河渠志一·通惠河》。
③ 《元史》卷六六《河渠志三·金口河》。
④ ［明］王琼：《漕河图志》卷二《诸河考论》大通河。
⑤ 《行水金鉴》卷一一〇引《明宪宗实录》。
⑥ 《明史》卷八六《河渠志四·运河下》。

外，更重要的是东汉以后河淮间的主要运道为汴水。由于济、汴皆分水于黄河，当汴水为主要运道时，必定人为阻塞引水入济，将有限的河水皆引入汴水。故《太平寰宇记》卷一二引六朝时作品《国都城记》："自后通汴渠已来，旧济遂绝，今济阴定陶城南，唯有济堤及枯河而已，皆无水。"以后义熙十三年（公元417年）刘裕北伐、元嘉七年（公元430年）到彦之北伐都走这条桓公沟，可见4～5世纪时黄河南岸的济水已完全淤断了。

东汉以后河淮间的主要运河为汴水，汴水水源主要来源于黄河。但是黄河出邙山后，骤然进入平原，流势逐渐平缓，泥沙易于沉淀，同时由于水位涨落，冲淤不定，水流南北滚动，河槽极不稳定，流向也相当紊乱。故这一段黄河有"一弯变，弯弯变"的说法，这样对汴水引黄河水口造成很大困难，主要是汴河引水口不得不随着河水主泓的滚动而经常变化。据《水经·河水注》、《水经·济水注》记载，隋代以前济水和汴水引用黄河水的引水口有多处：①宿须水口，在今河南原阳县旧原武西北，分河水南入鸿沟水系，后渐淤废，《水经注》云"今无水"。②荥口，又称荥口石门，在今河南荥阳县西北旧荥泽西北敖山之东，亦为古济汴水分河水口，东汉阳嘉三年（公元134年）曾在此垒石为门，树碑记功。在北魏前已断流。③石门水口，在今河南荥阳县西北汜水镇东。西汉时为济、汴的主要分河水口，东汉灵帝建宁四年（公元171年）还修治过。魏晋时已淤废。④板渚水口，在今河南荥阳县西北汜水镇东40里。隋炀帝开通济渠即由此引河水。唐初沿用板渚水口，开元二年（公元714年）改由石门水口引[1]，开元十五年（公元727年）又恢复板渚水口[2]，不久又由石门水口引河。为什么历史上济、汴运河会出现这么多的引河水口，并且左右摆动、变迁不定呢？主要原因是黄河河槽极不稳定，主泓南北摆动，引水十分困难。故《宋史》卷九三《河渠志三》说："然大河向背不一，故河口岁易，易则度地形，相水势，为口以逆之。遇春首辄调数州之民，劳费不赀，役者多溺死"。[3]

隋唐时代的汴河即通济渠是河淮间主要运河，通济渠分东西两段。西段主要以谷、洛水为源，运道很短，水源不成问题。东段则从板渚引黄河为源。因为黄河年流量年际和年内季节变化不定，运河的水源不能得到稳定的保证。唐代开元年间裴耀卿主漕事时为唐代漕运黄金时代，已经感到汴河水量不足，浅涩阻运。当时江南的漕船于每年1～2月上道至扬州入斗门，正逢冬春水浅，须停留1月以上，至4月以后，始渡淮入汴。那时汴河干浅，又搬运停留，至6～7月始至河口，正逢秋季河水上涨，不得入河，又须停留1～2个月，待河水稍小，始得上河进入洛水。整个航程"漕路干浅，舢舻隘闹，般载停滞，备极艰辛。计从江南至东都，停滞日多，得行日少"[4]。宋初为了增加汴河的水源，曾"导索水，会㴷然与须水合入于汴，"可是因为黄河含沙量增高，汴河河床淤高，水流仍觉浅涩。宋初还是在冬季枯水季节，需要在汴河中作闸，堰水行舟。例如，开宝八年（公元975年）11月平江南，"留汴水以待李国主舟行，盛寒河流浅涸，诏所在为坝闸，潴水以过舟"[5]。到了中叶熙宁、元丰年间，竟于夏季5月，也是需堰水行舟。元丰

---

① 《旧唐书》卷一〇〇《李傑传》。
② 《旧唐书》卷四九《食货志下》。
③ 《宋史》卷九三《河渠志三·汴河上》。
④ 《旧唐书》卷四九《食货志下》。
⑤ ［宋］宋敏求：《春明退朝录》卷上。

三年（1080 年）5 月，"时以汴水浅涩，发运司请以草为堰，壅水以通舟"①。而当时漕船的吃水并不深。《宋史·河渠志·汴河》云："大约汴舟重载入水，不过四尺，今深五尺，可济漕运。"可见造成汴舟阻运的低水位时期，汴河的水量是十分浅涩的。

除了水源短缺之外，与水俱来的黄河泥沙也给汴河带来很大不便，故有"汴水浊流"之说。唐时汴河泥沙淤积已经影响到漕运的通行，所以当时规定每年正月发动沿河丁男疏浚河道，至清明桃花水过后，河道才得畅通。安史之乱后，政局动荡，汴河长期得不到疏浚，河道淤废不堪②。唐末汴河下游自宿州埇桥（今安徽宿州市南古汴河上）以下"悉为污泽"③。宋初沿袭唐制，每岁一浚。后因汴河经过整治，情况大有好转，企图省功，于大中祥符八年（1015 年）规定"三五年一浚"，未几，淤塞严重，至皇祐四年（1052 年）8 月，因"河涸，舟不通，令河渠司自口浚治，岁以为常"④。自后每岁一浚，立为常制。然而一方面每年疏浚排去的泥沙赶不上淤积的速度，另一方面，每岁一浚的制度并未能得到很好坚持。结果汴河河床淤积速度十分惊人，如宋初开封附近的沟洫水流皆入汴河，可见其时汴河河床尚在地面以下。可是到了北宋中期，汴河有连续 20 年不浚，河床淤高非常，从京城开封东水门下至雍丘（今杞县）、襄邑（今睢县）一段汴河河床皆高出堤外平地一丈二尺余，在汴堤上俯瞰居民，如在深谷⑤。河床如此淤高，引起汴河决口频繁，影响漕运畅通。

熙宁十年（1077 年）黄河一次涨水，主泓趋向北岸，南岸广武山北麓涨出一大片高阔的滩地。次年，元丰元年（1078 年）有人建议汴河避开以黄河为源，可在这片黄河滩地上凿渠，引伊、洛水为源。元丰二年即在巩县任村沙峪口至河阴县（在今河南荥阳县东北广武山北麓，今已沦入河中）汴口之间河滩地上开渠 50 里，引伊、洛水入汴，堵塞旧引河汴口，以避开黄河浊流，因洛水较清，史称引洛为源的汴河为"清汴"。两岸还筑堤 103 里以护渠道。后因洛水水源不够支运，还需从原来汴口引用一部分河水，仍有泥沙入汴；同时新渠是开在黄河的嫩滩上，沙质土壤，不易保护，且常受黄河主泓摆动的威胁，结果仍无成效。元祐五年（1090 年）仍然恢复了引河入汴为源⑥。最终由于汴河不断淤高，成为地上悬河。北宋徽宗政和年间，汴河大段淤浅，妨碍纲运。靖康年间，汴河已淤废不堪。宋金对立时期，汴河未加疏浚，全河堙废。南宋乾道五年（1169 年）楼钥出使金国，乘马沿汴河而行，至灵璧以上，"河益堙塞，几与岸平"，"车马皆由其中"，"亦有作屋其上"，河底都种上了麦子⑦。诗人洪迈有《过谷熟》诗云，"隋堤望远人烟少，汴水流干辙迹深"⑧。隋唐宋以来流经数百年的一条横贯中原的大川，在短短数十年内变成了一条陆道。沧桑之变，莫甚于此。今天从商丘以下，经永城、宿县、灵璧、泗县的公路，大致即修在通济渠上，已高出两面平地，这就是汴河作为悬河的实证。

---

①　《续资治通鉴长编》卷三〇四元丰三年。
②　[唐]刘晏：《遗元载书》，载《全唐文》卷三七〇。
③　《资治通鉴》卷二九二，五代后周显德二年。
④　《宋史》卷九三《河渠志三·汴河上》。
⑤　[宋]沈括：《梦溪笔谈》卷二五《杂志二》。
⑥　《宋史》卷九四《河渠志四·汴河下》。
⑦　[宋]楼钥：《北行日录》，见《攻媿集》卷一一一。
⑧　《盘洲文集》卷五。

当年五代后周显德年间修复汴河，开浚五丈河、蔡河时，都直接或间接引用黄河水为源，汴河源于黄河自不必说，五丈河、蔡河也都是分汴河水为源的。可是到了北宋初年，汴河自身水量不够，已无余水可供应五丈河和蔡河。于是蔡河则以取源于开封数十里外长葛境内洧、潩二水，引为闵河为源，五丈河以金水河为源，架槽越汴河入城。历朝均不惜花费建浩大工程，都是为了避开含沙量高而水量不足的汴河。可见宋朝为了解决汴京漕运四渠的水源问题是煞费苦心的。然而困扰着唐宋两代王朝汴河水源问题最终都未能得到理想的解决。

（三）山东运河的水源问题

上文已述，元明清时代京杭大运河中最为艰难的一段就是山东运河。而山东运河在运行中的最大问题就是水源问题。元代开凿济州河、会通的水源主要来自鲁中山地的汶、泗两水系。这两大水系的特点是：①汶泗流域多年平均降水量为 600～700mm，河流全年径流量较小，年内分配极不均匀。今人曾据 1930 年代前半期 3 年（1932～1934年）汶泗流域泰安、曲阜等 12 个县逐月降水量资料作过统计，表明每年 6～9 月降水量最为集中，占全年总量的 50％～70％，汶、泗等河往往在这一时期出现洪水，运河容纳不了，宣泄不及，便泛滥成灾。而每年 12 月至次年 2 月的降水量仅占全年总量的 10％以下，是每年的枯水期[①]。而历年漕粮都是在春季起运，正是最需要水的时候，这就成为济州、会通两河致命的弱点。②汶泗两水系形态属树枝状水系，暴雨季节总流汇注，下游洪水集中，尤其是泗水支流多属山溪性河流，源短流急，洪峰高，含沙量大，对下游运河造成很大威胁。③鲁中山地山岭起伏，山岩物质多属花岗岩、片麻岩、结晶片岩以及泥沙质沉积岩构成。汶河等河谷宽广，深入山区内部，山区植被覆盖不良，暴雨季节山洪陡涨，侵蚀和搬运作用很大，而物质多为粗砂和细砾，河床多为淤塞。由于会通河通运不畅，所以元代漕运以海运为主。

到了明代永乐年间重开会通河，首先要解决的还是水源问题。当时采取的措施有以下几个方面。

1. 引汶工程的改建

永乐九年重建会通河时，主持工程的工部尚书宋礼采纳汶上老人白英的建议[②]，在东平州（今山东东平县）东 60 里戴村附近的汶河上筑土坝，长 5 里，遏汶河南流，走今小汶河西南流入南旺地区作南北分流。戴村坝成为明代重修会通河工程中"第一吃紧关键"[③]。"漕河之有戴村，譬人身之咽喉也。咽喉病，则元气走泄，四肢莫得而运矣"[④]。为什么要在戴村筑坝引汶呢？这是因为元代在宁阳县北的堽城筑坝引汶，而堽城以下的汶河还有漕河、汇河（上游即今康王河）等多条支流汇入，水量大增，却未能

---

① 《淮河流域水文资料》第 3 辑《沂泗汶运区》第 3 册，中央水利部南京水利实验处刊印，1951 年 5 月。

② "老人"是沿运河设置管理河事的人员，有堽城坝老人，管泉老人等。见《泉河史》卷六《职官表下》。（《泉河史》明万历二十六年胡瓒修，清顺治四年刊本，藏华东师大图书馆）

③ 《河防一览》卷三《河防险要》。

④ 《泉河史》卷三《泉源志》戴村坝条。

拦入会通河。故明人就指出，"汶水西流，其势甚大，而元人于济宁分水，遏汶于堽城。非其地矣"①。明代改在堽城坝的下游戴村筑坝引汶，水源较前丰富。此外，元代的堽城坝闸在末年已经圮废，明成化年间因旧址河阔沙深，不宜更作坝址，"乃相西南八里许，其地两岸屹立，根连河中，坚石萦络，比旧址隘三分之一"，于是就在此筑堽城新坝跨汶河上，下开涵洞，置闸启闭，再开新河十余里接洸河，并在新河上筑堽城新闸，控制流沙②。所以在明代中期以后，汶河上引水工程有两条路线可以调节水源，这一点就比元代高明。但问题并未如此容易解决，因为：一是明代坎河（今东平县东汇河）入汶河口的汶河上有一沙洲，沙洲以南为汶河的主泓道所经，明代在主泓道上筑戴村坝，遏汶水南流入南旺，留下北面的岔流，以供泄洪。当重运北上时，就在戴村坝东坎河口的岔流上筑一临时沙坝，使涓滴尽归南旺；如遇来水过于迅猛，则让洪水冲毁沙坝西趋大清河归海，不让患及汶河入南旺之道。但日久正河渐淤，主泓北移，沙坝不能起遏水作用，万历元年（1573年）改筑石滩③。万历十七年（1589年）潘季驯又改为石坝，石坝不能排沙，结果使汶河河床淤高，常溢成灾④。二是明代在戴村坝遏汶水南流，却没有在引水河道上如元代堽城、金口之制修筑闸门，因而在夏秋汛期无法控制水沙。自戴村至南旺的河道，"每涨一次，则淤高一尺，积一年则淤高数尺，二年不挑则河尽填"⑤。来源河道淤填，则运河不免有枯涸之患。然而戴村至南旺的河道经过挑浚后，则又产生另一种后果，因为汶河下游河床宽数百丈，而南旺一带运河河床宽不过10丈，"以数百丈之汶河，而尽注于十丈宽运河之内"⑥，其决溢是必然的了。例如，清康熙四十一年、四十二年（1702年、1703年），宁阳、汶上、济宁、滋阳、鱼台、滕县、峄县及江南之沛县、徐州、邳州，运河沿线连遭水患，皆由汶河堤岸不修之故⑦。因此仅靠汶河单一水源很难维持运河正常的运行，故必需另想他法（图13.21）。

图 13.21 引汶堽城坝、戴村坝工程图

① 《泉河史》卷一《图纪》东平州泉图引《郡志》。
② 《泉河史》卷四《河渠志》引商辂《堽城坝记》。
③ 《泉河史》卷三《泉源志》主事余毅中《筑坝议略》。
④ 《河防一览》卷三《河防险要》。
⑤ 《泉河史》卷四《河渠志》引笪东光《创建上源闸坝以省大挑议略》。
⑥ 《居济一得》卷六《治河议》。
⑦ 《居济一得》卷三《筑汶河堤岸》。

2. 引泉济运

汶、泗、沂诸水发源的鲁中山地，寒武纪与奥陶纪石灰岩地层分布极广，岩溶地貌相当发育，溶洞、溶蚀岩沟均有所见。《水经·泗水注》就有记载，泗水上源的鲁国下县东南有桃墟，"墟有漏泽……泽西际阜……阜侧有三石穴，广圆三四尺，穴有通否，水有盈漏，漏则数夕之中，倾陂竭泽矣"。又引《博物志》曰："泗水出陪尾。盖斯阜者矣。石穴吐水，五泉俱导，泉穴各径尺余。"在邹县以北的峄山一带，地下有溶洞，"洞达相通，往往有如数间屋处，其俗谓之峄孔"。这种岩溶地貌往往形成地表水渗漏而地下水蓄积却十分丰富的现象，常常在山麓地带涌出地面而成大泉，与地表水相对而言比较稳定。泰山地区丰富的地下水源被明代人认为是最理想的运河水源，于是永乐十七年（1419 年），在陈瑄的建议下，初浚泉源，以资运河水源[①]。此后每隔数年查访疏浚一次，将汶、泗中上游各地的泉源都通过地表明渠导入汶、泗、沂等水，再汇入会通河。明时会通河泉源来自三府（兖州、济南、青州）十八州县，分为四派：①新泰、莱芜、泰安、蒙阴等县以西，宁阳以北诸泉，都通过汶河注入南旺，然后分水南北，故称为分水派或汶河派。②泗水、曲阜、滋阳（兖州府附郭县）境内泗、沂水上源诸泉和宁阳以东汶河诸泉，都由洸、府二水会于济州城南的天井闸，因流经济州城，又称济河，故这一派泉源称济河派或天井派。③邹县、济宁、鱼台、峄县以西和曲阜以南诸泉，都由泗河故道至鲁桥入运，称为泗河派或鲁桥派。④邹县以南、滕、峄县境内流入昭阳湖诸泉皆由沙河注入运河，称为沙河派。嘉靖末年开南阳新河后，运道经昭阳湖东，诸泉遂注入新河，故又称新河派。另外，沂水、蒙阴、峄县境内有一部分泉源由沂河至古邳注入黄河，是为沂河派，与会通河无涉。明万历三十五年（1607 年）开泇河后，改为泇河之源[②]（图 13.22）。

明代的会通河（包括元代的济州河和会通河）的水源，除了来源于汶、泗河外，比较有保证的还是鲁中山地的泉源，故会通河在明代又称泉河。永乐初大致有一百多泉，以后逐年有所增加，到成化年间乔缙为都水司主事，督理山东泉源，"合六百余泉会于四水（汶、洸、泗、沂），漕运大济"[③]。这是见于记载泉数的最高数字，不过恐有夸大之嫌。因为根据明王琼《漕河图志》的记载，弘治年间，山东运河水源来自兖州、济南、青州三府入汶、入泗、入沂的共有 163 泉[④]。万历年间《泉河史》共引 309 泉，天启年间又新辟 27 泉，明末共引 336 泉[⑤]。疑六百余泉的数字有夸大的成分。《读史方舆纪要》云："崇祯五年共计旧泉二百二十六，新泉三十六。"可知明一代引泉前后有所增减，大致在二三百泉之间。清代沿袭明制，也不时疏浚新泉。迄康熙初年分水、天井、鲁桥、新河四派的泉源共有 430 处[⑥]。据《大清会典》记载，运东县和运西鱼台一县共有新旧泉眼 420 个。总之，明清两代几乎将鲁中山地西侧面的泉源全部囊括入运河。但

① 《泉河史》卷一五《泉河大事记》。
② 《泉河史》卷七《泉源表》引《东泉志》。
③ 《行水金鉴》卷一一一引《乔缙传》。
④ 《漕河图志》卷二《漕河上源》。
⑤ 《泉河史》卷三《泉源志》。
⑥ ［清］靳辅：《治河方略》卷四《泉考》。

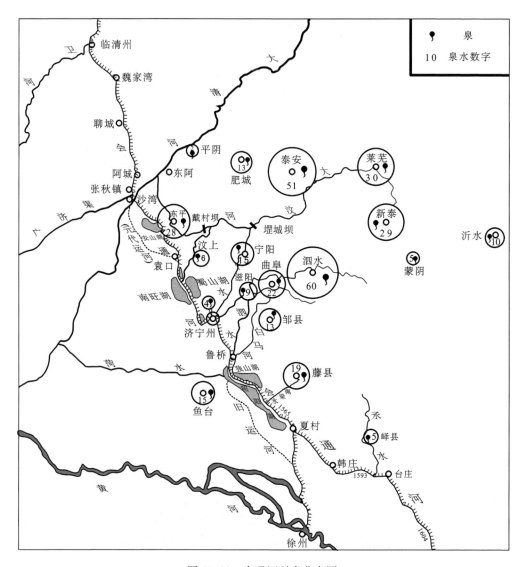

图 13.22　会通河引泉分布图

是地下水也受地表降水的影响，"泉源四时微盛各殊，大率冬春微，夏秋盛，旱微涝盛，渠流深广亦不一"①，再说这些泉水都是通过明渠进入汶、泗、沂诸河的，由于河床"淤沙深广，春夏久旱亢，沙极干燥，汶泉经之，多渗入河底"②，所以水源仍然极不稳定。正如顾祖禹所言："盖山谷之间，随地有泉，疏引渐增也。议者谓诸泉沙积颇多，汶河每为壅淤，如天时亢旱，泉水亦无涓滴，一遇淫潦，随地浸流，故泉可恃而未可尽恃也。"③ 此外，地下水无节制地大量通过明渠导入汶泗，其结果影响了地表水的正常补给，使水循环失去了平衡，终究影响了运河水源的补给。

---

　　① ［明］刘天和：《问水集》卷二《诸泉》。
　　② ［明］刘天和：《问水集》卷三《汶河》。
　　③ 《读史方舆纪要》卷一二九《川渎异同》。

3. 沿运水柜的设置

水源问题解决后，如何保证这些有限的水源能够发挥有效的作用，明代开始采取了一种比较有效的措施，就是在运河沿线设置了一系列水柜（即水库），用来调节运河的流量，以克服运河流量不均的缺陷。永乐年间宋礼恢复会通河时，即在运河沿线设立四大水柜，即汶上县的南旺湖、东平县的安山湖、济宁州的马场湖、沛县的昭阳湖，"名为四水柜，水柜即湖也，非湖之外别有水柜也。漕河水涨，则减水入湖，水涸，则放水入河，各建闸坝，以时启闭"①。可是在实际运行过程中，同一水柜既作蓄水库又用滞洪区是有困难的，因为"可柜者，湖高于河，不可柜者，湖高于河故也"②。故以后逐渐将运东地势较高的各湖设为水柜，"柜以蓄泉"，运西地势较低的各湖设为"水壑"（滞洪区），并设斗门，"门以泄涨"③。据《明史·河渠志三·运河》记载，会通沿运有南旺、马踏、蜀山、苏鲁、马场、南阳、独山、昭阳、赤山、微山、吕孟和张王诸湖名。这些湖泊原是黄河冲积扇和鲁中山地西麓山前冲积扇两个相向斜面交界处的低洼地，由长期沥水积聚集而成。由于大汶河三角洲的伸展，将湖泊群分成两个部分：济宁以北的北五湖和济宁以南的南四湖。北五湖主要作为运河的水柜，以供应济宁以北运河所需；南四湖则作为运河的水壑，以受运河多余之水。但是其中微山湖，则为"江南邳、宿一带运河，水势全赖微山湖抱注，始能浮送，为两省第一要紧水柜"④，自从明万历年间开凿泇河以后，作为泇河的主要水源。

济宁以北的安山、南旺、马踏、蜀山和马场五湖，其主要作用是接济济宁以北的运河，是济宁以北运河的主要水源⑤。但是这些湖泊的水源本来就不丰富，又加上来水的汶水含沙量很高，日长时久，湖底受到来水所带泥沙的淤积，滩地涸露，后经周围人为垦殖，湖区水面逐渐缩小，随着来水减微，最后为农田所围，渐成平陆。清雍正元年（1723 年）河道总督齐苏勒说得很清楚："东省湖淀可以蓄水济运者，在汶上则有南旺、马踏、蜀山等湖，在东平则有安山湖，在济宁则有马场湖，在鱼台则有南阳、昭阳、独山等湖，在滕、峄二县，则有微山、郗山等湖，水长则引河水入湖，水涸则引湖入漕，随时收蓄，以济运河之浅，古人名曰水柜是也。查昭阳湖，因昔年黄河水淤，积为肥土，尽为豪户占种，虽借升斗虚名，实夺河漕大利，而安山、南旺等湖，原有堤界，近因附近居民，觊觎湖地，私种开垦，与昭阳无异，致湖乾水少，见今一望皆为禾黍之场。"⑥ 这就是明清时期沿运湖泊淤废的原因。以下分别叙述各湖淤废的概况。

安山湖位于东平州西南，北临漕河，原系元末梁山泊湖水下移至安山以洼地形成的，明永乐初复治会通河后定为水柜，开始不过是一片天然洼地，并未采取任何措施。

---

① 《行水金鉴》卷一一六引《北河续纪》嘉靖中河道都御史王廷奏。

② ［明］万恭：《治水筌蹄》卷二《运河》。

③ 《明史》卷八五《河渠志三·运河上》："又于汶上、东平、济宁、沛县并湖地设水柜、陡门。在漕河西者曰水柜，东者曰陡门，柜以蓄泉，门以泄涨。"其言正相反。东者地势高于运河，何能泄涨？

④ 水利水电科学研究院：《清代淮河流域洪涝档案史料》，467 页，中华书局，1988 年。

⑤ 《治水筌蹄》卷二《运河》："诸闸漕以汶为主，而以诸湖辅之。若蜀山、马踏、南旺、安山、沙湾诸湖，皆辅汶北流者也；独山、微山、昭阳、吕孟诸湖，皆辅汶南流者也。"

⑥ 《续行水金鉴》卷七三《硃批谕旨》雍正元年七月齐苏勒等奏。

且湖区"形如盆碟，高下不甚相悬，水积于中，原无堤岸，东南风急，则流入西北燥地，西北风急，则流入东南燥地，未及济运，消耗过半"①。直至正统三年（1438年）才开始建闸蓄水。初未经实勘，泛称"萦回百余里"，至弘治十三年（1500年）踏勘四界，周围实80里余，才立界碑，栽植柳株②。以后由于黄河的多次决入，大量泥沙进入湖区，湖边出更大片滩地，地方官吏为了增加赋税，竟然"许民佃种"，于是没有多久，"百里湖地尽成麦田"。嘉靖六年（1527年）在湖中心水域周围筑堤，仅十余里③。隆庆四年（1570年）时明廷为了补充河工的银两，竟然决定将济汶以北各湖，因"地皆膏沃之土壤，宜募民田，作每亩亩徵银四分，输之工所"④。湖区于是日益缩小。至万历三年（1575年）再次丈量时，安山湖区2/3已被垦为农田，"满湖成田，禾黍相望"①。崇祯时安山湖已"尽为平陆"⑤。清顺治年间河决荆隆口，东北泛张秋，安山湖又被淤上了一层河泥⑥。雍正年间曾想复安山湖为水柜，因测得湖底低于运河，不再可能放水入运，又无泉源灌注，遂于乾隆十四年（1749年）定认垦科，"湖内遂无隙地矣"⑦。

南旺湖在汶上县西南，初置为水柜时，周围150里，运河贯其中，湖区由运河堤和汶水堤，分割为三部分：运西称南旺西湖，周围93里，运东由汶水堤分为南北两部分：堤北部分称马踏湖，周43里，堤南部分称蜀山湖，周65里⑧。三湖中，"惟蜀山、马踏在漕岸之东，可称水柜；南旺西湖及安山湖在漕岸之西，但称水壑，不可称水柜"⑥。蜀山湖是汶河来源首先蓄积之处，"较他湖为最紧要"⑨，需要经常保持相当的水量。清时规定伏秋时蜀山湖必得蓄水至九尺七八寸，才能敷全漕之用⑩。而南旺西湖因地势低于运河，不能济运，只能起"水壑"的作用，运河水涨，"主于泄以备涝"⑪。水过盛时则由忙生闸出广运闸，走牛头河（今赵王河）接济鱼台以下的运河⑫。以后湖堤失修，清初几十年内，湖西北宋家洼数千百顷土地皆被水淹，汪洋一片，"无一可施犁锄之地"⑬。

南旺三湖水源主要来自汶水，而汶水含沙量很高，每年暴雨季节带来大量泥沙进入湖区后，迅速沉淀，湖边露出的滩地很快被周边民众所垦占。明清两代曾规定：南旺湖每两年大挑一次，每年小挑一次⑭；并三令五申禁民佃种，然垦殖仍不断进行。嘉靖年间，马踏湖、蜀山湖"率皆侵占耕稼其上"⑮。万历年间查勘时，南旺西湖1/4已成民

① 《河防一览》卷一四常居敬《请复湖地疏》。
② ［明］王琼《漕河图志》卷一《漕河建置》、《问水集》卷二《闸河诸湖》。
③ 《问水集》卷二《闸河诸湖》。
④ 《行水金鉴》卷一一八《明穆宗实录》隆庆四年五月乙酉翁大立奏。
⑤ 《行水金鉴》卷一三二《崇祯长编》崇祯十四年。
⑥ 《行水金鉴》卷一四五《山东全河备考》。
⑦ 俞正燮：《会通河水道记》，载《小方壶斋舆地丛钞》第四帙。
⑧ 万历《汶上县志》卷二。万历《兖州府志》卷一八《山川》："蜀山湖在（汶上）县南三十五里，运河之东蜀山下，阔步三十余里，与南旺东西相对，即南旺东湖。"万历《兖州府志》卷一八《山川》："马踏湖在（汶上）县西南三十里，汶河堤北运河岸东，每夏秋山水泛涨汇此湖，弥漫四十五里经弘仁桥入会通河。"
⑨ 《居济一得》卷二蜀山湖。
⑩ 《山东运河备览》卷五蜀山湖。
⑪ 《行水金鉴》卷一三二《崇祯长编》崇祯十四年八月甲辰张国维奏。
⑫ 《问水集》卷二《闸河诸湖》。
⑬ ［清］张伯行：《居济一得》卷五东省湖闸情形。
⑭ 《明会典》卷一九七、《行水金鉴》卷一三三《大清会典》。
⑮ 《问水集》卷二《闸河诸湖》。

田，蜀山湖为民田者 1/9，而马踏湖均为官民所垦，"可柜者无几"①。到了万历十七年（1589 年）时，明廷已不得不承认湖区已大量被开垦的事实，为了避免湖区进一步淤废，下令在南旺等湖中心筑一束水小堤，堤内永作水柜，堤外作为湖田，听民耕种②。这样一来，湖田开垦加速，清初在湖区内涨出的滩地，"汶（上）、钜（野）、嘉（祥）之私垦者，不下数百顷矣"。私垦者为了避免已垦出的农田被水所淹，"将十二斗门尽行堵闭，汶河之水，虽值大发之时，涓滴不得入湖，湖虽未废，其实已经久废矣"。所以乾隆年间提出"复南旺湖"之议③。

其中唯蜀山湖被开垦的速度最慢，因为蜀山湖是运东水柜，"冬月挑河时，将汶河之水，尽收入湖，以备春夏之用，较他湖为最紧要"。康熙年时，周围仍有 65 里 120 步，计地 1890 余顷，除宋尚书祭田野 20 顷外，并高亢地 8 顷 53 亩，令民耕种外，其余 1869 顷 46 亩 2 分均为蓄水区。

总之，南旺三湖淤废的速度不如安山湖，这是因为其在漕河水源供应上的重要地位所决定的，如无南旺，"则会通河虽开亦枯渎耳"。然而因"迩年以来，河沙壅而吏职旷，于是有埋塞之患；水土平而利孔开，于是有冒耕之患；私艺成而官防碍，于是有盗决之患。三患生而湖渐废"④。当清末漕运停止，南旺西湖和马踏湖全废为农田，仅蜀山湖保留至今，新中国成立后曾培修南旺湖西堤作为滞洪之用。

北五湖中最南的是济宁城南的马场湖，原为济宁城西南沿运的一片洼地，后为汶泗二水通过洸河、府河所汇注，形成任湖（马场湖前身，因济宁古称任城而名）。明时还承受蜀山湖由冯家坝分泄来的余水，湖紧连运河，为重要蓄水库，嘉靖年间筑堤周围有 60 里，沿堤植柳，以备运河蓄泄⑤。还立有禁碑，"军民不得占种"⑥。万历年间马场湖有一片高亢从不上水田 93 顷，地方政府当鱼台、滕县被淹时，曾令人耕种这片土地，以补鱼、滕二县之粮。以后冯家坝被堵闭，府河淤浅，马场湖来水减速少，湖区淤浅，清代以来，"官役河棍，羡慕马场湖地肥美"，有意不浚府河，使泗水由府河入马场湖水量不及原来的 1/10，湖区尽成民田⑦。至清末放垦，全湖 500 余顷中 300 余顷归湖田局管理，泗水尽由鲁桥闸入运，加重了济宁以南地区的水患⑧。

以上内容说明，北五湖虽然最早定位是作为会通河蓄积水库，以便在漕船通过时保证运河有足够的水量。但事实上由于自然和社会的原因，这些水柜所能蓄积的水量，因湖泊的缩小和淤浅日益减少，最终没有达到原先预制的目标。所以明清两代会通河的水源问题始终没有得到理想的解决。

---

① 《治水筌蹄》卷二《运河》。
② 《行水金鉴》卷一四六《山东全河备考》。
③ ［清］张伯行：《居济一得》卷二南旺湖
④ 《泉河史》卷四《河渠志》。
⑤ 《问水集》卷二《闸河诸湖》："马场湖与运河相通，运河水积盈则泄入湖，而湖广几二十里，运河安得免浅涸邪！十四年冬委属役夫为筑堤六十里，内外各植柳以护之，更置减水五闸，运河之水易盈，湖之水蓄泄有备焉。"
⑥ ［清］张伯行：《居济一得》卷二马场湖引《济宁州志》。
⑦ ［清］张伯行：《居济一得》卷一金口闸。
⑧ 民国《济宁县志》疆域略。

4. 水源分配问题

南北分水地点的重新选择——从济宁分水到南旺分水。山东运河的地形条件是两端低，中间高，水源条件也南北不同。济宁以南的运河有泗、沂等水作为主要水源，水量比较丰富，足以通运；而济宁以北只有汶水及诸泉为源，水量不足以载运，因此虽然在大力疏浚泉源，设立水柜后，还有一个南北水源合理分配问题。

元代开济州河后，分水的地点选择在济宁城南，这是因为元初设计引汶会泗水源工程时，只是因袭了前人（十六国时引洸会泗）的引水路线，没有考虑到济宁以北的南旺地区地势比济宁更高，漕船"每至此而舟胶焉"①。"北高而南下，故水之往北也易，而往北也是难"，故元代分水未能成功。明代在戴村筑坝，引汶至南旺分水，南旺为南北水脊，分水地点较济宁为优。于是"至南旺中分，分之为二道，南流接徐沛十之四，北流达临清十之六。南旺者地势高，决其水，南北皆注，所谓水脊也。又相地置闸，以时蓄泄。自分水北至临清，地降九十尺，置闸十有七，而达于卫；南至沽头，地降百十有六尺，闸二十有一，而达于淮②。又根据南北水源多寡的条件，规定水源七分向北，三分向南③；或作六分向北，四分向南④。即便这样，南旺以北仍有缺水之患。可是到了清初，"不知始自何年，竟七分往南，三分向北"⑤。原因是南旺分水口以北一段运河泥沙淤积过深，"遂遏北行之水，尽归南下"⑥。结果雨涝之年，济宁、鱼台、沛县一带农田被淹，而东昌（今聊城）一带在大旱之年，在在浅阻⑦。清康熙四十二年（1703 年）补授山东济宁道兼理河事的张伯行在其所著《居济一得》中提出，必须恢复"南三北七"⑧。不知何故以后又恢复到"三北七南"。直至新中国成立后，新京杭大运河开挖前，仍"三北七南"⑨，造成鲁南地区的水灾不断。由此可见，山东运河分水问题始终未能尽善解决的。

（四）江淮运河的水源问题

江淮运河是指春秋以来，沟通淮安和扬州的邗沟，隋唐的山阳渎、邗沟、官河，宋代的淮南运河，明清的淮扬运河等，地势是南高北低，水源是南引江水，北流经高（邮）、宝（应）地区的湖泊群，折东北经射阳地区，北入淮河。此地河湖密布，似乎应该没有水

---

① 万历《汶上县志》卷一方域："按南旺，会通河之脊也。元人遏汶奉符以达任城，每至此而舟胶焉。"
② 《行水金鉴》卷一〇六引《明史稿宋礼传》。
③ 《泉河史》卷三《泉源志》："初，尚书宋公坝戴村，浚源，穿渠百里，南注之达于南旺，以其七比会漳卫而捷于天津，以其三南流会河淮。"
④ 《明史》卷一五三《宋礼传》："礼以会通之源，必资汶水。乃用汶上老人白英策，筑堽城及戴村坝，横亘五里，遏汶流，使无南入洸而北归海。汇诸泉之水，尽出汶上，至南旺，中分之为二道，南流接徐、沛者十之四，北流达临清者十之六。"
⑤ ［清］张伯行：《居济一得》卷一《运河总论》。
⑥ 民国《济宁县志》卷一《疆域略》。
⑦ ［清］张伯行：《居济一得》卷二南旺大挑。
⑧ ［清］张伯行：《居济一得》卷三《分水口上建闸》。
⑨ 民国《济宁县志》卷一山川篇："今之汶水南流者竟至十之七八，嫁祸于南，无岁不灾。"济宁地区水利局 1978 年 9 月 28 日来函告知：解放后开挖旧河前，汶水至南旺仍"三北七南"。

源问题，然事实并非如此。唐代东南漕粮北运，先集结于扬州，由扬州经邗沟北上，运至两京。但是，邗沟南端以江水为源，在枯水季节，江水过低，无法引入，往往断航，而其时又是漕运旺季，因而经常影响漕运。正如裴耀卿所言："窃见每州所送租及庸调等，本州正二月上道，至扬州入斗门，即逢水浅，已有阻碍，须留一月已上。"[1] 为了解决这一矛盾，唐初贞观十八年（公元 644 年），曾引扬州东 10 里的雷塘水补充运河水源。贞元四年（公元 788 年）又在扬州城西筑爱敬陂为水柜，引渠以补枯冰期水源的不足。宝历二年（公元 826 年）"漕渠浅，输不及期。盐铁使王播自七里港引渠，东注官河，以便漕运"[2]。《新唐书·食货志》："扬州疏太子港、陈登塘，凡三十四陂，以益漕河，辄复堙塞。淮南节度使杜亚乃濬渠蜀岗，疏句城湖、爱敬陂，起堤贯城，以通大舟。"但结果仍是"河益庳，水下走淮，夏则舟不得前"[3]。元和中，李吉甫任淮南节度使，先筑富人、固本二塘，溉田万顷，但最后也因"漕渠庳下，不能居水"。于是，改在运东低洼处筑堤，号平津堰，以"防不足，泄有余"[4]。平津堰约位于今高邮邵伯湖一带，目的是节水通流，这是邗沟有堰的开始。此后，扬州段运河的水源一直困扰着当地政府，时通时塞。宋代以后，淮南运河又移至仪征，明清后又还扬州瓜洲运口，主要都是水源问题引起的。

（五）江南运河的水源问题

江南运河地处长江三角洲地区，河湖众多，水网密布，按理不存在水源问题，然而事实也并非如此。从镇江至杭州的江南运河，按其自然条件，大致可分为：镇江至无锡为北段，无锡至嘉兴为中段，嘉兴至杭州为南段。中段地处太湖流域，河湖密布，水系发达，水源没有问题。而北段和南段运河水源多取之于江潮，所以都存在水源问题。

1. 北段运河水源主要取给于江潮

江南运河北段即"镇江丹徒、丹阳二县运河，为江浙漕运经由要道，水无来源，惟赖江潮灌注浮送，祇因潮汐挟沙而行，退则水缓沙停，兼之两岸陡立，土性松浮，一经雨水，便坍卸入河，不无淤垫。是以冬令潮枯水落，即有浅涩。岁初重运经临，难免阻碍"[5]。这就是江南运河北段水源的基本情况。由于江潮来速去缓，而北段所处地势高亢，自西北向东南倾斜，河床坡度较大，所谓"京口闸底与虎丘塔顶平"，故而"常州以西，地势高仰，水浅易泄，盈涸不恒，时浚时壅"[6]。明人指出："江水泛涨，由京口闸入镇江，河身迤逦夹冈，其势昂，丹徒高于丹阳，丹阳又高于武进，以次而低，水势下流，有若建瓴，易泄易涸，南去数百皆无水源，而冬春反成陆地矣。"[7] 河水易泄难

---

① 《旧唐书》卷四九《食货志下》。
② 《新唐书》卷四一《地理志五》淮南道扬州江都县。
③ 《新唐书》卷五三《食货志三》。
④ 《新唐书》卷一四六《李吉甫传》。
⑤ 《续行水金鉴》卷九六《南河成案》乾隆三十五年十二月二十二日高晋奏。
⑥ 《明史》卷八六《河渠志四·运河下》。
⑦ 嘉庆《练湖志》卷三《奏章》：崇祯四年，饶京《复湖济漕疏》。

蓄，江潮带来的泥沙又易停滞于河口，所以自唐以来即于河口置京口埭，控制潮水进退①。两宋时在今镇江市北运河北口置京口闸，在丹徒镇北置丹徒闸，两闸引江潮入运以为水源。明张国维《吴中水利书》说："运河之水原系江潮，从京口、丹徒二闸而来，若江水涸时，则二闸之水不至，而运河不通。"所以宋代京口段运河屡浚屡塞，至元初一经失修，河口即告淤废。宋代在京口、丹徒二闸以东，还有谏壁、孟渎等港同样起着引潮济运的作用。但这些港口都在京口港之东，更近长江口，潮水都比京口港先至，潮水至时，水面高出运河水面，并因这些河港皆垂直进入运河，潮水进入运河后，往往会南北分流，北流潮水与京口潮相遇，相互顶托，泥沙更易于淤积。

引江潮为源常有江沙淤塞之患，故闸不敢常开，于是自镇江至常州一段运河因乏水源常有淤浅之患。《宋史·河渠志·东南诸水下》记载，宣和五年（1123 年）时，镇江至吕城段运河，因水源浅涩，靠车水济运。南宋乾道五年（1169 年）楼钥北使，次年返回，行至镇江运河段时云："以水涩，良久方抵丹阳。"② 同年周必大经镇江运河时，"候晚乘潮方能入闸，未至第三闸遇浅而止。已卯，早入第三闸而连夕大雨水涨，里闸不开遂止焉"③。由此可见，镇江至常州段运河水源涸涩，严重影响航运。为此不得不采取补充水源的办法：一是修浚数条通江支渠引江潮以通运；二是在运河南岸引太湖西北部水入运济漕，较大的有两条，一为白鹤溪④，一为西蠡河⑤。采取此两措施后，按理水源情况有所改善，然事实并不理想。嘉泰元年（1201 年）常州刺史李珏说出了缘由，他说，州境北边扬子大江，南频太湖，东连震泽，西据涌湖，而漕渠介乎其间。漕渠南岸有白鹤溪、西蠡河、南戚氏、北戚氏、直湖港等与涌、洮二湖相通；北岸有利浦、孟渎、烈塘、横河、五泻诸港与大江相通；其间"又自为支沟断汊，曲绕参错，不以数计，水利之源多於他郡，而常苦易旱之患，何者？"他认为原因有二：一是河床岁久浅淤，"自河岸至底，其深不满四五尺，常年春雨连绵，江潮泛涨之时，河流忽盈骤减，连岁雨泽愆阙，江潮退缩，渠形尤亢，间虽得雨，水无所受，旋即走泄，南入于湖，北归大江，东径注于吴江，晴未旬日，又复乾涸，此其易旱一也"；二是运河两旁通湖、通江的支渠，"日为沙土淤涨，遇潮高水泛之时，尚可通行舟楫，若值小汐久晴，则俱不能通应，自余支沟别港，皆已堙塞，故虽有江潮之侵，不见其利，此其易旱二也"⑥。当时常州东北的深港、利港、黄田港、夏港、五斗港，其西的鼋子港、孟渎、泰伯港、烈塘，江阴东面的赵港、沙港、石头港、陈港、蔡港、私港、令节港等支港，先后皆遭堙塞。运河两旁支渠的淤塞，大大减弱了运河水源的来源，河床的淤塞更为加速⑦。

两宋时期江南运河北段的水源主要还是依靠京口闸取水江潮，故两宋时期曾对京口闸进行多次修筑，京口闸和河口段的情况当有所好转，但是由于自然条件没有根本改

---

① 《新唐书》卷四一《地理志五》润州丹徒县。

② ［宋］楼钥：《北行日录》，《攻媿集》卷一一一。

③ 《周益国文忠公集》卷一七〇杂著述卷八《奏事录》。

④ 《宋史》卷九七《河渠志七·东南诸水下》："在（常）州之西南曰白鹤溪，自金坛县洮湖而下，今浅狭特七十余里，若用工疏治，则漕渠一带无乾涸之患。"

⑤ 《宋史》卷九七《河渠志七·东南诸水下》：常州"其南曰西蠡河，自宜兴太湖而下，止开浚二十余里，若更令深远，则太湖水来，漕渠一百七十余里，可免浚治之扰。"

⑥ 《宋史》卷九七《河渠志七·东南诸水下》。

⑦ 《宋史》卷九七《河渠志七·东南诸水下》淳熙九年知常州章冲奏。

变，一旦维修工作没有做好，淤废还是难免的。到了元代至元初，因兴海运，京口五闸皆因久不修浚而告圮废。直至天历二年（1329年）始复京口闸①。明代各朝对京口闸皆有疏濬②。但是淤塞还是屡年不断。万历五年（1577年）因京口段运河水源缺乏，八月在京口旁别建一闸，引江流内注，"潮涨则开，缩则闭，可免涸辙之患"③。同时又修浚甘露港以便回舟停泊。

清代初年京口闸也"因年久倾废"，不能启闭以时了。"是潮之进也，因任其进，而潮之退也，亦任其退"④，也完全失去了原有的作用。以后雍正、乾隆年间都曾多次挑浚，且规模也相当大。然而随浚随淤，其势已无可挽回。例如，光绪六年（1880年）一次拆修京口大闸，从四月开工，至次年四月工竣，实足搞了一年，拨用了"樂生洲租八千八百六十七千有奇"⑤，结果没有维持多久。到了1933年因京口闸久淤，干脆填塞了京口闸河，铺筑了马路名中山路，又名运河路，自后京口遂废。

综上所述，可知由于本段运河水源主要取自于江潮，河口淤塞给运河带来了致命的困难，就是水源缺乏，再兼之其他地貌条件的决定，河身淤浅是势所必然的了。即使水源的困难在某个时期得到了一定的解决，也因河床坡度过陡，很快下泄，运河内浅涸依旧。每逢冬春枯水季节，外无江潮可入，内无支流可济，"运舟鳞集，停阁不前"⑥。航运也只能处于停顿状态。

江南运河北段引江潮为源，既然问题不少，于是就有利用练湖作为补充水源的举措。据文献记载，练湖开始出现晋代⑦，在丹阳县北，紧靠运河西北，地势自北向南倾斜，是很理想的运河调节水库。原先主要还是用于灌溉农田，到唐时才有补充运河水源的作用。唐永泰以前，沿湖豪强占湖为田，在练塘中筑堤14里，将练湖横截分为上下两湖，阻碍练湖水流畅通，"其湖未被隔断已前，每正春夏雨水涨满，侧近百姓引溉田苗，官河水干浅，又得湖水灌注，租庸转运及商旅往来，免用牛牵，若霖雨泛滥，即开渎泄水，通流入江。自被筑堤以来，湖中地窄，无处贮水，横堤壅碍，不得北流，秋夏雨多即向南奔注，丹阳、延陵、金坛等县良田八九千顷，常被淹没，稍遇亢阳，近湖田苗无水溉灌，所利一百一十五顷，损三县百姓之地"。永泰二年（公元766年）刺史韦损重浚练湖，并在上下二湖置斗门、石（砝），调节湖水，"依旧涨水为湖，官河又得通流"⑧。这样练湖对运河水量的调节较前更为重要，有所谓"湖水放一寸，河水涨一尺。旱可引灌溉，涝不致奔冲。其膏田几逾万顷"⑨。唐末兵乱，"民残湖废，斗门圮毁"。

---

① 《至顺镇江志》卷二京口闸条："達鲁花赤明里答失言：京口舊闸久廢，江皋一里，皆成淤塞。閘東又作土壩，以蓄河水，江潮雖漲，阻隔不通，莫若开掘淤沙，撤去土壩，仍于港置閘，以时啓閉爲便。"

② 《明史》卷八六《河渠志四·运河下》。

③ 《明神宗实录》卷六六万历五年闰八月壬辰。

④ 《江苏水利全书》卷一八引《乾隆镇江府志》。

⑤ 《光绪续纂江苏浙江省旱全案·工役财用表》。

⑥ 《练湖志》卷三明郭恩极《请复练湖并浚孟渎疏》。

⑦ 《嘉定镇江志》卷六："练湖，《水经注》曰晋陵郡之曲阿县下，晋陈敏引水为湖，周四十里，号曰曲阿后湖。《元和郡县图志》：练湖在县北百二十步，周回四十里。晋时陈敏为乱，据有江东务修耕织，令弟谐马林溪以溉云阳，亦谓之练塘。溉田数百顷。"

⑧ 《至顺镇江志》卷二丹阳县下：练湖横坝东西斗门、顺渎斗门，在上湖；南北斗门在下湖。唐时韦损置。

⑨ 《全唐文》卷八七一吕廷桢《复练塘奏状》。

南唐时修筑练湖斗门，引湖水以资灌溉附近农田，放湖水注运河，并云"自今岁秋后不雨，河道干枯，累放湖水灌注，便命商旅舟船往来，免役牛牵"①。

宋时练塘对运河水源补给作用更为重要，所谓"京口漕河自城中至奔牛堰一百四十里，皆无水源，仰给练湖"②。宋后期练湖"堤岸圯阙，不能贮水，强家因而专利，耕以为田，遂致淤淀，岁月既久，其害滋广"③。《嘉定镇江志》引蔡佑《杂记》："湖之作本缘运河，又有上湖在高仰处，京口诸山之南，水自马林桥下皆归练湖，湖之底高运河丈余，昔年遇岁旱运河浅，即开练湖斗门放水入湖。古有石记言：放湖水一寸，则运河水长一尺。近岁练湖浅淀，上湖皆为四近民田所侵，畜水不多，堤岸斗门多不修治，若遇旱则练湖不足以济运河夹冈之浅。"两宋时期练湖在开辟农田、灌溉、通航问题上的诸多矛盾较唐时更为尖锐，虽经绍圣、宣和、绍兴、乾道、淳熙、嘉泰、淳祐、景定等年屡浚，仍屡淤④。淳祐以后，练湖"又为流民侵占愈广，遂至湖水狭小湮塞者多"，当时练湖的石（砫）、石函、斗门全遭破坏，"风水洗湔，损坏泥塞，不通水流，""旧时湖水满而欲决，今上湖则赛裳可涉，下湖则如履平地"。上下练湖大部分被侵为田。因此景定（1260～1264年）中，知丹阳县赵必杖又一次大规模的修筑。综观宋代对练湖修筑，可谓不遗余力，然练湖反日益淤塞，容水量越来越小，对运河的调节作用远不如唐代。

元代练湖对运河的调节作用较前代更为重要，当时"镇江运河，全籍练湖之水为上源，官司漕运，供亿京师及商贾贩载，农民往来，其舟楫莫不由此"。但"豪势之家，於湖中筑堤，围田耕种，侵占既广，不足受水，遂致泛滥"⑤。元初练湖一度为"居民占租为田"，至至元三十一年（1294年）才浚田为湖，过了11年，大德九年（1305年）又一次大规模修治⑥。后又隔十多年至泰定元年（1324年）发动了1.35万余人浚治运河和练湖，增阔练湖堤岸土基1丈2尺增堤斜高2丈5尺，并设修练湖兵百人"差充专任，修筑湖岸"⑦。

明洪武年间因运河浅涩，曾在练湖堤东堤建二闸，引水济运⑧。永乐以后对练湖的修浚十分注意，正统、景泰时更是重视⑨。成化年间下令"敢有占湖田者，痛治如律"。嘉靖十五年（1536年）又重申禁侵湖为田之令⑩。万历元年贡生许汝愚上言："自丹阳至镇江，蓄为湖者三，曰练湖、曰焦子、曰杜墅，岁久居民侵种，焦杜二湖具涸，仅存练湖犹有侵者……请浚三湖故址。"后因焦杜二湖"无源少益"，没有疏浚。练湖虽经疏浚未几淤浅。万历年间监察御史郭思极《请复练湖并浚孟渎疏》指出："常州丹阳以至镇江，则见漕河浅涸，大异往时，运舟鳞集，停阁不前。盖由天时久旱，外无江潮可入，内无支流可济。虽竭尽挑浚之劳，末如之何？"于是他建议"请复练湖以永资蓄泄。盖江南漕河绵亘四百余里，其势北高而南下，自苏州以至常州，则地形最下，水得流

① 吕廷桢：《复练湖奏状》，《全唐文》卷八七一。
② 《嘉定镇江志》卷六引蔡佑杂记。
③ 《宋史》卷九七《河渠志七·东南诸水下》。
④ 《至顺镇江志》卷七。
⑤ 《元史》卷六五《河渠志二》练湖条，至治三年十二月江浙行省言。
⑥ 《至顺镇江志》卷七丹阳县练湖条。
⑦ 《元史》卷六五《河渠志二》练湖条。
⑧ 《明史》卷八六《河渠志四·运河下》。
⑨ 《光绪丹阳县志》艺文载张存《重修练湖碑记》。
⑩ 嘉庆《练湖志》卷二兴修。

通，虽遇岁旱，不至甚涸。虽奔牛、吕城建有石闸二座，以时启闭，蓄水以待运船，然而仰藉蓄水以济运者，实有丹阳之练湖为之源也"①。但是由于"傍湖民又私开函洞，张网其间，而利於取鱼也。彼皆仍相视而为己有。虽尝有建议请复者，而怵于谤读言，因循中止，年涸一年至今且扬尘矣。……臣愚以为佃湖租税之入，为利甚微，漕河蓄泄无赖，为害甚大，理当请复无疑矣"。崇祯四年（1631年）监察御史饶京特别指出："丹阳之练湖，无异于汶上之南旺，东平之安山，济宁之马场，沛县之昭阳等湖。是天下无水处生此湖以贮水济运，非等閒也。"① 当时练湖淤浅最严重是在万历年间，主要是因为练湖是一积水洼地，正如林应训言"盖练湖无源，惟籍潴蓄，增堤启闸，水常有余，然后可以济运"②。练湖湖身较浅，由长山、高骊诸山冲积下来的有机物质沉淀下来，加上水生植物使湖泥腐殖质成分很高，土壤十分肥沃，沿湖滩地被垦殖后，收成很高，再则沿湖居民捕鱼放水，加速湖面淤浅，逐渐沼泽化，对运河的调节作用少了。原来常年"粮船皆于冬春起运"，以后由于运河冬春水浅，"万历年间漕船移为夏秋之运，江潮盛来，不苦无水，两湖弃为空旷之地，变为桑田上下湖之石闸，与奔牛、吕城、京口之石闸，俱成颓败矣"②。到了清初顺治年间，"侵田者多至九千余亩"③。后官方虽力禁侵占，然康熙十三年（1674年）前后侵占湖田"共至六千五百余亩"，"几废练湖，以致湖傍田地，并绝灌溉之利"④。康熙十九年（1680年）干脆定以上练湖改田升科，下练湖留资蓄水。未几侵及于下湖，不久下湖一万一千余亩，被垦已七千余亩。而湖闸久废，湖惟水弗能蓄，於是下湖仅存四千余亩亦被私垦了⑤。嘉庆、道光年间仍屡加浚治，但淤塞趋势已定，无法挽回了（图13.23）。

2. 江南运河南段的水源，开始主要取自于钱塘江

钱塘江是潮汐性河流，海潮直抵杭州城下，引潮同时带来大泥沙，堵塞运口。以后由于钱塘江北岸沙滩外涨，来潮减弱，影响了运河的水源。唐代白居易为杭州刺史时，就曾引用西湖水入运河，沟通了运河与西湖的关系，促进了杭州城市的发展⑥。但是西湖水源毕竟有限，难以满足运河所需的水量，于是仍需江潮的补充。故五越钱镠时在运河入钱塘江口置龙山、浙江两闸，龙山闸在今白塔岭下龙山河口，浙江闸在今南星桥萧公桥墩南面，以控制海潮泥沙进入运河②。北宋时期龙山、浙江两闸因受钱塘江潮泥沙淤塞，而西湖已"湮塞其半"，运河水源告急。元祐五年（1090年）知杭州苏轼提出西湖五不可废，其一即"西湖深阔，则运河可以取足于湖水，若湖水不足，则必取足于江潮。潮之所过，泥沙浑浊，一石五斗，不出三岁，辄调兵夫十余万开浚。此西湖之不可废也"。又兴役疏浚龙山、浙江二闸和茆山、盐桥二河，自是"公私舟船通利，三十年来以来，开河未有若此深快者"。"但潮水日至，淤塞犹昔，则三五年间，前功复弃"⑦。

① 嘉庆《练湖志》卷三奏章。
② 嘉庆《练湖志》卷三崇祯四年饶京《复湖济漕疏》。
③ 嘉庆《练湖志》卷三秦世桢《请复湖疏》。
④ 嘉庆《练湖志》卷三马祐《请复湖疏》。
⑤ 《光绪丹阳县志》卷三三贺宽《湖心亭圣恩碑记》。
⑥ 陈述主编：《杭州运河历史研究》，杭州出版社，2006年。
⑦ 《淳祐临安志》卷一〇《山川》西湖条。

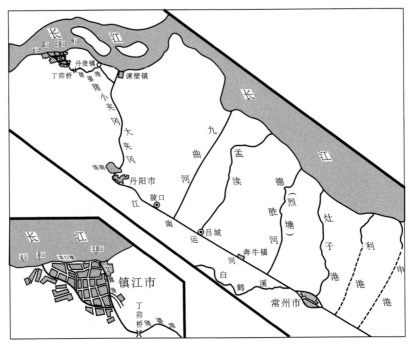

图 13.23　江南运河北口变迁图

但是西湖在南宋"日就堙塞，昔之水面，半为葑田，霖潦之际，无所潴蓄，流溢害田，而旱干之月，湖自减涸，不能复及运河"。而引用浙江潮的运口置有浙江、龙山两闸控制潮水泥沙，然"日纳潮水沙泥浑浊，一汛一淤，积日稍久，便及四五尺"，每三五年必需开浚一次，劳役繁重①。故宋代始终为运河南段水源问题煞费苦心，而不得妥然解决。元时运河口"沙涂壅涨，潮水远去，离北岸十五里，舟楫不能到岸，商旅往来，募夫搬运十七八里，使诸物翔涌，生民所失，递运官物，甚为烦扰"。于是又重开龙山闸河②。但因泥沙堆积，河高江低，诸河浚而不深，加上河口又有堰闸限潮，海潮难以入河，水源悉以西湖之水供给，而元代对西湖不事整治，湖西一带葑草蔓延，如同野陂，受其影响，城内河道仅深三尺，不及宋代一半，以致舟楫之利，非两宋可比③。明代前期虽曾多次疏浚龙山闸和运河，但不久即淤塞，后改闸为土坝。至明后期运河已不通钱塘江，船只进出需用翻坝而过。清代南段运河水源以西湖为主。直至新中国成立后，才重新开河与钱塘江沟通。由此可见，历代以来江南运河南段之水源始终为一大难题。

二、运河沿线的地貌条件

上文已述，历史上的运河大都为弥补东西流向河道的不足而开凿的，而各大河流下游都有着自己大小不同的自然堤、冲积扇或冲积平原，如在我国东部平原上就有永定河

① 《咸淳临安志》卷三五《山川十四·河》。
② 《元史》卷六五《河渠志二·龙山河道》。
③ 陈述主编：《杭州运河历史研究》，111 页，杭州出版社，2006 年。

冲积扇、滹沱河冲积扇、漳河冲积扇、黄河下游冲积平原、淮河冲积扇、长江中下游冲积平原等，同时平原东部还有今山东境内汶泗冲积扇镶嵌其间。由于各河流含沙量不同，冲积扇和自然堤的厚度、宽度也各不相同。这种不同厚度和宽度的冲积扇和自然堤的相互交叠，使平原地貌自北而南呈现着连绵的微度起伏，而纵贯南北的大运河必须沟通这些冲积扇和自然堤，因此运河河道的河床也是随之有高差，起伏不平。今以京杭运河为例，据今人考察，京杭运河地经我国黄淮海平原东部边缘地带及长江三角洲的里下河地区、太湖流域两大碟形洼地。沿运地势具有三起三伏的特点，起伏高差一般为20～40m。第一段降落段为从北京至天津的通惠河段，第二起伏段为临清至徐州会通河段，第三降落段为从长江至崇德，从崇德至杭州河床又略隆起（图13.24）。

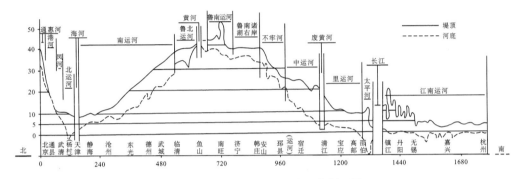

图 13.24　京杭大运河沿线地势剖面图

这样的地貌条件给人工运河的开凿和通运，带来了很大的困难。这种困难表现为：一是运河河道的设计要求很高，不仅是开凿一条人工河道，还需要修建适应这种地貌条件的一系列工程，使船只在高低起伏河床上可以运行。因此开凿工程巨大，耗费不赀。二是长期维持运河河道系列工程的正常运行，是十分艰巨的管理和维护工作。这需要历代王朝维持正常、稳定的政治局面，定期加以修治和维护。但是历代王朝均有治有乱，国家财政有富有贫，稍有懈怠，就会影响整条运河的通航。因此，运河沿线所处的地貌条件及其经历的历史背景，决定了运河的时通时塞，最后趋于淤废的历史命运。今举数例说明之。

1. 通惠河

从金代的金口河到元代的通惠河，虽然水源有所不同，但河道基本径流是相同的，都是从北京城西北发源，绕经北京城，东流至通州入白河（今北运河）。金口河引卢沟河为水源，来水不稳有暴起暴落的特点，且泥沙量高，故最后失败。元代通惠河引昌平白浮泉水，水源应该比较稳定，但是运河所经为永定河冲积扇，地势从西北向东南倾斜，水流湍急，从昌平至北京城"地势高下，冲击为患"[1]，"水势陡峻，直达艰难"[2]。

①　[明]汪一中：《通惠河志叙》，刊明吴仲《通惠河志》第1页，中国书店1992年标点本。
②　[明]吴仲：《通惠河志》卷上《通惠河考略》，中国书店1992年标点本。

所以元代建成后，建闸24座分段控制水流，节水通流①，否则一冲而下，漕船无法逆水而上。以后又重开金口河，结果还是"因流湍势急，沙泥壅塞，船不可行"②。明初通惠河已废。永乐年间曾重开通惠河，因运河只能通至城外大通桥，故名为大通河。但"大通桥至白河仅四十里，其地形高下相去陆丈有余"③。这样的地形条件，使河道"地势陡峻，土皆流沙"，"夏秋天雨，河流暴涨，堤岸河身不无冲决淤塞"，"冲决堤坝，势所必有"④，未几"河道淤塞"，"闸俱废，不复通舟"⑤。明一代曾多次疏浚，然通航最终不理想。主要是"水急岸狭，船不可泊，未几即耗，船退几不能全，遂不复行。正统七、八年亦尝挑浚，竟无成功。盖京师之地，西北高峻，自大通桥以下，视通州势如建瓴，而强为之，未免有害，非徒无益而已"。明人丘浚亦言："自通州陆挽至都城仅五十里耳，而元人所开之河总长一百六十四里，其间置闸坝凡二十处，所费盖亦不赀，今废坠已久。庆丰以东诸闸虽存，然河流淤浅，通运颇难"⑥。以后虽经多次疏浚，才勉强通航。清代前期曾沿明代规模多次疏浚，但嘉庆以后已多淤塞，当时从通州至北京多以陆运为主。

2. 灵渠

秦代开凿沟通湘、漓二水的灵渠，由于通过分水岭海阳山，南北地势高低悬殊，初开时即在发源于海阳山的海阳江上修筑了一道分水的铧嘴，将海阳江水劈分为二，一由南渠而合于漓，一由北渠而归于湘。这就是灵渠分为南北的由来。同时为减缓渠道的比降，有意将某些段落的渠道开凿得十分纡曲，因此运输十分困难。船只过渠，"虽篙工楫师，骈臂束立瞪眙而已"，"必徵十数户乃能济一艘"。唐代宝历初，给事中李渤重修灵渠工程，"遂铧其堤以扼旁流，陡其门以级直注，且使沂沿，不复稽涩"，就是筑堤、修斗门，以节水通流。然工程用材质量甚差，不久即湮圮。咸通九年（公元868年）桂州刺史鱼孟威重修灵渠，"其铧堤悉用钜石堆积，延至四十里，切禁其杂束篠也。其陡门悉用坚木排竖，增至十八重，切禁其间散材也。浚决碛砾，控引汪洋，防扼既定，渠遂沟涌，虽百斛大舸，一夫可涉"。以后灵渠称为陡河。到了宋朝嘉祐四年（1059年）由提点广西刑狱兼领河渠事李师中重修灵渠，将陡门增至36座。以后36斗门为常制，历代均按此标准修治。明万历年间广西巡按御史蔡系周说："惟桂林至全州，中以兴安县陡河，原有陡门三十六座，向系五年大修，三年小修。十余年来废弛弗举，舟楫艰通。遂致盐运坐守日月，所费不赀。"⑦ 直至清代末年还不断修筑，每次修筑都花费大量银两。1939年湘桂铁路通车后，灵渠的交通功能为现代交通工具所替代，主要起着灌溉周围农田作用。

① 《元史》卷六四《河渠志一·通惠河》。
② 《元史》卷六六《河渠志三·金口河》。
③ ［明］吴仲：《通惠河志》卷下《奏议》：《户部等衙门右侍郎等官臣王轼等谨题为计处国储以永图治安事》。
④ ［明］吴仲：《通惠河志》卷下《奏议》：《巡按直隶监察御史等官臣吴仲等谨题为计处国储以永图治安事》。
⑤ 《明史》卷八六《河渠志四·运河下》。
⑥ 《行水金鉴》卷一〇四引《小谷口荟蕞》。
⑦ ［唐］鱼孟威：《灵渠记》、［宋］李师中：《重修灵渠记》、《明神宗实录》卷一八八，均引见唐兆民编：《灵渠文献粹编》148、164页，中华书局，1982年。

3. 山东运河

山东运河全长约七八百里[1]。沿运地势是两端低中间高，以南今山东汶上县西南汶泗冲积扇的南旺地区为最高，称为"运河之脊"。运河河床自此向南北倾斜，漕船运行其间，必需分段设置船闸，抬高水位，控制水量，以时启闭，始能通运。此外，会通河水源"止泰山诸泉，自新泰、莱芜等县经流汶上，故曰汶河。虽以河名，而实诸泉之委汇也。然诸泉之水，浚则流，不浚则伏雨则盛，不雨则微。故汶河至南旺分流南北，则水势益小。非有闸座。以时蓄泄，则其涸可立待也"[2]。所以从元代开始在济州河和会通河上就修建了一系列船闸以通运，元代置闸29座。明代永乐以后，除修复旧闸外，还根据通航需要不断添置新闸。嘉靖以后在南阳新河、泇河都置有船闸，清代也有所增修，整条河道全部闸化了。

明清会通河船闸

(临清至徐州运道，谷亭闸以下为明嘉靖四十五年开南阳新河前运道)

会通闸—临清闸—南板闸—新开上闸（以上属临清州）—戴家湾闸（属清平县）—土桥闸—梁家乡闸—永通闸（以上属堂邑县）—通济闸—李海务闸—周家店闸（以上属聊城县）—七级下闸—七级上闸—阿城下闸—阿城上闸—荆门下闸—荆门上闸—戴家庙闸—安山闸—靳家口闸—袁口闸（以上属阳谷县）—开河闸—南旺下闸—南旺上闸（又名柳林闸）—寺前闸—通济闸（以上属汶上县）—分水闸—天井闸（又名会源闸）—在城闸—赵村闸—石佛闸—新店闸—黄楝林闸—仲家浅闸—师家庄闸—鲁桥闸—枣林闸（以上属济宁州）—南阳阳闸—谷亭闸—八里湾闸—孟阳泊闸（以上属鱼台县）—湖陵城闸—庙道口闸—金沟闸—沽头上闸—沽头中闸—沽头下闸—谢沟闸—新兴闸—黄家闸（以上属沛县）。

（资料出处：《元史河渠志》、《问水集》、《漕河图志》、《万历兖州府志》卷二〇《漕河》、《泉河史》卷四《河渠志》、《山东运河备览》卷三至卷七。）

明嘉靖四十五年南阳新河船闸[3]

南阳闸—利建闸—邢庄闸—珠海闸—杨庄闸—夏镇闸—满家桥闸—西柳庄闸—马家桥闸—留城闸—梁境闸—内华闸—古洪闸—镇口闸。

（资料出处：《泉河史》卷四《河渠志》、《读史方舆纪要》卷一二九《漕河》、《山东运河备览》卷四）

---

[1] 元济州河、会通河全长约870余里，明永乐年间修复会通河时部分河段有所缩短，自临清至徐州镇口闸全长690余里。嘉靖年间开南阳新河后，全长710里。万历年间开泇河后，从临清至泇河的台庄闸全长780余里。

[2] 《行水金鉴》卷一一六《北河续纪》嘉靖中河道都御史王廷奏。

[3] 万历《兖州府志》卷二〇《漕河》："嘉靖四十四年奏开新河。……按旧河自南阳越沛上中下沽头等处今淤平。新河自南阳越昭阳湖东经三河口夏镇至留城，前都御史盛应期开未成者，即此。四十五年新河成。初朱公衡庐于夏村，同河道都御史潘公季驯治之，凡役夫九万一千有奇，八余月河成，自南阳至留城创新河一百四十一里八十八步，自留城至境山浚复旧河五十三里，又以留城至境山系黄水故道，乃筑马家桥东堤五十余里为障御计。计九月堤成，黄水始得顺流南趋秦沟，至冬，飞云桥之流遂断，运道无阻。新建闸：珠梅闸、利建闸、杨庄闸、夏镇闸、满家桥闸、西柳庄闸、马家桥闸、留城闸。"

明清洳河船闸

夏镇闸—彭口闸（一名三河闸）—韩庄闸—德胜闸—六里石闸—张庄闸—万年闸—丁庙闸—顿庄闸—侯迁闸—台庄闸。

（资料出处：《山东运河备览》卷三）

从上文叙述，可知明清会通河在临清至徐州河段有闸50座，南阳新河上有闸9座，洳河上有闸11座。整个河道全部闸化，故又称闸河。船闸的设置，两闸之间的距离是很有讲究的，"夫闸近则积水易，而舟行无虞。闸远则积水难，而舟行不免浅阁留滞之患。若上闸地近而下闸地远，则其难其患尤甚矣。……盖上闸与下闸地里远近高下相当，则水势常盈，舟行自速"。例如，原先沛县的沽头上闸与其北的湖陵城闸之间相距60余里，"远近已悬绝矣。孟阳泊视胡陵城闸仅高四尺余，而胡陵城闸视沽头上闸乃高八尺余，则高下亦倍蓰矣。夫地高则水难盈，闸近则水易涸。是胡陵城闸每遇开放，仅能挽运舟数十，而闸口之水已浅涩矣。又安能下济六十余里之舟邪！"于是在胡陵城闸北二十里庙道口置闸，"俾胡陵城、沽头上下二闸之间，积水易盈"①。明清两代不断修复旧闸、添筑新闸，从局部而言，方便了漕船的通行，从全线而言，则增加了漕船通行的时间和难度（图13.25）。

在全线几十座船闸中，有几座是特别重要的。明人万恭说："其枢，在南旺，其机在柳林、寺前二闸。盖南旺地耸，制之，固形便势利也。汶平，则柳林、寺前复开，汶发，复闭，不言所利，大矣哉。"②清人张伯行说："山东一千余里之运道，其关键在于南旺，则南旺之所系，为最要也。"③例如，南旺湖中柳林闸是南运第一闸，最为关键。当时运河的水源是南有余而北不足，所以柳林闸常闭，如逢水源北有余而南不足，才开此闸以济南运。清初规定自柳林闸北上的粮船需积至200艘方可开放一次，过后即闭④。济宁城南的天井闸（一名会源闸）也是十分重要的船闸，"凡江浙、江西、两广、八闽、湖广、云南、贵州及江南直隶苏、松、常、镇、扬、淮、太平、宁国诸郡军卫有司，岁时贡赋之物道此闸趋京师，往来舟楫，日不下千百，则是闸为最切要也"⑤。在天井闸南一里的在城闸亦为"南运门户，最关紧要"。它的启闭根据南阳一带水量大小而定。南阳一带水大，则在城闸需积满120～130艘，方可启闸。例如，南阳一带水小，则在城闸启板宜勤，船到一帮，过一帮，使南阳一带运河水不患涸。在城闸一带"水势甚溜，每过一船，需夫四五百名，一日过船，不过一二十只，至多三四十只，以致在城闸下，粮船积聚至数百只或千余只⑥"。南旺湖以北的袁家口闸"为北咽喉"。所以也必待北上粮船积至二三百艘，水量充足，方可启闸，"若水非有余，船决不可放"⑦。以上数例，可知沿运船闸启闭都有严格规定的，过运是十分艰难的。

① ［明］刘天和：《问水集》卷六《建闸济运疏》。
② 《治水筌蹄》卷二《运河》。
③ ［清］张伯行：《居济一得》卷四《闸座之制》。
④ ［清］张伯行：《居济一得》卷二《柳林闸放船法》。
⑤ 陈文：《重建会通河天井闸龙王庙碑记》，引自王琼《漕河图志》卷六《碑记》。
⑥ ［清］张伯行：《居济一得》卷一在城闸。
⑦ ［清］张伯行：《居济一得》卷四袁家口放船之法。

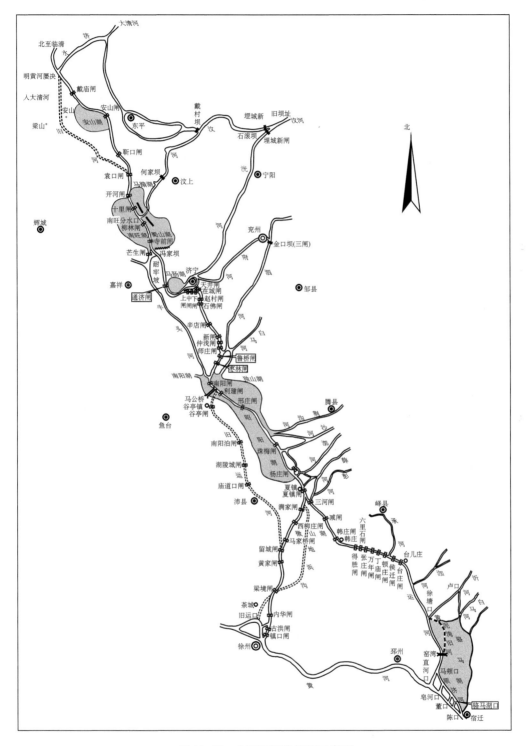

图 13.25 会通河沿线船闸示意图

此外，在运河两侧还设置了许多进水、减水等坝、闸、堰、月河、浅等起着调节运河水量、分泄运西积潦和防止黄河决入的作用①。各坝、减水、积水诸闸和沿运各浅，都起着调节运河流量的作用。安山以北的坝闸以减水闸为多，主要是宣泄运西的沥水，尤其是夏秋季节，运西的积潦为运河所阻，都由这些减水闸排泄入海，如戴家庙的三空桥闸、沙湾的五空桥闸和聊城的减水闸，分别由马颊河、徒骇河等入海②。安山以南运河两侧的坝闸主要是与两岸湖泊洼地相通，调节运河流量，济宁以南，尤其是南阳以下河身坡度很大，夏秋汛期鲁中山地各水暴涨，来势迅猛，就靠各减水坝闸分洪，如南阳新河阔不过十余丈，"非有以宣泄必溃。于是乎有减水闸凡十四座，大者二各三洞，小者十有二，始事于隆庆元年秋，迄于今冬之十月，堤防既固，宣蓄得宜，规划尽制"③。

总之，在会通河上各种坝闸都是根据运河水量大小，以及沿运两岸地面水流的情况，有组织地进行启闭，"蓄泄得宜，启闭有方"④，"互相阖辟，势如呼吸"⑤，运河才能顺利畅通。但是沿运船闸是不同时期增筑的，"闸面闸底高下不一，如下闸过低，积水盈板，即须启，则上闸之水必迅急而舟难入，必易涸而舟难行矣"。又因汶水等源含沙量很高，"当伏秋汛长发，挟而下，各闸关束，水去沙留，每发水一次，必受淤一次"⑥，所以运河各闸随着时间的推移，先后被泥沙所淤没。元、明初所建诸闸，至嘉靖年间，"有仅露闸面者，有没入泥底者，而闸口之泥深浅不一，乃一以闸面平石至泥水平面测之，时惟枣林闸露闸面三尺，余各有差。师家庄、鲁桥二闸面各露一尺五寸，谷亭、湖陵城二闸面各露一尺，孟阳泊闸面露一尺八寸余，至底悉泥，淤深至一丈八九尺者。惟枣林闸以下南阳闸已没入泥底，闸面泥淤，仍四尺六寸。八里湾闸面泥淤仍五尺。始知旧传枣林闸之过高，而不知其下南阳闸之过低也。乃一以枣林闸为准，余悉培而平之"⑦。沿运各减水闸也同样多为泥沙所淤废。例如，南阳一带原有减水闸32座，至清初仅存2、3座；滕、沛、鱼台三县境内原有减水闸14座，至清初仅存4座⑧。这些坝闸的淤废，不仅影响了漕运的畅通，同时也危及运河两岸地区，使积潦不能及时排除，常涝成灾。

以上数例说明历史上运河跨越不同河流下游不同冲积扇、不同水系分水岭的过程存在着很大的困难。为了对付这种困难，我国古代劳动人民高度发挥他们的智慧和创造力，历朝官府也为此作了不懈努力。然终究因自然条件的限制，并未获得相应的效果。

① 《治河方略》卷四会通河条："然河源之最微者，莫如会通。黄水冲之则随而他奔而漕不行，故坝以障其入；源微而支分，则流愈小而漕亦不行，故坝以障其出；流驶而不积则涸，故闭闸以须其盈而启之，以次而进，漕乃可通；潦溢而不泄必溃，于是有减水坝；溢则减河以入湖，涸则放湖以入河，于是有水柜；柜者蓄也，湖之别名也。而壅水为埠谓之堰，沙淤之处谓之浅，浅有铺，铺有夫，以时挑浚焉。"《问水集》卷二引嘉靖十四年管河工部侍郎杨旦、管闸工部郎中邵元志；《治河始末》："浚月河以备霖潦，建减水闸以司蓄泄。"
② ［清］张伯行：《居济一得》卷三分水口上建闸。
③ 万历《兖州府志》卷二〇《漕河》引《南阳湖石堤减水闸记》。
④ ［清］张伯行：《居济一得》卷一鱼台主薄。
⑤ 《河防一览》卷一四常居敬《钦奉敕谕查理漕河疏》。
⑥ 《续行水金鉴》卷一〇四《运河道册》。
⑦ 《问水集》卷一《闸河》。
⑧ ［清］张伯行：《居济一得》卷一《河堤事宜》、《减水闸》。

三、运河和天然河流交汇问题

历史上运河的开凿既然主要是为了弥补天然河流之不足,其选择河道的路线,就是要沟通两条不同的天然河流。例如,通惠河是为了沟通永定河和潞河(北运河),元明清会通河是为了沟通黄河和卫河,江淮运河是为了沟通长江和淮河,江南运河是为了沟通长江和钱塘江等。但天然河流水量的丰枯、河道的深浅、泥沙的淤积、主泓的摆动,都有各自的特点,与人工开凿的运河不能完全适应。因此,人工运河和天然河流的交汇口则成为历史上运河通运上的一大难题。今择其问题比较突出的几条运河论述之。

1. 山东运河的南北运口问题

今山东临清市是会通河北口所在,会通河在此与卫河交汇。卫河虽然经过人工改造,但基本上是天然河流,尚未形成地上河,所以“闸河地亢,卫河地洼”。每年 3～4 月时,闸、卫两河水都很浅,“高下陡峻,势如建瓴”①。当时会通河入卫河口有两闸:砖闸和板闸。板闸在北,砖闸在南。卫河低,会通河高,所以漕船从会通河进入卫河要十分小心。明人万恭指出:在闸河口必须留一浅(浅,指河道中淤积的浅滩),“长数丈,戒勿浚。以蓄上流,以一浅省多浅”。目的是由河口的浅滩先挡住河水,不让一泄而下,同时“闸漕与(卫)河接,若河下而易倾,则萃漕船塞闸河之口数重,闸水为船所扼,不得急奔,则停迥即深。留一口牵而上,递相为塞障而壅水也,命曰船堤。以船治船也”②。就是由河口的浅、漕船,先挡住闸河的水流,不致一下而尽,留出一口,让漕船以次渐渐而出,不使其他漕船搁浅。清人张伯行说:“山东四十余闸放船皆易,惟板闸放船独难。盖板闸之下即系外河,更无闸以蓄水也。而独外河水小时放船尤难。盖板闸一启板,则塘内之水一泄无余,粮船每致浅搁,须于砖闸灌塘之时,板闸放船之时,砖闸多下板块,无使水势下泄,直至塘内浅阻不能出口,然后亮砖闸板一块或二块,以接济之。然又不可待其既浅而后亮板,则粮船一时恐难行动,顺于将浅之时即行亮板,如放二十只后始浅,则放至十五只时即行亮板,则水足接济到底不浅矣。”从前每次只放二三十只船,后每出口一百二三十只③。由此可见,闸、卫两水在交汇处,由于河流状况不一,转运是十分困难的。

会通河的南口,在明万历以前,是在徐州南茶城与黄河交汇。黄河含沙量高,河床高于运河。每年涨水季节,河水就倒灌入运。“茶、黄交汇之间,黄水逆灌,每患淤浅。”“茶城口之浅,十年患之。盖闸河之口,逆接河流,河涨,直灌入召淤耳。”④ 于是茶城运口年年开浚,年年淤塞。当时规定北上漕船一过,即行关闭运口闸门禁行,待秋深黄河水退,方可启闸,放回空船南下⑤。这一段时间内,会通河就不能使用。

从徐州以下至淮阴河段是京杭大运河中“咽喉命脉所关,最为紧要”的一段。但就

---

① 《河防一览》卷三《河防险要》。
② [明]万恭:《治水筌蹄》卷二《运河》。
③ [清]张伯行:《居济一得》卷五《版闸放船法》。
④ [明]万恭:《治水筌蹄》卷一《黄河》。
⑤ 靳辅:《治河方略》卷九《杂志十一》。

是这段河道中巨石林立，有徐州洪、吕梁洪两处险段。徐州洪又名百步洪，在徐州城东南 3 里处，分中洪、外洪、里洪三道，形成"川"字形河道，"汴泗流经其上，冲南怒号，惊涛奔浪，迅疾而下，舟行艰险，少不戒，即破坏覆溺"[1]。吕梁洪在徐州城东南 50 里，分为上下两洪，绵亘 7 里余，水中怪石林立，过船必得纤夫牵挽。明袁桷《徐州吕梁神庙碑》称，吕梁洪"涸则岩崿毕露，流沫悬水，转为回渊，束为飞泉，顷刻不谨，败露立见，故凡舟至是必祷于神"[2]。徐价《疏凿吕梁洪记》亦云"舟不戒则败，而莫甚于吕梁"[3]。明代漕运过此而覆舟者屡见，所以万历三十一年开伽河，就是为了避开这段运道。

2. 黄淮运交汇口运口的变迁

金元以后，黄河夺淮入海，今江苏徐州以下原泗水河道和淮安市以下淮河河道都成为黄河河道，淮河变成黄河支流。于是淮南运河的北口为黄、运、水的交汇点。黄河夺淮后，河床淤高，而淮南运河水浅，漕船北上，难以入河。从洪武至永乐初年，在淮安城北先后筑仁、义、礼、智、信五坝，南来漕船至此需将粮食卸下，车盘过坝，然后进入黄河。五坝虽为软坝，漕船过坝均需牵挽，重载还需用卸货，转输十分劳苦[4]。于是在永乐十三年（1415 年）曾循着宋代沙河的旧迹，开了一条清江浦河，长 60 里，从淮安城西通往运口，因运口置新庄闸，故称新庄运口。沿河置五闸，据水势涨落，迭为启闭，节水通流，水流满槽放行，放后即闭[5]。但是黄河自北来高于淮河，淮河自西来又高于清江浦河，如逢河淮并涨，必然倒灌入新庄运口，淤塞清江浦河。以后运口不断地调整、变化，几乎数年一变[6]。即便新形成的运口，由于黄水的倒灌，垫高运河，年年疏浚，然漕船过闸仍十分困难，"粮运一艘，非七八百不能牵挽过闸者"[7]。这里最典型反映的是天然河流与人工运河交汇形成的运输困难。

清江浦开凿之初，为了防止黄河浊水内灌，造成闸口淤塞，除经常疏浚河淮交汇的清口外，对船闸的启闭也控制甚严。船闸只在漕运季节开放，并且只许过往粮船，船过即行闭闸。其他官民船只一律仍由仁、义、礼、智、信五坝车盘过淮。但后来闸禁松弛，浊水倒灌入运河，水退沙存，闸口日益淤塞。嘉靖十五年（1536 年），督漕都御史周金"请于新庄更置一渠，立闸以资蓄泄"[8]，目的为使运河纳清流拒浊流，以期不淤。这条新开的河渠名三里沟，在清江浦南"淮水下流黄河未合之上"[5]。此渠开后，清口闭塞，船只由通济桥（闸）溯沟出淮，以达黄河。

但是，夏季黄水涨溢，时常倒灌入淮数十里，仍灌入新河口。至隆庆末，三里沟也遭淤塞，每年需发丁夫加以挑浚。又原来运舟由新庄闸出淮，穿清入黄，费资较少。改

---

① 明万历《徐州志》卷三《河防》。
② 《清容居士集》卷二五。
③ 李德楠：《明代徐州段运河的乏水问题及应对措施》，《兰州学刊》，2007 年第 8 期。
④ 《明史》卷八五《河渠志三》运河上。
⑤ 《河防一览》卷三《河防险要》。
⑥ 邹逸麟：《淮河下游南北运口变迁与城镇兴衰》，《历史地理》第 7 辑，1988 年，上海人民出版社。
⑦ 《河防一览》卷八《查复旧规疏》。
⑧ 《明史》卷八三《河渠志一》黄河上。

从三里沟出淮后，运路纡远，船只胶浅，更为不便。为此，万历元年（1573 年）总河侍郎万恭主张不必疏浚新河口，理由是"防一淤，生二淤，又生淮黄交汇之浅……又使运艘迁八里浅滞而始达于清河"[①]，不如出天妃口（新庄闸）便利。他请"建天妃闸，俾漕船直达清河，运尽而黄水盛发，则闭闸绝黄，水落则启天妃闸以利商船"[②]。于是，恢复天妃闸，运舟仍由此出淮。不久，又依御史刘国光之建议，增筑通济闸，在夏秋时节用于通放回空漕船，以减少天妃闸的压力。但也因闸禁不严、启闭无时而淤塞日甚。万历六年（1678 年），潘季驯拆毁新庄闸，在甘罗城南（今淮阴市码头镇北）另建通济闸作为运口，也称天妃闸。然而此口距河淮交汇处也只有二百丈，黄水仍不免内灌，运河河床由此日高，年年挑浚无已。其次，因运口离河淮交汇处较近，水流冲激，重运出口危险异常。当时从南岸清江浦过闸北上，漕船一艘非七八百人牵挽不可[③]。至清康熙十七年（1678 年），靳辅察看清口形势后，再次将运口南移到武家墩烂泥浅上（今淮阴市码头镇南）。此处距河淮交汇处约十里，黄水难抵运口。同时，还在烂泥浅以上引河内开两条河渠互为月河，以舒急溜。史言"由是重运过淮，扬帆直上，如履坦途"[④]，实际上情况远非如此。据靳辅《治河方略》记载，重运过闸，每艘常七八百人，甚至千人，"鸣金合噪，穷日之力，出口不过二三十艘"[⑤]。嘉庆年间有人自北京南下已至淮河南面的马头镇，因风紧流急，"舟人畏三坝五闸之险"，停船七日，待水散落，方过闸至清江浦镇[⑥]。可见当时漕船通过运淮交汇口有多么困难。

康熙二十五年（1686 年），靳辅以运道行经黄河，风涛险恶，遂从骆马湖南端凿渠，历宿迁、桃源（今泗阳）、清河（今淮阴）三县后，由仲家庄出口，称为中运河。中运河开通后，漕舟出淮可"迳度北岸，度仲家庄闸，免黄河一百八十里之险"。康熙四十二年（1703 年），因仲庄闸"清水出口，逼溜南趋，致碍运道"。两江总督张鹏翮将中运河口移到杨家庄。咸丰五年（1855 年），黄河在河南铜瓦厢决口，改道山东利津入海后，对淮、运两河的威胁不复存在，为便利起见，其后淮南运河的运口又移到与杨庄相对的今淮阴船闸。关于淮河南北运口的变迁，邹逸麟有详文论述，此处不赘[⑦]（图 13.26）。

3. 江淮运河南端与长江交汇

汉魏六朝时期，江淮运河南端与长江交汇处发生过变化。《水经·淮水注》："自永和中，江都水断，其水上承欧阳埭，引江入埭，六十里至广陵城。"至于"江都水断"的原因，据《太平寰宇记》卷一二三云："江都古城在县（今扬州）西南四十六里，城临江水，今为水所侵，无复余址。"又乾隆《江都县志》卷一："江都在城西南四十里，

---

① 《明史》卷八五《河渠志三》运河上。
② 《清史稿》卷二七九《靳辅传》。
③ ［明］潘季驯：《河防一览》卷八《查复旧规疏》。
④ 《清史稿》卷一二七《河渠志二》运河。
⑤ 《治河方略》卷二南运口。
⑥ ［清］吴锡祺：《南归记》，见《小方壶斋舆地丛钞》第五帙。按：三坝指御黄、钳口等坝，五闸指福兴、通济、惠济等闸，均在清江浦、马头镇之间淮南运河的北运口段，嘉道年间屡有变化。
⑦ 邹逸麟：《淮河下游南北运口的变迁和城镇兴衰》，《历史地理》第 6 辑，1988 年。

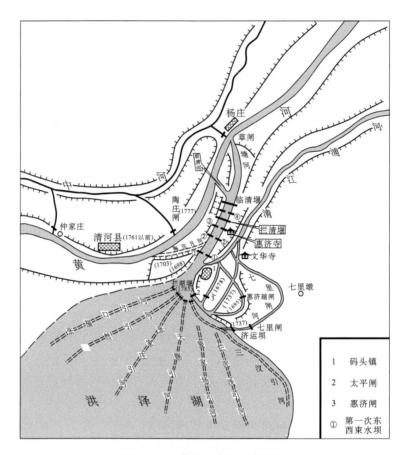

图 13.26　黄淮运交汇口变迁图

别自为城……三国时，江都城圮于江，县废。"近年来考古界有人根据扬州出土的文物，认为不存在江都古城，但其说尚嫌证据不足①。《水经注》既称"江都水断"，应指运口淤塞，水流不通。而运口淤塞则与江岸变化有关。根据目前材料，汉末以前邗沟的引江口可能在今扬州市东北蜀岗南缘的湾头镇以南，证据是考古发现扬州地区的古代墓葬和遗址随着时间由北向南逐渐推移。汉代及其以前的墓葬和遗址都在城北蜀岗上，蜀岗下的今扬州城内始有六朝青瓷被压在唐代文化层底部的江岸淤土上②。这说明汉唐时期，长江扬州河段的岸线一直在南移。六朝时，人类的活动已移到了蜀岗以南的平原上，这与刘宋永初三年（公元 422 年）檀道济出任南兖州刺史时，见广陵"土甚平旷"相吻合③。蜀岗下这片平旷的冲积平原当然非一朝一夕所淤成，有理由认为在东汉后期江滩开始淤涨，致使顺帝永和年间，江都运口已不甚畅通，所以《水经注》说"江都水断"，需要将运口移到离广陵 60 里的欧阳埭。欧阳埭在今仪征市东北 10 里，东晋、南朝时，它是进入广陵的门户，因其地位冲要，当时于此置欧阳戍。运口移于此处，大概考虑到

---

① 朱江：《从文物发现情况来看扬州古代的地理变迁》，《南京博物院集刊》，1981 年 3 期。
② 罗宗真：《唐代扬州古河道等的发现和有关问题的探讨》，《南京博物院集刊》，1981 年 3 期。
③ 《南齐书》卷一四《州郡志上》。

六合—仪征河段行经丘陵地带，岸线比较稳定的缘故。自欧阳埭至广陵的这段运河即今仪扬运河的前身。

终六朝之世，邗沟的南运口一直在欧阳埭。由于江边沙淤，自汉魏起，今扬州以南的长江江道逐渐南迁。隋代，岸线已伸展到今扬州市南 20 里的三汊河—施家桥—小江一线。当时，镇扬河段中有包括瓜洲在内的不少沙洲将长江分为两支，南为大江，北为曲江。位于曲江北岸的扬子津（今邗江县南扬子桥）临近广陵，优越的地理条件使它成为隋至唐代前期邗沟的另一运口，地位较欧阳埭更为重要。但是由于今镇江市北近南岸的瓜洲逐渐向北扩展，至唐中叶，从京口渡江需绕道瓜洲沙尾，纤行 60 里，船只多遭漂损，开元二十六年（公元 738 年），润州刺史齐澣在瓜洲开伊娄河 25 里，直达扬子津。这是邗沟由瓜洲入江的开始①。伊娄河又名新河，唐中叶后出入广陵多经此河。伊娄河开凿后，扬子津仍为重要港口。

明清时期，仪真运河与瓜洲运河汇于扬子湾，来自上江湖广、江西的漕船走仪河，来自下江两浙的漕船走瓜河。清代，长江北岸仪征、瓜洲一带遭受强烈冲刷，江流北徙。道光二十三年（1843 年），瓜洲城南门塌陷，民居、河道悉沦于江，瓜洲运道因此而中废达二十多年。至同治四年（1865 年），才开瓜洲后河通运②。光绪十年（1884年），瓜洲城完全坍没，运道改由瓜镇出江③。1958～1960 年间，再次改建瓜洲运河，运口移至六圩。

由此可见，江淮运河与长江交汇口，因江岸的摆动和江中沙洲的变迁，南北渡江并非十分顺利的。

4. 江南运河北端与长江的交汇

此段长江经镇江、扬州间，江面辽阔，北抵蜀冈脚下，南抵北固山，呈现喇叭形向外开展入海。六朝时"广陵潮"是为名胜。江南运河北口引江潮为源，出现很多问题，上文已述，在此不赘。宋代江南运河运输任务繁重，为了解决京口河口常淤的问题，故在丹阳以北运河河口段开凿了许多支渠，作为漕渠的辅渠。见于记载的就有：①宋仁宗天圣七年（1029 年）修凿的润州新河④；②宋仁宗时（1023～1063 年）修凿蒜山漕河，在镇江府西三里蒜山下⑤；③嘉定七年（1214 年）郡守史弥坚在修筑京口闸的同时，在城东北北固山下修筑甘露港，约在今甘露寺东，并置上下两闸，以时启闭⑥；④嘉定八年（1215 年）郡守史弥坚又修海鲜河，在城西北京口闸，东南接漕渠，既通漕运，又

　　① 《新唐书》卷四一《地理志五》江南道润州丹阳郡丹徒县条，谓开伊娄河在开元二十二年。据《旧唐书·玄宗纪》、《旧唐书》卷一九〇、《新唐书》卷一二八《齐澣传》，开伊娄河均在开元二十六年。

　　② 光绪《瓜洲续志》卷一三。

　　③ 《淮系年表》表一四。

　　④ 《嘉定镇江志》卷六："天圣七年五月两浙转运使言润州新河毕工。降诏奖之。"此河约在镇江府城之西，京口闸之东。

　　⑤ 《嘉定镇江志》卷六："郑向为两浙转运副使疏润州蒜山漕河抵于江，人便利之"。又云"蒜山在西北三里。"《读史方舆纪要》卷二五镇江府："蒜山在府西三里江岸上，山多泽蒜，因名。……其下为漕渠所经，宋庆历中，疏蒜山漕渠达江。"

　　⑥ 《嘉定镇江志》卷六《史弥坚浚渠记》。

可泊防江之舟①；⑤庆元二年（1196年）总钦朱晞颜以漕渠乾涸，创建丹徒、谏壁二石，引江潮入渠②。

两宋时期不惜劳费，在江南运河北口京口附近开凿诸多辅渠，其目的主要有下列几个方面：①运河河口主渠京口港常易淤塞，故在其附近分凿支渠以引江水，目的是丰富漕渠的水源，在主渠淤塞时，替代主渠的作用。②京口港狭窄，往来舟楫壅挤，故于咸淳六年时规定，江南漕船由京口港出口，回船由甘露港入漕渠③。③运河口江浪阻险，诸渠可作为避风港（图13.23）。

此外，历史时期不仅在河口段修筑支渠通江，即在丹阳以南常州境内也修筑了许多支渠与大江相通，并引江潮济运，如孟渎、九曲河、烈塘、申港、利港、黄田港、夏港、五斗港、灶子港、泰伯渎、赵港、白沙港、石头港、陈港、蔡港、私港、令节港等。这些支渠今天大多间接或直接沟通运河与大江，都曾起过调节运河水源和沟通江北的作用。其中孟渎是京口运河最早的一条支渠，即今丹阳境内的孟河，唐时已开④，宋时孟渎已漕淤塞，屡有疏浚⑤，明代初年镇江运河"至常州以西地势渐高仰，水浅易泄，盈涸不恒，时浚时壅"，故永乐年间，"漕舟自奔牛溯京口水涸，则改从孟渎右趋瓜洲抵白塔以为常"。宣德六年（1431年），又"从武进民请疏德胜新河四十里，八年竣工，漕舟自德胜北入江，直泰兴之北新河，由泰州坝抵扬子湾入漕河，视白塔尤便。於是漕河及孟渎、德胜三河并通皆可济运矣"⑥。德胜新河即烈塘，宋时已有记载，宋元明三代都曾疏浚过⑦，在漕渠、孟渎、得胜新河三河中，明时还以孟渎最为方便。原因为：一是不易淤浅，漕渠在京口入江，与对岸扬州运河接口，理应最为方便，然漕渠最易淤塞。故多走孟渎③。二是孟渎出口虽然要经过一段宽阔的江面，但"江流甚平，由此抵泰兴之湾头、高邮仅二百余里，可免瓜仪不测之患"③。嘉靖以后，为了防御倭寇，在孟渎口建立孟河堡，孟河贯其中，自后孟渎渐易淤塞⑧。清康熙、雍正、乾隆三朝屡有修浚，入江处亦有改道。道光年间一度改道超瓢口入江即今出江的江港。但河口淤沙日积，水流缓慢。道光时一度淤为平陆⑨。"民田失灌溉者数万顷"，其价值已远非明时可比。其他如九曲河"在丹阳县北，首起漕渠尾距江口委折七十里"，也是为了"利灌

① 《至顺镇江志》卷七："海鲜河在京口闸外，宋嘉定八年郡守史弥坚请于朝，开海鲜河以泊防之舟，见史弥坚浚渠记。"

② 武同举《江苏水利全书》卷二七江南运河引《光绪丹徒县志》》；楼钥《攻媿集》卷八九〈华文阁直学士奉政大夫致仕赠金紫光禄大夫陈公行状〉："造闸于丹徒镇，欲取江潮以灌运。"

③ 《至顺镇江志》卷二："（咸淳六年）郡守长沙赵溍以启闭泄渠水不便，故改二坝，下坝甘露港车江船之漕渠，下坝则车漕船之舟出京口港，民甚便之。"

④ 《新唐书》卷四一《地理志五》江南道常州武进县。

⑤ 《宋史》卷九七《河渠志七·东南诸水下》

⑥ 《明史》卷八六《河渠志四·运河下》。

⑦ 《读史方舆纪要》卷二五："烈塘河在常州府西四十八里，南枕运河，北流四十三里入大江。宋绍兴中，郡守李嘉言开浚临江置闸。淳熙九年郡守章冲言，西有灶子港（按即澡港）、孟渎、烈塘，皆古人开导以为灌溉之利。今多埋塞，宜以时修浚。元时烈塘闸废。明洪武三年，重建魏村闸。二十年复浚烈塘河。自是魏村闸屡经修治，今名得胜新河。"

⑧ 《读史方舆纪要》卷二五《江南七》。

⑨ ［清］包世臣《安吴四种》卷七上《中衢一勺》。

溉，资漕运”而开，元时已废①。

江南运河自唐宋以降，是全国水运网中最为繁忙的一段，直至今日，除了长江水运外，如以运河而言，仍然是全国水运最发达的河段。可是在历史上，北端与和长江交汇，南端与钱塘江交汇，从自然条件而言，都存在很大的困难。历代王朝为此也费尽心机，耗尽财力，以维持其畅通，反映了我国历史上人工运河的自然特点。

5. 浙东运河与钱清江、曹娥江、姚江交汇问题

浙东运河西起钱塘江南岸，东流至萧山钱清镇与潮汐河流钱清江（浦阳江下游一支）交汇，东南流至绍兴城东曹娥镇，与另一条潮汐河流曹娥江交汇，东至上虞通明坝与姚江相汇，由姚江经余姚、慈溪、宁波，合奉化江始称甬江，东流入海。由于运河阻隔于浙江、钱清江、曹娥江三条潮汐性河流之间，而会稽县境内的一段利用东湖（古代鉴湖的一部分）通航，上虞通明镇以东又利用了姚江河道，各段水位高低不同，因而运河和天然河流交汇处必须设置一系列堰坝才能通航，不仅各段河道通过的能力互不相同，而货船的盘驳更大大地浪费了劳力和降低了运输速度。北宋知明州军蔡肇记其州经越州至明州行程：“三江重复，百怪垂涎，七堰相望，万牛回首。”② 三江指浙江、钱清江、曹娥江，七堰指运河与天然河流相交处所置堰坝：西兴堰（萧山西与钱塘江交汇处）、钱清北堰、钱清南堰（两堰在钱清江与运河交汇处）、都泗堰（绍兴城东与与鉴湖交汇处）、曹娥堰（上虞县南运河与曹娥江交汇处西岸）、梁湖堰（上虞南运河与曹娥江交汇处东岸）、通明堰（在上虞县东通明乡，运河与余姚江交汇处）。船只通过这些堰坝，轻载牵挽而过，重载则必须赖畜力盘驳，十分困难③。

第三节　运河的开凿对沿运地区自然环境的影响

一、运河的开凿干扰了东部平原的排水系统

上文已述，历史上人工运河的开凿大多为了弥补东西向河流在水运上的不足，因而其流向往往是纵贯南北的。这些纵贯南北的运河，由于河道固定而造成泥沙的淤积，又筑堤护运，日久都形成地上河，遂使运西地区的河流下泄发生困难，地面积水难排，如逢暴雨季节，运西地区不免遭受洪涝之灾。

战国时代魏惠王开凿的鸿沟运河，是先秦时期规模最大、影响最深远的运河工程。它自今河南原阳县北引河水入圃田泽，又自圃田泽筑渠引水至大梁（今开封市），又折而南流注入颍水。鸿沟以西发源于嵩山山脉的洧水、溴水及其不远的东汜水、鲁沟水、野兔水等，按当地东南倾斜的地势来推测，在鸿沟开凿以前，这些河流必定东南流入颍水，或与涡水、茨水相接，最后流入淮水的。自鸿沟开凿以后，这些河流下游都被鸿沟

---

① 《至顺镇江志》卷七："其后河口淤塞，潮水止到荆村，距县十五里。又其后仅到东阳距县三十里，岁久失疏凿，七十里之水利废矣。"

② 《明州谢到任表》，《嘉泰会稽志》卷一〇。

③ 陈桥驿：《浙东运河的变迁》，《运河访古》，上海人民出版社，1986年。

所截，因排水不畅，在鸿沟以西壅塞成许多小湖陂，如鸭子陂、获陂、宣梁陂、逢泽、野兔陂、制泽、白雁陂、南陂、蔡泽陂、庞官陂等。在今中牟、尉氏、扶沟、鄢陵境内形成一片陂塘密布的湖泽地区①。宋代在鸿沟旧道上开凿了蔡河，为丰富水源，曾将蔡河以西诸陂水导入蔡河，除了洧水、潩水外，凡许州（今许昌）、郑（州）诸水合白雁、丈八沟、京、索合西河、褚河、湖河、双河、栾霸河等，下游都有注入蔡河，目的是为了丰富蔡河水源。但是蔡河是一条人工运河，比较淤浅，容量有限，秋汛期间，诸水暴涨，就发生泛滥，"泛道路，坏庐舍"。而下游陈州（今河南淮阳）一带，"苦积潦，岁有水患"②。

　　隋代开凿的通济渠，自河南荥阳引黄河水为源，东南至今安徽盱眙县对岸入淮，唐宋时称汴河。因以黄河为水源，含沙量很高，宋代已为地上河横贯于黄淮平原上，长达数百千米。这道地上河的形成，严重影响两岸自然沥水的排泄。宋人王曾有一段十分有见地的论述，他说："汴渠派分黄河，自唐迄今，皆以为莫大之利。然迹其事实，抑有深害，何哉？凡梁宋之地，畎浍之制，凑流此渠，以成其大。至隋炀将幸江都，遂析黄河之流，筑左右堤三百余里，旧所凑水，悉为横绝，散漫无所归。故宋（今河南商丘）、亳（今安徽亳州）之地，遂成沮洳卑湿。"③ 事实正如其所言，在汴河未形成地上河之前，开封以西至汴口一带，汴河有许多支流，见于《水经注》的就有十余条。宋人沈括亦说："异时京师沟渠之水皆入汴。旧尚书省都堂壁记云：疏治八渠，南入汴水。"④ 其后至宋代前期，汴河两岸高筑堤防，泥沙淤高而为悬河，沿岸支流都不能排入，两旁堤脚就潴积成许多陂塘，侵害民田⑤。每逢雨季，酿成涝灾。金代以后，汴河淤废，而汴堤却如一道土墙屹立地面。1962年淮北地区兴修水利，挖沟发现汴河河床内为淤积沙土，从地表向下7m仍未见原始土层。可见淤积之深。1984年唐史学会组织一批专家对汴河进行考察，汴河故道即当时的公路，多数路段在河槽中心。在安徽濉溪一带，据当地老人回忆，新中国成立初，汴堤尚很高大，时北堤宽40m，高出地面约5m，南堤宽约20m，高出地面3～4m。宿县段堤面的地表宽度80～100m，地表高度不一，一般为1～2m，最高处可达3m及其以上。灵璧境内河形成一里多宽的高滩地带，高出地面1～2m。汴堤两侧均为低洼地带，北侧尤为明显。在濉溪县境内汴堤坝南侧，有十八道南北向的沙土岭子，当时汴河决口后冲出泥沙沉积而成，两道沙岭子间都有一低洼易涝地，当地人称之为湖，当是雨季积水之故。十八道岭子形成18个湖⑥。滩面抬高后阻碍了两岸沥水的排泄，使土壤渐趋盐渍化，直至近代仍受其害。

　　西汉以前，河北平原上的一些主要河流，如黄河、滹沱河、泒河、滱河、治水（今永定河古称）等都是独流入海的。以后随着渤海湾海岸线的延伸，诸水渐次交汇于今天津地区入海。至东汉末年曹操开凿了一条自滹沱河入泒河的平虏渠（即今南运河自青县

　　① 《水经》卷二二《渠水注》。
　　② 《宋史》卷九四《河渠志四·蔡河》。
　　③ ［宋］王曾：《王文正公笔录》，百川学海本。
　　④ 《梦溪笔谈》卷二五《杂志二》。
　　⑤ 《宋史》卷九三《河渠志三·汴河上》：天禧三年十一月郑希甫言："汴河两岸皆是陂水，广侵民田，堤坝脚中并无流泄之处。"
　　⑥ 朱玉龙：《汴河及其对安徽淮北地区的影响》，《运河访古》上海人民出版社，1986年。

至静海县独流镇的一段）后，河北平原上主要河流都会于天津入海，海河水系最后形成[①]。当时河北平原上除了黄河外，主要运河是曹操开凿的白沟，白沟自今河南浚县西南枋头引淇水，经内黄、大名、馆陶、清河、枣强、景县一线，至东光、南皮以走今南运河即古清河至天津。因为大部分河段为天然河流，尚未全面筑堤，故而白沟以西的河流，仍可绝流而东，流入大海[②]。有的河流下游为清河所截，原入海段渐成枯渎，如屯氏别河故渎、浮水故渎等[③]。年长日久，众河汇流天津的局面给海河流域的排涝问题带来很大困难。《魏书》卷五六《崔楷传》有一段描述6世纪初河北平原中部洪涝的记载：

"正始（公元504～508年）中……于时冀、定数州，频遭水害，楷上疏曰：顷东北数州，频年淫雨，长河激浪，洪波汩流，川陆连涛，原隰通望，弥漫不已，泛滥成灾。户无担石之储，家有藜藿之色。华壤膏腴，变为舄卤，菽麦禾黍，化作菅蒲。……自比定、冀水潦，无岁不饥；幽、瀛川河，频年泛滥。……良由水大渠狭，更不开泻，众流壅塞，曲直乘之所致也。至若量其逶迤，穿凿涓浍，分立堤堨，所在疏通，预决其路，令无停蹇……钩连相注，多置水口，从河入海，远迩迳通，泻其境潦，泄此陂泽。"

上文所记，冀州治今河北冀县，定州今正定，幽州今北京，瀛州今河间，为河北平原的中北部，这些地方连年水患，是由于"水大渠狭，更不开泻，众流壅塞，曲直乘之所致"，解决的办法是"穿凿涓浍，分立堤堨，所在疏通，预决其路"，"多置水口，从河入海，远迩迳通"。其意即开挖排水系统，分多支泄洪渠，使积潦各归大海。可惜当时崔楷的建议未受到重视，致使河北平原的水涝之灾有增未减。

隋唐时代的永济渠源流更长，从西南向东北，纵贯整个河北平原。全河经人为加工，两岸筑堤，发源于太行山的运西诸水，均为其拦截。其中漳水、滹沱水、滱水（今唐河）都是洪量大、含沙高的河流，下游均合永济渠，于天津入海，海河流域排涝成为一难题。唐贞观年间，瀛州（今河北河间一带）境内"滹沱河及滱水每岁泛滥，漂没居人"[④]。以后永徽、神龙、开元年间先后在沧州、景州（今河北东光县西北）境内开凿过毛氏河、无棣河、阳通河、浮水、徒骇河、靳河、毛河等[⑤]，都是永济渠的分洪渠，洪水来时分泄入海。自宋代庆历八年（1048年）黄河北流，夺御河（即永济渠）入海后，永济渠下游长期成为黄河河道，泥沙大增，堤防高筑，分泄入海支渠先后被堵塞。结果这一条黄御合一的巨川，"横遏西山之水，不得顺流而下，蹙溢于千里，使百万生齿，居无庐，耕无田，流散而不复"[⑥]。最典型的是滹沱河因"无下尾"[⑦]，"泛滥于深州诸邑，为患甚大"[⑧]。所谓"无下尾"，就是下游无所归宿，于是泛滥成灾。元代御河在沧州一带，"水面高于平地"，吴桥诸处御河水溢，"水无所泄，浸民庐及已熟田数万顷。乞遣官疏辟，引水入海"[⑨]。明代御河上引清淇之水，在山东馆陶与漳水会合，至青县

① 谭其骧：《海河水系的形成与发展》，《长水集续编》，人民出版社，1994年。
② 《水经》卷九《淇水注》、《水经》卷十《浊漳水注》。
③ 《水经》卷五《河水注》。
④ 《旧唐书》卷一八五上《贾敦颐传》。
⑤ 《新唐书》卷四三《地理志三》。
⑥ 《宋史》卷九二《河渠志二·黄河中》。
⑦ 《续资治通鉴长编》卷二四九，熙宁七年正月程昉言。
⑧ 《宋史》卷九五《河渠志五·滹沱河》。
⑨ 《元史》卷六四《河渠志一·御河》。

又与滹沱等河会合。自洪武年间开始漳水泛滥、决口、改道十分频繁，滹沱河为害也不亚于漳河。据《深州风土记》记载，明清两代仅深州（今河北深州市、武强、饶阳、安平一带）一州境内，滹沱决徙有 85 次之多①。如遇漳河、滹沱河、卫河同时涨水，则整个河北平原几乎都要遭受水灾。当时弭灾的唯一办法就是在运东开减河分泄入海。明代从永乐至弘治在卫河东岸开了恩县四女寺减河、德州哨马营减河、沧州捷地减河、青县兴济减河等，以泄运西积潦。到了嘉靖年间这些减河先后淤塞，南北诸水，"流经千里，始达直沽。每遇大雨时行，百川灌河，其势冲决散漫，荡析田庐，漂没粮运"，于是又重开四条减河②。清初四河又淤，四女寺减河"闸座废坏不修，引河淤塞已平"③。雍正年间再度开挖四女寺减河④。然因南运河堤岸，"自雍正四年后，屡经加筑，而水发辄与堤平"。"则河底日渐淤高可知，以淤浅之河身，受全漳之大涨，至德州而下，直隶濒河州县田庐，动辄冲决，每岁为害"。乾隆年间，"以一线运河，而受汶、卫、漳三水，此泛滥之患所由"，于是筹分减之法，"山东于恩县四女寺建减水闸，于德州哨马营建滚水石坝，直隶于沧州建捷地闸，青县建兴济闸，皆开挑支河使由老黄河等处入海。然各闸河，每年过水后，溜断沙停，旋即淤垫，沙积至六七尺丈余不等，疏浚一次，所费不下万余两。兼之老黄河河身及海唇，较闸河高九丈，水至数十里外，即不能下，下壅上淤，徒耗帑金"⑤。可见排水之难。遂使天津等处，因"为上游诸水奔注之所，且西界运河，东界海河，不受运河之溃决，即受海河之漫溢，是以连年积水为患"⑥。明清两代治理卫河着眼点在于漕运的畅通与否，对减河的通塞也以卫河是否有破堤之患为原则。如果卫河无患，减河是否排水，运西地区有否涝情，朝廷不是很关心的。故明清时期海河流域水灾越闹越严重。有人做过统计，海河流域在唐代平均每 31.5 年闹一次水灾，宋朝为 30 年一次，元朝增至每隔 4.8 年一次，清朝为 5.3 年一次⑦。这个统计数字，笔者未经核对，未必精确，然其大势是可以肯定的。水利水电科学院曾据中国第一历史档案馆清代档案奏折中，整理出《清代海河滦河洪涝档案史料》，统计出 1736～1911 年，海河流域共发生过洪涝的县有 5615 县次⑧。其中不少记载提到由于运河的阻隔，以致沥水无泄。例如，乾隆三年（1738 年）七月二十日准泰奏："南北运河水长平岸，且有漫溢，凡属低洼之处俱一片汪洋。"（83 页）同年十二月初九直隶总督孙嘉淦奏："惟天津一县本属水乡，南北运河交汇于西沽，积水之区三面皆堤，无由宣泄。"（88 页）乾隆十五年（1750 年）七月十三日署理长芦盐政丽柱奏："天津为直隶河流汇归入海之区，地势最洼，山水陡发，南北运河水长平岸。凡属低洼之处，尽皆漫溢，禾苗俱经受伤。"（113 页）直至近代海河流域仍然是洪涝灾害频发的地区。

在会通河未开以前，今豫东北、鲁西南、鲁西北地区的沥水的排泄，由鲁中山地分

---

① 同治《深州风土记》卷二《河渠》。
② 《行水金鉴》卷一一四引《明世宗实录》嘉靖十四年七月癸未。
③ 《居济一得》卷五四女寺减河条。
④ 吴邦庆：《畿辅河道水利管见》、陈仪《直隶河渠书》，均见《畿辅河道水利丛书》，农业出版社，1964 年。
⑤ 《续行水金鉴》卷八〇《运河道册》乾隆四年四月大学士鄂尔泰奏。
⑥ 《续行水金鉴》卷八〇《高斌传稿》乾隆四年二月初九稽察天津等处漕务吏科给事中马宏琦奏。
⑦ 乔虹：《明清以来天津水患的发生及其原因》，《北国春秋》，1960 年第 3 期。
⑧ 《清代海河滦河洪涝档案史料》第 8 页，中华书局，1981 年。

隔为南北两路：北面一路由今黄河左右的马颊河、徒骇河、大清河等入海；南面一路由泗入淮，由淮入海。会通河开凿以后，并不断地加筑河堤，犹如一道土墙屹立于平原东部，且沿线有一连串湖泊作为水柜、水壑。北面有狭窄的卫河所约束，南面有高于运河的黄河（今淤黄河）拦截，东南面微山湖水出口有二：一由韩庄湖口闸入运河；一由茶城小梁山会荆山桥入运河。然而这两条出口经常为泥沙所淤。豫东北、鲁西南、鲁西北地区在正常情况下要承受两股来水，"上游曹、单、钜、嘉之水自西而东，汇聚合流，东则汶、泗、沂、洸入运之水，复泄入南阳、昭阳，转输透流而总汇于微山一湖"。多雨时节，湖水"倒漾而北，充属等处濒湖庄田，尽被淹没"①。如果遇到黄河决口，更是雪上加霜。于是这一地区的沥水常年无处可排，每遇暴雨，黄运并涨，河溢湖满，洪水就到处汹涌洄荡，"泛滥于南，则自曹州、郓城、定陶、曹县、巨野、嘉祥，以至济宁、鱼台、滕县、峄县及江南沛县、徐州、邳州均受其害。泛滥于北，则自濮州、范县、朝城、莘县、阳谷、寿张，以及聊城、东阿、博平、清平、堂邑、临清、夏津、恩县及直隶之清丰、南乐、清河、故城，俱被其灾"②。洪水过后，留下的积水宣泄无路，就浸没大片良田。清代山东运河（即会通河）沿线有大片沉粮地、缓征地，就是由此而来③。明清两代都在会通河东岸修不少减水闸、河，但排涝效果不明显。原因为：一是因为东部有鲁中山地的阻隔，减水闸、河分布极稀，如南旺以北仅有戴家庙三空桥、聊城五空桥、博平减水闸、张秋五空桥等，由徒骇河、马颊河、大清河入海。运西地区沥水由这些减水闸、河分泄入海；南旺以南直至宿迁始有西宁桥放水入海，其间七八百里没有减水闸④。二是这些减水闸、河，平时为运堤所隔，缺乏来水，久已淤积。当运河积水需要宣泄时，就出现很大困难，如乾隆年间运东马颊河"积淤年久，有仅存河形者，有淤成平陆者"，且"马颊河底高于运河底九尺"，"使运水不能泄放"⑤。三如上文所言，减水闸的启闭是视运河水量的损益而定，而不论运西地区是否出现涝情。例如，寿张县张秋镇西南诸邑有魏河、洪河、小流河、清河等汇集至沙湾小闸入运，后来因张秋一带运河屡遭河水冲溃，于是"高筑堤堰"，使这一带沥水难以排泄，"曹州、郓城、濮州、范县遂苦水患，而邻邑之受害者，亦无穷焉"②。清乾隆四年（1739年）山东巡抚黄叔琳奏："今馆陶、冠县二处，因漳、卫水发，漫溢堤岸，秋禾被淹。至聊城、夏津、清平、博平、堂邑、临清、丘县、恩县、高唐州、临清卫等十属，境内俱有河渠，原可泄水入运。今因运河泛涨，阻遏不行，以致盈溢为患，洼地被淹。武城、莘县二处滨河近湖之地，水平堤埝，亦属可虞。"乾隆二十二年（1757年）六月二十七日山东巡抚鹤年奏："东昌府属之馆陶与直隶之无城接壤，该县境内自南而北卫河一道，西南接漳水，下达临清归入运河，名虽为卫，其实漳、卫合流。六月十八日漳河暴涨，骤注卫河，一时不能容纳，漫过东岸，四散奔流。"⑥乾隆三十一年（1766年）六月豫东、鲁西地区大雨连日，"运河西岸之沙河、赵王河，上承曹州府属及直豫所属开州、长垣、

① 《续行水金鉴》卷八八《运河道册》乾隆二十二年六月十七日鹤年奏。
② ［清］张伯行：《居济一得》卷六《治河议》。
③ 民国《济宁县志》卷二《法制略》。
④ ［清］张伯行：《居济一得》卷二南旺主簿。
⑤ 《续行水金鉴》卷九六《河渠纪闻》乾隆三十八年条。
⑥ 《清代海河滦河洪涝档案史料》第91、135页，1981年，中华书局。

东明、延津、阳武等处之水，东流入运。运河不能容纳，俱由三空、五空桥及平水闸、滚水坝等处，泄入东岸之大清、徒骇二河，下游宣泄不及，一时暴涨，水势高出河崖，冲漫两岸民地。而汶河受泰兖一带山水，亦一时涨发，由戴村坝北趋大清河，水势浩瀚旁溢，以至济南、东昌、泰安、武定、兖州、曹州各属，低洼地亩均有被水之处"①。此类记载，不胜枚举。总之，自明清以来，直至新中国成立前，今黄河以南，淤（废）黄河以北，会通河以西的豫东、鲁西南地区，水旱无常，是我国最贫困的地区之一。新中国成立后，社会制度虽然发生了变化，但由于数百年来造成的环境影响，近50年来，山东"全省涝灾的分布趋势，以鲁西北最重，特别是南四湖环湖一带和徒骇河、马颊河中下游地区更是洪涝灾害频繁的地方"②。

　　春秋时代开凿的邗沟，隋代以后重修的山阳渎、邗沟，都是利用江淮间高邮、宝应一带天然湖泊进行通航的。后因湖泊中风浪太大，宋代以后的淮南运河全面筑堤，运西诸湖不断扩大，不仅淹没了大片农田，同时也因湖水难泄，湖面不断抬高，形成了"漕河高于田，湖高于河"的局面，对运东地区造成莫大威胁。笔者曾于1966年步行通过淮安、扬州间公路，也即明清运河东堤，堤东地面低于运堤数米，越向东越低。明人万恭曾指出："高宝诸湖周遭数百里，西受天长七十余河，徒恃百里长堤，若障之使无疏泄，是溃堤也。"③ 所谓"百里长堤"，不过是高丈余或五六尺的土堤④，如何经得起洪水的冲击？一旦溃堤，运东低洼地区人民尽为鱼鳖。明清时称淮扬运河堤西之地为"上河"，"洪泽、白马、高宝、邵伯诸湖是也；堤东为下河，山、盐、阜、高、宝、兴、江、甘、泰九州县之民生土地在焉"。"一遇霆潦，则黄淮诸水奔赴，漕渠不能容纳，不得不泻之下河，以保漕堤，往往开高邮南关大坝五里中坝、车逻大坝以泄水，适当高、宝、兴、盐、山、阜连界，周围数百里，形如釜底，放水而下，势如建瓴，釜底之民，受害必剧，泛滥江、甘、泰地界，而九州县鲜有安居焉"⑤。清代治黄专家陈潢亦言："下河高宝兴泰七州县之被淹也，非淹于雨泽之过多，实淹于运河溢出之水也。"⑥ 而清代治理这一段运河，"衹事加高堤岸，致全河之水激而行于地上，更闻淮安迤下，宝应、高邮地形愈下，其势愈危"⑦。运河一旦涨水，决堤而东，里下河地区全罹洪灾。所以，近数百年来，里下河地区为洪涝灾害最严重的地区之一，已为众所周知，毋庸多言了。

　　江南运河地处长江三角洲地区，地势平坦，河网密布，原不存在排水问题。但苏州地区地势低洼，史称平江，宋代庆历年间为了便于漕船牵挽，在吴江县东筑石堤数十里，以为纤路，下设涵洞，以排太湖之水。然日久涵洞为泥沙所淤，茭蒿丛生，"茭芦生则水道狭，水道狭则流泄不快。"于是太湖之水"常溢而不泄，浸灌三州（按：指苏、湖、常）之田。每至五六月间，湍流峻急之时视之，吴江岸之东水常低岸西之水不下一

　　① 水利水电科学研究院编：《黄河流域洪涝档案史料》259页，1993年，中华书局。
　　② 高秉伦、魏光兴主编：《山东省主要自然灾害及减灾对策》15页，1994年，地震出版社。
　　③ 《明史》卷八五《河渠志三·运河上》。
　　④ 《行水金鉴》卷三七引《通漕类编》。
　　⑤ 《续行水金鉴》卷八〇《南河成案》乾隆三年十月初六江苏巡抚许容求奏。
　　⑥ 《治河方略》卷九《辩惑第十二》。
　　⑦ 《续行水金鉴》卷七八《南河成案》乾隆元年七月二十六日掌江南道事协理河南道监察御史常禄奏。

二尺，此堤岸阻水之迹自可览也"①。苏轼也指出："昔苏州之东，官私船舫，皆以篙行，无陆挽者……自庆历以来，松江始筑挽路……自长桥挽路之成，公私漕运便之，日葺不已，而松江始艰嗌不快，江水不快，软缓而无力，则海之泥沙，随潮而上，日积不已，故海口湮灭，而吴中多水患。"② 由此可见，宋代太湖流域水患日甚，江南运河堤岸的修筑是一个重要因素。

二、运河的淤废和沿运地区水资源的枯竭、土壤盐碱化

自唐宋以来，为了保证运河有一定的水源，除了引用天然河流作为水源外，还在运河沿线设置水库，以调节运河水量。宋代曾将圃田泽辟为汴河水柜，夏秋涨水时蓄水，以备冬春之用。绍圣年间，在"中牟、管城以西，强占民田，潴蓄雨水，以备清汴乏水之用"。仅"中牟一县，占田八百五十余顷"③。这些水柜禁止民间引用灌溉，日久造成水柜周围土壤的盐碱化。

宋代汴河已成为地上河，河水向两岸渗透，结果使开封城附近地下水位抬高，开封城周围地势更为低洼，逢夏秋降水量集中时，土壤中水分很快达到饱和状态，形成低洼盆地，城内居民区水位升高，积潦不能排泄，沼泽化、盐渍化现象加重④。元时蔡河已成地上河，蔡西诸水不能排入，积潦成灾。明代黄河经常夺蔡颍入淮，日久将这些陂塘填平，从而引起当地土壤严重盐碱化⑤。总之，南宋以后，黄河不断南泛，蔡河等多次为黄河所夺，先后淤为平陆。在黄淮海平原上形成了许多起伏的沙岗、沙垄，使平原地貌复杂化。夏秋雨季沥水无法排泄，引起内涝、盐碱的灾害。

山东运河对鲁中山地水资源的消耗更为严重。明清两代，会通河全赖鲁中山地西侧各山泉为源，先后拦截入运泉水四百余眼纳入水柜，以备漕船通过时放水入运济漕。于是在非漕运期间，禁止沿运农户引用泉水灌溉农田。明廷下令规定，"凡故决山东南旺湖、沛县昭阳湖堤岸及阻绝山东泰山等处泉源者，为首之人并遣充军，军人犯者徙边卫"⑥。清代规定，"其有盗决者，照律治罪"⑦，"盗决山东南旺湖、沛县昭阳湖、蜀山湖、安山积水湖、扬州高宝湖……首犯先于工次枷号一月，发边远充军"，"其阻绝山东泰山等处泉源有干漕河禁例，军民俱发近边充军"⑧。康熙六十年（1721年）玄烨巡视山东河工时指出："不许民间偷截泉水，则湖水易足，湖水既足，自能济运矣。"⑨ 而明清两代沿运均设管泉官员，并以开发泉源多少为考核标准，于是当官的"尽括泉源，千里焦烁"⑩。不仅将地下水开发殆尽，且因皆以明渠引水，随流蒸发，水资源大量白白

---

① ［宋］单锷：《吴中水利书》。
② ［宋］苏轼：《进单锷吴中水利书》，《东坡全集》卷五九。
③ ［宋］苏辙：《乞给还京西水柜所占民田状》，《栾城集》卷三七。
④ 邹逸麟：《唐宋汴河淤塞的原因及其过程》，《复旦学报》1962年第1期。
⑤ 《河南省盐渍土改良中的几个问题》，1964年中国科学院广州地理所河南分所编《地理汇集》。
⑥ ［明］谢肇淛：《北河纪》卷一《河政纪》。
⑦ 《续行水金鉴》卷七四《运河道册》。
⑧ 《大清律例》卷三九《工律河防》。
⑨ ［清］蒋良骐：《康熙东华录》卷二一。
⑩ 《读史方舆纪要》卷三〇会通河条。

消耗。同时由于"涓滴之流，居民不敢私焉"①，严重影响了沿运的农业生产，使土地荒芜，"流亡者众，则田不受犁者愈多，榛莽弥望，常数十里无炊烟"②。土地荒芜，生产凋敝，环境恶化是必然的趋势。

同时，运河河堤的高筑造成运西地区排泄困难而引起土壤盐渍化。华北平原上中盐渍土及重盐渍土分布极为广泛，多在各种洼地及其边缘地带。例如，1950年代调查，"运河由南向北，在山东省堂邑、聊城、阳谷一带，其流向与自然坡度（由西往东）相垂直，并与马颊河及徒骇河相交，徒骇河、马颊河的涵洞过小，泄水不畅，加以堂邑、聊城一带地势低洼，故运河西岸聊城、堂邑一带土壤盐化较重（中度及重度盐化），而东岸清平、博平一带盐化则较轻（轻度盐化）"③。清代淮河以北地区土地，由于黄淮运交会，长期受水旱之灾，地瘠民贫。乾隆时有人上奏："淮北郡县，地居天下之冲，襟带黄淮，汇注湖荡，土户广繁。频年水旱，饥馑荐臻，以致地荒民瘠。……知淮安南北，地势高下，本略相等，乃田价悬绝，至有相去仅数十里，如淮南泾河上田，每亩值银十余两，淮北下地一顷，仅值银七八两者。盖由淮南多建涵洞，灌注有资，故堤外之田，悉成上腴。至淮北郡县，地虽滨河，而沟渠坡堰，概未讲求，故地之高者，仅种二麦杂粮，从未获禾稻之利，若一遇亢旱，麦收亦阙，其卑下之区，则又皆沮洳葭苇，极目汙莱，积雨即成巨浸，以致夏旱秋水潦，年年告灾。"④ 农业生态的日益恶化，使人民处于极度贫困之中。

历史上东部平原上纵贯南北大运河的修建，虽然是社会发展需要的产物，对历史上国家统一、经济交流起过重要的作用。但是由于没有顺应天然水系的条件，勉强为之，结果扰乱了整个平原水系发展规律，引起了环境恶化，最终还是影响了社会经济的发展。其利为其害所抵消。从历史的长河观之，实为利于当代，祸及后人。这些都是不符合可持续发展的思想，值得我们今天认真考虑的。

---

① 《天下郡国利病书》卷三八《山东四·兖州府志》引《漕河图说》。
② 《天下郡国利病书》卷三八《赋役志》。
③ 中国科学院土壤与水土保持研究所编：《华北平原土壤》101页，科学出版社，1961年。
④ 《续行水金鉴》卷八一《皇清奏议》乾隆七年顾琮奏。

第五篇　历史时期海岸的演变

　　中国漫长的海岸，可分为平原海岸、基岩海岸和生物海岸三大类型。中国较大的平原海岸，包括辽东湾海岸、滦河三角洲海岸、渤海湾西岸海岸、黄河三角洲海岸、莱州湾海岸、江苏海岸和长江三角洲的上海海岸以及珠江三角洲海岸、韩江三角洲海岸、台湾西海岸等。这类海岸是在河流、海流和波浪等动力因素作用下，由泥沙堆积而成的海岸，历史时期演变显著、文献记载较为丰富、以往研究也较为深入，是为本篇论述的重点。至于基岩海岸和生物海岸，历史时期演变规模甚小，或是缺乏历史文献记载，本篇暂不予以讨论。

第十四章　历史时期环渤海平原海岸的演变

环渤海平原海岸包括环渤海的北部辽东湾海岸、南部莱州湾海岸，西部渤海湾海岸三个部分。全新世大海侵以来，除了海面波动的影响以外，辽东湾海岸的演变和辽河下游的变迁密切相关，演变幅度较大；莱州湾海岸的演变，因不受大江大河影响，岸线变幅相对较小。渤海湾海岸由北部滦河三角洲海岸、南部黄河三角洲海岸和渤海湾西部海岸三部分组成。渤海湾西部和南部海岸的演变，主要决定于黄河下游的河势和变迁，岸线变幅较大；北部岸线的演变则以滦河下游的摆动及其三角洲前缘的扩展为动力，具有一定的演变幅度。下面环渤海自北向南依次论述海岸的历史演变。

第一节　辽东湾海岸的演变

一、辽河的演变

辽河位于中国东北地区南部，全长1430km，流域地跨河北、内蒙古、吉林、辽宁四省区，面积达22.94万km²。辽河有东西两源，东源为东辽河，源出吉林省东南部吉林哈达岭西北麓；正源即西源为老哈河，发源于河北省平泉县七老图山脉的光头山，东北流经内蒙古自治区赤峰市与通辽市接壤处的大榆树附近时与西拉木伦河相汇后称西辽河，而后东流至吉林省境内折向南，于辽宁省昌图县福德店与东辽河汇合后称辽河。辽河纳招苏台河、清河、柴河、泛河、柳河等支流至台安县六间房分为两股：一股西流，称双台子河，纳绕阳河后，于盘山县注入辽东湾，入海处有人工渠道与饶阳河相通；另一股向南流，称外辽河，纳浑河、太子河后称大辽河，经营口注入辽东湾。1958年，当地为了根治辽河水患，在六间房附近堵截外辽河，使辽河由双台子河入海，浑河、太子河由大辽河入海，各自成为独立入海的水系。

辽河流域很早就有人类生存，大量新石器时代的考古成果表明，距今8000年前的兴隆洼文化以及此后出现的赵宝沟、红山、新乐文化等文化人群先后活动在这一流域范围内，并留下大量考古文化遗址。在自然与人文因素双重影响下，辽河河道变化最大的地段在西辽河一线以及干流地段。辽河两源中，东辽河源于吉林南部山地，流程短，且流域内植被条件较好，河道变化不大，西辽河则有着完全不同的地质基础与地表物质条件，这些条件与人类活动相结合，导致河道发生明显的变化。第四纪以来辽河平原的新构造运动对西辽河与辽河干流河道走向产生深刻影响，中更新世前西辽河为向心状内陆水系，中更新世末出现的长岭隆起与双辽断裂直接导致河道走向发生改变。从卫星像片上显示双辽断裂为北北西向，北至通榆，南至双辽，长约110km，受断裂带控制，西辽河至此南下切穿铁法丘陵流入下辽河平原，转为外流水系。晚更新世末西辽河主河道大致位于现代新开河的位置，全新世的一万年中，新构造运动趋于活跃，受长岭隆起影响西辽河逐渐向南摆动，向南移动了 60km 左右。西辽河河道南移现象在近 200 年内表现仍然明显，进入 20 世纪，1917～1959 年西辽河下游发生过 5 次改道，河道位置的总体变化特征仍为向南移动①。

双辽断裂控制了西辽河以及辽河干流的基本走向，进入历史时期在这一地质基础上，辽河道变迁主要在新民以下干流段。《汉书·地理志》、《水经注》记述了辽河干流河道的走向，《汉书·地理志》："大辽水出塞外，南至安市入海……大梁水西南至辽阳入辽。"《水经注》经文载："大辽水出塞外卫白平山东南入塞，过辽东襄平县西……又东南过房县西……又东过安市县西南入于海。"郦道元注曰："辽水……自塞外东流直辽东之望平县西……屈而西南流径襄平县故城……又南径辽队县故城西，王莽更名之曰顺睦也，公孙渊遣将军毕衍拒司马懿于辽队即是处也。"《汉书·地理志》、《水经注》记载的基本为秦汉至魏晋时期辽河干流河道走向，综合上述记载这一时期辽河自新民以下段大致沿着今天的烂蒲河、接纳浑河南行，直趋海城西境入海。隋、唐、宋、元各朝辽河干流基本稳定，明人程开祜《筹海硕画》中记述了明初洪武年间（1372 年）辽河干流河道变迁情况，这一时期辽河在新民、辽中之间向西分出一支，以后东支日渐淤浅，明中叶后西支成了辽河主要水道②。

此外，辽河下游三汊河河段也发生了一些变化。按明代《辽东志》与《全辽志》中记载，嘉靖之前的三汊河在海州卫城以西 70 里处。然而据《全边略纪》所载，万历年间三汊河水域与海城之间的距离只有"不过四十里"③，与之前相比已经缩短了 30 里路程。清初顾祖禹撰《读史方舆纪要》时，提及其间距离已经为 55 里④，到嘉庆修《大清一统志》时，这个距离又扩大到 60 里⑤。由此可知，在明嘉靖之后，三汊河段水域先向海州方向剧烈扩展了 30 里，明末清初时又开始向原处逐渐缩回。造成这种现象的原因，应是由于严重的洪水、海侵导致河水漫流，三汊河段水域面积急剧扩张；或者向东形成蜿蜒型曲流河道，导致辽河水域与海城之间距离迅速缩短。随后外因减弱，河水又逐渐恢复到原有范围。从现有记载可以看出，明嘉靖之后辽东多发水患，如嘉靖二年⑥、嘉靖十六年、嘉靖二十七年、嘉靖四十五年、万历十四年、万历四十一年等均出现严重灾情；嘉靖三十六年时，海州、金州、盖州、辽阳等地遭遇严重水灾⑦，三汊河以东从东胜堡到沈阳间长达 170 里的边墙也被冲塌⑧。万历年间，辽东面临内忧外患，河道淤塞⑨，与三汊河西通的路河河堤颓塌，潴水成湖⑩，进一步加重了水流溦漫的程度。泰昌之后水灾渐少，三汊河水域面积又逐渐复原。

近 500 年来辽河干流发生过上述改道现象外，局部河段小范围的变化时常发生，据

---

① 刘祥、孙文丽：《西辽河水系变迁》，《内蒙古水利》，2001 年第 4 期。
② ［明］程开祜：《筹海硕画》卷首《辽东图说》。
③ ［明］方孔炤：《全边略纪》卷九。
④ 《读史方舆纪要》卷三七，《山东八·海州卫》"辽河"条。
⑤ 《嘉庆重修一统志》卷五九《奉天府·山川》"三汊河"条。
⑥ 《全辽志》卷四《祥异志》。
⑦ 《明世宗实录》卷二〇五、卷三四一、卷五六三、卷一八三、卷五一二、卷四五四。
⑧ 《全辽志》卷二《边防志·墩台》。
⑨ 《明神宗实录》卷三一七。
⑩ 《抚辽奏议》卷六《路河》。

《清史稿·地理志》载："西辽河即西喇木伦河，导源克什克腾旗，新辽河即大布苏图河，导源札鲁特旗，俱自科尔沁左翼中旗入，合流至三江口，东辽河自怀德入，西南流来汇，以下统名辽河。"当时东西辽河的汇合处在三江口，清末以来三江口附近出现分支，导致汇合口下移到古榆村，《现代本国地图》前言中明确说明"本土于地面上最近发现之变迁"中，"辽宁西辽河与东辽河本在三江口合流，今合于三江口南市之古榆树附近，皆为改正，以符实际"①，近几十年又南移至昌图福德店村。此外辽河在铁岭以西本流经曾盛堡北②，清乾隆年间在下塔子分为南北两支，一支流经堡南③，不久此支渐淤，干流南移。自此向下三面船山附近的辽河也有小段摆动，三面船山本"临辽河，三面皆可泊船"④，现在这里则离辽河数里。到达今天河道位置。此类小范围的河道变动，在辽河干流各段屡有记载。

辽河干流河道多变与这里的地表物质直接相关，来自第四纪地貌的研究证明，辽河平原布满丰厚的沉积物，辽河所经地区多为下粗上细的河漫滩二元结构，洪水期水流动力加大，对河床造成的冲击时常会形成决口改道，此类现象很多，除前述各例外，《奉天通志》所载清咸丰十一年（1861年）"辽水盛涨，右岸冷家口溃决，顺双台子潮沟刷成新槽，分流入海，是为减河之起始……"也属于此类现象⑤。此外河流行经平原之上，水流受地转偏向力的影响，曲流发育很快，自然截弯取直过程也会导致河流出现流路变化。辽河干流发育在平原之上，因地表物质与河流动力而导致的河道变化，不应只发生在明末以来数百年内，此前这里沼泽遍布，人口稀少，河道变化不被人关注，明末以来辽东一带的政治、军事关系朝廷安危，驻兵数量增加的同时，沿辽河一线设阵布防成为前线军事指挥的方略之一，正是这样的原因人们对辽河的关注也甚于往日。入清以来，特别是晚清，地区经济开发与商埠的兴建使辽河干流以及辽东湾的航运价值不断提高，又提升了人们对河道的关注，在这样的背景下，与河道变化相关的记载自然屡见于各类文献。

二、辽东湾海岸的演变

辽东湾属于中生代裂谷盆地，除堆积了厚度可观的古近系与新近系河湖相地层外，还沉积了厚达400余米的第四系堆积物，由于沿海平原经历第四纪海侵，形成明显的海陆交互相地层，海相沉积向内陆延伸数十千米，沿河谷上溯的距离更远。进入全新世中期以后伴随气候转冷而出现的海平面下降以及河流泥沙运动形成的泥沙淤积，下辽河海岸地带经历了海岸线逐渐向海延伸的过程。

第四纪以来下辽河平原经历过三次海侵，在辽河口、双台河口与大凌河口沿海平原堆积了海陆交互相地层，其中全新世海侵是我国东部沿海地区分布范围最广的一次海

---

① 1933年申报馆地图；屠思聪、王振：《现代本国地图》，世界舆地学社，1940年。

② ［明］冯瑗《开原图说》卷上"曾迟堡"条。

③ 《铁岭县志》卷下《山川志》"外辽河"条："（铁岭）城西十里，即辽河自下塔子分出，至红宝石大台入辽河，遂为内外辽河"。

④ 《奉天通志》卷七六《山川十·各县山水四》"三面船山"条。

⑤ 《奉天通志》卷七〇"减河"条。

侵，大约距今 8500 年海水自河口侵入下辽河平原，逐渐淹没数十公里沿海平原，同位素测年显示距今 8000～2500 年是这一地区最高海平面时期①。

进入历史时期下辽河海岸线变化以向海延伸为主要特征，这一变化可以通过不同时期历史文献记载洞察其过程。西汉时期曾于下辽河平原及其周围置辽阳（今辽中）、望平、险渎、房、辽队五县，从地貌位置来看，这五县所在位置基本位于下辽河平原的东缘，而这时下辽河平原的主体以及辽西走廊一带均为沼泽。这样的环境状况虽然没有保留在西汉时期的文献记载中，但西汉以后的历史事件却清楚地证实了这一事实。建安十二年（公元 207 年），曹操北伐乌桓曾试图取道辽西走廊一线，其臣下告之："此道，秋夏每常有水，浅不通车马，深不载舟船，为难久矣。"② 所谓"浅不通车马，深不载舟船"无疑属于沼泽沮洳之地，且这样夏秋为水所阻的现象并非一时，已经由来已久。正是如此西汉辽西郡所属十四县无一位于今锦州至山海关的沿海地带③，非但交通受阻，生产开发也受到影响，东汉灵帝时辽西太守赵苞遣使从今山东迎家眷到官，当时辽西郡西部已为鲜卑人出没之地，出喜峰口循滦河至大凌河一线通向东北地区的"卢龙道"不能保证安全通行，而辽西郡治所阳乐（今辽宁义县西）距海又较近，赵苞的家眷却仍然走"卢龙道"，结果被鲜卑人抓去杀掉了④。可见辽西走廊一带确实久阻于水，滨海地带与下辽河平原基本属于同一高程，这里的积水与下辽河平原广泛发育的沼泽连为一体，更加重了对交通的影响。虽然华北通向东北并不是只有一条道路，但与其他道路穿行于山中相比，辽西走廊平坦的地势自有其独特的优势。为了利用平坦地形，人们不断开辟这条道路，如慕容隽南伐石赵、北齐文宣帝北讨契丹都曾趁冬季地冻时机分兵出辽西走廊。但道路毕竟很艰难，因为受季节积水所限，沿海一带一直是无人地带⑤。曹操平定乌桓后由辽西走廊回师，此时正逢天旱，积水已退，但军马不得饮食，以致杀马数千匹充饥，凿地 30 余丈而得饮水⑥。辽西走廊的积水至隋唐时期开始有所转变，并在隋唐几次东征中起了主要作用。隋唐出征高丽，均经由临渝关（又称渝关、榆关）。临渝关位于今河北抚宁县东榆关镇，与明清以后辽西走廊南端的山海关位置不同，但同样是这条道路上的重要关口。与道路通行状况转变相应，临渝关的设置大约也在此时，开元四年契丹威胁营州，都督许宗澹即从渝关撤回⑦。虽然如此，由于长期积水，辽西走廊的开发还十分有限，五代晋出帝北迁黄龙府即行经此道，但那时沿途景观依然遍地沙碛，一路饥不得食⑧。直至辽代在辽西走廊一线设置了来、隰、迁、润四州⑨，整个道路才进入全面开发时期。

---

① 杨文才：《下辽河平原第四纪海、陆变迁》，《中国东北平原第四纪自然环境形成与演化》，哈尔滨地图出版社，1990 年。

② 《三国志》卷一一《魏书·田畴传》。

③ 《汉书》卷二八《地理志》下。

④ 《后汉书》卷八一《赵苞传》。

⑤ 辛德勇：《论宋辽以前东北与中原之间的交通》，辛德勇：《古代交通与地理文献研究》，中华书局，1996 年。

⑥ 《三国志》卷一《魏书·武帝纪》。

⑦ 《旧唐书》卷一九九下《契丹传》。

⑧ 《新五代史》卷一七《晋家人传》。

⑨ 《辽史》卷三九《地理志》。

辽西走廊与下辽河平原连为一体，辽西走廊积水状况的变化在一定程度上也是下辽河平原环境状态的反映。第四纪以来下辽河平原经历了多次海侵，其中发生在全新世的海侵不仅海水深入陆地范围最广，而且对历史时期有直接影响。全新世早期、中期都发生过海侵，其向陆延伸范围大约至盘山已远，故此次海侵也被称为盘山海侵[①]，以当代海岸线为基点进行距离测量，盘山海侵深入陆地达 50～60km，位于锦县新地号 CK21 和台安附近的 LP37 孔显示了此次海侵的最大范围，海侵过程海水深入陆地的范围是探讨岸线变化的基点，根据钻孔资料分析，全新世海侵范围基本为海城、牛庄、沙岭子、盘山、沟帮子、右卫、金城、至锦州以南[②]，虽然在海侵过程海水入侵程度在河流所在地与滨海平原有所不同，一般沿河地带往往形成溺谷，海水入侵范围大于滨海平原，但总的来看这一线基本就是这一时期下辽河平原岸线所在范围。

　　全新世中期以后辽东所在渤海沿岸经历数次海退历程，其中距今 4300 年、距今 3400 年和距今 2000～1000 年为三次海退过程的停顿期[③]，2005 年 6 月《盘锦日报》的一条消息报道，在盘山县高升镇文奎村发现新石器时期石杵，高升镇位于盘山县北部，由此可以证明距今 5000～4000 年时期这里不仅成陆，而且已经有人生活在周围地区。在海退过程三次停顿期中与距今 2000～1000 年相对应的历史年代为汉唐时期，关于这一时期岸线位置的最早文献记录来自于《汉书·地理志》大辽水条下"南至安市入海"。《水经》亦云大辽水"又东过安市县西南，入于海"。汉唐安市县故城在今海城东南营城子，海城位于辽东丘陵边缘地带，距海里程与盘山等地相仿，并位于辽阳、望平、险渎、房、辽队五县之东，因此《汉书·地理志》此条记载对于断定此时辽河下游河道走向具有重要意义，但对于判断海岸线的位置意义并不明显。相反，同样来自《汉书·地理志》关于下辽河平原周边地区设置辽阳等五县的记载，却证明了此时下辽河平原海退进程，其中辽队、房县的位置尤其具有标志性意义，《水经注》云："大辽水……又南径辽队故城西，又东南过房县西，又东过安市县西南，入于海。"辽队故城在今辽阳市西，安市县在今海城东南营城子，根据文献描述房县与辽队、安市的位置关系，其城址应在辽队南、安市西，若与盘山海侵期海水入侵地之一海城比较，显然已经偏西了许多，西汉房县与今海城之间的距离就是海退后延伸出来的陆地。西汉五县均设置在辽东丘陵的边缘，而下辽河平原腹心不但没有行政建置，而且也未发现考古遗迹。这样的情况一直到唐代都没有根本的改变，与前朝一样，唐代在辽东一带设置的行政机构仍然选择在辽东丘陵的边缘地带，其位置与汉代以及此后几朝没有大的出入。不仅如此，辽河平原沼泽沮洳的环境特征十分明显，据《资治通鉴》载唐太宗出兵高丽"车驾至辽泽，泥淖二百余里，人马不可通"，后来回师渡辽，辽泽同样"泥潦，车马不通"，为此太宗只好命令长孙无忌率领万人剪草填道，水深之处以车为梁，而他自己也亲作表率，系薪于马鞯以助役[④]。此时的辽河平原沼泽湿地上多为芦苇等植物所覆盖，辽河两岸长满柳蒙，"密可藏兵马"，多生细草藿蒲，为"毛群羽族朝夕相雾"之地[⑤]。唐代的岸线大约沿

　　① 张树常：《下辽河平原第四纪地层的划分》，《辽宁地质学报》，1981 年第 1 期。
　　② 符文侠：《下辽河平原和辽东半岛海岸带晚更新世以来的海侵》，《地理研究》，1988 年第 2 期。
　　③ 中国科学院贵阳地球化学研究所：《辽宁南部一万年来自然环境的演变》，《中国科学》，1977 年第 6 期。
　　④ 《资治通鉴》卷一九七、一九八，唐太宗贞观十九年。
　　⑤ ［唐］雍锹：《翰苑·藩夷部》一高丽篇注文。

3m 等高线分布。

微地貌分析与钻孔资料进一步印证了文献记载，微地貌显示"盖平大石桥一带，海侵与港湾式海岸遗迹非常明显，从钻孔资料分析，西牛古城子自地面至地下 92m 的沉积物与现代辽河口的沉积物基本相同，其规律是黏土、细沙、黏土相间，且夹有贝壳碎屑、植物化石和氧化铁锈斑"，这说明这一带当时处于河口即三角洲沼泽沉积环境。由此初步推测，当时岸线在盖平、大石桥、牛庄、沙岭一线代表古海岸线位置，这条海岸线形成于公元前，直至辽金一直保持相对稳定①。辽代于海城置海州，其附廓县称为临溟，说明 10 世纪时，大海仍距海城不远。

辽金以前岸线推展缓慢，说明早期的辽河，平流清深，入海泥沙不如今日丰富。辽王朝建立于西辽河流域，前后数十万中原农民迁入这一地区，长期的农业开垦对于这一生态脆弱地带造成一定的环境扰动，与植被破坏、土地裸露相伴，流域内来沙逐渐增多，而海岸外涨亦渐臻显著，这样的情况在明代得到明显反映。《明史·地理志》载盖州卫条下载："又西北有梁房口关，海运之舟由此入辽河。"梁房口关，即今营口附近的大白庙子，由此向西，岸线已在沙岭以南约 50 里②，至于吴家坟附近则"环海多潮沟，盛芦苇"③。明代杜家台、北井子、双台子（今盘锦市）都是海防重地④，临海是海防的前提，当时的海岸线应从吴家坟向西，经杜家台，一直向西至间阳驿，明代沿这一线设置了数个站堡。直到清初，王一元赴京赶考，由牛庄直奔间阳驿，一路仍"遵海而行"⑤。清以后岸线继续向海推移，对照清末民初的图籍，九间房、七水井子、诧子里、五岔沟都还近海⑥，今日已经居于陆地之中了。明代下辽河平原海岸线基本保持每年以 5m 的速度向海推进，营口的形成就是下辽河海岸线推进过程中的产物，营口本为辽河口外一沙岛，因有兵营驻扎故有此称⑦。因泥沙淤积，1820~1830 年代此沙岛与陆相连，遂使辽河河口延伸于营口之外（图 14.1）。

明代文献反映的海岸线位置就是辽金以来海岸线向海延伸的结果，这一结果及延伸速度均与辽金时期的人地共同作用直接相关。海岸线的推移受内外力双方作用，近1000 年来下辽河平原没有明显的抬升运动，海岸线主要受泥沙淤积的影响产生推移。当注入海湾的河流泥沙运行量增大的时期，海岸线会表现出明显的向海延伸。辽河流域分东西两部分，其中西辽河流域以丘陵、沙地为主，水土流失严重，西辽河及各条支流来沙量占总来沙量的 88.8%，为辽河的主要产沙区，东辽河来沙量仅占 11.2%⑧，由此看来辽河口岸线推移与西辽河流域泥沙运动直接相关。泥沙运动的动力一方面取决于自然环境本身，另一方面则来自于人类活动导致的加速侵蚀。在人类活动中，辽金时期的农业开垦无疑是造成植被破坏、泥沙加速运动的重要原因。

---

① 罗玉堂、章文溶：《辽河三角洲平原地貌的特征和发育过程及其对农业的意义》，《中国地理学会 1963 年年会论文集（地貌学）》，科学出版社，1965 年。

② [明]程开祜：《筹辽硕画》卷五。

③ 《万历武功录·连把亥传》，"其十月，房乃从小周台，深入吴家坟……其下环海多渊，沟盛芦苇"。

④ 《辽东志》卷 2；《全辽志》卷一；《盘山县志略》卷二、卷三。

⑤ 《辽左见闻录》。

⑥ 光绪《大清帝国全国》、《大清会典图》、民国《申报图》。

⑦ 熊之白：《东北县志记要》。

⑧ 韩云霞：《辽河下游河道泥沙特点及中水河槽治理探讨》，《东北水利水电》，2001 年。

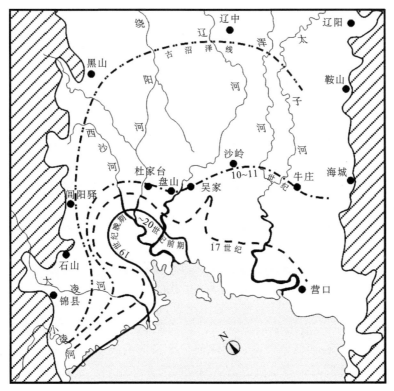

图 14.1　下辽河平原海岸线变化图

资料来源：中国科学院《中国自然地理》编辑委员会：《中国自然地理·历史自然地理》，

科学出版社，1982 年

　　辽东湾海岸线的延伸不仅与辽河水系的泥沙运送相关，而且也与大、小凌河三角洲发育有直接关系。许亢宗出使金国《行程录》中写道，榆关"南濒海，北限大山"。离来州（应为隰州）30 里，"即行海东岸，俯绝沧洪。与天同碧，穷极目力，不知所际"，路过海云寺，寺去海半里许，又自海云寺到红花务，行程百里，一路也是循海而行。按许亢宗行程所经榆关、隰州、海云寺、红花务，这些地方都在山海关通往锦州的公路上，故辽金时期的岸线自当紧临今公路线。此外宋白、曾公亮的相关记载也与许亢宗所言相吻合。明末清初一些文献中留下了此时岸线位置的记载，此时的岸线基本位于今山海关外的望夫石、前卫东南的塔山、兴城西南的蛇山和锦西东北的天桥厂一线，虽比辽金略有南伸，但照样深入内地，与今尚有较大的差别[1]。

　　大、小凌河三角洲是一个复合三角洲，隋代于大凌河口设有望海顿（今锦县右屯卫）[2]，为积谷转运之所，这说明三角洲岸线已伸展到右屯卫附近。明洪武二十六年（1393 年）置广宁右屯卫于十三山堡，次年（1394 年）即移治临海乡[3]，即隋之望海

---

　　① 王一元：《辽左见闻录》望夫石在山海关外，"屹立海涛中"。《全辽志》卷一：连海山在前屯卫西南四里，山延袤，"南接海"；塔山口，前屯卫东南，有盐场百户所。《大明一统志》卷二五：六州河（今六股河）"南流至蛇山务入海"。《辽东志》卷二、道光《筹办夷务始末》卷四一：天桥厂，明设盐场，清为海港。

　　② 《资治通鉴》卷一八一。

　　③ 《明史·地理志》。

顿。据《全辽志》记载，明代后期右屯卫半被海水所围，东距海 30 里，南距海也 30 里，东南距海则为 35 里。其时，锦州东南有一居民点蚊子关，后称文字官，为滨海要戍①。小凌河口明时在蚂蚁屯入海②，而大小凌河之间，滨海有时和堡，即今四合屯③，因此 17 世纪的三角洲岸线，在今蚂蚁屯、四合铺、文字官一线。据记载，19 世纪末岸线再度南迁，已达头沟、四沟、大沙沟、元宝底、南项、狼坨一线④。如今这些聚落离海又有数里乃至十多里的路程。

大凌河三角洲为扇形，河流分汊入海，主泓时有摆荡，明代多东摆入盘锦湾，清代多南摆直接汇注辽东湾。20 世纪以来，1950 年代前东摆，1950 年代后又南摆入辽东湾⑤。在大、小凌河三角洲与辽河三角洲之间的盘锦湾，随着两侧三角洲的发展而逐渐缩小。湾头东、西沙河发育的小三角洲，明代岸线已推展到杜家台附近⑥，东与双台子、吴家坟岸线相接。杜家台以西，山溪来水多短小，供沙少，海岸较稳定。环海的小旗杆子等口岸到清末还可以泊大船。杜家台以东，在盘山（双台子）以南，与辽河三角洲西缘的田家庄之间，有一小海湾向东汊出。咸丰间，曾有巨鱼搁潮滩上；人以鱼骨为梁于其上造药王庙⑦。此小海湾一直保存到 20 世纪上半叶。

清朝末年，下辽河平原广泛垦殖，疏干沼泽，建立排水系统。并因分辽河洪水，于 1896 年开挖减水河，分泄洪流进盘锦湾，名为双台子河，从而促进盘锦湾的淤积。1958 年以后拦断辽河分泄营口流路，与浑河、太子河的入海河道分流，全辽之水都由双台子河入海。与此同时，原日淤成沼泽的盘锦湾大部疏干，成为阡陌相连的农田和茂密的苇场。

总之，辽东湾岸在今锦州以西和盖县以南变迁不大，而中部特别是盘锦地段发展却很迅速。此外各地岸线早期发展都很缓慢，清朝后期才出现巨变。

第二节　滦河三角洲海岸的演变

滦河三角洲海岸演变，主要受制于滦河流出燕山山地之后向南注入渤海湾所形成的滦河冲积扇的左右摆荡和三角洲前缘的伸缩变化。

一、全新世中期的海岸线

晚更新世晚期滦河从迁安西峡口出山之后，形成一个西界徒河、东界饮马河的巨大冲积扇-三角洲沉积体。其轴部自古马、小马庄经扒齿港、安各庄一带向南突出，东西

---

① 《东三省古迹遗闻续编》。
② 宋《武经总要》卷二六；乾隆《盛京通志》卷一四《山川》等．
③ 《全辽志》卷一《广宁左中屯卫境图》作"时和堡"，其位置与今四合屯（亦作四海屯）近似，"时和"、"四合"音近，故当为一地。
④ 光绪《奉天全省舆图》。
⑤ 中央民族学院：《历史上辽东湾变迁》（油印本）："大凌河变迁，明以前河道与解放前相近，在今屯合卫东入海……清又与今相近。"
⑥ 《全辽志》卷二。
⑦ 《东三省古迹遗闻》。

两侧高程相应降低。大理冰期低海面时，滦河冲积扇顶点下移至滦县，全新世高海面时期形成新的冲积扇-三角洲沉积体，叠覆于晚更新世晚期冲积扇-三角洲之上，由于顶点下移幅度较大，全新世三角洲规模较小，西界在滦县、滦南、暗牛淀一线，东界沿坎上、靖安、皇后寨一线延伸，范围局限在老冲积扇的中部偏东地区[①]。新老三角洲的前缘，大致在 5m 等高线附近，西起徒河边的丰南董各庄，东南至滦南东黄坨、暗牛淀，转向东折东北经乐亭前黄坨、姜各庄，又北经昌黎刘台庄至裴家堡。三角洲前缘的这条界线，基本上也是中全新世的古海岸线[②]。乐亭县前黄坨的红山文化遗址，滦南县东黄坨、西庄店的龙山至商代文化遗址，均分布在这条 5m 等高线的古海岸附近[③]。

二、全新世晚期的海岸演变

秦汉时期，根据《汉书·地理志》和《水经·濡水》、《水经注·濡水》记载，当时以滦县为顶点的滦河三角洲，形成扇状分流水系：西支位于三角洲西侧，从今滦南县东侧南流入海，大致相当于今新滦河和沂河一线；中支经乐亭县西而南入海，相当于今大清河（老滦河）流路；东支经乐亭县东南入海，相当于今滦河岔。在多汊分流的状态下，滦河三角洲前缘的发展较为均衡，考虑到东汉时期渤海湾的海侵，秦汉时期滦河三角洲分流水系前缘海岸线的位置，大致仅在 5m 等高线稍南一带。

北魏至辽金时期，西支脱离滦河成为三角洲上的独立河道；中支发展为主干道，过乐亭之后又南流入海；东支自乐亭之北分流而出，成为它的汊道，东南入海；整个三角洲的前缘在向海推进中，形成以中支老滦河河口向南突出的海岸形态[④]。

元初至元六年（1269 年）开始，特别是大德五年（1301 年）之后，滦河多次爆发大洪水，延及明朝一代[⑤]，分流河道因之在整个三角洲上决溢改徙不断，泥沙大量淤积使三角洲海岸全线迅速向海推进。根据海防哨台的分布位置，明代滦河三角洲的前缘，西起柏各庄，东经柳赞北，又东至大苗庄转东北，经西关里、火烟庄至莲花坨[④]。其中，以老滦河口的发育最为典型。在明嘉靖年间，祥云岛还是河口"海中一丸岛"，天启时祥云岛已"近海岸"，至清康熙后期，祥云岛已登陆在海岸线上，而今原祥云岛距海已有 10km 之遥[⑥]。

清后期，滦河上游围场开禁，森林砍伐，草皮破坏，水土大量流失，致使入海泥沙显著增加，三角洲海岸线再次以较大速度向海推进[⑦]，除形成民国初年以来的新滦河口以外，今日之三角洲海岸基本已经定局。尤以南堡一带，在西向扩展水下沙堤的掩护下，形成较为平静的水域，泥沙更易沉积，南堡海岸向南推进更快，海岸形态也就特别

　① 大港油田地质研究所 等：《滦河冲积扇-三角洲沉积体系》，地质出版社，1985 年。

　② 韩有松 等：《华北沿海中全新世高温期与高海面》，见施雅风主编：《中国全新世大暖期气候与环境》，海洋出版社，1992 年。

　③ 高善明 等：《渤海湾北岸距今 2000 年的海面波动》，《海洋学报》，1984 年第 1 期。

　④ 中国科学院工程力学研究所等：《唐山地震震害调查初步总结》滦河水系变迁图，地震出版社，1978 年。

　⑤ 《读史方舆纪要》卷一七·永平府滦河。

　⑥ 翟乾祥 等：《据历史文献及考古资料论证 5000 年以来渤海湾西、北岸海岸线变迁》，载国际地质对比计划第 200 号项目中国组：《中国海平面变化》，海洋出版社，1986 年。

　⑦ 中国科学院《中国自然地理》编辑委员会：《中国自然地理·历史自然地理》，科学出版社，1982 年。

突出[①]（图 14.2）。

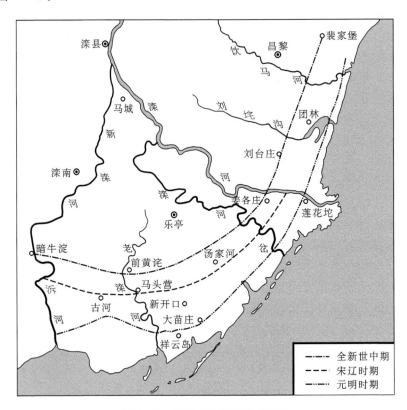

图 14.2　滦河三角洲海岸变迁图

第三节　渤海湾西部海岸的演变

渤海湾西部海岸，包括北部的天津市海岸和南部的沧州市海岸两部分。在历史早期，北部地区属洼地地貌，南部属古黄河三角洲。由于地貌形态的差异，表现在海岸的发育与演变过程上，南北两区略有差异，形成的贝壳堤数量和延伸方向也有所不同。

一、中全新世早期的海岸

距今 7000～6000 年的全新世海侵鼎盛阶段，研究者根据地质地貌和盐碱土分布推测，认为当时的海岸线大致在今 4m 等高线附近[②]。但在此等高线附近，至今少有确凿的实物证据，因而尚存争议。

---

① 翟乾祥 等：《据历史文献及考古资料论证 5000 年以来渤海湾西、北岸海岸线变迁》。国际地质对比计划第 200 号项目中国组：《中国海平面变化》，海洋出版社，1986 年。

② 陈吉余：《渤海湾淤泥质海岸（海河口-黄河口）的塑造过程》，陈吉余：《陈吉余（伊石）2000：从事河口海岸研究五十五年论文选》，华东师范大学出版社，2000 年。赵松龄：《近百年来中国东部沿海地区海面变化研究状况》，国际地质对比计划第 200 号项目中国组：《中国海平面变化》，海洋出版社，1986 年。

根据渤海湾西部继承晚更新世以来的构造沉降、河北平原中部古湖沼带的发育[1]以及黄河古三角洲[2]、桑干河古冲积扇发育等的研究成果判断，这一时段，渤海湾西部海岸线平面呈现凹凸相间的形态。天津以北属凹陷区，岸线呈海湾凹入远在宝坻城关附近[3]；天津西北受古冲积扇控制，岸线可能向东南凸出；天津西南属白洋淀、文安洼凹地，海湾岸线凹进侵入到静海县西部的南柳木和青县城关一线；天津以南的河北沧州地区是当时黄河下游古三角洲发育的地区，三角洲前缘岸线向东凸出于沧县望海寺至盐山县一带[4]。

　　其后，海平面变动的总趋势是在波动后退中趋于稳定[5]，渤海湾西岸的演变，主要受控于黄河下游入海泥沙的淤积并向大陆架扩张，导致海岸线逐渐向东推进。但由于黄河下游的南北迁移和尾闾的左右摆荡，以及海平面波动后退中出现的滞留过程，渤海湾西岸岸线的演变，总体上呈间歇性向海推进，推进的速度南北存在差异。当岸线发育处于滞留的间歇期内，潮滩上的贝壳，不断被激浪卷冲到高潮线上，经过长年累月的堆积，最终形成贝壳堤。贝壳堤是稳定海岸的典型标志，至今天津东部尚存3条平行于海岸的贝壳堤，天津北大港以南至沧州东部则有5～6条长短不一的贝壳堤，它们成为不同时期海岸线所在的典型代表地物。1950年代以来，学者对渤海湾西岸海岸演变展开大规模的研究，普遍关注的是自西向东分布的4条规模较大的贝壳堤（图14.3）。

二、中全新世中期的海岸

　　如图14.3所示，贝壳堤Ⅳ主要见于南部的沧州市黄骅县境内，它北起同居、阎北、翟庄，向东南延伸经小王庄、北尚庄、徐西庄、沈庄至苗庄。贝壳堤经[14]C测定，沿线的同居距今4460±60年，翟庄距今5130±80～4185±80年，黄骅沈庄距今5035～3800年，苗庄距今5235±140～3955±70年[6]，说明这条贝壳堤代表距今5000～4000年的渤海湾西岸海岸线。

　　大海侵鼎盛时期，黄河下游主干道从今沧州市境分流入海，至汉代仍见载于《汉书·地理志》，因此通常被称为《汉志》河。据研究，当时黄河河口段分支入海，形成若干河口三角洲。其中，顶点在孟村的分流三角洲发育规模最大，延续时间最久；其次

　　① 王会昌：《河北平原的古代湖泊》，《地理研究》1983年第3期。
　　② 吴忱 等：《黄河古三角洲的发现及其与水系变迁的关系》，吴忱等：《华北平原古河道研究论文集》，中国科学技术出版社，1991年。
　　③ 吕先进、翟乾祥：《渤海西岸海平面变化和对策》，张树明主编：《天津土地开发历史图说》，天津人民出版社，1998年。
　　④ 吴忱 等：《全新世中期渤海湾西岸的海侵》，《海洋学报》，1982年第6期。
　　⑤ 赵希涛 等：《渤海湾西岸的贝壳堤》，《科学通报》，1980年第6期；吕先进、翟乾祥：《渤海西岸海平面变化和对策》，张树明主编：《天津土地开发历史图说》，天津人民出版社，1998年。
　　⑥ 赵希涛、张景文：《渤海湾西岸第四道贝壳堤存在和年代新证据》，《地质科学》，1981年第1期；韩有松等：《华北沿海中全新世高温期与高海面》，见施雅风主编《中国全新世大暖期气候与环境》，海洋出版社，1992年；吕先进、徐宏均、翟乾祥：《天津滨海平原的形成暨贝壳堤的分布》，见崔士光主编《天津七十二沽与渤海西岸减灾》，天津市人民政府农业办公室编印，1998年。

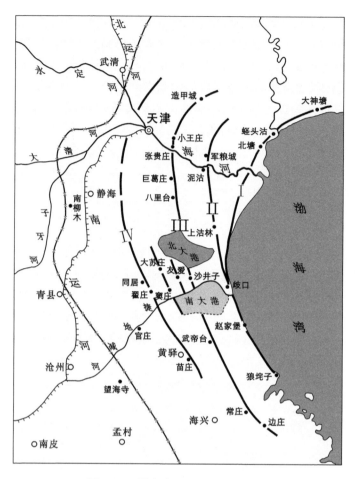

图 14.3　渤海湾西岸海岸线变迁图

是大致沿今捷地减河的分流至黄骅西北的官庄所形成的官庄分流三角洲[①]。这两个三角洲的前缘，成为当时的海岸所在。至距今 5000～4000 年，显然是由于《汉志》河三角洲的扩展和海面的波动处于停滞稳定状态，经过海浪长年的冲刷与堆积，最终在沧州东部黄骅南北的高潮线上，形成渤海湾西部现存最早的贝壳堤Ⅳ。

　　其时，大港区以北的天津西部和宝坻地区，属于地势低洼的海湾地貌形态，至今未见贝壳堤Ⅳ的延伸段。根据中全新世早期岸线和贝壳堤Ⅲ位置推测，天津西部海岸线可能在静海、天津之间；北部岸线据牡蛎礁、海湾潟湖相和新石器遗址分布判断，在宝坻、宁河交界处的张广庄一带[②]。

　　这一时段渤海湾西部海岸线，在平面延伸位置上，继承中全新世早期的凹凸形态，南部黄骅境内岸线，依古黄河三角洲前缘形态，显著地向东部海面突出；西部、北部海岸线则仍沿洼地向内陆方向凹进。

---

　　① 吴忱 等：《黄河古三角洲的发现及其与水系变迁的关系》，吴忱等：《华北平原古河道研究论文集》，中国科学技术出版社，1991 年。

　　② 吕先进、徐宏均、翟乾祥：《天津滨海平原的形成暨贝壳堤的分布》，见崔士光主编：《天津七十二沽与渤海西岸减灾》，天津市人民政府农业办公室编印，1998 年。

三、中全新世后期的海岸

贝壳堤Ⅲ，以南、北大港为界，分为北、中、南三段。北大港以北的北段，见于小王庄—张贵庄—巨葛庄—南八里台—中塘；南、北大港之间的中段见于沙井子；南大港以南的南段见于王肖庄—武帝台—常庄—边庄。经^{14}C测定，沿线的张贵庄距今3880±160～3040±120年，巨葛庄距今3630±80～2930±120年，八里台距今3730±150年，武帝台距今3920±120～2830±120年，常庄距今3495±115年[①]，说明贝壳堤Ⅲ，基本代表距今3800～3000年的渤海湾西岸海岸线。但须说明的是，这三段贝壳堤分别形成于三个河口三角洲，其地貌发育过程因之略有不同。

北段小王庄—巨葛庄—中塘一线贝壳堤Ⅲ的形成，是黄河下游北分流——《禹贡》河形成发展过程中因来沙骤减和海面处于稳定阶段的产物。大约在距今4000年的夏代，黄河下游《汉志》河经数千年运行之后，河道已经严重淤塞，经过河床自动调整和人为的干预[②]，终于形成沿太行山东麓湖沼洼地北流的黄河下游北分流，因见载于《尚书·禹贡》，通常被称为《禹贡》河。《禹贡》河形成初期并成为黄河下游的主干道，黄河大量泥沙通过《禹贡》河在白洋淀、文安洼淤积，形成《禹贡》河的冀州九河三角洲[③]。其后冀州九河三角洲水系继续向东发展，主干道越过今天津市区，标志隶属于黄河的雏形海河水系开始发育形成。随着时间的推移，海河三角洲在黄河泥沙源源不断补充下，前缘不断向东推进至今小王庄—中塘一线。至距今3000年以前，由于此前大禹曾对《汉志》河的兖州九河进行过疏导[④]，河道经运行而拓宽之后，黄河大量泥沙又可通过兖州九河直接排入大海，导致《禹贡》河下游来沙锐减，海河三角洲的发育转入停顿状态，加以海平面变动处于稳定阶段，海岸因此遭受波浪长期冲击的结果，终于在海河三角洲前缘高潮滩上形成北段小王庄—中塘的贝壳堤Ⅲ。

贝壳堤Ⅲ北大港以南的中段和南段，发育在《汉志》河下游官庄三角洲和孟村三角洲前缘，因两个三角洲的推进速度不同，所以中段和南段的演变进程存在较大差异，形成贝壳堤的数量也有所不同。

南段王肖庄—武帝台—常庄—边庄一线的贝壳堤Ⅲ海岸，"^{14}C测年数据表明，这条贝壳堤基本形成于距今3880±160～3040±120年"[⑤]，说明它与北段贝壳堤形成年代完全相同。不同的是，北段是在海河三角洲发育处于停滞阶段所形成的；南段则属于黄河孟村三角洲自完成第Ⅳ条贝壳堤堆积之后，岸线在继续向东推进的过程中于稳定期内所形成的产物。但南北两段能在同期内形成，说明除了来沙变化（如黄河在《汉志》河

---

① 赵希涛 等：《渤海湾西岸的贝壳堤》，《科学通报》，1980年第6期。吕先进等：《天津滨海平原的形成暨贝壳堤的分布》；韩有松：《华北沿海中全新世高温期与高海面》，见施雅风主编：《中国全新世大暖期气候与环境》，海洋出版社，1992年。

② 《史记·河渠书》：禹"斯二渠以引其河"；张淑萍、张修桂：《〈禹贡〉九河地域范围新证》，《地理学报》第44卷第1期，1989年。

③ 张淑萍、张修桂：《〈禹贡〉九河地域范围新证》，《地理学报》，第44卷第1期，1989年。

④ ［清］胡渭著，邹逸麟整理：《禹贡锥指》卷三："济河惟兖州，九河既道"。上海古籍出版社，2006年。

⑤ 吕先进、徐宏均、翟乾祥：《天津滨海平原的形成暨贝壳堤的分布》，见崔士光主编：《天津七十二沽与渤海西岸减灾》，天津市人民政府农业办公室编印，1998年。

和《禹贡》河两条分流的中上游低洼地段泛溢，泥沙就地淤积）之外，渤海湾西岸海岸线总体处于稳定的停留阶段，显然是最为关键的因素。

中段南、北大港之间的沙井子贝壳堤，其所处的地理位置较为特殊，通常被视为南、北两段贝壳堤Ⅲ穿越南、北大港湖沼洼地的连接纽带。但更值得注意的是，在中段沙井子贝壳堤Ⅲ以西、贝壳堤Ⅳ翟庄以东，尚有大苏庄—小刘庄—窦庄和坡江—友爱两条较短的贝壳堤[①]，形成于南北大港之间的西部、《汉志》河官庄三角洲范围之内。说明《汉志》河的分流、分沙比，在官庄分流三角洲和孟村分流三角洲的分配上，在距今3000年前曾有过显著的变化。

在北部海河三角洲和南部孟村三角洲向东推进并形成贝壳堤Ⅲ之前，两者之间的《汉志》河官庄分流三角洲，在向东推进过程中，因分流、分沙比下降，至少有过两到三次处于停顿状态，导致岸线推进迟缓，从而形成包括今南、北大港在内，西至官庄三角洲前缘的河口海湾，姑称之为"大港海湾"。在"大港海湾"的顶部，当官庄三角洲的前缘处于停顿状态时，便分别形成大苏庄—小刘庄—窦庄和坡江—友爱两条较短的贝壳堤，其后官庄三角洲再向东推进，终于又在停顿时形成沙井子贝壳堤Ⅲ。这就是南、北大港之间及其以西三条较短的贝壳堤的形成过程。在此过程中，"大港海湾"因官庄三角洲断续推进而逐渐向东退缩，今南、北大港湖沼洼地，便是"大港海湾"萎缩、消亡之后的残迹。

贝壳堤Ⅲ的延伸方向，天津地区的北段仍较偏西，南段过沙井子以后向东突出而偏向东南。说明贝壳堤Ⅲ南北两段在形成过程中，其动力地貌过程存在差异。关键是《汉志》河河口段在孟村向东北方向所布的黄河三角洲，从距今7000～3000年，尽管有过数次停顿，但基本上是稳定地在向外扩展，因此南段《汉志》河孟村三角洲的前缘岸线，较之于北部、中部岸线就显著突出于海域。其间，北部虽有《禹贡》河的形成及其泥沙的大量淤积，但因原始地貌存在白洋淀、文安洼、七里海等洼地，海岸向东推进自然落后于南部的黄河孟村三角洲。

距今3000年左右，在海面波动下降的驱使下，《禹贡》河和《汉志》河的入海泥沙，在贝壳堤Ⅲ外侧继续向外淤积，岸线经过长年推进、扩展的结果是小王庄—边庄贝壳堤Ⅲ海岸以外的滨海平原宣告先后形成。应当说明的是，中段官庄三角洲前缘因存在"大港海湾"，官庄分流以单一主干道形式从歧口方向入海，并在两侧泛滥，但来沙不足以填没整个海湾，因之将"大港海湾"分解为残存的南、北大港。

四、全新世晚期的海岸

贝壳堤Ⅱ，以歧口为界，分为南北两段。北段见于白沙岭—军粮城—泥沽—上沽林—歧口；南段和今海岸贝壳堤Ⅰ重叠，见于歧口—张巨河—石碑河口—杨家堡—狼坨子一线。经^{14}C测定，沿线的军粮城距今1790±90年，泥沽距今2530±120年，上沽林距今2030±150～1950±135年，歧口距今2020±100～1160±80～760±95年，张巨河距今2495±65～770±150～580±80年，石碑河口距今2530±105年，杨家堡距今

---

① 赵希涛 等：《渤海湾西岸的贝壳堤》，《科学通报》，1980年第6期。

2205±70 年，老狼坨子距今 2820±85～490±70 年①。据此，贝壳堤Ⅱ的主要成堤期可断在距今 2500～1800 年，代表战国中期至两汉时期的渤海湾西岸岸线。白沙岭以北宁河县北淮甸潮白新河岸的牡蛎礁，测年距今 2515±85～2445±85 年②，属贝壳堤Ⅱ的北向延伸段。歧口以南贝壳堤Ⅱ和贝壳堤Ⅰ，基本属于连续堆积，其下层属于Ⅱ堤，上层属于贝壳堤Ⅰ的范畴。

距今 2500～1800 年，贝壳堤Ⅱ的成因，据黄河下游的变迁，可作如下分析。

首先，战国中叶黄河下游《汉志》河两岸的全面筑堤导致《禹贡》河断流，海河水系脱离黄河水系成为独立的地方水系③。由于黄河来沙补给中断，海河泥沙显著减少，天津境内贝壳堤Ⅱ海岸性质。由堆积海岸转化为侵蚀海岸，这是歧口以北贝壳堤Ⅱ形成的主要原因。

其次，从战国中叶沿《汉志》河两岸筑堤开始，因河东的齐堤和河西的赵、魏堤相距达到将近 25km 的宽度，初时黄河可以在《汉志》河中上游自由摆荡、泛溢，泥沙就地淤积于河床和河堤之内，出海泥沙自然减少；其后由于人们在堤内河槽两旁滩地进行垦殖，修筑民埝，迫使河床迅速淤高、缩窄，有的河段甚至成为地上河，因此西汉一代河患严重，仅见于文献记载的就有 10 次较大规模的决溢改道，大多发生在《汉志》河中上游的豫、鲁、冀交界地区，如公元前 132 年黄河决于东郡濮阳瓠子口（今河南濮阳市西南），洪水东南夺泗、淮入海，泛滥于今豫东、鲁西南、淮北、苏北广大地区④。在这一时段，黄河泥沙大量淤积于豫东、鲁西南、冀南，苏北、淮北等地，《汉志》河河口段的孟村三角洲和官庄三角洲前缘因来沙中断，海岸停止发育并转为侵袭海岸，导致歧口以南贝壳堤Ⅱ的形成。

再次，公元 69～70 年，黄河下游经王景全面整治，《汉志》河从此改道经今山东黄河和马颊河之间至利津入海，历时数百年之久⑤。天津、沧州境内渤海湾西岸的河流，因黄河泥沙来源全线告罄，终于促成贝壳堤Ⅱ的全线发育。

此后，黄河在山东利津三角洲摆荡，当它的出口有利于泥沙向北扩散时，便在贝壳堤Ⅱ外侧堆积，从而形成天津境内贝壳堤Ⅱ外侧的滨海平原。更重要的是，从 11 世纪中叶的北宋后期，黄河再次形成较大分流从天津海河入海，历时约 80 年时间，黄河的大量泥沙直接在天津以东的贝壳堤Ⅱ外侧堆积，加速了滨海平原向东扩展的进程，从而形成向东突出的海河三角洲形态；而歧口以南的贝壳堤Ⅱ外侧，则由于《汉志》河已废，少有泥沙淤积，更由于它属利津黄河泥沙流向北扩散的冲刷岸段，堤外滩涂冲刷殆尽，导致南部贝壳堤Ⅱ直接濒临海岸和贝壳堤Ⅰ直接叠加其上。

贝壳堤Ⅰ相当贴近于今天的海岸，北段见于大神堂—圣头沽—北塘—驴驹河——马棚口；南段见于歧口—张巨河—后唐堡—赵家宝—贾家堡—杨家堡—狼坨子一线，覆于

① 赵希涛 等：《渤海湾西岸的贝壳堤》，《科学通报》，1980 年第 6 期；王宏等：《渤海湾西岸第二道贝壳堤的细分及其年龄序列》，《地球学报》，2000 年第 3 期。

② 翟乾祥 等：《据历史文献及考古资料论证 5000 年来渤海湾西、北岸海岸线变迁》，《中国海平面变化》，海洋出版社，1986 年。

③ 张修桂：《海河流域平原水系演变的历史过程》，《历史地理》第 11 辑，上海人民出版社，1993 年。

④ 邹逸麟：《黄河下游河道变迁及其影响概述》，《复旦学报》历史地理专辑，1980 年。

⑤ 谭其骧：《西汉以前的黄河下游河道》，《历史地理》创刊号，上海人民出版社，1981 年。

贝壳堤Ⅱ之上。经^{14}C 测定，这条贝壳堤开始形成于距今 900～700 年[①]，说明这条贝壳堤为近千年来海浪冲击的产物。

其形成的关键在于黄河下游从 10 世纪开始，进入了一个变迁紊乱时代，其间虽有北流的 80 年，但其趋势是南泛。在人为的干预下，黄河终于在 12 世纪前期（1128 年）再次发生重大改道，从此远离河北、山东和天津地区，改从泗水经淮河入海[②]，渤海湾西岸海河水系彻底断绝了黄河泥沙的供给，海岸的扩展再次处于停顿状态，堆积海岸演变为侵蚀海岸，终于逐渐形成了渤海湾西岸最外侧的贝壳堤Ⅰ。

其后经历了 700 多年，至 1855 年黄河再次改道经山东大清河入海，泥沙向北扩散的结果，在贝壳堤Ⅰ北段外侧，形成今天渤海湾西岸狭窄的淤泥质海滩。南段仍属北向沿岸流的冲刷岸段，滩地难以形成，贝壳堤直逼海岸。

第四节　黄河三角洲海岸的演变

今天黄河河口三角洲，位于渤海湾和莱州湾之间，是 1855 年黄河在河南兰阳铜瓦厢决口，改道夺大清河入海而形成的。一般指以垦利县宁海为顶点，北起徒骇河口，南至支脉沟的扇形地带，海岸线长约 200km，面积约 5450km²。

一、清咸丰五年（1855 年）以前海岸演变概述

距今 7000 年海面趋于稳定，今黄河三角洲进入一个新的成陆过程。在 1855 年前的数千年历史里，有多条中原大河流经今三角洲入海。先是古代济水（宋后名北清河、明清为大清河）和黄河下游分支漯水在三角洲入海。济水入海处在今山东广饶县东北。漯水入海处在今利津县南。推测当时的海岸线大致在今利津县治东北，广饶县东北一线。济水古又称清河，含沙量不高；漯水水量也不充足，"河盛则通津委海，水耗则微涓绝流。[③]"二水入海处都存在小海湾，说明二水来沙量尚不足以填塞河口湾内水域。公元70 年东汉王景治河以后，黄河下游河道于此入海。这一段三角洲海岸应该稳定了当相当长的时间。

6 世纪后，今黄河三角洲地区海岸有所延伸，隋开皇十六年（公元 596 年），在今山东滨州市南蒲城置蒲台县。海在县东 140 里。海畔有一沙阜，高一丈，周回二里，俗称为斗口淀，是济水入海处，海潮与济相触，故名[④]。当即为拦门沙。唐垂拱四年（公元 688 年）分蒲台、厌次两县地，在今山东滨州市东 40 里置渤海县。后因土地咸卤，西移 40 里李丘村置，即今滨州市治。大海在县东 160 里[⑤]。宋庆历三年（1043 年）置

①　王宏 等：《渤海湾西岸的第一道贝壳堤的年代学研究及 1 千年来的岸线变化》，《海洋地质与第四纪地质》，2000 年第 2 期；吕先进、徐宏均、翟乾祥：《天津滨海平原的形成暨贝壳堤的分布》，见崔士光主编：《天津七十二沽与渤海西岸减灾》，天津市人民政府农业办公室编印，1998 年。

②　邹逸麟：《黄河下游河道变迁及其影响概述》，《复旦学报》历史地理专辑，1980 年。

③　《水经·河水注》漯水引《地理风俗记》。

④　《元和郡县志》卷一七《河北道二》棣州蒲台县。

⑤　《元和郡县志》卷一七《河北道二》棣州渤海县。

招安县，即今沾化县西沾化城。宋代今利津县东北宁海已成镇，属渤海县。今广饶县东北辛镇，属千乘县。说明 11 世纪海岸线已推向宁海以东、辛镇以北[1]。11 世纪中叶北宋以后，黄河下游分支横陇河、黄河东派，均在此入海。金明昌三年（1192 年）置利津县。明昌六年（1195 年）更招安县为霑化。渤海县有丰国镇，在利津县东北 70 里[2]。今沾化县地已完全成陆，此时的海岸线，当在利津县东北 100 余里铁门关以东一带。薛春汀等根据三角洲钻孔沉积资料分析，则认为"西汉末至北宋黄河三角洲的东界，则是1855 年海岸线"[3]。

元代以来至清初年在利津、霑化县境内置 10 余处盐场，如利津县东北 70 里的丰国场（今汀河），霑化县（今沾化县西沾化城）东 60 里富国场（今沾化县治），还置永利、丰民、利国三场。利津置永阜、丰国、安海三场，俱设大使管理[4]。大致可知其时海岸线。北宋以后的 700 年的时间，黄河夺淮入海。故北宋以后，今黄河三角洲地区海岸一直比较稳定。

二、清咸丰五年（1855 年）以后的海岸演变

（一）河口三角洲的河道演变

清咸丰五年（1855 年）黄河在河南兰阳铜瓦厢决口，决流分三股东北冲入运河，穿运夺大清河在利津县东铁门关以东 40 里牡蛎口入海[5]。开始时黄河河南境内尚未全面筑堤，黄水漫流于长垣至张秋镇之间沉积成冲积平原，输入大清河的泥沙不多，河口宽阔，入海通畅[6]。1875 年黄河下游全面筑堤后，进入大清河段泥沙大增，河口迅速向大海推移。同时受海潮的顶托，河口形成拦门沙，使排汇不畅，引起河口段上游的决口和改道。据有关研究，从 1855～1985 年改口改道约有 50 余次，其中较大改道有10 次[7]。

1）1855 年 8 月黄河在兰阳铜瓦厢决口，改道东北夺大清河入海，从利津东铁门关以东肖神庙、牡蛎口入海。

2）光绪十五年（1889 年）在利津县南北岭以下韩家垣地方决口，决出一新道，东距海滨 39 里[8]，即经今四段以下毛丝坨（今建林以东）注入莱州湾入海。这是 1855 年以来黄河河口段一次较大的改道[9]。1855 年以后，黄河下游河道长期在从铁门关以下至

① 《元丰九域志》卷二《河北路》；卷一《京东路》。
② 《金史》卷二五《地理志中》；《嘉庆重修大清一统志》卷一七六《武定府关隘》。
③ 薛春汀、李绍全、周永青：《西汉末—北宋黄河三角洲（公元 11～1099 年）的沉积记录》，《沉积学报》2008 年第 5 期。
④ 《嘉庆重修大清一统志》一七六《武定府关隘》。
⑤ 《再续行水金鉴》卷九二《黄运两河修防章程》。
⑥ 《再续行水金鉴》卷九三《绳其武斋自纂年谱》。
⑦ 黄河水利委员编：《山东黄河志》，1988 年。王燕：《简析黄河三角洲的成陆过程》，《济南大学学报》，2002 年第 5 期。
⑧ 《再续行水金鉴》卷一二七《山东河工成案》。
⑨ 民国二十四年《利津县续志》卷四《河渠图第三》。

萧神庙、牡蛎嘴入海的一道，经过 30 余年的淤积，河口不断延伸。据光绪十三年（1887 年）报告，河口原铁门关距海口 40 余里，萧神庙迤东即旧时海口。至时海口距铁门关已 120 余里，还有硬沙横亘约十二三里，海船非潮不能进入。于是有此次改道。

3）光绪二十三年（1897 年）黄河在利津县北岭、西滩两处漫决，水由丝网口（今宋家圪垛）入海。正流几至断流。嗣后，西滩渐次淤塞，全河全注北岭，北岭口门至丝网口入海，计 70 余里[①]。此为黄河尾闾段第三次较大改道。

4）光绪三十年（1904 年）7 月，黄河在利津县盐窝镇薄庄决口，北流入徒骇河，经老鸹咀，由沾化县大洋铺入海[②]。是为黄河尾闾段第四次较大改道。

5）1926 年（民国十五年）7 月，黄河在利津县八里庄决口，改道由汀河，由刁口河入海。是为黄河尾闾段第五次较大改道。

6）1929 年（民国十八年）9 月，黄河在纪家庄决口，先由南旺河入海，后改由宋春荣沟入莱州湾入海。是为黄河尾闾段第六次较大改道。

7）1934 年（民国二十三年）9 月黄河于合龙处（一号上坝）决口，先呈漫状东流，后形成三股河道，分别由老神仙沟、甜水沟、宋春荣沟入海。是为黄河尾闾段第七次较大改道。

8）1953 年 7 月，黄河在垦利县小口子决口，采取人工引河法，由神仙沟、甜水沟、宋春荣沟三股并为一股，由神仙沟独流入海。是为黄河尾闾段第八次较大改道。

9）1961 年 1 月黄河凌汛卡冰，在垦利县罗家屋子，人工破堤改道，由挑河和神仙沟之间钓口河入海。是为黄河尾闾段第九次较大改道。

10）1976 年 5 月，在黄河断流情况下，先于罗家屋子人工截流堵老沟，又在清水沟上首开挖 6km 引河，并在两岸筑堤，导黄河由清水沟入海[③]。

以上所举仅为主要改道，实际上近海河口段的决溢和小改道还不少。例如，同治六年（1867 年）时，由牡蛎口正东冲开一道支河，直长 60 余里，横宽上游三四里，下游五六里不等，水深自五六尺至八九尺不等。紧接下游落北约十余里，河海相衔，即系河门，水深七八尺，宽十余里，为太平湾，即海船停泊之处[④]。光绪八年（1882 年），黄河入海口牡蛎嘴河口淤垫日高，河口形成铁板沙，纵横数十里，芦苇丛生，水下不畅[⑤]。次年于南北岭口决出一条支流，虽距海口仅四五十里，然下游散漫不成河形，难以替代牡蛎口入海主道[⑥]。光绪九年（1883 年）夏，又在利津县十四户地方决口，夺大溜十之六七，但考虑到新河未必能容纳黄流浩渺，仍建挑坝逼溜归入旧河，由铁门关入海[⑦]。光绪二十一年（1895 年）时，由于十五年从韩家垣冲出的一道，数年以后海潮顶托，逐渐淤高，以致尾闾不畅。该年六月在吕家洼、北赵家及

① 《再续行水金鉴》卷一三七《李忠节公奏议》；民国二十四年《利津县续志》卷四《河渠图第三》。
② 民国二十四年《利津县续志》卷四《河渠图第三》；民国二十四年《沾化县志》卷一《疆域志山水》。
③ 王燕：《简析黄河三角洲的成陆过程》，《济南大学学报》，2002 年第 5 期。黄河水利委员会编：《山东黄河志》，1988 年。
④ 《再续行水金鉴》卷九七《清穆宗实录》同治六年八月十一日条。
⑤ 《再续行水金鉴》卷一〇九《清德宗实录》光绪八年十一月。
⑥ 《再续行水金鉴》卷一一〇《陈侍郎奏稿》光绪九年三月十七日。
⑦ 《再续行水金鉴》卷一一一《陈侍郎奏稿》光绪九年十一月十二日。

南岸民修民守之南岭子、十六户等处，先后决口，大溜旁夺水，由正北丰国镇（今汀河）迤下各盐滩引潮官沟入海[①]。然这些分支并不畅通，于是又于次年堵塞诸口，复引河于萧神庙旧河入海[②]。

（二）河口三角洲海岸演变过程

随着黄河尾闾段河道不断改道摆动，河口泥沙形成舌状沙体，不断向大海延伸。同时由于海洋动力因素，泥沙在河海交会处迅速沉淀，形成拦门沙，河水入海受阻而左右摆动，喷成新的"叶瓣"，各个时期"叶瓣"的相互重叠排列，其前缘形成若干亚三角洲，这些亚三角洲的交叠堆积，形成河口大三角洲，使海岸线不断向大海挺进[③]。同时在不走河的地区，由于来沙减少，海岸线又明显蚀退。

1855年以来，黄河河口三角洲演变，大致上可分两阶段：1855～1934年主要改道有六次，形成以宁海为顶点的近代三角洲体，北起徒骇河口，南至支脉沟的扇形地带，面积约5450km²；1934年开始黄河尾闾分流点下移26km，主要改道有四次，开始建造以渔洼为顶点的现代三角洲体，西起挑河，南达宋荣春沟，面积约2200km²[④]。

据有关研究[⑤]，1855～1904年，黄河三角洲主要向东淤进，直至五号桩区域，共向海推进约20km，平均0.4km/a；1904～1929年，黄河三角洲主要向北淤进，直达现在的挑河口和套尔河口一线，共淤进约18km，平均0.70km/a；1929～1934年，黄河改道向三角洲东南淤进，淤进仅4～5km，平均0.7～0.8km/a。

1934～1976年，形成的以渔洼为顶点的新亚三角洲，其间改道3次，分别为：1934年7月至1953年7月，走甜水沟、宋春荣沟，在大汶流海堡至小岛河一带淤积（其中1938年7月至1947年3月，黄河南泛）；1953年7月至1964年1月，走神仙沟，其淤积区为现在的黄河海港至孤东油田一带；1964年1月至1976年5月，走刁口流路，其淤积区在飞雁滩至黄河海港一带。1934～1976年，在挑河口和黄河海港之间淤积最快，岸线向北推进20km，平均约0.5km/a。在大汶流海堡至永丰河口之间，由于在1953～1964年间是强烈淤进区，但在1964～1976年间又处于侵蚀状态，故在1934～1976年，岸线推进仅5km左右，平均淤进速率为0.12km/a。其他各处岸线变化不大。

据黄河水利委员会研究，自1855～1985年海岸线向前推进共计28.5km，实际行水历时96年，推进速率为0.3km/a。其中1947年以前（大三角洲海岸线长度为105km，面积为5450km²）海岸线向前13.3km，实际行水历时57年，推进速率为0.23km/a。1947年后（小三角洲海岸线长度为80km，面积为2220km²）海岸线向前推15.2km，推进速率为0.39km/a，后者比前者大69.6%。1855～1985年共延伸造陆2620km²，造

① 《再续行水金鉴》卷一三四《谕摺汇存》，光绪二十一年八月十三日。
② 《再续行水金鉴》卷一三五《李忠节公奏议》，光绪二十二年五月十七日。
③ 王燕：《简析黄河三角洲的成陆过程》，《济南大学学报》，2002年第5期。
④ 叶庆华 等：《近、现代黄河尾闾摆动及其亚三角洲体发育的景观信息图谱特征》，《中国科学》（D辑），2007年第6期。
⑤ 尹延鸿 等：《现代黄河三角洲海岸演变研究》，《海洋通报》，2004年第2期。

陆速率为 27km²/a。根据各时期高潮线的位置，可知各时期造陆面积。其中 1855～1938 年，实际走河 57 年，共造陆 1400km²，平均每年造陆 24.6km²。1947～1985 年共延伸造陆 1220km²，平均每年造陆 31.3km²，比 1947 年以前增 27.2%[①]（图 14.4）。

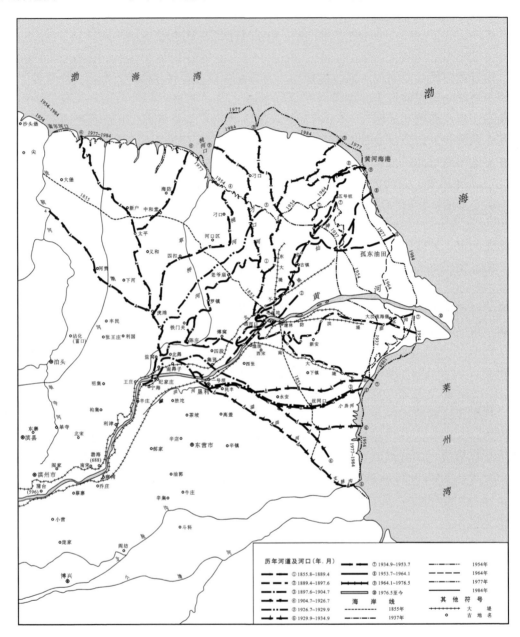

图 14.4 黄河河口三角洲海岸变迁

---

① 黄河水利委员会编：《山东黄河志》，1988 年。关于造陆面积各种著作统计不一，有所出入，在此不计。

第五节　莱州湾海岸的演变

　　莱州湾位于渤海南部，西起老黄河口，东至龙口市的屺坶角。莱州湾海岸分为三部分：西段为老黄河口至寿光县羊角沟口，中段为羊角沟口至虎头崖，东段为虎头崖至屺坶角。三段海岸的特点有所不同：西段海岸为黄河三角洲沙质和泥质海岸，地势极为平坦，浅滩宽广平缓；中段为淤泥质海岸，胶莱河、潍河、白浪河、弥河诸河流在此入海，除了这些河流带来大量泥沙，还有海流带来的黄河泥沙淤积，沿岸形成宽阔沼泽、盐碱滩地，水下浅滩宽约 10km；东段滨海平原狭窄，胶东丘陵在某些地段靠近海岸，海岸为海成沙岸。全新世中期以来，莱州湾海岸演变的总趋势是由大陆向大海方向逐渐推进的过程（图 14.5）。

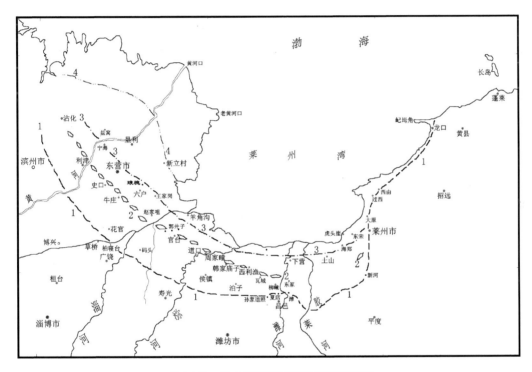

图 14.5　历史时期莱州湾海岸线变迁图

1. 全新世中期最大海侵；2. 贝壳堤；3. 公元初期海侵海岸线；4. 1855 年黄河铜瓦厢改道前三角洲地区海岸线

一、全新世中期的海岸演变

　　全新世中期的最大海侵发生在距今 6000 年左右。在莱州湾南段和西段，根据海相地层分布分析，海侵达到最大距离。当时海侵沿胶莱河深入陆地约达 40km，向南突出到昌邑东南的瓦庙口。由此向西，海侵南界经昌邑之北、东冢之南，然后经位于昌邑之北的夏店，再向西经孙家道照，然后大致与今海岸线平行，直达东营市广饶县花官[①]。从瓦庙口向东，海侵东界到达平度县新河镇回里村，村东 50m 发现埋藏河口海湾相沉积层，[14]C 测定为距今 5040±85 年。莱州湾东段沿岸由于胶东丘陵靠近海岸，全新世中期大海侵向内陆推进的距离很短。例如，莱州市北苍上村剖面距今 5700 年的地层，属潮下带和浅海环境沉积层，为海侵的最大范围[②]，该地距现代海岸仅约 10km；在龙口市，全新世最大海侵在该市东只有 1km，龙口市以西即为连岛沙坝[③]。

大汶口文化的时代为距今 6100～4600 年。鲁北地区大汶口文化遗址中，位于最北面的一些遗址大多都有数量很多的贝壳混杂在文化层中。例如，广饶县五村、傅家，潍坊市寒亭区鲁家口、昌邑县前埠下以及滨城卧佛台和寿光薛家岭等诸多大汶口文化遗址都有毛蚶、文蛤、青蛤等贝壳，表明这些遗址在大汶口文化时期，应距海不会太远[④]，为确定全新世中期最大海侵南界的位置提供一定依据。将这些遗址的位置和全新世中期海相地层分布南界相互参证，进一步确定上述全新世中期最大海侵南界位置是合适的。

在全新世最大海侵后，发生了一次海退，在莱州湾沿岸发现多处该次海退形成的断续的埋藏贝壳堤。其中以寿光县郭井子西北 1km 的郭井子遗址研究较多，是目前已知鲁北地区位置最靠北的龙山文化遗址。该遗址的龙山文化层之下，为贝壳堤的贝壳砂与贝壳碎屑混合堆积。贝壳堤以郭井子为中心，向西北延伸经广饶赵家咀到达利津、沾化附近[⑤]；由郭井子向东，贝壳堤大致与现代海岸线平行，经潍县的央子，昌邑的瓦城一线，长达 70～80km[⑥]。在平度县新河镇以北埋藏牡蛎礁中牡蛎年代为距今 5535±140 年[⑦]。郭井子贝壳堤的年代，经[14]C 测年，有距今 5695±110 年和距今 5005±90 年两个数据[⑧]，代表全新世中期最大海侵之后的 600 年间，贝壳堤海岸是在海退过程中所形成的较为稳定的海岸线。从该地有龙山文化遗址分析，贝壳堤形成的最晚时代应在龙山文化时期之前。龙山文化时期，这里已不受海潮的威胁，适合人类居住。

这一条由断续的埋藏贝壳堤和高岗地形成的海岸线为全新世中期相对稳定的海岸线，是莱州湾沿岸一条遗迹最为明显的海岸线。从贝壳堤之上的龙山文化遗址分析，在

① 庄振业、许卫东、李学伦：《渤海南岸 6000 年来的海岸线演变》，《青岛海洋大学学报》，1991 年第 2 期；王庆：《全新世中期以来山东半岛东北岸相对海面变化与海积地貌发育》，《地理研究》，1999 年第 2 期。

② 赵希涛：《中国海面变化》，山东科学技术出版社，1996 年。

③ 王庆：《全新世中期以来山东半岛东北岸相对海面变化与海积地貌发育》，《地理研究》，1999 年第 2 期。

④ 王青、朱继平、史本恒：《山东北部全新世人地关系演变：以海岸变迁和盐生产为例》，《第四纪研究》，2006 年第 4 期；广饶县地方史志编纂委员会编：《广饶县志》，中华书局，2007 年；潍坊市地方史志编纂委员会编：《潍坊市志》，中央文献出版社，1995 年。

⑤ 庄振业、许卫东、李学伦：《渤海南岸 6000 年来的海岸线演变》，《青岛海洋大学学报》，1991 年第 2 期。

⑥ 庄振业、李建华：莱州湾东南岸全新世海侵，《国家地质对比计划第 200 号项目中国工作组·中国海平面变化》，北京海洋出版社，1986 年。蔡克明：《莱州湾海岸的变迁》，《海洋科学》，1988 年第 3 期。张也成、胡景江、刘春风：《全新世以来渤海海岸变迁历史及未来发展趋势的初步分析》，《中国地质科学院 562 综合大队集刊》，1989 年。

⑦ 张组陆、聂晓红、刘恩峰 等：《莱州湾南岸咸水入侵区晚更新世以来的古环境演变》，《地理研究》，2005 年第 1 期。赵济等著：《胶东半岛沿海全新世环境变迁》，海洋出版社，1992 年。

⑧ 山东大学东方考古研究中心、寿光市博物馆：《山东寿光市北部沿海环境考古报告》，《华夏考古》，2005 年第 4 期。

距今 5000～4000 年，海岸线明显稳定在这条距离现代海岸很近的贝壳堤上①。这也是全新世中期最大海侵之后的一次最大海退。

在龙山文化之后，距今 3800～3600 年前后，虽然曾发生过一次较小的海侵②，但岸线仍然稳定在贝壳堤海岸一带。

二、全新世晚期的海岸演变

春秋时期，莱州湾地区又发生一次海退。春秋齐庄公元年（公元前 553 年）在今昌邑县北建立郡城，可能即是因此次海退出现了大片新陆地而建。该城遗址今天地处海滨地带，周围是一片荒瘠的盐碱地，附近有盐场，只是在遗址内有局部较高地面才有小片农田，种植耐旱作物，周围没有聚落，甚至也没有单户居民。西汉时期，沿莱州湾滨海地带设立了若干个县和侯国，可能也是与此次海退形成的新陆地有关。这些位于滨海的县和侯国有以下几个：据《汉书·地理志》记载，千乘郡有琅槐县，该县治位置，据《水经注》，大致在今东营市六户的东北；西汉齐郡钜淀县，位于今广饶县城东北；西汉北海郡寿光县，据《水经注疏》③，其县治在今寿光县东北 20 里；西汉北海郡平望国，在今寿光县城更东北海滨之处。

公元初期发生一次大海侵。此次海侵曾由谭其骧先生论及④。关于此次海侵，也有学者提出异议，有的认为是风暴潮，有的认为是由于地震引起的海潮⑤。实际上，公元初期，在环渤海地区发生了持续时间较长的海侵。此次海侵的表现是多方面的。西汉时期设立在滨海地带的一些县或被废弃，如西汉的琅槐县、平望县，有的县虽名称未被废，但县治向内地迁移，如西汉寿光县。海侵时间从《汉书·天文志》记载的西汉末年的元帝初元元年（公元前 48 年）"渤海水大溢"，可能持续到东汉永和五年（公元 140 年），此次海侵的海岸线位置至少在 4m 等高线以上⑥。

到唐代，海岸线又表现出明显后退。《元和郡县图志》记载唐代北海县"海水，在县东北一百二十里"。寿光县"海水，在县东北一百一十里"⑦。唐代北海县治在今潍坊市。《元和郡县图志》又记载掖县"海，在县北五十二里。海神祠，在县西北十七里"⑦。唐代掖县即今莱州市。据《元和郡县图志》所确定的海岸线位置，要比今天海岸距潍坊市、寿光市和莱州市远得多。即使考虑到唐代与今距离单位的差异，唐代北海县、寿光市和掖县与海岸的距离也比今天三地距海远得多。今天潍坊市距海岸约 40km，寿光市距海也约为 40km，莱州市今距海约 10km。

宋代《元丰九域志》则记载莱州"西至海三十里……北至海五十里"，潍州"北至

① 张组陆、聂晓红、刘恩峰 等：《莱州湾南岸咸水入侵区晚更新世以来的古环境演变》，《地理研究》，2005 年第 1 期；赵济等著：《胶东半岛沿海全新世环境变迁》，海洋出版社，1992 年。
② 方辉：《商周时期鲁北地区海盐业的考古学研究》，《考古》，2004 年第 4 期。
③ ［北魏］郦道元注，［民国］杨守敬、熊会贞疏，段熙仲点校，陈桥驿复校，江苏古籍出版社，1989。
④ 谭其骧：《历史时期渤海湾西岸的大海侵》，《人民日报》1965 年 10 月 8 日。
⑤ 蔡克明：《莱州湾海岸的变迁》，《海洋科学》，1988 年第 3 期。
⑥ 王守春：《公元初年渤海湾和莱州湾的大海侵》，地理学报，1998 年第 53 卷第 5 期：445～452。
⑦ ［唐］李吉甫撰，贺次君点校：《元和郡县图志》，中华书局，1983 年。

海一百二十里"①。《元丰九域志》所记与唐代《元和郡县图志》所记的海岸线位置变化不明显。今天莱州湾南岸海岸线位置与唐宋时期相比，向陆地有所推进。这一过程当在宋代以后。

莱州湾西部海岸的演变是莱州湾海岸中变化最大和最为显著的一段。详见本章第四节黄河三角洲的演变，此不赘述。

---

① ［宋］王存等撰，王文楚、魏嵩山点校，《元丰九域志》，中华书局，1984年。

第十五章　历史时期江苏海岸的演变

据江苏省海洋及海涂资源综合调查，江苏海岸线全长954km。按其物质组成可分为3种类型：沙质海岸、淤泥质海岸和基岩海岸。由于各段海岸的海洋动力环境和泥沙供应条件存在着差异，同一种物质组成的海岸的地貌类型和动态也有很大的不同。

沙质海岸分布在海州湾（狭义的海州湾指北起山东岚山头、南到连云港东西连岛之间的水域）的北部和中部，从袖珍河口到兴庄河口、长约30km的海岸上。基岩海岸分布在海州湾的南部，从西墅到受东西连岛掩护的大板舣岬角，全长亦约为30km。其余的海岸，北从大板舣开始，南抵长江口北支的北角连兴港口，均为淤泥质低地海岸；另外，在海州湾海岸的临洪河口两侧还有一小段淤泥质海岸。淤泥质海岸的总长度为883.6km。

江苏海岸的另一个重要特点，就是在岸外分布着巨大的辐射状沙脊群，海涂深度基准面以上的面积达1267km²。它的体积巨大、形状奇特、动态复杂，是举世闻名的。

江苏海岸的历史演变与黄河夺淮有着密切的关系。

黄河在1128年夺淮入海以前，江苏海岸是沙质的堡岛海岸。江苏中部岸外还正在形成许多沙冈。全新世以来，向东南移动的长江河口段在江苏南部沿海形成的沙滩主要是暗沙。

自1128年黄河夺淮入海，至1855年北归，在苏北入海的700多年中，大约有7000多亿吨的泥沙在苏北入海，从而结束了江苏的堡岛海岸的历史，变成了以低地和潮滩为主的淤泥质海岸，并发育了宽阔的温带和亚热带盐沼，形成了面积为7160km²的苏北黄河三角洲和两侧差不多面积相同的滨海平原，海岸外围形成了规模巨大、形状奇特、变化激烈的岸外沙洲。

1855年黄河北归后所造成的现代动力地貌过程，正好与黄河全流夺淮所引的过程相反。黄河北归使泥沙来源突然断绝，动力因素占主要地位，海岸带动态开始了新的调整过程。

引起海岸变化的主要原因，一是海平面的升降，二是海岸带的侵蚀与淤积。海平面的长周期变化影响海岸线的进退，全新世开始到唐代，江苏海岸的泥沙供给状况没有发生太大的变化，苏北几道沙冈的存在，反映了其间海平面的变化所形成的几次海岸停顿和缓慢淤长。但自黄河夺淮以来，海岸的淤积速度，远远超过全新世高海面以来海平面的波动速度，海岸线因此迅速东迁。

第一节　黄河夺淮前的古堡岛海岸

一、江苏滨岸沙带的形成年代

距今 7000 年，全新世高海面以来，到 1128 年黄河夺淮以前，江苏沿海主要受长江、淮河以及在本区入海的一些中小河流如沂、沭等河的影响。长江口北岸沙咀，淮河口两岸的沙咀以及滨岸沙堤，构成了从长江口延伸到鲁东南山地海岸的一系列堆积沙体，这些滨岸沙堤代表了不同时期的海岸线，形成了堡岛（barrier island）海岸。

海州湾西岸有 4 条沙堤。贝壳堤 I 中，小牡蛎的 ^{14}C 年代大于距今 4000 年，它的下伏地层为含砂礓的棕黄色亚黏土，属上更新统，故其形成年代应为距今 7000～4000 年，系玉木间冰期高海面产物；贝壳堤 II 中，蛤的 ^{14}C 年代为距今 7682±250 年；贝壳堤 III 中，蛤的 ^{14}C 年代为距今 2640±105 年；贝壳堤 IV 蛤的年代为距今 809±94 年[①]。

盐城地区也有 4 条沿岸沙堤。

最西面的西冈是最为完整的、规模最大的古沙堤。它北起阜宁羊寨，经喻口，至陈良西，过黄沙港，沿龙冈、大冈，又入东台、海安县城以西，是全新世高海面的产物。它最宽可达 500m，沙层最厚为 7m。在大冈—龙冈一线的冈体沉积层中发现介壳，如青蛤、扇贝、文蛤、红螺等 30 多种贝类。^{14}C 的测年数据表明，冈体下部约形成于距今 6500 年，上部约形成于距今 5600 年，故冈体形成的过程可长达千年，说明在距今 6500～5600 年间，海岸线沿着西冈伸展。这个时期相当于青莲岗文化时期。

中冈的规模较小。它北起桃园西，向南渐偏东，在建湖上冈与东冈合并。宽仅 20～50m。沉积物中贝壳的含量很少。其 ^{14}C 测年数据为距今 4500 年，相当于大汶口文化时期。

东冈北起阜宁北沙，经上冈、盐城、草堰，进入东台。宽度为 50～200m，在上冈最宽，大约 300m，厚约 4m。^{14}C 测年数据为距今 4000 年，相当于龙山文化时期，或夏朝初期。东冈上也发现了汉代墓葬和战国时代文化遗址。可见这中冈和东冈在新石器时代已开始形成。东冈至迟在秦汉时也已出水，在相当长时期内岸线都比较稳定。

新冈大部居于盐城南洋镇，大丰沈灶至东台南沈灶一线地表以下，其底层贝壳 ^{14}C 测年数据为距今 1100 年，表层形成于明初[②]。

二、苏北淮河口的淤长延伸

淮河原是在江苏中部独流入海的河流。在距今 3000～2000 年，古气候相对变冷，

---

① 王富葆：《海州湾西岸埋藏贝壳堤与晚更新世以来的海面变化》，见第四纪研究委员会：《中国第四纪海岸线学术讨论会论文集》，海洋出版社，1985 年。

② 刘志岩、孙林、高蒙河：《江北海岸线变迁的考古地理研究》，《南方文物》，2006 年第 4 期；张景文、李桂英：《苏北地区全新世海陆变迁的年代学研究》，《海洋科学》，1983 年第 6 期；朱诚、程鹏、卢春成、王文：《长江三角洲及苏北沿海地区 7000 以来海岸线演变规律分析》，《地理科学》，1996 年第 3 期；虞志英：《关于苏北中部平原海岸古沙堤形成年代的认识》，《海洋科学》，1982 年第 4 期。

海平面趋于下降，苏北海岸线缓慢东迁，古淮河口亦随之东移。而春秋时，淮河口的位置在末口东隅的涟水以东。根据古沙堤分布的形势，可以推知，应在今阜宁羊寨一带。在汉代，淮河口在东冈北端的北沙一带。

《史记·封禅书》中有"河溢通泗"的记载。泗水为淮河下游重要支流，这是黄河夺淮最早的记录。其后，黄河虽曾多次夺淮，但从汉至唐宋，夺淮尚未形成全流或长期夺淮之势。故淮河口位置变化不大，苏北海岸线东移极为缓慢。唐时，山阳渎为转运孔道，征辽舟师自必经山阳渎、射阳湖，由北沙淮河口入海，确切地指出了唐时淮河口仍在北沙一带。光绪年间《阜宁县志》卷二十三载，宋元之前，北沙即为海口。

《尔雅》曾载，"淮别出为浒游"，说明淮河下游已有分流河口产生；北魏郦道元《水经注》指出，"淮水于县（淮浦）枝分，北为游水，历朐县（今海州）与沭合"，说明宋以前淮河河口段的分流发育，三角洲平原亦具雏形。

在12世纪以前，淮河口在云梯关，是一宽阔的三角港，河口最宽处可达14～15里，潮区界在盱眙以上。隋代，海水可上溯到淮阴的洪泽浦（即今洪泽湖一带）；唐宋史料中有"盱眙顺潮开船"的记述；唐李翱《来南录》记载，航行于淮河上的船只可在盱眙候潮，说明唐宋以前古淮口为一漏斗状的河口湾。据史籍载，淮河口的河口湾形态在明初很典型，外侧最宽可达71.5km，涟水以上宽仍约在11.5km左右[1]。

三、沿海的古潮汐潟湖链

古淮河口以南，沙冈内侧为古射阳湖，在全新世高海面时，它是一片浅水海湾。西冈形成后，原为古海湾的里下河地区渐被西冈封闭发育为潟湖。后因黄河夺淮及人类开发的影响逐渐演化为以古射阳湖为主的湖泊群。光绪《阜宁县志》载："射阳湖江淮间巨浸也。其周回三百里，跨宝（应）淮（安）盐（城）阜（宁）四县，东南一巨区也。"该区的沉积为灰黑棕黄色亚黏土、淤泥质亚黏土、灰黑色亚砂土及灰白色粉砂层亚黏土，含少量铁锰结核与钙结核，含海相有孔虫及咸淡水交汇动物蛏子，属潟湖相沉积。它在唐宋时，周围有300余里，现在处于古射阳湖中心的兴化县的水面仍占45%。

古淮河口以北，沙冈内侧为南北相连的硕项湖和桑墟湖（今沭阳以东，至灌云、灌南境）。湖区沉积了灰色灰黑色粉砂淤泥质黏土，间夹薄层状粉砂透镜体，并含有孔虫及海相介形虫。嘉庆《海州直隶州志》载，硕项湖在南北朝时水面还很大，"东西宽四十里，南北长八十里"。清乾隆《新安镇志》载，春冬已干枯，但"夏秋之际仍渔船辐聚"，18世纪后才淤为平陆。据明隆庆《海州志》载，桑墟湖"夏则潴水，冬为陆地"。在汉代，海州湾顶有一大潟湖，曰艾塘湖。在盛唐时（8世纪中叶）尚存，到9世纪中叶，潟湖已干枯[2]。

由于要宣泄内侧潟湖链的纳潮量和径流，在这段古堡岛海岸上形成了一系列的古潮汐汊道（tidal inlet）。其中最有名者，如阜宁县的射阳湖口（庙湾口）和喻口，是排泄射阳湖水的主要水道。直至明末的庙湾河口，"凡山阳之涨水入射阳湖者，自此入于海。

---

① 凌申：《古淮口岸线冲淤演变》，《海洋通报》，2001年第5期。
② 张传藻：《艾塘郡治新考》，1981年。未刊稿。

旧口阔一千六百余步,今阔六百步余。水大止,则口与海漫而为一矣"[①]。向南还有朦胧口,盐城的石砒口,大丰的刘庄、白驹、草堰诸口。东台县西溪附近有海道口河,是未筑范堤前之海口,今则为串场、蚌蜓、梓辛诸河出入之门户。宣泄古硕项湖和桑墟湖水的是灌河和古涟河,宣泄艾塘湖水的是古游水。

沿岸沙坝、潟湖及穿过沙坝的汊道构成了延续几千年的苏北古堡岛海岸,它相当稳定,缓慢淤积,直到黄河夺淮由苏北入海为止。

第二节 苏北黄河三角洲的形成过程

20 世纪中晚期,黄河每年向海倾泄约 12 亿 t 泥沙。在近几百年的历史时期应以与此大致相当的泥沙量供给苏北海岸,故黄河在苏北也形成了以云梯关附近为扇面轴点的河口三角洲。它的沿海岸的范围大致在埒子口与射阳河口之间〔图 15.1 (a)〕。

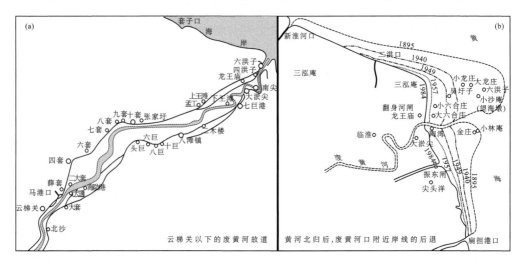

图 15.1 苏北黄河故道 (a) 与黄河北归后河口岸线的蚀退 (b)

一、黄河在苏北入海时河口的延伸

西汉元光三年(公元前 132 年),黄河在瓠子决口,由淮入海达 42 年,这是黄河由苏北入海的最早记载。在北宋时,每隔短者一二十年,长者四五十年,便夺淮入海一次,但仍以北流为主。从南宋建炎二年(1128 年)后,虽数次全由北流,但很快便返回南路,黄河南流时间渐长,或南北分流。1194 年,河决于阳武,大部分河水由泗入淮,南流遂不断绝〔图 15.1 (b)〕。

南宋夺淮时的黄河口在云梯关附近。在黄河分流入海的三百多年中,河水分由颍、泗、涡、浍、濉、泗等支流入淮,泥沙沿途沉积,河口外伸并不迅速。明初时的河口离

---

① 〔明〕顾炎武:《天下郡国利病书》,第 12 册,淮安。

云梯关不远。自明弘治七年（1494年），黄河全流夺淮后，南道输沙量大增，且淮河中上游洼地已淤高；尤其是明代治河专家潘季驯"上下千里、束水攻沙"，清代又分别于康熙、嘉庆、道光年间接筑云梯关外两岸大堤，使河口延伸速度大大加快。关于南流河口位置的变化，史籍多有记载，现仅择较确者列举如下（图15.1）。

明弘治十三年（1500年），六套三元宫已建。万历六年（1578年），"自安东历云梯关至海口，面阔七、八里，至十余里，深各三、四丈不等"①。万历十九年（1591年），潘季驯亲往河口勘察，"勘得云梯关以下自夹套至十一套，面阔三、五、七、八里及十里不等，水深一丈五尺、六尺及二三丈不等"②，明确指出了河口已伸抵十一套。

清顺治十七年（1660年），在今木楼子"建防汛木楼"③。河口已延抵今木楼子。

乾隆十二年（1747年），周学健调查河口"七巨港以下海口……中泓转浅于内地"④，可见海口已延伸到今贾夹堆附近。乾隆四十一年（1776年），萨载查勘河口时写道，"从前海口原在王家港地方，自雍正间至今……南岸遂有新淤尖、尖头洋之名，北岸有二泓、三泓、四泓之名"⑤。可见雍正时海口在今下王滩，乾隆四十一年海口在四洪子。

嘉庆九年（1804年），徐端查"至新淤尖、丝网浜以下黄河出海口处，河面宽约二三百丈"⑥，丝网浜，在太平港与小零淦（即小林庵）⑦ 之间。嘉庆十五年（1810年），百龄又往河口踏勘，发现"三、四、六洪已淤闭，唯五洪潮长，尚可通舟"⑧，海口已抵六洪子附近。

道光六年（1826年），延筑两岸大堤，"于海口北岸自堤尾，至望海墩下止，接新堤1350丈"。同年，琦善奏"堤尽之处滩地正多，距海尚有三十余里"⑨。据笔者调查考证，望海墩在小沙庵。此时海口在六洪子以东9km。

可见，自黄河分支南流入黄海，云梯关以下海口大致以54m/a的速度向海延伸。而至明朝中期以后，河口延伸加速，从1500～1826年平均每年为215m。其中1747～1826，河口延伸达25km，平均每年316m。如按此速度估计，1826～1855年河口还要外伸9km，即在今河口外25km处。当然，河口上述延伸速度是在河道总延伸方向上取直线距离得到的，故较之沿河曲计算的延伸速度为小。

大量的入海泥沙，以及人工筑堤"束水攻沙"，彻底改变了淮河口的河口湾形态，进而演变为突出于海中的鸟嘴状三角洲。

据上述，可列出表15.1（其中雍正年间取为1729年）。

---

① 《河防一览》卷七《两河经略疏》。
② 《行水金鉴》卷三五。
③ 光绪《阜宁县志》卷一一武备。
④ 《续行水金鉴》卷一〇。
⑤ 《续行水金鉴》，卷一七。
⑥ 《续行水金鉴》，卷三一。
⑦ 光绪《阜宁县志》附图。
⑧ 《续行水金鉴》卷三八。
⑨ 《再续行水金鉴》卷六八。

表 15.1　黄河在苏北入海时河口的延伸

年份	河口位置	时间间隔/年	沿河直线距离/km	延伸速率/(m/a)
1128	云梯关	—	—	—
1500	六套	372	20	54
1591	十一套（张家圩）	91	16.5	181
1660	二木楼	69	18.5	268
1729	下王滩	69	8	116
1747	七巨港	18	2	111
1776	四洪子，尖头洋	29	8.5	293
1810	六洪子	34	7.5	221
1826	望海墩东 10km	16	9	563
1855	今河口处 25km	(29)	(9.0)	(310)

二、苏北黄河三角洲

　　早在明万历二十三年（1795 年），黄河曾由桃源县（今泗阳），经涟水五港口，由灌河入海[①]。康熙四年（1665 年）至嘉庆十三年（1808 年），茆良口以下的历次决口，无不归北潮河由灌河入海[②]。康熙三十五年（1696 年），总河董安国于云梯关海口筑拦黄大坝，于关外马家港，挑河导黄，由南潮河入海[③]。南潮河很快淤为平陆[②]。灌云东部的大片土地大都是这个时期成陆的。嘉庆十一年六月，黄河决口，"大溜直冲海州大伊山……其尾闾入海之处有三，南为灌河，中为五图河，北为龙窝荡"[④]。道光二十二年（1842 年），肖家庄决口，三分水量入埒子口，七分水量入灌河[⑤]。可见，黄河可以直接影响到埒子口。由于淮南盐场对于封建国家经济起着极为重要的作用，南流两岸的大堤，在不得不决堤时，选择在北堤决口，以保护南岸。因此，苏北黄河北侧成陆速度较快。

　　明代中叶，灌河口已在今双港附近。清顺治时，灌口已在陈家港南约 6km。乾隆十八年至乾隆三十四年，"东至磨盘沙，西至毛家山，广可四十里，南至中正场，北至云台山下，可二十里"俱已成陆[⑥]。当时海岸线已达东陬山以东。道光二十二年，距黄河尾闾北归仅 13 年，"自潮河（即灌河）头队至燕尾港，再至灌河口共七十余里。……渔民金称……因历次黄水下注，逐渐澄淤，现在潮河两岸淤滩潮落时已近开山"[⑤]。如当时灌河口到头队以 75 里计，则从清乾隆中期至 1842 年，灌河口又向海淤长了 15～17km。据此估计，至 1855 年黄河北归，开山已完全与陆地相连。黄河于云梯关外

---

①　吴君勉：《古今治河图说》，水利委员会，1942 年。
②　《再续行水金鉴》卷一五一。
③　吴君勉《古今治河图说》，1942 年。
④　《续行水金鉴》卷三四。
⑤　《再续行水金鉴》卷八四。
⑥　嘉庆《海州直隶州志》。

决口，亦有时由射阳河口入海。如嘉庆十二年（1807年），曾由五辛港入射阳河[1]。用面积量计法得到表15.2。可知，苏北黄河三角洲在明中叶以前成陆速度较缓。黄河全流夺淮后，三角洲成陆速度增加很快（表15.2）。

表 15.2　苏北黄河三角洲的成陆速度

年份	成陆面积/km²	成陆速度/(km²/a)	岸线平均推进速度/(km²/a)
1128～1500	1670	4.5	0.012
1500～1660	1770	11.1	0.069
1660～1747	1360	15.6	0.179
1747～1855	2360	21.9	0.203

第三节　江苏海岸线的演变

一、江苏北部海岸的演变

江苏滨海地区，自汉唐以来的历代封建统治者一直实行抑制农业、发展盐业的政策，故几乎到民国初年，盐业一直是江苏沿海唯一重要的经济部门。随着海岸的东迁，以草煎法为主要生产方法的团场盐灶及其附属物（如潮墩等）随之东迁。再则，明清两代因海防需要，沿海岸建立许多烽火台式的烟墩和木楼作为敌船入侵时报警之用。这些烟墩、木楼和潮墩有的至今仍有遗迹，但更多的是作为地名保存下来。由于潮墩的主要功能用于在风暴潮时避潮，故最外侧的潮墩一般应建立在秋季大汛可以浸漫、而一般潮汛不能淹没的高潮线附近，烟墩的报警功能也决定了它们的位置在通航河口或高潮线附近。它们的连线比较符合现代的海岸线的定义，作为古海岸线的人工标志应比海堤更合适。因此，地名的研究亦能为我们间接提供古海岸线变化和成陆过程的重要线索[2]。

因盐城市、连云港市海岸与南通市海岸的发育过程不同，故分为南北两部分分别叙述（图15.2）。

（一）汉代至宋代的海岸线

成书于隋代的阮昇之所著《南兖州记》载，在盐城，"有盐亭百二十三所。"《元和郡县志》："每岁煮盐四十五万石。"[3]唐大历年间，黜陟使李承在楚州（今淮安）境筑常丰堰，以屏蔽盐灶和农田[4]，堤线应沿着这条东冈。至今东台县西溪海春轩塔，作为航海标志，在唐初，至迟在北宋初即已建成屹立在东冈上。可见唐代的海岸线仍沿着东

---

①　吴君勉：《古今治河图说》。

②　张忍顺：《江苏省范公堤以东地名在地理学上的意义》，《南京大学学报》地理学半年刊，1983年S1期。

③　《舆地纪胜》卷三九。

④　《新唐书·李承传》。

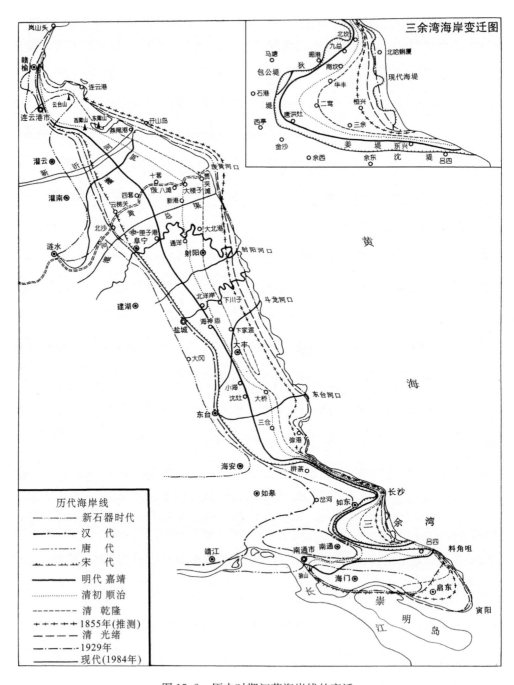

图 15.2　历史时期江苏海岸线的变迁

冈一线。至北宋，唐代常丰堰挡潮作用尽失，范仲淹于天圣三年至天圣五年（1025～1027年）建成捍海堰（即范公堤）①，范仲淹为了稍避水势，范堤堤线还向西移，稍近西

———————————

① 康熙《重修中十场志》卷八。

溪①。范公堤的起讫点大致应由阜宁境到东台富安附近。可见，直到北宋，东冈一直是海岸线的标志。

北宋以后，东台南部海岸开始缓慢淤长。南宋时已有盐灶迁往范堤以外。南宋淳熙元年（1174 年）泰州知州张子正就"旧基形势修筑盐场灶所，又别为堤岸，以捍潮汛……知州事魏钦绪竟其工"②。可见，在南宋，范公堤外的局部地区已新筑了海堤。

（二）明代中叶的海岸线

南宋建炎二年（1128 年）黄河开始夺淮入海时，河口已伸抵云梯关附近。由于江苏海岸获得了大量黄河泥沙，淤长速度逐渐加快。特别是明弘治七年（1494 年）黄河全流夺淮入海后，海岸淤长更为迅速。万历八年（1580 年）盐城知县杨瑞云因"范堤以外多民居"，新建海堤，"迁其堤，包民居堤内"③。据夏应星撰"邑侯孙公禁垦海滩德政碑"载：明宣宗（1426 年）时，海岸已离范堤约 15km，嘉靖时伍佑场治离海 15里④。明开国以来，始终受倭寇的侵扰。为了侦察海上警息，明嘉靖三十三年（1554年）在靠近港汊和海口处建立烟墩④。由于当时地处范堤中段的泰属各场岸离范堤已相当远，故在范堤以东不设烟墩。其他各场在范堤以东所建烟墩如表 15.3 所示。本节中明清墩台的今址均据笔者现场调访的结果。

表 15.3　明代中十场范堤以东烟墩及今址

场名	烟墩名	今址
东台场	丰盈墩	东台县四灶公社丰关东二里
何垛场	薛家舍墩	在丰盈墩北 6 里靠何垛河
丁溪场	麻墩	薛家舍北，靠丁溪河（三渣）
草堰场	龙须墩	在大丰县南团、靠龙须河
	茆花墩	在大丰县北团

在嘉靖十七年（1538 年），海潮骤涨，范堤以东水深丈余。巡盐御史吴悌和盐运使郑漳议修海堤未成，创避潮墩于各团诸灶⑤；十九年（1540 年）焦琏又筑潮墩 220 余座，每团两座⑥；万历十五年（1587 年）盐城知县曹大咸，沿堤修筑墩台 43 座⑦。在乾隆《两淮盐法志》所附各盐场图中⑧，把乾隆时修筑的潮墩注作"新设潮墩"，明代修筑的潮墩则一般地注作"潮墩"，因而可以把明朝的潮墩和清朝的潮墩明确地分开。显然"新设潮墩"分布区的外缘应接近于明朝的海岸线。表 15.4 列出了明代各场外缘

① 《西溪镇志》编撰年代疑为明末。
② 康熙《重修中十场志》卷二。
③ 万历《盐城县志》跋。
④ 嘉靖《两淮盐法志》卷五。
⑤ 光绪《两淮盐法志》卷一三八。
⑥ 嘉靖《两淮盐法志》卷一。
⑦ 民国《续修盐城县志》卷四。
⑧ 乾隆《两淮盐法志》图说门。

潮墩所在的灶名和今址。丁溪在南诸场图上，没有标明"潮墩"和"新设潮墩"。

表 15.4　明代各盐场外缘潮墩的灶名及今址

场名	潮墩所在灶名
新兴	潮通港，新坍灶（今均保留下原名）
伍佑	西北稍，海神潮（以上保留原名）南舍（步凤附近）
刘庄	（龙堤附近）九灶，新团，七灶（以上均保留原名）
草堰	北团，南团（以上均保留原名）
丁溪	血塌港（血泰港），六灶

再则，在明万历年间进行了一次盐政改革，团煮改为散煎[①]。这一改革在范堤以东的地名总体留下了鲜明的痕迹。改革前的盐灶聚集区以"团"命名，而改革后的分散盐灶改以"灶"、"丿"、"锅"来命名。这些以团命名的聚落的外缘线应接近明朝中叶的海岸线。由烟墩、潮墩颁布和地名分析分别给出的明代中叶海岸线相当一致，且亦与嘉靖《盐法志》中伍佑距海 15 里的记载完全相符。

射阳河口亦在缓缓淤进，据《平倭碑记》载：明嘉靖丁巳（1557 年）夏，曾与倭寇大战于哈蜊港海口[②]。隆庆年间"东陬山居海中，西陬山居海隅"[③]，河岸已逼迫西陬山。海州"东至海一十五里"[③]。南云台山与海州弯之间隔有黑风口海峡[④]，未与大陆相并。

由上述可见，明朝中叶的海岸线北起获水，过赣榆、海州东约 8km 处，经板浦而东，过西陬山，趋南偏东于四套东过废黄河，在蛤蜊港过射阳河，至南洋洋岸过新洋港；经龙堤，大丰沈灶，入东台境，过丰盈关，东台南沈灶，在海安李堡附近接范堤。

（三）清初的海岸线

自明代中叶后，范堤以东滨海平原淤涨迅速。为了对付郑成功在东南沿海一带的军事活动，在顺治年间也曾在沿海建立了一批烟墩[⑤]，见表 15.5。

表 15.5　顺治年间中十场所建烟墩及今址

盐场名	烟墩名	今址
富安场	殷家墩	东台县洋河村
	唐家墩	东台县唐洋东南
	高家墩	东台县何家墩附近
	丰安墩	东台县三仓南二十六总

---

① 民国《续修盐城县志》卷四。
② 光绪《阜宁县志》卷二三。
③ 隆庆《海州志》。
④ 嘉庆《海州直隶州志》。
⑤ 光绪《阜宁县志》卷八。

盐场名	烟墩名	今址
安丰场	九丘墩	东台县三仓北
东台场	丁美墩	东台县曹丿东
	太平墩	东台县华丿东
何垛场	镇海墩	即川港岸墩,今大丰县大桥
	定海墩	即金家丿墩,潘丿东南
	塔港岸墩	即潘丿墩
丁溪场	殷家坎墩	大丰沈灶北
	彭洼下墩	大丰沈灶东
草堰场	富盈墩	在大丰县南团附近
	茅花墩	在大丰县北团附近
小海场	万盈墩①	在大丰县万盈西五里
角斜场	新移墩	—
	九总墩	海安县旧场西北

由乾隆《两淮盐法志》载各场图可知②,这些烟墩均沿着古"沿海马路"分布。这条沿海马路南起角斜旧场,和西北经东台周洋、唐洋,大致沿今黄海公路北上,经三仓、华丿、大丰县潘丿、大桥,抵万盈西,靠近七灶河后,这条古路和明代的海岸线接近。

在斗龙港以北,地势相当低洼,不宜建烟墩,故建木楼代替烟墩。顺治十七年(1660年)海防同知张行生建木楼③。这些木楼有的作为地名保存下来。刘庄场木楼在今七灶河汇入斗龙港之处;而新兴场木楼在今射阳县北洋岸东的三木楼、四木楼一带。射阳河汛地的木楼之一在通洋港,距海3里④。今八滩以东有地名,曰木楼子,亦应为顺治时黄河汛地的木楼⑤。灌河口汛地的木楼在七条港④。

康熙初年,吏部右侍郎哲尔肯等到云台山察看时,海州与南云台山之间的渡口恬风渡落潮时仍宽4~5里⑥,可见当时云台山仍未并陆。海州湾北部的岸线变化并不大。

综上所述,在顺治年间,海岸线应在由获水口经海州东,到灌河陈家港南,向东南至废黄河南岸的木楼子,则转向新港,过双洋河,至射阳河畔的通洋港,又至新洋港边四木楼,至斗龙港的七灶河口稍东,向东南往万盈西,接"沿海马路"至海安的角斜旧场。

---

① 乾隆《小海场新志》载:万盈墩建于雍正六年(1872)。
② 乾隆《两淮盐法志》图说门。
③ 光绪《阜宁县志》卷八。
④ 光绪《阜宁县志》卷一一。
⑤ 《行水金鉴》卷三五。
⑥ 嘉庆《海州直隶州志》。

（四）乾隆中期的岸线

雍正以降，除特大潮位外，一般潮汛海水已不能到达范公堤，盐灶向东发展。

乾隆十一年（1746 年），盐政吉庆视察两淮各盐场，看到明时潮墩经两百多年的潮涌浪击，十墩九废。由于连年潮患，他于同年和次年奏请并主修了 228 座潮墩[①]。根据乾隆《两淮盐法志》各场图[②]，仍利用此时新设潮墩区的外缘来表示当时的海岸线。各场最外侧的潮墩见表 15.6。可见，在沿海马路以东的滨海平原也已脱离潮汐浸漫的影响。

乾隆中期，射阳河口的南岸为通潮港[③]，北岸为大北港东。

由乾隆时的淮北三场图可知[②]，1748 年，东陬山和南云台山已并陆，云台山南的对口溜（即烧香河前身）已淤塞，西面的恬风渡也只是一条小河，故在乾隆五十六年（1791 年）"海州知洲任兆炯以涟河口恬风渡潮淤泥深，筑堰造桥，行者便之"[④]。"云台新志"载："乾隆中海涨，东徙百余里，山遂为岸。"在乾隆十八年（1753 年）至三十六年（1771 年）"东至磨盘沙，西至毛家山，广可四十里，南至中正场，北至云台山下，可二十里"的区域已经淤出[⑤]。可见此时，今灌云县东部滨海平原的大部分已便成陆。

云台山北的临洪河口已延伸到小房和小东关稍东一线[⑥]。而赣榆北部沙质海岸，纪鄣古城已在退潮时才能看到遗址[⑦]。

上述结合黄河口的延伸可见，在 18 世纪中叶，江苏海岸的大致位置为由获水口始，经小东关东，绕过南云台和中云台山，经东陬山，沿今灌西盐场南界过灌河，又在贾夹堆附近过黄河，在大北港东过射阳河，经中兴桥、李灶，然后折向东南入大丰县，抵下家渡，沿今黄海公路抵万盈，大桥以东，大致沿西潘堡河，向东南经东台十总东，抵海安旧场东。

表 15.6　乾隆十一年所筑的外缘潮墩

盐场名	潮墩名	今址
新兴场	三岔灶 勾沙凹灶	射阳县长荡乡利民河边 五木楼稍北
伍佑场	下川子 陈家港灶	射阳县李灶西北的新洋港边 大丰县卞家渡一带
刘庄场	—	（全场草荡均在斗龙港西）

---

① 嘉庆《两淮盐法志》卷二八。
② 乾隆《两淮盐法志》卷一八。
③ 光绪《阜宁县志》卷六。
④ 嘉庆《海州直隶州志》。
⑤ 武同举《淮系年表》。
⑥ 乾隆《两淮盐法志》临兴场。
⑦ 民国《赣榆县续志附编》卷下。

盐场名	潮墩名	今址
草堰场 （归并白驹场）	斗龙港灶 浪港岸灶	新丰镇北部 南团东北
小海场	南舀灶 北舀灶	今万盈附近
丁溪场	关北灶 关西灶	今洋岸灶东二里，沿竹港
何垛场	万舍 孙丿	潘丿北属大丰 潘丿南属东台
东台场	姜丿 曹昌丿	今保留原名
梁垛场	—	（新设潮墩均在沿海马路西）
安丰场	九丘灶	在沿海马路外
富安场	十七总 十一总 附十总	在沿海马路外
角斜场	九总	在沿海马路外

（五）光绪年间的海岸

自咸丰以后，往时潮墩坍塌，离废黄河口较远的大部分岸线仍继续向东淤长，而新涨滩地没有潮墩，海潮风暴涌至，灶丁损伤颇多。光绪八年（1882 年）盐政左宗棠组织淮南通泰各场修建潮墩。泰属梁垛、富安、安丰、东台、何垛等五场，或因地势较高，或因距海较远，未筑潮墩。刘庄场被伍佑及草堰场所包围，地居腹里，亦未修筑[①]。这说明乾隆之后，黄河以北，这一阶段淤长迅速。

今东台、大丰南部的海岸淤长比大丰北部和射阳的海岸迅速。其余各场所修的外缘近海潮墩如表 15.7 所示。

表 15.7　光绪八年泰属各场的外缘近海潮墩与今址

场名	潮墩名	今址
庙湾场	长生港灶	今下老湖下游
新兴场	忠港灶	今海洋公社西约 5km
伍佑场	牛汪塘 西漕	仍保留原名
草堰场	（浪港岸东的盐灶未修潮墩）	—

---

① 光绪《两淮盐法志》图说门。

场名	潮墩名	今址
丁溪场	袁家墩（向东，王港河上有潮水坝） 北新灶（向东，竹港河上有潮水坝）	在草庙下游

据光绪十七年（1891年）的何垛，东台、梁垛场图[①]，在各场沿海马路以东的新盐亭，均在今东潘堡河以西一线，但当时已有"弶地"（今弶港）。弶港及蹲门口并陆过程已完成[②]。

射阳县境内的双洋港河口已向东迁移。光绪十二年（1886年）"南洋……纡回环曲至二十九层（每层3里），会民便河，南洋各层之水，经苇荡营、五案、六垛之地。计袤二百余里，始至芭斗山，下出双洋口入于海"[①]。芭斗山在今畚套闸附近，可见当时河口已在今双洋口。咸丰五年（1855年），黄河尾闾北归。江苏海岸经历了一次动力和泥沙条件的突变。黄河沙咀及三角洲冲淤易势，开始冲刷后退。废黄河口和黄河三角洲此时正经历着迅速的蚀退过程。"昔之青红纱，新丝浜均塌之海中，渐至小另案矣"[①]。小另案今天早已坍入海中，当在今废黄河口之外。在光绪二十一年（1895年）废黄河已退至大淤尖东北14km处，灌河口亦离开山岛1km。自南云台山于乾隆时并陆后，在中云台山与北云台山之间有一条宽约7里的五羊湖海峡，以后渐渐滩积。到咸丰六年（1851年）已变为一片滩涂，北云台山也已并陆。临洪口已接近于今之大浦间[③]。北部沙质海岸仍在缓缓蚀退。综上所述，光绪年间的海岸由获水口过大浦闸，绕过北云台，抵开山南1km，过大淤尖东北14km处抵今双洋口，然后经东小海过新洋港至海洋公社西，至大丰下明闸，过潮水坝，沿今海堤到新港闸，而堤外蹲门口附近和弶港附近的沙洲也完成了并陆阶段[④]。

二、江苏南部海岸的演变

（一）长江口北沙嘴及三角洲北翼的演变

江苏海岸南侧入海的长江是世界著名的大河。它的大量径流和河口向东南的发育过程，对江苏海岸尤其是南部海岸的形成和发育起着决定性的作用。

全新世早期长江口北岸沙嘴位于今扬州、泰州地区，古称为扬泰沙嘴。据南通博物馆资料，在海安北凌公社发现的古代木船桅的[14]C年代测年资料为距今4630±100年；在海安青墩新石器时代遗址探坑内，所取海滨底栖动物贝壳样品的[14]C测年结果为距今5970±190年和距今5235±135年[⑤]。可见，从距今5000多年前到公元前2世纪，长江

---

① 光绪《两淮盐法志》图说门。
② 光绪二十一年《江苏全省舆图》。
③ 光绪二十一年《江苏沿海全图》。
④ 张忍顺：《历史时期江苏海岸线的变迁》，《中国第四纪海岸线学术讨论会论文集》，海洋出版社，1985年。
⑤ 王庆、刘苍字：《历史时期长江口北支河道演变及其对苏北海岸的影响》，《历史地理》第17辑，上海人民出版社，2001年。

口北沙嘴在今海安至如皋一带发育。海安东北的北凌还在长江河口中。在枚乘（？～公元前140年）的"七发"中称长江口北沙嘴为"赤岸"。为叙述方便起见，将这个时期的北岸沙嘴取名为赤岸沙嘴。

在公元前11世纪到公元前4世纪，相当于春秋战国时期，在赤岸以东的海域中有扶海洲露出海面，其范围大致在如皋的东部至如东县丰利一带。光绪《直隶通州志》载："吴大司马吕岱墓在（如皋）县东南60里（林梓镇附近）高阳荡。"表明赤岸沙嘴和扶海洲之间的长江口北支（夹江）在汉末逐渐淤闭，形成朝向东北的古川港湾；在3世纪已成为低洼的荡地。当今东台、海安、如东之间的和缓的海湾就是它的残留。这样，长江口北岸沙嘴就由赤岸迁移到今如东县东北部的长沙附近。为叙述方便起见，取名为长沙沙嘴。可见，汉代末年的海岸线由海安—李堡之间，沿古川港湾的岸线，经岔河北，至长沙沙嘴，转向西南至长江北岸的靖江与如皋界。

梁承圣元年（公元552年），侯景自沪渎败走入海至胡逗洲[1]，表明在南北朝时期，在扶海洲以南又有胡逗洲露出水面。据记载，胡逗洲位于"海陵县（今泰州）东南二百三十八里海中，东西八十里，南北三十五里"，大致在今南通附近。随后，在胡逗洲以东的海域，又先后有南布洲、东布洲露出海面，分别位于今金沙镇以东至吕四一带。后周显德五年（公元958年），在这三个沙洲地区分别建置静海与海门两县。这三个沙洲相继形成后，在扶海洲和胡逗洲之间就形成了新的长江口北支，这就是唐人所说的古横江。1973年，曾于白蒲附近地面以下3～4m处，出土唐开元年间的海船。可见，古横江大致沿南通、白蒲、石庄到石港一线，在骑岸镇附近入海。唐开成三年（公元838年）日本僧人慈觉一行，乘船经掘港进入长江，还称横江为大江口[2]。据《太平寰宇记》载："古横江在（通）州北，原是海，天祐年间（公元904～907年）中沙涨，今有小江，东出大海。"可见，唐代胡逗洲尚未并陆，但较汉末已向海缓缓淤进，海岸线的位置由长沙沙嘴，过掘港北，向西南，到长江北岸的南通与如皋的交界附近。北宋庆历年间（1041～1048年），狄遵自石港场经金沙场至余西场修建海堤；至和年间（1054～1055年），沈起又把此堤向东延长至吕四场[3]。由此可以认为，胡逗洲、南布洲和东布洲在11世纪已经涨接成一片，古三余湾形成了。至今，古横江一线仍为一带宽35～40km的洼地。海门县（包括胡逗洲、东布洲及其陆续与它合并的小沙洲）与通州涨接的时间可能在狄堤和沈堤修筑年代之间。元丰三年（1080年）成书的《元丰九域志》卷五中，通州海门县已不有隔海的说法。狼山在11世纪初也已并陆[4]。到宋末元初，通州海门一带的陆地面积达到一次高峰。在北宋前期，长江口北岸沙嘴就迁移到吕四东南的今秦潭附近，古称料（廖）角嘴。此时的长江口北岸大致由狼山向东到秦潭附近，比现代的北岸岸线偏北。

于是长江口北岸沙嘴由赤岸，经长沙，移动到料（廖）角嘴，相应地，长江原河口湾相继退化为川港海湾和三余海湾。每一次长江口北岸沙嘴随着河口沙洲的北并而向东南的跃移都要经历大约一二千年。这一过程反映了长江口北支的延伸和长江三角洲北翼

① 《梁书·侯景传》。

② ［日］园仁和尚《入唐行法巡礼行纪》。

③ 万历《通州志》卷六。

④ 陈金渊：《南通地区成陆过程的探索》，《历史地理》第3辑，上海人民出版社，1984年。

平原的发育过程。长江口北岸沙嘴的变化也成为相应时期江苏海岸线和沿海平原淤长发育的控制点。

（二）三余湾的海岸演变

三余湾形成以后，它的岸线仍在不断淤积（图15.2）。明万历年间（1573～1619年）海门县姜天麟建造新堤，"堤外有非字港、二漾口、大横口、夹港，俱北通海"。据"海门县新旧总图"，这条新堤在沈堤之北①。姜堤与一直残留到1950年代的一条古海堤相合，它位于沈堤北约5里，东起吕四场，西到余中场（今余竖河附近）。与此同时，湾顶也在淤积。明嘉靖年间（1522～1566年），在金沙场亦修海防新堤，"起袁灶港，径场而西抵于西亭"②。隆庆三年（1569年）通州分司判包桂芳在石港场主修新堤，他看到"各灶煎烧荡户在堤外者十居七八……逐议修外堤曰包公堤"③。

明代为防倭患，嘉靖时在沿海设烟墩16座。这些烟墩都处在通潮港汊附近，其中有5座在三余湾中。掘港附近的烟墩桥，如东县曹埠包公堤外的鲍家墩，在九总公社附近的蟹子洼，可能是明朝烟墩的遗址。可见，从北宋到明朝中叶的四五百年间，古三余湾在缓缓地淤积。至明中朝，岸线大致由吕四北，过海门东灶镇，沿姜堤向西北沿新河边（十总），向掘郊，后沿今掘坎河，至长沙镇。三余湾南岸向北推进了2.5km，湾顶向东推进了5km，而北岸填平了掘郊附近的宽平小海湾。

清顺治十六年（1659年）在掘港场增筑烟墩9座，其中有南歇墩、北歇墩，即今老的北坎镇和老的南坎镇（属如东县）。南岸的吕四附近，清初受到冲刷。在乾隆时，三余湾西南部的金沙场和西亭场的荡地已不靠大海。而金沙场以东的余西场和西亭场以北的石港场的荡地仍靠大海④。因此，清顺治时的海岸线应大致在旧北坎—旧南坎—华丰一线稍东，过新隆灶西，至姜堤稍北。吕四附近海岸变化不大。乾隆时的海岸线稍外，在海湾中部，岸线过二弯一线。可见三余湾顶和北岸淤积较速，南岸较缓，只是余东场的东部荡地方与大海相临⑤。所以在光绪八年（1882年），两淮盐场筑潮墩时，"石港、金沙两场地处腹里，数十年鲜有潮患，毋庸另建"⑥。

由上可见，在19世纪末，三余湾已基本上完全成陆。光绪二十五年（1899年），"东凌港口有两沙，南曰南蛤蜊厦（舍）居民七八户，北曰北蛤蜊厦（舍），居民十余户，均悬海中"⑤。19世纪末的海岸线应在南、北蛤蜊厦稍西处。

（三）启海平原的陆沉与再现

自元末至正年间（1350年左右）到清初康熙十一年（1672年）的三百多年间，开

---

① 顺治《海门县志》建置志。
② 嘉庆《两淮金沙场志》。
③ 光绪《两淮盐法志》卷一三七。
④ 乾隆《两淮盐法志》图说。
⑤ 光绪《两淮盐法志》图说。
⑥ 光绪《两淮盐法志》。

始坍塌。宋元时海门旧县治在大安镇（今吕四以南）坍入江中，县治迁往礼安乡。此时江岸已进抵蒿枝港到三和镇一线。在江岸向北坍塌的同时，坍岸段也向西扩展。余东以西坍塌尤为剧烈。明正德七年（1512 年），县治第二次搬迁至余中场，至嘉靖十七年（1538 年），又第三次迁至金沙场。此时江岸在吕四以南已坍至今倒岸河一线。岸线由廖角嘴，经余西以南的今启海两县交界处附近，至川港、张芝山一带，渐至南通市。明末清初，坍塌之势继续。清康熙十一年（1672 年），海门县治四迁永安镇，并降县为乡。康熙末年，乡治又迁至今兴仁镇。此时江岸后退已达最后阶段。岸线大致由廖角嘴沿今倒岸河，经包场南，至余东镇，沿老运河，经袁灶、姜灶，折向剑山东麓。

康熙末年，江岸坍塌停止，而转为淤积。沿江一带涨出不少沙洲。因此在乾隆三十三年（1768 年）划新涨沙地为海门厅。此时海门厅与通州之间尚隔有一汊道。乾隆四十年（1775 年），在天补沙以南建一拦洪堤，使淤积加快，几年以后始涨接通州。此时江岸大致沿塘芦港到悦和港一线。在这条线以南的大江中陆续涨出了一些小沙。光绪二十二年（1896 年），外沙和海门厅连成一片，塘芦港变为一水道，至此启海平原重新形成[①]。

第四节　历史时期江苏岸外沙洲（五条沙）及其演变

江苏海岸的内陆架上有一大片水下沙脊群，过去曾称之为五条沙，今天称为辐射状沙洲。它的规模之大，形状之奇特，变化之剧烈在国内外都是罕见的。它的形成与演变取决于江苏岸外海域的泥沙供应状况及动力背景。

一、唐宋以前的"海中洲"

盐城县原名盐渎，设置于汉代。撰于隋唐间的阮昇之《南兖州记》中说，在盐城，"沙洲长百六十里，海中洲上有盐亭百二十三。"[②] 在引文中"沙洲"与"海中洲"并列，说明它们不是指同一个地理实体。"沙洲"指盐城所在的一段堡岛，"海中洲"则指沿岸海域中的另一块沙洲。明弘治年间，在盐城石塌口（即石砫口）以东，有三座煎盐灶舍，称为南舍洲、中舍洲和北舍洲，并注明"俱在场三十里海边上"[③]，在嘉靖时，分别称为"海洲南舍、海洲中舍和海洲北舍"[④]，今称南舍、中舍和北舍，属盐城市。这些地名显然是过去"海中洲"的地名遗迹。这片海中洲位于由射阳县新坍，经盐城县南洋，到东台县四灶的古沙冈（新冈）上，它的近表层贝壳样品的 ^{14}C 年代数据为距今 1200～1100，相当于唐代中期，底层淤泥为距今 2700 年[⑤]。这说明在两千多年前，当时的苏北海岸外已开始形成一块较大的水下沙洲。大约在 1300～1200 年前出露水面

---

① 陈金渊：《南通地区成陆过程的探索》，《历史地理》第 3 辑，上海人民出版社，1984 年。
② 《舆地记胜》卷三九。
③ 《运司志》卷七。
④ 嘉靖《两淮盐法志》各场图。
⑤ 朱诚、程鹏、卢春成 等：《长江三角洲及苏北沿海地区 7000 年以来海岸线演变规律分析》，《地理科学》，1996 年第 3 期。

形成沙岛。约在距今 500 年便已并陆。

二、15～16 世纪的江苏岸外沙洲

在全新世初期，长江曾由苏北南部海岸入海，以后随着长江口的南移，在河口内外形成了巨大的河口沙岛，水下沙洲及水下三角洲体系成为江苏岸外南部沙洲发育的物质基础。黄河夺淮以来，在南北分流的三百多年中，黄河泥沙多沿途堆积，但仍有部分泥沙入海，并在沿岸流的挟带下向南运动，为江苏岸外沙洲提供了相当多的泥沙。

南宋末年，海盗朱清、张瑄往来于黄、渤海，"私念南北海道，此最径直，且不逢浅角"①，总选择深水航路。元代陶宗仪曰：相传朐山海门水中流积淮淤江沙，其长无际，浮海者以杆料浅深，此浅生角，故曰料角①。表明黄河夺淮后 100 年左右，江苏海岸大部分已开始向淤泥质海岸演变。朱张两人降元以后就成了元代大规模海运的创行者。"元至元十九年创开海运，每岁粮船于平江路刘家港等处聚宗舻，经由扬州路通州海门县黄连沙头，万里长滩开洋，沿山捉畚，驶于淮安路盐城县……"②又据《大元海运记》记载："自刘家港开船出扬子江盘 转黄连沙头，望西北沿沙行驶，潮涨行船，潮落抛泊，约半月或一月余，始至淮河……"③由此可见，元代最初的海上航路（1282～1291 年）是由刘家港（今江苏浏河）入海绕崇明（元时在姚刘沙）西北端，经海门县的黄连沙头，万里长滩（分别为今吕四以北和长沙以东的沙洲）抵盐城县，然后沿山东半岛南岸北行。这一条航线离岸不远，浅沙甚多，必须停船候潮。元人所著《海道经》这样述及 1282 年初次海运的情形，"海船投宿过地名料角等处一带沙浅，连属千里，潮长则海水迷漫，浅深莫测，潮落则仅存一沟，寸步万险"。正由于沿海浅沙甚多，且航程遥远，故于至元二十九年（1292 年）开辟新道。"……自刘家港开洋，遇东南水疾，一日可至撑脚沙，彼有浅沙……转过沙咀，一日到於三沙洋子江。再遇西南风，一日可达万里长滩，透深才方开放大洋，先得西南风顺，一昼夜约行一千余里，到青水洋……"撑脚浦属太仓境，沙咀在刘家港西北方甘草沙一带，三沙在崇明岛北，三沙洋子江即长江北口。"至青水洋内，经陆家等沙，下接长山（疑为嵊山），并西南盐城一带赵铁沙咀及半洋沙、响沙、扁担沙等沙浅……"③新航路自刘家港至万里长滩一段与 1282～1291 年的老航路相同，但自万里长滩，不再沿岸行驶，而是利用西南风，由陆家沙（长江口外较远的沙洲）及盐城岸外的赵铁沙咀及半洋沙、响沙、扁担沙（不是长江口之内的扁担沙）诸沙洲的东部，然后进入黑水大洋，利用东南风赴成山。由上述可知，13 世纪末，从料角嘴到盐城对出的近岸水域已有大片水下浅滩和沙洲存在；陆岸潮滩上潮沟或潮汐水道出露，海岸显然已发育成淤泥质海岸。

永乐初，恢复海上漕运，令"平江伯督海运，起自海门，北至盐城，列墩堠，以识漕途"④，沿岸墩堠均在近海口处，漕途离岸不远，说明明初的岸外沙洲与元代大致相

---

① 《南村辍耕录》卷五。
② 《雪堂丛刻·大元海运记》卷三上。
③ 《雪堂丛刻·大元海运记》卷三下。
④ 《筹海图编》卷一。

似。后来，由于倭患渐趋频繁，抗倭将领胡忠宪等人在嘉靖年间编纂了《筹海图编》，其中的《万里海防图》[①] 表明，在江苏海岸的中段有几个大沙洲或沙岛。在射阳河口与安丰之间有乱沙，向南至黄沙洋外有过沙，在过沙、乱沙与海岸之间是虎斑水。由乱沙这一地名应是分布较广的盐城近海大片暗沙群。同书中的《南直隶总图》中，从海门到安东一带的岸外，从南到北排列着 4～5 片大块沙洲。《筹海图编》的另一编纂者郑若曾所绘《海防一览图》［图 15.3（a）］中，除乱沙、过沙和海门岛（该图上误为海门西）外，在它们向岸侧还标有几个沙洲，分布在从长沙到射阳河口之间。在古三余湾口有一块标有"淦"字的沙洲，且附记了"潮落则见"四字[②]。由此可见，淦沙是明沙，而乱沙、过沙是潮退后仍居水下的暗沙。在《黄河图》上，在乱沙内侧，有与岸离得相当近的北沙，乱沙以南为布洲洋[③]。明代中期，长江北岸坍塌，朝北已接近极限，即今吕四以南倒岸河一线。在吕四以东的大河营（在今三甲镇以东十余里的海中）和唐宋时的东

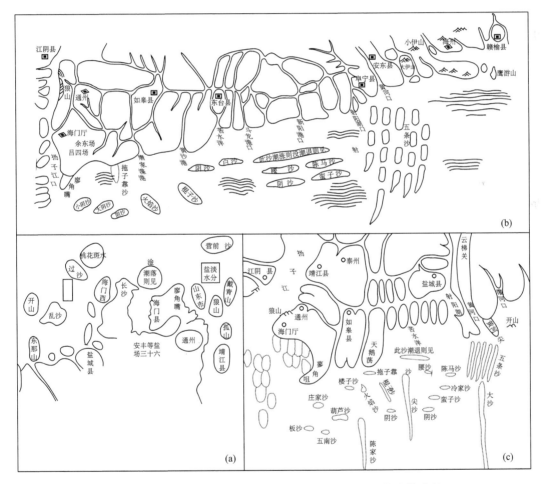

图 15.3　明代（a）和清代雍正（b）、光绪（c）的江苏岸外沙洲

①　《郑开阳杂著》卷八。
②　《郑开阳杂著》卷一〇。
③　《郑开阳杂著》卷九。

布洲，除北部边缘外，均已坍没入江。近岸盐城以北有近岸的北沙，乱沙在外侧，乱沙以南为布洲洋。可与《筹海图编》及《郑开阳杂著》相印证。郑若曾又说："约略程次，随路趋避，则自刘家河起，经崇明，过廖角嘴，至大河营约程三百余里，中有大安沙、县后沙（以上两沙都在当时长江北支江口外），各沙咀浅滩宜避，自大河营经胡椒沙、黄沙洋醋沙、奔茶场、吕家堡（今李堡）、斗龙江（今斗龙港）、淮河口至莺游山（连云港东西连岛），约程六百余里，中有黄沙洋一路阴沙，斗龙江口险潮宜避。""直北至海门县吕四场，转东过廖角嘴，是横上，再北过胡椒沙，是大横（即今大洪），多阴沙、宜殷点水，所谓长滩也"[1]。对照上述可知，胡椒沙是长滩的近岸部分。长滩，即万里长滩，是指今如东县东北海中的一群向海伸延很远的暗沙群。黄沙洋醋沙在长滩西北，栟茶口东南，即为元代海上航线上的响沙，过了黄沙洋仍一路阴沙。顾炎武在分析倭寇入侵苏北的形势时写道："自彼黑水大洋，舟行一二日抵天堂山，复一二日渡官绿水，抵陈钱壁下（属嵊泗列岛），渐经浊水，西北过步川洋（步州洋之误），乱沙，入盐城县口，可犯淮安……"[2]

有关明代江苏岸外沙洲的较为详细的记载是《海道经》。这部记录明代海运航路的书收在明嘉靖二十九年（1550年）印的《金声玉振集》中，编者是袁褧。据考证，《海道经》的成书时间在明永乐九年至永乐十三年（1411～1415年）。这部《海道经》载，出长江口，"自转了角咀，未过长滩，依针正北行驶，早靠桃花斑水边，北有长沙滩、向沙，半洋沙，阴沙，冥沙，切可避之"，返程时，"如在黑水洋正南挑西字多，必是高了，前有阴沙、半洋沙、向沙、拦头沙，即是廖角嘴北"。可见，在明代前半期，从长江口往北，直抵黄河口附近，均有大片的沙洲分布；拦头沙是出江口向北航行所遇的第一个沙浅，即长江口北岸的河口沙咀；长滩沙即万里长滩的近岸部分；响沙即位于黄沙洋口的醋沙；半洋沙指元明两代由刘家港出发，向东北到黑水大洋（深水区）半途上的一大片沙洲，相当于如东县北部与东台县的岸外海域。在上述引文中亦可以看出，各沙洲出露状况不尽相同。淦为明沙，在低潮时出露。而阴沙和冥沙则顾名思义，均指在低潮时仍然深藏于水下的暗沙；而拦头沙、长滩沙、响沙和半洋沙是在低潮时局部沙体出露，而大部仍在水下。阴沙和冥沙分别列出，正说明在江苏中部岸外当时并不止一处暗沙，其位置当在更北的盐城及黄河口附近的海域了（图15.4）。

三、苏北黄河口外的堆积沙体

黄河南徙初期，南北分流，由江苏沿海入海的泥沙较少，且沿途沉积，故河口淤积缓慢。明初河口离云梯关尚不远，河口沙坝亦不甚发育。但自弘治七年（1494年）黄河全流由淮入海，加之黄河中下游洼地已淤高，因此入海泥沙量大增，河口淤积延伸加快，河口沙体迅速发育。上文已提及在河口附近发育了拦门沙，在口门两侧还赋予了名叫青沙和红沙的河口沙嘴。而在广大的口外海域中还形成了著名的"五条沙"。黄河全流夺淮后不久，金金便记有"安东海州之东北有大北海，不惟道里迂远，且砂碛甚多，

---

① 《郑开阳杂著》卷九。
② 顾炎武《天下郡国利病书》卷八六。

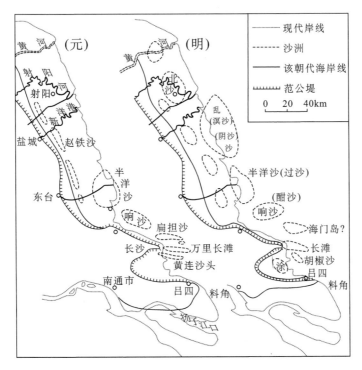

图 15.4　元明时期江苏海岸线及岸外沙洲分布示意

此不可运舟者矣"①。明清两朝数次延筑两岸大堤，更加速了河口的淤进和河口沙体的形成。

清代，黄河口外堆积沙体渐多渐大。雍正年间（1723～1735 年），熟知海道形势、曾任滨海边防要职的陈伦炯在纵论天下沿海形势时说："海州而下，庙湾而上，则黄河出海之口，河浊海清，泥沙入海则沉实，枝条缕结，东向纤长，潮满则没，潮汐或浅或沉，名曰五条沙，中间深处呼为沙行。……是以登莱淮海稍宽海防者，职由五条沙为之保障也。"②　这可能是黄河口外沙洲这一地理实体名为五条沙的最早记载之一。据他绘的《沿海全图》（以下简称陈图），五条沙中心位置正对着黄河口，分布在灌河口与双洋口之间，分五条狭长沙带且每条沙堤又分为三到五段，比岸外沙洲的外界向海伸展得更远。陈伦炯对黄河口外沙体的描述及他的《沿海全图》［图 15.3（b）］几乎为整个清代所袭用。只是道光六年（1826 年）陶澍所撰《海运图》［图 15.3（c）］（以下简称陶图）中，在五条沙正对黄河口的一条延展得最远。外面又接有大沙一道。图上注记："大沙古云万里长沙，自西至东横亘甚长，南北宽约五十里，水深九丈。"③　他在《海运图说》："云梯关外迤东有大沙一道，自西而东，接涨甚远，暗伏海中……此沙经东北，积为沙埂，舟人呼为沙头山。"③可见黄河口外沙洲继续向海延伸。它大致成东西向，沙体狭长，且局部已淤出水面。

---

① 《筹海图编》卷六。

② 《海国见闻录》卷上。

③ 《江苏海运全案》卷一二。

四、17～18 世纪的江苏岸外沙洲

陈伦炯的《沿海全图》是对江苏岸外各沙洲记有较为具体命名的最早文献 [图 15.3（b）]。该图标明在射阳河口至安丰一带海岸外有陈马沙、蛮子沙、腰沙、白沙、阴沙，大致对应于明中期的乱沙；黄沙洋附近有棍子沙和火焰沙，对应于明中期的过沙；三余湾岸外有阴沙、大阴沙和小阴沙。在野潮洋口（今黄沙港口）到斗龙港之间有一沿岸分布的长带状无名沙洲，并注上"此沙潮长则没，潮退则出"，以区别以上那些在低潮时仍未出露的阴沙。三余湾外的三座阴沙和盐城外的一座阴沙所以从其他各沙中分开，正说明其他各沙已经变成了明沙。因此可以看出，自明代中期，黄河全流夺淮入海以来，经过了二百多年，江苏沿岸中部的岸外沙洲发育得很快，较多的沙洲已淤高成明沙。而在离泥沙来源较远的三余湾外，明中期的淤沙在此时已完成了并滩阶段，新形成的外侧沙洲仍多为暗沙。另外，由陈图明显看出，安丰至射阳湖口之间的沙洲，其伸延方向多平行于海岸，呈南北向；安丰到如东长沙的沙洲（棍子沙和火焰沙）在西南—东北伸延；而长沙至廖角嘴之间的各沙却是东南-西北方向延伸，整个沙洲（除五条沙外）已具有向岸辐聚的雏形，不过中心是在黄沙洋口（今小洋口）至唐家溇港（今长沙附近）一带。这一辐射中心比今天的辐射沙洲的中心偏南。

道光四年（1824 年），清口运道阻塞。次年海运之说又兴。江苏巡抚陶澍负责筹划，"就西岸对出之州县汛地，比照核计，不相径庭"，绘制了《海运图说》[图 15.3（c）]。

对比陶图和陈图可以看出：第一，五条沙以南，新形成大沙一道。在射阳湖（今射阳河）口与斗龙港口之间，除陈马沙、蛮子沙、阴沙和腰沙外，在腰沙和蛮子沙之间，新形成了冷家沙；在斗龙港与黄沙洋口之间，白沙被尖沙所代替；在东台沿海为拖子靠沙。远岸出现陈家沙，长沙以南的大、小阴沙和阴沙也已变成为明沙，计有庄家沙、葫芦沙、板沙和勿南沙。第二，大沙、尖沙、陈家沙等沙体向东伸展着长长的沙尾，棍子沙也有了长条状的雏形。可见，至迟到了 19 世纪中期，江苏中部的岸外，沙洲的辐射形状已较前规整。第三，明代的北沙已完成了并陆阶段，成为滨海平原北部的一部分。陶图所绘出的岸外沙洲，只是最主要离岸较远的。一些近岸沙洲尚未列入。据《嘉庆东台县志》记载，"摇钱沙，酒幌沙，犁头沙，日头沙俱在县治（指东台县）东南，拼茶场黄沙洋口，外与丰利掘港场相接海中，平浅处潮涨则没，潮落则出，俗呼曰行，名目甚多，为鱼船插足布网之所"。这些名目甚多的小沙洲完全可与现代黄沙洋中小沙洲密布的状况相印证。可见，东台近岸的沙洲规模已相当可观。

五、19～20 世纪初的江苏岸外沙洲

随着西方科学技术的传入和 19 世纪帝国主义入侵，出现了西方绘制的一些中国海域的海图和论述中国沿海形势的著作。

约在咸丰年间成书的英人金约翰所辑的《海道图说》以及 1894 年英国伦敦海图局所辑的《中国江海险要图说》，对江苏岸外沙洲有了较前确切的叙述。对照两书可以看

出，长江与废黄河口间为一带低岸，有广大浅滩，远铺入海约 60 里，二河口间沙滩伸入海中不过于东经 120°30′。在佘山北面有六长沙带，沙带西面与海岸间又多广阔浅滩。此六沙带排列自南而北，按其东界为北偏西与南偏东之间。自北向南为平沙、害地沙、淤南沙、莲家沙、金家沙、湾子沙，沙洲多有异名。自此沙带西北面与淤黄河口间犹有九沙滩、庄家沙、得自羔沙、暗沙两座、蛮子沙、瑶沙、毕沙、长沙、五条沙，沙带与陆岸间有数条较浅水道。由上可知，这些沙洲平面形态均为东西向长带状，排列相当规整，其东界的连线大致与岸平行。

另外，1904 年英测海图上（图 15.5），在环齐沙以北不远，有片沙洲——Hotsio Sha，（有的海图上译为何其敖沙，就是一块暗沙，即陈图和陶图所绘北部的阴沙，它借用了元明航路上胡椒沙的名称，但位置却大大地北移了；在环齐沙与得自羔沙之间有一条沙的沙尾向东北伸向环齐沙与其北部阴沙之间，这正对应于陶图的尖沙）。由上述可见，沙洲区同一地理实体有好几个不同名称的现象正是中英两国文字反复音译或借用

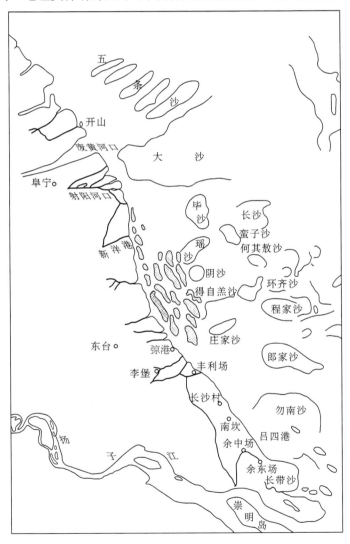

图 15.5　1904 年的江苏海岸线与岸外沙洲（据英版海图）

的结果，但各沙洲最早命名仍是源于中国古代海图，即陈图和陶图。20世纪最初三四十年中的西方各国海图（包括1935年美版，1949年英版等）和日本海图（昭和十一年版，昭和二十六年版）均承袭了1904年英版海图有关江苏岸外沙洲的主要内容，只是个别地方作了改正。由这些海图可以看出，南部岸段的岸外沙洲已呈稳定的辐射形，而中部岸段的沙洲处在调正阶段，且沙洲群分布在－20m等深线以内。在黄河北归后的50年后，失去泥沙补给的五条沙已受到严重侵蚀。

第五节 滨海平原成陆的特点与速度

由于黄河入海泥沙主要向南运移，故三角洲南侧的滨海平原和岸外沙洲长期以来表现出淤长的趋势。与此同时，由于来沙量巨大，沙洲与岸滩之间的潮汐水道变浅，以至于会在低潮时干出，沙洲遂完成并滩阶段。以后沙洲继续淤长，在高潮时一般也不会被淹没，从而使沙洲最终并陆。滨海平原上的较高地面呈块状分布，表明这种情况是普遍的。它标志着黄河夺淮由江苏入海期间，黄河河道以南的滨海平原的成陆方式是以沙洲并陆和沙洲并陆后岸滩继续向海淤长两种过程交相进行为特征的。与此同时，潮汐水道缩窄变短而淤闭，或演变为陆上河道，同时沙洲内侧的潟湖也渐淤为低洼的滨海平原。当黄河河口向海延伸，尤其是明代在全流夺淮后实行"束水攻沙"的治河方略，它的巨量泥沙多在进入海域、向南北扩散后，在潮汐的作用下，再填充黄河河口段两侧的水域和洼地，于是就形成了灌河流域、双洋河流域、射阳河流域以及新洋港、斗龙岗流域的潮汐平原。高潮面控制了地面的高度，潮汛沉积过程使细颗粒富集，归槽作用使树枝状潮汐河道特别发育，而涨落潮流又形成了特别发育弯道。因此黄河尾闾两侧具有地势低洼、土壤黏土含量大、河曲特别发育、地面和水面高差小的典型潮汐平原特色。表15.8列出了滨海平原（包括今东台、大丰和射阳南部）各断面的海岸淤长速度。断面方向与现代海岸延伸方向相垂直。可见，在黄河全流夺淮以前，滨海平原海岸淤长速度比较均匀，约20～30m/a，只有便仓附近因处在海岸凸出部位而淤积较缓，而东台附近的海岸凹入部位淤积稍快。黄河全流夺淮以后，淤长速度大增，但各时期、各断面差别较大，特别是大丰、东台沿海。这显然是由于沙洲在各不同岸段并陆有先有后造成的。明末清初，大丰南部淤长极缓，是因为斗龙港以东的沙洲正在加积增大，但尚未并陆。顺治至乾隆年间东台海岸淤长极缓，就是因为"沿海马路"一线的沙洲完成并陆不久。自从光绪年间蹲门口和弶港两个沙洲并陆后，东台岸线基本稳定，海岸带的淤长主要表现在近岸沙洲由小变大、条子泥形成并完成并滩阶段。可以大致推断，滨海平原上一个较大沙洲从形成到并滩，最后到并陆是一个延续约百年以上的演变过程。

表 15.8 滨海平原岸线推进距离和速度

断面	1027～1554年		1554～1660年		1660～1746年		1746～1895年		1895～1981年		总计	
	距离/km	速度/(m/a)	距离/km	速度/(m/a)	距离/km	速度/(m/a)	距离/km	速度/(m/a)	距离/km	速度/(m/a)	距离/km	速度/(m/a)
安丰	13.7	26.0	12.5	118	3.7	43.0	17.5	117	条子泥淤高		—	—
东台	18.7	35.5	13.7	129	2.5	29.0	20.0	134	条子泥淤高		—	—

断面	1027~1554 年		1554~1660 年		1660~1746 年		1746~1895 年		1895~1981 年		总计	
	距离/km	速度/(m/a)	距离/km	速度/(m/a)	距离/km	速度/(m/a)	距离/km	速度/(m/a)	距离/km	速度/(m/a)	距离/km	速度/(m/a)
白驹	13.7	26.0	1.3	12.3	5.0	58.1	16.2	109	6.3	73.0	42.5	45
便仓	7.5	14.2	2.5	23.6	5.0	58.1	13.7	91.9	8.7	101	37.4	39
盐城	10.0	19.0	3.7	34.9	7.5	87.2	13.7	92.9	10.0	116	54.9	57
草堰口*	12.0	22.8	13.0	123	7.5	87.2	17.0	114	6.8	79.0	56.3	59
阜宁*	15.0	28.5	18.7	176	8.8	102	后四十年处于冲刷状态		冲刷状态		—	—

* 阜宁断面和草堰口断面的东部已不属于滨海平原，为对比起见一并列入

表 15.9 是各年代中滨海平原的造陆速度。由表可知，明代中期以前，范堤以东滨海平原造陆速度平均为 2.7km²/a。以后，大致以 10km²/a 的速度成陆。值得注意的是，滨海平原的成陆速度以黄河北归为界，北归前逐渐加快，北归后逐渐减慢。

表 15.9　苏北滨海平原的造陆面积和成陆速度

时间	1027~1554 年	1554~1660 年	1660~1746 年	1746~1855 年	1855~1895 年	1895~1981 年	总计
造陆面积/km²	1400	880	870	1350	410	740	5650
成陆速度/(km²/a)	2.7	8.4	10.1	12.4	41	8.6	5.9

第六节　黄河北归后海岸带的冲淤调正

1855 年黄河北归这一突变事件使江苏海岸带因失去了大量的泥沙来源而进行调整，这一过程是激烈的，涉及整个江苏海岸带，包括废黄河三角洲、滨海平原、陆地岸滩和岸外沙洲，至今已进行了一个半世纪。

一、河口急剧后退和河口堆积沙体的夷平

前已叙述，1855 年黄河北归时的河口在望海墩外 18km。同治元年（1862 年），望海墩仅距海 10 余里。可见河口最初几年大约以每年 1km 的速度后退。光绪年间，因"近年黄河北徙……昔之青红沙，新丝浜均塌之海中，渐至小另案矣"[1]。可见，突出于海中的黄河尖亦急剧后退。小另案今天早已坍入海中，当在今废黄河口之外。在光绪二十一年（1895 年）废黄河已退至大淤尖东北 14km 处。灌河口亦离开山岛 1km[2]。

---

① 光绪《阜宁县志》卷三。
② 光绪二十一年《江苏全省舆图》。

1934 年有人在河口调查，"最近据江淮水利局之实测图，则民元河口在六洪子，民十已西迁三四公里，至五洪子"[①]。可见 20 世纪前 20 年，河口后退速度降至 300～400m/a。

由图 15.1 (b) 可以看出，1898～1957 年平均后退速度为 169m/a，1957～1970 年后退速度为 85m/a。废黄河三角洲海岸亦在后退。1855～1974 年开山断面的平均后退速度达 63m/a，射阳县奋套口至双洋口近 20 年来的平均后退速度为 20～30m/a。

黄河北归后，五条沙受到强烈侵蚀。据陶图与 1904 年英版海图对比，五条沙的分布区域已向西大大缩小。而且五条沙的低潮出露或接近出露的部分，在离岸 30～60km 的范围内。1930 年代的英版海图表明，原五条沙范围已成为海涂深度是 12.6～14.4m 的极其平坦的水下岸坡，五条沙基本已被夷平。

二、苏北黄河三角洲及滨海平原海岸的冲淤调整

由于大板艕到废黄河尖的一段海岸全部暴露在东北向盛行强浪的作用下，黄河北归后就开始全线侵蚀后退。灌河口外 1855 年业已并陆的开山岛重新又沦入海中，1855～1974 年开山断面的海岸平均后退速度为 63m/a。在废黄河口向南较远处，因岸外沙洲的南向近岸流携带的泥沙逐渐落淤，故潮滩仍然是淤进的。1855 年以来，三角洲南侧的滨海平原仍然成陆达 1150km²，岸线平均向东淤长速度为 73～116m/a，淤进型潮滩宽度仍达 10km 以上。

有意义的是，由于废黄河口外沙体被夷平，海岸自然侵蚀速度减小，废黄河水上和水下三角洲作为巨量泥沙库存的供沙作用已大大减弱，加之岸外沙洲的北部因受侵蚀南退，随着海岸受屏蔽的范围向南萎缩，废黄河口南侧的侵蚀区不断扩大。蚀积分界区缓缓向南移动，据当地水利和海岸防护部门反映，1970 年代的 10 年中，蚀积分界区已由运粮河口移到大喇叭口，约南移了 5～6km，至今仍在向南移动。

三、大沙的夷平、近岸沙洲的并滩

值得注意的是，陶图中，在五条沙以南，陈马沙（1904 年海图为 Pih sha，后来译为毕沙）和冷家沙（1904 年海图为 Lang sha，后译为狼沙、长沙）以北，没有大的沙体，但据 1904 年英版海图，这里却有一片大沙（Great sha）；1894 年出版的《中国江苏省险要图说》载有"大沙（为一片大沙滩），离淤黄河口滨岸之南向，平展而出"，1904 年朱正元《江苏沿海图说》亦载有，"外有大沙并五条沙，广袤数百里，轮帆往来皆遥为引避"。可见五条沙以及大沙确实存在。这说明黄河北归后，由五条沙及黄河口附近海岸侵蚀下来的泥沙向南辗转搬运，首先加积到其南侧的浅水区，形成大沙。光绪年间版金约翰《海道图说》中说"淤黄河口外，有浅沙滩向南平铺，约长八十里至九十里，阔约三十里，名曰大沙。咸丰十一年（1861 年）探得大沙东界水深……"1904 年海图在大沙上标有"常见中国平底帆船在此搁浅"。可见大沙在黄河北归后很快便形成，

① 胡焕庸：《两淮水利盐垦实录》，国立中央大学出版社，1934 年。

至 20 世纪初已淤得相当高，但随着五条沙的完全夷平，大沙亦渐被侵蚀，泥沙继续向南运动。1933 年英版海图表明，大沙所处水域已成为深 12.6～14.4m 的平坦的水下岸坡，大沙复被夷平。

1904 年英版海图还表明，在 Yao sha（瑶沙）和 Totsi Kao Sha（得自羔沙）与岸之间还有淤得较高的小沙洲群。由废黄河三角洲侵蚀下来的泥沙不仅淤积在潮滩上，也有更大量的泥沙在近岸流携带下在南侧沙洲和近岸水道的南段落淤，沙洲继续淤长而完成并滩过程。从商务印书馆 1934 年出版的《中国分省图·江苏幅》可以看出，在相当于今大丰市南部和东台市北部，由今四卯酉到笆斗山一带岸外，瑶沙和得自羔沙已完成并滩，从而形成了这一带海岸平均宽达 20～30km 的潮滩。

四、滨岸潮汐水道——西洋的形成和向南延伸

在黄河北归前，甚至在大沙存在的一段时间内，在五条沙大沙的内侧仍有潮流水道。光绪年间版金约翰著《海道图说》中说，"沙带与陆岸之间有数浅水道"，"大沙与陆岸间应亦有可行水道"。1904 年朱正元《江苏沿海图说》在新洋港条下说："该两沙（指五条沙和大沙）西面与陆岸间有一深水道。"可见，这条水道从淤黄河口一直延伸到射阳县新洋港附近为西洋水道的前身，是黄河入海泥沙南移的主要通道，余流把大量的泥沙由废黄河口附近向南运移，在黄河北归后仍然如此。因此，滨海平原甚至古三余湾，近岸沙洲加速淤长，并由南向北渐次并陆。例如，吕四小庙洪水道以北的勿南沙（今称腰沙）在 19 世纪末或 20 世纪初，瑶沙和得自羔沙在 1930 年代相继并陆，逐渐隔断了这条水道。

1957 年版的《吕四渔场图》表明，庄家沙及其周围已形成几片小沙洲，如北侧的高泥、南侧的新泥、东侧押四船桁。现代实测海图表明，1963～1966 年，这些小沙洲已连成一片，成为仅次于东沙的第二大沙洲，同时亦完成并滩阶段。西蒋家沙和条子泥在 1950～1960 年代相继与岸滩相并，使南下的泥沙流不再直接影响江苏海岸的南部，大部分泥沙沉积在辐射沙洲的北部。

活跃的涨、落潮流冲刷海底，这条水道由北向南逐渐加深，于是西洋水道开始形成，并逐渐向南延伸。据 1937 年日测海图，西洋水道的主槽已冲刷原毕沙和瑶沙的西部，向南伸抵大川港，最深处已达 11m；据 1947 年英版海图，更南伸至万庄子港（今四卯酉河口），最深处为 14.6m，毕沙西部普遍深达 12m（图 15.6）。显然，在 1940 年代，西洋水道已开始侵蚀四卯酉—笆斗山一带已并滩的沙洲（如暗沙）。在潮流的冲刷下，水道不断地加宽，以至于重新把岸滩及沙洲分开，而且往复潮流把冲刷下来的一部分泥沙分别带到两侧的潮滩和沙洲上，使它们继续淤长，东侧沙洲淤高的过程正是东沙形成的重要背景。1957 年《吕四渔场图》表明，在 1950 年代，西洋水道已延伸到东台县北部笆斗山附近。1963～1967 年的海图测量资料表明，该水道已不再南伸，只是水底还在遭受冲刷。1963 年最深处达 20m 以上。1979 年，西洋最深处的深度已达 30m。这说明，西洋仍是个活跃的水道，对于毗邻岸滩及沙洲的动态仍有极其重要的影响。

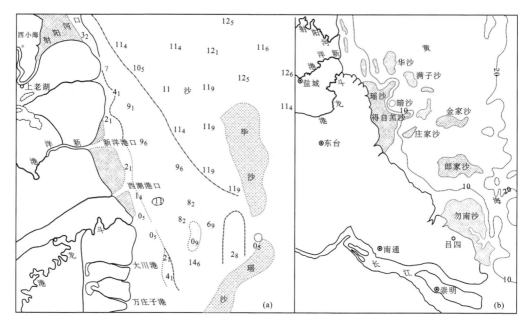

图 15.6　1947 年的西洋水道与 1930 年代的并滩沙洲

五、岸外沙洲的调整过程

对比 1904 年和 1980 年的海图可以看出，岸外沙洲的主体部分（低潮时出露或接近出露）的分布范围向西退缩了约 20km。同时，北部沙洲亦向南退缩。沙洲北缘侵蚀下来的泥沙在南侧堆积下来，就表现为沙洲向南运动。1947 年的日测海图表明，大沙以南的毕沙已被夷平；外侧长沙北部也已深达 7.9m；沙洲主体的北缘已退居与斗龙港相同的纬度上。

西洋水道的动态是其他一些大型脊间水道的缩影，强劲的潮流作用自黄河北归后一直在刷深沙洲区，特别是近岸及沙洲区北部的水道，烂沙洋 1966 年的最大水深为 24m，1977 年则加深为 33m；陈家坞槽由平均水深 10m 加深到 15m；黄沙洋 1964 年的深槽为 17.2m，1979 年为 22m；庙洪最深处在 1966～1979 年间加深 6m，东沙以东的小北槽亦由 16m 加深到 20m。冲刷下来的泥沙在潮流的作用下一方面向内运动使沙洲区内部水域淤浅，一方面向外运动使沙脊的沙尾向海延伸得更远，至今毛竹沙和外毛竹沙（以 20m 等深线为界）已长达 200km。

沙洲区内部因由脊间水道和外围沙洲得到泥沙供应而淤积，出现了一些新小沙洲，它们与原有沙洲合并成大沙洲，如前文已指出的条子泥形成过程。辐射沙脊群中的第一大沙脊——东沙即是由蛮子沙、蒲子沙和何其敖沙以及得自羔沙暗沙一部分合并，并经动力作用改造而成。蒋家沙亦是如此。1950 年代前逐渐形成的一些小沙，如小蒋家沙、巴尖沙、簏子沙、炮灰脊等，1957 年的吕四渔场图表明，已合并成一片大沙洲，即蒋家沙的西部，与东面的程家沙构成了蒋家沙沙脊的骨干，是沙脊群的第三大沙洲。

第十六章　历史时期上海地区海岸的演变

上海地区北滨长江，南靠杭州湾，西倚太湖，东临东海，在地貌上构成一个独特的三角洲平原地貌景观。全新世高海面鼎盛阶段之后，上海地区海岸总体上在波动中向东海推进，上海地区自西向东先后成陆。因此，细致分析上海地区的成陆过程，便可判明不同时期上海地区的海岸线所在。但因成陆过程存在较大争议，海岸线的具体位置难以定论。因此，本章首先就成陆过程研究中的问题进行辨析，然后概括阐明上海地区的成陆过程及其代表的海岸线所在，进而分析局部地区海岸的沧桑变化。

第一节　上海地区成陆过程研究中的几个问题

上海地区成陆过程的研究，至今已有将近一个世纪的历史。民国初期，受时代条件限制，国内外学者的起步研究中，所论成陆过程分析因素单一，难以得出科学结论。1950年代以来，由于大规模开展长江三角洲地貌普查，尤其是考古工作者对上海地区文化遗址、遗物的发掘与普查，积累了大量科学资料，从而揭开上海地区成陆过程科学研究的新篇章。其间，谭其骧先生的系列论文[①]为上海成陆过程的深入研究奠定了扎实的基础。与此同时，地理学界、考古学界和历史学界，也从不同的角度进行研究，取得可喜成果。由于多学科的共同研究，相互切磋，取长补短，关于上海地区成陆过程的研究，目前已达到一个崭新的科学水平。但在一些关键性问题上，研究者至今仍然存在争议，从而影响历史时期海岸线所在地的准确判定。以下首先就争论的几个关键问题，展开分析辩证。

一、关于下沙沙带的形成年代问题

在浦东北蔡、周浦、下沙、航头一线存在着一条北北西向的断续沙带，它与宝山境内的盛桥、月浦、江湾一线断续沙带共同构成一条平行于上海西部冈身地带的古代海岸线，简称为下沙沙带海岸。下沙沙带是褚绍唐先生等在野外调查中发现的一条滨岸沙带，并于1961年初面告谭其骧先生，谭先生遂即在"再论关于上海地区的成陆年代——答丘祖铭先生"的论文中加以应用，其后普遍被研究者所接受。现已公认，下沙沙带海岸是上海地区成陆过程中的一条标志性海岸线。

由于下沙沙带浦东段通过南汇区下沙镇，研究者普遍认为它就是弘治《上海志》所载"下沙捍海塘"的故址，也有认为它是绍熙《云间志》"旧瀚海塘"的所在地，并据此为下沙沙带海岸断代，有谓唐代初年，或谓唐代中叶开元年间，也有断为唐末五代的海岸线。

---

① 谭其骧：《长水集》下卷，人民出版社，1987年。

其实，仔细分析弘治《上海志》和绍熙《云间志》的有关记载，可以判明，下沙沙带海岸既与"下沙捍海塘"无关，也与"旧瀚海塘"无涉，本节将在后面的部分分别进行阐述。因此，以本来就不相干的两条海塘为下沙沙带海岸断代，前提条件错误，所得出的结论自然不能成立，这是毋庸置疑的。那么，下沙沙带海岸究竟肇始于何时？又延续稳定了多少时间？

（一）下沙沙带的形成过程

根据对上海地区贝壳沙带的研究，下沙沙带的形成过程是，在海岸演变处于稳定期内，潮坪泥沙受到改造，其中沙和泥一起进入悬浮状态，并在波浪和潮流的共同作用下向陆岸运动，在上冲流的前锋，细沙和贝壳最终被推至潮上带沉积下来，而粉沙与泥质物质则被回流和下渗水流带向外海，如此反复淘刷与堆积，潮上带的滨岸沙堤便逐渐形成、加高、加宽。因此，贝壳沙带是发生在潮上带的一种长期连续堆积的地貌形态，其位置代表平均大高潮线，即通常所谓的海岸线，其形成代表海岸线具有较长时期相对稳定的地质环境。

在距今 7000～3000 年间，上海地区海岸线稳定在西部冈身地带。在这 4000 年间，长江泥沙随落潮流入海，但在科氏力和强劲东北风的作用下，径流夹带的泥沙随落潮流偏向南岸，主要淤积、铺垫于上海冈身以东的浅海地区，为其后上海地区的迅速成陆和长江南岸岸线向东推进打下坚实的物质基础。距今 3000 年来，由于海面的波动变化，在波动稳定期内，冈身以东又有新的沙带或贝壳沙带形成，目前已发现的有如罗店沙带、下沙沙带、惠南沙带、东港沙带等。其中的下沙沙带因为纵贯浦江南北，史书又有下沙捍海塘的记载，最为研究者所注视。

（二）下沙沙带的形成年代

目前，下沙沙带尚未找到可供测年的材料，关于它的形成年代，在排除海塘修筑史之后，充分利用考古文物资料和古地图资料为其断代是当前最为有效的可靠方法。

1. 考古文物资料的论证

上海西部的冈身地带，由 4（淞南）～5 条（淞北）贝壳沙带组成[①]。据 ^{14}C 测定，冈身地带最西部的沙冈肇始于距今 6800 年，最东的横泾冈形成于距今 3200 年，即整个宽度仅有 4～10km 的冈身地带，塑造的时间将近 4000 年之久。在这漫长的时段内，长江输出的大量泥沙，于上海地区而言，主要用在铺垫早、中全新世坡度较大的冈身以东地区的浅海和潮坪，为距今 3000 年来上海地区的迅速成陆奠定了一个水下缓坡基础。

上海冈身地带及其以西地区，已有大量新石器时代遗址发现[②]，证明冈身的 ^{14}C 测年与考古遗址断代是完全一致的，说明冈身地带及其西部的上海地区成陆于新石器时

---

① 刘苍字 等：《长江三角洲南部古沙堤（冈身）的沉积特征、成因及其年代》，《海洋科学》，1985 年第 1 期。
② 黄宣佩 等：《上海地区古文化遗址综述》，载上海博物馆编：《上海博物馆集刊》，古籍出版社，1982 年。

代。而冈身地带以东的上海广大地区，至今尚无一处新石器时代遗址发现，它预示着包括下沙沙带在内的冈身以东地区，当形成于距今 3000 年以来的新石器时代之后。

下沙沙带的存在表明，距今 3000 年来，冈身以东的成陆过程，曾有一个较长时段海岸线稳定在下沙沙带一线上，从而在波浪、潮流的长期作用下，塑造了这条滨岸沙带海岸。

近 40 年来，下沙沙带以西的上海中部地区，陆续发现一批南朝至唐代的出土文物，如市区北部广中路菜场曾出土南朝的青釉瓷碗和瓷罐，中山北路出土唐代黄褐釉瓷壶，共和新路出土唐代青黄釉瓷碗，白莲泾出土唐代青釉瓷碗以及龙吴路出土唐代器物[①]。众所周知，单点出土文物非遗址性质，难作成陆过程的断代依据，但如此之多的同时代出土文物点所构成的一个完整的出土文物面，对于探讨所在地区的成陆过程和年代判断，无疑有着极为重要的参考价值。佐以吴越时代所建的沪渎重玄寺和至今尚存的龙华寺，可以作出初步判断，下沙沙带以西地区的成陆当不迟于唐代初期以前。

更重要的是，1975 年在紧邻下沙沙带西侧所发现的严桥唐宋遗址，经考古学家发掘证明，该遗址属唐代初期至宋代的村落遗址[①]。因此，它以无可争辩的事实进一步证明，下沙沙带及其以西的上海中部地区肯定在唐代初期以前已经成陆。而从滨海成陆至可供先人活动定居建立村落，需要有相当长时间的脱盐、排涝过程，尤其是在唐代以前，先人的活动主要在冈身地带以西，上海中部地区可谓地广人稀，在没有堤防保障之下，先人更不必在斥卤的海边营造村落；而下沙沙带从塑造开始至具有一定高度可作严桥等村落的自然屏障，也得有一个漫长的地质过程。根据这两方面的分析，再结合南朝时期的出土文物，可以把下沙沙带及其以西的上海中部地区的成陆年代，断在南朝之前的东、西晋时期。

2. 古地图的论证

近年发现的《吴郡康城地域图》，是一幅极其珍贵的古代上海南部地区军事形势图，由康城水兵参将黄庭熙绘制于晋永昌壬午年（公元 322 年），齐建元庚申年（公元 480 年）复制，现见于金山《俞氏家谱·黄公府事略》中，河海大学出版社 1991 年出版的《金山县海塘志》首次公布（图 16.1）。

该图所绘康城地域，包括今金山区张堰镇东南地区及部分杭州湾水域，康城治所设在钊山（今大金山）与北山峰（今小金山）之间。重要的是，康城地域的东南境直抵滩虎山，即今杭州湾中的滩浒山，东晋初年并于山上设置滩虎关；地域西南岸边设有濮伏关，按图上比例估算，位置在今杭州湾中的王盘山一带。则东晋初年吴郡（治今苏州市）康城地域南境海岸线，在今杭州湾滩浒山至王盘山一线上。结合《吴郡康城地域图》分析，北蔡、航头间的下沙沙带海岸，向南继续延伸当进入今杭州湾中的滩浒山，然后转向西南至王盘山一带。滩浒山成为东晋初年吴郡极东南的海防重地，故于此置滩虎关戍守。由此，则下沙沙带海岸的形成当不迟于东晋初年的公元 4 世纪，距今至少已有 1700 年的历史。过去研究者推断 4 世纪的岸线于冈身地带东侧的横沥港、横泾港一线，现在看来应当作必要的修正。

---

① 黄宣佩 等：《从考古发现谈上海成陆年代及港口发展》，《文物》，1976 年第 11 期。

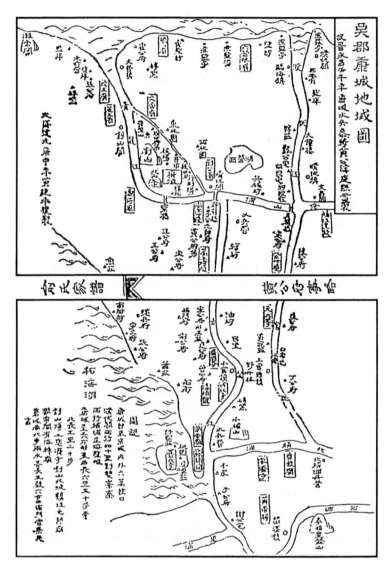

图 16.1　吴郡康城地域图

3. 下沙沙带的持续时间

　　综上分析，冈身地带以东至下沙沙带之间的上海中部地区，自西向东当先后成陆于距今 3000～1700 年的时段之内。但成陆初期，地貌形态尚属滨海湖沼平原类型，地势低下，潮灾威胁严重，先人的活动范围仍局限在冈身地带以西，尚未进入本区进行大规模的开垦活动，所以区内至今未见先秦两汉时期的遗址和文物出土。先人的开发定居过程普遍滞后于滨海地区的成陆过程，尤其是地广人稀的上海历史早期，这种滞后现象更为严重突出，目前上海中部地区出土文物的年代，充分证明了这一滞后的事实。

　　值得指出的是，1979 年在下沙沙带海岸东侧的北蔡出土一艘古代木船，船底独木经 ^{14}C 测定为距今 1260±95 年，相当于唐开元年间，出土地层经分析属海滩相沉积，则木船是沉于岸外海滩之上，不属于内河沉船①。它说明，下沙沙带海岸自东晋初年以前形成之后，直至开元年间，岸线仍然稳定在下沙沙带一线上。正因为有如此长时段的岸线停留，高潮线上的细沙才能富集形成下沙沙带海岸。它是否表明江浙地区在这一时段之内海平面有一个微量上升或相对稳定的过程，这是另一个值得探讨的问题。

谭其骧先生在 1972 年就曾断言，上海冈身以东约 20km 应成陆于唐代以前。20km 距离的所在地，正与下沙沙带海岸线重合。"唐代以前"最迟为南朝时代，可见谭先生当时的论断基本上是合理的。但需要严格分清的是，下沙沙带并不是下沙捍海塘或旧瀚海塘的故址所在。

二、关于下沙捍海塘的地望问题

下沙沙带和下沙捍海塘是两个完全不同的概念。下沙捍海塘是为抗击潮流沿海岸修筑的人为地貌。其位置所在是上海成陆过程研究中的又一个关键问题。自从谭其骧先生把下沙捍海塘引入上海成陆研究之后，目前研究者普遍认为下沙捍海塘的故址就在下沙沙带一线之上或近旁。应当说这是一个极大的误会，是受南汇区下沙镇这一聚落地名误导的结果，其原因是没能仔细分析首次提出下沙捍海塘的弘治《上海志》的有关记载。

（一）弘治《上海志》的论证

弘治《上海志》古迹志胜致条："石笋滩，在下沙捍海塘外，抵海三十余里，每二三丈沙汭中，有石如笋者弥望，潮汐至此，其流遂分。本名分水港，喜事者易以今名，莫原何代所建。相传此处潮势悍激，辄坏堤防，垂聚成田，自建石笋，厥势分矣。"

这是有关"下沙捍海塘"这一概念的全部原始资料。细读资料全文，很容易得出如下结论：弘治志作者是用当时存在的"下沙捍海塘"和"抵海三十余里"这个纵横地理坐标来为"石笋滩"定位，目的无非是为喜事者访古探幽、寻找当时上海县境内的胜致石笋滩指明确切的地理方位。

应当指出，能被弘治志作者定为地理纵坐标的下沙捍海塘，应是当时存在而且一目了然的地理实体。查弘治《上海志》堰闸条有如下记载："海堤。沿海旧有护塘，岁久颓圮。成化七年（1471 年）海潮泛滥，漂没人畜，伤害禾稼。九年，巡抚都御史毕亨……檄诸府县修筑。时上海则知县王崇之给饷授工，两月而成。堤之在境内者，西接华亭，东北抵嘉定，凡长一万七千七百四十八丈。"遵毕亨之令，王崇之于成化九年在颓圮护塘基础上修筑的塘段，是当时上海县境内唯一的一条海堤。从其重筑之年起至编纂弘治志时，仅有 30 年时间，弘治时海塘不但存在，而且形态仍然醒目完整，这是毋庸置疑的。故弘治志为石笋滩定位，便很自然地以此海塘作为地理坐标之一，并为其取名"下沙捍海塘"。现在大家公认，成化九年重修的上海县海塘，即后世所称的老护塘、内捍海塘、大护塘或里护塘，其所在位置北起当时嘉定县界的松江口南岸，南经今顾路、龚路、川沙、祝桥、盐仓、惠南、大团，西南抵当时的华亭县界。由此可见，下沙

---

① 赵启正：《新世纪·新浦东》，第 43 页，复旦大学出版社，1994 年。

捍海塘的地理位置，远在下沙沙带一线以东15km之外，它们在海塘修筑史上不但没有任何依存关系，而且显然是代表两个不同时期的海岸线。

（二）"上海县地理图"的论证

问题的关键在于，王崇之重修的海堤，弘治《上海志》何以称其为"下沙捍海塘"？众所周知，上海地区志书中所指的海堤、护塘或海塘、捍海塘，名称虽有不同，但均为同一类地理事物，即今通称的海塘。关键是在海塘之前所冠的"下沙"这一专名的性质，它究竟是属聚落地名或属于区域地名的问题。

其实，弘治《上海志》在所附"上海县地理图"中，不但把下沙捍海塘的位置走向明白无误地表示清楚，而且也把所加专名"下沙"的本意和盘托出，只可惜研究者都没有仔细阅读该图，而被显赫一时的聚落地名下沙镇误导，终致找不到真正的下沙捍海塘的故址所在地，这不能不说是上海成陆史研究上的重大失误（图16.2）。

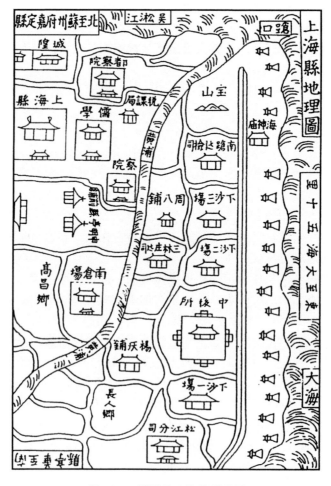

图16.2　明弘治上海县地理图

"上海县地理图"在东部滨海地区，用三线密集法绘出了这条南北向的海塘位置，它北起"宝山"东侧，向南贯穿于南跄巡检司、下沙三场、下沙二场、中后所、下沙一场以及松江分司等聚落地名的东侧，此海塘线以东则为沿海墩台和大海。弘治南跄司在二十二保即今浦东东沟镇，下沙三场在十七保八团即今川沙镇，下沙二场在十七保即今南汇盐仓镇，中后所在十九保即今惠南镇，下沙一场初在下沙镇，后移新场镇再迁大团镇，松江分司即今奉城镇。据此不难判定，地理图中所绘唯一一条海塘，即是前述经过川沙、盐仓、惠南、大团的里护塘。今里护塘一线以东的钦公塘，建于明万历十二年（1584 年），其东诸海塘修建于更晚的年代，故均与地理图所示海塘无关。由此可见，弘治《上海志》下沙捍海塘，志书作者已在所附图中表示清楚，故址在里护塘一线，它与通过下沙镇的下沙沙带无关，这是极其清楚明白的。从地理图下沙盐场三个场部位置即可判断，今浦东新区（高桥地区除外）及南汇区的东境，在明弘治时期均属于下沙地区，惟分属三个盐场而已。由于王崇之修筑的这条海塘贯穿于当时上海县东部的整个下沙地区，弘治《上海志》用它为石笋滩定位时，为使通名海塘有一确切固定方位，便很自然地为此海塘冠以其所通过的地区名"下沙"为专名，这便是"下沙捍海塘"名称的由来。其实，直至民国年间，川沙、南汇县人仍自称为"下沙"人，因此大可不必以为下沙捍海塘非通过下沙镇不可。

（三）石笋滩位置的论证

据上分析，浦东里护塘的位置，即弘治《上海志》下沙捍海塘的故址所在。如此则弘治《上海志》的胜致石笋滩，也应在里护塘之外侧。当时的海岸线位置，如若能满足弘治志塘外石笋滩"抵海三十余里"这个横坐标，则下沙捍海塘位于里护塘一线之上，铁证无疑。

先应说明石笋滩的性质。据弘治《上海志》所载，石笋滩最初应是海塘外侧的一种护岸工程，类似于今天的塘外抛石护坡或丁坝，以抗击悍激的潮势对海塘的破坏。这项抛石工程，弘治志谓"莫原何代所建"，显然不属 30 年前王崇之筑塘所为，应已有相当久远的历史。正因为如此，在潮流长期冲击之后，护岸抛石工程逐渐溃散，加以滩涂淤涨、自然沉降、海岸东移，大量抛石便被埋于塘外潮沟两侧的潮滩沙汭之中，仅出露如笋状的石块棱角成片分布于下沙捍海塘之外，从而在上海地区淤泥质海滩之上构成一处独特的绝无仅有的海滩景观，弘治时代上海人把它视为名胜古迹，好事者并根据其出露地表特征形象地为其取名"石笋滩"。

弘治时的石笋滩景观，在其后泥沙的继续堆积淹覆之下，终致完全没入地下不可复寻。至清代初期，人们便已不知这一景观之所在，所以从雍正《分建南汇县志》之后的南汇志书，皆以为下沙捍海塘的"下沙"为聚落地名下沙镇，并据此定石笋滩于南汇下沙镇。至光绪五年（1879 年）新编《南汇县志》时，始有人提出异议，认为"石笋滩在新场受恩桥西，当南五灶港曲折处，今名石头湾。土人言，河底尚有青石片，下掘无底止"，"今新场镇名石笋里，则滩近新场，不应近下沙"。但提异议的光绪《志》又自我否定，认为"新场距海尚五十余里，距捍海塘（指里护塘）犹三十余里，下沙在新场西北十二里，去海塘几五十里"，因此最后的结论是"石笋不可问，旧迹难稽"，而不了了之。1986 年南汇新场镇新建"石笋里"牌坊一座，显系据光绪《志》所言而为。其意如指新场镇古有"石笋里"之称，当无可非议，因光绪志确有此说；但如以此示意石笋滩古迹之所在，则恐未必妥当。

姑不论光绪《志》本身对下沙和新场两个石笋滩是持否定再否定的态度，就以有关新场石头湾"青石片"的记述，石笋滩在新场镇的结论也是不能成立的。海塘常识告诉我们，为抗击潮流和波浪对海塘的冲淘，塘外所用护岸抛石都是带有棱角的巨大石块镶嵌，这样才不致被巨浪迅速卷入大海之中，才能真正起到护塘作用。而青石片之类的建筑材料一般只能用于镇上道路的铺设，它绝对经不起巨浪的冲击，更易被落潮流浮运入海。所以新场石头湾尽可以有不少外地运来的青石片沉没堆积，清代稽古者也尽可以据古论今为新场镇冠以"石笋里"之名，而今天，我们却不应以此为据定石笋滩于新场镇或是下沙镇。

下沙镇距海太远，新场镇青石片又不能护塘，石笋滩究竟应当在何处？弘治志明确指出，它在下沙捍海塘外，抵海三十余里。因此查清弘治时上海东海岸所在，用"抵海三十余里"作为横坐标，与纵坐标海塘相交，其交汇点即为石笋滩所在。石笋滩位置确定之后，其所维护的内侧下沙捍海塘的位置也就迎刃而解。

据民国《南汇县志》总图和地貌学者实地调查，从今浦东白龙港，向南呈弧形延伸着一分汊状贝壳堤，西部一条称西沙，起自白龙港，经军民、西沙、万祥、马厂至沙碛，军民点上 ^{14}C 测定为距今 600 ± 85 年；东部一汊自白龙港经中港至泥城，称为东沙，中港 ^{14}C 测定为距今 580 ± 90 年。贝壳沙堤形成于海岸相对稳定的平均高潮线上，代表海陆分界线。东沙测年相当于明永乐初年，因此它代表着包括弘治在内的明代中前期上海海岸线所在。问题在于，东沙带海岸至王崇之重修的海塘之间的距离是否能满足"抵海三十余里"这一横坐标的需要。如果间距不足，石笋滩按此里距定位必然落在王崇之海塘之内的某一地方，而不可能在此海塘的外侧，如此则王崇之重修的海塘，便不可能是弘治《上海志》的下沙捍海塘。

以现代里距长度测算，王崇之海塘至东沙带弘治海岸的间距，最大的宽度也只有 24 里，似乎远不能满足"抵海三十余里"的需要。有的研究者可能看出这一问题，因此便以下沙镇为出发点，认为石笋滩和捍海塘是在下沙镇以东 30 余里的地方。很显然，这种解释是牵强附会，完全不符合弘治志的记载。解决弘治《上海志》的这个里距，应当用弘治时代的里距长度进行量算才是合理的。

弘治《上海志》载，"新场至下沙镇九里，惠南镇至盐仓十二里"，按此里距作成比例尺进行测算，惠南镇以北的王崇之海塘与东沙带海岸间距均不足 30 里，惠南东为 23 里，盐仓东为 17 里，川沙以东只有 16 里，因此，石笋滩不可能在惠南镇以北的海塘外侧。但惠南镇以南至大团一带的王崇之海塘，东至东沙带海岸为 32 里，东南至泥城东沙海岸达 35 里。由此可见，"抵海三十余里"的石笋滩，在王崇之海塘的外侧仍有可以满足之处，具体地点就在大团镇附近。大团一带，两宋时期已成上海东南角的南汇嘴，这里水流变化大，东南潮流直冲，在杭州湾北岸大变动时期，"潮势悍激，辄坏堤防"，于此特殊塘段抛石护塘，措施显然是正确的。

石笋滩既定在大团镇附近，其内侧的下沙捍海塘更无异议即为成化王崇之所重修的海塘，也即今里护塘的故址所在地。

以上诸方面的分析，均证明下沙捍海塘即今里护塘故址，它与下沙沙带无关，也与下沙镇无涉，当可成为定论。

三、关于里护塘的始筑年代问题

里护塘既是成化九年（1473 年）上海知县王崇之在岁久颓圮的护塘基础上修筑的，并被弘治志加上地区专名的下沙捍海塘，那么这条颓圮的护塘，又是始筑于何时？讨论这个问题，首先必须研究里护塘一线的成陆年代，而它的成陆问题又涉及北宋熙宁三年（1070 年）郏亶《水利书》海岸线的分析判断问题。因研究者对此也存在较大争议，所以下面一并加以讨论。

（一）郏亶《水利书》海岸辨析

郏亶《水利书》反复提及苏州以东的长江三角洲南部地区，"五里七里而为一纵浦，七里十里而为一横塘"，这是一个相当科学的概念。"纵浦横塘"所构成的网格状水系，是上海地区成陆过程中微地貌变化在水系发育上的客观反映。当上海地区海岸向海推进缓慢甚至停顿时，较粗颗粒物质（如细沙和贝壳）富集于潮上带形成相对高起的缓冈；当岸线快速向东海推进时，潮上带滩涂没有足够长的时间积聚泥沙，地势相对低洼，其原始高差可达 2～4m。岸线向东海推进过程中，受到各种因素的制约，时快时慢，结果是成陆平原上形成缓冈与低地相间的纵向微地貌，在低地上发育的平行于缓冈和海岸的河道，即被称为纵浦。而横塘的发育，则是原先垂直于缓冈和海岸的古潮沟，在海岸线不断外移的基础上，逐渐延伸形成的一种横向水道。因此，纵浦横塘与海岸线的发展息息相关，尤其是纵浦的所在位置，与一定时期的海岸线是相互对应的。

《水利书》对上海地区纵浦横塘的分布有着详细的记述。其中，所载松江（即今吴淞江故道）河口段南岸有四大纵浦，自西向东即下海浦、南及浦、江芦浦、烂泥浦。据上述原理，确定了最接近河口的三纵浦的所在位置，便可确定北宋熙宁年间上海东部海岸线的基本位置。

关于南及浦的位置，谭其骧先生断其下游在今复兴岛东，北注松江，元以后为黄浦下游所夺，今已为研究者普遍接受。如此则南及浦的中上游故道当属今浦东西沟港一线。今复兴岛、西沟港一线，东距里护塘故址约 15 里，按"五里七里为一纵浦"的基本标准，安插江芦浦、烂泥浦于其间，则北宋熙宁年间的海岸线无疑当在南及浦以东 15 里的里护塘一线上。王文楚、邹逸麟先生对其间江芦浦、烂泥浦位置的分析同样证明熙宁岸线在里护塘一带[①]。

但有的学者，以"南及浦西距下海浦有十余里之多"和《水利书》载"松江下口北至江阴有港浦四十九条，首列北及浦"为由，断原书松江河口段南岸三纵浦次序错乱，认为既然北及浦是松江北岸自南而北沿海第一条港浦，南及浦也应是南岸最接近海岸的纵浦，江芦浦和烂泥浦则应在下海浦与南及浦之间，以填 10 余里之空白。经此调动，

---

① 王文楚、邹逸麟：《关于上海历史地理的几个问题》，《文物》，1982 年第 2 期。

移至海边的南及浦成为岸线的断代依据，遂即推断熙宁间岸线在南及浦东五六里的今都台浦横沔镇一线，迤南则在今新场、青村一线稍东。此论一出，颇似有理，其结论遂被多数研究者接受应用。

此论的基础是承认南及浦与北及浦应在松江南北两侧对应延伸，这无疑是正确的。但非置江芦浦、烂泥浦于南及浦之西不可，则是对松江河口段南北两侧陆地建造的差异性缺乏考虑，导致最后的判断出现关键性失误。

宋代松江河口段约在今浦东高桥、高东之南，东注大海。河口段之北，陆地建造受长江南岸制约，面积小而窄，因此不可能发育形成较长的平行于海岸的纵浦。《水利书》载松江北岸最东的商量湾纵浦，仅止于今江湾镇一带即为明证。相反，河口段之南少受长江南岸制约，陆地建造大面积地向东南展开，构成今浦东、南汇的大部分地区，纵浦发育因此不受任何限制，仍可按五里七里为一纵浦自西向东自然形成。据《水利书》载，与北岸商量湾对应的松江南岸以东，就有上海浦、南及浦、烂泥浦等五条著名大纵浦。上海浦在今外滩黄浦江一带，自此向东至里护塘约 35 里，其中安插下海浦、南及浦、江芦浦和烂泥浦等四条纵浦，则完全符合郏亶"五里七里而为一纵浦"的记载，说明当时的岸线只能在里护塘一线上。因此断《水利书》松南三纵浦次序错乱和南及浦为最接近海岸的纵浦，显然都是错误的。由此所断的都台浦、横沔、新场一线为郏亶《水利书》海岸线自然不能成立。

关于与南及浦对应的北及浦，据《水利书》记载，的确是自松江口向西北至江阴的第一条港浦，郏亶能记其名，说明它有一定知名度和不短的长度。松江河口段高桥、高东以北，陆地狭窄，不具发育知名河港长度的地盘，其所在位置当与谭先生所断复兴岛东的南及浦对应，则北及浦应在今浦东凌桥一带，北出长江，南或注松江，元代以后为黄浦江河口段所并而消失。如此则北及浦尽可以成为松北第一条沟通长江的港浦，松南的南及浦自今西沟港一线北流即可与之对应，无需人为加以调动，一切应按《水利书》原文处理。

据上分析，里护塘一线为北宋熙宁年间郏亶《水利书》的海岸线，已无可置疑。在此岸线以西至下沙沙带之间的浦东中部地区，现已发现不少唐末五代至两宋时期的遗址遗物，如高行镇东的唐末五代陶罐、陶壶，高桥钟家弄一带两宋时期的墓葬及竹隐庵、顺济庵、奉宣庵故址、王港的宋井，三灶的北宋瓷片和南宋陶片以及大团的北宋瓷片等[①]。这些遗址遗物的发现，同样可以证明北宋时期里护塘一线海岸已经形成。

在里护塘一线的祝桥、惠南之间，野外调查曾发现残存的海岸沙带。它表明里护塘一线属于稳定的海岸线。据研究[②]，两宋时期中国东部海域曾有一个相对上升的过程，在上海东部地区，因长江泥沙源源不断地补充堆积，岸线处于相对稳定状态，从而为里护塘一线海岸提供适宜的沉积环境，形成里护塘一线的海岸沙带。由此可见，里护塘一线海岸当形成于海侵开始的北宋初期，然后持续稳定至海面波动下降的南宋末期。

---

① 黄宣佩 等：《从考古发现谈上海成陆年代及港口发展》，《文物》，1976 年第 11 期。
② 满志敏：《两宋时期海平面上升及其环境影响》，《灾害学》，1988 年第 2 期。

（二）丘崈所筑捍海塘堰位置辨析

里护塘一线海岸的形成年代既已确定，那么在此岸上所筑的至明成化九年已经颓圮必须重修的海塘，始筑于何时？当前论者普遍认为它是南宋乾道七年（1171年）秀州守臣丘崈在华亭沿海创筑的海塘。可以认为，这是上海成陆史、海塘史研究上的又一个关键性失误，需要加以辩明。

论者所据为《宋史·丘崈传》和《河渠志》。其实结合绍熙《云间志》进行分析，这个问题发生失误是很不应该的。为辨析需要，不得不把有关资料全部录出。

《宋史·丘崈传》：崈"出知秀州。华亭县捍海堰废且百年，咸潮岁大入，坏并海田，苏、湖皆被其害。崈至海口，访遗址已沦没，乃奏创筑，三月堰成，三州舄卤复为良田"。

《宋史·河渠志·东南诸水下》对此有详细说明，"乾道七年，秀州守臣丘崈奏：'华亭县东南大海，古有十八堰捍御咸潮。其十七久皆捺断，不通里河；独有新泾塘一所不曾筑捺，海水往来，遂害一县民田。缘新泾旧堰迫近大海，潮势湍急，其港面阔，难以施工，设或筑捺，决不经久。运港在泾塘向里二十里，比之新泾，水势稍缓。若就此筑堰，决可永久，堰外凡管民田，皆无咸潮之害。其运港止可捺堰，不可置闸。不惟濒海土性虚燥、难以建置；兼一日两潮，通放盐运，不减数十百艘，先后不齐，比至通放尽绝，势必昼夜启而不闭，则咸潮无缘断绝。运港堰外别有港汊大小十六，亦合兴修。'从之。"

22年后，杨潜编纂绍熙《云间志》堰闸目时，因丘崈"堰成无记，恐将来无所稽考，故迹其本始而详著之"，"乾道七年八月，右正言许公克昌请于朝，时太博丘公崈除秀州，陛辞之日面奉至尊寿皇圣训，亟来相视，与令堵观议，以新泾塘潮势湍急，运港距新泾二十里，水势稍缓，不若移堰入运港为便。于是募四县夫，经始于九月廿六日，毕工于十二月廿七日。堰成并筑堰外港十六所，港之两旁塘岸四十七里百八十五丈有奇。明年正月廿二日，上遣监察御史萧之敏相视，又捐四乡民租九年，以招复流民。又明年正月，遣中使宣谕守臣张元成增筑，二月特置监堰官一员，招土军五十人，置司顾亭林巡逻，以防盐运私发诸堰。今堰外随潮沙涨牢不可坏，三州之田得免咸潮浸灌之患。"其下详著运港大堰及其东西两侧堰外大小十六堰的阔度与深度，并记运港两旁的"咸塘岸，运港东塘岸自运港堰至徐浦塘，计二十四里一十七丈；西塘岸自运港堰至柘湖，二十三里。上阔六尺，下阔一丈五尺，高六尺"。

通读以上文字，极易看出，丘崈于乾道七年九月廿六日至十二月廿七日实施的工程包括三个部分：①关键工程运港大堰，在新泾塘北20里的顾亭林（今金山亭林）附近。《云间志》记其"阔三十丈，深三丈六尺，厚二十一丈九尺"。②附带工程16小堰，在运港堰外东西两侧港汊中。《云间志》记其最西为黄姑泾堰，故址在今金山张堰西南黄姑港一带；最东为蒋家泾堰，故址在金山沙冈西侧。③辅助工程运港塘岸，东西两岸合计47里。《云间志》记其西塘岸至柘湖，东塘岸至徐浦塘，均不出今金山县东南境。由此不难得出结论：丘崈创筑的主要工程是捍海堰，绝不是捍海塘；堰外两侧的咸塘岸，处于海岸带之内，属金山内河护塘，绝非沿海捍海塘。因此，把局部地区的堤堰工程和内河咸塘岸断为包括浦东里护塘在内的环绕当时华亭县东南沿海地区的统塘，显然是一大失误。究其失误原因有以下两个方面。

其一，盖出于《宋史·河渠志》载，乾道八年（1172年），"密又言：兴筑捍海塘堰，今已毕工，地理阔远，全藉人力固护"之文。论者以为，丘崈所筑有塘有堰，堰在通海诸河道上，距海较远，塘则一般皆迫近海岸。时华亭东、南两面皆濒海，东海岸已远在今里护塘一线。丘崈所筑海塘必东延至此，故始有"地理阔远"之说。

须知，"地理阔远"乃相对之辞，绝非东抵里护塘不可。47里咸海塘，可谓"地理阔远"；17个塘堰分布的范围，同样是"地理阔远"；更何况丘崈上言，是为"乞令本县知、佐兼带'主管塘堰职事'系衔，秩满，视有无损坏以为殿最，仍令巡尉据地分巡察"，其所创筑的捍海塘堰，使其不致废坏，故于此用"地理阔远"之辞，兼有强调维护其创筑工程的重要性和迫切性。再者，从"招土军五十人"巡逻堤堰分析，"地理阔远"实指运港两侧咸塘岸的距离，再远也不超出今金山区东南界，因历史上护塘，一人一般只限一里塘岸。所以用"地理阔远"之辞，断丘崈海塘于今里护塘，同样也是不能成立的。

其二，盖出于明曹印儒《海塘考》："海塘之制，本为捍御咸潮，以便耕稼。唐开元初名曰捍海塘，起杭州盐官，迄吴淞江，长一百五十里。宋乾道中、元至正初皆修焉，起嘉定老鹳嘴以南，抵海宁之澉浦以西……至成化中颓废，巡抚毕亨益增其旧及里护塘，兵农两济。"论者据此提出"今里护塘，曹氏认为即乾道、至正所修"，遂断"里护塘始建于南宋乾道八年（1172年）"。

姑且不论"乾道八年"实为"乾道七年"之误（见上引《云间志》），即按曹氏之意，也只能说今里护塘是唐开元的捍海塘（按：曹氏此说误，详后），乾道、至正仅加以修缮而已，丝毫没有曹氏断里护塘始建于乾道之意。所以论者此处的失误，实在不好理解，或者与"及里护塘"一语的解释有关。

为此需进一步加以说明，顺便于此为今浦东"里护塘"正名。

曹氏所言"毕亨益增其旧及里护塘"的工程，实际包括两个组成部分：其一，"益增其旧"的是成化中颓圮的老鹳嘴至澉浦的海塘，其东段即王崇之遵毕亨之令在上海浦东重修的"里护塘"；其二，"及里护塘"是与"益增其旧"工程的同时，在杭州湾北岸潮流倒灌严重的地区，实施创筑的另一海塘工程，西起平湖界河桥、东至见龙桥以东的戚漴，全长53里，因塘筑在沿海塘之内的古十八堰连线上，故谓之里护塘。曹氏《海塘考》用一"及"字，将此同期的两项工程串在一起，无疑是正确的。但我们却不能把它混为一谈，以为益增其旧所及的里护塘是今浦东所谓的"里护塘"。今浦东里护塘之名，盛行于现代上海研究文献之中。其实在历史上，它的正名是海堤、旧瀚海塘、护塘、海塘、下沙捍海塘；万历十二年（1584年）在其东侧另筑小护塘（后称钦公塘）之后，又被称为大护塘、老护塘或内捍海塘。历代名称虽然繁多，但它就是没有"里护塘"之名见于明清方志记载。有论者称，成化创筑金山里护塘，"由此始，后人统称当时上海沿海海塘为'里护塘'"。应当说，这个推论是不合历史实际的，也是极不合理的。就以成化筑金山里护塘至万历筑浦东小护塘之前的113年间而言，川沙、南汇间的海塘始终为沿海第一线海塘，其外尚无护塘创筑，怎么可称其为"里护塘"？即使是万历创筑小护塘之后，先期海塘已退居二线，但为避免与金山里护塘相混，志书仍只称其为大护塘、老护塘、内捍海塘。在否定川沙、南汇间的"里护塘"名称之后，如何为其正名呢？在众多的名称中，多数为海塘通名，或仅区分新老、内外、大小而无地域含义，所以为其取名"下沙捍海塘"最为合理，既有通名，又有地域专名，而且名称历史悠久。在否定下沙沙带的"下沙捍海塘"之后，为川沙、南汇一线上的海塘，正名为"下沙捍海塘"，是完全必要的。但须说明，本节行文中，尊重当前研究者习惯，仍称其为"里护塘"。

（三）吴及首创上海地区第一条统塘

浦东"里护塘"既非南宋乾道中丘崈创筑，那么它究竟是何人在何时所创筑的海塘呢？

北宋郑獬《郧溪集》卷二十一《户部员外郎直昭文馆知桂州吴公墓志铭》："知秀州华亭，俱有能名。……在华亭，缘海筑堤百余里，得美田万余顷，岁出谷数十万斛，民于今食其利。"这是满志敏先生在研究海岸变迁时发现的有关北宋吴及筑海堤的极其珍贵的资料，为"里护塘"的创筑年代问题提供了确凿的史料。

《宋史·吴及传》：嘉祐间，"（吴）及出为工部员外郎、知庐州，进户部、直昭文馆、知桂州。卒"。绍熙《云间志·知县题名》：吴及于北宋皇祐四年至至和元年（1052～1054年）任华亭县令。由此可见，吴及筑华亭海堤，当在皇祐后期、不出至和元年。正是由于吴及能为民办实事，才深得百姓爱戴。元至元《嘉禾志·题思吴堂序》载，在吴及离任时，华亭"父老悲啼攀辕不与前进，以至空一邑随之"，欢送场面，可谓盛况空前。直至四十年后的元祐年间，华亭父老仍思念已经故去的恩人吴及，时华亭令刘鹏依顺民意，改吴及所建环碧亭为思吴堂，以志长久纪念。嘉祐七年（1062年），吴及卒于桂州任上，终年49岁。为吴及作墓志铭的郑獬，是吴及的同时代人。《宋史·郑獬传》："少负俊材，词章豪伟峭整，流辈莫敢望。（皇祐元年）进士第一。通判陈州，入直集贤院、度支判官、修起居注、知制诰。英宗即位……"因职务关系，郑獬熟知吴及生平政绩。其所志吴及"在华亭缘海筑堤百余里"，虽不见于正史，但以其身份，断应属实，绝非溢美。至元《嘉禾志》所载可为之佐证。

吴及能够创筑华亭缘海海堤，尚可从当时筑堤的可能性和必要性进行分析。

宋初开始，海面上升，上海东部因长江泥沙补充堆积，岸线虽稳定在今里护塘一线上，但海进造成的潮灾，严重威胁已成陆的浦东中部地区；上海南部受海进影响，岸线迅速后退至大金山脚下。从当时整个华亭县境考虑，南部当筑堤防塌，东部应筑堤防潮，这是当时吴及筑堤的必要性。华亭从唐天宝十年（公元751年）设县开始至北宋皇祐四年（1052年），已经历整整300年时间，其经济、文化、人口均已发展至相当规模，具备一定的建堤实力；关键的是吴及又是一个能为民办实事的好官，因此在不动用国库的情况下组织民间劳力，创筑华亭海堤，于吴及而言，已是完全可能。

郑虙《水利书》载，"沿海之地，自松江下口，南至秀州界，约一百余里"。这是北宋华亭县自松江口以南海岸线总长度的约数。吴及在华亭缘海筑堤百余里与其一致，说明吴及所筑海堤是环绕整个华亭县海岸的统塘，非局部海塘。

从上述北宋前期上海地区岸线分析，吴及创筑的华亭缘海统塘，东段海塘故址当即今浦东"里护塘",其在乾道、至正、成化年间,均有重修、益增其旧的记录。东段海塘没有理由建于当时东距海岸30里的下沙沙带,而在沙带与里护塘之间的浦东中部地区,更没有见到有任何古海塘存在的记载。南段海塘故址当在今海中大金山左右,西与当时海盐县境相接。东晋以后,杭州湾北岸严重内坍,唐末五代,岸线已坍至金山脚下,为保护华亭南境农田与百姓安全,吴及筑塘于金山左右,是为明智之举。自此之后至南宋淳熙年间,金山附近岸线基本稳定,原因除金山本身抗御潮流之外,吴及海塘的作用也不能低估。吴及海塘金山段工程可能较为复杂,当时松南有许多河道由此入海,海潮倒灌严重,故吴及于诸河入海口附近同时建置堰闸工程,但至120年后的乾道年间,堰闸早已沦没,故丘崈说,"华亭捍海堰废且百年",于是有后撤另建运港新大堰的奏议与工程。吴及海塘的东南段,当自大团、奉城向西南延伸至大金山与南段海塘相接,此段海塘的西段在两宋海进时期内,也被冲没。

顺便指出,大团是当时长江三角洲的南嘴,相当于今天的南汇嘴,在海平面上升的北宋时期,其所遭受的东南潮流冲刷最为严重,因此吴及筑海塘时,可能为确保当时"南汇嘴"大堤的安全,采取了一项重要的海塘辅助工程,即于大团堤外大量抛石护坡。至明弘治年间,塘外已有大片新淤涨的滩涂,吴及所抛的大石块,大多已埋入潮滩之中,仅出露形似笋尖的石笋成片插在潮滩之上,因之被当时的《上海志》称为可供玩赏的"石笋滩"。

吴及在任华亭县令期间,首次创筑包括浦东"里护塘"在内的缘海第一条统一海塘,这在上海开发史上是一件划时代的大事,意义十分重大。

四、关于旧瀚海塘的位置与年代问题

旧瀚海塘是南宋绍熙《云间志》首次提出的上海地区一条统塘的名称,也是今天被研究和引用最频繁的一条古海塘。但关于它的位置与年代问题,至今争论不休,尚无定论,其判断准确与否,严重影响有关上海成陆研究成果的科学性,因此辩明旧瀚海塘的这两个相关要素,已成为上海成陆过程研究的一个关键问题。

《云间志·堰闸》:"旧瀚海塘,西南抵海盐界,东北抵松江,长一百五十里。"因它没有说明具体经过的位置和始筑年代,故研究者众说纷纭。一说旧瀚海塘的位置在冈身以东10km的闸港、龙华、徐家汇一线,始筑于南朝或更在南朝以前;一说在下沙沙带一线上,年代则有唐初和唐中期开元元年诸说;一说即浦东"里护塘",年代也有唐开元、宋皇祐和两宋之际诸说;还有一种则断然否认旧瀚海塘的存在,认为它是《云间志》虚构的一条海塘。在吴及筑海堤资料未发现以前,存在差异如此之大的分歧,是完全可以理解的,而现在应为旧瀚海塘的争论作结论。为此,先就以上几个主要观点略作辨析。

(一) 关于南朝论的辨析

南朝或更在南朝以前,上海地区是否有必要和可能在沿海地区修建统一的海塘?谭其骧先生关于上海地区开发过程的研究,为这一问题的解决奠定了扎实的基础。

自秦至唐天宝十年的 970 余年间，上海地区只有秦至西汉设置过一个海盐县，南朝后期先后设置前京、胥浦二县。此外从东汉至南朝前期和自隋至唐天宝共约 660 年内，竟然连一个县治都不设，长期分属于治所在浙江、江苏境内的嘉兴、海盐、昆山三县。而上海境内的海盐、前京、胥浦和天宝十载设的华亭县治，全部位于冈身以西地区。谭先生指出："这里尽管四、五千年前的新石器时代已有人类居住，却迟至一千多年前，仍没有得到很好开发。"冈身以西尚且如此，冈身以东成陆更晚，尚无任何南朝以前遗址遗物发现，大部仍属滨海斥卤之地，完全属于未开垦的处女地。在没有独立地方政权的东汉至南朝前期，既没有能力也完全没有必要在冈身以东的任何地区建置规模宏大的统一海塘，按理说，这是不言而喻的。

但论者坚持认为，长度只有 150 里的旧瀚海塘，非闸港、龙华一线，"便不可能符合二书（按：指《云间志》、《舆地纪胜》）的记载"。众所周知，古代志书所载长距离里数，常存在较大误差，并非很精确。因此，强合古籍所载里数，在某些问题的研究上是不可取的。此类里距长度只能理解为约数，不可机械地加以应用，更何况古籍里有个把错字是极普通的事。例如，有论者据《云间志》"古冈身在（华亭，今松江）县东七十里，凡三所"，便断冈身于今南汇新场附近。谭其骧先生明确指出，三所冈身即指沙冈、紫冈、竹冈，西距松江不过三四十里，《云间志》这个'七'字，显然是错字。并告诫我们，"依据文献做研究工作，必须多找些资料对比着看，专凭一条资料的单词只字来作出结论是很危险的"。所以在分析旧瀚海塘的位置与年代时，除应注意"一百五十里"为一约数之外，更应注意到从上海的成陆与开发过程综合分析。据上可断，闸港、龙华一线，不可能也没有必要在南朝以前创建统一海塘。

（二）关于唐开元论的辨析

旧瀚海塘开元创筑说，不论其位置断在下沙沙带或定于里护塘一线，皆宗于《新唐书·地理志》杭州盐官县"有捍海塘，堤长百二十四里，开元元年重筑"之文。最早把盐官捍海塘延伸移植于华亭旧瀚海塘的是明代顾清正德《松江府志》："开元元年筑捍海塘，起杭州盐官，抵吴松江，长一百五十里。"前引曹印儒《海塘考》秉承其说，造成极大影响。但顾清并无提出论据，故清代以来，责难不断。嘉庆《松江府志》指出，自盐官沿海而东抵吴淞口，"统长四百一十里有奇，道里悬绝，难以强合"，"《云间志》旧瀚海塘与《唐书》所载，明是二条"。光绪《南汇县志》也说"是旧府志强合《云间志》与《新唐书·地理志》二事为一事"。今人虽知二者难合，但考虑到盐官既有开元重筑海塘之举，其他地方当然也有可能同时兴筑；又考虑到华亭县始设于天宝十年，可能是开元先筑了海塘，致生齿日繁的结果。因此认为，顾清之说虽"不著所本，从事理推测起来，似大致可信"。在这里，有必要澄清几个问题。

1. 开元盐官筑塘与今上海的关系问题

顾清显然断不了《云间志》旧瀚海塘的始筑年代，而明代上海地区又有在颓圮海塘基础上重筑的统塘，遂强合盐官海塘的重筑年代，以作交代；何况唐代上海地区曾与盐官有过隶属关系，从事理推测，似应可信。但"道里悬绝，难以强合"，却也是顾说违背事理的明显事实。现在的关键是，必须仔细地分析开元重筑盐官海塘的地理位置，判断其可否延伸至上海吴淞口的问题。时至今日，再也不能单纯地"从事理推测"了。

唐代中期，盐官海岸在县南7里。其地古有海塘，岁久颓圮，盐官沿海深受潮灾威胁，故有开元元年于古塘原址重筑捍海塘的工程。此后，堤外滩涂稳定外涨，至南宋嘉定初期，海岸外移至盐官县治之南四十余里，故《宋史·河渠志》盐官海水下曰："旧无海患，县以盐灶颇盛，课利易登。"但自嘉定十一年（1218年）开始，"海水泛涨，湍激横冲，沙岸每一溃裂，常数十丈。日复一日，浸入卤地，芦洲港渎，荡为一壑"。至嘉定十五年（1222年），短短"数年以来，水失故道，早晚两潮，奔冲向北，遂致县南四十余里，尽沦为海"。当时，浙西提举刘垕专司海塘冲决治理之事，在调查后指出："近县之南，元（原）有捍海古塘，亘二十里。今东西两段并已沦毁，侵入县两旁又各三四里，只存中间古塘十余里。"有论者认为，20里捍海古塘，即为开元重筑海塘的残留部分。这个推论无疑是符合史实的。

自开元重筑盐官海塘至嘉定间，历时500年之久，按理塘堤早应夷为平地，之所以能有20里残存，则是因它位处"近县之南"，涉及县治安危而得到经常性特殊维护的缘故。并且必须在塘外滩涂长期稳定的状态之下才能残存，当"陆地沦毁，无力可施"的嘉定十五年，残存古塘"东西两段并已沦毁"是为明证。

按唐代中期盐官海岸线分析，嘉定间残存的20里开元古塘，当在盐官县治之南7里之内。据刘垕之言，整条开元古塘，应即以此残塘为中段，向东西两侧的唐代海岸延伸。《元和郡县志》杭州盐官县："临平湖，在县西五十五里。"据此则盐官西至钱塘县界当在60里开外；《元丰九域志》载："杭州盐官，有金牛山。"此山为唐宋以来盐官与海盐界的滨海界山，即今盐官东60里外的高阳山。由此可见，唐代盐官海岸东西两侧的总长度为120余里，《新唐书·地理志》盐官县开元元年重筑的捍海塘堤长度，与海岸长度完全吻合，则重筑之开元捍海塘，纯属盐官县境内的海塘，它自县治西筑60里即可与本州钱塘县海塘衔接，共策州城杭州之安危；自县治东筑60余里，即可与已废入苏州嘉兴县的旧海盐县界山相接。其东的故海盐县南境岸边，有一系列丘陵岬角，海塘无须东延，完全可依靠自然地形保护；从隶属关系论，杭州盐官县因州县自身利益，重修境内古塘，它没有责任和义务修建地属苏州嘉兴县的海盐塘工地段。

综上所述，开元元年杭州属下的盐官县重筑捍海塘，从长度和权限而论，均局限在盐官县境内的120余里海岸之内，它与苏州嘉兴县属地海盐旧境，完全没有关系，更与今上海地区丝毫没有延伸关系。因此，所谓起盐官抵吴淞口的旧瀚海塘，兴筑于唐开元元年之说，断然纯属附会。

2. 开元间上海是否筑"旧瀚海塘"与盐官海塘衔接的问题

盐官捍海塘重筑之后不到40年时间，即有上海华亭县的设置，论者依事理推测，当是上海的旧瀚海塘与盐官塘同时创筑，其后生齿日繁，始有华亭县之建置。在无文献可稽之下，如此推测，思路清楚，易被接受。但正确的思路应当是，从开元初年上海地区的实际出发，是否有必要和可能在盐官重筑捍海塘之时创建大型的捍海统塘——旧瀚海塘与之相接。

东晋南朝至唐开元初，上海东部海岸稳定在下沙沙带海岸之上，自冈身以东至下沙沙带的上海中部地区,虽已成陆,并有人类活动遗迹,甚至有唐初的遗址发现,但正如谭其骧先生指出的,该区仍属地广人稀的滨海斥卤之地。即使是在冈身以西地区,虽早已开发,但经济发展仍严重滞后。秦汉时期首设于上海西南境的海盐县治,其后也一再地向西南浙江境内撤退,虽有陷湖之说,但何以重建县治不向地域广阔的上海北部或冈身以东发展,说明无论是自然环境或是社会经济条件,当时上海地区均未达到设县水平。南朝后期金山境内虽有前京、胥浦二县设置,但如昙花一现,不久即被撤并。而撤入浙江、仍辖有当时上海东南大部地区的海盐县,在隋开皇九年(公元589年)也被废入杭州,至唐武德七年(公元624年)又改隶苏州嘉兴县管辖。结果是直至开元元年(公元713年),地域相当辽阔的上海冈身内外仍然是一县未设,隶属关系动荡不定,显属落后的偏僻之区,其经济之落后、人口之稀少是不言而喻的。在这种状态下,开元年间上海地区不但不可能而且也完全没有必要兴筑统塘于滨海斥卤之地。它没有任何条件可与杭州属下的盐官县相提并论。盐官自秦汉至隋唐,隶属关系稳定、治所稳定,开元之前即有实力兴建海塘,开元加以重筑显示它的必要性和可能性。

开元元年,上海地区分隶于苏州的嘉兴与昆山两县管辖,其与杭州属下的盐官县已没有隶属关系。有论者以为,"开元元年时,海盐县已废,华亭未立县,今金山、奉贤、南汇、川沙均属盐官,安知重筑海塘不在金山以北"。其实查一下《元和郡县志》就清楚,已废海盐县,"武德七年地入(苏州)嘉兴。开元五年(公元717年),刺史张廷珪又奏置",仍隶苏州。所以开元间盐官管不了海盐,更管不到苏州属地上海地区,其在本县境内重修颓圮捍海塘,自然没有责任为上海地区同时兴筑所谓的旧瀚海塘。开元盐官重筑海塘,断然"不在金山以北",这是毋庸置疑的。

另有不同的是,管辖上海地区的嘉兴、昆山两县治所,东距经济严重滞后的东海岸在数十百里以上。而此东海岸自东晋至唐开元间又处于长期稳定状态,从其后海岸迅速外移推断,开元初当有大片滩涂护卫下沙沙带海岸。因此,两县县令没有任何兴师动众修筑沿海统塘的迫切感,县治在滨海的盐官应该重筑海塘,嘉兴、昆山又何须同时兴筑大规模的统塘与之相接?

3. 天宝十年华亭建县的原因分析

天宝十年(公元751年),上海地区设置华亭县,成为目前郊区设县之始祖。其建置原因,过去论者以先塘后县予以解释,现既然否定设县之前有海塘之设,则其建县原因当另作探究。

但时至今日,"先塘后县"论尚有影响存在,应查其渊源所在,才能彻底消除其影响。明嘉靖、万历间,官至礼部尚书兼文渊阁大学士的华亭人徐阶,在其万历间所著《海塘记》里即有是论。他说:"华亭县古有捍海塘。按志,塘筑于开元元年,县创于天宝十年,则塘固先县而筑矣。岂塘成后,海水既不阑入,而江湖之水又藉以停蓄,故耕者获其利,日富日蕃,而县因以建欤!"其论所按之"志",即顾清正德《松江府志》。此志强合《新唐书·地理志》与绍熙《云间志》两书记载,已为一般修志者窥破,身为文渊阁大学士的徐阶,不但未能窥破,而且还加以引申发挥成"先塘后县"说,显属一大失误。前已论证,开元盐官海塘与上海旧瀚海塘无关,开元年间上海地区也没有必要和可能独立修建统塘与之相接,则"先塘后县"论,实乃附会之说,其不能成立是显而易见的。

其实，天宝十年华亭县的设置，应从政区设置的需要进行分析。

开元五年，海盐县复自苏州嘉兴县分出设置，治所即今浙江海盐县治。新置海盐县，仍辖有隋开皇九年并县之前的境域，即包括上海东南大部滨海地区。当时上海其余地区则分隶于治所在今浙江和江苏的嘉兴、昆山两县管辖。由于上海地区地域广阔，三县治所各偏于一隅，无论从行政管理或是地区经济发展，于州于县均属不利不便，所以"天宝十载，吴郡太守赵居贞奏割昆山、嘉兴、海盐三县置"华亭县于今松江县治。

华亭县治地处冈身之内，经济基础尚可，其位置则在当时上海地区的中心区域，从管理与发展上海地区经济方面而言，于此设县治属适合时宜。天宝年间，中国的行政区划正处于改州为郡的重大变革时期，如杭州改为余杭郡，苏州改称吴郡，而吴郡于此变革时期，割三县之地增置华亭一县于郡境东部，也符合当时政区改革之潮流。因此无须把华亭之设置强与盐官重筑海塘的年代牵连在一起。

综上所述，上海地区不存在开元元年创筑沿海统塘的问题，《云间志》旧瀚海塘与开元盐官海塘无关，当可定论。因此，所谓开元元年筑旧瀚海塘于下沙沙带一线或里护塘一线的说法，均属附会《新唐书·地理志》之盐官海塘，事理既明，无须再论。

（三）关于旧瀚海塘虚构论的辨析

讨论至此，《云间志》旧瀚海塘究竟是否存在，似成问题。难怪有论者认为，它是《云间志》主编杨潜为附会《唐书》主观臆测的产物，是杨潜出于偏见而虚构的华亭境内的一条子虚乌有的海塘。因关系重大，涉及面广，"旧瀚海塘"究属臆测虚构或是客观存在，有必要展开讨论。

《云间志》尽管不载"旧捍海塘"确切位置和修筑年代，给后人造成极大的麻烦和困惑，但它绝非杨潜臆测虚构的产物，而是当时见在于华亭境内的一条早先修建的旧捍海塘。理由如下。

1. 绍熙《云间志》是宋代的一部优秀方志

杨潜主编《云间志》是由于"《寰宇记》《舆地广记》和《元和郡县图志》仅得疆理大略，至如先贤、胜概、户口、租税、里巷、物产之属则阙焉。前此邑人盖尝编类，失之疏略……阙遗尚多"。故自他领华亭之日起，"虽日困于簿书期会，而此心实拳拳，今瓜代有期，不加讨论以诏来者，则鞅鞅不满若将终身焉"。于是他与"邑之博雅君子，相与讲贯，畴诸井里，考诸传记，质诸故老，在此基础上，"有据则书，有疑则阙，有讹则辩"，编纂华亭一县之《云间志》，"凡百里之风土，粲然靡所不载"。由此可见，杨潜编纂《云间志》的态度是严肃认真的，撰述过程是客观踏实负责的。

正因为如此，《云间志》深受明清以来方志界的推崇与引用。清嘉庆宋如林曰："绍熙《云间志》、徐硕《嘉禾志》二书，自宋迄今数百年幸少阙佚。而此邦文献亦藉以资考证。"又曰："云间有志，昉自杨潜，其体裁最为缜密，顾、陈诸志往往取材于是。"阳湖孙星衍赞曰："其书按据旧图经，搜罗古碑碣，详载故实题咏。书仅三卷，繁简得中，不让宋人会稽、新安志也。……《嘉禾志》并杨潜之书一郡掌故，康熙间知府郭廷弼作郡志本之，明人顾清及陈继儒时亦似见此二书，而改易其文又多舛误。……余病今世修志无著作好手，不如刻古志于前，以后来事迹续之。"今人撰《方志学》，也把《云间志》与《吴郡志》、《新安志》、《建康志》等同列为南宋时期的历来公认的优秀方志。

通查《云间志》全书，从卷上的封域起至卷下的祭文止，杨潜为其制定的编写原则，始终贯穿全书，未发现有属于杨潜臆测或虚构的任何条目，包括"旧瀚海塘"在内。可以确信，《云间志》是上海地区至今尚存的一部最古老、编写最缜密的优秀地方名志。

2. 旧瀚海塘是绍熙年间"见在"于华亭境内的海塘

《云间志》三卷设三十六目，其中"古迹"和"堰闸"两目与我们的讨论有关。古迹共二十条，取材严谨，乃合唐询据旧经所著的《华亭十咏》和《祥符图经》二书，"参之传记以补其遗，其先后一以岁月为序。若夫田夫野叟指某水曰始于某人，某丘曰始于某人，似若可听，卒无所稽据，阙而不书。"杨潜的这段表述，再次使我们确信，在《云间志》中决无臆测虚构之文；同时如若论者所言："旧瀚海塘系唐开元元年重筑，已历五百余年，早已不见塘迹"。杨潜显然应把它收入"古迹"目下，如金山城当时坍入海中不复存在；原有面积5000余公顷、后湮塞所剩无几的柘湖，《云间志》均将其列入"古迹"目。但"旧瀚海塘"一条，《云间志》却不将其列入"古迹"目，说明杨潜根本不认为它是古迹。杨潜称此塘为"旧"不称其为"古"，说明它是当时见在，只因年代久远，与新建的华亭捍海塘堰相比，较为破旧而已，但尚在捍卫华亭县境之安危，故主管堰事的杨潜自然将其列入"堰闸"目下。

《云间志》"堰闸"目与"古迹"目不同，它仅记当时现实的三条堰闸堤防工程。首条是20年前丘崈创筑的运港大堰，末条是30年前姜诜奏修的张泾闸。首堰末闸均属当时尚在发挥作用的堰闸工程，夹于二者之间的"旧瀚海塘"条，有起讫地点又有实际长度，当然不是无迹可寻的古迹，更非杨潜臆测虚构之产物，而是与堰闸工程一样，尚在起着捍海作用的实际存在的海塘工程，这在分目上是极其清楚的。

值得注意的是，首条运港大堰详细记述其修筑经过，并列出大小堰的规模尺寸和咸塘岸的长度，总共用了707字，末条张泾闸也用了113字详载其始末和尺寸，而中间的"旧瀚海塘"条仅寥寥17个字，且不追述其修建历史，与上述二条全然不同。究其原因：一是杨潜已不知旧瀚海塘的创筑史，又无所稽据，只好阙而不书。或正是有感于此，杨潜在运港大堰条下强调："堰成无记，恐将来无所稽考，故迹其本始而详著之。"二是尽管不知旧瀚海塘的历史，但它仍在起作用，作为"主管堰事"的杨潜，在主编《云间志》时却是不能不书的，否则将造成重大遗漏；而用起讫、长度对当时众所周知、司空见惯的旧瀚海塘进行概述，则是杨潜简练笔法的表现，当时人是很容易理解的。三是旧瀚海塘在丘崈创筑运港大堰之时，虽曾加以维修，故其浦东塘段尚在起捍海作用，但它毕竟不能和杨潜撰《云间志》之前20年新创的塘岸相混淆，故杨潜在"堰闸"目下称其为"旧瀚海塘"。《云间志》一堰二塘三闸，泾渭分明，杨潜依实际列目设项，丝毫不存在臆测虚构的问题。

（四）旧瀚海塘是吴及华亭统塘的残塘

据前所述，上海地区在唐天宝设华亭县之前，既不可能也没有必要在沿海斥卤之地创筑统一的海塘，所以在此前根本不存在旧瀚海塘的问题。即便以论者所言，华亭旧瀚海塘建于南朝以前或唐开元元年，其距南宋绍熙年间，前者已近 800 年之久，后者也有将近 500 年的历史，其间沧海桑田，又未见任何增修重筑记载，当时如实有其塘，也早被夷为平地而不见踪影，丘崈何处寻觅故塘加以维修，杨潜又怎么会把它作为当代捍海工程列入"堰闸"目下！

而自天宝设县之后的唐五代，上海地区同样没有任何统塘创筑的文字见于记载。有论者便以吴越钱氏在杭州附近的钱塘江修筑石塘，推断当时上海东海之滨也应同时筑上一条新海塘。这与开元盐官筑塘断上海也必同时筑塘的观点如出一辙，均有牵强附会之嫌，难以令人信服。当然，在无文献可稽的情况下，作出必要的判断与推论，乃是有助于研究的深入与思路的拓宽，但应注意其合理性。

那么，如何合理判断旧瀚海塘的始筑年代？显然还是应从《云间志》里去找答案。

第一，杨潜将其列入"堰闸"目下，是因这条海塘在 20 年前经丘崈修整之后仍可使用。而丘崈修整的工程量显然又不是很大，所以《云间志》对此修整工程只字未及，我们是在曹印儒的《海塘考》里见到有关的这一记载。而旧瀚海塘经丘崈小修小补之后，主管堰事的杨潜即可将其投入使用，说明此塘至乾道时仍具一定规模，基本上尚在起捍海作用。如此则其始筑年代距乾道、绍熙年间应当不会太远。

第二，"堰闸"目下三条，首堰末闸详载工程始末，均属绍熙之前的南宋工程。旧瀚海塘条体例与首末条目全然不同，显得过分简略，显示它不可能是南宋当前的工程项目，故杨潜大致已不知其创筑年代。如此，则其始筑年代距乾道、绍熙年间又应当不会太近。

第三，《宋史·丘崈传》：崈"出知秀州。华亭县捍海堰废且百年"之言，说明百年前的北宋前期，华亭地区曾有沿海堰堤工程实施，而北宋前期对于南宋绍熙年间而言，可谓既不太远也不太近。

第四，北宋前期确有皇祐年间华亭县令吴及在缘海筑堤百余里的明确记载。吴及时代华亭东北界抵吴淞口，西南界抵海盐县界。《云间志》所载旧瀚海塘的起讫点与此完全吻合，里距长度也基本符合郏亶《水利书》所载的海岸长度和吴及墓志铭所载海塘长度。

第五，据此四端可作结论，《云间志》旧瀚海塘，即始筑于北宋皇祐年间的吴及海塘。其历时 120 年至南宋乾道年间，南段金山、奉贤塘段已坍入海，原有统塘的附属工程堰闸也均沦海，残存的浦东东段，经丘崈作必要的修整则仍在发挥捍海作用。元至正、明成化再度加以重修，弘治《上海志》称其为下沙捍海塘。

旧捍海塘既为吴及创筑的华亭首条统塘，其延伸位置前已述及，无须再赘。

第二节　上海地区海岸演变概述

根据以上辨析和上海大陆地区贝壳沙带的分布特征、年代测定，结合考古、文献资料进行分析综合，上海大陆地区的成陆过程可分为五个阶段进行论述（图 16.3）。

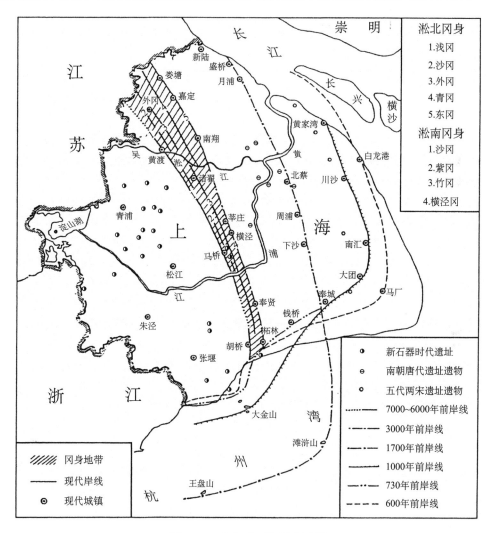

图 16.3　上海地区海岸变迁图

一、距今 7000 年前的海陆演变

在更新世最后一次冰期——玉木冰期的鼎盛阶段过后，世界气候迅速回暖，海平面随之急剧上升。上海以东地区在海面上升过程中，曾有几次间歇性停顿，形成几级明显的水下阶地。在距今 14 000 年前后，海面回升至 -100m 左右，并形成相应的平坦阶地和埋藏贝壳堤、埋藏古潟湖。在距今 12 000 年前后，海面上升至 -60m 位置时再度停

顿，在此岸线内侧的长江古三角洲前缘，有泥炭沼泽埋藏和野牛之残骸等①。

全新世开始的距今 10 000 年左右，海面上升至－40m 位置，长江和钱塘江谷地遭受浸淹成为早期溺谷，上海地区低谷之内也开始遭受浸进。距今 9000 年，海面已上升至－25m 左右，今上海东部地区开始沦为滨岸浅海。至距今 7000 年前后，长江口后退至今镇扬一带，形成一个向东开放的喇叭形河口湾。上海绝大部分地区被内浸海水淹覆，仅余西部的局部地区沦为滨海湖沼低地②。

由于海面上升，海岸后退，发生溯源堆积，淤平了上海地区此前被河流切割形成的岛状起伏的原始基底面。

二、距今 7000～3000 年前上海冈身地带的形成

从距今 7000 年开始，长江三角洲南翼在沿岸流、潮流和波浪的共同作用下，自江苏常熟福山一带，以南南东方向形成数条近于平行的密集的贝壳沙带，并延伸至今上海南部的漕泾、柘林一带海边。其再向南的延伸段已沦没于杭州湾之中。

在上海地区苏州河以北，自西向东有浅冈、沙冈、外冈、青冈和东冈五条贝壳沙带；苏州河以南则有四条沙带沙冈、紫冈、竹冈和横泾冈自西向东分布。对贝壳沙带沉积特征所作的分析，确认这些沙带属于滨岸沙带，因而各条沙带延伸的位置，代表不同时期的海岸线所在③。贝壳沙带所在之处，地势相对高爽，俗谓之"冈身"。北宋郏亶《水利书》和朱长文《吴郡图经续记》均有冈身的相关记载。南宋绍熙《云间志》则有详细的记述："古冈身，在（华亭）县东七十里，凡三所，南属于海，北抵松江，长一百里，入土数尺皆螺蚌壳，世传海中涌三浪而成。其地高阜，宜种菽麦。"清初顾祖禹《读史方舆纪要》亦载："自常熟福山而下，有沙冈身二百八十里，以限沧溟。"由以上数条不同时期形成的冈身，共同构成的狭长高爽地带，即被通称为"冈身地带"。它是上海平原地貌形成过程中的一个独特地貌单元。

从冈身地带各条贝壳沙带¹⁴C 测年结果分析，苏州河南北的贝壳沙带，其形成年代基本上是相互对应的。

淞（苏州河）北的浅冈与淞南的沙冈相对应，形成于距今 6800～6000 年，这是上海地区迄今所发现的最早的贝壳沙带海岸。淞南紫冈对应于淞北沙冈，代表上海地区距今 5800～5500 年前的海岸线。淞北外冈与淞南竹冈也完全对应，代表距今 4200～4000 年前的海岸线。淞南横泾冈形成于距今 3240 年左右，其对应的淞北青冈或东冈尚无测年资料，按相对位置分析，估计也当形成于距今 3000 年前。

在距今六七千年间，当西部浅冈—沙冈—线海岸形成之时，其西部的上海地区同时脱离海侵的影响普遍发育成滨海湖沼低地平原，而在高墩或低丘之上，则已有先人活动的痕迹，形成上海地区最早的马家浜文化类型。其后至 3000 年前，湖沼逐渐排干，平原扩展，先人活动从低丘高墩走向平原，从而形成冈身地带及其以西地区的大量新石器

---

① 赵希涛：《中国海岸演变研究》，福建科技出版社，1984 年。
② 严钦尚 等：《长江三角洲现代沉积研究》，华东师范大学出版社，1987 年。
③ 刘苍字 等：《长江三角洲南部古沙堤（冈身）的沉积特征、成因及其年代》，《海洋科学》，1985 年第 1 期。

时代的崧泽文化、良渚文化以及马桥文化类型[1]。这些文化类型遗址的年代与冈身地带[14]C测年的数据也完全吻合。

上海冈身地带，东西宽度仅 4～10km，其建造过程历时长达 4000 年之久，表明这一长时段内上海成陆过程极其缓慢，平均每年的淤涨速率只有 1～2.5m。其原因为：一是这一时段海面相对稳定，自出现全新世高海面之后，整个海面虽有波动下降趋势，但幅度很小；二是当时长江输出的泥沙，虽有随主流南北迁移的堆积变化，但大量泥沙主要用于铺垫冈身以东的原始坡度较大的浅海地区，建造新的水下边滩，为此后 3000 年来，上海冈身以东地区的迅速成陆奠定基础。

三、距今 3000～1700 年前上海中部地区的成陆

今浦东花木、周浦、下沙、航头一线，存在一条北北西向的断续沙带。它与宝山境内的盛桥、月浦沙带，共同构成一条平行于西部冈身地带的古海岸线，简称为下沙沙带海岸。下沙沙带的存在表明，距今 3000 年来冈身以东地区成陆过程，又有一个较长时段，海岸线稳定在下沙沙带一线上，从而建造了这条滨岸沙带海岸。

据东晋永昌壬午年（公元 322 年）绘制的《吴郡康城地域图》[2] 分析，下沙沙带海岸继续向南延伸，当进入今杭州湾的滩浒山，然后转向西南至王盘山一带。滩浒山成为当时杭州湾北岸东端、吴郡东南方面的海防重地，东晋初年遂于此置滩虎关戍守。据此可作初步推断，盛桥、下沙、滩浒山一线沙带海岸，其形成当不迟于东晋初年，距今大约 1700 年。

因此，冈身以东至下沙沙带之间的上海中部地区，自西向东当先后成陆于距今3000～1700 年的时段之内。但由于成陆初期，地貌形态尚属滨海湖沼平原类型，地势低下，潮灾威胁严重，先人的活动范围仍局限在冈身地带以西，尚未进入本区进行大规模的开垦活动，所以区内至今未见先秦两汉时期的遗址和文物出土。先人的开发定居过程，普遍滞后于滨海成陆过程，尤其是地广人稀的上海历史早期，这种滞后现象更为严重突出。

根据出土文物推断，上海中部地区的开发与定居，普遍滞后至南朝隋唐时期。近40 年来本区陆续发现一批南朝至唐初的文物和遗址，可为上海中部地区的成陆年代提供断代的佐证[3]。它们以广阔的出土文物平面和遗址证明，上海中部地区的下沙沙带海岸当在这些文物、遗址之前的东晋时期或以前形成，这与《吴郡康城地域图》所示海岸形势恰好是完全一致的。

在下沙沙带海岸东侧的北蔡，1979 年还出土一艘古代木船，经测定为距今 1260±95 年，相当于唐开元年间，地层鉴定属海滩相沉积，说明木船是沉于当时的滨岸海滩[4]。可见从东晋初年至唐开元年间，上海东部海岸基本稳定在下沙沙带一线上。沙带海岸虽属其相关地区成陆的标志，但从其形成开始，到可充当海边村落的自然防潮屏

① 黄宣佩 等：《上海地区古文化遗址综述》，载上海博物馆编：《上海博物馆集刊》，古籍出版社，1982 年。
② 陈积鸿：《金山县海塘志》，河海大学出版社，1991 年。
③ 黄宣佩 等：《从考古发现谈上海成陆年代及港口发展》，《文物》，1976 年第 11 期。
④ 赵启正主编：《新世纪·新浦东》，第 43 页，复旦大学出版社，1994 年。

障，则需经长期加高加宽的地质过程。正因如此，下沙沙带海岸自东晋初年形成，经历整整 300 年时间，其内侧始出现诸如严桥遗址的唐初村落。

冈身地带至下沙沙带之间的上海中部地区，平均宽度为 17km，建造时间仅为 1300 年，年平均淤涨速率高达 13m。其成陆速度加快的直接原因是，前期 4000 年淤高浅海潮滩奠定的基础以及在此时段海平面的波动处于下降趋势。

四、距今 1700～1000 年前浦东中部地区的形成

下沙沙带海岸以东的上海浦东中部地区，今有不少唐末五代至两宋时期的遗址、遗物发现[①]。结合郑亶《水利书》记载的北宋熙宁年间上海东部海岸在今浦东里护塘故址一线分析[②]，则此线以西的浦东中部地区及黄浦江以西的上海北部地区，无疑在北宋初期以前已经成陆。

两宋时期，中国东部海面有一个相对上升过程[③]。上海地区受其影响，西部不少低地沦为湖沼，南部海岸继续大幅度后退，上海东部地区则因长江泥沙不断补充堆积，岸线处于相对稳定状态，从而在当时海岸形成一条滨岸沙带，今里护塘故址的祝桥、惠南间，尚有此海岸沙带的残迹。

郑獬《郧溪集》载，北宋皇祐年间，华亭县令吴及"在华亭缘海筑堤百余里"，以策县境安全、发展新成陆区的经济。华亭自唐天宝十年（公元 751 年）设县起至北宋皇祐四年（1051 年），经历整整 300 年时间，县境之内经济、人口均已发展至相当规模，具备一定实力，吴及又是一位能为民办实事的好县令，在海面上升、华亭县滨海地区遭受潮灾严重威胁的情况下，组织民间劳力，创筑捍海塘堤，不但已属可能，而且完全必要。吴及海堤沿当时的海岸近旁创筑，南部海堤在当时海岸线上的大金山左右，西接海盐县界，东部海堤即今里护塘故址的前身，东北抵当时的吴淞江出海口。

吴及创筑的海堤，比南宋乾道七年（1171 年）丘崈在今金山县东南创筑的运港塘岸早 120 年，故南宋绍熙《云间志》称吴及海塘为"旧瀚海塘，西南抵海盐界，东北抵松江，长一百五十里"。吴及海塘后经元、明两代陆续重修增筑，因其贯穿于宋元明时期的下沙盐场东部地区，故明弘治《上海志》又称其为"下沙捍海塘"。自明万历十二年（1584 年），在其东侧创筑外捍海塘（后称钦公塘）之后，吴及海塘又被称为"内捍海塘"、"老护塘"、"里护塘"。吴及海塘是上海地区自建县以来第一条由县令主持创筑、横亘全县滨海地区的地方性大型捍海塘。今里护塘故址即吴及海塘的创筑年代，同样说明此海塘以西的上海浦东中部地区在距今 1000 年前的北宋初期已经成陆。

浦东中部地区东西宽度约 15km，建造过程历时仅为 700 年，年淤涨速率平均高达 20m 之多，成为全新世开始以来上海成陆过程最快的一个地区。其原因除了前期淤高浅海潮滩之外，长江流域人类活动加剧造成长江固体径流增大这一人为因素，已是不可低估。

---

① 黄宣佩 等：《从考古发现谈上海成陆年代及港口发展》，《文物》，1976 年第 11 期。
② 王文楚、邹逸麟：《关于上海历史地理的几个问题》，《文物》，1982 年第 2 期。
③ 满志敏：《两宋时期海平面上升及其环境影响》，《灾害学》，1988 年第 2 期。

五、距今 1000 年来浦东东部地区的成陆过程

浦东吴及海塘一线海岸形成之后，1000 年来的成陆过程，因受杭州湾和长江口河势变化的影响，其速度略有放慢之势，唯大团、果园一线的汇嘴方向，相对发展较快。

在这 1000 年中，浦东东部的成陆过程，可以其间的东、西沙带为界，分为前后两个 500 年。

东、西沙带是一南向分汊状沙带，北起白龙港，向南经军民至马厂为西沙带，[14]C 测定为距今 600±85 年；东沙带自白龙港向南经中港至泥城，[14]C 测定为距今 580±90 年[①]。则浦东东部成陆过程，在距今 600 年左右，曾有一个以东、西沙带为海岸的相对稳定阶段。

吴及海塘至西沙带海岸之间的陆地，建造于距今 1000～600 年前。其中，以大团至马厂的汇嘴方向成陆速度最快，年平均淤涨速率达 18m。自此向北，淤涨速率不断降低，惠南至西沙为 13m，祝桥至军民为 10m，顾路以东降为 6m。西沙带以西地区虽成陆于 600 年前，但因地势低下，潮灾威胁严重，万历十二年新创外捍海塘，西距吴及海塘仅 1～2.5km，外捍海塘至西沙带之间，滞后至清代后期，民间凭借 0.5～2m 高度的沙带作为自然御潮屏障，才有较大规模的开垦利用。

西沙带以东的滨海地带，其间虽有东沙带海岸的暂时停顿，但都是近 600 年来发育形成的新浦东。这一时段，马厂至果园方向的汇嘴仍以 18m 的年淤涨速率扩展，但自此以北淤涨速率递减很快，西沙以东为 4.5km，军民为 2.5km，至白龙港一带则完全尖灭，反涨为坍。

近 1000 年来，浦东东部成陆速度较中部缓慢。其原因是，长江输出的泥沙，在本阶段前期主要用于建造扩大崇明岛，后期主要在于形成长兴、横沙岛，并扩散淤积形成崇明东边滩、铜沙浅滩、九段沙以及浦东的新边滩等。以浦东新边滩而言，−2m 等深线已在南汇嘴以东 10km 之外，今后如以芦潮港向东创建跨海促淤大堤，浦东海岸将在人为干预下迅速外移，浦东地区将可因此获得大片宝贵的新陆地。

第三节 上海地区海岸局部沧桑变化
——以金山附近海岸为例

距今 7000 年来，上海大陆地区成陆过程的总趋势是，以不同的淤涨速率逐渐向东扩展新的陆地。其间虽时有停顿形成若干贝壳沙堤海岸和暂时性崩岸，但在长江泥沙源源不断的补充堆积之下，大陆东海岸仍持续不断地向东扩展延伸。与此同时，上海大陆的北岸和南岸，由于受长江河口和杭州湾河势变化的影响，岸线则发生较为复杂的变化。考察上海地区海岸的整个演变过程，应当充分重视这些局部的沧桑变化。因受篇幅限制，本节以上海南部杭州湾北岸金山附近海岸的坍涨变化为例进行论述。

上海南郊金山海岸线是杭州湾北岸的一个组成部分。历史上杭州湾两岸变迁幅度较

---

① 张申民：《上海滨海平原贝壳砂堤》，《华东师大学报》（自然科学版），1982 年第 3 期。

大，自 4～5 世纪以来，总的趋势是南岸涨、北岸塌，北塌速度较南涨速度为快，北岸在塌进的整个历史进程中，由于人为因素的不断加强，其速度逐渐减缓。目前，金山一带岸线，远在 1460 年代就已基本形成，其后的四百多年来，仅戚家墩以东一带岸线略有塌进；戚家墩以西涨塌基本平衡，甚至略有涨出。

一、金山早期的海岸线

杭州湾的北岸就是长江三角洲的南缘，它的形成与长江三角洲的发育是密切相关的。古代长江口南岸的沙嘴逐步自西北向东南伸展，在到达杭州湾后又受强潮影响折向西南，终于和钱塘江口沙嘴连成一气，形成了江南地区第一条完整的海岸线，其时约在距今 6000 年前。此后又经历了四千多年，到了 4 世纪即东晋时期，上海地区的海岸东部沿下沙沙带北起盛桥、月浦，东南经北蔡、周浦、下沙、奉城，然后进入杭州湾中的滩浒山，再往西经王盘山伸展至海盐的澉浦。从奉城、滩浒山、王盘山至澉浦一线沙嘴，就成为杭州湾北岸的早期可考岸线。

（一）先秦汉魏时期的滨海平原

现在从金山卫至王盘山已是波涛汹涌的大海，但在那时却是一片广阔的滨海平原，早就有人在这里定居，从事生产劳动。1930 年代中叶，金祖同等在金山卫海滩一带发现大量印纹陶片；近年考古工作者在大金山山腰上发现古代几何形印纹硬陶；最近又在柘林南面盐场发现了石锛、石箭头，可见这一广阔的滨海平原，在新石器时代已有人类居住。绍熙《云间志》卷上："金山城在县南八十五里，高一丈二尺，周回三百步。旧经：昔周康王东游镇大海，遂筑此城，南接金山，因以为名。"

金山城为周康王所筑的说法，显然是由于金山古称钊山[①]，而周康王名钊，遂附会而成。然传说能经久流传，必有其物质基础，故周秦时期，金山北麓很可能已有城堡的设置或聚落的形成，1960 年考古工作者在距金山不远的戚家墩海滩上发掘有春秋战国至秦汉时期的村落遗址可资证明；而金山卫滩地贝壳堤的下部发现有轮廓磨圆的战国时期的麻布纹、青磁碗等陶片，应是金山北麓的古遗址，经东南潮流破坏后，其中遗物由波浪搬运至金山卫滩地堆积下来的。据乾隆《乍浦志》、道光《乍浦备志》载：清初在乍浦南三里许海中，在特大低潮面下曾四次（1647 年、1683 年、1697 年、1730 年）出露古代遗址。遗址中见有枯杨、竹圃、残铁釜及石路三、四里，游人拾得古陶器、金银铜器、五铢钱等，还有新莽时货币"大泉五十"一个，"天凤五年展武县官秤"锤一个。五铢钱通行于自汉武帝至隋代，唐初始废除不用，它与新莽大泉、秤锤一样，不能准确地说明遗址的具体年代。据史载：海盐县于后汉顺帝永建二年（公元 127 年）陷为当湖（今平湖城东），移治故邑城，晋咸康七年（公元 341 年）移治马皋城即今海盐县治。故邑城者，以尝为邑治，故曰故邑，邑旁之山即以故邑山为名。《至元嘉禾志》载，"故邑山在（海盐）县东北三十六里……山下有城……汉顺帝二年，因县沦陷为湖，移置此山

---

① 《太平寰宇记》卷九一《苏州》。

下，后为故邑巡检司"，又"故邑城在县东北三十五里。……《吴地记》云：海盐县顺帝时陷为湖，移于故邑山下"。故邑山即今乍浦滨海诸山，故邑城应即乍浦南三里许海中之遗址，后汉顺帝海盐县治曾设于此。至于遗址中有新莽时物，有两种可能：一是此地之成为县治虽始于后汉顺帝时，但新莽时已有聚落而地属展武；二是新莽时大泉、秤锤在顺帝时从旧县治移来。总之，滨海平原在周秦至两汉时期，不但已有聚落城堡的兴起，而且已有县治的设立。至南北朝时，这一滨海平原的东部，其经济当有进一步的开发，故在梁天监七年（公元508年）分海盐县之东北境置前京县，治所就设在金山北麓的金山故城一带。《舆地纪胜》嘉兴府古迹条："前京城在华亭县东南。旧经云：以近京浦因以为名，其城梁天监七年筑。"《读史方舆纪要》、《嘉庆重修一统志》均谓：前京故城在华亭东南八十五里，其方位、道里均与金山故城相符。金祖同《金山访古记》说的"至今乡人称有京城者湮没海中"，京城应即前京城之简称无疑。

杭州湾北岸形成之后，稳定了相当长的时间，直至4世纪，王盘山仍然屹立在大陆岸线上，成为当时江浙一带的一个重要港口、钱塘江的重要门户。东晋王朝曾利用它的重要地理位置在此屯兵守卫。宋绍定《澉水志》卷上古迹条："旧传沿海有三十六条沙岸，九涂十八滩，至黄（王）盘山上岸……后海变洗荡，沙岸仅存其一。黄盘山邈在海中，桥柱犹存。淳祐十年（1250年），犹有于旁滩潮里得古井及小石桥、大树根之类，验井砖上字，则知东晋时屯兵处。"

王盘山以北地区，由于长江南岸沙嘴伸展受到海浪的冲击，先后形成了三十几条东北西南走向的平行沙岸，这些沙岸当有宽有狭，其中较宽的经过先民的改造，就成为最早的捍海塘。宋鲁应龙《闲窗括异志》所讲的"捍海塘凡十八条，自（海盐）县去海九十五里"应即指此。县去海之古道里正是今海盐至王盘山的实际距离。

（二）东晋隋唐时期滨海平原的沦陷

杭州湾北岸，在东晋以前虽有一定的稳定性，但这只是暂时的现象，随着长江南岸沙嘴的发育，杭州湾喇叭形的出现以及南岸的加积，海水动力条件随之发生相应改变，杭州湾北岸所受的侵蚀作用急剧加强，金山卫及其附近一带岸线开始往后退缩。因此，东晋以后，海盐"东南五十里外之贮水陂……与所谓九涂十八岗三十六沙，旧为海潮限者，尽沦为巨洋"[1]。滩浒山、王盘山首当其冲，自然最先入海。但以整个滨海平原而论，侵蚀与堆积同时产生；内塌与外涨并存。在南宋以前，杭州湾北岸的东北部是堆积外涨区，西南部是侵蚀内塌区，以金山以东为轴心，岸线产生顺时针方向变动，因而整个杭州湾北岸是在逐步退缩中往东北方向不断延伸发展（图16.4）。

唐开元、天宝年间，在杭州湾北岸西南段沿海一带，曾设立一些军事据点，稍后就发展成为海防重镇，如澉浦镇、望海镇、宁海镇等。明天启《海盐县图经》卷三引永乐志："宁海镇，唐天宝十年（公元751年）太守赵居真置，在县东。淳化二年（公元991年）移置近县一里，元时陷入于海。"又引宋《武原志》："父老相传，去县十五里有望海镇（唐开元五年置），岁久沦于海。绍兴初，知县陈深于海上五里建望月亭，今

---

① 天启《海盐县图经》卷八《堤海篇第四》。

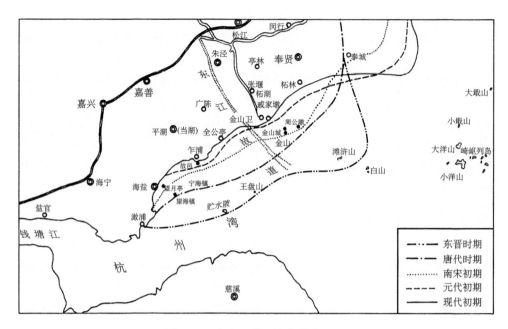

图 16.4 金山卫附近海岸线变迁图

仅三十年，亭基宛在水中，每岁海岸洗荡数尺，县治去海无三百步。"望海镇、宁海镇，顾名思义，均应在海岸线上，而东晋以前，海岸在王盘山至澉浦一线上，海盐距海尚有30余里，因此从东晋至唐初，杭州湾北岸之西南段当内塌近 20 里，其时岸线西起澉浦，东北经望海镇、宁海镇至金山东南约 10 余里，然后与杭州湾东北段新长岸线相接而进入上海地区。

二、金山沦海与金山深槽的形成

（一）金山护岸功绩与沦海年代

随着杭州湾东南潮流的不断冲刷，金山附近岸线继续向北塌进，至唐末五代，金山岸线已紧逼金山脚下。《太平寰宇记》苏州条："东南至海岸钊山四百五里。"钊山即金山，距苏州方位道里皆合。但自五代晋天福三年分苏州置秀州之后，苏州辖境东南已不及海，因此《太平寰宇记》这条资料显系采自天福以前的记载，大致可以反映唐后期的情况，当时金山已在海岸上。

屹立在海岸上的金山，对抗击潮流、保护岸线起着十分重大的作用，因此自唐末五代至南宋初期约 300 年左右，金山岸线始终稳定在其左右。这时的金山，代替东晋以前的王盘山成为江南的一个重要海港和军事据点。

《绍熙云间志》卷中金山忠烈昭应庙条："庙有吴越王镠祭献文云：以报冠军之阴德。《吴越备史》云：大将军霍光，自汉室既衰，旧庙亦毁。一日吴主皓染疾甚，忽于宫庭附黄门小竖曰：'国主封界华亭谷极东南有金山碰塘，风激重潮，海水为害，非人力所能防。金山北古之海盐，一旦陷没为湖，无大神力护也，臣汉之功臣霍光也，臣部党有力，可立庙于磋塘，臣当统部属以镇之'。遂立庙，岁以祀之。"这是五代的一段神话史料。冠军乃指前汉霍去病，霍光也为前汉之将军。五代之前，霍去病被捧为捍海之神，至五代后期或宋初，捍海神由霍去病转为霍光，因此"三吴滨海皆有（霍光）祠"[①]。三国时代海岸线远在金山之南 40 余里的王盘山，金山东南距海也有 20 里之遥，"风激重潮"威胁不着远离海岸线的金山。但自唐后期以来，岸线已迫近金山脚下，由于金山对潮流的抗御，至五代初期，岸线仍然相对稳定在金山脚下，因此钱镠就在金山上建庙，以报捍海神冠军之阴德。而《吴越备史》所载神话，显然是五代后期海潮冲击金山，使之有沦海危险的客观事实的曲折反映。

唐中期以后，金山附近岸线严重塌进，至唐末五代岸线紧迫金山，且有继续塌进的明显趋势。在这种情况下，一方面是先民与海进作斗争，在金山左右修建捍海"磋塘"；另一方面是统治者把抵御海进的希望寄托于霍去病、霍光等神力的保护，大兴土木，在金山上为"捍海神"修建庙宇。但自唐末五代至南宋初期，由于先民修筑捍海磋塘以及金山本身对海潮的抗御作用，金山巍然屹立在"风激重潮"的海岸线上，而封建统治者把这一切全部归功于霍光庙，因而不遗余力在"宣和二年（1120 年）赐额显忠庙，五年封忠烈公，建炎三年（1129 年）……加封忠烈顺济且赐缗钱以新庙貌，四年加封昭应"[②]。这一系列的加官晋爵对捍卫岸线自然丝毫不起作用，但却清楚地告诉我们，直至北宋末期，岸线仍然稳定在金山一带。

这时海盐一带岸线在县东五里的望月亭附近，而乍浦岸线尚在故邑城之南。宋元时故邑城为巡检司治所，其陷海年代当在明洪武十四年（1381 年）以后，永乐之前。《乍浦备志》载：洪武十四年迁故邑巡检司于乍浦；永乐《海盐县志》云[③]："故邑城，县东北三十五里，高一丈周三里……今并沦于海"。

由上可知，1120 年代末的南宋初年，杭州湾北岸西南起澉浦，经望月亭、故邑城南至金山南麓，向东与长江三角洲新近加积的岸线相接，东北进入南汇境内。

当时太湖流域的一条大河——小官浦，后称青龙港，经柘湖一带东南流至金山入海[④]。金山处于江海交汇之地，遂成为太湖流域的一个重要港口。因此，五代曾在梁前京城的基础上建置海防要塞金山城，高一丈二尺，周回 300 步，并在其东约 10 里当潮势奔猛处设立周公墩。北宋年间，福建海商也曾浮海至此贸易，足见当时金山之盛况[⑤]。

运动是事物存在的基本形式，相对稳定约 300 年左右的金山岸线，至南宋初期，在量变的基础上产生质的飞跃。原来东北外涨、西南内塌的杭州湾北岸，这时出现全线内塌的局面，岸线东北部内塌反较西南部猛烈、迅速，金山就在这种变动中逐渐沦海。

绍兴年间，吴聿《观林诗话》云，"华亭并海有金山，潮至则在海中，潮退乃可游山"；淳熙年间，许尚《华亭百咏·金山诗》中的金山也未完全入海，说明绍兴、淳熙年间，金山已处于潮滩之上，沦海趋势已是不可避免。

---

① ［宋］张尧同：《嘉禾百咏·霍将军庙》附考。

② 绍熙《云间志》卷中。

③ 《乍浦志·山川》引。

④ 《宋史》卷三四八《毛渐传》。

⑤ 正德《金山卫志》卷一。

乾道七年（1171年），秀州知州丘崈因"新泾旧堰迫近大海，潮势湍急"①，遂向西北移20里于运港筑设运港大堰，阔达30丈，为使"堰外官民田皆无碱潮之害"，又沿运港两岸向南贴筑碱塘岸，"东塘岸自运港大堰至徐浦塘计二十四里一十七丈，西塘岸自运港堰至柘湖（金山卫东北六里）二十三里"②。运港堰南至柘湖23里，东南至旧堰20里，旧堰当即在柘湖以东一线上，其已"迫近大海"，而且碱塘岸仅筑至柘湖、徐浦塘一带，可见乾道、淳熙年间金山虽仍孤立于潮滩之上，但涨潮流前峰当距今岸线不远，甚至可沿运港入侵内地，危害民田，所以才有丘崈运港大堰之设。

其后不久，绍熙《云间志》寺观条载云："慈济院，在海中金山绝顶。元丰间释惠安造，绍兴元年请额"。绍兴元年为元丰间造的慈济院请额，说明这时金山在抗御潮流的破坏作用上，仍然与宣和、建炎间相同，岸线尚在金山脚下。但"海中金山"一语，则无疑说明南宋绍熙年间，金山已从岸上沦入于海。《云间志》尚有两处提及此事，"寒穴泉，在金山，山居大海中，碱水浸灌，泉出山顶独甘洌"；"金山忠烈昭应庙，在海中金山，去县九十里"，均为金山沦海之明证。

如此，则金山当在南宋绍熙之前不久的淳熙后期完全入海，即1180年代，距今已有820年的历史。

（二）金山深槽的形成与稳定性

金山沦海之后，由于它本身抗御潮流的结果，最初在大小金山之间尚暂时保留着一小块陆地，按其成因属大陆冲蚀岛，志书上称之为"鹦鹉洲"。正德《金山卫志》建置沿革条引松江郡志云："鹦鹉洲在海中金山下……金山故城所在也。"冲蚀岛的生命是比较短暂的，在浪涛的继续冲击下，鹦鹉洲逐步瓦解，大约在宋末元初，鹦鹉洲已完全消失，因此在元至正以前，大小金山已成"两鳌之岛"，"出没于云海之中，如壶峤之在溺流外也"③。《金山卫志》古迹条也称："鹦鹉洲在金山下，元末潮啮山北，古桥井犹凿凿在，海民沈氏者井中得碑，摩挲其文曰鹦鹉洲界，其地已沦于海。"古桥井显然是金山故城的遗址，但随着鹦鹉洲的消失，金山故城也相应入海，在大小金山之间便形成一道海峡，史称"金山门"。

元初金山门海峡形成之后，金山附近的潮流也产生局部变化，原来西向潮流必须绕过鹦鹉洲，现在则可由金山门向西直冲。但西向潮流由于大小金山的顶托，潮位陡然增大；又由于金山门的约束，更增加潮流出峡的速度，结果当西向潮流通过金山门时，就产生强烈的向下淘蚀作用，自金山门以西就逐渐形成一道深水槽，因其位置在金山滩地前缘，可以称之为"金山深槽"。

目前金山深槽紧迫金山卫滩地，其发展动向给滩地利用价值带来严重影响，因此金山深槽的稳定性问题必须加以探讨。

据1972年测量资料，金山槽深达50余米，宽度与金山门大体相仿，长度为宽度的

---

① 《宋史》卷九七《河渠志七》。
② 绍熙《云间志》卷中。
③ ［元］杨维祯：《东维子集》卷一九《不碍云山楼记》。

六倍；在深槽东部的北侧、靠近小金山西麓，有两道东西走向的水下沙堤；特别应当注意的是，连接深槽西端尚有两个不同方向的深潭存在，较小的一个指向西北，较大的一个偏向正西。这两个深潭的存在，无疑说明金山深槽具有活动性，其方向则记录着金山槽的历史动向和发展趋势；而存在于深槽北侧的两道沙堤就是深槽活动趋势的物质表现。

通过金山门的潮流由来自舟山群岛一带的东南海流和来自东北方向的沿岸流组成，其合力强度决定于东南海流，但由于东北沿岸流受南汇嘴挑流顶冲点西移的影响而不断增强，因此金山门潮流合力与方向在历史上有一定变化。

明嘉靖（1522～1566年）以前，顶冲点在南汇、奉贤境内，当时金山门以东一带的东北岸流势力极弱，金山门潮流合力几乎完全决定于东南海流。因此从元初金山门打开至明嘉靖年间，潮流合力相对较今为弱，方向直指西北，其所冲刷形成的深槽长度远较今天槽子为小，西端大概不会超过金山嘴正南一线，因为这时大量的能量消耗在向下淘蚀，特别是金山门附近的继续深淘上。由淘蚀作用及深槽横向环流所卷起的泥沙就堆积在深槽北侧，形成偏向北边的第一道水下沙堤。

嘉靖以后，随着顶冲点的逐步西移，金山门以东的东北沿岸流不断获得加强，深槽继续向西伸展，至雍正末年、乾隆初年，即1730年代后期，顶冲点移至金山嘴一带，金山以东的东北岸流势力增强至最高点，同时在金山门西北东南走向的形势配合下，最后使之与东南海流势力相当，因此引起深槽的进一步变动。首先，通过金山门潮流的方向由西北转向正西，但由于深槽宽度受金山门的制约，不可能无限拓宽，因此当深槽向南运动时，被卷起的泥沙就在原有第一道水下沙堤之南堆积，形成偏南的第二道水下沙堤；其次，通过金山门的潮流合力也比过去大为增强，因此整个深槽以金山门为不动点，在向南运动的同时迅速向西扩展。乾隆初年，深槽已伸展至当时金山卫南滩地前缘，其长度与目前深槽长度大体相仿。乾隆《金山县志》卷首海塘图注："（金山卫南）沙滩外有沙堤，堤下深不可测，盖潮激金山，直冲其地故也，与他处以渐而深者不同"。简单数语，已把金山深槽的延伸位置、成因和形态作了概括（按：县志"沙堤"指的是沙滩前缘的贝壳沙堤，不可与小金山西侧的水下沙堤混同，后详）。同时顶冲于金山嘴的南汇挑流，在古代"金山嘴"的阻挡下急趋西南汇入金山深槽增强深槽西半部的潮流冲刷能力，使西部深槽在长度、宽度和深度上都得到相应加强（图16.5）。

自清末以来，顶冲点已越过金山嘴到达金山卫滩地东侧，所以金山门以东的西向潮流强度已趋稳定，目前金山深槽当在正西方向上处于动态平衡的状况下，深槽西端的较大深潭当是这一方向的代表。

但必须指出，东南海流具有明显的季节性变化，每当伏秋潮汛，特别是在强台风的推动下，东南海流急剧增强，势必改变正常状态下的合力分配，使深槽发生季节性的摆动，因此处于正西方向动态平衡下的深槽，仍有西北方向的季节性变动，深槽末端西北方向的小深潭，当是在这种情况下形成的，这一点在滩地和深槽的利用上应特别加以注意，采取有关的防护措施，防止水上建筑物因深槽扩展而被冲塌，但就总的趋势来说，由于目前深槽处于稳定阶段，它给滩地利用增加了新的重要的内容。

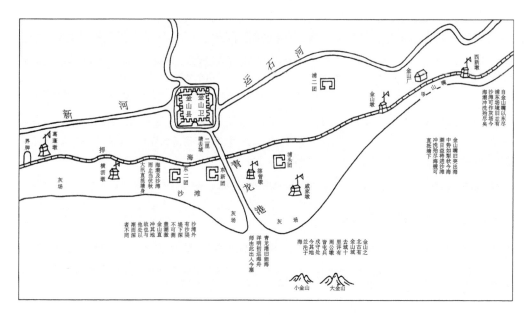

图 16.5　清乾隆《金山县志》海防盐场海塘综合图

三、金山海塘与金山嘴的西移

（一）元明清时期金山海塘的兴废

海塘的兴废是海岸线涨塌的标志，在侵蚀量大于堆积量的海岸地带，海塘与海岸基本相符，塘外滩地狭窄，且属不稳定，而海塘的险工地段，海潮往往直逼塘脚，塘外滩地皆被洗尽。金山岸线自南宋以后，其自然趋势仍在继续内塌，塌进的速度与数量，可从元初以后海塘的内徙情况加以考察（图16.6）。

元明清三代，金山海塘兴废屡见记载，兹择要综述于下。

元大德以前，在金山左右的岸线上有两道古海塘，因"当海之冲，屡建屡圮"，大德五年（1301年）海溢，塘尽溃，是年另择塘基，于古塘之内二里六十步创筑新的捍海塘，堤高一丈，面阔一丈，底二丈[①]。但40年后，堤高仅余一尺。因此，至正二年（1342年）重加修筑，高一丈七尺，面宽二丈，趾倍之，"合修去处共八十九段"[②]。

至正重筑之捍海塘，"明初经略海防，倚以为固"。但至永乐二年（1404年），其高度只剩一丈，是年又增高至二丈。成化七年（1471年）秋，大风海溢，塘堤颓废，八年"复堤，益增其旧"[③]，高一丈七尺，面广两丈，趾倍之，并沿宋乾道七年所筑捍海十八堰处，创筑里护塘，自漴缺经张堰至平湖界53里。

成化以前，潮势顶冲点在奉贤、南汇境内，八年复堤，仅青村、南汇海塘曾迁入二

---

① 正德《金山卫志》卷一。
② 嘉庆《松江府志》卷一二《山川志·海塘》引《海塘纪略》。
③ 嘉庆《松江府志》卷一二《山川志·海塘》引曹印儒《海塘考》。

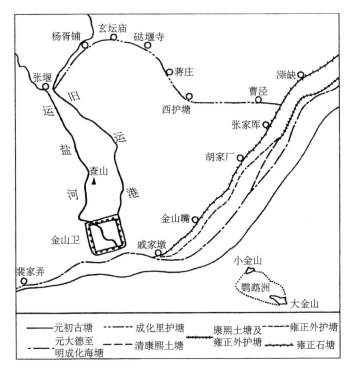

图 16.6　金山海塘变迁图

百八步①，余皆在元塘基础上增筑。嘉靖中叶，潮势趋西，漴缺一带正当其冲，海塘屡溃，见于记载的自万历三年（1575 年）至崇祯六七年（1633～1634 年）连溃五次，因此有人曾以"海势不可与争"为由，计议内徙未成，仍在老塘上创建金山海塘中的第一段石塘，长二百八十九丈，十三年续于石塘东西接建石塘，但通长仅三里半，局限在漴缺一带。

清康熙四十七年（1708 年），漴缺石塘海啮数败，孤露水中，遂内徙另筑捍海土塘，漴缺以南内徙约百丈②，张家库龙王墩南内徙里许③，胡家厂以西，潮势微弱，新塘当与老塘相接。至雍正二年（1724 年），康熙土塘因风潮冲击亦坍塌入海。这时金山嘴南的海塘也被冲洗塌没，海潮直冲金山嘴，由于表土大量被蚀，天妃宫西南里许的古代桥桩、井甃、街石垒垒尽皆出露④。因此从雍正四年至七年，海塘又内徙 2 里左右⑤，自金山嘴至华家角重新创筑捍海石塘，通长约 40 里。雍正五年至十年并在石塘之外修建外护土塘，西起戚家墩，东至华家角，计七千零二十二丈，其东段在康熙塌塘上重建，西段外护土塘与石塘间距在十余丈至数十丈不等⑤。雍正八年捞取崇祯旧石塘废石，帮护土塘，称为玲珑坝，并自金山嘴以西添筑石塘二百丈，加桩土塘三百丈与历来

---

① 光绪《松江府志》卷七《山川志·海塘》引《海塘问答》。
② 民国《江南水利志·松江海塘图》。
③ 光绪《松江府续志》卷七《山川志·海塘》引《海塘考证》。
④ 光绪《华亭县志》卷四《海塘》。
⑤ 民国《江南水利志》。

古老土塘相接。其后石塘屡加整治，工程日益完善未见内徙。二百多年来，汹涌的海潮终于被制服在石塘之外，今天戚家墩以东石塘，乃定型于此时。

乾嘉以来，潮势顶冲西移至胡家厂—金山嘴—戚家墩一带。胡家厂以西的外护土塘逐渐被蚀，至道光十七年（1837年）则已完全沦没于海；反之，胡家厂以东由于潮势西趋，外护土塘不但得以保存，而且塘外渐有沙滩形成和扩展①。

综上所述，金山嘴一带海塘，自元大德以来，先后三次内徙另筑：大德五年内徙二里六十步创筑新塘；康熙四十七年又内徙一里左右另筑土塘；雍正四年再次内徙二里重新创建捍海石塘。可见元初以来，金山嘴一带岸线平均塌进约五里左右。目前金山与金山嘴间距十四里，因此元初海中金山距陆已近十里之遥。

（二）"金山嘴"的成因与西向移动

南宋初年以后，杭州湾北岸全线内塌，金山附近岸线表现为南北向塌进，主动力为杭州湾的东南海流。至明中叶前后，南汇嘴海岸呈弧形转折并有沙嘴向南延伸，其所造成的挑流开始参与岸线的破坏工作。嘉靖以后，金山附近岸线塌进的动力主要决定于南汇挑流顶冲，但由于顶冲点是自东向西逐渐移动，因此岸线表现为东西向塌进。下面以"金山嘴"形态的西移具体地说明在潮势顶冲之下，明清以来金山附近岸线塌进的形式和时间（图16.7）。

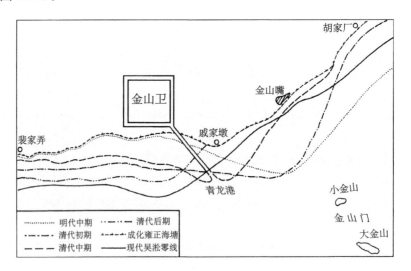

图16.7　金山犁形嘴西向运动示意图

1180年代沦海的金山，到元初距岸虽有10里之遥，但屹立海中的大小金山对抗击潮流、保护岸线仍然发挥着重大的作用，金山嘴犁形凸岸的出现，就是在大小金山波影保护下形成的。最初的"金山嘴"，无疑应与大小金山相接，使金山具有岬角的性质，其后由于潮流的继续冲刷，切断连岛沙堤，在大小金山之间形成"鹦鹉洲"，在岛的西

---

① 光绪《华亭县志》卷四《海塘》。

北方向、金山波影区内形成"金山嘴"。

明正德年间的金山犁形嘴，以金山港口为顶点，东西两侧向北和缓凹进，岸线基本与成化海塘相符，海塘之外尚有一定的滩地可供利用，盐民在傍海近潮之处开辟滩地煮盐，称为灰场；官府则在这里建立海防堡墩，如明正统十一年（1446年）在曹泾南海塘外建立胡家港堡，景泰三年（1452年）在金山嘴的金山港口建金山港营等。但随着潮势趋西，金山嘴以东滩地逐渐沦海，嘉靖以后，漴缺一带岸线更为逼近，堤外沙滩冲洗殆尽，成为杭州湾北岸的一个重要港口。光绪《华亭县志》海塘引钱龙锡《石塘记略》："漴缺者，吴郡渔舟入海采捕处也，其外渔船鳞次，并无护沙，渔人缘堤上下如蚁附"。钱氏所记系明崇祯情况，至康熙二十二年（1683年）平台湾开海禁，初设江海关即在漴缺，半年后乃移上海。大约在康熙、雍正年间，胡家港堡及其附近滩地也相继入海。乾隆《金山县志》浦东场图注："自金山嘴以东尽浦东场境，旧并有沙滩可作灰场，今海潮冲洗殆尽矣"。"金山嘴"由于东侧一翼滩地被蚀，凸岸形态更清晰，宛若一把犁形嘴楔入大海之中。

自雍正末、乾隆初以后，潮势顶冲力已集中在金山嘴附近，由于金山波影保护力小于潮势顶冲力，"金山嘴"就不断被冲蚀，金山营也随之入海，至乾隆十六年（1751年），"金山嘴"已完全消失西移，滩地、盐场洗尽，此后金山嘴遂代替漴缺成为海港。乾隆《金山县志海防图注》："金山嘴旧突出海中，势如犁状，今海潮日益啮进，沙滩冲洗殆尽，海艘可直抵塘下。"又卷八《兵防》："向来捕鱼船俱从漴缺口出海，今海潮侵啮，金山嘴渐可泊舟，捕鱼者不下漴缺矣。"

上已叙及，雍正十年（1732年）尚在金山嘴左右修建外护土塘，至乾隆十六年金山犁形嘴却已被冲洗殆尽，可见在这20年不到的时间内，潮流冲洗岸线极其强烈，它对金山深槽的迅速西延和金山卫滩地发育的抑制都起了极为明显的作用。

乾隆年间的"金山嘴"，自东向西移至金山卫东南的青龙港两侧，但其主体部分尚在戚家墩的南方。在青龙港以东的"金山嘴"上，乾隆年间设有戚家墩、篠管墩和浦东盐场的浦头团等，青龙港以西的嘴上有横浦盐场的东新团、东二团。

至嘉庆、道光年间，顶冲点西移至戚家墩以南一带，因此乾隆时代的"金山嘴"又被洗尽，戚家墩、盐团等皆沦海北徙，篠管墩则搬至青龙港西、金山卫南滩地上重建。清末光绪年间，"金山嘴"的主体部分已完全移至青龙港以西、今天卫南滩地一带。

四、金山卫滩地的形成与发展

滩地是海塘的天然屏障。滩地稳定，海塘坚固；滩地浮动，海塘屡易。因此在一般情况下，海塘稳定说明滩地坚实；海塘内徙说明滩地被洗。青龙港以东至漴缺一带，在雍正之前，海塘险工接连不断，新塘逐一内徙，就是因为塘外护沙不断被蚀，塘基暴露，以致最后海塘沦没被迫内徙。讨论金山卫滩地的形成与发展，可以从金山卫海塘的兴废及其在金山海塘中的特点着手。

（一）金山卫海塘的兴废

五代之前，柘湖未湮，青龙港流量充沛，在一定程度上能够顶托、抵御潮流的入侵，使内地免受碱潮之苦，相应减缓海潮对岸线的冲刷作用。宋代柘湖逐渐湮没，青龙港流量降低，海潮内侵加剧，岸线内塌，经常使松南一带农田变为斥卤。因此，宋代的堰闸工程随之大量兴起，元初金山卫南海塘内徙，与此有密切关系。

宋代以后，东南潮流在沿着开阔的青龙港内灌的同时，受大小金山西北向排列和"金山嘴"逼溜的结果，潮流对青龙港以西的塘外滩地进行强烈冲刷，随着滩地被蚀，金山左右两道古塘相继入海，大德五年（1301年）虽内徙二里六十步重建新塘，仍无法避免潮流沿塘外青龙港西侧的侵蚀，这时海塘所受压力尚较大。至正二年（1342年）虽重新修筑加高，但由于塘外并无沙滩保护，塘基仍不稳定。至成化八年（1472年）重筑海塘，在"益增其旧"的同时，把过去通海诸港全部堵塞，使青龙港等逐渐"没为盐场草荡"。由于潮汐河口堵塞，潮流冲刷力量相对分散，塘外始有海沙渐积，岸线反塌为涨，发生显著变化。正德《金山卫志》下卷："自成化筑此塘后，通海诸港日就湮废，而海沙渐积成洲，潮汐不复冲塘矣！海舶设有至者，当搁浅牢不可动，其捍倭患尤大，然则修筑之功由今以往可置勿讲哉！"可见金山卫滩地的雏形，始于成化筑塘之后。

至于金山卫成化海塘的作用问题，应当一分为二来看待。成化修筑海塘，堵塞青龙诸港，一方面造成塘外淤滩，保护塘基，使塘内农田不受咸潮之害，又可"捍倭患"，其功确实不小。但另一方面，成化海塘的修筑，却是金山卫从兴旺走向衰落的重要原因之一，不能置之"勿讲"。原来浙水东流入青龙港达海，松水南注青龙港入海，金山卫一带成为海陆交通转运站，代替五代、北宋的金山，成为"宋元间入贡及市舶交集之处"[①]，明洪武十九年（1386年）又置卫于此，巡海船四十艘由此出入，青龙港既是商港又兼军港，而金山卫城之规模，又是上海各县城之首，金山卫可谓繁荣兴旺。但自青龙港堵塞，浙水不复东注，松水改道北流，金山卫失去海陆交通枢纽作用，经济日益萧条，卫城逐步衰落，这是成化海塘带来的消极后果。

成化金山卫海塘，由于塘外有沙滩保护，历来未见险工，塘岸相当稳定，未曾迁筑，这是卫南海塘固有的特点之一，与戚家墩以东海塘屡易情况迥然不同。因此成化以后的卫南塘工，仅是在成化海塘的基础上维修加固而已。康熙四十七年"自浙江界牌以东至卫南青龙港止，培薄加高"；乾隆元年"修筑裴家路塘面低洼处及塘脚数丈"；"二年筑坦坡，高三尺，面阔五尺，底一丈五尺"；六年加固坦坡，面阔增至三丈五寸，又加高四尺，使之与土塘高厚相等；十四年再次增筑土塘，高一丈二尺，底阔五丈，面阔二丈，与青龙港以东土塘高厚相符。其后因"海潮及沙滩而止"，除伏秋大汛外，塘身不受威胁，所以不见增筑[②]。光绪元年及九年虽先后修筑过两次，但"所费均止数十千文"，属小修之类。光绪《金山县志》海塘："塘式，底宽五丈，面宽二丈五尺，高一丈二尺，塘身随地势凹进，形若弯弓"，所载塘式与乾隆年间无甚差别，足见卫南海塘之坚实，

---

① 光绪《金山县志》卷五《山川志上》青龙港。
② 乾隆《金山县志》卷八《海塘》。

滩地之稳定。因此从成化至民国二十二年，在金山"县属海岸只有旧土塘一道"①。

然而大德、成化土塘故址何在？因记载不一，必须弄清，否则自成化以后卫南滩地的涨塌情况就没有起点可供分析比较。

乾隆《金山县志》海塘图注："塘去（金山卫）城二里。"而1935年金祖同在其《金山访古记》一书中说："金山新筑之海塘，去旧塘有百步之遥"，又说："金山卫海塘系最近重修者，其去旧海塘有百步之距离。"据民国《江南水利志》载，金山卫在民国二十二年"只有旧土塘一道"，可见金祖同所称新筑之海塘当创建于1934年左右。新塘即今卫南沪杭公路，其去城仅三四百米，新塘之外的旧塘，距城仅只一里。今天大比例尺图上，旧塘轮廓仍然清晰可见。由于大德、成化以来，金山卫海塘未曾迁徙另筑，因此这一土塘无疑应即大德、成化之后的金山卫海塘，乾隆《金山县志》的"二里"当是"一里"之误刻。

（二）金山卫滩地的形成与发展

大德海塘距今卫城一里，从其内徙的里距分析，可以得知：元代金山卫岸线平均塌进约2里，其后岸线基本趋于稳定状态。但由于早期"金山嘴"突入海中，金山卫一带处于局部挑流的冲刷地带，同时它又是金山波影区外的东南潮流直射区，因此岸线明显凹进，塘依地势而筑，故金山卫海塘具有弯弓之状，与戚家墩以东海塘也属不同。这一时期金山岸线逼近塘脚，史无滩地形成之记载。

现在卫南滩地有一条东西向延伸的断续贝壳沙提，高约1.5～2m，宽度约20～40m，其组成物质：上部为灰色砂质黏土夹白色贝壳，厚约24cm；中部为黄灰色黏土，厚约35cm，中间夹有1～2层很薄的贝壳层；下部为黄色贝壳沙，其间夹有卵石、牡蛎和经搬运磨圆的战国时代的印纹陶片。贝壳沙堤与大德、成化海塘的距离在卫南约二里许，向西间距逐渐缩小，我们知道，大德海塘是元初古塘塌海，内迁二里六十步另筑的，可见元初古塘基址当即在贝壳沙堤一带。而贝壳沙堤下部的黄色贝壳沙当形成于元代初期，因其中所夹的卵石及战国陶片，显然是宋末元初鹦鹉洲陷海之后，金山岩石及金山故城之遗物由东南潮流搬运至此堆积而成的。大德以后，岸线后退，海塘内迁，东南潮流直拍大德海塘，因此在贝壳堤之内、海塘之外尚有零星的贝壳发现。

自成化重筑海塘之后，滩地逐渐形成。正德《金山卫志》载："（金山卫）南至海二里。"可见自成化至正德不到50年的时间内，海塘之外已有一里左右的滩地形成。其后滩地继续向外扩展，至雍正以前，滩地已伸展至贝壳沙堤稍南一带，因此贝壳堤剖面中部黄灰色黏土当沉积于成化至雍正年间。但自雍正末期，由于潮势顶冲点集中在金山嘴一带，它从金山门以东和"金山嘴"东侧两方面加强了金山深槽潮流的力量，使金山深槽迅速向西伸展至卫南沙滩前缘一带，因此雍正以前沉积的沙滩的外侧又逐渐被冲没。乾隆《金山县志》卷八："今自青龙港以西，旧有沙滩渐为海潮洗刷，至裴家路左右，潮势冲激尤甚，当伏秋大汛，洪涛直射塘身，乾隆元年（1736年）海防同知冯曷尝履勘详宪，谓此属近年创见云。"但从发展而言，自正德至乾隆年间，滩地乃在涨塌的反

---

① 民国《江南水利志》。

复中缓慢向外增长。乾隆《金山县志》卷一："金山县南去海三里"，可见除去被冲刷的部分外，滩地已自正德的一里增至乾隆的二里。二里滩地的前缘位置恰好又是在贝壳沙堤一带，所以乾隆县志说"沙滩外有沙堤"，就是这个道理。"堤下深不可测"，"与它处以渐而深者不同"，指的自然是金山深槽逼岸的情况，由于它是雍正后期伸展至卫南滩地，所以在乾隆元年而言，当然是"属近年创见"。因此贝壳堤剖面上部沉积物，当形成于乾隆初期以后，由深槽波浪搬运堆积而成。

雍正末期以来，金山深槽的西向潮流由于势力增强，西向运动的速度必然增大，在全公亭附近，由于海岸的阻挡，其主体指向西南，造成全公亭至乍浦山一带的深槽，另一部分流水体则转向东北，直冲裴家弄附近海塘，因此"裴家路左右，潮势冲激尤甚"，同时由于水流回荡的结果，裴家弄海塘"塘身下有水穴，屡填屡陷"，"乾隆十四年筑塘，于裴家路一段紧要工程，尤令加工夯筑"[1]。裴家弄回流在金山卫滩地西侧转向西北东南向，冲刷滩地西侧，塑造金山卫滩地西部的地貌形态，这股回流在滩地前缘与来自金山嘴、戚家墩的东北西南向顶冲流相遇，消能的结果造成滩地前缘继续外涨的有利条件，因此尽管嘉庆、道光年间，潮势顶冲在戚家墩以南一带，光绪初年，顶冲点已"迤西渐过（金山）邑界"，但金山卫滩地不但岿然不动，而且还在继续外涨。民国《江南水利志》节录三年（1914 年）金山县查复详文云："塘外海滩距海三里余"，可见自乾隆至清末，海滩又外涨一里许，据当地盐场工人说：近七八十年来，滩地不但稳定，而且还略有外涨。

何以青龙港以东之"金山嘴"在潮势顶冲之下不断沦没西移，而青龙港以西滩地在同样条件下反而外涨？第一个原因是自然因素：金山岸线在戚家墩发生转折，自漴缺至戚家墩的岸线是东北西南走向，戚家墩以西的金山卫岸线则向陆地转折成西北东南走向，后者岸线同波浪方向形成很小的夹角，因此由东北向西南运动的沉积物流，进入岸线转折处时，其容量急剧降低，所夹带的泥沙就在转折地带堆积下来，形成沙嘴堆积地貌。这一东北西南走向的沙嘴也就成为金山卫滩地的天然防波堤，它抗击着东南潮流和顶冲流对金山卫滩地的破坏，随着沙嘴的向西南伸展，滩地就在沙嘴内侧逐步向外扩展。光绪《金山县志》卷五："海潮冲决，向在华亭之漴缺以东，今迤西渐过邑界，幸青龙港西有沙埒一条，名为沙嘴尖，海潮到塘，其势已缓"。从顶冲点西移的时间、地点和道光《修筑华亭海塘全案》附图分析，这一沙嘴当形成于嘉庆年间。第二个原因是人为因素：道光十七年在修筑戚家墩附近海塘的同时，于戚家墩塘外筑建大型盘头石坝[2]，迫使潮流顶冲转向西南汇入金山深槽，因此卫南滩地和嘉庆沙嘴不但得以保存，而且在沙嘴的东侧，自道光之后尚有所涨出。

综上可知，金山卫滩地自成化至今的发展趋势是缓慢外涨，其中虽有部分冲刷，但仍然不妨其向外扩展。目前虽处于潮势顶冲之下，但有沙嘴保护和盘头坝、丁字坝的挑流，滩地尚属稳定，由于金山深槽逼近滩地前缘，滩地不可能再有较大扩展，但就其现有面积和稳定性而言，是可供建设利用的较为理想的地区。唯东西两侧所受潮势压力仍然较大，施工中应着重注意，采取有关防潮工程，以进一步确保滩地的安全。

---

① 乾隆《金山县志》卷八《海塘》。
② 道光《修筑华亭海塘全案》。

第十七章　历史时期华南及台湾的海岸演变

第一节　华南全新世早中期大陆海岸与海峡的形成

一、华南全新世早中期大陆海岸演变

　　中国大陆东南海岸从杭州湾以南至中越界河北仑河口，总体上属基岩港湾海岸，间有一些河口三角洲。华南大陆海岸指广东、香港、澳门和广西的大陆海岸。全新世以来，华南大陆海岸线发生了明显的变化。更新世末至全新世初，全球处于末次冰期，海平面低下。根据南海北部大陆架地质地貌调查研究，^{14}C 年龄距今 13700 年时古海岸线位于现在的－130m；全新世早期（距今 12000～8000 年）气候逐渐回暖，华南大陆处于中亚热带，海平面上升，^{14}C 年龄距今 11170 年时古海岸线上移于今－50m；至距今 7800 年时已上移于今－20m[①]。全新世中期（距今 8000～3400 年），华南大陆处于南亚热带和热带，生长湿热季风植被，喜热动物象、犀、鳄和孔雀等出没。全球发生大西洋期海侵，华南称为桂州海侵，海平面逐渐上升至最高。海南岛南端鹿回头原生珊瑚礁 ^{14}C年龄距今 5180±190～4930±185 年时，海平面上升至现今海面之上至少 2m[②]。珠江三角洲北部广花平原沉积微体古生物分析，高海面比现今高 2～3m[③]。雷州半岛南端灯楼角珊瑚礁高程与测年资料分析，推测全新世中期高海面比现今高 3～4m[④]。广东沿海基岩海岸已发现 67 处海蚀遗址，全部海拔 2～5m[⑤]，这同全新世中期高海面有关。海侵使华南大陆各个河口沦为深入内陆的河口湾。大河河口古海岸线深入陆地，珠江河口达肇庆市羚羊峡距今海岸线 150km；韩江河口达潮州市区距今海岸线 40km。高海面时，低地被淹没成海湾，海湾之间的高地临海部分成为岬角，在岬角和沿古湾头基岩高地坡麓分布古海蚀崖、海蚀穴和海蚀平台遗迹，在古湾头还有古海岸沙坝堆积，平原则为含半咸水—咸水生物遗体的堆积。根据这些古海蚀与古海积的分布，可勾绘出古海岸线（图 17.1）。

　　① 陈俊仁、冯文科：《南海北部－20m 古海岸线之研究》，见《中国第四纪海岸线学术讨论会论文集》，海洋出版社，1985 年。

　　② 赵希涛、彭贵、张景文：《海南岛沿海全新世地层与海面变化的初步研究》，《地质科学》，1979 年第 4 期。

　　③ 袁家义、梁国雄、陈木宏 等：《广花平原全新世海侵的北界》，《中山大学学报》（自然科学版），1986 年第 3 期。

　　④ 聂宝符、陈特固、梁美桃 等：《雷州半岛珊瑚礁与全新世高海面》，《科学通报》，1997 年第 5 期。

　　⑤ 谭惠忠、李平日、李孔宏：《广东历史时期海平面变化的岸线记录研究》，《热带地理》，1987 年第 2 期。

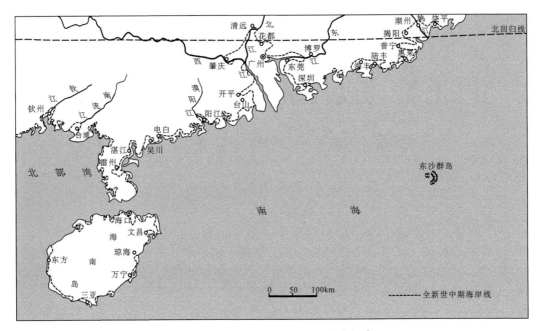

图 17.1　华南海岸全新世中期海岸线①

二、琼州海峡的形成②

　　介于华南大陆与海南岛之间的琼州海峡,南北宽度最大为 39.6km,最狭处仅 19.4km。海峡的基本部分为－50m 等深线圈闭的宽 10km、长 70km 的中央深槽,深槽中强潮流侵蚀形成的釜穴,最大深度达 120m。海峡东、西两口外分别由潮流造成的由指状沙脊与深槽相间组成的水下潮流三角洲,沙脊水深若干米,个别已出露成沙岛。东口外的罗斗沙岛,面积 4.65km²,无人居住。脊间深槽水深达 20m。海峡西口潮流三角洲潮流沙脊水深 20m 的 IV C3 孔沉积柱样研究结果显示③,海底下 0～26.6m 为浅海相碎屑沉积,其中 18.32m 处 ¹⁴C 年龄为距今 10 570±560 年,10.1m 处 ¹⁴C 年龄为距今 6270±130 年;海底下 26.6～32.5m 为陆相褐色粉砂层,年代为距今 20 000～12 000 年。琼州海峡不是断裂谷,它原是常态低地(河谷),冰后期海侵成峡。雷州半岛西南岬角灯楼角珊瑚岸礁礁坪已知最老的珊瑚遗骸年龄为距今 7125±96 年④,当时海峡水面宽度同现在相当,可见海峡当形成于距今 7125±96 年之前的全新世早期。

三、台湾海峡的形成

　　台湾海峡属东海,其南界即南海北界,自广东省南澳岛至台湾岛南端的鹅銮鼻,宽约 420km,北界自福建省闽江口至台湾岛北端的富贵角;东西最窄处接近北口,自福

① 赵焕庭:《华南海岸和南海诸岛地貌与环境》,科学出版社,1999 年。
② 赵焕庭、王丽荣、袁家义:《琼州海峡成因与时代》,《海洋地质与第四纪地质》,2007 年第 2 期。
③ 陈锡东、范时清:《海南岛西面海区晚第四纪沉积与环境》,《热带海洋》,1988 年第 1 期。
④ 赵建新、余克服:《南海雷州半岛造礁珊瑚的质谱铀系年代及全新世高海面》,《科学通报》,2001 年第 20 期。

建平潭岛至台湾约130km；有3/4海域水深小于60m。海峡海底存在一个大体东西向的"分水岭"，自南澳岛和福建东山岛起，向东至台湾岛彰化海岸，实为一条水深小于60m的"沙埂"。当海平面处于−60m时，它成为联系大陆与台湾岛的"陆桥"[①]。台湾浅滩的最浅点水深8.6m。海峡海底水系干线自闽江口起，由西北向东南延伸，切过"分水岭"澎湖列岛与台中浅滩之间所成的澎湖水道上段水深70～80m，至台南和高雄岸外的澎湖水道下段水深增至200m以上（图17.2）。

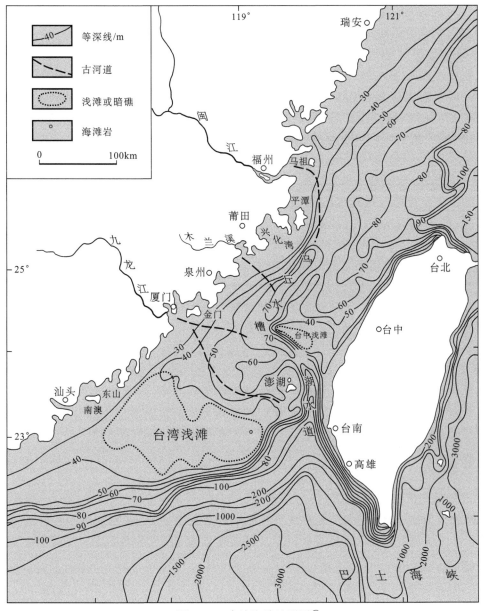

图 17.2 台湾海峡地形图[②]

① 赵昭炳：《台湾海峡演变的初步研究》，《台湾海峡》，1982年第1期。
② 黄镇国、张伟强、钟新基 等：《台湾板块构造与环境演变》，海洋出版社，1995年。

台湾海峡自古近纪以来发生多次海陆变迁，晚更新世末的末次冰期玉木冰期鼎盛期，距今约 17 500～13 000 年时，海平面下降 100 多米，台湾海峡成陆。在台南县左镇乡菜寮溪和盐水溪一带出土晚更新世末的晚期智人左镇人（*Homo sapins sapicas*）化石及其大致属同一地质时代的大熊猫—剑齿象动物群中国犀牛、鹿、野牛、野猪、老虎和麋鹿等哺乳类化石，鉴于左镇人同华南晚期智人柳江人的体质特征极为相似，海峡两岸人类学家均认为左镇人是在冰期由大陆迁移过来的[①]。在海峡西部海域兄弟屿附近的水深 10m 的骸筒骨洲（北纬 23°30′，东经 117°38′）一带打捞的 170 件哺乳动物化石[②]，其中 102 件为更新世晚期的熊（*Ursus* sp.）、亚洲象（*Elephas maximus*）、双角犀（*Diccrorhinus* sp.）、水鹿（*Cervus unicolor*）、梅花鹿（*Cervus nippon*）、猪（*Sus* sp.）和水牛（*Bubalus bubalus*）；67 件为全新世早期的鲸（*Cetacea gen et spidet*），象（*Elephas* sp.），猪（*Sus scrofa*）和梅花鹿（*Cervus nippon*）等。按照中国海海底打捞的化石资料，以北纬 38°和东经 28°划分 3 个化石带，自北而南为渤海和北黄海"披毛犀、猛犸象动物群"组合带，时限为距今 37 000～11 000 年；南黄海和北东海"古菱齿象、麋鹿动物群"组合带，时限为距今 50 000～29 000 年和 21 000～11 000 年；台湾海峡西部海域"亚洲象、梅花鹿动物群"组合带，它是华南山地常绿阔叶林带"大熊猫、剑齿象动物群"在少林多草低地区的代表。澎湖水道亦打捞了大量化石，为诺氏古菱齿象（*Paleoloxoden naumani*）、亚洲象、普氏野马（*Equns przewalskii*）、水鹿、杨氏水牛（*Bubalus youngi*）、水牛（*Bubalus* sp.），以及猛犸象和鲸等，时代从更新世晚期至全新世早期。看来台湾海峡东部末次冰期时，也渗入来自北方寒带和温带的物种。后来两岸学者联手研究了东山县博物馆收藏的海峡化石[③]，则认为该哺乳动物群化石同澎湖水道打捞的化石完全一样，异于华南大陆动物群，其面貌与淮河流域的动物群非常相似；又发现闽、台两地鹿角化石上均有人类用石器砍、刻、刮平和磨过的痕迹，也肯定古人在海峡"陆桥"上活动，指出"左镇人"与福建的"清流人"、"漳州人"、"东山人"、"海峡人"同属华南晚期智人，再次证明两岸同胞是一家。大陆与台湾通过"陆桥"发生的生物交流，使现时台湾与大陆相同的很多植物科、属、种关系更加密切[④]；台湾岛上迄今还生活着黄鼬、梅花鹿、小麂和豹猫等从大陆扩散过去的动物[②]；两岸初级淡水鱼类有很高的相似性，与东喜马拉雅具有一些相同的淡水鱼类分布[⑤]。

冰后期海平面上升，距今 10 300～8500 年期间，台湾海峡西岸称"长乐海侵"[⑥]。8000 年前的古海岸线可能位于水面下 20m 左右。台湾浅滩北纬 23°、东经 119°06′，水深 25m 处发现沉溺的海滩岩年龄为距今 8420±270 年和距今 8590±270 年[⑦]。福建与台湾之间的低地被淹没，闽江下游沦为乌丘水槽和澎湖水道溺谷，澎湖列岛和台湾岛等形成，台湾海峡遂成。在海洋动力作用下，海峡西南部堆积了著名的台湾浅滩。在海侵过

---

① 阳吉昌：《略论台湾"左镇人"的发现及有关问题》，《考古与文物》，1995 年第 3 期。
② 龙玉柱、董兴仁、蔡保全 等：《台湾海峡西部海域哺乳动物化石》，《古脊椎动物学报》，1995 年第 3 期。
③ 孙英龙：《从闽台动物化石看两岸亲缘关系》，《东南文化》，2006 年 2 期。
④ 曾文彬：《浅析台湾植物区系》。《厦门大学学报》（自然科学版），1993 年第 4 期。
⑤ 陈宜瑜、何舜平：《海峡两岸淡水鱼类分布格局及其生物地理学意义》，《自然科学进展》，2001 年第 4 期。
⑥ 巫锡良：《福建沿海断陷盆地和平原区的晚第四纪地层》，《热带海洋》，1987 年第 4 期。
⑦ 邱传珠、陈俊仁：《台湾浅滩沉积物和沉溺海滩岩的研究》，《热带海洋》，1986 年第 1 期。

程中，伴随黑潮分支入峡，澎湖列岛、台湾南端恒春半岛和北端的富贵角与麟山鼻发育了现代珊瑚岸礁。大约距今 6000 年前以来，台湾岛西部台湾中央山脉西坡上水系冲积、洪积形成连片的山前倾斜平地，以及在海洋动力参与下形成多个中、小型三角洲和沙坝-潟湖体系，详见下文。而在福建沿海则形成众多的、岛屿棋布的基岩港湾式海岸和闽江与九龙江等中、小型三角洲。台湾西岸的大岔坑贝丘、圆山贝丘、台湾植物园贝丘、澎湖列岛的良文港期贝丘、沙港期贝丘、中墩岛贝丘、福建东南海岸闽侯的昙石山贝丘、金门岛的富国墩贝丘等新石器时期中晚期的文化堆积可对应[①]。

第二节　珠江三角洲海岸的演变

一、珠江三角洲的特征

珠江三角洲与黄河三角洲、长江三角洲等有四个方面的显著不同，这些特别之处影响其历史时期演变。

（一）岛 丘 众 多

据不完全统计，珠江三角洲平原上，有 160 多个岛丘突起，这些岛丘散布在更新世[②]和全新世[③]形成的古海湾中。海拔最高的岛丘高达 922m（古兜山）。由于三角洲平原上有众多岛丘，故在两岛丘夹峙的地方，形成"门"这类特殊地貌体和动力差异[④]。因为有百多个岛丘，珠江三角洲历史时期的演变，与多数三角洲不同，形成自己的特色。

（二）多 江 汇 聚

多数河流的三角洲为单一河流的河口。珠江很特殊，流域面积超过 1 万 km² 的河流有 8 条；河口地区汇聚的大河有西江、北江、东江、流溪河、潭江等。枯水期潮流界西江距离口门 160km，北江距口门 90km，东江距口门 60km，流溪河距口门 80km，潭江距口门约 60km。潮流界是较多人认可的入海河口三角洲范围的上界。珠江潮流区界超过 60km 的河流有 5 条，其他重要的汇流江河更是大大超过此数。多江汇聚的沉积和相互影响的动力作用，对珠江三角洲的历史时期演变，具有重要作用。

---

①　黄镇国、张伟强、钟新基 等：《台湾板块构造与环境演变》，海洋出版社，1995 年。
②　黄镇国、李平日等：《珠江三角洲形成发育演变》，科学普及出版社，1982 年。
③　李平日 等：《珠江三角洲一万年来环境演变》，海洋出版社，1991 年。
④　吴超羽 等：《珠江三角洲及河网形成演变的数值模拟和地貌动力学分析》，《海洋学报》，2006 年第 4 期。

（三）多 口 入 海

珠江三角洲有 8 个入海口门，使其与国内外许多河流不同之处。历史上演变成现今的八大口门，与其多江汇聚和众多岛丘这两个地貌形态特征有密切关系。例如，潭江从西南侧流入，潭江与西江汉道（江门河）汇流需要入海，两旁有高大的古兜山（982.2m）、黄杨山（581m），两山夹峙被切成深狭的崖门。

（四）水 网 纵 横

据研究[①]，西、北江三角洲的河网密度为 0.81km/km²，东江三角洲的河网密度为 0.88km/km²。越向下游，河网越密，如西、北江三角洲上游的石湾一带，河网密度为 0.68km/km²，中部的小榄一带为 0.90km/km²，近口门的民众—万顷沙一带为 1.10km/km²。河网发育是热带湿润地区河流三角洲的特色，如恒河、湄公河、红河等莫不如此。珠江三角洲的水动力条件是强径流、弱潮流，不论洪枯季，径流冲刷力均很强，汉道一经形成，便能保持稳定与发展。三角洲平原的众多岛丘，也有利于河道分汉，形成众多支汊。汉道纵横，相互贯通。三角洲形成越老，河汊越少，随着河口动力带下移，沙洲合并，上游河汊有由繁到简的趋势。例如，西、北江三角洲中部的"西海十八沙"，唐代尚为若干个以"海"相隔的沙洲，最初只是以顺峰山和马宁山等岛丘为核心聚积泥沙形成的均安沙、马宁沙等沙洲，沙洲之间有较宽阔的"海"相隔，如冲鹤与杏坛之间为锦鲤海，杏坛与桂洲之间为横流海，马宁与杏坛之间的洪蒙海，马宁与均安之间为福海等。直至唐末，这些沙洲虽已辟成村市，但彼此仍不相连。故清代李调元撰《南越笔记》云："顺德之容奇、桂洲、黄连村吹号角卖鱼，其北水、古粉、马齐村则吹角卖肉。相传黄巢屯兵其地，军中为市，以角声号召，此其遗风云。"这反映了当时洲渚众多，河汊相隔，陆不连片，故卖鱼卖肉只能用角声为号，以便隔"海"相闻。及至宋代，沙洲归并，河汊由多变少，西、北江三角洲淤积到现中山市一带，香山县（今中山市）于宋绍兴二十二年（1152 年）置县并设治于石岐。马宁在宋咸淳年间已建有书院。足见南宋时西、北江三角洲中部已有较大片相连的陆地，河网密度变小。

二、珠江三角洲海岸演变过程

据近年研究，珠江三角洲经历了中更新世海进、晚更新世海进和全新世海进。这 3 次大范围的海进都留下岸线变化的痕迹。本节仅概要述其历史时期岸线演进。

珠江三角洲的历史时期岸线演进，主要受全新世海平面升降和河流泥沙冲淤的影响，后期则受人为因素影响较大。

西、北江在思贤滘汇流后，彼此难再划分，统称西、北江三角洲。东江则过石龙后，虽然分为数股汉流，但仍为单独的三角洲形态，只在注入狮子洋后始与西、北江三角洲交汇。潭江三角洲也独成系统。故对三者的历史时期岸线演进，将分别叙述。

---

① 乔彭年：《珠江三角洲河网发育的成因分析》，《人民珠江》，1981 年第 2 期。

（一）距今 6000 年前岸线

中全新世海平面已与现今较接近，这个时期的海岸线资料较多。

考古工作者在三角洲北部的高要、三水、高明、鹤山、南海、佛山等县（市）已发现新石器中、晚期贝丘 110 多处[①]。这些贝丘，位置偏北的多为淡水贝壳。例如，高要县广利镇蚬壳洲贝丘，所见贝壳主要为胡桃蛤（*Nucula* sp.）还有少量的咸淡水种文蛤（*Meretrix* sp.）[②]。化石硅藻全为淡水种。该贝丘的贝壳^{14}C 年代为距今 5680 ± 284 年，人骨的^{14}C 年代为距今 5130 ± 100 年。考古工作者将该贝丘定为新石器时代中期，即距今 $6000\sim5000$ 年。又如，南海县丹灶镇苏村的观音庙口贝丘，所出土的均为淡水环境的贝类及陆栖动物，未见海洋生物。该贝丘由杨式挺定为新石器时代中期[③]。其他偏北部的贝丘均基本如此。但偏南部的贝丘情况则不同，例如，南海县九江镇灶岗贝丘，虽然以淡水腹足类蛤、虫雷、螺等为主，但有少量咸淡水生长的牡蛎、鲍鱼壳出土。该贝丘的第三层贝壳^{14}C 年代为距今 5250 ± 120 年[④]。杨式挺认为灶岗遗址属新石器晚期，^{14}C 年代偏老。但笔者认为仍可借助该遗址说明中全新世前期海岸线（不是海进沿河上溯的末端）在此以南（表 17.1）。

表 17.1　西、北江北部平原贝丘及已测年贝壳位置

编号	地点	编号	地点	编号	地点	编号	地点
1	南海九江灶岗	17	南海西樵龙船田	33	南海丹灶登村	49	南海大沥后岗
2	南海九江绕爷岗	18	南海西樵吉赞后岗	34	南海丹灶观音庙口	50	南海大沥大镇村
3	南海九江大同圩	19	南海西樵吉赞村西	35	南海丹灶三面岗	51	南海大沥奇槎村
4	南海九江罗伞岗	20	南海西樵沙瀛村	36	南海丹灶银河桥	52	南海平洲山村农场
5	南海九江柏山村	21	南海西樵塘寨村	37	南海丹灶大瀛村	53	佛山河宕
6	南海九江柏山村南	22	南海西樵鱿鱼岗	38	南海罗村务岗	54	佛山大墩
7	南海九江沙煲岗	23	南海西樵高家村	39	南海罗村寨边村	55	佛山大麦村
8	南海九江东石村	24	南海西樵新楼村	40	南海小塘西门村	56	佛山深村
9	南海西樵晾网岗	25	南海西樵新河村	41	南海小塘庄步村	57	佛山狮头岗
10	南海西樵后山岗	26	南海西樵蚬壳岗	42	南海里水颖水村	58	广州新市葵涌
11	南海西樵鲤鱼岗	27	南海西樵山镇头	43	南海里水坦边村	59	南海九江龙船洲
12	南海西樵杏头村	28	南海西樵山太监岗	44	南海里水大冲村	60	南海九江北（文蛤）
13	南海西樵简村	29	南海南庄藤冲岗	45	南海里水圆岗仔	61	南海西樵大岸 20 号孔
14	南海西樵吉水岗	30	南海南庄邓群村	46	南海大沥梁边村	62	南海西樵山 18 号地点
15	南海西樵周家村	31	南海丹灶通心岗	47	南海大沥沥头村		
16	南海西樵三多村	32	南海丹灶船埋岗	48	南海大沥雅瑶村		

西樵山以南的情况则明显不同。南海县（现为佛山市南海区）九江镇相府村北龙船

① 莫稚：《广东珠江三角洲贝丘遗址补遗和余论》，莫稚：《南粤文物考古集》，文物出版社，2003 年。
② 贝壳由中国科学院南海海洋研究所海洋生物室鉴定；硅藻和^{14}C 年代由广州地理研究所鉴定及测定。
③ 杨式挺：《广东新石器时代文化及相关问题与探讨》，《史前研究》，1986 年 1～2 期合刊。
④ 广东省博物馆：《广东南海县灶岗贝丘遗址发掘简报》，《考古》，1984 年第 3 期。

洲埋深 3m 的牡蛎壳[14]C 年代为距今 6985±105 年（图 17.3，59 号），其北的文蛤[14]C 年代为距今 5865±95 年（图 17.3，60 号），南海县西樵大岸 20 号孔含半咸水硅藻淤泥（埋深 2.7m，高程 1.1m）的[14]C 年代为距今 5813±140 年（图 17.3，61 号）。南海县西樵鱿鱼岗贝丘的贝壳[14]C 年代为距今 5420±130 年（图 17.3，22 号）。西樵山 18 号地点贝丘贝壳[14]C 年代为距今 6120±160 年（图 17.3，62 号）；7 号地点贝丘的贝壳[14]C 年代为距今 5310±100 年和 4905±100 年（图 17.3，27 号）。佛山市河宕贝丘贝壳（该贝丘有较多的牡蛎壳及有鳄鱼骨）[14]C 年代分别为距今 4875±100 年、4770±100 年和 4765±150 年（图 17.3，53 号）。牡蛎（蚝）和文蛤是咸淡水生长的贝类，它们的存在，表明距今 6000 年前后海岸线在此附近。南海县和佛山市一带三角洲平原新石器中、晚期贝丘如此集中和密布（已发现的至少有 62 个，详见图 17.3），充分说明当时这里为海滨，故先民在此定居和渔猎。出土的石器、陶器也支持这种看法：灶岗出土有 5 件尖状石器，为不规则的柱状或扁长体，一端尖锐，与粤东出土的"蚝蛎啄"相似（"蚝蛎啄"为撬开牡蛎壳的工具）；陶器常见水波纹饰和鱼鳞纹饰。这些实物均说明当时人们在海滨生产和生活，可为附近是海岸线的佐证。故西、北江三角洲 6000 年前后的岸线定在南海县的九江—灶岗—西樵山东麓—大岸—罗村镇务岗—寨边村—河宕—深村—梁边—奇槎—雅瑶—坦边—颖水一线（图 17.4）。

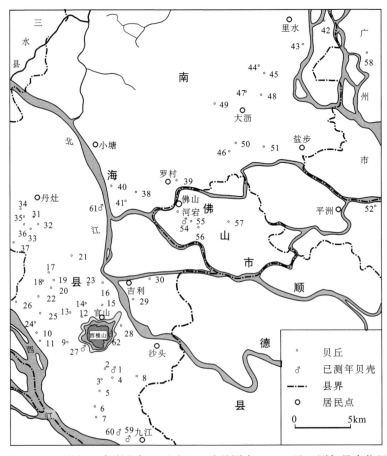

图 17.3　西北江三角洲北部贝丘遗址（编号同表 17.1）及已测年贝壳位置

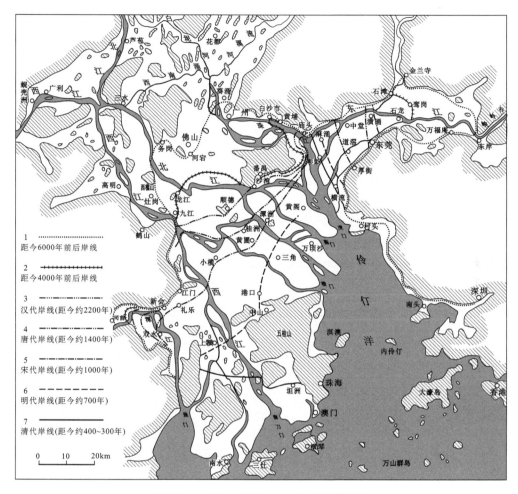

图 17.4 珠江三角洲 6000 年来岸线演进

广州及其以东的岸线可以举出 3 个例证。一是广州中山五路百货商店（新大新公司）埋深 8m（高程－3m）含半咸水—咸水种化石硅藻的淤泥^{14}C 年代为距今 6340±130 年，即 6000 多年前广州市区已有海潮侵入，虽然因当时的海平面还较低，沉积面比现今低约 3m，但从基底地形可推测那时的潮水可抵越秀山—白云山麓。二是黄埔东面的白沙市沙堤，石英砂的 TL 年代为距今 5244±105 年。沙堤为当时岸线。可证 5000 多年前这段岸线在白沙市一带。三是广州开发区 QK7 孔高程－3.94m 含咸水种化石硅藻淤泥的^{14}C 年代为距今 6550±130 年，表明 6000 多年前海水在现今广州东郊开发区（墩头基）沉积。与市区中山五路百货商店高程－3m 的含半咸水—咸水种硅藻淤泥大体同期，只不过前者比较深入内陆，沉积面较高，水略淡；后者离大海较近，沉积面较低（两者高差不足 1m），水稍咸。故可推断 6000 年前后这段岸线在广州越秀山—白云山南麓—黄埔白沙市沙堤—墩头基北面丘陵的坡麓（图 17.4）。

东江三角洲中全新世海进的范围，过去曾认为仅到博罗县的圆洲、上南[①]，新近获

---

① 黄镇国、李平日 等：《珠江三角洲形成发育演变》。科学普及出版社，1982 年。

得一些新资料，在赤岭峡内及东口的贝丘则只有淡水的河蚬、圆田螺等河相贝壳，硅藻基本为淡水种。赤岭峡口以西则越往下游泥蚶、牡蛎等咸水—半咸水贝类越多，钻孔中的中全新世地层也见细弱圆筛藻、波缘弯杆藻。博罗上南 K1 孔含半咸水种硅藻地层的 ^{14}C 年代为距今 5940±300 年。往下游的东莞城南的蚝岗贝丘有大量牡蛎壳（蚝壳）堆积①，并出土完整人骨、彩陶、磨制石器（牡蛎啄、石拍、石斧等）、骨器等，器物年代考古人员定为距今 6000～4000 年，蚝壳 ^{14}C 年代为距今 3880±100 年。东莞中堂蕉利 PK16 孔含咸水种化石硅藻和红树孢粉地层的 ^{14}C 年代为距今 6150±160 年。东江口 QK7 孔该层的 ^{14}C 年代为距今 6550±130 年。上述资料表明，大约距今 6000 年的海进曾达赤岭峡西口，但未进峡。

东江北面支流增江、沙河含牡蛎、泥蚶等潮间带贝类的新石器中、晚期遗址分布至博罗县的九潭翟屋、铁场河屋岗（牡蛎壳 ^{14}C 年代为距今 4500±120 年）、增城县的金兰寺（中层贝壳 ^{14}C 年代为距今 3920±95 年，杨式挺认为下层属新石器中期）、塘洲、上境、久裕、江南、白江等处（图 17.5）。往上游的蚬壳陂、岗尾、下岗等贝丘只见河蚬、圆田螺等淡水贝类。南面的支流寒溪水北岸的新石器中期的万福庵贝丘也见少量泥蚶、牡蛎壳。石排 PK5 孔中全新世地层见半咸水种硅藻原双眉藻、具星小环藻。可知

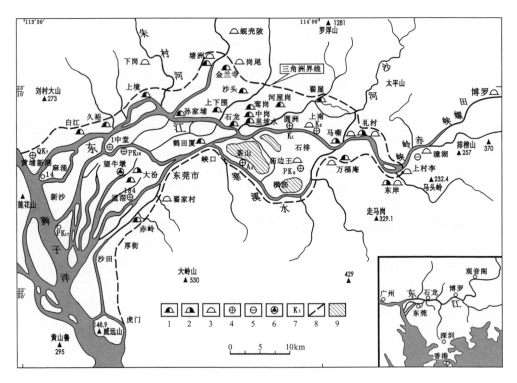

图 17.5　东江三角洲 6000 年前岸线

1. 发现牡蛎壳的贝壳；2. 发现泥蚶的贝丘；3. 有河蚬、圆田螺的贝丘；4. 发现咸水化或半咸水化石硅藻地点；5. 只见淡水种化石硅藻地点；6. 发现红树的地点；7. 典型钻孔位置及编号；8. 三角洲界线；9. 山丘、台地

① 广东省文物局 等：《东莞蚝岗遗址博物馆》，岭南美术出版社，2007 年。

东江三角洲距今约 6000 年的岸线大体在赤岭峡西口以下，北面在礼村—翟屋—河屋岗—金兰寺—塘洲—上境—久裕—白江一线，东江口北岸在墩头基北面坡麓；南面为东岸村—万福庵—横沥—茶山——峡口—东莞城—赤岭—厚街—虎门。

珠江口伶仃洋东岸近年发现东莞市虎门村头贝丘有大量海相贝壳，下部石英砂 TL 年代为距今 $5780\pm580\sim5500\pm550$ 年，牡蛎壳的 ^{14}C 年代为距今 3920 ± 95 年。虎门太平元头沙堤的埋藏腐木 ^{14}C 年代为距今 5080 ± 100 年。宝安松岗 S2 孔红树 ^{14}C 年代为距今 6120 ± 160 年。深圳南头赤湾有新石器晚期遗址。深圳旧石厦南 S11 孔含牡蛎壳淤泥 ^{14}C 年代为距今 5530 ± 160 年。深圳白石洲贝壳 ^{14}C 年代为距今 3980 ± 110 年，深圳渔民村 S4 孔含牡蛎壳淤泥 ^{14}C 年代为距今 5090 ± 160 年。以上说明距今 $6000\sim5000$ 年这一带的海岸线大概在虎门村头—松岗—南头—白石洲—旧石厦—福田—罗湖一线。

潭江三角洲资料相对较少。根据钻孔资料分析，中全新世海进层在容村、六堡、司前均有分布，再往上游，目前缺乏资料，暂时无法判断。北面有新石器中期的罗山咀贝丘遗址和新石器晚期的外海、牛头山遗址。南面双水 PK24 孔中全新世地层为海陆交互相。故潭江三角洲距今 6000 年前后的岸线暂定在江门市外海—会城—牛头山麓—司前—天亭—沙富—沙路—崖门一线（图 17.4）。

三角洲南部的五桂山、黄杨山周围有多处新石器中、晚期的沙丘（沙堤）遗址，如中山市南朗镇的龙穴遗址，近日发掘出彩陶，应属新石器中期。中山市张家边白庙的牡蛎壳 ^{14}C 年代为距今 5030 ± 250 年。表明数千年前这些地方仍为海岛，与北、中部平原以海相隔。山麓线就是它们的海岸线。

（二）距今 4000 年前岸线

距今 4000 年前后的岸线亦即是新石器时代晚期的海岸线。这个时期的海岸线随着珠江流域上、中游人口逐渐增加和水土流失加快而不断淤积前伸。经过约 2000 年的淤积，西、北江三角洲的岸线已推进至顺德的龙江、都宁、西海，番禺的紫泥、沙湾、市桥、石楼、莲花山、化龙，广州东郊南岗一带。主要依据如下。

1. 海蚀、海积地形

顺德的龙江锦屏山有比较明显的海蚀遗迹，有高大的古海蚀崖，崖前有宽 $4\sim10m$ 的海蚀平台，平台后有一列海蚀洞，多达十几个。海蚀洞有石檐，呈现囊状凹入，洞高 $0.8\sim1.5m$。基岩为侏罗纪石英砂岩。顺德的北窖都宁也有类似的海蚀地貌，海蚀平台宽 $4\sim6m$，平台有两排海蚀洞。北窖西海亦有与上述两者相似的海蚀崖和海蚀平台。番禺莲花山有多处海蚀地貌，附近有多列沙堤，沙堤的牡蛎壳 ^{14}C 年代为距今 4710 ± 90 年。笔者亦曾撰文讨论广州七星岗海蚀遗迹的形成年代为距今 $5000\sim4000$ 年[①]。

海蚀地形与海积地形应为同期形成。上述 5 处海蚀遗迹推断亦为同期形成。

故龙江—都宁—西海—莲花山一线应为当年的海岸线。其间的紫泥、沙湾、市桥等

---

① 李平日：《再论广州七星岗海蚀遗迹的形成年代和古地理意义》，见中国理学会地貌与第四纪专业委员会编：《地貌与第四纪研究进展》，测绘出版社，1991 年。

为台地边缘，亦应为同期岸线。

2. 沉积物年代

顺德龙江稍北的水藤 24 号孔埋深 4.3m（高程－1.5m）含贝壳淤泥^{14}C 年代为距今 3997±190 年。南面的顺德杏坛 ZK08 孔埋深 4m 含咸水种化石硅藻淤泥^{14}C 年代为距今 3710±110 年。番禺菱塘 GG81 孔含咸水种化石硅藻的淤泥^{14}C 年代为距今 3840±95 年。这些均可作为龙江—莲花山一线约为 4000 年前岸线的佐证。

东江三角洲铁场河屋岗牡蛎壳^{14}C 年代为距今 4500±120 年。略西的石滩、銮岗、里波水、中岗、石湾、峡口等贝丘均有牡蛎壳。考古界将这些贝丘定为与金兰寺中层（^{14}C 年代距今 3920±95 年）同期（新石器时代晚期）。故距今 4000 年前后岸线应在石滩—銮岗—石湾—峡口一带。

（三）汉 代 岸 线

在西、北江三角洲中部的顺德发现多处汉代遗址。自西而东有：杏坛龙潭村西汉遗址，出土较多的绳纹、方格纹夹砂粗陶和泥质陶器，并有熊、鹿的骨骼，青鱼脊椎骨、鳖甲等；杏坛碧梧村西汉遗址，出土几何戳印纹夹砂粗陶和泥质陶器，含大量贝壳，并有熊、牛、鹿、狗、鱼、鳖等遗骸；勒流龙眼村春秋—西汉遗址，出土磨光的有肩小石锛、石镞、陶网坠及米字纹硬陶、方格纹硬陶，并有厚约 1.5m 的贝壳层，内有每件重数十千克的碎磲壳（大型海生生物）2 件，不少贝壳属咸水—半咸水产；勒流沙富村春秋-西汉遗址，出土夹砂陶、陶网坠和兔头骨，并有大量贝壳，另在沙富村的三台岗有西汉墓；勒流安利村牛岗汉代遗址，出土方格纹、细方格纹、菱形纹戳印陶器，亦有较多贝壳；勒流石涌村汉代遗址，出土绳纹、方格纹、弦纹、蓖点纹夹砂陶器，还有陶网坠、陶纺轮等；锦湖红庙村的汉墓；北滘西海的蟹岗汉墓郡；陈村庄头的西淋山东汉墓[①]；汉代遗址的大量集中分布，表明这一片土地汉代已成陆，并已有一定程度的开发。从出土大量贝壳（尤其半咸水生活的贝类）甚至有碎磲壳，以及多处有陶网坠，多处有喜在水边生活的鹿骨和水产的鱼、鳖遗骸可知，当时这些地方离海岸不远，人们从事捕捞、采集鱼、鳖、贝类生活。故这段汉代岸线应在此带略南。此外，顺德勒流龙眼村曾出土马来鳄遗骸，^{14}C 年代为距今 2540±120 年。说明 2500 年前此地已为河口沼泽带，数百年后被西、北江泥沙填积成陆是很合常理的。西汉南越国相吕嘉为顺德石涌村人，汉武帝元鼎五年（公元前 112 年）伏波将军攻广州，灭南越，吕嘉遁回石涌筑石瓮、金斗二城，今石涌仍有石瓮城残迹。这记载与上述考古发现石涌有汉代遗址吻合。又据华南师范大学地理系师生 1976 年调查访问，顺德许多地方有浅层牡蛎壳（俗称"蚝龙"，即牡蛎礁），林头、西海、桃村、黄涌、镇东围、大东围、逢沙围等地的"蚝龙"埋深 3～4m，厚1.7～3.3m，认为是距今 2000 年形成。此外，在上村、鸡洲、乌鸦岗、乌洲、荔村等地都有"蚝龙"分布。这些"蚝龙"亦是古海岸的证据。

---

① 国家文物局：《中国文物地图集广东分册》，广东省地图出版社，1989 年。

番禺沙湾紫泥汉初曾作番禺县治[1]。茭塘有晋将军陈元德墓[2]。茭塘 GG81 孔埋深 5.9m 含咸水—半咸水化石硅藻淤泥[14]C 年代为距今 2430±90 年。可见汉代沙湾、紫坭、茭塘一带已有平原。唐代刘恂撰的《岭表录异》有晋卢循农民起义军战败后余众散奔沙湾以南海岛采蚝为食,以蚝壳建屋的记载。这可反证晋时沙湾以南仍为海岛,尚无大片冲积平原,而且河口淡水线尚未到达,故半咸水的牡蛎能大量生长。杏坛、大良、紫坭、沙湾、茭塘以南未见汉代文物和村落。因而将西、北江三角洲汉代岸线推断在此线附近。

东江三角洲资料较少。东莞县治晋代仍在深圳南头,唐至德二年(公元 757 年)才由南头迁今址。可见汉、晋现东莞县城(近年已改市)附近仍未大片成陆。中堂蕉利 PK16 孔晚全新世初的沉积物所含化石硅藻以淡水种为主(占 72.7%),但咸水种仍占 18.2%,半咸水种占 9.1%,表明 1000 多年前蕉利一带位于河口附近。潢涌有贝丘,但以淡水贝类为主。故汉代岸线暂定在潢涌—莞城一线略东。

汉末(吴国黄武元年,公元 222 年)已在今新会司前、河村一带置平夷县,可见汉代潭江三角洲平原已有较大片土地,虽无确切的记载,但可推测汉代岸线应已偏东。暂定在七堡附近。

(四)唐代岸线

唐代建立的居民点南界有顺德的南华、昌教、龙涌、桂洲和番禺的石基一线,以北有许多唐代文物出土和唐代建立的村庄,例如杏坛西马宁村曾出土较多唐代陶瓷器具。唐代黄巢曾屯兵容奇、桂洲、黄连、古粉、巴齐等地[3]。石基南沙涌口有唐代王博墓[4]。广州东郊庙头村隋代已建南海庙(波罗庙)。故唐初西、北江三角洲岸线大致在南华—昌教—龙涌—桂洲—石基—庙头附近。

东江三角洲平原唐代已较繁荣,故东莞县城在唐至德二年(公元 757 年)从深圳南头迁至现址,但海岸线仍距东莞城不远。唐代李吉甫撰的《元和郡县志》(公元 820 年)载,"大海在(东莞)县西二里"。《图书集成》(职方典)载"龙母庙,在(东莞)县西二百步,唐至德二年(公元 757 年)建。梁开平元年(公元 907 年)移至江口二里"。龙母庙为渔民奉祀之神,庙址当在水滨。唐初仅距东莞城二百步,元和年间略向西淤进,也仅"大海在县西二里"。清光绪《东莞县志》载南汉时"中堂一属,汪洋弥漫,洲渚无多",即唐末中堂一带尚为海域。可见唐代岸线在现今东莞城稍西。

潭江三角洲唐代岸线较清楚。新会城西的冈州,隋代曾设治。清道光《新会县志》载,"唐武德八年(公元 625 年)置冈州盐场"。新会古称冈州,适建盐场,可见距海很近,再西去的大云山有隋唐建立的龙兴寺。南面的陈冲有唐代古窑。罗坑有唐代仙涌寺。沙富为唐村。故唐代岸线应在会城西—陈冲—沙富一带。

---

① [明]嘉靖《广东通志》。
② [清]乾隆《番禺县志》。
③ [清]乾隆李调元:《南越笔记》。
④ [清]光绪《番禺县志》。

（五）宋 代 岸 线

西、北江三角洲宋代岸线大致在新会双水—小冈—礼乐—江门外海—中山古镇—曹步—小榄—大黄圃—潭洲一带。主要有以下几个原因。

（1）这一带是西北江三角洲平原宋村的最南界，再往南（除五桂山等山丘和海岛外）未见宋代遗物和宋代村庄。

据调查，顺德的甘竹右滩、东村、光华、西诸、东马宁、龙涌、登洲、潭村、陈村、大都、都宁、西滘、简岸、伦教、石涌、大良、金陡都是唐代已有的村庄，表明唐代已成陆，唐代岸线应在此线附近。

番禺市桥台地以南地区，唐代还没有淤成大片平原，这可从下列史料得到佐证：《元和郡县志》说："广州南去大海七十里。"从地图可量度到，70里仅至市桥台地南缘。南北朝·裴渊《广州记》说："广州东百里有村，号古斗村（今庙头村），自此出海，溟漠无际。"郦道元《水经注》记载，"浪水（西江）东支径怀化县①（今市桥一带）入于海，水有鲻鱼（鲨鱼）"。清光绪《番禺县志》记载："《水经》郦注云：海在郡城南，沙湾茭塘两司，地多边海。"可见唐代市桥台地以南及以东，还是宽阔的海域。

（2）《沙湾张裕庆堂族谱》记载：五代后晋天福五年（公元940年）高祖迁居于豪山（天亭以南），北宋乾德五年（公元967年）始迁于双水。表明双水至天亭间已淤积成陆并宜于发展。

（3）清道光《新会县志》载：小冈梁氏始祖于宋末从北方避乱到广东，咸淳年间（1265～1274年）才来小冈定居；小冈石桥为南宋初绍兴二十七年（1157年）进士梁彦雄所建，需建石桥，当已成陆，但仍河汉纵横。

（4）礼乐为宋代建村，其南的睦洲宋末曾是江门林氏、古井赵氏避宋亡之乱隐居之地②，可见礼乐至睦洲有海相隔，故能避兵乱。据清道光《新会县志》说：天马的长熊、马熊、鼠熊等岛丘，当时仍"皆在海中，村第依山之麓"，更无论宋代了③。

（5）清咸丰《龙溪志略》说：外海的"炮台在三官庙前，宋人建成以守，明初犹然"。即宋代江门的外海为海滨前线。据调查访问，外海东南的犁头咀、黄栏沙等沙坦是宋代惠阳总管陈卓之妻的奁田。

（6）中山的古镇、曹步、小榄一带，宋代已有避战乱南迁者定居。中山大学地质系教授方瑞濂曾在古镇沙田下1.2m的淤泥层中发现北宋"元丰通宝"（1078～1085年）及蚝壳，说明古镇在宋已浮露。据调查，宋代曹、古两族祖先由南雄珠玑巷南迁，曹姓定居于曹溪，遂名"曹步"（本为"埗"，水边码头也，后简写为"步"），古姓聚居古溪，后名"古镇"。清康熙《香山县志》载："福庆堂有二：一在县旁濠涌村，宋绍兴始建，一在县西北古镇村，宋绍兴中（1131～1162年）建。"即南宋初古镇已比较繁荣，故能建"福庆堂"这类宗教场所。小榄的《榄镇李氏族谱》载："宋咸淳十年（1273

---

① 清·嘉庆《重修一统志》卷四一二："怀化废县在番禺县东南，晋安帝置，属南海郡，宋齐因之，后废。"
② 清光绪《新会乡土志》："古井赵族，滘头（江门）林族曾因避元乱，而至睦洲隐居。"
③ 宋·乐史：《太平寰宇记》："新会西熊洲东熊洲俱在县南二十七里海中。"

年）迁榄溪亭子步（今小榄泰宁坊）定居。"民国《香山县志》记有宋咸淳末（1271～1274 年）小榄有何、李、潘氏八大望族在此聚居。但古镇、曹步、小榄以南宋代仍为浮露不久的沙洲，当时的桃花沙、四埔、五埔等宋代仍未连成陆地，《香山县志》载：宋代甘竹至五桂山之间有 12 个"海"（河口湾），如"外海"、"象角海"、"咸角海"、"铺锦海"等。香山县虽然在南宋绍兴二十二年（1152 年）已设治于石歧（今中山市政府所在地），但仅为五桂山北麓的淤积平原，尚未与北面西、北江三角洲平原相连接。

（7）大黄圃曾有多个宋代墓，如《顺德大良龙氏族谱》记载，"先祖嘉祐四年（1059 年）葬于大黄圃"，《小榄麦氏族谱》载：麦氏祖先于南宋宝庆年间（1225～1227 年）葬于大黄圃，表明大黄圃宋代已成陆。但大黄圃以南的阜沙浮虚山仍"苍然烟波之上"[①]，还是一大片水域。

（8）潭洲于北宋末年建中靖国年间（1101 年）有嘉应人杨氏迁来定居[②]，说明北宋后期潭洲一带已成陆。

（9）番禺沙湾宋代早已成陆并很繁荣：清康熙《番禺县志》载："番禺之东南沙湾，实宋丞相李忠简公之故里也，居族最巨，烟火万余家。"故宋代西、北江三角洲岸线应在沙湾以南。但沙湾黄阁间的许多沙田均为明、清浮露，故宋代岸线应在沙湾—黄阁间。

（10）据中山大学吴尚时、罗开富 1935 年调查，市桥台地东侧的村落多为宋代以来建立，如石楼、赤岗、小龙、沙涌、新桥、傍江等村，皆为宋村或元村，故当时西、北江三角洲与东江三角洲还未连接。宋代西、北江三角洲岸线只达今日莲花山傍。

东江三角洲宋代岸线在望牛墩—道滘—厚街附近。曾昭璇考证[③]，望牛墩为宋代牧牛地，即宋代已成陆；大汾于宋绍兴三十一年（1161 年）立村；道滘在南宋末祥兴二年建村。杨宝霖考证[④]，厚街王氏先人从福建莆田于北宋末宣和年间（1119～1125 年）宦游来粤，定居于厚街，可见厚街一带宋代已成陆，比较繁荣，适于官宦之家居住与发展。清宣统《东莞县志》载：元代至元十五年（1394 年）农民起义军张伯宁部曾据守大汾、小亨，可见宋元期间东江三角洲已推进至大汾、小亨一带。

（六）明 代 岸 线

明代地方志及族谱等留存较多，可根据这些点滴记载推测当时的岸线位置。下面自西而东讨论西、北江三角洲的岸线位置。

《新会三江赵氏族谱》记载，元初（至元二十三年，即 1286 年）诞生的赵良韶曾用放木鹅随水漂流来定嫁女奁田时已有上沙、大横、汾洲等地名。生于元代皇庆年间（1312～1313 年）的赵友寿曾拨官涌、鲤鱼涌等 42 顷为女奁。西安附近的大沙村已立村 600 余年，其上的罗氏墓碑已有 400 余年。礼乐在宋末已立村。睦洲宋末已有赵姓、

---

① ［宋］邓光荐：《浮虚山记》："未至香山半里许曰浮虚山也，苍然烟波之上……四畔水潭数百顷。"
② 民国《香山县志》："潭洲上村杨族始祖，自宋靖国年间由嘉应州迁来。"
③ 曾昭璇：《东江冲缺三角洲的历史地貌研究》，《东莞史志》，创刊号，1989 年。
④ 杨宝霖：《必须重视家谱、族谱的搜集与研究》，《东莞史志》创刊号，1989 年。

林姓定居。可见礼乐、睦洲早已成陆，明初岸线可能已到上横—大沙一带。

南宋绍兴二十二年（1152 年）割南海、番禺、新会、东莞四县的海中岛洲建香山县（中山市），县治设在石岐，推测石岐附近已有不少平原。元代的《南海志》载："象山角（石岐西北丘陵的岬角），舟人视为险滩，后渐淤为田。"证明象山角一带北宋已淤浅成潮间带，元代已浮露成田。中山市横栏一带亦已淤积成平原，横栏北面的四沙，宋末已有黄、梁、吴、冯四姓在此聚居。明嘉靖《广东通志》载："（石岐）海中多洲潭，种芦积泥成田。"明代正德年间（1506～1522 年）石岐至港口镇的水道已淤为"水小而浅，潮平可济，沙涸则难"。但港口镇以东的海心沙、大、小塹口（今中山市三角镇、民众镇一带）在明代中叶仍为"海坦"。故明初岸线约在港口附近，以东仍为水面或浅滩。

据中山市《榄镇李氏族谱》及《顺德大良龙氏族谱》载，明代中叶李、龙族的祖尝田已至白鲤沙（港口镇附近）、大有围（浮虚山东面）、马鞍芦沙（现中山市阜沙镇马安村一带）、屯饭沙（现中山市三角镇团范附近）、吴婆孟所沙（今中山市三角镇吴澜村附近）、聚龙沙（中山市三角镇横挡村附近）、南顺沙（番禺县大岗镇南面）等。明嘉靖《广东通志》载，番禺县黄阁、潭洲明初已设屯田。故可推测这一带在明代初期后方已连片成陆，但其前方（东南方）则至明代后叶甚至清代才成田，可知岸线就在中山市港口镇—马安—横挡—黄阁一带。

东江三角洲下游的麻涌，明初已立村。洪武八年（1375 年）已屯田军垦。《天下郡国利病书》载：大步海历史上长期为采珍珠作贡品之地（南汉称"媚珠地"），及至明洪武七年，强令百姓采珠，五个月仅得半斤，可知明代麻涌、大步一带已由海湾演变成河口，水淡而不利珍珠贝生长。证诸西岸的茭塘 GG81 孔上部沉积物所含化石硅藻已以淡水种为主，表明随着三角洲淤积前伸，狮子洋缩窄，明初麻涌—大步一带已成岸线。

（七）清代岸线

随着三角洲的逐步淤积、前伸，清代初叶，五桂山已把西江出海口和北江出海口分隔为一西一东。五桂山以西是西江三角洲的前沿。清初的《香山县志·图》已在今斗门县六乡一带绘出大片沙坦，表明六乡已位于海滨。

中山市南部的坦洲平原，宋代称金斗湾。南宋绍兴年间曾在现珠海市前山镇濠潭设金斗盐场，可知当时是海湾。及至明代万历年间，金斗盐场已产盐量锐减，需到西江口外的三灶、高栏岛挑盐内运，说明河口前伸，坦洲、前山一带水已淡化。至清初康熙元年（1662 年），金斗场已无盐可产，正式废弃。可知西江河口已下移，故暂以六乡—坦洲为清初西江口的岸线。此线以南的蜘洲、沙栏、大托、白蕉等地迟至 18 世纪才立村（民国《香山县志》），即清初仍属西江口外孤岛。清代中、后叶才与三角洲相连。

北江方面，清初的岸线大致在张家边、民众、万顷沙北。主要依据是：①今中山市民众镇的锦标、浪网镇的三墩沙等，清初已属顺德龙氏的田产。但直至清代中叶，张家边东的三洲仍是孤岛。②清初屈大均撰的《广东新语》载，"黄花鱼大澳乃有，大澳，咸水之边也"。大澳沙即今番禺县万顷沙北面的义沙。也就是说，清初岸线在万顷沙北义沙附近。万顷沙是清代后叶道光十八年（1838 年）才大规模围垦的（清宣统《东莞县志》)。从1838~1902年，万顷沙已围田4000顷，发展到七涌（涌即横向的堤围间水道），1917年扩展到十一涌。

东江三角洲清初岸线在漳澎村附近。据调查，清初已有张、彭两姓到此定居耕作，故名。据曾昭璇教授的资料，东莞沙田镇横流村已立村230余年。清嘉庆版的《东莞县志》已载有漳澎、（立沙）沙头、朱平沙、大涡（今南新洲、坭头围）等村名，表明清初已成陆，清代中叶已立村。故以漳澎—（立沙）沙头—（沙田）横流—坭头一线为东江三角洲清初岸线。

（八）近代珠江三角洲平原的发展

近100多年来，三角洲岸线显著向海推移的地区是万顷沙和灯笼沙。

公元1800年以前，万顷沙地区还是汪洋一片。1830年，在三涌与四涌之间的福安围，开始有沙坦出露。1835年，番禺县水上居民开始在那里筑围（清宣统《东莞县志》）。可见，万顷沙平原的出露不过百余年。

在英国出版的珠江三角洲地区的历史海图上（1883年、1936年、1950年），可以看出万顷沙地区现代岸线的变迁。1883年时，蕉门及横门两侧的岸线已基本形成。南沙附近的平原在1906年即已存在。当时万顷沙只发展到七涌附近，沥心沙尚未出现。乔彭年按上述的岸线位置计算万顷沙平原的推进速度，1830~1883年，从三涌发展到七涌，平均速率55.6m/a；1883~1936年，从七涌发展到十一涌，按五个方向量算，平均发展速率为60.3m/a；1936~1950年，按东北方向量算，平均发展速率为46.4m/a；1950~1956年，从十一涌发展到十三涌之外，平均速率为91.2m/a；将上列四个时期的速率加以平均，为63.3m/a。

近50年来，万顷沙在自然淤积和人工围垦共同作用下，现已推进至十九涌。至1998年底，万顷沙已比1956年伸展了7km，即从1956年起，以每年淤积320m的速度发展，已遮盖了西、北江三角洲东面口门之一的横门的出口。虎门出口的龙穴浅滩，近数十年也淤积迅速，南、北双向淤涨（图17.6）。作为珠江三角洲东四口门的汇水海域伶仃洋，近百年来淤积加快，伶仃洋水域容积与19世纪末相比，已淤积40%[①]，乔彭年对伶仃洋未来的淤积作了比较详细的分析计算，认为以1990年起算，伶仃洋自然淤积485年后会演变成伶仃河，那时的珠江口将外移到香港与澳门的连线位置。珠江河口湾这种演变，对维持广州出海航道和珠江三角洲泄洪将有重大影响。

珠江三角洲西部的重要河口磨刀门，近百数十年的淤积也十分严重。图17.7是显示近百余年滩涂淤积（含人工围垦）的状况。1883年时[②]，磨刀门是一个深入西江河口的漏斗湾（古称金斗湾）；白蕉、白藤、小林、大林尚为孤岛，是西江口外的岛丘。灯笼沙、大排沙、竹排沙等尚未浮露。到1913年，灯笼沙已淤积成第一、第二、第三围，平均淤积（含人工围垦）速率达228m/a。到1936年灯笼沙发展到第五围，平均发展速率为84m/a。到1946年，灯笼沙发展到第六围，平均发展速率为125m/a。到1962年

---

① 乔彭年：《珠江河口湾伶仃洋淤积的初步研究》，《海洋学报》，1988年第2期。
② 1883年至1946年的岸线据英国出版的海图。

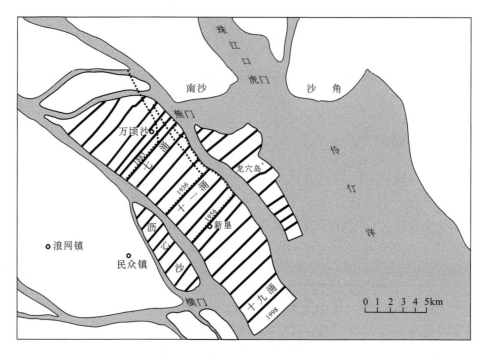

图 17.6　珠江口万顷沙现代岸线的推进

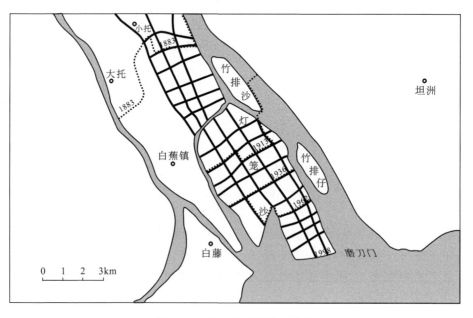

图 17.7　磨刀门现代淤积演变

发展到第七围，平均发展速率为 49.9m/a。1883～1962 年的平均伸展速率为 121.7m/a。及至 1998 年，已伸展到第十一围，1962 年到 1998 年的伸展速率达 203m/a。根据珠江口整治规划，磨刀门的规划堤线已确定为：在上游洪湾水闸附近宽 2200m，下游大井角附近宽 2300m，以保证排洪和平衡水沙。到时，西江河口将到大横琴岛南面的石栏洲附近。

第三节　韩江三角洲河道与海岸的演变

韩江是我国东南沿海一条重要河流，其上游为发源于广东紫金白山嶂的梅江和发源于福建宁化南山坪的汀江，两江在三河坝会合后始称韩江（原称意溪、恶溪、鳄溪，唐元和十四年（公元 820 年），韩愈贬潮州，潮人为纪念韩愈的功德，改称韩江）[①]。韩江全长 470km，在东南沿海各大河中居第四位（次于长江、珠江、闽江）。以潮州稍北的竹竿山南麓为韩江三角洲的顶点，面积约 1000km²。韩江三角洲三面被丘陵、台地围限，东南向海开敞。韩江出竹竿山后分汊为北溪、东溪和西溪。韩江三角洲的形成，始于晚更新世中期，现在的地形轮廓是在中全新世海侵以后逐步形成的[②]。三角洲平原上有 4 列岛丘。这些岛丘是过去海湾里的岛屿，对岸线演进和河道变迁有重要影响。三角洲东南部有 5 列沙堤（当地称沙垄），是岸线演进的重要标志。

一、韩江三角洲河道的演变

韩江三角洲在中全新世末至晚全新世初便已奠定古潮州溪、西溪、东溪、北溪四大汊河的基本形态。历史时期这几条汊河都发生过河道变迁，在本区的地球资源卫星像片、航空像片、1∶1 万和 1∶5 万地形图上，都可以看到河道变迁的形迹。古河道遗迹断续地残留在三角洲平原上，与现今的韩江干流互不相通。这些古河道是在三角洲向前推进的过程中，由于河道摆荡、天然堤溃决、决口扇阻塞、新构造升降等因素的相互影响，河流在不同时期发生袭夺、改道、废弃、迁移等现象的遗迹。下面分别对古潮州溪、西溪、东溪、北溪的河道变迁作初步分析（图 17.8）。

（一）古潮州溪的变迁和湮灭

在航空像片上可以看到，从潮州的北濠，经西湖、池湖、古板头，有一条暗色条带，呈北东—南西方向展布。过古板头后，暗色条带折向南东，经全福，在洋头附近突作 90°的大转弯而往西，在西边村附近再转往西北，过沟尾村后，在浮岗和凤塘之间与枫溪相接。在假彩色合成的地球资源卫星像片上，在同一地段也见有一条若断若续的暗绿色条带。在 1983 年出版的 1∶10 000 地形图上，沿上述地带也可看到残存的水体（池塘、河沟等）断续分布，在西边村以西还保存着一条往北西流的小河。这就是韩江向南西分流的古潮州溪的北段古河道。现在的北关引韩干渠北段基本上就是利用这条古河道而开挖的，其北西向支渠也基本上循洋头至凤塘的古河道修筑。

韩江分出一股向南西流，是有其地貌和水文原因的。韩江出竹竿山后，地势豁然开

① 清乾隆《潮州府志》卷一八。
② 李平日 等：《韩江三角洲》，海洋出版社，1987 年。

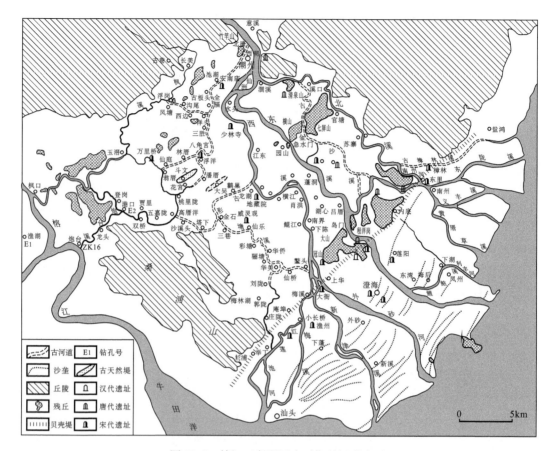

图 17.8　韩江三角洲历史时期的河道变迁

阔平坦，由深受山谷束缚的山地河流突然变为自由摆荡的平原河流。在自由漫流的情况下，河道依循"水性就下"和"水路就近"的自然规律，往往选择流程最短、坡降最大的流路。前已述及，韩江三角洲在中全新世末至晚全新世初已推进至樟林—内底—举丁一线的贝壳堤。在三角洲西部，河流汇流于玉滘一带，经牛田洋出海。从竹竿山麓至冠山贝壳堤，直线距离 25km，落差 7.3m，坡降 0.29‰，约比前者大 1 倍，所以早期的韩江有一股汉道选择距离最短、坡降最大的南西向流路，往玉滘方向流，即古潮州溪。

　　从钻孔揭露的晚全新世初期汉代地层来看，韩江三角洲西部和榕江下游各钻孔剖面这个时期的地面高程较低，沉积物为以海相为主的淤泥。例如，揭阳渔湖 E1 号孔晚全新世初期灰黑色淤泥层的顶面高程为 −0.45m，潮州贾里 E2 号孔同层淤泥的顶面高程为 −1.2m，^{14}C 年代为距今 2120±90 年，含咸水种硅藻（圆筛藻、马鞍藻），可见汉代榕江下游及韩江三角洲西部曾是海水较浅的海湾。所以韩江的一股向西南流，是合乎水流特性的。韩江三角洲西部地势低洼是地壳沉降的结果。据重复水准测量，枫口平均每年沉降量为 3.75mm，其沉隆速率居韩江三角洲及其邻近地区的首位。从潮汐上溯情况来，清末至 1950 年代（枫溪尚未建防潮闸），当时从牛田洋进入枫溪的大潮可达长美，而西溪干流的大潮仅上溯至梅溪。这除了由于西溪径流较强遏制了潮水上溯外，也与三角洲西部地势较低有关。

其后，古潮洲溪冲决了洋头的垄地（高出周围平原 $2\sim2.5m$），向南经三胜至浮洋，并分成两汊：北汉自浮洋往西经林厝、仙庭、翁厝、万里桥、玉滘汇入枫溪；南汉从浮洋继续南流，至潘厝附近西拐经花宫、桃里陇，然后南折高厝洋，绕桑浦山北麓的五嘉陇、双桥、港口、龙头，经炮台溪入牛田洋。

古潮洲溪的存在，除了航空像片和地形图上的带状残迹证据外，浮洋 HK11 号孔埋深 $0.87\sim1.0m$ 只含淡水种硅藻的灰黄色中细砂亦可作为古河道曾在此流过的佐证。古潮州溪从浮洋改道向南流，可能与贾里一带构造沉降幅度较大有关。据重复水准测量，贾里附近平均每年沉降 1mm。贾里 E2 号孔剖面表明，距今 2120 ± 90 年（汉代）以来的沉积物都是淤泥，而且现今这一带还残留许多潴积型的河道和沼泽，说明这里长期沉降，地势低洼。另外，东部的潘厝、沙溪头等地是建村较早的地带，潘厝近年曾出土大批（193kg）唐宋铜钱，钱币的最晚时代为宋嘉定（$1208\sim1224$ 年），说明宋代已立村；西部的贾里、五嘉陇一带则迟至明洪武二十七年（1394 年）以后才陆续建村，这也是因为贾里一带地壳沉降较剧、地势长期低洼、不适于居住和耕作之故。

古潮州溪在浮洋以南的斗文和大吴还留下两条南西向的、高出平原 $1\sim2m$、长约 $1.5\sim2km$ 的古天然堤，表明古潮州溪规模不小。古潮州溪这次改道，只不过是往西南延伸，始终没有改变它作为韩江向西分流的性质。

古潮州溪的形成时代初步推断为西汉至晋代。其废弃时代则为北宋。理由如下：①贾里 E2 号孔含咸水种硅藻淤泥的 ^{14}C 年代为距今 2120 ± 90 年，沉积物粒度分析表明为潮滩型，表明距今 2120 年韩江三角洲西部仍为海水较浅的海湾，吸引韩江分叉往西南分流。②东晋咸和六年（公元 331 年）在潮州以北约 12km 的归湖置海阳县，义熙九年（413 年）移至潮州，可见晋初潮州仍未繁荣，未具备建县治的条件。这除了政治、经济因素外，还可能与古潮州溪仍在潮州的北濠、西湖一带漫流、洪泛有关。义熙九年海阳县治移置潮州，说明古潮州溪已下移，不复为患。③清乾隆《潮州府志》载：北宋元祐年间（$1086\sim1093$ 年）王涤浚三利溪以灌海（阳）、潮（阳）、揭（阳）之田畴，北段就是利用潮州北濠，并且从"南门城角头旁引韩江水入南涵，过南门前，绕城西北到湖山新城与北濠通"。可见北宋时古潮州溪已湮废。现今只在古潮州溪的下游（如西边村至浮岗、仙庭至玉滘、高厝洋至炮台）残存一些西流的小河。古潮州溪的湮灭与宋代以后气候变干有关，也是韩江三角洲河道逐渐下移、左偏的一种表现。

（二）西溪的河道变迁

关于西溪的河道变迁，可以分上、中、下游三段讨论。上游段的变化比较简单，主要是潮州南面的江心洲——仙洲（老鸦洲）的几度并岸、冲决、并岸。韩江出竹竿山后，除了分流一股往南西成为古潮州溪外，另一股向南流为韩江主干。韩江主干在三角洲平原上自由漫流，最初不一定有固定的河道。但是，随着汊道间江心洲的发育以及洪泛后河岸天然堤的堆积，河道逐渐成形，形成西溪、东溪、北溪三条主要汊道。现在的潮州市区最初亦是韩江主干与古潮州溪之间的江心洲（北濠、西湖、南濠都是环绕江心洲的残迹湖）。随着古潮州溪的湮灭，潮州江心洲归并于西岸。韩江从潮州东面向南流，在潮州笔架山之间，堆积了新的江心洲——仙洲。仙洲西侧的水道，曾经是西溪的主河道，后来由于河曲下移和韩江主干的左偏，仙洲归并于西岸（在1931年、1959年、1964年测量的地形图上，仙洲与潮州曾相连），但当遇上特大洪水，这段古西溪河道就会被冲开，成为泄洪道（1964年至今）。正因历史上仙洲屡遭并岸、冲决，所以仙洲虽与潮州近在咫尺，但迟到明代才建村，明隆庆二年（1568年）始建凤凰台，"凤台时雨"成为明、清的"潮州八景"之一。

西溪中游的河道变迁比较复杂（图17.9）。在假彩色合成的地球资源卫星像片上看到，在西溪龙湖曲流稍上游处有一条若隐若现的绿色条带，向南西蜿蜒，下段与炮台溪汇合。在航空像片上这条暗色条带更为清楚，大体从龙湖北面起，经鹳巢、金石、塔下、沙溪头、高厝洋、双桥、港口接炮台溪。这就是西溪中游的一条古汊道。从地壳运动和河势看，发育这条汊道是合乎常理的。原因有以下几点：①根据重复水准测量资料，龙湖是韩江三角洲的构造沉降中心，1954～1980年这26年内的平均沉降速率为2.192mm/a，所以西溪容易在这个长期沉降的低洼处冲决天然堤而形成汊河。②从河势看，西溪过龙湖后形成一段半径达1.8km的曲流，引起泄洪不畅，所以在东凤一带，洪水曾经冲决天然堤，堆积决口扇，在决口扇上发育新的汊河泄洪。③在此发育汊河的

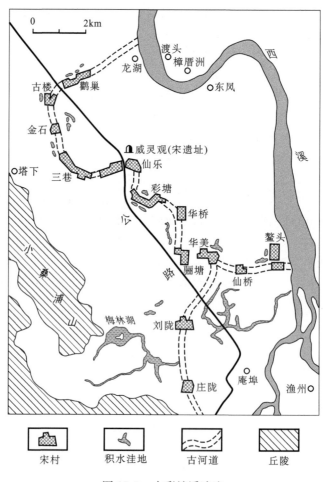

图17.9 古彩塘溪遗迹

另一个原因是，这个时期东、西溪间的江心洲——江东洲已发育成熟，堆积成为高于西溪西岸的洪泛平原，天然堤连续而高大（从水头至樟厝洲天然堤长 11km，龙湖对岸的渡头村天然堤高程 10.2m），限制了西溪向东流，而迫使它分叉向南西发展。④揭阳市炮台区新市村 ZH16 号孔晚全新世早期含海相贝壳的粉砂淤泥层，其底板高程为 —4.1m，说明当时牛田洋远比现今深而大。"水流就下"，故西溪的一股冲决龙湖附近的河岸后，承袭古潮州溪南段故道由炮台溪入牛田洋。

西溪西流汊道的形成年代尚无确切证据，但它承袭了古潮州溪南段入牛田洋，而且改道向南流是在唐宋时代，故西流汊道应形成于晋以后而早于宋，即距今约 1500～1400 年的隋唐时代。

后来，因受七屏山—横山北东向地垒及桑浦山断块北部翘起的影响（金石塔下的海相贝壳埋藏高程高于梅林湖同期贝壳层约 3m），西溪这条汊道改为从金石折向南东流，经三巷、仙乐、彩塘、华桥、骊塘至华美，然后分为两股，一股向南西流，经刘陇、庄陇、鮀浦，由红莲池河入牛田洋，另一股则向南东，流经仙桥、鳌头回归西溪主干。在现代地形图上，仍可清晰地看到从金石至刘陇这段古河道残迹的蛇曲形迹，村庄依古河道的弯曲夹岸修建，连绵达 10km。这段古河道沿岸的村庄大部分为宋代兴建。郭陇郭氏族谱记载："先祖为北宋大观四年（1110 年）迁此。"彩塘（蔡塘）蔡姓于南宋初年来此。华美为宋景炎二年（1277 年）建村。仙乐的威灵观（已废）为宋时建（清道光《广东通志》）。庄陇、庵埠间的亭下村附近（古河道东岸）近年曾挖到初唐的开元通宝及古码头遗址，推测为唐代的码头。因此，金石以南的这条古河道可能始自唐代，维持至南宋，故宋代村庄循河兴建，图舟楫之利。这段古河道主要在彩塘一带蜿蜒南流，故称古彩塘溪。古彩塘溪作为西溪的泄洪汊道，把一部分径流宣泄入牛田洋，对西溪的泄洪曾经起过重要作用。从沿河两岸宋村首尾相接的情况看，古彩塘溪曾经是韩江三角洲中部的一条重要运输通道，上达潮州，下通大海，具舟楫之便，而无大洪水之虞（古彩塘彩只是一条支汊，洪水一般仍主要由西溪主干下泄）。古彩塘溪维持至南宋，后来，可能由于南宋陆续沿西溪修筑南堤，束水归槽，致使古彩塘溪日渐失去作为西溪一条泄洪汊道的作用，才逐渐湮废。

西溪主干中游两岸的村庄多为宋末建立。例如，池湖东面的安南庙，为宋代通航安南（越南）的码头[①]；田头宋代曾建有少林寺，龙湖宋绍兴二年（1132 年）曾建地藏院（清光绪《海阳县志》）；东凤（原名葱园）为南宋末年由凤塘迁来；横江为福建莆田横溪姚氏自宋末迁此，为纪念故里而将村庄称为横江；肖洪的肖姓和洪姓皆为南宋时来自莆田的移民；鲲江居民的祖先，宋末来此时原居堤外鱼巷，故名；鳌头先人曾任宋末潮州知军州事，元初避战乱携眷在此创乡，自称"地占鳌头"，故名；梅溪原为莆田梅姓于宋末来此，卜居西溪之畔而名梅溪；庵埠宋已为街市（清光绪《海阳县志》）；小长桥的祖先为宋末祥兴二年（1279 年）由莆田红灰巷迁此。西溪东岸的南界、下陈亦为宋村。西溪干流与新津之间的江心洲洲头的大衙有宋代码头和元代税关遗址。新津溪与梅溪间的渔洲有南宋高宗的皇宫教授吴厝墓（清光绪《海阳县志》）。梅溪与红莲池河间的月浦有南宋宝庆三年（1227 年）潮州知军州事孙叔谨墓（清光绪《海阳县志》）。以上

---

① 潮安县地名调查资料，1984 年。

足以证明证宋末西溪中游河道已经基本稳定，并在下游形成外砂河、新津溪、梅溪、红莲池河四条汊河及其间的三个大沙洲。

西溪下游的河道变迁主要表现为泄洪干道左偏。如图17.8所示，唐初岸线以西，河口沙堤主要在新津溪右侧发育、左岸的沙堤大都比右岸的条数少、高度低、长度短。这反映了唐代以前新津溪的径流量和输沙量都比现今的西溪主干（外砂河）大得多。也就是说，自战国到唐初，历时约1000年，新津溪是西溪的主干河道。从河势看，西溪过冠山贝壳堤后分为三汊，新津溪是中汊，其方向与中、上游的干道完全一致，最为顺直，所以，新津溪曾是西溪的泄洪干道是顺乎自然的。当地至今仍沿袭称新津溪为大溪河。但是，唐初岸线以东，新津溪左侧的河口沙堤比右侧的发育，例如七合、九合的沙堤就比右侧的龙眼（汕头东北郊）沙堤条数多而规模大。这个变化，反映了泄洪干道的左移，即唐代之前以新津溪为西溪的泄洪主干，唐代以后，以外砂河为西溪主干。若就整个韩江三角洲而言，宋末岸线以西，西溪是干道，其中，前期（唐初以前）以新津溪为主干，后期（唐初至宋末）以外砂河为主干。但是，宋末岸线以东，情况有了明显变化，东溪渐渐成为韩江的泄洪干道。第一个标志是在东溪与西溪之间，左侧沙堤比右侧沙堤越来越发育。例如，在前期，靠近宋末岸线的坝头沙堤，无论宽度或高度，都是右侧的比左侧的规模大（右侧的头围沙堤高程9.4m，中段8.3m，左侧的百二两沙堤高仅6.1m），到后期，靠近清代岸线的南港—北港沙堤，则明显变为左侧的比右侧的发育。例如，右侧南港沙堤的最大高程为10.9m，中段的高程为12.8m，而左侧北港沙堤的最大高程则达15.8m，亦较宽。第二个标志是从宋末岸线至清代岸线，东溪的伸展比外砂河快36%。第三个标志是近年东溪口的陆地迅速伸展（平均每年70m），而西溪主干的外伸则较缓慢（仅为东溪的57%）。第四个标志是现在东溪下游的河宽约比西溪下游的河宽大一倍。例如，南湾—白沙—五香溪断面，西溪宽仅410m，东溪宽达730m，即西溪已日益淤塞缩窄，东溪则宽阔畅直。上述标志都说明，东溪自宋末以来已日渐左偏的趋势，与珠江三角洲6000年来泄洪干道逐渐右偏的特性恰恰相反。

（三）东溪的发育与江东洲的形成

韩江三角洲的河流比较顺直，东溪更为显著，东溪的弯曲系数仅1.16，西溪亦只有1.26。但从整体来看，韩江三角洲的河流属"分汊型河流"。布赖斯对分汊型河流所给的定义为："分汊河流与网状河流的差别在于前者是江心洲分割开的，而后者则是由很多沙洲分割开的。这些江心洲相对于河宽来说尺寸比较大。分汊型河道各汊道之间明显分开，相距较远，位置也较固定。"① 东、西溪及其江心洲——江东洲完全符合上述关于分汊型河流的定义。韩江出竹竿山后，进入开阔的三角洲平原，由山地河流过渡为平原河流，因而水流挟沙能力大降，在上游来沙基本不变的情况下，出现新的输沙不平衡，大量泥沙在河流出口外堆积形成心滩型的水下浅滩。这种心滩的出现，使韩江分成两股，而两股水流的横向环流又促进了水下浅滩的增长，逐步发展成稳定的江心洲——江东洲，被江心洲分隔的两股汊河则成为东溪和西溪。江心洲及两侧汊河由于洪

---

① 钱宁：《关于河流分类及成因问题的讨论》，《地理学报》，1985年，40卷第1期。

水漫滩及进入平原后水面比降调平，因而漫滩水流的流速锐减，洪水挟带的泥沙长期而大量地在江心洲和汊河堆积，遂使江心洲和汊河两岸不断加高。例如，江东洲北端水头村一带地面高程达9.7~10.0m，中部园山村一带为7.2~7.8m，普遍比两侧平原高出2~3m。东溪、西溪两侧的平原又比距离河道较远的地方高出1~2m，形成三角洲上、中游的高平原。江东洲长14.1km，最宽处4.8km，平均高程约8m，面积达311km²，是一个稳定而发育成熟的江心洲。

东溪和西溪是两条孪生河流，是与江东洲同时诞生的，它们有许多相同的特性。例如，河道都比较顺直，河宽和河长大体相同，水头部东溪宽470m，西溪宽427m，东溪长38km，西溪长42km，流量基本一致，当潮州站水位为13.5~15.0m时，东溪和西溪各占潮州站流量的47%~49%；含沙量近似，1952年水头村西溪44次实测含沙量平均值为0.0765kg/m³，同期东溪的44次实测平均值为0.0701kg/m³，1953年水头村西溪35次实测含沙量平均值为0.0785kg/m³，同期东溪35次实测平均值为0.0739kg/m³。但是，东溪也有它独特的个性。首先是它的河道发育受澄海-古巷北西向断裂的严格控制，因而特别顺直；西溪则受龙湖沉降中心的影响在龙湖至东凤之间发育曲流。其次是东溪两度切开北东向的岛丘，上段切过急水门，下段切过洋岗与岛门间的残丘；西溪则完全在冲积层中发育。再次是东溪河道稳定，未发现河道变迁的迹象；西溪则至少有过两次河道变迁。最后是东溪下游直泻入海，无汊河发育，西溪则在梅溪以下分成三四股汊道，并形成扇形的西溪三角洲。

东溪、西溪之间的江心洲，除上述的江东洲外，还有横陇以南的横陇洲。蓬洞至横陇间的沙洲，由于西溪曾经分出一股由龙湖经庄陇河出海，使得蓬洞至横陇之间泥沙供给不足，故沙洲发育不完全，蓬洞一带的沙洲宽仅1.2km，仅及最宽处的1/4。光绪二十四年（1898年）出版的《海阳县志》舆图上，江东洲与横陇洲之间仍有宽阔的蓬洞河相隔，互不相连。蓬洞至横陇间的沙坦，乃是近百年来人工围垦的产物。

横陇洲北起横陇，南迄冠山，它与江东洲的共同点是：①都是使东溪和西溪分汊的规模巨大而稳定的江心洲。②沙洲上都有岛丘突起（江东洲有急水山和圆山，横陇洲有冠山、大山），但这些岛丘不像珠江三角洲的岛丘那样起泥沙的凝聚核作用。例如，江东洲圆山（高程38.4m，面积0.038km²）周围的地面高程仅7.5m，反而比其四周的地面低0.5~1.0m，横陇洲大山（高程152.2m，面积38km²）的南、北两侧皆为积水洼地，地面高程反而低1~2m。这些沙洲的扩大主要是靠两侧汊河的横向环流及洪水漫滩堆积，与珠江三角洲很不相同。③都是汉代以来堆积而成。

江东洲与横陇洲的差异之点是：①江东洲位于韩江出山之口，堆积十分旺盛，沙洲发育成熟，加积很快。横陇洲地处三角洲中部，韩江的泥沙大部分在三角洲上游地区以洪泛形式加积在平原上，其余部分也往往沿河下泻，直流出海，在第三列岛丘之外形成河口沙坝，所以横陇洲长期供沙不足，沙洲发育不佳，湖心一带的地面高程仅3.5~4.2m，至今仍有大片积水洼地，盛产菱角、莲藕，与江东洲绝大部分地面高程超过8m，高于韩江的中水位（潮州站的中水位为黄海高程6.78m），有些地方只能种旱作的情况很不相同。②横陇洲两侧发育不太典型的天然堤，表明横陇洲的边缘受东溪和西溪的洪泛堆积，但范围较窄（天然堤宽100~200m，高出平原1~2m），堆积速度缓慢。③横陇洲的形成时代比江东洲晚得多。横陇洲吕厝村的吕姓祖先唐代至此定居，宋代海阳县巨商吕宗盛就是吕厝村人；下陈、南界亦为宋村。可见，横陇洲唐、宋时始淤积成洲，中部的湖心一带则迟至清代才建村，横陇也在明代始立村，表明横陇洲形成较晚，尤其中部、北部淤积甚慢，浮露更迟。江东洲则在汉初已具雏形。宋绍兴（1131～1162年）年间，邑令赵师睿已筑江东堤捍卫洲内田舍（清光绪《海阳县志》），可见江东洲宋代已相当繁盛。不过，由于每逢韩江洪泛，江东洲都是首当其冲，历尽洪水灾害，故江东洲早期的村庄已荡然无存，现仅保存前溪、谢渡两处宋村。虽然难以查明江东洲开始浮露的时代，但是，海阳县在晋代义熙九年（公元413年）已从归湖迁治潮州，潮州以南当时必定已有较多田园村镇需要管理。江东洲头离县治仅3km，推测此时沙洲早已浮露成陆并有村庄。前已述及，从晚全新世初至汉代岸线期（距今2500～2000年），东溪和西溪的平均伸展速度很快，达10m/a，似可反证三角洲中部（包括江东洲）已基本填淤浮露，所以泥沙才能大量下泻河口。综上所述，推测江东洲在晚全新世初已具雏形，汉代已全部浮露成陆，唐初已较繁荣，宋代筑江东堤御洪。横陇洲则迟至唐、宋始淤长成陆。东溪自晚全新世初形成后，河道长期稳定，河势顺直，下游亦无汊河发育，与西溪、北溪河道多变、下游汊河发育的情况完全不同。

东溪下游在东湾、海后沙堤的东面曾经发育过一条先向北东后向南东流的鲤鲐溪。它原是蜿蜒在海后沙堤之间低地的小河，到下湖村附近，沿利丰河潮沟出海。根据凤州堤后低地泥炭土的^{14}C年代为距今720±50年可知，鲤鲐溪为宋末形成，随着堤间低地淤填和出海口的外伸（700年来约伸3km），鲤鲐溪慢慢萎退，1960年代为了堵咸增田，鲤鲐溪已大部被人工填平，仅在潟湖最低处残存数段古河道。需要指出的是，鲤鲐溪不是东溪的汊河，而是沙堤间的潟湖小河。

东溪在以前并不是韩江的泄洪干道，但时移世易，清代以后东溪的泄洪作用渐居重要，现代东溪的泄洪量占潮安站流量的38%（外砂河只占23%），已成为韩江三角洲的主要泄洪干道。

（四）北溪的河道演变

现今的北溪从韩江东岸的涸溪塔旁东流，切开清泉山（高程105.4m）及溪口台地（高程8～9m），折而南流，经官塘、苏寨、铁铺、东里出海。北溪从韩江分出处宽仅102m，两岸为基岩风化壳，韩江在此突作直角拐弯，很不自然，不像韩江其他汊道那样合乎常态。从航空像片、地球资源卫星像片、地形图综合分析和实地调查发现（图17.10），北溪最初的源头可能为文祠河、坪溪河（到东津后合称东津河）和秋溪河，而不是韩江。现今北溪的年径流量为25.22亿m³，仅占潮安站韩江年径流量的7.77%，平均流量80m³/s，中水流量25m³/s，是不大可能切开清泉山和溪口台地的。从水系发育情况看，北溪的雏形可能最初发源于秋溪河，汇集莲花山诸河后经东里入海，是一条与韩江平行而互不相通的小河。文祠河和坪溪河汇成东津河后，初期经黄金塘、鸿沟里、仙美、龙美、后溪、后沟汇入北溪的下游，经东里出海，是与北溪平行的另一外条河，下游称金沙溪。可能由于晚冰期海退时，侵蚀基准面大幅度下降，北溪溯源侵蚀力增强，切开溪口台地，劫夺了东津河，所以黄金塘至鸿沟里、仙美、龙溪，有一条与北溪同宽（120～150m）但无源头的金沙溪，它很可能是古东津河的残存河道。金沙溪虽

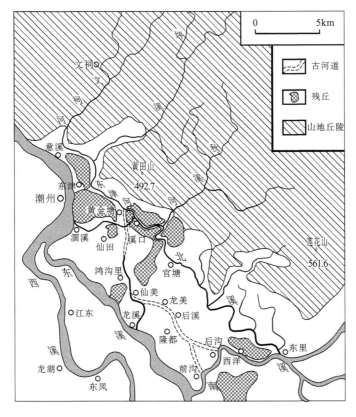

图 17.10　北溪的河道变迁

然上游被劫夺，但仍保持中、下游河道直至宋代。因为韩江东岸的笔架山、仙田钵仔山有唐至北宋的瓷窑多处，笔架山 8 号窑还出土洋人造像、洋狗等瓷器，说明笔架山瓷器在北宋时已远销海外。隆都店市有晋末南朝（公元 420～589 年）的陶罐出土。隆都后埔地下 1m 许发掘出北宋的三娘寺遗址并出土大量北宋瓷器，还有潮州笔架山窑、浙江龙泉窑、福建建阳窑的瓷器产品。考古学家认为，后埔附近可能是宋代陶瓷贸易的出海口，三娘寺是沿海各地陶瓷商船来往停泊、进香的地方。澄海隆都区西洋村（南溪北岸）近年发现唐墓。因此，金沙溪很可能是唐至北宋笔架山、钵仔山瓷窑南运出海的重要通道，金沙溪的湮废当在北宋之后。结合后埔村附近金沙溪古河道已成沙土堆积的荒埔，有明、清墓地，推测金沙溪下游古河道可能与隆都三娘寺同时废弃。古寺石幢（造型与潮州开元寺唐代石幢十分相似）现已被沙土埋藏 1m 以上，因而不排除古寺被洪水所毁的可能性。金沙溪古河道两岸未发现宋、元村庄，可能与洪灾后这片土地长期未能复耕有关。金沙溪改道从龙溪汇入东溪，可能与宋代洪水毁三娘寺同时。由于金沙溪改道后，不经北溪出海，北溪水量大减，因而北宋哲宗（1086～1100 年）时，场官李前凿程洋岗北畔[①]（即今之仙美山，峰高 46.9m），其北后蔡村附近现有三处高出平原

———————————

①　清嘉庆《澄海县志》载："仙美溪……宋以前未有此溪，哲宗时场官李前始凿程洋岗北畔为溪，上接韩江。"

2.0～3.2m 的基岩残丘,推测仙美山与后蔡村残丘之间有排石,李前"凿程洋岗北畔为溪"就是凿开这些排石引东溪沿后沟至东里的南溪河济北溪。北溪水量骤增,促进了溯源侵蚀,切开清泉山,使涵溪与韩江相通。与李前开凿南溪同时,北宋哲宗元符年间的(1098～1100 年)退休海阳县令曾在官塘定居建村。其后,南宋淳熙(1179～1190 年)潮州知军州事丁允元亦择仙田立村定居。这些都可能与涵溪沟通韩江后交通比较方便有关,因为这些雄踞一方的地方长官是不会选择僻处建立家业的。

李前为盐官,驻今澄海东里狮山附近的小江盐场,他凿仙美溪引东溪水济北溪的措施当与盐业有关。推测当时由于北溪供水不足(因金沙溪改道由龙溪入东溪),故只好引东溪水济北溪。因此,宋代东溪下游堆积速度大减,北溪下游则堆积旺盛。

北溪上、中游河道自北宋凿仙美溪引来东溪水后,河道已无大变化,但下游则随着三角洲的向外推进而不断发育汊河。由汉至唐,在东里以下形成北东流向的樟林溪(已废)和南东流向的南州河。唐至宋末,河道有新的变化,樟林溪逐渐萎缩,下移为东陇溪,并分出石丁溪;南州河则分汊成义丰溪和黄厝草溪。北溪三角洲有向南偏移的趋势,推测与宋代引东溪济北溪后,来水来沙量大增有直接关系,亦与大北山抬升有关。宋代以后,北溪下游只是随着三角洲的伸展而新增一些小河汊,河网形成已基本稳定。新中国成立后,为了解决咸潮内灌问题,除在东里设防潮闸外,还堵塞了一些小汊河的河口,现在北溪实际上只保留义丰溪出海。

二、韩江三角洲海岸的演变

在距今 6000 年前后,粤东的中全新世早期海进达最大范围[1]。韩江三角洲的岸线最北在潮州竹竿山南麓。潮州南部吉利村 E3 层 6～8 孔 ([14]C 年代为距今 5810±130 年)[2] 发现少量的蜂腰双壁藻小型变种、边加尔舟形藻、蜂窝三角藻等占优势的种群。潮州西部陈桥村新石器时代中期的贝丘遗址曾挖出数十万斤牡蛎壳和若干鲨鱼骨、海龟甲等反映海水环境的动物遗骸[3]。这次海进使潮州以南的广大地区成为海湾。潮州意溪镇、头塘北面,同属新石器时代中期的海角山贝丘遗址的动物遗骸则全为淡水贝类河蚬、田螺、鸟蛳等[4],证明海进未逾潮州北面的意溪镇(图 17.11)。

距今 5000 年前后的岸线在池湖村附近。池湖贝丘的贝壳[14]C 年代为距今 4820±120 年,主要为河蚬等淡水贝类。但稍南的潮州浮洋村 HK11 孔 3 层的化石硅藻则以咸水种具槽直链藻为优势种,半咸水种舌形圆筛藻、条纹小环藻也占相当大的比例,3 层的年代为距今 5000 年前后。表明韩江三角洲距今 5000 年前后的岸线在潮州南面约 8km 的池湖村与浮洋村之间。

距今 4000～2500 年的岸线以东起饶平仙洲,澄海盐鸿,经澄海樟林、内底、上华,西至潮安庵埠,汕头鮀浦、玉井、举丁的贝壳堤为标志。中全新世晚期,粤东海平面相

---

① 李平日 等:《广东东部晚更新世以来的海平面变化》,《海洋学报》,1987 年第 2 期。

② [14]C 年代由广州地理研究所测定,下同。

③ 莫稚 等:《广东东部地区新石器遗存》,《考古》,1961 年第 12 期。

④ 广东省文物管理委员会:《广东潮安的贝丘遗址》,《考古》,1961 年第 11 期。

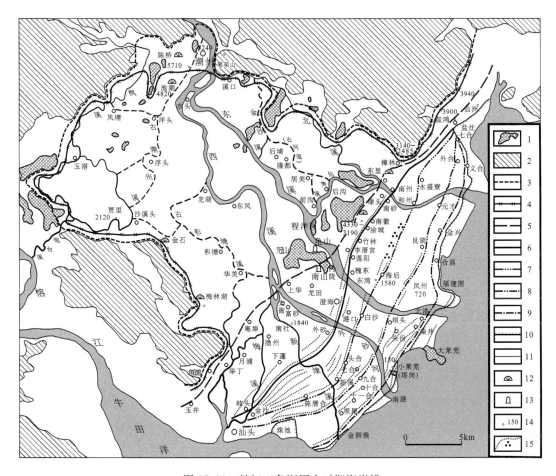

图 17.11　韩江三角洲历史时期海岸线

1. 残丘；2. 丘陵；3. 新石器中期（距今约 6000 年）岸线；4. 新石器中晚期（距今约 5000 年）岸线；5. 新石器晚期至周代（距今约 4000～2500 年）岸线；6. 汉代（距今约 2000 年）岸线；7. 唐代（距今约 1400 年）岸线；8. 宋代（距今约 700 年）岸线；9. 清代（距今约 150 年）岸线；10.1964 年岸线；11.1983 年岸线；12. 新石器时代遗址；13. 汉代遗址；14. ^{14}C 年代遗址（距今年份）；15. 沙垄、沙堆

对稳定，波浪作用较强，在第二列岛丘外侧堆积了断断续续延伸近 25km 长、高 3～4m 的贝壳堤。堆积物以贝壳碎屑为主，如中部的内底贝壳堤贝壳碎屑占 86.09%。颗粒较粗（以粗中砂为主，有少量细砾），反映激浪带的海岸环境。部分贝壳堤的贝壳与砂砾已胶结成较坚硬的海滩岩。贝壳主要为密鳞牡蛎、六角角贝、栉孔扇贝、光滑蓝蛤、塔螺[①]等潮间带贝类，反映这些贝壳堤为较典型的沿岸堤，是海岸线的标志。对该列贝壳堤选测了 6 个贝壳样品的 ^{14}C 年代，分别为距今 4330±120 年（澄海内底村贝壳堤下部），距今 3940±120 年（饶平仙洲村贝壳堤中部）、距今 3900±100（澄海盐灶村贝壳堤中部）、距今 3265±85 年（澄海樟林村贝壳堤下部）、距今 3140±100 年（澄海樟林村贝壳堤中部）距今 2485±70 年（澄海樟林村贝壳堤上部）。即这些贝壳堤形成于距今

---

① 贝壳承中国科学院南海海洋研究所鉴定，下同。

4000～2500 年。在澄海内底村贝壳堤还出土箭簇、陶片（图 17.12）。

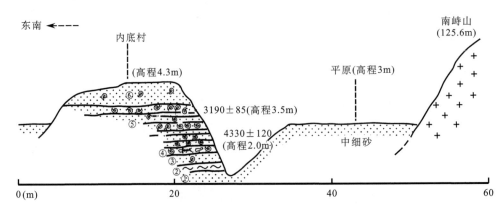

图 17.12　澄海内底村贝壳堤剖面

①灰黑色砂层；②黑色淤泥层；③含贝壳黄色中细砂层；④新石器晚期文化层，黄色砂层，夹陶片、箭簇、人骨等；⑤贝壳层（海滩岩），胶结，厚约 2m；⑥贝壳砂，松散，含贝壳碎片，以中细砂为主，厚约 0.6m

汉代及其后几个历史时期的岸线以三角洲上的滨岸沙堤为标志。这些海岸沙堤，呈北东-南西走向平行海岸线展布，长者达 8～9km，一般高程 4～6m，最高的 15.7m（澄海伯公山），一般宽 200～500m。其中 4 列基本连续而横亘于三角洲之上者代表了三角洲滨线发展的 4 个相对稳定时期。

（一）汉 代 岸 线

距今 2500 年以后，韩江三角洲越过第二列岛丘，进入了开敞的海洋环境，波浪和沿岸流成为塑造三角洲的主要动力，在盆地缓慢沉降和海平面渐趋稳定的情况下，韩江来沙被波浪和沿岸流改造，使泥沙沿海岸移动，形成平行于海岸的水下沙坝。沙坝加积，逐渐浮露水面，成为贝壳堤外的第一列沿岸沙堤。这列沙堤自北溪的南砂往西南方向，经莲阳、澄海、外砂、下蓬（鸥汀），迄于汕头岐山。这条岸线的时代从下述两方面推断。

1. 考古资料

广东省博物馆和澄海县博物馆在沙堤以西的龟山发掘出一处西汉遗址，出土文物包括五铢钱、汉瓦、汉砖。又在南山发现西汉墓葬群，有白陶出土。沙堤东南端的槐东村，北宋时曾是凤岭大港的汛城。这些新近的考古资料表明，这列沙堤形成于西汉至北宋，沙堤以西，西汉已成陆。

2. 沉积学及 ^{14}C 年代学证据

沙堤以西，樟林贝壳堤顶部贝壳碎片的 ^{14}C 年代为距今 2485±70 年，整列贝壳堤形成于中全新世末至晚全新世初。澄海南社 HK25 孔埋深 4.3m（高程 0m）含半咸水硅藻淤泥的 ^{14}C 年代为距今 1840±85 年，代表了第一列沙堤形成后堤后洼地的沉积。

此列沙堤以东的东湾村堤后洼地淤泥的^{14}C年代为距今1580±65年。这两个^{14}C年龄表明，此列沙堤的形成年代为距今2000年前后，《汉书·武帝纪》载：元鼎五年（公元前112年），东越王余善以海浪风波大为理由滞留揭阳（汉揭阳县包含今之潮州、澄海诸地），这与此汉代岸线的地理环境相符，可为佐证。

孢粉分析结果表明，周末至汉本区气候热而干，有利风的吹飏和堆积，因而当时的三角洲前沿形成了巨大的沿岸沙堤。第一列沙堤上部仍见风成微层理，而且最高高度达15.7m，下部只见粗中砂，有贝壳碎屑，足见下部为海浪堆积，上部为风积。

（二）唐 初 岸 线

以第二列沙堤为标志，东北起自澄海盐灶附近，经和洲、海后，白沙、新溪、头合、陈厝合，止于汕头东郊金沙附近。其形成时代可从两个方面推断：

1. 地貌学及^{14}C年代学证据

汕头市区以北，地貌上有一组清晰的沙堤。从汕头附近的金沙第一峰（高程12.5m）起往东北方向，有陈厝合沙堤、新溪沙堤、白沙沙堤、海后沙堤，彼此首尾相接，显然是同一时期形成的。海后沙堤以北，堤状形态不明显，但仍有痕迹可寻。分析1983年出版的1∶1万地形图及航空像片，在海后以北，依次有4个高出附近平原1～2m的沙堆，即若落沙堆（高程2.2m，高出附近平原0.6m），圆丘沙堆（高程2.7m，高出附近平原0.9m），东港沙堆（高程2.3m，高出附近平原1.0m），虎仔寮沙堆（高程2.7m，高出附近平原1.6m）。这些断续分布的沙堆及其间高出田面30～50cm的堤状地，就是海后沙堤向北延伸的部分，为同一时期的沙堤。

北溪三角洲唐初的岸线位置不易确定，暂以北溪次一级河道分汊的顶点为界线。北溪在这一时期以河道分汊的形式发展。在北溪口形成南洲拦江沙，并分汊为南（黄厝草溪）、北（东陇溪）两股，前一时期（汉代）的北汊（东陇至樟林东）则逐渐萎缩，下移为东陇溪。北溪在永盛寮、和州再度分汊，暂以此地作为唐初的岸线。此线以西的南州、和州等的建村历史均比以东的村庄早数百年，也是一个佐证。

另外，东湾沙堤后侧低地淤泥的^{14}C年代为距今1580±65年。东湾沙堤位于海后沙堤的西侧，其时代应比海后沙堤稍早。两者相距约1km，按汉代岸线期的推进速度6.8m/a推算，海后沙堤要比东湾沙堤晚147年，即距今约1400年，相当于唐初的岸线。此岸线以东，凤州沙堤后侧低地泥炭土的^{14}C年代为距今720±50年，汉代岸线为距今2000年左右，故推断以海后沙堤为代表的岸线形成年代为距今1400年（南北朝）左右。

2. 史籍资料

唐元和十四年（公元819年）韩愈到潮州后上书唐宪宗的《谢表》形容潮州地区当时的自然环境为"毒雾瘴氛，日夕发作"，城南不远即有鳄鱼肆虐，野象出没。地处州城30余千米的汉代岸线与唐代岸线之间的大部分地方仍是"沮洳之地"（饶宗颐《潮州志》），而且粤东海平面研究表明，唐代海平面略有上升，至宋代才稍有下降，故这片

"沮洳之地"在唐代为人迹稀少的沼泽地。据《潮州志》载，唐初整个潮州府〔包括海阳（即今潮州市）、潮阳市，程乡（即今丰顺县）、平远县〕仅 10 324 户、51 674 人。至北宋元丰年间（1078~1085 年）才增至 74 682 户（《元丰九域志》）。韩江三角洲在唐宋是朝廷放逐谪宦之所，韩愈于唐元和十四年被贬为潮州刺史，唐大中三年（公元 848 年）丞相李德裕被贬潮州。唐初岸线之后的村庄多为宋代建立，如澄海莲阳新寮村为北宋建村，北溪狮山北宋哲宗时（1086~1098 年）曾设盐亭征税。因唐代此区域仍为盐卤地，不宜农耕，故唐代遗址甚少。

（三）宋 末 岸 线

在西溪和东溪三角洲以第三列沙堤为标志，即凤州—坝头—九合—龙湖（汕头东北部）一线；在北溪三角洲，以北溪东陇起算的第三级分汊点为界，即外合—元才—银湖一线。这条岸线时代可从两个方面推断。

1. ^{14}C 年代学证据

澄海县湾头区凤州沙堤后侧低地泥炭土的 ^{14}C 年龄为距今 720±50 年。塔岗附近泥质砂的 ^{14}C 年龄为距今 150 年。东湾堤后淤泥的 ^{14}C 年龄为距今 1580±65 年。这些年代值的系列是合理而可信的。凤州泥炭土距第三列沙堤仅数十米，埋深 0.5m，可以代表该沙堤的形成年代。因此以第三列沙堤为岸线标志，其时代为距今 700 年左右，也就是宋代末年前后。

2. 史籍资料

据清乾隆《潮州府志》记载，韩江三角洲晚唐至北宋时的主要港口是程洋岗的凤岭港，那是当年潮州瓷器运销国内外的大港，至今程洋岗仍有永兴街石匾，署有"兴国丁丑"的年代（兴国丁丑即北宋太宗太平兴国二年，公元 977 年）。永兴街是当时凤岭港的商业街道。程洋岗一带现仍有不少反映当年港口特征的地名和遗物。例如，在打索埔曾挖出大镫索，在涂库池曾挖出直径达 40~50cm 的桅尾，有些地方还曾出土成叠的宋碗和大量宋瓷碎片，程洋岗至窑西、缶灶一带曾经发现北宋瓷窑群。凤岭港位于东溪右岸，前有龟山屏障，上可沿东溪达潮州及笔架山等地的瓷窑（笔架山和仙田有众多宋代瓷窑遗址），下可经东溪出海，确是当时的良港。但随着岸线的外移，南宋时凤岭港距海已较远，港口被迫下移至东南 8km 的辟望港（即现今澄海县城东南的港口村附近）。辟望港距唐初岸线约 2km，离宋末岸线也仅 4km，既有白沙沙堤作天然防波堤，又可通过西溪出海，上溯西溪可达潮州及韩江三角洲第三列岛丘以西的广大腹地，因而能取代凤岭港成为南宋时的新港。

在韩江三角洲中部，宋代已有许多村落。南宋时由于北方战乱频仍，向韩江三角洲迁徙的移民剧增，在汉代和唐初岸线的后方，宋末已陆续建有不少村庄。据调查，上述两岸线之间的隶头、南徽、涂城、竹林、李厝宫、内陇、富砂等村的居民的祖先均为南宋末年从福建迁来。澄海外砂区的大衙就因宋代曾设征税衙门而得名，还曾发掘出古码头遗址，有唐代陶罐和宋代瓷器出土。据清嘉庆《澄海县志》，下蓬区渔州乡有宋高宗皇宫教授吴厝的墓。据清光绪《海阳县志》，月浦有宋宝庆三年（1227年）潮州知军州事孙叔谨墓。说明宋代已有不少高官望族在汉代岸线内的平原上定居，唐初岸线内也已比较繁荣。清雍正《海阳县志》记载："陆秀夫长子（陆繇）好渔猎，喜海阳辟望砂岗濒海，遂在此定居。"可见南宋末年辟望仍距海不远，附近尚有洲渚沼泽的渔猎环境。《元一统志》（卷九）记载："潮州路（元代行政区名）南至海阳县界辟望村八十里。"这也从另一个侧面说明辟望当时为宋末元初村落的边界。唐初岸线至宋末岸线之间的广大地区，由于当时还是高潮可淹没的岸后沼泽（现今的高程仍仅0.4~0.5m），宋代还不大可能有固定的村庄（据调查，现有的村庄皆为明、清始建，更早时候只有临时性的田头寮），所以也不太可能在此发现宋代遗址。汕头市区北面的厦岭村于明洪武初年已形成较大的渔村，推断宋末已淤积成陆。

（四）清代后叶岸线

自汕头东部的珠池肚，经金狮喉、小莱芜（塔岗）、北港、福建围、合昌、金兴、义合、七合至盐灶附近。从珠池肚东面至北港有一列首尾相接的海岸沙堤，岸线的界线十分明显。北港以北则因东溪北岸的堆积特别快而形成突出的福建围沙堤。合昌以北则过渡为河汊发育的北溪三角洲外缘，无明显的地形界线，仅能从建村的先后来判断岸线位置，界线欠准确。

本期岸线的时代主要根据村庄建立的时间等来推断的。塔岗以西的十围与小莱芜山之间垄间低地灰黑色含泥粉细砂（埋深1.3m）的 ^{14}C 年代为距今150年左右（因超过放射性碳测年的一般上限，故仅为约值）。

为了弄清此条岸线附近村庄的建立时间，笔者在澄海县新溪区和坝头区进行了详细的调查。新溪区的头合建于清初康熙年间，距今约300年，七合建于雍正初年，距今约260年，九合建于乾隆初年，距今约240年，十合为乾隆四十年建村，十一合和坝尾为乾隆末年建村，距今约200年和180年。坝头区的涂池和头份均为道光末年（距今140年前后）建村。百二两为咸丰年间（距今约130年）建村。柴井和北港为同治初年（距今120年）建村。这些村庄的建立时间有越往外越晚的特点，符合岸线推移的规律。因为时代较新，虽无确凿的文字记载，但仅为两三代人祖辈相传，因而比较可靠。上述调查所得的建村时间可与史籍的记载印证。例如，清嘉庆《澄海县志》载"乾隆廿九年（1764年）建新（津）港水汛和南港水汛"。头合至九合位于宋末岸线的范围内，建村时间较早是合理的。十合至坝尾，涂池至头份均位于宋末岸线之间，位置偏西，建村时间为距今180~140年，与沉积物的 ^{14}C 年龄（距今约150年）比较吻合。最靠近岸线的柴井、北港的建村时间（距今120年）稍晚于前述的 ^{14}C 年代，说明它们是在该岸线形成后才建立的，但亦可说明清代岸线的形成大体是距今220（十合）~120（北港），与沉积物的 ^{14}C 年代（距今150年）一致。

从史籍看，乾隆二十七年（1762年）版的《潮州府志》卷首舆图上，小莱芜尚表示为海岛，可见距今220年，岸线尚未推进至小莱芜。小莱芜的鼎莱塔始建于明代天启六年（1626年）。"莱芜旭日"（包括大、小莱芜）明、清两代被称为澄海八景之一。可见二三百年前小莱芜仍为距海岸较远、烟波浩瀚的海岛（见嘉庆版《澄海县志》澄海八景图）。但从已能建造鼎莱塔来看，当时小莱芜岛距岸也不会太远了。综合上述的沉积物¹⁴C 测年、建村时间、史籍记载等资料，我们推断本期岸线形成于距今约 150 年的清代后叶。

从宋末岸线到清代岸线期间，本区人口迅速发展。元代潮州府仅 63 653 户 445 550 人（《元史·地理志》）。明万历二十年（1592 年）已发展到 101 558 户 540 806 人（清顺治《潮州府志》）。至清嘉庆二十三年（1818 年）剧增到 1 405 180 户（清道光《广东通志》）。也就是说，从宋末到清代岸线这 550 年间，潮州地区人口的户数大约增加了 22 倍。为了就近管理这一大片滨海土地，明代中叶嘉靖四十二年（1563 年），将海阳、饶平、揭阳三县所辖的滨海地区设置澄海县，取"澄清海宇"之意（《潮州志》）。据清嘉庆《澄海县志》，建县时，澄海田地共 2135 顷 54 亩，至明崇祯五年（1632 年）增至 2648 顷 12 亩，及至清乾隆二十四年（1759 年）已达 2856 顷 81 亩，嘉庆十八年（1813 年）达 2925 顷 91 亩，即 250 年间新增田地 790 顷 37 亩。澄海是个滨海县份，所增田亩主要为岸线外移的滩涂地。例如，康熙二十六年（1687 年）至乾隆二十四年（1759 年）间，首垦额外沙坦 325 顷 72 亩（清嘉庆《澄海县志》）。虽然历代的田亩数字有瞒报不确等问题，但这些增长数字仍可大体反映岸线外移和滩涂垦殖的趋势。据从 1：5 万地形图量算，从宋末至清代中叶约 550 年间，韩江三角洲陆地伸展了约 70.58 km²，折合 105 870 亩，即平均每年新增土地 192.5 亩，与澄海县自明嘉靖四十二年至清嘉庆十八年的 250 年间田亩增加 79 037 亩，即平均每年新增 316.1 亩比较，后期增加速度有明显加快之势，与人口加速增长的趋势一致。韩江三角洲在明代已出现地少人多问题，及至清代，已有"地狭人众，纵大有年不足供三月粮"之叹（清乾隆《澄海县志》）。所以沿海围垦海涂的速度不断增快。随着韩江三角洲岸线的推移，第三列岛丘以外的土地面积已越来越大，移民也越来越多。随着岸线的外移，辟望港因失去航道近海的优势而逐渐衰落。至明代，港口已北移至樟林。明代曾在樟林港修建一条宽约 5m、长约 300m 的新兴街，意为取代凤岭港的"永兴街"而新兴之意。当时，樟林港"千艘万舸，分达诸邑"（清嘉庆《澄海县志》），十分繁盛。清初更远通暹罗（泰国），大量输出瓷器、潮绣，运入大米、香料。潮州人出国多从樟林港乘"红头船"出境。

（五）近 代 岸 线

近代岸线包括 1964 年测量的海岸线和 1983 年测量的滩涂线。由图 17.11 可知，从清代中末叶到 1983 年，三角洲的伸展速度明显比汉代至清代岸线期快，尤其是 1964～1983 年这 20 年间，由于大规模的围海造田工程，人工抛石围垦形成新的人工岸线，岸线的伸展速度几乎等于自然沉积速度的 10 倍。近代岸线的推进有如下特征。

1. 东溪岸线推进较快

东溪口的莱芜沙，1982 年测量，长 3.1km，最大高程 5.4m，反映了东溪口现代来沙丰富，海流、波浪作用较强。莱芜沙在 1931 年测量的 1：5 万地形图上已出现，1964 年测量的 1：5 万地形图上，已显示为离岸沙堤，最大高程 2.5m，1982 年测量，又增高至 5.4m，说明莱芜沙自 1931 年以来，大约平均每年堆高 5.7cm。虽然 1965 年建大莱芜岛海堤后，改变了莱芜沙纯自然堆积的状态，1969 年经人工围垦成莱芜围，把莱芜沙变成人工堤围，但是沙堤本身的加积仍是靠海浪和风的力量。莱芜沙如此迅速地堆高，莱芜围能较快地成田，都表明东溪来沙丰富。1964～1983 年的 20 年间，平均每年伸展速度达 70m，扩展面积 8.60km²，可见东溪口推进之迅速。

2. 西溪岸线推进较慢

由图 17.11 可见，在同一时期，西溪（包括各汊道）岸线平均每年仅伸展 27.5m（包括人工围垦部分），为东溪的 39%。而且各汊道的伸展速度也有越往北越快的趋势。这主要是由于西溪近期来沙减少，沿岸的浅滩甚至被冲蚀后退，西溪岸线的推进较慢。

3. 北溪岸线扩展迅速

由于特殊的地形条件和人为因素，北溪三角洲迅速向海推进。清代的岸线离第四列岛丘已很近，如东陇溪口距海山岛不足 5km，义丰溪口距海山岛的竿山尾不足 3km，故北溪口外实际上已成为内湾，非常有利于堆积。北溪口外浅滩 1964 年比 1931 年扩展约 1500m，而且水下部分坡度和缓，水浅（北溪口与海山岛之间的一般水深为 0.7m），非常有利于人工围垦。1970 年以来，北溪口外已抛石围垦 28 000 亩。正是由于上述的地形条件和人为因素，所以北溪岸线近 20 年来以每年 85m 的速度推进，北溪三角洲扩展 18.86km²。

第四节　台湾岛西部平原海岸的演变

台湾西部平原指新竹—苗栗台地以南、恒春半岛山地丘陵以北的沿海平原，北界苗栗县通霄，南界屏东县枋寮。西部海岸线以曾文溪为转折点，以北海岸动力地貌主要受制于台湾海峡主导的东北季候风、南下沿岸流和主要源自台湾最大河流浊水溪的南下沿岸沉积物流；以南海岸动力地貌主要受制于从巴士海峡进入南海的西太平洋黑潮分支、受南海西南季风主导的西南向波浪、北向沿岸流和主要源自台湾第二大河流高屏溪的北上沿岸沉积物流。曾文溪口正好是两股南北向的沿岸流相会点[①]，波浪和沿岸沉积物流产生了沙坝-潟湖体系，东北季风造成了海积平原上沙丘群的发育与移动。

西部平原是台湾中央山脉西侧山前扇形地与海积平原的组合，面积约为 6000km²。山地雨量普遍大，发育数十条河溪，各自奔流入海。暴雨多，洪峰流量大，山区常发生崩塌、滑坡和泥石流，水土流失，输沙量大，河道冲淤变化，分流水道主次更迭，河口冲积-海积平原发展速度快（图 17.13，图 17.14）。

一、北段扇形倾斜平原海岸

从苗栗县南部通霄起，经台中县至彰化县中部鹿港的海岸带，主要由大安溪、大甲

---

① 赵焕庭、袁家义：《台湾岛西南岸海岸地貌》，见刘昭蜀、赵焕庭、范时清 等：《南海地质》，科学出版社，2002 年。

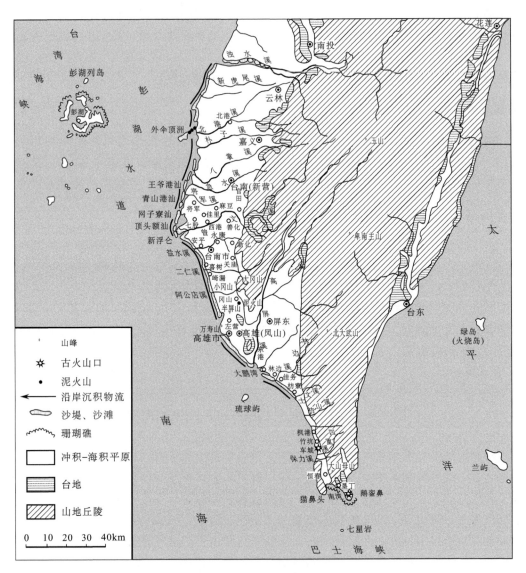

图 17.13 台湾岛南部海岸线

(据赵焕庭、袁家义, 2002)

溪和大肚溪（乌溪）3 条河流向海冲积造成的 3 个扇形地联合的倾斜平原（图 17.14）组成。这 3 条河流每年输沙入海估计有 70 万~75 万 m^3，形成沿海 3~4km 宽的潮间带浅滩（埔地）。据台中县 1940 年和 1958 年地图对比，滩线向海推移最大为 470m，最小为 300m，平均每年最大 26m，最小 16m。介于大甲溪和大肚溪两个扇形平原之间梧栖附近海域，泥沙影响较小。梧栖和鹿港均有航运之利，它们与基隆市的鸡笼港和台南市的大湾，号称明代"四大名港"。梧栖与鹿港水深与地形均发生了变化。明代的梧栖港，因受海岸带陆地风沙和河流泥沙的淤积，1887 年起，50 吨级以上船只改在西面 800m 更近海的涂葛堀停泊。1911~1912 年，洪流泥沙填平涂葛堀泊地。1931 年大肚溪洪水冲刷出多条分流水道，该港涨潮水深达 2~5m，可以利用潮差一度复航。以后又淤，现为草滩。1941 年在梧栖附近选址建造台中人工港，在港口筑北堤拦截大甲溪河口来沙，筑南堤拦截大肚溪河口来沙。北面来沙较多，北堤外岸线向海推进，沿岸泥沙流已越过北堤头入港。南面来沙较少，南堤外岸线较稳定，淤泥不多，局部反而蚀退。台中港海岸是前进的，1940～1958 年，海滩线平均推进了 7.79m，5m 等深线推进了 11.46m，10m 等深线推进了 13.88m，15m 等深线推进了 8.34m。

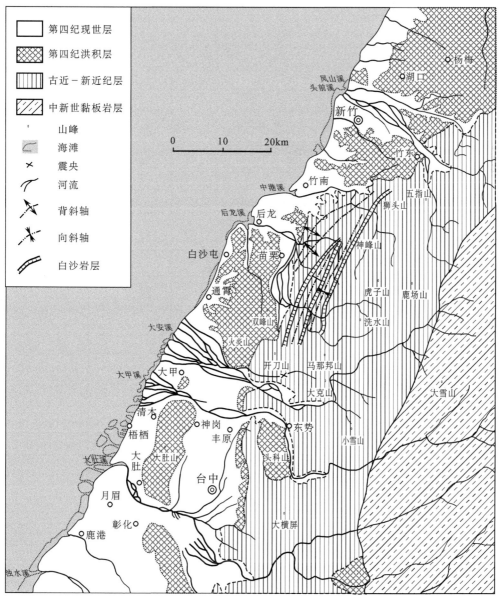

图 17.14　台湾台西海岸北段略图

（据曾昭璇，1993）

　　鹿港介于大肚溪和南面的浊水溪两个扇形地之间，受泥沙影响较小。清顺治十八年（1661 年），鹿港镇街道与海岸线相接，内河可系泊 700t 级船舶。港口与台北淡水和台南平安并称。康熙，乾隆年间人口八九万之多。1966 年发现泊地系缆桩为巨石打造的石柱。乾隆四十九年（1784 年）被大肚溪和浊水溪支汊带来的泥沙淤浅，40t 级船只不能入港。1931 年大洪水过后，泊地改在街西 2km 处，那里低潮水深不足 2m。以后风沙和河流泥沙不断淤积，泊地数易，几迁几废。

二、中段扇形倾斜平原海岸和岸外沙坝-潟湖体系

中段海岸介于鹿港与台南市之间，长达 120km，自北而南可分三个小段（图 17.15）。

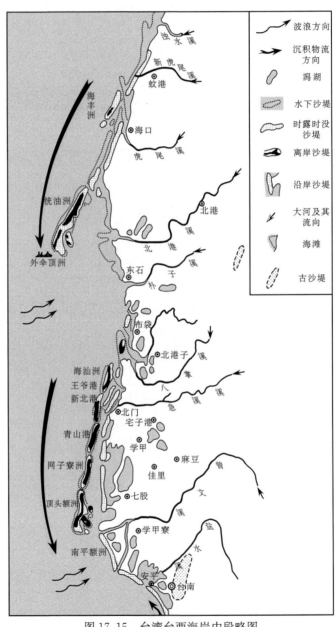

图 17.15　台湾台西海岸中段略图

（一）浊水溪扇形倾斜平原海岸与岸外沙坝-潟湖体系

自彰化县鹿港至云林县与嘉义县界河北港溪河口。浊水溪口主干河道是彰化县与云林县的界河。浊水溪扇形地的顶部在彰化县东南角的二水附近，从扇顶上分汊4条分流水道，自北而南，北斗的东螺溪，西螺的西螺溪、新虎尾溪和林内—斗六的虎尾溪。这些河流的下游又逐级分汊为放射形网状水系（图17.16）。据郁永河《采琉日记》载，1700年东螺溪是主流。据蓝鼎元《纪虎尾溪》，1721年东螺溪淤浅，虎尾溪变成主流。1723年《彰化县志》山川全图表示，西螺成为主流之一。1728年虎尾溪和东螺溪并盛，乾隆末年（1750年）以后虎尾溪又成为主流。1760年后西螺溪又成为主流。光绪中（1897年），东螺溪又成为主流。1917年洪水经北港溪入海。总计，东螺溪（其下游分支汊鹿港溪）为主流历时最短，约40~50年；西螺溪为主流历时较长，达200年；虎尾溪（其下游分3支，新虎尾溪、虎尾溪和北港溪）为主流历时最长，超过200年。潮间带砂与粉砂的松散堆积，低潮时被冬季强劲的东北风吹扬，沿海岸和河岸发育成片沙丘带，东西向宽度最大达10~11km，高度最大达20~30m；其中新月形沙丘个体长宽各60~80m，每年可移动75m。

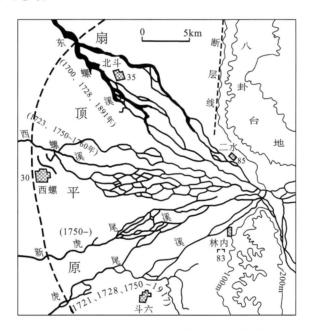

图17.16　台湾浊水溪扇顶平原水系略图
（据曾昭璇，1993）

从浊水溪诸分流水道输入海的泥沙形成沿岸沉积物流南下，再受向岸波浪作用，堆积成顺岸、但同海岸成45°交角的由水下沙坝演变成的岸外洲（岸外沙坝，土名"汕"），就在浊水溪和新虎尾溪口的南侧形成海丰洲，在虎尾溪口到北港溪口形成统油洲及其南面的外伞顶洲，构成一条沙洲链。沙洲上的沙丘最高达30m。沙洲链与海岸带的水域是半开敞式的浅水潟湖。海丰洲（蛤仔穴）和统油洲最早记录见于1728年陈伦炯著《海国闻见录》台湾图，形成于清初。

（二）嘉义倾斜平原和岸外沙坝-潟湖体系

嘉义、台南（新营）间的倾斜平原，清初岸线在港漧、北港子一带，岸外形成2个沙洲；八掌溪以南形成5个呈一串的岸外沙洲，海汕洲、新北港汕（王爷汕）、青山港汕（1728年《海国闻见录》称青峰阁）、网子寮汕和顶头额汕。岸外洲与海岸间的浅水潟湖也日益淤浅，潮间带埔地发育，部分已开发为盐田和鱼塘。

（三）曾文溪三角洲

曾文溪流出山地台地区后，于台南县大内乡进入平原，至官田乡和善化镇以后，虽不分汉入海，但历史上改道数次。史载自明末以来300多年间，主流改道4～5次，它曾向北经将军澳入海，向南侵盐水溪入海，三角洲坐落在台南县和台南市接壤的海岸带上（图17.17）。据《台湾志》和《台南县志》记述，顺治八年至十七年（1651～1660年）由箫垄（今佳里），南入范围广大的曾文溪口台江湾。当时的台江湾南达喜树附近（图17.18）。康熙三十三年（1694年），由番仔渡起的湾里溪，经湾里（今善化）、箫垄至欧王，称欧王溪，在史挪甲（今山仔脚）入海。1694～1823年上半年之间，一度从将军溪改由七股溪入海，1823年7月一场台风暴雨，曾文溪主流改由西港南边至新浮埔入海。1823～1871年间一度由鹿耳门溪南入海。同治七年（1871年）7月一场山洪暴发，干流改由公地尾转鹿耳门溪口入海。光绪三十年（1904年），干流由公地尾转三股仔北的国赛港入海。主流不断改道，带来大量的泥沙将台江湾潟湖以每年28～35m

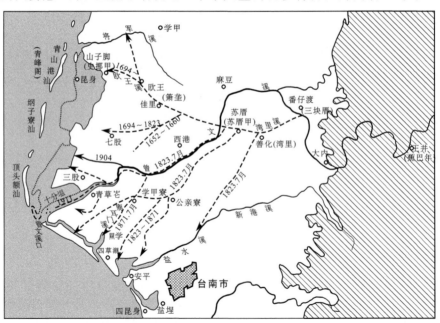

图17.17　曾文溪河口三角洲略图

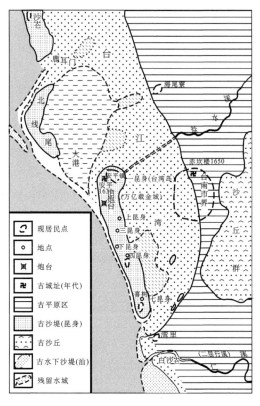

图 17.18 台湾台南"大港"（台江湾）略图
(据曾昭璇, 1993)

图例：
- 现居民点
- 地点
- 炮台
- 古城址(年代)
- 古平原区
- 古沙堤(昆身)
- 古沙丘
- 古水下沙堤(汕)
- 残留水城

的速度淤平。曾文溪三角洲已形成一个岬状三角洲，现曾文溪主流河口、其南面支流鹿耳门溪、北面支流三股溪和七股溪等，呈放射状伸出台江湾 10km。由 1927 年河口筑堤起计，平均每年外伸 270m。曾文溪口冲出的沙子，在西南风主导作用下，沿岸北流，并形成岸外洲新浮仑，该沙洲也从两端向北、南延展，同时形成了前述的顶头额汕至海汕洲 7 个岸外洲。曾文溪口北面佳里一带岸外"倒风内海"潟湖，南北长 20km，宽 7km，水深 4m，每年被淤填 20～27m。明代以来，佳里西侧海岸已淤涨 6km。曾文溪口沙子南移较少，但也形成沙岩、北线尾和台江沙洲等串珠状岸外洲。岸外洲与海岸之间为台江潟湖。尽管海岸也淤涨，明代临海的台南市赤崁楼现已距海 6～7km，但台江湾的残余部分安平港仍在。

台江湾，安平港所在的潟湖，明末清初称台江。明朝荷兰驻台贸易官员佛尔夫耶台特报告说："台湾岛即一昆身，港口水深 14～15 英尺，吃水 10～11 英尺的船只可自由进港。季风过后，在远方突出的岩岸下，有水深 19～20 英尺的良好锚地。"1630 年荷兰人在台湾沙洲（一昆身）筑热兰遮城，当年汉人称台湾城（今安平镇）。在"远方突出的岩岸下"，1650 年荷兰人建赤崁城（今台南市赤崁楼）。《高雄筑港志》说："明万历十二年（1584 年）港口在台江湾之一昆身，内湾（潟湖）东部较深，该处为现在台南市之西区。"明朝中叶，台江湾水域更广阔，称大圆湾。"江"与"港"通，"台江"即"大港"。1628 年陈伦炯的台湾图中就用大港名，而台湾沙洲一至七昆身（喜树）已是一条连续长约 10km 的沙坝。该沙坝的沙源主要是二仁溪口的西北向输沙和小部分是曾文溪口东南向输沙。1661 年鹿耳门已淤浅，但内港水深 6m，郑成功的大帆船（吃水 4～5m）要乘涨潮才能入鹿耳门。1662～1722 年，商船只能单行进入鹿耳门，但内港可泊船 1000 多艘。1697 年曾文溪干流入七股溪，台江湾北部淤积。据《台南县志》记载，"道光二年（1822）曾文溪决，泥积台江，逐成平陆"。1822 年曾文溪改道流入台江，大量泥沙使台江淤平（图 17.18）。

三、南段高雄平原和沙坝-潟湖体系

自二仁溪口高雄县白沙岜起经高雄市到屏东县枋寮的沿海，二仁溪、阿公店溪、竹

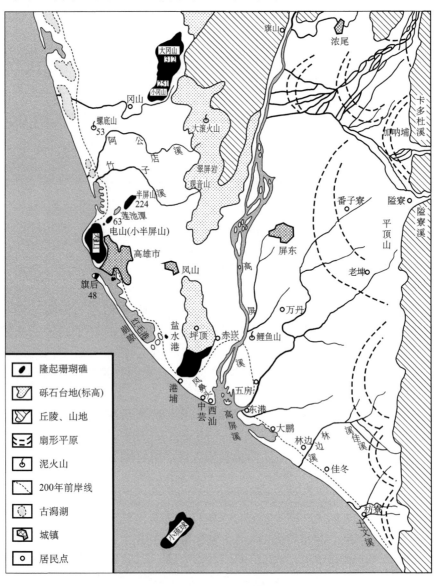

图 17.19　台湾台西海岸南段略图

子溪、高屏溪、林边溪和士文溪等各自穿过平原入海，联合形成倾斜平原和沿岸沙坝-潟湖（图 17.19）。诸河口输出的泥沙在黑潮分支、沿岸流作用下，沿岸向西北方向运移和落淤。在向岸的西南波浪作用下，形成水下沙坝并发展为岸外沙坝（汕），以及潟湖内侧的海滩（埔地）和滨海沙坝（垄或长大的"昆身"）。岸内分布有古沙堤。由于常风较大，尤其是东北季风，飞沙现象明显，在沙堤上叠加风成沙丘，或掩埋耕地。沿海岸各个溪口的滨岸沙坝或离岸沙坝，围圈水域而成大小不一的潟湖。使原来曲折的港湾式海岸修饰成平直、圆滑的沙坝-潟湖海岸。有些小潟湖已淤平，沙坝并岸。现存较大的潟湖有高屏县东港镇大鹏湾、高雄市高雄港、高雄县崎漏潟湖。林边溪输出的泥沙，在 1909 年测绘出版的地形图上可见，佳冬乡、林边乡和东港镇沿岸形成沙坝-潟湖群，已陆续被淤平，或日趋浅狭。

高雄港原是一个港湾，明代称打狗港。屏东平原开垦始于康熙二十三年（1684年），至雍正十二年（1734 年）已垦毕。高屏溪自 1728 年以后入海泥沙增多，其向西北运移的沙子，先在高雄市凤山台地临海的南端凤鼻头形成沙堤，其水下沙堤迫近高雄市西南的万寿山。据《台湾府志》，1691 年，旗后山（隆起珊瑚礁，高 48m）内侧出现滩地，有 2 户渔民和 1 座妈祖庙。《高雄港筑港志》称："18 世纪时尚未有如现在之咸水湖存在，自 18 世纪中期以后，因风潮影响，渐次发生浅洲（岸外坝），致形成今日之高雄湾。"1863 年旗后沙洲出水，沙堤延展至旗津，长达 11km，高雄港潟湖遂成。旗后山和万寿山共轭的潟湖口潮汐通道宽 136m。潟湖与沙堤平行，呈 NW-SE 向条状，平均宽约 1.5km，面积 15km²。潟湖后平原由丘陵和台地包绕，水浅，原水深大于 3m 的水面仅有 0.066km²，小船也难以驶入。无大河注入，淤积轻微。1950 年代人工浚深后，成为台湾最大的港口。

第六篇 历史时期的沙漠化

沙漠，是指地面被大片沙丘（或沙）覆盖，缺乏径流，植被稀少的地区，是干旱气候的产物。我国的沙漠面积为 68.4 万 km^2，其中流动沙漠 44.6 万 km^2，固定和半固定沙漠 23.8 万 km^2。还有戈壁 57 万 km^2，雅丹和其他风蚀地 2.9 万 km^2。我国沙漠自西向东主要有塔克拉玛干沙漠、古尔班通古特沙漠、库姆塔格沙漠、柴达木盆地沙漠、巴丹吉林沙漠、腾格里沙漠、乌兰布和沙漠、库布齐沙漠、毛乌素沙地、浑善达克沙地、科尔沁沙地、呼伦贝尔沙地。

沙漠化的概念不同于沙漠。沙漠化是土地荒漠化的一种主要类型，英文 desertification 一词的本意是指荒漠化，在中国由于传统和习惯的原因被译成了沙漠化。1992 年联合国环境与发展大会上对荒漠化定义为："荒漠化是因各种因素所造成的干旱半干旱及具有干旱的半湿润地区的土地退化，其中包括气候变化和人类活动"。这一定义基本上为世界各国所接受。

沙漠主要形成于第四纪，是自然因素作用的产物，且整体面积大，风成地貌形态复杂而高大。而沙漠化在历史地理的学科领域中，则是指出现在人类历史时期，在自然因素影响的基础上，受人为过度经济活动等因素的影响形成和发展的生态环境的退化过程。沙漠化土地整体面积相对较小，风沙地貌形态较为简单、矮小，多呈块状、片状分布于绿洲边缘或草地（或草原）边缘。

我国学者早在 1960 年代初，就着眼于历史时期沙漠化的考察研究。著名学者、北京大学侯仁之院士（现为资深院士）筚路蓝缕，率队赴陕北、宁夏、内蒙古、甘肃等地沙区，考察古绿洲、古遗址、古城址、古水系，复原其历史面貌，探讨其沙漠化发生的时代和原因，揭示其形成的机制和规律，进而为今天这些地区合理开发自然资源、防沙治沙提供历史借鉴。由此，一门新兴的学科——沙漠历史地理学应运而生。在侯仁之院士的带动下，我国一批学者对于全国范围内历史上形成的许多沙漠化土地做了艰辛的调查研究，经过数十年的努力取得不少重要成果。

现已查清，我国境内历史上形成的沙漠化土地主要分布在塔克拉玛干沙漠边缘、河西走廊北部及阿拉善地区、腾格里沙漠东南边缘、乌兰布和沙漠北部、宁夏河东沙区、毛乌素沙地、科尔沁沙地和呼伦贝尔沙地。依其所处区域气候自然地带的不同，又可分为历史时期草原及荒漠草原地带的沙漠化、荒漠地带的沙漠化两大区域。

第十八章 历史时期草原及荒漠草原地带的沙漠化

我国的草原及荒漠草原地带大部分属于半干旱地区，其北部呼伦贝尔一带属于半湿润地区。这一生物气候带的特点是生物有机体与它周围无生命环境处于较脆弱的相对平衡状态，气候干燥、多风，地表组成物质多为疏松沙质沉积物，自然因素本身即潜伏着引起沙漠化发生的物质条件。因此，任何人为不合理的经济活动都会引起环境的改变。历史上对自然资源的掠夺性破坏、农业和放牧经营方式的频繁更迭，以及过度的樵采、畜牧、开垦以及战争摧残等都会造成植被退化、地面覆盖物减少。在风力的反复作用下，首先引起地表的风蚀，继而使下伏沙质沉积物被吹扬搬运，从而在草原及荒漠草原地带内出现连绵的沙丘或片状流沙地。

有学者指出，草原及荒漠草原地带的各沙地早在第四纪地质时期即已形成，如毛乌素沙地在早更新世早期就已出现，科尔沁沙地在中更新世就已形成，呼伦贝尔沙地也在1.2万年前就已存在；历史时期的沙漠化只是沙漠形成演化过程最新的一幕，即第四纪地质时期形成的沙地，在全新世中期的大暖期时沙地得到固定，演化为沙质草地（或草原），到了全新世后期的人类历史时期，由于气候变得干旱，再加上人为因素的作用，沙质草地（或草原）发生风蚀起沙，流沙再起，发生沙漠化[①]。

第一节 呼伦贝尔沙地

呼伦贝尔沙地位于内蒙古自治区东北部，以呼伦湖、贝尔湖得名，其东部和北部靠近大兴安岭山地。境内大部分地域为半干旱草原，海拔600~750m，年平均气温约−2℃，年降水量300mm左右。其地较大的河流有克鲁伦河、海拉尔河、哈拉哈河、乌尔逊河。沙地位于冲积湖积平原上，以固定和半固定沙丘为主，其中固定沙丘面积5665km²，半固定沙丘面积1515km²。植被覆盖度一般在30％以上，个别的可达到50％。比较集中连片的有四条沙带，主要分布在海拉尔河沿岸（长约100km）、草原中部、南部和东南部。沙地较平坦，沙丘形态以梁窝状、蜂窝状为主，亦有新月形沙丘等，沙丘高度大多为5~15m。

早在史前时期呼伦贝尔就有人类的活动。位于满洲里市扎赉诺尔火车站以北约3km的蘑菇山的顶部和南北坡，发现旧石器时代晚期的大片石器制造场，出土各种石片、刮削器、尖状器、石锤等。石器形体较大，当与狩猎活动有关。此外这里还发现距今1万年左右的人头骨化石和与其共存的牛、马、羊、鹿、狼等草原动物化石，以及鸟、鱼、河蚌化石等，反映了当时生态状况良好。草原上细石器遗址发现有数十处之

---

① 吴正：《中国沙漠及其治理》，科学出版社，2009年。

多，它们大多分布在河岸或湖滨台地上。其中大型遗址面积可达 10 万～20 万 m²，小型遗址面积多在 3 万～4 万 m²，有些遗址附近还有墓葬。遗址中采集到石镞、石叶、刮削器、网坠等石器，多为打制而成，仅在两处遗址发现少量陶片。草原上还遗留有数以百计的石板墓，墓室以石板砌筑，一些墓前竖立着像石碑一样的长石条，有的条石上刻有鹿等动物图案。这些墓葬应为青铜时代初期草原游牧民族的遗存，有人认为它们与鬼方、北狄有关。

汉魏时期，呼伦贝尔遗存有大量鲜卑人的墓葬，出土物品丰富。史载拓跋鲜卑曾从鲜卑大山（近大兴安岭北段）"南迁大泽"，而后又继续南迁。"大泽"即呼伦湖，他们大约在这一带居住了两个世纪，利用这里肥沃的土地和丰美的水草从事畜牧和农垦。扎赉诺尔等地墓葬中多处发现粮食残迹。他们在开垦土地的过程中不免大量砍伐树木，放火烧荒，对这里脆弱的生态环境造成一定程度的破坏。

据景爱研究[①]，进入辽代（公元 916～1125 年）呼伦贝尔的人类活动趋于频繁，对生态环境产生了重要影响。为防止萌古（蒙古）、乌古、敌烈等部族侵扰，辽代开凿了长约 700km 的边壕，其中呼伦贝尔境内长达 180km，沿边壕内侧又修筑了不少边防城堡，迄今仍存留的城址有浩特陶海古城（有人认为是通化州故址）、扎赉诺尔古城、赫拉木图古城、巴彦诺尔古城、吉布胡郎图古城、巴伦赫雷姆古城、辉道古城、西苏木古城、黄旗庙古城、祖赫雷姆古城、巴尔浩特等。据《辽史》等记载，辽室曾先后几次往本区移民从事农耕，破土开荒，修渠引灌，以致"凡十四稔，积粟数十万斛，斗米数钱"。今天仍可在这一带找到不少灌渠遗迹。辽代农事活动的规模远远超越前代，对草原植被和地表土层的破坏自不待言，在冬春季节当地盛行的强烈西北风吹蚀下，首先在农业活动最强烈的河湖沿岸出现沙漠化过程。今天这里所看到的几条大沙带，多沿河湖沿岸分布，恐即是从 10 世纪的辽代开始出现的（图 18.1）。

迨至元代，呼伦贝尔草原仍有一定规模的农耕，但其开垦地域多在辽代垦区之外，说明辽代垦区已经沙漠化，元代的垦殖则进一步加剧了沙漠化过程。到了近代随着中东铁路的修建及其附近的开荒，大量砍伐林木，破坏草被，沙漠化更趋严重。

第二节　科尔沁沙地

科尔沁沙地位于内蒙古东部、辽宁西部的西辽河流域，地属松辽平原西部，年降水量 330～500mm，属于温带半干旱干草原地区。2000 年实有沙漠化土地面积 50 168km²。沙丘主要分布在西拉木伦河、西辽河沙质冲积-湖积平原上，第四纪疏松的沙质沉积物厚达 140 余米。沙丘形态以盾状沙垄为主，亦见梁窝状、新月形沙丘等，多为固定、半固定状，植被覆盖度约 40%～70%。对于该沙地历史时期的环境演变，景爱、武弘麟、史培军、王守春等均作过实地考察和研究[②]。

---

① 景爱：《沙漠考古通论》，紫禁城出版社，2000 年。
② 武弘麟、史培军：《全新世科尔沁沙地的环境变迁》，《内蒙古草场资源遥感应用研究》（二），内蒙古大学出版社，1987 年；景爱：《科尔沁沙地考察》，《中国历史地理论丛》，1990 年第 4 期；景爱：《清代科尔沁的垦荒》，《中国历史地理论丛》，1992 年第 3 期；王守春：《辽代西辽河冲积平原及邻近地区的湖泊》，《中国历史地理论丛》，2003 年第 1 期。

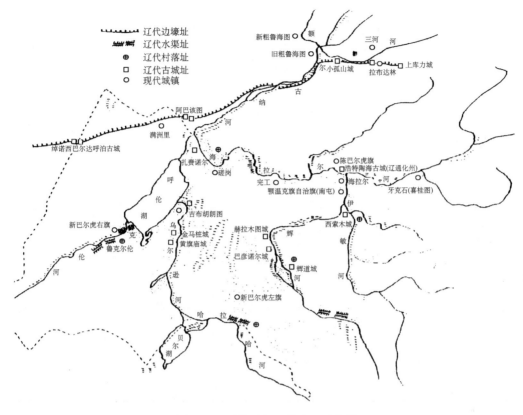

图 18.1　呼伦贝尔辽代遗址示意图

资料来源：景爱：《沙漠考古通论》，紫禁城出版社，2000年

科尔沁发现上窑村等旧石器地点，兴隆洼文化、赵宝沟文化、富河文化、红山文化、小河沿文化等新石器文化遗址。特别是红山文化遗址分布相当广泛，遍及沙地的腹部和边缘，反映出距今7000～5000年间整个沙地植被良好，适于人类活动。进入青铜时代，由遍布科尔沁的夏家店下层文化遗址可以看出，当时这里的农业耕种已有较高水平，家畜饲养业也发展了起来。两汉魏晋南北朝时期科尔沁成为鲜卑人的游牧之区，对环境的影响较为轻微。唐代称这里为松漠之地，表明当时应生长大面积的松林。

10世纪以前科尔沁的人类活动对生态环境的影响比较轻微，而到了辽金时代由于居民骤然增多，对生态环境造成了重大破坏，引起严重的沙漠化。辽代在西拉木伦河流域设置京、府、州、军等建制，其"地沃宜耕植，水草便畜牧"，强制将燕蓟一带的汉族人口迁移到这里，公元926年灭掉渤海后又将不少渤海人西移至此，发展屯垦。至今遗留在科尔沁的辽代古城多达百余座，其中上京临潢府遗址（今巴林左旗林东镇南）周长近9km，规模庞大。筑城、垦荒无疑要砍伐大片林木，破坏大面积草被和地表，使地表下的疏松河湖相沉积物暴露出来，招致沙漠化的发生发展。今天这里的不少古城址均不同程度地被流沙掩埋，即可证明这一点。1068年和1075年，宋神宗派陈襄、沈括使辽，陈襄《使辽语录》、沈括《熙宁使契丹图抄》中，都记载了沿途所见流沙的情况。金人王寂《辽东行部志》记，韩州（今科左后旗境内）"改城在辽水之侧，常苦风沙，移于白塔寨。"风沙灾害的严重迫使其不得不举城而迁（图18.2）。

到了金代，沙漠化过程进一步加剧。金灭辽后为了削弱契丹贵族势力，防止其集结反叛，将本区约2/3的辽代州县撤销，致使这些州县城变成废城，居民迁离，原有的大片耕地撂荒沙化。为防御蒙古人袭扰，金代又修筑了穿过科尔沁西北部的临潢路边壕，其工程之浩大，对沿线山林草场造成较大破坏，导致流沙南侵。《金史·地理志》记，壕堑修成不久，就为"沙雪埋塞，不足为御"。王寂于1174年途径懿州（今阜新县东北）时诗吟"塞路飞沙没马黄"；1190年他再次途经这里，所见"大风飞沙暗天，咫尺莫辨，驿吏失途"。

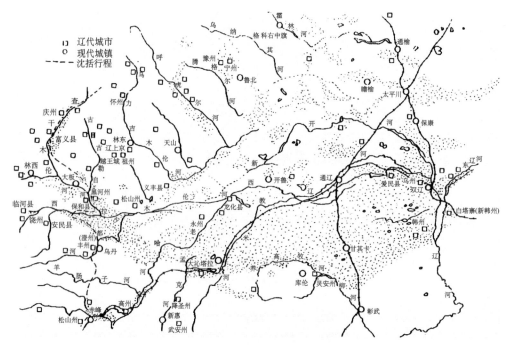

图18.2　科尔沁沙地上的辽代古城

资料来源：景爱：《沙漠考古通论》，紫禁城出版社，2000年

元明至清初约400多年，科尔沁成为蒙古人的牧场，农业耕种基本停止，林草植被逐步得到恢复，大部分流沙趋于固定，沙漠化出现逆转。然而从康熙以后，这里再次出现大规模垦荒，特别是19世纪以后尤为严重，从而导致了更为剧烈的沙漠化过程。清政府为增加财源推行放荒招垦政策，嘉庆年间山东、河南、河北等地人口大批涌入科尔沁，蒙旗垦荒愈演愈烈。鸦片战争以后为弥补国库空虚，更是把鼓励蒙旗垦荒作为增加财政收入的重要手段，蒙古王公亦贪图私利，不顾自然条件状况滥行放垦沙质草地。据《东三省记略》卷七记载，仅1907年一年科尔沁右翼中旗一个旗就放垦8万余垧，净收银24万两。放垦之风一直持续到民国初年。景爱研究，清末科尔沁的人口密度已达67人/km²，总人口达130余万，为辽金时人口密度的11倍；辽金时的垦荒主要集中在州县附近，多呈零星插花状，而清代的垦荒则是大面积覆盖，能够种植的草场多数未能幸免，由此使大面积草场退化为沙漠化土地，且清代垦荒越早的地方，沙漠化越严重，如敖汉旗、奈曼旗、科左后旗、库伦旗、彰武县、翁牛特旗等地，沙漠化相当严重。

第三节　毛乌素沙地

毛乌素沙地，位于黄河"几"字形大弯内侧的内蒙古、陕西、宁夏三省区交界区，地处鄂尔多斯高原南部，沙地总面积约 32100km²。地表组成物质以冲积-湖积沙质沉积物为主，年均气温 6～8.5℃，年降水量 250～450mm，由东南向西北递减，属于温带半干旱地区。随着降水量分布的差异，沙地自然景观亦呈现出从东南向西北由森林草原一典型草原一荒漠草原的地带性变化，其中典型草原约占沙地总面积的 90%。境内地表水分属内外流两个系统，其西部及西北部属内流区，面积约占沙地总面积的 60%，有数百个大小湖泊和众多短小的永久性和季节性河流。沙地东部、东南部及西北边缘一隅为外流区，面积约占 40%，主要有无定河、窟野河、秃尾河等河流注入黄河，年径流量约 14 亿 m³。

对于毛乌素沙地历史时期和现阶段沙漠化问题的研究，一向颇受学术界重视，研究成果十分丰富，但分歧之大也是其他区域的相关研究中所未见的。其沙漠化产生的原因究竟是以"气候变异"为主还是以"人类活动"为主，抑或二者兼有？这成为国内外学者争论的焦点问题[①]。

毛乌素沙地分布有大量从新石器时代至明清时期的人类活动遗迹，如内蒙古自治区鄂尔多斯市乌审旗的三岔河古城、呼和陶勒盖城、沙滩古城、敖柏淖尔古城、神水台古城，鄂托克旗的土城子古城、木肯淖尔古城、包乐浩晓古城、水泉古城，鄂托克前旗的城川古城、呼和诺日古城、大场村古城、阿日赖村古城、大池子古城、巴郎庙古城、乌兰道崩古城、敖勒召其古城、苏力迪古城、巴彦呼日呼古城，伊金霍洛旗的红庆河古城、古城壕古城、车家渠古城、黄陶尔盖古城，杭锦旗的鸡尔庙古城，陕西省靖边县的白城子古城、杨桥畔古城，定边县的沙场村古城，榆林市榆阳区的古城界村古城、古城滩古城、白城台古城、瓦片梁古城、开光城、火连海则城，神木县大保当古城、瑶镇古城、温家河古城、喇嘛河古城等。值得注意的是，这些遗迹在沙地内的分布有着较明显的时代顺序性，即从东南而西北，汉代遗迹向沙区内延伸得最远，唐代遗迹次之，宋代遗迹又次之，至明代遗迹已退居到沙漠边缘。这种分布特点不仅与中原王朝势力在本区的消长相联系，而且还与沙漠化发生的时间密切关联（图 18.3）。

白城子古城位于靖边县北部红墩界镇白城则村的红柳河（无定河上游）北岸台地

①　侯仁之：《从红柳河上的古城废墟看毛乌素沙漠的变迁》，《文物》，1973 年第 1 期；赵永复：《历史上毛乌素沙地的变迁问题》，《历史地理》，1981 年第 1 期；王北辰：《毛乌素南沿的历史演化》，《中国沙漠》，1983 年第 4 期；朱士光：《评毛乌素沙地形成与变迁问题的学术讨论》，《西北史地》，1986 年第 4 期；董光荣 等：《毛乌素沙漠的形成、演变和成因问题》，《中国科学》（D 辑），1988 年第 6 期；陈渭南：《毛乌素沙地全新世孢粉组合与气候变迁》，《中国历史地理理论丛》，1993 年第 1 期；孙继敏，丁仲礼，袁宝印：《2000aB.P. 来毛乌素地区的沙漠化问题》，《干旱区地理》，1995 年第 1 期；邓辉，夏正楷，王奉瑜：《从统万城的兴废看人类活动对生态环境脆弱地区的影响》，《中国历史地理论丛》，2001 年第 2 期；王尚义，董靖保：《统万城的兴废与毛乌素沙地之变迁》，《地理研究》，2001 年第 3 期；韩昭庆：《明代毛乌素沙地变迁及其与周边地区垦殖的关系》，《中国社会科学》，2003 年第 5 期；王乃昂，何彤慧，黄银洲 等：《六胡州古城址的发现及其环境意义》，《中国历史地理论丛》，2006 年第 3 期；何彤慧：《毛乌素沙地历史时期环境变迁研究》，兰州大学博士学位论文，2008 年；侯甬坚：《统万城遗址：环境变迁实例研究》，《统万城遗址综合研究》，三秦出版社，2004 年。

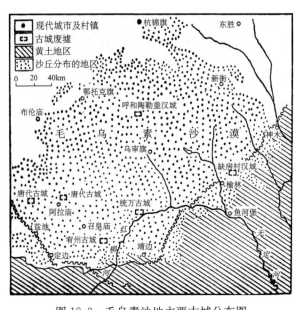

图 18.3　毛乌素沙地主要古城分布图

(据侯仁之:《从红柳河上的古城废墟看毛乌素沙漠的变迁》《文物》,1973 年第 1 期)

上,城址规模庞大,包括外郭城、东城、西城三部分,东、西两城均略呈长方形,中间以城墙相隔。东城周长 2566m,西城周长 2470m,墙体残高 2~10m,基宽 10~16m。四角均筑方形墩台,最高达 31.6m。四垣外侧加筑马面,其中南垣残留 9 个、西垣 9 个、东垣 15 个、北垣 18 个。城内采集和出土许多建筑材料、陶器、瓷器、铜器、钱币、石碑等物。目前东城内为废弃的耕地,西城内大半为流沙覆盖。学界公认该城为公元 413 年赫连勃勃所筑的夏王朝都城统万城,另有学者认为该城亦是西汉上郡奢延县城。北魏郦道元《水经注》记,赫连龙升七年(公元 413 年),于奢延水(今无定河上游之红柳河,黄河支流)北"改筑大城,名曰统万城,蒸土加工,雉堞虽久,崇墉若新"。唐代在此设夏州,晚唐又为定难军节度使治所,宋初仍设夏州。

城川古城位于鄂托克前旗城川苏木东偏北 2.5km 处,保存较完整,南北 795m,东西约 600m,墙垣厚 8~10m,角墩、马面等设置齐备,东、南、西垣各开一门,皆置瓮城,墙外见壕沟遗迹。城内已大部辟为耕地,地表散落遗物较多,随处可见陶瓷残片、砖瓦碎块等,曾清理出不少从西汉至金代的钱币,其中尤以"开元通宝"、"太平通宝"、"宣和通宝"等唐宋钱币为多。侯仁之考证该城为唐元和十五年(公元 820 年)于夏州长泽县所设的新宥州城。

此外,还有学者考证古城滩古城为汉龟兹县城、古城壕古城为汉白土县城、红庆河古城为汉虎猛县城、温家河古城为汉鸿门县城,有些城址则为长城沿线的障城、汉唐时的军城或乡城。

先秦时期毛乌素沙地及周边一带主要为匈奴、林胡、楼烦、朐衍等游牧民族活动。公元前 306 年秦昭襄王"筑长城以拒胡",在本区东南部划出了一条人为的分界线。汉代本区设置龟兹、奢延、虎猛等县,农牧业有一定程度的发展。魏晋北朝时期本区生态环境良好,赫连勃勃选择这里筑其都城统万城,寓"统一天下,君临万邦"之意。该城周围一带当时的环境"美哉斯阜，临广泽而带清流，吾行地多矣，未有若斯之美"。然而由于此后垦荒耕作的不断扩大，樵采滥伐的加剧，以及唐代中后期以来民族间纷争频繁，军事行动每每引起生产破坏，战火焚烧林草、战马践踏草地屡屡发生，遂招致风蚀作用强化，流沙壅起。唐宪宗（公元 806～820 年）时诗人李益《登夏州城观送行人》诗吟："沙头牧马孤雁飞"。《新唐书·五行志》："长庆二年（公元 822 年）十月，夏州大风，飞沙为堆，高及城堞。"咸通（公元 860～874 年）时诗人许棠《夏州道中》诗吟："茫茫沙漠广，渐远赫连城。"赫连城即统万城，其地沙漠化已相当严重。迨及北宋，无定河流域的风沙之患有增无减。太宗淳化五年（公元 994 年）为防备西夏，宋王朝诏令废毁夏州城，已明确称其在沙漠中。

明成化九年（1473 年）在陕北修筑长城，沿边屯垦亦随之兴盛，凡近城堡、墩堠的草地多被开垦，并且越界边外种田成为风气，对固沙草被的破坏日趋加重。马政也在沿边一带颇受重视，定边、靖边等地设有官方养马苑，刈割青草成为沿边军民的繁重劳役。加之明代中后期以来军屯中弊窦丛生，每每发生屯军逃亡之事，所垦荒地又几经废弃，进一步加剧沙漠化过程。据《读史方舆记要》卷六一，至嘉靖二十五年（1546 年）陕北一带"边墙岁久倾颓"，由于沙埋失去"篱藩之固"，边防城镇也已"四望黄沙，不产五谷"。入清以后，曾规定边墙外 50 里为禁留地（黑界地），不得开垦。但是随着内地流民的不断涌入，加之蒙古王公贵族为获取地租私自招民垦种，甚至康熙三十六年（1697 年）伊克昭盟盟长松拉普都还正式奏请康熙帝："乞发边内汉人，与蒙古人一同耕种黑界地。"为防止涌入的汉族贫民太多，清政府采取发放准垦凭证的办法控制出界人口，雍正时还规定汉族耕种者只能春去秋归，不得占籍。但乾隆以后边内人口压力越来越大，出关耕者日众，控制政策基本失去作用。据《榆林府志》卷二二《户口》统计，仅榆林、神木、府谷三县迁往长城外的定居人口，已形成农村聚落 1507 个。迨及 18 世纪中叶以后，清政府以"借地养民"、"移民实边"等名义放禁开垦，开垦范围从禁留地开始，逐渐外推，形成一条东西广约 650km、南北宽 25～100km 不等的垦荒带。仅 1902～1908 的 6 年中，伊克昭盟以各种名目被开垦的土地即达 24 685.22 顷。同时一些外国传教势力也不断渗入本区，在南部长城沿线柠条梁等地立基占地，招募垦荒破坏草场。此时靖边已是"明沙、扒拉、碱滩、柳勃居十之七八，有草之地仅十之二三。……并无深林茂树软草肥美之地，惟硬沙梁草地滩"[①]。流沙掩埋神木、榆林、横山、靖边一带的长城并越过常乐堡、保宁堡等居民点侵入边墙（长城）以内。

综上可见，毛乌素沙地沙漠化过程大约延续在唐代后期以来的千余年间，而沙漠化的进程表现为愈趋晚近愈为剧烈，沙漠化的原因应是自然和人文因素相互叠加、共同作用的结果，是在半干旱气候和丰富的沙源物质等因素的基础上叠加上人为不合理的活动而产生的。

第四节　宁夏河东沙区

宁夏河东沙区，指宁夏回族自治区黄河东岸以灵武、盐池两市县为中心的一带区

---

① ［清］光绪《靖边县志》卷四《艺文志》。

城，其地东与毛乌素沙地相连，故有人也将其作为广义的毛乌素沙地的一部分。侯仁之1960年率队在这里考察时看到，这片茫茫沙区中残存着不少人类活动遗迹，最突出的是沿北界明代边墙以及边墙以内数以十计的城堡废墟。

例如，位于盐池县城西南约40km的铁柱泉城废址（今属冯记沟乡暴记春村），初建于明嘉靖中叶，城址呈矩形，南北约380m，东西400m，残高5～6m，墙垣坍宽10m许，顶部残宽约2m。墙体原包有青砖，"文革"中被拆除。南开一门，围以瓮城。城内散落大量明代砖瓦等建筑材料和瓷器碎片，城周多见白刺灌丛沙堆。建城之初原有流泉，称作铁柱泉。现在所见铁柱泉早已渺无踪影，四周墙下唯有积沙，高大的城门门洞大半已被沙湮，瓮城之内积沙亦多。越墙入城之后，所见都是废墟蔓草。登城眺望除东门外约2km处有少数民居散布外，他处不见村落。城北流沙成带，向北偏东方向延伸。城下东北及西北两处都遭流沙侵袭，个别地点积沙几与城墙等高。城南因地势低洼，呈现严重的盐渍化现象，并有固定沙丘分布其间。

又如，位于灵武市城东北约33km红山村的红山堡，北去边墙约500m，为明代正德十六年（1521年）所筑沿边城堡之一。残垣仍存，北开一门，有瓮城，城内遗留房宅残迹。当地相传该城废于清同治年间的战乱。值得注意的是，堡城之外沟蚀纵横，且下切甚深，如该堡东门外所见大沟虽不甚宽，但悬崖壁立，达10多米。如此强烈的沟蚀肯定是堡城修建以后形成的，类似情况在河东沙区其他地方亦有所见。沟蚀的迅速发展显然是由于经过大规模开垦以及过度樵采和放牧后，坡面径流强度增大，土壤失去庇护的结果。

除此之外，经普查清理宁夏河东沙区还遗存以下一些古城堡：张记场古城，位于盐池县城北15km的柳杨堡乡张记场村，国家文物保护单位，为汉朐衍县城；城分东西两部，总面积约35万m²，出土大量秦汉钱币、汉代砖块、陶片、封印、铜印章等物。兴武营古城建于明正统九年（1444年），位于盐池县高沙窝镇二步坑村，保存较好，城垣周长超过2000m，残高6m许。野狐井城，位于盐池县王乐井乡野湖井村西，系明万历四十一年（1613年）为保护周围水源、草场而筑，今仍保存较好，周长约900m，墙高4～8m。老盐池城，位于盐池县惠安堡镇老盐池村，南北760m，东西730m，残高1～3m，城内散落大量明清时期砖瓦等建筑材料和陶瓷残片。北破城，位于盐池县惠安堡镇北，残损严重，仅西墙、北墙部分残留，全城周长约1300余米，城内淤沙厚达2m，城内发现西夏、元时的黑瓷片、钱币等物。西破城，位于北破城西南约2km，城垣规模较北破城稍大，亦很残破，城内布满灌丛沙堆。红墩子城，位于盐池县惠安堡镇西红墩子村，建于明嘉靖六年（1527年），今已基本无存，城内城周见大片流沙，据县志记载该城原规模较大，南北210m，东西242m。毛卜喇堡，位于盐池县高沙窝镇宝塔村，周长约900m，紧靠边墙。高平堡，位于盐池县柳杨堡乡李记沟村，周长约1000m，北、东墙垣损毁严重。清水营堡，位于灵武市清水营村，建于明正统七年（1442年），弘治十八年（1505年）没于蒙古骑兵。磁窑堡，位于灵武市磁窑堡镇西北，周长约500m。此外本区尚有不少明代所建军堡。

侯仁之考证得到①，宁夏河东沙区除去少数局部的天然流动沙丘外，其余地方本应是广阔的草原，自明代中叶以后由于沿边城堡军屯的推行，不合理的耕作，以及过度的樵采和放牧，原来的草原遭到破坏，其结果正如铁柱泉城附近所见，不仅造成就地起沙，而且在黄土发育的地区还导致了严重的水土流失。其危害不但使当地农牧业受损严重，同时还大大增加了黄河的含沙量。

---

① 侯仁之：《从人类活动的遗迹探索宁夏河东沙区的变迁》，《科学通报》，1964 年第 3 期。

第十九章　历史时期荒漠地带的沙漠化

　　荒漠地带位处我国西北，属于典型的干旱地区。这一生物气候带内的沙漠早在第四纪时期即已形成。但在沙漠边缘的一些绿洲地带，历史上人为的滥垦、滥牧、滥采、滥樵、滥用水资源，或受战争等的影响，加之自然因素的作用，使其环境发生变化，一些城镇和居民地被迫迁移或废弃，固沙植被破坏，风沙作用加剧，流沙壅起，农田荒弃，从而形成沙漠化土地，使绿洲演变为荒漠。此种情况主要见于塔克拉玛干沙漠南北边缘、乌兰布和沙漠北部、腾格里沙漠东南边缘、河西走廊北部和内蒙古西部阿拉善高原的一些地区。

第一节　乌兰布和沙漠北部

　　乌兰布和沙漠位于黄河由北向东大拐弯以西，其东北部与河套平原相接，总面积9970km², 年均气温 7.5～8.5℃，年降水量 150～100mm，属于典型的温带干旱气候。沙漠中流动沙丘占 39%，半固定沙丘占 31%，固定沙丘占 30%。流动沙丘主要集中在南段和中段，北部沙丘较稀疏。磴口、沙拉井一线以北为古代黄河冲积平原，地表组成物质以黏土或亚黏土为主，为古代本区的农业活动提供了物质基础，其下层则为中细沙层。

　　乌兰布和沙漠北部早在先秦时就有人类活动，1963 年侯仁之院士率队对其进行了深入考察，收集到细石器和磨光石斧各一件，发现被流沙掩埋的汉朔方郡临戎、窳浑和三封县故城遗址、数以千计的汉墓以及大量出土遗物。由此证明今乌兰布和沙漠北部从陶升井直到太阳庙一带，西汉时曾是一片很大的农垦区，当时非但没有流沙危害的记载，而且在西汉后期的半个世纪间其农事经营还相当繁荣（图 19.1），其沙漠化过程发生自东汉后期以来[①]。

　　汉临戎县，设于武帝元朔五年（公元前 124 年），东汉时朔方郡治曾从朔方县迁到临戎县城，其废址为今磴口县城北约 20km 的布隆淖古城，东距黄河西岸仅 5km。因其东边紧靠河拐子村，故该城又名河拐子城。城垣夯土版筑，倾圮严重，许多地段已被流沙埋没，南北 450m，东西 638m，城垣坍宽约 10m。城内大部分地面被流动和半固定沙丘占据，散落许多汉代绳纹砖瓦残片和大量罐、壶、瓮、盆、甑等陶片，还见石础、残石磨、石权等物。城中部有一处稍稍隆起的建筑遗址，其上堆积砖瓦尤多。城西北部有冶铁遗址一处，布满铁器残片、炼渣和炭烬。

　　汉窳浑县，设于武帝元朔二年（公元前 127 年），与朔方郡同时设置，亦为该郡西部都尉驻地。废址位于今磴口县沙金套海苏木驻地西南约 3km 处的保尔浩特古城，汉

---

　　① 侯仁之：《乌兰布和沙漠北部的汉代垦区》，《治沙研究》，1965 年第 7 期。

语意为土城子。城址形状不甚规则，东西最长处 250m，南北最宽处约 200m，西北隅向内收缩，似作两度曲折。大部墙垣保存较好，宽约 9~13m。南垣中部有一宽约 20m 的缺口，约为城门遗迹。城内堆积流动沙丘，暴露汉代砖、瓦、陶片等物，还可捡到汉五铢钱。城西南部多有箭镞分布，似为储存箭镞之处。

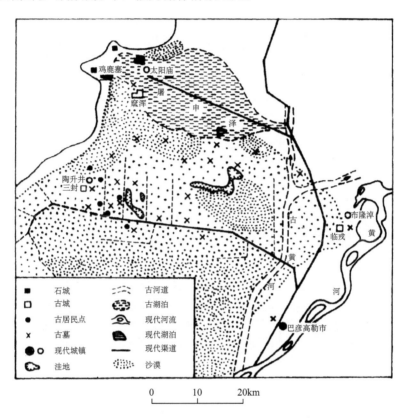

图 19.1　乌兰布和沙漠北部汉代遗迹分布图（据侯仁之，1973）

　　汉三封县置于武帝元狩三年（公元前 120 年），废址位于今磴口县西部保尔陶勒盖农场场部西南 4km 处，今称陶升井古城，亦称麻弥图土城，因该城南不远处有一座清代麻弥图庙废墟，故名。城垣几近无存，在沙丘中可依稀辨别出其内城范围，长、宽各约 118m。内城外东北和西南还分别找到各长约百米的残垣痕迹，可能是其外城。城内发现汉代砖、瓦、陶片、云纹瓦当、铜镞、钱币等物，钱币均为武帝至宣、平前后的五铢及王莽时期的大泉五十，而不见一枚东汉及其以后的钱，这正暗示出了古城的繁荣时间。该城东部还存几处汉代村好落遗址。

　　据《水经注》与《汉书·地理志》，窳浑县东有黄河水溢积形成的屠申泽，该泽东西广袤 120 里，故址就在今太阳农牧场总部西北一带，1950 年以前还有湖水存在，以后便逐渐干涸。

　　据《汉书·地理志》注文，窳浑县"有道西北出鸡鹿塞"。鸡鹿塞遗址当为今阴山西部哈隆格乃口子，为乌兰布和北部通往山后地区最易通行的一条天然谷道的南口，这里发现 10 余处汉代石砌烽燧废墟和石城遗址。石城正方形，全部用石块修砌，每边长

68.5m，残高 7～8m。

　　另据近年内蒙古考古工作者调查，沿乌兰布和沙漠西北的狼山东麓新发现了断断续续的长城遗迹，在哈隆格乃沟石城北、西方向亦发现石筑长城，应为汉长城遗迹。也有人认为此段长城很可能是汉代沿用赵、秦长城之旧修缮的。

　　除此之外，乌兰布和北部还成群分布数以千计的汉代墓葬，因其地风蚀严重，绝大部分汉墓墓室券顶暴露地表，尤以三封周围最为密集。

　　史载，武帝元朔二年（公元前 127 年）汉将卫青率军攻取河套地区，嗣后在阴山迄南包括黄河南北两岸一带，分别设置五原郡与朔方郡，遂使汉王朝势力沿阴山南麓向西推进至今乌兰布和沙漠北部一带，其中临戎、窳浑和三封县为朔方郡中最靠西的三个县。随着郡县的设置，不仅大量屯戍军士进入本区，而且还大规模移民实边。《史记·平准书》称，元朔二年"卫青取河南地……兴十万人筑卫朔方"。《汉书·匈奴传》亦记，元狩元年（公元前 122 年）"徙关东贫民处所夺匈奴河南地新秦中以实之"。《史记·平准书》载，元鼎年间（公元前 116～前 111 年）"上郡、朔方、西河、河西开田官，斥塞卒，六十万人戍田之"。《汉书·匈奴传》记："汉度河，自朔方以西至令居，往往通渠，置田官吏卒五六万人。"可知乌兰布和沙漠北部此时期已被开辟为新兴的农业区，引用黄河、山泉水灌溉，而临戎、窳浑和三封等城正是这一农垦区的中心。汉宣帝即位后，北部边塞趋于安定，特别是甘露二年（公元前 52 年）匈奴呼韩邪单于款塞称臣，汉王室采取怀柔之策，终于使长期纷争的局面转而为和平安定的生活，从而有力地促进了本区人口的繁盛和农业的兴旺。当呼韩邪单于返回时，出朔方鸡鹿塞，不但派兵护行，而且转送"边谷米糒前后三万四千斛"，这些边谷米糒当有不少应是从窳浑、三封、临戎一带征集的，可见其地农业开发的兴盛。《汉书·匈奴传》记："北边自宣帝以来，数世不见烽火之警，人民炽盛，牛马布野。"

　　然而自东汉后期以来，战乱频仍，沿边诸郡安定局势遭到破坏，顺帝永和五年（公元 140 年）夏，南匈奴左部入塞骚乱，杀朔方长史，大量汉族人口内迁，这里被迫弃耕，大片田野荒芜，已被犁耕破坏的古黄河冲积平原地表在没有任何作物覆盖的情况下，极易遭受强烈的风蚀，遂使大面积表土破坏，覆沙飞扬，逐渐导致了本区沙漠的形成。强烈的风蚀还使绝大部分汉墓券顶露出地表。据《宋史·高昌传》，太平兴国六年（公元 981 年）北宋王朝派王延德等出使高昌（今吐鲁番），大约在今磴口以北渡过黄河，然后横穿乌兰布和沙漠北部西去，这里已是"沙深三尺，马不能行，行者皆乘橐驼。不育五谷，沙中生草名登相，收之以食"。登相俗称沙米，为流沙上的先锋植物。由此推想这里的沙漠化土地在千余年前已在形成。

第二节　腾格里沙漠东南边缘

　　腾格里沙漠，位处内蒙古宁甘三省区间，西界贺兰山，东南隅抵黄河岸边，西北以雅布赖山与巴丹吉林沙漠隔断，总面积 42 700km²，为我国第五大沙漠。腾格里东南边缘即沿黄河一带，包括宁夏中卫、中宁两县以及内蒙古阿拉善左旗南部，亦为历史时期人类活动频繁、生态环境变化显著的典型地区之一。本区有一个颇有名气的地方——沙坡头，其地原为黄河北岸小村落，1956 年修筑包兰铁路于此穿过，遂在这里设立沙坡头科学试验站，专门从事防沙固沙研究，取得重大成果，在国内外享有盛誉。沙坡头年均气温 9.7℃，年降水量 186.6mm，年平均风速 2.9～3.9m/s，多西北风，一般风力 7～8 级。其植被类型以荒漠、半荒漠的沙生旱生系列为主，以矮小的灌木、半灌木为主要代表植物。对于沙坡头一带历史上的沙漠化状况，景爱等作过系统研究①。

近年文物普查中，于本区包兰铁路长流水车站附近流沙中发现旧石器时代晚期打制石器，在一碗泉车站南、沙坡头车站南、孟家湾车站西北、上茶房庙北等处还发现一批新石器时代遗址（以细石器为主），反映出当时人们以狩猎为主要谋生手段。中卫县北部、阿拉善左旗南部山崖上，保存着多达四五千幅古代岩画，大多描绘羊、鹿、马、骆驼、狗、虎、豹、狼、熊、野猪、鹰、野鸭以及各种树木、花草等，还有日月星辰、湖泊、河流、猎人、牧人、骑士、巫师等形象，反映了当时这一带较好的自然环境和以畜牧、狩猎为主的生产生活方式。

战国秦汉时期，本区先后属北地郡、安定郡之域，农业民族的进入，在沿黄河一带始有一定程度的农事活动。腾格里苏木以北 15km 的通湖山发现的汉代摩崖刻石，记载了东汉时南匈奴配合汉朝共同攻打北匈奴之事，也表明这一带原为南匈奴肥美的牧场，当其迁入塞内后，这里成为汉军屯驻场所，当时并未见沙漠迹象。隋唐时代本区属灵武郡（灵州）之地。位于中宁县石空镇西北的贺兰山南部余脉双龙山（又称石空山）石窟群，即为唐代开凿，原有万佛寺、卧佛洞、百子观音洞、灵光洞、龙王洞等 13 个洞窟，规模庞大，气势不凡，风光秀丽，直到清乾隆时仍香火旺盛，未见沙害。

西夏时本区设应理县（今中卫县），元初升为应理州，《元史·地理志》记该州"东阻大河，西据沙山"。《元史·太祖纪》记，成吉思汗由西凉府（今甘肃武威）东征西夏，"逾沙陀，至黄河九渡，取应理等县"。可见在西夏末年本区西部已出现沙山、沙陀等流动沙丘。

明清时本区沙漠化进一步加剧。明成化时修筑宁夏西路的长城，贺兰山一带的森林遭到空前的砍伐破坏，招致腾格里沙漠的南移和扩张。据《嘉靖宁夏新志》记载，当时在本区东部的三关口至大坝间，"役屯丁万人"挖掘壕堑，以阻挡蒙古骑兵，但"风扬沙塞，数日即平"；"随挑随淤，人不堪其困苦"，其沙漠化危害已甚为严重。清代本区人口迅速增加，农耕兴盛。据乾隆《中卫县志》、道光《续修中卫县志》，全县人口已由乾隆二十五年（1760 年）的 82 768 人增加到道光二十一年（1841 年）的 214 107 人，翻了一番多；全县浚治和新开美利渠、镇靖堡北渠、贴渠、镇罗堡新北渠、永兴堡北渠、石空寺堡胜水渠等 10 余条，合计灌田 18 万多亩。在农业生产获得空前大发展的同时，沙漠化的危害亦空前加剧，腾格里的流沙已越过明长城一线，部分长城被流沙掩埋。《中卫县志》记，"近年沙势日逼渠岸，或山水大风，遂为沙累淤塞，岁数挑浚，功力惮焉。"《续修中卫县志》记："县西六七里，沙涌若丘陵者已久"；"西沙咀，《旧志》在县城西，明成化间因西路永安墩至沙咀旧墙低薄，改筑高墙。今为沙拥积，无复遗墙矣"。乾隆时任中卫县知事的黄恩锡作诗吟称："忽为暗门西，积沙竟成巘"；"浮沙高拥隐边墙，渺渺烟云接大荒"。不仅越过明长城，流沙还越过黄河为害。《续修中卫县志》："康熙四十八年间，地震后忽大风十余日，沙悉卷空飞去，落河南永、宣两堡近山一带。

① 景爱：《沙漠考古通论》，紫禁城出版社，2000 年。

县民遂垦旧（沙）压田百顷。"石空寺石窟群因流沙不断淤积难以清理，清末只好完全放弃，近年才清理积沙，整修恢复。

第三节　河西走廊北部及阿拉善地区

河西走廊北部及阿拉善地区，亦是我国历史上沙漠化作用的典型区域。李并成通过多年来的实地调查和考证，对于本区历史时期的沙漠化作了系统的研究[①]。李并成查得本区仅汉唐时期的古绿洲形成的沙漠化区域就有 10 大块，即民勤西沙窝、端字号—风字号沙窝、张掖"黑水国"、黑河下游古居延绿洲、马营河摆浪河下游、金塔县东沙窝、玉门市比家滩、疏勒河洪积冲积扇西缘（锁阳城及其周围一带）、芦草沟下游、敦煌古阳关绿洲，沙漠化总面积达 4600 多平方千米；至于宋元以后形成的沙漠化土地，则有民勤红沙堡沙窝、青松堡沙山堡南乐堡一带、武威高沟堡沙窝、永昌乱墩子滩、六坝滩、山丹壕北滩、临泽平川北等处（图 19.2）。

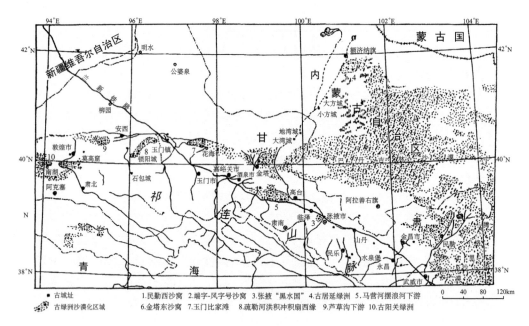

图 19.2　河西地区古绿洲沙漠化区域分布图

一、民勤西沙窝与端字号-风字号沙窝

（一）民勤西沙窝

西沙窝，位于甘肃省民勤县石羊河下游现代绿洲西部，南北斜长约 75km，东西宽 7～13km，古绿洲总面积约 800km^2。这是我国历史时期形成的沙漠化土地中面积较大、

---

① 李并成：《河西走廊历史时期沙漠化研究》，科学出版社，2003 年。

形态最典型的一处区域（图19.3）。地表景观所见，为成片的半固定白刺灌丛沙堆与废弃的古耕地相间分布，沙堆高约 2～3m，白刺覆盖度 30%～70%，其间散布少许裸露的新月形沙垄；当接近其东部现代绿洲边缘处则绵延着一条宽约 1km 许的柽柳灌丛沙堆带，沙堆较高，达 3～5m，柽柳生长良好，覆盖度 60%～70%。古耕地皆遭受强烈风蚀，破碎严重，少许较完整的地块外观上呈现为灰白色的板状硬地面，带有明显的风蚀擦痕，风蚀垄槽比高 0.6～1.8m。这一古绿洲东北 10km 许，即为石羊河古终间湖——猪野泽。

这片古绿洲上，昔日河道水系因废弃年代太久，且多被沙丘隐埋，实地考察中只能看到一些断断续续的残迹，而难以察其整个渠系分布状况。借助于高分辨率卫星影像辨识，可以看到贯穿西沙窝中有若干条形迹较为清晰的古河道影迹，其中形迹较粗的一条河道几乎贯穿整个西沙窝南北，全长超过 60km。该河道无疑为古绿洲当年的主要灌溉干渠，也应为昔日古石羊河的主道。主河道两侧多有支河道和更次一级的河道分出，整个水系图形呈现为树枝状，尤其是在古城遗址南部至连城遗址北部段河道密集，支津纷出，并可看到明显的三角洲影像。

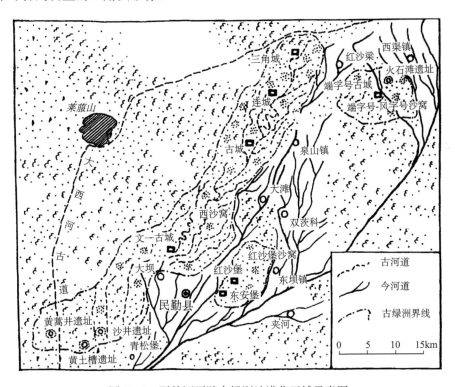

图 19.3　石羊河下游古绿洲沙漠化区域示意图

西沙窝茫茫沙丘中残存着沙井柳湖墩、黄蒿井、黄土槽等沙井文化聚落遗址和三角城、连城、古城、文一古城等多座古城废墟以及若干宅舍、建筑基址等。古遗址、城址内外和古耕地上散落着疏密不等的各色陶片、砖块、钱币等遗物。

三角城位于西沙窝古绿洲北部，南（略偏西）距民勤县城 50km 许（鸟道）。整座城址筑于一座高 8.5m 的夯土台上，台之东北部倾坍，使城垣看上去略呈三角形，该城因之得名。城垣东西长约 180m，南北宽近 100m，已大段倒塌，存者不足 1/3。城内及周围散落大量灰陶片、红陶片、碎砖瓦等，多系汉代遗物，亦可见沙井文化期的夹砂红陶片、石纺轮等。阎文儒 1945 年初在这里还发现汉五铢钱、漆木片、铜镞等物，并断定此城至迟在汉末即成废墟。三角城为石羊河古绿洲最北部的障城，正当防范匈奴之前哨。城周围遍布白刺灌丛沙堆，丘间地上出露成片风蚀古耕地，这里当为汉代军屯垦区。

连城，位于西沙窝中部偏北，南距三角城 9km。墙垣残破，大部墙段被沙丘埋压，但轮廓仍十分清晰。南北约 420m，东西 370m。四垣各筑马面 2 座，西、南二垣各开 1门，均设瓮城。由西南角墩西延，亦有一段长 370m 的墙垣，较厚，其内地面平整，似为练兵校场。城址及周围地面暴露大量灰陶片、红陶片、蓝釉硬陶片、碎砖块、石磨残块等物。城内西门南侧铜甲、铁甲残片、铁箭头等物甚多，似为兵器库。城内东部铜质残渣集中，似铜器作坊。西南隅玛瑙碎片较多，似玛瑙作坊。阎文儒等于 1945 年在这里发现"开元通宝" 9 枚和唐三彩残片等。城中还曾发现石刀残件、陶纺轮、石刮削器、汉五铢钱。该城当系汉至唐代城址，新石器时代亦有人类活动。李并成考得连城为汉武威郡武威县城，该县约在武周证圣元年（公元 695 年）废弃[①]。

古城，位于西沙窝中部，连城遗址西南 10km 处。平面正方形，每边长 110m 许，墙垣亦残颓甚重。城东北角盔甲残铁片堆积甚多，似一兵器库。西北角堆有腐烂的谷物粉末，似为粮库。城址内外暴露大量灰陶片、铁箭头、碎砖块等物，还曾发现汉五铢钱、开元等汉唐钱币、残石磨、铜饰件等。该城当属汉唐时期一处军事据点。

文一古城，位于西沙窝南部，古城西南 23km 处。墙垣大部已成颓垄，南北 250m 许，东西约 280m。城内距北垣 80m 处又有一道东西向横亘的墙基，将该城分作南北两部。城址内外散落大量汉唐时期灰陶片、釉彩陶片、铁片、石磨块、砖块等。该城为汉武威郡宣威县城、唐明威戍城。

西沙窝古绿洲的废弃沙漠化，可分为汉、唐两个时期。汉代是河西绿洲第一次大规模农业开发时期。武帝开拓河西，置郡设县，大规模移徙兵民屯田实边，使河西社会经济获得迅速发展，一跃成为我国西北的富庶之区。随着大批移民的进入，大片的绿洲原野被逐渐辟为农田，绿洲天然水资源被大量纳入人工农田垦区之中，从而大大改变了原有绿洲水资源的自然分布格局和平衡状态，绿洲自然生态系统已在相当程度上被人类的活动所影响。随着大规模开发的进展和深入，农田灌溉用水量不断增大，使得离水源较远的绿洲北部下游尾闾的三角城周围（约 60km²）和古绿洲西部沙井柳湖墩、黄蒿井、黄土槽一带（约 80km²）首先受到水源不足的影响，加之这里正处于风沙侵袭的最前缘，人工开发破坏固沙植被，流沙活动加剧，遂使下游尾闾的这些地段首先遭受沙患之害，出现沙漠化过程，其周围的垦区被迫废弃。

西沙窝古绿洲大部分地区（约 660km²）的沙漠化则发生在唐代后期。唐代河西绿洲进入了更大规模的开发、发展时期，人口和耕地较汉代又有大量增加。特别是在唐代前期于河西推行足兵足食政策，实施屯防、屯粮、屯牧之举，绿洲的土地开发遂在前代的基础上获得前所未有的发展。唐代石羊河绿洲的开发地域，主要集中在中游平原，当

① 李并成：《残存在民勤县西沙窝中的古代遗址》，《中国沙漠》，1990 年第 2 期。

时凉州辖有 6 县，其中姑臧（州治，河西节度使治所）、神乌、嘉麟、昌松、天宝 5 县即位于石羊河中游绿洲平原，仅有武威一县置于下游绿洲（仍置于汉武威县故城，今连城遗址），并且该县仅仅存在了 27 年（总章元年至证圣元年，公元 668～695 年）即行废弃。两唐书《地理志》、《元和郡县图志》、《通典》等所记凉州领县均不列武威之名。武威县何以仅仅存在了 27 年？此外下游绿洲何以再无别的县设置？其原因正在于这一时期下游绿洲地区强烈的沙漠化过程。中游地区的超规模发展绿洲使流入下游地区的水量不足，绿洲中、下游间的土地开发和生产发展可谓此消彼长、互相制约，导致严重的环境后果。

唐代前期石羊河中游凉州一带，不仅集中了整个流域几乎全部的属县（除下游武威县设过 27 年外），而且大兴垦耕，封建经济高度发展。唐诗人岑参《凉州馆中与诸判官夜集》吟道："凉州七城十万家，胡人半解弹琵琶。"元稹《西凉伎》："吾闻昔日西凉州，人烟扑地桑柘稠。"中游绿洲凉州一带的这种惊人发展，盲目开垦，必然大量耗用灌溉水源，严重影响流灌下游地区的水量。可以说这一时期中游地区土地大规模开发所带来的经济繁荣在一定程度上是以下游地区的土地荒芜作为代价的。从这一点说，中游开垦越烈，注入下游的水量越少，则下游荒芜越严重。同时下游绿洲的沙漠化过程也与固沙植被的大量破坏有关。加之唐代前期河西相应干旱，流域水源总量相对较少，促使沙漠化的产生。

唐武威县废弃，使得凉州城直接暴露在游牧民族的铁蹄面前，以至于他们一度可以"频岁奄至城下，百姓苦之"。为抵御侵扰，长安元年郭元振任凉州都督后即于凉州北300 里的"北碛置白亭军"，可见凉州的北部防线不容弃置不顾。值得注意的是，武威县的荒弃与白亭守捉的新建其间虽不过数年，但白亭军并未置于武威县原址，而是于武威县以东另辟新址，设于今端字号—风字号沙窝古绿洲的端字号柴湾古城。由此证明当时西沙窝古绿洲武威县一带的沙漠化情形已十分严重，那里已不适宜于人们建立城堡驻军屯防，同时该地也无继续屯防的必要。既然武威县的废弃是迫于沙漠化，白亭守捉当然也无法于原址新建。从连城、端字号柴湾古城一带散落的遗物来看无唐代以后的东西，可知沙漠化过程即出现在唐代大规模开发之际或其稍后。

除白亭守捉（军）外，石羊河下游绿洲还于汉宣威县故址（文一古城）置有另一处军事据点明威戍。该城由汉代的县降格为唐代的戍，亦反映了其周围绿洲荒芜沙化的史实。位处西沙窝中部的古城遗址，亦未发现唐代以后的遗物，表明这里亦在盛唐或其以后发生沙漠化。从南到北，由连城到文一古城，唐代后期下游绿洲的大片田亩均已荒芜废弃。沙质平原上弃耕的农田在水源不及又缺乏植被保护的情况下受风力的强烈吹扬，发生地面风蚀，并提供大量沙源，干涸的河床亦成为沙物质的源地，使得下游绿洲很快流沙壅起，出现吹扬灌丛沙堆，或形成流动沙丘和沙丘链，整个西沙窝古绿洲终于演变为荒漠。乾隆《镇番县志》载，"今飞沙流走，沃壤忽成丘墟"，这种情况同样适应于盛唐时的石羊河下游绿洲。可见早自唐代中期以来石羊河下游绿洲就已演变成了"第二个楼兰"，而今天的下游民勤绿洲是从元代，特别是从明代以来开发的新绿洲，这一新绿洲今天又再次面临着沙害肆虐、绿洲毁灭的严重威胁，历史的教训凿凿可鉴！[①]

---

① 李并成：《石羊河下游绿洲早在唐代中期就已演变成了"第二个楼兰"》，《开发研究》，2007 年第 2 期。

（二）民勤端字号—风字号沙窝

端字号—风字号沙窝位于石羊河下游今民勤县城东北约50km处的西渠镇西南部，东西长10~14km，南北宽约8~10km，沙窝总面积约115km²（图19.3）。这片沙窝遍布较高大的白刺灌丛沙堆，间有新月形沙丘和流动沙梁。沙堆一般高1.5~4m，白刺覆盖度40%~70%。丘间地上暴露成片风蚀古耕地遗迹，并随处可见散落的灰陶片、夹砂红陶片、碎砖块、残铁片等物，还发现沙井文化时期的彩陶片等。在高分辨率卫星影像增强图上，可以较清晰分辨出这块古绿洲中几条被沙丘埋压隐伏的古河道。

沙窝中尚遗存端字号柴湾和火石滩两处沙井文化遗址、端字号柴湾古城址，以及大量古代墓葬。端字号柴湾古城，位于建立村西4km许，为南北两城相连，南半城较大，东西85m，南北73m；北半城较小，东西36m，南北32m。墙体经长期风蚀已成土垄状。城内及城周遗落大量灰陶片、碎砖块、残铁刀、铁戟、铁铠甲片等物，并捡到唐开元通宝钱币等。该城即唐之白亭守捉（天宝十年改置为白亭军）。

由上可见，端字号—风字号沙窝为石羊河下游又一处汉唐时期的古绿洲，沙窝中无唐代以后的遗物，说明唐代后期这里亦不适于农耕和人类活动，其地沙漠化的原因与西沙窝古绿洲类似。

二、石羊河流域其他沙漠化区域

除西沙窝、端字号—风字号沙窝外，石羊河流域中、下游还分布有红沙堡沙窝、黑山堡、红崖堡以至野猪湾堡一带、青松堡、南乐堡、沙山堡一带、高家沙窝—湖马沙窝、高沟堡沙窝等历史时期形成的沙漠化土地，其总面积约210km²。

红沙堡沙窝位于民勤县城东略偏北6km处，南北长约13km，东西宽7km许，总面积90km²许。沙窝内遍布裸露的新月形沙丘和沙丘链，亦见片状流沙地和吹扬灌丛沙堆。丘间地上暴露成片的风蚀弃耕地，田垄、渠堤等遗迹甚为清晰，地表散落许多明清时期的青瓷片、黑釉瓷片、碎砖块等。沙窝中残存明代始筑的红沙堡，以及东安堡、陈梅寨、六坝堡等古堡遗址。红沙堡位于沙窝西北部，残垣仍存，南北约180m，东西150m。据县志，红沙堡建于明嘉靖七年（1528年），清道光五年（1825年）废弃。东安堡，乾隆中期"倾圮沙淤，无居民"。陈梅寨、六坝堡等亦于乾隆后期荒废沙化。这些古堡废弃发生沙漠化，主要在于受风沙之患以及由此而引起的四坝河道迁改。道光五年修《镇番县志》卷三："四坝之末，兼被沙患，旧坝水多淤遏，不能直达，故另立新河口。"此河道的改徙迫使红沙堡一带绿洲荒废沙化。

黑山堡、红崖堡以至野猪湾堡一带位处民勤县南部红崖山附近，三堡均建于明代，沿石羊河岸分布，一线孤悬。由于沿河固沙植被的破坏，它们极易受西北方向盛行风沙的侵淤，至清代前期渐次演变为沙漠化土地，面积约20km²。据县志，早在乾隆年间三堡就遭沙淤，沙漠化过程已十分明显，这又迫使人们离弃家园向东迁徙，于红崖堡东边外如乱山窝、苦豆墩等"昔属域外"的地方大举开垦，以致"居民稠密，不减内地"。然而好景不长，由于灌溉水源的不足和风沙危害的继续，沙漠化并未停息，红崖堡东边外新开的土地至迟在清末又完全沙化放弃。

青松堡、南乐堡、沙山堡一带位处民勤县南部坝区绿洲西侧，正当风沙入侵前沿。三堡均明代前中期修建，约从明代后期迄清代乾隆前后发生沙漠化，沙漠化的原因亦是大规模土地开发所带来的对绿洲边缘固沙植被的大量破坏以及流沙填淤灌溉渠道。《镇番遗事历鉴》载，明崇祯三年（1630 年）"青松堡黄沙拥城，几与雉堞高下。有司率夫清挖，旋移旋淤"；"孙煊光等二十六户，拔宅迁徙"；雍正四年（1726 年）春"李海峰等七十二户农民，自青松堡迁徙柳林湖屯田"。民勤县陈氏宗谱载，"始祖居头坝青松堡地，易兵为民。后被风沙淤压，复迁于高家大门"。风沙之患迫使不少民户举家搬迁。中共张掖地委秘书处 1958 年编《河西志》载："民勤县头坝地区原有南乐堡、青松堡、沙山堡等 20 多个村子，2300 多户人家，20 000 多亩土地，在新中国成立前的 200 多年中土地全被流沙埋没，只剩下薛百沟、小东沟、化音沟 3 个村子、340 多户、3000 多亩土地。薛百沟的百户人家在新中国成立时只剩下 9 户。"

高家沙窝—湖马沙窝位于民勤县城东南 8km 许的羊路乡学粮村南，面积约 10km² 许。沙窝位处石羊河外河故道内侧河湾处，原为外河水滋育的绿洲区。清代后期以来因河道沙淤风蚀、绝口水冲，以及改建新渠（五坝、六坝渠）、古河床沉积物被吹扬携带等原因，遂废弃沙漠化。

高沟堡沙窝位于武威市东部洪水河与白塔河之间的二十里大沙南部，西距今武威市城 25km。这片古绿洲东西宽约 6km，南北长 15km 许，面积约 90km²，早已被成片的新月形沙丘和沙丘链吞噬，丘间地上废弃的沟渠、地垄遗迹明显，并可见倾倒的庄院房基、砖瓦窑古址、枯死的树桩，散落大量陶片、瓷片和砖瓦残块，亦见石磨、铜钱、料珠等物。高沟堡为武威境内明长城沿线上最大的一座城堡，南北约 220m，东西 210m 许，有内外两重墙垣。城内原有清代庙宇一座，俗称高庙，今圮。城东遗存成片房宅基址，计约 40 间，构筑较齐整，疑为原驻军兵营。其残缺的外城当为汉代始建，较完整的内城为明清时的扒里寨。二十里大沙南部当属昔日田连阡陌的军屯区，其地沙漠化的发生当在清代中后期。

三、古居延绿洲

古居延绿洲位于黑河下游，巴丹吉林沙漠西北边缘，今内蒙古自治区额济纳旗政府（达来库布镇）东南 15～45km 处。古绿洲西起黑河下游东支纳林河，东至古居延泽洼地，北抵吉日嘎朗图苏木南，南达查干桃来盖遗址，总面积约 1200km²。依其开发时代的不同，可分为汉代垦区、唐代垦区、西夏元代垦区三部分（图 19.4）。

（一）汉代垦区

古居延绿洲上留存北、西、东 3 道汉长城塞垣烽燧遗迹，断续分布，基本上围括了古垦区范围。在 3 道汉塞护卫的范围内分布着大面积的古耕地、渠道和居民点遗迹。靠近古绿洲北部多有新月形沙丘和盾状、片状流沙地侵入，沙丘一般高 2～3m。古绿洲南部则多见吹扬灌丛沙堆和成片分布的类似雅丹地貌的风蚀弃耕地（光板硬地面），渠

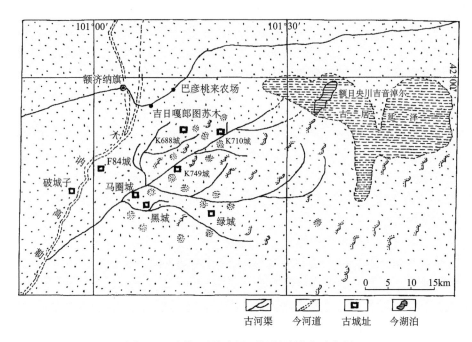

图 19.4　黑河下游古居延绿洲沙漠化示意图

道、堰堤等遗迹清晰，历历在目。古绿洲上遗存的汉代主要城址有 K710 城、K688 城、绿城、K749 城、乌兰德勒布井城（F84 城）、破城子（A8）等。

K710 城平面呈矩形，地理位置北纬 41°52′37″，东经 101°17′05.3″。南北 110m，东西 133m。墙体遭受严重风蚀，成断续块状。城周遍布高大柽柳灌丛沙堆，城西北角和东墙南段被沙堆埋压。城内存数处零散房址，城西墙外发现一条砖砌水道。城垣内外散落大量残断汉砖、陶片等，并捡到汉五铢钱，还发现石磨盘 10 余扇。城东 1km 处为墓葬区，小型砖室墓居多，多已被盗。城周数千米范围内风蚀弃耕地上亦遍布汉代绳纹、素面灰陶片、碎砖块等物，并见宋元时代一些瓷片。

K688 城又名雅布赖城，位于 K710 城西北 4km 许、四一农场四队东南 6km 处。平面基本方形，南北 130m，东西 127m。墙体亦很残破，城内几乎都被柽柳沙堆占据，沙堆高于城垣，城外亦遍布沙堆。城内城周散落大量汉代灰陶片、瓦片、汉砖残块、残铁片等。城外东、南 1000m 许为汉代墓群。

K710、K688 两城居处古居延绿洲北部，接近弱水尾闾，临近北部殄北塞军防系统，又靠近古绿洲西部甲渠塞示警防御系统，城址规模虽不很大，但夯筑厚实，应系军事用途城堡。据之李并成认为 K688 城当为汉居延都尉府城，而 K710 城则有可能为汉遮虏障城[①]。

乌兰德勒布井城（F84）位于吉日格朗图苏木西南 15km 处的荒滩上，平面呈正方形，每边 22m，墙体土坯砌筑。城内地表堆积厚达 47cm 的马粪，遗存大量泥质陶片等物。该城靠近甲渠塞，当为其防御体系的一处重要军事城障。

---

① 李并成：《河西走廊历史地理》，甘肃人民出版社，1995 年。

破城子（A8）位于额济纳旗政府西南 24km、甲渠塞军防线中部，城西 300m 见南北延伸的双重塞墙遗迹。城址由障、坞两部分组成。障呈方形，每边 23m，残高 4m 多，流沙淤近城顶。坞呈长方形，长 47.5m，宽 45.5m，残高约 1m。坞内有倒坍的房宅、牲畜圈棚遗址，坞外环墙布设 4 排尖木桩（虎落）。城中先后出土汉简 6865 枚，陶器、铜铁器以及弓箭、箭头、转射、钱币、农具、猎具、网坠、丝织品残片等物 1600 余件。据其所出汉简可知，该城为汉居延都尉甲渠候官遗址。

温都格特日格城（K749）位于吉日格朗图苏木南 15km 处，俗称东城圈。平面略呈正方形，每边 55m，破损严重，流沙淤塞。城内文化层堆积较厚，含有各色陶片、木料碎屑、粪灰、砖块等物。

绿城位处额济纳旗政府东南 34km、黑城遗址（K799）东略偏南 14km 处。城垣亦很残破，多半坍塌损毁，平面略呈椭圆形，周长 1205m。城内文化层堆积较厚，可分上下两层：上层厚 8～15cm，含西夏至元代瓷片等物；下层厚 6～20cm，主要含汉晋时期陶片。该城当始筑于汉，直到西夏、元时继续使用。城周一带尚有寺庙、佛塔、烽燧、墓葬、砖窑等遗迹，其中烽燧和部分墓葬、砖窑为汉代遗址，其余多为夏元时遗存。绿城遗址坐落在古居延绿洲汉代垦区腹地，其周围耕地范围最大，渠道遗迹最密（渠道总长度超过 30km），建筑遗址最集中，无疑为古绿洲农垦生产的精华之域。李并成考得绿城为汉居延县城。

除上而外，汉代垦区内尚有成组的烽燧、障城、房址、小堡等遗存。

（二）唐 代 垦 区

居延古绿洲上唐代垦区的规模比汉代垦区小得多，所见唐代古城址仅有 1 处，即位处古绿洲西部的马圈城（K789）。该城位于额济纳旗旗政府东南 19km，平面矩形，有内外两重城垣。外垣风蚀残重，大段坍毁，东西 155m，南北 120m 许。内城残破亦甚，多数墙段仅余垣基，且多被流沙淤埋，东西约 80m、南北 70m 许。有人认为内城可能系汉代始筑，为汉时一处障城，唐代补修。城内文化层厚达 50～80cm，可分上中下 3层，分别为夏元、唐代、汉魏遗存。该城为唐代所置同城守捉，后升为宁寇军。武后垂拱元年（公元 685 年），漠北叛扰，原置于今蒙古国哈拉和林附近的安北都护府南移于同城，并随之有大批突厥降户归来，居延绿洲的大片良田沃野遂成了这些部族的游牧之场。

（三）西夏、元代垦区

实地考察见，西夏、元垦区偏处古绿洲中、南部，以黑城遗址（K799）为中心，东西长约 32km，南北宽 16～18km，总面积约 600km²。垦区北部与汉代垦区南部重合，垦区西部与唐代垦区重合，并在五塔寺西南三角洲的上部开发了新的垦区。由此也可证明当时汉代垦区北部（古绿洲三角洲下部）已经沙化废弃。

黑城位于额济纳旗政府东南 25km 处、古弱水下游干河床南岸，北纬 41°45′40″、东经 101°5′55″。1908～1909 年，俄国人科兹洛夫先后 3 次率队到黑城发掘，掘得大量夏元时的文书、文物。英国人斯坦因等外国"探险者"亦接踵而来，多次挖掘，致使大批珍贵文书文物流散国外。新中国成立后我国考古工作者几次前来调查清理，取得了丰硕的成果。业已查明，黑城遗址为早、晚两座城址叠压在一起，外围大城是元代扩建的亦集乃路故城，被围在大城内东北隅的小城为西夏黑水镇燕军司城。小城平面正方形，每边长约238m。大城平面长方形，东西421m、南北374m。四周墙垣保存较好，基宽12.5m、顶宽4m许，平均高度超过10m。东西两侧设错对而开的城门，门外拱卫正方形瓮城。四角置角墩，四垣外侧设马面20座，城垣上部用土坯砌建女墙，无垛口。城内置登城马道7处。城外存羊马城遗迹。

大城城墙上发现多处建筑遗迹。西北城角上置佛塔1组，南北向排列5座覆钵式喇嘛塔，其中位于北端的1号塔保存最好，高达11m，成为黑城遗址最显著的标志性建筑物。大城内有东西向主要大街4条，其中北面的2条贯通小城，又有南北向经路6条。其中横贯小城中部的一条大街宽6m许，两侧排列着密集的店铺、民居和客栈。大城最北部的一条大街宽10～18m，两侧多有府第和官署。城内发掘清理房址287间(所)，其中由若干房屋组成的大型院落7处。1号院为元代亦集乃路总管府遗址，占地3445m²。院内遗迹有正庭、左右两侧对称的戍所、护卫门墩、甬道、厢房、架阁库等，另有偏院和畜棚。3号院位于大城西门之南，建筑胜于1号院，推测为诸王府第。6号院位于小城南垣外侧，为"广积仓"遗址。城内寺庙遗迹多达10余处，4、5、7号院皆为寺址，黑城文书中即记载如来寺、太黑殿等名称。城中可确认的店铺遗址3处，民居遗址则连属成片。

黑城出土遗物包括各种建筑材料、生产工具、武器、日常用具、文具和玩物、鞋帽服饰、宗教用品、钱币(多为宋钱，并有开元通宝、大定通宝、元八思巴文大元通宝和许多纸币)，以及铜印、铜权、铁权等，数量巨大。特别是先后出土文书达30 000件以上，绝大多数流往国外，这批文书为我们深入研究夏元时期西北地区的政治、经济、军事、文化以及民族关系、中西交通等提供了弥足珍贵的第一手资料。

黑城以东约13～18km处的绿城、绿庙一带是夏元垦区中又一处古遗址集中分布区。绿城直到夏元时仍未废弃。绿庙范围内，除烽燧、窑址、砖室墓等部分汉代遗址外，残留最多的是夏元时的佛塔、寺院、居舍以及夯土墩台等。

古居延绿洲渠系、耕地遗迹密集。由居延汉简和黑城文书知，古绿洲上曾进行过颇具规模的水利建设，开有泾渠、临渠、广渠、甲渠、合即渠、额迷渠、沙尔渠、耳卜渠、吾即渠等。实地所见，因风蚀年久渠道多呈低槽式，多数渠道低于地表0.5～1m许，残宽2～5m。

(四) 古居延绿洲沙漠化过程

古居延绿洲的沙漠化主要经历过前后两个时期。古绿洲三角洲的下部，即五塔以北K710城、K688城、F84城、K749城等汉代城址分布的一带区域(面积约600km²)，早在汉代后期即发生沙漠化而废弃。古绿洲三角洲中上部亦约600km²的范围，则是到了明代初期废弃而沙漠化的。

三角洲下部，地处汉代垦区北部，未有汉代以后的城址、遗址，亦很少见汉代以后遗物,因而其沙漠化发生的时代当在汉代后期或更迟一些。汉代垦区的南部则被唐、西夏、元代所利用。由居延汉简及有关史料知,有汉一代曾在居延绿洲大量移徙内地兵民,对其进行了大规模的土地开发,开发的主要方式有军屯和民屯。简文中有大量内容涉及屯田组织、农官系统、屯垦劳力、田卒劳作,以及开田、治渠、灌溉、耕耘、管护、刈割、收藏、仓储、内销、外运、赋役、粮价、牧畜、园艺、建筑等,当时在这片绿洲上曾进行了颇具规模的农田水利建设,仅种植的农作物品类即达30余种。西汉居延县至少辖有2乡(都乡、西乡)82里(平明里、平里、利上里、金积里等),总人口不少于万人,与今日额济纳旗的人口数大略相当,仅始元二年(公元前85年)正月一次"穿泾渠"就动用戍田卒1500人。如此当时整个居延绿洲人口恐不会少于15 000人,其开发的规模和声势确实非同一般。东汉献帝兴平二年(公元195年)居延县升置为西海郡,其地位更加重要。此时期虽然汉简中亦有"地热,多沙"等记载,说明沙质平原在干旱环境下经过人类的开发活动风沙活动已较显著,但尚未形成大面积分布的沙漠化土地,垦区农业仍在继续。

居延汉代垦区大面积沙漠化的出现当在汉代以后。十六国北朝时期动乱频仍,河西地区"五凉"相继,南匈奴、羌、鲜卑、柔然等游牧民族先后涌入,农业开发处于衰势,不少农田抛荒弃耕。农田弃耕后疏松地表直接裸露,风沙活动迅速加剧,加之灌溉系统疏于修治,水源供给无以保证,因而首先在当地风沙前冲的垦区北部出现沙漠化过程。唐代的垦区已偏处汉代垦区的中南部,仅限于宁寇军周围的小片军屯区域,说明其北部已无法重新利用,早已成为沙丘的处所。武后垂拱元年(公元685年)安北都护府南移同城,遂有大批突厥降户归来。《全唐文》卷二一一载,陈子昂于垂拱元年(公元685年)在这里所见,"碛北归降突厥已有三千余帐,后之来者,道路相望"。当时居延海仍有较大面积,并可获其鱼盐之利。

迨至西夏,于居延绿洲置黑水镇燕军司,驻防军队的戍卫屯垦,遂成为这一时期居延绿洲开发的主要方式。元世祖至元二十三年(1286年)在居延设亦集乃路总管府,利用这里丰沛的水资源等条件进行大规模的农牧业开发。如前所考,西夏和元代的垦区已偏处居延古绿洲的中上部。

偌大的黑城及其周围绿洲是何时废弃的?何以发生沙漠化?有人认为其废弃沙化与元末明初的战争破坏水利建设、灌溉水源断绝有关;或由于堵塞其上游河道,断绝水源之故。然而检之史料,未能查到此方面记载。黑城出土文书年号最晚者为北元宣光元年(1371年),更晚的出土物是一方天元元年(洪武十二年,1379年)铸造的铜印,说明至少在公元1379年以前居延绿洲并未废弃。然而在此之后史籍中就很少见到有关居延绿洲的记载了,当已逐步废弃沙漠化。明代国势较弱,明长城的修筑较汉长城大为退缩,黑河下游绿洲完全被弃置于长城之外,长时期以来无人管理,任凭风蚀沙压。大面积农田弃耕抛荒后,裸露的地表频繁遭受切割刷蚀,很快流沙壅起,加以周边沙漠入侵,绿洲遂向荒漠演替。同时明代黑河流域的开发重点是其中游腹心一带,明置河西12卫中仅围绕甘州一地就集中了前、后、左、右、中5卫和山丹卫,共6卫,这里为其屯防的重心,兵员云集,人口众多,大兴屯垦,大规模开渠引灌,生产发展很快,然而这势必影响到输入下游黑城地区的水量,加剧古绿洲的沙漠化进程。可见人为因素是居延古绿洲沙漠化的主要原因,古居延绿洲彻底沙化毁弃的时代即在明代前期。

四、张掖"黑水国"

　　张掖"黑水国"古绿洲位于张掖市城西北 15km，居处黑河中游绿洲腹地，又名西城驿沙窝。南北长约 7km，东西宽 4.5km 许，面积约 30km²。沙窝中平地积沙厚约 0.5m，南部多见新月形沙丘、盾状沙丘，相对高度 9～14m。沙窝北部则多见风蚀古耕地形成的雅丹地貌，其风蚀垄槽比高约 1m。

　　沙窝内遗存十分丰富，有北古城、南古城两座较大城址和周围 7 座较小城堡，有史前文化遗址、汉代建筑遗迹、古寺院遗址和民居遗址，有成片的古墓群、古耕地渠道遗迹等。"黑水国"之名有可能系"黑水洼"、"黑水窝"或"黑水湾"的音讹，因其位处黑河河湾、地势低下得名（图 19.5）。

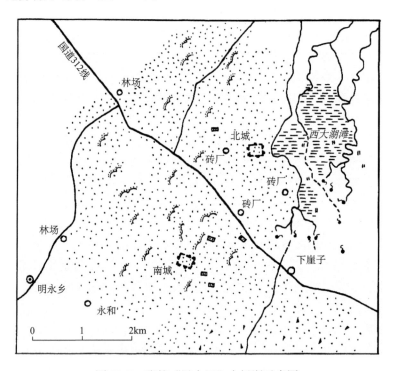

图 19.5　张掖"黑水国"古绿洲示意图

　　"黑水国"散落大量马家窑文化马厂式陶片和许多石器（距今 4200～4000 年），其堆积层最厚处可达 1.8m。南、北两座古城均已残破。南古城平面略呈方形，南北 222m，东西 248m，残高 3～6m。墙体多处有后代加筑、补修痕迹。许多墙段顶部被风蚀成刃脊状。四角筑角墩，唯东北角墩高大，高约 13m。城内建筑无存，地表遍布碎砖块、石磨残片等，亦见宋、西夏、元和明代瓷片等。城址中部有一条东西向街道遗迹。城垣内外均被沙壅，沙堆几与城齐。据其出土物判断该城应是魏晋以后所建。王北辰考得南城为唐代驿站，亦为元西城驿、明小沙河驿[①]。

---

　　① 王北辰：《甘肃黑水国古城考》，《西北史地》，1990 年第 2 期。

北城北距南城 2.7km，地势较低，东西 254m，南北 228m，残高 2～6.3m。城垣有后代补修痕迹，夯层中夹有汉砖块和白釉瓷片。门一，南开，有瓮城。西南隅城垣被流沙埋没，城外东南角亦有沙堆。城中到处散落汉砖块、绳纹、素面灰陶片，亦有宋元明代瓷片，亦曾发现过汉五铢钱、货泉钱和唐开元通宝钱等物。该城可能为汉张掖郡治觻得县城，隋炀帝时张掖郡迁至今张掖市城之地，该城遂废。

"黑水国"遗址范围内还散布卫星式小城堡 7 座，均破坏严重，仅存轮廓，面积皆 900～2000m² 许。这些小城堡当为昔日的乡城或驻军之所。据张掖市博物馆吴正科（1998 年）考察，"黑水国"还留有汉代建筑遗址 4 处，以及寺院、残塔遗址等。

南北两城周围遍布古代墓葬，其范围 2.5km×2km，有墓 3 万余座。"黑水国"区域以外亦有大面积古墓葬分布，主要为汉至魏晋墓，大多在新中国成立前被盗掘，现遍地散落大量的汉子母砖、灰陶片等。

"黑水国"沙窝位于黑河西岸冲积平原腹地，正当黑河干流与其大支流山丹河交汇处之西，当地称为黑河湾。临河近水，地势低平，易受水冲和风沙壅塞之害。依其所存遗迹来看，早在马厂文化时期这里就是绿洲先民们的活动地域，西汉建郡后农耕兴起，作为郡治所在其生产发展的情形可以想见。隋代张掖郡城迁建至其东南部较为高爽的今张掖市城，"黑水国"北部的旧城随之废弃，其周围的一些田园亦当弃置。风沙运行的规律表明，废弃的墙垣屋舍往往成为遮阻风沙的最好屏蔽，最易招致流沙壅塞。偌大的旧张掖郡城及其大批弃置的官署屋舍成了遮挡风沙的好处所。加上这里本来地势低洼，易于流沙停聚，经长期开垦后早已有风沙活动，因而其地逐渐演变成了沙漠化土地。同时其周围一带因垦荒、筑城、建房、樵薪等因素导致沙生、旱生植被的大量破坏，亦应是其沙漠化发生的原因之一。"黑水国"北城一带沙漠化的形成当在隋末至唐代。

以南古城为中心的"黑水国"南部并未因其北部隋代以后的荒弃而废置，这里自唐至明一直设有驿站，明代还设过常乐堡。这一带的沙漠化出现在清代初期，沙漠化的原因在于地表厚层的沙质、粉沙质沉积层在长期开垦、植被破坏后易于被风蚀，吹扬起沙，且其地古冢较多，封土堆拦截流沙，便于沙丘堆积。随着明代后期至清代前期以来黑河中游绿洲大规模土地开垦，大量采伐荒漠植被，风沙之患遂不断加剧，"黑水国"南部遂逐渐被流动沙丘吞噬。

五、马营河、摆浪河下游

马营河、摆浪河属黑河支流，流经今酒泉市清水镇、屯升乡、高台县红崖子乡、新坝乡和肃南裕固族自治县明花区明海乡等地。其下游古绿洲南北延伸 10～20km，东西长 35km 许，总面积约 450km²。地表景观为连片的风蚀古耕地以及分布其间的裸露新月形沙梁、片状流沙地和半固定白刺灌丛沙堆。古耕地遗迹呈较齐整的块状、条状排布，土层残厚 0.6～1.2m，许多地段阡陌、渠堤的遗迹仍清晰可辨。这一带随处散见遗落的灰陶片、红陶片、粗缸瓷片、碎砖块、石磨残块等物，甚至有些地段俯拾即是。

古绿洲上残存古城址较多，有骆驼城、新墩子城、许三湾城、草沟井城、明海子城等（图 19.6）。骆驼城，国家重点文物保护单位，位于高台县城西略偏南 21km 处的骆驼城乡，为河西走廊所存规模较大的一座城址。分作南北两城，南城南北 494m，东西

425m；北城南北 210m，东西 425m；全城南北通长 704m，总面积 299200m²。墙体夯土版筑，基宽 6m，顶宽 1.8m，残高 5～8m。四角筑角墩，东西二垣各筑马面 3 座。由于自然冲沟和盛行风的侵蚀，今南城东垣与北城北垣已大段坍塌，仅余残基。南城西南角另辟小城一座，方形，长宽各约 150m。骆驼城内外到处散落灰、红陶片和碎砖块等物，亦见唐三彩残片。据当地文物部门调查，城内文化层堆积可分 2 层：上层系唐代遗存，厚约 1m；下层为汉晋北朝之物，厚 0.6m。城中还曾掘出大量铜箭镞。李并成考得骆驼城为东汉灵帝光和四年（公元 181 年）因地震水患搬迁重建的酒泉郡表氏（是）县城，前凉至北周为凉州建康郡治表氏（是）县城，唐为建康军城，公元 766 年废弃①。

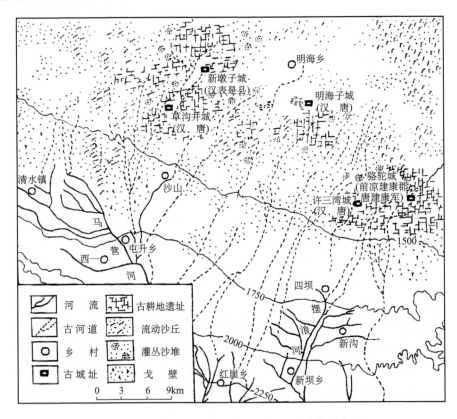

图 19.6　马营河、摆浪河下游古绿洲沙漠化示意图

　　许三湾城位于骆驼城西 7km 处，是全国重点文物保护单位。墙垣较完整，南北 84m，东西 66m，残高 8m 许，女墙残迹犹存。东垣、西垣内侧各筑登城龙尾（马道）一条，四角筑角墩，门一，东开，设瓮城。城内存建筑残址。城西北角墩外 20m 处又有小方城一座，每边长约 40m，小城中间筑方形台墩。该城外围另有一圈残破矮墙，大段坍倒，昔日该城当有内外两重墙垣。城内城周暴露大量汉唐时期陶片、粗缸瓷片以及少许清代的瓷片、瓦片等物。1958 年曾在城内掘出成堆的五铢、大泉五十、货泉、开元通宝等汉至唐代的钱币以及铜箭镞、铜带钩等物，总质量超过 1000kg。城西南约

　　① 李并成：《甘肃省高台县骆驼城遗址新考》，《中国历史地理论丛》，2006 年第 1 期。

1km 处为墓葬区，封土堆达千余座，且排列齐整，大小略等，显系经过专门的规划布设，恐为阵亡将士的集中葬区。城周分布大面积风蚀古耕地。该城当为汉唐时期军防屯戍的驻所。城中未见唐代以后至明代的文物，表明此时期该城业已废弃。清代前期该城复被利用，乾隆时有 80 余人于此屯种，至 1921 年仅余 15 户，不久再行荒弃。

新墩子城位于酒泉屯升乡沙山村北 15km 的沙丘中，即许三湾城西北 25km 处。城垣已很残破，仅可看到残高 1.2～2m 的夯土颓基，略呈方形。每边长约 200m，周长 800m 许。城内及周围随地散落汉代陶片、铜箭镞、石磨、汉半两钱币等物。城周古耕地遗迹成片出露，尤其是在城北、东北、西北宽约 8km 的范围内集中连片。该城破损严重，形制单调，无马面、羊马城等设施，其时代应较早，且出土物全系汉代物品。该城为东汉光和三年（公元 180 年）以前的表是县城，是年因地震水患废弃。

草沟井城位于酒泉市屯升乡沙山村北 9km，即新墩子城南略偏西 6km 处。城垣较完整，南北 120m 许，东西约 130m，残高 7m。城周围亦遍布风蚀古耕地遗迹，其间又有庄堡城址 3 处，古墓群 3 处。据其出土遗物该城原为汉唐时故址，后废，清代重建，雍正时城周引水开垦，但不久又废。

明海子城位于肃南裕固族自治县明花区明海乡驻地南 5km，即草沟井城东 16km 处。其地位处酒泉绿洲冲积扇边缘，地势较低，多有积水小湖，即所谓的"海子"。城平面正方形，每边长 155m，残高约 10m，城内发现灰陶片、碎砖块，以及铜箭头、汉五铢钱、开元通宝等。该城可能为后凉至西魏凉宁郡园池或贡泽县城，约在唐天宝以后荒弃，明代又曾一度被重新利用。

马营河、摆浪河下游古绿洲最北部的新墩子城（汉表氏县城）一带，废弃于东汉灵帝光和三年的地震。《后汉书·五行志》载，是年"自秋至明年春，酒泉表氏（是）地八十余动，涌水出，城中官寺民舍皆倾，县易处，更筑城郭"。此地震摧毁屋舍城郭之际，势必使其周围一带的农田及灌溉系统遭受严重破坏，该县南迁后周围的农田渠系无疑会抛荒废弃。这片古绿洲其余大部分地段则是唐代后期或其更后一段时间发生沙漠化的。其南部的许三湾城、草沟井城周围小块地片清代前期又复利用，但很快又荒弃沙化。由此看来，唐代后期是本区环境变化的一个重大转折时期。考其荒弃沙漠化的原因，不外乎与当时政治军事形势的剧烈动荡及由此而造成的社会生产的巨大破坏、农业的急剧衰退等因素密切相关。史载，天宝十四年（公元 755 年）安史之乱爆发，河西、陇右及安西四镇驻防的精兵大部东调平叛，吐蕃则自青藏高原乘虚而入，河西等地相继沦丧。随吐蕃而至河西原有人口或殒于兵燹，或逃亡流逸，或倾城而徙，急剧锐减。加以吐蕃奴隶主在河西实施残酷的民族和阶级压迫，对其治下的民众非其同族者强行蕃化，驱之为奴，并以其落后的奴隶制的以游牧为主的土地利用方式取代原来较先进的封建制的以农业为主的土地利用方式，由此对河西农业经济的破坏可谓创巨痛深，河西大片良田沃野自必弃耕抛荒，沦为荒壤。正如元代马端临《文献通考·舆地八》所说，河西"自唐中叶以后一沦异域，顿化为龙荒沙漠之区，无复昔之殷富繁华矣"。

六、金塔东沙窝

金塔东沙窝位于金塔县现代绿洲东部，北大河（即讨赖河，黑河支流）下游。古绿洲范围南北纵长约 35km，东西宽 10～20km，总面积 550km² 许。这一带古耕地大多风蚀严重，在景观上表现为一片连绵延伸的灰白色土疙瘩，其间干、支渠道遗迹依稀可辨。风蚀弃耕地上多见白刺灌丛沙堆，靠近古绿洲西北部则多有流动沙梁和片状流沙地。东沙窝北部原有古白亭海（今条湖），即北大河与黑河汇流处的河道湖，今已干涸。

古绿洲上留存火石梁、缸缸洼和榆树井 3 处火烧沟类型文化遗址和 10 余座汉唐古城址，即西三角城、小三角城、西古城、一堵墙、三角城、下长城、破城、黄鸭墩城（银耳子城）、三个锅桩、下破城、北三角城、火石滩古城、西窑破庄等。距城址不远多有墓葬分布，并有较多的古陶窑遗址（图 19.7）。

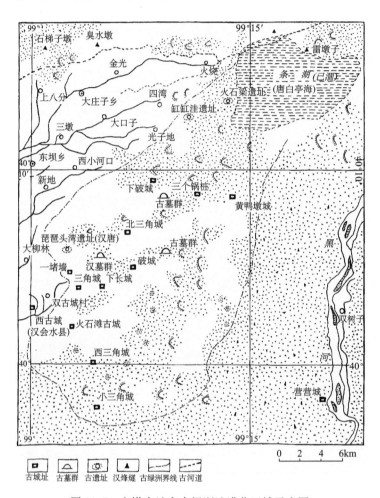

图 19.7　金塔东沙窝古绿洲沙漠化区域示意图

西古城为东沙窝所存规模最大的古城址，位于金塔乡五星二社西部。全城分东西两城，西城南北 80m，东西 90m；东城南北 80m，东西 110m。墙垣多已倾圮，残高 1.5～3m 许，许多地段仅见残基。城中建筑无存，城内及城周可找到汉代灰陶片、红陶片、碎砖块等物，亦见后代的陶片、瓷片等。该城东北 6km 许为一处较大的汉代墓葬区。该城为汉酒泉郡会水县城，北魏废弃。

破城，位于金塔县城东北 12km 处，坐落在东沙窝西部偏南。城垣亦很残破，由内外两城构成。外城南北 110m 许，东西 92m，残高 2～7m。内城位居外城中部，保存较外城稍完整，基本方形，每边长约 28m，残高 3～7m。破城内外暴露大量灰陶片、砖块等物，亦见较多的残铁片、石磨残块等，城中还捡到过箭头、汉唐钱币等。据其形制及出土遗物，当为汉唐时期城址，很可能为唐威远守捉城。

东沙窝中其他古城址均很残破，残留规模一般只有数百平方米，地面亦暴露汉唐时期各色陶器残片、碎砖块等。

东沙窝北部、西部未发现汉代以后的遗迹遗物，则古绿洲的沙漠化当发生在汉代以后。沙漠化的原因，亦不外乎在于汉代以来呼蚕水（今讨赖河—北大河）中游一带绿洲（今肃州区、嘉峪关）的大面积开垦，大量引灌用水，遂使注入下游绿洲的水量不足，加以下游绿洲大量伐取固沙植被，导致风沙活跃南侵，从而首先引起北部地区发生沙漠化。东沙窝南部（破城、火石滩城、西三角城一带）的沙漠化则是在唐代后期发生的。唐威远守捉城为东沙窝的中心城堡，其主要功能在于军事防御，这里未有县的建置，周围一带不可能有较大面积的农田开垦，且该城以及附近的火石滩城、西三角城等均于唐代以后废弃。沙漠化的原因应与民勤西沙窝情况类似，唐代前期中游绿洲酒泉一带（唐肃州共辖酒泉、禄福、玉门 3 县，全部集中在中游平原）的大规模开垦引灌，致使下游东沙窝古绿洲受到水源不足的严重威胁，加以绿洲边缘固沙植被的砍伐破坏，从而导致整个东沙窝古绿洲的毁灭。

七、玉门比家滩

比家滩位于玉门市北约 60km 的花海镇西北、北部，北石河南岸，古绿洲南北宽 10～15km，东西长约 24km，总面积约 310km²。这里为一处天然洼地，海拔 1204～1270m，比其西部的玉门镇绿洲低 100～260m。源于祁连山北麓的石油河（汉唐石脂水）古道纵贯其间；从疏勒河向东分流的北石河、南石河（汉海廉渠）自东向西从洼地以北穿过，古绿洲以东约 30km 的干海子为其终闾湖（汉唐延兴海）。可以想见，当年在石脂水等河流的滋育下，比家滩曾是一处水流潆洄、农牧业兴旺的绿洲。古绿洲上残存属于四坝文化的花海北沙窝破城子、花海西沙窝破城子、上回庄古城、下回庄古城、比家滩古城等汉唐城址（图 19.8）。

花海北沙窝破城子位于花海镇政府北偏西约 25km，其南北 93.5m，东西 102m。城垣大段坍塌缺失，残高一般 1.5～3.5m，最高 5.5m。地面散见灰陶片、绿釉红陶片等，多为汉晋时遗物。该城位处汉长城之北，当属长城沿线一处较大的军事城堡。

花海西沙窝破城子位于花海乡小泉村西 5.2km，平面正方形，每边长 83m。西垣全圮，其余 3 垣残高约 3m。附近地表暴露少量夹砂红陶片、灰陶片等。城内城周遍布柽柳灌丛沙堆，风蚀弃耕地遗迹明显。该城规模较小，当为汉代池头县外围的一处城障或乡城。

上回庄古城位于花海乡政府西略偏北 13.5km，平面亦正方形，每边长约 45m。东西二垣残损较重，南北垣则较完整，残高 3～5m。可能为汉魏时的一处驿置，亦或为池头县城外围的城障或乡城。

下回庄古城位于花海乡政府西 6.5km 处，平面略呈方形，南北 49m，东西 56m。

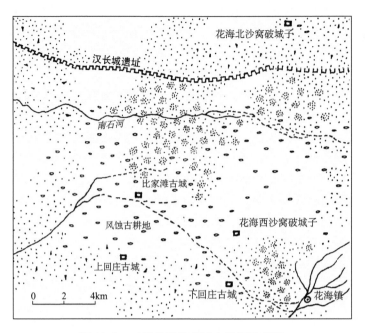

图 19.8　玉门花海比家滩古绿洲示意图

墙垣以大土坯砌成，残高 0.5～4m，该城可能经过几次重修。城内城周散落许多灰陶片、石磨残片、陶纺轮等，并见石刀、石斧、夹砂粗红陶片等新石器时代的一些物品，还发现明代青瓷片。城中有庙宇、屋宅废址。该城当汉代始建，规模亦小，亦应为池头县城外围的城障或乡城。元明清时又被利用，明代曾为吐鲁番人所居。城内多有淤沙，附近地表风蚀严重，隐约可见耕地残迹。

比家滩古城位于花海镇政府西略偏北 13.5km，为这块古绿洲上所存规模最大、最重要的城址。该城几被夷平，实地所见仅余两座残墩和东垣残段，城之遗迹每边长约280m。城内外遍布红、灰、黑各色陶片、残铁片、石磨残块等。考得该城为汉酒泉郡池头县城，该县西汉末改名为沙头县，北魏时废弃。

比家滩古绿洲地处疏勒河流域北部，位当风沙侵袭前沿，生态环境亦十分脆弱，很容易因人类开发活动不当而引起沙漠化发生。西汉于这里设置池头县，因其靠近延兴海（今干海子为其残迹），处于"池头"而得名。然而值得注意的是，约在西汉末该县即改称沙头县。何以改名？这主要应在于自西汉开发以来，其地生态环境发生显著变化之故，尤其是对这一带旱生、沙生植被的滥伐乱樵，必然招致严重的风沙活动。加之池头县位处石脂水（今石油河）下游绿洲，其中游绿洲汉代设玉门县（今玉门市赤金镇绿洲），该水本身流量较小，仅占整个疏勒河水系流量的 2.32%。河水既少，又在其中下游分设玉门、池头两县，必然使其严重入不敷出，给中下游绿洲的农业开发带来此消彼长的严重环境影响，其后果首先殃及下游绿洲，引发沙漠化过程，迨及北魏沙头县即已荒废。比家滩古绿洲上的其他一些古城址亦在汉代以后或两晋后期废弃。此后长期以来这一带未有建置。可见比家滩古绿洲的废弃沙漠化即发生在汉晋以后，沙漠化的原因即在于滥垦滥樵，引发强烈的风沙活动，以及石脂水本身流量较小，受中游绿洲开发制约注入下游的灌溉水源不足之故。

八、疏勒河洪积冲积扇西缘

疏勒河洪积冲积扇西缘古绿洲，位于甘肃省瓜州县南部，长约80km，宽5～8km，总面积约500km²。其地貌景观以成片分布的风蚀古耕地为主，尤以其西部的锁阳城一带最为集中连片，风蚀垄槽比高为0.8～1.8m。古渠道遗迹十分清晰，密如蛛网，纵横贯穿，并有明显的干、支渠之分。干渠多由砂石堆成，渠堤高出风蚀地面0.8～1.5m，渠底坍宽7m许，渠口残宽可达20m。支渠由干渠分出，多为就地掘土培堤而成，黏土渠堤残高0.5～1m。锁阳城东南8～10km许还分别残存长约1500m和残长约400m的古拦水坝址各一道，其上源与疏勒河出山口相通，下流则分为数条古灌渠通至锁阳城南部、东部一带古绿洲。其地亦多见吹扬灌丛沙堆，高1.5～3m，尤以其中部、东部比较密集。古绿洲残存兔葫芦、鹰窝树两处青铜时代文化遗址和锁阳城、南岔大坑古城、转台庄子、半个城、旱湖脑城、肖家地城等多座古城遗址（图19.9）。

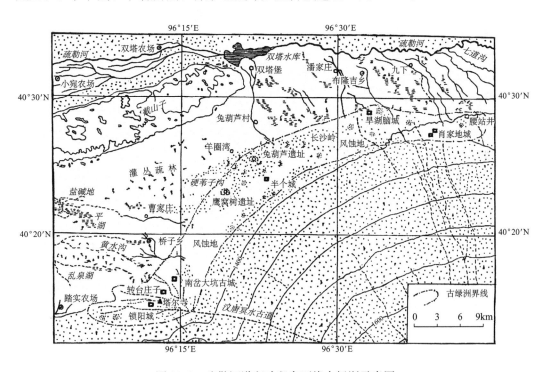

图19.9 疏勒河洪积冲积扇西缘古绿洲示意图

锁阳城遗址位于瓜州县锁阳镇南8km处，疏勒河洪积冲积扇西缘古绿洲西部，为河西走廊现存规模最大、内涵最丰富的古城址之一，全国重点文物保护单位。残垣犹存，分内外两城。外城呈不规则形，从北、西、东三面包围内城。北垣长1338m，东垣631m，西垣1102.7m，总面积81万m²。内城呈规则矩形，南北487m，东西565m，总面积27.5万m²。其墙垣坚实高大，保存较好，残高12m。内城四垣共筑马面24座。四角设角墩，西北角墩最高，达18m。西、南、北三垣各开一门，均设瓮城。内城又分东西两城，城内残留圆形土台 21 座，周围有坍塌的土筑围墙，显系屋宅基址。城垣四周还可见到羊马城、弩台遗迹。

锁阳城区及其周围遗存文物十分丰富，随处可见撒落的各色陶片、石磨盘、铁箭头、铜饰件、碎砖块等物，并发现汉五铢钱、开元通宝等钱币，多为晋唐时遗物，亦有不少宋元明代的瓷器残片、毛褐残片，以及熙宁元宝、皇宋通宝等，证明锁阳城为晋至明代的城址。城垣上下堆放大量礌石，应为当年应战之物。

锁阳城东 1650m 处存寺院遗址一所，俗名塔儿寺。寺墙南北 127m，东西 136m，残高 2～3.5m。存大塔遗址一座，残高 14.5m，大塔以北 20m 处又有 9 座东西向"一"字排开的小塔，均为覆钵式，残高大多 3～5m。该寺应为唐代阿育王寺，西夏时香火仍盛，约废毁于元代以后。

李并成考得锁阳城为西晋晋昌郡及其治所冥安县城、唐瓜州治所暨晋昌县城、西夏和元代瓜州城[①]。据《元史·地理志》，世祖至元二十八年（1291 年）将瓜州居民迁往肃州，锁阳城自此废不为州，人去城空，昔日之殷富繁华遂成往事。降及明代，该城改称苦峪城，一度重新加以修缮利用，成化八年（1472 年）移哈密卫于此。到了正德以后明王朝对嘉峪关外进一步采取弃置政策，不复经理，致使关外诸城反复被吐鲁番、哈密、蒙古等部、族争夺，苦峪城亦随之荒废。

南岔大坑古城，位于锁阳城东北 4.5km 处，城垣坍成断续圆丘土垄状，与周围风蚀弃耕地中的风蚀垄槽颇为相似，浑然一体。城垣基本方形，规模较大，每边长约530～560m，残高一般 1.5～2.5m 许。该城地处古绿洲冲积扇上一处天然碟形洼地，整个城址低洼，此即所谓南岔大坑之所在。城内曾被洪水多次冲淹，淤积厚达 0.5m 以上龟裂的红色黏土层。城内城周散落较多汉代灰陶片、红陶片、碎砖块等物，并发现汉五铢钱、榆荚半两钱币等。考得该城为汉敦煌郡冥安县城。

旱湖脑城位于瓜州县城东约 70km（鸟道），地当丝绸之路酒泉通往古瓜州的大道上，位置重要。城址分南北两部分，北城南北 160m，东西 220m，大部分坍塌，残高大多 0.5～1.2m。南城残破更甚，墙垣多被沙丘壅压，南北 170m，东西 260m，全城南北通长 330m，总面积 7 9400m²。城内、城周暴露大量魏晋至唐宋时期遗物。考得该城为西凉所置新城郡城，晚唐五代归义军时的新城镇城。

肖家地城位于瓜州县城东约 75km，西距旱湖脑城 5km。其地有大、小两城。小城筑在一座高约 3.5m 的高台上，东西约 80m，南北 71m。墙体十分厚实，宽约 7m，城内遗落大量陶片等物。大城位于小城西南约 60m 处，墙体大段坍圮，东西 143m，南北103m。城内遗物多为时代较早的灰、红陶片。考得肖家地大城应为十六国西凉所置广夏郡及郡治广夏县城，北凉、北魏因之；肖家地小城则应是唐代的合河戍（镇）城，唐代以后城废。

转台庄子位于锁阳城东北 3km 许，东西 45m，南北 43m 许。城垣下部以夯土版筑，高约 2m；上部以土坯砌筑，高约 6m，整个城垣通高 8m 许。墙基厚实，宽达 7m。该城当属唐代军事城堡，系锁阳城外围的一处军事建筑。

半个城位于锁阳城东北 23km 处、平面大体呈正方形，每边 80m。墙垣断断续续，

---

① 李并成：《唐代瓜州（晋昌郡）治所及其有关城址的调查与考证》，《敦煌研究》，1990 年第 3 期。

残高 1.2~2m。城内城周散落大量灰陶片、红陶片等物，城南为大片墓葬区。

此外，这片古绿洲上还保留多处房宅遗址和陶窑窑址。

考之疏勒河洪积冲积扇西缘古绿洲的沙漠化过程，亦可分为前后两个时期。其东部地段（鹰窝树遗址以东，面积约 200km²）的沙漠化较早，约于归义军政权垮台后的北宋前期即已发生。当时合河戍（镇）、新城镇等建置均已废弃，绿洲原有的农田、渠系严重破坏，这里成了回鹘等民族驰骋的疆场，加之其地北面无山体阻挡，位置又较为向北突出，因而多有流沙侵入，弃耕农田多被吹扬灌丛沙堆埋压，这里遂留下了长沙岭、吴家沙窝、南岔北沙窝等地名。

这一古绿洲的西部，即以锁阳城（瓜州）为中心的一带古绿洲（约 300km²）的彻底荒废，则延至清代前期。中唐时期吐蕃占领河西，在瓜州设立大军镇。晚唐至宋初归义军时期在瓜州一带"大兴屯垦，水利疏通，荷锸如云"，锁阳城绿洲仍有兴旺的农业经营，未出现明显的沙漠化迹象。迨后西夏统治河西的 190 年中，锁阳城不仅仍作为瓜州治所，而且西夏 12 监军司之一的西平军司亦设于这里。直到元代锁阳城绿洲仍开屯田，其农业生产亦未荒废。然而世祖至元二十八年（1291 年）以后锁阳城废不为州，出于军防安全和交通方面的考虑，其民户大部东迁肃州等地，这种整体移民方式所带来的生态后果必然是诱发绿洲的荒芜沙化。所幸此次荒弃时间不长，因瓜州军事、交通地位重要，时隔 12 年后这里再度驻防军队，屯垦戍卫，绿洲农业又见复兴。明代以降锁阳城改名苦峪城，作为安置归附的哈密、蒙古一些部族的处所，并于成化八年（1472年）移哈密卫于此。然而正德（1506~1521 年）以后明王朝势衰，遂对嘉峪关外进一步采取弃置政策，不复经理，苦峪等城池任其残破，其周围一带绿洲遂趋于荒败，风侵沙淤，沙漠化进一步发展。据《重修肃州新志》、《安西县采访录》等记载，康熙五十八年（1719 年）起开垦靖逆卫（今玉门镇）一带的绿洲，遂于疏勒河出山口"高筑巨坝"，"逼水东流，分为靖逆东、西两渠道，溉新垦地，招户民居之"。正是在这种状况下，疏勒河口原向西分流流向锁阳城一带的古河道断流，河水转而向东浇灌靖逆卫一带新开的土地，致使自元代中期以来就逐步荒弃的锁阳城一带古绿洲完全断流干涸，并在当地强劲风力作用下，很快流沙壅起，最终演变成了风蚀弃耕地与吹扬灌丛沙堆相间分布的沙漠化土地。可见锁阳城绿洲彻底废弃沙漠化的原因，主要在于清代前期疏勒河流域开发地域的转移之故[1]。

九、芦草沟下游

芦草沟下游古绿洲位于今敦煌市与瓜州县的交界处。其南起今截山子芦草沟出山口，北至北路井及汉长城一线，东达安西县南岔乡西部，西抵西沙窝，南北宽达 10~13km，东西长 30km 许，总面积约 360km²。敦煌遗书《沙州都督府图经》所记苦水（即芦草沟）流灌这片古绿洲南部，独利河水（疏勒河支津）、源自疏勒河干流的"白水"和锁阳城周围汉唐古绿洲的灌溉回归水亦泄入其地。昔日河渠网织、阡陌纵横、良畴万顷的境况可以想见。今天这里的地表景观则为成片的弃耕地伴有少许吹扬灌丛沙

---

① 李并成：《锁阳城遗址及其古垦区沙漠化过程考证》，《中国沙漠》，1991 年第 2 期。

堆，弃耕地皆遭受强烈风蚀，风蚀垄槽比高0.8~2.5m。河道、堰坝遗迹清晰，有明显的干、支、子渠之分（图19.10）。

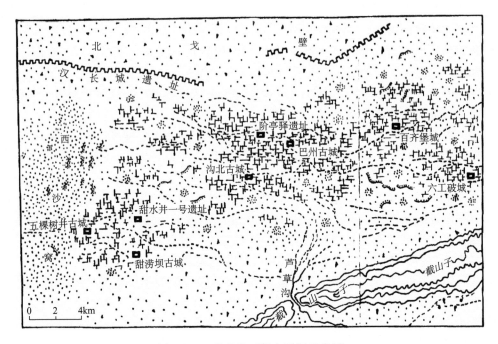

图 19.10　芦草沟下游古绿洲示意图

芦草沟下游古绿洲至今仍残存着汉唐时期的多座古城址、古驿址，主要有以下几座。

五棵树井古城（甜水井二号遗址）位于古绿洲西部，即今敦煌市城东北约60km处，其东北3.8km处另有一座较小的同时代城址。敦煌文物研究所（现敦煌研究院）考古组、敦煌县文化馆于1975年联合调查清理，分别将其命名为甜水井二号、一号（较小的）遗址。五棵树井古城近于方形，每垣长110~130m，西北角内凹。城垣大部倾圮，并多有吹扬灌丛沙堆埋压，城周亦环列沙堆。城内采集到残损的铜器、铁器、陶器等物多达百余件，还有汉五铢钱、开元通宝等古钱币。李并成考得该城为北魏、西魏敦煌郡东乡县城。甜水井一号城址，墙垣亦已倒塌，东西约80m，南北60m许。城周多有沙丘和弃耕地遗迹。城中散落遗物俯拾即是，以铁块、铁片、陶片居多。采集到铁质残锄形器、锤形器、釜形器、穿孔铁片等。该城为汉代屯田兵卒驻所，在北魏、西魏则应是东乡县下辖的乡城，亦或仍为驻军之所。

甜涝坝古城位于五棵树井古城东南4km处，也即在近年新发现的汉悬泉置遗址正北9km的地方。城垣多坍，平面呈菱形，每垣长32m，周长128m。城中曾采集到灰陶罐、铁箭头、铜饰件、棋子、开元通宝币、石磨等唐代遗物。考得该城即唐代连接瓜沙二州驿道中的悬泉驿址。

阶亭驿遗址位于甜涝坝古城东北13km处，东距六工破城15km。墙垣大多仅余颓基。平面略呈正方形，周长120m许，与甜涝坝古城规模略等。驿侧存烽燧一座，高9m。驿址周围暴露古耕地、古渠堤遗迹甚多，并发现残石磨、开元通宝币等。该城为唐阶亭驿,据敦煌文书,其地又置有阶亭坊,昔日这里曾是一处沟渠纵横、牛马滋育的绿洲,并在交通、军事上占有重要地位。

巴州古城,其名称系当地俗称,历史上这一带从未置过巴州。该城位于这片古绿洲的偏北部,东距南岔乡六工村约15km,南距芦草沟口10.5km。城址已十分残破,其断壁残墙与周围风蚀弃耕地的垄槽颇为相似,不易辨别。平面略呈正方形,每垣长285~296m,残高0.5~2.5m,东、西垣外见羊马城残迹。北西南三垣存马面遗迹。城址西部偏北有一处较大的院落遗迹,东西约70m,南北50m许,计有大小房址20余间,恐系官衙驻所。城内共有窑址14座,均利用墙垣内侧开挖,该城应是当时一处生产陶器具的中心。城址内外散落大量灰陶片、红陶片、碎砖瓦块等,以及较多的残铁片、残石磨、铜弩机、铜镞等,均为汉魏时期物品,无隋唐及其以后的东西。李并成考得该城为魏晋时"寄理敦煌北界"的伊吾县城,北周废弃。

六工破城位于瓜州县城西南19km处。全城由大城及其东北角套筑的小城两部分组成。大城南北360m,东西280m,城东南角向内3次折角弯曲。北垣、南垣各置马面2座,西垣置马面4座。大城东北隅套筑的小城,平面呈正方形,每边长90m。墙体较为完好,高达9.5m。大、小城内散落灰陶片、红陶片、碎砖瓦块和清代瓷片等物,还曾捡到汉五铢钱、开元通宝等钱币。李并成考得该城为曹魏宜禾县城,西凉凉兴郡城、北魏明帝时改置的常乐郡城、隋常乐镇城、唐常乐县城。

沟北古城位于芦草沟出山口北偏西8.5km处。城垣严重倒坍,南北约47m,东西55m,残高0.5~1m。城内到处散见灰陶片、石块、砖块等物。此城规模较小,可能为唐代的一处军事戍所。

百齐堡城位于瓜州县城西南23km,为清代前期所置安西西部一处重要的军防城堡。然而由于其地处早已荒废的古绿洲边缘,水源无着,生态条件恶劣,设置不久(约乾隆初年)又被迫废弃。堡址平面近乎正方形,周长550m,墙高4.3m。

除此而外,古绿洲上还发现聚落遗址6处,遗存墓葬也较多。

芦草沟下游古绿洲大部分为汉至北朝时期的垦区(约170km²),尤以其北部巴州城、西部五棵树井古城周围一带古耕地、渠道网系分布最集中连片。唐五代垦区(主要分布于唐常乐县、阶亭驿、悬泉驿周围)仅利用了原汉代垦区的一部分,偏处古绿洲南部和东部一隅。

芦草沟下游一带,恰处于敦煌、瓜州北部的风力强劲地带前沿,更加以这里的地形结构特点为东西向的"三山夹两川",不仅利于当地盛行的东西风的畅行无阻,而且往往形成"狭管"效应增强风势。气象记录这里每年≥8级大风日数高达50~70天,瓜州县素有"世界风库"之称。自汉代开发以来,由于薪柴、饲料、肥料等的需求而大量刈伐沙生旱生植被,裸露的地表更加助长了风势的肆虐和风蚀程度的凶猛,致使芦草沟北部、西部一带首先出现沙漠化过程,人们被迫弃耕抛荒。除这一主要原因外,其沙漠化也与这一时期开发规模的扩大、中游绿洲平原农田需水的增加、流注芦草沟下游的水量减少这一因素有关。

芦草沟下游南部、东部唐五代垦区沙漠化的原因与马营河、摆浪河下游古绿洲的沙化废弃类似,亦主要在于唐安史之乱后本区被吐蕃占据,大面积农田弃耕抛荒,灌溉系统惨遭破坏,风蚀加剧,流沙活动频繁,从而触发沙漠化发生。宋初归义军政权垮台后，这里仍动乱频多，并先后被回鹘、党项等民族占据，更促使了沙漠化的进行。又加以这一时期其上源锁阳城（瓜州）及其周围地区亦受到沙漠化的影响，这样不仅给下游苦水（芦草沟）绿洲带来直接风沙威胁，而且补给苦水的农田灌溉回归水量大减，风沙活动更趋活跃，从而导致这片古绿洲沦为荒漠。清雍正十二年（1734 年）出于军防方面的考虑，又在这片古绿洲的东部修筑百齐堡城驻军，然而由于其地生态环境早已恶化，水源无着落，短短几年该堡又被迫废弃。

十、古阳关绿洲

阳关为古丝绸路上的著名关口，位于今敦煌市城西南 65km 的南湖乡。南湖是河西走廊最西一块绿洲，面积仅约 100km² 许。这一带历史上形成的沙漠化土地有东西两大片，总面积合计约 40km²。西片称为古董滩，是一片被新月形沙丘吞噬的绿洲，可见大片风蚀古耕地。其间田垄遗迹甚为清晰，散落各色陶片、砖块、铜器铁器残片等甚多，并可找到汉五铢钱、半两钱、开元通宝等钱币。由其暴露遗物的时代推之，古董滩的废弃沙漠化当在北宋以后。古董滩西侧西头沟西岸分布大片古墓群，多为汉唐时墓葬。古董滩到墩墩山之间还有一大片东西走向的火烧沟文化遗址，曾出土石斧、石镰、石球、夹粗砂红陶片、陶杯等。可见早在汉代以前这里就有人类活动。古董滩以西 10 余千米的青山梁以北的流动大沙梁间，还有一小片古绿洲，其地曾开有渠道、农田，还有城堡建筑（图 19.11）。

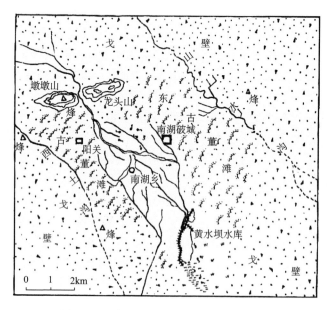

图 19.11　敦煌古阳关绿洲沙漠化示意图

东片古绿洲位于南湖破城与山水沟之间，可称为东古董滩。其地亦遍布流动新月形沙丘和沙丘链，暴露大片弃耕地，垄陌、堤堰遗迹约略可辨。各类遗物随地散落，其类型、形制与西片古董滩遗物相似，当属同一时代即汉唐时期的遗存。考之敦煌文书，唐寿昌县的两条主要灌溉渠道大渠和长支渠均流灌东古董滩，因知其地当为唐寿昌绿洲的主要农田所在地①。

阳关故址今已无存。古绿洲上现存最大的城址为南湖破城，位于今南湖乡政府驻地东北 2km、东古董滩西缘。该城已十分残破，仅存断续墙垣，残高 2~4.5m。南北 300m 许，东西 270m，城垣内外遍布新月形沙丘。城内城周散落大量陶片、砖块，亦有断珠、箭头、石磨残片、围棋子、开元通宝钱币等汉唐遗物。城址东南约 4km 戈壁滩上存汉唐墓群，东 5km 双墩子一带亦有古墓群。该城即汉敦煌郡龙勒县、唐沙州寿昌县城。

古阳关绿洲的沙漠化约始于五代，完成于宋初，经历了大约一个多世纪的时间。其废弃沙漠化的原因，可从以下几方面考虑：其一，考虑到政治军事方面，归义军以后这里迭经回鹘、党项等民族占领，动乱频多，恐在很长一段时期内绿洲农田无人经理，任其风蚀侵凌，流沙湮埋，从而招致沙漠化发生。其二，考虑到自然环境方面，其地环处沙海，绿洲面积甚小，生态条件极为脆弱。地表组成物质主要为河湖相疏松的粉砂、砂土，极易吹起扬沙，并且沟蚀活跃，当地风力强盛，大风日数较多，弃耕农田很快会成为风沙的源地，由沟蚀带往下游沉积的大量泥沙亦不断提供流沙来源，这些泥沙复经盛行西北风的吹扬搬运，又会堆积在绿洲田园。更加以自汉代长期开发以来，绿洲边缘植被大量破坏，这又很容易诱发周边库姆塔格沙漠等的流沙入侵。其三，其地沙漠化的形态主要表现为新月形沙丘和沙丘链对绿洲的吞噬，其沙漠化作用的主要途径当为流沙入侵，以及就地沙源物质的吹扬壅积。正是在以上几方面因素的共同作用下，千古阳关绿洲终成绝唱。

---

① 李并成：《古阳关下的又一处"古董滩"》，《敦煌研究》，1999 年第 4 期。

第二十章　塔克拉玛干沙漠边缘地带的沙漠化

塔克拉玛干沙漠位于新疆南部塔里木盆地，面积约 33.76 万 km²，为我国最大的沙漠。该盆地位处天山和昆仑山两大山系之间，地形由西南向东北倾斜，海拔多为1000～1500m，最低处罗布泊仅为 780 m。盆地年均气温为 10～12℃，因其深居亚洲大陆腹地，远离海洋，年降水量仅约 15～60mm，为我国最干旱的地区。沙丘形态以新月形沙丘及沙丘链为主，亦有复合型新月形沙垄、金字塔形沙丘、格状沙丘、星状沙山等，其中流动沙丘占82%，固定、半固定沙丘只占18%。盆地汇集了天山南坡和昆仑山－喀喇昆仑山北坡所有水系，总径流量为 392.69 亿 m³，主要河流有塔里木河及其支流和田河、叶尔羌河、阿克苏河、渭干河，以及孔雀河、开都河、克里雅河、尼雅河、车尔臣河等。在这些河流的滋育下，遂发育了沿南北山麓地带如串珠状分布的片片绿洲。

塔克拉玛干沙漠边缘地带历史时期的沙漠化主要见于以下区域。

第一节　古楼兰绿洲

古楼兰绿洲位于塔里木盆地东部罗布荒原上，属罗布洼地的一部分，因塔里木河与孔雀河汇流东注罗布泊，在这里形成广阔的三角洲，面积近 3 万 km²。1901～1911 年，先后有瑞典斯文·赫定、美国亨廷顿、英国斯坦因、日本大谷光瑞、橘瑞超等探险队在这里考察发掘，采掠了大量无价古文物，震惊了世界，楼兰古城由此被誉为"东方的庞贝城"[①]。我国不少学者在这片古绿洲上做了更为细致深入的大量考古和研究工作，揭开了其基本面貌，摸清了其环境变迁的若干重要问题[②]。古绿洲上遗存的主要古城址、遗址、墓葬等人类活动遗迹如下（图 20.1）。

楼兰古城（LA）位于罗布泊西岸，地理位置北纬 40°29′55″，东经 89°55′22″，北距孔雀河约 20km。城址已风蚀破损严重，城垣与周围的雅丹地貌混杂在一起，较难分辨。其平面略呈正方形，四垣每边各约 330m，夯土夹柽柳、芦苇层版筑。南北两垣保存稍好，残宽 5.5～9m，残高 3m 许，东北、西南墙垣大段被风沙夷平。南北城垣中部各有一长约 20m 的豁口，似为城门遗迹。城中有一条宽约 16.8 m、深 4.5m 的干涸水

　　① Sven Hedin：*Scientific Result of a Journey in Central Asia* 1899～1902，Stockholm，1905；斯坦因：《斯坦因西域考古记》，1932，向达译，上海书店、中华书局，1987 年；斯坦因：《西域考古图记》，1921，巫新华等译，广西师范大学出版社，1998 年。

　　② 黄文弼：《罗布淖尔考古记》，国立北京大学出版社，1949 年；黄文弼：《西北史地论丛》，上海人民出版社，1981 年；侯灿：《论楼兰城的发展及其衰微》，《中国社会科学》，1984 年第 2 期；侯灿：《高昌楼兰论文集》，新疆人民出版社，1990 年；穆舜英、张平主编：《楼兰文化研究论集》，新疆人民出版社，1995 年；林梅村：《楼兰尼雅出土文书》，文物出版社，1985 年；夏训诚主编：《神秘的罗布泊》，科学出版社，1985 年；孟凡人：《楼兰新史》，光明日报出版社，1990 年；王炳华：《新疆访古散记》，中华书局，2007 年。

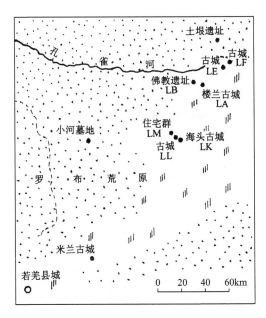

图 20.1　古楼兰地区主要遗址分布示意图

道，自西北向东南贯穿全城，其西端与城外的干河床相接。城内布局大致可分为三个区域。中部为一组大型土坯建筑，居高临下，应为官署遗址，存留房址较多。城东北区应为宗教活动场所，存残一座高 10.4m 的九层佛塔和倒塌的僧房等建筑。城西南区分布若干组小型建筑，最引人注目的是三间房址和几组宅院，应为居民生活区。城内还有厩栏等。城内先后出土汉文木简 760 余枚、纸文书约 330 件和一些佉卢文文书，以及大量汉代织锦、毛织物、五铢钱、铜镜、陶器、漆器等遗物。简纸文书纪年从曹魏嘉平四年（公元 252 年）到前凉建兴十八年（公元 330 年），内容多为有关官吏往来、军事组织、屯田耕种、粮草供给、廪食记录、商贸活动等的公文函件、敕令信札等。学者认为该城应是当年楼兰国的都城，东汉时又为西域长史府的治所，该城的繁荣一直延续直魏晋时期。

佛教遗址（LB）位于楼兰古城（LA）西北 8.5km 处的雅丹地形区，遗存不少佛塔、寺院和住宅群废址，出土许多佛教艺术品和少量汉文纸文书、木简、佉卢文文书。汉晋墓地位于楼兰古城（LA）东北约 7km 的一座台地上，斯坦因曾在此发掘 10 座墓葬，随葬品极为丰富，有云纹上带"长乐明光"、"延年益寿"字样的汉锦、绫罗，希腊-罗马艺术风格的华丽毛织物，以及漆器残片、木制器具、铜镜、铜带钩、五铢钱、汉文文书（4 件）等。墓葬年代约为公元前 2 世纪末到公元 3 世纪后期。

古城（LE）位于楼兰古城（LA）东北约 24km，南北约 122m，东西 137m，残高 3m 多，夯土夹柴草层版筑，南北各开一门。出土铜镞、五铢钱和几件汉文简、纸文书。该城东北约 8km 又有规模较小的古城一座（LF），最宽处仅 24.4km，周长 61m，亦出土几件文书。

海头古城（LK）位于罗布泊西岸、楼兰古城南偏西约 48km 处，西南距米兰遗址约 100km。平面呈长方形，189m×101m，夯土夹柴草层版筑。城内残留几组建筑遗迹，著名的前凉西域长史李柏的信稿即发现于该城，同时城中还出土其他纸文书 39 件、木简 5 枚，以及一批残铜铁器、木器、丝织品、毛织品等。据出土文书该城为前凉时期西域长史治所。

古城（LL）位于海头古城西北约 3km 处，平面呈不规则长方形，黏土夹柽柳枝、胡杨棍夯筑，东西南北四垣分别长 72m、76m、61m、49m，残高 3～4m，底部坍宽 8m 许，顶宽 1～5m。出土陶片、毛织物、丝织物、毡片、小件铜饰和料珠、粟特文纸文书等。

住宅群（LM）位于海头古城西北 8km 处，分布多处房屋遗址，出土若干汉文、粟特文、佉卢文、婆罗迷文文书和其他物品。

土垠遗址位于罗布泊北端铁板河河湾三面临水的台地上，西侧存残垣一段，夯土筑成，南北均残留房墙残址，中间为烽燧，有居室，室内堆存燃放烽烟的苇草等物。出土西汉黄龙元年（公元前 49 年）和元延五年（公元前 8 年）的木简。该遗址应为汉代丝绸路上一处要置，随着楼兰的逐渐衰落而废弃。

小河墓地位于孔雀河下游向南支出的一条干涸的小河道南侧，东距海头古城 80km 许，东北到楼兰古城约 100km。近年发掘收获颇丰，被列为 2004 年中国十大考古发现之一。墓地整体上为一座面积达 2000 多平方米、高 6～7m 的圆形沙丘，其上遍地都是木乃伊、骷髅、棺板、真人般的木雕人像、醒目的享堂，并密密麻麻竖立着 190 多根高约 2～3m 的胡杨木桩，因死者性别的不同其墓前所竖木桩的样式亦不同。目前共发掘墓葬 167 座，出土珍贵文物千余件。该墓地为一种独特的累层叠加式葬式，上下共 5 层，木棺像倒扣在岸上的木船，将死者罩在其中，无棺底，整个棺木又用牛皮紧紧包裹。同时还发现几座泥壳木棺和木尸墓。墓地时代应为青铜时期，有学者认为这绝不是一处普通的丛葬墓地，应为孔雀河下游远古居民崇奉的神山，寄托着他们对祖先虔诚的崇拜。小河墓地的许多谜团尚待解开。除此墓地外，近年还在孔雀和下游新发现近 10 处古代人类遗址。

米兰古城位于若羌县城东偏北约 80km 处，北纬 39°13′，东经 88°58′，包括米兰古城、城周屯田区、佛寺等遗存。古城残垣犹存，夯土夹压柽柳、胡杨枝条筑成，南北约 56m，东西 70m 许，残宽 2m，高出城内地表 2.5m，高出城外地表 5m。南墙有一高 12m 的土台，顶部立木竿，应为烽燧。城内主要建筑物集中在北部，多已倒塌，存平地穴式长方形房屋遗迹多间，其大小与楼兰古城三间房相似。城内出土大批吐蕃文木简和文书，各种织物及工具，陶、木、石器具，武器，农作物籽粒等。学者公认该城为西汉楼兰国所管的伊循城，昭帝元凤四年（公元前 77 年）应楼兰王请求，汉室派兵于此屯田。古城东南不到 2km 处发现占地近 10 万 m² 的汉代居住遗址，遗址内陶片遍地，还出露玉料、铁镞、五铢钱、大量铁器残片等。佛塔和寺院遗址发现好几处佛塔，残体呈圆柱状，周围有回廊环绕，回廊底部还保存有著名的"有翼天使"等题材壁画。遗址区东部的一座寺院俗称"米兰大寺"，在长方形台基上仍保存着一些壁龛和泥塑佛像，寺旁遗留成排僧房。这些佛寺大约建于 2～3 世纪，4 世纪初高僧法显西行取经时曾路过这里。

米兰古城周围屯田区范围约 30km²，古城东南沿着一条宽 10～20m、深 3～10m、长达 8.5km 的已干涸的引水干渠，分布着 16 处屯田戍卒居住群落和一处炼铁炉遗址。

该干渠引水于米兰河，沿线可依此分出 7 条支渠和多条斗渠、农渠、毛渠，支渠加干渠总长度超过 30km，灌区总面积可达 45 000 亩，颇为壮观。

米兰古城东西两侧分布有 8 座佛塔和 3 座佛寺残址，其中以东大寺为代表性建筑，高约 6m，尚存大型坐佛雕像。西大寺侧重于犍陀罗艺术风格，为西域早期佛教文化的典型。斯坦因在这里盗走著名的有翼天使壁画 8 幅和高达 90cm 的大佛头。

楼兰古绿洲最早的人类文明足迹可以追溯到距今约 7000 多年前的新石器文化时代，古绿洲上散布着不少细石器文化点，曾采集到燧石叶、燧石核、尖状器、削刀、石镞、石斧等，还有陶、铜件器物。汉代楼兰为西域 36 国之一，《史记·大宛列传》记载张骞实地见闻："楼兰、姑师邑有城郭，临盐泽。"盐泽即罗布泊，可见当时楼兰已建有城池。张骞通西域后不久，西域 36 国即统一于中央王朝管辖之下，楼兰成为丝绸路上的交通要冲，获得迅速发展。《汉书·西域传》："楼兰国最在东垂，近汉，当白龙堆，乏水草，常主发导，负水儋粮，送迎汉使。"其国有 1570 户，14 100 人，为西域中的大国。元凤四年（公元前 77 年）汉另立楼兰新王，改其国名曰鄯善，迁国都于扜泥城（今若羌县），新楼兰王请求汉室派员到其都城附近的伊循城屯田。从西汉后期至魏晋，楼兰绿洲成为中原王朝在西域的屯垦重地。楼兰屯田开发区总面积约 330km^2。

楼兰绿洲的废弃大约在公元 4 世纪中后期，本区发现的最晚一枚有纪年的木简为建兴十八年（公元 330 年）。对于其废弃的原因学界看法不尽一致。有人认为楼兰废弃的最基本原因是孔雀河水的改道，致使下游地区水源枯竭，西域长史府是楼兰废弃之时于前凉时期迁驻于海头的。也有人认为楼兰废弃最主要的原因可能还是人为因素，东晋时西域长史府南迁海头，大批屯田将士的撤离加速了古楼兰城的荒废，造成渠道淤塞水源枯竭，流沙壅起。还有人认为交通路线的变化是楼兰兴衰最直接最敏感的因素，通往西域经楼兰之路最为便捷，西汉时楼兰遂成为重要交通枢纽，为了保护这条通道设官屯田，带来了楼兰的繁荣。但该道沿途乏水草，多风沙，要穿过白龙堆和盐漠，颇为艰难。随着高昌（今吐鲁番）局势的稳定，经高昌的天山南麓道路逐渐代替了楼兰道路，楼兰丧失了中西交通中的枢纽地位，"路断城空"，遂衰落了下去。另有人认为楼兰的废弃主要是自然因素，是气候趋于干旱造成的。也有人认为应是社会经济和自然条件变化的多种因素导致了楼兰的荒废。

第二节　古尼雅绿洲

尼雅河源自昆仑山脉中部北支喀什塔什山北坡，向北流经新疆民丰县西境，没于塔克拉玛干沙漠腹地。河流总长 255km，其中尼雅水文站以上河长 64km，集水面积 1734km^2，年径流量 1.77 亿 m^3，该河为民丰绿洲的主要滋育水源。历史上尼雅河下游曾远至大麻扎以北六七十千米，在这里形成沿河两岸绿洲及季节性湖泊。近几十年来由于农业用水增加，河流逐渐消失于灌区下部的喀帕克阿斯干一带。

著名的尼雅遗址位于古尼雅绿洲上（图 20.2），南距民丰县城 150km，北纬 38°5′，东经 82°45′。遗址南北沿干涸的尼雅河道延伸长约 22km，东西宽 6km 许。在遗址更北面的沙漠深处，曾发现距今三四千年青铜时代的遗存，在尼雅河上游的昆仑山谷还曾发现过 1 万年前的细石器遗址。可见尼雅河流域早就有人类生存生活。走进尼雅遗址就像

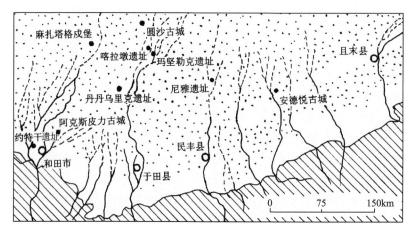

图 20.2 塔克拉玛干沙漠南缘主要遗址分布示意图

走进一个已死去的世界，如同当年的火山灰埋没了庞贝城一样，沙漠埋没了尼雅的城市和村落。在茫茫沙丘间考古学家们发现佛塔、寺庙、城墙、宅舍、房屋、厅院、羊圈、果园、篱笆、涝坝、墓地等 150 多处遗迹①。遗址中心是一座残高 6～7m 的佛塔，其方座圆体，由土坯砌成，虽经历了 1600 多年的风雨剥蚀仍屹立在沙漠中，成为尼雅遗址的象征。佛塔周围是寺院建筑。遗址中房舍毗连，街巷贯通，其中比较集中排列整齐的当为衙署或富家宅院，三五间至十来间不等，四周有土筑墙垣环绕。东部居民区约有半数地穴式建筑，可辨认出穿堂、居室、客厅、厨房等，其附近有陶窑、打麦场、炼铁遗址和墓葬区。尼雅墓葬中的葬具主要有长方形板箱棺和胡杨木槽形棺两种，古墓中相继出土了大量来自中原的丝绸、铜镜、当地生产的木器、弓箭等物。丝绸的种类相当丰富，著名的"王侯合昏千秋万岁宜子孙"锦、"五星出东方利中国"锦、"万世如意"锦、"延年益寿大宜子孙"锦等均出自尼雅。

尼雅遗址的引灌渠道大部分已被流沙掩埋，只能看到一些断断续续的残迹，尤以遗址的中部和北部水渠遗迹较多。据当地所出佉卢文文书记载，小麦需灌溉三四次水。从卫星影像上看，尼雅河尾间呈树枝状，河网密集，两侧为高大沙梁，束缚了河道的左右摆动。遗址中涝坝（蓄水池）遗迹亦有发现，位于 No. 3 号房址附近的一座涝坝面积即达上万平方米。

除大量的丝绸外，尼雅遗址中其他出土物亦十分丰富，有各种陶、铜、铁、石、木器，最引人注目的是五铢钱，汉式铜镜，汉文、佉卢文木简文书，丝、毛、棉织物和木器等。木器除碗、盆、杯、勺等外，还有木锨、木槌等生产工具，数量相当多，尼雅堪称木器王国。石器中的磨盘、磨棒很多，在许多房址中及附近都有发现。所出佉卢文文书 764 件、汉文文书 58 件，并发现数十块写于羊皮上的文书。这些文书多为公私往来

---

① 斯坦因：《踏勘尼雅遗址》，刘文锁等译，广西师范大学出版社，2000 年；新疆博物馆：《尼雅遗址的重要发现》，《新疆社会科学》，1998 年第 4 期；齐东方：《唤起沉睡的王国——尼雅探秘》，陕西师范大学出版社，2004 年；柳先修：《抚摸于田》，新疆科学技术出版社，2006 年；王炳华：《西域考古历史论集》，中国人民大学出版社，2008 年。

的信札、契约、命令，以及有关农业、商业、军事等方面的记载。由文书知尼雅种植谷物有小麦、大麦、粟，果园有葡萄、桃、杏，还有沙枣树、桑树，并酿造葡萄酒。

学界一致认为，尼雅遗址为西域古精绝国废墟。《汉书·西域传》记载，精绝国有户480，人口3360，胜兵500人，精绝都尉、左右将、译长各一人。1959年考古工作者在民丰县征集到一枚尼雅出土的"司禾府印"，该府即是东汉在精绝设立的管理屯田的机构。由所出佉卢文文书知，魏晋时期这里为鄯善王治下的凯度多州。精绝西近扜弥（今克里雅河下游），东邻且末，在东西交通中占有非常重要的地位，担负着丝绸之路上民族往来和文化交流的重要职责。尼雅绿洲的废弃沙漠化应在魏晋以后。荒废的原因何在？显然是由于尼雅河下游河水的消失、干涸，那么又是什么原因造成了尼雅河下游的干涸？王炳华认为，尼雅废毁是严酷的生态环境与人类社会因素综合作用的结果，而主要在于人类社会因素，在于社会的矛盾和冲突。从所出佉卢文文书中可以看到人们对外敌（Supis）的恐惧、惊慌，像尼雅这样身处沙漠侵迫中的绿洲很难经受社会动乱的打击。我们注意到，佉卢文文书上已经有缺水的记载，这些文书主要是东汉至魏晋时期的，尼雅河的流量本来就不大，其下游又环处茫茫大沙漠中，生态环境十分脆弱，人类不适当的活动，如超过水资源许可的过度开垦、大规模砍伐林木等固沙植被（尼雅人的建房、葬具、生产生活用具等均使用大量木材）等，很容易诱发流沙的入侵。

第三节　克里雅河下游古绿洲

克里雅河发源于昆仑山脉中部乌斯腾塔格山西侧克里雅山口，向北流经新疆于田县境西部，没于塔克拉玛干沙漠腹地，其古河道可一直注入塔里木河。今河流总长689km，其中努尔买买提兰干水文站以上河长192km，集水面积7358km²，年径流量7.1亿m³。该河《新唐书》称为达德力河，《大唐西域记》称媲摩川，清代始称克里雅河，为于田绿洲的主要滋育水源。对该河流域的考古调查，曾有瑞典斯文·赫定、英国斯坦因、我国学者黄文弼、王炳华、李吟屏以及新疆的考古工作者等[①]，特别是1993～1994年新疆文物考古研究所与法国科学研究中心315所联合组成的克里雅河考古队，对其做了系统的工作，摸清了其基本面貌。

在克里雅河出山不远的二级台地上和于田县城东约17km处，都曾发现打制石核、石叶、石片等细石器遗存，其时代距今7000～4000年，证明很古以前就有人类在这一带绿洲上活动。

克里雅河中游冲积洪积扇边缘、于田县城西偏北约13km的斯也可乡克阿孜村西北2km许发现一座古代城址——伯什托乎拉克古城。墙垣犹存，由土坯砌筑而成，残高2m许，略呈方形，周长1104m，城中尚有隔墙一道。地面陶片密集，古代灌溉沟渠尚存。城东约1000m处存较大土墩一座，墩旁有东西向大道遗迹，道旁亦见干涸沟渠。黄文弼认为该城是西汉古扜弥国之扜弥城，殷晴认为很可能是古扜弥国即唐坎城镇东境

---

① 斯坦因：《沙埋和田废墟记》，1903年，殷晴等译，新疆美术摄影出版社，1994年；黄文弼：《塔里木盆地考古记》，科学出版社，1958年；王炳华：《新疆访古散记》，中华书局，2007年；李吟屏：《和田考古记》，新疆人民出版社，2006年。

之寨堡，即移杜堡或彭怀堡。该城西临克里雅河故道，地势低洼，西北、北、东北三面均为荒漠草原，1958年以后有相当一部分被相继辟为农田。该城向西约12km，近年又发现喀孜纳克遗址，遗址位于一片连绵的沙丘间，范围颇广，遍地散落陶片，并有佛寺废墟，壁画尚有留存。

克里雅河下游古绿洲发现的古代遗址主要有喀拉墩遗址、玛坚勒克遗址、丹丹乌里克遗址、圆沙古城等（图20.2）。喀拉墩遗址位于克里雅河下游故道西岸，其中心城堡位置北纬38°32′33″，东经81°50′02″，南距于田县城约190km（鸟道）、南至达里雅博依乡政府23km。整个遗址呈不规则条带状，沿河南北长6～7km，最宽处约4km。包括中心城堡、佛寺、作坊、房宅遗迹等，鳞次栉比，各种遗址点超过60余处。中心城堡平面呈长方形，南北68m，东西约60m。城堡东南约1.5km存作坊遗址。城堡以南1km多的沙地上发现断续相继的渠道遗迹，渠口宽约0.5m，残深不足1m，一些地段此类渠道数条并列。民居遗址多成组分布，一般就地取材，施工简单，其建筑模式与楼兰、尼雅等遗址民居类同，有立柱、苇墙、墙体抹泥，室内土炕。佛寺遭到严重破坏，据其遗迹可以判定基本布局为中心塔柱式，四边双向回廊，基部还残存少许佛像壁画。出土五铢钱、陶片、铜镞、矛头、盔甲片、铁镰、铜印、石磨、毡片、蓝白印花棉布，以及小麦、青稞、稻米、葡萄干等。

玛坚勒克遗址位于克里雅河下游西侧一条古河床西岸河湾，北纬38°29′52″，东经81°51′20″，西南距达里雅博依乡政府约16km（鸟道），西北距喀拉墩遗址6km许。这是一片流动沙丘、沙垄间的洼地，暴露大量古代人类活动遗迹，有陶罐、瓮、碗、缸、钵、锅、铁片、铜器残片、炼渣、料珠、箭镞、小刀、匕首、烧过的和没有烧过的牛羊骨头，还有钱币、石磨、陶纺轮等。

丹丹乌里克遗址位于克里雅河故道西岸，南距于田县城130km，位置北纬37°46′8″，东经81°04′6″。遗址南北沿河延长约2.4km，东西宽1.5km。共发现近20处建筑群废墟，包括佛寺、民居、城堡等，尤以遗址南部集中连片。民居残址达上百排之多，大多残高不足1m，以胡杨木做柱，泥皮夹芦苇编织成墙。佛寺废址大多半掩半露在沙丘中，遍地有被打碎的或大致完好的佛像，在一些残壁上还保留着精美的壁画。出土不少木板画，著名的有"鼠神传说"、"东国公主引入桑蚕"、"龙女求婚"、"四臂天王"、"伊朗史诗的罗斯坦"等。出土梵文、古于阗文、吐蕃文、汉文、婆罗迷文文书。汉文文书有17件，内容涉及兵器修整、借贷契约、百姓诉状等，纪年为唐建中二年（公元781年）至贞元七年（公元791年）。由文书知该地为唐代所置的例榭镇；知镇将军名杨晋卿。可见直到8世纪末这里并未废弃，依然人烟稠密、香火旺盛。此外还出土陶罐、石磨、剪轮五铢钱、开元通宝钱、乾元重宝钱、龟兹小钱、丝织品、铜铁器残件、木碗、石膏贴壁佛像和图案等。遗址中亦见废弃的灌溉渠道、农田、果园、林荫道等遗迹。

圆沙古城位于喀拉墩遗址西北41km处的克里雅河老河床西岸，南距于田县城230km（鸟道），地理位置北纬38°52′2″，东经81°34′9″。1994年10月中法克里雅河考古队发现，2001年8月确定为全国重点文物保护单位。维吾尔语称这一地区为"尤木拉克库木"，意为"圆沙"，故名圆沙古城。城址几乎全被沙丘覆盖，平面呈不规则四边形，墙垣大多不直，因风蚀水冲转角处墙体大都无存。实测南北最长处330m，东西宽处 280m，周长 995m，残高一般 3～4m，最高处 11m，顶宽亦 3～4m。城垣夹以胡杨、柽柳、芦苇等枝条层层垒筑，开东、南两门，城门两侧有立柱。城内暴露 6 处建筑遗迹，残高不足半米，地表堆积物主要是牲畜粪便，发现大大小小袋状灰坑、窖穴，填土中见陶片、小麦等。散落遗物多为西汉或更早期的陶器、石器、铜铁小件及料珠等，还有不少羊、牛、骆驼、驴、马、狗、猪、兔、鸟等动物骨骼。[14]C 测年该城距今已有 2100 年，当为西汉或更早期的建筑。城外的灌溉渠道遗迹排列有序，纵横交错。城址周围发现 20 多座墓葬，发掘出毛织品、带柄铜镜等。

据文献记载，克里雅河流域当属古扜弥国之域。《汉书·西域传》记载，"扜弥国，王治扜弥城"，有户 3340，有人口 20 040，胜兵 3540 人，为西汉西域 36 国中首屈一指的大国，约在曹魏时被于阗吞并。

那么，克里雅河下游古绿洲是如何荒废沙漠化的呢？学者们注意到这样一个事实：由于这一带地势明显的西高东低，克里雅河下游宽浅游荡的河床不断向东偏移，2000 多年来已向东偏移了约 40～60km，以至于从事畜牧和灌溉农业的圆沙人不得不放弃故土而逐水源东徙，原有的绿洲遂被流沙吞噬，这也就是古遗址为什么大都位于下游西侧古河到的原因。王炳华写道[①]，最古老克里雅河道上三角洲地带（圆沙古城一带），曾是西汉扜弥国人的活动中心，到南北朝时期他们的活动中心迁移到了克里雅河中段，修建了喀拉墩古城堡；而现代克里雅人又居住、生活在更东的现代克里雅河边；同时人类自身活动对环境恶化的影响也绝不能轻估，如在喀拉墩遗址区内基本上不见成材的林木，而在遗址东西两侧差不多 10km 外，都发现过森森的胡杨林，遗址区内人们的过分砍伐，植被破坏，难以阻止流沙的侵入，构成了对人类生存的严重威胁。不仅喀拉墩如此，圆沙古城几千米范围内同样也找不到一棵胡杨树，但由其出土遗物来看，古代圆沙人的所有生产和生活用品绝大部分都取自胡杨，可见过量的砍伐确在很大程度上加剧了绿洲生态环境的恶化。

第四节 和田河流域

和田河发源于昆仑山脉西段北麓，上游有东西二源，东源名玉龙喀什河（白玉河），西源名喀拉喀什河（墨玉河）。东西二源于阔什拉什相汇，以下河段始称和田河，北流穿行于塔克拉玛干沙漠西部，在阿瓦提县境上游水库之东汇入塔里木河。

在玉龙喀什河右岸、洛浦县等地均发现过打制石核、石片等旧石器时代晚期遗物，说明古人类很早就在这一带生息。进入有记载的历史时期以后，人类在和田河绿洲的活动更为频繁，由此留下的古代遗址不少（图 20.2）。

阿克斯皮力古城位于洛浦县杭桂乡巷沟牙村，东南距县城约 17km，距乡政府 3km许，汉语意为"白城堡"或"白城墙"，因墙体用发白色的黏土坯砌筑，故名。因长期风蚀和流沙掩埋现仅存北城墙一段，呈弧形，残长 105m，残高 5m 许，底宽 2.5m，顶宽 1.5m，马面隐约可见。据弧形墙段判断该城应为圆形，直径可达 305m。城周古迹分布甚广，在南北约 20km、东西 6km 的范围内，屋宅、河渠、农田遗迹历历在目，陶

---

① 王炳华：《新疆访古散记》，中华书局，2007 年。

片、石器、铜器、铁器、料珠、遗骨随处可见。1901年斯坦因在城中发掘出浮雕残片，采集到汉代钱币和印章。新中国成立后我国学者对该城多次考察，采集到汉、唐、宋代和黑汗王朝钱币、契丹文铜印，以及大量的陶器、陶像、铜器、琉璃片、铁器等。该城年代应自西汉延至唐宋。黄文弼考得该城为古于阗国都城，时代为公元1～8世纪。

约特干遗址位于和田市巴格其镇艾格拉曼村，东距市区约11km，北纬37°06′，东经79°48′。遗址占地约10km²，表层被沙土覆盖，无古建筑遗迹，厚达3m的文化层掩埋在距地面3～6m的洪积层下。在喀拉喀什河支流冲刷下，于沟谷、断崖、稻田水渠边发现塌下或冲出的许多陶片、兽骨等。出土物主要有陶器、陶塑、金器、玉器、钱币、料珠、玻璃器、骨头、古文书等。钱币有汉五铢钱、货泉、唐钱、宋钱、汉佉二体钱以及黑汗王朝无孔铁钱。该遗址应始自汉代，延及唐宋。斯坦因考其为于阗国都城，只是一说。

买利克阿瓦提古城遗址位于和田市西南25km的一片平沙地上，北纬35°57′，东经79°50′。古城东临玉龙喀什河，南望昆仑山，西、北两面有沙山环绕。城址长方形，南北约1400m，东西70m许。城内地面分布不少夯筑土墩，似为建筑物台基。出土佛像残块、壁画残片、壁饰、铜件、陶片等，1929年黄文弼发现写有婆罗迷文墙壁，1977年挖出一陶瓮，内装45kg汉五铢钱币。有学者认为该城为于阗国都西城遗址。城址周围的古绿洲范围南北近10km，东西宽2km许。

麻扎塔格戍堡位于和田河下游的麻扎塔格山（又称红白山）上，南距和田市约180km，东临和田河，南傍断崖，形势险要。戍堡长方形，占地约1100m²，堡墙以沙岩石片夹柽柳枝条筑成，宽厚坚固。堡内有兵营、居室、通道、畜圈等残址。堡西存烽燧，残高7.5m。堡东北小台地上有佛寺遗迹。堡南崖壁上有石洞，洞内墙上刻写汉文、梵文。斯坦因曾在堡中窃获各种文字的木简、文书，以吐蕃文文书最多，还有陶制品、木制品、毛制品、皮革制品、金属制品等。其中汉文文书透露出唐朝在于阗曾实行乡里村坊制，吐蕃文文书反映了吐蕃统治于阗时采用类似于唐朝的羁縻制等有关情况。堡中还出土唐代乾元重宝、大历元宝、龟兹铜钱等。据其出土物品，该堡应为中唐时期吐蕃统治于阗时所建，而烽燧则应是汉代遗存。

《汉书·西域传》："于阗国，王治西城"，有户3300，有人口19 300，胜兵2400人，为汉西域36国中较大者。唐高宗时在于阗置毗沙都督府，下辖10州。中晚唐时期于阗受吐蕃控制达70年之久。延及五代，于阗王"自称唐之宗属"，以李氏"金玉国"、"大宝国"见称于史，并受到后晋册封。11世纪初于阗被黑汗王朝征服。总的来看，和田河流域历史上形成的沙漠化土地规模较小，分布也较为零星、分散，主要见于上述这些遗址的周围。其沙漠化发生的时代，据其出土遗物来看，当主要发生在唐代以后，沙漠化的原因应与当时民族间频繁的战争、社会的动乱，以及对荒漠固沙植被的大规模破坏等因素直接相关。

第五节　渭干河下游古绿洲

渭干河源自天山山脉南麓支脉哈尔克山，上游为木扎提河，流经拜城、库车、沙雅、新和等县境内，注入塔里木河，全长300余千米，年径流量约17亿m³，为塔里木河北岸较大的支流。该河下游亦见大面积废弃沙化的古绿洲及较多的废弃古遗址。主要遗址有以下几个。

通古斯巴西古城位于新和县西南 44km 处的荒漠中，北纬 40°15′10″，东经 82°21′50″。夯土版筑，部分墙段上部以大土坯垒砌，南北 230m，东西 250m，底部坍宽 8m 许，顶宽 1~1.5m，残高 1.5~5m。东西二垣各有马面 4 座、南北二垣各有马面 2 座，开南北二门。城内有不少倒塌的圆形台基，当为房屋基址。曾出土唐大历年号纸文书、木器、鞋、胡麻籽等物。

（1）博提巴什古城。位于通古斯巴西古城西南约 6km 处，略呈方形，每边长约 80m，底部坍宽约 8m，顶宽 3m 许，残高 1.5~5m。门一，北开，有瓮城。南垣中部耸立烽燧一座，残高约 5m。该城可能为唐代戍堡。城周暴露大面积风蚀古耕地。

（2）玉奇喀特协海尔古城。位于新和县城西南约 17.2km 处，规模较大，东西长约 1450m，南北 800m 许，有宫城、内城、外城三重城垣，互相环套。城内杂草丛生，城周废弃的农田历历可见。有人怀疑该城为唐安西都护府城。

（3）克孜勒协海尔古城。位于新和县城南 22km、渭干乡克孜勒协海尔境。分南北二城，两城间距 90m。南城南北 180m，东西 145m；北城南北 80m，东西 130m。城外有烽燧一座。

（4）恰日克协海尔古城。位于新和县渭干乡西部，仅有少许残迹。乔拉克协海尔古城，位于新和县塔什艾日克乡南部约 25km 处，南北 55m，东西 49m，残高 3m 许。乌什哈特古城，位于新和县西约 35km。有内外两城，内城保存较好，南北 451m，东西 408m，残高 4m 许。塔吉克库尔古城，位于新和县西部，南北约 50m，东西 100m，汉唐遗址。

（5）央塔克协海尔古城。位于沙雅县城西北 22km 处英买力乡境内。黄文弼当年考察该城“外城 3410m，内城 530m，两城之间有中城”，推断为《魏书》中的“有塔庙佛寺千所”遗址。今仅存内城残缺墙垣，基宽 6m 许，残高约 3m。

（6）博斯坦托格拉克古城。位于沙雅县城南约 40km 的塔里木乡政府东南约 7km，魏晋城址。残损严重，仅存南、东垣各一段，南垣残长 750m，东垣残长仅 35m，残高不足 2m。残垣之外约 50m 尚有土丘环绕，可能为外墙。

（7）英格迈利羊达克希阿尔古城。位于沙雅县西北约 40km 处。平面方形，三重城垣，外城周长 3351m，内城周长 510m，似塔庙遗址。曾出土桥形印章、刻字木板等。有人认为可能是北魏时期龟兹国都城。

（8）大黑汰沁古城。位于库车县南的渭干河支流下游，又称唐王城。城垣保存较好，周长 1074m，高约 8m。门一，西开，有瓮城。曾出土汉唐钱币、龟兹小铜钱、佛像残片、玉石，以及核桃、杏、糜子等。

（9）肖里汉那古城。位于库车县南部，城址圆形，面积约 20 000m²，黄文弼称其为小黑汰沁城。

（10）穷先古城。位于库车县南部羊达克先东南约 8km 处。存东西二城，墙垣皆因碱蚀而坍塌，城西北有一高约 10m 许的墩台，甚为醒目。曾出土龟兹小铜钱、丝织品、彩釉陶片等，皆汉唐时遗物。

（11）夏哈吐尔遗址。位于库车县西南、渭干河西岸。佛寺遗址，今存高约 8m 的残土塔。1907 年法国人伯希和曾在此劫走浮雕小佛像、汉文佛经残片等物。

上述古城址、遗址的废弃及其周围古绿洲的沙漠化，主要是渭干河流域中游一带绿洲开发规模的扩大而导致注入下游的水量减少，以及破坏固沙植被促使沙丘活化之故。

第六节　其他古绿洲

除上而外，塔里木盆地边缘还有如下一些沙漠化古绿洲。

一、安迪尔河下游

安迪尔河源自昆仑山脉北支乌孜塔格山北麓，向北流经民丰县东境，没入沙漠，河长 241km，年径流量 1.16 亿 m³。其下游古绿洲南北长近 20km，东西宽约 7km，遗存 3 座被流沙掩埋的古城址[①]。

（1）安德悦古城。又名道孜勒克，位于民丰县安迪尔牧场以北约 40km 的老河床边，平面呈圆形，已被流沙填满，直径约 130m。墙垣夯土版筑，南垣保存较好，基宽约 9m，残高 6m 许。城中心存一座庙宇残址。斯坦因曾两次来这里考察发掘，发现了一批汉文、吐蕃文、婆罗迷文等的纸质文书、佉卢文木简，以及壁画、木板画、钱币、丝棉织物等，并窃走汉文碑碣一块，上有唐朝中央官员题记。学者认为该城即唐玄奘东归路过的荒无人烟的睹货逻古址，后被唐朝重新修复，贞元七年（公元 791 年）被吐蕃所据。该城周围 4～5km² 内均有古遗址、遗物散布。

（2）廷木古城。位于安德悦古城西约 1km 处，方形，由主城与耳城两部分构成。主城每边长约 140m，耳城边长 26m，城垣已被风蚀成土丘状。廷木古城西约 500m，存一座高达 11m 许的覆钵式残佛塔。

（3）阿克考其喀然克古城。位于安迪尔牧场西约 9km 的安迪尔河西岸沙丘间，汉语意为“小白公羊”，斯坦因称其为比勒里－孔汗。城址平面略呈椭圆形，直径约 200m，周长 600m 许，墙体以胶泥夹树枝夯筑，内外壁用圆木加固，底宽 3m，顶宽 3m 许，东南方开城门一座，两扇木板门尚存。城内房屋残址鳞次栉比，约存 650 余间，并有寺庙遗迹，出土宝石戒指、金耳环、棉毛织品、纺轮、纺锭、木器、玉片等。

二、瓦石峡古绿洲

瓦石峡河源于阿尔金山肃拉穆塔格（苏来曼山）北坡，北流至若羌县城西约 80km 的瓦石峡乡，年径流量 0.3 亿 m³。古绿洲位于该河中段的博孜也尔村西南沙丘间，方圆约 3km² 多。存古城址一座，据《新唐书·地理志》，石城镇（今若羌县）西 200 里有新城，亦谓之弩支城，为粟特人康艳典所筑。依所记位置，瓦石峡古城正是唐之新城（弩支城），敦煌文书《沙州伊州地志》、《寿昌县地境》等亦对该城有载。该城为当时丝绸之路南道上的重镇，为粟特人活动的中心之一，约在元代废弃。城中出土物丰盛，各

---

① 塔克拉玛干综考队考古组：《安迪尔遗址考察》，《新疆文物》，1990 年第 4 期。

种各样的陶器、冶金用的工具、雕刻精美的多功能木梳、丝织品、料石串珠等应有尽有，特别是各种玻璃器皿（长颈瓶、托钵、碟等）和汉、唐、宋代的各类钱币引人注目。此外还有陶坩锅、元代文书（两件），以及烧窑作坊和堆积如山的炉渣等。该城无疑为当时一处重要的金属冶炼和玻璃烧制基地。城址周围还有沙化荒废的农田、渠道等遗迹和墓葬。

三、桑株河流域及其周边一带

桑株河为源于昆仑山脉北麓的一条小河，长约 150km，纵贯皮山县中部。该河上游东岸发现古代狩猎图岩画，下游发现汉代和唐宋时期的不少古城废墟及其城周荒废的绿洲：破城子位于该河东岸藏桂乡西北约 5km 处，黄文弼认为应是《大唐西域记》的勃加夷城；玉吉米力克城，汉语意为"桑园"，位于藏桂乡北约 40km；布特勒城位于藏桂乡西北约 7km；额其贾力克城位于皮山县城北约 42km；此外这一带还有阿塞胡加古城、克孜勒塔木古城、牙阿其乌依勒古城、阿孜吾木城等。上述古城遗址多已被流沙掩埋，城周绿洲亦遭毁弃。

四、策勒河、达玛沟下游绿洲

策勒河与达玛沟均为源于昆仑山脉北麓长约 130km 左右的小河，均位于今策勒县境内，介于克里雅河与和田河之间。两河下游均已干涸，深陷沙漠中。达玛沟下游故道当地称为老达玛沟，古代遗址较多，主要有：卡纳沁古城，周长约 1000m，城中发现宋代铜钱、喀喇汗王朝钱币等；吴六杂提遗址，房屋残址甚多，并有伊斯兰无棺土墓葬，出土宋代钱币和阿拉伯文无孔铜钱；乌增塔提遗址，南北长约 1000m，东西 400m 许，遗留房址很多，发现宋代钱币等物。学界认为上述遗址可能均为 11 世纪喀喇汗王朝时的遗存，约元、明时期废弃沙化。